LS

LAMBACHER SCHWEIZER

Gesamtband Oberstufe mit CAS

Mathematisches Unterrichtswerk
für das Gymnasium
Ausgabe C

erarbeitet von
Dieter Brandt
Günther Reinelt

Ernst Klett Verlag
Stuttgart · Leipzig

An der Entstehung des Gesamtwerkes waren weiterhin beteiligt:
Martin Bellstedt, Gerhard Bitsch, Gerhard Brüstle, Heidi Buck, Jürgen Denker, Günther Dopfer, Rolf Dürr, Alfred Franz, Hans Freudigmann, Edmund Herd, Detlef Lind, Rolf Reimer, Wolfgang Riemer, Hartmut Schermuly, Siegfried Schwehr, Manfred Schwiehr, Maximilian Selinka, Jörg Stark, Günther Taetz, Ingo Weidig, Peter Zimmermann, Manfred Zinser

1. Auflage 1 5 4 3 2 1 | 2011 2010 2009 2008 2007

Alle Drucke dieser Auflage können im Unterricht nebeneinander benutzt werden, sie sind untereinander unverändert. Die letzte Zahl bezeichnet das Jahr dieses Druckes.

Internetadresse: http://www.klett.de

Zeichnungen: U. Bartl, Weil der Stadt; H. Günthner, Stuttgart; R. Hungreder, Leinfelden.
Bildkonzept Umschlag: SoldanKommunikation, Stuttgart.
Titelbild: Getty Images Deutschland.
Softwareentwicklung: Medienwerkstatt, Schorndorf.
Qualitätssicherung der Service-CD: Media-Supervision, Eppelheim/Heidelberg
DTP-Satz: SMP Oehler, Remseck.
Druck: Stürtz AG, 97080 Würzburg. Printed in Germany.
Presswerk: Optimal Mediaproduktion GmbH, Röbel/Müritz.

ISBN 978-3-12-733110-3

Inhaltsverzeichnis

*IV Folgen und Grenzwerte von Funktionen

V Weiterführung der Differenzialrechnung

VI Integralrechnung

VII Exponentialfunktionen und Wachstum

Zum Aufbau des Buches

Jedes Kapitel umfasst

- mehrere Lerneinheiten,
- Kapitelrückblick,
- Aufgaben zum Üben und Wiederholen ohne Hilfsmittel,
- Aufgaben zum Üben und Wiederholen mit Hilfsmitteln,

Zu jedem Kapitel befinden sich auf der CD

- Exkursionen und Referatsthemen
- weitere Aufgaben für den Einsatz des Computer Algebra Systems (CAS)

- Zu Beginn jeder Lerneinheit stehen **hinführende Aufgaben**. Sie bereiten den Gedankengang der Lerneinheit vor. Sie sollen die Schülerinnen und Schüler zum Nachdenken anregen. Da sie als Angebot gedacht sind, nehmen sie keine Information zum jeweiligen Lerninhalt vorweg und bieten somit den Unterrichtenden die methodische Freiheit.

  Der anschließende **Informationstext** (Lehrtext) beschreibt den mathematischen Inhalt der Lerneinheit. Vielfach werden auch ergänzende Informationen gegeben.

> Im Kasten wird das wesentliche **Ergebnis** (z. B. in Form einer Definition oder eines Satzes) festgehalten.

  In den anschließenden vollständig bearbeiteten **Beispielen** werden Begriffsbildungen erläutert und wichtige mathematische Verfahren bzw. grundlegende Aufgabentypen der Lerneinheit vorgestellt. Diese Beispiele bieten den Schülerinnen und Schülern besondere Hilfen für das selbstständige Lösen von Aufgaben. Wo es sinnvoll erscheint, werden Aufgaben mit CAS vorgerechnet.

  Der **Aufgabenteil** bietet ein reichhaltiges Auswahlangebot. Die Aufgaben reichen von Routineaufgaben zum Einüben von Fertigkeiten und Darstellungsweisen über zahlreiche Aufgaben im mittleren Schwierigkeitsbereich bis zu schwierigen Aufgaben, die besondere Leistungen verlangen. Zahlreiche Aufgaben zu Sachsituationen helfen, Beziehungen zwischen der Mathematik und ihren Anwendungen aufzuzeigen. Insbesondere bei diesen Aufgaben ist es oft hilfreich, das CAS zu verwenden.
  Wo es aufgrund der besseren Übersicht oder im Sinne eines schnelleren Zugriffs sinnvoll erscheint, werden die Aufgaben durch Zwischenüberschriften gegliedert.

  Aufgaben mit roter Aufgabenziffer sollten ohne CAS bearbeitet werden.

- In den Aufgaben zum **Üben und Wiederholen ohne Hilfsmittel** finden Sie Aufgaben, die ohne Hilfsmittel wie CAS und Tabellenkalkulation (TK) gelöst werden können. Die Lösungen dieser Aufgaben stehen am Ende des Buches.

- In den Aufgaben zum **Üben und Wiederholen mit Hilfsmitteln** finden Sie Aufgaben, die mit dem CAS oder TK gelöst werden sollen. Die Lösungen dieser Aufgaben stehen am Ende des Buches.

Zur Konzeption des Buches

Der vorliegende Band des Lehrwerkes Lambacher-Schweizer umfasst den Stoff der Analysis, der Analytischen Geometrie und der Stochastik für die Oberstufe. Er enthält damit alle für die Abiturvorbereitung notwendigen Inhalte. Inhalte auf Leistungskursniveau sind duch * gekennzeichnet.

Moderner Mathematikunterricht

Das Lehrbuch lässt der Lehrerin bzw. dem Lehrer genügend Freiheit, den Unterricht nach eigenen Vorstellungen methodisch zu gestalten. Gerade die Einstiegsaufgaben zu jeder Lerneinheit geben den Schülerinnen und Schülern die Möglichkeit, Fragestellungen und Problemlösestrategien zu den nachfolgenden Inhalten zu entwickeln. Die geeignete methodische Vorgehensweise bleibt dabei der Lehrerin bzw. dem Lehrer überlassen.

Die Integralrechnung baut wesentlich auf der Idee auf, von der momentanen Änderungsrate einer Größe auf die Gesamtänderung der Größe zu schließen. Dadurch werden mithilfe der Integralrechnung bisher nicht erschlossene Bereiche zugänglich.
Verbindungen zu Gebieten außerhalb der Mathematik werden bei vielen Sachzusammenhängen aufgezeigt, die mit mathematischen Methoden behandelt werden. Durch die Vielzahl von Modellierungen wird der Zusammenhang zwischen realen Fragestellungen und ihren Lösungsmöglichkeiten durch die Mathematik aufgezeigt. Insbesondere durch Funktionsanpassungen zu vorgegebenen Daten und Messreihen eröffnen sich eine Reihe von Möglichkeiten, anwendungsbezogene Fragestellungen im Unterricht aufzugreifen. Dabei werden unter anderem auch die Grenzen aufgezeigt.

Besondere Freiheiten bietet die Verankerung des Kapitels *IV über Folgen. Der geeignete Zeitpunkt für das Unterrichten von Kapitel *IV kann von der Lehrerin oder dem Lehrer frei gewählt werden. In Kapitel I wird ein anschaulicher Grenzwertbegriff eingeführt, der dann im Weiteren verwendet wird. Kapitel *IV bietet die Möglichkeit, den Grenzwertbegriff mittels Folgen zu präzisieren, sowohl nach als auch vor der Einführung des anschaulichen Grenzwertbegriffes.

Andere Aufgaben im Mathematikunterricht

Das umfangreiche und vielseitige Aufgabenmaterial unterstützt den Verständnis fördernden Unterricht und bietet zahlreiche Möglichkeiten, durch Üben, Wiederholen und Vernetzen das Gelernte zu festigen und vertiefen. Dabei stehen insbesondere folgende Kompetenzanforderungen im Vordergrund:
- Förderung der Problemlösefähigkeit
- Förderung der Kreativität
- Förderung der Sprachkompetenz und Argumentationsfähigkeit
- Entwicklung der Fähigkeit zur Mathematisierung und Modellierung
- Besseres Verständnis von Zusammenhängen und Regeln
- Fähigkeit zur Bewertung und Reflexion.

Einsatz des CAS-Taschenrechners

Im Unterricht bietet das CAS Einsatzmöglichkeiten bei Funktionsuntersuchungen und bei heuristischen Überlegungen, die durch Daten und deren Darstellung unterstützt werden. Sein Einsatz dient der Veranschaulichung von Sachverhalten und entlastet von zeitaufwändigen algorithmischen Tätigkeiten (z.B. bei Gleichungen, bei linearen Gleichungssystemen, bei der Auswertung numerischer Integrale und Tätigkeiten im Zusammenhang mit praxisbezogenen Problemstellungen).

Die derzeit angebotenen CAS-Taschenrechner verschiedener Hersteller bzw. verschiedener Modelle einer Produktreihe unterscheiden sich in der Funktionalität und der Bedienung nicht wesentlich, aber dennoch so weit, dass eine einheitliche Funktionsbeschreibung nicht möglich und im Sinne zukünftiger Entwicklungen auch nicht sinnvoll erscheint.

Die Beispiele in diesem Buch wurden mit dem **Voyage** 200 bearbeitet.

Materialien auf der CD

Die Inhalte der CD ermöglichen es, den Unterrichtslehrgang in verschiedene Richtungen zu vertiefen und zu erweitern.

Für einen Unterricht, der auf einem stärkeren Einsatz des CAS aufbaut, finden sich auf der CD zu zahlreichen Lerneinheiten weitere Aufgaben für eine sinnvolle Verwendung des CAS. An den entsprechenden Stellen im Buch wird durch das CD-Symbol ◎ auf die Materialien verwiesen.

Zu jedem Kapitel finden sich Exkursionen und Referate. Die Exkursionen gewähren einen Blick über den „Tellerrand des Kapitels“ und können somit zur Binnendifferenzierung oder Auflockerung des Unterrichts genutzt werden. Mit der Ausarbeitung eines Referats können die Schülerinnen und Schüler den Nachweis erbringen, dass sie eine Themenstellung selbstständig erfassen, aufarbeiten und ihre Ergebnisse in einem Vortrag vor der Klasse präsentieren können.

Zur Schulung des räumlichen Anschauungsvermögen und des geometrischen Verständnisses bietet die CD dreidimensionale Materialien zur Geometrie. Interaktive Module motivieren besonders und verstärken so den Lerneffekt.

1 Abhängigkeiten darstellen und interpretieren

1 Die Tabelle gibt den Verpackungsverbrauch in Deutschland in den Jahren 1993 bis 2004 von Glas und Kunststoff pro Jahr in Millionen Tonnen an.

Jahr	93	94	95	96	97	98	99	00	01	02	03	04
Glas	4,22	4,13	3,95	3,81	3,71	3,64	3,79	3,69	3,24	3,14	3,22	2,96
Kunststoff	1,51	1,55	1,57	1,50	1,52	1,62	1,74	1,81	1,91	2,11	2,23	2,28

a) Veranschaulichen Sie die Werte der Tabelle, z. B. mit einer Tabellenkalkulation.
b) Vergleichen Sie den Verlauf für Glas mit dem für Kunststoff. Nennen Sie Gründe für die jeweilige Entwicklung.

Ein Seismograph überträgt die Erschütterungen der Erde direkt auf Papier.

Bisher wurden schon häufig Abhängigkeiten betrachtet. So ist z. B. das Volumen einer Kugel vom zugehörigen Radius abhängig. Der Zusammenhang zwischen Radius r und Volumen V wird durch $V = \frac{4}{3} \cdot \pi \cdot r^3$ formelmäßig beschrieben. Nun gibt es aber Situationen, in denen man eine solche Formel nicht angeben kann. In solchen Fällen werden die Daten häufig zunächst tabellarisch aufbereitet und dann durch einen Graphen veranschaulicht.

Abhängigkeiten zwischen zwei Größen werden häufig in Tabellen dokumentiert und durch Graphen veranschaulicht.
Mithilfe eines solchen Graphen kann man Werte ablesen, Vermutungen über den weiteren Verlauf anstellen oder den Verlauf interpretieren.
Lassen sich Abhängigkeiten durch einen Term beschreiben, so kann man für jeden Ausgangswert den zugeordneten Wert berechnen.

Beispiel 1:
Lemminge und andere Wühlmäuse sind bekannt für extreme Schwankungen ihrer Populationsdichte. Fig. 1 zeigt das Ergebnis einer Untersuchung in der kanadischen Provinz Manitoba.

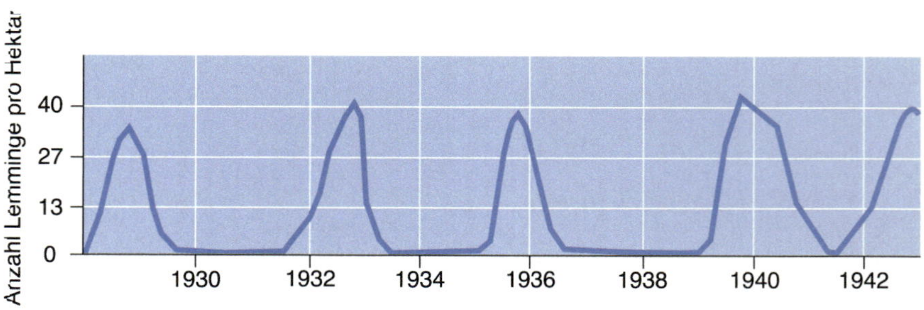

Fig. 1

Populationszyklen bei Lemmingen und anderen Wühlmäusen sind schon lange bekannt. Dutzende von Hypothesen wurden zur Erklärung dieser Schwankungen aufgestellt. Nennen Sie mögliche Ursachen.

a) Wie lange dauert ungefähr ein Populationszyklus bei Lemmingen?
b) Bei welcher Dichte von Tieren pro Hektar bricht die Population zusammen?
Lösung:
a) Ein Populationszyklus bei Lemmingen dauert 3 bis 4 Jahre.
b) Sobald eine Dichte von rund 40 Tieren pro Hektar erreicht wird, bricht die Population zusammen.

Beispiel 2:
Eine Klasse plant, bei einem Schulfest Grillwürste zu verkaufen und möchte sich zuvor einen Überblick über den möglichen Gewinn verschaffen. Der Einkaufspreis für eine Wurst mit Semmel beträgt 1,40 €, der geplante Verkaufspreis 2,50 €. Es entstehen feste Kosten in Höhe von 80 € für Geschirr, Grill, usw.

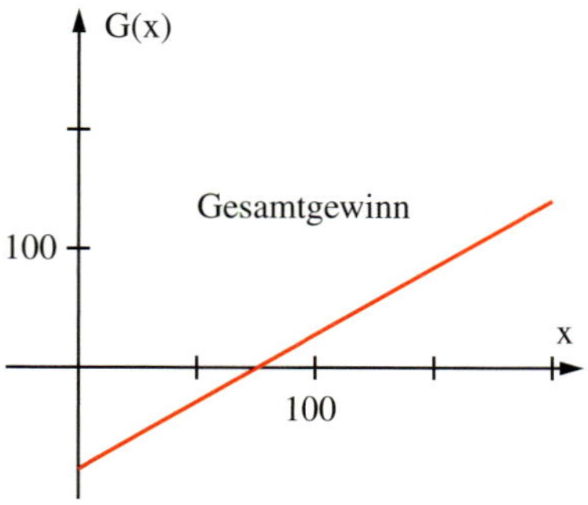

Fig. 1

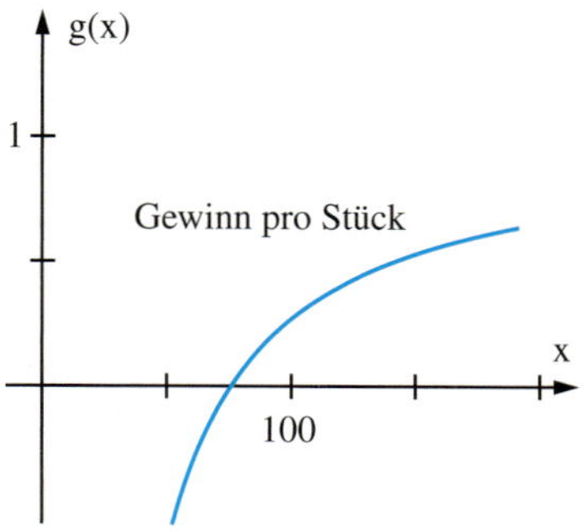

Fig. 2

a) Berechnen Sie den Gewinn der Klasse bei x verkauften Wurstsemmeln.
b) Geben Sie den Gewinn pro Stück bei der Anzahl x verkaufter Würste an.
Lösung:
Einnahmen (in €): $2{,}50\,x$
Kosten (in €): $1{,}40\,x + 80$
Gewinn (in €): $G(x) = 2{,}50\,x - (1{,}40\,x + 80)$
$G(x) = 1{,}10\,x - 80$
Gewinn pro Stück (in €): $g(x) = \frac{G(x)}{x}$
$g(x) = 1{,}10 - \frac{80}{x}$.

Aufgaben

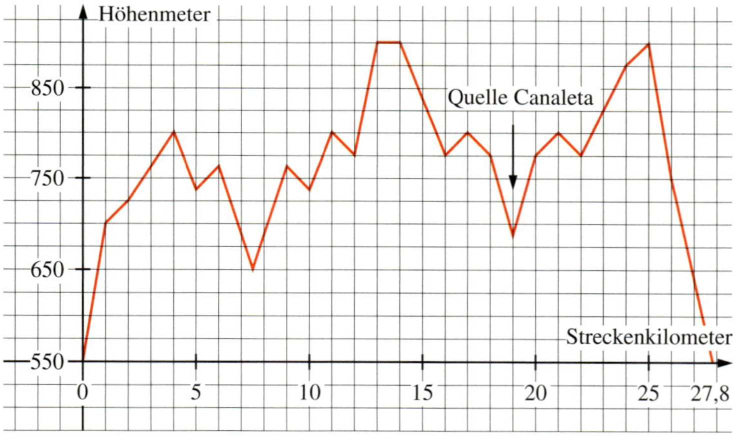

Fig. 3

2 Eine Mountainbike-Tour in dem spanischen El-Ports-Gebirge hat das abgebildete Höhenprofil.
a) Wie viele Höhenmeter sind beim ersten Anstieg zu überwinden?
b) Wie groß ist der Gesamtanstieg, der bei der Tour zu überwinden ist?
c) Wie steil ist die letzte Abfahrt ab Streckenkilometer 26?
Geben Sie das Gefälle in Prozent und den Steigungswinkel an.
d) Zur Quelle Canaleta führt nur eine Sackgasse.
Wie äußert sich dies im Graphen?
Wie lang ist vermutlich diese Sackgasse?
e) Wo kann es eine weitere Sackgasse geben?

Schaubilder symbolisieren

3 Der Zusammenhang zwischen der Geschwindigkeit eines Fahrzeugs und dem Kraftstoffverbrauch eines Fahrzeugs ist bei jedem Gang verschieden.
a) Bei welchen Geschwindigkeiten beträgt der Verbrauch 10 *l* pro 100 km?
b) Bei welcher Geschwindigkeit ist der Verbrauch im 4. Gang am geringsten?
Wie hoch ist dieser Verbrauch?
c) Um wie viel sinkt der Verbrauch, wenn man bei 60 km/h im 4. Gang statt im 3. Gang fährt?

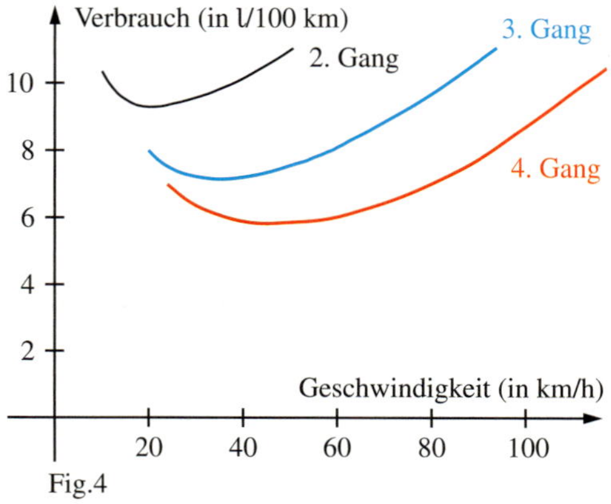

Fig.4

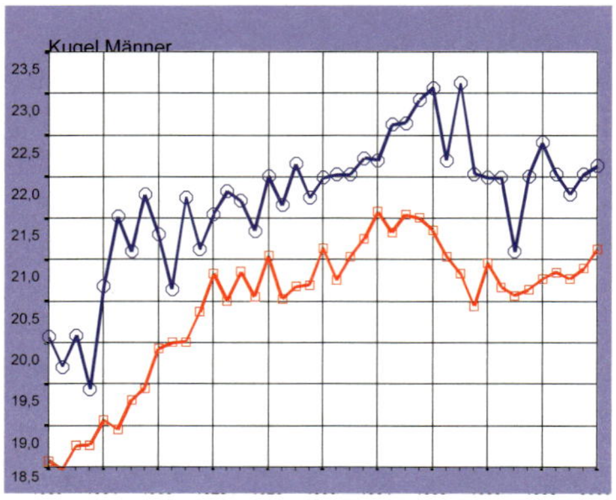

Fig. 1

4 Fig. 1 zeigt für das Kugelstoßen der Männer im Zeitraum von 1960 bis 2000 die Entwicklung der Weiten bei den Weltbesten (○) und bei den pro Jahr errechneten Mittelwerten der jeweils 20 Weltbesten (□).
a) In welchen Zeiträumen sind deutliche Veränderungen der Weiten bei den Weltbesten festzustellen? Nennen Sie mögliche Gründe hierfür.
b) Bei welcher Weite liegt aufgrund dieser Darstellung der derzeitige Weltrekord im Kugelstoßen der Männer und wann wurde er aufgestellt?

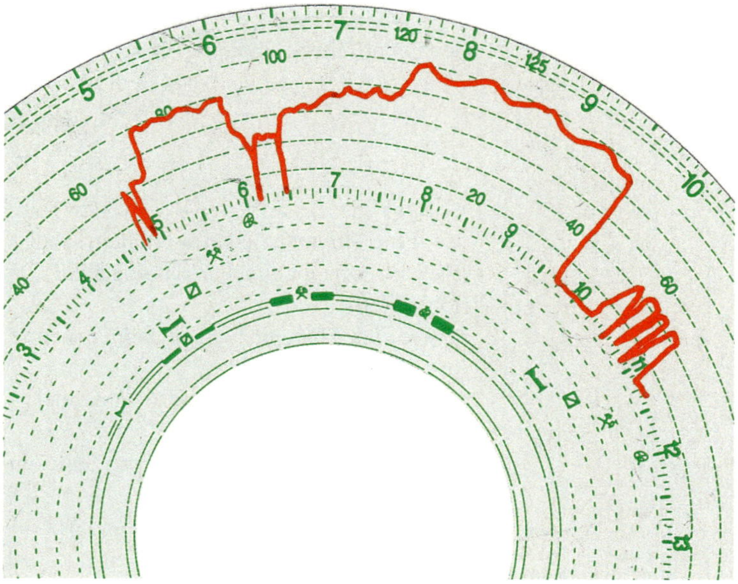

Fig. 2

5 Omnibusfahrten müssen mithilfe eines Fahrtenschreibers auf eine Tachoscheibe aufgezeichnet werden.
a) Wie lange dauerte die aufgezeichnete Fahrt insgesamt?
b) Nach 4,5 Stunden muss der Fahrer eine Pause von 45 Minuten einlegen.
Hat der Fahrer des Busses diese Bestimmung eingehalten?
c) Wie hoch war seine maximale Geschwindigkeit?
d) Woran erkennt man, dass der Omnibus zwischen 8 Uhr und 9.30 Uhr auf der Autobahn fuhr?
e) Interpretieren Sie den Abschnitt zwischen 10.15 Uhr und 11 Uhr.
f) Wie lang etwa ist die Strecke, die zwischen 5.10 Uhr und 5.55 Uhr zurückgelegt wurde?

6 Bei der Herstellung von x Stück eines Artikels entstehen Gesamtkosten von K(x) Geldeinheiten. Dabei ist $K(x) = 0{,}02\,(x - 10)^3 + 20$.
a) Erstellen Sie eine Wertetabelle mit x-Werten zwischen 0 und 22 und skizzieren Sie den Graphen für die Gesamtkosten in Abhängigkeit von der Stückzahl.
b) Der Artikel wird um 2 Geldeinheiten pro Stück verkauft. Wie groß sind die Einnahmen, wenn x Stück verkauft werden? Zeichnen Sie in das vorhandene Koordinatensystem den Graphen für die Gesamteinnahmen ein.
c) Lesen Sie aus dem Graphen ab: Bei welchen Stückzahlen wird ein Gewinn erzielt? Bei welcher Stückzahl ist der Gewinn am größten?

7 Ein Rechteck mit dem Umfang 20 cm hat die Länge x cm. Geben Sie für die folgende Größe jeweils einen Term in Abhängigkeit von x an.
a) Breite des Rechtecks (in cm)
b) Flächeninhalt des Rechtecks (in cm²)
c) Länge der Diagonalen (in cm)
d) Flächeninhalt (in cm²) des dem Rechteck umbeschriebenen Kreises

2 Der Begriff der Funktion

1 In einem Moor nahe der Küste wurden im Sommer und im Winter die Bodentemperaturen gemessen (Fig. 1).
a) Erläutern Sie die Wahl der Achsenrichtungen für das Koordinatensystem.
b) Welche Temperaturen herrschten im Sommer in 1 m; 2 m; 3 m; 4 m Tiefe?
c) Welche Probleme ergeben sich, wenn man der Temperatur im Sommer bzw. im Winter die Tiefe zuordnet?
d) Ab welcher Tiefe unterscheiden sich die Temperaturen im Sommer und im Winter nur wenig?

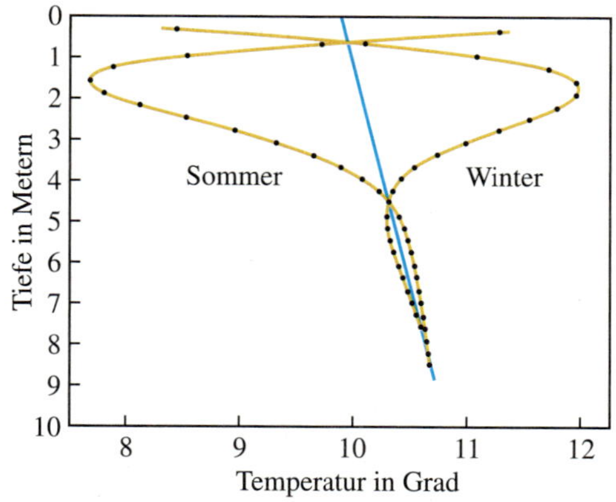

Fig. 1

Bei der mathematischen Beschreibung („Modellierung") einer Situation erhält man oft Zuordnungen zwischen Größen. Dabei wird meist einem Wert x der einen Größe **genau ein** Wert y der anderen Größe zugeordnet. Dies ist z. B. der Fall, wenn beim Laufen dem „zurückgelegten Weg" die „verstrichene Zeit" zugeordnet wird. Keine Eindeutigkeit liegt hingegen bei der Zuordnung von „gemessener Temperatur" zu „Tageszeit" vor. Eindeutige Zuordnungen treten oft auf und lassen sich zudem besonders gut bearbeiten.

Definition: Eine Vorschrift, die jeder reellen Zahl aus einer Menge D **genau eine** reelle Zahl zuordnet, nennt man **Funktion**.

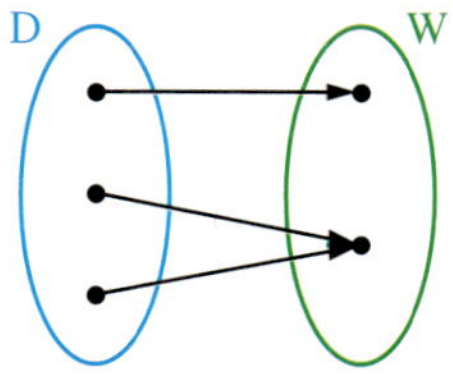

Funktion

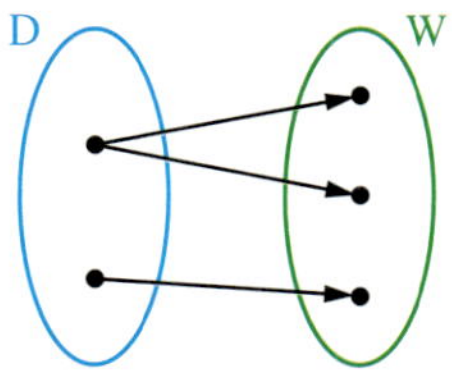

keine Funktion

Bei Funktionen sind die folgenden Schreib- und Sprechweisen üblich.

f; g; A; . . .	sind Bezeichnungen für Funktionen.
f(x) (lies: f von x)	bezeichnet diejenige Zahl, die f der Zahl x zuordnet. Man nennt sie den **Funktionswert von x** oder den **Funktionswert von f an der Stelle x**.
$\mathbf{D_f}$	ist die Menge aller x-Werte, auf die f angewendet werden soll; sie heißt **Definitionsmenge** der Funktion f. Fehlt bei einer Funktion die Angabe D_f, so ist stets die maximale Definitionsmenge gemeint.
$\mathbf{W_f}$	ist die Menge aller Funktionswerte; sie heißt **Wertemenge** von f. Es ist $W_f = \{f(x) \mid x \in D_f\}$.
$\mathbf{f: x \mapsto x^2}$ (lies: f x Pfeil x^2)	drückt aus, dass mit f die Vorschrift „jedem x wird x^2 zugeordnet" gemeint ist. Man nennt x^2 den **Funktionsterm**.
Graph von f	ist die Menge aller Punkte $P(x \mid y)$ in einem Koordinatensystem. Diese Punkte erfüllen die Gleichung $y = f(x)$ des Graphen von f.

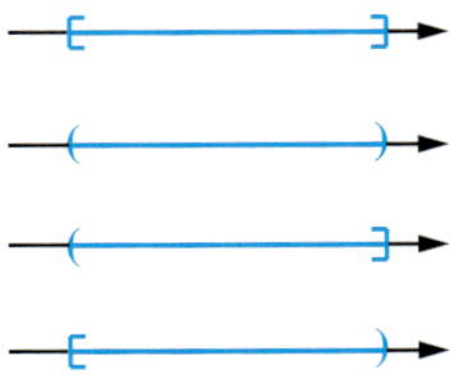

Die Definitionsmenge einer Funktion ist häufig ein so genanntes **Intervall**. Man schreibt:
$[a; b]$ für $\{x \mid a \leqq x \leqq b\}$ und nennt dies ein abgeschlossenes Intervall,
$(a; b)$ für $\{x \mid a < x < b\}$ und nennt dies ein offenes Intervall,
$(a; b]$ für $\{x \mid a < x \leqq b\}$ und nennt dies ein linksoffenes Intervall,
$[a; b)$ für $\{x \mid a \leqq x < b\}$ und nennt dies ein rechtsoffenes Intervall.
Analog wird $\pm\infty$ zur Bezeichnung unbeschränkter Intervalle benutzt. Man schreibt:
$[a; +\infty)$ für $\{x \mid x \geqq a\}$, $(a; +\infty)$ für $\{x \mid x > a\}$, $(-\infty; a]$ für $\{x \mid x \leqq a\}$, $(-\infty; a)$ für $\{x \mid x < a\}$.
Weiterhin wird vereinbart: $\mathbb{R}^+ = (0; \infty)$; $\mathbb{R}_0^+ = [0; \infty)$; $\mathbb{R}^- = (-\infty; 0)$; $\mathbb{R}_0^- = (-\infty; 0]$.

Das Zeichen ∞ für unendlich wurde 1655 von dem Engländer JOHN WALLIS *(1616–1703) eingeführt. Vermutlich orientierte er sich dabei an dem spätrömischen Symbol ∞ für 1000.*
Die Schweizer Briefmarke zeigt das Zeichen neben einer Sanduhr, dem Symbol der endlos dahinfließenden Zeit.

Beispiel 1:
Gegeben ist die Funktion $f\colon x \mapsto 3\sqrt{4-x^2}$.
a) Geben Sie die Funktionswerte an den Stellen -1 und $\sqrt{3}$ an.
b) Berechnen Sie $f(0)$, $f(2)$ und $f\left(\frac{3}{2}\right)$.
c) Bestimmen Sie die maximale Definitionsmenge und die Wertemenge von f.
Lösung:
a) $f(-1) = 3\sqrt{4-(-1)^2} = 3\sqrt{3}$; $f(\sqrt{3}) = 3$.   b) $f(0) = 6$; $f(2) = 0$; $f\left(\frac{3}{2}\right) = \frac{3}{2}\sqrt{7}$.
c) Maximale Definitionsmenge: Bedingung ist $4 - x^2 \geqq 0$, also ist $D_f = [-2; 2]$.
Wertemenge: Der größtmögliche Funktionswert ist $f(0) = 6$; der kleinstmögliche Funktionswert ist $f(-2) = 0$, also ist $W_f = [0; 6]$.

Beispiel 2: (Gleichheit von Funktionen)
Gegeben sind die Funktionen f mit $f(x) = (x+2)^2 - 4$; $D_f = \mathbb{R}$ und g mit $g(x) = x(x+4)$; $D_g = \mathbb{R}$. Handelt es sich um gleiche Funktionen? D. h., stimmen neben den Definitionsmengen auch die Wertemengen überein und gilt $f(x) = g(x)$ für alle $x \in \mathbb{R}$?
Lösung:
Es ist $(x+2)^2 - 4 = x^2 + 4x + 4 - 4 = x^2 + 4x = x(x+4)$.
Damit ist $W_f = \{y \mid y \geqq -4\} = W_g$ und es ist $f(x) = g(x)$ für alle $x \in \mathbb{R}$.
Es handelt sich also um gleiche Funktionen: $f = g$.

Aufgaben

2 Welche Punktmenge ist Graph einer Funktion $f\colon x \mapsto f(x)$?

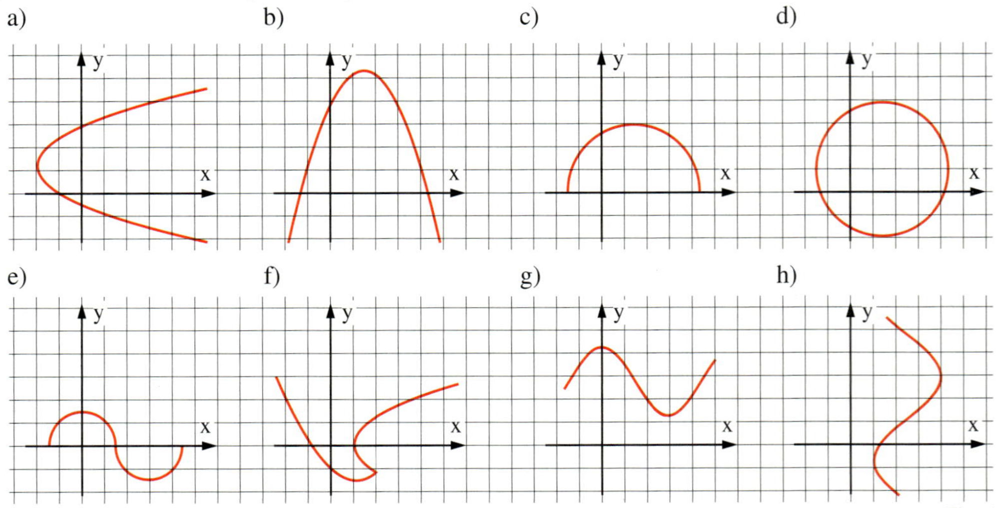

Fig. 1

3 Drücken Sie die Aussage in mathematischer Kurzschrift aus.

a) Durch die Funktion f wird der Zahl 3 die Zahl 10 zugeordnet.
b) Die Funktion g nimmt an der Stelle 5 den Funktionswert 12 an.
c) Die Zahl 3 gehört nicht zur Definitionsmenge der Funktion f.
d) Die Funktion f ordnet der Zahl 4 einen größeren Funktionswert zu als der Zahl 5.
e) Die Funktionen f und g nehmen für $x = 2$ denselben Funktionswert an.
f) Alle Funktionswerte der Funktion g sind positiv.

4 Welche Aussage ist falsch? Begründen Sie.

a) Eine Parallele zur x-Achse kann nicht Graph einer Funktion sein.
b) Eine Parallele zur y-Achse kann nicht Graph einer Funktion sein.
c) Jede Parallele zur x-Achse hat mit dem Graphen einer beliebigen Funktion höchstens einen Punkt gemeinsam.
d) Jede Parallele zur y-Achse hat mit dem Graphen einer beliebigen Funktion höchstens einen Punkt gemeinsam.

5 Geben Sie die maximale Definitions- und Wertemenge an.

a) $x \mapsto 3x - 0{,}5$ b) $x \mapsto x^2 + 1$ c) $x \mapsto 3^x$ d) $x \mapsto \frac{1}{x}$
e) $x \mapsto \frac{1}{3-x}$ f) $x \mapsto \sin(x)$ g) $x \mapsto \sqrt{x-3}$ h) $x \mapsto \frac{1}{\sqrt{x-3}}$

Nicht vergessen:
$D_f = D_g$ prüfen!

6 Untersuchen Sie, ob es sich um die gleiche oder um verschiedene Funktionen handelt.

a) $f(x) = x^2$; $g(t) = t^2$ b) $f(x) = 3x^2$; $g(x) = (3x)^2$
c) $f(x) = x^2$; $g(x) = (-x)^2$ d) $f(x) = (x-1)^2 - 1$; $g(x) = x(x-2)$
e) $f(x) = \frac{1}{x}$; $g(x) = \frac{x}{x^2}$ f) $f(x) = \frac{x^2 - 2x + 1}{x - 1}$; $g(x) = x - 1$

Systolischer Blutdruck: Druck beim Zusammenziehen der Hauptkammern des Herzmuskels.
Diastolischer Blutdruck: Druck beim Erschlaffen des Herzmuskels.

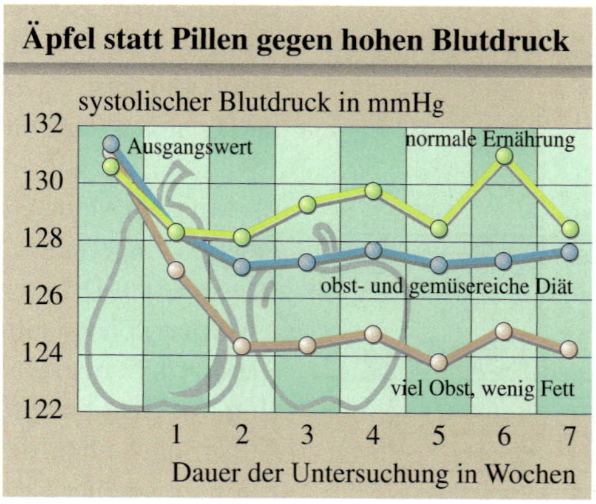

7 In einer englischen Studie wurde der Einfluss der Ernährung auf den Blutdruck untersucht.

a) Ist es sinnvoll, bei den Graphen die einzelnen Messpunkte miteinander zu verbinden?
b) Geben Sie für die drei dargestellten Funktionen jeweils die Definitionsmenge und die Wertemenge an.
c) Warum beginnt die Hochachse nicht mit dem Wert 0?
d) Um wie viel Prozent sank der Blutdruck bei der Diät „viel Obst, wenig Fett" im Verlauf der Studie?

8 h ist die Funktion, die jeder natürlichen Zahl n die Anzahl der Primzahlen zuordnet, die kleiner oder gleich n sind.

a) Stellen Sie für $n = 1; 2; \ldots; 20$ eine Wertetabelle auf. Zeichnen Sie den Graphen.
b) Für welche $n \in \mathbb{N}$ gilt: $h(n) = 11$?

9 Durch folgende Vorschrift wird eine Funktion f mit $D_f = \mathbb{N}$ definiert:
$f(0) = 1$; $f(n) = 2 \cdot f(n-1)$.

a) Berechnen Sie die Funktionswerte $f(n)$ für $1 \leqq n \leqq 5$.
b) Geben Sie eine Termdarstellung der Funktion f an.

3 Darstellung von Funktionen mit dem CAS-Rechner

1 Versuchen Sie, auf Ihrem CAS-Rechner, im folgenden kurz mit CAS bezeichnet, Graphen von Grundfunktionen wie f mit $f(x) = x^2$; g mit $g(x) = 3^x$ und h mit $h(x) = \sin(x)$ zu erstellen.

Unabhängig davon, ob eine Funktion durch einen Term oder durch eine Tabelle gegeben ist, bietet der graphikfähige Taschencomputer viele Möglichkeiten, Funktionen zu veranschaulichen. Besonders komfortabel wird dies durch die Anwendung sogenannter Menüs.

Beispiel 1: (Funktion durch Term gegeben)

Gegeben ist die Funktion f mit $f(x) = 2^x - \frac{1}{2}x$; $x \in \mathbb{R}$.

a) Stellen Sie auf dem CAS einen Graphen der Funktion dar.

b) Erstellen Sie eine Wertetabelle.

c) In der Nähe des Ursprungs hat der Graph einen Tiefpunkt. Wählen Sie in dieser Umgebung einen Ausschnitt und vergrößern Sie diesen. Ermitteln Sie die Koordinaten des Tiefpunktes.

Lösung:

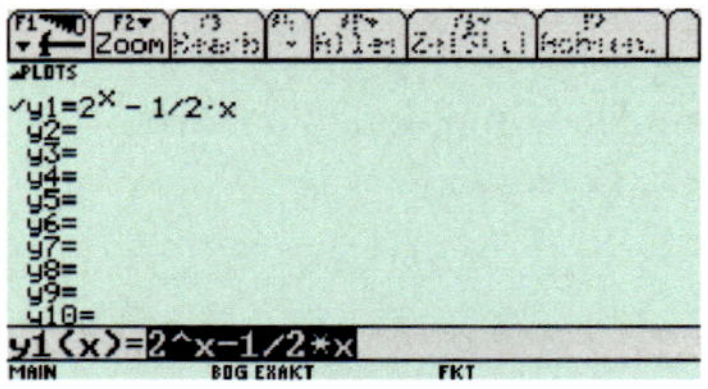

Fig. 1

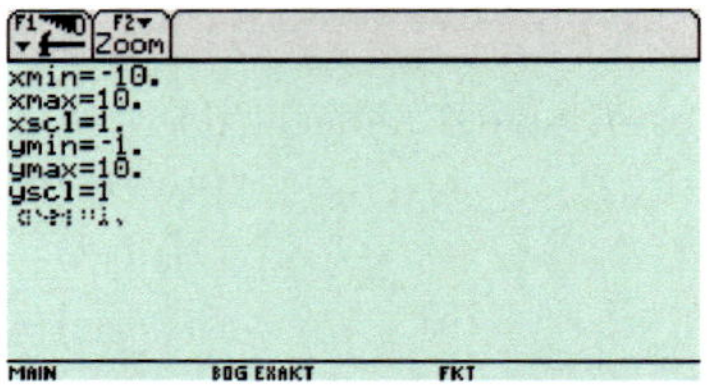

Fig. 2

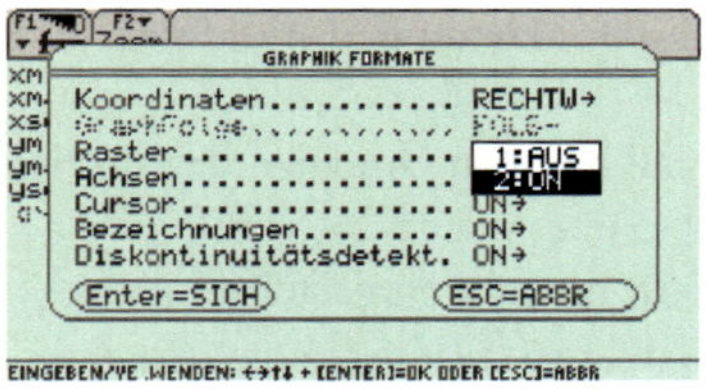

Fig. 3

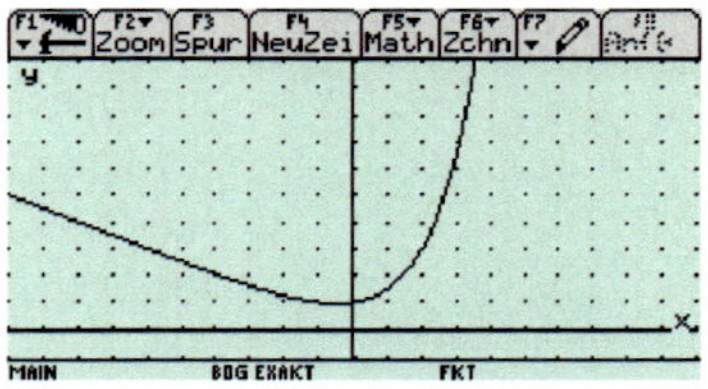
Fig. 4

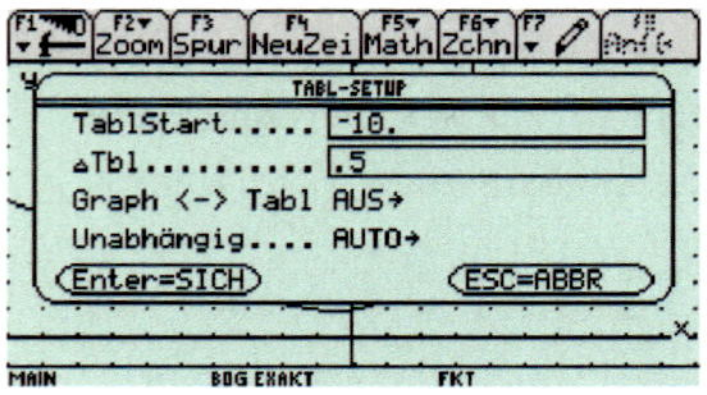

Fig. 5

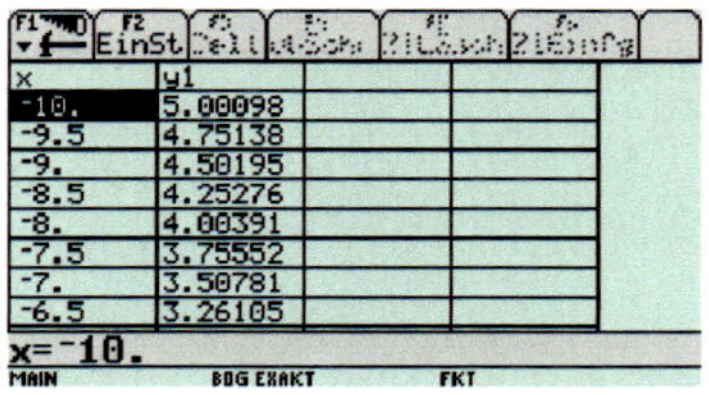

Fig. 6

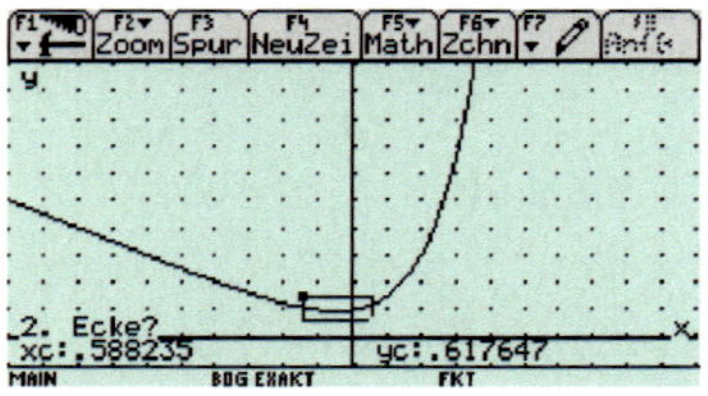

Fig. 7

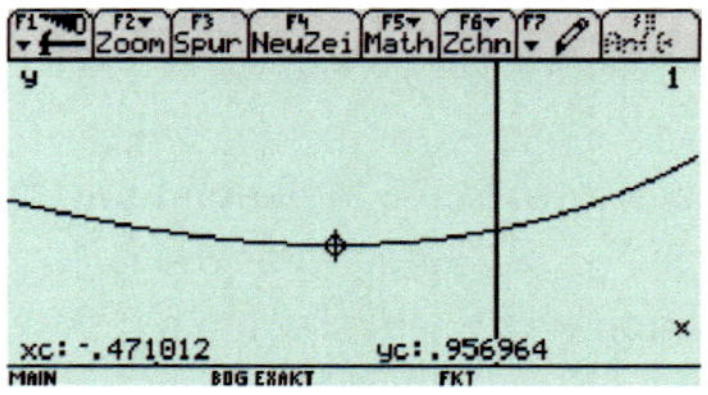

Fig. 8

Hinweise:

a) Eine Funktion kann mit ◆ Y= eingegeben werden (Fig. 1). Mit dem Befehl ◆ WINDOW (Fig. 2) wird der Zeichenbereich festgelegt. Der Graph wird im x-Intervall [xmin; xmax] und im y-Intervall [ymin; ymax] gezeichnet. Die Einheiten auf der x-Achse werden mit xscl und yscl eingestellt. Die Anzeige der Gitterpunkte lässt sich im WINDOW-Fenster über die Taste F1 und 9:Format mit Raster ON → aktivieren (Fig. 3). Mit ◆ GRAPH erhält man den Graphen der Funktion (Fig. 4).

b) Mit dem Menü ◆ TBLSET werden Wertetabellen eingerichtet (Fig. 5). Startwert (TablStart) und Differenz (ΔTabl) zwischen zwei x-Werten können eingestellt werden. Mit ◆ TABLE erhält man anschließend die Tabelle (Fig. 6). Geht man in der Tabelle mit dem Cursor nach oben, so werden auch Werte angezeigt, die kleiner als der Startwert sind.

c) Vom ◆ WINDOW-Fenster aus, gelangt man über F2 zu 1: ZoomBox. Damit kann man einen Bereich zur Vergrößerung auswählen (Fig. 7). Ein Eckpunkt des auszuwählenden Ausschnitts ist dabe mit ENTER zu bestätigen. F3 Spur positioniert auf dem Graphen einen Cursor, den man mit den Cursortasten bewegen kann (Fig. 8). Ergebnis: Die Koordinaten des Tiefpunktes sind näherungsweise: T(–0,47 | 0,96).

Beispiel 2: (Funktion durch Tabelle gegeben)
Die Tabelle zeigt den Anteil (in %) der deutschen Bevölkerung zwischen 14 und 64 Jahren, die privat oder beruflich das Internet nutzt.

Seit 1998 veröffentlicht das Institut für Demoskopie Allensbach jährlich die neuesten Zahlen.

Jahr	1998	1999	2000	2001	2002	2003	2004	2005
Anteil (in %)	11,8	16,9	28,6	40,0	46,0	55,7	58,8	64,0

a) Geben Sie die Daten in Form von Listen ein.
b) Stellen Sie die Daten als Punkte und als Liniendiagramm dar.
c) Beschreiben Sie den Verlauf der Graphen.

Lösung:

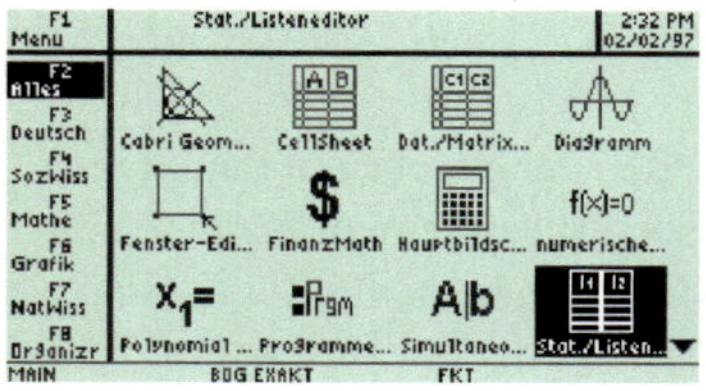

Fig. 1

Fig. 2

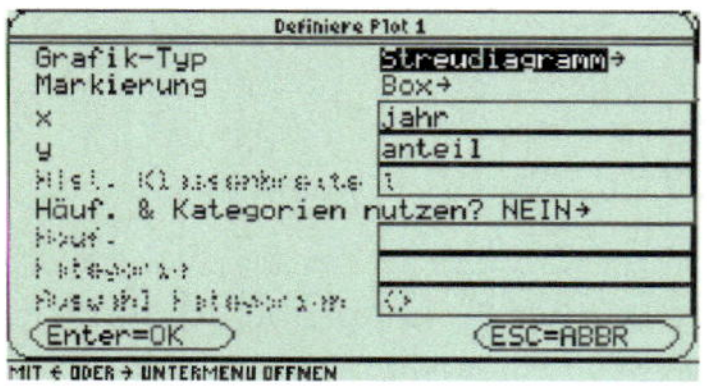

Fig. 3

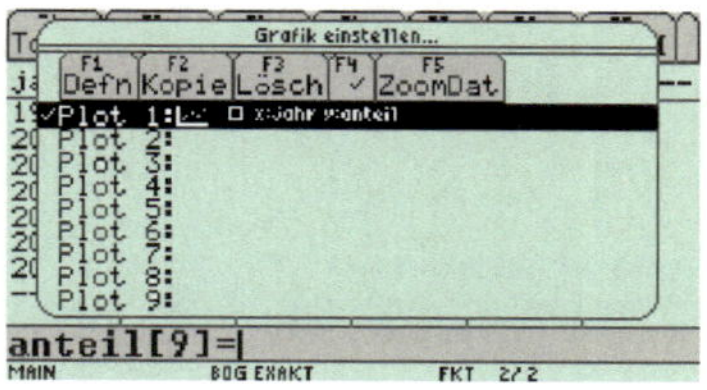

Fig. 4

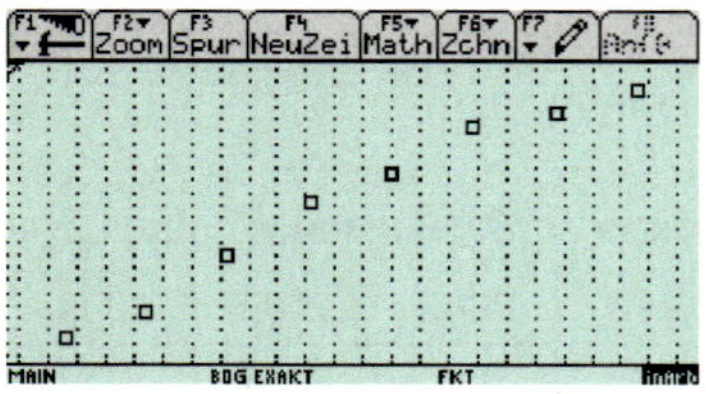

Fig. 5

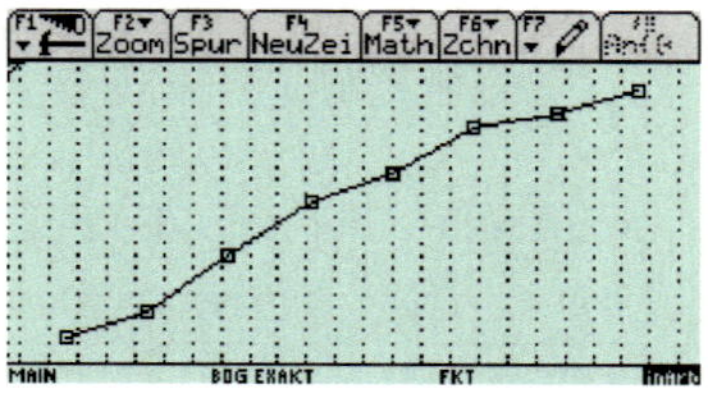

Fig. 6

Hinweise:

a) Im Hauptmenü (Fig. 1) wählt man Stat/Listen, gibt der Liste1 den Namen *jahr*, der Liste2 den Namen *anteil*. Man bringt den Cursor auf ein Listenelement und gibt den gewünschten Wert ein (Fig. 2).

b) Man wählt [F2] und dort 1: Grafik einstellen. Über [F1] wählt man die gewünschte Diagrammart (Fig. 3). Bei Markierung kann man die Form der Einzelpunkte festlegen. Bei x gibt man jahr ein, bei y entsprechend anteil. Nach Eingabe von [F5] erhält man den Graphen (Fig. 4, Fig. 5, Fig. 6).

c) Der Anteil der Internet-Nutzer ist in den Jahren 1998 bis 2005 kontinuierlich gewachsen. Aus den Tabellenwerten für 1998 und 2005 geht hervor, dass sich der Anteil der Nutzer in diesem Zeitraum fast versechsfacht hat. Am Liniendiagramm erkennt man, dass die größten Zunahmen in den Jahren 2000 und 2001 lagen mit 11,7% bzw. 11,4%.

Aufgaben

2 Gegeben ist die Funktion f durch einen Term. Erstellen Sie auf dem CAS den Graphen von f und eine Wertetabelle. Variieren Sie die [WINDOW]-Einstellungen und die Einstellungen im Menü [TBLSET].

a) $f(x) = 3x - 8$ b) $f(x) = x^2 - x + 2$ c) $f(x) = x^3$ d) $f(x) = \frac{1}{x}$

e) $f(x) = \frac{1}{2} \cdot \frac{1}{x^2}$ f) $f(x) = 2^x$ g) $f(x) = 3^x$ h) $f(x) = \frac{1}{2^x}$

3 Gegeben sind die Funktionen f und g jeweils durch einen Term. Erstellen Sie auf dem CAS Graphen von f und g in einem gemeinsamen Koordinatensystem. Wählen Sie dabei unterschiedliche Grafikstile.

a) $f(x) = \frac{1}{4}x - 2;\ g(x) = -2x + 1$ b) $f(x) = x^2;\ g(x) = 3 - x$

c) $f(x) = (x + 3)^2;\ g(x) = 1$ d) $f(x) = -x^3;\ g(x) = x^4$

4 Stellen Sie auf dem CAS den Graph und eine Wertetabelle der gegebenen Funktion f durch Teilung des Bildschirms gleichzeitig dar. Gehen Sie dazu mit [MODE] auf „Seite 2".

a) $f(x) = x^2 - 2$ b) $f(x) = \sqrt{x}$ c) $f(x) = \frac{1}{x+1}$ d) $f(x) = 2^{x-1}$

Graphen von Betragsfunktionen

5 Stellen Sie auf dem CAS den Graph der gegebenen Funktion f bei unterschiedlichen Einstellungen im Format-Menü dar.

a) $f(x) = -3x + 7$ b) $f(x) = (x - 5)^2 + 1$ c) $f(x) = |x|$ d) $f(x) = |x - 2|$

6 Der Graph der gegebenen Funktion f hat einen Hoch- bzw. Tiefpunkt. Ermitteln Sie näherungsweise dessen Koordinaten.

a) $f(x) = 3^x - \frac{1}{2}x$ b) $f(x) = \sqrt{x} - 0{,}1\,x^2$ c) $f(x) = 2^x - 3\sqrt{x}$ d) $f(x) = x^2 + \frac{1}{x}$

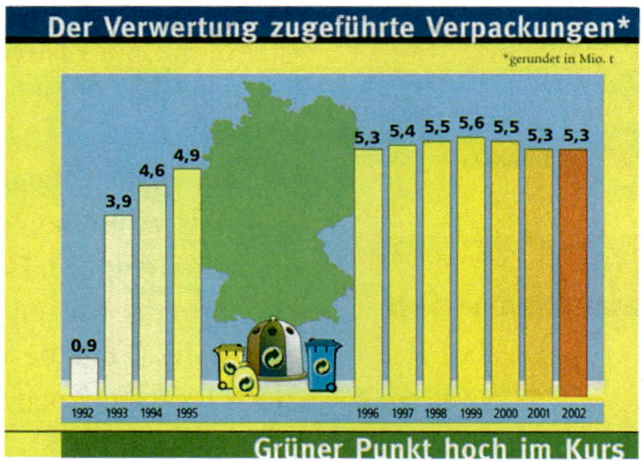

Fig. 1

7 Die Graphen der gegebenen Funktionen f und g schneiden sich in einem Punkt S. Ermitteln Sie Näherungswerte für die Koordinaten von S.

a) $f(x) = x^3;\ g(x) = x^2 + 2$

b) $f(x) = x^3 - 1;\ g(x) = (x - 2)^2$

c) $f(x) = \frac{1}{x-1};\ g(x) = x^2$

d) $f(x) = 5^x;\ g(x) = \frac{1}{x}$

8 Seit 1993 werden in Deutschland durch das „Duale System" Verpackungen gesammelt. Fig. 1 zeigt die Sammelbilanz in zurückliegenden Jahren. Erstellen Sie auf dem CAS ein Liniendiagramm.

1988, als mehr als 350 000 Kinder erkrankt waren, wollte die Weltgesundheitsorganisation (WHO) das Polio-Virus bis zum Jahr 2000 vollständig ausrotten. Kriege und Naturkatastrophen behinderten aber die Impfprogramme. Informieren Sie sich über die aktuelle Situation auf der Web-Seite der WHO.

www.who.int
www.polioeradication.org

9 Die Tabelle zeigt die Anzahl weltweiter Polio-Erkrankungen in zurückliegenden Jahren.

Jahr	1998	1999	2000	2001	2002	2003	2004	2005
Anzahl	6349	7141	2971	498	1922	784	1284	1926

a) Stellen Sie auf dem CAS die Werte der Tabelle als Punkt-, Linien- und Treppendiagramm (Histogramm) dar.

b) Beschreiben Sie den Verlauf der Polio-Erkrankungen.

Abhängigkeiten darstellen

10 Die Tabelle zeigt das mittlere Körpergewicht und die mittlere Körpergröße 13-jähriger Mädchen bzw. Jungen aus Jena in ausgewählten Jahren in dem Zeitraum von 1921 bis 1995.

Jahr	1921	1932	1944	1954	1964	1975	1985	1995
Gewicht (in kg), Mädchen	37,7	41,5	38,2	42,9	44,4	45,4	46,1	47,7
Gewicht (in kg), Jungen	34,2	39,0	38,4	39,4	40,3	45,6	45,2	51,4
Größe (in cm), Mädchen	146,7	150,3	148,7	153,7	153,6	158,1	158,7	158,7
Größe (in cm), Jungen	143,8	148,5	148,8	151,5	151,5	157,3	157,9	161,2

Seit 1880 werden in Jena 7- bis 14-jährige Schulkinder regelmäßig vermessen. (Vgl.: Bild der Wissenschaft, Heft 1/2002)

a) Stellen Sie die Daten für das Gewicht und für die Größe auf dem CAS als Liniendiagramme jeweils in einem gemeinsamen Koordinatensystem dar.

b) Beschreiben Sie den Verlauf der Diagramme; nennen Sie mögliche Gründe für Unregelmäßigkeiten.

4 Lineare Funktionen; Geraden

Energiebilanz verschiedener Verkehrsmittel pro Reisendem:

Flugzeug: 0,41 kWh pro Kilometer + 95,2 kWh pro Start (bei mittlerer Auslastung)

Auto: 0,80 kWh pro Kilometer (bei einem Insassen)

Bahn: 0,09 kWh pro Kilometer (bei mittlerer Auslastung)

1 a) Berechnen Sie den Energieverbrauch für eine Reise von Berlin nach Rostock (Entfernung ca. 210 km) für jedes der drei Verkehrsmittel.
b) Geben Sie die Terme für die folgenden Funktionen an und zeichnen Sie jeweils den Graphen.
f: Flugkilometer $\mapsto$ Energieverbrauch
a: Autokilometer $\mapsto$ Energieverbrauch
c) Ab welcher Reisestrecke hat das Flugzeug eine günstigere Energiebilanz als das Auto? Was ändert sich, wenn man von 2 Insassen im Auto ausgeht?

Viele Funktionen, die im Alltag eine Rolle spielen, haben die Form $f: x \mapsto mx + c$.

Definition: Eine Funktion $f: x \mapsto mx + c$; $m \in \mathbb{R}$, $c \in \mathbb{R}$ heißt **lineare Funktion**.

Eine Gerade mit der Steigung 0 ist eine Parallele zur x-Achse

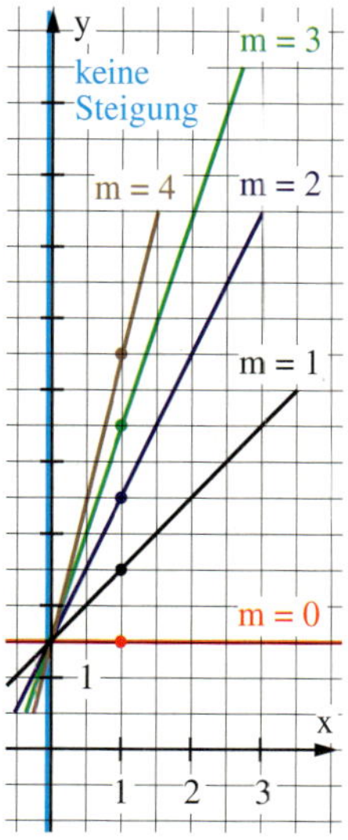

Fig. 1

Eine Gerade kann also durch zwei Angaben festgelegt werden. Sind m und c gegeben, so kann man ohne weitere Rechnung die Geradengleichung angeben: $f(x) = m \cdot x + c$.
Da $f(0) = c$ ist, geht die Gerade durch den Punkt $A(0|c)$ der y-Achse. c heißt daher auch **y-Achsenabschnitt**. In Fig. 2 lautet die Gleichung der roten Geraden $y = \frac{3}{4}x$, die der blauen $y = \frac{3}{4}x + 2$.
Der Faktor $\frac{3}{4}$ kann auch so gedeutet werden: wächst x um 1 Einheit, so wächst y um $\frac{3}{4}$ Einheiten. Die Zahl $\frac{3}{4}$ ist die **Steigung** der Geraden. Für den Steigungswinkel α gilt:
$\tan(\alpha) = \frac{3}{4}$; allgemein: $\tan(\alpha) = m$.
Fig. 3 interpretiert die Steigung, wenn der Zuwachs für x nicht 1, sondern beliebig ist.
Die Gerade g geht durch die Punkte $P(x_P|y_P)$ und $Q(x_Q|y_Q)$ mit $x_P \neq x_Q$.
Im „Steigungsdreieck" PRQ ist
$m = \tan(\alpha) = \frac{\overline{QR}}{\overline{PR}} = \frac{y_Q - y_P}{x_Q - x_P}$.
Der Quotient $\frac{y_Q - y_P}{x_Q - x_P}$ wird auch **Änderungsrate** genannt. Die linearen Funktionen und nur diese haben eine konstante Änderungsrate.

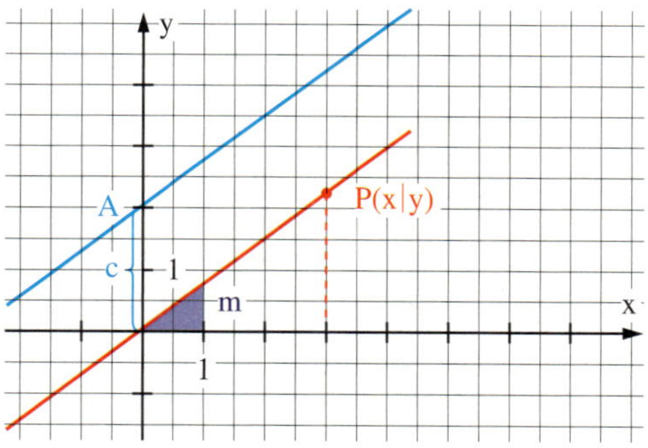

Fig. 2

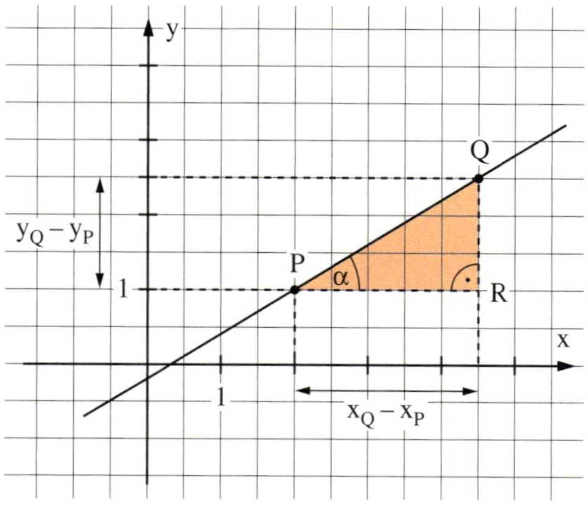

Fig. 3

Der Graph der Funktion $x \mapsto mx$ ist eine Ursprungsgerade mit der Steigung m (Fig. 1). Verschiebt man diese um x_P in x- und um y_P in y-Richtung, erhält man eine parallele Gerade durch den Punkt $P(x_P|y_P)$. Da für jeden beliebigen Punkt $Q(x|y)$ der Geraden durch $P(x_P|y_P)$ die Steigung ebenfalls m ist, gilt:
$\frac{y-y_P}{x-x_P} = m$ oder $y - y_p = m \cdot (x - x_p)$.
$y = m(x - x_p) + y_p$ ist damit die Gleichung der zu $y = mx$ parallelen Geraden durch P.

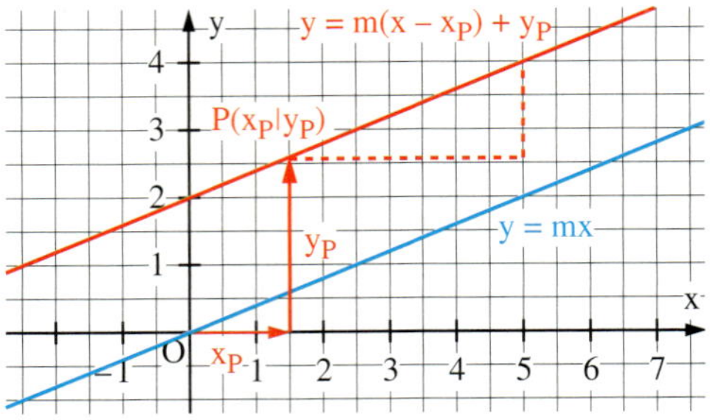

Fig. 1

*$y = mx + c$ heißt auch **Hauptform** der Geradengleichung.*

Satz 1: Der Graph einer linearen Funktion $f\colon x \mapsto mx + c$ ist eine Gerade mit der Steigung m und dem y-Achsenabschnitt c. Die Gleichung der Geraden ist $y = mx + c$.
Geht die Gerade durch die Punkte $P(x_P|y_P)$ und $Q(x_Q|y_Q)$, so gilt

für die Steigung:	für den Steigungswinkel:	für die Gleichung:
$m = \frac{y_Q - y_P}{x_Q - x_P}$; $x_P \neq x_Q$	$\tan(\alpha) = m$ $(0° \leqq \alpha \leqq 180°)$	$y = m(x - x_P) + y_P$.

*$Ax + By + C = 0$ heißt auch **allgemeine Form** der Geradengleichung. Vorteil dieser Form: Man kann **jede** Gerade in der gleichen Form beschreiben.*

Aus $y = mx + c$ folgt $mx - y + c = 0$. Diese Gleichung hat die Form $Ax + By + C = 0$. Durch eine solche Form sind auch Geraden mit der Gleichung $\mathbf{x - a = 0}$ bzw. $\mathbf{x = a}$ erfasst. Diese Geraden sind parallel zur y-Achse; es handelt sich also nicht um Graphen von Funktionen (Fig. 2).

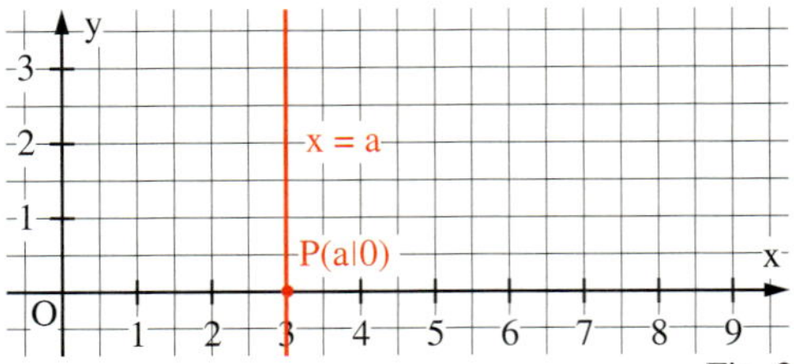

Fig. 2

Umgekehrt kann man jede Gleichung der Form $Ax + By + C = 0$ auf die Form $y = mx + c$ oder $x = a$ bringen, sofern nicht $A = 0$ **und** $B = 0$ ist.
Schneiden sich zwei Geraden, bilden sie zwei Paare jeweils gleich großer Winkel (Fig. 3). Im Sonderfall sind alle vier Winkel gleich groß: die Geraden sind **orthogonal** (Fig. 4). In diesem Fall gibt es einen einfachen Zusammenhang zwischen den Steigungen.
Da sich die Steigungen von Geraden bei Verschiebungen nicht ändern, genügt es, die Überlegungen an Ursprungsgeraden durchzuführen.

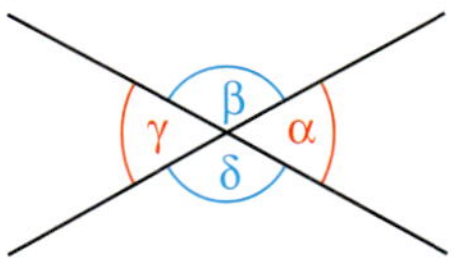

Fig. 3

$\alpha = \gamma$
$\beta = \delta$

Dreht man eine gegebene Ursprungsgerade g um 90° um O, erhält man die zu g orthogonale Gerade h. Ist $P_1(a|b)$ ein Punkt auf g, dann liegt $P_2(-b|a)$ auf h. Die Steigung von g ist $m_1 = \frac{b}{a}$, die Steigung von h ist $m_2 = \frac{a-0}{-b-0} = -\frac{a}{b}$. Somit gilt $m_1 \cdot m_2 = -1$.
Umgekehrt kann man aus $m_1 \cdot m_2 = -1$ auf Orthogonalität schließen (vgl. Aufg. 16).

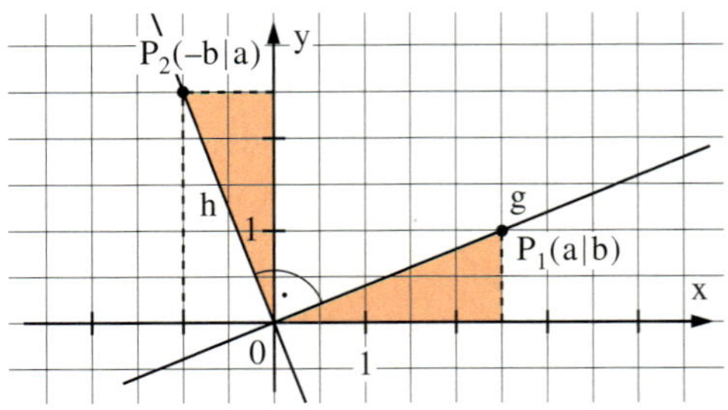

Fig. 4

Satz 2: Gegeben sind zwei Geraden g und h mit den Steigungen m_1 bzw. m_2.
a) Sind g und h orthogonal, dann gilt $m_1 \cdot m_2 = -1$ $\left(\text{oder } m_2 = -\frac{1}{m_1}\right)$.
b) Gilt $m_1 \cdot m_2 = -1$, dann sind g und h orthogonal.

Zeichnet man durch zwei Punkte $P(x_P|y_P)$ und $Q(x_Q|y_Q)$ nicht die Gerade, sondern nur die Verbindungsstrecke, kann man von dieser die Länge und die Koordinaten des Mittelpunktes $M(x_M|y_M)$ berechnen.

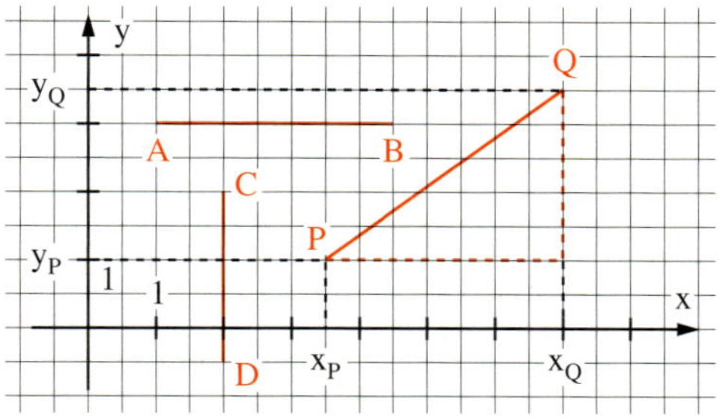

Fig. 1

Als Einheit für die Länge dient die Koordinateneinheit. So gemessene Längen werden ohne Einheit geschrieben. Ist die Strecke parallel zu einer Koordinatenachse, gilt:

$\overline{AB} = x_B - x_A$ bzw. $\overline{CD} = y_C - y_D$.

Allgemein gilt (Satz des PYTHAGORAS):

$\overline{PQ} = \sqrt{(x_Q - x_P)^2 + (y_Q - y_P)^2}$ (Fig. 1).

Aus Fig. 2 folgt mithilfe des Strahlensatzes:

$\frac{\overline{PM}}{\overline{MQ}} = \frac{x_M - x_P}{x_Q - x_M}$.

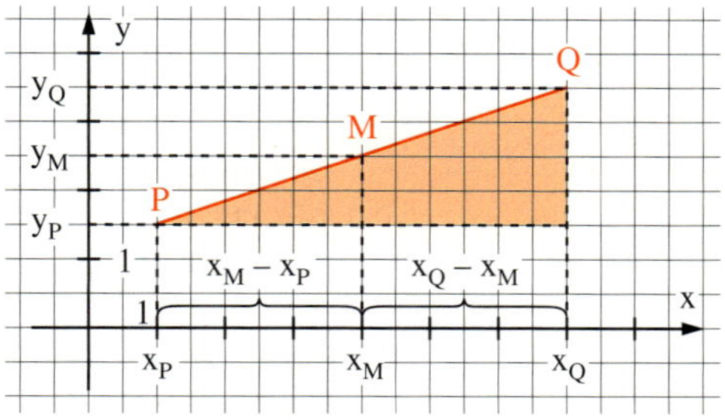

Fig. 2

Da M der Mittelpunkt der Strecke PQ ist, gilt:

gilt: $x_M - x_P = x_Q - x_M$.

Somit: $x_M = \frac{1}{2}(x_P + x_Q)$.

Entsprechend ergibt sich: $y_M = \frac{1}{2}(y_P + y_Q)$.

Beispiel 1: (Gerade ist festgelegt durch 2 Punkte)

Die Gerade g geht durch die Punkte $P(-2|3)$ und $Q(2|1)$. Zeichnen Sie g; ermitteln Sie eine Gleichung für g.

Lösung:

Zeichnung: Siehe Fig. 3.

Ermittlung einer Gleichung für g:

Gerade durch zwei Punkte

1. Möglichkeit: (Anwendung von Satz 1)

Aus den Koordinaten von P und Q ergibt sich die Steigung: $m = \frac{1-3}{2-(-2)} = \frac{-2}{4} = -\frac{1}{2}$.

Damit ist $y = -\frac{1}{2}(x - (-2)) + 3 = -\frac{1}{2}x + 2$ eine Gleichung für g.

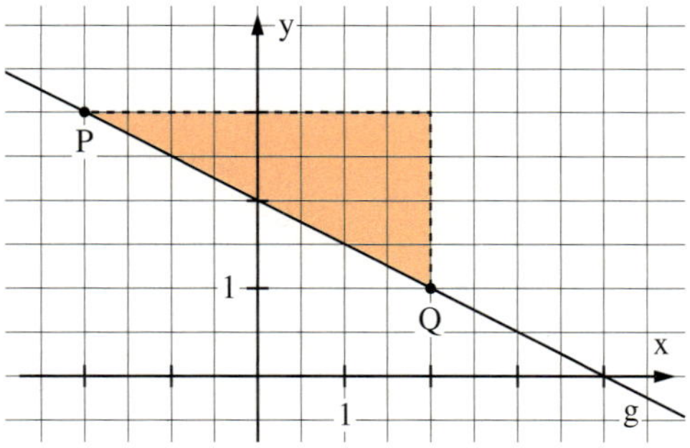

Fig. 3

2. Möglichkeit: (Punktproben)

Ansatz:	$y = mx + c$
Punktprobe für $P(-2\|3)$:	$3 = m \cdot (-2) + c$ (1)
Punktprobe für $Q(2\|1)$:	$1 = m \cdot 2 + c$ (2)

Subtrahiert man (2) von (1), ergibt sich $2 = -4m$; hieraus folgt $m = -\frac{1}{2}$.

Setzt man diesen Wert für m z. B. in (2) ein, folgt $c = 2$. Gleichung für g: $y = -\frac{1}{2}x + 2$.

Beispiel 2: (Sonderfälle)

Geben Sie eine Gleichung für die Gerade an, die durch den Punkt $S(5|1)$ geht und

a) parallel zur x-Achse ist

b) parallel zur y-Achse ist.

Lösung:

a) Für die x-Achse als Gerade ist $m = 0$.

Verschiebung durch den Punkt $S(5|1)$ ergibt: $y = 0(x - 5) + 1$. Hieraus folgt: $y = 1$.

b) Für die Parallele zur y-Achse durch $S(5|1)$ gilt: $x = 5$.

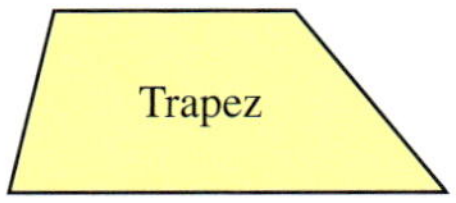

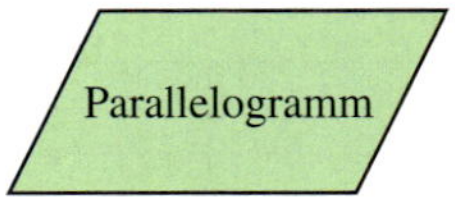

Beispiel 3: (Untersuchung auf Parallelität und Orthogonalität)
Gegeben ist das Viereck ABCD mit $A(-1|3)$, $B(1|-1)$, $C(3{,}5|1{,}5)$, $D(2|4{,}5)$.
Untersuchen Sie, ob das Viereck orthogonale oder parallele Seiten hat. Um welche Art von Viereck handelt es sich?
Lösung:
Die Steigungen der Geraden durch die Eckpunkte sind:
$m_{AB} = -2$; $m_{BC} = 1$; $m_{CD} = -2$; $m_{AD} = 0{,}5$.
Damit sind AB und CD parallel. Da $m_{AB} \cdot m_{AD} = -1$ ist, sind AB und AD orthogonal.
Wegen $m_{AB} \cdot m_{BC} = -2$ sind AB und BC nicht orthogonal. Das Viereck ist ein Trapez.

Beispiel 4:
Gegeben ist das Dreieck ABC mit $A(-2|-2)$, $B(4|-1)$ und $C(2|2)$. Berechnen Sie die Seitenhalbierende s_c.
Lösung:
Die Mitte M von AB hat die Koordinaten:
$x_M = \frac{1}{2}(-2 + 4) = 1$; $y_M = \frac{1}{2}(-2 + (-1)) = -\frac{3}{2}$.
Berechnung von s_c:
$s_c^2 = \overline{MC}^2 = (2-1)^2 + \left(2 - \left(-\frac{3}{2}\right)\right)^2 = \frac{53}{4}$;
$s_c = \sqrt{\frac{53}{4}} = \frac{1}{2}\sqrt{53} \approx 3{,}64$.

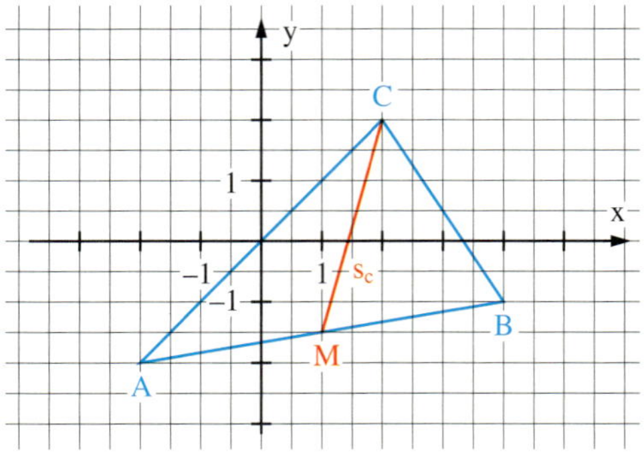

Fig. 1

Aufgaben

2 Die Gerade g geht durch die Punkte A und B. Zeichnen Sie g und ermitteln Sie eine Gleichung für g. Bestimmen Sie den Steigungswinkel und den Schnittpunkt mit der x-Achse.
a) $A(1|2)$; $B(5|4)$ b) $A(-2|3)$; $B(3|-2)$ c) $A(-1{,}5|3)$; $B(4|4{,}5)$ d) $A(-4|-3)$; $B(1|3)$

3 Berechnen Sie die Steigung einer Geraden, die zu der Geraden durch A und B orthogonal ist.
a) $A(6|3)$, $B(8|6)$ b) $A(3|-3)$, $B(-2|-2)$ c) $A(-1|3)$; $B(0|-2)$
d) $A(0|-1)$, $B\left(\frac{2}{5}\middle|\frac{3}{4}\right)$ e) $A(-1{,}4|1)$, $B(-1|1{,}75)$ f) $A\left(\frac{1}{3}\middle|5\right)$; $B(-10|9)$

4 Untersuchen Sie rechnerisch, ob die Punkte A, B, C auf einer Geraden liegen.
a) $A(-1{,}5|0{,}5)$, $B(2|2)$, $C(3{,}5|2{,}5)$ b) $A(-10|1)$, $B(-2|-1)$, $C(2|-2)$
c) $A(0|11)$, $B(11|0)$, $C(5{,}4|5{,}6)$ d) $A(1|1)$, $B(7{,}5|6)$, $C(2{,}5|3)$

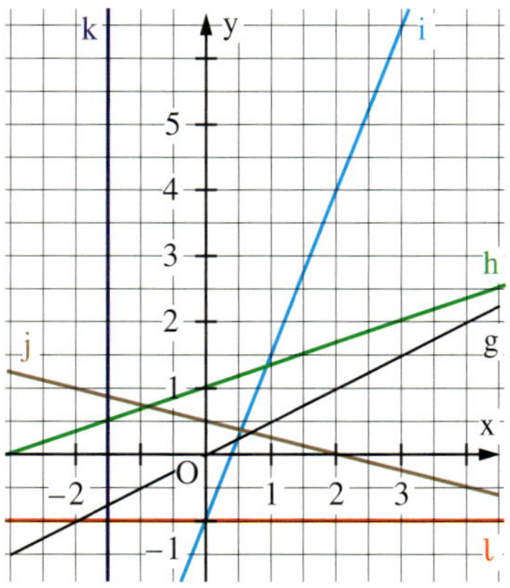

Fig. 2

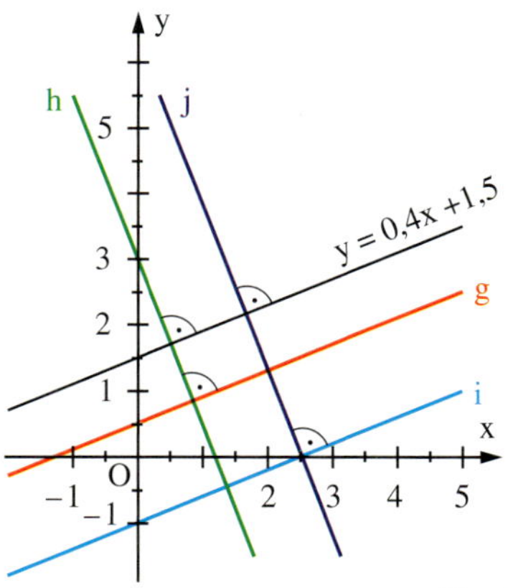

Fig. 3

5 Geben Sie die Gleichungen der Geraden g, h, i, j, k und l in Fig. 2 an.

6 Bestimmen Sie die Gleichungen der Geraden g, h, i und j in Fig. 3.

7 Untersuchen Sie rechnerisch.
a) Liegt $P(10|12)$ auf der Geraden durch den Ursprung $O(0|0)$ und $Q(0{,}25|0{,}2)$?
b) Geht die Orthogonale zu $y = 7x - 21$ durch $P(0|3)$ auch durch $Q(14|1)$?
c) Ist $-x + 4y - 6 = 0$ die Parallele zu $y = -0{,}25x$ durch den Punkt $P(-6|0)$?

Für Steigungswinkel gilt:
$0° \leqq \alpha < 180°$.

8 Untersuchen Sie, ob es sich bei dem Viereck ABCD um ein Parallelogramm, ein Trapez oder um keines von beidem handelt.
a) $A(0|0)$, $B(2|-5)$, $C(7|-3)$, $D(5|2)$ b) $A(1|0)$, $B(8|-2)$, $C(7|1)$, $D(-1|3)$
c) $A(0|-4)$, $B(3|-3)$, $C(1|3)$, $D(-2|2)$ d) $A(2|0)$, $B(8|-1)$, $C(9|0)$, $D(6|0{,}5)$

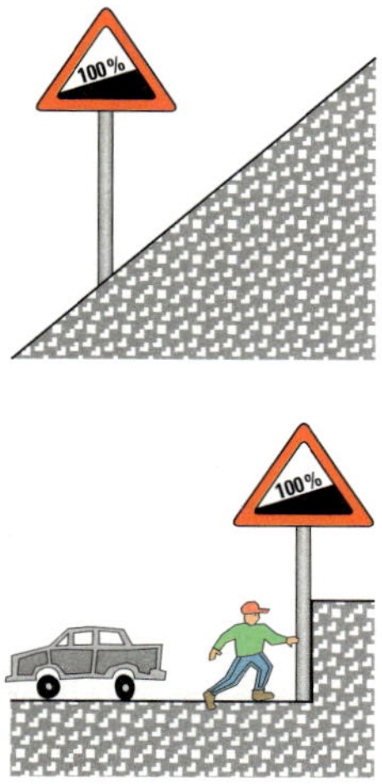

Welches Schild steht falsch?

9 Bei Straßen wird die Steigung in Prozent angegeben. Die steilsten Teilstücke der San-Bernardino-Passstraße haben 15 % Steigung. Wie groß ist der Steigungswinkel?

10 Gegeben ist das Dreieck ABC mit $A(-1|-1)$, $B(4|0)$, $C(2|3)$.
a) Bestimmen Sie jeweils eine Gleichung der Geraden, auf denen die Dreiecksseiten liegen.
b) Ist das Dreieck rechtwinklig?
c) Berechnen Sie die Seitenlängen des Dreiecks.
d) Eine Gerade g geht durch A und teilt das Dreieck in zwei flächengleiche Teile. Bestimmen Sie eine Gleichung von g.

11 Wie lautet eine Gleichung einer Geraden, die
a) zur x-Achse parallel ist und durch $A(3|-2)$ geht
b) zur y-Achse parallel ist und von $B(0|17)$ den Abstand 4 hat
c) den Steigungswinkel 45° hat und durch $C(-1|2)$ geht
d) durch die Mitte von PQ mit $P(2|3)$ und $Q(4|1)$ geht und die Steigung 0,5 hat?

12 Gegeben ist die Gerade durch $P(-2|2{,}5)$ und $Q(1|1)$. Bestimmen Sie die Koordinaten des Punktes der Geraden, welcher
a) die Abszisse 2 hat b) die Ordinate 2 hat
c) auf der x-Achse liegt d) auf der y-Achse liegt.

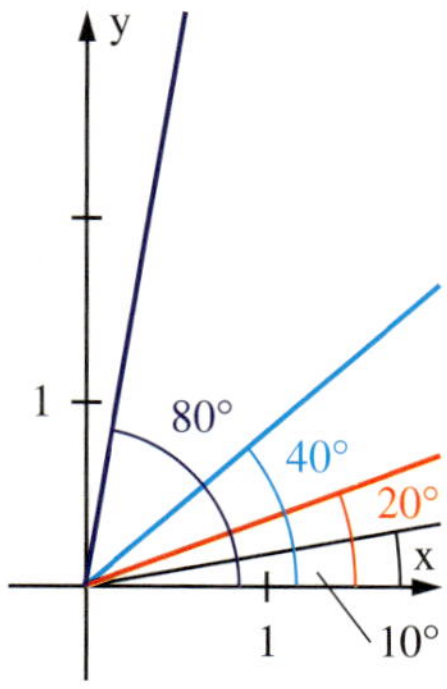

Fig. 1

13 Gegeben ist das Dreieck ABC mit $A(3|3)$, $B(-3|1)$ und $C(0|-2)$. Bestimmen Sie eine Gleichung der Parallelen
a) zu BC durch A b) zu CA durch B c) zu AB durch C.

14 a) Bestimmen Sie c so, dass die Gerade $y = 0{,}5x + c$ durch $R(4|3)$ geht.
b) Bestimmen Sie m und c so, dass die Gerade $y = mx + c$ durch $P(7|-2)$ und $Q(2|4)$ geht.

15 a) Berechnen Sie auf zwei Dezimalen gerundet die Steigungen der in Fig. 1 abgebildeten Geraden. Ist der Steigungswinkel zur Steigung proportional?
b) Bestimmen Sie die Steigungen der an der y-Achse gespiegelten Geraden.

16 Die Gerade g hat die Steigung m_1, die Gerade h hat die Steigung m_2; weiterhin ist $m_1 \cdot m_2 = -1$. Zeigen Sie: Die Geraden g und h sind orthogonal.

17 Wie lang sind die Seitenhalbierenden im Dreieck ABC?
a) $A(-1|0)$, $B(2|1)$, $C(0{,}5|4)$ b) $A(-0{,}75|1)$, $B(0|-2)$, $C(6|1)$

18 a) Zeigen Sie rechnerisch, dass die Punkte $A(-8|6)$ und $B(5\sqrt{3}|5)$ vom Ursprung den gleichen Abstand haben. Wo liegen alle Punkte, die vom Ursprung den Abstand 10 haben?
b) Welche Bedingung erfüllen die Koordinaten eines Punktes $P(x|y)$, falls P vom Ursprung den Abstand 10 hat?

19 a) Liegt der Punkt $P(-2{,}8|2{,}1)$ auf dem Kreis um $O(0|0)$ mit Radius 3,5?
b) Gibt es einen Kreis um $M(3|1)$, auf dem die Punkte $Q(0|-8)$ und $R(7|9{,}5)$ liegen?

5 Anwendungen zur linearen Funktion; lineare Regression

1 Sie haben sich einen neuen Computer „auf Raten" gekauft. Erläutern Sie, was man darunter versteht. Veranschaulichen Sie die Situation grafisch.

2 Frau Maier möchte ihr Geld bei einer Bank anlegen. Ihr wird ein so genannter „Ratensparvertrag" angeboten. Erläutern Sie mögliche Bedinungen.

Bei einer linearen Funktion f: $x \mapsto mx + c$ wurde der Faktor m bisher als Steigung (Fig. 1) der zugehörigen Geraden interpretiert.

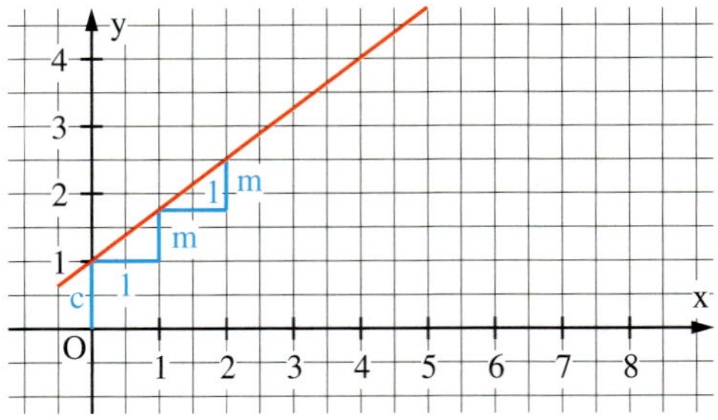

Fig. 1

Bei Anwendungen liegt eine weitere Interpretation nahe.

Ein Auto, das noch 5 Liter Benzin im Tank hat, wird aufgetankt. Pro Minute laufen 40 Liter Benzin in den Tank.
Anders ausgedrückt: Die Füllrate beträgt $\frac{40 \text{ Liter}}{1 \text{ Minute}}$.

Diese Rate ist während des Tankens konstant. Fig. 2 veranschaulicht den Füllvorgang.

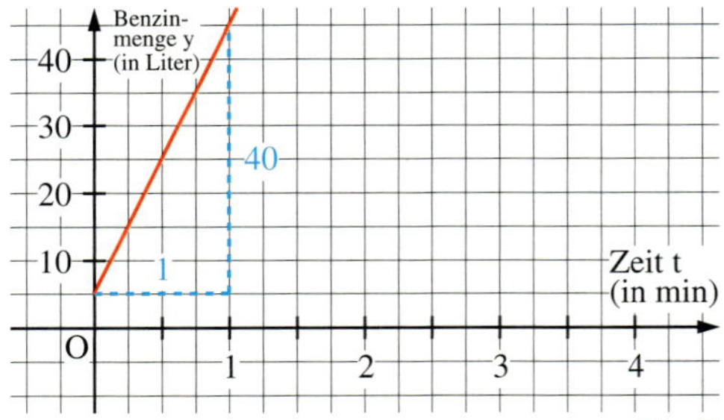

Fig. 2

Bezeichnet t die Zeit seit Beginn des Tankens (in Minuten) und y die Benzinmenge im Tank (in Liter), so gilt:
$y = 40 \cdot t + 5$.

Bei Anwendungen kann man also den Quotienten $\frac{y_2 - y_1}{x_2 - x_1}$ als Rate deuten. In solchen Fällen spricht man dann auch von einer so genannten **Änderungsrate**.

Ist eine Variable y abhängig von einer Variablen x in der Weise, dass die Änderungsrate $\frac{y_2 - y_1}{x_2 - x_1}$ konstant ist, dann ist y eine lineare Funktion von x. Bezeichnet man die Änderungsrate mit m, so hat der zugehörige Graph die Gleichung $y = mx + c$.
Ist umgekehrt y eine lineare Funktion von x und hat der Graph die Gleichung $y = mx + c$, so ist die Änderungsrate konstant und gleich m.

Beim Tanken kann man davon ausgehen, dass die Durchflussrate konstant ist. Außerdem ist die Rate aufgrund der Konstruktion bekannt.
Entsprechend ist die Situation bei der Ausdehnung einer Feder. Nach dem HOOKE'schen Gesetz ist die Verlängerung proportional zur angreifenden Kraft. Also kann man physikalisch begründen, dass die Änderungsrate konstant ist.

Anders verhält es sich, wenn man z. B. den Zusammenhang zwischen der Verkaufsfläche (in m^2) und dem Jahresumsatz (in Tausend Euro) eines Unternehmens betrachtet. Für 11 Filialen erhielt man das folgende Ergebnis.

Fläche (in m^2)	42	53	79	90	102	110	123	140	155	162	183
Umsatz (in Tsd. €)	150	165	270	251	308	267	310	347	359	405	421

Trägt man diese Werte in ein Koordinatensystem ein (Fig. 1), legt das Punktediagramm trotz der Abweichungen von einer Geraden einen linearen Zusammenhang nahe. Man spricht dann von einem **linearen mathematischen Modell** der vorliegenden Situation.

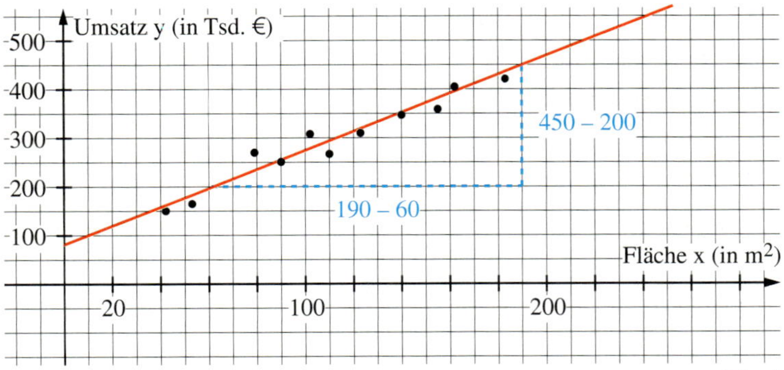

Fig. 1

Die Konstanten m und c kann man z. B. ermitteln, indem man nach Augenmaß eine „möglichst gut passende“ Gerade durch die Punkte legt und dann m und c abliest.
Fig. 1 entnimmt man:
$m \approx \frac{450-200}{190-60} \approx 1{,}9$; $c \approx 80$;
als Gleichung der Geraden ergibt sich damit
$y = 1{,}9 \cdot x + 80$.
Auf den vorliegenden Sachverhalt bezogen besagt dies: Der Jahresumsatz pro Quadratmeter beträgt durchschnittlich näherungsweise 1900 €.

Regression mit CAS

Weiterhin erkennt man, dass ein mathematisches Modell oft nur eingeschränkt gültig ist. In diesem Fall lässt sich z. B. der Achsenabschnitt nicht sinnvoll interpretieren: Bei einer Verkaufsfläche von $0\,m^2$ ergibt sich ein Jahresumsatz von 80 Tausend Euro.

regredere *(lat.): zurückschreiten. Man führt die eine Größe auf die andere zurück.*

Die „gut passende“ Gerade heißt **Ausgleichsgerade** oder **Regressionsgerade**. Sie kann mit dem CAS ermittelt werden (vgl. Beispiel 2). Den Begriff „Regression“ hat F. GALTON in den Achtzigerjahren des 19. Jahrhunderts geprägt. Die mathematische Methode zur Bestimmung der Regressionsgeraden stammt von C. F. GAUSS.

Beispiel 1: (Geschwindigkeit als Änderungsrate)
Auf einem Testgelände fährt ein Fahrzeug mit konstanter Geschwindigkeit. Gemessen wurde jeweils die Zeit t (in Sekunden) und der zurückgelegte Weg s (in m). Für $t_0 = 5$ erhielt man $s_0 = 650$ und für $t_1 = 12$ erhielt man $s_1 = 935$.
Ermitteln Sie die Geschwindigkeit und das Weg-Zeit-Gesetz; zeichnen Sie den Graphen.
Lösung:
Für die konstante Geschwindigkeit v $\left(\text{in } \frac{m}{s}\right)$ ergibt sich:
$v = \frac{935-650}{12-5} \approx 40{,}7$.
Näherungsweise gilt also:
$s = 40{,}7 \cdot t + c$.
Wegen $650 = 40{,}7 \cdot 5 + c$ ergibt sich
$c = 446{,}5$.
Damit lautet das Weg-Zeit-Gesetz:
$s = 40{,}7 \cdot t + 446{,}5$.
Fig. 2 zeigt den zugehörigen Graphen.

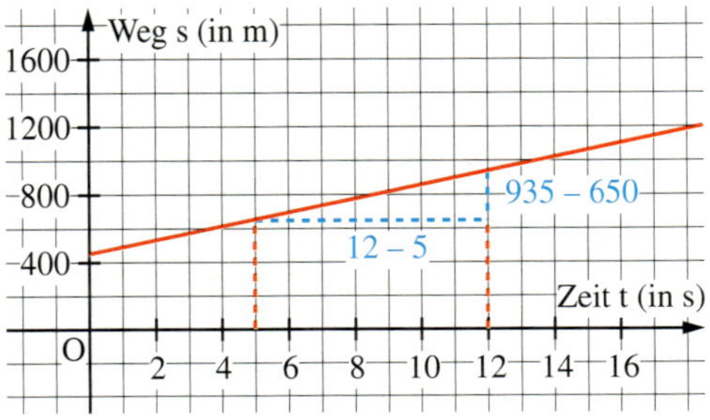

Fig. 2

Beispiel 2: (Regressionsgerade)
Von 10 Erdbeeren einer bestimmten Sorte wurde die Fruchtlänge (in cm) und das Gewicht (in g) gemessen. Die Tabelle zeigt das Ergebnis.

Fruchtlänge (in cm)	5,4	5,3	3,9	3,1	4,0	4,1	3,6	4,7	3,6	4,0
Gewicht (in g)	39	27	22	12	18	18	9	30	17	18

a) Erstellen Sie auf dem CAS ein Punkte- oder Streudiagramm. Ermitteln Sie die Gleichung der Regressionsgeraden. Zeichnen Sie die Gerade in das Diagramm ein. Interpretieren Sie das Ergebnis.
b) Wie nimmt das Gewicht dieser Erdbeersorte durchschnittlich pro Zentimeter Länge zu?

Lösung:

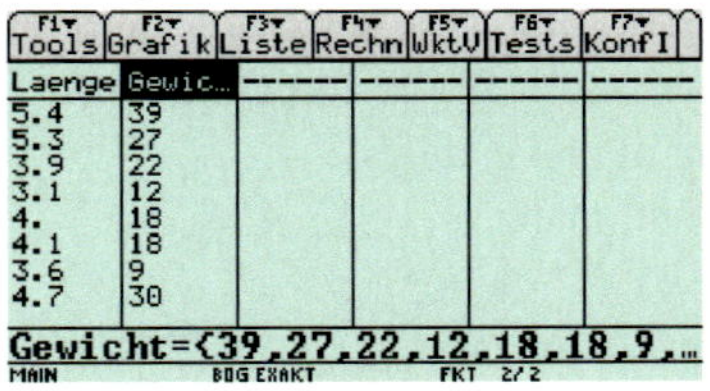

Fig. 1

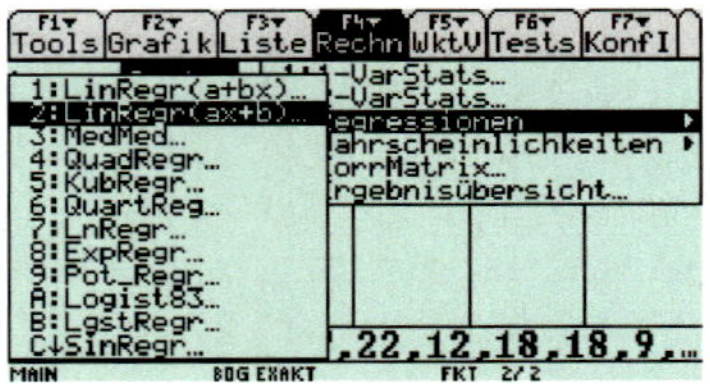

Fig. 2

Hinweise:
a) Zunächst werden die Listen eingegeben (Fig. 1) und ein Punkte- oder Streudiagramm erstellt. Dann wird im Stat./Listen-Menü die Tasten [F4] gedrückt (Fig. 2), 3: Regressionen und dort 2:LinReg(ax+b) gewählt. Die Namen für die x-Liste und die y-Liste sind nun einzugeben (Fig. 3). Zudem wird gefragt, wo die Gleichung der Regressionsgeraden gespeichert werden soll. Ergebnis gerundet:
$y = 10{,}68\,x - 23{,}53$
Nun wird ein entsprechender Zeichenbereich gewählt und der Graph mit den vorgegebenen Werten gezeichnet. Die Regressionsgerade schneidet die positive x-Achse in $x_0 \approx 2{,}20$. Das lineare Modell ist daher nur für hinreichend große Erdbeeren brauchbar, etwa ab 3 cm Fruchtlänge.
b) Je Zentimeter Länge nimmt das Gewicht durchschnittlich um ca. 11 Gramm zu.

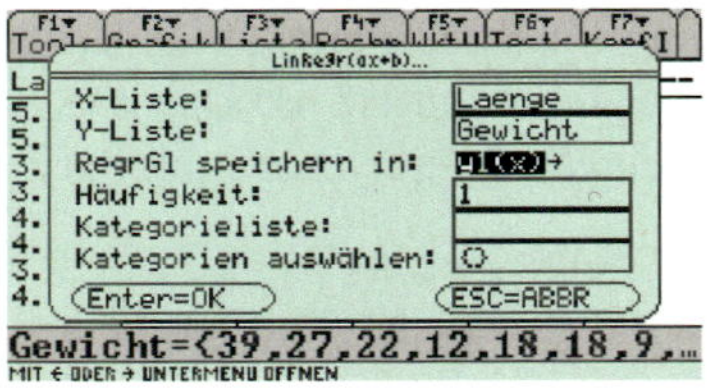

Fig. 3

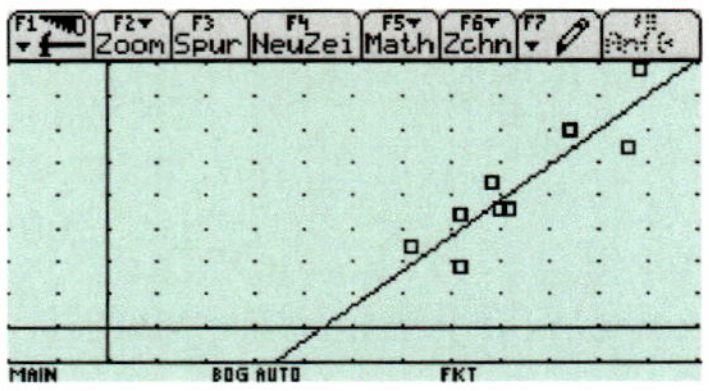

Fig. 4

Aufgaben

3 Am 21.7.2004 erhielt man bei einer Bank beim Rücktausch von 50 US-Dollar einen Betrag von 39,50 Euro.
a) Wie groß war der Umtauschfaktor von US-Dollar in Euro?
b) Welchen Eurobetrag erhielt man für 180 US-Dollar?

4 Eine Gemeinde mit 5750 Einwohnern zu Beginn des Jahres 2004 wächst mit der konstanten Rate von 120 Einwohnern pro Jahr. Mit wie vielen Einwohnern muss man am Ende des Jahres 2010 rechnen?

5 Bei der Celsius-Skala ist 0 °C (Grad Celsius) der Schmelzpunkt von Eis und 100 °C der Siedepunkt von Wasser. Die entsprechenden Werte bei der Fahrenheit-Skala sind 32 °F (Grad Fahrenheit) bzw. 212 °F.
a) Um wie viel Grad Fahrenheit steigt die Temperatur, wenn sie um 1 Grad Celsius zunimmt?
b) Durch welche Gleichung wird die Abhängigkeit der Temperatur in °F von der in °C beschrieben?
c) Eine Person hat Fieber von 41 °C. Welchem Fahrenheit-Wert entspricht dies?

6 Ein Öltank mit 6000 Liter Fassungsvermögen wird gleichmäßig mit Heizöl gefüllt. Nach 6 Minuten sind 2100 Liter im Tank, eine Viertelstunde später 4350 Liter.
a) Geben Sie die Funktion an, die der Fülldauer t den Füllstand f(t) zuordnet.
Zeichnen Sie den Graphen von f.
b) Wie viel Liter waren noch im Tank? Wie lange dauert es, bis der Tank voll ist?

7 Eine frisch ausgehobene Baugrube ist 15 m lang und 7 m breit. Nach heftigem Regen mit Wolkenbruch über Nacht steht das Wasser am nächsten Morgen in der Grube 9 cm hoch.
a) Wie viel Regen (in Liter pro m^2) fiel über Nacht?
b) Zur Trockenlegung der Baugrube wurde eine Pumpe eingesetzt mit einer Leistung von 50 Liter pro Minute. Wie viele Minuten nach Beginn des Pumpens war die Baugrube leer?

8 Ein Körper bewegt sich gleichförmig; er befindet sich nach 2 Sekunden 1 Meter und nach 7 Sekunden 4 Meter vom Startpunkt entfernt.
a) Berechnen Sie die Geschwindigkeiten in $\frac{m}{s}$ und in $\frac{km}{h}$.
b) Ermitteln Sie das Weg-Zeit-Gesetz; zeichnen Sie den Graphen.
c) Wo schneidet der Graph die Zeit-Achse? Interpretieren Sie diesen Punkt.

Untersuchen Sie in Ihrer Klasse den Zusammenhang zwischen der Körpergröße und der Schuhgröße.

9 Bei Sonnenblumen wurde die Höhe in Abhängigkeit vom Alter gemessen.

Alter (in Tagen)	10	20	30	40	50
Höhe (in cm)	13,2	67,8	108,4	165,1	208,9

a) Führen Sie eine lineare Regression für diese Daten durch. Interpretieren Sie das Ergebnis.
b) Wie schnell ungefähr wächst eine Sonnenblume?

10 In einem artesischen Brunnen bei Grenoble wurde die Wassertemperatur (in °C) in verschiedenen Tiefen (in m) gemessen. Dabei wurden alle Daten auf einen Punkt 28 Meter unter der Erdoberfläche bezogen. Man erhielt die folgenden Ergebnisse.

Tiefe (in m)	40	150	220	270
Temperatur (in °C)	1,2	4,7	9,3	10,5

a) Führen Sie eine lineare Regression für diese Daten durch.
b) Um wie viel Grad steigt die Temperatur pro 100 m Tiefe?

Jahr	*Höhe (in m)*
1896	*3,30*
1900	*3,30*
1904	*3,50*
1908	*3,71*
1912	*3,95*
1920	*4,09*
1924	*3,95*
1928	*4,20*
1932	*4,32*
1936	*4,35*
1948	*4,30*
1952	*4,55*
1956	*4,56*
1960	*4,70*
1964	*5,10*
1968	*5,40*
1972	*5,50*
1976	*5,50*
1980	*5,78*
1984	*5,75*
1988	*5,90*
1992	*5,80*
1996	*5,92*
2000	*5,90*
2004	*5,95*

Fig. 1

11 Die Tabelle in Fig. 1 zeigt die Ergebnisse im Stabhochsprung der Männer bei den Olympischen Sommerspielen.
a) Untersuchen Sie die Ergebnisse mit einem linearen Modell. Mit welchem Zuwachs an Höhe muss man durchschnittlich alle 4 Jahre rechnen?
b) Gibt es Hinweise auf Grenzen dieses Modells?

12 Die Tabelle enthält die Körpergröße (in cm) und das Körpergewicht (in kg) von 20 erwachsenen männlichen Personen.

Größe (in cm)	182	179	163	175	180	172	177	193	180	172
Gewicht (in kg)	89	57	55	67	81	65	79	80	66	62

Größe (in cm)	175	179	185	178	180	170	162	171	165	169
Gewicht (in kg)	51	76	85	81	76	74	61	72	62	71

a) Führen Sie eine lineare Regression für die angegebenen Daten durch.
b) Mit welcher Gewichtszunahme pro Zentimeter Körpergröße ist bei Männern zu rechnen?

*6 Abschnittsweise lineare Funktionen; Funktionenscharen

1 Ein ICE fährt von Stuttgart nach Mannheim (132 km) und von Mannheim nach Mainz (71 km) nach dem Fahrplan: Stuttgart ab 16.51 Uhr; Mannheim an 17.28 Uhr; Mannheim ab 17.34 Uhr; Mainz an 18.14 Uhr.
Zeichnen Sie einen grafischen Fahrplan. Mit welchen Durchschnittsgeschwindigkeiten befährt der Zug die Strecken?

2 Lösen Sie die Gleichung.
a) $|x - 7| = 3$ b) $|10 + x| = 5$ c) $|2x + 16| = 9$ d) $|-4 - 5x| = 20$

In vielen Situationen treten Funktionen auf, die zwar nicht für alle $x \in \mathbb{R}$ linear sind, wohl aber in Teilintervallen ihrer Definitionsmenge. In diesem Fall spricht man von einer **abschnittsweise linearen Funktion** (vgl. Beispiel 2).

In Computerprogrammen wird die Betragsfunktion meistens mit ABS (wie Absolutbetrag) bezeichnet.

Eine wichtige abschnittsweise lineare Funktion ist die Funktion f mit

$$f(x) = \begin{cases} x & \text{für } x \in \mathbb{R}_0^+ \\ -x & \text{für } x \in \mathbb{R}^- . \end{cases}$$

Sie ordnet jeder reellen Zahl ihren Betrag zu. f heißt deshalb **Betragsfunktion** und kann kürzer in der Form

$f: x \mapsto |x|;\ x \in \mathbb{R}$

dargestellt werden.

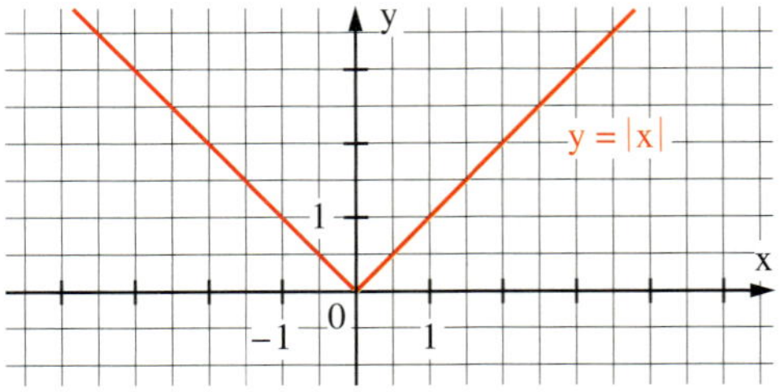

Fig. 1

Durch $f_t: x \mapsto tx + 1$ ist für jeden Wert $t \in \mathbb{R}$ eine lineare Funktion gegeben.
So gilt z. B.:
$t = 1$: $f_1(x) = x + 1$,
$t = -2$: $f_{-2}(x) = -2x + 1$.
Man spricht in solchen Fällen von einer **Funktionenschar** und nennt t Scharparameter.

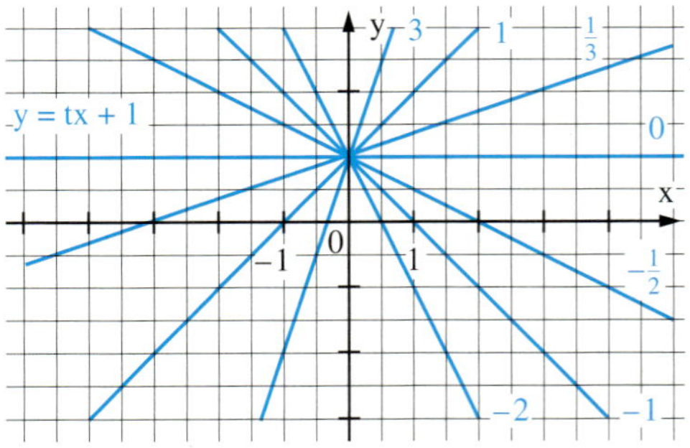

Fig. 2

Beispiel 1: (abschnittsweise lineare Funktion)
In einer Stadt werden die Kosten für Erdgas nach verschiedenen Tarifen berechnet. Jeder Tarif setzt sich aus der Grundgebühr und dem zum Verbrauch proportionalen Anteil zusammen (siehe Tabelle).
Dabei ist zu berücksichtigen, dass jeweils der für den Kunden günstigste Tarif zugrunde gelegt wird.

Tarif	K	I	II
bis . . . kWh	1500	5000	15 000
Grundgebühr in €/Jahr	7,51	50,71	155,21
Arbeitspreis in ct/kWh	8,11	5,23	3,14

a) Geben Sie mithilfe von Termen die Funktion p an, die dem Jahresverbrauch x in kWh den Rechnungsbetrag p(x) in Euro zuordnet. Erstellen Sie mit dem CAS den Graphen dieser Funktion.
b) Wie hoch ist der Rechnungsbetrag bei einem Jahresverbrauch von 9000 kWh?
Wie viel müsste der Verbraucher mehr bezahlen, wenn nur nach Tarif K abgerechnet würde?

Die Zeichen ≦ und ≧ findet man mithilfe der Tastenkombination [♦] [<] *bzw.* [♦] [>].

Lösung:

a) $p(x) = \begin{cases} 0{,}0811\,x + 7{,}51 & \text{für } x \in [0;\ 1500] \\ 0{,}0523\,x + 50{,}71 & \text{für } x \in [1501;\ 5000] \\ 0{,}0314\,x + 155{,}21 & \text{für } x \in [5001;\ 15\,000] \end{cases}$

Fig. 1 zeigt, wie für die Funktion p die Terme einschließlich der Definitionsmengen in den CAS eingegeben werden müssen.

y1(x)=when(x≥0 and x≤1500,0.0811*x+7,51, when(x≥1501 and x≤5000,0.0523*x+50,71, when(x≥5001 and x≤15000,0.0314*x+155,21,undef)))

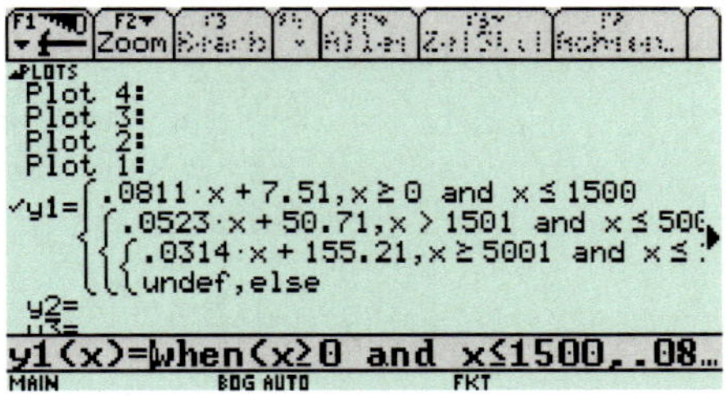

Fig. 1

Fig. 2 zeigt den Graphen der Funktion p in einem x-Bereich zwischen –100 und 10 000.

b) p(9000) = 437,81 (Fig. 2)

$p_K(9000) = 0{,}0811 \cdot 9000 + 7{,}51 = 737{,}41$

Jemand müsste bei einem Verbrauch von 9000 KWh beim Kleinabnehmertarif K 734,41 € – 437,81 € ≈ 300 € mehr bezahlen.

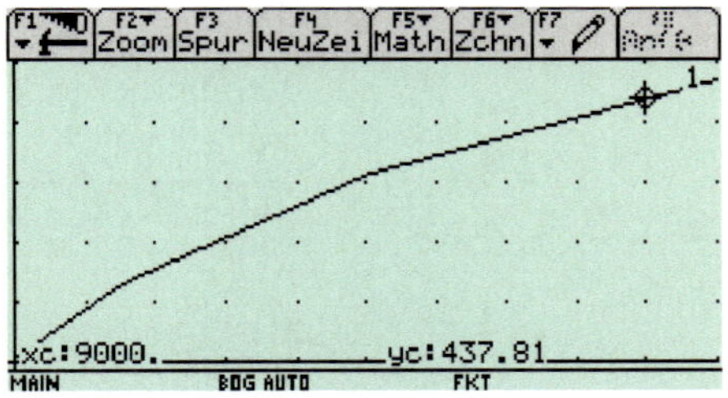

Fig. 2

Abschnittsweise definierte Funktionen

Beispiel 2: (Betragsfunktion)

Stellen Sie die Funktion f mit $f(x) = -0{,}5 \cdot |x - 4| + 2$ ohne Betragszeichen dar und zeichnen Sie den Graphen; überprüfen Sie diesen mit dem CAS.

Lösung:

Für $x \geqq 4$ gilt: $f(x) = -0{,}5 \cdot (x - 4) + 2 = -0{,}5\,x + 4$.

Für $x < 4$ gilt: $f(x) = -0{,}5 \cdot (-1) \cdot (x - 4) + 2 = 0{,}5\,x$.

Also ist $f(x) = \begin{cases} -0{,}5\,x + 4 & \text{für } x \geqq 4 \\ 0{,}5\,x & \text{für } x < 4. \end{cases}$

Mit dem CAS kann man die Funktion direkt eingeben: y1(x)=–0.5*abs(x–4)+2

Die Fig. 3 und 4 zeigen jeweils den Graphen von f.

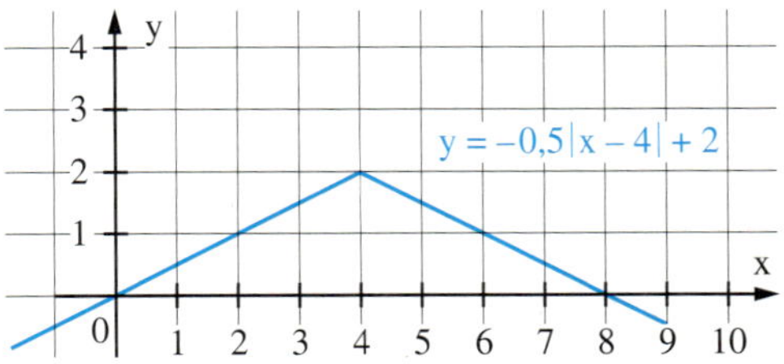

Fig. 3

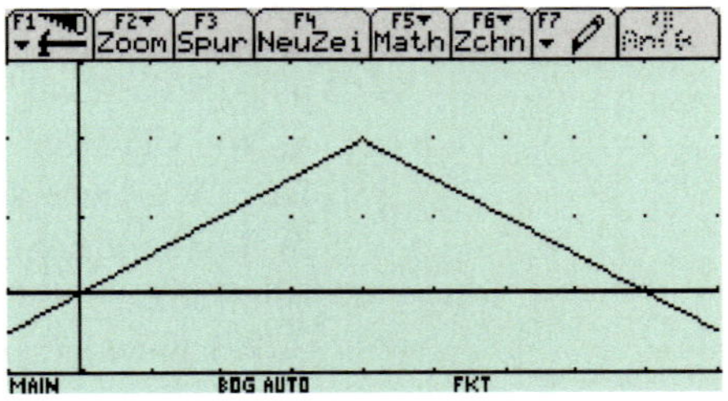

Fig. 4

Beispiel 3: (Funktionenschar)

Für jedes $t \in \mathbb{R}$ ist eine Funktion f_t gegeben durch $f_t(x) = t\,x - t^2$.

Stellen Sie auf dem CAS die Graphen für $t = \pm 0{,}25;\ \pm 0{,}5;\ \pm 1;\ \pm 2$ dar.

Lösung:

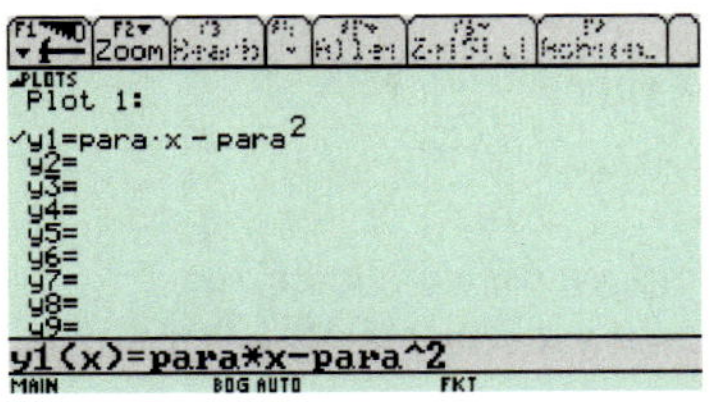

Fig. 5

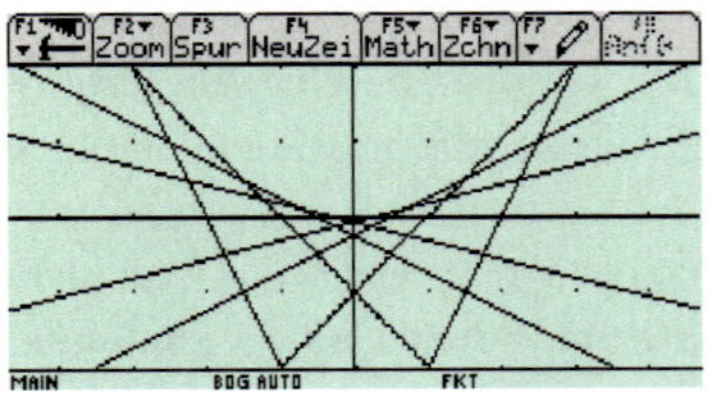

Fig. 6

Hinweise:

Zunächst werden die t-Werte in eine Liste namens para eingegeben. Dies kann auch im Hauptbildschirm erfolgen durch die Eingabe: {0.25, –0.25, …, 2} [STO▸] para.

Im [♦] [Y=]-Fenster wird dann die Funktion eingegeben. Anstelle des Parameters t wird dazu der Listenname para eingesetzt (Fig. 5). Die zu der Funktionenschar gehörenden Graphen werden schließlich mit [♦] [GRAPH] angezeigt (Fig. 6).

Aufgaben

3 Die Funktionswerte der Tabelle legen vier Punkte im Koordinatensystem fest. Diese werden der Reihe nach durch einen Streckenzug verbunden. Zeichnen Sie diesen Streckenzug. Geben Sie die Termdarstellung der so zwischen –4 und 4 definierten Funktion an.

a)

x	–4	0	2	4
f(x)	2	0	1	7

b)

x	–4	–1	0,5	4
f(x)	–4	–1	5	1,5

4 Bestimmen Sie die stückweise lineare Funktion, die die angegebenen Funktionswerte hat und aus möglichst wenigen „linearen Stücken" besteht.
Bestimmen Sie dazu die fehlenden Funktionswerte.

x	–4	–3	–2	–1	0	1	2	3	4	5
f(x)	–3	0		–5			4		4	1

5

Stellen Sie die Tarife der Telefongesellschaften Foncom und Telemax grafisch dar. Geben Sie die Funktionen Gesprächsdauer $\mapsto$ Kosten auch in Termdarstellung an.
Untersuchen Sie, bei welchen Gesprächsdauern welche Gesellschaft billiger ist.

6 Ein Tanklaster mit 5000 Liter Fassungsvermögen wird gleichmäßig mit Wasser gefüllt. Nach 4 Minuten sind 1800 Liter im Tank, eine halbe Stunde später 5325 Liter. Von diesem Zeitpunkt an wird nur noch mit der halben Menge pro Minute weiter gefüllt.
a) Wie viel Liter Wasser werden pro Minute gefüllt? Wie viel Liter enthielt der Tank am Anfang? Wie lange dauert es insgesamt, bis der Tank mit 4950 Liter gefüllt ist?
b) Beschreiben Sie die Funktion f, die der Zeit t den Inhalt f(t) des Tanks zuordnet, durch geeignete Terme.
c) Zeichnen Sie mit Verwendung des CAS den Graphen der Funktion f.

7 Stellen Sie die Funktion f ohne Betragsstriche dar. Zeichnen Sie den Graphen; überprüfen Sie diesen mit dem CAS.
a) $f(x) = 2 \cdot |x|$ b) $f(x) = |2 - x|$ c) $f(x) = |2 + x|$ d) $f(x) = x - |x|$

8 Gegeben ist die Funktionenschar f_t mit $f_t(x) = -tx + t$.
a) Zeichnen Sie die Graphen für $t = 0$; $t = \pm 2$ und $t = \pm 0{,}5$.
b) Weisen Sie nach, dass alle Graphen durch einen festen Punkt gehen.
c) Für welches $t \in \mathbb{R}$ geht der zugehörige Graph durch den Punkt $P(2|-3)$?

9 Geben Sie den Term einer Funktionenschar f_t an, deren Graphen die Parallelen zur Geraden durch die Punkte $P(1|2)$ und $Q(3|3)$ sind. Für welches $t \in \mathbb{R}$ ist $f_t(2) = 2$?

10 a) Zeichnen Sie Graphen der Funktion f_t mit $f_t(x) = \frac{2}{t} \cdot x + t - 1$ für $t = 1; 2; 3$.
b) Betrachten Sie im Intervall [0; 10] die Funktion g, die jedem $x \in [0; 10]$ den minimalen Funktionswert der Funktion f_t zuordnet. Geben Sie eine Termdarstellung für g(x) an.

7 Potenzfunktionen

1 Geben Sie eine Funktion an, die dem Radius einer Kugel das Volumen zuordnet.
Wie ändert sich das Volumen, wenn man den Radius verdoppelt bzw. halbiert?
Wie wirken sich diese Änderungen auf den Oberflächeninhalt der Kugel aus?

Bei linearen Funktionen tritt die Variable x im Funktionsterm nur mit der 1. Potenz auf. Eine weitere Klasse von Funktionen erhält man, wenn der Term höhere Potenzen von x enthält.

Bei den Funktionen $f: x \mapsto a \cdot x^n$ nennt man den Exponenten auch den Grad der Potenzfunktion.

Definition: Für jedes $n \in \mathbb{N} \setminus \{0\}$ und $a \in \mathbb{R} \setminus \{0\}$ heißt die Funktion
$f: x \mapsto a \cdot x^n$ $\qquad$ $f: x \mapsto a \cdot x^{-n}$
Potenzfunktion. Ihren Graphen nennt man
Parabel n-ter Ordnung (für $n > 1$) $\qquad$ Hyperbel n-ter Ordnung.

Potenzfunktionen und ihre Graphen weisen besondere Eigenschaften auf. Diese werden für $f: x \mapsto a \cdot x^n$ hier nochmals zusammengestellt (für $f: x \mapsto a \cdot x^{-n}$; vgl. Aufgabe 9).

Gerade Hochzahlen n und $a > 0$

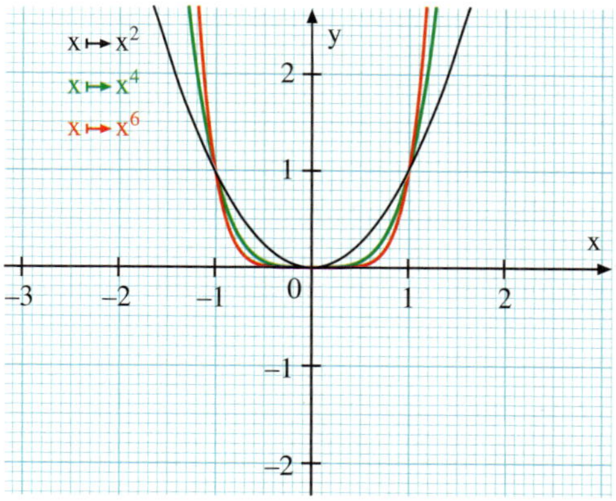

1. Für alle x ist $f(x) \geqq 0$.
Der Graph verläuft „oberhalb“ der x-Achse.

2. Für jede Zahl x gilt $f(-x) = f(x)$.
Der Graph ist symmetrisch zur y-Achse.

3. Der kleinste Funktionswert ist 0.
Der „tiefste“ Punkt $S(0|0)$ heißt Scheitel.

4. Für alle $x_1, x_2 \leqq 0$ gilt: Wenn $x_1 < x_2$ ist, dann ist $f(x_1) > f(x_2)$. Man sagt:
f ist für $x \leqq 0$ **streng monoton fallend**.

5. Für alle $x_1, x_2 \geqq 0$ gilt: Wenn $x_1 < x_2$ ist, dann ist $f(x_1) < f(x_2)$. Man sagt:
f ist für $x \geqq 0$ **streng monoton steigend**.

Ungerade Hochzahlen n und $a > 0$

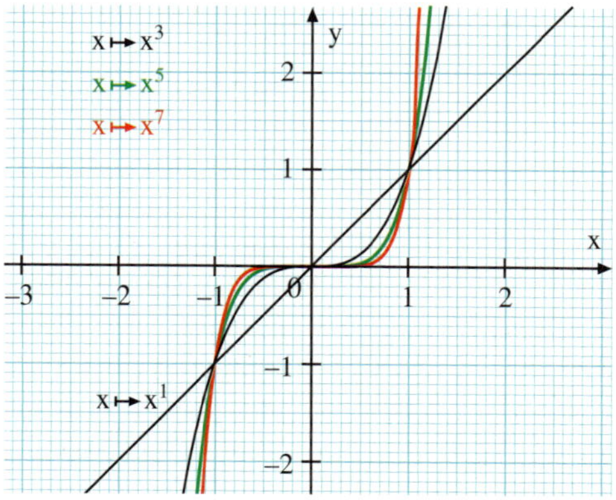

1. Für alle $x \geqq 0$ ist $f(x) \geqq 0$, und
für alle $x < 0$ ist $f(x) < 0$.

2. Für jede Zahl x gilt $f(-x) = -f(x)$.
Der Graph ist punktsymmetrisch zu $O(0|0)$.

3. Für alle x_1, x_2 gilt: Wenn $x_1 < x_2$ ist, dann ist $f(x_1) < f(x_2)$. Man sagt:
f ist überall **streng monoton steigend**.

Die Potenzfunktionen $f\colon x \mapsto a \cdot x^n$ zeigen ein besonderes Wachstumsverhalten.
Vergleicht man die Funktionswerte von x und $k \cdot x$, so ergibt sich:
$f(k \cdot x) = a \cdot (kx)^n = k^n \cdot a x^n = k^n f(x)$.

> **Satz:** Für jede Potenzfunktion $f\colon x \mapsto a \cdot x^n$ gilt:
> Zum k-fachen x-Wert erhält man den k^n-fachen Funktionswert.

Das Wachstumsverhalten von Potenzfunktionen $f\colon x \mapsto a \cdot x^n$ kann auch mithilfe der Änderungsrate beschrieben werden.
So gilt z. B. für den Fall $n = 2$ (vgl. Fig. 1):

$$\frac{f(x_0 + h) - f(x_0)}{x_0 + h - x_0} = \frac{a \cdot (x_0 + h)^2 - a \cdot x_0^2}{h} \qquad h \neq 0$$
$$= \frac{a \cdot (x_0^2 + 2x_0 \cdot h + h^2 - x_0^2)}{h} \qquad h \neq 0$$
$$= \frac{a \cdot h \cdot (2x_0 + h)}{h} \qquad h \neq 0$$
$$= a \cdot (2x_0 + h). \qquad h \neq 0$$

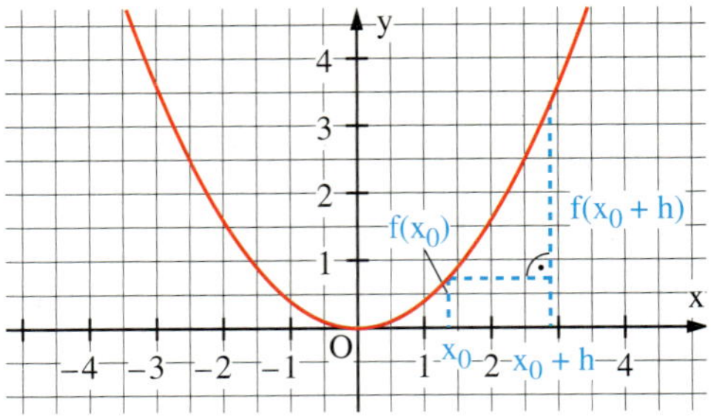

Fig. 1

Dieses Ergebnis besagt:
Für die Funktion $x \mapsto a \cdot x^2$ hängt die Änderungsrate von der Stelle x_0 und von der „Schrittweite" h ab, ist also insbesondere nicht konstant.
Für größere Werte von n wird der sich ergebende Term komplizierter (vgl. Aufgabe 10).

Beispiel 1: (Funktionsterm aus einer Tabelle)
In einem Windkanal wurde die Kraft F auf einen $1\,m^2$ großen quadratischen Drachen bei verschiedenen Windgeschwindigkeiten v gemessen.

v (in $\frac{m}{s}$)	4	7	9	12	15
F (in Newton)	11,2	34,3	56,7	100,8	157,5

Funktionsterm mit CAS bestimmen

Prüfen Sie, ob es eine Potenzfunktion $v \mapsto F$ mit dieser Wertetabelle gibt.
Lösung:
Ansatz: $F(v) = c \cdot v^n$.
Aus $F(4) = 11{,}2$ folgt $c \cdot 4^n = 11{,}2$ (1).
Aus $F(7) = 34{,}3$ folgt $c \cdot 7^n = 34{,}3$ (2).
Aus (1) ergibt sich: $c = 11{,}2 : 4^n$.
Einsetzen in (2) liefert: $\frac{11{,}2}{4^n} \cdot 7^n = 34{,}3$ bzw. $11{,}2 \cdot \left(\frac{7}{4}\right)^n = 34{,}3$.
Aus $1{,}75^n = 3{,}0625$ folgt schließlich $n = 2$.
Damit ist $c = 0{,}7$ und $F(v) = 0{,}7 \cdot v^2$.
Die Punktprobe mit den restlichen Wertepaaren zeigt, dass $v \mapsto F$ mit $F(v) = 0{,}7\,v^2$ die gesuchte Potenzfunktion ist.

Für $n = 3$:

x-Wert k-fach	*Funktionswert k^3-fach*
2	*8*
3	*27*
4	*64*
5	*125*
⋮	⋮

Beispiel 2: (Änderungsverhalten bei Potenzfunktionen)
Bei einer regelmäßigen, quadratischen Pyramide ist die Höhe h doppelt so lang wie die Grundseite a. Wie ändert sich das Volumen V, wenn man die Grundseite verdoppelt?
Lösung:
Für das Volumen gilt $V = \frac{1}{3} G \cdot h = \frac{1}{3} a^2 \cdot h$.
Mit $h = 2a$ folgt: $V(a) = \frac{1}{3} a^2 \cdot 2a = \frac{2}{3} a^3$. $a \mapsto V$ ist eine Potenzfunktion 3. Grades.
Eine Verdopplung der Grundseite bewirkt daher eine Verachtfachung des Volumens.

Aufgaben

2 Bestimmen Sie n so, dass der Graph der Funktion f mit $f(x) = x^n$ durch P geht.
a) $P(3|9)$ b) $P\left(\frac{1}{2}\middle|\frac{1}{8}\right)$ c) $P(-1{,}5|-3{,}375)$ d) $P\left(-\frac{1}{3}\middle|-\frac{1}{243}\right)$ e) $P\left(-\frac{2}{5}\middle|\frac{16}{625}\right)$

3 Bestimmen Sie a und n so, dass der Graph der Funktion h mit $h(x) = a \cdot x^n$ durch R und S geht.
a) $R(1|2)$, $S(2|8)$ b) $R(2|4)$, $S(3|13{,}5)$ c) $R(2|-2)$, $S\left(-1\middle|-\frac{1}{8}\right)$ d) $R(2|-3{,}2)$, $S(-3|24{,}3)$

4 Untersuchen Sie, ob es eine Potenzfunktion f mit $f(x) = a \cdot x^n$ mit der folgenden Wertetabelle gibt. Bestimmen Sie gegebenenfalls a und n näherungsweise.

a)

x	30	60	120	150
y	0,81	6,48	51,84	101,25

b)

x	1,8	2,7	3,1	5,9
y	1,3	10	20	500

5 Wie ändert sich der Flächeninhalt eines Kreises, wenn man den Radius verdoppelt bzw. drittelt? Wie wirken sich diese Veränderungen auf den Umfang aus?

6 a) Geben Sie jeweils eine Funktion an, die der Gesamtlänge aller Kanten eines Würfels den Oberflächeninhalt O bzw. den Rauminhalt V zuordnet.
b) Berechnen Sie O und V für die Gesamtlänge 2,5 m. Beschreiben Sie das Änderungsverhalten von O und V, wenn man die k-fache Gesamtlänge einsetzt.

Mit Glasfasern lassen sich Fernsehbilder oder Telefongespräche übertragen, Endoskope herstellen, . . .

7 Glasfasern entstehen durch Ziehen eines erhitzten Glasstabs.
a) Zur Herstellung einer Faser mit dem Durchmesser 0,1 mm stehen verschieden lange zylinderförmige Glasstäbe der Dicke 20 mm zur Verfügung. Geben Sie die Faserlänge L als Funktion der Ausgangslänge l des ursprünglichen Glasstabs an.

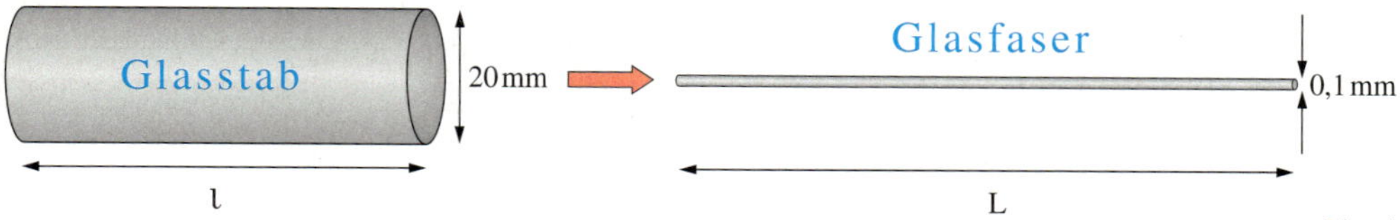

Fig. 1

b) Wie ändert sich die Faserlänge, wenn die Stablänge verdoppelt wird?
c) Zur Herstellung stehen nun verschieden dicke Glasstäbe der Länge 1 m zur Verfügung. Geben Sie die Faserlänge als Funktion der Ausgangsdicke d an.
d) Wie ändert sich die Faserlänge, wenn die Stabdicke verdoppelt wird?

Anwendung beim Zehnkampf

8 Gegeben sind die Funktionen f und g mit $f(x) = x^3$ und $g(x) = a \cdot x^4$.
Untersuchen Sie mit dem CAS, ob es für $a = 0{,}1$ ein Intervall gibt, in dem der Graph von g oberhalb des Graphen von f verläuft.
Verändern Sie den Wert für a. Formulieren sie eine Vermutung und beweisen Sie diese.

9 Nennen Sie Eigenschaften der Potenzfunktionen $f: x \mapsto a \cdot x^{-n}$ und ihrer Graphen. Unterscheiden Sie dabei in gerade und ungerade negative Hochzahlen.

10 Untersuchen Sie mithilfe der Änderungsrate das Änderungsverhalten der Funktion $f: x \mapsto a \cdot x^3$ (vgl. Seite 32). Erstellen Sie mit dem CAS für $x_0 = 2$ eine Tabelle für die Änderungsrate in Abhängigkeit von der Schrittweite h. Welchem Wert scheint sich die Änderungsrate zu nähern, wenn die Schrittweite kleiner wird?

8 Zusammensetzen von Funktionen; ganzrationale Funktionen

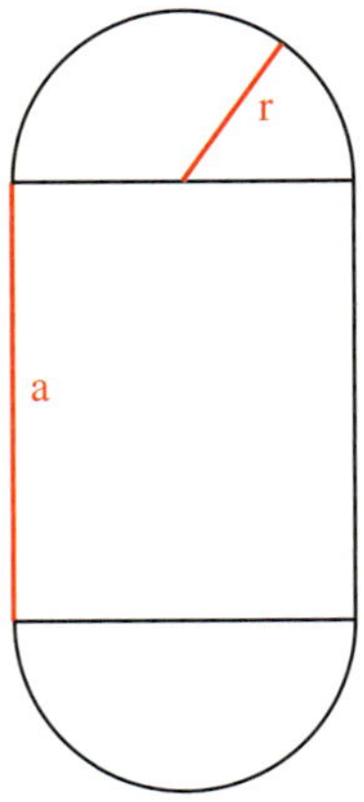

1 Ein Stadion besteht aus einem rechteckigen Spielfeld mit aufgesetzten Halbkreisen. Wie groß ist der Flächeninhalt des Spielfeldes, wenn die Innenkante der Laufbahn um das gesamte Stadion 400 m lang ist? Geben Sie dafür einen Term in Abhängigkeit von r an.

2 Berechnen Sie für die Funktionen f mit $f(x) = x^3 + x$ und g mit $g(x) = x^3$ die Funktionswerte an den Stellen $a = 1$; 10 und 100. Um wie viel Prozent weicht jeweils $g(a)$ von $f(a)$ ab?

Aus einfachen Funktionen wie $f: x \mapsto x$, $g: x \mapsto x^2$, $h: x \mapsto \frac{1}{x}$, $i: x \mapsto \sqrt{x}$, so genannten Grundfunktionen, kann man durch Addition, Subtraktion, Multiplikation und Division neue Funktionen bilden wie z. B. $m: x \mapsto x^2 + \frac{1}{x}$ oder $n: x \mapsto x \cdot \sqrt{x}$.

Um ohne CAS schnell einen Überblick über den Graphen einer zusammengesetzten Funktion zu erhalten, ist für den Fall der Addition zweier Funktionen das Verfahren der **Ordinatenaddition** hilfreich: Man skizziert die Graphen der Grundfunktionen und addiert zeichnerisch an jeder Stelle x die Ordinaten der Grundfunktionen (Fig. 1; 2). Das Verfahren ist auch anwendbar, wenn man eine Funktion wie z. B. $f: x \mapsto \frac{x^2+1}{x}$ als Summe einfacherer Funktionen darstellen kann:
$u: x \mapsto x$ und $v: x \mapsto \frac{1}{x}$.

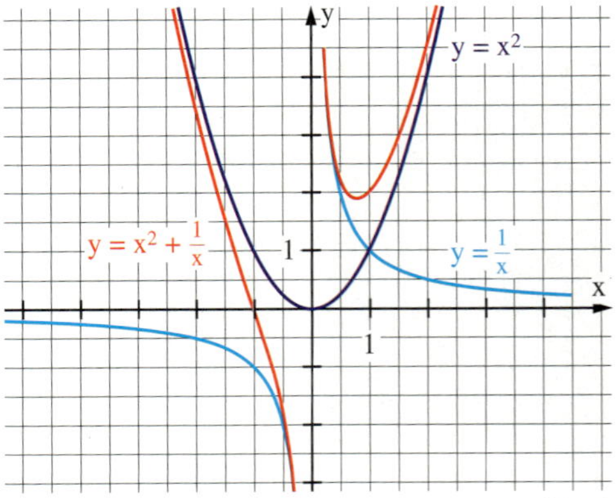

Fig. 1

Ordinatenaddition

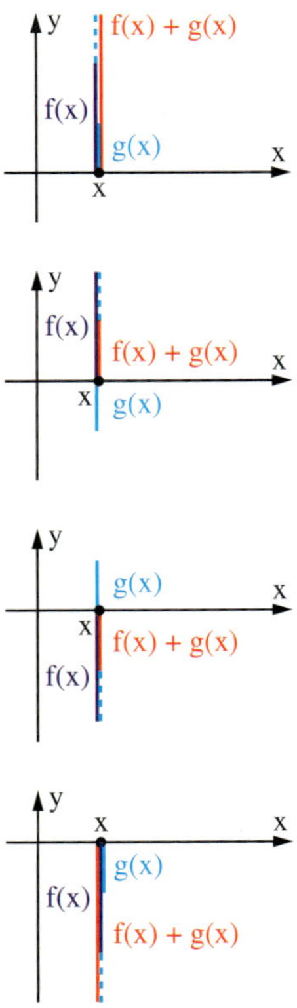

Fig. 2

Werden im Sonderfall der Addition von Funktionen nur Terme von linearen und Potenzfunktionen addiert, erhält man im allgemeinen Fall Terme der Form $a_n x^n + a_{n-1} x^{n-1} + \ldots + a_1 x + a_0$. Da solche Terme und die zugehörigen Funktionen häufig auftreten, erhalten sie eigene Namen.

> **Definition:** Terme der Form $a_n x^n + a_{n-1} x^{n-1} + \ldots + a_1 x + a_0$ mit $n \in \mathbb{N}$ und $a_n \neq 0$ nennt man **Polynome**, die reellen Zahlen $a_n, a_{n-1}, \ldots, a_1, a_0$ **Koeffizienten**.
> Der Exponent n heißt **Grad** des Polynoms.
> Eine Funktion f, deren Funktionsterm $f(x)$ als Polynom geschrieben werden kann, also $f(x) = a_n x^n + a_{n-1} x^{n-1} + \ldots + a_1 x + a_0$, nennt man eine **ganzrationale Funktion**.
> Der Grad n des Polynoms heißt auch Grad der ganzrationalen Funktion.

Bemerkungen: Konstante Funktionen $f: x \mapsto a_0$ mit $a_0 \neq 0$ haben den Grad 0.
Der Nullfunktion $x \mapsto 0$ wird kein Grad zugeordnet.

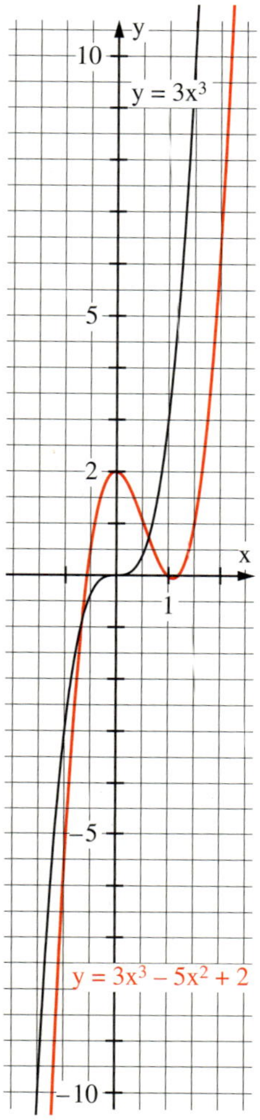

Fig. 1

Die Funktion f mit $f(x) = 3x^3 - 5x^2 + 2$ ist eine ganzrationale Funktion 3. Grades. Um eine Aussage über das Verhalten dieser Funktion für immer größer bzw. kleiner werdende x-Werte zu erhalten, formt man den Term um. Für $x \neq 0$ gilt:
$f(x) = 3x^3 - 5x^2 + 2 = x^3\left(3 - \frac{5}{x} + \frac{2}{x^3}\right)$.
Für sehr große und sehr kleine x-Werte wird das Verhalten von f durch die Funktion g mit $g(x) = 3x^3$ bestimmt (Fig. 1), denn $\frac{5}{x}$ und $\frac{2}{x^3}$ nehmen Werte nahe null an.
Diese Überlegung lässt sich auf alle ganzrationalen Funktionen übertragen. Für $x \neq 0$ gilt:
$f(x) = a_n x^n + a_{n-1} x^{n-1} + \ldots + a_1 x + a_0 = x^n\left(a_n + \frac{a_{n-1}}{x} + \ldots + \frac{a_1}{x^{n-1}} + \frac{a_0}{x^n}\right)$.
Für x-Werte mit großem Betrag unterscheidet sich der Term in der Klammer nur sehr wenig von a_n. Es ist also $f(x) \approx a_n x^n$.
Für unbeschränkt immer größer werdende x-Werte schreibt man auch $x \to +\infty$,
für unbeschränkt immer kleiner werdende x-Werte schreibt man auch $x \to -\infty$.

Das Verhalten einer ganzrationalen Funktion vom Grad n wird für $x \to +\infty$ bzw. $x \to -\infty$ vom Summanden $a_n x^n$ bestimmt.

Ist $a_n > 0$, so folgt für $f(x) = a_n x^n + a_{n-1} x^{n-1} + \ldots + a_1 x + a_0$:
Für $x \to +\infty$ gilt stets $f(x) \to +\infty$, für $x \to -\infty$ gilt $\begin{cases} f(x) \to -\infty, & \text{falls n ungerade} \\ f(x) \to +\infty, & \text{falls n gerade.} \end{cases}$

Beispiel 1: (Ordinatenaddition; Verhalten für $x \to +\infty$ und $x \to -\infty$)
Gegeben ist die ganzrationale Funktion f mit $f(x) = x^3 - x + 1;\ x \in \mathbb{R}$.
a) Skizzieren Sie mithilfe der Ordinatenaddition den Graphen von f.
b) Geben Sie eine Funktion g an, die das Verhalten von f für betragsmäßig große Werte von x bestimmt.
Lösung:
a) Es ist $f(x) = x^3 + (-x + 1)$;
$u(x) = x^3;\ x \in \mathbb{R};\ v(x) = -x + 1;\ x \in \mathbb{R}$.
In Fig. 2 sind Graphen der Potenzfunktion und der linearen Funktion gezeichnet. Aus diesen wird durch Ordinatenaddition der Graph von f gewonnen.
Es ist z. B. an der Stelle –1:
$u(-1) = -1;\ v(-1) = 2;\ f(-1) = -1 + 2 = 1$;
$u(1) = 1;\ v(1) = 0;\ f(1) = 1 + 0 = 1$.
b) Für betragsmäßig große Werte von x wird das Verhalten von f durch die Funktion g mit $g(x) = x^3$ bestimmt (Fig. 2).

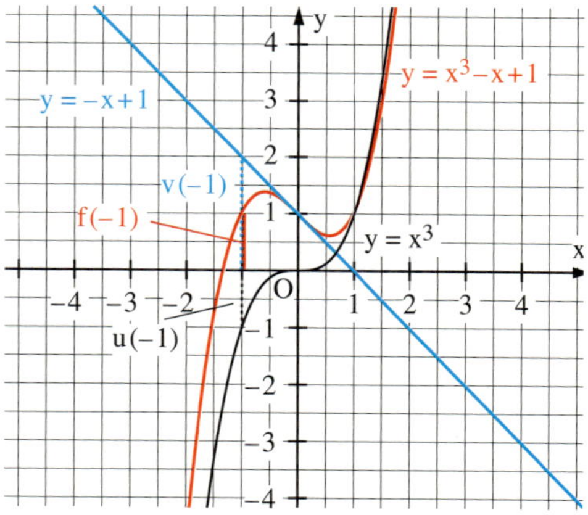

Fig. 2

Beispiel 2: (Erkennen einer ganzrationalen Funktion)
Entscheiden Sie, ob die Funktionen f und g mit $f(x) = 7x^4 - \sqrt{5}\,x + 1$ und $g(x) = \frac{x^2+1}{x}$ ganzrational sind. Geben Sie gegebenenfalls den Grad an.
Lösung:
f ist ganzrational mit den Koeffizienten $a_4 = 7;\ a_3 = a_2 = 0;\ a_1 = -\sqrt{5};\ a_0 = 1$; der Grad ist 4.
g ist keine ganzrationale Funktion, da sich $g(x) = x + \frac{1}{x}$ nicht auf die Form $a_n x^n + a_{n-1} x^{n-1} + \ldots + a_1 x + a_0$ bringen lässt.

Aufgaben

3 Skizzieren Sie mittels Ordinatenaddition den Graphen der Funktion f. Kontrollieren Sie Ihr Ergebnis mit dem CAS.

a) $f(x) = x^2 + x$ b) $f(x) = x^2 - 0{,}5x$ c) $f(x) = x^3 - x$ d) $f(x) = x^3 - x + 1$
e) $f(x) = x + |x|$ f) $f(x) = -x + |x|$ g) $f(x) = 2^x - 1$ h) $f(x) = 2^x + 2^{-x}$

4 Gegeben ist die Funktion f. Schreiben Sie f als Summe zweier einfacher Funktionen. Geben Sie die Definitionsmengen der Summanden und der Funktion f an. Skizzieren Sie mithilfe der Ordinatenaddition den Graphen von f.

a) $f(x) = \frac{1-x}{x}$ b) $f(x) = \frac{x^2+1}{x}$ c) $f(x) = \frac{x^2-1}{x}$ d) $f(x) = \frac{x^3-1}{x^2}$

Ordinatenmultiplikation

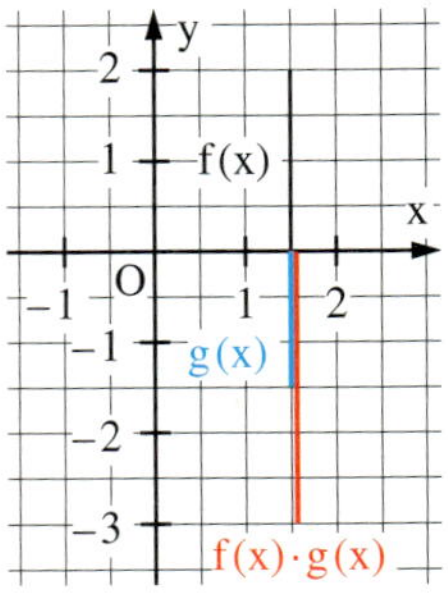

Fig. 1

5 Gegeben ist die Funktion f. Skizzieren Sie mithilfe einer Ordinatenmultiplikation einen Graphen von f. Beachten Sie dabei insbesondere Schnittpunkte mit der x-Achse. Weiterhin sind Vorzeichenüberlegungen hilfreich (vgl. Fig. 1).

a) $f(x) = (x-1)\cdot\left(-\frac{1}{2}x + 3\right)$ b) $f(x) = x\cdot(x^2 - 1)$ c) $f(x) = x\cdot\sqrt{x}$

6 Entscheiden Sie, ob f ganzrational ist. Geben Sie gegebenenfalls den Grad und die Koeffizienten an.

a) $f(x) = 1 + \sqrt{2}\,x$ b) $f(x) = 1 + 2\sqrt{x}$ c) $f(x) = (x-1)^2(x-7)$
d) $f(x) = x^2 - \frac{3}{x}$ e) $f(x) = x^2 - \frac{x}{3}$ f) $f(x) = x^2 + \sqrt{x}$

7 Geben Sie eine Funktion $g: x \mapsto a_n x^n$ an, die das Verhalten von f für betragsmäßig große Werte von x bestimmt.

a) $f(x) = 4 - 3x^3 + x^2 - x^5$ b) $f(x) = 2(1-x)(x^2-1)$ c) $f(x) = (2x^2+1)(4-x) - 3x^3$

8 a) Erstellen Sie auf dem CAS Graphen der Funktionen f, g, h und k mit
$f(x) = 0{,}1x^3 - x^2 + 2x - 2$; $g(x) = 0{,}2x^4 - x^2 - 1$; $h(x) = 0{,}6x^5 - x^4 - x^3$; $k(x) = 0{,}1x^6 - 4$.
Erstellen Sie weitere Graphen ganzrationaler Funktionen, indem sie den Grad und die Koeffizienten variieren. Achten Sie auf eine gute Ausnutzung des Grafikfensters.

b) Gegeben ist die Funktion f mit $f(x) = \frac{1}{50}\cdot x^4 + x^3 - x + 1$.

Erstellen Sie auf dem CAS den Graphen der Funktion f. Entspricht dieser Graph Ihren Kenntnissen über ganzrationale Funktionen?

9 Gegeben ist die ganzrationale Funktion f mit $f(x) = 0{,}01x^4 - 0{,}5x^2$.

a) Geben Sie den Term für die Änderungsrate der Funktion f im Intervall $[x_0; x_0 + h]$ an.

b) Berechnen Sie mit dem CAS diesen Term für $x_0 = 2$ ($x_0 = -3$; $x_0 = -6$) und kleiner werdende Werte für h. Legen Sie eine Tabelle an. Gegen welche Zahl scheinen die Werte der Änderungsrate zu streben?

10 Den Graphen der Funktion f mit $f(x) = -\frac{1}{5}x^8 - 5x^7 + 2x^4 + 2x^2 - 3x - 25$ für $-40 \le x \le 40$ und $-100\,000\,000\,000 \le y \le 10\,000\,000\,000$ zeigt Fig. 2. Weisen Sie nach, dass es vier verschiedene Möglichkeiten für das Verhalten ganzrationaler Funktionen für $x \mapsto \pm\infty$ gibt. Beschreiben Sie dieses Verhalten mithilfe von $a_n x^n$, wobei n der Grad der Funktion ist.

Kurvenscharen

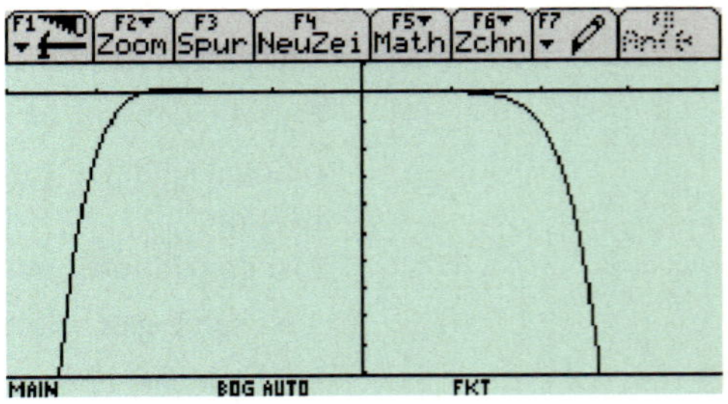

Fig. 2

9 Gerade und ungerade Funktionen; Symmetrie

1 Vergleichen Sie bei den folgenden Funktionen die Funktionswerte an den Stellen 1 und −1; 2 und −2; a und −a. Welche Bedeutung haben die Ergebnisse für die zugehörigen Graphen?

a) $f(x) = x^4 + x^2 - 2$ b) $f(x) = x^3 - x$ c) $f(x) = x^3 + x^2$

Ohne CAS lassen sich eine Wertetabelle und der Graph einer Funktion einfacher erstellen, wenn man schon am Funktionsterm überprüfen kann, ob der Graph zu einer Geraden oder zu einem Punkt symmetrisch ist.
Fig. 2 und Fig. 3 zeigen solche „Prüfbedingungen“ für Achsensymmetrie zur y-Achse bzw. für die Punktsymmetrie zum Ursprung $O(0|0)$.

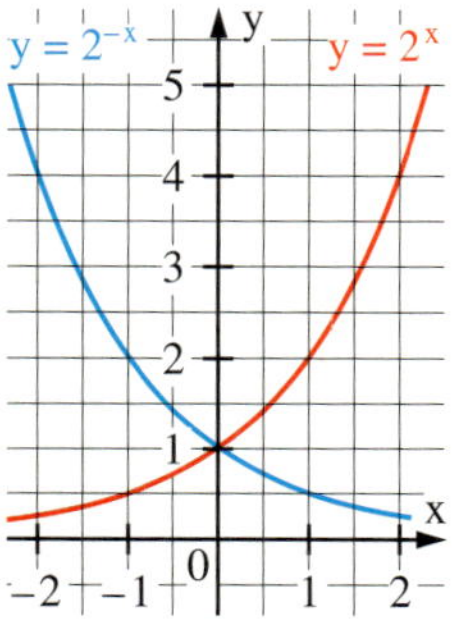

Fig. 1

Die Graphen sind zueinander symmetrisch. Aber keiner der Graphen ist symmetrisch.

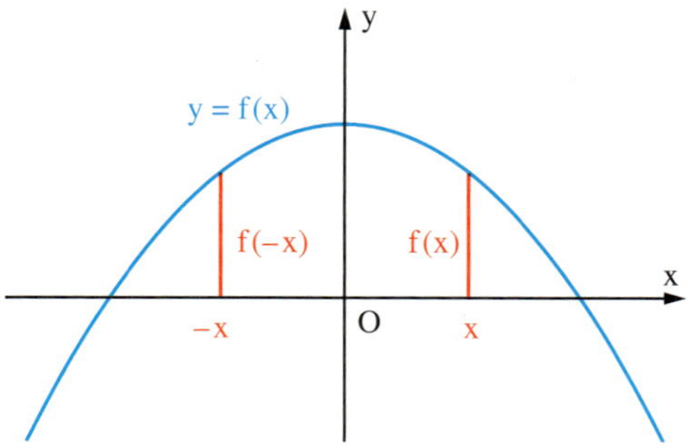

Fig. 2

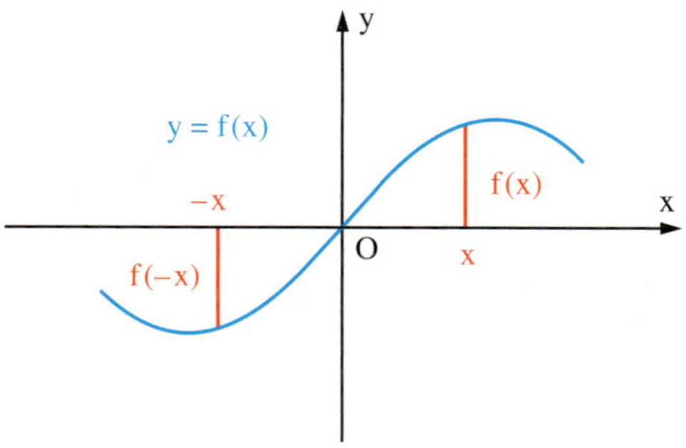

Fig. 3

Satz 1: Gegeben ist eine Funktion f mit der Definitionsmenge D.
Gilt $\mathbf{f(-x) = f(x)}$ für alle $x \in D$, so ist der Graph von f **achsensymmetrisch** zur y-Achse.
Gilt $\mathbf{f(-x) = -f(x)}$ für alle $x \in D$, so ist der Graph von f **punktsymmetrisch** zum Ursprung $O(0|0)$.

Eine Funktion f mit der Eigenschaft $f(-x) = f(x)$ nennt man eine **gerade** Funktion; gilt dagegen $f(-x) = -f(x)$, so nennt man f eine **ungerade** Funktion.
Bei ganzrationalen Funktionen erkennt man eine vorhandene Symmetrie relativ einfach.
Treten bei einem Polynom nur gerade Potenzen von x auf, d. h. hat es die Form $a_{2n}x^{2n} + \ldots + a_2x^2 + a_0$, so gilt stets $f(-x) = f(x)$.
Treten nur ungerade Potenzen von x auf, d. h. hat es die Form $a_{2n-1}x^{2n-1} + \ldots + a_3x^3 + a_1x$, so gilt stets $f(-x) = -f(x)$.

Satz 2: Eine ganzrationale Funktion f mit $f(x) = a_nx^n + \ldots + a_1x + a_0$ ist
gerade, **ungerade**,
wenn der Funktionsterm f(x) nur x-Potenzen mit
geraden Hochzahlen **ungeraden Hochzahlen**
enthält. Es gilt auch die Umkehrung.

Bemerkung: Wegen $a_0 = a_0x^0$ gilt a_0 als Summand mit gerader Hochzahl.

f(−x) bilden, umformen und mit f(x) bzw. −f(x) vergleichen!

Beispiel 1: (Untersuchung auf Symmetrie)

Überprüfen Sie, ob die Funktion f mit $f(x) = \frac{x}{x^2+1}$ gerade oder ungerade ist.

Welche Symmetrie weist der Graph auf?

Lösung:

Es ist $f(-x) = \frac{(-x)}{(-x)^2+1} = -\frac{x}{x^2+1} = -f(x)$. Also ist f ungerade.

Der Graph von f ist punktsymmetrisch zu $O(0|0)$.

Hochzahlen betrachten!

Beispiel 2: (Untersuchung auf Symmetrie bei ganzrationalen Funktionen)

Überprüfen Sie, ob die gegebene Funktion gerade oder ungerade ist.

a) $f(x) = 4x^2 - \sqrt{5}\,x^8 + 9$ b) $g(x) = 6 + 3x + 0{,}4x^3$

Lösung:

a) Die Funktion f ist ganzrational. Der Term f(x) enthält nur gerade Potenzen von x, also ist f eine gerade Funktion.

b) Da 6 als Summand mit gerader Hochzahl gilt und die restlichen Potenzen von x ungerade sind, ist g weder eine gerade noch eine ungerade Funktion.

Aufgaben

2 Welche ganzrationale Funktion ist gerade, welche ist ungerade?

a) $f(x) = -2x^6 + 3x^2$ b) $f(x) = x^3 - x + 1$ c) $f(x) = x\left(2x^2 - \frac{1}{3}x^4\right)$

f) $f(x) = (x-1)(x-2)$ h) $f(x) = (1-3x^2)^2$ i) $f(x) = (x - x^2)^2$

3 Welche Funktion hat einen zur y-Achse (zum Ursprung) symmetrischen Graphen? Skizzieren Sie den Graphen.

a) $f(x) = \frac{1}{x}$ b) $f(x) = \frac{1}{x^2}$ c) $f(x) = \frac{1}{x+1}$ d) $f(x) = \frac{1}{x^2+1}$

e) $f(x) = -x$ f) $f(x) = 1 - |x|$ g) $f(x) = 3^x$ h) $f(x) = |x|$

4 Überprüfen Sie rechnerisch, ob die Funktion gerade oder ungerade ist.

a) $f(x) = 3^x + \left(\frac{1}{3}\right)^x$ b) $f(x) = 3^x - \left(\frac{1}{3}\right)^x$ c) $f(x) = 3^x + \left(\frac{1}{3}\right)^{x+1}$

d) $f(x) = \frac{1+x^3}{x}$ e) $f(x) = x^4 - \frac{1}{x}$ f) $f(x) = \sqrt{x} + 1$

5 Für welche reelle Zahl t ist die Funktion f symmetrisch zur y-Achse bzw. zum Ursprung? Geben Sie jeweils auch die Art der Symmetrie an.

a) $f(x) = x^3 + t$ b) $f(x) = x^2 + t$ c) $f(x) = (x+t)^2$

d) $f(x) = (x^2 + t) \cdot x^3$ e) $f(x) = (x-t)(x+1)$ f) $f(x) = x^t - x$

6 a) Zeigen Sie: Wenn der Funktionsterm einer ganzrationalen Funktion einen konstanten Summanden enthält, dann kann die Funktion nicht ungerade sein.
Kann eine solche Funktion gerade sein?

b) Gibt es eine Funktion, die sowohl gerade als auch ungerade ist?

7 Beweisen Sie:

a) Ist der Graph einer Funktion f symmetrisch zur y-Achse, dann ist der Graph von $x \mapsto f(x-c)$ symmetrisch zur Geraden $g\colon x = c$.

b) Ist der Graph einer Funktion f symmetrisch zum Ursprung, dann ist der Graph von $x \mapsto f(x - x_0) + y_0$ symmetrisch zum Punkt $P(x_0|y_0)$.

10 Nullstellen ganzrationaler Funktionen

1 a) Es ist $(x-2)(x+1)(x-5) = x^3 - 6x^2 + 3x + 10$. Für welche x-Werte nimmt der Term $x^3 - 6x^2 + 3x + 10$ den Wert 0 an?
b) Bestimmen Sie alle x-Werte, für die der Term $(x-3)(4x^2 - 8x - 5)$ den Wert 0 annimmt.

Bisher wurde zu gegebenen x-Werten deren Funktionswerte $f(x)$ berechnet (Fig. 1; roter Pfeil). Oft stellt sich auch das umgekehrte Problem: Gegeben ist ein Funktionswert a einer ganzrationalen Funktion f; gesucht sind alle x-Werte, für die $f(x) = a$ ist (Fig. 1; blaue Pfeile).

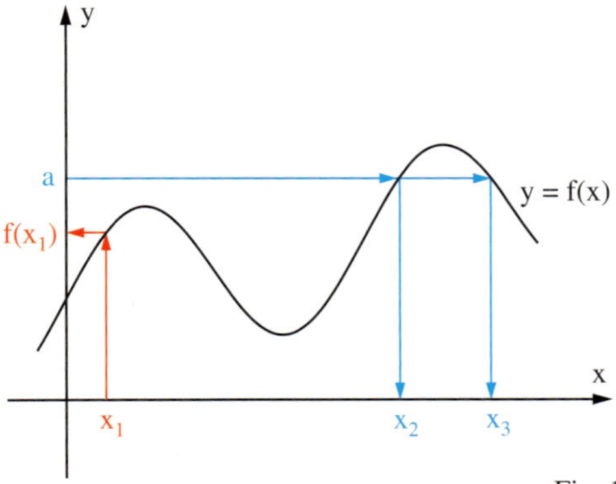

Fig. 1

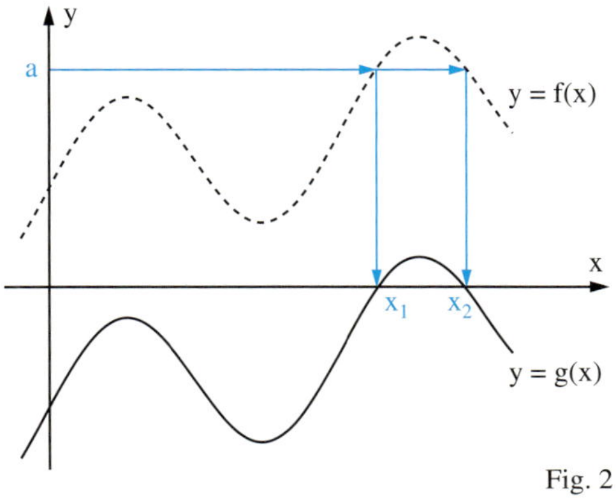

Fig. 2

Für die x-Werte mit $f(x) = a$ nimmt die Funktion g mit $g(x) = f(x) - a$ den Wert 0 an (Fig. 2). Man kann sich daher auf den Fall $a = 0$ beschränken.
Geometrisch gesehen handelt es sich dabei um die Bestimmung der Schnittpunkte des Graphen mit der x-Achse.

Nicht verwechseln:
x_1: Nullstelle der Funktion;
$(x_1|0)$: Schnittpunkt mit der x-Achse

Definition: Eine Zahl $x_1 \in D_f$, für die $f(x_1) = 0$ ist, heißt **Nullstelle** der Funktion f.

Um die Nullstellen einer Funktion f zu bestimmen, ist die Gleichung $f(x) = 0$ zu lösen. Bei ganzrationalen Funktionen ersten Grades erhält man Gleichungen der Form

$a_1 x + a_0 = 0$ (lineare Gleichungen)

mit der Lösung $x_1 = -\frac{a_0}{a_1}$, falls $a_1 \neq 0$ ist.

Bei ganzrationalen Funktionen zweiten Grades erhält man Gleichungen der Form

$a_2 x^2 + a_1 x + a_0 = 0$ (quadratische Gleichungen)

mit den Lösungen $x_{1,2} = \frac{-a_1 \pm \sqrt{a_1^2 - 4a_2a_0}}{2a_2}$, falls $a_1^2 - 4a_2a_0 > 0$ ist.

Ein Produkt ist genau dann null, wenn mindestens ein Faktor null ist.

Eine Gleichung höheren Grades lässt sich lösen, wenn sie eine günstige Form hat. So ist zum Beispiel $(x-2)(x^2 - 4x + 3) = 0$ eine Gleichung dritten Grades, deren Lösungen man aus den beiden Gleichungen $x - 2 = 0$ bzw. $x^2 - 4x + 3 = 0$ erhält: $L = \{2; 1; 3\}$.
Multipliziert man die linke Seite der Gleichung aus, so ergibt sich $x^3 - 6x^2 + 11x - 6 = 0$.
In dieser Form sind die Lösungen nicht mehr erkennbar. Weiß man jedoch, dass der Term $x^3 - 6x^2 + 11x - 6$ den Faktor $x - 2$ enthält, so lässt sich mithilfe der **Polynomdivision** der zweite Faktor bestimmen.

Man geht dabei analog zur schriftlichen Division von Zahlen vor.

$$\begin{array}{l}
(x^3 - 6x^2 + 11x - 6) : (x - 2) = x^2 - 4x + 3 \\
\underline{-(x^3 - 2x^2)} \qquad\qquad 3x : x = 3 \\
\quad -4x^2 + 11x - 6 \qquad -4x^2 : x = -4x \\
\quad \underline{-(-4x^2 + 8x)} \qquad x^3 : x = x^2 \\
\qquad\qquad 3x - 6 \\
\qquad\qquad \underline{-(3x - 6)} \\
\qquad\qquad\qquad 0
\end{array}$$

Mit diesem Verfahren kann man die Gleichung $x^3 - 6x^2 + 11x - 6 = 0$ in die günstige Form $(x - 2)(x^2 - 4x + 3) = 0$ verwandeln.
Welche Linearfaktoren ein gegebener Term enthalten kann, zeigt der folgende Satz.

> **Satz 1:** Ist x_1 eine Nullstelle einer ganzrationalen Funktion f vom Grad n, dann lässt sich f(x) in der Form $f(x) = (x - x_1) \cdot g(x)$ schreiben.
> Dabei ist g(x) ein Polynom vom Grad n – 1.

Wäre der Rest r keine reelle Zahl, sondern ein Polynom vom Grad ≧ 1, so könnte man noch weiter durch $x - x_1$ dividieren.

Beweis: Mithilfe des Verfahrens der Polynomdivision lässt sich f(x) darstellen in der Form
$f(x): (x - x_1) = g(x) + \frac{r}{x - x_1}$. Also gilt: $f(x) = (x - x_1) \cdot g(x) + r$.
Dabei ist g(x) ein Polynom vom Grad n – 1 und der Rest r eine reelle Zahl.
Streben die Werte von x gegen x_1, so erhält man $f(x_1) = r$.
Da x_1 eine Nullstelle von f ist, gilt $f(x_1) = 0$. Deshalb ist $r = 0$ und somit
$f(x) = (x - x_1) \cdot g(x)$.

Ist x_2 eine weitere Nullstelle der Funktion f mit $f(x) = (x - x_1) \cdot g(x)$, so muss x_2 auch eine Nullstelle von g sein. Für f gilt also auch $f(x) = (x - x_1) \cdot (x - x_2) \cdot h(x)$, wobei h(x) ein Polynom vom Grad n – 2 ist. Mit jeder weiteren Nullstelle von f lässt sich so ein weiterer „Linearfaktor" abspalten. Man nennt dieses Verfahren „**Faktorisieren** einer ganzrationalen Funktion mithilfe ihrer Nullstellen". Bei diesem Vorgehen erniedrigt sich der Grad des verbleibenden Polynoms jeweils um eins. Es kann deshalb höchstens n Linearfaktoren geben. Dies zeigt:

Eine ganzrationale Funktion vom Grad n kann natürlich auch weniger als n Nullstellen haben. So hat die Funktion f mit $f(x) = x^n + 1$ keine Nullstellen, wenn n gerade ist, und –1 als einzige Nullstelle, wenn n ungerade ist.

> **Satz 2:** Eine ganzrationale Funktion vom Grad n ($n \in \mathbb{N}$) hat höchstens n Nullstellen.

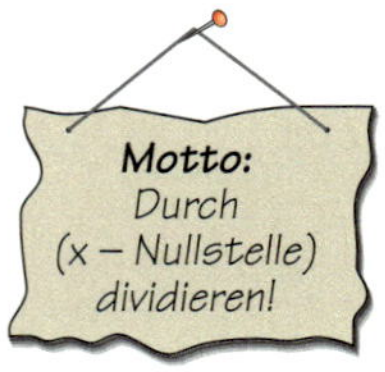

Beispiel 1: (Nullstellenbestimmung mithilfe von Polynomdivision)
Ermitteln Sie alle Nullstellen der Funktion f mit $f(x) = x^3 - 5x^2 + 5x - 1$.
Lösung:
Durch „Probieren" findet man die Nullstelle 1.
Polynomdivision von f(x) durch (x – 1):

$$\begin{array}{l}
(x^3 - 5x^2 + 5x - 1) : (x - 1) = x^2 - 4x + 1 \\
\underline{-(x^3 - x^2)} \\
\quad -4x^2 + 5x - 1 \\
\quad \underline{-(-4x^2 + 4x)} \\
\qquad\qquad x - 1 \\
\qquad\qquad \underline{-(x - 1)} \\
\qquad\qquad\qquad 0
\end{array}$$

Es ist also $f(x) = x^3 - 5x^2 + 5x - 1$ in der Form darstellbar $f(x) = (x-1)(x^2 - 4x + 1)$. Da ein Produkt null ist, wenn einer oder beide der Faktoren null sind, erhält man die weiteren Nullstellen aus der Gleichung $x^2 - 4x + 1 = 0$.

Die quadratische Gleichung hat die Lösungen $x_{1/2} = 2 \pm \sqrt{\frac{4^2}{4} - 1} = 2 \pm \sqrt{3}$.

f hat somit die drei Nullstellen $1;\ 2 + \sqrt{3};\ 2 - \sqrt{3}$.

Beispiel 2: (Zwei wichtige Sonderfälle zur Nullstellenbestimmung)

Bestimmen Sie die Nullstellen der Funktion f mit

a) $f(x) = x^3 - 2x^2 - x$,

b) $f(x) = x^4 - 7x^2 + 12$,

Lösung

a) durch Ausklammern:

$x^3 - 2x^2 - x = 0$

Ausklammern von x:

$x \cdot (x^2 - 2x - 1) = 0$.

Daraus ergibt sich

$x = 0$ oder $x^2 - 2x - 1 = 0$

Die quadratische Gleichung hat die Lösungen

$x_{1/2} = 1 \pm \sqrt{\frac{2^2}{4} - (-1)} = 1 \pm \sqrt{2}$.

Damit hat f die Nullstellen $0;\ 1 - \sqrt{2};\ 1 + \sqrt{2}$.

b) durch Substituieren:

$x^4 - 7x^2 + 12 = 0$

Die Substitution $z = x^2$ ergibt die Gleichung

$z^2 - 7z + 12 = 0$.

Diese hat die Lösungen

$z_{1/2} = \frac{7}{2} \pm \sqrt{\frac{49}{4} - 12} = \frac{7}{2} \pm \frac{1}{2}$,

also $z = 4$ oder $z = 3$

Die Rücksubstitution ergibt damit die Gleichungen $x^2 = 4$ und $x^2 = 3$.

Damit hat f die Nullstellen $-2;\ 2;\ -\sqrt{3};\ \sqrt{3}$.

Beispiel 3: (Nullstellenbestimmung mit dem CAS)

Ermitteln Sie mit dem CAS exakt und näherungsweise für die Nullstellen der Funktion f mit $f(x) = 2x^3 - \frac{5}{2}x - \frac{7}{2}x + \frac{35}{8}$.

Lösung:

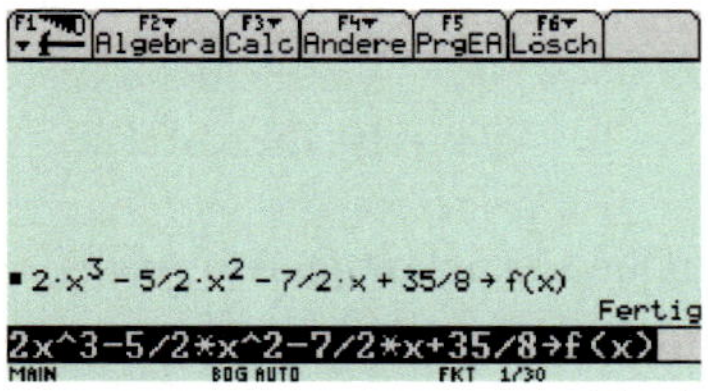

Fig. 1

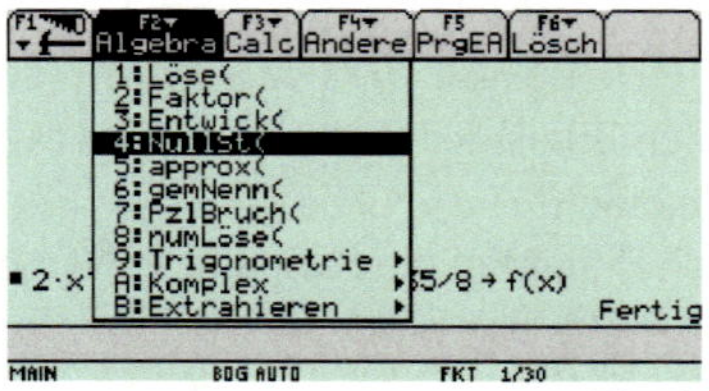

Fig. 2

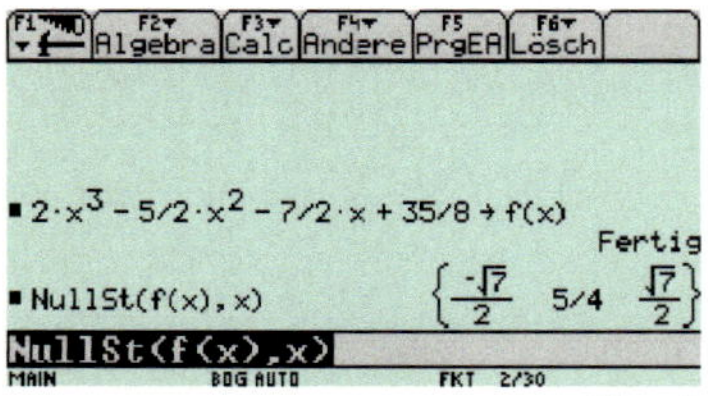

Fig. 3

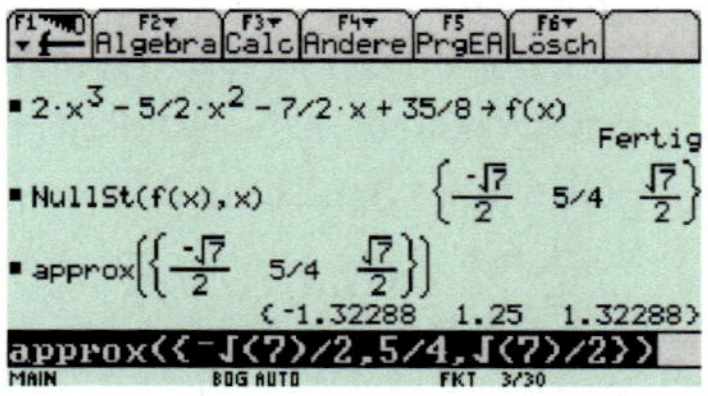

Fig. 4

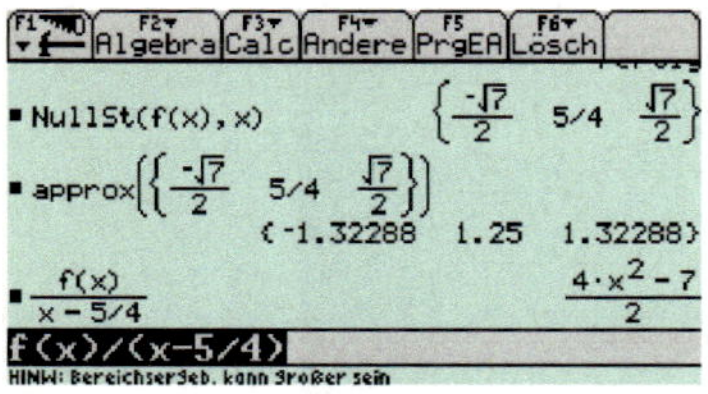

Fig. 5

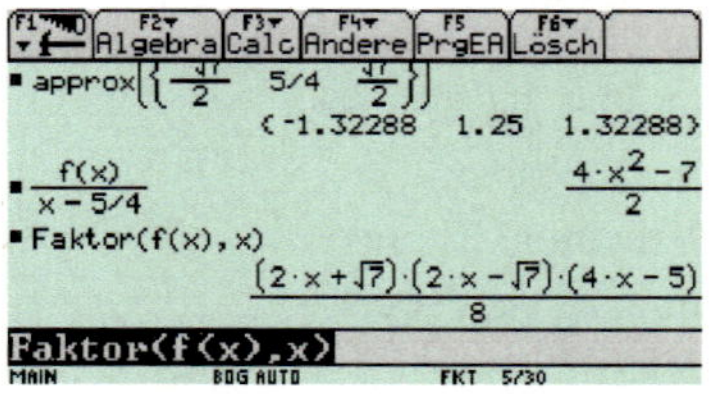

Fig. 6

Hinweise:

Man definiert die Funktion f, indem man im Hauptbildschirm die Funktionsgleichung eingibt und mit [STO▸] f(x) unter f(x) speichert (Fig. 1).

Sodann wird über die Funktionstaste [F2] der Befehl 4:NullSt(aufgerufen (Fig. 2).

Man gibt nun ein f(x),x) und bestätigt dies mit [ENTER]. Den vollständigen Befehl zeigt Fig. 3. Das mit dem Komma von f(x) getrennte nachfolgende x besagt, dass die Nullstellen nach der Variablen x anzugeben sind. Im Display erscheinen die Lösungen, die man mit dem Befehl 5:approx(noch näherungsweise angeben kann.

Kennt man eine Nullstelle z. B. $\frac{5}{4}$, so kann man mit dem CAS auch eine Polynomdivision durch $\left(x - \frac{5}{4}\right)$ wie in Fig. 5 ausführen.

Man kann den Funktionsterm auch zerlegen oder faktorisieren. Dazu geht man mit der Taste [F2] zu dem Befehl 2:Faktor und gibt das Symbol f(x) für die definierte Funktion ein sowie das x durch Komma getrennt. Fig. 6 zeigt das Ergebnis.

Aufgaben

2 Ermitteln Sie die Nullstellen der Funktion.

a) $f(x) = (1 - 2x)(x - 2)$ b) $f(t) = (2t + 1)(6 - 4t)$ c) $g(x) = (0{,}4x - 1{,}2)(x^2 + 4)$

d) $g(x) = \frac{1}{2}x + \frac{2}{3}x^2$ e) $k(t) = 2t^2 - (1 + \sqrt{2})\,t$ f) $h(u) = 3u^2 - \frac{1}{3}u^4$

Man kann nicht nur x^2 substituieren!

3 a) $f(x) = x^4 - 13x^2 + 36$ b) $g(x) = 16x^4 - 40x^2 + 9$ c) $f(t) = -9 - 2t^2 + 32t^4$

d) $h(v) = 4v^2 - \frac{1}{4}v^4$ e) $g(r) = r^6 - 19r^3 - 216$ f) $f(x) = (x+1)^3 + (x+1)^2 - 6(x+1)$

4 Führen Sie jeweils die Polynomdivision aus.

a) $(x^3 + 2x^2 - 17x + 6) : (x - 3)$ b) $(2x^3 + 2x^2 - 21x + 12) : (x + 4)$

c) $(2x^3 - 7x^2 - x + 2) : (2x - 1)$ d) $(x^4 + 2x^3 - 4x^2 - 9x - 2) : (x + 2)$

5 Bestimmen Sie durch „Probieren“ eine Nullstelle und berechnen Sie danach die weiteren Nullstellen.

a) $f(x) = x^3 - 6x^2 + 11x - 6$ b) $f(x) = x^3 + x^2 - 4x - 4$ c) $f(x) = 4x^3 - 13x + 6$

d) $f(x) = 4x^3 - 8x^2 - 11x - 3$ e) $f(x) = 4x^3 - 3x - 1$ f) $f(x) = 25x^3 + 15x^2 - 9x + 1$

Der Norweger Niels Henrik Abel (1802–1829) konnte im Alter von 22 Jahren nachweisen, dass für die allgemeine Gleichung 5. Grades keine Lösungsformel existiert. Als 24-Jähriger gelang ihm dieser Nachweis für alle Gleichungen höheren als 5. Grades.

6 Geben Sie eine ganzrationale Funktion mit den folgenden Nullstellen an:

a) 1; 2 b) –9; –7; 9 c) $\sqrt{2};\ 1 + \sqrt{2};\ 1 - \sqrt{2}$

7 Ermitteln Sie mit dem CAS die Nullstellen der Funktion.

a) $f(x) = -\frac{2}{7}x^3 - x^2 + 5x + 9$ b) $f(x) = x^4 - 2x - 1$ c) $f(x) = \frac{1}{2}x^5 - 3x^3 + x^2 + 3$

8 a) $f(x) = x^3 - \frac{2}{x} - 2$ b) $f(x) = x^3 + \frac{1}{x^2} - 5$ c) $f(x) = 2x^2 - 3x + 1 - \sin(x)$

Abel war ein schüchterner junger Mann, der in sehr beschränkten materiellen Verhältnissen lebte. Er starb im Alter von 26 Jahren an Tuberkulose.

9 a) Zeigen Sie, dass der Graph der Funktion f mit $f(x) = x^3 - 2x^2 - 3x + 10$ die x-Achse nur im Punkt $S(-2|0)$ schneidet.

b) Die Gerade g geht durch S und hat die Steigung 2. Berechnen Sie alle Schnittpunkte von g mit dem Graphen von f.

10 Gegeben ist die Funktionenschar f_t mit $f_t(x) = 2x^3 - tx^2 + 8x;\ t \in \mathbb{R}$.

a) Berechnen Sie die Nullstellen der Funktionen f_2, f_{10} und f_{-10}.

b) Für welche $t \in \mathbb{R}$ hat f_t drei verschiedene Nullstellen?

c) Bestimmen Sie $t \in \mathbb{R}$ so, dass f_t die Nullstelle 2 hat.

11 In einen geraden Kegel mit einem Grundkreisradius von 10 cm und einer Höhe von 10 cm soll ein Zylinder mit dem Radius r einbeschrieben werden.

a) Zeigen Sie, dass der Zylinder das Volumen $V(r) = \pi \cdot (10r^2 - r^3)$ (in cm^3) besitzt.

b) Weisen Sie nach, dass bei einem Radius von 5 cm das Zylindervolumen $\frac{3}{8}$ des Kegelvolumens beträgt.

c) Gibt es andere Radien, bei denen das Volumen des Zylinders ebenfalls $\frac{3}{8}$ des Kegelvolumens ist?

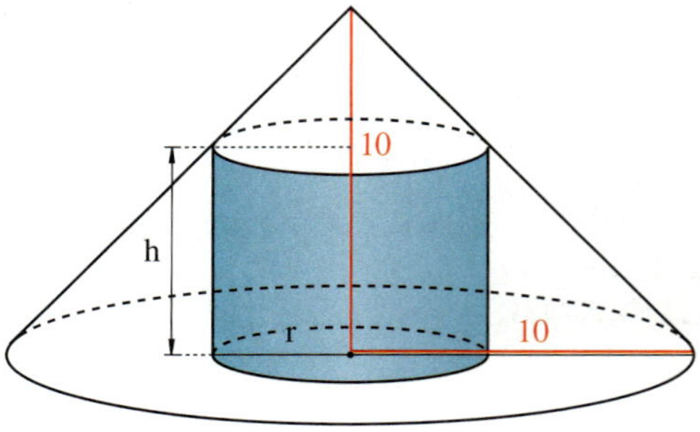

Fig. 1

Funktionen
Eine Vorschrift, die jeder rellen Zahl aus einer Menge D genau eine reelle Zahl zuordnet, nennt man **Funktion**. Tritt im Funktionsterm ein Parameter auf, spricht man von einer **Funktionenschar**.

Steigung und Orthogonalität
Eine Gerade g durch $P(x_P|y_P)$ und $Q(x_Q|y_Q)$ hat die Steigung
$m = \frac{y_Q - y_P}{x_Q - x_P}$; $x_P \neq x_Q$. Für den Steigungswinkel α gilt: $\tan(\alpha) = m$.
Für die Steigungen m_1 und m_2 orthogonaler Geraden gilt:
$m_1 \cdot m_2 = -1$.

Gegeben: $P(-2|-1)$; $Q(3|1)$
$m = \frac{1-(-1)}{3-(-2)} = \frac{2}{5}$; $\tan(\alpha) = \frac{2}{5}$; $\alpha \approx 21{,}8°$

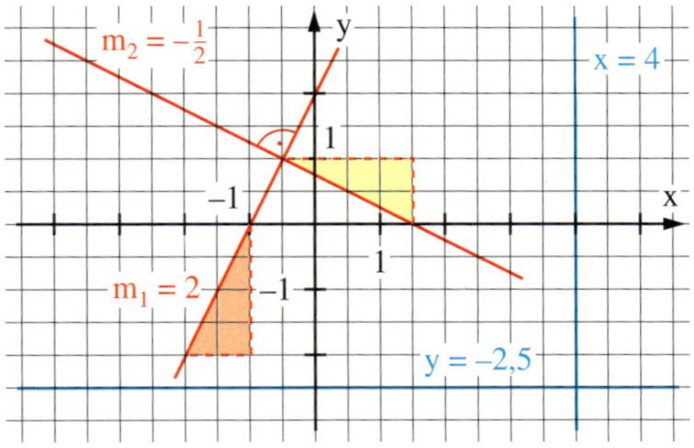

Fig. 1

Geradengleichungen
$y = mx + c$ (Hauptform)
m ist die Steigung der Geraden, c der y-Achsenabschnitt;
Parallele zur x-Achse: $y = c$; Parallele zur y-Achse: $x = a$.
$y = m(x - x_P) + y_P$ (Gerade durch $P(x_P|y_P)$)

Zusammengesetzte Funktionen
Aus zwei Funktionen u und v lässt sich die Summe $u + v$ bilden.
$u + v: x \mapsto u(x) + v(x)$ mit $x \in D_u \cap D_v$.
Der Graph von $u + v$ ergibt sich durch Ordinatenaddition.

$f: x \mapsto x + \frac{1}{x}$; $D = \mathbb{R} \setminus \{0\}$

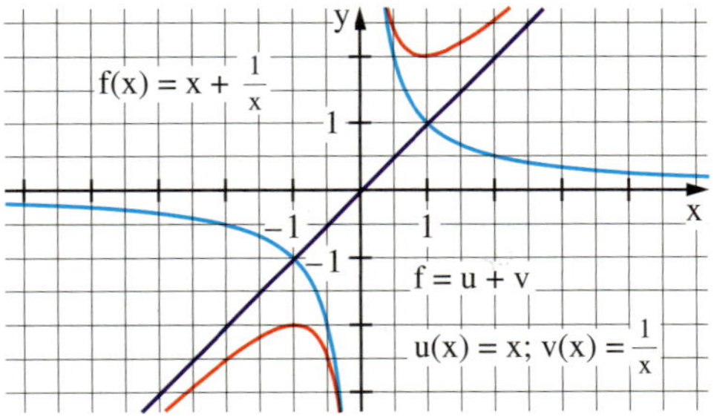

Fig. 2

Gerade und ungerade Funktionen
Eine Funktion f mit $\mathbf{f(-x) = f(x)}$ nennt man eine **gerade Funktion**. Ihr Graph ist achsensymmetrisch zur y-Achse.
Eine Funktion f mit $\mathbf{f(-x) = -f(x)}$ nennt man eine **ungerade Funktion**. Ihr Graph ist punktsymmetrisch zum Ursprung.

f ist ungerade, da $f(-x) = -f(x)$;
der Graph ist punktsymmetrisch zum Ursprung $O(0|0)$.

Nullstellen von Funktionen
Eine Zahl x_1 mit $f(x_1) = 0$ heißt **Nullstelle** der Funktion f.

Ganzrationale Funktionen
Für $n \in \mathbb{N}$ heißt die Funktion $f: x \mapsto a_n x^n + a_{n-1} x^{n-1} + \ldots + a_0$ **ganzrationale Funktion**. Ist $a_n \neq 0$, so hat f den **Grad n**.
Für $x \to \pm\infty$ wird das Verhalten einer ganzrationalen Funktion f mit dem Grad n vom Summanden $a_n x^n$ bestimmt: $f(x) \approx a_n x^n$.

Ist x_1 eine Nullstelle der ganzrationalen Funktion f, dann geht die **Polynomdivision** $f(x) : (x - x_1)$ auf.
Alle weiteren Nullstellen von f sind die Nullstellen von g mit $g(x) = f(x) : (x - x_1)$.
Eine ganzrationale Funktion mit dem Grad n hat höchstens n Nullstellen.

$f: x \mapsto x^3 - 2x^2 - 5x + 6$
Der Grad von f ist 3.
f ist weder gerade noch ungerade.
$f(1) = 0$; Nullstelle $x_1 = 1$.

$$\begin{array}{l}
(x^3 - 2x^2 - 5x + 6) : (x - 1) = x^2 - x - 6 \\
\underline{-(x^3 - x^2)} \\
\quad -x^2 - 5x + 6 \\
\quad \underline{-(x^2 + x)} \\
\qquad -6x + 6 \\
\qquad \underline{-(-6x + 6)} \\
\qquad\qquad 0
\end{array}$$

Aus $x^2 - x - 6 = 0$ ergeben sich die weiteren Nullstellen
$x_2 = -2$; $x_3 = 3$.

1 Fig. 1 zeigt unvollständig gezeichnete Koordinatensysteme, in die jeweils eine Gerade g eingetragen ist. Bestimmen Sie eine Gleichung der Geraden g.

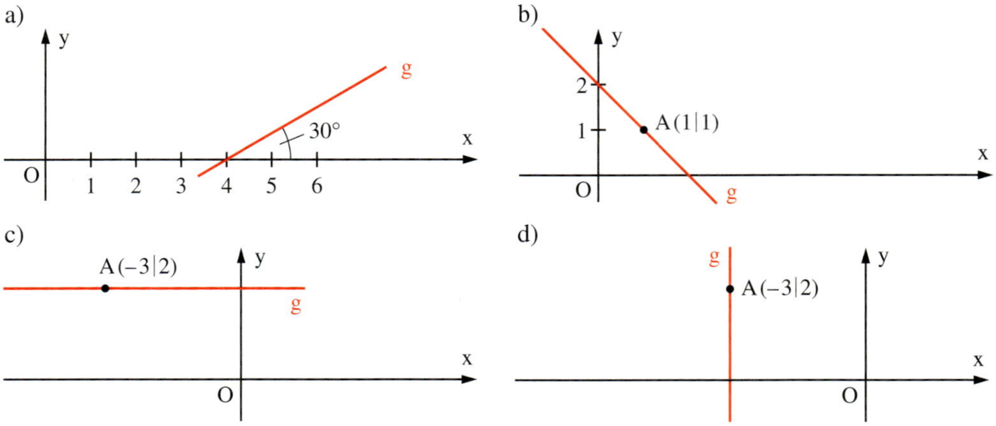

Fig. 1

2 Gegeben sind die Geraden g: $y = 2x - 1{,}5$ und h: $2x + 5y = 9$.
a) Zeichnen Sie g und h in ein gemeinsames Koordinatensystem.
b) Entscheiden Sie rechnerisch, ob die Geraden g und h orthogonal sind.
c) Bestimmen Sie die Schnittpunkte von g und h mit der x-Achse.

3 Schreiben Sie die Funktion f mit $f(x) = \frac{x^2 - 2}{2x}$ als Summe und zeichnen Sie den Graphen von f mithilfe der Ordinatenaddition.

4 Untersuchen Sie, ob die Funktion f gerade bzw. ungerade ist.
a) $f(x) = -0{,}2x^3 + 6x$ b) $f(x) = (x-1)^3$ c) $f(x) = 1 - 3x^4$ d) $f(x) = 1 - |x|$

5 Bestimmen Sie die Nullstellen der Funktion f.
a) $f(x) = 0{,}5x^3 - x^2 - 4x$ b) $f(x) = \frac{1}{4}x^4 - \frac{3}{2}x^2 + 2$ c) $f(x) = \frac{5 - 9x - 2x^2}{1 + x^2}$
d) $f(x) = \frac{1}{16}x^4 - 1$ e) $f(x) = \frac{1}{16}x^4 - \frac{9}{4}x^2$ f) $f(x) = \frac{1}{27}x^5 - x^2$

6 Zeigen Sie, dass x_1 eine Nullstelle der Funktion f ist.
Bestimmen Sie anschließend alle weiteren Nullstellen der Funktion f.
a) $f(x) = x^3 - x^2 - 3x - 1;\ x_1 = -1$ b) $f(x) = x^4 - 6x^3 + 11x^2 - 6x;\ x_1 = 3$

7 Ist die Aussage wahr oder falsch? Nennen Sie gegebenenfalls ein Gegenbeispiel.
a) Wenn eine ganzrationale gerade Funktion eine Nullstelle hat, dann hat sie eine weitere Nullstelle.
b) Der Graph einer ungeraden Funktion geht durch den Ursprung.
c) Eine ganzrationale Funktion 3. Grades hat genau drei Nullstellen.
d) Es gibt keine ganzrationale Funktion 3. Grades ohne Nullstellen.

8 Gegeben ist die Funktion f mit $f(x) = \frac{1}{6}x^4 - \frac{4}{3}x^2 - \frac{3}{2}$.
a) Untersuchen Sie f auf Symmetrie.
b) Bestimmen Sie die Schnittpunkte des Graphen von f mit den Koordinatenachsen.
c) Untersuchen Sie das Verhalten von f für $x \to \pm\infty$.
d) Skizzieren Sie mithilfe von a), b) und c) den Graphen von f.

1 Gegeben ist die Funktion f. Zeichnen Sie einen geeigneten Ausschnitt des Graphen. Bestimmen Sie die Nullstellen der Funktion.

a) $f(x) = \frac{1}{5}x^5 - 2x^4 - x^3 + 1$ b) $f(x) = 100x^3 - 815x^2 + 1785x - 825$

x	*y*
2	*24,8*
4	*39,9*
6	*46,8*
8	*50,2*
10	*55,4*
12	*58,1*
14	*61,2*

Fig. 1

2 Für jedes $t \in \mathbb{R}$ ist eine Funktion f_t gegeben. Zeichnen Sie Graphen für verschiedene Werte des Scharparameters. Verwenden Sie dabei Listen.

a) $f_t(x) = x^2 - tx$ b) $f_t(x) = \frac{3}{8}x^3 - \frac{3}{2}tx$ c) $f_t(x) = \frac{x^2 - 1}{tx^2 - 1}$

3 Stellen Sie die Daten der Tabelle in Fig. 1 auf verschiedene Arten grafisch dar.

4 Gegeben ist das Dreieck ABC mit $A(0|0)$, $B(4|3)$ und $C(-2|11)$.

a) Zeichnen Sie das Dreieck ABC (1 LE = 0,5 cm); berechnen Sie die Längen der Seiten.

b) Berechnen Sie h_a und mit deren Hilfe den Flächeninhalt des Dreiecks ABC.

c) Bestimmen Sie den Schnittpunkt S der Seite BC mit der y-Achse. Durch AS wird das Dreieck ABC in zwei Teildreiecke zerlegt. Ermitteln Sie deren Flächeninhalt (Grundseite jedes Mal AS) und daraus den Flächeninhalt des Dreiecks ABC.

$A = \frac{1}{2}g \cdot h$, aber es geht auch anders.

5 Gegeben ist für jede reelle Zahl t eine ganzrationale Funktion f_t mit $f_t(x) = x^3 - 2tx^2 + t^2x$.

a) Skizzieren Sie mit dem CAS für verschiedene Werte von t Graphen der Funktionen.

b) Berechnen Sie die Nullstellen von f_t in Abhängigkeit von t. Vergleichen Sie das Ergebnis mit den gezeichneten Graphen.

c) Für welche reellen Zahlen t liegt der Punkt $P(4|9)$ auf dem Graphen der Funktion f_t?

6 Um beim Nordic Walking eine Aussage über die zu verwendende Stocklänge zu gewinnen, wurde bei 12 Personen die Körpergröße und die Stocklänge bei richtiger Anwendung gemessen.

Größe (in cm)	162	181	175	172	185	167	173	182	185	178	183	192
Stocklänge (in cm)	110	123	118	117	126	114	117	123	126	121	125	130

Formulieren Sie eine Faustformel für die Stocklänge beim Nordic Walking.

7 Zwei zylinderförmige Gefäße werden mit Wasser gefüllt (Fig. 2). Jedes Gefäß hat einen Grundflächeninhalt von $1\,dm^2$ und ist 85 cm hoch. Der jeweilige Wasserzufluss ist konstant.

a) Geben Sie für jedes Gefäß die Höhe des Wasserspiegels als Funktion der Zeit an.

b) Zeichnen Sie die Graphen der beiden Funktionen von a) in ein Koordinatensystem ein.

c) Erreicht der Wasserspiegel des zweiten Gefäßes die Höhe des Wasserspiegels vom ersten Gefäß, bevor das Wasser überläuft?

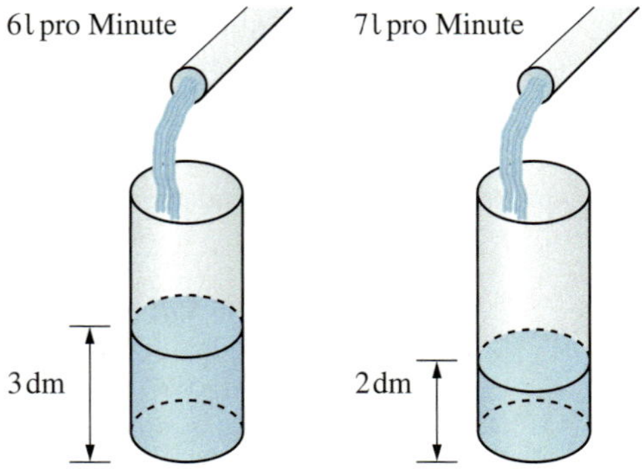

Fig. 2

8 Die Firma Surprise KG stellt einen Scherzartikel her. Rolf erzählt nach einem Betriebspraktikum: „Die Kosten für die Herstellung von x dieser Scherzartikel beträgt K(x) Euro. Dabei ist $K(x) = 0{,}02(x - 10)^3 + 20$.“

a) Erstellen Sie mit dem CAS eine Wertetabelle und skizzieren Sie im Heft den Graphen für die Gesamtkosten in Abhängigkeit von der Stückzahl.

b) Der Artikel wird für 2 Euro pro Stück verkauft. Wie groß sind die Einnahmen, wenn x Stück verkauft werden? Zeichnen Sie in das vorhandene Koordinatensystem den Graphen für die Gesamteinnahmen ein.

1 Die lokale Änderungsrate

1 GALILEI untersuchte das Abrollen einer Kugel auf einer schiefen Ebene. Dabei maß er die Strecke s, welche die Kugel in der Zeit t zurücklegt. Er schrieb:
„... bei wohl hundertfacher Wiederholung fanden wir stets, dass die Strecken sich verhielten wie die Quadrate der Zeiten; und dieses zwar für jedwede Neigung der Ebene ... “

a) Mit damals üblichen Längen- und Zeiteinheiten könnte GALILEI die folgende Tabelle erhalten haben.

Zeit t	0	1	2	3	4
Strecke s	0	0,5	2,0	4,5	8,0

Fig. 1

Ergänzen Sie die Tabelle nach den Erkenntnissen von GALILEI für die Zeiten 2,5 und 3,5; 2,8 und 3,2 sowie 2,9 und 3,1.
b) Wie konnte GALILEI die Geschwindigkeit zur Zeit 3 ungefähr bestimmen?

Im Folgenden wird gezeigt, wie man von der Durchschnittsgeschwindigkeit zur Momentangeschwindigkeit gelangt. Der dabei entwickelte Gedankengang wird dann auf andere Größen übertragen.

Der Quotient $\frac{\text{Weglänge}}{\text{Zeitspanne}}$ heißt bei gleichförmiger Bewegung Geschwindigkeit, bei nicht gleichförmiger Bewegung Durchschnittsgeschwindigkeit.

Anleitung zu Änderungsraten

Für eine Kugel, die eine schiefe Ebene hinunterrollt, gelte für den nach der Zeit t zurückgelegten Weg $s(t) = 0{,}2 \cdot t^2$; t in Sekunden, s in Meter. Es soll die Geschwindigkeit zum Zeitpunkt $t_0 = 2{,}5$; also nach 2,5 Sekunden bestimmt werden.
Fig. 2 zeigt den zugehörigen Graphen.
Für $t_0 = 2{,}5$ und einen beliebigen Zeitpunkt t ist die **Durchschnittsgeschwindigkeit** der rollenden Kugel die Änderungsrate
$\frac{s(t) - s(2{,}5)}{t - 2{,}5} = \frac{0{,}2 \cdot t^2 - 1{,}25}{t - 2{,}5}$.
Sie entspricht geometrisch der Steigung der Geraden durch die Punkte $P(2{,}5 \mid 1{,}25)$ und $Q(t \mid 0{,}2 \cdot t^2)$.
In der Tabelle von Fig. 3 sind für einige Werte von t die Durchschnittsgeschwindigkeiten angegeben. Man erkennt:

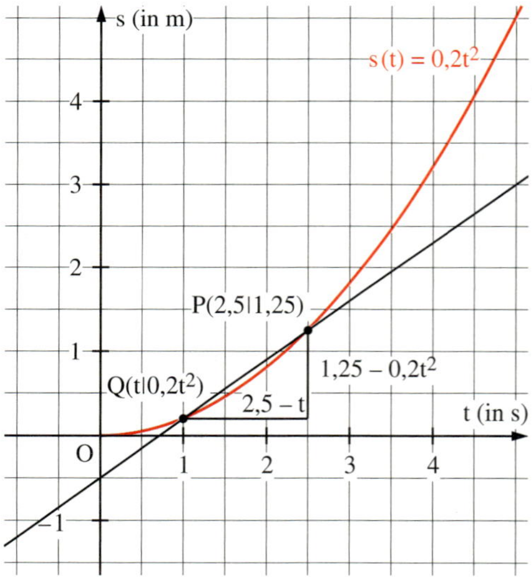

Fig. 2

t	$\frac{0{,}2t^2 - 1{,}25}{t - 2{,}5}$
1	0,7
2	0,9
2,4	0,98
2,49	0,998
2,499	0,9998
...	...
2,501	1,0002
2,51	1,002
2,6	1,02
3	1,1

Fig. 3

Je näher t bei 2,5 liegt, umso näher liegt der Wert der mittleren Geschwindigkeit bei 1. Daher ist es sinnvoll, 1 als **momentane Geschwindigkeit** der Kugel zum Zeitpunkt $t_0 = 2{,}5$ anzusehen.
Für das Verhalten des Quotienten $\frac{s(t) - s(2{,}5)}{t - 2{,}5}$ für Zeitpunkte t nahe $t_0 = 2{,}5$ ist folgende Schreibweise üblich:
Für $t \to 2{,}5$ gilt: $\frac{s(t) - s(2{,}5)}{t - 2{,}5} \to 1$; kurz $\lim\limits_{t \to 2{,}5} \frac{s(t) - s(2{,}5)}{t - 2{,}5} = 1$. Für einen beliebigen Zeitpunkt t_0 gilt entsprechend: Für $t \to t_0$ gilt: $\frac{s(t) - s(t_0)}{t - t_0} \to v(t_0)$; kurz: $\lim\limits_{t \to t_0} \frac{s(t) - s(t_0)}{t - t_0} = v(t_0)$.

Dieser Sachverhalt des Grenzverhaltens lässt sich auf beliebige von einer Variablen unabhängige Größen ausweiten.

*Ist die Größe abhängig von der Zeit, so spricht man von der **momentanen Änderungsrate**, andernfalls meist von der **lokalen Änderungsrate**.*

Definition: Wenn für eine von x abhängige Größe g die Änderungsrate $\frac{g(x) - g(x_0)}{x - x_0}$ für $x \to x_0$ gegen einen Wert $m(x_0)$ strebt, so heißt $m(x_0)$ die **lokale** oder **momentane Änderungsrate** von g an der Stelle x_0.

Die Tabelle zeigt einige Beispiele.

Größe	Lokale Änderungsrate der Größe
(1) Geschwindigkeit v in $[t_1; t_2]$	Beschleunigung zum Zeitpunkt t_0
(2) Länge L in $[t_1; t_2]$ einer Hopfenpflanze	Wachstumsgeschwindigkeit w zum Zeitpunkt t_0
(3) Wassermenge V einer Quelle in $[t_1; t_2]$	Schüttung S der Quelle zum Zeitpunkt t_0
(4) Höhe h auf dem Streckenabschnitt $[x_1; x_2]$	Lokale Höhenzu- oder Höhenabnahme an der Stelle x_0, auch Steigung oder Gefälle an der Stelle x_0
(5) Anzahl a von noch vorhandenen Atomen bei radioaktivem Zerfall in $[t_1; t_2]$	Momentaner Zerfall zum Zeitpunkt t_0
(6) Kraftstoffinhalt des Tanks eines Pkw auf der Strecke $[s_1; s_2]$	Lokaler Kraftstoffverbrauch an der Stelle s_0

Es ist noch zu untersuchen, welche Einheit eine momentane oder lokale Änderungsrate besitzt. In (3) ist das Volumen V abhängig von der Zeit t. Wird demnach V in m^3 und t in h (Stunden) gemessen, so hat die Änderungsrate $\frac{V(t) - V(t_0)}{t - t_0}$ die Einheit $\frac{m^3}{h}$. Diese bleibt auch beim Übergang $t \to t_0$ erhalten. Damit hat die Schüttung S die Einheit $\frac{m^3}{h}$.

Wird in (4) die Höhe h in m und der Weg x in km gemessen, so hat das Gefälle die Einheit $\frac{m}{km}$. Werden beide in m gemessen, so ist die Größe dimensionslos.

Sind allgemein x und f(x) Größen mit den Einheiten e_1 und e_2, so ist die lokale Änderungsrate eine Größe mit der Einheit $\frac{e_1}{e_2}$.

Beispiel 1: (Momentane Änderungsrate)
Ein Medikament wird im Körper eines Patienten abgebaut. Seine Konzentration wird im Blut gemessen. Versuche ergaben, dass der Abbau gemäß $A(t) = 0{,}9^t$; t in Stunden, A in $\frac{\text{Milligramm}}{\text{Liter}}$, erfolgt. Bestimmen Sie näherungsweise die momentane Änderungsrate zum Zeitpunkt $t = 5$ und deren Einheit. Deuten Sie diese.
Lösung:
Die Änderungsrate im Intervall [t; 5] für $t < 5$ bzw. [5; t] für $t > 5$ lautet: $\frac{0{,}9^t - 0{,}9^5}{t - 5} = \frac{0{,}9^t - 0{,}59049}{t - 5}$.

Man gibt die Werte von t in die Liste L_1 ein und bestimmt die Werte in L_2.

Die momentane Änderungsrate kann hier nur näherungsweise mithilfe einer Tabelle ermittelt werden, die man unter Verwendung des CAS erstellt. Man untersucht Werte für t nahe bei 5.

t	4,9	4,99	4,999	5,001	5,01	5,1
$\frac{0{,}9^t - 0{,}59049}{t - 5}$	−0,062543	−0,062247	−0,062218	−0,062211	−0,062182	−0,061888

Die momentane Änderungsrate liegt offensichtlich bei etwa −0,0622. Ihre Einheit ist $\frac{mg}{l \cdot h}$. Damit nimmt die Konzentration des Medikaments je Stunde um ca. $0{,}0622 \frac{mg}{l}$ ab.

Beispiel 2: (Bestimmung der lokalen Änderungsrate des Inhalts eines Kreises)
Ein Kreis mit Radius $r_0 = 5\,\text{cm}$ wird vergrößert oder verkleinert (Fig. 1). Bestimmen Sie die lokale Änderungsrate für $r_0 = 5$ und deuten Sie diese.

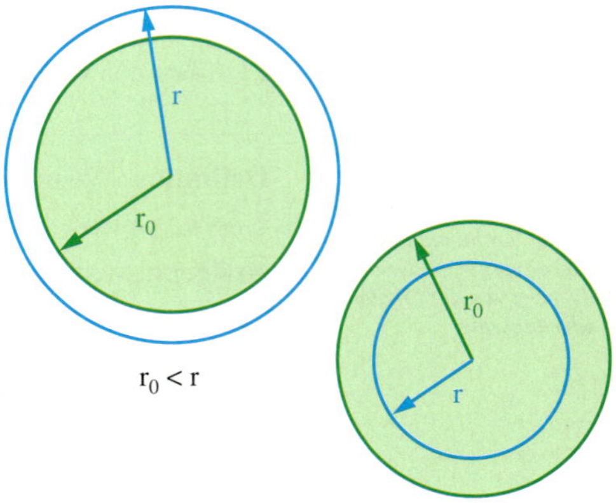

Fig. 1

Lösung:
Der Flächeninhalt A (in cm^2) ändert sich bei Vergrößerung oder Verkleinerung des Radius r von $A(r_0) = \pi \cdot r_0^2 = 25\pi$ auf $A(r) = \pi \cdot r^2$.

Hier kann die lokale Änderungsrate ohne Tabelle direkt ermittelt werden.

Damit ist

$$\frac{A(r) - A(r_0)}{r - r_0} = \frac{\pi \cdot r^2 - 25\pi}{r - 5} = \frac{\pi(r-5)(r+5)}{r-5} = \pi(r+5)$$

$$\lim_{r \to 5} \frac{A(r) - A(5)}{r - 5} = \lim_{r \to 5} (\pi \cdot (r+5)) = 10\pi = 2 \cdot 5\pi.$$

Die lokale Änderungsrate des Flächeninhalts bei $r_0 = 5$ hat die Einheit $\frac{cm^2}{cm} = cm$ und ist somit der Umfang des Kreises $10\pi\,\text{cm} \approx 31{,}4\,\text{cm}$.

Aufgaben

2 Ein Körper bewegt sich so, dass er in der Zeit t den Weg $s(t) = 4t^2$ (s in m; t in s) zurücklegt. Bestimmen Sie seine momentane Geschwindigkeit zu den Zeiten $t_0 = 1; 2; 3$.

3 Ein Fahrzeug wird abgebremst. Für den in der Zeit t zurückgelegten Weg s(t) gilt $s(t) = 20t - t^2$ für $0 \leqq t \leqq 10$ (s in Meter; t in Sekunden).
Bestimmen Sie die momentane Geschwindigkeit des Fahrzeugs $\left(\text{in } \frac{m}{s} \text{ und in } \frac{km}{h}\right)$ zur Zeit
a) $t_0 = 3$ b) $t_0 = 5$ c) $t_0 = 8$ d) $t_0 = 10$.

4 Die Funktion w mit $w(t) = 10 + \frac{5}{t+1}$ (t in Stunden; w(t) in m^3) gibt näherungsweise die Wassermenge eines Auffangbeckens im Zeitintervall $0 \leqq t \leqq 24$ an. Bestimmen Sie die momentane Änderungsrate zu den Zeitpunkten $t = 1$ und $t = 8$ und interpretieren Sie diese.

5 Der Tankinhalt V eines Pkws wird während einer Fahrt längs einer Strecke x durch die Größe $V(x) = 80 + 20 \cdot \cos\left(\frac{x}{10}\right) - 8x$; x in 100 km, V in Liter, näherungsweise wiedergegeben.
a) Wie viel Liter Kraftstoff enthielt der Tank bei Fahrtbeginn? Wie weit kommt man damit?
b) Bestimmen Sie die lokale Änderungsrate bei 100 km und bei 800 km und deuten Sie diese.

6 Die Funktion A gibt für die Dreiecke I, II und III jeweils den Flächeninhalt A(a) an, wobei a die gezeichnete Länge ist. Bestimmen und veranschaulichen Sie die lokale Änderungsrate $m(a_0)$ von A an der Stelle $a_0 = 4$.

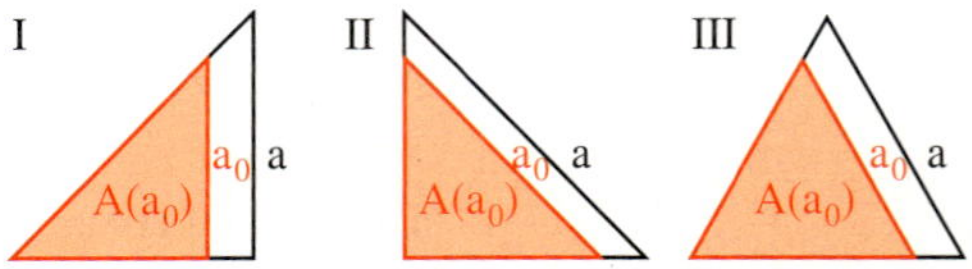

Fig. 2

7 Ein Würfel mit der Kantenlänge a hat die Oberfläche O(a) und das Volumen V(a). Bestimmen und veranschaulichen Sie die lokale Änderungsrate von V und O an der Stelle $a_0 = 4$.

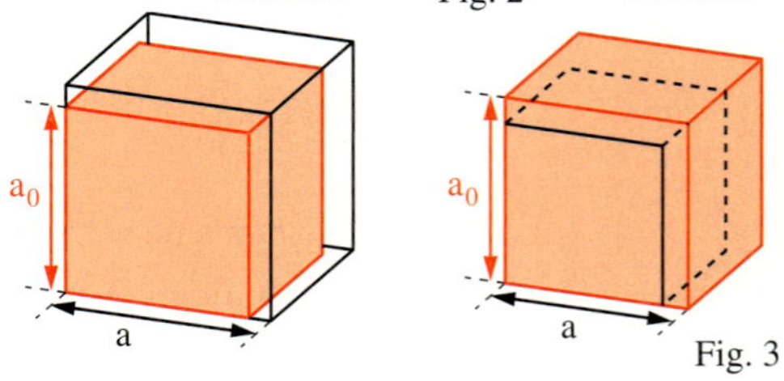

Fig. 3

2 Die Ableitung an einer Stelle x_0

Um Messfehler durch störende Einflüsse der Umgebung zu vermeiden, misst man die Geschwindigkeit innerhalb mehrerer Messstrecken. Wenn dabei die erhaltenen Geschwindigkeiten um mehr als 3 % voneinander abweichen, wird nicht „geblitzt".

Fig. 1

1 Bei Geschwindigkeitskontrollen wird die Zeit gemessen, die ein Fahrzeug zwischen Lichtschranke 1 und Lichtschranke 2 bzw. Lichtschranke 1 und Lichtschranke 3 benötigt. Der Abstand der Lichtschranken beträgt 25 cm bzw. 50 cm. Ein Fahrer sieht das Gerät und bremst ab. Bei ihm werden Zeiten von 0,030 s und 0,0615 s gemessen. Der Fahrer behauptet: „Bei beiden Messstrecken lag meine Geschwindigkeit nicht über $30\,\frac{km}{h} = \frac{25}{3}\,\frac{m}{s}$.
Also bin ich innerhalb der Messstrecken nie schneller als $30\,\frac{km}{h}$ gefahren." Stimmt dies?

Die momentane Änderungsrate einer Größe g an der Stelle x_0 beschreibt die Zu- oder Abnahme von g in einer kleinen Umgebung von x_0. Im Folgenden werden die bisherigen Überlegungen auf Funktionen übertragen.

Isaac Newton (1643–1727)

und Gottfried Wilhelm Leibniz (1646–1716)

gelten als die Entdecker der Differenzialrechnung.

Beispiel:
Gegeben ist die Funktion f mit $f(x) = x^2$; $x \in \mathbb{R}$ und $x_0 = 0{,}5$.

Allgemein:
Gegeben ist eine auf einem Intervall I definierte Funktion f und $x_0 \in I$.

a) Differenzenquotient
Man wählt eine beliebige Stelle x nahe bei x_0 $(x \neq x_0)$ und bildet den Differenzenquotienten m(x) der Funktion f im Intervall $[x_0;\, x]$ oder im Intervall $[x;\, x_0]$:

Im Intervall $[0{,}5;\, x]$ ist $m(x) = \frac{x^2 - 0{,}5^2}{x - 0{,}5}$
Im Intervall $[x;\, 0{,}5]$ ist ebenfalls
$m(x) = \frac{0{,}5^2 - x^2}{0{,}5 - x} = \frac{-(x^2 - 0{,}5^2)}{-(x - 0{,}5)} = \frac{x^2 - 0{,}5^2}{x - 0{,}5}$
Insgesamt ist $m(x) = \frac{x^2 - 0{,}5^2}{x - 0{,}5}$ für $x \neq 0{,}5$

Im Intervall $[x_0;\, x]$ ist $m(x) = \frac{f(x) - f(x_0)}{x - x_0}$
Im Intervall $[x;\, x_0]$ ist ebenfalls
$m(x) = \frac{f(x_0) - f(x)}{x_0 - x} = \frac{-(f(x) - f(x_0))}{-(x - x_0)} = \frac{f(x) - f(x_0)}{x - x_0}$
Insgesamt ist $m(x) = \frac{f(x) - f(x_0)}{x - x_0}$ für $x \neq x_0$.

Der Buchstabe m deutet an, dass m(x) die Steigung der Geraden s durch die Punkte $P_0(x_0\,|\,f(x_0))$ und $P(x\,|\,f(x))$ ist.
Die Gerade s heißt **Sekante** des Graphen von f.
Häufig wird m(x) auch mit $\frac{\Delta f}{\Delta x}$ oder $\frac{\Delta y}{\Delta x}$ bezeichnet.

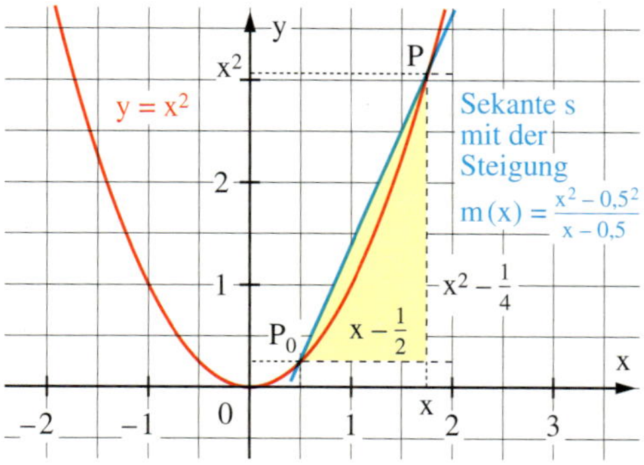

Fig. 2

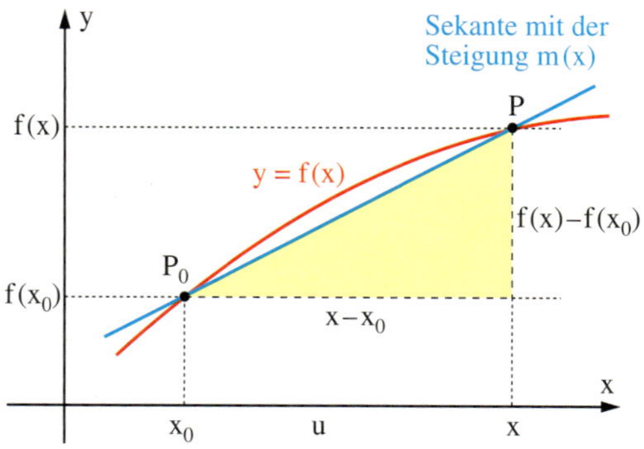

Fig. 3

b) Untersuchung des Differenzenquotienten für $x \to x_0$

m(x) wird umgeformt:

$$m(x) = \frac{x^2 - 0{,}5^2}{x - 0{,}5} = \frac{(x - 0{,}5)(x + 0{,}5)}{x - 0{,}5}$$
$$= x + 0{,}5 \quad \text{für } x \neq 0{,}5.$$

An diesem Term erkennt man:
m(x) liegt beliebig nahe bei 1, wenn x genügend nahe bei 0,5 ist. Dies besagt:

Für $x \to 0{,}5$ gilt: $m(x) \to 1$.

Dazu sucht man eine Zahl m_0 mit folgender Eigenschaft:
m(x) liegt beliebig nahe bei m_0, wenn x genügend nahe bei x_0 liegt.

Wenn es eine solche Zahl m_0 gibt, sagt man:

Für $x \to x_0$ gilt: $m(x) \to m_0$.

Das Verhalten der Funktion m wird kurz so beschrieben:

Für $x \to 0{,}5$ hat m(x) den **Grenzwert** 1;

kurz: $\lim\limits_{x \to 0{,}5} m(x) = \lim\limits_{x \to 0{,}5} \frac{x^2 - 0{,}5^2}{x - 0{,}5} = 1.$

Für $x \to x_0$ hat m(x) den **Grenzwert** m_0;

kurz: $\lim\limits_{x \to x_0} m(x) = \lim\limits_{x \to x_0} \frac{f(x) - f(x_0)}{x - x_0} = m_0.$

Der Differenzenquotient m(x) ist für $x = x_0$ nicht definiert, da für $x = x_0$ sowohl sein Zähler $f(x) - f(x_0)$ als auch sein Nenner $x - x_0$ den Wert 0 annehmen.
Trotzdem kann m(x) einer Zahl m_0 beliebig nahe kommen, wenn nur x genügend nahe bei x_0 liegt. Dies besagt, dass m(x) für $x \to x_0$ den Grenzwert m_0 hat.

LEIBNIZ nennt 1677 seine neue Methode „calculus differentialis" (Rechnen mit Differenzen). Hieraus entwickeln sich die Worte „differenzierbar" und „Differenzialrechnung". Der Begriff „Ableitung" stammt von LAGRANGE (1736–1813), ebenso die Notation f′(x).

Definition: Die Funktion f sei auf einem Intervall I definiert und $x_0 \in I$.
Wenn der Differenzenquotient $\frac{f(x) - f(x_0)}{x - x_0}$ für $x \to x_0$ einen Grenzwert besitzt, so heißt f an der Stelle x_0 **differenzierbar** (oder ableitbar). Man nennt den Grenzwert die **Ableitung von f an der Stelle x_0** und schreibt dafür $f'(x_0)$. Man liest „f Strich an der Stelle x_0."

Ist eine Funktion f für alle $x_0 \in I$ differenzierbar, so nennt man f eine auf I **differenzierbare Funktion**.

In manchen Fällen ist eine andere Schreibweise zweckmäßig.
Setzt man $x - x_0 = h$, so ist $x = x_0 + h$.
Aus $m(x) = \frac{f(x) - f(x_0)}{x - x_0}$ wird dann $m(h) = \frac{f(x_0 + h) - f(x_0)}{h}$.

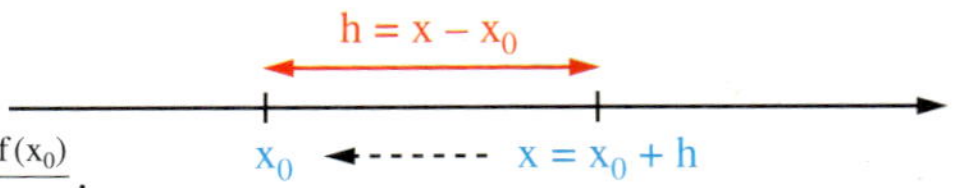

f′ wird häufig auch mit $\frac{df}{dx}$ oder $\frac{dy}{dx}$ bezeichnet. Es ist also:
$\lim\limits_{x \to x_0} \frac{\Delta y}{\Delta x} = \frac{dy}{dx}\Big|_{x = x_0}$

Es ist $x \to x_0$ gleichbedeutend mit $h \to 0$. Wenn eine Funktion f an der Stelle x_0 differenzierbar ist, erhält man folgende gleichwertigen Formeln für $f'(x_0)$:

$$f'(x_0) = \lim_{x \to x_0} \frac{f(x) - f(x_0)}{x - x_0} \quad \text{und} \quad f'(x_0) = \lim_{h \to 0} \frac{f(x_0 + h) - f(x_0)}{h}.$$

Beispiel 1: (Bestimmung der Ableitung $f'(x_0)$)

Bestimmen Sie für die Funktion f mit $f(x) = x^2 - 4x$ die Ableitung $f'(3)$.

Lösung:

„x-Methode"

Differenzenquotient m(x):

Es ist $x_0 = 3$ und $f(3) = -3$ und somit

$m(x) = \frac{f(x) - f(x_0)}{x - x_0} = \frac{(x^2 - 4x) + 3}{x - 3} = \frac{x^2 - 4x + 3}{x - 3}; \quad x \neq 3$

Polynomdivision ergibt: $\frac{x^2 - 4x + 3}{x - 3} = x - 1$;

also ist $m(x) = x - 1$.

Grenzwert von m(x) für $x \to 3$:

$f'(3) = \lim\limits_{x \to 3} m(x) = \lim\limits_{x \to 3} (x - 1) = 2.$

Polynomdivision:
$(x^2 - 4x + 3) : (x - 3) = x - 1$
$\underline{-(x^2 - 3x)}$
$\quad -x + 3$
$\quad \underline{-(-x + 3)}$
$\qquad 0$

„h-Methode"

Differenzenquotient m(h):

Es ist $x_0 = 3$ und $f(3) = -3$ und somit

$m(h) = \frac{f(3 + h) - f(3)}{h} = \frac{(3 + h)^2 - 4(3 + h) + 3}{h} = \frac{2h + h^2}{h}$

$= 2 + h.$

Grenzwert von m(h) für $h \to 0$:

$f'(3) = \lim\limits_{h \to 0} m(h) = \lim\limits_{h \to 0} (2 + h) = 2.$

Man erhält das Zeichen | auch mit der [CHAR]*-Taste unter* 3:Sonderzeichen.

Beispiel 2: (Ableitung mit dem CAS)
Bestimmen Sie die Ableitung der Funktion f mit $f(x) = \frac{1}{x^2}$ an der Stelle $x_0 = -2$.
Lösung: (2 Möglichkeiten)
(1) Man wählt im Hauptbildschirm mit der Taste [F3] den Befehl 1:d(differenziere, gibt die Funktion ein (Fig. 1) und mit | ([2nd][K]) getrennt die Stelle $x = -2$. Exakter Wert $f'(2) = \frac{1}{4}$.
(2) Man zeichnet den Graphen von f, wählt mit [F5] im Math-Menü 6:Ableitungen▸ und dort 1:dy/dx, gibt die Stelle $x = -1$ ein und erhält den nummerisch bestimmten Wert 0,25 (Fig. 2).

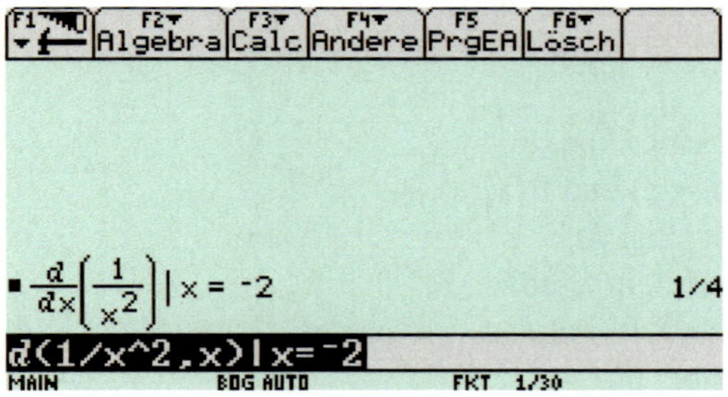

Fig. 1

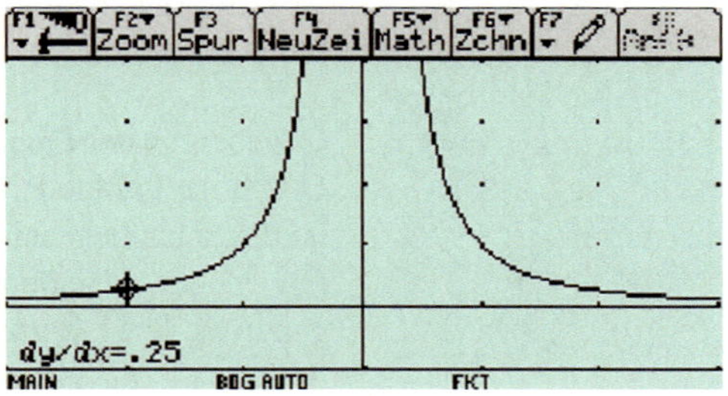

Fig. 2

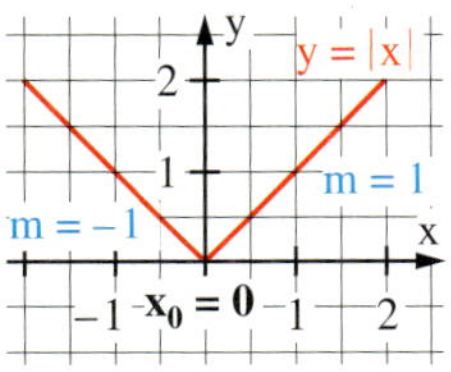

Fig. 3

Beispiel 3: (Ableitung existiert nicht)
Zeigen Sie, dass f mit $f(x) = |x|$ bei $x_0 = 0$ nicht differenzierbar ist.
Lösung:
Für $x > 0$ ist $|x| = x$ und somit $m(x) = \frac{x-0}{x-0} = 1$ (Fig. 3).
Für $x < 0$ ist $|x| = -x$ und somit $m(x) = \frac{-x-0}{x-0} = -1$.
Für $x \to 0$ hat also $m(x)$ keinen Grenzwert; damit ist f an der Stelle 0 nicht differenzierbar.

Aufgaben

2 Berechnen Sie für f mit $f(x) = 2x^2 - 3x$ und $x_0 = 2$
a) $f(3)$ b) $f(a)$ c) $f(x_0 + h)$ d) $f(x) - f(x_0)$ e) $f(x_0 + h) - f(x_0)$ f) $\frac{f(x) - f(x_0)}{x - x_0}$.

Hinweis zu c):
Es ist
$x - x_0 = (\sqrt{x} - \sqrt{x_0}) \cdot (\sqrt{x} + \sqrt{x_0})$.

3 Berechnen Sie $f'(x_0)$ mit der „x-Methode" durch Ausklammern oder Polynomdivision und überprüfen Sie Ihr Ergebnis mit dem CAS.
a) $f(x) = 2x^2$; $x_0 = 4$ b) $f(x) = \frac{6}{x}$; $x_0 = -2$ c) $f(x) = \sqrt{x}$; $x_0 = 3$
d) $f(x) = x^2 + 6x$; $x_0 = 2$ e) $f(x) = x^3 - 2x^2$; $x_0 = 1$ f) $f(x) = 2x - x^4$; $x_0 = -3$

Man kann auch mit dem CAS die Rechnung durchführen:

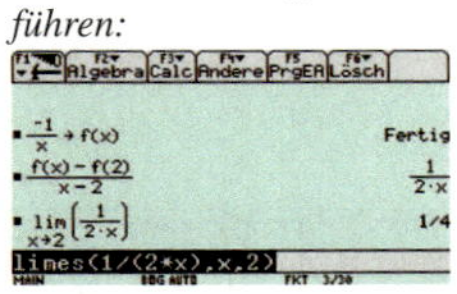
Fig. 4

4 Berechnen Sie die Ableitung $f'(x_0)$ mit der „h-Methode".
a) $f(x) = \frac{1}{2}x^2$; $x_0 = 2$ b) $f(x) = x^2 - x + 2$; $x_0 = \frac{4}{3}$ c) $f(x) = 2x^3 - x^2$; $x_0 = 1$

5 a) Berechnen Sie für die Funktion f mit $f(x) = \frac{3}{x}$ die Ableitung an der Stelle $x_0 = 2$.
b) Zeichnen Sie den Graphen von f und die Gerade durch $P(2|f(2))$ mit der Steigung $m = f'(2)$.

6 Gegeben ist der Graph der Funktion f (Fig. 5).
Geben Sie die x-Werte der Stellen an, an denen die gegebene Funktion nicht differenzierbar ist. Begründen Sie Ihre Antwort.

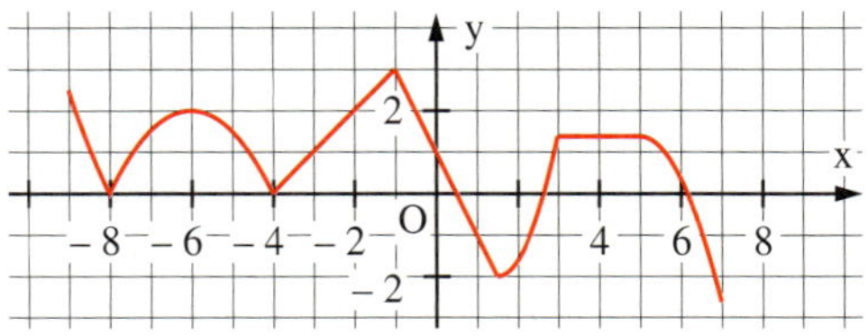

Fig. 5

3 Tangente und Normale

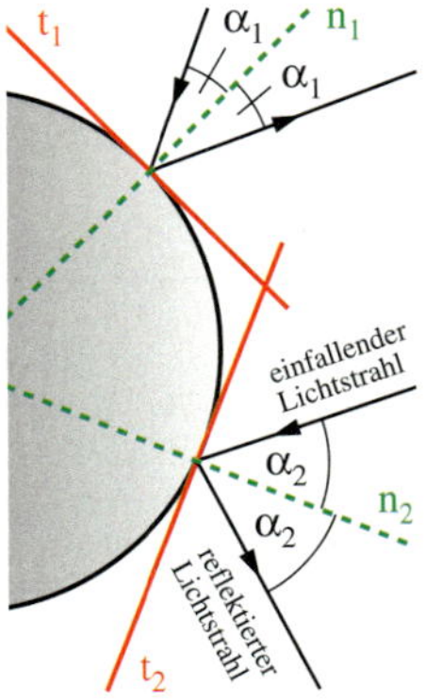

Fig. 1

1 Gegeben ist die Funktion f mit $f(x) = x^2$.
a) Bestimmen Sie $f'(-2)$ und zeichnen Sie den Graphen von f sowie die Gerade g mit der Steigung $f'(-2)$ durch den Punkt $P_0(-2|4)$.
b) Prüfen Sie rechnerisch, ob P_0 der einzige Punkt ist, den die Gerade und der Graph von f gemeinsam haben.

Gegeben ist der Graph K einer Funktion f. Durch die Punkte $P_0(x_0|f(x_0))$ und $P(x|f(x))$ ist die Sekante gezeichnet (Fig. 2). Für $x \to x_0$ wandert P auf dem Graphen K gegen P_0. Die Gerade t durch P_0 mit der Steigung $f'(x_0)$ hat „nahe bei P_0" mit K keinen weiteren gemeinsamen Punkt, sie **berührt** K in P_0. Für den Steigungswinkel α der Geraden t gilt:

$$\tan(\alpha) = f'(x_0).$$

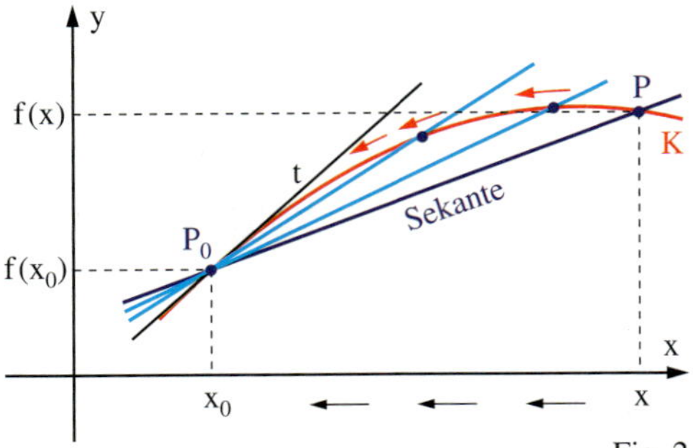

Fig. 2

tangere (lat.): berühren

Definition: $P_0(x_0|f(x_0))$ ist ein Punkt des Graphen K der differenzierbaren Funktion f.
Die Gerade t durch P_0 heißt **Tangente an K in P_0**, wenn t die Steigung $f'(x_0)$ hat.
Die Gerade n durch P_0 heißt **Normale von K in P_0**, wenn n senkrecht zu t in P_0 an K ist.

$f'(x_0)$ heißt auch Steigung des Graphen in P_0.

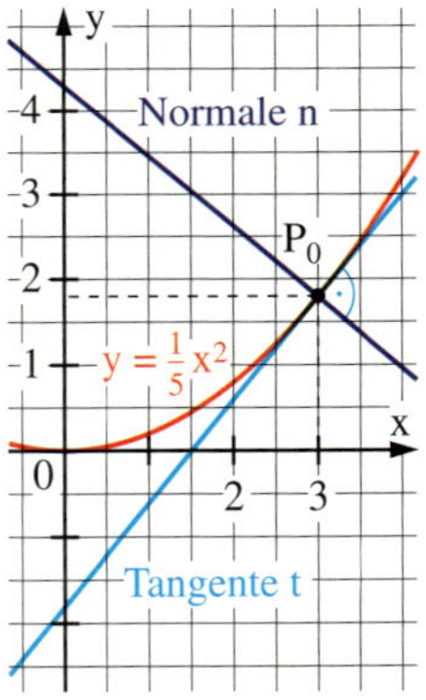

Fig. 3

Beispiel 1: (Gleichungen von Tangente und Normale)
Gegeben sind die Funktion $f: x \mapsto \frac{1}{5}x^2$ mit dem Graphen K und der Punkt $P_0\left(3\middle|\frac{9}{5}\right)$. Ermitteln Sie die Gleichungen der Tangente t und der Normalen n von K in P_0 an den Graphen von f.
Lösung:

Steigung m_t der Tangente t: Aus $m(x) = \dfrac{\frac{1}{5}x^2 - \frac{9}{5}}{x-3} = \frac{1}{5}(x+3)$ folgt $m_t = \lim\limits_{x \to 3} \frac{1}{5}(x+3) = \frac{6}{5}$.

Gleichung der Tangente: $y = \frac{6}{5} \cdot (x-3) + \frac{9}{5}$; also ist t: $y = \frac{6}{5}x - \frac{9}{5}$.

Ist m_n die Steigung der Normalen n, so gilt (Seite 20): $m_n = \frac{-1}{m_t} = -\frac{5}{6}$.

Gleichung der Normalen: $y = -\frac{5}{6} \cdot (x-3) + \frac{9}{5}$; also ist n: $y = -\frac{5}{6}x + \frac{43}{10}$.

Beispiel 2: (Tangente mit dem CAS)
Erstellen Sie mit dem CAS den Graphen der Funktion f mit $f(x) = 0{,}2 \cdot x^2 - x$ und die Tangente an den Graphen im Punkt $P(6|1{,}2)$. Notieren Sie die Gleichung der Tangente.
Lösung:
Man gibt mit der Taste [Y=] den Funktionsterm von f ein und zeichnet den Graphen in einem geeigneten Fenster. Im Graphikfenster aktiviert man mit der Taste [F5] den Befehl A:Tangente. Nach Eingabe des zugehörigen x-Wertes wird die Tangente gezeichnet und ihre Gleichung angegeben (Fig. 4):
$y = 1{,}4 \cdot x - 7{,}2$.

Dieses Verfahren liefert im Allgemeinen nur Näherungswerte.

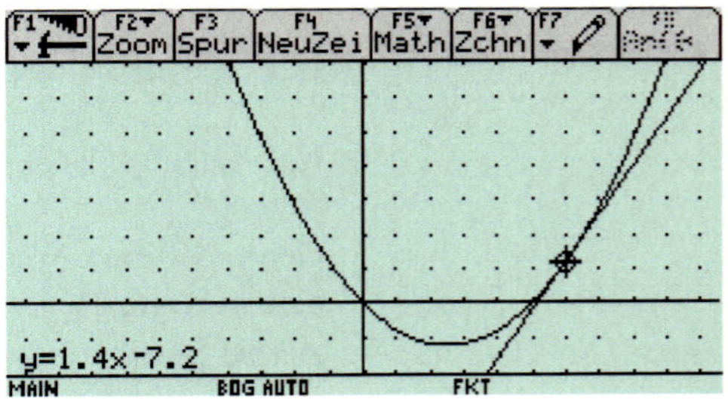

Fig. 4

Tangente und Normale

Hinweis:
Die Funktion $f: x \mapsto \sqrt{x}$ ist an der Stelle 0 nicht differenzierbar, aber der Graph von f hat die y-Achse als Tangente.

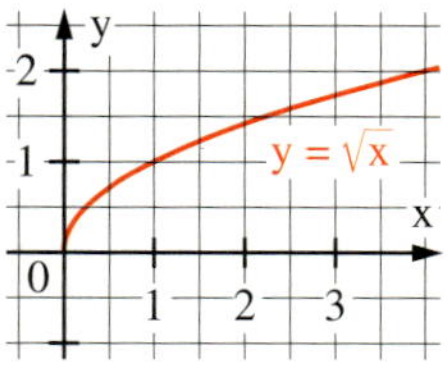

Fig. 1

Am CAS erscheinen Normale und Tangente im Allgemeinen (Fig. 2) wegen der unterschiedlich langen Einheiten auf x- und y-Achse nicht orthogonal.

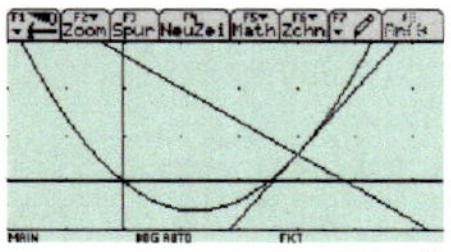
Fig. 2

Aufgaben

2 Bestimmen Sie die Gleichungen von Tangente und Normale an den Graphen der Funktion f im Punkt B.

a) $f(x) = x^2$; $B(2|4)$ b) $f(x) = \frac{1}{x}$; $B\left(4\middle|\frac{1}{4}\right)$ c) $f(x) = \sqrt{x}$; $B(9|3)$

3 K ist der Graph der Funktion f mit $f(x) = x^2$.

a) Bestimmen Sie die Gleichung der Normalen n in $P_0(-2|4)$ an K und zeichnen Sie K und n.

b) Die Normale n in P_0 schneidet K in einem weiteren Punkt S. Bestimmen Sie S.

4 Bestimmen Sie die Steigung der Tangente t und der Normalen n des Graphen der Funktion f im Punkt B. Geben Sie die Gleichungen von t und n an.

a) $f(x) = x^2 - x$; $B(-2|6)$ b) $f(x) = \frac{4}{x+4}$; $B\left(4\middle|\frac{1}{2}\right)$ c) $f(x) = \sqrt{5-x}$; $B(1|2)$

5 Es sei f eine differenzierbare Funktion mit dem Graphen K.
Zeigen Sie, dass die Tangente t und die Normale n an K in $B_0(x_0|f(x_0))$ die rechts angegebenen Gleichungen haben.

Tangente t:
$y = f'(x_0)(x - x_0) + f(x_0)$
Normale n:
$y = -\frac{1}{f'(x_0)} \cdot (x - x_0) + f(x_0)$

6 Gegeben ist der Graph der Funktion f mit $f(x) = \frac{1}{2}x^2$ und für jedes $r \in \mathbb{R}$ eine Gerade g_r: $y = 2x + r$.

a) Bestimmen Sie r so, dass g_r mit dem Graphen von f genau einen gemeinsamen Punkt P_0 hat.

b) Zeigen Sie: Die in a) bestimmte Gerade g_r ist eine Tangente an den Graphen von f.

7 Die Mittellinie der gezeichneten Rennstrecke wird durch $y = 4 - \frac{1}{2}x^2$ beschrieben. Bei spiegelglatter Fahrbahn rutscht ein Fahrzeug und landet im Punkt $Y(0|6)$ in den Strohballen. Wo hat das Fahrzeug die Straße verlassen? Fertigen Sie zuerst eine Zeichnung an.

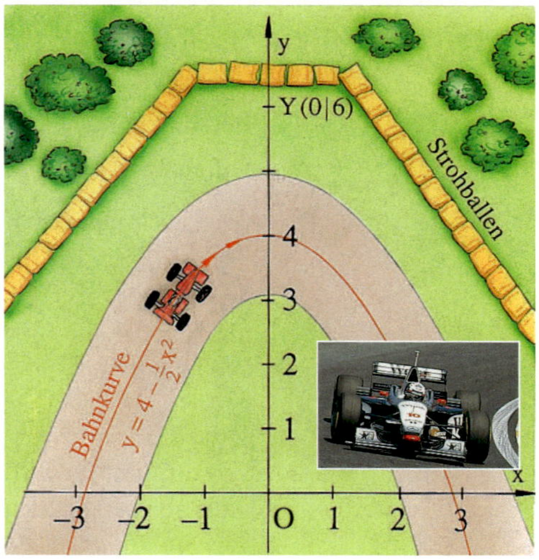

8 Die Punkte $P(x|y)$ eines Kreises um den Ursprung $O(0|0)$ mit Radius r erfüllen die Gleichung $x^2 + y^2 = 36$. Löst man die Gleichung nach y auf, so erhält man zwei Funktionen.

a) Zeichnen Sie die positive Funktion p, so dass die Funktion optisch einen Halbkreis darstellt.

b) Zeichnen Sie die Tangente an den Graphen von p an der Stelle $x_0 = 3$.

c) Geben Sie die Gleichung der Tangente exakt an, indem Sie an der Stelle 3 der Funktion p im Hauptbildschirm exakt den Funktionswert p(3) und die Ableitung p′(3) bestimmen.

d) Bestimmen Sie die Gleichung der Geraden durch die Punkte $O(0|0)$ und $P(3|p(3))$ und weisen Sie nach, dass sie orthogonal zur Tangente in P verläuft.

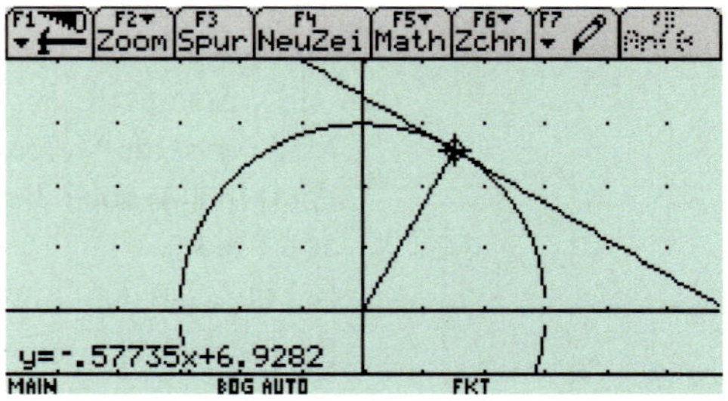

4 Die Ableitungsfunktion

Der Meteorkrater in Arizona (USA) entstand vor etwa 22 000 Jahren durch den Einschlag eines Eisenmeteoriten von etwa 60 m Durchmesser. Der Krater ist 180 m tief und hat einen Durchmesser von 1300 m. Hier übten Astronauten für ihre Mondlandungen.

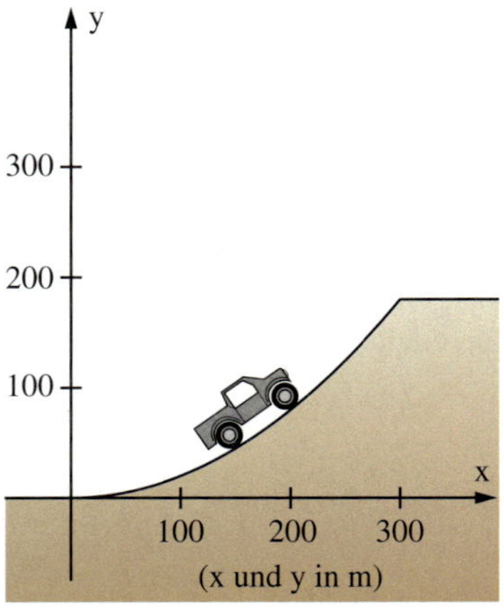

Fig. 1

1 Ein direkter Weg von der Kratersohle bis zum Rand des abgebildeten Kraters wird näherungsweise beschrieben durch die Funktion f mit

$f(x) = \frac{1}{500}x^2$ und $0 \leqq x \leqq 300$.

Der Hersteller eines Kettenfahrzeuges behauptet, dass dieses Steigungen bis zu 100 % bewältigen kann.

a) Wie kann man zeigen, dass das Fahrzeug den Kraterrand nicht erreicht?

b) Wie könnte man die Höhe berechnen, die das Fahrzeug auf dem beschriebenen Weg erreicht, wenn die Angaben des Herstellers richtig sind?

Um bei einer gegebenen Funktion f nicht für jede Stelle x_0 erneut den Differenzenquotienten und dann seinen Grenzwert bestimmen zu müssen, ist es zweckmäßig, die Ableitung $f'(x_0)$ für eine beliebige Stelle $x_0 \in D_f$ zu ermitteln.

Für die Funktion f mit $f(x) = x^2$ und eine beliebige Zahl $x_0 \in \mathbb{R}$ ergibt sich:

Differenzenquotient: $m(x) = \frac{f(x) - f(x_0)}{x - x_0} = \frac{x^2 - x_0^2}{x - x_0} = \frac{(x - x_0)(x + x_0)}{x - x_0} = x + x_0,\ x \neq x_0,$

Grenzwert von $m(x)$ für $x \to x_0$: $f'(x_0) = \lim\limits_{x \to x_0} (x + x_0) = 2x_0$.

Aus $f'(x_0) = 2x_0$ erhält man sofort für $x_0 = 3$ die Ableitung $f'(3) = 2 \cdot 3 = 6$ und entsprechend für $x_0 = 0{,}6$ die Ableitung $f'(0{,}6) = 2 \cdot 0{,}6 = 1{,}2$.
Die Funktion $f': x \mapsto 2x$ liefert für jede Stelle x_0 die Ableitung $f'(x_0)$.

Definition: Es sei f eine Funktion mit der Definitionsmenge D_f. Ist f für alle $x \in D_f$ differenzierbar, so heißt die Funktion

$$\mathbf{f': x \mapsto f'(x)}$$

die Ableitungsfunktion oder kurz **Ableitung** von f.

Das Ermitteln der Ableitungsfunktion f′ nennt man „Ableiten“ oder „Differenzieren“ der Funktion f. An jeder Stelle x_0 gibt $f'(x_0)$ die Steigung der Tangente an den Graphen von f im Punkt $P_0(x_0|f(x_0))$ an.
Man nennt die Steigung der Tangente in $P_0(x_0|f(x_0))$ auch die **Steigung des Graphen von f in P_0**.
In Fig. 2 hat der Graph von f in $P_0\left(\frac{3}{4}\middle|\frac{9}{16}\right)$ die Steigung $\frac{3}{2}$.

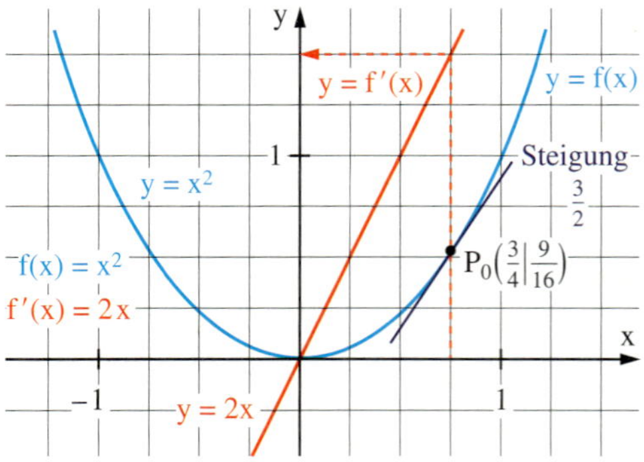

Fig. 2

AUSWENDIG LERNEN:

$f(x) = x^2$; $f'(x) = 2x$

$f(x) = x^1$; $f'(x) = 1 \cdot x^0 = 1$

$f(x) = x^0$; $f'(x) = 0 \cdot x^{-1} = 0$

$f(x) = x^{-1}$; $f'(x) = -1 \cdot x^{-2}$

$f(x) = x^{\frac{1}{2}}$; $f'(x) = \frac{1}{2} \cdot x^{-\frac{1}{2}}$

Um nicht immer den mühevollen Weg über die Ableitungsfunktion gehen zu müssen, werden einige Ableitungsfunktionen f' zu häufig auftretenden Funktionen bestimmt.

(1) $f(x) = x^2$ hat die Ableitung $f'(x) = 2x$ (siehe S. 76)

(2) $f(x) = x$ hat wegen $f'(x_0) = \lim\limits_{x \to x_0} \frac{x - x_0}{x - x_0} = 1$ die Ableitung $f'(x) = 1$.

(3) $f(x) = c$ hat wegen $f'(x_0) = \lim\limits_{x \to x_0} \frac{c - c}{x - x_0} = 0$ die Ableitung $f'(x) = 0$.

(4) $f(x) = \frac{1}{x}$ $(x \neq 0)$ hat wegen $f'(x_0) = \lim\limits_{x \to x_0} \frac{\frac{1}{x} - \frac{1}{x_0}}{x - x_0} = \lim\limits_{x \to x_0} \frac{x_0 - x}{x\,x_0(x - x_0)} = \lim\limits_{x \to x_0} \left(\frac{-1}{x\,x_0}\right) = -\frac{1}{x_0^2}$

die Ableitung $f'(x) = -\frac{1}{x^2}$.

(5) $f(x) = \sqrt{x}$ $(x > 0)$ hat wegen $f'(x_0) = \lim\limits_{x \to x_0} \frac{\sqrt{x} - \sqrt{x_0}}{x - x_0} = \lim\limits_{x \to x_0} \frac{\sqrt{x} - \sqrt{x_0}}{(\sqrt{x} - \sqrt{x_0})(\sqrt{x} + \sqrt{x_0})} = \lim\limits_{x \to x_0} \frac{1}{\sqrt{x} + \sqrt{x_0}}$

$= \frac{1}{2\sqrt{x_0}}$ die Ableitung $f'(x) = \frac{1}{2\sqrt{x}}$.

Beispiel 1: (Ableitungsfunktion)
Gegeben ist die Funktion $f\colon x \mapsto \frac{1}{4}x^2$.
a) Bestimmen Sie die Ableitung f'.
b) In welchem Punkt $P(u\,|\,f(u))$ hat der Graph von f die Steigung $\frac{3}{2}$?
Lösung:
a) Für jedes $x_0 \in \mathbb{R}$ gilt:
Differenzenquotient $m(x)$:

$$m(x) = \frac{\frac{1}{4}x^2 - \frac{1}{4}x_0^2}{x - x_0} = \frac{\frac{1}{4}(x - x_0)(x + x_0)}{x - x_0}$$

$$= \frac{1}{4}(x + x_0).$$

Grenzwert von $m(x)$ für $x \to x_0$:

$$f'(x_0) = \lim_{x \to x_0} \frac{1}{4}(x + x_0) = \frac{1}{2}x_0.$$

Die Ableitungsfunktion ist $f'(x) = \frac{1}{2}x$.

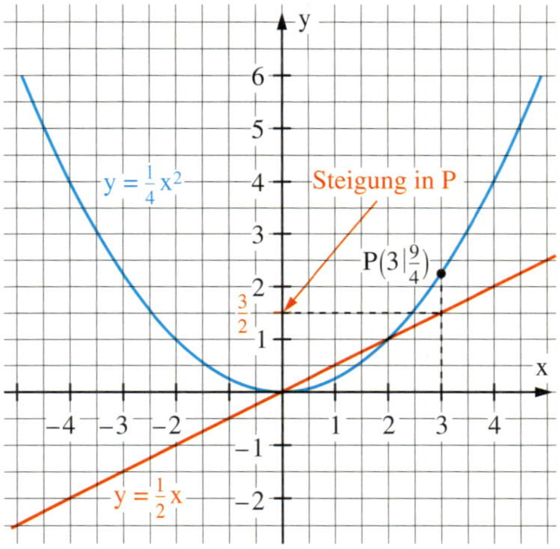

Fig. 1

b) Aus $f'(u) = \frac{3}{2}$ folgt $\frac{1}{2}u = \frac{3}{2}$. Dann ist $u = 3$ und $f(3) = \frac{9}{4}$. Also hat der Graph von f im Punkt $P\left(3\,\middle|\,\frac{9}{4}\right)$ die Steigung $\frac{3}{2}$.

Funktion und Ableitungsfunktion

Beispiel 2: (Ableitungsfunktion mit dem CAS)
Gegeben ist die Funktion f mit $f(x) = \frac{1}{3}x^3 - 2x$. Bestimmen Sie mit dem CAS die Ableitungsfunktion von f und ihren Graphen.
Lösung:
Man definiert zunächst die Funktion f und bildet ihre Ableitung. Die Ableitungsfunktion wird in f1 gespeichert (Fig. 2). Mit der Taste [Y=] öffnet man das Eingabefenster für Funktionen und trägt dort f(x) unter y1= und f1 (x) unter y2= ein. Fig. 3 zeigt die Graphen von f und f′.

Das Speichern von Funktionen gelingt am schnellsten mit der [STO▸]-Taste.

Der Graph von f1 kann im [Y=]-Fenster mit der Taste [F6] und der entprechenden Wahl fett dargestellt werden. Ferner kann dort mit [F2] und 6:ZoomQuad das Koordinatensystem mit gleich langen Einheiten auf den Achsen gezeichnet werden.

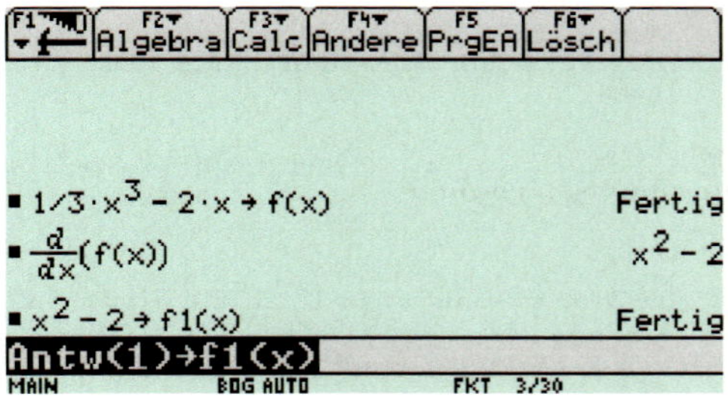

Fig. 2

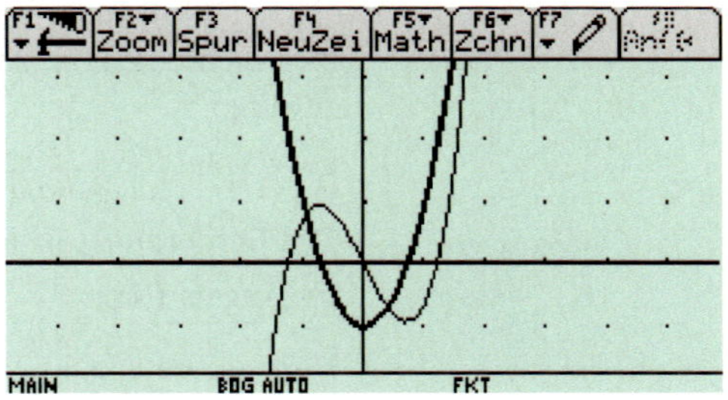

Fig. 3

Beispiel 3: (Skizzieren der Ableitungsfunktion)

a) In Fig. 1 ist der Graph einer Funktion f dargestellt. Konstruieren Sie einzelne Punkte des Graphen der zugehörigen Ableitungsfunktion f′.

b) Fig. 2 zeigt den Graphen einer Weg-Zeit-Funktion s. Skizzieren Sie näherungsweise den Graphen der zugehörigen Geschwindigkeitsfunktion f′.

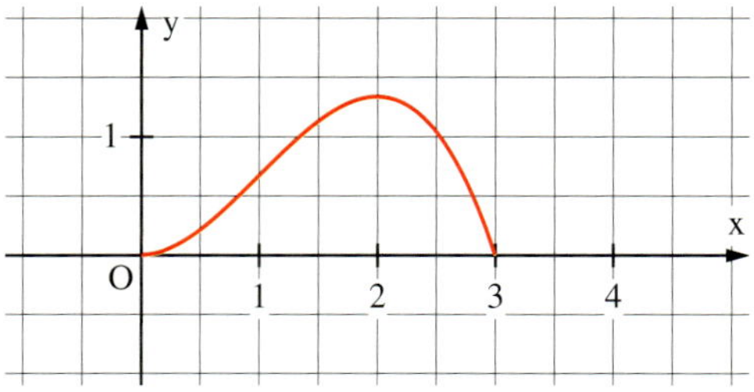

Fig. 1

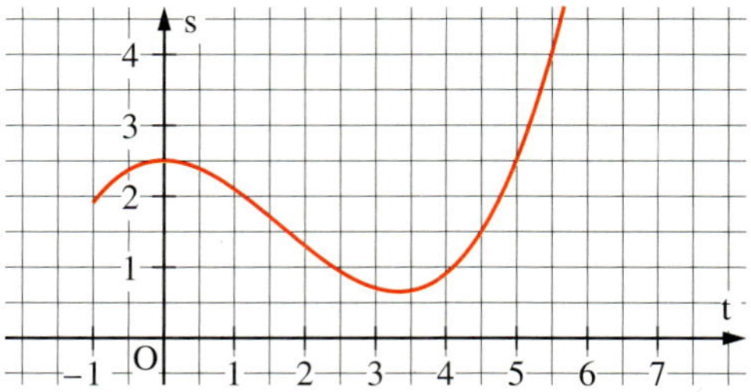

Fig. 2

Lösung:

a) Man zeichnet in einem Punkt des Graphen, etwa in $P_0(1|y_0)$, näherungsweise die Tangente t und die zu t parallele Gerade durch $N(-1|0)$. Im Schnittpunkt mit der y-Achse wird die Parallele zur x-Achse gezeichnet und mit der Parallelen zur y-Achse durch P_0 zum Schnitt gebracht. Der Schnittpunkt S ist ein Punkt des Graphen von f′.

b) Besondere Stellen:
An Stellen mit waagerechter Tangente von s schneidet s′ die t-Achse.
In den Intervallen mit negativer Steigung von s liegt s′ unterhalb der x-Achse, in denen mit positiver Steigung oberhalb der x-Achse.
An Stellen kleinster Steigung von s hat s′ einen tiefsten Punkt.

Die Tangente in $P_0(x_0|f(x_0))$ und die Parallele durch N haben dieselbe Steigung $\frac{m}{1} = m$. Damit hat der Schnittpunkt $Y(0|m)$ dieser Parallelen mit der y-Achse den y-Wert $m = f'(x_0)$. $S(x_0|m)$ ist somit ein Punkt des Graphen der Ableitungsfunktion.

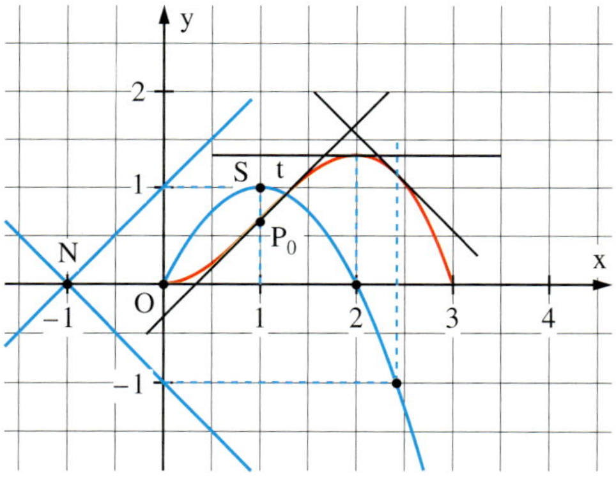

Fig. 3

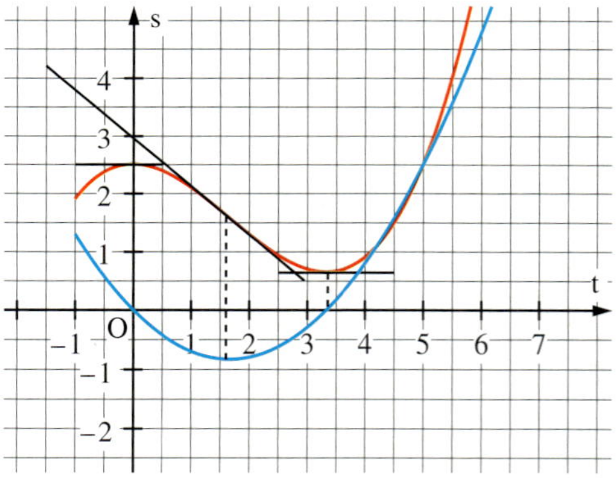

Fig. 4

Beispiel 4: (Bestimmung eines Berührpunktes)

Gegeben ist die Funktion f mit $f(x) = \sqrt{x}$.

a) Eine Tangente an den Graphen von f hat die Steigung $\frac{1}{4}$. Bestimmen Sie den Berührpunkt $B(x_B|f(x_B))$ dieser Tangente.

b) Beschreiben Sie das Steigungsverhalten von f in der Nähe von $x_0 = 0$ und für $x \to \infty$.

Lösung:

a) Wegen $f'(x) = \frac{1}{2\sqrt{x}}$ gilt: t: $f'(x_B) = \frac{1}{2\sqrt{x_B}} = \frac{1}{4}$. Dies ergibt $\sqrt{x_B} = 2$ und damit $x_B = 4$.

Der Berührpunkt ist $B(4|2)$.

b) Wegen $f'(x) = \frac{1}{2\sqrt{x}}$ gilt: $f'(x) \to +\infty$ für $x \to 0$; d.h. $f'(0)$ existiert nicht.

$f'(x) \to 0$ für $x \to \infty$; d.h. der Graph wird zunehmend flacher.

Das eigentlich ganzzahlig verlaufende Bevölkerungswachstum wird dabei durch eine kontinuierliche Funktion angenähert.

Beispiel 5: (Weitere Deutung der Ableitung)
Die Funktion $B(t) = 17 \cdot 1{,}03^t$ (t in Jahren, B(t) in Millionen) modelliert das jährliche Wachstum der Bevölkerung der Insel Madagaskar. Dabei entspricht $t = 0$ dem Jahr 2003.
a) Berechnen Sie die Bevölkerungszunahme im Jahr 2005.
b) Bestimmen Sie mit dem CAS näherungsweise die Ableitungen $B'(2)$ und $B'(3)$ und interpretieren Sie die sich ergebenden Werte.

Beachten Sie: $t = 0$ ist das Jahr 2003, also vom 1.1.2003 bis 31.12.2003. Damit ist die Bevölkerungszunahme im Jahr 2003 die Differenz aus der Einwohnerzahl am 1.1.2004 und der Einwohnerzahl am 1.1.2003: $B(1) - B(0)$.

Lösung:
a) $t = 2$ entspricht dem Jahr 2005; Zuwachs im Jahr 2005: $B(3) - B(2) \approx 0{,}541000$; also ca. 540000 Menschen.
b) $B'(t)$ hat die Einheit $\frac{\text{Anzahl}}{\text{Jahr}}$. 2004 betrug die Geschwindigkeit des Wachstums: $533\,000\ \frac{\text{Anzahl}}{\text{Jahr}}$, 2005 fast $550\,000\ \frac{\text{Anzahl}}{\text{Jahr}}$. Die Ergebnisse am CAS zeigt Fig. 1.

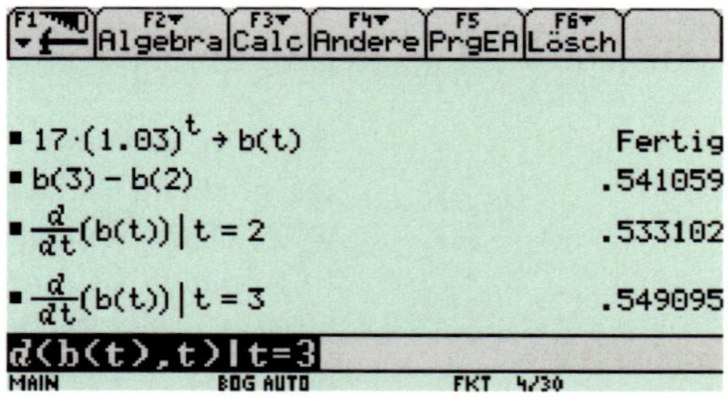

Fig. 1

Aufgaben

2 a) Ergänzen Sie die Tabelle im Heft.
b) Berechnen Sie die entsprechenden Ableitungen für die Funktionen $g: x \mapsto \sqrt{x}$; $h: x \mapsto \frac{1}{x}$ und $k: x \mapsto x$.

$f(x) = x^2$					
x_0	$\frac{1}{4}$	1	2,25	3	25
$f'(x_0)$					

3 Gegeben ist die Funktion f mit $f(x) = \frac{1}{4}x^2 - 2$.
a) Bestimmen Sie den Punkt, in dem der Graph von f die Steigung 3 hat.
b) An welcher Stelle x_0 gilt $f'(x_0) = -8$?
c) Geben Sie alle x an, für die die Ableitung von f größer 1 ist.

4 Geben Sie den Term einer Funktion f an, welche die folgende Bedingung erfüllt:
a) Der Graph von f hat immer negative Steigungen.
b) Die Ableitung von f wird mindestens einmal 0.
c) Der Graph von f hat keine waagerechte Tangente.

5 Geben Sie die x-Werte an, für die $f'(x)$ null, positiv oder negativ ist und skizzieren Sie den Graphen von f'.

a)
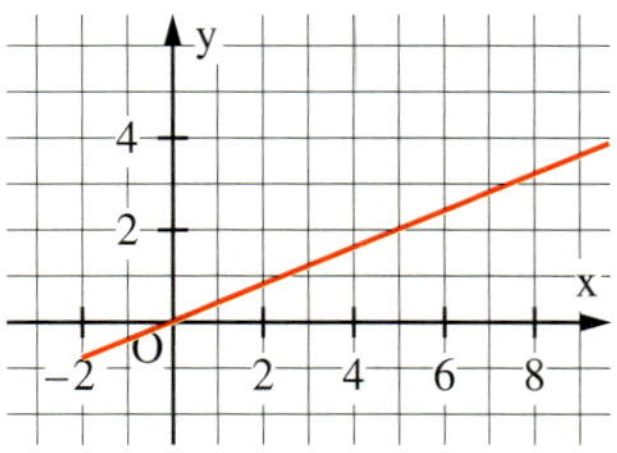

b)
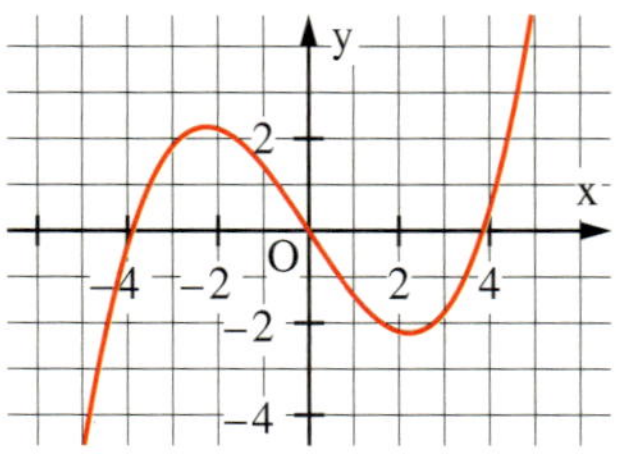

c)
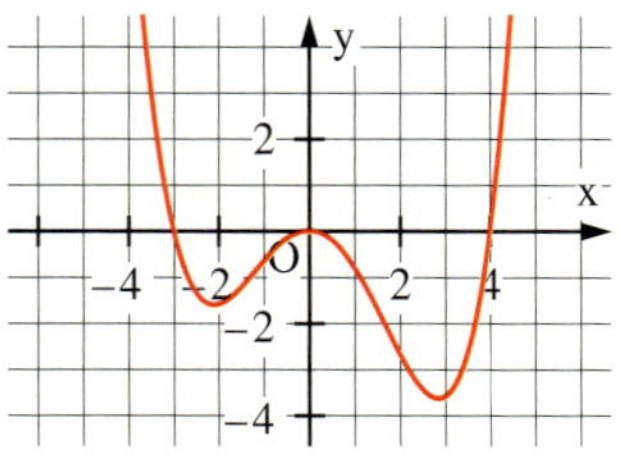

Kontrolle mit dem CAS.

6 Der Punkt $B(x_0 | f(x_0))$ ist der Berührpunkt der Tangente t mit der Steigung m an den Graphen von f. Berechnen Sie die Koordinaten von B; geben Sie die Gleichung der Tangente in B an.
a) $f(x) = x^2$; $m = \frac{1}{2}$
b) $f(x) = \sqrt{x}$; $m = \frac{1}{100}$
c) $f(x) = \frac{1}{x}$; $m = -\frac{1}{4}$; $x_0 > 0$

7 In welchem Punkt $P_0(x_0|f(x_0))$ ist die Tangente an den Graphen von f parallel zur Geraden $y = \frac{1}{2}x + 2$? Berechnen Sie die Ableitung mit dem Differenzenquotienten.

a) $f(x) = \frac{1}{2}x^2$ b) $f(x) = 4\sqrt{x}$ c) $f(x) = -\frac{2}{x}$ d) $f(x) = 2x - 3x^2$

Geben Sie mit f'(u) die Gleichung der Tangente t in P(u|f(u)) an und bestimmen Sie dann u so, dass A auf t liegt.

8 Bestimmen Sie für die Funktion $f: x \mapsto \sqrt{x}$ den Punkt P(u|v) auf dem Graphen von f so, dass die Tangente in P durch A(0|1) (durch B(3|2)) verläuft. Geben Sie die Gleichung der Tangente durch P an.

9 Der Verlauf des Graphen von f mit $f(x) = 0{,}015 \cdot (x-2)^2 + 0{,}5$ (x in 100 m; f(x) in 100 m) entspricht im Bereich $0 \leqq x \leqq 20$ dem Höhenprofil einer Abfahrtspiste.
a) Zeichnen Sie unter Verwendung des CAS die Graphen von f und f'.
b) Ermitteln Sie die Stelle, an der die Piste weder steigt noch fällt.
c) An welcher Stelle beträgt die Steigung der Piste 20 %?
d) Geben Sie die Stelle mit der größten Steigung an. Welchen Wert hat diese?

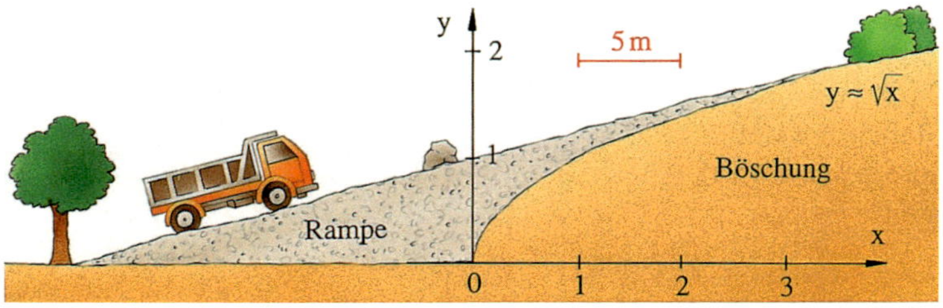

Fig. 1

10 Das Profil einer Böschung wird näherungsweise beschrieben durch die Funktion $f: x \mapsto \sqrt{x}$ (Längeneinheit 5 m).
An die Böschung soll eine Rampe mit 14 % Steigung angebaut werden.
a) Wo beginnt die Rampe auf der Böschung, wo endet sie im Gelände?
b) Wie lang wird die Rampe?

Höhenmesser verwenden zur Höhenbestimmung die „Höhenformel“.
Wie hoch ist der „normale Luftdruck“ auf dem Feldberg (1480 m Meereshöhe)?

11 Die Abnahme des Luftdrucks p mit zunehmender Höhe kann nach der „barometrischen Höhenformel“ $p(h) = 1000 \cdot 0{,}88^h$ (h in km; p in hPa (Hektopascal)) näherungsweise bestimmt werden. Dabei ist $p(0) = 1000$ (in hPa) der normale Druck auf Meereshöhe.
a) Bestimmen Sie $\frac{p(1{,}010) - p(1{,}000)}{0{,}01}$ und interpretieren Sie das Ergebnis.
b) Berechnen Sie p'(1) näherungsweise und interpretieren Sie das Ergebnis.
c) Warum sind die Ergebnisse von a) und b) fast identisch?

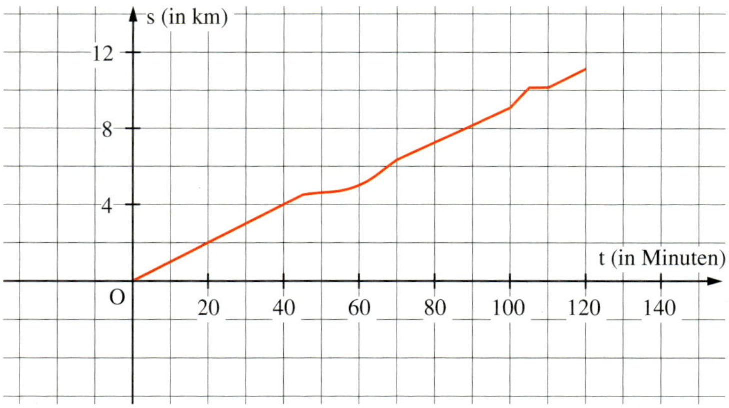

Fig. 2

12 Das nebenstehende Weg-Zeit-Diagramm ist das eines Wanderers W.
a) Mit welcher Geschwindigkeit wanderte W in der ersten halben Stunde?
b) Wann wanderte W mit konstanter Geschwindigkeit und wie hoch war diese jeweils?
c) Wann erreichte W sein höchstes Marschtempo und wie hoch war dieses?
d) Welche Durchschnittsgeschwindigkeit erzielte W insgesamt? Wie lange rastete W?
e) Erzählen Sie eine Geschichte über W, die das Diagramm wiedergeben könnte.

13 Eine Gasleitung hat näherungsweise den Verlauf des Graphen K der Funktion f mit $f(x) = x^2$. Von Z(3|0) soll eine Verbindungsleitung nach K gelegt werden. Berechnen Sie den Punkt $P(u|u^2)$ auf K, für den die Länge der Leitung minimal ist.

5 Die Ableitung der Potenzfunktion

Menge der natürlichen Zahlen:
$\mathbb{N} = \{0; 1; 2; 3; 4; \ldots\}$
Menge der ganzen Zahlen:
$\mathbb{Z} = \{\ldots; -1; 0; 1; 2; \ldots\}$

n	2			
$f(x) = x^n$	x^2	x	$\frac{1}{x}$	x^3
$f'(x)$	$2x^1$			

Fig. 1

1 a) Ergänzen Sie die Tabelle im Heft.
b) Welche Vermutung ergibt sich somit für $f'(x)$ bei der Funktion $f: x \mapsto x^n$ mit $n \in \mathbb{Z}$?
c) Versuchen Sie Ihre Vermutung mit dem CAS zu überprüfen.

Ableitung der Potenzfunktion

Die bisherigen Verfahren zur Berechnung der Ableitung verschiedener Funktionen sind relativ aufwändig. Deshalb sind Regeln hilfreich, mit denen die Ableitung einfach berechnet werden kann. Eine der wichtigsten Regeln ist die so genannte Potenzregel.
Um für eine beliebige Potenzfunktion f mit $f(x) = x^n$ und $n \in \mathbb{Z}$ die Ableitung an einer Stelle x_0 zu bestimmen, bildet man zunächst den Differenzenquotienten:

$$m(h) = \frac{f(x_0+h) - f(x_0)}{h} = \frac{(x_0+h)^n - x_0^n}{h} \quad \text{mit } h \neq 0.$$

Beim Vereinfachen des Differenzenquotienten sind zwei Fälle zu unterscheiden.
Fall A: Es sei $n > 0$.
Es kann $n > 2$ vorausgesetzt werden, da $n \in \{0, 1, 2\}$ bereits auf Seite 77 untersucht wurde.
Die n Faktoren $(x_0 + h)$ von $(x_0 + h)^n$ werden ausmultipliziert. Dabei erhält man einmal den Summanden x_0^n sowie n Summanden $h x_0^{n-1}$
(vgl. die nebenstehenden Fälle $n = 2; 3; 4$).
Alle weiteren Summanden enthalten mindestens den Faktor h^2. Fasst man diese zu $h^2 \cdot T$ zusammen, ergibt sich:
$(x_0 + h)^n = x_0^n + n \cdot h \cdot x_0^{n-1} + h^2 \cdot T.$

$(x_0 + h)^2 = x_0^2 + 2hx_0 + h^2$
$(x_0 + h)^3 = x_0^3 + 3hx_0^2 + 3h^2x_0 + h^3$
$(x_0 + h)^4 = x_0^4 + 4hx_0^3 + 6h^2x_0^2 + 4h^3x_0 + h^4$

Damit gilt:

$$m(h) = \frac{(x_0+h)^n - x_0^n}{h} = \frac{x_0^n + n \cdot h \cdot x_0^{n-1} + h^2 \cdot T - x_0^n}{h} = n \cdot x_0^{n-1} + h \cdot T.$$

Also ist $f'(x_0) = \lim\limits_{h \to 0} m(h) = n \cdot x_0^{n-1}$.

Fall B: Es sei $n < 0$.
Mit $n = -k$ ergibt sich entsprechend wie im Fall A:

$$m(h) = \frac{(x_0+h)^n - x_0^n}{h} = \frac{\frac{1}{(x_0+h)^k} - \frac{1}{x_0^k}}{h} = -\frac{(x_0+h)^k - x_0^k}{h \cdot (x_0+h)^k \cdot x_0^k} = -\frac{x_0^k + k \cdot h \cdot x_0^{k-1} + h^2 \cdot T - x_0^k}{h \cdot (x_0+h)^k \cdot x_0^k} = -\frac{k \cdot x_0^{k-1} + h \cdot T}{(x_0+h)^k \cdot x_0^k}.$$

Also ist $f'(x_0) = \lim\limits_{h \to 0} m(h) = -\frac{k \cdot x_0^{k-1}}{x_0^k \cdot x_0^k} = -k \cdot x_0^{k-1} \cdot x_0^{-2k} = -k \cdot x_0^{-k-1} = n \cdot x_0^{n-1}$.

Notiert man das Ergebnis mit x statt x_0, ergibt sich:

Satz: (Potenzregel)
Für $\mathbf{f(x) = x^n}$ mit $n \in \mathbb{Z}$ ist $\mathbf{f'(x) = n \cdot x^{n-1}}$.

Tangente mit CAS:

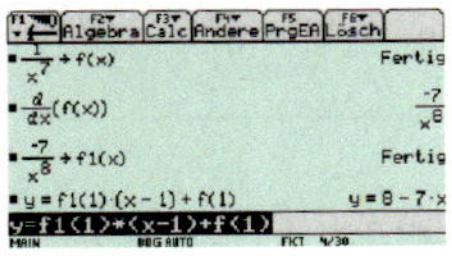

Beispiel: (Anwendung der Potenzregel)
Bestimmen Sie $f'(x)$ für f mit $f(x) = \frac{1}{x^7}$ und geben Sie die Gleichung der Tangente in $P(1|1)$ an.
Lösung:
Wegen $f(x) = \frac{1}{x^7} = x^{-7}$ ist $f'(x) = -7 \cdot x^{-8} = \frac{-7}{x^8}$; damit $f'(1) = -7$.
Gleichung der Tangente: $y = -7 \cdot (x - 1) + 1$; $y = -7x + 8$.

Aufgaben

Bei Potenzen mit negativen ganzen Exponenten ist folgendes Verfahren empfehlenswert:

Gegeben: $f(x) = \frac{1}{x^3}$

▼

Umformen: $f(x) = x^{-3}$

▼

Ableiten: $f'(x) = -3 \cdot x^{-4}$

▼

Umformen: $f'(x) = \frac{-3}{x^4}$

2 Bestimmen Sie $f'(x)$ für die Funktion f mit

a) $f(x) = x^4$ b) $f(x) = x^6$ c) $f(x) = x^9$ d) $f(x) = x^{12}$

e) $f(x) = x^{35}$ f) $f(x) = x^{-5}$ g) $f(x) = \frac{1}{x^8}$ h) $f(x) = \frac{1}{x^{-100}}$

3 Es sei $k, m, n \in \mathbb{Z}$. Bestimmen Sie $f'(x)$ für f mit

a) $f(x) = x^k$ b) $f(x) = x^{3n}$ c) $f(x) = x^{2k+1}$ d) $f(x) = x^{3-m}$

e) $f(x) = x^{-n+5}$ f) $f(x) = x^{1-3n}$ g) $f(x) = x^{-3+2k}$ h) $f(x) = \frac{1}{x^{3-2k}}$

4 Welche der folgenden Funktionen f können Sie mithilfe der Potenzregel ableiten? Begründen Sie und bestimmen Sie gegebenenfalls die Ableitung.

a) $f(x) = (x^2)^3$ b) $f(x) = (x^{-3})^2$ c) $f(x) = x^{\frac{1}{3}}$ d) $f(x) = (x^{\frac{1}{3}})^9$

e) $f(x) = (x^{\sqrt{2}})^2$ f) $f(x) = x^{3,5}$ g) $f(x) = \left(\frac{1}{x^{-4}}\right)^{2,5}$ h) $f(x) = \left(\frac{1}{x^{-5}}\right)^{0,1}$

5 In welchen Punkten P hat der Graph der Funktion f die Steigung m?

a) $f(x) = x^4$; $m = 4$ b) $f(x) = x^3$; $m = 12$ c) $f(x) = x^{100}$; $m = \frac{100}{2^{99}}$

d) $f(x) = x^0$; $m = 1$ e) $f(x) = x^6$; $m = 18\,750$ f) $f(x) = x^7$; $m = 448$

6 Gegeben ist die Funktion f mit $f(x) = x^3$. Ihr Graph sei K.

a) Die Tangente an K in $B(1|1)$ schneidet K im Punkt P. Bestimmen Sie P.

b) Die Tangente an K in dem beliebigen Punkt $B(a|a^3)$ mit $a \neq 0$ schneidet K im Punkt P. Bestimmen Sie P in Abhängigkeit von a.

c) Zeigen Sie: Die Normale von K in $B(a|a^3)$ mit $a \neq 0$ hat mit K keinen weiteren gemeinsamen Punkt.

7 Gegeben ist die Funktion f mit $f(x) = x^n$ und $n \in \mathbb{Z} \setminus \{0; 1\}$. Die Tangente t mit Berührpunkt $B(a|f(a))$ an den Graphen von f schneidet die x-Achse im Punkt $S(x_S|0)$ und die y-Achse im Punkt $T(0|y_T)$. Berechnen Sie x_S und y_T für $B(1|1)$ ($B(2|f(2))$; $B(a|f(a))$).

8 Untersuchen Sie:

a) Gibt es zu jeder Geraden $y = mx + c$; $c \in \mathbb{R}$; eine parallele Tangente an den Graphen der Funktion f mit $f(x) = x^n$, $n \in \mathbb{Z} \setminus \{0; 1\}$, n ungerade?

b) Gibt es zu jeder Geraden $y = mx + c$; $c \in \mathbb{R}$; eine parallele Tangente an den Graphen der Funktion f mit $f(x) = x^n$, $n \in \mathbb{Z}$, n gerade?

c) Von einem Punkt P sollen Tangenten an den Graphen von f mit $f(x) = x^n$, $n \in \mathbb{N} \setminus \{0; 1\}$, n gerade, gelegt werden. Gibt es Punkte im Koordinatensystem, für die dies nicht möglich ist?

9 Die Graphen aller Funktionen f_n mit $f_w(x) = x^n$ schneiden sich in $P(1|1)$.

a) Bestimmen Sie die Tangentensteigungen von f_2 und f_3 und bestimmen Sie daraus den Schnittwinkel der Tangenten bzw. Graphen.

b) Bestimmen Sie n so, dass sich f_n und f_{n+1} unter einem Winkel kleiner als 1° schneiden.

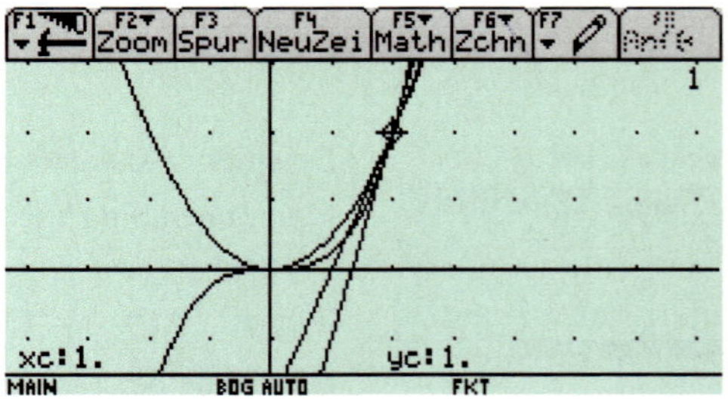

6 Weitere Ableitungsregeln – höhere Ableitungen

1 Gegeben sind die an jeder Stelle $x_0 \in \mathbb{R}\setminus\{0\}$ differenzierbaren Funktionen f_1 mit $f_1(x) = \frac{1}{x}$ und f_2 mit $f_2(x) = x^2$. Bilden Sie mit dem CAS die Ableitungen $d(f_1(x) + f_2(x), x)$ und $d(f_1(x), x) + d(f_2(x), x)$ und vergleichen Sie die Ergebnisse. Vergleichen Sie auch die Ergebnisse von $d(c \cdot f_1(x), x)$ und $c \cdot d(f_1(x), x)$.
Formulieren Sie einen Satz über die Ableitungen der Funktionen g und h mit
a) $g(x) = f_1(x) + f_2(x)$ b) $h(x) = c \cdot f_1(x)$

Aus den Ableitungen einzelner Funktionen erhält man ohne Grenzwertbildung die Ableitung von Summen und Vielfachen dieser Funktionen. Es gilt nämlich:

Kurz und knapp:

Summen werden gliedweise abgeleitet!

Ein konstanter Faktor bleibt beim Ableiten erhalten!

Satz 1: (Faktor- und Summenregel)
Die Funktionen g und h seien auf einem Intervall I definiert und an der Stelle $x \in I$ differenzierbar. Dann gilt:
a) $f = c \cdot g$ mit $c \in \mathbb{R}$ ist in x differenzierbar, und es ist
$$\mathbf{f'(x) = c \cdot g'(x)}$$
b) $f = g + h$ ist in x differenzierbar, und es ist
$$\mathbf{f'(x) = g'(x) + h'(x).}$$

Beweis:
a) Es ist $f(x) = c \cdot g(x)$, und somit gilt:
$$f'(x_0) = \lim_{x \to x_0} \frac{f(x) - f(x_0)}{x - x_0} = \lim_{x \to x_0} \frac{c \cdot g(x) - c \cdot g(x_0)}{x - x_0} = \lim_{x \to x_0} c \cdot \frac{g(x) - g(x_0)}{x - x_0} = c \cdot \lim_{x \to x_0} \frac{g(x) - g(x_0)}{x - x_0} = c \cdot g'(x_0).$$
b) Es ist $f(x) = g(x) + h(x)$, und somit gilt:
$$f'(x_0) = \lim_{x \to x_0} \frac{f(x) - f(x_0)}{x - x_0} = \lim_{x \to x_0} \frac{[g(x) + h(x)] - [g(x_0) + h(x_0)]}{x - x_0} = \lim_{x \to x_0} \left(\frac{g(x) - g(x_0)}{x - x_0} + \frac{h(x) - h(x_0)}{x - x_0}\right) =$$
$$= \lim_{x \to x_0} \frac{g(x) - g(x_0)}{x - x_0} + \lim_{x \to x_0} \frac{h(x) - h(x_0)}{x - x_0} = g'(x_0) + h'(x_0).$$
Aus Satz 1 folgt, dass alle Funktionen, die man aus Potenzfunktionen der Form $f(x) = x^n$ mit $n \in \mathbb{N}$ durch Multiplikation mit einer Konstanten und anschließender Addition erhalten kann, differenzierbar sind. So lautet die Ableitung von f mit $f(x) = 2x^5 - 4x^3 + x + 4$:
$f'(x) = 2 \cdot 5x^4 - 4 \cdot 3x^2 + 1 = 10x^4 - 12x^2 + 1$.

Satz 2: Jede ganzrationale Funktion f vom Grad $n \geqq 1$ ist differenzierbar. Ihre Ableitung f' ist eine ganzrationale Funktion vom Grad $n - 1$.

Ist die Ableitungsfunktion f' einer Funktion f auch differenzierbar, so erhält man aus f' durch Ableiten die Funktion f''. Aus f'' erhält man gegebenenfalls f''', dann $f^{(IV)}$, $f^{(V)}$ usw. Man spricht von **höheren Ableitungen** von f.

f'' wird als „f zwei Strich" gelesen.

Funktionen wie g mit $g(x) = 3x^{-2} - \frac{4}{5}x^{-1}$ sind zwar nicht ganzrational, sie können aber wie diese beliebig oft abgeleitet werden: $g'(x) = -6x^{-3} + \frac{4}{5}x^{-2}$; $g''(x) = 18x^{-4} - \frac{8}{5}x^{-3}$; $g'''(x) = -72x^{-5} + \frac{24}{5}x^{-4}$; $g^{(IV)}(x) = 360x^{-6} - \frac{96}{5}x^{-5}$ usw.

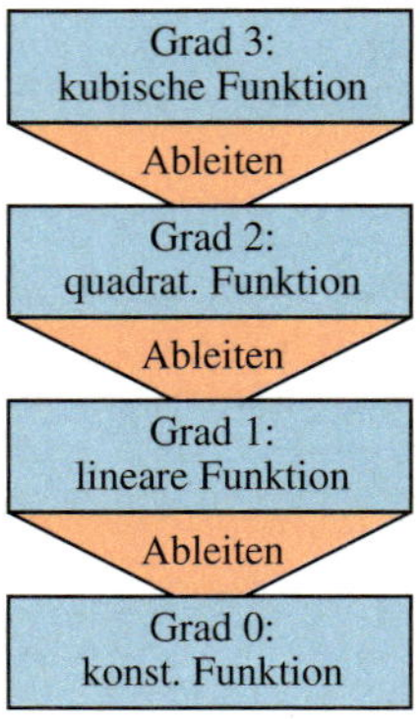

Beispiel 1: (Summenregel und Faktorregel)
Bestimmen Sie $f'(x)$ für f mit

a) $f(x) = x^2 + \frac{1}{x}$ b) $f(x) = 3x^2$ c) $f(x) = 4x^2 - 5\sqrt{x}$.

Lösung:

a) $f'(x) = 2x - \frac{1}{x^2}$ b) $f'(x) = 3 \cdot 2x = 6x$ c) $f'(x) = 8x - \frac{5}{2\sqrt{x}}$

Beispiel 2: (Berechnung höherer Ableitungen)
Bestimmen Sie f', f'' und f''' für f mit

a) $f(x) = 2x^4 + \frac{2}{3}x^3 - 2x + \frac{5}{4}$ b) $f(x) = 6x^2 - \frac{5}{2x} + \frac{2}{3x^2}$.

Lösung:

a) $f'(x) = 8x^3 + 2x^2 - 2$; $f''(x) = 24x^2 + 4x$; $f'''(x) = 48x + 4$

b) $f'(x) = 12x + \frac{5}{2}x^{-2} - \frac{4}{3}x^{-3} = 12x + \frac{5}{2x^2} - \frac{4}{3x^3}$; $f''(x) = 12 - 5x^{-3} + 4x^{-4} = 12 - \frac{5}{x^3} + \frac{4}{x^4}$;
$f'''(x) = 15x^{-4} - 16x^{-5} = \frac{15}{x^4} - \frac{16}{x^5}$

Beispiel 3: (Höhere Anleitungen mit dem CAS)
Bilden Sie die ersten drei Ableitungen der Funktion f mit $f(x) = \frac{1}{10}x^4 - \frac{1}{2}x^3 + x + 1$ und erstellen Sie ihre Graphen.
Lösung: Im Hauptbildschirm definiert man den Funktionsterm von f. Die 1. Ableitung erhält man über die Taste [F3] mit 1:differenziere durch Eingabe von „d(f(x),x)“ oder „d(f(x),x,1)“. Entsprechend erhält man durch Eingabe von „d(f(x),x,2)“ die 2. Ableitung (Fig. 1), mit „d(f(x),x,3)“ die 3. Ableitung usw. Fig. 2 zeigt die Graphen der Ableitungen.

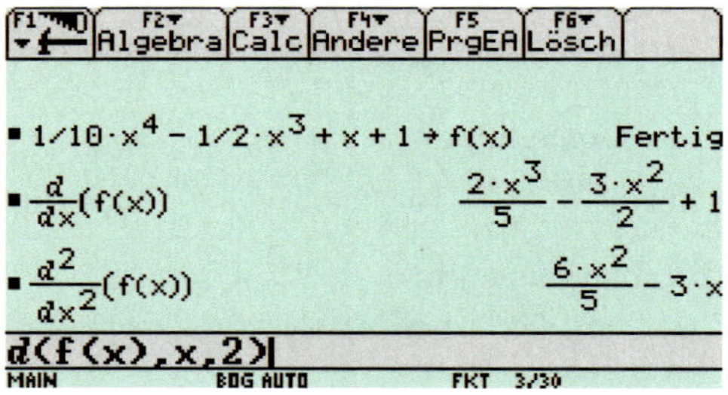

Fig. 1

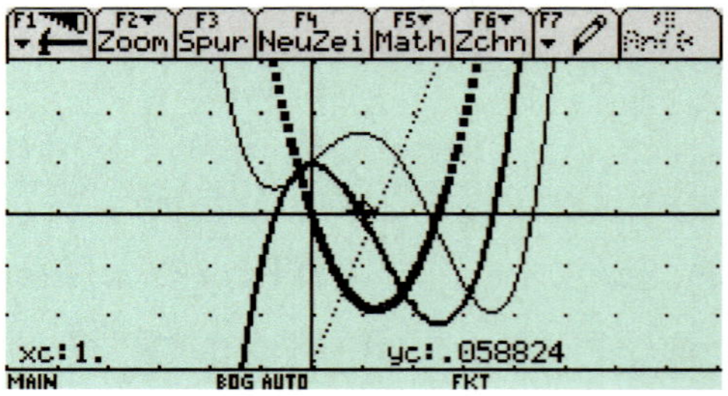

Fig. 2

Aufgaben

2 Bestimmen Sie die Ableitung.

a) $f(x) = 5x^5$ b) $f(x) = 12x^{-3}$ c) $f(x) = 4\sqrt{x}$ d) $f(x) = -\frac{2}{3}x^3$

e) $f(x) = \frac{6}{x}$ f) $f(x) = -\frac{3}{5}x^{-10}$ g) $f(x) = -\frac{2}{5}\sqrt{x}$ h) $f(x) = -\frac{\sqrt{2}}{x^4}$

3 a) $f(x) = x^4 + x^8$ b) $f(x) = x^{12} + x^{-3}$ c) $f(x) = \frac{1}{x} + x^4$ d) $f(x) = \sqrt{x} + \frac{1}{x^2}$

e) $f(x) = \frac{1}{x} + x$ f) $f(x) = \frac{2}{5}x^{-1} + 1$ g) $f(x) = \sqrt{x} + x$ h) $f(x) = \frac{2}{x^{-2}} + x^2$

4 a) $f(x) = -\frac{3}{4}x^8 + 2{,}5x^4 - 2x + 4$ b) $f(x) = \frac{2}{9}x^3 + \frac{5}{8}x^2 + 0{,}4x - 1{,}6$

c) $f(x) = 3 \cdot \frac{1}{x} + 2x^{-3} - 5 + x^6$ d) $f(x) = 4\sqrt{x} + \frac{1}{x^2} - \frac{1}{20}x^{-3} - \frac{1}{10x^{10}}$

5 Bestimmen Sie $f_t'(x)$ und $f_t''(x)$ sowie $f_t'(2)$ und $f_t''(2t)$ für jedes $t \in \mathbb{R}$.

a) $f_t(x) = tx^3 - (t-2)x^2 + 3tx$ b) $f_t(x) = 4t^2x^4 + t^4x^2 + t^2x$

6 Bestimmen Sie $f'(x)$, $f''(x)$ und $f'''(x)$.

a) $f(x) = \frac{1}{10}x^5 + \frac{4}{9}x^3 - 12$ b) $f(x) = x^3 - x^{-2} - x^{-3}$ c) $f(x) = \frac{1}{x} + \frac{2}{x^2} + \frac{3}{x^3} + \frac{4}{x^4}$

d) $f(x) = x^4 + \frac{1}{2x^2} - \frac{4}{5x^5}$ e) $f(x) = (x+1)\cdot(x-2)$ f) $f(x) = \left(\frac{1}{x} + x\right)\cdot(x^2+1)$

7 Geben Sie einen Funktionsterm für die 1. und die 2. Ableitung an. Was verbinden Sie mit den angegebenen Funktionen? Geben Sie, wenn es möglich ist, eine inhaltliche Interpretation der 1. Ableitung an.

a) $A(r) = \pi\cdot r^2$ b) $U(a) = 2\cdot(a+b)$ c) $O(h) = 2\pi r^2 + 2\pi r h$ d) $V(r) = \frac{4}{3}\pi\cdot r^3$

e) $V(h) = \frac{1}{3}\pi\cdot r^2 h$ f) $O(r) = 2\pi r^2 + 2\pi r h$ g) $A(a) = \frac{1}{2}a^2$ h) $O(r) = \pi r(s+r)$

8 Skizzieren Sie die Graphen der Funktion f, der 1. Ableitung f′ und der 2. Ableitung f″ und kontrollieren Sie Ihr Ergebnis mit dem CAS.

a) $f(x) = x^2 + 1$ b) $f(x) = x + x^2$ c) $f(x) = x + 0{,}5x^3$ d) $f(x) = 2 + \frac{1}{x}$

9 Der schwarz gezeichnete Graph ist vorgegeben. Der rote Graph soll den Graphen der 1. Ableitung, der blaue den der 2. Ableitung darstellen. Untersuchen Sie, wo dies zutrifft bzw. nicht zutrifft.

Legen Sie sich eine Strategie zurecht, wie Sie nachprüfen wollen, ob es sich um den Graphen der Ableitung handelt oder nicht.

a)

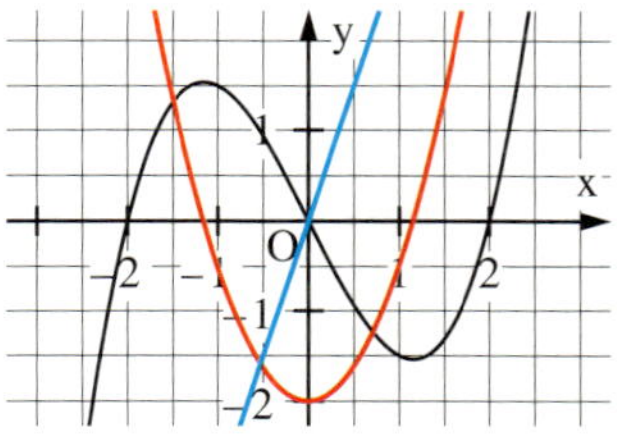

b)

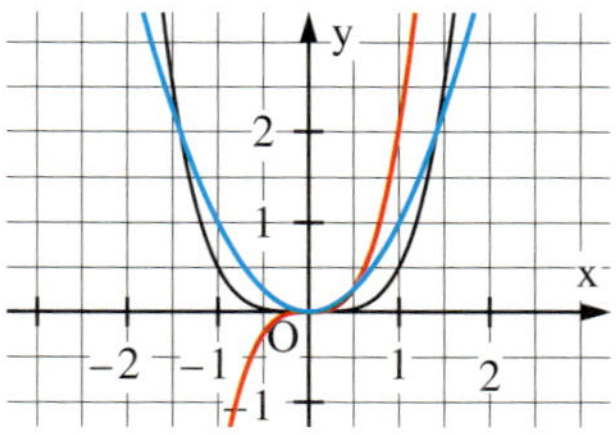

c)

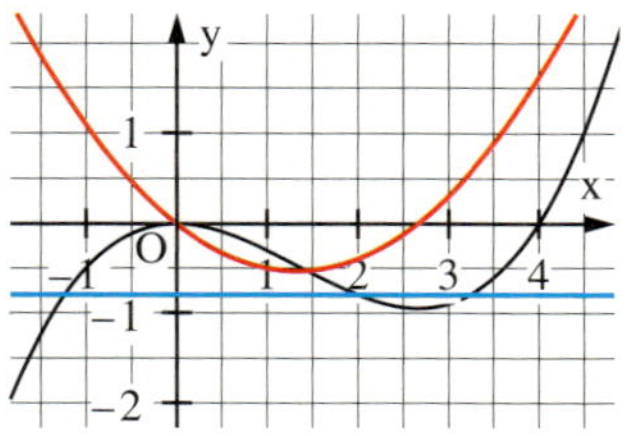

10 Die Funktionen f und g mit $g(x) = f(x) + c$; $c \in \mathbb{R}$; haben die gleiche Ableitung.

a) Interpretieren Sie diesen Sachverhalt am Graphen geometrisch. Wählen Sie zunächst eine feste Funktion f und eine feste Konstante, z. B. $c = 2$ oder $c = -3$.

b) Die Funktionen $f(x) = \frac{x^2 - x + 1}{x}$ und $g(x) = \frac{x^2+1}{x}$; $x \neq 0$; besitzen die gleiche Ableitung $f'(x) = g'(x) = \frac{x^2-1}{x^2}$. Was schließen Sie daraus?

Überzeugen Sie sich durch Erstellung der Graphen und durch Rechnung von der Richtigkeit der Aussage.

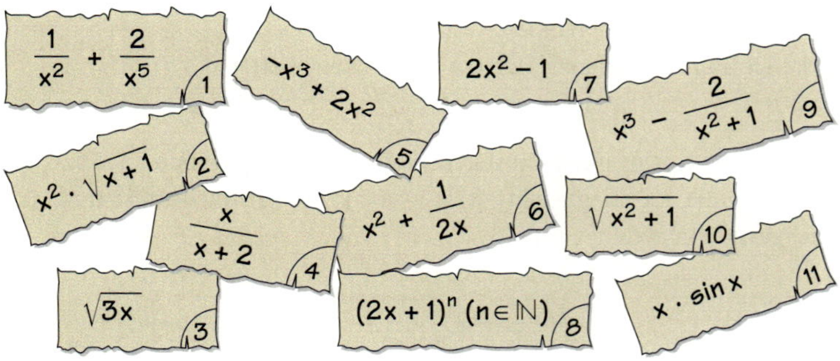

Fig. 1

11 In Fig. 1 sind Funktionsterme verschiedener Funktionen f angegeben.

a) Bei welchen dieser Funktionen kann man mit bisherigen Kenntnissen die Ableitung f′ bestimmen?

b) Bei welcher Funktion ist zwar f′ bekannt, aber die Funktion f kann man (noch) nicht ableiten?

c) Bei welchen Funktionen f ist f′ „einfacher“ als f?

12 Gegeben ist die Funktion f mit $f(x) = -\frac{16}{3x^3} + x$; $x \in \mathbb{R}\setminus\{0\}$. Bestimmen Sie Punkte des Graphen K von f, in denen die Tangenten an K parallel zur Geraden $y = 2x$ sind.

*7 Trigonometrische Funktionen

1 Ein Läufer joggt um einen kreisförmigen See mit dem Radius 1 km.
Beschreiben Sie seine Position relativ zum Startpunkt, wenn er 3 km zurückgelegt hat.
Wo befindet er sich, wenn der See einen Radius von 2 km hat?

2 Es ist $\sin(90°) = 1$; $\sin(270°) = -1$; $\cos(180°) = -1$; $\sin(45°) = \frac{1}{2}\sqrt{2}$.
Begründen Sie diese Aussagen.

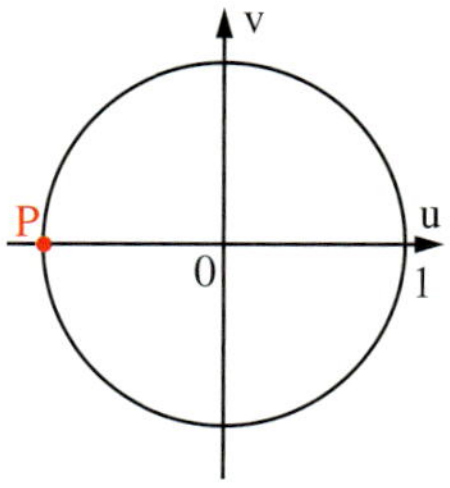

Für $x = 3\pi$ befindet sich der Punkt P im zweiten Umlauf auf der negativen u-Achse.

Wenn ein Punkt P den Einheitskreis von A(1|0) aus im Gegensinn des Uhrzeigers durchläuft, kann man seinen jeweiligen Ort durch die Maßzahl x der Bogenlänge von A nach P beschreiben. Bei weniger als einem vollen Umlauf ist x das Bogenmaß des Winkels α (Fig. 1). Die Koordinaten von P sind $P(\cos(x)|\sin(x))$.
Um die Koordinaten von P bei mehreren Umdrehungen bestimmen zu können, werden die Werte für $\sin(x)$ und $\cos(x)$ auch für $x \geqq 2\pi$ bzw. für $x < 0$ erklärt.

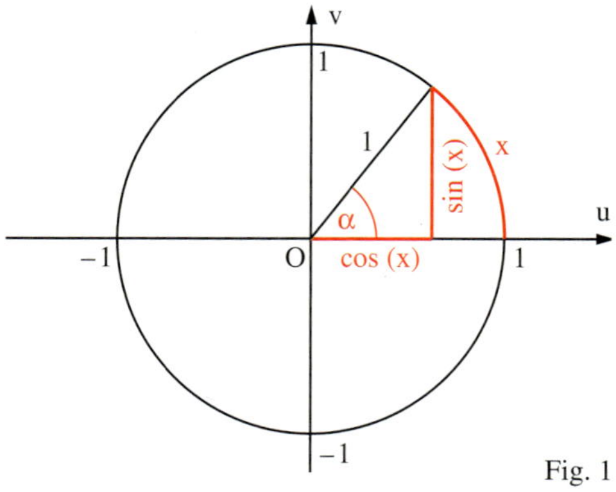

Fig. 1

In Fig. 2 gilt
$P(\cos(20°)|\sin(20°))$ mit $\sin(20°) = \sin\left(\frac{1}{9}\pi\right)$.
Vereinbart man nun

$$\ldots = \sin\left(\tfrac{1}{9}\pi - 2\pi\right) = \sin\left(\tfrac{1}{9}\pi + 2\pi\right) = \sin\left(\tfrac{1}{9}\pi + 4\pi\right) = \ldots = \sin\left(\tfrac{1}{9}\pi\right),$$

ergeben sich Sinuswerte für alle Zahlen
$x = \frac{1}{9}\pi + 2\pi \cdot z$ mit $z \in \mathbb{Z}$.

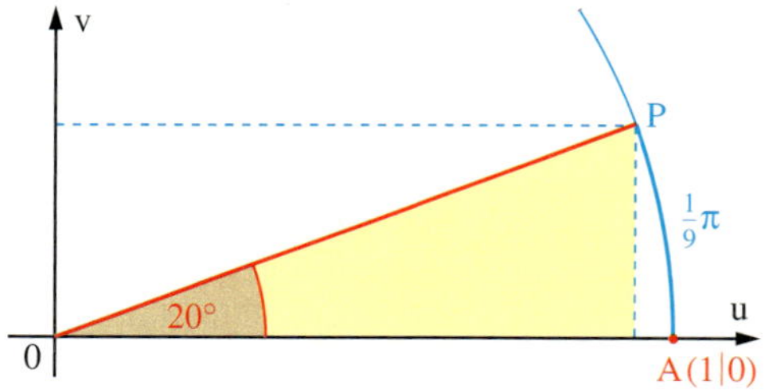

Fig. 2

Die Zuordnung: $x \mapsto \sin(x)$ heißt **Sinusfunktion,** die Zuordnung $x \mapsto \cos(x)$ heißt **Kosinusfunktion**. Es gilt:
$\sin(x + 2\pi) = \sin(x)$ und $\cos(x + 2\pi) = \cos(x)$.
Beide Funktionen haben die Definitionsmenge $\mathbb{R}$ und die Wertemenge $[-1; +1]$.

Sowohl die Sinusfunktion als auch die Kosinusfunktion sind periodisch mit der **Periode 2π**. Die **Sinusfunktion** ist **ungerade**, da für alle $x \in \mathbb{R}$ gilt $\sin(-x) = -\sin(x)$, die **Kosinusfunktion** ist wegen $\cos(-x) = \cos(x)$ eine **gerade** Funktion.

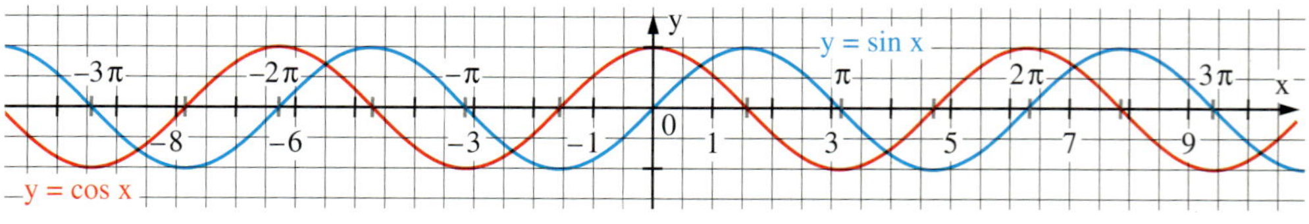

Fig. 3

Beispiel 1: (Erstellen eines Graphen mit dem CAS)
Erstellen Sie mit dem CAS den Graphen der Funktion s mit $s(x) = \sin(x)$ und von f mit $f(x) = 2 \cdot \sin(x)$ und vergleichen Sie die Graphen.

Lösung:

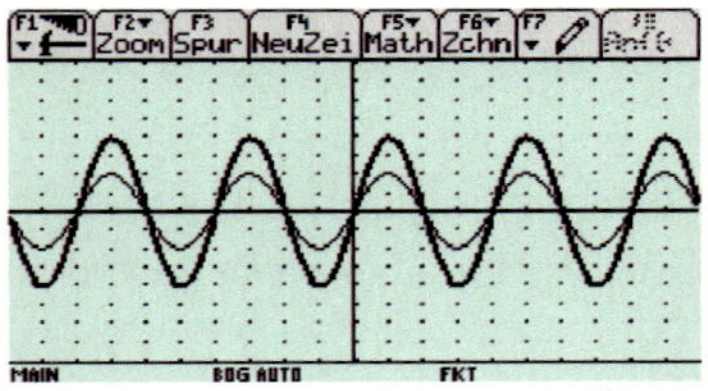

Fig. 1

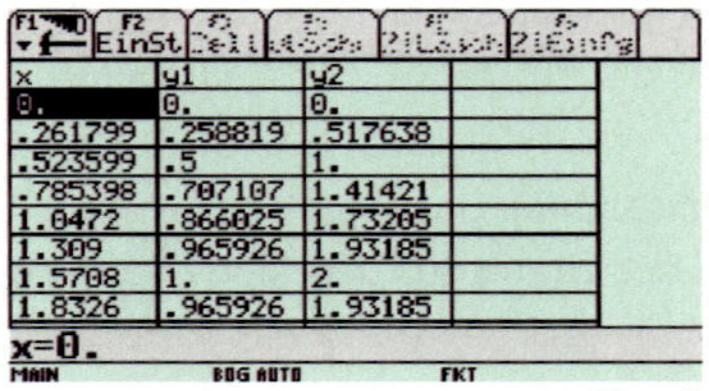

Fig. 2

Hinweise:
Im [MODE]-Menü wird auf Bogenmaß eingestellt. Im [WINDOW]-Fenster wird mit der Taste [F2] auf Werte für trigonometrische Funktionen mit 7:ZoomTrig eingestellt. Damit werden ca. 5 Perioden dargestellt (Fig. 1). Man kann natürlich das Intervall beliebig verändern und z. B. die Einheit $\frac{\pi}{4}$ wählen.

Fig. 2 zeigt die Wertetabellen zu $f(x) = 2 \cdot \sin(x)$ (y1) und zu $s(x) = \sin(x)$ (y2) mit der Schrittweite $\frac{\pi}{12}$. Dabei zeigt sich, dass für die zu einer Stelle x gehörigen Funktionswerte gilt: $f(x) = 2 \cdot s(x)$. Der Graph der Funktion f entsteht aus dem von s durch Verdopplung der Ordinaten von s.

x	sin(x)	cos(x)
0	0	1
$\frac{1}{6}\pi$	$\frac{1}{2}$	$\frac{1}{2}\sqrt{3}$
$\frac{1}{4}\pi$	$\frac{1}{2}\sqrt{2}$	$\frac{1}{2}\sqrt{2}$
$\frac{1}{3}\pi$	$\frac{1}{2}\sqrt{3}$	$\frac{1}{2}$
$\frac{1}{2}\pi$	1	0

Beispiel 2: (Lösen einer trigonometrischen Gleichung ohne CAS)
Ermitteln Sie ohne CAS die Lösungen der Gleichung für $0 \leqq x \leqq 2\pi$.

a) $\sin(x) = -\frac{1}{2}$ b) $2 \cdot \cos(x) = \sqrt{2}$ c) $3 \cdot \sin(x) = 6$

Lösung:
Es ist $\sin\left(\frac{\pi}{6}\right) = \frac{1}{2}$ (vgl. Tabelle).
Am Graphen (Fig. 3) erkennt man die Lösungen der Gleichung im Intervall $0 \leqq x \leqq 2\pi$:
$x_1 = \pi + \frac{\pi}{6} = \frac{7}{6}\pi$;
$x_2 = 2\pi - \frac{\pi}{6} = \frac{11}{6}\pi$.

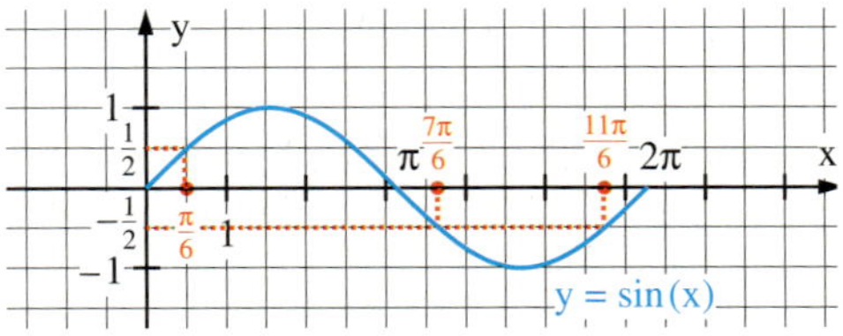

Fig. 3

b) $2 \cdot \cos(x) = \sqrt{2}$ ergibt $\cos(x) = \frac{1}{2}\sqrt{2}$. Damit ist $x_1 = \frac{1}{4}\pi$ (Tabelle).
Da auch für $\frac{3}{2}\pi < x < 2\pi$ der Kosinus positiv ist, ist eine 2. Lösung $x_2 = 2\pi - \frac{1}{4}\pi = \frac{7}{4}\pi$.
c) $3 \cdot \sin(x) = 6$ ergibt $\sin(x) = 2$. Da $-1 \leqq \sin(x) \leqq 1$ gilt, ist die Gleichung unlösbar.

Beispiel 3: (Lösen einer trigonometrischen Gleichung mit dem CAS)
Bestimmen Sie mit dem CAS die Lösungen der Gleichung $\cos(x) = \frac{1}{2}$; $x \in P[0; 2\pi]$ im Bogenmaß und im Gradmaß mit $x \in [0; 360]$.

Lösung:

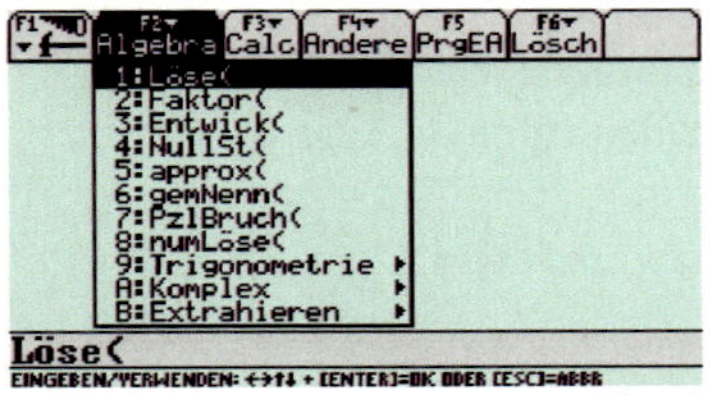

Fig. 4

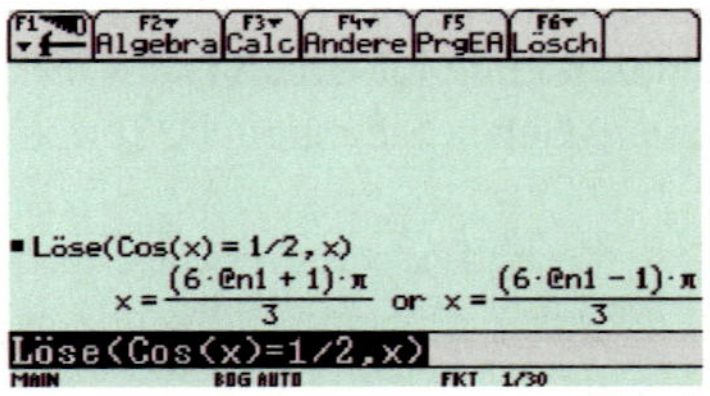

Fig. 5

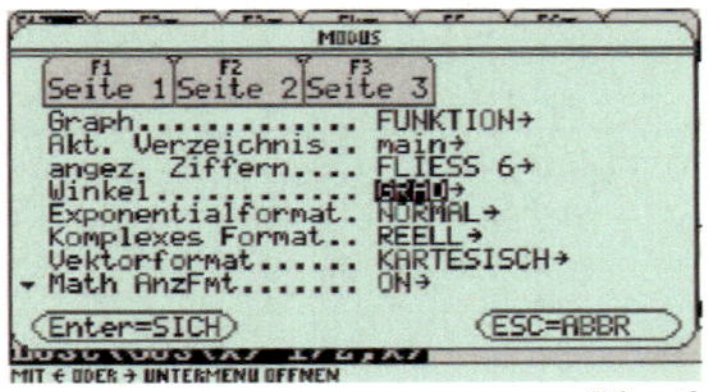

Fig. 6

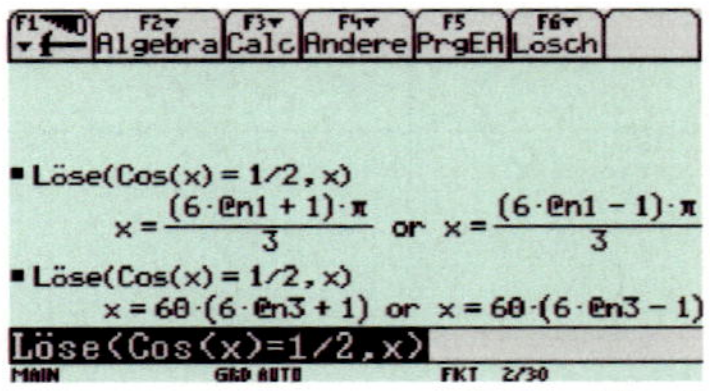

Fig. 7

Hinweise:
Im [MODE]-Menü wird auf Bogenmaß eingestellt. Im Hauptbildschirm wird mit [F2] der Befehl 1:Löse(aktiviert und die Gleichung eingegeben. Man erhält alle Lösungen:
$x_1 = \frac{1}{3}\pi$ und $x_2 = -\frac{1}{3}\pi + 2\pi \cdot n$ mit $n \in Z$ (Fig. 5).
Lösungen in $[0; 2\pi]$ sind also
$x_1 = \frac{1}{3}\pi$ und $x_2 = -\frac{1}{3}\pi + 2\pi = \frac{5}{3}\pi$.

Will man die Ergebnisse im Gradmaß haben, so wird im [MODE]-Menü auf Grad→ eingestellt. Das Vorgehen ist anschließend identisch. Lösungen in [0; 360] sind jetzt entsprechend $x_1 = 60$ und $x_2 = 300$ (in Grad) (Fig. 7).

Mit Verwendung des CAS soll heißen: Eine Wertetabelle liefert die genauen Werte und der Graph den Überblick.

Aufgaben

3 Zeichnen Sie mit Verwendung des CAS den Graphen der Funktion f.

a) $f(x) = 2 \cdot \sin(x)$ b) $f(x) = -\frac{1}{2} \cdot \sin(x)$ c) $f(x) = -\cos(x)$

d) $f(x) = 1 + \sin(x)$ e) $f(x) = 3 \cdot \cos\left(x - \frac{\pi}{2}\right)$ f) $f(x) = 2 \cdot \sin\left(\frac{1}{2}x\right)$

4 Zeichnen Sie mit Verwendung des CAS den Graphen der Funktion f. Geben Sie die Periode an. Erläutern Sie, wie der Graph aus dem der zugehörigen Grundfunktion gewonnen werden kann.

a) $f(x) = 2 \cdot \sin\left(x - \frac{\pi}{2}\right)$ b) $f(x) = -\cos\left(x + \frac{\pi}{4}\right)$ c) $f(x) = 2 \cdot \sin\left(\frac{1}{2}x\right)$

d) $f(x) = 2 + \cos\left(x - \frac{\pi}{2}\right)$ e) $f(x) = -\sin\left(x + \frac{\pi}{4}\right)$ f) $f(x) = 1 - \sin(2x)$

5 Bestimmen Sie ohne CAS, aber kontrollieren Sie mit dem CAS:

a) $\sin\left(\frac{3}{4}\pi\right)$ b) $\cos\left(\frac{5}{6}\pi\right)$ c) $\sin\left(\frac{17}{3}\pi\right)$ d) $\cos\left(-\frac{5}{4}\pi\right)$ e) $\sin\left(-\frac{7}{6}\pi\right)$.

6 Bestimmen Sie ohne CAS die Lösungen der Gleichung für $0 \leqq x \leqq 2\pi$.

a) $\sin(x) = \frac{1}{2}$ b) $\cos(x) = -\frac{1}{2}$ c) $\cos(x) = -\frac{1}{2}\sqrt{3}$

d) $\sin(x) = -\frac{1}{2}\sqrt{2}$ e) $\cos\left(x + \frac{\pi}{2}\right) = \frac{1}{2}\sqrt{2}$ f) $2 \cdot \sin\left(x - \frac{\pi}{4}\right) = -1$

7 Man kann die Lösungen einer trigonometrischen Gleichung $2 \cdot \cos(x) = 0{,}8$, $x \in [0; 2\pi]$ auch so erhalten: Man erstellt den Graphen f mit $f(x) = 2 \cdot \cos(x)$ und den Graphen der Funktion g mit $g(x) = 0{,}8$ und bringt sie zum Schnitt im angegebenen Intervall. Man erhält als Lösungen: $x_1 \approx 1{,}159$; $x_2 \approx 5{,}124$.

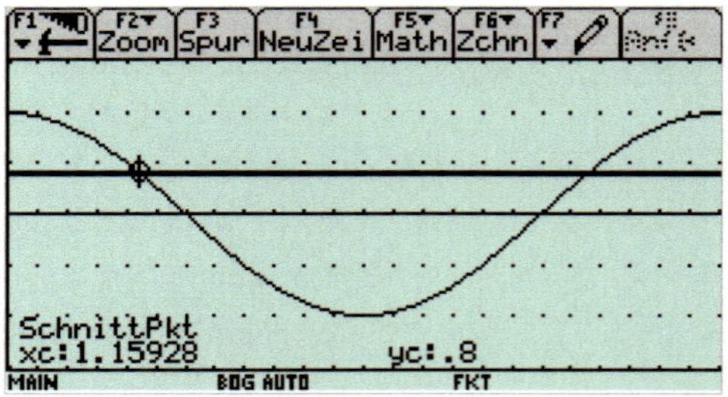

Bestimmen Sie die Lösungen der Gleichung im angegebenen Intervall.

a) $\sin(x) = 0{,}7$; $[0; 2\pi]$ b) $\cos(x) = -0{,}4$; $[0; 2\pi]$ c) $\sin(x) = -0{,}2$; $[-\pi; \pi]$

d) $\cos(2x) = 0{,}9$; $[-\pi; \pi]$ e) $\sin\left(\frac{1}{2}x\right) = 0{,}25$; $[-2\pi; 0]$ f) $\cos(x - \pi) = 0{,}1$; $[0; 2\pi]$

8 Gegeben sind die Funktion f und ihr Graph (schwarz). Die farbig gezeichneten Graphen sind aus dem von f entstanden. Geben Sie mögliche Terme an. Überprüfen Sie Ihre Ergebnisse mit dem CAS.

a) $f(x) = \sin(x)$ b) $f(x) = \cos(x)$ c) $f(x) = 2 \cdot \sin(x)$

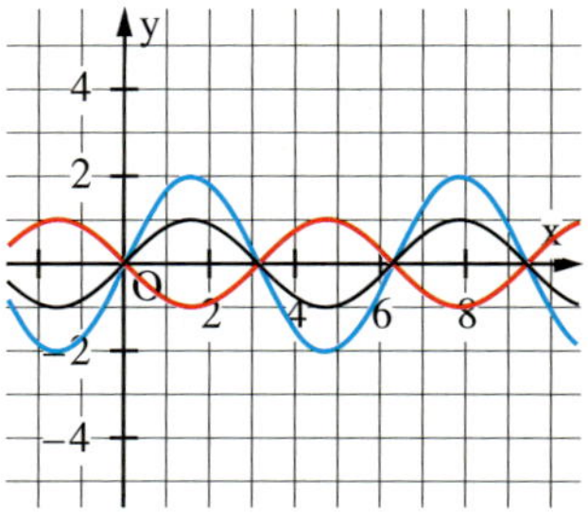

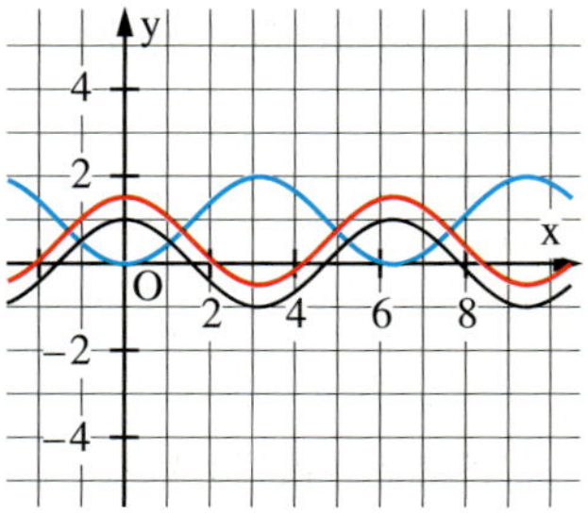

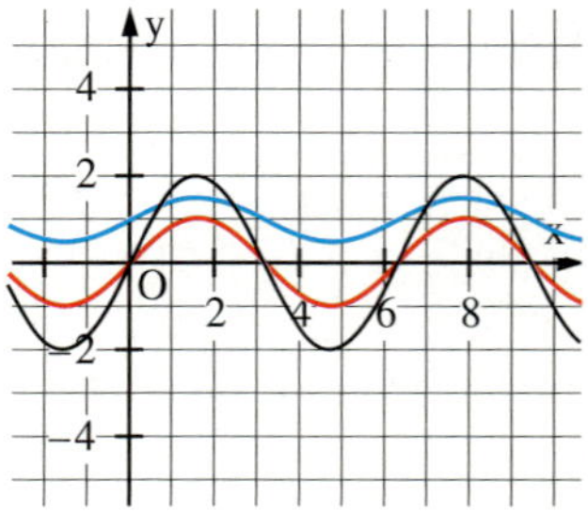

*8 Ableiten trigonometrischer Funktionen

1 a) Skizzieren Sie den Graphen der Funktion s mit $s(x) = \sin(x)$. Konstruieren Sie einzelne Punkte des Graphen der zugehörigen Ableitungsfunktion (vgl. Beispiel 3, Seite 56) und stellen Sie eine Vermutung über die Ableitungsfunktion auf.
b) Bestätigen Sie die in a) aufgestellte Vermutung mit dem CAS.

Im Folgenden werden die Ableitungen der Funktionen f mit $f(x) = \sin(x)$ und g mit $g(x) = \cos(x)$ bestimmt. Der Differenzenquotient $m(h) = \frac{f(x_0 + h) - f(x_0)}{h} = \frac{\sin(x_0 + h) - \sin(x_0)}{h}$ ist nicht ohne weiteres zu vereinfachen wie bei ganzrationalen Funktionen. Es gelingt jedoch, mit trigonometrischen Umformungen weiterzukommen:

Mit dem CAS können Sie die rechts angestellten Überlegungen sofort bestätigen.

$$\sin(\alpha) - \sin(\beta) = 2 \cdot \cos\left(\frac{\alpha+\beta}{2}\right) \cdot \sin\left(\frac{\alpha-\beta}{2}\right)$$
$$\cos(\alpha + \beta) = \cos(\alpha)\cos(\beta) - \sin(\alpha)\sin(\beta)$$

$$m(h) = \frac{\sin(x_0 + h) - \sin(x_0)}{h} = \frac{2 \cdot \cos\left(\frac{x_0 + h + x_0}{2}\right) \cdot \sin\left(\frac{x_0 + h - x_0}{2}\right)}{h}$$
$$= \frac{\cos\left(x_0 + \frac{h}{2}\right) \cdot \sin\left(\frac{h}{2}\right)}{\frac{h}{2}} = \cos\left(x_0 + \frac{h}{2}\right) \cdot \frac{\sin\left(\frac{h}{2}\right)}{\frac{h}{2}}.$$

Werte in der Umgebung der Stelle 0 von $s(h) = \frac{\sin\left(\frac{h}{2}\right)}{\frac{h}{2}}$:

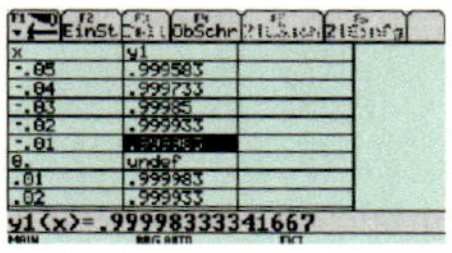

Nun wird $m(h)$ für $h \to 0$ untersucht.
Für $h \to 0$ gilt: $\cos\left(x_0 + \frac{h}{2}\right) \to \cos(x_0)$.
Fig. 1 zeigt den Graphen der Funktion s mit $s(h) = \frac{\sin\left(\frac{h}{2}\right)}{\frac{h}{2}}$. Wählt man h hinreichend nahe bei 0, so nähert sich $s(h)$ dem Wert 1. Damit ist $f'(x_0) = \lim\limits_{h \to 0} m(h) = \cos(x_0)$. Für $g(x) = \cos(x)$ gilt:

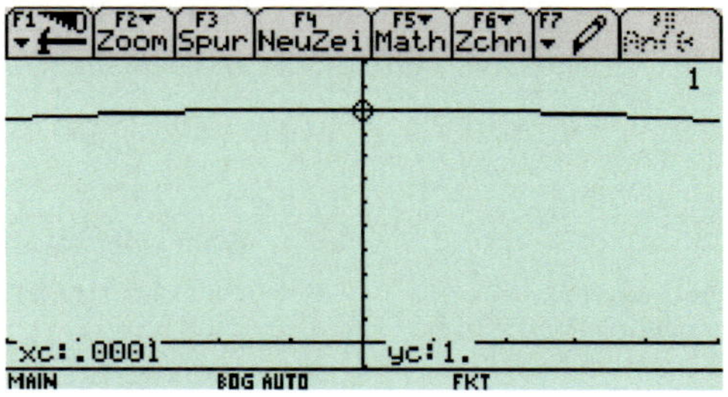

Fig. 1

$$m(h) = \frac{\cos(x_0 + h) - \cos(x_0)}{h} = \frac{\cos(x_0)\cos(h) - \sin(x_0)\sin(h) - \cos(x_0)}{h} = \frac{\cos(x_0)(\cos(h) - 1) - \sin(x_0)\sin(h)}{h}$$
$$= \cos(x_0) \cdot \frac{\cos(h) - 1}{h} - \sin(x_0) \cdot \frac{\sin(h)}{h}.$$

Für $h \to 0$ gilt: $\sin(x_0) \cdot \frac{\sin(h)}{h} \to \sin(x_0)$.
Fig. 2 zeigt den Graphen der Funktion c mit $c(h) = \frac{\cos(h) - 1}{h}$. Daraus erkennt man, dass für $h \to 0$ gilt: $\cos(x_0) \cdot \frac{\cos(h) - 1}{h} \to \cos(x_0) \cdot 0 = 0$.
Damit ist $g'(x_0) = \lim\limits_{h \to 0} m(h) = -\sin(x_0)$.

Werte in der Umgebung der Stelle 0 von $s(h) = \frac{\cos(h) - 1}{h}$:

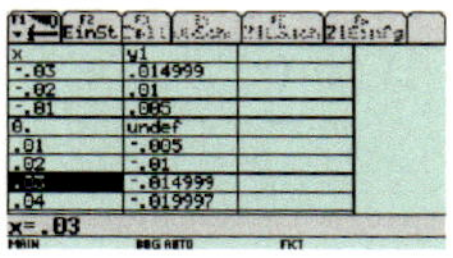

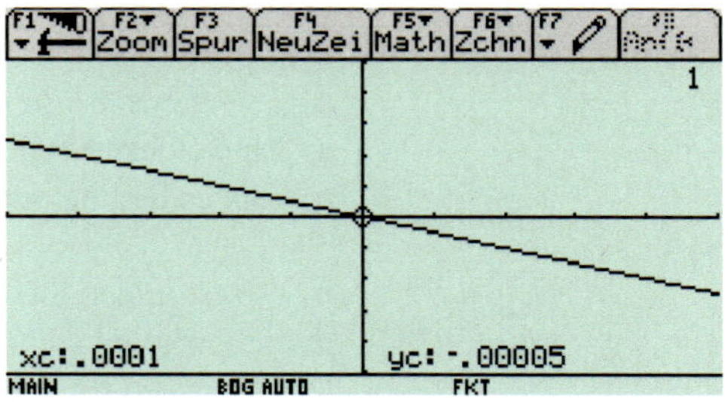

Fig. 2

Satz: Für die Funktion f mit $f(x) = \sin(x)$ gilt $f'(x) = \cos(x)$.
Für die Funktion g mit $g(x) = \cos(x)$ gilt $g'(x) = -\sin(x)$.

$(\sin(x))' = \cos(x)$
$(\sin(x))'' = -\sin(x)$
$(\sin(x))''' = -\cos(x)$
$(\sin(x))^{(IV)} = \sin(x)$
$(\sin(x))^{(V)} = \cos(x)$

Beispiel 1: (Ableitungen)
Bestimmen Sie die 1. und 2. Ableitung von f.
a) $f(x) = 0{,}5 \cdot \sin(x)$ b) $f(x) = x^2 - 4 \cdot \cos(x)$
Lösung:
a) $f'(x) = 0{,}5 \cdot \cos(x)$; $f''(x) = -0{,}5 \cdot \sin(x)$
b) $f'(x) = 2x + 4\sin(x) = 2 \cdot (x + 2\sin(x))$; $f''(x) = 2 + 4 \cdot \cos(x) = 2 \cdot (1 + 2 \cdot \cos(x))$

Bereichsbestimmung

Beispiel 2: (Tangentengleichung)

Ermitteln Sie die Gleichung der Tangente in $P\left(\frac{\pi}{4}\middle|\frac{1}{2}\sqrt{2}\right)$ an den Graphen von f mit $f(x) = \sin(x)$

a) exakt ohne CAS, b) näherungsweise mit CAS.

Lösung:

a) Es ist $f'(x) = \cos(x)$ und damit $f'\left(\frac{\pi}{4}\right) = \cos\left(\frac{\pi}{4}\right) = \frac{1}{2}\sqrt{2}$. Damit erhält man:

$y - \frac{1}{2}\sqrt{2} = \frac{1}{2}\sqrt{2}\cdot\left(x - \frac{\pi}{4}\right)$ oder $y = \frac{1}{2}\sqrt{2}\cdot x + \frac{1}{2}\sqrt{2} - \frac{\pi}{8}\sqrt{2}$.

b) Man gibt in y= die Funktion $f(x) = \sin(x)$ ein, wählt einen geeigneten Zeichenbereich und erhält den Graphen von f. Mit [F5] und dem Befehl A:Tangente und der Eingabe von π/4 erhält man näherungsweise die Tangentengleichung: $y = 0{,}707 \cdot x + 0{,}152$.

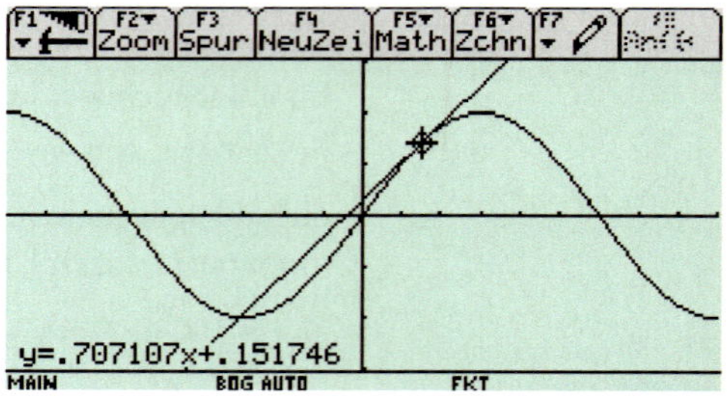

Fig. 1

Aufgaben

2 Bestimmen Sie $f'(x)$ und $f''(x)$.

a) $f(x) = -9\cdot\sin(x)$ b) $f(x) = 5 + \cos(x)$ c) $f(x) = 5x - \cos(x)$ d) $f(x) = x^2 - \frac{1}{2}\cos(x)$

e) $f(x) = \frac{1}{x} + \frac{\sin(x)}{2}$ f) $f(x) = \frac{2}{x^3} + 2\sin(x)$ g) $f(x) = \frac{x^{-2}}{2} - \frac{\cos(x)}{5}$ h) $f(x) = \frac{3\sin(x)}{4} + \frac{\cos(x)}{8}$

Ist in einem Koordinatensystem der Punkt $P(x_0|y_0)$ gegeben, so heißt x_0 ***Abszisse*** *oder x-Wert, y_0* ***Ordinate*** *oder y-Wert.*

3 Wahr oder falsch?

a) Für $f(x) = \sin(x)$ gilt: $f^{(IV)}(x) = \cos(x)$. b) Für $f(x) = \sin(x)$ gilt: $f^{(9)}(x) = \sin(x)$

c) Für $f(x) = \cos(x)$ gilt: $f^{(10)}(x) = -\sin(x)$. d) Für $f(x) = \cos(x)$ gilt: $f^{(10)}(x) = -\cos(x)$.

e) Für $f(x) = \sin(x) - \cos(x)$ gilt: $f^{(16)}(x) = \sin(x) - \cos(x)$.

f) Für $f(x) = \sin(x) + \cos(x)$ gilt: $f^{(21)}(x) = \cos(x) - \sin(x)$.

4 In welchen Punkten hat der Graph von $f\colon x \mapsto \sin(x)$ im Intervall $[0;\, 2\pi]$ dieselbe Steigung wie die a) 1. Winkelhalbierende, b) x-Achse, c) Gerade mit der Gleichung $y = \frac{1}{2}x$?

5 Gegeben ist die Funktion f mit $f(x) = \sin(x) - 2$ für $x \in [0;\, 2\pi]$.

a) An welchen Stellen x_0 gilt $f'(x_0) = 0$?

b) Gibt es Stellen mit $f'(x_0) > 1$?

Wichtige Werte:

α	30°	45°	60°	90°
x	$\frac{\pi}{6}$	$\frac{\pi}{4}$	$\frac{\pi}{3}$	$\frac{\pi}{2}$
sin(x)	$\frac{1}{2}$	$\frac{\sqrt{2}}{2}$	$\frac{\sqrt{3}}{2}$	1
cos(x)	$\frac{\sqrt{3}}{2}$	$\frac{\sqrt{2}}{2}$	$\frac{1}{2}$	0

6 Bestimmen Sie die Gleichungen der Tangente und der Normalen an den Graphen von f im Punkt P sowohl rechnerisch als auch mit dem CAS.

a) $f(x) = \cos(x)$; $P(1{,}75\pi\,|\,?)$ b) $f(x) = 3\cdot\sin(x)$; $P\left(\frac{5}{3}\pi\,\middle|\,?\right)$ c) $f(x) = x + 2\cdot\sin(x)$; $P\left(\frac{1}{4}\pi\,\middle|\,?\right)$

7 Ein Pendel führt eine Bewegung aus, die durch die Weg-Zeit-Funktion $x = a\cdot\sin(t)$ angegeben werden kann.

a) Nach welcher Zeitspanne befindet sich das Pendel wieder in der Nulllage?

b) Zu welchen Zeitpunkten sind die Ausschläge maximal? Weisen Sie nach, dass dort der Pendelkörper die Momentangeschwindigkeit 0 hat.

c) Welche Geschwindigkeit hat der Körper beim Durchgang durch die Nulllage?

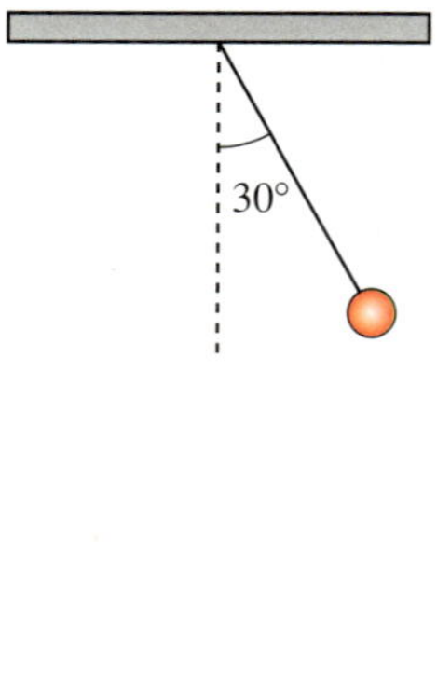

Fig. 2

8 Gegeben sind die Funktionen f und g mit den Graphen K_f und K_g durch
$f(x) = x + \sin(x)$ und $g(x) = x + \cos(x)$.
a) Zeichnen Sie K_g durch Ordinatenaddition für $-\frac{1}{2}\pi \leqq x \leqq 2\pi$.
b) Bestimmen Sie die Punkte auf K_f bzw. auf K_g, in denen die zugehörige Tangente jeweils parallel ist zur x-Achse (zu den Geraden mit den Gleichungen $y = x$ bzw. $y = 2x$).
c) Zeigen Sie, dass weder K_f noch K_g eine negative Steigung haben.

9 Auf Seite 56 wurde das grafische Differenzieren eingeführt.
Zeichnen Sie unter Verwendung des CAS den Graphen der Funktion $f(x) = 2 \cdot \sin(x)$. Ermitteln Sie zeichnerisch an zwei Stellen die Punkte der zugehörigen Ableitungsfunktion.

Das sollte man bei Bearbeitung von Aufgabe 10 wissen:
$\tan(x) = \frac{\sin(x)}{\cos(x)}$.

x	tan(x)
0	0
$\frac{1}{6}\pi$	$\frac{1}{3}\sqrt{3}$
$\frac{1}{4}\pi$	1
$\frac{1}{3}\pi$	$\sqrt{3}$
$\frac{1}{2}\pi$	—

Statt $(\sin(x))^2$ bzw. $(\cos(x))^2$ schreibt man häufig $\sin^2(x)$ bzw. $\cos^2(x)$.

10 Bestimmen Sie für den Graphen von f die Punkte mit waagerechten Tangenten.
a) $f(x) = \sin(x) + \cos(x);\ x \in [0; 2\pi]$
b) $f(x) = 2 \cdot \sin(x) - \cos(x);\ x \in [0; 2\pi]$
c) $f(x) = 4 \cdot \cos(x) + 2x;\ x \in [0; 2\pi]$

11 Gegeben ist die Funktion $(x) = (\cos(x))^2$.
Zeichnen Sie unter Verwendung des CAS den Graphen der Funktion f und beschreiben Sie ihn. Begründen Sie einige Eigenschaften mithilfe des Funktionsterms. Zeichnen Sie den Graphen von f′ unter Verwendung des CAS.

Untersuchung von $\frac{\sin(x)}{x}$ für $x \to 0$

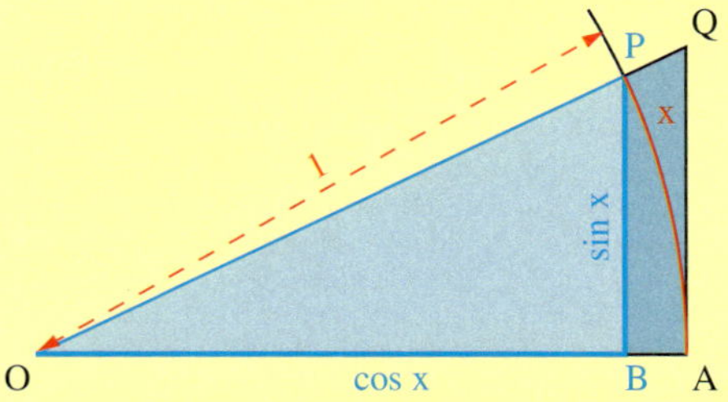

Fig. 1

In Fig. 1 ist der Inhalt I_1 des Dreiecks OBP kleiner als der Inhalt I des Kreisausschnitts OAP und der Inhalt I_2 des Dreiecks OAQ größer als I: $I_1 < I < I_2$.
Dabei ist $I_1 = \frac{1}{2} \cdot (\cos(x)) \cdot (\sin(x))$ und $I = \frac{1}{2} \cdot x$. Wegen $\overline{QA} : \overline{PB} = \overline{OA} : \overline{OB}$ ist $\overline{QA} = \frac{\sin(x)}{\cos(x)}$ und dann $I_2 = \frac{1}{2} \cdot 1 \cdot \frac{\sin(x)}{\cos(x)}$.
Also gilt:
$$\tfrac{1}{2} \cdot (\sin(x)) \cdot (\cos(x)) < \tfrac{1}{2} \cdot x < \tfrac{1}{2} \cdot \tfrac{\sin(x)}{\cos(x)}$$
und somit $\cos(x) < \frac{x}{\sin(x)} < \frac{1}{\cos(x)}$.
Übergang zu den Kehrzahlen ergibt
$$\frac{1}{\cos(x)} > \frac{\sin(x)}{x} > \cos(x).$$
Dies gilt auch für $x < 0$.
Für $x \to 0$ gilt: $\cos(x) \to 1$ und $\frac{1}{\cos(x)} \to 1$. Also ist $1 \geqq \lim\limits_{x \to 0} \frac{\sin(x)}{x} \geqq 1$

und folglich $\boxed{\lim\limits_{x \to 0} \frac{\sin(x)}{x} = 1.}$

12 Gegeben ist f mit $f(x) = \frac{2\sin(x) - 1}{x}$ mit $D_f =]0; 2\pi]$. Verwenden Sie Ihren CAS.
a) Geben Sie die Schnittpunkte A und B des Graphen von f mit der x-Achse an.
b) Bestimmen Sie den Winkel, unter dem der Graph die x-Achse in A bzw. B schneidet.
c) Bestimmen Sie die Punkte C und D des Graphen von f mit waagerechter Tangente.
d) Gibt es einen Punkt auf dem Graphen von f, in dem die Steigung 1 ist?
e) Bestimmen Sie die Schnittpunkte E und F der Graphen von f und f′. Haben diese eine besondere Bedeutung?
f) Bestimmen Sie anhand des Graphen die Wertemenge von f und f′. Geben Sie auch deren Bedeutung in eigenen Worten an.
g) Ermitteln Sie den Punkt, in dem die Steigung des Graphen von f den kleinsten Wert hat.

13 Gegeben ist die Funktion f durch $f(x) = \sin(x)$. Es soll ein Näherungswert $\overline{A}$ für den Inhalt A der „gelben Fläche" unter dem Graphen von f berechnet werden.
a) Berechnen Sie die Inhalte A_1 und A_2 der Vierecke OPQR und OPQS.
b) Berechnen Sie den Mittelwert von A_1, A_2.

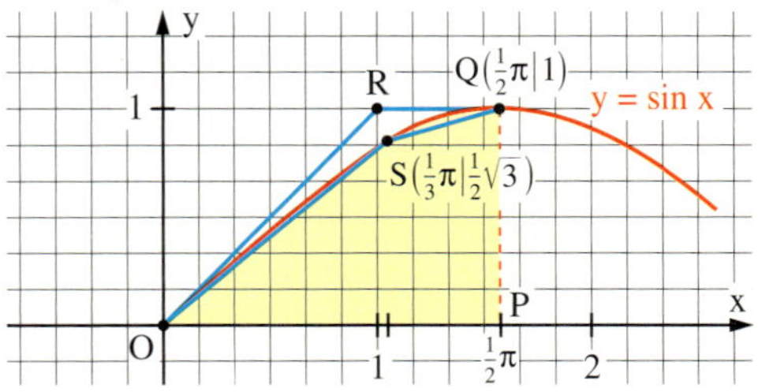

Fig. 1

9 Schnittpunkte und Schnittwinkel von Graphen

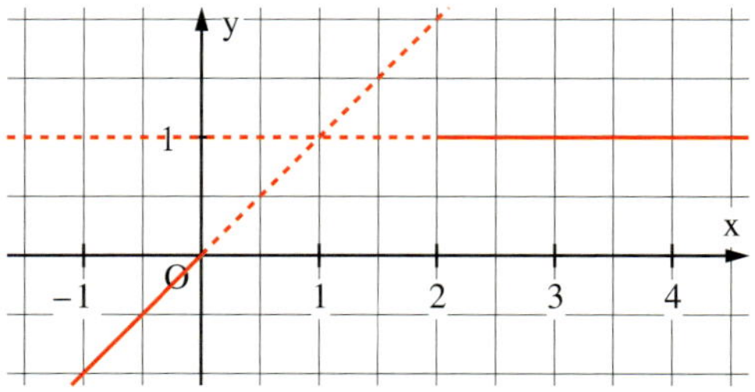

Fig. 1

1 Fig. 1 stellt den Verlauf zweier Gleisführungen dar.
a) Geben Sie die Gleichungen der die Gleise modellierenden Geraden an.
b) Bestimmen Sie rechnerisch den theoretischen Kreuzungspunkt der Gleise.
c) Wie muss das Gleis zwischen $O(0|0)$ und $P(2|1)$ sein, wenn es befahrbar sein soll?

Soll der Schnittpunkt der Graphen zweier Funktionen f und g ermittelt werden, so ist ein gemeinsamer x-Wert x_0 zu suchen, für den auch die y-Werte identisch sind, also $f(x_0) = g(x_0)$. Damit ist die Gleichung $f(x) = g(x)$ zu lösen. Sind f und g zudem an der Stelle x_0 differenzierbar, so bilden die zugehörigen Tangenten an die Graphen zwei verschieden große Winkel, sofern die Tangenten nicht orthogonal sind. Der kleinere dieser beiden Winkel heißt **Schnittwinkel** α der beiden Graphen im Schnittpunkt $S(x_0|y_0)$. Fig. 1
Aus $\tan(\phi) = f'(x_0)$ und $\tan(\gamma) = g'(x_0)$ ermittelt man die Winkel mit der x-Achse (Fig. 2). Daraus berechnet man α.

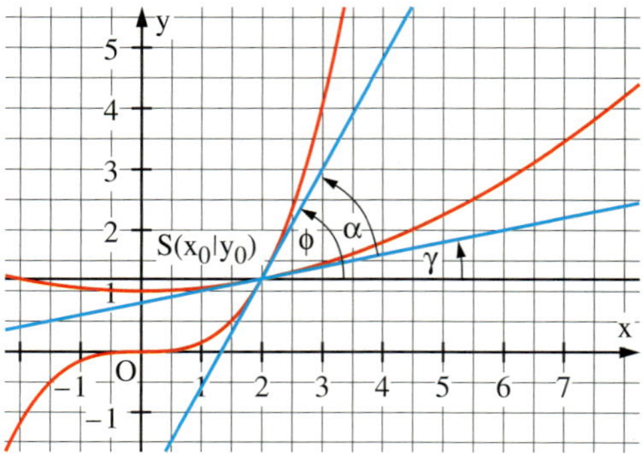

Fig. 2

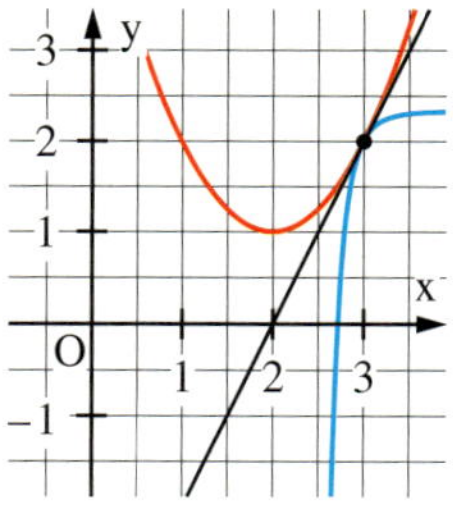

Fig. 3

Berühren zweier Graphen

Satz: (Schnittwinkel zweier Graphen)
Der Punkt $S(x_0|y_0)$ sei der Schnittpunkt der Graphen K_f und K_g zweier differenzierbarer Funktionen f und g und es sei zudem $f'(x_0) = \tan(\phi)$ und $g'(x_0) = \tan(\gamma)$.
Für den **Schnittwinkel** α beider Graphen in S gilt:
$\alpha = |\phi - \gamma|$, falls $0° \leqq |\phi - \gamma| \leqq 90°$ $\quad \alpha = 180° - |\phi - \gamma|$, falls $90° \leqq |\phi - \gamma| \leqq 180°$.
Gilt $f'(x_0) = g'(x_0)$, so **berühren** sich die Graphen im Punkt S.
Gilt $f'(x_0) \cdot g'(x_0) = -1$, so schneiden sich die Graphen in S **orthogonal**.

Beispiel 1: (Schnittpunkt und Schnittwinkel)
Berechnen Sie den Schnittpunkt und den zugehörigen Schnittwinkel der Graphen von f mit $f(x) = x^2$ und g mit $g(x) = \frac{1}{x}$. Fertigen Sie eine Skizze an.
Lösung:
$f(x) = g(x)$ ergibt $x^2 = \frac{1}{x}$; also $x^3 = 1$ und damit $x_0 = 1$. Schnittpunkt $S(1|1)$.
Aus $f'(x) = 2x$ erhält man $f'(1) = 2$.
Aus $\tan(\phi) = 2$ ergibt sich $\phi \approx 63{,}43°$.
Aus $g'(x) = -\frac{1}{x^2}$ erhält man $g'(1) = -1$.
Aus $\tan(\gamma) = -1$ ergibt sich $\gamma = -45°$.
Differenz $\phi - \gamma \approx 108{,}43°$. Damit ist der Schnittwinkel $\alpha \approx 180° - 108{,}43° = 71{,}57°$.

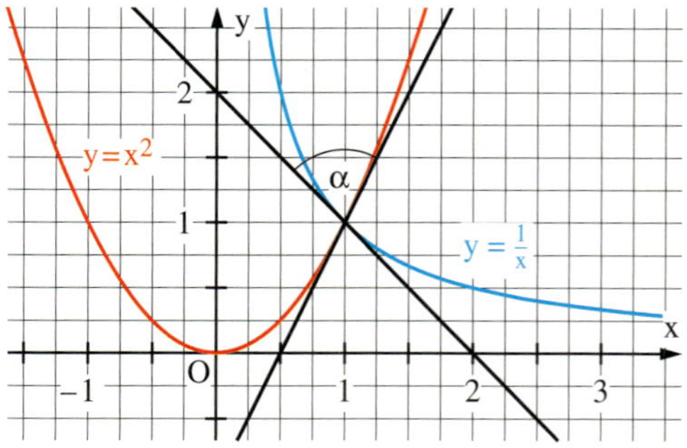

Fig. 4

Beispiel 2: (Schnittpunkt und Schnittwinkel mit dem CAS)
Ermitteln Sie mit dem CAS nummerisch den Schnittpunkt der Graphen der Funktionen f mit $f(x) = -0{,}2 \cdot x^2 + 2$ und g mit $g(x) = \frac{3}{20}x^3$ und berechnen Sie den zugehörigen Schnittwinkel.
Lösung:
Berechnung des Schnittpunktes mit dem CAS:
Man erstellt die Graphen von f und g in einem geeigneten Intervall (möglichst 5:ZoomQuad, um Verzerrungen zu vermeiden), ruft mit [F5] den Befehl 5:SchnittPkt auf und folgt den Anweisungen. Man erhält den Schnittpunkt S (2 | 1,2) (Fig. 1 und Fig. 2).

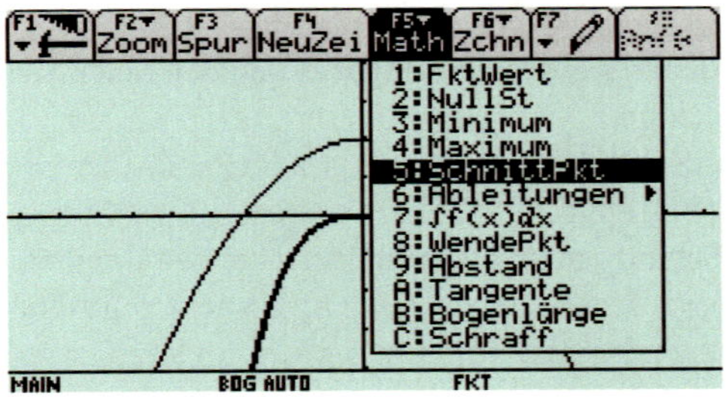

Fig. 1

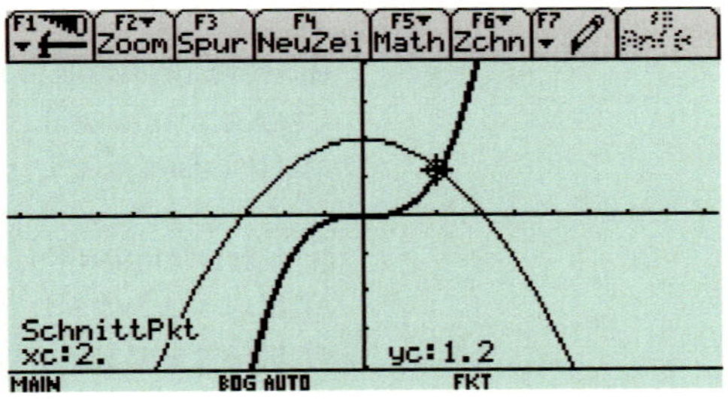

Fig. 2

Berechnung der Steigungen in S:
Man öffnet nochmals das Math-Menü mit der Taste [F5], öffnet den Befehl 6:Ableitungen und bestätigt 1:dy/dx mit der [ENTER]-Taste. Man gibt 2 ein und erhält $f'(2) = -0{,}8$ (Fig. 3). Entsprechend erhält man $g'(2) = 1{,}8$. Man stellt mit der [MODE]-Taste auf Grad ein und erhält mit der Eingabe $\tan^{-1}(1{,}8) - \tan^{-1}(-0{,}8)$ die Winkeldifferenz. Da diese größer als 90° ist, ist dieser Wert von 180° zu subtrahieren. Der Schnittwinkel beträgt somit $\alpha \approx 80{,}40°$ (Fig. 4).

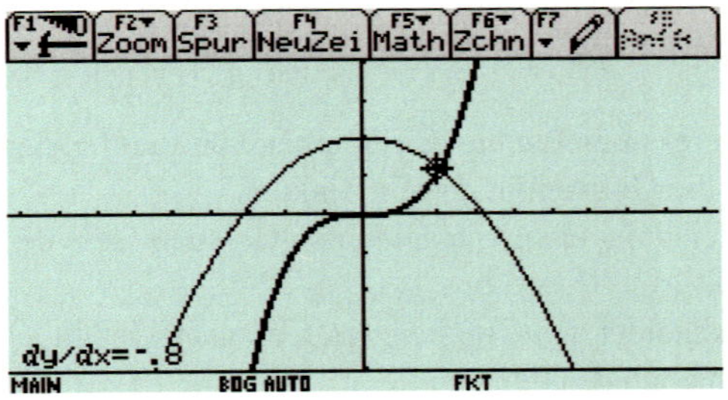

Fig. 3

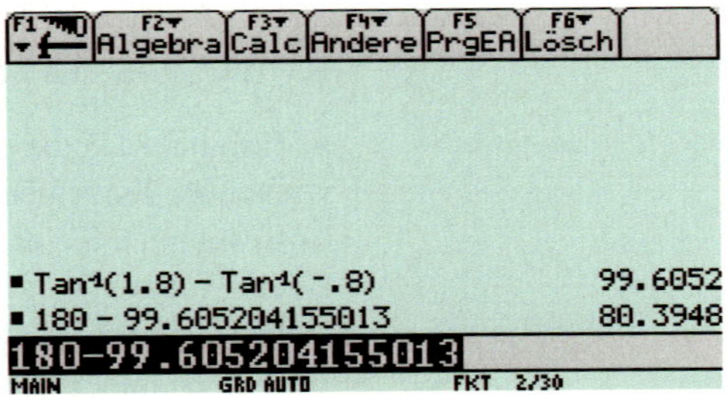

Fig. 4

Beispiel 3: (Zusammenfügen zweier Graphen)
Eine Straße verläuft längs der Geraden $y = 0{,}5 \cdot x + 2$. Im Punkt $P_0(2|3)$ soll sie ohne Knick parabelförmig gemäß dem Graphen von g mit $g(x) = a x^2 + b x$ weitergeführt werden. Wie sind die Werte für a und b zu wählen?
Lösung:
Der Punkt P_0 liegt auf beiden Graphen:
(1) $g(2) = f(2)$: $4a + 2b = 3$.
In P_0 haben beide Graphen gleiche Steigung:
(2) $g'(3) = f'(3)$: $4a + b = 0{,}5$
Daraus ergibt sich $a = -0{,}5$; $b = 2{,}5$.
Also ist $g(x) = -0{,}5 \cdot x^2 + 2{,}5x$.
Der Verlauf der Straße wird also durch die **abschnittsweise definierte Funktion** h modelliert, wobei gilt:

$$h(x) = \begin{cases} 0{,}5 \cdot x + 2 & \text{für } x \leqq 2 \\ -0{,}5x^2 + 2{,}5x & \text{für } x > 2 \end{cases}.$$

Überprüfen mit dem CAS:

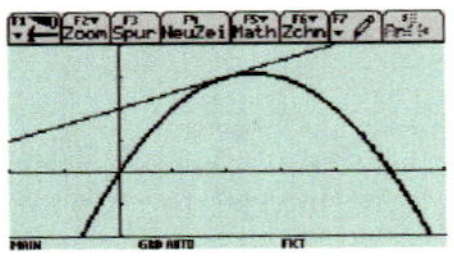

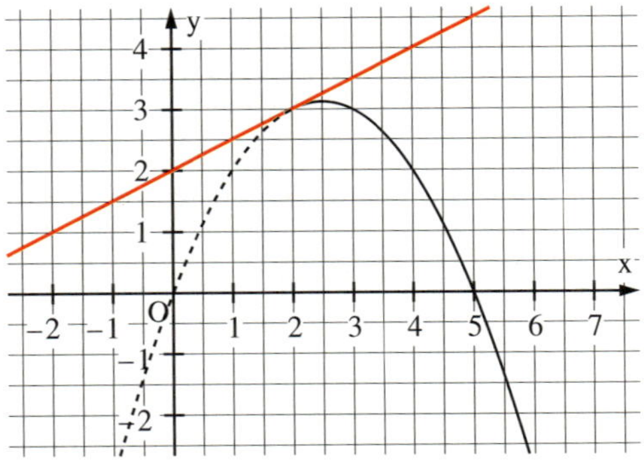

Fig. 7

Aufgaben

2 Gegeben sind die Funktionen f und g mit $f(x) = x^2$ und $g(x) = 2x^2 + 5x$.
a) Berechnen Sie die Schnittpunkte ihrer Graphen.
b) Berechnen Sie in den Schnittpunkten jeweils den Schnittwinkel der Graphen.

3 Berechnen Sie die Schnittpunkte und Schnittwinkel der Graphen der Funktionen f und g.
a) $f(x) = x;\ g(x) = 3x - 4$ b) $f(x) = 0{,}2x + 3;\ g(x) = 2$ c) $f(x) = x^{-3} + x^{-2};\ g(x) = \frac{1}{x^4} + \frac{1}{x^3}$

4 Bestimmen Sie mit dem CAS den Schnittpunkt und den Schnittwinkel, unter dem sich die Graphen von f und g schneiden.
a) $f(x) = \sin(x);\ g(x) = \cos(x);\ 0 \leqq x \leqq \pi$ b) $f(x) = \sin(x);\ g(x) = x$

5 Bestimmen Sie die Schnittpunkte und Schnittwinkel der Graphen von f und g.
a) $f(x) = 0{,}5x^3 + 1;\ g(x) = -0{,}2x^4 + 1$ b) $f(x) = 2^x;\ g(x) = -x^2 + 4$
c) $f(x) = \sin(x) + \cos(x);\ g(x) = 3\cos(x);\ 0 \leqq x \leqq 2\pi$

6 Zeigen Sie, dass sich die Graphen der Funktionen f und g im Punkt P berühren.
a) $f(x) = 2x^3 - 7x + 4;\ g(x) = -x;\ P(1\,|\,-1)$ b) $f(x) = \frac{1}{x};\ g(x) = \frac{1}{16}x^2 - \frac{3}{4};\ P(-2\,|\,?)$

7 Bestimmen Sie, wenn möglich, den Wert von t, für den der Graph der Funktion f_t den Graphen von g berührt. Bestimmen Sie auch die Koordinaten des Berührpunktes.
a) $f_t(x) = -x^2 + 2x + t;\ g(x) = x^2$ b) $f_t(x) = x^2 - tx;\ g(x) = -x^2 + 4$
c) $f_t(x) = tx^2 - 2x;\ g(x) = 2x - 5$ d) $f_t(x) = x^3 - tx;\ g(x) = x^2 + 3x$

8 Gegeben sind f und g mit $f(x) = \frac{2}{9}x \cdot \left(x^2 - \frac{9}{4}\right)$ und $g(x) = \frac{1}{18}x \cdot (36 - x^2)$.
a) Ermitteln Sie die gemeinsamen Punkte der Graphen von f und g; berechnen Sie die Schnittwinkel der Tangenten an die Graphen in diesen Punkten.
b) Bestimmen Sie die Gleichung einer waagerechten Geraden t, die den Graphen von g in einem Punkt $B(x_B\,|\,y_B)$ mit $x_B > 0$ berührt.
c) Die Gerade t von b) schneidet den Graphen von g in einem Punkt $T(x_T\,|\,y_T)$ mit $x_T < 0$. Berechnen Sie die Koordinaten des Punktes T.

Fertigen Sie zunächst eine aussagekräftige Zeichnung an.

9 Bei einem Motorradrennen stürzt ein Fahrer auf einem parabelförmigen Abschnitt im Punkt $P(1\,|\,1{,}5)$. Die Fahrbahn kann grob durch den Graphen von f mit $f(x) = -0{,}5x^2 + 2x$ modelliert werden. Untersuchen Sie, ob der Fahrer gegen die Sturzabsperrung prallt, die näherungsweise längs der Geraden mit der Gleichung $y = x + 1{,}5$ verläuft.

Warum wäre ein Knick an den Stellen 4 und 6 ein Problem?

10 Die Rohre a: $y = 0{,}5 \cdot x + 1;\ 0 \leqq x \leqq 4;$ und b: $y = -x + 8{,}5;\ 6 \leqq x \leqq 10;$ sollen durch einen Parabelbogen p: $y = ax^2 + bx + c$ so verbunden werden, dass das Wasser in den Leitungen keine abrupte Richtungsänderung erfährt (Fig. 1).
a) Skizzieren Sie einen „knickfreien" Verlauf und geben Sie die zugehörigen mathematischen Bedingungen an.
b) Geben Sie die Funktion f an, deren Graph den Parabelbogen darstellt.

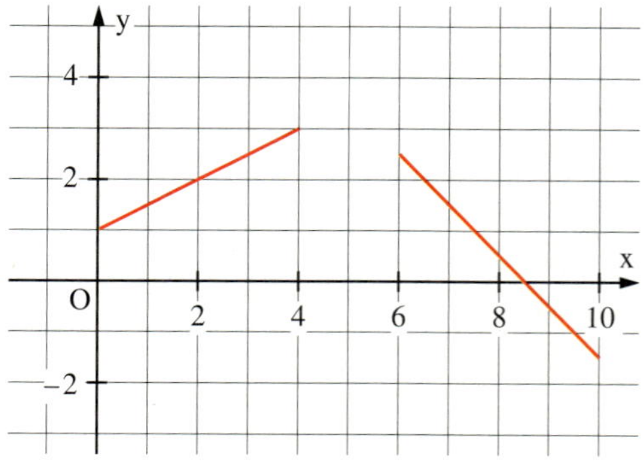

Fig. 1

Differenzenquotient; Änderungsrate

Der Differenzenquotient oder die Änderungsrate einer Funktion f im Intervall [a; b] ist der Quotient $\frac{f(b) - f(a)}{b - a}$.

Beispiel: $f\colon x \mapsto \frac{1}{2}x^2;\ x_0 = 1$

1) Differenzenquotient m(x):

$$m(x) = \frac{f(x) - f(1)}{x - 1} = \frac{\frac{1}{2}x^2 - \frac{1}{2}}{x - 1} = \frac{x^2 - 1}{2(x - 1)}$$

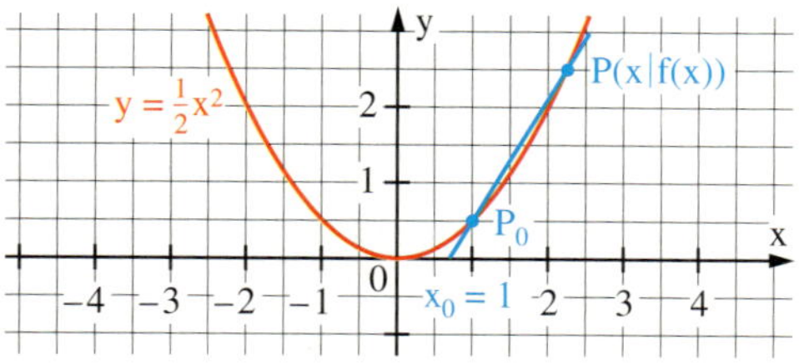

Bilden der Ableitung

1. Schritt: Bildung des Differenzenquotienten $m(x) = \frac{f(x) - f(x_0)}{x - x_0}$.
Er gibt die Steigung der Geraden durch $P_0(x_0 | f(x_0))$ und $P(x | f(x))$ an.
2. Schritt: Grenzwert des Differenzenquotienten
Dazu formt man zunächst den Differenzenquotienten m(x) um:
Der Grenzwert von m(x) für $x \to x_0$ ist die Ableitung $f'(x_0)$ von f an der Stelle x_0.
Schreibweise: $\lim\limits_{x \to x_0} m(x) = \lim\limits_{x \to x_0} \frac{f(x) - f(x_0)}{x - x_0} = f'(x_0)$.
$f'\colon x \mapsto f'(x)$ ist die Ableitungsfunktion der Funktion f.

2) Grenzwert von m(x):

$$m(x) = \frac{x^2 - 1}{2(x - 1)} = \frac{(x - 1)(x + 1)}{2(x - 1)} = \frac{1}{2}(x + 1)$$

Ableitung von f an der Stelle 1:

$$f'(1) = \lim_{x \to 1} m(x) = \lim_{x \to 1} \frac{1}{2}(x + 1) = 1$$

Ableitungsfunktion $f'\colon x \mapsto x$.

Tangente und Normale

Die Tangente t an den Graphen von f in $P_0(x_0 | f(x_0))$ ist die Gerade durch P_0 mit der Steigung $f'(x_0)$.
Die Normale n des Graphen von f in $P_0(x_0 | f(x_0))$ ist orthogonal zur Tangente.
Die Steigung der Normalen in $P_0(x_0 | f(x_0))$ ist $m_0 = -\frac{1}{f'(x_0)}$.

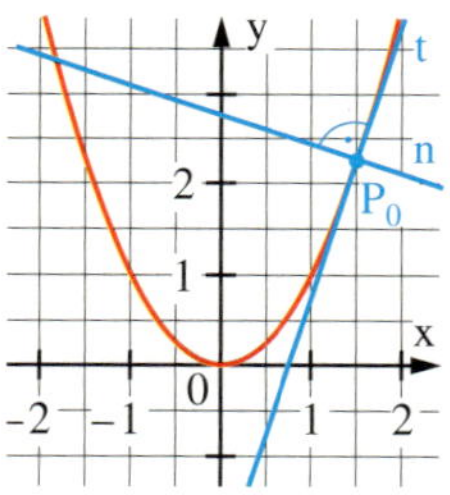

$f\colon x \mapsto x^2$
$f'\colon x \mapsto 2x$
$P_0(1{,}5 | 2{,}25)$
$f'(1{,}5) = 2 \cdot 1{,}5 = 3$
$t\colon y = 3x - 2{,}25$
$n\colon y = -\frac{1}{3}x + 2{,}75$

Ableitungsregeln

Potenzregel:	$f(x) = x^n;$	$f'(x) = n \cdot x^{n-1}$ für alle $n \in \mathbb{Z}$.
Summenregel:	$f(x) = g(x) + h(x);$	$f'(x) = g'(x) + h'(x)$
Faktorregel:	$f(x) = c \cdot g(x)$	$f'(x) = c \cdot g'(x)$

Weitere Ableitungsfunktionen:

$f(x) = \sqrt{x};$	$f'(x) = \frac{1}{2\sqrt{x}}$
$f(x) = \sin(x);$	$f'(x) = \cos(x)$
$f(x) = \cos(x);$	$f'(x) = -\sin(x)$

$f(x) = x^5;$	$f'(x) = 5x^4$
$f(x) = x^{-3};$	$f'(x) = -3x^{-4}$
$f(x) = x + x^{-1};$	$f'(x) = 1 - x^{-2}$
$f(x) = 6x^3;$	$f'(x) = 6 \cdot 3x^2 = 18x^2$

Schnittwinkel zweier Graphen

Schneiden sich die Graphen K_f und K_g zweier differenzierbarer Funktionen f und g in einem Punkt $S(x_0 | y_0)$, so kann man den **Schnittwinkel α** beider Graphen aus $f'(x_0) = \tan(\phi)$ und $g'(x_0) = \tan(\gamma)$ berechnen. Es gilt:
$\alpha = |\phi - \gamma|$, falls $0° \leqq |\phi - \gamma| \leqq 90°$
$\alpha = 180° - |\phi - \gamma|$, falls $90° \leqq |\phi - \gamma| < 180°$
Gilt $f'(x_0) = g'(x_0)$, so **berühren** sich die Graphen im Punkt S.
Gilt $f'(x_0) \cdot g'(x_0) = -1$, so schneiden sich die Graphen in S **orthogonal**.

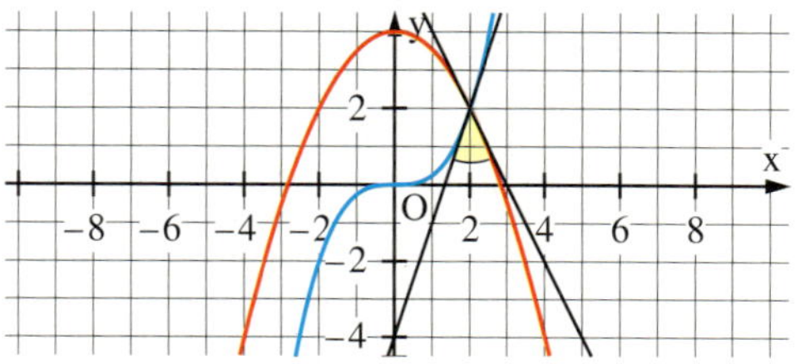

$f(x) = 4 - \frac{1}{2}x^2;\ g(x) = \frac{1}{4}x^3;$ damit $S(2 | 2)$
$f'(x) = -x;\ g'(x) = \frac{3}{4}x^2;$ also $f'(2) = -2;$
$g'(2) = 3.\ \gamma \approx -63{,}43°;\ \varphi \approx 71{,}57°;$
Schnittwinkel: $\alpha \approx 180° - (\gamma - \varphi) = 45°$

1 Es sei $f(x) = 4$. Zeigen Sie unter Verwendung der Definition der Ableitung, dass $f'(x) = 0$ ist für alle $x \in \mathbb{R}$.

2 Gegeben ist die Funktion f mit $f(x) = x^2 - 4$.

a) Bestimmen Sie die Werte $f(2 + h)$ und $f(2)$ und bilden Sie den Differenzenquotienten $\frac{f(2+h) - f(2)}{h}$.

Interpretieren Sie seine Bedeutung am Graphen der Funktion f.

b) Erläutern Sie, wie man daraus die Ableitung an der Stelle 2 berechnen kann und beschreiben Sie deren Bedeutung für den Graphen von f.

3 Betrachten Sie den Graphen von Fig. 1 und beantworten Sie die folgenden Fragen:

a) In welchen der markierten Punkte ist die Steigung -1?

b) Sind die Steigungen in D und E gleich? Wie groß ist die Steigung jeweils?

c) In welchem Punkt ist die Steigung -3?

d) Es gibt zwei Punkte mit der Steigung 0. Welche sind das?

e) Was zeichnet Punkte mit der Steigung 0 im Graphen von Fig. 1 aus? Kann man dies verallgemeinern?

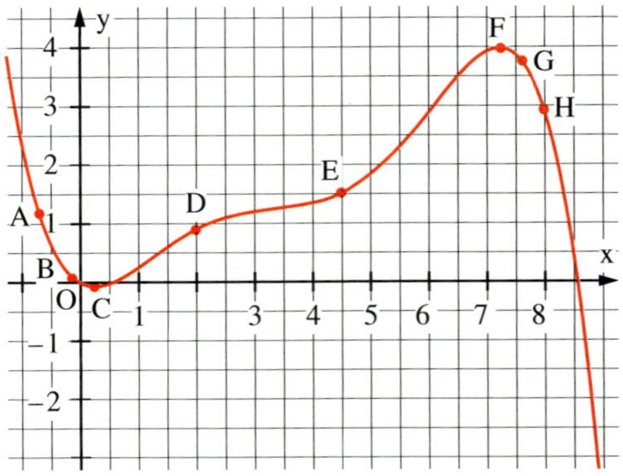

Fig. 1

4 G sei das Gewicht des Papiers in einem offenen Papiercontainer. Ein brennendes Zündholz wird zur Zeit $t = 0$ hineingeworfen.

a) Welches Vorzeichen hat $G'(t)$ während der Zeit, in der das Papier brennt?

b) Welches Verhalten von $G'(t)$ gibt an, dass das Papier verbrannt ist?

c) Normalerweise brennt das Feuer anfangs schwach, nimmt dann zu und erlischt langsam. Welches Verhalten zeigt $G'(t)$ bei diesem Vorgang? Skizzieren Sie den Graphen von G und G'.

5 Geben Sie zu der Funktion f die Ableitungen f' und f'' sowie die zugehörigen Einheiten an und interpretieren Sie diese.

a) $f(t) = 2 \cdot \sin(t)$; t in s; $f(t)$ in m

b) $f(x) = x^2 + \frac{1}{x}$; x in kg; $f(x)$ in kg

c) $f(x) = x^{-3}$; x in m^3; $f(x)$ in m

d) $f(t) = \sin(t) + \cos(t)$; t in Jahren; $f(t)$ in m^2

6 Skizzieren Sie einen möglichen Graphen einer Funktion $f: x \mapsto f(x)$, wenn gilt:

a) (1) $f'(x) > 0$ für $x < -2$ (2) $f'(x) < 0$ für $-2 < x < 2$ (3) $f'(x) = 0$ für $x = 2$

b) (1) $f'(x) > 0$ für $-\frac{\pi}{2} < x < \frac{\pi}{2}$ (2) $f'(x) < 0$ für $-\pi < x < -\frac{\pi}{2}$ und $\frac{\pi}{2} < x < \pi$

(3) $f'(x) = 0$ für $x = -\frac{\pi}{2}$ und $x = \frac{\pi}{2}$

7 Geben Sie von der Funktion f mit $f(x) = x^7 + 5x^5 - 4x^3 + 6x + 5$ die Ableitungen $f^{(8)}(x)$ und $f^{(7)}(x)$ an.

8 Bestimmen Sie a und b so, dass sich die Graphen von f mit $f(x) = x^3$ und g mit $g(x) = ax^2 + bx$ im Punkt $P(1|1)$ berühren.

9 Bestimmen Sie die Gleichungen der Tangenten und Normalen an den Graphen der Funktion f mit $f(x) = \sin(x)$ im Punkt $P(\pi|0)$.

1 Gegeben ist die Funktion f mit $f(x) = -\frac{1}{2}x^2 + 2x - 2$. Ihr Graph sei G.

a) Bestimmen Sie die Ableitungsfunktion f' der Funktion f.

b) Bestimmen Sie den Punkt G, in dem die Tangente parallel zur Geraden $y = 2x$ ist.

c) Bestimmen Sie die Punkte $P \in G$, deren Tangenten durch den Ursprung gehen.

d) Welche Tangenten gehen durch den Punkt $A(0|16)$? Geben Sie ihre Gleichungen sowie die zugehörigen Berührpunkte an.

2 a) Die Tangenten an den Graphen G der Funktion f mit $f(x) = \frac{1}{x}$; $x \in \mathbb{R} \setminus \{0\}$ in den Punkten $P(a|f(a))$; $Q(b|f(b))$ schneiden sich in einem Punkt S. Berechnen Sie S.

b) Welche Beziehung muss zwischen a und b bestehen, wenn die Tangenten parallel sind?

c) Unter welchem Winkel schneiden sich die Geraden, wenn $a = 1$ und $b = 10$ ist?

3 Im Punkt $P(x_0|f(x_0))$ des Graphen von f mit $f(x) = \sqrt{x}$ ist die Normale gezeichnet. Sie schneidet die x-Achse im Punkt H. Das Lot von P_0 auf die x-Achse schneidet diese in K.

a) Zeigen Sie, dass die Strecke KH die Länge $\frac{1}{2}$ hat.

b) Bestimmen Sie P_0 so, dass das Dreieck HKP_0 den Flächeninhalt 1 hat.

c) Bestimmen Sie den Punkt P so, dass die Strecke HP_0 die Länge 2 hat.

d) Für welchen Punkt P_0 ist HKP_0 ein gleichschenklig-rechtwinkliges Dreieck? Geben Sie in diesem Fall die Längen der Dreiecksseiten an.

4 Gegeben ist die Funktion f mit $f(x) = \frac{8}{9}x^2 + \frac{2}{3}x$ sowie für jedes $c \neq 0$ die Funktion g_c mit $g_c(x) = cx^2 + c$. Bestimmen Sie c so, dass sich die Graphen von f und g_c berühren. Ermitteln Sie auch den Berührpunkt.

5 Bestimmen Sie für den Graphen von f die Punkte mit waagerechten Tangenten.

a) $f(x) = 4 \cdot \cos(x) + 2x$; $x \in [0; 2\pi]$

b) $f(x) = 2 \cdot \sin(x) - \cos(x)$; $x \in [0; 2\pi]$

6 Bestimmen Sie die Schnittpunkte und Schnittwinkel der Graphen von f und g.

a) $f(x) = \sin(x) - 0{,}5$; $g(x) = 0$; $x \in [0; 2\pi]$

b) $f(x) = 2 \cdot \sin(x) + 1$; $g(x) = 3 - \sin(x)$; $x \in [0; 2\pi]$

Andere Formulierung: Gesucht wird ein Punkt P des Graphen, dessen Normale durch Q geht.

7 Gegeben ist die Funktion g mit $g(t) = t^2$ mit der Definitionsmenge $\mathbb{R}$. Ihr Graph sei K. Berechnen Sie den Punkt $P(u|u^2)$ von K, der vom Punkt $Q\left(0\middle|\frac{11}{4}\right)$ den kürzesten Abstand hat.

8 Eine Zellkultur aus 1000 Individuen vermehrt sich pro Stunde um 20%.

a) Geben Sie die zugehörige Wachstumsfunktion an.

b) Berechnen Sie die Änderungsrate in der Zeit von Stunde 1 bis Stunde 2 und vergleichen Sie diese mit der von Stunde 2 bis Stunde 3.

c) Berechnen Sie die momentane Änderungsrate zum Zeitpunkt 1 h 05 min (mit dem GTC) und vergleichen Sie sie mit der Änderungsrate im Zeitintervall von 1 h 05 min bis 1 h 06 min.

9 Ein Autofahrer fährt mit seinem Wagen nach der Weg-Zeit-Funktion s mit $s(t) = -0{,}05 \cdot (t - 10)^2 + 0{,}2 \cdot (t - 10) + 7$ (t in Minuten; s in km).

a) Welchen Weg legt er in den ersten zwei Minuten zurück? Wie groß ist seine Durchschnittsgeschwindigkeit?

b) Berechnen Sie die Momentangeschwindigkeiten zu den Zeiten $t = 2; 5; 10$ Minuten.

c) Berechnen Sie, nach welcher Zeit er stehen bleibt.

d) Berechnen Sie die Geschwindigkeit nach 15 Minuten. Deuten Sie die negative Geschwindigkeit.

1 Monotonie

1 Beschreiben Sie die Graphen von Fig. 1, Fig. 2 und Fig. 3. Charakterisieren Sie die Unterschiede zwischen den Graphen zunächst mithilfe der Ableitung und anschließend ohne Verwendung der Ableitung.

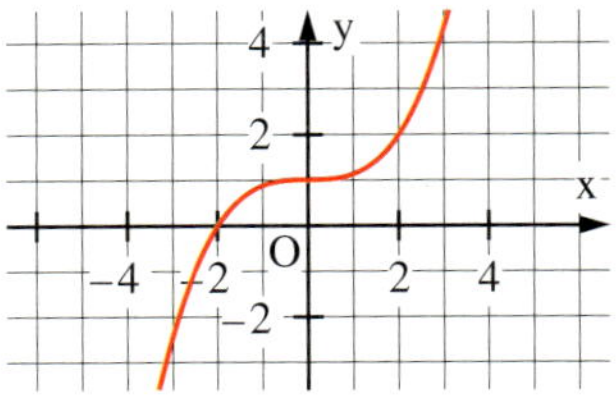
Fig. 1

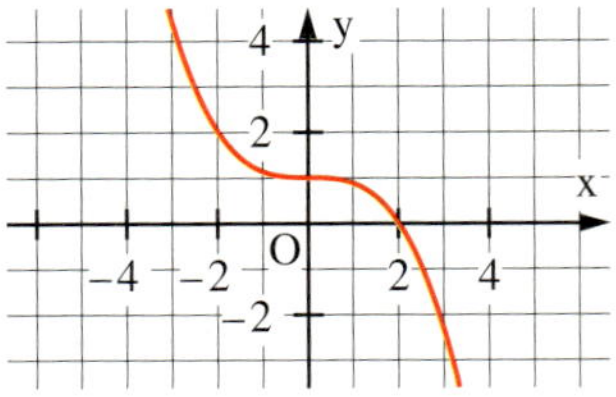
Fig. 2

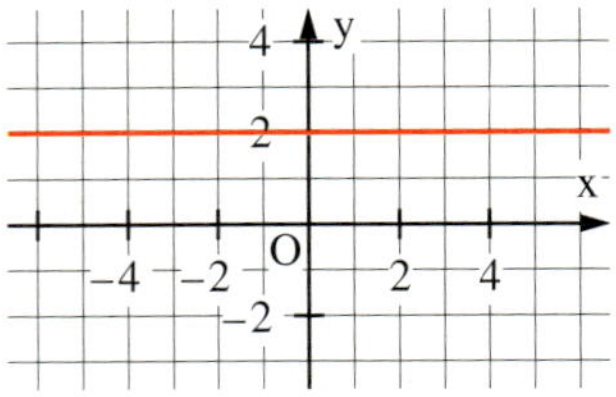
Fig. 3

Während bisher das Verhalten einer Funktion f in der Umgebung eines Punktes betrachtet wurde, wird im Folgenden das Verhalten von f in einem Intervall untersucht.

Der Gesamteindruck des Graphen einer Funktion ist oft geprägt durch Abschnitte, in denen mit wachsenden x-Werten die zugehörigen Funktionswerte f(x) nur zu- oder abnehmen. So zeigt der Graph der Funktion f mit $f(x) = x^2$, dass für $x > 0$ die Funktionswerte f(x) zunehmen, wenn die x-Werte größer werden. Dafür schreibt man kurz:
Für $0 < x_1 < x_2$ gilt $f(x_1) < f(x_2)$.
Dagegen nehmen für $x < 0$ die Funktionswerte mit wachsenden x-Werten ab.

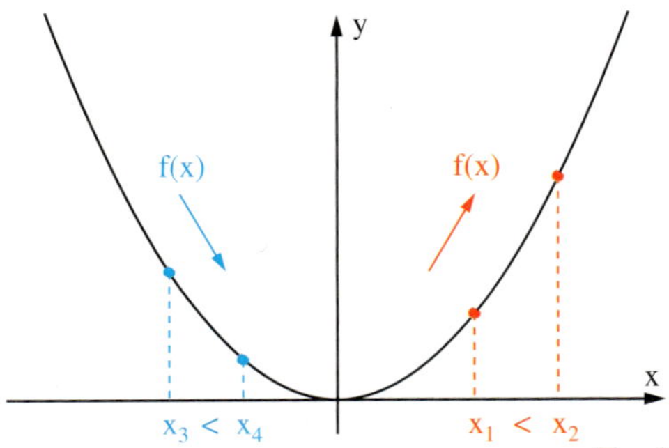

Fig. 4

Statt ***monoton wachsend*** *sagt man auch oft* ***monoton zunehmend,*** *statt* ***monoton fallend*** *auch oft* ***monoton abnehmend****.*

Definition: Die Funktion f sei in einem Intervall I definiert. Wenn für alle $x_1, x_2 \in I$ mit $x_1 < x_2$ gilt:

$f(x_1) \leqq f(x_2)$,	$f(x_1) \geqq f(x_2)$,
so heißt f in I **monoton wachsend**.	so heißt f in I **monoton fallend**.

Ist die Gleichheit ausgeschlossen, so heißt f in I
streng monoton wachsend. **streng monoton fallend**.

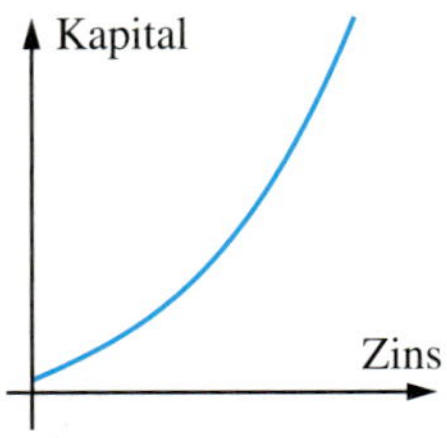

Ein streng monotones Verhalten kann sehr erfreulich sein.

Die Ermittlung von Intervallen, in denen eine Funktion streng monoton zu- oder abnimmt, ist mithilfe der Definition oft nicht einfach, da hierzu Ungleichungen betrachtet werden müssen.
Ist die Funktion f aber differenzierbar, so liefert der anschauliche Zusammenhang (Fig. 5) zwischen der Monotonie von f und den Tangentensteigungen das folgende Kriterium für strenge Monotonie.

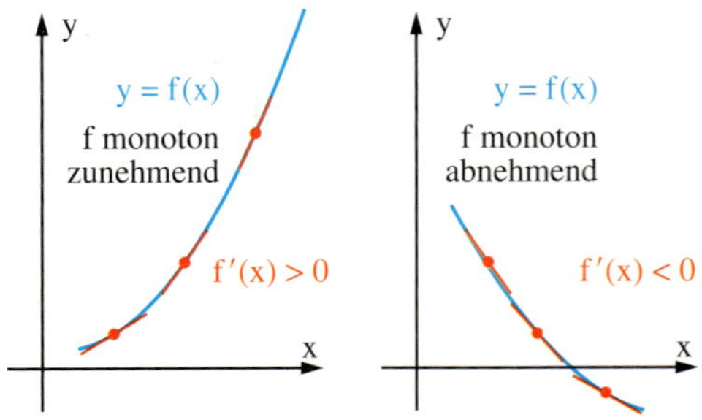

Fig. 5

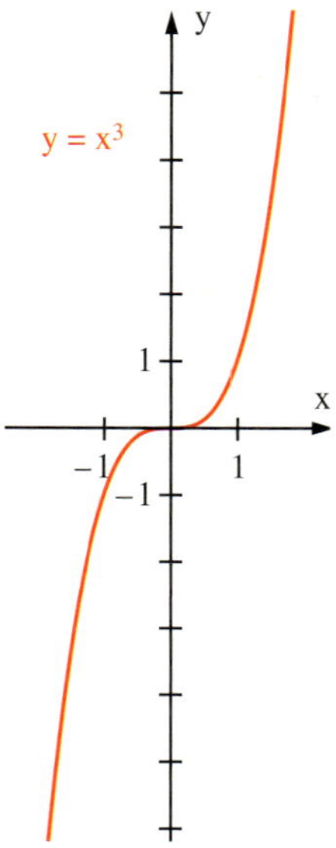

Fig. 1

Isolierte Stellen x_0 mit $f'(x) = 0$ stören also die Monotonie nicht.

Satz: (Monotoniesatz)
Die Funktion f sei im Intervall I differenzierbar. Wenn für alle x aus I gilt:

$\mathbf{f'(x) > 0}$,	$\mathbf{f'(x) < 0}$,
dann ist f streng monoton wachsend in I.	dann ist f streng monoton fallend in I.

Am Graphen der Funktion f mit $f(x) = x^3$ (Fig. 1) erkennt man, dass die Umkehrung des Satzes nicht richtig ist. Obwohl f eine streng monoton wachsende Funktion ist, gilt $f'(0) = 0$.

Beweisidee: (für den Fall $f'(x) > 0$ für $x \in I$)
Nach Voraussetzung ist f differenzierbar und es gilt: $f'(x) > 0$ für alle $x \in I$.
Für die Steigung m_s der Sekante durch zwei Punkte $P_1(x_1|f(x_1))$ und $P_2(x_2|f(x_2))$ des Graphen mit $x_1 < x_2$ gilt (vgl. Fig. 2)

$$m_s = \frac{f(x_2) - f(x_1)}{x_2 - x_1} = f'(z).$$

Dabei ist z eine Stelle mit $x_1 < z < x_2$.
Wegen $x_2 - x_1 > 0$ und $f'(z) > 0$ gilt auch:

$$f(x_2) - f(x_1) = f'(z) \cdot (x_2 - x_1) > 0.$$

Damit gilt: $f(x_1) < f(x_2)$ für alle $x_1 < x_2$ aus I.
Also ist f streng monoton wachsend in I.

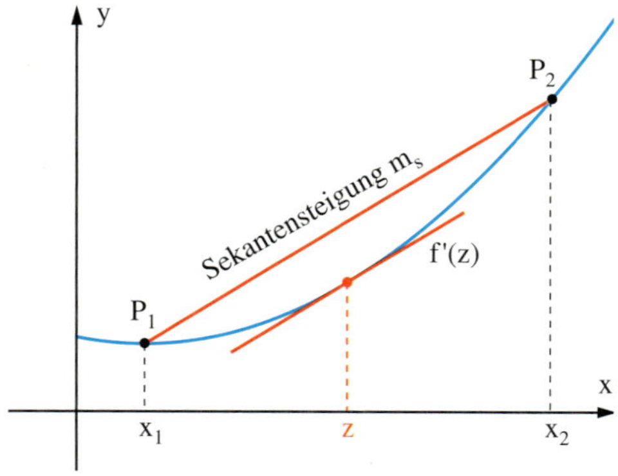

Fig. 2

Beispiel 1: (Nachweis der Monotonie mit der Definition)
Untersuchen Sie mithilfe der Definition die Funktion f mit $f(x) = 2^x$ auf Monotonie.
Lösung:
Sind x_1, x_2 reelle Zahlen mit $x_1 < x_2$, dann ist $x_2 = x_1 + d$ mit $d > 0$. Für die Funktionswerte gilt: $f(x_2) = 2^{x_2} = 2^{x_1+d} = 2^{x_1} 2^d$. Für $d > 0$ ist $2^d > 1$. Also gilt: $f(x_2) = 2^{x_1} 2^d > 2^{x_1} = f(x_1)$.
f ist deshalb streng monoton wachsend in $\mathbb{R}$ (Fig. 3).

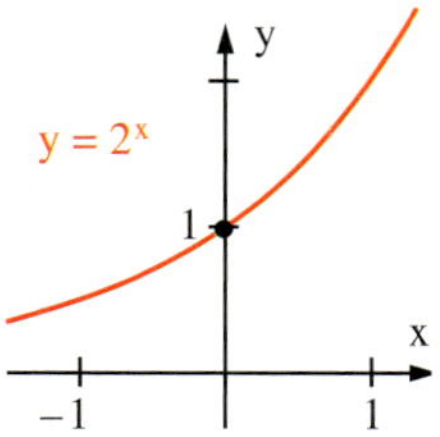

Fig. 3

Beispiel 2: (Anwendung des Monotoniesatzes)
Untersuchen Sie die Funktion f mit $f(x) = \frac{1}{3}x^3 - x$ auf Monotonie.
Lösung:
Es ist $f'(x) = x^2 - 1$. Die Ungleichung $x^2 - 1 > 0$ ist erfüllt für $x < -1$ und $x > 1$;
die Ungleichung $x^2 - 1 < 0$ ist erfüllt für $-1 < x < 1$. Also ist f streng monoton fallend für $-1 \leqq x \leqq 1$ und streng monoton wachsend für $x \leqq -1$ und $x \geqq 1$ (Fig. 4).

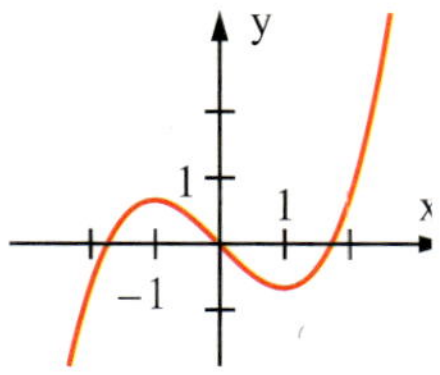

Fig. 4

Beispiel 3: (Monotonie mit dem CAS)
In welchem Intervall ist die Funktion f mit $f(x) = \sqrt{x} - x^2$ streng monoton wachsend?
Lösung:
Man bestimmt für die Ableitungsfunktion f′ das Intervall oder die Intervalle mit $f'(x) > 0$.
Dies kann algebraisch erfolgen, indem die Gleichung $f'(x) > 0$ gelöst wird (Fig. 5).
Man kann aber auch den Graphen der Ableitungsfunktion f′ (fett in Fig. 6) zeichnen und den oder die Intervalle suchen, in denen ihr Graph oberhalb der x-Achse verläuft.
Damit ist f′ in [0; 0,3968] streng monoton steigend.

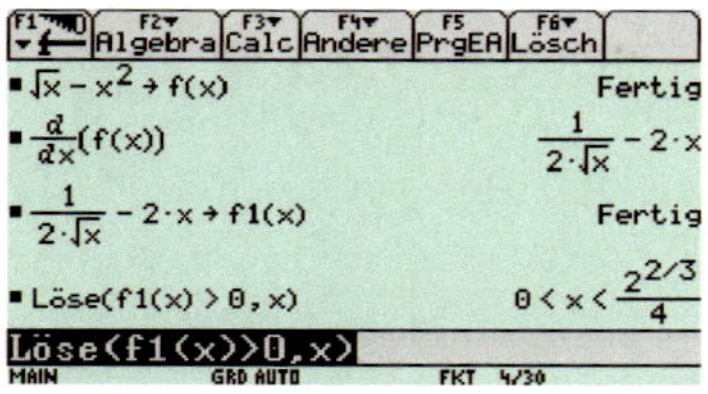

Fig. 5

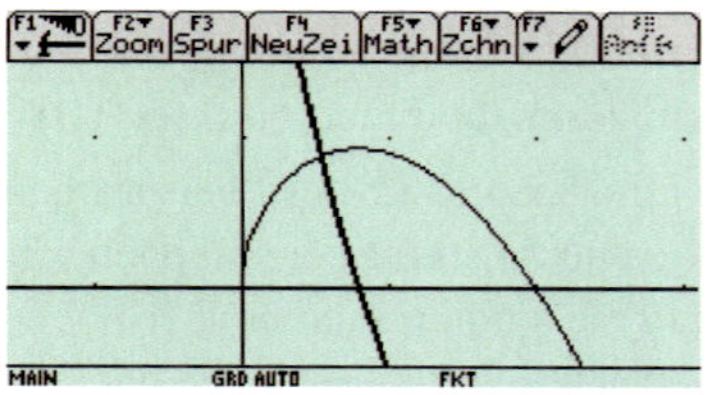

Fig. 6

Aufgaben

2 Ermitteln Sie anhand des Graphen möglichst große Intervalle, in denen f monoton ist.

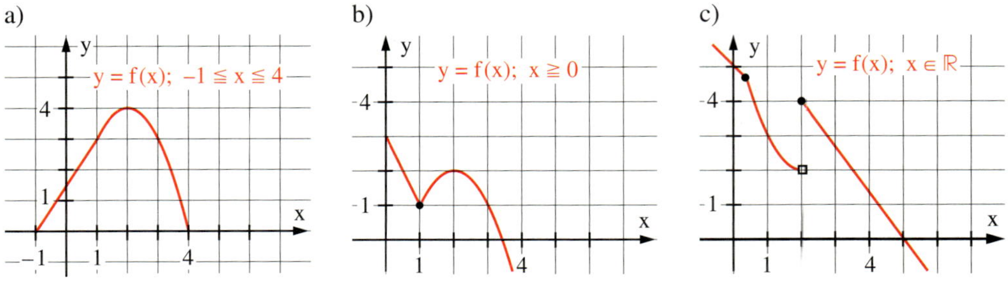

3 Geben Sie die Intervalle an, in denen die Funktion f monoton wachsend bzw. monoton fallend ist, ohne den Graphen zu erstellen.

a) $f(x) = x^2$ b) $f(x) = x^4$ c) $f(x) = x^5$ d) $f(x) = x$ e) $f(x) = \sqrt{x}$
f) $f(x) = \sin(x)$ g) $f(x) = -x^3$ h) $f(x) = \cos(x)$ i) $f(x) = \frac{1}{x}$ j) $f(x) = -\frac{1}{x^2}$

4 Zeigen Sie mithilfe der Definition: f mit $f(x) = mx + c$ ist in ganz $\mathbb{R}$
a) streng monoton wachsend für $m > 0$,
b) streng monoton fallend für $m < 0$,
c) sowohl monoton wachsend als auch fallend für $m = 0$.

5 Ermitteln Sie rechnerisch mithilfe des Monotoniesatzes die Intervalle, in denen f streng monoton ist. Erstellen Sie mit dem CAS den Graphen von f und kontrollieren Sie Ihr Ergebnis.

a) $f(x) = 4x + x^2$ b) $f(x) = \frac{1}{3}x^3 - 9x + 1$ c) $f(x) = \frac{1}{5}x^5 - \frac{1}{4}x^4$
d) $f(x) = -\frac{1}{8}x^4 + 4x$ e) $f(x) = \sqrt{x} - 2$ f) $f(x) = \frac{1}{x} + x$

6 Ermitteln Sie mit dem CAS die Intervalle, in denen f streng monoton ist.

a) $f(x) = 2 - \frac{1}{x}$ b) $f(x) = x + \sin(x)$ c) $f(x) = 2x - \cos(x)$
d) $f(x) = \frac{1}{4}x^4 - \frac{1}{2}x^3 - 3x^2 + 5$ e) $f(x) = \frac{1}{3}x^3 - x^2 - 3x$ f) $f(x) = \frac{4}{x} + \sqrt{x}$

7 Die angegebenen Vorgänge lassen sich durch die Abhängigkeit von Größen beschreiben. Stellen Sie diese Abhängigkeiten näherungsweise grafisch dar. Zeigt sich dabei Monotonie?

a) Kosten eines Telefongesprächs b) Tankinhalt eines Autos während einer Fahrt
c) Wachsen eines Grashalms d) Freier Fall eines Gegenstandes

8 Suchen Sie ein möglichst einfaches Verfahren, wie Sie bei einer differenzierbaren Funktion die Intervalle bestimmen können, in denen f streng monoton ist.
Wenden Sie das gefundene Verfahren auf die Funktion $f(x) = \frac{1}{4}x^4 - \frac{5}{6}x^3 - \frac{1}{2}x^2 + \frac{5}{2}x + 1$ an.

9 Ein Schafbestand kann durch die Funktion f mit $f(t) = 2000 + 200 \cdot \sin\left(\frac{\pi}{6}t\right) + 90 \cdot \sin\left(\frac{\pi}{3}t\right)$ modelliert werden, wobei t in Monaten ab dem 1. April gemessen wird. Beantworten Sie anhand eines mit dem CAS erstellten aussagekräftigen Graphen folgende Fragen.
a) Wann nimmt der Bestand zu, wann nimmt er ab?
b) Wann ist die Herde am größten? Wie viele Tiere hat sie dann?
c) Wann ist die Herde am kleinsten? Wie viele Tiere hat sie zu diesem Zeitpunkt?
d) Wann wächst die Herde am schnellsten? Wann nimmt sie am stärksten ab?

2 Extremstellen, Extremwerte

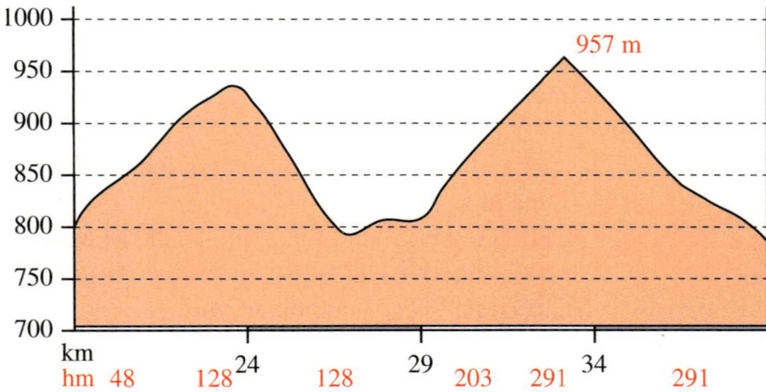

Fig. 1

1 Fig. 1 zeigt das Höhenprofil eines schwierigen Teilabschnitts einer Radstrecke im Schwarzwald in der Umgebung von Bad Dürrheim.
a) Nach wie vielen Kilometern wurden besondere Punkte erreicht? Beschreiben Sie diese.
b) Wie kann man diese höchsten Punkte charakterisieren? Wie unterscheiden sich diese von den tiefsten Punkten?
c) Versuchen Sie die absolut tiefsten bzw. höchsten Werte über NN zu finden.

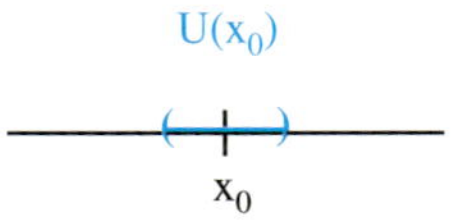

Fig. 2

Zur Bestimmung größter oder kleinster Funktionswerte einer Funktion in einem Intervall I muss ein fester Wert $f(x_0)$ mit den Werten $f(x)$ aus einer Umgebung von x_0 verglichen werden. Dabei versteht man unter einer **Umgebung** U von x_0 ein (eventuell sehr kleines) offenes Intervall, das x_0 als Punkt enthält. Hierfür schreiben wir kurz $U(x_0)$ (Fig. 2).

In Fig. 3 ist die Ungleichung $f(x) \geqq f(x_0)$ für alle $x \in U(x_0)$ erfüllt. Bezüglich $U(x_0)$ ist also $f(x_0)$ ein kleinster Funktionswert.
An der Randstelle b von I werden nur Werte $x \in U(b) \cap I$ betrachtet. Wegen $f(x) \leqq f(b)$ ist $f(b)$ dort ein größter Funktionswert.

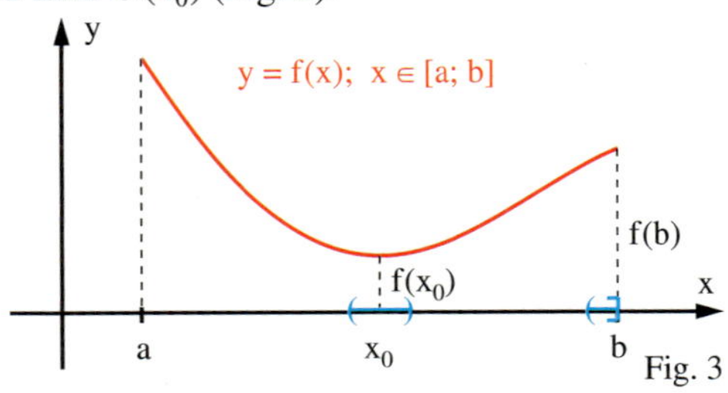

Fig. 3

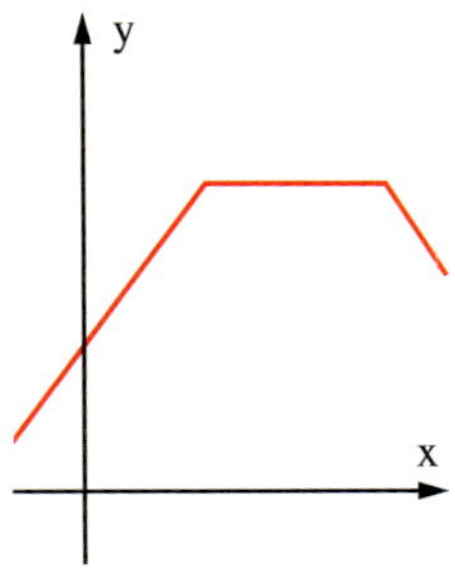

Hier gibt es einen maximalen Funktionswert, der an mehreren Stellen angenommen wird.

Definition: Die Funktion f sei auf einem abgeschlossenen Intervall $I = [a; b]$ definiert.
Der Funktionswert $f(x_0)$ heißt

lokales oder relatives Maximum von f, | **lokales oder relatives Minimum von f,**

wenn es eine Umgebung $U(x_0)$ gibt, so dass für alle Werte x aus $U(x_0) \in I$ gilt:

$\mathbf{f(x) \leqq f(x_0)}$. | $\mathbf{f(x) \geqq f(x_0)}$.

Der Punkt $P_0(x_0|f(x_0))$ des Graphen von f heißt dann

Hochpunkt | **Tiefpunkt**.

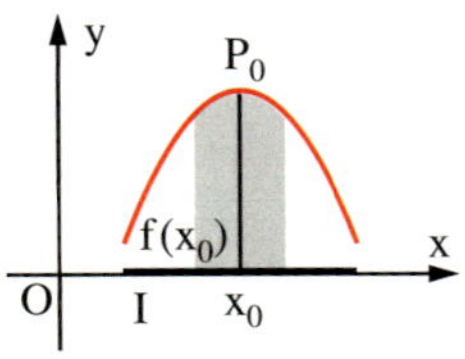

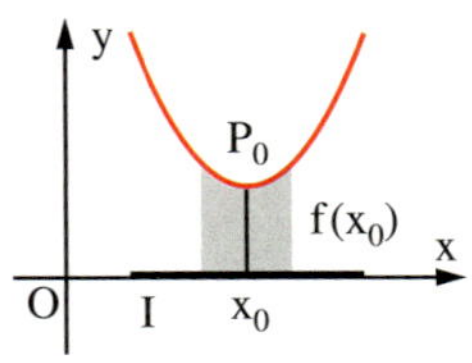

Ist der Funktionswert $f(x_0)$ ein Maximum oder ein Minimum, nennt man ihn auch **Extremwert** und x_0 eine **Extremstelle** (Maximum- bzw. Minimumstelle).
Der Punkt $P(x_0|f(x_0))$ des zu f gehörenden Graphen heißt **Extrempunkt**.
Gilt die Bedingung $f(x) \leqq f(x_0)$ bzw. $f(x) \geqq f(x_0)$ für alle Werte $x \in I$, dann heißt $f(x_0)$ auch **absolutes Maximum** von f bzw. **absolutes Minimum** von f in I. Ein lokales Extremum an einer Randstelle von I nennt man **Randextremum** (Randmaximum bzw. Randminimum).

Beispiel: (Erkennen und Benennen der neuen Begriffe)
Betrachten Sie Fig. 1.
a) An welchen Stellen befinden sich lokale Extremwerte?
b) Geben Sie die Bedeutung der Stellen $f(x_1)$; $f(x_2)$; $f(x_3)$; $f(x_4)$; $f(x_5)$ an.
c) Geben Sie die absoluten Extremwerte der Funktion im Intervall I an.
d) Welche absoluten Extremwerte hat die Funktion im Intervall $[x_3; x_5]$?
e) In welchem Intervall ist $f(x_1)$ absolutes Maximum?
Lösung:

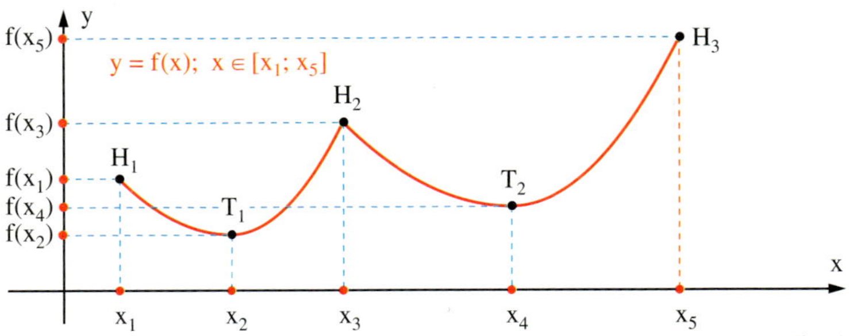

Fig. 1

a) Lokale Minima in x_2 und x_4, lokale Maxima in x_1; x_3 und x_5.
b) $f(x_1)$; $f(x_3)$ und $f(x_5)$ sind lokale Maxima, $f(x_1)$ und $f(x_5)$ gleichzeitig Randmaxima, $f(x_2)$ und $f(x_4)$ sind lokale Minima.
c) Absolutes Maximum in I ist $f(x_5)$; absolutes Minimum ist $f(x_2)$.
d) Im Intervall $[x_3; x_5]$ ist $f(x_4)$ absolutes Minimum, $f(x_5)$ absolutes Maximum.
e) Dies ist z. B. für $[x_1; x_2]$ der Fall.

Aufgaben

2 Lesen Sie am vorliegenden Graphen einer Funktion f die Extremstellen ab. Geben Sie die Koordinaten der Hoch- und Tiefpunkte des Graphen an. Nennen Sie lokale und absolute Maxima und Minima von f.

a)

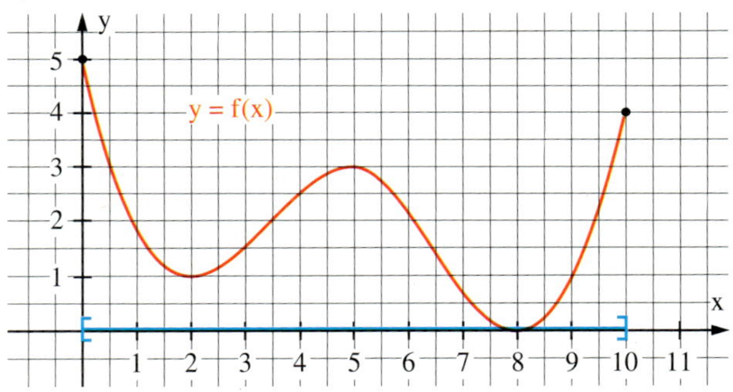

Fig. 2

b)

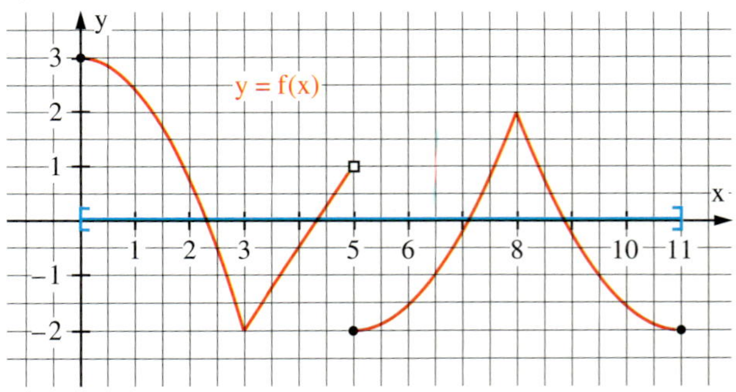

Fig. 3

3 Zeichnen Sie den Graphen von f. Nennen Sie Extremstellen und Extremwerte, falls solche vorhanden sind. Geben Sie die Koordinaten der Hoch- und Tiefpunkte an.

a) $f(x) = x^2$ b) $f(x) = x^3$ c) $f(x) = \frac{1}{x}$ d) $f(x) = \sin(x);\ 0 \leqq x \leqq 2\pi$
e) $f(x) = \sqrt{x}$ f) $f(x) = |x|$ g) $f(x) = x$ h) $f(x) = \cos(x);\ x \in [-\pi; \pi]$

Untersuchen Sie die folgende Aussage auf ihre Richtigkeit.
Eine Funktion kann in einem offenen Intervall weder lokale noch absolute Extremwerte haben, in einem abgeschlossenen Intervall hingegen besitzt jede Funktion Extremwerte.

4 Skizzieren Sie jeweils den Graphen einer Funktion f mit der Definitionsmenge $\mathbb{R}$, die die vorgegebenen Voraussetzungen erfüllt. Geben Sie eine mögliche Funktion f explizit an.
a) f besitzt genau ein lokales Maximum, das gleichzeitig absolutes Maximum ist.
b) f besitzt mindestens ein lokales Maximum, aber kein absolutes Maximum.
c) f besitzt keine absoluten Extremwerte.
d) f besitzt unendlich viele lokale Maxima und Minima.

3 Innere Extremwerte

1 Gegeben ist die Funktion f mit $f(x) = \frac{1}{3}x^3 - \frac{5}{2}x^2 + 4x + 1$.

a) Bestimmen Sie den Graphen von f mit dem CAS und geben Sie die Intervalle an, in denen f streng monoton wächst bzw. streng monoton fällt.

b) Welche Eigenschaft hat der Graph von f an der Stelle x_0, an der der Übergang von streng monoton wachsend nach streng monoton fallend erfolgt? Welche Eigenschaft hat der Graph beim Übergang von streng monoton fallend nach streng monoton wachsend?

c) Charakterisieren Sie eine solche Stelle x_0 zunächst ohne Zuhilfenahme der 1. Ableitung und anschließend unter Verwendung der 1. Ableitung.

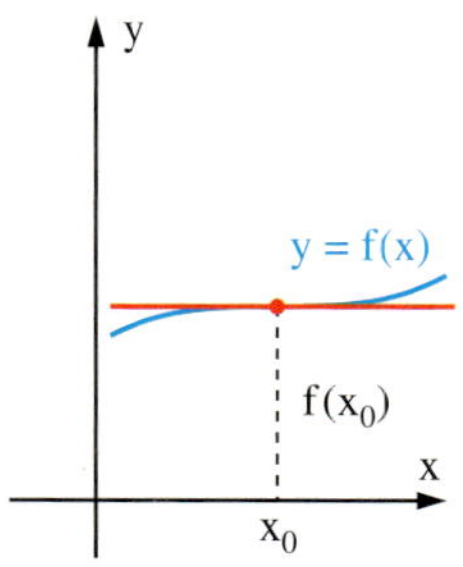

Fig. 1

Die Ermittlung von Extremstellen einer Funktion mithilfe der Definition ist – wie bei der Monotonie – oft schwierig, weil die Gültigkeit einer Ungleichung nachzuweisen ist. Man erkennt jedoch am Graphen (Fig. 2), dass im Punkt $P(x_0|f(x_0))$ einer inneren Extremstelle x_0 die Tangente parallel zur x-Achse sein muss, dort gilt also notwendigerweise $f'(x_0) = 0$.

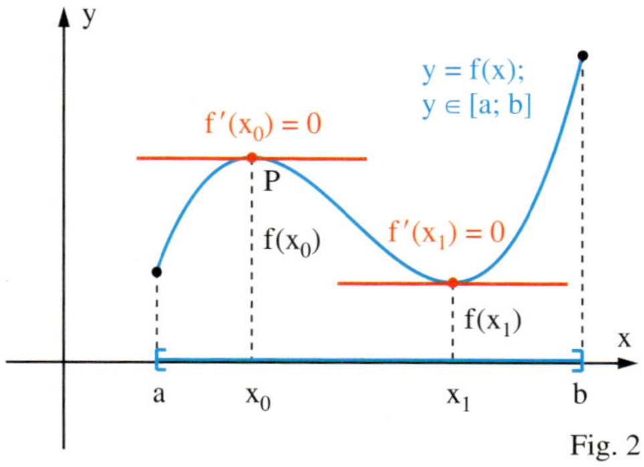

Fig. 2

Der Graph in Fig. 1 zeigt jedoch, dass nicht jeder x-Wert, der die Bedingung $f'(x) = 0$ erfüllt, auch eine Extremstelle sein muss.

Da auch am Rand der Definitionsmenge einer Funktion Extremstellen mit $f'(x) \neq 0$ auftreten können (vgl. die Stellen a und b in Fig. 2), werden zunächst nur innere Stellen untersucht.

Satz 1: (Notwendige Bedingung für innere Extremstellen)
Die Funktion f sei auf einem Intervall I differenzierbar und x_0 eine innere Stelle von I.
Wenn f an der Stelle x_0 einen Extremwert hat, dann ist notwendigerweise $\mathbf{f'(x_0) = 0}$.

Der Beweis stellt den Zusammenhang zwischen der Definition des lokalen Minimums einer Funktion f an einer Stelle x_0 und der Aussage, dass in x_0 notwendigerweise $f'(x) = 0$ ist, her.

Beweis: (Für ein lokales Minimum)
Für eine Minimumstelle x_0 gilt $f(x) \geqq f(x_0)$ bzw. $f(x) - f(x_0) \geqq 0$ für alle x aus einer Umgebung von x_0. Ist dort $x < x_0$, d.h. $x - x_0 < 0$, gilt für den Differenzenquotienten von f an der Stelle x_0 die Ungleichung

(1) $\frac{f(x) - f(x_0)}{x - x_0} \leqq 0$ für $x < x_0$.

Entsprechend gilt

(2) $\frac{f(x) - f(x_0)}{x - x_0} \geqq 0$ für $x > x_0$.

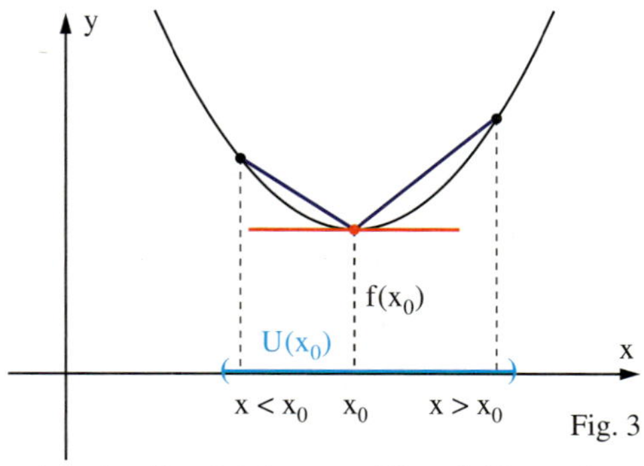

Fig. 3

Da f differenzierbar ist, streben die Differenzenquotienten gegen $f'(x_0)$, wenn x gegen x_0 strebt. Aus den Ungleichungen (1) und (2) ergeben sich die Bedingungen $f'(x_0) \leqq 0$ und $f'(x_0) \geqq 0$, die jedoch nur dann beide erfüllt sind, wenn $f'(x_0) = 0$ gilt. Die Bedingung $f'(x_0) = 0$ reicht nicht aus, um x_0 als Extremstelle zu identifizieren. Die Graphen von Fig. 1 (S. 82) zeigen jedoch, dass ein **Wechsel des Monotonieverhaltens** von f an der Stelle x_0 ausreicht, um zu behaupten, dass x_0 eine Extremstelle ist.

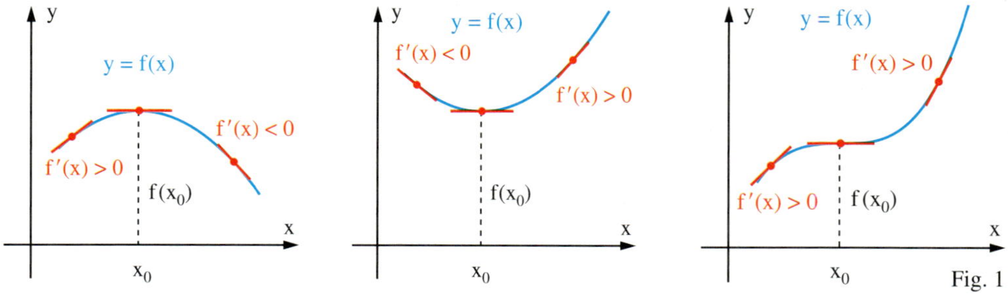

Fig. 1

Nimmt f für $x < x_0$ monoton zu und für $x > x_0$ monoton ab, dann ist x_0 Maximumstelle.

Nimmt f für $x < x_0$ monoton ab und für $x > x_0$ monoton zu, dann ist x_0 Minimumstelle.

Ist f in $U(x_0)$ monoton zunehmend, dann ist x_0 keine Extremstelle.

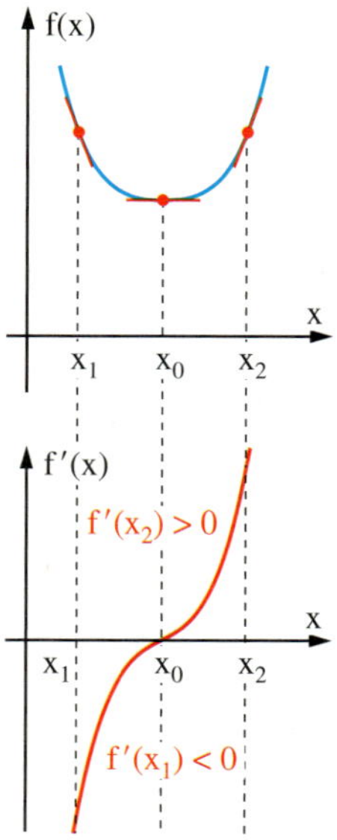

Fig. 2

Satz 2: (Erste hinreichende Bedingung für innere Extremstellen; Vorzeichenwechsel von $f'(x)$)
Die Funktion f sei auf einem Intervall I differenzierbar und x_0 eine innere Stelle von I.
Wenn $\mathbf{f'(x_0) = 0}$ ist und $f'(x)$ für zunehmende Werte von x bei x_0 von

positiven zu negativen	**negativen zu positiven**
Werten wechselt, dann hat f ein	Werten wechselt, dann hat f ein
lokales Maximum an der Stelle x_0.	**lokales Minimum** an der Stelle x_0.

Die Voraussetzung von Satz 2 ist erfüllt, wenn die Ableitungsfunktion f' in einer Umgebung von x_0 streng monoton ist. Ist f' differenzierbar, so folgt aus dem Monotoniesatz, dass f' streng monoton ist, wenn $f''(x_0) < 0$ bzw. $f''(x_0) > 0$ gilt.
Daraus ergibt sich ein weiteres hinreichendes Kriterium für innere Extremstellen.

Satz 3: (Zweite hinreichende Bedingung für innere Extremstellen; zweite Ableitung f'')
Die Funktion f sei auf einem Intervall I zweimal differenzierbar.

Gilt für eine innere Stelle x_0 von I	Gilt für eine innere Stelle x_0 von I
$\mathbf{f'(x_0) = 0}$ **und** $\mathbf{f''(x_0) < 0}$,	$\mathbf{f'(x_0) = 0}$ **und** $\mathbf{f''(x_0) > 0}$,
dann hat f an der Stelle x_0 ein	dann hat f an der Stelle x_0 ein
lokales Maximum.	**lokales Minimum**.

Beispiel 1: (Aufsuchen möglicher Extremstellen mithilfe von Satz 1)
Geben Sie alle Stellen an, an deren die Funktion f mit $f(x) = \frac{1}{5}x^5 - \frac{5}{4}x^4 + \frac{4}{3}x^3$ möglicherweise Extremstellen besitzt.
Lösung:
Es ist $f'(x) = x^4 - 5x^3 + 4x^2$. Es ist die Gleichung $f'(x) = 0$ zu lösen.
Aus $x^4 - 5x^3 + 4x^2 = x^2 \cdot (x^2 - 5x + 4) = 0$ erhält man $x_0 = 0$; $x_1 = 1$ und $x_2 = 4$.
Dies sind die einzigen Stellen, an denen lokale Extremwerte auftreten können.
Der mit CAS erzeugte Graph zeigt bei $x_1 = 1$ ein Maximum an (Fig. 3).

Beachten Sie:
An diesen Stellen müssen keine Extremwerte vorliegen! Es sind Kandidaten für Extremstellen. Mit dem CAS können Sie aber ermitteln, ob ein Extremwert vorliegt.

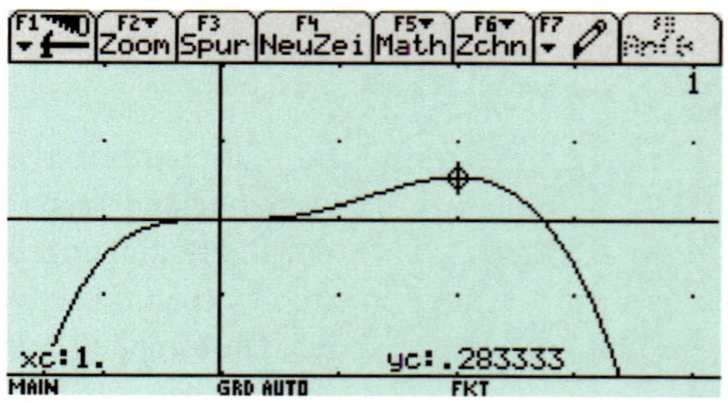

Fig. 3

Beispiel 2: (Nachweis von Extremstellen mithilfe von Satz 2)

Gegeben ist die Funktion f mit $f(x) = x + \frac{1}{x}$. Bestimmen Sie die Extremwerte von f.

Lösung:

Es ist $f'(x) = 1 - \frac{1}{x^2}$. $f'(x) = 0$ ergibt $x^2 = 1$; also sind $x_1 = -1$; $x_2 = 1$ mögliche Extremstellen.

Untersuchung von f an der Stelle $x_2 = 1$ auf Vorzeichenwechsel.

Liegt x links von 1 (z.B. $x = 0{,}9$), so ist $x^2 < 1$ $(0{,}9^2 < 1)$ und damit $\frac{1}{x^2} > 1$ $\left(\frac{1}{0{,}9^2} > 1\right)$;

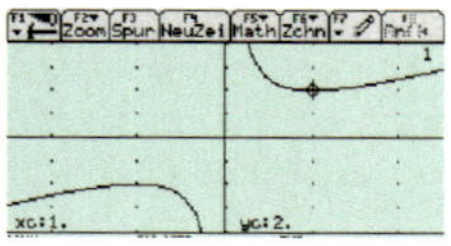

also ist $f'(x) = 1 - \frac{1}{x^2} < 0$. Liegt x rechts von 1 (z.B. $x = 1{,}1$), so ist $x^2 > 1$ $(1{,}1^2 > 1)$ und damit $\frac{1}{x^2} < 1$ $\left(\frac{1}{1{,}1^2} < 1\right)$; also ist $f'(x) = 1 - \frac{1}{x^2} > 0$.

Es kommt beim Durchgang durch $x_1 = 1$ zu einem Vorzeichenwechsel von – nach +.

An der Stelle $x_1 = 1$ befindet sich daher ein lokales Minimum. Minimum ist $f(1) = 2$.

Wegen der Punktsymmetrie zum Ursprung liegt an der Stelle $x_2 = -1$ ein Maximum vor.

Beispiel 3: (Nachweis von Extremstellen mithilfe von Satz 3)

Bestimmen Sie die inneren Extremwerte der Funktion f mit $f(x) = \sin(x) - \frac{1}{2}x$ im Intervall $I = [0; 2\pi]$.

Lösung:

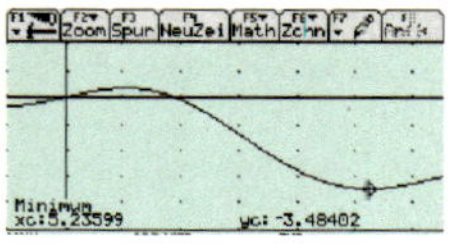

Es ist $f'(x) = \cos(x) - \frac{1}{2}$; $f''(x) = -\sin(x)$. $f'(x) = 0$ ergibt $\cos(x) = \frac{1}{2}$; also $x_1 = \frac{\pi}{3}$ und $x_2 = \frac{5\pi}{3}$. Dies sind die einzig möglichen inneren Extremstellen von f.

Da $f''\left(\frac{\pi}{3}\right) = -\frac{1}{2}\sqrt{3} < 0$ ist, liegt in $x_1 = \frac{\pi}{3}$ ein lokales Maximum vor: $f\left(\frac{\pi}{3}\right) = \frac{1}{2}\sqrt{3} - \frac{\pi}{6} \approx 0{,}3424$

Da $f''\left(\frac{5\pi}{3}\right) = \frac{1}{2}\sqrt{3} > 0$ ist, liegt in $x_2 = \frac{5\pi}{3}$ ein lokales Minimum vor: $f\left(\frac{5\pi}{3}\right) = -\frac{1}{2}\sqrt{3} - \frac{5\pi}{6} \approx -3{,}4840$.

Beispiel 4: (Unterschied zwischen Satz 2 und Satz 3)

Gegeben ist die Funktion f mit $f(x) = \frac{1}{6}x^6 - \frac{1}{4}x^4$. Bestimmen Sie die Extremstellen.

Lösung:

Ein VZW von $f'(x)$ lässt sich oft leichter nachweisen, wenn man $f'(x)$ als Produkt schreibt.

Es ist $f'(x) = x^5 - x^3 = x^3 \cdot (x^2 - 1)$ und $f''(x) = 5x^4 - 3x^2$.

Aus $f'(x) = 0$ ergibt sich: $x_1 = -1$; $x_2 = 1$ und $x_3 = 0$. Da $f''(1) = 2 > 0$ ist, liegt an der Stelle $x_2 = 1$ ein lokales Minimum vor. Da f eine gerade Funktion ist, liegt auch bei $x_1 = -1$ ein lokales Minimum vor.

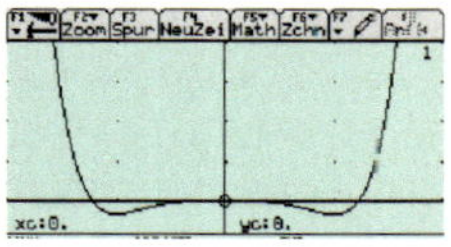

Für $x_3 = 0$ kann man wegen $f''(0) = 0$ Satz 3 nicht anwenden. Man untersucht daher $f'(x) = x^3 \cdot (x^2 - 1)$ auf einen Vorzeichenwechsel in $x_3 = 0$ nach Satz 2. Für x-Werte nahe bei null ist der Faktor $x^2 - 1 < 0$. Der Faktor x^3 wechselt bei 0 das Vorzeichen von – nach +. Da $f'(x)$ bei 0 einen Vorzeichenwechsel von + nach – hat, ist $x_3 = 0$ eine Maximumstelle.

Beispiel 5: (Extremwerte mit dem CAS)

Bestimmen Sie mit dem CAS die inneren Extremwerte von f mit $f(x) = \sqrt{x} - x^2$.

Lösung:

Das exakte Lösen wie beim Rechnen zeigt Fig. 1, das näherungsweise grafische Lösen Fig. 2.

Die exakte Berechnung der x-Werte für Extremwerte kann auch im Hauptbildschirm mit der Funktion f_{Min} bzw. f_{Max} (im Menü F3) erfolgen. Eingabe bei Beispiel 5: fMax(f(x),x).

Maximum mit dem CAS

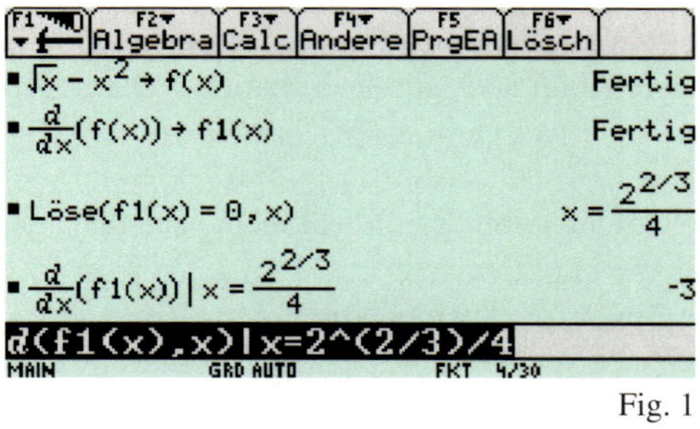

Fig. 1

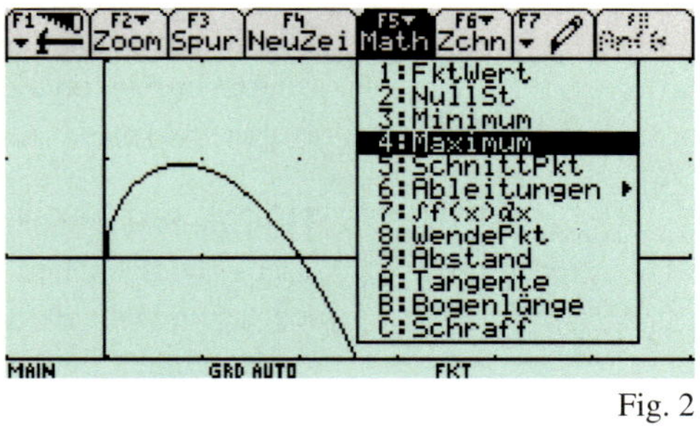

Fig. 2

Aufgaben

Erstaunliches Ergebnis:
Die Berechnung von ***Extremstellen*** *einer Funktion f führt zur Berechnung von* ***Nullstellen*** *der Funktion f'.*

2 Ermitteln Sie die Extremwerte der Funktion f. Verwenden Sie für die hinreichende Bedingung den Vorzeichenwechsel der 1. Ableitung.

a) $f(x) = x^4 - 6x^2 + 1$ b) $f(x) = x^5 - 5x^4 - 2$ c) $f(x) = x^3 - 3x^2 + 1$
d) $f(x) = x^4 + 4x + 3$ e) $f(x) = 2x^3 - 9x^2 + 12x - 4$ f) $f(x) = (x^2 - 1)^2$

3 Ermitteln Sie die Extremwerte der Funktion f. Verwenden Sie für die hinreichende Bedingung die zweite Ableitung.

a) $f(x) = x^2 - 5x + 5$ b) $f(x) = 2x - 3x^2$ c) $f(x) = x^3 - 6x$
d) $f(x) = x^4 - 4x^2 + 3$ e) $f(x) = \frac{4}{5}x^5 - \frac{10}{3}x^3 + \frac{9}{4}x$ f) $f(x) = 3x^5 - 10x^3 - 45x$

4 Bestimmen Sie die Extrempunkte des zugehörigen Graphen.

a) $f(x) = \frac{1}{4}x^4 - \frac{1}{4}x^3 - x^2$ b) $f(x) = 0{,}02x^5 - 0{,}1x^4$ c) $f(x) = \sqrt{x} - 3x$
d) $f(x) = \sqrt{2} \cdot x - 2x^2$ e) $f(x) = \frac{x^2}{8} + \frac{2}{x}$ f) $f(x) = \sin(x) - x;\ x \in [-\pi; \pi[$

5 Für welche Werte von $a \in \mathbb{R}$ hat der Graph mehrere, eine oder keine waagerechte Tangente? Beschreiben Sie jeweils den typischen Verlauf des Graphen.

a) $f(x) = x^3 - ax$ b) $f(x) = x^4 + ax^2$ c) $f(x) = \frac{1}{3}x^3 + x^2 + ax$

6 Geben Sie mindestens eine Funktion an, die
a) ganzrational vom Grad 2 ist und genau ein lokales Maximum besitzt,
b) ganzrational vom Grad 4 ist und genau ein lokales Minimum aufweist,
c) unendlich viele Minima besitzt,
d) keine Extremstellen besitzt.

Extremwerte gibt es überall! Viele werden im ***Guinnessbuch der Rekorde*** *jährlich neu zusammengestellt und veröffentlicht. So wurde das größte Fahrrad von Didi Senft aus Kolpin (Deutschland) gebaut. Es ist 7,8 m lang und 3,7 m hoch.*

7 Welcher Punkt des Graphen der Funktion g kommt der x-Achse am nächsten?

a) $g(x) = \frac{1}{4}x^4 - x + 3$ b) $g(x) = \frac{1}{3}x^4 + \frac{1}{2}x^3 + 12x^2 + \frac{3}{4}$ c) $g(x) = \cos(x) + 4$

8 Beweisen Sie für ganzrationale Funktionen f:
a) Ist f vom Grad 2, so hat f genau eine Extremstelle.
b) Ist der Grad von f gerade, so hat f mindestens eine Extremstelle.
c) Wenn f drei verschiedene Extremstellen hat, so ist der Grad von f mindestens 4.
d) Eine ganzrationale Funktion vom Grad n hat höchstens n – 1 Extremstellen.

9 Bestimmen Sie mit dem CAS alle Hoch- und Tiefpunkte des Graphen von f.
a) $f(x) = 0{,}04x^6 - 0{,}192x^5 - 0{,}18x^4 + 0{,}96x^3 - 0{,}48x^2 + 3{,}84$
b) $f(x) = x \cdot \sin(x) + x;\ x \in]-2; 10[$

10 Eine zweimal differenzierbare Funktion f habe an einer Stelle x_0 ein lokales Minimum. Überlegen Sie, ob diese Eigenschaft auch auf die Funktion g übertragbar ist. Begründen Sie.

a) $g(x) = f(x) + c;\ c \in \mathbb{R}$ b) $g(x) = c \cdot f(x);\ x \in \mathbb{R}^+$ c) $g(x) = -f(x)$

11 Die Steighöhe h eines im luftleeren Raum senkrecht nach oben geworfenen Gegenstandes lässt sich angenähert durch die Funktion $h(t) = v_0 \cdot t - \frac{1}{2}g \cdot t^2$; v_0 in $\frac{m}{s}$; t in s; $g = 9{,}81\,\frac{m}{s^2}$ beschreiben. Dabei ist v_0 die Abwurfgeschwindigkeit.
a) Berechnen Sie die maximal erreichte Höhe des Gegenstandes, wenn $v_0 = 12\,\frac{m}{s}$ ist.
b) Wie lange dauert es, bis der Gegenstand wieder die Ausgangshöhe erreicht?

4 Wendepunkte als Extrempunkte der 1. Ableitung

1 Fährt man die abgebildete Straße mit dem Motorrad ab, werden Teile davon als Linkskurve und andere Teile als Rechtskurve empfunden.
a) Nennen Sie die Art der Kurven in der zeitlichen Reihenfolge.
b) Gibt es Punkte, wo der Fahrer aufrecht sitzt?
c) Skizzieren Sie die gestrichelte Mittellinie in einem Koordinatensystem und markieren Sie die Punkte aus b).

*Statt „linksgekrümmt" sagt man auch **konvex**, statt „rechtsgekrümmt" **konkav**.*

Neben den Hoch- und Tiefpunkten ist auch das Krümmungsverhalten des Graphen einer Funktion von Interesse. Der Graph von Fig. 1 einer differenzierbaren Funktion ist in Richtung zunehmender x-Werte für $x < x_0$ „nach links gekrümmt" und für $x > x_0$ „nach rechts gekrümmt". Die Steigungen der Tangenten im links gekrümmten Teil nehmen zu, im rechts gekrümmten Teil nehmen sie ab.

Definition: f sei im Intervall I differenzierbar. Der Graph von f heißt in I linksgekrümmt (rechtsgekrümmt), wenn die Ableitungsfunktion f' im Intervall I streng monoton wächst (streng monoton fällt). Eine innere Stelle $x_0 \in I$ heißt **Wendestelle** des Graphen von f, wenn beim Durchlaufen dieser Stelle der Graph von einer Linkskrümmung in eine Rechtskrümmung übergeht oder umgekehrt. Der zugehörige Punkt heißt **Wendepunkt**.

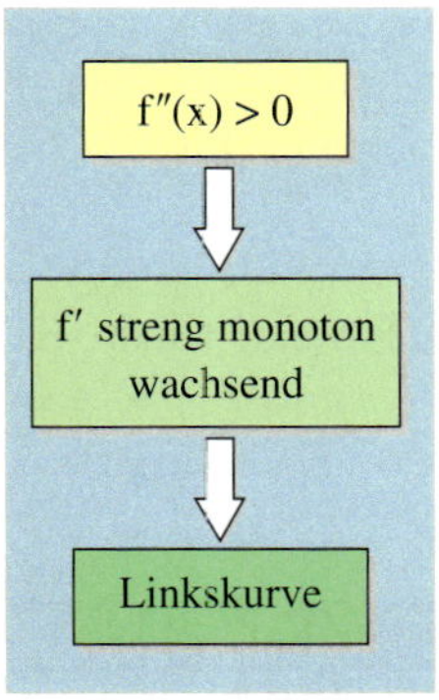

*Ein Wendepunkt mit waagerechter Tangente heißt auch **Sattelpunkt**.*

Nach dem Monotoniesatz lässt sich das Krümmungsverhalten des Graphen deshalb mit der Ableitung f'' von f' bestimmen:
Gilt $f''(x) > 0$ in I, ist f' monoton wachsend; es liegt eine Linkskurve vor. Entsprechend ergibt sich aus $f''(x) < 0$ in I eine Rechtskurve. Beim Übergang an einer Stelle x_0 von einer Linkskurve (f' wächst links von x_0) in eine Rechtskurve (f' fällt rechts von x_0) muss notwendigerweise f' ein lokales Maximum haben (Fig. 1), d. h. es muss an einer Wendestelle x_0 gelten:

$$(f')'(x_0) = f''(x_0) = 0.$$

Dies gilt entsprechend auch an einer Stelle x_0, bei der eine Rechtskurve (f' fällt links von x_0) in eine Linkskurve (f' wächst rechts von x_0) übergeht. f' hat dann in x_0 ein Minimum.
Dies zeigt, dass die Wendestellen einer Funktion lokale Extremstellen der Ableitungsfunktion f' sind.

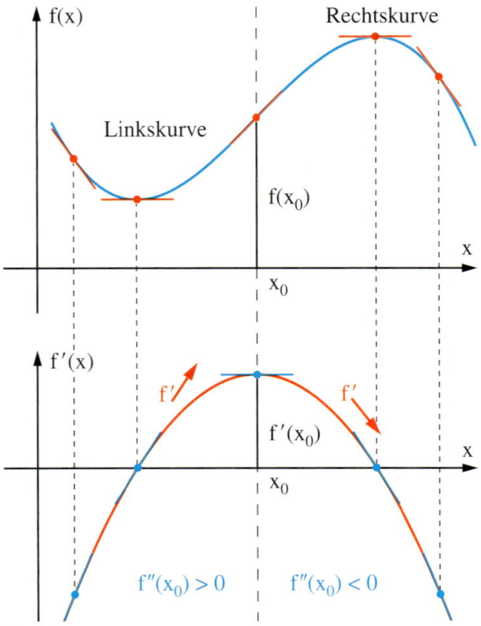

Fig. 1

Nichts Neues! Wendepunkt ist Extrempunkt von f′

Satz: (Bestimmung von Wendestellen)
f sei auf einem Intervall I mindestens zweimal differenzierbar. Eine innere Stelle x_0 von I ist eine Wendestelle des Graphen von f, wenn
(1) $f''(x_0) = 0$ ist und $f''(x_0)$ bei x_0 einen Vorzeichenwechsel hat
oder
(2) f dreimal differenzierbar ist und es gilt: $f''(x) = 0$ und $f'''(x) \neq 0$.

Es ist:
$\frac{1}{8}(x+1)^3 - 1 =$
$\frac{1}{8}(x^3 + 3x^2 + 3x + 1) - 1.$

Beispiel 1: (Wendepunktbestimmung mit f''')
a) Gegeben ist die Funktion f mit $f(x) = \frac{1}{8}(x+1)^3 - 1$. Bestimmen Sie die Wendestellen.
b) Bestimmen Sie eine Gleichung der Tangente im Wendepunkt und skizzieren Sie den Graphen.
Lösung:
a) Ableitungen: $f'(x) = \frac{3}{8}x^2 + \frac{3}{4}x + \frac{3}{8}$;
$f''(x) = \frac{3}{4}x + \frac{3}{4}$ und $f'''(x) = \frac{3}{4}$.
Notwendige Bedingung für Wendestellen:
$f''(x) = 0$ ergibt $\frac{3}{4}x + \frac{3}{4} = 0$
mit der Lösung $x_1 = -1$.
Hinreichende Bedingung:
Es ist $f''(-1) = 0$ und $f'''(-1) = \frac{3}{4} \neq 0$.
Die Stelle −1 ist Wendestelle.

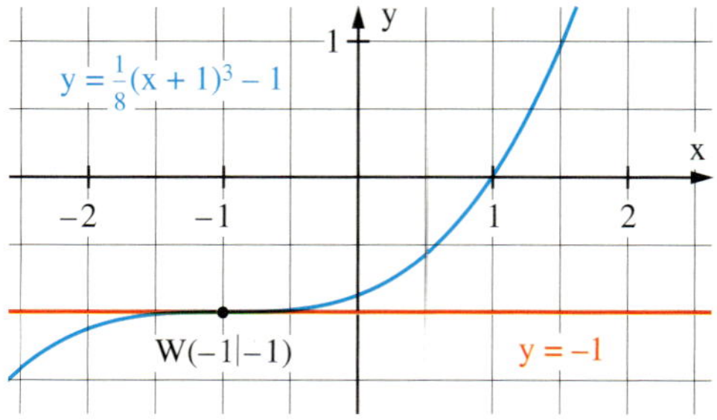

Fig. 1

*Die Tangente im Wendepunkt heißt auch **Wendetangente**.*

b) Im Wendepunkt W(−1|−1) ist die Tangensteigung gegeben durch $f'(-1) = 0$. Die Wendetangente ist deshalb parallel zur x-Achse; ihre Gleichung ist $y = -1$. Der Punkt W ist ein Sattelpunkt.

Beispiel 2: (Der Fall $f''(x_0) = 0$ und $f'''(x_0) = 0$)
Untersuchen Sie, ob die Funktion f mit $f(x) = 3x^5 - 5x^4$ an der Stelle 0 eine Wendestelle hat.
Lösung:
Ableitungen: $f'(x) = 15x^4 - 20x^3$; $f''(x) = 60x^3 - 60x^2$ und $f'''(x) = 180x^2 - 120x$.
Die Bedingung (2) ist wegen $f''(0) = 0$ und $f'''(0) = 0$ nicht erfüllt. Eine Aussage, ob ein Wendepunkt vorliegt, ist nicht möglich.
Untersuchung mit Bedingung (1) des Satzes:
Für alle x mit $-1 < x < 1$ ist $f''(x) = 60x^2(x-1) < 0$, da in $]-1; 1[$ gilt: $60x^2 > 0$ und $x - 1 < 0$.
Damit hat $f''(x)$ beim Durchgang durch $x_0 = 0$ keinen Vorzeichenwechsel. Der Graph ist in der Umgebung von $x_0 = 0$ rechtsgekrümmt. Eine Wendestelle liegt in $x_0 = 0$ nicht vor (Fig. 2).

Graph von f und Graph der Ableitungsfunktion f′: An der Stelle 0 liegt kein Wendepunkt vor.

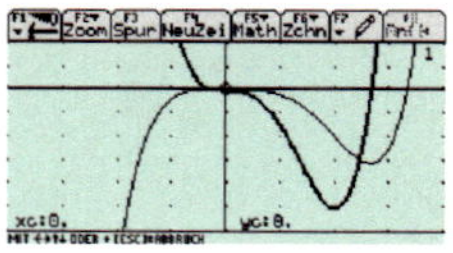
Fig. 2

Beispiel 3: (Bestimmung von Wendepunkten mit dem CAS)
Untersuchen Sie mit dem CAS den Graphen von f mit $f(x) = \frac{1}{3}x^3 - x^2 - \frac{1}{3}$ auf Wendepunkte.
Lösung.
Man kann die gesamte Berechnung am CAS durchführen: Exaktes Ergebnis W(1|−1) (Fig. 3).
Die Lösung am Graphen erhält man mit der Taste [F5] und 8:WendePkt (Fig. 4).

Nachweis: Wendestelle

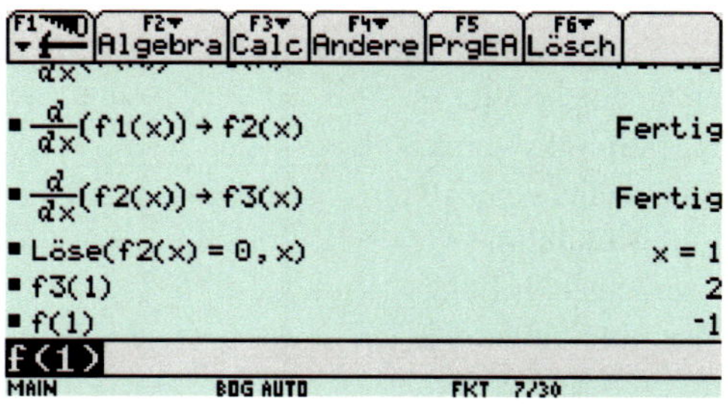

Fig. 3

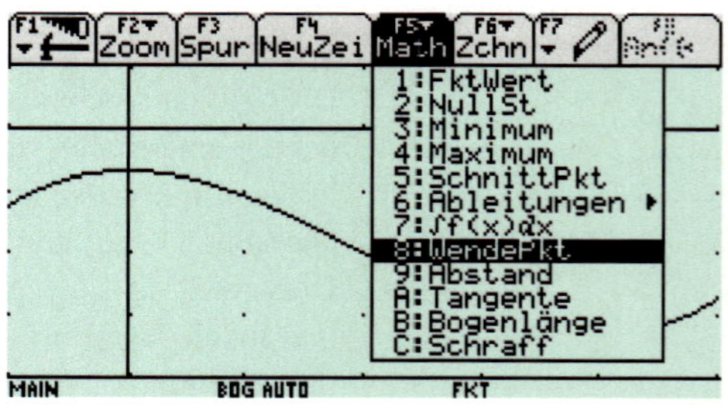

Fig. 4

Aufgaben

2 Bestimmen Sie die Intervalle, in denen der Graph der Funktion f linksgekrümmt bzw. rechtsgekrümmt ist. Geben Sie die Wendepunkte an.

a)
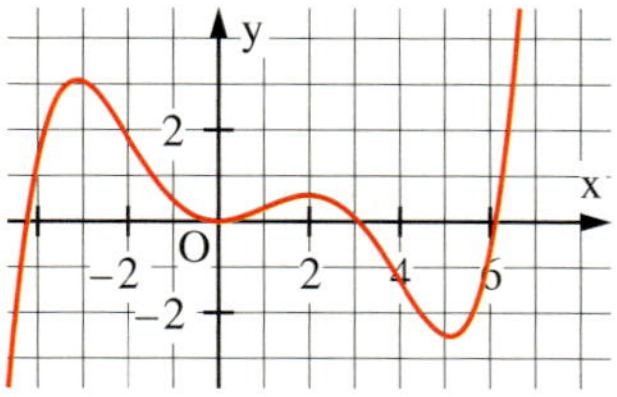

b)
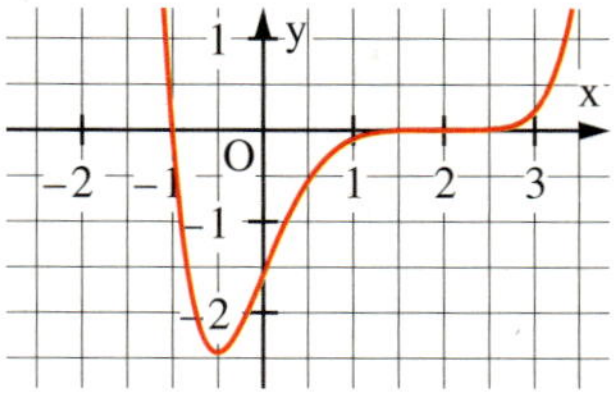

c)
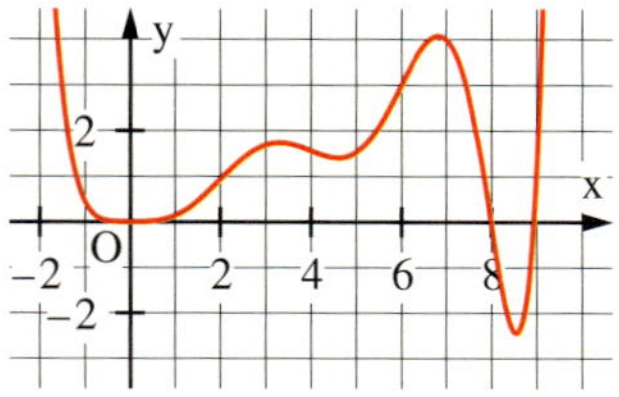

Wo ist die Straße linksgekrümmt, wo ist sie rechtsgekrümmt? Worauf kommt es dabei an?

3 Ermitteln Sie die Wendepunkte und geben Sie die Intervalle an, in denen der Graph von f eine Linkskurve bzw. eine Rechtskurve ist. Kontrollieren Sie das Ergebnis mit dem CAS.

a) $f(x) = 4 + 2x - x^2$ b) $f(x) = x^3 - x$ c) $f(x) = x^3 + 6x$

d) $f(x) = x^4 + x^2$ e) $f(x) = x^4 - 6x^2$ f) $f(x) = \frac{1}{3}x^6 - 20x^2$

g) $f(x) = x^5 - x^4 + x^3$ h) $f(x) = x^3\left(\frac{1}{20}x^2 + \frac{1}{4}x + \frac{1}{3}\right)$ i) $f(x) = \frac{3}{10}x^5 - 4x^3 + 10$

4 Bestimmen Sie in den Wendepunkten die Gleichungen der Tangenten.

a) $f(x) = x^3 - 6x^2 + 20$ b) $f(x) = x^3(2 + x)$ c) $f(x) = \frac{1}{2}x^4 - x^3 + \frac{1}{2}$

d) $f(x) = \cos(x);\ x \in [0; 2\pi]$ e) $f(x) = x + \sin(x);\ x \in [0; 2\pi]$ f) $f(x) = x^5 - x + 1$

Erstaunliches Ergebnis: *Die Berechnung von* ***Wendestellen*** *einer Funktion f führt zur Berechnung von* ***Nullstellen*** *der Funktion f''.*

5 a) Zeigen Sie, dass der Graph der Quadratfunktion f mit $f(x) = ax^2 + bx + c$ linksgekrümmt ist für $a > 0$ und rechtsgekrümmt ist für $a < 0$.

b) Gegeben ist die Funktion f mit $f(x) = \frac{1}{x^n};\ n \in \mathbb{N}^*;\ D_f = \mathbb{R} \setminus \{0\}$. Für welche n ist der Graph von f überall linksgekrümmt?

6 Untersuchen Sie die Funktion f mithilfe des CAS auf Wendepunkte.

a) $f(x) = \frac{1}{5}x^6 - \frac{1}{2}x^4 - 1$ b) $f(x) = \sin^2(x);\ x \in [0; \pi]$ c) $f(x) = \frac{1}{20}x^5 + \frac{23}{75}x^4 - \frac{7}{2}x^3 + x + 1$

7 Skizzieren Sie den Graphen einer ganzrationalen Funktion, der die angegebene Bedingung erfüllt. Geben sie möglichst einen passenden Funktionsterm an.

a) Der Graph besitzt keinen Wendepunkt und ist rechtsgekrümmt.

b) Der Graph hat genau einen Wendepunkt auf der x-Achse, links davon ist der Graph rechtsgekrümmt, rechts davon linksgekrümmt.

c) Der Graph hat einen Wendepunkt im Ursprung und genau einen Hoch- und Tiefpunkt.

8 a) Beweisen Sie: Der Graph einer ganzrationalen Funktion 3. Grades hat genau einen Wendepunkt.

b) Zeigen Sie: Fehlt bei einer ganzrationalen Funktion 3. Grades das quadratische Glied, dann liegt der Wendepunkt auf der y-Achse.

9 a) Welche Beziehung muss zwischen den Koeffizienten b und c bestehen, damit der Graph von $f: x \mapsto x^3 + bx^2 + cx + d$ einen Wendepunkt mit waagerechter Tangente hat?

b) Beweisen Sie: Der Graph der Funktion f mit $f(x) = ax^5 - bx^3 + cx;\ a, b, c \in \mathbb{R}^+;$ hat drei Wendepunkte, die auf einer Geraden liegen.

5 Funktionsuntersuchungen

1 Computer erstellen Graphen von Funktionen, indem sie in kleinen Schritten die Funktionswerte zu Stellen der x-Achse berechnen und als Punkte $P(x|f(x))$ am Bildschirm darstellen.
a) Lesen Sie am Graphen der Funktion f mit $f(x) = x^5 - x^3 + x^2$, den Sie mit dem CAS erzeugen, möglichst viele Eigenschaften ab.
b) Was tun Sie, wenn Sie keinen Computer zur Hand haben. Machen Sie Vorschläge!

Die bisherigen Ergebnisse werden nun angewandt, um den Graphen einer Funktion mithilfe der Differenzialrechnung skizzieren zu können, sofern kein CAS zur Verfügung steht. Man berechnet dazu die Schnittpunkte mit der x-Achse, Extrempunkte, Wendepunkte, usw., trägt diese ein und skizziert dann den Graphen.
Ist ein CAS vorhanden, so wird zunächst der Graph in einem geeigneten Bereich gezeichnet. Die erkannten Werte werden bestätigt. Zusätzliche Rechnungen sichern das Ergebnis ab, indem untersucht wird, ob es weitere Nullstellen, Extremwerte, Wendepunkte etc. gibt.

Beispiel 1: (Funktionsuntersuchung zur Erstellung des Graphen)
Untersuchen Sie den Graphen der Funktion f mit $f(x) = x^3 - 3x$ mit $D_f = \mathbb{R}$.

Hinweise:

1. Symmetrie: (nur bei zum Ursprung symmetrischem Definitionsbereich D_f)
Zum Ursprung:
$f(-x) = -f(x)$
zur y-Achse: $f(-x) = f(x)$
für alle $x \in D_f$

Rechnerische Lösung:
Da $f(-x) = (-x)^3 - 3\cdot(-x) = -x^3 + 3x = -f(x)$ ist, ist der Graph punktsymmetrisch zum Ursprung.

Überprüfung mit dem CAS:

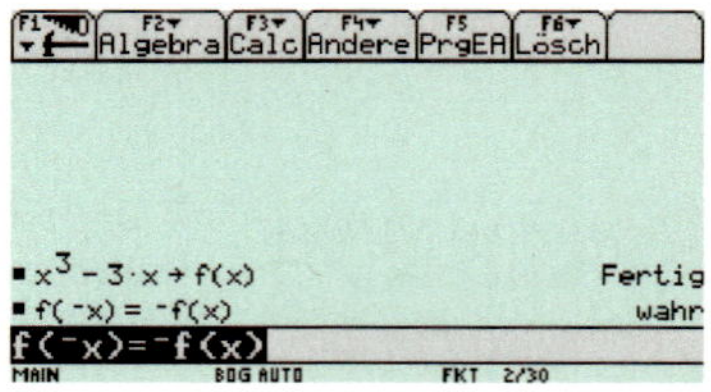

2. Schnittpunkte mit den Achsen:
Schnittpunkte mit x-Achse:
$x_0 \in D_f$ mit $f(x_0) = 0$;
Schnittpunkt mit y-Achse:
$S(0|f(0))$

Schnittpunkte mit x-Achse:
$x^3 - 3x = x\cdot(x^2 - 3) = 0$;
$x_1 = 0$; $x_2 = -\sqrt{3}$; $x_3 = \sqrt{3}$
$N_1(0|0)$; $N_2(-\sqrt{3}|0)$;
$N_3(\sqrt{3}|0)$
Schnittpunkt mit y-Achse
$S(0|0)$

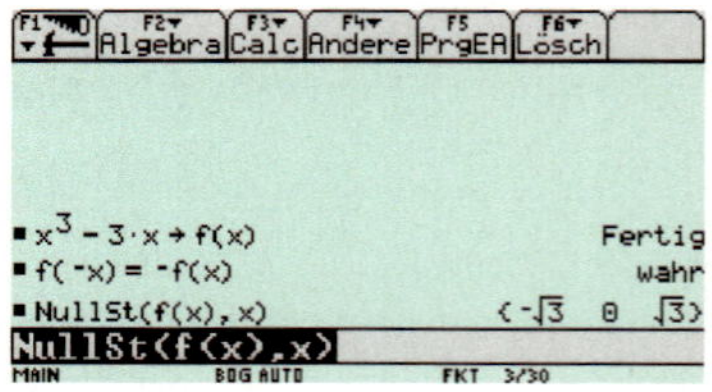

3. Verhalten für $|x| \to \pm\infty$:
Das Verhalten von $f(x)$ ist für große $|x|$ durch den Summanden mit der größten Hochzahl bestimmt.

Der entscheidende Summand von $f(x)$ ist x^3; also gilt:
$f(x) \to -\infty$ für $x \to -\infty$.
$f(x) \to +\infty$ für $x \to +\infty$

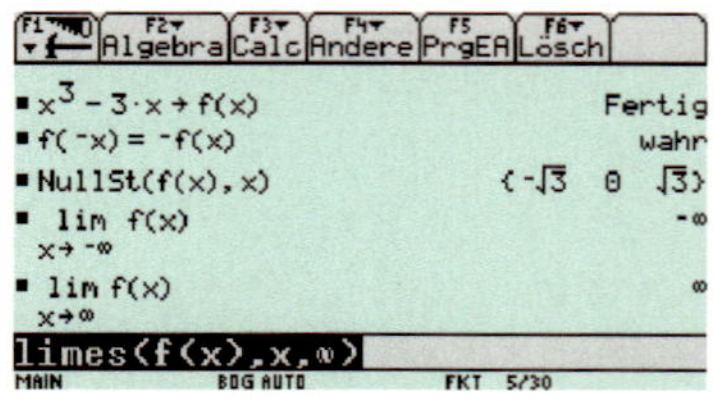

4. Ableitungen:
Von f werden die ersten drei Ableitungen bestimmt.

$f'(x) = 3x^2 - 3$;
$f''(x) = 6x$;
$f'''(x) = 6$

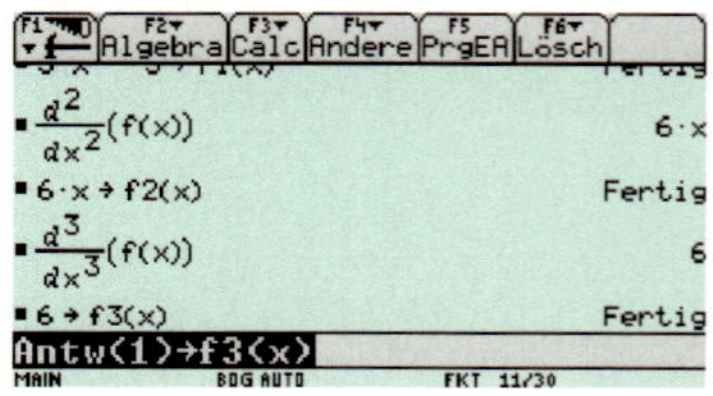

5. Extrempunkte:

$f'(x_0) = 0$ und
(1) $f'(x)$ wechselt in x_0 das Vorzeichen von – nach + (Minimalstelle) oder von + nach – (Maximalstelle)
oder
(2) $f''(x_0) > 0$ (lokales Minimum) oder $f''(x_0) < 0$ (lokales Maximum)

$3x^2 - 3 = 3 \cdot (x-1) \cdot (x+1) = 0$ ergibt $x_4 = 1$ und $x_5 = -1$.
Da $f''(-1) = -6 < 0$ ist, liegt in $x_4 = -1$ ein Maximum vor. Es ist $f(2) = 2$; daher ist $H(-1|2)$ Hochpunkt.
Wegen der Punktsymmetrie zu O ist $T(1|-2)$ ein Tiefpunkt.

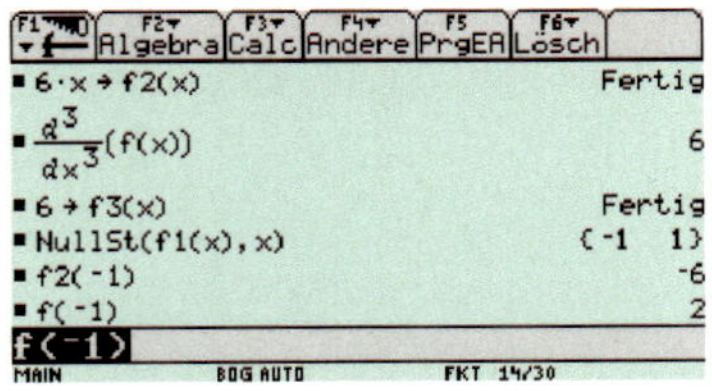

6. Wendepunkte:

$f''(x_0) = 0$ und
(1) $f''(x)$ wechselt in x_0 das Vorzeichen
oder
(2) $f'''(x_0) \neq 0$.

$6x = 0$; also $x_6 = 0$.
Wegen $f'''(0) = 6 \neq 0$ ist $W(0|0)$ Wendepunkt.
Steigung der Wendetangente ist $f'(0) = -3$.

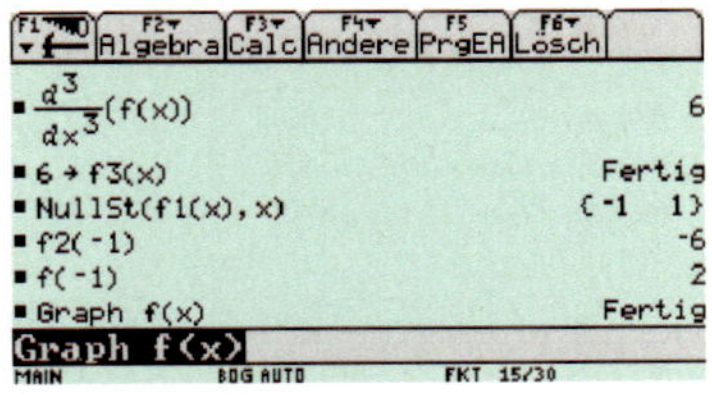

7. Graph:

Für die Skizze des Graphen werden die berechneten Punkte in ein Koordinatensystem eingezeichnet und gegebenenfalls noch weitere Punkte berechnet.

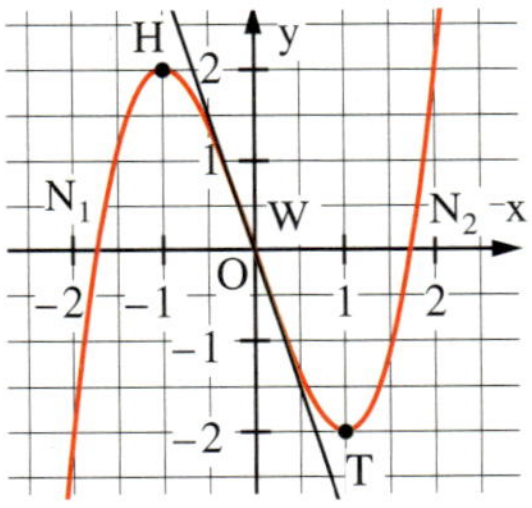

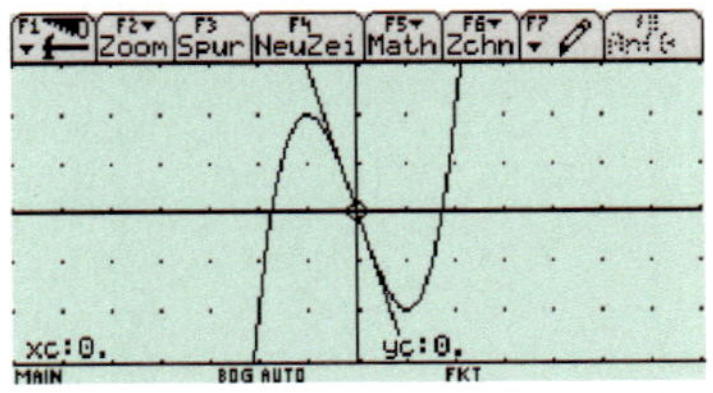

Funktionsuntersuchung

Beispiel 2: (Untersuchung des Graphen mit dem CAS)
Verschaffen Sie sich mit dem CAS einen Überblick über den Graphen der Funktion f mit $f(x) = 2x^4 + 7x^3 + 5x^2 - 1$ und bestimmen Sie anschließend näherungsweise die wichtigsten Punkte des Graphen. Weisen Sie nach, dass außer den angegebenen keine weiteren Nullstellen, Extrem- oder Wendepunkte vorliegen.

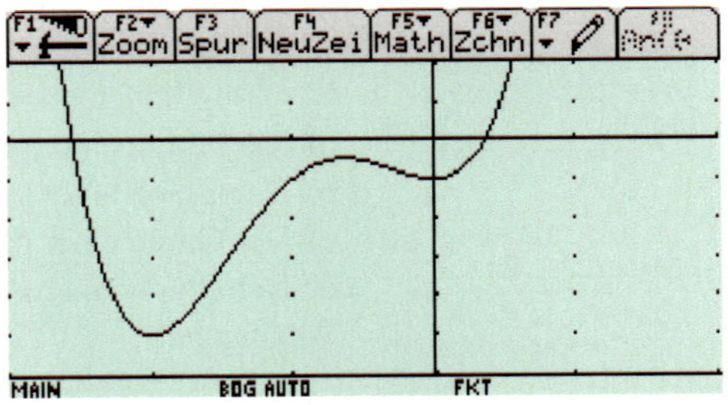

Lösung:
Man gibt in [Y=] die Funktion ein bestimmt nach einen Blick auf die Wertetabelle ([◆] [TABLE]) einen geeigneten Wertebereich.
Fig. 1 zeigt den Graphen der Funktion im Bereich: $x \in [-3; 2]$, $y \in [-6; 2]$.
Mit dem Math-Fenster [F5] können nun alle Punkte näherungsweise bestimmt werden:
Schnittpunkt der x-Achse: $N_1(-2{,}550|0)$; $N_2(0{,}359|0)$; Schnittpunkt mit der y-Achse: $S(0|-1)$; Hochpunkt: $H(-0{,}625|-0{,}451)$; Tiefpunkte: $T_1(-2|-5)$, $T_2(0|1)$; Wendepunkte: $W_1(-1{,}466|-3{,}070)$, $W_2(-0{,}284|-0{,}744)$.
Es gibt nur die zwei bestimmten Nullstellen. Dies wird im Hauptmenü durch die exakte Bestimmung der Nullstellen nachgeprüft. Es gibt genau 3 Extremstellen, da f′ eine ganzrationale Funktion vom Grad 3 ist, die höchstens 3 Nullstellen und damit drei Extremstellen haben kann. 3 Extremstellen wurden aber angegeben. Der Graph besitzt genau die bestimmten 2 Wendepunkte, da f″ eine granzrationale Funktion vom Grad 2 ist und damit höchstens 2 Nullstellen haben kann. 2 Wendepunkte wurden aber bestimmt, womit es keine weiteren gibt.

Aufgaben

2 Führen Sie eine Funktionsuntersuchung ohne CAS durch.

a) $f(x) = \frac{1}{3}x^3 - x$ b) $f(x) = \frac{1}{2}x^2 - \frac{1}{8}x^3$ c) $f(x) = \frac{1}{4}x^4 + x^3$

d) $f(x) = 2 - \frac{5}{2}x^2 + x^4$ e) $f(x) = \frac{1}{8}x^4 - \frac{3}{4}x^3 + \frac{3}{2}x^2$ f) $f(x) = \frac{1}{20}x^5 - \frac{1}{6}x^3$

3 Führen Sie eine Funktionsuntersuchung mit CAS durch.

a) $f(x) = \frac{1}{6}(x+1)^2(x-2)$ b) $f(x) = 0{,}1 \cdot (x^2+1)^2$ c) $f(x) = 0{,}1 \cdot (x^3+1)^2$

Ein genaues Untersuchen des Graphen kann manchmal durchaus zeitaufwändig sein!

4 Zeichnen Sie den Graphen der Funktion f mit dem CAS und bestimmen Sie die besonderen Punkte des Graphen.

a) $f(x) = x^6 - x^5 + x^4 - x^3 + x^2 - x + 1$ b) $f(x) = -\frac{1}{10}x^5 + 4x^4 - 2x^3 + 2$

c) $f(x) = -\frac{1}{10000}x^{10} + x^6 - \frac{1}{10000}x^2 + x - 1$ d) $f(x) = x^2 \cdot \cos(x) - x^2 \cdot \sin^2(x),\ x \in [-6; 6]$

5 Skizzieren Sie den Graphen einer Funktion f mit folgenden Eigenschaften
$f(-1) = 0$; $f(4) = 0$; $f'(4) = 0$; $f''(4) = 0$; $f'''(4) \neq 0$; $f(6) = 0$.
Beantworten und begründen Sie folgende Fragen.

a) Wie viele Extrempunkte muss der Graph mindestens haben?
b) Wie viele Wendepunkte muss der Graph mindestens haben?
c) Schneidet der Graph die y-Achse oberhalb oder unterhalb der x-Achse?

6 a) Weisen Sie rechnerisch nach, dass die Funktion f mit $f(x) = x - \sin(x)$ mit $D_f = \mathbb{R}$ keine lokalen Extremwerte besitzt.
b) Zeigen Sie, dass sämtliche Wendepunkte des Graphen von f Sattelpunkte sind.

7 Gegeben ist die Funktion f mit $f(x) = \frac{1}{20}x^5 - \frac{2}{3}x^3 + 3x$.

a) Bestätigen Sie, dass der Graph f an der Stelle $x_0 = \sqrt{2}$ ein lokales Maximum, für $x_1 = \sqrt{6}$ ein lokales Minimum und für $x_2 = 2$ eine Wendestelle besitzt.
b) An welchen Stellen müssen ebenfalls Extrem- und Wendestellen auftreten? Begründen Sie möglichst ohne Rechnung.
c) Berechnen Sie die Extremwerte und zeichnen Sie mithilfe des CAS den Graphen von f.

Können Sie 8c) verallgemeinern?

8 Begründen oder widerlegen Sie.

a) Der Graph einer ganzrationalen Funktion vom Grad 4 kann drei Wendepunkte haben.
b) Der Graph einer ganzrationalen Funktion vom Grad 5 hat immer 4 Extrempunkte.
c) Der Graph einer ganzrationalen Funktion vom Grad 5 hat mindestens einen Wendepunkt.
d) Der Graph einer ganzrationalen Funktion von ungeradem Grad hat immer den Ursprung als Wendepunkt.

9 Welche Beziehung muss für die Koeffizienten der Funktion f mit $f(x) = x^3 + bx^2 + cx + d$ gelten, damit der Graph von f zwei, genau eine bzw. keine waagerechte Tangente besitzt?

Wenn Sie keine Ideen haben, experimentieren Sie doch etwas mit dem CAS!

10 Welche Eigenschaften des Graphen der Funktion f (Schnittpunkte mit der x-Achse und der y-Achse, Extrem- und Wendepunkte) gelten, wenn $c \neq 0$ ist, auch für den Graphen von g? Wie verändern sich dabei gegebenenfalls die Koordinaten der Schnittpunkte mit der x-Achse, der y-Achse, Extrem- und Wendepunkte?

a) $g(x) = c \cdot f(x)$ b) $g(x) = f(x) + c$

c) $g(x) = f(x - c)$ d) $g(x) = c \cdot f(x - c)$

6 Untersuchungen von Funktionen in realem Bezug

1 Der Kraftstoffverbrauch eines Pkw (in Liter je 100 km) lässt sich in Abhängigkeit von der Geschwindigkeit x (in $\frac{km}{h}$) im 4-ten Gang näherungsweise durch die Funktion f mit $f(x) = 0{,}0017x^2 - 0{,}18x + 10{,}2;\ x \geqq 30$ beschreiben.
Bei welcher Geschwindigkeit ist der Verbrauch am geringsten? Wie groß ist dieser?

*Beim **Modellieren** eines Vorgangs werden vereinfachte Annahmen gemacht, um den Vorgang mathematisch bearbeiten zu können.*

Häufig kann eine reale Situation durch eine Funktion beschrieben werden. Mithilfe dieser Funktion lassen sich dann Fragestellungen beantworten, die in der Praxis auftreten.
Der Umsatz eines Unternehmens für ein abgelaufenes Jahr z. B. kann näherungsweise beschrieben werden durch $U(t) = 0{,}15t^3 - 2t^2 + 200$ (t in Monaten, U in Millionen €).
Bei der Untersuchung des Umsatzes helfen die Ableitungsfunktionen:
$U'(t) = 0{,}45t^2 - 4t;\ U''(t) = 0{,}9t - 4;\ U'''(t) = 0{,}9.$

Die zur Beschreibung einer realen Situation benutzte Funktion sei in einem Intervall von $\mathbb{R}$ definiert, dort stetig und differenzierbar.

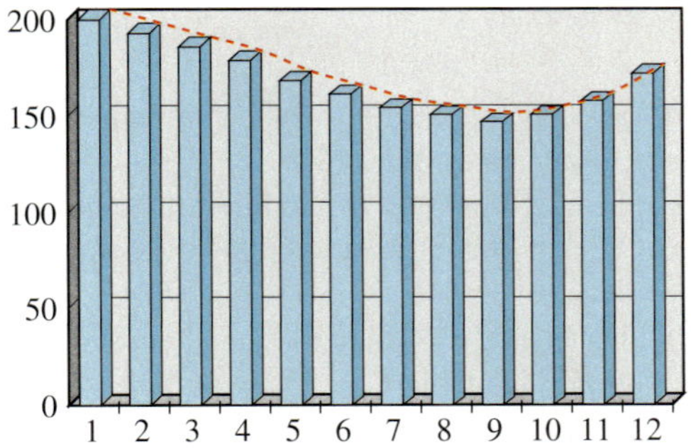

Der Zeitpunkt des geringsten Umsatzes ergibt sich aus $U'(t) = 0$. Dies liefert $t = \frac{80}{9} \approx 8{,}9$.
Der Umsatz ist am kleinsten im 9-ten Monat.
Die Änderung des Umsatzes wird durch die 1. Ableitung beschrieben. Das Extremum der 1. Ableitung ergibt die extremale Änderung des Umsatzes.
Aus $U''(t) = 0$ folgt $t = \frac{40}{9} \approx 4{,}4$.
Wegen $U'''\left(\frac{40}{9}\right) > 0$ hat das Unternehmen im 5-ten Monat den stärksten Umsatzrückgang.

Nachdem alle Größen in geeignete Einheiten umgeformt sind, wird nur mit den Maßzahlen gerechnet.

> Wenn eine reale Situation durch eine Funktion beschrieben ist, kann man versuchen, reale Problemstellungen durch Untersuchung dieser Funktion zu beantworten.

Beispiel:
Bei einem Vulkanausbruch werden Gesteinsbrocken mit einer Anfangsgeschwindigkeit von $v_0 = 120\,\frac{m}{s}$ senkrecht nach oben geschleudert. Welche Höhe erreichen sie, wenn der Luftwiderstand unberücksichtigt bleibt?

Lösung:
Wird ein Körper mit der Anfangsgeschwindigkeit v_0 (in $\frac{m}{s}$) senkrecht nach oben geworfen, gilt (h in Meter; t in Sekunden):

$$h(t) = v_0 \cdot t - \tfrac{1}{2} g \cdot t^2.$$

Hieraus folgt: $h'(t) = v(t) = v_0 - gt$.
Im höchsten Punkt ist $v(t) = 0$. Mit $g = 10$ folgt $0 = 120 - 10t$ und hieraus $t = 12$.
Die Steigzeit beträgt somit 12 Sekunden.
Weiterhin ist

$$h(12) = 120 \cdot 12 - \tfrac{1}{2} \cdot 10 \cdot 12^2 = 720.$$

Die Gesteinsbrocken erreichen also eine Höhe von 720 Metern über dem Vulkanrand.

Aufgaben

Der „Gateway-Arch" wurde in den Jahren 1959–1965 aus rostfreiem Stahl gebaut. Er soll als „Tor zum Westen" an den nach 1800 einsetzenden Siedlerstrom in den Westen der USA erinnern.

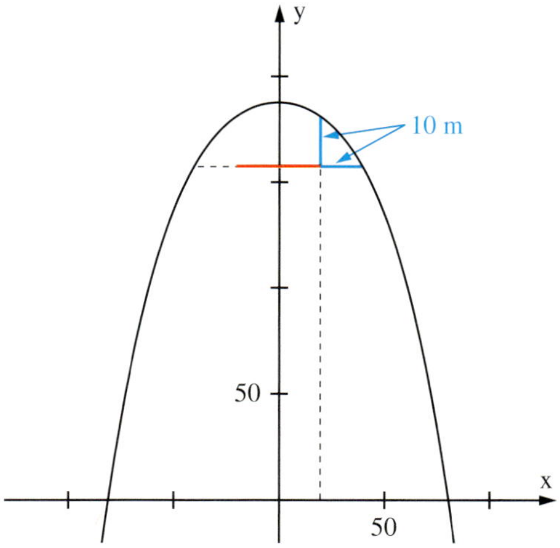

Fig. 1

2 Der Innenbogen des „Gateway-Arch" in St. Louis (USA) lässt sich näherungsweise modellieren (x in m) durch die Funktion f mit $f(x) = 187{,}5 - 1{,}579 \cdot 10^{-2}x^2 - 1{,}988 \cdot 10^{-6}x^4$.
a) Berechnen Sie die Höhe und die Breite des Innenbogens.
b) Wie groß sind die Winkel, die der Innenbogen mit der Grundfläche bildet?
c) Bei einer Flugveranstaltung soll ein Flugzeug mit einer Flügelspannweite von 18 m unter dem Bogen hindurchfliegen. Welche Maximalflughöhe muss der Pilot einhalten, wenn in vertikaler und in horizontaler Richtung ein Sicherheitsabstand zum Bogen von 10 m eingehalten werden muss?

Sie sollten jeweils selbst entscheiden, wann der CAS ein sinnvolles Hilfsmittel ist.

3 Die Funktion U mit $U(x) = 10 + 2\sqrt{2x}$; $x \in [0; 20]$ in Jahren, U in Millionen Euro, modelliert näherungsweise den Umsatz eines Betriebs.
a) Untersuchen Sie den Graphen der Funktion U und interpretieren Sie ihn.
b) Bestimmen Sie $U'(5)$ und $U'(10)$ und interpretieren Sie die beiden Werte für den Betrieb.

4 Ein Patient wird mit Fieber in ein Krankenhaus eingeliefert und behandelt. Die Temperaturkurve wird durch die Funktion F modelliert:
$F(t) = -\frac{1}{16}t^4 + \frac{7}{12}t^3 - \frac{15}{8}t^2 + \frac{9}{4}t + 39$; $t \in [0; 5]$ in Tagen; F in °C.
a) Welche Temperatur hat der Patient bei der Einlieferung ins Krankenhaus? Wann wird die höchste Temperatur gemessen? Wie hoch ist sie? Welcher Wert ergibt sich am 5. Tag?
b) Interpretieren Sie den Verlauf der Fieberkurve.

Denken Sie sich zu Aufgabe 5 noch weitere Fragen aus, die Sie beantworten können.

5 An einem Tag im Frühherbst wird die Oberflächentemperatur O eines Sees gemessen. Der Temperaturverlauf wird durch die Funktion O modelliert:
$O(t) = -\frac{1}{300}(t^3 - 36t^2 + 324t - 5700)$: $t \in \,]0; 24[$ in Stunden; O in °C. Berechnen Sie den Wendepunkt des Graphen von O und die Steigung der Wendetangente und deuten Sie diese für den See.

Seit Jahrtausenden wird die Mistel in der Heilbehandlung eingesetzt. In neuester Zeit wird der Mistelwirkstoff Lektin bei der Behandlung von Krebspatienten verwendet. Mistellektine steigern die Anzahl und die Aktivität der NK-Zellen (Natürliche Killerzellen, die direkt an der Tumorabwehr beteiligt sind) und der Lymphozyten-Zelltypen, die für die Bekämpfung von Tumorzellen von Bedeutung sind. Daneben werden auch andere Zellen des Immunsystems aktiviert, die Krebszellen über verschiedene Mechanismen abtöten können.

6 Die Erhöhung E der Aktivität der NK-Zellen (in %) durch Lektinpräparate hängt entscheidend von der Dosis x (in µl pro kg Körpergewicht) ab.
Sie kann näherungsweise durch
$E(x) = \frac{5}{9} \cdot \left(85 - 8x - \frac{50}{x}\right)$; $x \geqq \frac{5}{8}$
beschrieben werden.
a) Bei welcher Dosis ist die Wirkung am größten?
Welches ist die optimale Dosis für eine Person mit 85 kg Körpergewicht?
b) Ab welcher Dosis wirkt das Präparat sogar schädlich?

7 Extremwertprobleme

1 Stellen Sie den Umfang eines Rechtecks als Funktion einer einzigen Variable dar, wenn
a) die Rechteckseiten gleich lang sind
b) die Rechteckseiten im Verhältnis 2 : 3 stehen
c) das Rechteck den Flächeninhalt $20\,cm^2$ hat
d) die Rechteckdiagonale 5 cm lang ist.

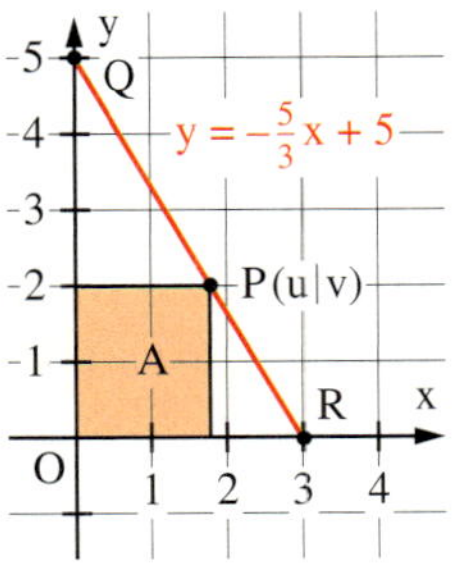

Fig. 1

Bisher wurden wiederholt Extremwerte bei vorgegebenen Funktionen bestimmt. Ist der Funktionsterm zunächst unbekannt, so muss er aus der Problemstellung ermittelt werden.

Aus einem dreieckigen Stück einer Glasscheibe (Fig. 1) soll ein rechteckiges Stück mit einem möglichst großen Flächeninhalt herausgeschnitten werden. Dazu muss derjenige Punkt P(u|v) auf der Strecke QR bestimmt werden, für den der Flächeninhalt des eingezeichneten Rechtecks am größten wird. Für den Flächeninhalt des Rechtecks erhält man zunächst (1) $A = u \cdot v$.
A hängt in diesem Fall von den beiden Variablen u und v ab. Die Variablen u und v sind nicht unabhängig voneinander. Da P auf der Geraden liegen soll, gilt die so genannte **Nebenbedingung** (2) $v = -\frac{5}{3}u + 5$ für $0 \leqq u \leqq 3$.
Setzt man die Nebenbedingung (2) in (1) ein, so erhält man die so genannte **Zielfunktion**:
$A(u) = u \cdot \left(-\frac{5}{3}u + 5\right),\ 0 \leqq u \leqq 3.$
Sie wird wie bisher in ihrer Definitionsmenge auf Extremwerte untersucht.

Strategie für das Lösen von Extremwertproblemen:
1. Beschreiben der Größe, die extremal werden soll, durch einen Term. Dieser kann mehrere Variablen enthalten.
2. Aufsuchen von Nebenbedingungen.
3. Bestimmung der Zielfunktion.
4. Untersuchung der Zielfunktion auf Extremwerte und Formulierung des Ergebnisses.
Hier sind auch absolute Extremwerte und Randwerte zu untersuchen.

Beispiel 1: (Innerer Extremwert)
Ein Sportstadion (Fig. 2) mit einer Laufbahn der Länge 400 m soll so angelegt werden, dass die Fläche A des eingeschlossenen Rechtecks als Fußballfeld möglichst groß ist.

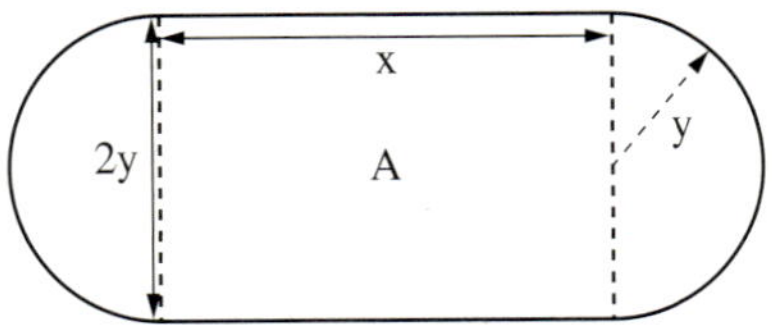

Fig. 2

Lösung:
1. Sind x und y die Längen (in m), so ist der Inhalt des Rechtecks $A = x \cdot 2y$.
2. Nebenbedingung ist $400 = 2x + 2\pi y$.
3. Aus $400 = 2x + 2\pi y$ ergibt sich $y = \frac{1}{\pi}(200 - x)$. Einsetzen in A ergibt die Zielfunktion $A(x) = \frac{1}{\pi}(400x - 2x^2)$. Da $x > 0$ und $y > 0$ ist, erhält man $x \in [0; 200]$.
4. Es ist $A'(x) = \frac{1}{\pi}(400 - 4x)$ und $A''(x) = -\frac{4}{\pi}$.
Da $A'(x) = 0$ für $x_0 = 100$ ist und $A''(100) < 0$ sind, liegt bei $x_0 = 100$ ein lokales Maximum von A vor. Dies ist gleichzeitig ein absolutes Maximum, da $A(0) = A(200) = 0$ ist, also die Randwerte kleiner als A(100) sind. Die Breite erhält man aus $y = \frac{1}{\pi}(200 - x)$, also $y \approx 31{,}84$.
Ergebnis: Der Platz innerhalb der 400 m-Bahn ist maximal für $x = 100\,m$ und $y = 31{,}84\,m$.

Anmerkung:
Maße eines Fußballfeldes:
Länge: 90 m bis 120 m
Breite: 45 m – 90 m
üblich sind die
Länge: 105 m
und die
Breite 70 m.

Beispiel 2: (Randextremwert)
Das Stück CD (Fig. 1) ist Teil des Graphen von f mit $f(x) = \frac{7}{16}x^2 + 2$. Für welche Lage von Q wird der Inhalt des Rechtecks RBPQ maximal?

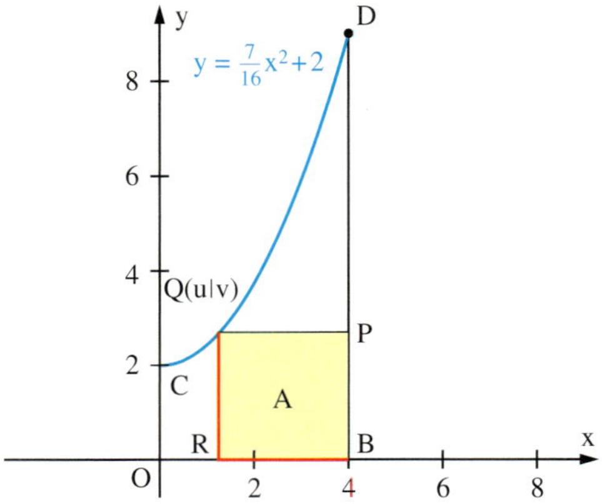

Fig. 1

Lösung:
1. Flächeninhalt des Rechtecks: $A = (4 - u) \cdot v$
2. Nebenbedingung: $v = f(u)$
3. Zielfunktion: $A(u) = (4 - u) \cdot \left(\frac{7}{16}u^2 + 2\right)$
$= -\frac{7}{16}u^3 + \frac{7}{4}u^2 - 2u + 8$; $D_A = [0; 4]$
4. Mit dem CAS erstellt man den Graphen der Zielfunktion und untersucht ihn auf Extremwerte (Fig. 2 und Fig. 3).

Bei realen Extremwertaufgaben sind die Randwerte unbedingt zu untersuchen!

Man erkennt, dass das absolute Maximum in [0; 4] nicht das lokale Maximum an der Stelle $u_0 \approx 1{,}837$ ist, sondern an der Randstelle $u_1 = 0$ angenommen wird. Maximale Größe: $A_{max} = 8$ für $u_1 = 0$.

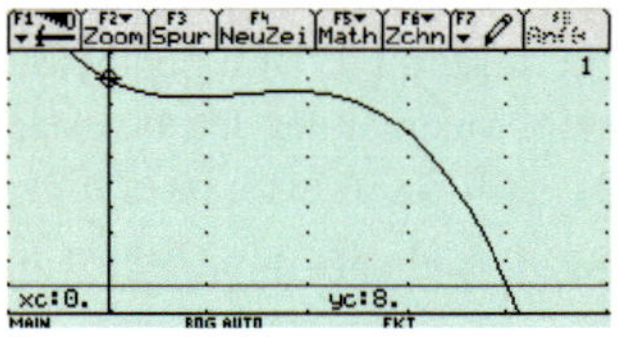

Fig. 2

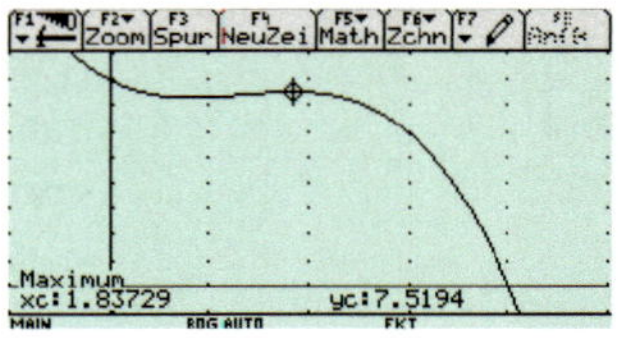

Fig. 3

Bei Extremwertproblemen muss der Term der Zielfunktion in Abhängigkeit von einer einzigen Variablen dargestellt werden. Manchmal gibt es mehrere Möglichkeiten. Welche Variable zweckmäßig ist, zeigt oft erst die Bearbeitung.

Beispiel 3: (Unterschiedliche Wahl der Variablen)
Einem Viertelkreis mit dem Radius $r = 5\,\text{cm}$ wird ein Dreieck OPQ einbeschrieben. Für welchen Winkel α wird der Inhalt des Dreiecks maximal?

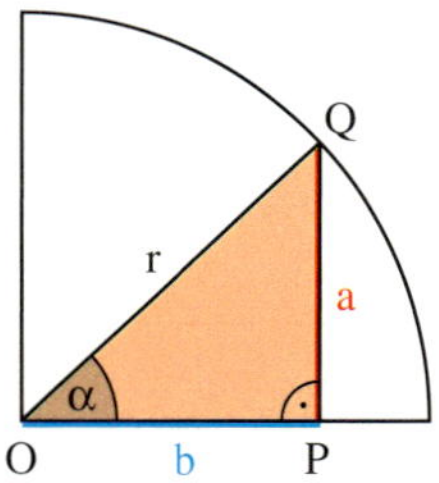

Fig. 1

Lösung:
Flächeninhalt des Dreiecks: $A = \frac{1}{2} \cdot a \cdot b$
Variablenwahl:

Winkel α: $\sin(\alpha) = \frac{a}{5}$; $\cos(\alpha) = \frac{b}{5}$
$A(\alpha) = \frac{1}{2} \cdot 25 \cdot \sin(\alpha) \cdot \cos(\alpha)$ mit $\alpha \in [0; 90°]$
Für die Zielfunktion $\alpha \mapsto A(\alpha)$ ist bisher keine Ableitungsregel behandelt worden. Mit dem CAS ist die Aufgabe lösbar.
Man stellt mit MODE auf Grad um, gibt den Funktionsterm mit Y= ein, wählt als X-Bereich –10…100 und als Y-Bereich –1…7 und erhält als absolutes Maximum $\alpha = 45°$.

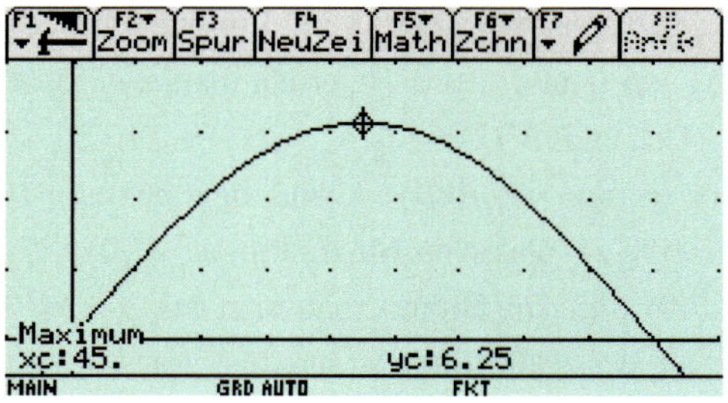

Tipp:
Nicht immer muss die gefragte Größe direkt berechnet werden.

Weitere Extremwertaufgaben

Kathete a: $b = \sqrt{25 - a^2}$
$A(a) = \frac{1}{2}a \cdot \sqrt{25 - a^2}$ mit $a \in [0; 5]$. Ersatzfunktion ist E mit $E(a) = \frac{1}{4}a^2 \cdot (25 - a^2)$.
Ableitungen:
$E'(a) = \frac{25}{2}a - a^3$; $E''(a) = \frac{25}{2} - 3a^2$
$E'(a) = \frac{25}{2}a - a^3 = a \cdot \left(\frac{25}{2} - a^2\right) = 0$ ergibt
$a = \frac{5}{\sqrt{2}} = \frac{5}{2}\sqrt{2}$. Damit ist auch $b = \frac{5}{\sqrt{2}} = \frac{5}{2}\sqrt{2}$.
Wegen $E''\left(\frac{5}{2}\sqrt{2}\right) = -25 < 0$ liegt für $a = \frac{5}{2}\sqrt{2}$ ein lokales Maximum vor.

Da an den Rändern gilt: $E(0) = 0$ und $E(5) = 0$, liegt in $a = \frac{5}{2}\sqrt{2}$ ein absolutes Maximum vor.
Wegen $a = b$ ist das Dreieck gleichschenklig.
Damit ist $\alpha = 45°$; $A = 6{,}25$.

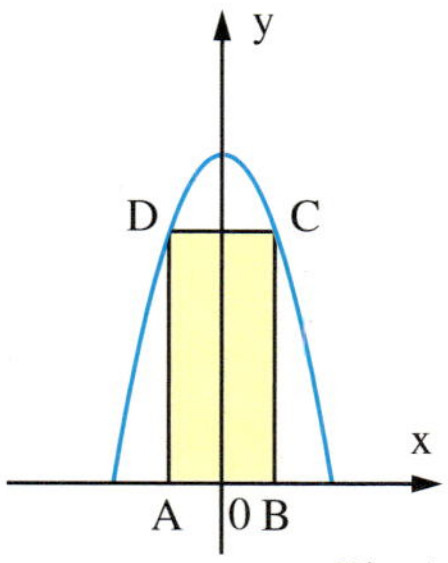

Fig. 1

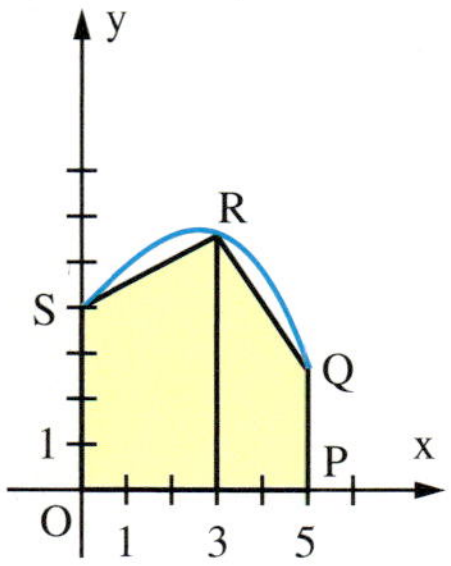

Fig. 2

Aufgaben

2 Gegeben sind f und g durch $f(x) = 0{,}5\,x^2 + 2$ und $g(x) = x^2 - 2x + 2$.
Für welchen Wert $x \in [0; 4]$ wird die Summe (die Differenz) der Funktionswerte extremal? Um welche Art von Extremum handelt es sich? Geben Sie das Extremum an.

3 Die Punkte $A(-u\,|\,0)$, $B(u\,|\,0)$, $C(u\,|\,f(u))$ und $D(-u\,|\,f(-u))$, $0 \leqq u \leqq 3$, des Graphen von f mit $f(x) = -x^2 + 9$ bilden ein Rechteck (Fig. 1). Für welches u wird der Flächeninhalt (Umfang) des Rechtecks ABCD maximal? Wie groß ist der maximale Inhalt (Umfang)?

4 Die Punkte $O(0\,|\,0)$, $P(5\,|\,0)$, $Q(5\,|\,f(5))$, $R(u\,|\,f(u))$ und $S(0\,|\,f(0))$ des Graphen von f mit $f(x) = -0{,}05\,x^3 + x + 4$; $0 \leqq x \leqq 5$, bilden ein Fünfeck (Fig. 2). Für welches u wird sein Inhalt maximal?

5 a) Zerlegen Sie die Zahl 12 so in zwei Summanden, dass ihr Produkt möglichst groß (die Summe ihrer Quadrate möglichst klein) wird.
b) Welche beiden reellen Zahlen mit der Differenz 1 (2; d) haben das kleinste Produkt?
c) Wie klein kann die Summe aus einer positiven Zahl und ihrem Kehrwert werden?

6 Ein Schäfer benötigt für seine Schafherde einen rechteckigen Pferch mit einem Flächeninhalt von $500\,\text{m}^2$. Wie soll er die Maße des Rechtecks wählen, damit für eine Umzäunung möglichst wenig Material benötigt wird, wenn eine Rechteckseite von einem Bach gebildet wird?

7 Wie muss ein Abwasserkanal, dessen Querschnittsfläche von der Form eines Halbkreises mit aufgesetztem Rechteck ist, gebaut werden, damit bei vorgegebener Querschnittsfläche $A = 2\,\text{m}^2$ der Umfang minimal wird? Handelt es sich um eine realistische Fragestellung?

8 Von welchem Punkt des Graphen von f hat der Punkt Q den kleinsten Abstand?

a) $f(x) = \frac{1}{x}$; $Q(0\,|\,0)$
b) $f(x) = x^2$; $Q(0\,|\,1{,}5)$
c) $f(x) = x^2$; $Q(3\,|\,0)$
d) $f(x) = \sqrt{x}$; $Q(a\,|\,0)$; $a \geqq 0{,}5$

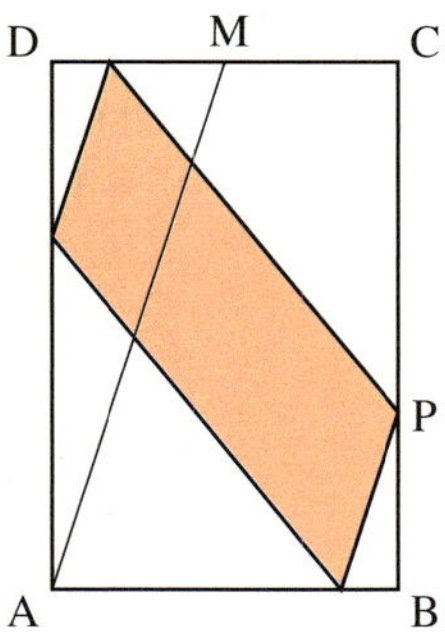

Fig. 3

9 Welches Rechteck mit dem Umfang 30 cm (mit dem Umfang a cm) hat die kürzeste Diagonale?

10 Welches rechtwinklige Dreieck mit der Hypotenuse 6 cm erzeugt bei Rotation um eine Kathete (um die Hypotenuse) den Rotationskörper größten Volumens?

11 Ein Rechteck ABCD ist 12 cm lang und 8 cm breit; M sei die Mitte von CD. Dem Rechteck soll ein Parallelogramm so einbeschrieben werden, dass zwei Seiten parallel zu AM sind, siehe Fig. 3. Für welche Lage des Punktes P wird der Flächeninhalt des Parallelogramms am größten?

12 Ein oben offener Karton mit quadratischer Grundfläche soll so hergestellt werden, dass bei einem Rauminhalt von $10\,\text{dm}^3$ die Oberfläche minimal ist. Welche Maße muss der Karton haben?

13 Aus einem rechteckigen Stück Blech mit den Kantenlängen $a = 16\,\text{cm}$ und $b = 10\,\text{cm}$ werden an den Ecken Quadrate der Kantenlänge y ausgestanzt, so dass aus dem restlichen Blech eine nach oben offene Schachtel gebogen werden kann. Wie muss y gewählt werden, damit eine Schachtel mit maximalem Volumen entsteht?

14 Aus einem Kreis aus Kunststoff mit Radius $r = 10\,\text{cm}$ soll ein Rechteck mit möglichst großem Umfang ausgeschnitten werden.
a) Bestimmen Sie die Länge der Rechteckseiten.
b) Berechnen Sie den Anteil in Prozent, den die Rechtecksfläche gegenüber der Kreisfläche ausmacht. Wie viel Prozent der Kreisfläche landen also im Recycling?

15 Aus einem 40 cm langen und 20 cm breiten Karton soll durch Herausschneiden von 6 Quadraten eine Schachtel hergestellt werden, deren Deckel auf 3 Seiten übergreift (Fig. 1).
Wie groß sind die Quadrate zu wählen, damit das Volumen der Schachtel möglichst groß wird? Welches Volumen und welche Maße hat diese Schachtel?

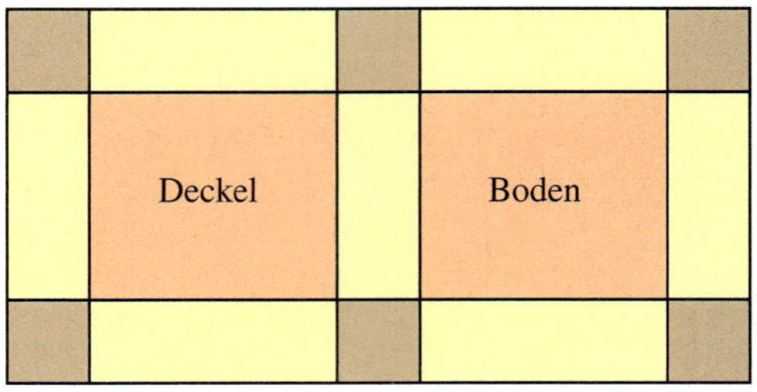

Fig. 1

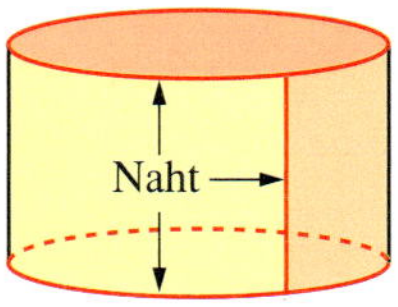

Fig. 2

16 Es sollen zylinderförmige Töpfe einfachster Bauart mit dem Rauminhalt 2 Liter hergestellt werden (Fig. 2). Wie sind Durchmesser und Höhe der Töpfe zu wählen, damit
a) die gesamte Schweißnaht (Bodenrand und eine Mantellinie) minimal wird?
b) der Blechverbrauch möglichst klein wird?

17 Aus zwei 20 cm breiten Brettern soll eine v-förmige Holzdachrinne hergestellt werden. Bei welchem Abstand der oberen Bretterkanten ist das Fassungsvermögen am größten?

18 Auf einem dreieckigen Grundstück soll eine rechteckige Lagerhalle gebaut werden. Bestimmen Sie für die Fälle A und B (Fig. 3) die größtmögliche Fläche der Halle, wenn diese
a) bis zur Grundstücksgrenze reichen darf
b) 3 m Abstand zur Grenze haben muss.

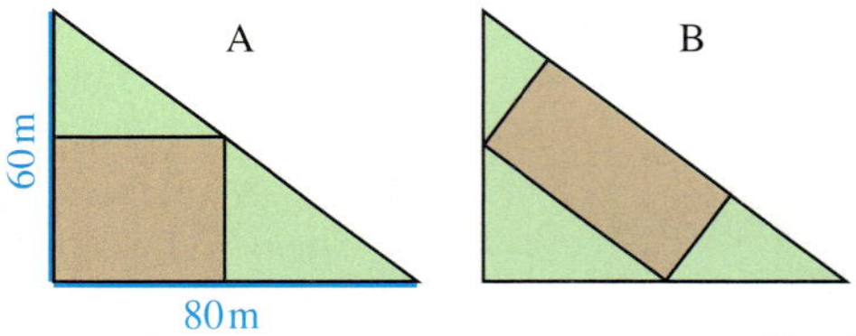

Fig. 3

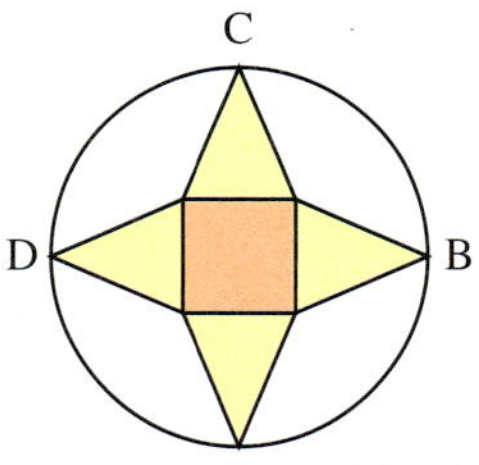

Fig. 4

19 Aus einem Kreis mit dem Radius $r = 10\,\text{cm}$ wird ein symmetrischer Stern ausgeschnitten (Fig. 4) und die vier Ecken A, B, C, D zur Spitze einer quadratischen Pyramide hochgebogen. Wie groß kann das Volumen der entstehenden Pyramide höchstens werden? Wie groß ist in diesem Fall die Pyramidenoberfläche?

Zimmermannsregel: Zeichne auf eine kreisförmige Querschnittsfläche des Baumstammes einen Durchmesser; teile diesen in drei gleiche Teile; ziehe in jedem Teilpunkt die Senkrechte zum Durchmesser; so ergibt sich der gesuchte Balkenquerschnitt.

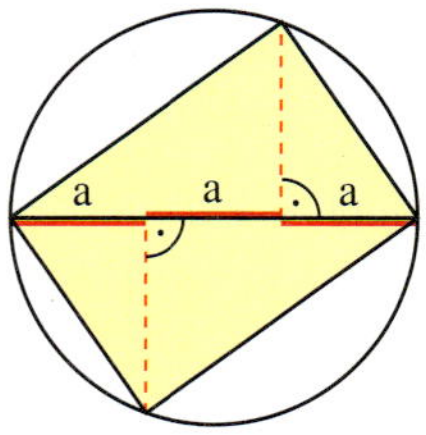

20 Die Tragfähigkeit von Holzbalken ist proportional zur Balkenbreite b und zum Quadrat der Balkenhöhe h (Fig. 5).
a) Aus einem zylindrischen Baumstamm mit dem Radius $r = 50\,\text{cm}$ soll ein Balken maximaler Tragfähigkeit herausgeschnitten werden.
Wie sind Breite und Höhe zu wählen?
b) Wie genau ist die Zimmermannsregel?

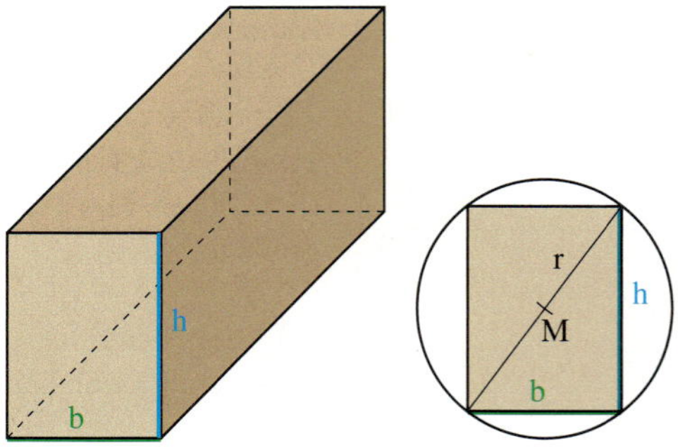

Fig. 5

21 Eine Elektronikfirma verkauft monatlich 5000 Stück eines Bauteils zum Stückpreis von 25 €. Die Marktforschungsabteilung dieser Firma hat festgestellt, dass sich der durchschnittliche monatliche Absatz bei jeder Stückpreissenkung von einem Euro um jeweils 300 Stück erhöhen würde. Bei welchem Stückpreis sind die monatlichen Einnahmen am größten?

8 Bestimmung ganzrationaler Funktionen

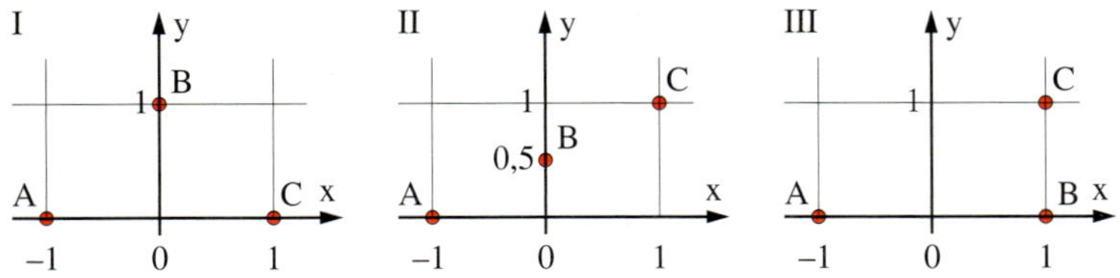

Fig. 1

1 Für welche der drei Fälle I, II, III lässt sich durch die drei Punkte A, B und C der Graph einer ganzrationalen Funktion
a) vom Grad 2
b) höchstens vom Grad 2
zeichnen?

Ist eine Funktion f gegeben, kann man die Koordinaten von Punkten des Graphen ermitteln. Sind umgekehrt Punkte vorgegeben, kann man versuchen, eine ganzrationale Funktion zu bestimmen, deren Graph durch diese Punkte geht.

Der Graph einer ganzrationalen Funktion 2ten Grades soll z.B. durch die Punkte $A(0|1)$, $B(1|2)$ und $C(2|7)$ gehen. Durch den Ansatz $f(x) = ax^2 + bx + c$ erhält man:

Anwendungen werden im nächsten Paragraphen behandelt.

$f(0) = 1$:	$c = 1$	(1)	(1), (2) und (3) bilden ein lineares
$f(1) = 2$:	$a + b + c = 2$	(2)	Gleichungssystem von drei Gleichungen
$f(2) = 7$:	$4a + 2b + c = 7$	(3)	mit den 3 Unbekannten a, b und c.

Das Gleichungssystem liefert $a = 2$; $b = -1$; $c = 1$. Also gilt: $f(x) = 2x^2 - x + 1$.

Bei drei gegebenen Punkten führte der Ansatz einer ganzrationalen Funktion 2ten Grades zum Ziel. Sind allgemein n + 1 Punkte vorgegeben, so liefert der Ansatz einer ganzrationalen Funktion n-ten Grades in gleicher Weise ein lineares Gleichungssystem von n + 1 Gleichungen für die n + 1 Koeffizienten des Funktionsterms.

Sind zusätzlich Ableitungswerte vorgegeben, so geht man entsprechend vor. Die Vorgaben
$f(0) = -2$; $f(1) = 0$; $f(-1) = -6$; $f'(0) = 0$
sind vier Bedingungen. Wir setzen daher eine ganzrationale Funktion 3ten Grades an.
Der Ansatz $f(x) = ax^3 + bx^2 + cx + d$ mit $f'(x) = 3ax^2 + 2bx + c$ liefert:

$f(0) = -2$:	$d = -2$	(1)	Das Gleichungssystem führt zu
$f(1) = 0$:	$a + b + c + d = 0$	(2)	$d = -2$; $c = 0$; $b = -1$; $a = 3$.
$f(-1) = -6$:	$-a + b - c + d = -6$	(3)	Somit ist f mit $f(x) = 3x^3 - x^2 - 2$
$f'(0) = 0$:	$c \quad = 0$	(4)	die gesuchte Funktion.

Die Kontrolle ist nötig, da nur notwendige Bedingungen verwendet werden. Vergleiche Aufgabe 5.

Strategie zur Bestimmung einer ganzrationalen Funktion:
1. Formulieren der gegebenen Bedingungen mithilfe von f, f′, f″ usw.
2. Bei n + 1 Bedingungen Ansetzen einer Funktion vom Grad n; Aufstellen des Gleichungssystems.
3. Lösen des Gleichungssystems; Angabe der gefundenen Funktion.
4. Kontrollieren des Ergebnisses.

Ist der Graph der gesuchten Funktion achsensymmetrisch zur y-Achse oder punktsymmetrisch zum Ursprung, kann dies bereits beim Ansatz berücksichtigt werden. Hierdurch vereinfacht sich das Gleichungssystem.

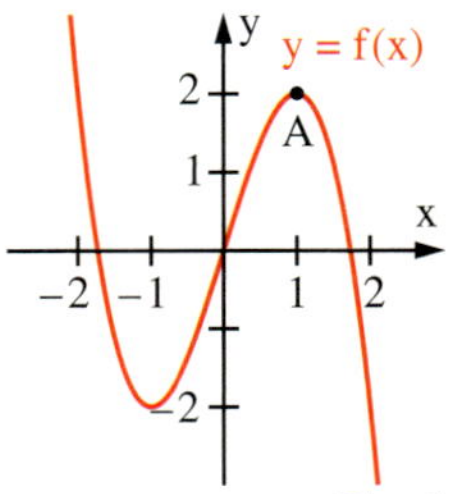

Fig. 1

Genau eine Lösung

Beispiel 1: (Grad der gesuchten Funktion ist gegeben)

Der Graph einer ganzrationalen Funktion f vom Grad 3 ist punktsymmetrisch zum Ursprung, geht durch $A(1|2)$ und hat für $x = 1$ eine waagerechte Tangente. Bestimmen Sie f.

Lösung:

1. Gegeben: $n = 3$; f ist ungerade; $f(1) = 2$; $f'(1) = 0$.
2. Ansatz ($n = 3$ und Punktsymmetrie): $f(x) = ax^3 + bx$; $f'(x) = 3ax^2 + b$
   $f(1) = 2$: $\quad a + b = 2 \quad (1)$
   $f'(1) = 0$: $\quad 3a + b = 0 \quad (2)$
3. Man bildet (2) – (1) und erhält: $2a = -2$, also $a = -1$. Setzt man diesen Wert in (1) ein, also $-1 + b = 2$, erhält man $b = 3$. Es ist also $f(x) = -x^3 + 3x$.
4. Die Funktion f ist ungerade und erfüllt die geforderten Bedingungen:
   $f'(x) = -3x^2 + 3$. Damit ist: $f(1) = -1 + 3 = 2$ und $f'(1) = -3 + 3 = 0$.

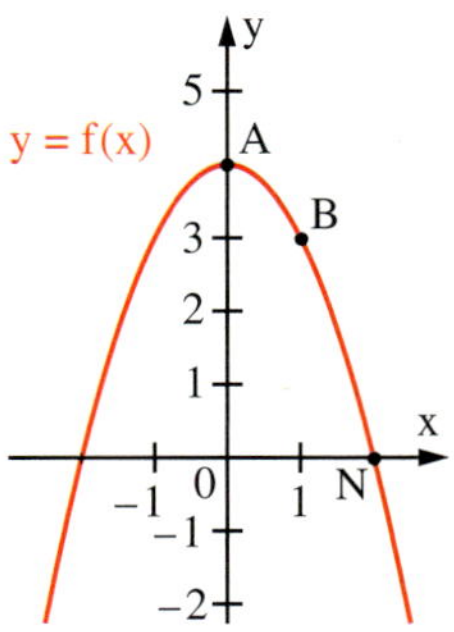

Fig. 2

Genau eine Lösung, aber Grad niederer als vermutet.

Beispiel 2: (Grad der gesuchten Funktion ist nicht gegeben)

Gesucht ist eine ganzrationale Funktion möglichst niedrigen Grades, deren Graph in $A(0|4)$ einen Extrempunkt hat, für $x = 2$ die x-Achse schneidet und durch $B(1|3)$ geht.

Lösung:

1. Bedingungen: $f(0) = 4$, $f'(0) = 0$, $f(2) = 0$, $f(1) = 3$;
   wegen der 4 Bedingungen ist der Grad mit $n = 3$ anzusetzen.
2. Ansatz: $f(x) = ax^3 + bx^2 + cx + d$; $f'(x) = 3ax^2 + 2bx + c$
   $f(0) = 4$: $\quad d = 4 \quad (1)$
   $f'(0) = 0$: $\quad c = 0 \quad (2)$
   $f(2) = 0$: $\quad 8a + 4b + 2c + d = 0 \quad (3)$
   $f(1) = 3$: $\quad a + b + c + d = 3 \quad (4)$
3. Mit $d = 4$ und $c = 0$ ergibt sich:
   $8a + 4b + 4 = 0$: $\quad 2a + b = -1 \quad (3')$
   $a + b + 4 = 3$: $\quad a + b = -1 \quad (4')$
   Man bildet (3') – (4') und erhält $a = 0$ und $b = -1$. Es ist $f(x) = -x^2 + 4$.
4. Die gefundene Funktion ist trotz des Ansatzes einer ganzrationalen Funktion 3. Grades nur vom Grad 2. Sie erfüllt dennoch die geforderten Bedingungen: Mit $f'(x) = -2x$ ergibt sich $f(0) = 4$; $f'(0) = 0$; $f(2) = 0$ und $f(1) = 3$.

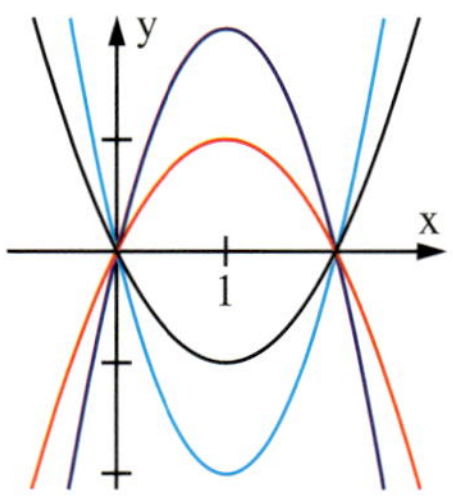

Fig. 3

Unendlich viele Lösungen Ergebnis: eine Kurvenschar

Beispiel 3: (Grad der gesuchten Funktion ist nicht gegeben)

Bestimmen Sie eine ganzrationale Funktion möglichst niedrigen Grades, so dass gilt:
$f(0) = 0$; $f(2) = 0$ und $f'(1) = 0$.

Lösung:

1. Bedingungen: $f(0) = 0$, $f(2) = 0$, $f'(1) = 0$;
   Wegen der 3 Bedingungen ist der Grad $n = 2$ anzusetzen.
2. Ansatz: $f(x) = ax^2 + bx + c$; $f'(x) = 2ax + b$
   $f(0) = 0$: $\quad c = 0 \quad (1)$
   $f(2) = 0$: $\quad 4a + 2b + c = 0 \quad (2)$
   $f'(1) = 0$: $\quad 2a + b = 0 \quad (3)$
3. Mit $c = 0$ ergibt sich:
   $4a + 2b = 0$: $\quad 2a + b = 0 \quad (2')$
   $2a + b = 0$: $\quad 2a + b = 0 \quad (3')$
   Da die Gleichungen (2') und (3') identisch sind, ergibt sich $b = -2a$. Damit ist a beliebig wählbar. Bei festem a ist dann b festgelegt, z. B. ist für $a = 2$: $b = -4$.
4. Jede Funktion f mit $f(x) = ax^2 - 2ax$; $a \in \mathbb{R}$ erfüllt die geforderten Bedingungen.
   Mit $f'(x) = 2ax - 2a$ ergibt sich
   $f(0) = 0$; $f(2) = 4a - 4a = 0$; $f'(1) = 2a - 2a = 0$.

Beachten Sie, dass Messwerte keine exakten Werte sind, sondern innerhalb einer gewissen Zahl von Stellen Gültigkeit haben.

Anleitung und Aufgaben

Beispiel 4: (Funktionsanpassung mit dem CAS)
Gegeben ist die Messreihe

x	0	2	5	9	15
y	10	18	20	21	20

a) Ermitteln Sie eine ganzrationale Funktion, deren Graph durch diese Messpunkte verläuft.
b) Nähern Sie die Messreihe auch durch ganzrationale Funktionen niedrigeren Grades an und überlegen Sie, ob eine derartige Annäherung sinnvoll sein könnte.
Lösung:
a) Man geht in das Menü Stat/Listen und gibt in die Liste 1 die x-Werte, in Liste 2 die zugehörigen y-Werte ein (Fig. 1). Man geht dann mit [F4] (Rechn) zu 3: Regressionen ▸ und im nächsten Fenster zu 6: QuartReg. (Fig. 2). Man gibt nun die Namen der Listen, also x und y ein und speichert die Regressionsgleichung in y1 (x) (Fig. 3). Nun gibt man einen geeigneten Bereich an und erhält ein Bild des Graphen durch die vorgegebenen Punkte (Fig. 4).

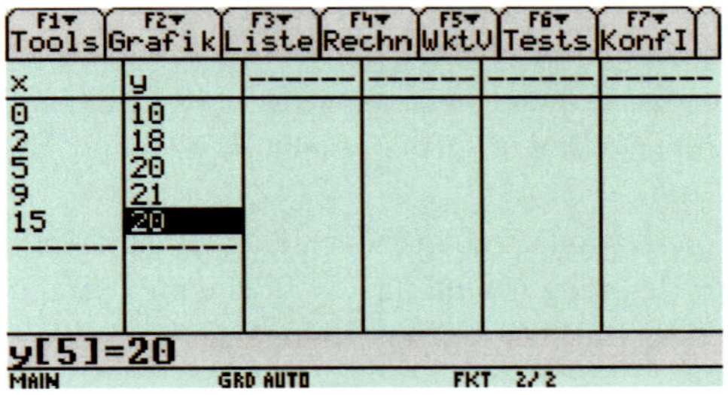

Fig. 1

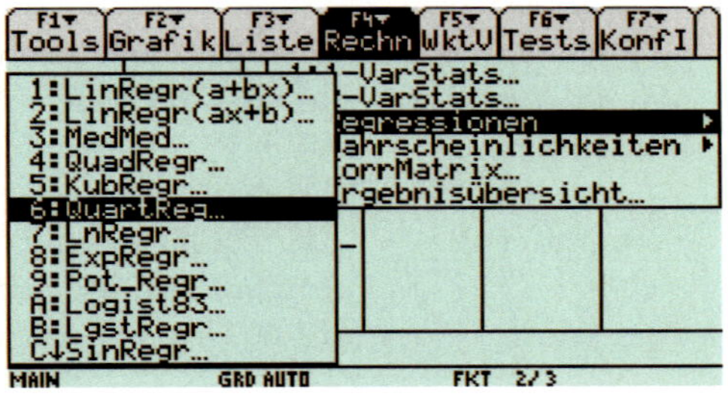

Fig. 2

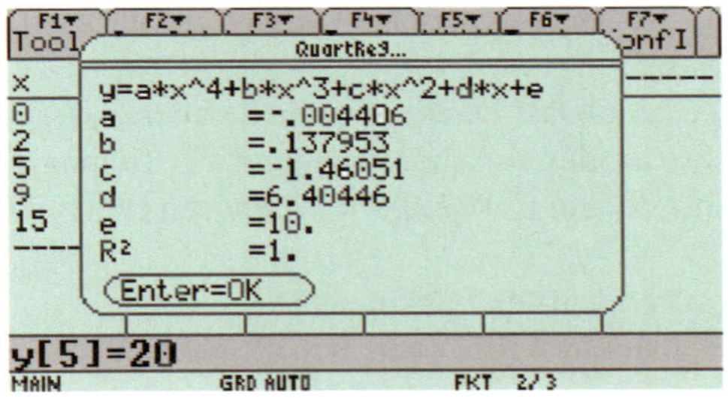

Fig. 3

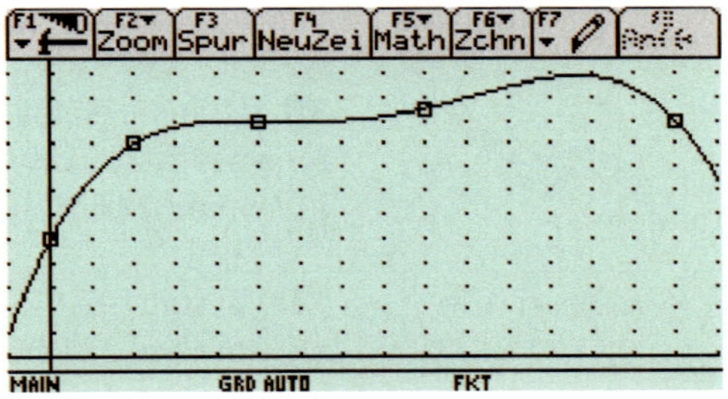

Fig. 4

Damit ist f mit $f(x) = -0{,}0044\,x^4 + 0{,}1380\,x^3 - 1{,}4645\,x^2 + 6{,}4045\,x + 10$ eine ganzrationale Funktion durch die fünf vorgegebenen Punkte.
b) Eine Anpassung mit einer ganzrationalen Funktion vom 3. Grad (KubRegr) zeigt Fig. 5. Jetzt liegen allerdings nicht mehr alle gegebenen Punkte auf dem Graphen (Fig. 5). Fig. 6 und Fig. 7 zeigen die Graphen bei quadratischer und linearer Funktionsanpassung.

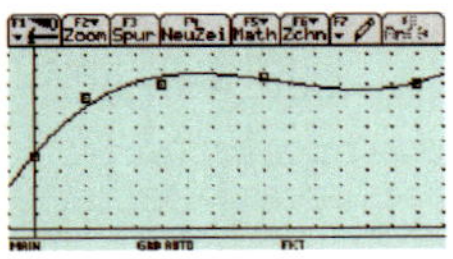
Fig. 5

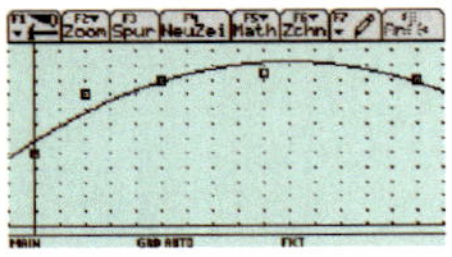
Fig. 6

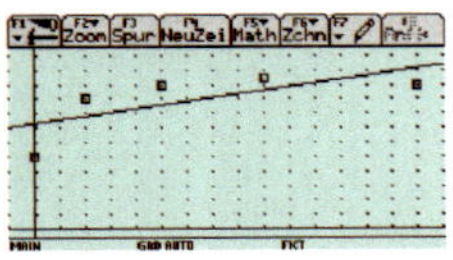
Fig. 7

Aufgaben

2 Bestimmen Sie die ganzrationale Funktion vom Grad 2, deren Graph durch die angegebenen Punkte geht.
a) A(−1|0), B(0|−1), C(1|0) b) A(0|0), B(1|0), C(2|3)

3 Bestimmen Sie alle ganzrationalen Funktionen vom Grad 2, deren Graph durch die angegebenen Punkte geht.
a) A(−1|2), B(1|2) b) A(2|0), B(−2|0) c) A(2|0) d) A(0|0)

Tragen Sie bei den Aufgaben zunächst die gegebenen Stücke in ein Achsenkreuz ein und überlegen Sie, wie der Graph verlaufen könnte.

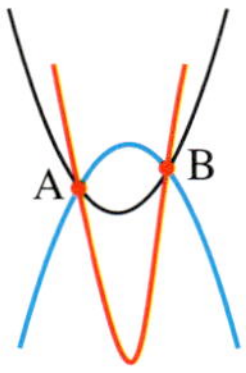

Geht durch A und B
Fig. 1

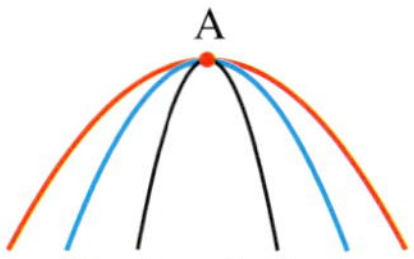

Hochpunkt in A
Fig. 2

Tiefpunkt in A
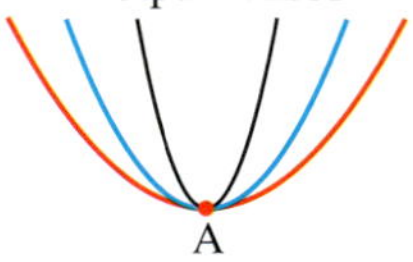

Fig. 3

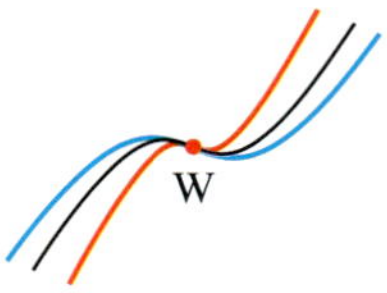

Wendepunkt in W
Fig. 4

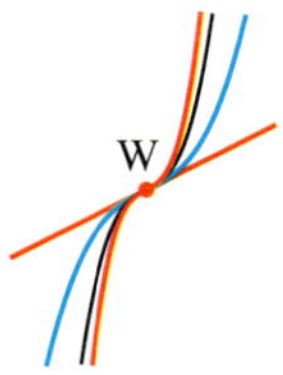

Wendepunkt in W mit Wendetangente
Fig. 5

4 Bestimmen Sie alle ganzrationalen Funktionen vom Grad 3, deren Graph durch die angegebenen Punkte geht.

a) $A(0|1)$, $B(1|0)$, $C(-1|4)$, $D(2|-5)$ b) $A(0|-1)$, $B(1|1)$, $C(-1|-7)$, $D(2|17)$
c) $A(1|0)$, $B(0|2)$, $C(-2|2)$ d) $A(1|1)$, $B(0|1)$

5 Bestimmen Sie eine ganzrationale Funktion vom Grad 3, deren Graph
a) durch $A(2|0)$, $B(-2|4)$ und $C(-4|8)$ geht und einen Hochpunkt auf der y-Achse hat
b) durch $A(2|2)$ und $B(3|9)$ geht und in $W(1|1)$ einen Wendepunkt mit waagerechter Tangente hat.

6 Begründen Sie, dass es für die folgenden Bedingungen keine ganzrationale Funktion f gibt.
a) Grad von f gleich 2; Nullstellen für $x = 2$ und $x = 4$; Maximum für $x = 0$.
b) Grad von f gleich 3; Extremwerte für $x = 0$ und $x = 3$; Wendestelle für $x = 1$.
c) Grad von f gleich 4; f gerade, Wendestelle für $x = 1$; Maximum für $x = 2$.

7 Bestimmen Sie die ganzrationale Funktion 3ten Grades, deren Graph
a) die x-Achse im Ursprung berührt und deren Tangente in $P(-3|0)$ parallel zur Geraden $y = 6x$ ist
b) in $P(1|4)$ einen Extrempunkt und in $Q(0|2)$ einen Wendepunkt hat.

8 Bestimmen Sie alle ganzrationalen Funktionen 3ten Grades, deren Graph
a) punktsymmetrisch zum Ursprung ist und für $x = 2$ einen Extrempunkt hat
b) im Ursprung einen Wendepunkt mit der Wendetangente $y = x$ hat.

9 Wählen Sie selbst mindestens zwei Beispiele durch Angabe von Bedingungen wie in den vorangehenden Aufgaben, so dass es keine Funktion gibt, die diese erfüllen kann.

10 Bestimmen Sie die ganzrationale Funktion 4. Grades, deren Graph
a) symmetrisch zur y-Achse ist, durch $A(0|2)$ geht und den Tiefpunkt $B(1|0)$ hat
b) symmetrisch zur y-Achse ist und in $P(2|0)$ eine Wendetangente mit der Steigung $-\frac{4}{3}$ hat.

11 Bestimmen Sie alle ganzrationalen Funktionen
a) vom Grad 2, deren Graph durch $A(0|2)$ und $B(6|8)$ geht und die x-Achse berührt
b) vom Grad 3, deren Graph durch $A(-2|2)$, $B(0|2)$ und $C(2|2)$ geht und die x-Achse berührt
c) vom Grad 4, die gerade ist, die Wendestelle $x = 1$ und das relative Minimum 0 hat.

12 Ermitteln Sie mit dem CAS durch „Funktionsanpassung“ wie im Beispiel 4 die ganzrationale Funktion f niedrigsten Grades, die alle Funktionswerte der Tabelle an den angegebenen Stellen annimmt.
Nehmen Sie auch Funktionsanpassungen mit niedrigerem Grad vor.

a)

x	0	3	8	10
y	9	6	2	5

b)

x	0,1	0,85	1,12	1,88	2,34
y	10	45	37	22	4

c)

x	100	324	418
y	189,4	104,3	50,4

d)

x	1500	1700	1900	2000	2100
y	1,2	1,6	2,2	5,8	10,9

9 Ganzrationale Funktionen in Sachzusammenhängen mit vorgegebenem Koordinatensystem

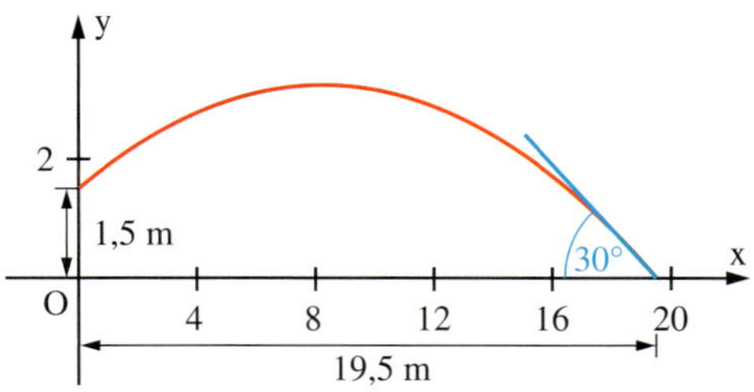

Fig. 1

1 Beim Kugelstoßen beschreibt die Kugel angenähert eine Bahn wie in Fig. 1 dargestellt.
a) Welcher Graph einer ganzrationalen Funktion beschreibt den Verlauf der Wurfbahn näherungsweise?
b) Beschreiben Sie, wie man vorgehen kann, um den höchsten Punkt der Flugbahn rechnerisch zu bestimmen.

Bei realen Problemstellungen können funktionale Zusammenhänge erst beschrieben werden, wenn die wesentlichen Daten in einem Koordinatensystem dargestellt sind. Ist dieses Koordinatensystem vorgegeben, so erhält man bei der Bestimmung einer gesuchten ganzrationalen Funktion ein lineares Gleichungssystem. Das Vorgehen wird an Beispielen verdeutlicht.

Skiakrobatik umfasst die Disziplinen: Schanzenspringen, Ballett und Buckelpistenfahren.

Beispiel 1: (Auffinden eines Funktionsterms)

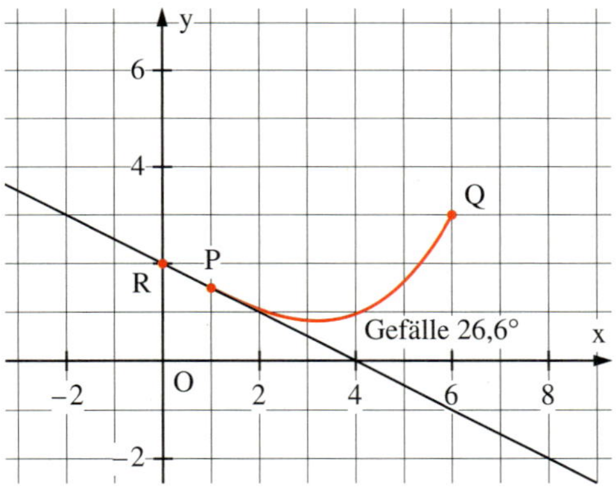

Fig. 2

Für eine Teildisziplin der Skiakrobatik, dem Schanzenspringen, soll eine neue Schanze im Bereich von $P\left(1\,\middle|\,\frac{3}{2}\right)$ bis $Q(6\,|\,3)$ gebaut werden. Außerdem soll ihr Querschnitt den Punkt $R(0\,|\,2)$ enthalten. Fig. 2 zeigt einen Teil der Schanze in einem vorgegebenen Koordinatensystem. Die Einheit 1 entspricht 1 m in der Realität.
Lösung:
Da der Graph K durch die 3 Punkte P, Q und R geht und in P eine vorgegebene Steigung hat, liegt der Ansatz einer ganzrationalen Funktion vom Grad 3 nahe.

Ansatz: $f(x) = a x^3 + b x^2 + c x + d;\; f'(x) = 3 a x^2 + 2 b x + c$

$Q(0\,\vert\,2) \in K$, d. h. $f(0) = 2$:	$d = 2$
$P\left(0\,\vert\,\frac{3}{2}\right) \in K$, d. h. $f(1) = \frac{3}{2}$:	$a + b + c + d = \frac{3}{2}$
$Q(6\,\vert\,3) \in K$, d. h. $f(6) = 3$:	$216a + 36b + 6c + d = 6$
Steigung in P ist $-\frac{1}{2}$, d. h. $f'(1) = -\frac{1}{2}$:	$3a + 2b + c + d = -\frac{1}{2}$

Lösen des Gleichungssystems mit dem CAS:
Im Hauptbildschirm holt man mit [F2] 1:Löse(. Dahinter gibt man die 4 Gleichungen mit „and" verbunden ein. Dahinter schreibt man, getrennt jeweils durch Kommas, die Lösungsvariablen a, b, c und d in geschweifter Klammer. Die Bestätigung mit [ENTER] liefert dann die Lösungen (Fig. 3). Gesuchte Funktion:
$f(x) = \frac{2}{75}x^3 - \frac{4}{75}x^2 - \frac{71}{150}x + 2.$

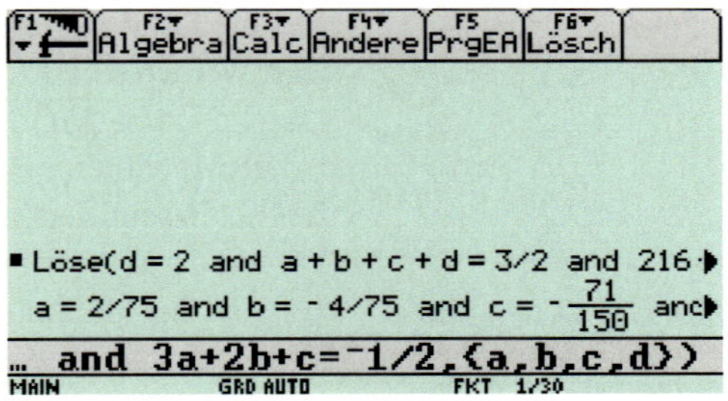

Fig. 3

Mithilfe des Befehls [F5] Spur *im Grafikfenster kann man sehr leicht die Punkte kontrollieren.*

Bemerkung: Wenn man ein Ergebnis erhalten hat, sollte man nochmals eine Kontrolle durchführen. Dies kann z. B. dadurch geschehen, dass man die erhaltene Kurve mit dem CAS zeichnet und auf die Bedingungen kontrolliert. Fig. 1 zeigt den Graphen von f und die Ableitung von f an der Stelle 1.

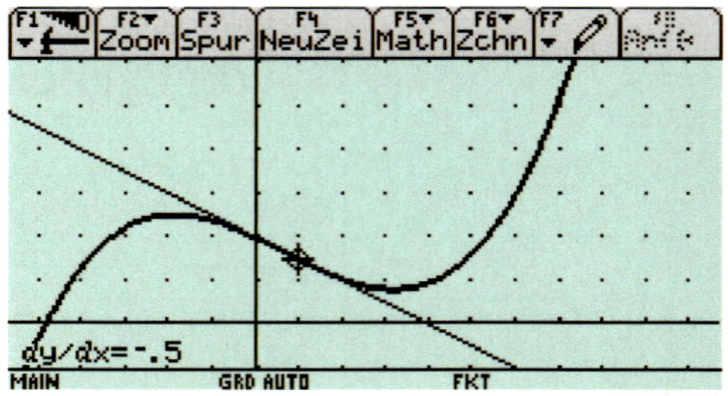

Fig. 1

Beispiel 2: (Auffinden eines Funktionsterms und Untersuchung)
Jungtiere nehmen in den ersten Wochen häufig stark zu, später verringert sich die Gewichtszunahme. Bei einer bestimmten Tierart liegt das Geburtsgewicht bei durchschnittlich 48 g, nach 4 Wochen wiegt das Tier 400 g, nach 8 Wochen 960 g und nach 12 Wochen 1200 g.

a) Berechnen sie die durchschnittliche wöchentliche Gewichtszunahme der Tierart innerhalb des Beobachtungszeitraums.

b) Stellen Sie eine ganzrationale Funktion auf, die die Gewichtszunahme in den ersten 12 Wochen modelliert.

c) Bestimmen Sie den Graphen und machen Sie Aussagen über die Gültigkeit der Modellierung.

d) Zu welchem Zeitpunkt nehmen die Jungtiere am stärksten zu? Wie groß ist dann die wöchentliche Zunahme?

Lösung:

Die Gewichtszunahme von $96\frac{g}{Woche}$ ist, geometrisch interpretiert, die Steigung der Geraden durch die Punkte P(0|48) und Q(12|200). Es handelt sich um die mittlere Änderungsrate der Funktion über dem Intervall [0; 12].

a) Die Zunahme in den ersten 12 Wochen beträgt 1200 g – 48 g = 1152 g. Daraus ergibt sich eine durchschnittliche wöchentliche Gewichtszunahme von $w = \frac{1152}{12}\frac{g}{Woche} = 96\frac{g}{Woche}$.

b) Da 4 Wertepaare (0|48); (4|400); (8|960); (12|1200) gegeben sind, liegt der Ansatz einer ganzrationalen Funktion vom Grad 3 nahe: $f(t) = a t^3 + b t^2 + c t + d$.

1. Lösungsmöglichkeit
Man definiert die Funktion f(t), nimmt die Einsetzungen vor und speichert die entstehenden Gleichungen in gl1 bis gl4. Damit ist nur noch das Gleichungssystem zu lösen (Fig. 2).
Man erhält $f(t) = -\frac{11}{8}t^3 + 23t^2 + 18t + 48$

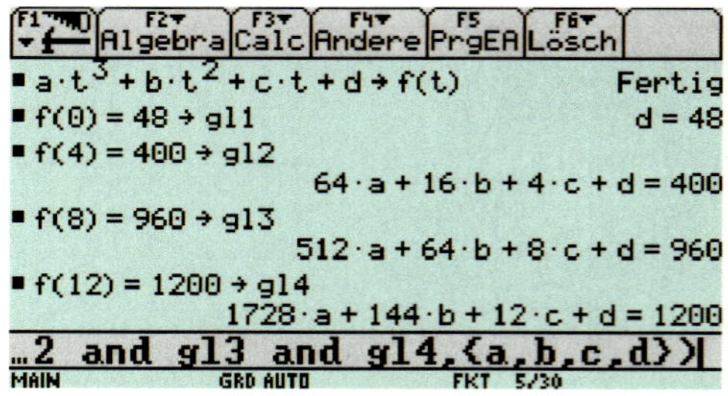

Fig. 2

2. Lösungsmöglichkeit:
Man gibt die Wertepaare in eine Liste ein, unter c1 die x-Werte unter c2 die y-Werte und zeichnet sie als Punkte im PLOT-Fenster. Dann geht man im Listenfenster über [F5] CALC über ZweiVar→ zu 3:KubRegr, also zu einer Anspassung mit einer ganzrationalen Funktion vom Grad 3, gibt ein, dass die x-Werte aus der Spalte c1, die y-Werte aus der Spalte c2 zu wählen sind und dass die Regressionsgleichung in [Y1] gespeichert werden soll. Man erhält die Gleichung $y = -1{,}375t^3 + 23t^2 + 18t + 48$. Graph: Fig 3.

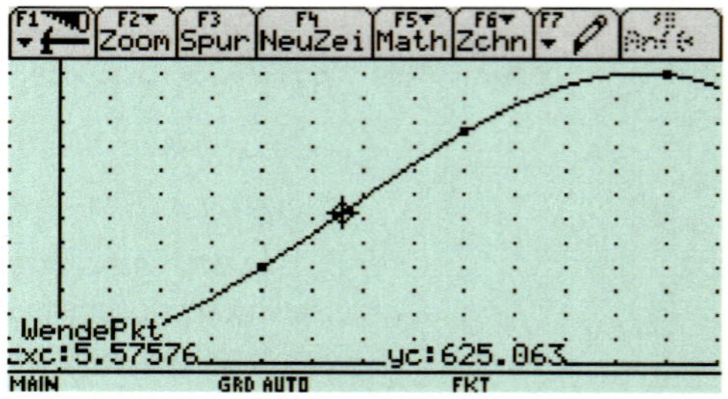

Fig. 3

c) Die Modellierung ist kritisch im Bereich von t = 12 Wochen. Man erkennt, dass das Tier ab diesem Zeitpunkt an Gewicht verlieren würde. Man kann die Anpassung bestenfalls für $0 \leqq t \leqq 11$ akzeptieren.

Man kann bei Aufgabenteil d) auch die Ableitungsfunktion zeichnen und ihr Maximum bestimmen.

d) Es ist das Maximum von f′(t) zu bestimmen. Dieses Maximum liegt bei $f''(t_0) = 0$ mit $f'''(t_0) < 0$, also im Wendepunkt. Es ergibt sich $t_0 \approx 5{,}57$ mit $f'(5{,}57) \approx 146{,}2$. Damit ist die Gewichtszunahme am größten $5\frac{1}{2}$ Wochen nach der Geburt mit $146\frac{g}{Woche}$.

Aufgaben

2 Beim Bau einer Erdölpipeline muss zwischen zwei geradlinig verlaufenden Teilstücken eine Verbindung gebaut werden. In einem geeigneten Koordinatensystem lassen sich die beiden Teilstücke durch Geraden mit den Gleichungen $y = -\frac{1}{2}x$ für $x \leqq 2$ bzw. durch $y = 2x - 13$ für $x \geqq 7$ darstellen.
a) Die Teilstücke sollen miteinander verbunden werden. Geben Sie eine ganzrationale Funktion 3. Grades an, so dass die Pipelines knickfrei ineinander übergehen.
b) Bestimmen Sie die Länge des fehlenden Teilstücks näherungsweise, indem Sie den Graphen der berechneten ganzrationalen Funktion durch mehrere Geradenstücke annähern.

3 Bei einseitig eingeklemmten Blattfedern, auf deren Ende eine Kraft wirkt, kann die Biegung durch eine ganzrationale Funktion f vom Grad 3 beschrieben werden.
a) Bestimmen Sie für die angegebenen Abmessungen die Funktion f.
b) Wie groß ist die Auslenkung bei 7 cm?

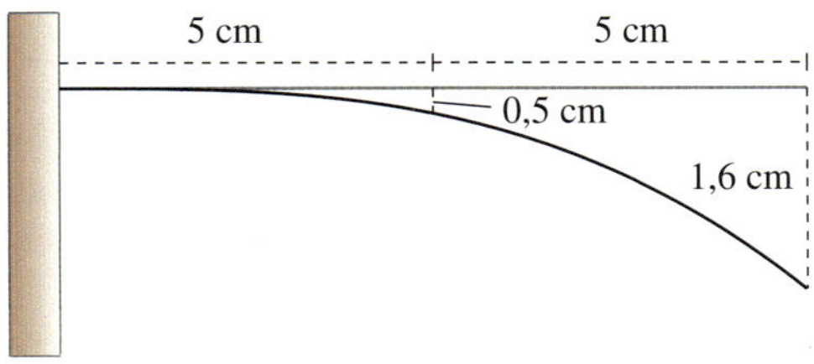

Fig. 1

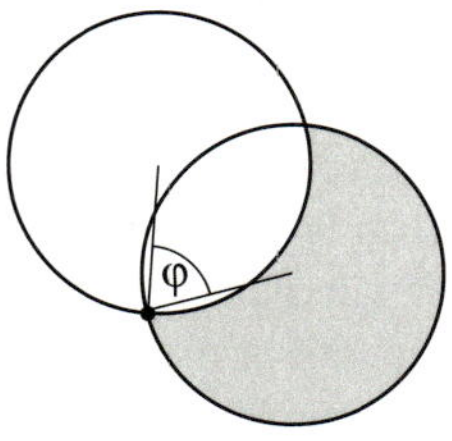

Fig. 2

4 Zwei gleich große, annähernd kreisförmige Blätter befinden sich übereinander an einem Stängel. Wenn sie um 45° gegeneinander verdreht sind, dann sind von oben her 47,6 % der Fläche des unteren Blattes sichtbar (Fig. 1). Bei einer Verdrehung um 90° sind 82 % und bei 180° natürlich 100 % sichtbar.
a) Geben Sie eine Näherungsfunktion an, die dem Verdrehungswinkel φ (in °C) die sichtbare Fläche des unteren Blattes zuordnet.
b) Bestimmen Sie die Ableitung bei 30° und interpretieren Sie diese.

t (in h)	*y (in Liter)*
1	*0,5*
2	*1*
3	*2,5*
4	*4*

Fig. 3

5 Wenn ein Radprofi t Stunden intensiv trainiert, trinkt er y Liter Flüssigkeit. Aufzeichnungen über eine längere Zeitspanne ergaben die Durchschnittswerte von Fig. 3.
Stellen Sie eine Funktion f auf, die der Zeit den „Wasserbedarf" zuordnet und interpretieren Sie den Verlauf.

6 Die Temperatur an der Oberfläche eines Biotops wird im Verlauf eines Tages gemessen. Um 0.00 Uhr beträgt die Temperatur an der Oberfläche 19 Grad Celsius. Die niedrigste Tagestemperatur wird um 6.00 Uhr mit 17,8 °C gemessen, die höchste um 17.00 Uhr.
a) Bestimmen Sie eine ganzrationale Funktion f dritten Grades, die den Verlauf der Oberflächentemperatur im Verlaufe des Tages modelliert.
b) Zu welchem Zeitpunkt stieg die Temperatur am stärksten?
c) Wie groß ist die momentane Änderungsrate um 22 Uhr? Welche Bedeutung hat sie?

7 Ein Ferkel hat im Durchschnitt ein Geburtsgewicht von 1,5 kg. Seine Gewichtszunahme kann man der Tabelle entnehmen.

t (in Monaten)	0	1	2	3	4	5	6
G (in kg)	1,5	9	30	50	67	88	88

a) Berechnen Sie die Änderungsrate des Gewichts in den ersten sechs Monaten. Welche Bedeutung hat sie?
b) Nehmen Sie eine Funktionsanpassung mit einer ganzrationalen Funktion vom Grad 4 vor.
c) Nach wie vielen Tagen ist die momentane Änderungsrate maximal? Deuten Sie diese!
d) Nehmen Sie eine Funktionsanpassung mit einer ganzrationalen Funktion vom Grad 3 vor.
e) Vergleichen Sie die Funktionsanpassungen der Aufgabenteile b) und d) und kommentieren Sie diese hinsichtlich ihrer Brauchbarkeit. Überlegen Sie sich weitere Fragestellungen.

Ein Monat wird generell wie in der Zinsrechnung mit 30 Tagen gerechnet.

*10 Ganzrationale Funktionen in Sachzusammenhängen ohne vorgegebenes Koordinatensystem

1 Zwischen den Orten A und B soll eine geradlinige Gasleitung verlegt werden.
a) Führen Sie ein Koordinatensystem ein und beschreiben Sie den Verlauf der Gasleitung durch eine lineare Funktion.
b) Wie lang ist die Gasleitung?
c) Unter welchem Winkel schneidet die Gasleitung die Straße?

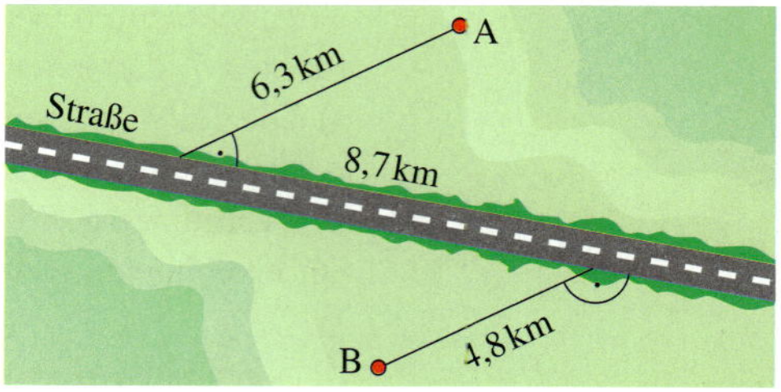

Fig. 1

Bei realen Problemstellungen muss häufig erst ein Koordinatensystem gewählt werden, um funktionale Zusammenhänge beschreiben zu können. Dabei ist in der Regel die Wahl entscheidend für die Einfachheit des gesuchten Funktionsterms.

Anders stellt sich die Situation dar, wenn bei einer realen Problemstellung kein Koordinatensystem vorgegeben ist.

Der Verlauf einer Stromleitung, die an zwei Punkten aufgehängt ist, kann näherungsweise durch eine ganzrationale Funktion 2ten Grades beschrieben werden. Die Aufhängepunkte der Stromleitung liegen 200 m voneinander entfernt in einer Höhe von 30 m. Der tiefste Punkt der Stromleitung liegt 22 m über dem Erdboden.

Lösungsmöglichkeiten:

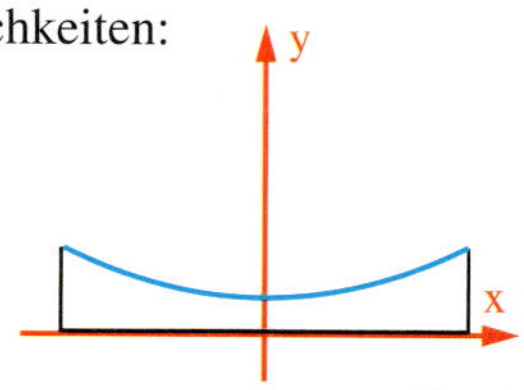

Fig. 2

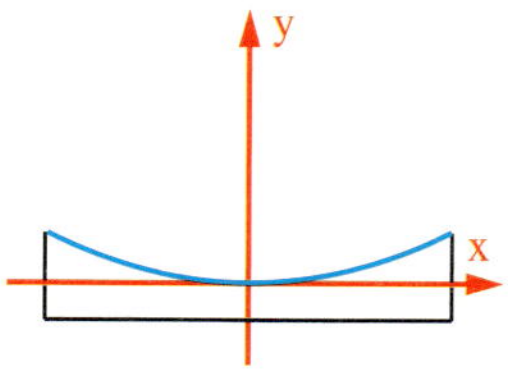

Fig. 3

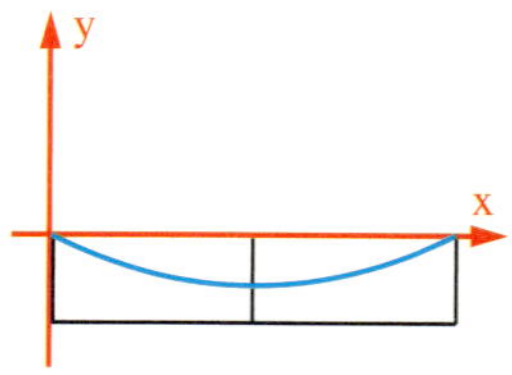

Fig. 4

	Fig. 2	Fig. 3	Fig. 4
Ansatz:	$f(x) = a x^2 + b$	$f(x) = a x^2$	$f(x) = a x (x - c)$
Bedingungen:	$f(0) = 22$	$f(100) = 30 - 22 = 8$	$f(100) = -8$
	$f(100) = 30$		$f(200) = 0$
Gleichungen:	$a \cdot 0^2 + b = 22$	$a \cdot 100^2 = 8$	$a \cdot 100 \cdot (100 - c) = -8$
	$a \cdot 100^2 + b = 30$		$a \cdot 200 \cdot (200 - c) = 0$
Lösungen:	$a = \frac{1}{1250}$; $b = 22$	$a = \frac{1}{1250}$	$a = \frac{1}{1250}$; $c = 200$
Ergebnis:	$f(x) = \frac{1}{1250} x^2 + 22$	$f(x) = \frac{1}{1250} x^2$	$f(x) = \frac{1}{1250} x (x - 200)$

Mithilfe des gefundenen Funktionsterms lassen sich reale Situationen untersuchen. Man kann z. B. Aussagen zu den Zugkräften in den Stromleitungen oder zu Längenänderungen aufgrund von Temperaturschwankungen machen, sofern man weitere physikalische Daten kennt.

> Bei der Bestimmung einer ganzrationalen Funktion in einer realen Situation muss ein lineares Gleichungssystem aufgestellt und gelöst werden. Dazu muss zunächst ein Koordinatensystem gewählt werden. Berücksichtigt man dabei vorhandene Besonderheiten (z. B. Symmetrie), so vereinfacht sich der Ansatz für den Funktionsterm.

Beispiel 1: (Wahl des Koordinatensystems)
Ein Brückenbogen überspannt einen 50 m breiten Geländeeinschnitt.
In A und B setzt der Bogen senkrecht an den Böschungen auf (Fig. 1).

a) Beschreiben Sie die Form des Brückenbogens durch eine ganzrationale Funktion zweiten Grades.

b) Wie hoch wird der Brückenbogen?

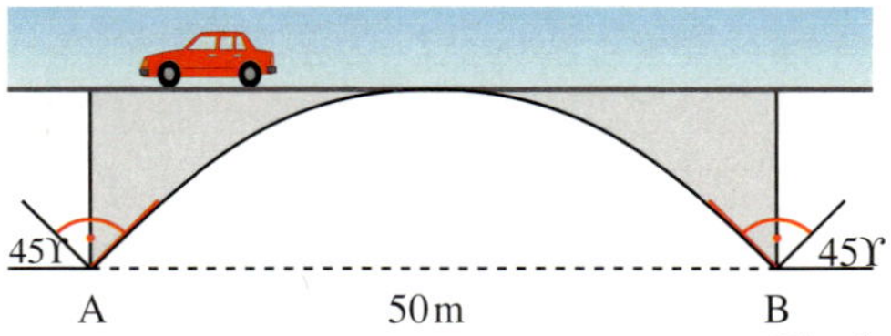

Fig. 1

Lösung:

a) Koordinatensystem: Siehe Fig. 2;
Ursprung in der Mitte M der Strecke AB.

Ansatz: $f(x) = ax^2 + b$ (Symmetrie)

Bedingungen: $f(25) = 0$: $625a + b = 0$ (1)

$f'(25) = -1$: $2 \cdot 25a = -1$ (2)

Hieraus folgt: $a = -0{,}02$; $b = 12{,}5$.

Ergebnis: $f(x) = -0{,}02x^2 + 12{,}5$

b) Höhe des Brückenbogens:
Da $f(0) = 12{,}5$ ist, beträgt die Höhe 12,5 m.

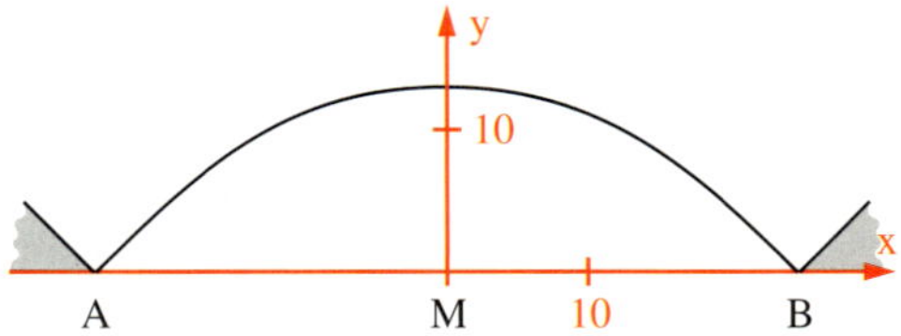

Fig. 2

Verbindungskurven

Beispiel 2: (Gleichungssystem)
Zwei wie in Fig. 3 verlaufende Straßenstücke sollen verbunden werden. Dabei ist darauf zu achten, dass das Verbindungsstück knickfrei in die Straßen einmündet.

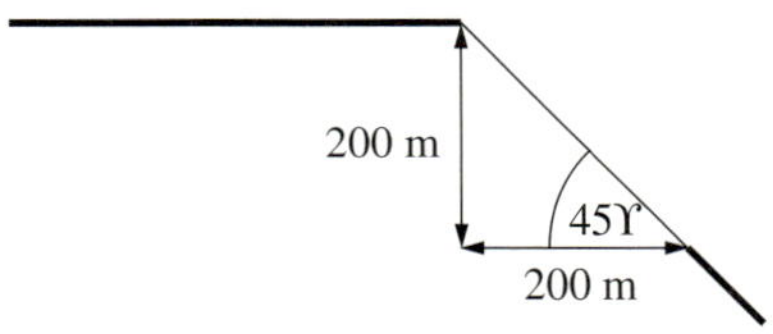

Fig. 3

Lösung:
Betrachtet man die Verbindungsstraße als Graph einer Funktion f, so sind die Bedingungen zu erfüllen:

Koordinatensystem: Fig. 4. Die Einheit 1 entspricht 100 m in der Realität.

$f(0) = 0$; $f'(0) = 0$;
$f(2) = -2$; $f'(2) = -1$.

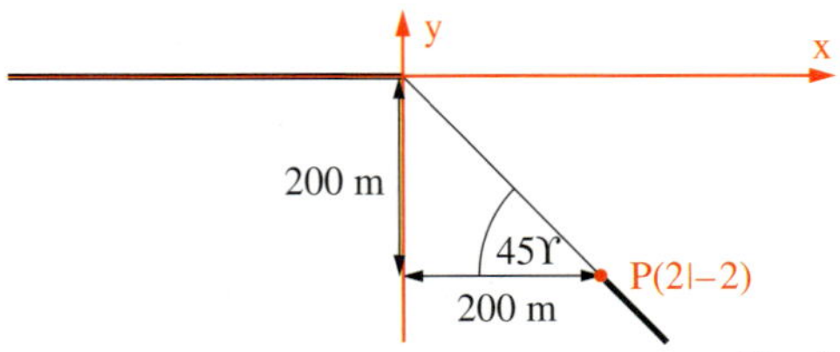

Fig. 4

Dies legt den Ansatz einer ganzrationalen Funktion vom Grad 3 nahe:

$f(x) = ax^3 + bx^2 + cx + d$;

$f'(x) = 3ax^2 + 2bx + x$ mit $0 \leqq x \leqq 2$.

$f(0) = 0$: $d = 0$ (1)

$f'(0) = 0$: $c = 0$ (2)

$f(2) = -2$: $8a + 4b + 2c + d = -2$ (3); also $8a + 4b = -2$ (3′) also $a = \frac{1}{4}$; $b = -1$

$f'(2) = -1$: $12a + 4b + c = -1$ (4); und $12a + 4b = -1$ (4′)

Damit wird das Verbindungsstück durch f mit $f(x) = \frac{1}{4}x^3 - x^2$ modelliert (Fig. 5).

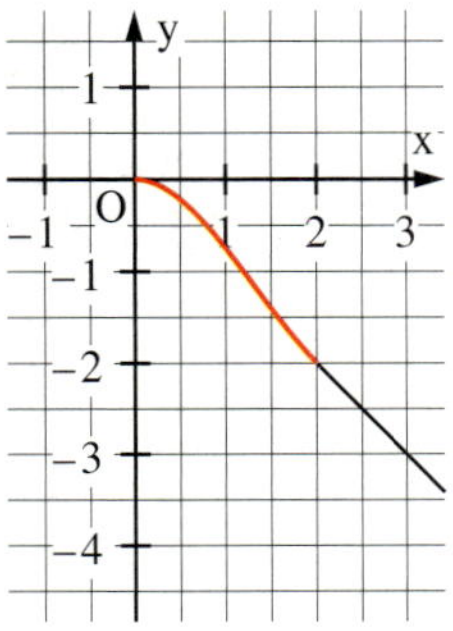

Fig. 5

Aufgaben

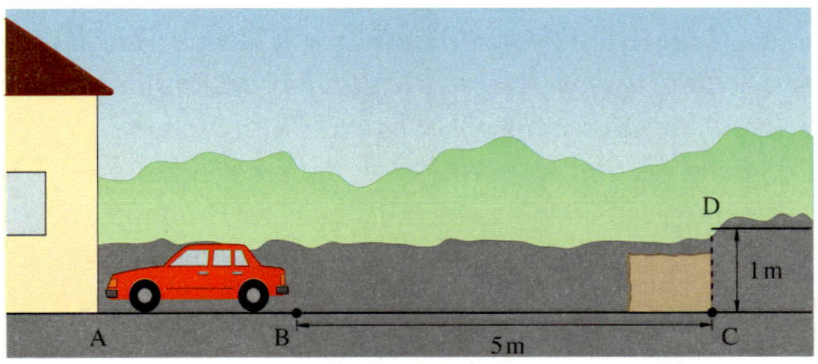

2 Von einer Garage aus soll eine Auffahrt zur Straße angelegt werden (Fig. 6). Die Auffahrt soll in B waagerecht beginnen und in D waagerecht einmünden.

a) Modellieren Sie die Auffahrt durch eine ganzrationale Funktion niedrigsten Grades.

b) Zwischen B und C beginnt 1 m vor C eine 70 cm hohe Felsplatte. Wird sie überdeckt?

3 In einem Weingut soll ein parabelförmiger Kellereingang gemauert werden (Fig. 1).
a) Geben Sie die Gleichung der Parabel an.
b) Wie hoch muss der Keller mindestens sein, damit man einen Eingang dieser Form mauern kann?

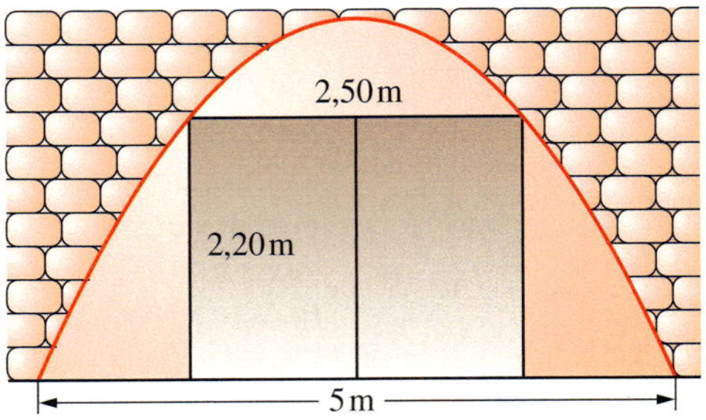

Fig. 1

4 Der Verlauf des Tragseiles eines Skilifts zwischen zwei Stützen (vgl. Fig. 2) kann näherungsweise durch eine Funktion f mit $f(x) = ax^2 + bx + c$ beschrieben werden.
a) Wählen Sie ein geeignetes Koordinatensystem und bestimmen Sie a, b und c so, dass die Tangente im Punkt B die Steigung 0,5 besitzt.
b) In welchem Punkt D ist der Durchhang d des Seils am größten? Wie groß ist dort die Steigung des Tragseiles?

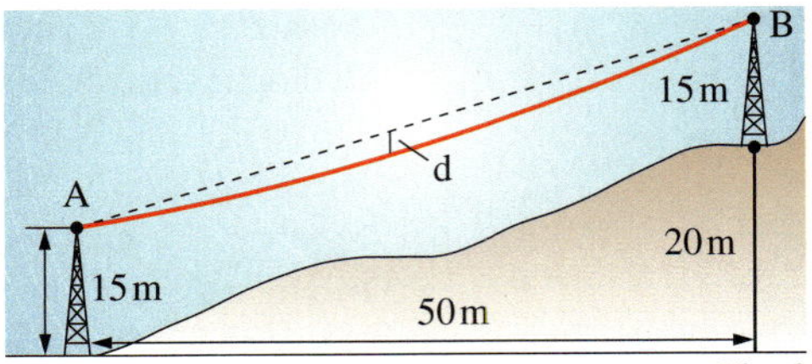

Fig. 2

Warum ist es sehr ungünstig, gerade Straßenstücke durch Kreisbogenteile zu verbinden?

5 Zwei gerade Straßenstücke sollen durch den Graphen einer ganzrationalen Funktion möglichst glatt verbunden werden. Bestimmen Sie die Trasse in Fig. 3 und in Fig. 4 unter der Bedingung, dass die Straßenteile
a) tangential ineinander übergehen
b) tangential ineinander übergehen und zusätzlich an den Anschlussstellen in der zweiten Ableitung übereinstimmen.

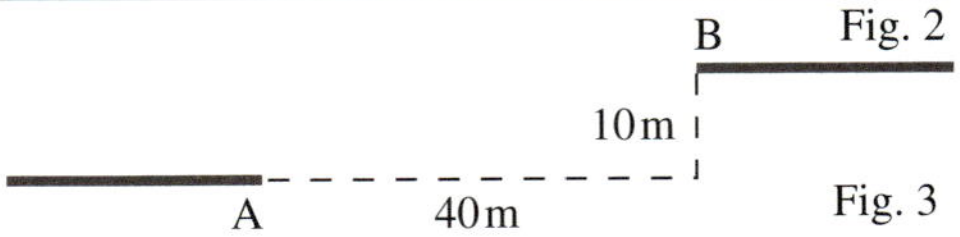

Fig. 3

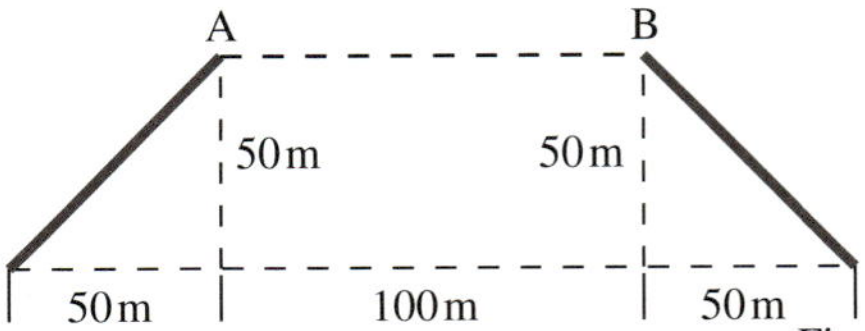

Fig. 4

6 Astronauten werden durch so genannte „Parabelflüge" auf die Schwerelosigkeit vorbereitet. Ein NASA-Pilot berichtete, wie ein solcher Flug mit einer Boeing abläuft:
„In 7000 m Höhe ziehe ich das Flugzeug in einem Winkel von 45° steil geradlinig nach oben. In 9000 m Höhe nehme ich den Schub aus den Triebwerken und es beginnt der Flug entlang einer vorausberechneten Parabelbahn. Ab diesem Moment ist im Flugzeug dann alles schwerelos. Die maximale Höhe unserer Flugbahn beträgt etwa 10 200 m. Bei einer konstanten Geschwindigkeit von 800 $\frac{km}{h}$ in horizontaler Richtung haben wir nach 5000 m in horizontaler Richtung wieder die Ausgangshöhe von 9000 m erreicht. Dann fange ich die Maschine ab und die Schwerkraft setzt wieder ein." a) Bestimmen Sie die Gleichung der Parabelbahn.
b) Wie lange dauert die Schwerelosigkeit?

*11 Funktionenscharen in Sachzusammenhängen

1 Ein Geldbetrag von 500 Euro wird bei der Geburt der Tochter Selma auf ein Sparbuch gelegt und mit einem jährlichen Zinssatz von 3 % verzinst.

a) Geben Sie die Kapitalentwicklung für die nächsten 8 Jahre in Form einer Tabelle an.

b) Gegeben ist die Funktion K_p mit $K_p(x) = 500 \cdot \left(1 + \frac{p}{100}\right)^x$ mit $p > 0$.

Zeigen Sie, dass man die Tabelle von a) für $p = 3$ und $x = 1; 2; \ldots; 8$ erhält.

Bei vielen in der Realität auftretenden Problemen hängt eine zu untersuchende Größe nicht nur von einer Variablen x, sondern oft von weiteren Variablen a, b usw. ab.

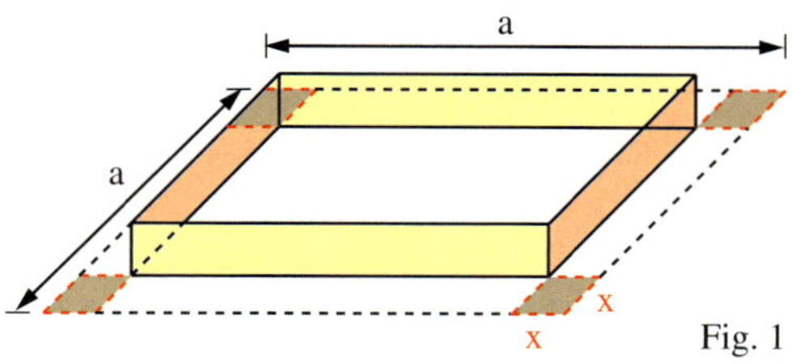

Fig. 1

Aus einem quadratischen Stück Pappe mit der Seitenlänge a (in cm) soll eine oben offene Schachtel hergestellt werden (vgl. Fig. 1). Haben die Einschnitte die Länge x (in cm), so erhält man für das Volumen V (in cm^3):
$V = x \cdot (a - 2x)^2 = 4x^3 - 4ax^2 + a^2x$.
Dabei hängt das Volumen V von x und a ab.

Geht man von einem quadratischen Stück Pappe der festen Länge a aus, so ist das Volumen V nur noch eine Funktion der Variablen x, d. h. $V_a(x) = x \cdot (a - 2x)^2$ mit $D = \left\{x \in \mathbb{R} \mid 0 < x < \frac{a}{2}\right\}$; V_a ist eine Schar von Funktionen, a wird als Parameter bezeichnet.

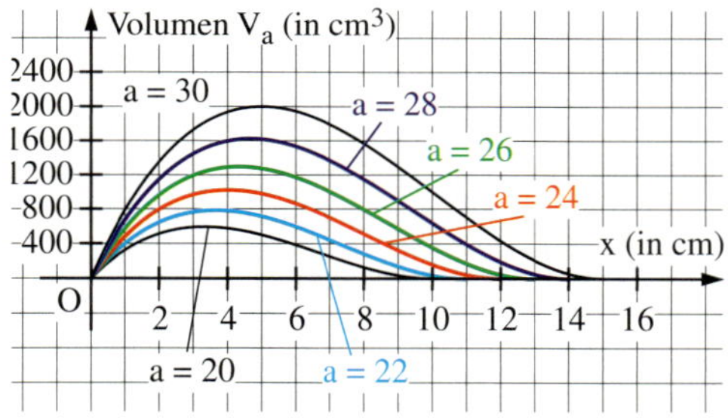

Fig. 2

Für ein Blatt der Seitenlänge a = 21 cm erhält man bei einem Einschnitt von 3,5 cm das maximale Volumen V = 686 cm³.

Fig. 2 zeigt die Graphen von V_a für verschiedene Werte von a. An dem Graphen erkennt man, dass es für jedes a eine Schachtel mit maximalem Volumen gibt.
Aus $V_a'(x) = 12x^2 - 8ax + a^2 = 0$ erhält man $x_1 = \frac{a}{6}$ und $x_2 = \frac{a}{2}$ mit $x_2 \notin D$.
Mit $V_a''(x) = 24x - 8a$ ist $V_a''(x_1) = -4 < 0$.
Damit hat das Volumen an der Stelle $x_1 = \frac{a}{6}$ ein absolutes Maximum mit $V_a\left(\frac{a}{6}\right) = \frac{2a^3}{27}$.

> Treten in der Realität Probleme desselben Typs auf, so ist es sinnvoll, diese mithilfe einer Funktionenschar mit mindestens einem Parameter zu beschreiben.

Wovon hängt bei der Beheizung eines Hauses die Wahl des Parameters s ab?

Beispiel:
Bei einer Zentralheizung wird die Temperatur im Heizkessel in Abhängigkeit von der Außentemperatur gesteuert. Der Zusammenhang zwischen der Außentemperatur x (in °C) und der Temperatur im Heizkessel wird durch eine Heizkurve beschrieben. Diese Heizkurve kann durch einen Regler in ihrer Steilheit s verändert werden. Für die Temperatur H_s (in °C) im Heizkessel gilt: $H_s(x) = s \cdot (-0{,}001x^2 - 0{,}09x + 2{,}2) + 25$ mit $0 \leqq s \leqq 20$ und $-30 \leqq x \leqq 20$.

a) Skizzieren Sie mithilfe des CAS für $s = 9$; 14 und 18 die Heizkurven.

b) Die Werkseinstellung ist $s = 14$. Wie hoch ist dann die Kesseltemperatur bei einer Außentemperatur von 0 °C bzw. –15 °C? Was können Sie tun, wenn es Ihnen im Zimmer zu kalt ist?

c) Bei welcher Außentemperatur beträgt in der Werkseinstellung die Kesseltemperatur 80 °C?

Die Eingabe der Funktionenschar im [Y=]*-Fenster kann auch so erfolgen:*
y1=s*(–0.001·x^2–0.09*x +2.2)+25|s={9,14,18}

Lösung:
a) Die Graphen zeigt Fig. 1
b) Aus $H_{14} = 14 \cdot (-0{,}001\,x^2 - 0{,}09\,x + 2{,}2) + 25 = -0{,}014\,x^2 - 1{,}26\,x + 55{,}8$ folgt
$H_{14}(0) = 55{,}8$ (in °C) und
$H_{14}(-15) = 71{,}6$ (in °C).
Vergrößert man den Wert von s, so ist bei gleicher Außentemperatur die Kesseltemperatur höher; damit steigt die Zimmertemperatur.

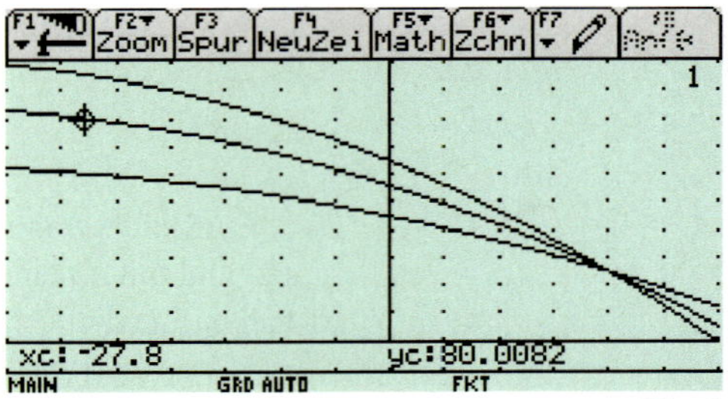

Fig. 1

c) Aus $H_{14}(x) = 80$ ergibt sich $-0{,}014\,x^2 - 1{,}26\,x + 55{,}8 = 80$ mit den Lösungen $x_1 \approx -27{,}78$ ($x_2 \approx -62{,}22$). Bei einer Außentemperatur von –27,8 °C hat der Kessel 80 °C.

Aufgaben

2 Zeigen Sie, dass unter allen Rechtecken mit vorgegebenem Umfang U das Quadrat den größten Inhalt besitzt.

3 Aus einem rechteckigen Stück Pappe mit den Längen a und 2 a werden an den Ecken Quadrate ausgeschnitten und die überstehenden Teile zu einer nach oben offenen Schachtel hochgebogen. Bei welchen Seitenlängen der ausgeschnittenen Quadrate hat die entstandene Schachtel maximales Volumen?

4 Es sollen zylindrische Blechdosen mit Boden und Deckel mit dem Volumen V hergestellt werden. Dabei sollen Radius und Höhe so gewählt werden, dass die Oberfläche und damit der Materialverbrauch möglichst gering ist.

5 Sonnenkollektoren wandeln Lichtenergie in Wärme um, die an den Warmwasserspeicher abgeführt wird. Die benötigte Kollektorfläche hängt linear vom Volumen des Speichers ab.
Bei einer Speichertemperatur von 45 °C wird für 200 *l* einer Kollektorfläche von 3 m², für 500 *l* 7 m² empfohlen. Pro Person wird mit einem Verbrauch von t (in *l*) mit $40 \leqq t \leqq 70$ Warmwasser am Tag gerechnet. Das Speichervolumen sollte 50 % über dem täglichen Verbrauch liegen.
a) Bestimmen Sie die Funktionenschar f_t, die der Personenzahl die Kollektorfläche zuordnet.
b) Wie groß sollte die Kollektorfläche bei einem 4-Personen-Haushalt mit einem täglichen Prokopfverbrauch von 50 *l* sein?

6 Legt man Metallleisten an ihren Enden auf zwei Schneiden A und B mit dem Abstand $\overline{AB} = a$ (in cm), so biegen sie sich durch. In einem Koordinatensystem gilt dann für die Durchbiegung d_a (in cm) an der Stelle x: $d_a(x) = \frac{1}{1000} \cdot (-x^4 + 2\,a\,x^3 - a^3\,x)$ mit $0 \leqq x \leqq a$.
a) Geben Sie die Lage des Koordinatensystems an. Erstellen Sie die Graphen von d_4; d_8; d_{12}.
b) Wie groß ist die maximale Durchbiegung? Wie groß darf der Abstand a höchstens sein, damit die maximale Durchbiegung nicht mehr als 1 mm beträgt?

7 Einem Unternehmen entstehen bei x Produktionseinheiten die Gesamtkosten $K_t(x)$ (in Euro). Diese können im Bereich $0 \leqq x \leqq 100$ mit dem Parameter t für $-10 \leqq t \leqq 10$ durch die Kostenfunktion K_t mit $K_t(x) = 0{,}0044\,x^3 - 0{,}2\,t\,x^2 + 5\,t^2\,x + 100$ beschrieben werden.
a) Zeichnen Sie unter Verwendung des CAS die Graphen der Kostenfunktion für $t = -2$; 0; 2 und 4. Für welche Werte von t besitzt der Graph von K_t einen Wendepunkt?
b) Jede Produktionseinheit wird für $6 \cdot (t + 10)$ Euro verkauft. Bei wie vielen Produktionseinheiten wird der Gewinn für $t = -2$ bzw. $t = 0$ am größten? Wie groß ist er dann jeweils?

Zeigen Sie, dass für $t = 6$ das Unternehmen keinen Gewinn machen kann.

Monotonie
Eine im Intervall I differenzierbare Funktion f ist **streng monoton steigend (fallend)**, wenn für alle x aus I gilt:
$f'(x) > 0$ $(f'(x) < 0)$.

Beispiel: *$f(x) = \frac{1}{3}x^3 - x$*
$f'(x) = x^2 - 1 = (x+1)(x-1)$
$x^2 - 1 > 0$ für $x < -1$ oder $x > 1$;
$x^2 - 1 < 0$ für $-1 < x < 1$

Lokale Extremstellen
Notwendige Bedingung: $f'(x_0) = 0$
Hinreichende Bedingung für Maximum:
$f'(x_0) = 0$ und $f''(x_0) < 0$
oder
$f'(x_0) = 0$ und Vorzeichenwechsel von $f'(x)$ von + nach –.
Für den Graphen ist $H(x_0 | f(x_0))$ ein Hochpunkt.
Hinreichende Bedingung für Minimum:
$f'(x_0) = 0$ und $f''(x_0) > 0$
oder
$f'(x_0) = 0$ und Vorzeichenwechsel von $f'(x)$ von – nach +.
Für den Graphen ist $T(x_0 | f(x_0))$ ein Tiefpunkt.
Randstellen der Definitionsmenge sowie Stellen, an denen f nicht differenzierbar ist, müssen gesondert untersucht werden.

$f'(x) = x^2 - 1$; $f''(x) = 2x$; $f'''(x) = 2$
$x^2 - 1 = 0$; $x_1 = -1$; $x_2 = 1$

$x_1 = -1$: $f'(-1) = 0$ und $f''(-1) = -2$
oder $(f'(x) = (x+1)(x-1))$
$x_1 = -1$: VZW von + nach –.
Hochpunkt: $H(-1 | \frac{2}{3})$

$x_2 = 1$: $f'(1) = 0$ und $f''(1) = 2$
oder $(f'(x) = (x+1)(x-1))$
$x_2 = 1$: VZW von – nach +.
Tiefpunkt: $H(1 | -\frac{2}{3})$

Absolute Extremwerte
Die absoluten Extremwerte erhält man durch Vergleich aller Extremwerte. Falls die Definitionsmenge unbeschränkt ist, muss das Verhalten von f(x) für $x \to \pm\infty$ untersucht werden.

Für $x \to +\infty$ gilt: $f(x) \to +\infty$;
für $x \to -\infty$ gilt: $f(x) \to -\infty$.
Es gibt kein globales Max. bzw. Min.

Wendestellen
Eine Wendestelle ist eine Extremstelle von f'! Daher gilt:
Notwendige Bedingung: $f''(0) = 0$
Hinreichende Bedingung für Wendestelle:
$f''(x_0) = 0$ und $f'''(x_0) \neq 0$
oder $f''(x_0) = 0$ und Vorzeichenwechsel von $f''(x)$.
Für den Graphen ist $W(x_0 | f(x_0))$ ein Wendepunkt.

$2x = 0$; $x_3 = 0$

$x_3 = 0$: $f''(0) = 0$ und $f'''(0) = 2$
oder $(f''(x) = 2x)$
$x_3 = 0$: VZW von – nach +.
Wendepunkt: $W(0 | 0)$.

Strategie zum Lösen einer Extremwertaufgabe

1) Aufstellen eines Terms (Welche Größe soll extremal werden?)
2) Aufsuchen von Nebenbedingungen
3) Bestimmung der Zielfunktion
4) Untersuchung der Zielfunktion auf Extremwerte

Welche beiden positiven Zahlen mit dem Produkt 10 haben die kleinste Summe?
1) $S = u + v$
2) $u \cdot v = 10$
3) $S(u) = u + \frac{10}{u}$
4) $S'(u) = 1 - \frac{10}{u^2}$; Ergebnis: $u = v = \sqrt{10}$

Bestimmung einer ganzrationalen Funktion vom Grad n

1) Formulieren der gegebenen Bedingungen mit f, f', f'' usw.
2) Ansatz: $f(x) = a_n x^n + a_{n-1} x^{n-1} + \ldots + a_1 x + a_0$
3) Aufstellen und Lösen des linearen Gleichungssystems
4) Kontrolle des Ergebnisses

Gesucht: Parabel 3. Ordnung mit Hochpunkt $H(0 | 12)$ und Wendepunkt $W(2 | -4)$.
1) $f(0) = 12$; $f(2) = -4$; $f'(0) = 0$; $f''(2) = 0$
2) $f(x) = ax^3 + bx^2 + cx + d$
3) $12 = d$; $-4 = 8a + 4b + 12c + d$;
$0 = c$; $0 = 12a + 2b$
4) $f(x) = x^3 - 6x^2 + 12$ erfüllt die Bed.

1 Skizzieren Sie den Verlauf des Graphen von f, geben Sie sein Krümmungsverhalten und die Wendepunkte an.
a) $f(x) = x^2$ b) $f(x) = \frac{1}{x}$ c) $f(x) = 0{,}5 \cdot x^3$ d) $f(x) = \sqrt{x}$ e) $f(x) = 2 \cdot \sin(x)$

2 Gegeben ist die Funktion f mit $f(x) = \sin(x) + \cos(x)$. Eine ganzrationale Funktion g dritten Grades und die Funktion f haben für $x_0 = 0$ denselben Funktionswert und denselben Wert der ersten, der zweiten und der dritten Ableitung. Bestimmen Sie g. Erstellen Sie die Graphen von f und g mit dem CAS.

3 Der Graph einer ganzrationalen Funktion f vom Grad 3 berührt die x-Achse im Ursprung und hat den Hochpunkt $H(2|2)$. Bestimmen Sie die Nullstellen von f.

4 Welche der folgenden Aussagen ist richtig, welche falsch? Begründen Sie.
a) Jede ganzrationale Funktion ist auf jedem Intervall I aus $\mathbb{R}$ definiert.
b) Zu n Punkten in der Ebene gibt es immer eine ganzrationale Funktion, auf deren Graph die Punkte liegen.
c) Eine ganzrationale Funktion vom Grad 1 hat immer eine Nullstelle.
d) Es gibt ganzrationale Funktionen vom 4. Grad, die 5 Nullstellen haben.
e) Die Schnittpunktberechnung der Graphen zweier ganzrationaler Funktionen wird auf die Nullstellenberechnung einer ganzrationalen Funktion zurückgeführt.

5 a) Zeigen Sie, dass der Graph der Funktion f mit $f(x) = x^4 - 4x^3$ im Ursprung einen Wendepunkt mit waagerechter Tangente besitzt.
b) Gegeben ist die Funktion g mit $g(x) = x^4 - 4x^3 + 2x$. Begründen Sie, dass ihr Graph ebenfalls den Wendepunkt $W(0|0)$ hat. Welche Steigung hat die Wendetangente im Ursprung?

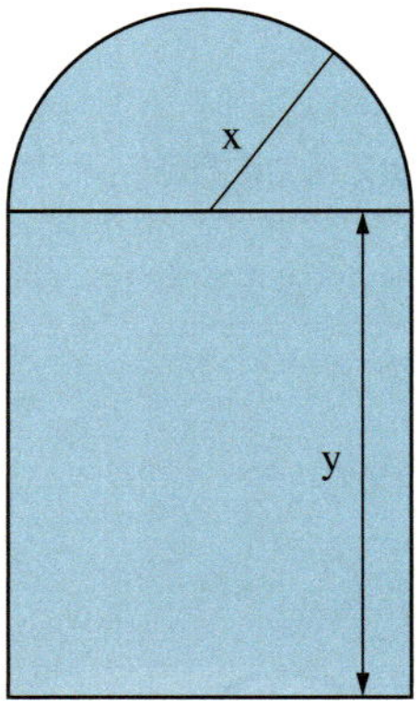

Fig. 1

6 Begründen Sie, dass die Funktion f keine lokalen Extremwerte besitzen kann. Hat sie absolute Extremwerte?
a) $f(x) = 7x - 9$ b) $f(x) = (x-1)^3$ c) $f(x) = \frac{2}{x} - 3x$

7 Entlang einer Hausecke soll ein rechteckiger Hundezwinger so abgesteckt werden, dass zum Einzäunen der zwei offenen Seiten eine Rolle Maschendraht mit 25 m Länge ausreicht. Welche Abmessungen muss der Zwinger bekommen, wenn der Hund möglichst großen Auslauf haben soll?

8 Vom Punkt $Y(0|a)$; $a > 0$ wird die Tangente an den Graphen von f mit $f(x) = 2\sqrt{x}$ gezeichnet. Berechnen Sie die Koordinaten des Berührungspunktes P.
Welchen Winkel schließt diese Tangente für $a = 1$ mit der x-Achse ein?

9 Ein Tunnel hat die Form eines Rechtecks mit Halbkreis (Fig. 1). Die Querschnittsfläche sollte möglichst groß werden. Wegen der relativ teuren Auskleidung soll der Umfang nur $U = 50\,\text{m}$ betragen. Können LKWs mit einer Höhe von 4 m diesen Tunnel passieren?

10 Wahr oder falsch? Begründen Sie.
a) Wenn eine Funktion f in einem Intervall I streng monoton steigend ist, dann gilt für jedes $x \in I$: $f''(x) > 0$.
b) Nur an Stellen mit $f'(x) = 0$ kann eine Funktion f, die in einem abgeschlossenen Intervall I differenzierbar ist, lokale Extremstellen haben.
c) Bei ganzrationalen Funktion f mit der maximalen Definitionsmenge $\mathbb{R}$ sind die absoluten Extremwerte immer unter den lokalen Extremwerten zu finden.

1 Zur Markierung des Kurses beim Segeln einer Regatta sind in einer Seekarte die Bojen als rote Punkte angegeben (Fig. 1 bis 3). Der Segler skizziert in der Karte einen möglichen Kurs als blaue Linie. Geben Sie den Funktionsterm einer ganzrationalen Funktion 3. Grades an, deren Graph den Kurs des Seglers beschreibt. Überprüfen Sie Ihr Ergebnis mit dem CAS.

a)
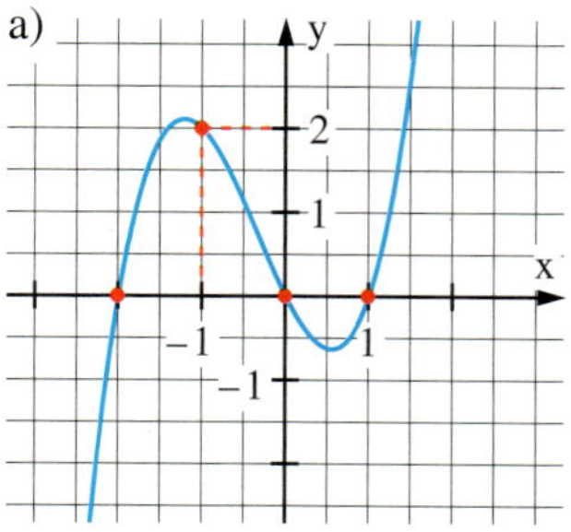

Fig. 1

b)
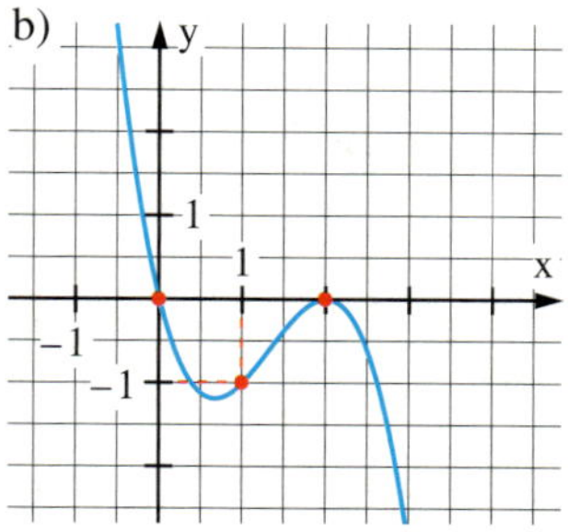

Fig. 2

c)
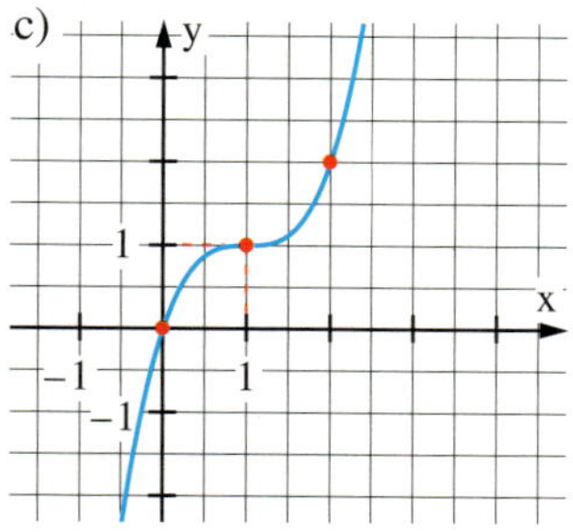

Fig. 3

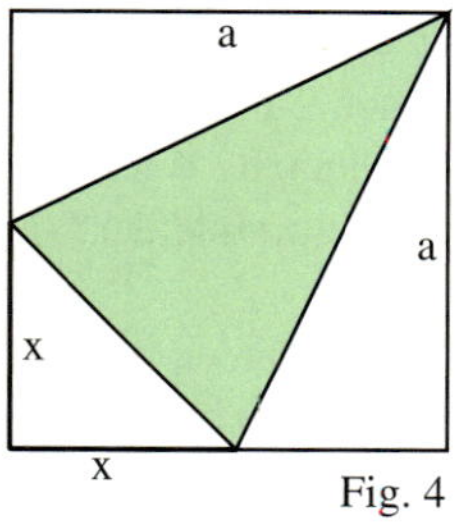

Fig. 4

2 a) Für welche Strecke x wird der Inhalt der gefärbten Dreiecksfläche in Fig. 4 maximal?
b) Ein oben offenes zylindrisches Wasserfass soll ein Volumen von 300 Liter haben. Wie müssen die Abmessungen gewählt werden, damit der Materialverbrauch minimal wird?

3 Durch $f_t(x) = x^3 - (4t - t^3)x^2$, $t \geqq 0$ ist eine Funktionenschar gegeben.
a) Zeichnen Sie die Graphen für $t = 0; 0{,}5; 1; 2; 2{,}5$.
b) Für welchen Wert von t liegt der Wendepunkt am weitesten „rechts“?
c) Für welchen Wert von t liegt der Wendepunkt am „tiefsten“?

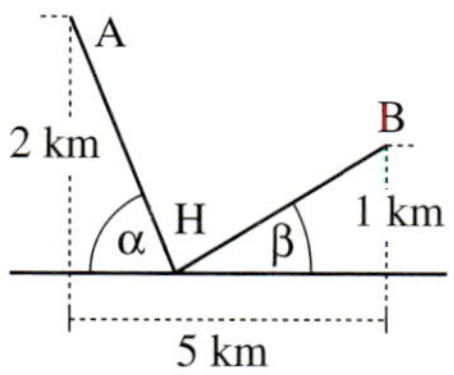

Fig. 5

4 An einer gerade verlaufenden Straße soll eine gemeinsame Bushaltestelle H für die Ortschaften A und B eingerichtet werden (Fig. 5). Die Orte A und B sollen mit H durch geradlinige Wege verbunden werden. Die Kosten für einen Kilometer Weg betragen 100 000 €.
a) Geben Sie die Kosten in Abhängigkeit von der Lage der Haltestelle H an.
b) Für welche Lage von H werden die Kosten am kleinsten?
c) Berechnen Sie für den Fall minimaler Kosten die Winkel α und β.

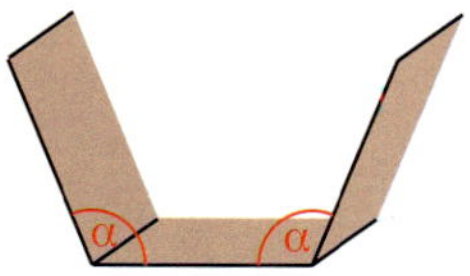

Fig. 6

5 Eine Rinne wird aus drei 15 cm breiten Holzbrettern der Länge 8 m gefertigt (Fig. 6).
a) Berechnen Sie das Volumen der Rinne, wenn das Bodenbrett mit der Seitenwand einen Winkel α mit $90° \leqq \alpha \leqq 180°$ einschließt. Geben Sie das Volumen für $\alpha = 90°; 120°; 150°$ an.
b) Berechnen Sie den Winkel α, für den das Volumen der Rinne maximal ist.
c) Zeigen Sie, dass das Volumen maximal ist, wenn der Querschnitt der Rinne maximal ist.

6 Gegeben sind die beiden Funktion f mit $f(x) = x^2$ und g mit $g(x) = 8 - \frac{16}{x^2}$.
a) Untersuchen Sie den Graphen G_g von g rechnerisch und zeichnen Sie G_g.
b) Zeichnen Sie G_f ebenfalls in dasselbe Koordinatensystem. Weisen Sie nach, dass sich beide Graphen berühren.
c) Die Funktion g gehört zur Funktionenschar $g_{a,b}$ mit $g_{a,b}(x) = b - \frac{a^2}{x^2}$; $a, b \in \mathbb{R}^+$.
Welche Beziehung muss zwischen a und b bestehen, damit jede Kurve der Schar den Graphen von f berührt?

7 Die Funktion f mit $f(x) = \frac{1}{50} \cdot (ax^5 + bx^3 + cx)$ hat für $x_1 = \sqrt{2}$ ein lokales Maximum und für $x_2 = \sqrt{6}$ ein lokales Minimum und nimmt an der Stelle 2 den Funktionswert 11 an.
a) Welche weiteren lokalen Extremstellen besitzt die Funktion?
b) Geben Sie die Funktion f an.
c) Bestimmen Sie die Wendepunkte von G_f.

*1 Folgen; arithmetische und geometrische Folgen

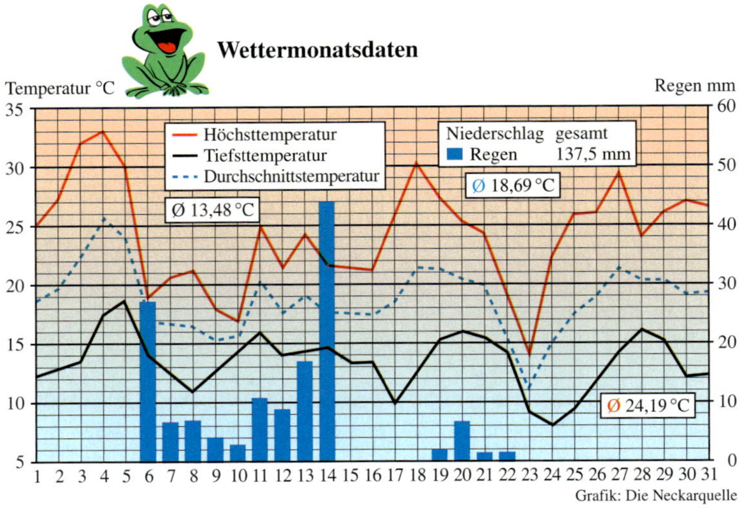

Fig. 1

1 a) Beschreiben Sie Besonderheiten der grafischen Darstellung von Fig. 1.
b) Handelt es sich bei den Zuordnungen
(1) Tagesnummer → Höchsttemperatur
(2) Tagesnummer → Regenmenge
jeweils um eine Funktion?
c) Ist es korrekt, die Messpunkte für die Temperaturhöchstwerte durch Strecken zu verbinden?

2 Denken Sie sich ein rechteckiges Blatt Papier der Größe 1 dm^2 wiederholt gefaltet. Wie groß ist seine Fläche nach 2-maligem, 4-maligem bzw. 10-maligem Falten? Wie viele Schichten liegen dann jeweils aufeinander?

In diesem Kapitel soll der Begriff des Grenzwertes einer Funktion bei Annäherung an eine Stelle x_0 sowie für x gegen unendlich unabhängig von der Anschauung mathematisch korrekt gefasst werden. Dies geschieht mithilfe von Zahlenfolgen.

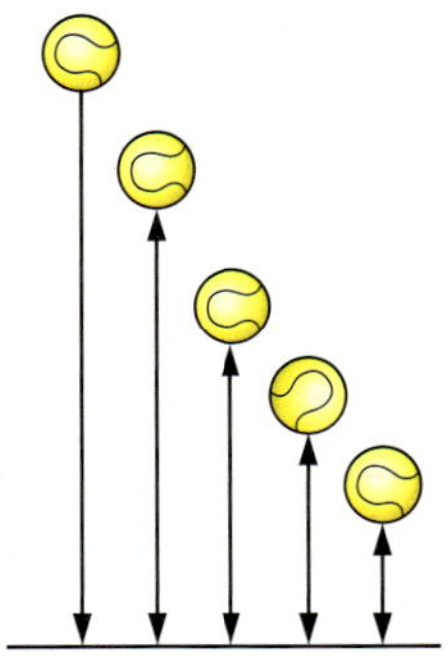

Fällt ein Ball aus der Höhe h (in Meter) auf einen glatten Boden und erreicht er nach jedem Aufprall wieder das 0,8fache der vorherigen Höhe, so kann man diesem Vorgang eine Folge von Zahlen wie folgt zuordnen:

Höhe nach dem 1. Aufprall: $h_1 = h \cdot 0{,}8$
Höhe nach dem 2. Aufprall: $h_2 = h_1 \cdot 0{,}8$
...
Höhe nach dem n-ten Aufprall: $h_n = h_{n-1} \cdot 0{,}8$.

Im Folgenden ist

$\mathbb{N}^* = \{1; 2; 3; \ldots\}$
$\mathbb{N} = \{0; 1; 2; \ldots\}$

Hier ist die Höhe nach dem n-ten Aufprall berechenbar, wenn man die (n – 1)-te Höhe kennt. Man spricht von einer **rekursiven Darstellung der Zahlenfolge**.
Man kann aber h_n auch direkt angeben:

$h_1 = h \cdot 0{,}8$
$h_2 = h_1 \cdot 0{,}8 = (h \cdot 0{,}8) \cdot 0{,}8 = h \cdot 0{,}8^2$,
$h_3 = h_2 \cdot 0{,}8 = (h \cdot 0{,}8^2) \cdot 0{,}8 = h \cdot 0{,}8^3$,
$h_n = h_{n-1} \cdot 0{,}8 = (h \cdot 0{,}8^{n-1}) \cdot 0{,}8 = h \cdot 0{,}8^n$.

In diesem Fall erhält man eine **explizite Darstellung der Zahlenfolge**. Hierbei ist zu jedem $n \in \mathbb{N}^*$ der Wert h_n direkt berechenbar. Den Graphen zeigt Fig. 2.

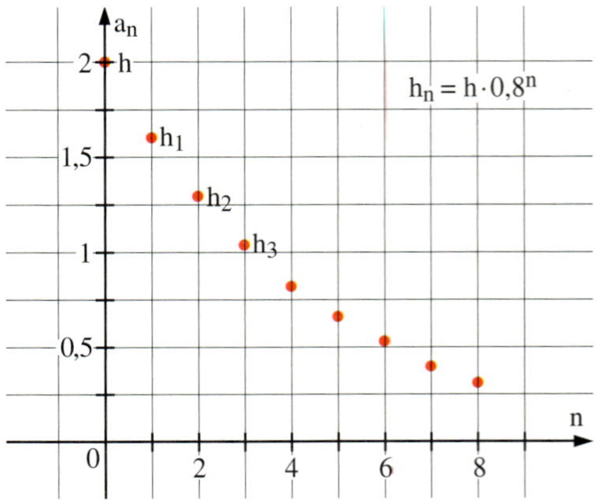

Fig. 2

Beachten Sie:
Besonders bei Anwendungen ist es manchmal zweckmäßig, auch $\mathbb{N}$ als Definitionsmenge zuzulassen.

Definition: Hat eine Funktion f als Definitionsmenge die Menge $\mathbb{N}^*$ oder eine unendliche Teilmenge von $\mathbb{N}^*$, so nennt man f eine **Zahlenfolge**. Der Funktionwert f(n) wird mit a_n bezeichnet und heißt das n-te Glied der Folge. Für die Funktion f schreibt man (a_n).

Geometrische Folge:
a_1
$a_2 = a_1 \cdot q$
$a_3 = a_2 \cdot q$
$= a_1 \cdot q \cdot q$
$= a_1 \cdot q^2$
$a_4 = a_3 \cdot q$
$= a_1 \cdot q^2 \cdot q$
$= a_1 \cdot q^3$
…
$a_n = a_{n-1} \cdot q$
$= a_1 \cdot q^{n-1}$

Arithmetische Folge:
a_1
$a_2 = a_1 + d$
$a_3 = a_2 + d$
$= a_1 + d + d$
$= a_1 + 2 \cdot d$
$a_4 = a_3 + d$
$= a_1 + 2 \cdot d + d$
$= a_1 + 3 \cdot d$
…
$a_n = a_{n-1} + d$
$= a_1 + (n-1) \cdot d$

Die Höhen des Balles bilden eine Folge (h_n) mit $h_n = h \cdot 0{,}8^n$, $n \geqq 1$ und dem Anfangswert h. Aufeinander folgende Glieder dieser Folge haben den konstanten Quotienten $q = \frac{h_{n+1}}{h_n} = 0{,}8$. Zählt man den Anfangswert h als 1-tes Folgenglied, ergibt sich $h_n = h \cdot 0{,}8^{n-1}$, $n \geqq 1$.

Es gibt aber auch Folgen (a_n), bei denen die Differenz aufeinander folgender Glieder konstant ist, also $a_n - a_{n-1} = d$ ist.
Dies ist z. B. bei der Folge $(2n+1)$ aller ungeraden Zahlen der Fall.
Für solche Folgen gilt: $a_n = a_1 + (n-1) \cdot d$
(vgl. Rand).

Eine Folge
a) (a_n) mit $a_n = a_1 \cdot q^{n-1}$, $a_1 \neq 0$, $q \neq 0$, $n \geqq 1$, heißt **geometrische Folge** mit dem Anfangsglied a_1 und dem Quotienten q.
Eine rekursive Beschreibung ist $a_n = q \cdot a_{n-1}$ mit dem Anfangsglied a_1.
b) (a_n) mit $a_n = a_1 + (n-1) \cdot d$, $d \neq 0$, $n \geqq 1$, heißt **arithmetische Folge** mit dem Anfangsglied a_1 und der Differenz d.
Eine rekursive Beschreibung ist $a_n = a_{n-1} + d$ mit dem Anfangsglied a_1.

Bemerkung:
Bei Anwendungen ist bei geometrischen Folgen auch die explizite Darstellung
$a_n = a \cdot q^n$, $n \geqq 1$ mit dem Anfangswert a nützlich (vgl. die Höhen des Balles auf S. 10), entsprechend bei arithmetischen Folgen:
$a_n = a + n \cdot d$, $n \geqq 1$, Anfangswert a
(vgl. Beispiel 2).

Beispiel 1: (Explizit gegebene Zahlenfolge)
Erstellen Sie zu der Zahlenfolge (a_n) mit
$a_n = \frac{n + (-1)^n}{n}$, $n \in \mathbb{N}^*$, eine Wertetafel und den Graphen.
Um welche Zahl schwanken die Glieder a_n?
Lösung:

1	2	3	4	5	6	7	8	9	10
0	$\frac{3}{2}$	$\frac{2}{3}$	$\frac{5}{4}$	$\frac{4}{5}$	$\frac{7}{6}$	$\frac{6}{7}$	$\frac{9}{8}$	$\frac{8}{9}$	$\frac{11}{10}$

Die Glieder schwanken um den Wert $a = 1$.

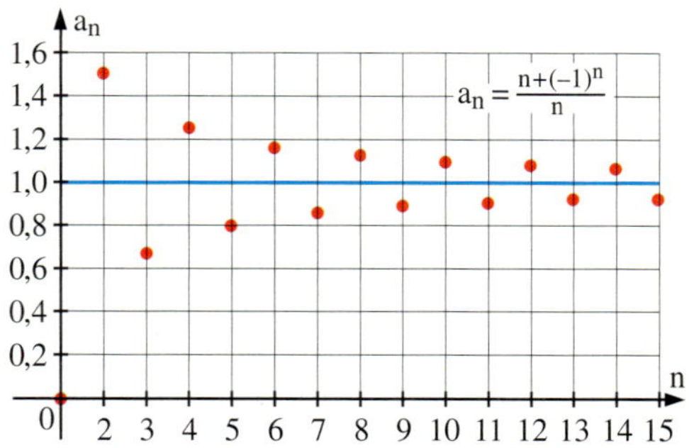

Fig. 1

Beispiel 2: (Arithmetische Folge)
Der Preis einer Zeitungsanzeige setzt sich zusammen aus dem Preis d je Zeile sowie einem Grundpreis a. Bestimmen Sie den Preis einer n-zeiligen Anzeige, wenn eine 3-zeilige Anzeige 64 € und eine 12-zeilige Anzeige 118 € kostet.

Lösung:
Ist p_n der Preis (in €) einer n-zeiligen Anzeige, so gilt:
$p_n = a + d \cdot n$.
Weiterhin gilt: $p_3 = a + d \cdot 3 = 64$ (1)
$p_{12} = a + d \cdot 12 = 118$. (2)
Subtraktion dieser beiden Gleichngen ergibt $9 \cdot d = 54$; also ist $d = 6$.
Aus Gleichung (1) folgt dann $a = 46$.
Eine n-zeilige Anzeige kostet also $(46 + 6 \cdot n)$ €.

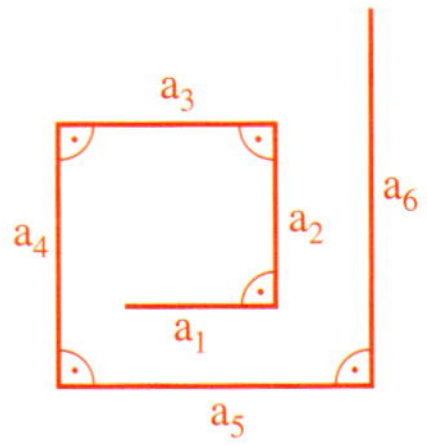

Fig. 1

Beispiel 3: (Geometrische Folge; Einsatz eines CAS)
Bei einer Spirale wie in Fig. 1 ist die erste Strecke 2 cm lang, jede folgende ist 1,2-mal so lang wie die vorhergehende Strecke.
a) Geben Sie eine explizite und eine rekursive Darstellung für die Streckenlängen an.
b) Wie lang ist die Strecke nach dem 10. Knick?
Lösung:
a) Da jede folgende Strecke 1,2-mal so lang ist wie die vorhergehende, handelt es sich bei den Streckenlängen (in cm) um eine geometrische Folge mit dem Anfangsglied $a_1 = 2$ und dem Quotienten $q = 1{,}2$. Also ist $a_n = 2 \cdot 1{,}2^{n-1}$, $n \geqq 1$ eine explizite und $a_n = 1{,}2 \cdot a_{n-1}$, $a_1 = 2$ eine rekursive Darstellung für die Streckenlängen.
b) Mit dem CAS kann man eine dieser Darstellungen eingeben (Fig. 3) und sich die Werte anzeigen lassen (Fig. 4). Dazu muss mit der [MODE]-Taste auf Folgen umgestellt werden.
Also ist die Strecke nach dem 10. Knick ungefähr 12,38 cm lang.

Mit dem CAS kann man auch die Summe der ersten 11 Folgenglieder berechnen (Fig. 2). Sie beträgt ungefähr 64,30 cm.

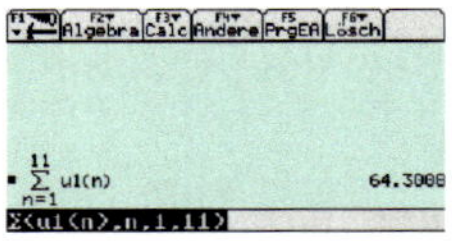

Fig. 2

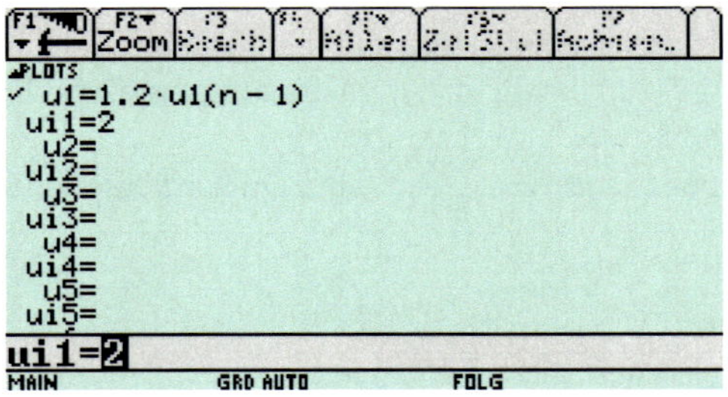

Fig. 3

Fig. 4

Aufgaben

3 Berechnen Sie die ersten 10 Glieder der Zahlenfolge und zeichnen Sie einen Graphen.
a) $a_n = \frac{2n}{5}$ b) $a_n = \frac{1}{n}$ c) $a_n = (-1)^n$ d) $a_n = \left(\frac{1}{2}\right)^n$ e) $a_n = \sin\left(\frac{\pi}{2} \cdot n\right)$
Beschreiben Sie das Verhalten für große Werte von n.

4 Berechnen Sie die ersten zehn Glieder der rekursiv dargestellten Zahlenfolge (a_n). Geben Sie eine explizite Darstellung der Folge an.
a) $a_1 = 1;\ a_n = 2 + a_{n-1}$ b) $a_1 = 1;\ a_n = 2 \cdot a_{n-1}$ c) $a_1 = 2;\ a_n = a_{n-1} + 2 \cdot n + 1$

5 Gegeben ist die Folge (a_n) mit $a_n = \sqrt{a_{n-1}} - 0{,}25$ mit $a_1 = 1;\ n = 2, 3, 4, \ldots$
a) Berechnen Sie die ersten Glieder der Zahlenfolge und erstellen Sie einen Graphen.
b) Können Sie für große Werte von n eine Annäherung an einen festen Wert feststellen?

Wie intelligent ist eine solche Aufgabe aus mathematischer Sicht?

6 Intelligenztests bestehen zu einem Teil darin, aus den ersten Folgengliedern eine Bildungsvorschrift für weitere Glieder zu ermitteln. Ermitteln Sie entsprechend eine Bildungsvorschrift für a_n und berechnen Sie jeweils a_{10} und a_{20}. Wie verhält sich die Folge für große n?

	a_1	a_2	a_3	a_4	a_5
a)	1	−2	3	−4	5
b)	0	$\frac{1}{2}$	$\frac{2}{3}$	$\frac{3}{4}$	$\frac{4}{5}$
c)	16	−8	4	−2	1
d)	−4	−1	2	5	8
e)	3	$4\frac{1}{2}$	$3\frac{2}{3}$	$4\frac{1}{4}$	$3\frac{4}{5}$

7 Gegeben ist eine Funktion f für $x > 0$. Durch Einschränkung der Definitionsmenge auf eine geeignete Teilmenge von $\mathbb{N}^*$ erhält man eine Folge (a_n). Was können Sie über das Verhalten der Folge für große n aussagen?
a) $f(x) = \frac{1}{2}x + 4$ b) $f(x) = -\frac{1}{x - 4{,}5}$ c) $f(x) = x + \frac{5x}{3x + 6}$ d) $f(x) = |x - 0{,}5|$

8 Bestimmen Sie die Folgenglieder a_7 und a_{10} für eine arithmetische Folge (a_n) mit
a) $a_1 = 2$ und $a_5 = 14$ b) $a_1 = 3$ und $a_6 = 15$ c) $a_2 = 2$ und $a_6 = -23$
d) $a_4 = 6$ und $a_6 = 18$ e) $a_3 = -6$ und $a_6 = 8$ f) $a_5 = -9$ und $a_9 = -17$.

9 Bestimmen Sie die Folgenglieder g_6 und g_8 für eine geometrische Folge (g_n) mit
a) $g_1 = 4;\ g_4 = 108$ b) $g_1 = 3;\ g_5 = \frac{243}{16}$ c) $g_2 = 50;\ g_5 = 6250$
d) $g_2 = 0{,}1;\ g_4 = 2{,}5$ e) $g_4 = -\frac{2}{7};\ g_7 = -\frac{2}{728}$ f) $g_3 = -1{,}2;\ g_7 = -0{,}00192$.

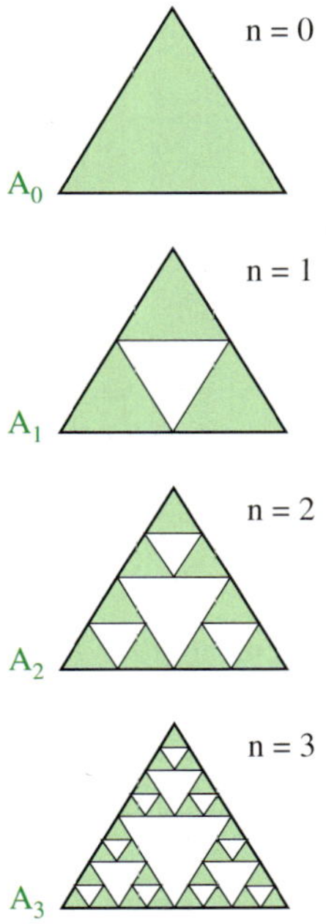

Fig. 1
Die Flächen stammen von dem polnischen Mathematiker WACLAW *S*IERPINSKI *(1916).*

10 Ein Konto weist am 1. Januar ein Kapital K_0 auf und wird jährlich mit p % verzinst.
a) Wie groß ist das Kapital K_n auf dem Konto nach n Jahren?
b) Wann hat sich das Kapital K_0 auf dem Konto verdoppelt für $p = 2{,}5$ bzw. für $p = 5$?

11 Die Entwicklung eines Films kostet 1,60 € und zusätzlich jedes Papierbild 0,23 €. Es sei p_n der Preis für die Bearbeitung eines Films mit n Aufnahmen. Geben Sie eine explizite Beschreibung der Folge (p_n) an und berechnen Sie damit die Folgenglieder p_{20}, p_{36} und p_{72}.

12 1972 betrug der Ölverbrauch $2{,}7 \cdot 10^9$ t; damals wurde prognostiziert, dass der Verbrauch jährlich um 5,1 % steigen werde. Welche Prognose des Ölverbrauchs ergibt sich damit für das Jahr $1972 + n$? Welches wirtschaftspolitische Ereignis hat die Prognose 1973 wertlos gemacht?

13 Durch radioaktiven Zerfall verliert das Isotop ^{137}Cs jährlich 2,3 % seiner Masse.
a) Wie viel Prozent der ursprünglichen Masse m_0 sind nach n Jahren noch vorhanden?
b) Nach wie vielen Jahren sind noch 1 % der ursprünglichen Masse m_0 vorhanden?

14 Der in Fig. 1 bzw. Fig. 3 für $n = 0; 1; 2; 3$ dargestellte Vorgang wird fortgeführt.
a) Bestimmen Sie in Fig. 3 für $l_0 = 1$ die Länge l_n der roten Strecke nach n Schritten.
b) Bestimmen Sie in Fig. 1 für $A_0 = 1$ den Inhalt A_n der grünen Fläche nach n Schritten.

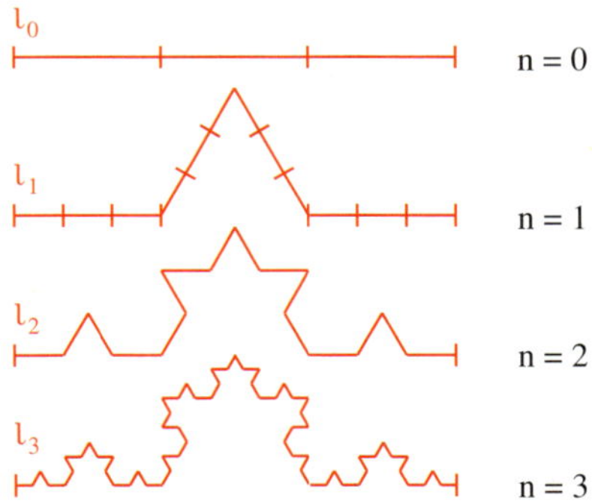

Die Kurven stammen von dem schwedischen Mathematiker *HELGE VON KOCH (1904)*
Fig. 3

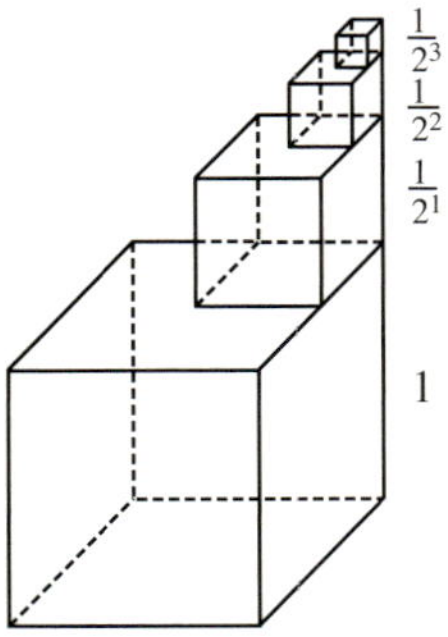

Fig. 2

15 Von zwei gleich großen Würfeln der Kantenlänge 1 wird einer in 8 gleich große Würfel zerlegt und einer der dabei erhaltenen Würfel wie in Fig. 2 auf den anderen gestellt. Dieses Verfahren wird wiederholt.
a) Berechnen Sie das Volumen des entstandenen Körpers nach der 1. (2., 3.) Teilung.
b) Geben Sie das n-te Glied der Zahlenfolge (V_n) an, die jedem n das Volumen V_n zuordnet.

16 Eine Ware mit dem heutigen Preis 1,00 € wird durch eine jährliche Inflation von konstant 5 % laufend teurer.
a) Berechnen Sie zu einer Inflationsrate von 5 % und einer beliebigen Jahreszahl n den zugehörigen Warenpreis und erstellen Sie einen Graphen für die ersten 20 Jahre.
b) Berechnen Sie den Zeitraum, nach dem sich der Preis der Ware verdoppelt hat.

Weitere Folgen

*2 Eigenschaften von Folgen

1 Gegeben sind die Zahlenfolgen $(a_n) = \left(\frac{1}{n}\right)$, $(b_n) = \left(-\frac{1}{n}\right)$, $(c_n) = (n)$, $(d_n) = \left(3 + \frac{1}{n}\right)$, $(e_n) = ((-1)^n)$, $(f_n) = \left(1 - \frac{1}{2n}\right)$, $(g_n) = (1 + n^2)$.
Sortieren Sie die Folgen nach gemeinsamen Eigenschaften, die Sie für wichtig halten.

Bei Zahlenfolgen sind drei Eigenschaften besonders wichtig.
(1) Zahlenfolgen können wie Funktionen monoton sein, d.h. mit wachsendem n werden die Folgenglieder entweder größer oder kleiner.
(2) Ihre Glieder können möglicherweise nur in einem endlichen Intervall [s; S] liegen.
(3) Zahlenfolgen können sich einem so genannten Grenzwert beliebig annähern.
Eigenschaft (1) und (2) werden im Folgenden behandelt, Eigenschaft (3) im nächsten Paragraphen.
In der Zahlenfolge (a_n) mit $a_n = 0{,}8^n$ werden die Folgenglieder laufend kleiner (Fig. 1), d.h. es ist $a_{n+1} < a_n$ für alle $n \in \mathbb{N}^*$. Für die Zahlenfolge (b_n) mit $b_n = (-1)^n$ gilt dies nicht.

Streng monoton steigend:
Es geht immer bergauf:

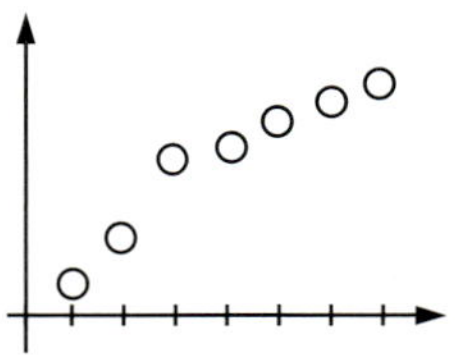

> **Definition 1:** Eine Zahlenfolge (a_n) heißt
> **monoton steigend**, wenn für alle Folgenglieder $a_{n+1} \geqq a_n$ ist,
> **monoton fallend**, wenn für alle Folgenglieder $a_{n+1} \leqq a_n$ ist.

Monoton fallend:
Es geht bergab oder bleibt eben:

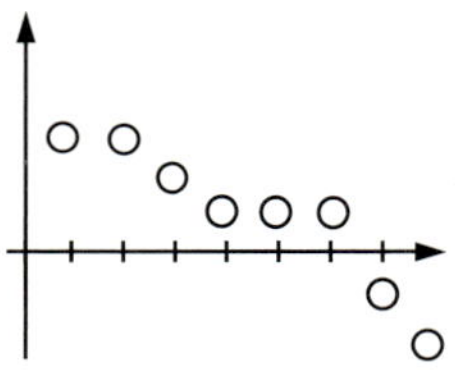

Bemerkung: Das Wort **streng** wird vorangestellt, wenn das Gleichheitszeichen nicht gilt.

Die Zahlenfolge (a_n) mit $a_n = 0{,}8^n$ hat noch eine weitere Eigenschaft: Alle ihre Glieder sind größer als $s = 0$ und kleiner oder gleich $S = 1$. Es gilt also $s < a_n \leqq S$.
Die Ungleichung gilt auch für andere Werte von s und S; z.B. gilt $-0{,}4 \leqq a_n \leqq 1{,}4$ für alle $n \in \mathbb{N}^*$ (Fig. 1).

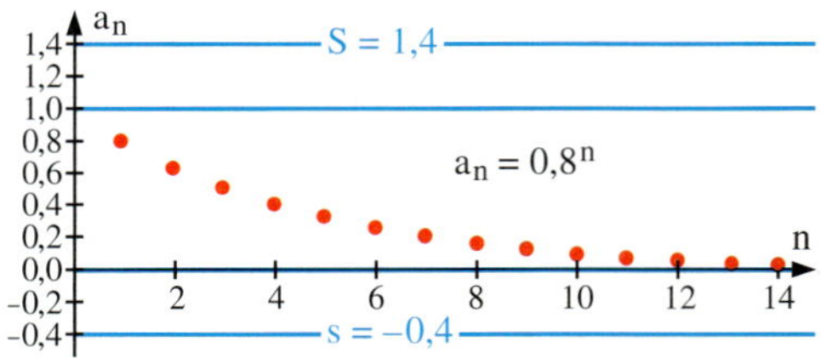

Fig. 1

Beschränkt:
Kein Glied überschreitet S oder unterschreitet s

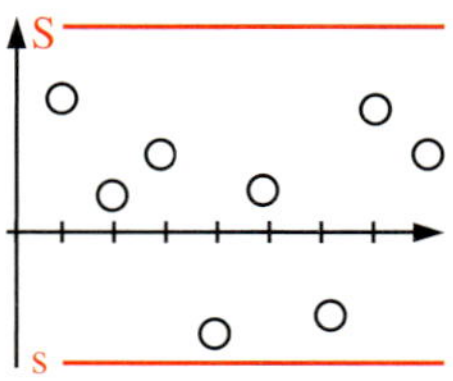

> **Definition 2:** Eine Zahlenfolge (a_n) heißt
> **nach oben beschränkt**, wenn es eine Zahl S gibt, sodass für alle Folgenglieder $a_n \leqq S$ ist,
> **nach unten beschränkt**, wenn es eine Zahl s gibt, sodass für alle Folgenglieder $a_n \geqq s$ ist.
> S nennt man eine obere Schranke, s eine untere Schranke der Folge.
> Eine nach oben und unten beschränkte Folge heißt **beschränkte Folge**.

Beispiel 1: (Monotonie und Beschränktheit)
Untersuchen Sie auf Monotonie und Beschränktheit. a) (a_n) mit $a_n = \frac{2}{n}$ b) (b_n) mit $b_n = \frac{2\cdot(-1)^n}{n}$
Lösung:
a) Da $\frac{2}{n+1} < \frac{2}{n}$ ist für alle $n \in \mathbb{N}^*$, ist (a_n) streng monoton fallend.
(a_n) ist nach oben beschränkt, z.B. durch $S = a_1 = 2$, da die Folgenglieder wegen der Monotonie laufend kleiner werden. (a_n) ist auch nach unten z.B. durch die Zahl 0 beschränkt wegen $a_n \geqq 0$. Damit ist (a_n) beschränkt.
b) (b_n) ist nicht monoton, da $b_1 < b_2$, aber $b_2 > b_3$ ist. (b_n) ist nach unten beschränkt z.B. durch $s = -2$ und nach oben z.B. durch $S = 1$; damit ist (b_n) beschränkt.

Beispiel 2: (Nachweis der Monotonie mithilfe der Differenz)
Gegeben ist die Zahlenfolge (a_n) mit $a_n = \frac{1-2n}{n}$, $n \in \mathbb{N}^*$.
a) Zeichnen Sie einen Graphen. b) Untersuchen Sie (a_n) auf Monotonie und Beschränktheit.
Lösung:
a) $a_n = \frac{1-2n}{n} = \frac{1}{n} - 2 = -2 + \frac{1}{n}$ (Fig. 1)
b) Um die Monotonie nachweisen zu können, bildet man die Differenz $a_{n+1} - a_n$:

$$a_{n+1} - a_n = \frac{1-2(n+1)}{n+1} - \frac{1-2n}{n}$$
$$= \left(-2 + \frac{1}{n+1}\right) - \left(-2 + \frac{1}{n}\right) = -\frac{1}{n(n+1)}$$

Sie ist negativ für alle $n \in \mathbb{N}^*$; daher ist $a_{n+1} < a_n$; (a_n) ist streng monoton fallend.
Die Zahlenfolge ist auch beschränkt: Eine obere Schranke ist $S = a_1 = -1$; eine untere Schranke ist $s = -2$, da $a_n = -2 + \frac{1}{n} > -2$ ist für alle $n \in \mathbb{N}^*$.

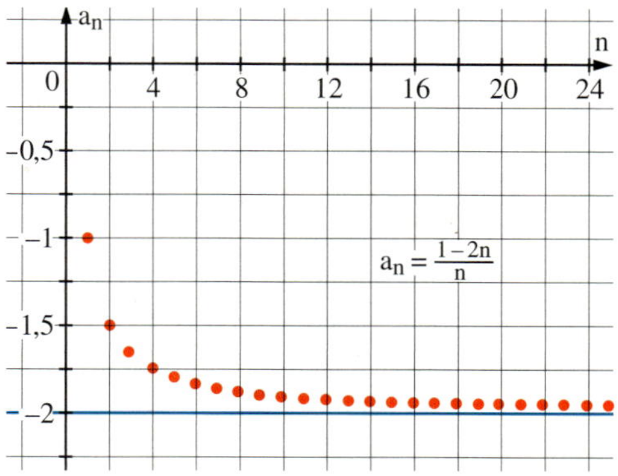

Fig. 1

Monotonie und Beschränktheit

Aufgaben

Hat eine Folge (a_n) nur positive Glieder, so ist manchmal folgendes Kriterium für die Monotonie nützlich: Ist $\frac{a_{n+1}}{a_n} \geq 1$ $\left(\frac{a_{n+1}}{a_n} \leq 1\right)$ für alle $n \in \mathbb{N}^*$, so ist (a_n) monoton steigend (monoton fallend)

2 Untersuchen Sie die Folge (a_n) auf Monotonie und Beschränktheit.
a) $a_n = 1 + \frac{1}{n}$ b) $a_n = \left(\frac{3}{4}\right)^n$ c) $a_n = (-1)^n$ d) $a_n = 1 + \frac{(-1)^n}{n}$ e) $a_n = 2$

3 a) $a_n = \frac{8n}{n^2+1}$ b) $a_n = \frac{n^2}{100} + n$ c) $a_n = \frac{1}{\sqrt{n}}$ d) $a_n = \frac{1+5n^2}{n(n+1)}$ e) $a_n = \sin(\pi \cdot n)$

4 Kreuzen Sie die zugehörige Eigenschaft an.

Sind Monotonie und Beschränktheit unabhängige Eigenschaften einer Zahlenfolge?

Folge (a_n) mit	$a_n = n$	$a_n = (-1)^n \cdot n$	$a_n = \frac{(-1)^n}{n}$	$a_n = 1 + \frac{1}{n}$
nach oben beschränkt				
nach unten beschränkt				
beschränkt				
monoton				

Können Sie eine Aussage über das Verhalten von (a_n) für größer werdendes n machen?

5 Geben Sie jeweils 3 Zahlenfolgen in expliziter Darstellung an, die
a) monoton steigend sind,
b) monoton fallend sind,
c) nicht monoton sind,
d) nicht nach oben beschränkt sind,
e) streng monoton fallend und nach unten beschränkt sind,
f) streng monoton steigend und nicht nach oben beschränkt sind,
g) streng monoton steigend und nach oben beschränkt sind.

6 Sind die folgenden Aussagen wahr oder falsch? Geben Sie, wenn möglich, ein Beispiel an. Begründen Sie Ihre Antwort.
a) Eine beschränkte Zahlenfolge muss nicht monoton sein.
b) Ist eine Zahlenfolge (a_n) streng monoton fallend, so ist (a_n) immer nach oben beschränkt.
c) Gilt für alle $n \in \mathbb{N}^*$ einer Zahlenfolge (a_n) sowohl $a_n > 0$ als auch $\frac{a_{n+1}}{a_n} \leqq 1$, so ist (a_n) streng monoton fallend.
d) Gilt für alle $n \in \mathbb{N}^*$ einer Zahlenfolge (a_n), dass der Quotient $\left|\frac{a_{n+1}}{a_n}\right|$ größer als 1 ist, so ist die Zahlenfolge streng monoton steigend.

*3 Grenzwert einer Folge

1 Gegeben ist die Zahlenfolge (a_n) mit $a_n = \frac{2n-1}{n}$.
a) Zeichnen Sie den Graphen bis $n = 20$ in ein Achsenkreuz.
b) Berechnen Sie für großes n einige Folgenglieder. Welchem Wert nähern sich die Glieder mit zunehmenden n an?
c) Berechnen Sie alle Folgenglieder a_n, die sich um weniger als $\frac{1}{100}$ bzw. 10^{-6} von 2 unterscheiden.

Die Abweichung der Zahl x von einer Zahl a ist $|x - a|$.

Bei Zahlenfolgen (a_n) soll das Annähern der Folgenglieder a_n an eine Zahl g im Folgenden analysiert und definiert werden. Der Gedankengang wird an einem Beispiel erläutert.

Bei der Zahlenfolge (a_n) mit $a_n = \frac{n+(-1)^n}{n} = 1 + \frac{(-1)^n}{n}$, $n \in \mathbb{N}^*$, nähern sich die Glieder mit wachsender Nummer n der Zahl 1 (Fig. 1). Das bedeutet, dass der Abstand $|a_n - 1| = \left|\frac{(-1)^n}{n}\right| = \frac{1}{n}$ der Folgenglieder von der Zahl 1 laufend kleiner wird.

Alle Folgenglieder a_n mit einer Nummer größer als 20 haben von 1 einen kleineren Abstand als 0,05. Es ist nämlich
$|a_n - 1| = \frac{1}{n} < 0{,}05$
für $n > \frac{1}{0{,}05} = 20$

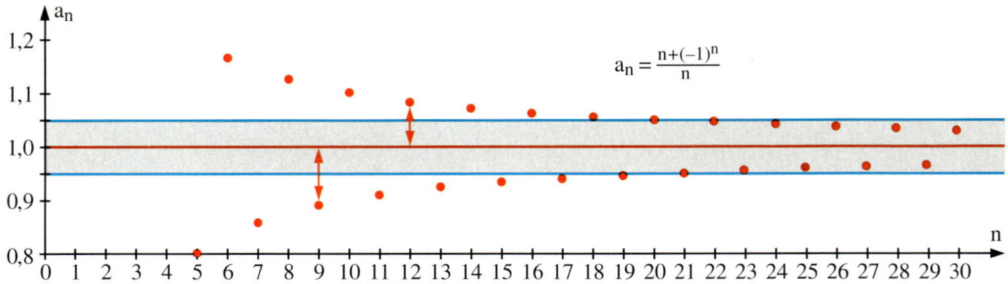

Fig. 1

Man kann sogar angeben, für welche Nummern der Abstand kleiner ist als eine vorgegebene Zahl ε. Ist z.B. $\varepsilon = 0{,}01$, so ergeben sich aus $|a_n - 1| = \frac{1}{n} < \frac{1}{100}$ die Nummern $n > 100$.
Für $\varepsilon = 10^{-10}$ ist dies für $n > 10^{10}$ der Fall. Entsprechend haben für irgendein positives ε wegen $|a_n - 1| = \frac{1}{n} < \varepsilon$ alle Folgenglieder mit den Nummern $n > \frac{1}{\varepsilon}$ einen kleineren Abstand als ε von 1.
Dies sind **fast alle** Folgenglieder. Unter „fast alle“ versteht man dabei, dass nur endlich viele die Bedingung nicht erfüllen.

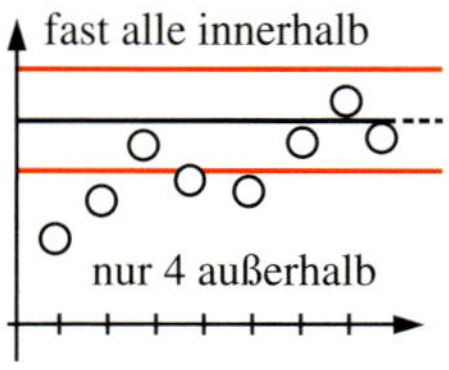

Definition: Eine Zahl g heißt **Grenzwert** der Zahlenfolge (a_n), wenn bei Vorgabe irgendeiner positiven Zahl ε **fast alle** Folgenglieder die Ungleichung $|a_n - g| < \varepsilon$ erfüllen.
Fast alle bedeutet dabei, dass es nur endlich viele Ausnahmen gibt.

Bemerkung: Zum Nachweis, dass fast alle Folgenglieder a_n die Ungleichung $|a_n - g| < \varepsilon$ erfüllen, muss man nur eine Nummer angeben können, ab der alle Folgenglieder die Ungleichung erfüllen.

__limes__ (lat.): Grenze

Man schreibt für den Grenzwert g einer Zahlenfolge (a_n) kurz
$g = \lim\limits_{n \to \infty} a_n$ (gelesen: g ist der Limes von a_n für n gegen unendlich) oder auch
$\mathbf{a_n \to g}$ **für** $\mathbf{n \to \infty}$ (gelesen: a_n geht gegen g für n gegen unendlich).
Folgen, die einen Grenzwert haben, nennt man **konvergente** Folgen.
Folgen ohne Grenzwert nennt man **divergente** Folgen.
Hat eine Folge (a_n) den Grenzwert 0, so nennt man (a_n) **Nullfolge**.

__convergere__ (lat.): zusammenlaufen
__divergere__ (lat.): auseinander laufen

Bei der Folge (a_n) mit $a_n = (-1)^n + \frac{1}{n}$ liegen unendlich viele Glieder beliebig nahe bei 1 und unendlich viele beliebig nahe bei –1. Damit ist die Folge divergent.

Eine Folge (a_n) kann höchstens einen Grenzwert haben. Fig. 1 zeigt nämlich, dass bei zwei vermuteten Grenzwerten g_1 und g_2 mit $g_1 > g_2$ und der Wahl von $\varepsilon = \frac{g_1 - g_2}{2}$ nur noch endlich viele Glieder nahe genug bei g_1 liegen können, wenn fast alle in der Nähe von g_2 liegen.

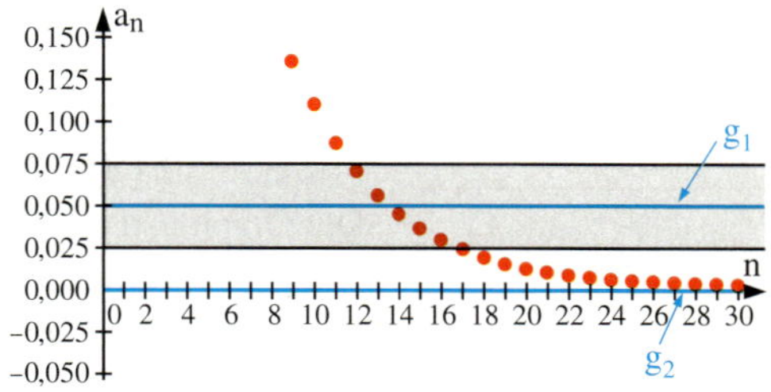

Fig. 1

Satz 1: Eine Zahlenfolge kann höchstens einen Grenzwert haben.

Mit der Definition des Grenzwertes kann man keinen Grenzwert berechnen, wohl aber nachprüfen, ob eine Zahl Grenzwert einer Folge ist oder nicht.

Zum Nachweis eines Grenzwertes kann folgende Aussage sehr nützlich sein:
(a_n) hat genau dann den Grenzwert g, wenn $(a_n - g)$ eine Nullfolge ist. Die Aussage stimmt mit der Definition des Grenzwertes überein, da $|a_n - g| < \varepsilon$ mit $|(a_n - g) - 0| < \varepsilon$ äquivalent ist. Für den Nachweis der Konvergenz mithilfe der Definition muss eine konkrete Vermutung für g vorliegen. Man kann die Konvergenz aber auch ohne eine Vermutung nachweisen.

Satz 2: Wenn eine Folge **monoton und beschränkt** ist, dann ist sie auch **konvergent**.

Der Beweis für monoton fallende und nach unten beschränkte Folgen verläuft völlig analog.

Beweis (für monoton steigende und nach oben beschränkte Folgen):
(a_n) sei monoton steigend und nach oben beschränkt. Dann gibt es eine obere Schranke S, für die gilt $a_n \leqq S$ für alle $n \in \mathbb{N}^*$. Unter den oberen Schranken S von (a_n) ist die kleinste obere Schranke g, deren Existenz durch die so genannte Vollständigkeit von $\mathbb{R}$ gegeben ist, der Grenzwert von (a_n). Gibt man nämlich irgendeine positive Zahl ε vor, so ist $g - \varepsilon$ keine obere Schranke von (a_n) mehr. Damit gibt es sicher ein Folgenglied a_{n_0} mit $g - \varepsilon < a_{n_0} < g$. Da (a_n) monoton steigend ist, gilt $g - \varepsilon < a_{n_0} \leqq g$ für alle $n > n_0$. Dies besagt aber, dass für fast alle Folgenglieder gilt: $-\varepsilon < a_n - g < 0$ oder $|a_n - g| < \varepsilon$. Damit ist nach Definition g Grenzwert der Folge (a_n).

*Eine **Intervallschachtelung** reeller Zahlen ist eine Folge von Intervallen $I_n = \{x \mid a_n \leqq x \leqq b_n;\ x \in \mathbb{R}\}$ mit den Eigenschaften*
(1) $a_n \leqq b_n$ für alle $n \in \mathbb{N}^*$
(2) Die Folge (a_n) ist monoton steigend.
(3) Die Folge (b_n) ist monoton fallend.
(4) $(b_n - a_n)$ ist eine Nullfolge.

Vollständigkeit von $\mathbb{R}$:
Jede nach oben beschränkte nicht leere Teilmenge von $\mathbb{R}$ besitzt in $\mathbb{R}$ ein Supremum.
Erläuterungen:
Gegeben ist eine nicht leere Menge reeller Zahlen, etwa $M = \{x \mid -2 < x < 6\}$. Dann heißt S eine **obere Schranke** von M, wenn für alle $x \in M$ gilt: $x \leqq S$. Für M sind etwa $S = 100$ oder $S' = \sqrt{37}$ obere Schranken. Die kleinste aller möglichen Schranken wird als **Supremum** der Menge M bezeichnet. So ist das Supremum von M die Zahl 6. Für $M' = \{x \mid 0 < x \leqq 6\}$ fällt das Supremum von M mit dem Maximum zusammen.
Dass die Menge $\mathbb{Q}$ der rationalen Zahlen nicht vollständig ist, zeigt das Beispiel der Menge $M = \{x \mid x^2 < 2,\ x \in \mathbb{Q}\}$. Da es keine rationale Zahl mit $x^2 = 2$ gibt, gibt es auch keine rationale Zahl, die Supremum der Menge M sein kann. Im Bereich der reellen Zahlen $\mathbb{R}$ hat M aber eine kleinste obere Schranke, nämlich $\sqrt{2}$.

Es lässt sich zeigen, dass zur Vollständigkeit folgende Aussagen äquivalent sind:
(1) Jede monotone und beschränkte Folge reeller Zahlen ist konvergent (s. obiger Beweis).
(2) Zu jeder Intervallschachtelung $[a_n; b_n]$ reeller Zahlen gibt es genau eine innere Zahl $c \in \mathbb{R}$ mit der Eigenschaft $a_n \leqq c \leqq b_n$ für alle $n \in \mathbb{N}^*$.

Beispiel 1: (Gewinnen und Überprüfen einer Vermutung)
Stellen Sie eine Vermutung über den Grenzwert der Zahlenfolge (a_n) mit $a_n = \frac{2n-1}{n+1}$ auf und überprüfen Sie diese mithilfe der Definition.
Lösung:
Der Graph und die Tabelle (Fig. 2) führen zu der Vermutung: $g = 2$.
Zur Überprüfung dieser Vermutung gibt man sich ein positives ε vor und berechnet die Abweichung von $g = 2$: $\left|\frac{2n-1}{n+1} - 2\right| < \varepsilon$. (1)
Diese Ungleichung muss nach n aufgelöst werden. Man erhält die folgenden äquivalenten Ungleichungen:

$$\left|\frac{-3}{n+1}\right| < \varepsilon;$$
$$\frac{3}{n+1} < \varepsilon;$$
$$n+1 > \frac{3}{\varepsilon};$$
$$n > \frac{3}{\varepsilon} - 1.$$

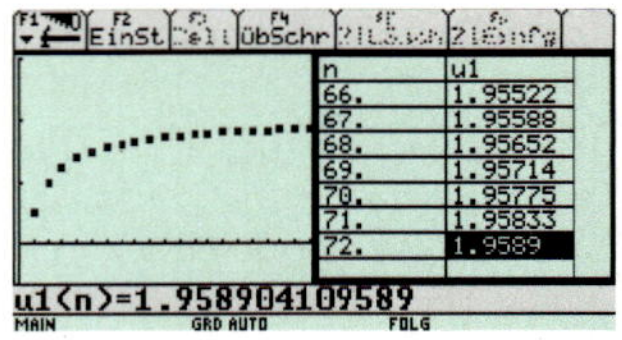

Fig. 2

Damit erfüllen fast alle Folgenglieder a_n mit Nummern größer als $\frac{3}{\varepsilon} - 1$ die Bedingung (1).

$\frac{3}{2}$ ist nicht Grenzwert dieser Zahlenfolge, da für ein ε mit ε > 0 der Reihe nach folgt:
(*) $\left|\frac{2n-1}{n+1} - \frac{3}{2}\right| < \varepsilon$
$\frac{n-5}{2n+2} < \varepsilon$
$n - 5 < 2n\varepsilon + 2\varepsilon$
$n \cdot (1 - 2\varepsilon) < 2\varepsilon + 5$
$n < \frac{2\varepsilon + 5}{1 - 2\varepsilon}$,
sofern ε < 0,5 ist. Damit erfüllen für kleines ε nur endlich viele Glieder die Bedingung (*).

Beispiel 2: (Nullfolgen)
Zeigen Sie, dass die Folge (a_n) mit $a_n = q^n$; $|q| < 1$ eine Nullfolge ist.
Lösung:
Man wählt ein beliebiges positives ε. Dann gilt
$|q^n - 0| < \varepsilon$ bzw. $|q|^n < \varepsilon$.
Logarithmieren ergibt:
$n \cdot \log|q| < \log(\varepsilon)$.
Wegen $\log|q| < 0$ ergibt sich daraus: $n > \frac{\log(\varepsilon)}{\log|q|}$.
Somit weichen alle Folgenglieder mit Nummern größer als $\frac{\log(\varepsilon)}{\log|q|}$ weniger als ε von 0 ab.

Folgen, deren Glieder Brüche mit konstantem Zähler sind und deren Nenner eine positive Potenz von n ist, sind Nullfolgen, z. B.
$\left(\frac{1}{n}\right), \left(\frac{3}{n^2}\right), \left(\frac{1}{\sqrt{n}}\right), \left(\frac{3}{4n^{\frac{3}{2}}}\right), \ldots$

Beispiel 3: (Nachweis mit Nullfolge)
Untersuchen Sie, ob die Folge (a_n) einen Grenzwert hat.
a) $a_n = \frac{3 + (-1)^n n^2}{n^2}$ b) $a_n = \sqrt{a + \frac{1}{n}}$; $a \geqq 0$
Lösung:
a) Es ist $\frac{3 + (-1)^n n^2}{n^2} = \frac{3}{n^2} + (-1)^n$. $\left(\frac{3}{n^2}\right)$ ist eine Nullfolge, $((-1)^n)$ liefert die Werte 1 und −1.
Es liegen beliebig viele Glieder nahe bei 1 wie auch bei −1 (Fig. 1). (a_n) ist also divergent.
b) Vermutung: $\lim\limits_{n \to \infty} \sqrt{a + \frac{1}{n}} = \sqrt{a}$.
Aus $\sqrt{a + \frac{1}{n}} - \sqrt{a} = \frac{\left(\sqrt{a + \frac{1}{n}} - \sqrt{a}\right) \cdot \left(\sqrt{a + \frac{1}{n}} + \sqrt{a}\right)}{\left(\sqrt{a + \frac{1}{n}} + \sqrt{a}\right)} = \frac{\frac{1}{n}}{\sqrt{a + \frac{1}{n}} + \sqrt{a}}$ und $0 < \frac{\frac{1}{n}}{\sqrt{a + \frac{1}{n}} + \sqrt{a}} < \frac{\frac{1}{n}}{2\sqrt{a}}$ folgt:
$0 < \sqrt{a + \frac{1}{n}} - \sqrt{a} < \frac{1}{2n\sqrt{a}}$. Da $\left(\frac{1}{2n\sqrt{a}}\right)$ eine Nullfolge ist, gilt $\lim\limits_{n \to \infty} \sqrt{a + \frac{1}{n}} = \sqrt{a}$.

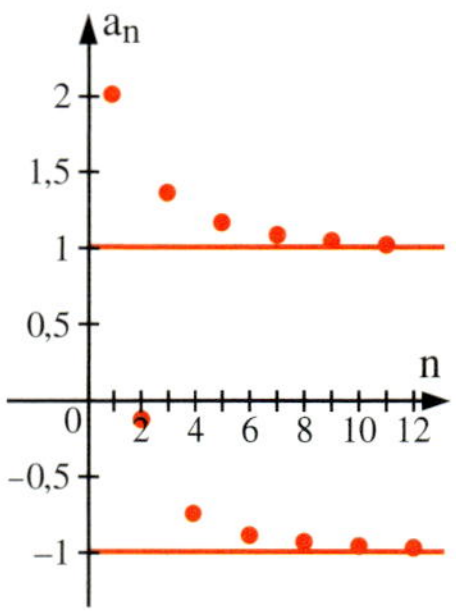

Fig. 1

Beispiel 4: (Konvergenz einer monotonen und beschränkten Folge)
Zeigen Sie, dass die Folge (a_n) mit $a_n = \frac{1}{10^1} + \frac{1}{10^2} + \frac{1}{10^3} + \ldots + \frac{1}{10^n}$ konvergent ist.
Lösung:
Die Folge ist monoton steigend, da $a_{n+1} - a_n = \frac{1}{10^{n+1}} > 0$ ist. Die Folge ist nach oben beschränkt wegen $0 < a_n < 1$ für alle $n \in \mathbb{N}^*$.
Damit ist die Folge nach Satz 2 konvergent.

$a_1 = 0{,}1$
$a_2 = 0{,}11$
$a_3 = 0{,}111$
$a_4 = 0{,}1111$
...
Was ist wohl der Grenzwert?

Aufgaben

2 Erstellen Sie mit dem CAS eine Wertetabelle und einen Graphen der Folge (a_n). Ab welchem Folgenglied ist die Abweichung vom vermuteten Grenzwert weniger als 0,1? Bestätigen das Ergebnis rechnerisch.

a) $a_n = 1 + \frac{1}{3n}$ b) $a_n = 4 \cdot \left(\frac{1}{3}\right)^{n-1}$ c) $a_n = \frac{6n+2}{3n}$ d) $a_n = \frac{3n^2}{n^2+5}$ e) $a_n = \frac{1+\sqrt{n}}{2+\sqrt{n}}$

3 Ermitteln Sie rechnerisch die Glieder der Zahlenfolge (a_n), die um weniger als 0,1 von 1 abweichen.

a) $a_n = \frac{1+n}{n}$ b) $a_n = \frac{n^2-1}{n^2}$ c) $a_n = 1 - \frac{100}{n}$ d) $a_n = \frac{n-1}{n+2}$ e) $a_n = \frac{2n^2-3}{3n^2}$

4 Zeigen Sie mithilfe der Definition, dass die Folge $\left(\frac{1-2n}{3n}\right)$ konvergent ist. Von welchem Glied ab unterscheiden sich die Folgenglieder vom Grenzwert um weniger als $\frac{1}{100}$ bzw. 10^{-6}?

5 Zeigen Sie, dass die Differenzenfolge $(a_n - g)$ eine Nullfolge ist.

a) $\left(\frac{3n-2}{n+2}\right)$; $g = 3$ b) $\left(\frac{n^2+n}{5n^2}\right)$; $g = 0{,}2$ c) $\left(\frac{2^{n+1}}{2^n+1}\right)$; $g = 2$ d) $\left(\frac{3 \cdot 2^n + 2}{2^{n+1}}\right)$; $g = \frac{3}{2}$

Zu Aufgabe 6: Besteht ein Zusammenhang zwischen Nichtbeschränktheit und Konvergenz von Folgen?

6 Ordnen Sie den Astenden Folgen mit den an den Ästen angegebenen Eigenschaften zu.

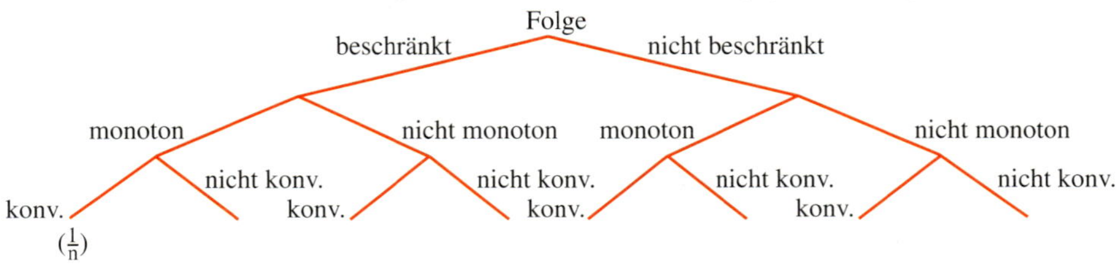

7 Weisen Sie nach, dass die Zahlenfolge (a_n) nicht konvergent ist.

a) $a_n = 1 + n^2$ b) $a_n = (-1)^n \cdot (n+2)$ c) $a_n = \frac{n^2+1}{n+2}$ d) $a_n = 2 - (1 + (-1)^n)$

8 Zeigen Sie durch Nachweis der Monotonie und der Beschränktheit, dass die Folge (a_n) konvergent ist. Stellen Sie eine Vermutung über ihren Grenzwert auf und bestätigen Sie diese.

a) $a_n = \frac{n+1}{5n}$ b) $a_n = \frac{\sqrt{5n}}{\sqrt{n+1}}$ c) $a_n = \frac{n\sqrt{n}+10}{n^2}$ d) $a_n = \frac{n}{n^2+1}$

9 Gegeben ist die Folge (a_n) mit

$a_n = 1 + \frac{1}{2} + \frac{1}{3} + \frac{1}{4} + \ldots + \frac{1}{n}$.

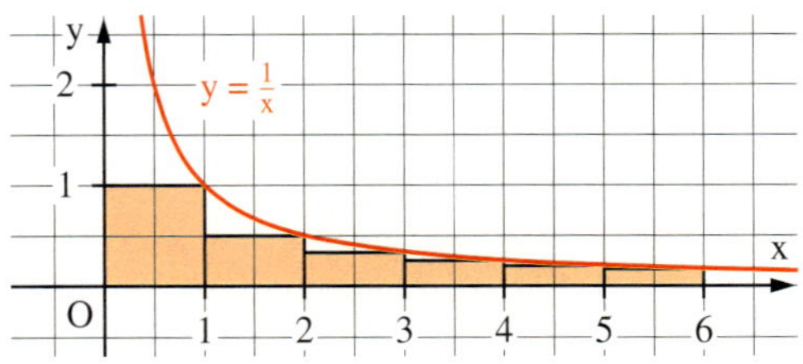

a) Zeigen Sie: (a_n) ist monoton steigend.

b) Berechnen Sie mithilfe eines Computerprogramms a_{100}, a_{1000}, a_{10000} und a_{100000} und versuchen Sie, eine Aussage über die Konvergenz der Folge zu machen.

c) Zeigen Sie, dass gilt $\frac{1}{n+1} + \frac{1}{n+2} + \ldots + \frac{1}{2n} > \frac{1}{2}$ für alle $n \in \mathbb{N}^*$.

d) Das Folgenglied a_n kann man in der Form schreiben

$a_n = 1 + \frac{1}{2} + \left(\frac{1}{3} + \frac{1}{4}\right) + \left(\frac{1}{5} + \frac{1}{6} + \frac{1}{7} + \frac{1}{8}\right) + \left(\frac{1}{9} + \frac{1}{10} + \ldots + \frac{1}{16}\right) + \left(\frac{1}{17} + \frac{1}{18} + \ldots + \frac{1}{32}\right) + \left(\frac{1}{33} + \frac{1}{34} + \ldots + \frac{1}{64}\right) + \ldots$

Zeigen Sie mithilfe dieser Darstellung und der Aussage von Aufgabenteil c), dass a_n nicht beschränkt ist. Was wissen Sie damit über die Konvergenz von (a_n)?

Berechnung eines Grenzwertes

e) Was zeigt Ihr CAS-System an, wenn Sie eingeben, es solle der Grenzwert von (a_n) berechnet werden? Was schließen Sie daraus?

*4 Grenzwertsätze

1 Gegeben ist die Zahlenfolge (a_n) mit $a_n = \frac{9n^2+4}{3n^2}$.
a) Weisen Sie nach, dass die Zahlenfolge den Grenzwert 3 hat.
b) Schreiben Sie den Bruch als Summe zweier Brüche und schließen Sie dann auf den Grenzwert.
c) Erweitern Sie Zähler und Nenner mit $\frac{1}{n^2}$ und zeigen Sie, dass Sie auch so auf den Grenzwert $g = 3$ schließen können.

Die Definition des Folgengrenzwertes ermöglicht nicht die Berechnung von Grenzwerten. Sie dient lediglich dazu, den Nachweis zu führen, ob eine Folge die Zahl g als Grenzwert hat oder nicht. Es wird ein Verfahren vorgestellt, Grenzwerte von Folgen zu berechnen.

Die konstante Folge (a_n) mit $a_n = a$ hat den Grenzwert a, da für alle Folgenglieder bei vorgegebener Abweichung $\varepsilon > 0$ gilt: $|a - a| < \varepsilon$.

Die Folge (a_n) mit $a_n = \frac{2n+10}{5n}$ hat den Grenzwert $\frac{2}{5}$, da die Folge $\left(\frac{2n+10}{5n} - \frac{2}{5}\right) = \left(\frac{2}{n}\right)$ eine Nullfolge ist. Man kann aber $a_n = \frac{2n+10}{5n}$ auch zerlegen in $a_n = \frac{2}{5} + \frac{2}{n}$. Die Folge (a_n) kann somit aufgefasst werden als Summe der konstanten Folge und einer Nullfolge. Von den Grenzwerten dieser Einzelfolgen kann man auf den Grenzwert der Summenfolge schließen:

$$\lim_{n\to\infty} \frac{2n+10}{5n} = \lim_{n\to\infty}\left(\frac{2}{5} + \frac{2}{n}\right) = \lim_{n\to\infty}\frac{2}{5} + \lim_{n\to\infty}\frac{2}{n} = \frac{2}{5} + 0 = \frac{2}{5}.$$

Dieses Vorgehen ist zulässig und lässt sich sogar verallgemeinern:

Satz: (Grenzwertsätze)
Sind die Folgen (a_n) und (b_n) konvergent und haben sie die Grenzwerte a und b, so sind auch die Folgen $(a_n \pm b_n)$, $(a_n \cdot b_n)$ und, sofern $b_n \neq 0$ und $b \neq 0$ sind, auch die Folge $\left(\frac{a_n}{b_n}\right)$ konvergent. Es gilt:

$$\lim_{n\to\infty}(a_n \pm b_n) = \lim_{n\to\infty} a_n \pm \lim_{n\to\infty} b_n = a \pm b,$$

$$\lim_{n\to\infty}(a_n \cdot b_n) = \lim_{n\to\infty} a_n \cdot \lim_{n\to\infty} b_n = a \cdot b,$$

$$\lim_{n\to\infty}\frac{a_n}{b_n} = \frac{\lim\limits_{n\to\infty} a_n}{\lim\limits_{n\to\infty} b_n} = \frac{a}{b},\quad b_n \neq 0 \text{ und } b \neq 0.$$

Prüfen Sie an Zahlenbeispielen nach:

Es ist für alle reellen Zahlen x und y stets:
$|x + y| \leqq |x| + |y|$

Beweis (beispielhaft für die Summe von Grenzwerten):
Nach Voraussetzung gilt $\lim\limits_{n\to\infty} a_n = a$ und $\lim\limits_{n\to\infty} b_n = b$, d.h. bei beliebig vorgegebenem positivem ε gilt für fast alle Folgenglieder $|a_n - a| < \frac{\varepsilon}{2}$ und $|b_n - b| < \frac{\varepsilon}{2}$. (Da ε eine beliebige positive Zahl ist, kann man ε auch durch $\frac{\varepsilon}{2}$ ersetzen. $\frac{\varepsilon}{2}$ ist dann ebenfalls eine beliebige positive Zahl.)
Daraus ergibt sich

$$|(a_n + b_n) - (a + b)| = |(a_n - a) + (b_n - b)| \leqq |a_n - a| + |b_n - b| < \frac{\varepsilon}{2} + \frac{\varepsilon}{2} = \varepsilon.$$

Damit haben fast alle Summenfolgen-Glieder $a_n + b_n$ von der Summe $a + b$ eine kleinere Abweichung als ein beliebig vorgegebener Wert ε. Die Summenfolge $(a_n + b_n)$ hat somit den Grenzwert $a + b$.

Bemerkung: Ist eine Folge konvergent mit dem Grenzwert g, so gilt:

$$\lim_{n\to\infty} a_n = \lim_{n\to\infty} a_{n-1} = g.$$

Hiermit lässt sich häufig der Grenzwert einer rekursiv definierten Folge bestimmen.

Beispiel 1: (Anwendung der Grenzwertsätze)
Berechnen Sie den Grenzwert der Zahlenfolge (a_n) für $a_n = \frac{4n^2-17}{3n^2+n}$.
Lösung:

Man erweitert bei Brüchen Zähler und Nenner mit dem Kehrwert der höchsten auftretenden Potenz von n.

Es ist $a_n = \frac{4n^2-17}{3n^2+n} = \frac{4-\frac{17}{n^2}}{3+\frac{1}{n}}$. Wegen $\lim\limits_{n\to\infty} 4 = 4$, $\lim\limits_{n\to\infty} \frac{17}{n^2} = 0$, $\lim\limits_{n\to\infty} 3 = 3$, $\lim\limits_{n\to\infty} \frac{1}{n} = 0$ gilt

$$\lim_{n\to\infty} a_n = \lim_{n\to\infty} \frac{4-\frac{17}{n^2}}{3+\frac{1}{n}} = \frac{\lim\limits_{n\to\infty} 4 - \lim\limits_{n\to\infty} \frac{17}{n^2}}{\lim\limits_{n\to\infty} 3 + \lim\limits_{n\to\infty} \frac{1}{n}} = \frac{4-0}{3-0} = \frac{4}{3}.$$

Beispiel 2: (Bestimmung des Grenzwertes einer konvergenten rekursiv beschriebenen Folge)
Die Folge (a_n) mit $a_1 = 3$ und $a_n = \frac{a_{n-1}^2+1}{a_{n-1}+2}$ ist konvergent mit dem Grenzwert g.
Bestimmen Sie g.
Lösung:

Beachten Sie: *Bei dieser Methode zur Bestimmung des Grenzwertes einer rekursiv beschriebenen Folge muss die Konvergenz gesichert sein.*

Da die Folge (a_n) den Grenzwert g hat, gilt: $\lim\limits_{n\to\infty} a_n = \lim\limits_{n\to\infty} a_{n-1} = g$.
Mithilfe der Grenzwertsätze ergibt sich:

$$\lim_{n\to\infty} a_n = \lim_{n\to\infty} \frac{a_{n-1}^2+1}{a_{n-1}+2} = \frac{\left(\lim\limits_{n\to\infty} a_{n-1}\right)^2+1}{\left(\lim\limits_{n\to\infty} a_{n-1}\right)+2}.$$

Also gilt $g = \frac{g^2+1}{g+2}$ oder $g^2+2g = g^2+1$ und folglich $g = \frac{1}{2}$.

Aufgaben

Berechnung von Grenzwerten

2 Zerlegen Sie die Folge (a_n) in eine konstante Folge plus eine Nullfolge und geben Sie ihren Grenzwert an.
a) $a_n = \frac{8+n}{4n}$ b) $a_n = \frac{8+\sqrt{n}}{4\sqrt{n}}$ c) $a_n = \frac{8+2^n}{4\cdot 2^n}$ d) $a_n = \frac{6+n^4}{\frac{1}{4}n^4}$ e) $a_n = \frac{4+n^3}{n^3}$

3 Berechnen Sie den Grenzwert der Zahlenfolge (a_n) durch Umformen und Anwenden der Grenzwertsätze.
a) $a_n = \frac{1+2n}{1+n}$ b) $a_n = \frac{7n^3+1}{n^3-10}$ c) $a_n = \frac{n^2+2n+1}{1+n+n^2}$ d) $a_n = \frac{\sqrt{n}+n+n^2}{\sqrt{2n}+n^2}$ e) $a_n = \frac{n^5-n^4}{6n^5-1}$
f) $a_n = \frac{\sqrt{n+1}}{\sqrt{n+1}+2}$ g) $a_n = \frac{(5-n)^4}{(5+n)^4}$ h) $a_n = \frac{(2+n)^{10}}{(1+n)^{10}}$ i) $a_n = \frac{(1+2n)^{10}}{(1+n)^{10}}$ j) $a_n = \frac{(1+2n)^k}{(1+3n)^k}$

4 Bestimmen Sie den Grenzwert.
a) $\lim\limits_{n\to\infty} \frac{2^n-1}{2^n}$ b) $\lim\limits_{n\to\infty} \frac{2^n-1}{2^{n-1}}$ c) $\lim\limits_{n\to\infty} \frac{2^n}{1+4^n}$ d) $\lim\limits_{n\to\infty} \frac{2^n-3^n}{2^n+3^n}$ e) $\lim\limits_{n\to\infty} \frac{2^n+3^{n+1}}{2\cdot 3^n}$

5 Bestimmen Sie wie in Beispiel 2 den Grenzwert der rekursiv beschriebenen Folge (a_n), wenn die Existenz des Grenzwertes von (a_n) gesichert ist.
a) $a_1 = 0;\ a_n = \frac{2}{5}a_{n-1} - 2$ b) $a_1 = -2;\ a_n = -\frac{2}{3}a_{n-1} + 4$ c) $a_1 = -\frac{1}{2};\ a_n = \frac{1-a_{n-1}}{2+a_{n-1}}$
d) $a_1 = 1;\ a_n = \frac{2-a_{n-1}^2}{3+a_{n-1}}$ e) $a_1 = -4;\ a_n = \sqrt{a_{n-1}+4}$ f) $a_1 = 4;\ a_n = \sqrt{\frac{8}{a_{n-1}}}$

6 Untersuchen Sie die rekursiv beschriebene Folge (a_n) für verschiedene Startwerte a_1 auf einen Grenzwert.
a) $a_n = a_{n-1}^2$ b) $a_n = -\frac{1}{7}a_{n-1}^2 + a_{n-1} + \frac{1}{7}$ c) $a_n = \frac{a_{n-1}^2+2}{2\cdot a_{n-1}}$

Beachten Sie: $\lim\limits_{n\to\infty} \sqrt{a+h_n} = \sqrt{a}$, *wenn* (h_n) *eine Nullfolge ist.*

7 Formen Sie den Term um und berechnen Sie den Grenzwert.
a) $\lim\limits_{n\to\infty} \left(\sqrt{n+1} - \sqrt{n}\right)$ b) $\lim\limits_{n\to\infty} \left(\sqrt{n}\cdot\left(\sqrt{n+1} - \sqrt{n}\right)\right)$ c) $\lim\limits_{n\to\infty} \left(\sqrt{n^2-n} - n\right)$
(Hinweis: Verwenden Sie eine binomische Formel.)

*5 Grenzwerte von Funktionen für $x \to \pm\infty$

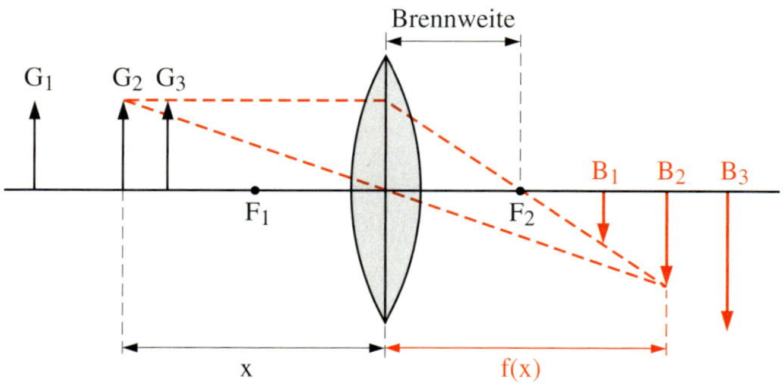

Fig. 1

1 Für die Gegenstandsweite x und die Bildweite f(x) (jeweils in cm) einer Fotolinse mit der Brennweite 5 cm gilt nach der Linsengleichung für $x > 5$: $f(x) = \frac{5x}{x-5}$ (Fig. 1).

a) Berechnen Sie die Bildweiten für $x = 6, 7, \ldots$ bis 10. Wie verhält sich diese Folge $(f(x_n))$, wenn die Gegenstandsweiten größer werden?

b) Wie verhält sich die Folge $(f(x_n))$, die entsteht, wenn man $x_1 = 10$ setzt und diesen Wert bei jedem Schritt verdoppelt $(x_{n+1} = 2x_n)$?

Vielfach ist es notwendig, das Verhalten einer Funktion f für $x \to \infty$ oder $x \to -\infty$ zu untersuchen. Dies geschieht mithilfe von Folgen. Setzt man bei einer Funktion f mit einer rechts unbeschränkten Definitionsmenge für x nacheinander 1, 2, 3, ... ein, so entsteht eine Folge $f(1), f(2), f(3), \ldots$ von Funktionswerten. Man nennt die Folge (n) Urbildfolge und die Folge $(f(n))$ Bildfolge.

Für die Funktion f mit $f(x) = \frac{2x+4}{x+3}$ mit der Definitionsmenge $D_f = \mathbb{R} \setminus \{-3\}$ beispielsweise erhält man mit der Urbildfolge (n^2) die Bildfolge $\left(\frac{2n^2+4}{n^2+3}\right)$, $n = 1; 2; 3; \ldots$

Wegen $\frac{2n^2+4}{n^2+3} = \frac{2+\frac{4}{n^2}}{1+\frac{3}{n^2}}$

ergibt sich mithilfe der Grenzwertsätze der Grenzwert $g = 2$ für $n \to \infty$ (Fig. 2).

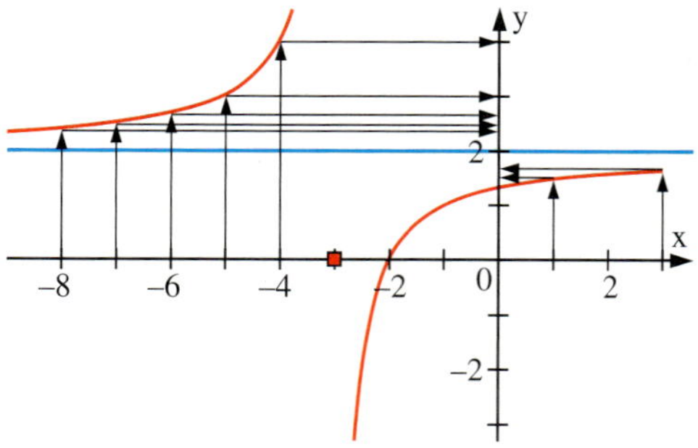

Fig. 2

In Fig. 3 ist unter u1 die Urbildfolge (10^n), in u2 die zugehörige Bildfolge für die Funktion f mit $f(x) = \frac{2x+4}{x+3}$ angegeben.
Die Tabelle bestätigt den Grenzwert 2 für $n \to \infty$. Wählt man andere nach oben unbeschränkte Urbildfolgen, so ändert sich der Grenzwert der Bildfolge nicht (Aufgabe 2a).

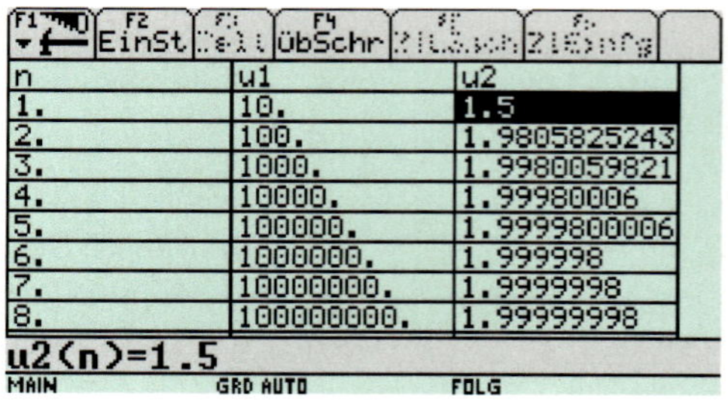

n	u1	u2
1.	10.	1.5
2.	100.	1.9805825243
3.	1000.	1.9980059821
4.	10000.	1.99980006
5.	100000.	1.9999800006
6.	1000000.	1.999998
7.	10000000.	1.9999998
8.	100000000.	1.99999998

u2(n)=1.5
MAIN GRD AUTO FOLG

Fig. 3

Für alle Folgen (x_n) mit $x_n \to \infty$ ist der Grenzwert der Bildfolge $(f(x_n))$ derselbe.
Auch für nach unten beschränkte Urbildfolgen ist der Grenzwert der Bildfolge 2 (vgl. Aufgabe 2b).

Definition: Eine Zahl g heißt **Grenzwert der Funktion f für $x \to +\infty$ ($x \to -\infty$)**, wenn für jede Urbildfolge (x_n) mit $x_n \to +\infty$ $(x_n \to -\infty)$ und $x_n \in D_f$ die Bildfolge $(f(x_n))$ den Grenzwert g hat. Man schreibt dann

$$\lim_{x \to +\infty} f(x) = g \quad \text{bzw.} \quad \lim_{x \to -\infty} f(x) = g.$$

Der Graph der Funktion f mit $\lim\limits_{x \to +\infty} f(x) = g$ nähert sich mit zunehmendem x der Geraden mit der Gleichung $y = g$ beliebig dicht an, genauer:

$\lim\limits_{x \to +\infty} (f(x) - g) = 0.$

Man nennt deshalb die Gerade mit der Gleichung $y = g$ eine **Asymptote** des Graphen.

Beispiel 1: (Grenzwertbestimmung durch Umformung)

Untersuchen Sie, ob der Grenzwert $\lim\limits_{x \to -\infty} \frac{3x^2 - x}{x^2}$ existiert.

Lösung:

Es ist $\frac{3x^2 - x}{x^2} = \frac{3 - \frac{1}{x}}{1}$. Da $\left(\frac{1}{x_n}\right)$ eine Nullfolge ist für jede Folge (x_n) mit $x_n \to -\infty$, gilt wegen der Grenzwertsätze für Folgen: $\lim\limits_{x \to -\infty} \frac{3x^2 - x}{x^2} = \lim\limits_{x_n \to -\infty} \frac{3 - \frac{1}{x_n}}{1} = 3.$

Der formale Nachweis für die Divergenz kann auf zwei Arten erfolgen.
1. Man gibt zwei Urbildfolgen an, deren Bildfolgen verschiedene Grenzwerte besitzen.
2. Man gibt eine Urbildfolge an, deren zugehörige Bildfolge keinen Grenzwert besitzt.

Beispiel 2: (kein Grenzwert)

Zeigen Sie, dass f mit $f(x) = \sin(x)$ keinen Grenzwert für $x \to +\infty$ besitzt.

Lösung:

Formaler Nachweis:

Wählt man die Folge $\left(n \cdot \frac{\pi}{2}\right)$ mit $n \in \mathbb{N}^*$, so erhält man die Bildfolge $\sin\left(n \cdot \frac{\pi}{2}\right)$, die nacheinander die Werte 1; 0; –1; 0 annimmt; sie besitzt keinen Grenzwert (Fig. 1).

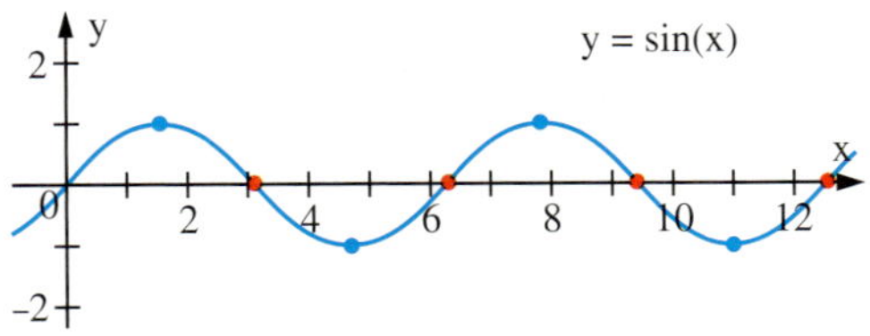

Aus dem Graphen ist unmittelbar ersichtlich, dass $\lim\limits_{x \to \infty} \sin(x)$ nicht existieren kann.

Fig. 1

Mit den Urbildfolgen $(n \cdot \pi)$ bzw. $\left(\frac{\pi}{2} + 2n\right)$ erhält man die Bildfolgen (0) bzw. (1).

Aufgaben

2 Gegeben sei die Funktion f mit $f(x) = \frac{2x + 4}{x + 3}$ und $D_f = \mathbb{R}\setminus\{-3\}$.

a) Zeigen Sie mithilfe der Grenzwertsätze, dass für die Urbildfolgen (n), $(\sqrt{n})$, $(2n - 1)$, (3^n) und (n^n) die zugehörigen Bildfolgen den Grenzwert 2 haben.

b) Wählen Sie nach unten unbeschränkte Urbildfolgen und zeigen sie, dass sich für die zugehörigen Bildfolgen ebenfalls der Grenzwert 2 ergibt.

3 Geben Sie die Grenzwerte für $x \to +\infty$ und (wenn möglich) für $x \to -\infty$ an.

a) $f(x) = \frac{2}{x + 1}$ b) $f(x) = \frac{1}{\sqrt{x}}$ c) $f(x) = \frac{x^3}{x^5} - 3$ d) $f(x) = \frac{4}{x + \sqrt{x + 1}} + \frac{1}{3}$ e) $f(x) = \frac{1}{2^x + 1}$

4 Berechnen Sie die Grenzwerte für $x \to +\infty$ und (wenn möglich) für $x \to -\infty$. Erweitern Sie dazu die Terme geeignet, um die Grenzwertsätze für Folgen anwenden zu können.

a) $f(x) = \frac{6x + 5}{4 + 3x}$ b) $f(x) = \frac{2x^3 + 4x}{3x^3 + 6x + 1}$ c) $f(x) = \frac{\sqrt{x} - 8}{\sqrt{x}}$ d) $f(x) = \frac{x + 12}{2x^2 - 1}$ e) $f(x) = \frac{2x - 19}{\sqrt{x^2 + 19}}$

5 Untersuchen Sie das Verhalten von f für $x \to +\infty$ und (wenn möglich) für $x \to -\infty$.

a) $f(x) = \frac{x^2 + 4x + 1}{x^2 + x - 1}$ b) $f(x) = \frac{x^4 - x^2}{6x^4 + 1}$ c) $f(x) = \frac{x^4 - x^2}{6x^5 - 1}$ d) $f(x) = \frac{x^4 + x^2}{5x^3 + 3}$ e) $f(x) = \frac{\sqrt{x} - 8}{\sqrt{x}}$

f) $f(x) = \frac{(3 + x)^2}{(3 - x)^2}$ g) $f(x) = \frac{(3 + x)^3}{(3 - x)^3}$ h) $f(x) = \frac{3^{x-1}}{3^x - 1}$ i) $f(x) = (3 + 6^x) \cdot 3^{-x}$

6 Nennen Sie je zwei Funktionen f mit dem Grenzwert g für $x \to +\infty$ bzw. für $x \to -\infty$.

a) $g = 0$ b) $g = 2$ c) $g = \sqrt{3}$ d) $g = -1$ e) $g = -\frac{1}{4}$

7 Zeigen Sie, dass $f(x) = \sin\left(\frac{1}{x}\right)$ mit $\mathbb{D}_f = \mathbb{R}\setminus\{0\}$ Grenzwerte besitzt für $x \to +\infty$ und für $x \to -\infty$.

*6 Grenzwerte von Funktionen für $x \to x_0$

Es gibt verschiedene Möglichkeiten.

1 Untersuchen Sie das Verhalten der Funktion f mit $f(x) = \frac{x^2 - 9}{(x-3)(x-4)}$ in der Nähe der Stellen $x_0 = 3$ und $x_1 = 4$.

Man muss das Verhalten einer Funktion f in der Nähe der Stelle x_0, an der sie nicht definiert ist, kennen, wenn man ihren Funktionsverlauf beschreiben will. Dies geschieht mithilfe von Folgen. Das Vorgehen wird an einem Beispiel erläutert.
Die Funktion f mit $f(x) = \frac{2x^2 - 8}{(x-2)(x+3)}$, $D_f = \mathbb{R} \setminus \{2; -3\}$, ist an den Stellen $x_0 = 2$ und $x_1 = -3$ nicht definiert. Damit existieren nur die Funktionswerte f(2) bzw. f(–3) nicht, jedoch alle Funktionswerte in unmittelbarer Umgebung dieser Stellen. Um das Verhalten zunächst für $x \to 2$ zu untersuchen, betrachtet man Urbildfolgen (x_n) mit $x_n \neq 2$ und $x_n \to 2$ und bestimmt die Grenzwerte der zugehörigen Bildfolgen. In Fig. 1 sind Beispiele aufgeführt.

Urbildfolge	$\left(2 + \frac{1}{n}\right)$	$\left(2 - \frac{1}{n}\right)$	$\left(2 + \frac{(-1)^n}{n^2}\right)$	$(2 + (0{,}6)^n)$	$\left(\frac{4n^2 + 3n + 1}{2n^2}\right)$
Bildfolge	$\frac{2 \cdot \left(4 + \frac{1}{n}\right)}{5 + \frac{1}{n}}$	$\frac{2 \cdot \left(4 - \frac{1}{n}\right)}{5 - \frac{1}{n}}$	$\frac{2 \cdot \left(4 + \frac{(-1)^n}{n^2}\right)}{5 + \frac{(-1)^n}{n^2}}$	$\frac{2 \cdot (4 + 0{,}6^n)}{5 + 0{,}6^n}$	$\frac{2 \cdot \left(8 + \frac{3}{n} + \frac{1}{n^2}\right)}{10 + \frac{3}{n} + \frac{1}{n^2}}$
Grenzwert	$\frac{8}{5}$	$\frac{8}{5}$	$\frac{8}{5}$	$\frac{8}{5}$	$\frac{8}{5}$

Fig. 1

Es zeigt sich, hier und in Fig. 2, dass für diese Folgen (x_n) der Grenzwert der Bildfolge $\frac{8}{5}$ ist.
Das Verhalten an der Stelle $x_1 = -3$ untersucht man z. B. mithilfe der Urbildfolge $\left(-3 + \frac{1}{n}\right)$.
Man erhält die nach unten unbeschränkte Bildfolge $(2 - 2n)$. Für die Urbildfolge $\left(-3 - \frac{1}{n}\right)$ hingegen erhält man die nach oben unbeschränkte Bildfolge $(2 + 2n)$ (Fig. 3).

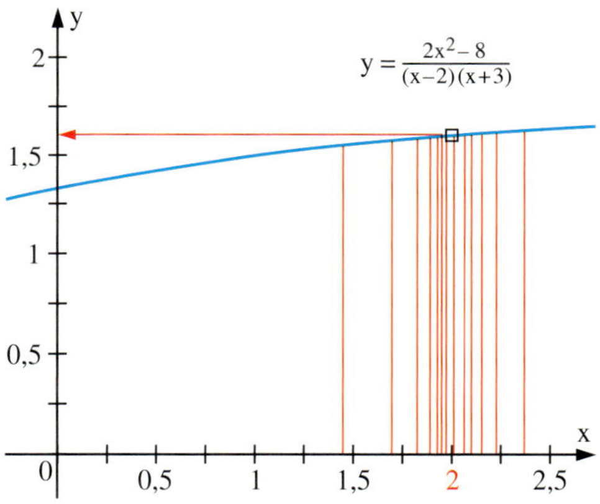

Fig. 2

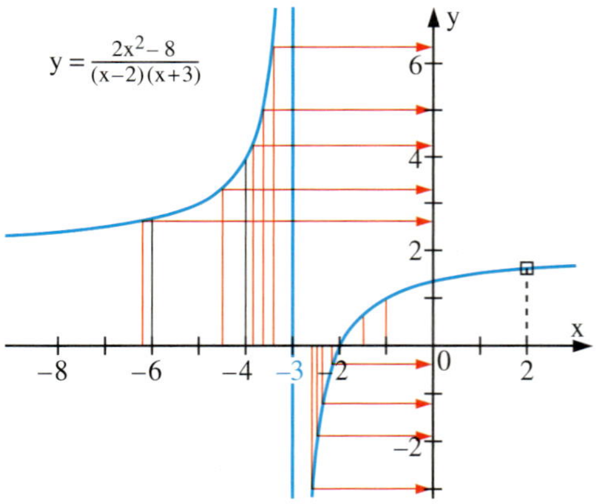

Fig. 3

Damit man Folgen (x_0) mit $x_n \to x_0$ bilden kann, muss es beliebig nahe bei x_0 Zahlen geben, die zu D_f gehören. Dazu muss x_0 entweder zur Definitionsmenge gehören oder eine ausgeschlossene isolierte Stelle sein wie z. B. bei $D_f = \mathbb{R} \setminus \{x_0\}$.

Definition: Eine Zahl g heißt **Grenzwert der Funktion f für $x \to x_0$**, wenn für jede Urbildfolge (x_n) mit $x_n \in D_f$ und $x_n \to x_0$ die Bildfolge $(f(x_n))$ den Grenzwert g hat.
Man schreibt dann

$$\lim_{x \to x_0} f(x) = g.$$

Da der Grenzwert von Funktionen auf den von Folgen zurückgeführt wird, gelten die Grenzwertsätze für Folgen auch für Funktionen.

Satz: Hat für $x \to x_0$ die Funktion u den Grenzwert a und die Funktion v den Grenzwert b, dann hat für $x \to x_0$ die Funktion

(1) $u + v$ den Grenzwert $a + b$ (3) $u \cdot v$ den Grenzwert $a \cdot b$

(2) $u - v$ den Grenzwert $a - b$ (4) $\frac{u}{v}$ den Grenzwert $\frac{a}{b}$, falls $b \neq 0$ ist.

Versucht man mit dem CAS Funktionswerte an den Definitionslücken zu berechnen, so zeigt dieser dort undef an (Fig. 1, Wertetabelle für die Funktion f mit $f(x) = \frac{2x^2 - 8}{(x-2)\cdot(x+3)}$).
Fig. 2 zeigt eine Wertetabelle der Funktion f für x-Werte in der Umgebung der Stelle 2. Sie bestätigt den Grenzwert 1,6 für $x \to 2$. Am Graphen (Fig. 3) ist das „Loch" nicht markiert, an dem f nicht definiert ist.

Die senkrechte Asymptote an der Stelle –3 kann mit F7 *als Vertikale eingezeichnet werden.*

Fig. 1

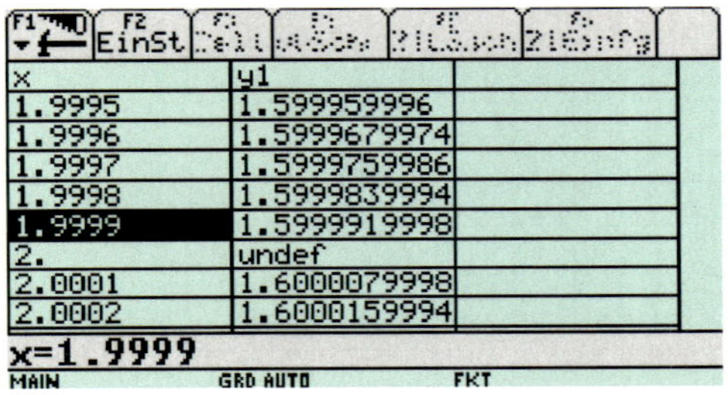

Fig. 2

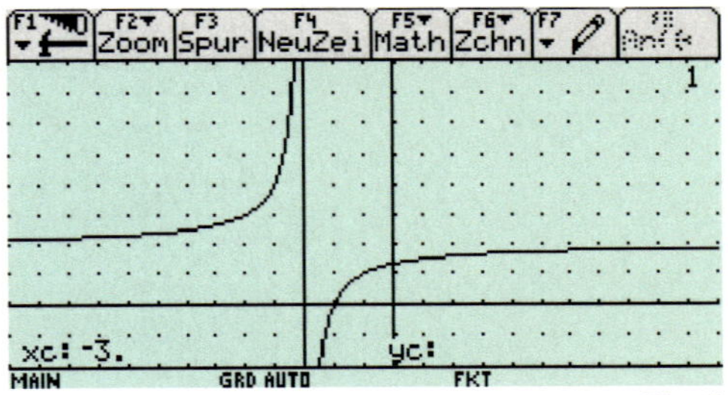

Fig. 3

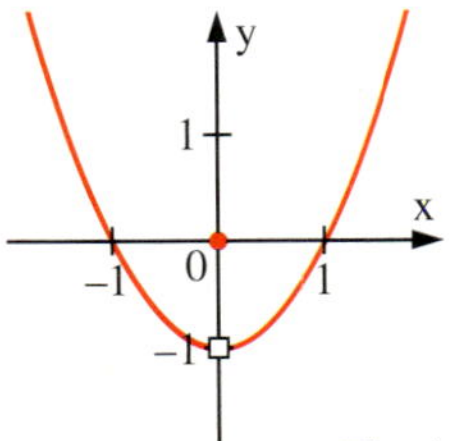

Fig. 4

Beispiel 1: (Grenzwert ungleich Funktionswert)

Untersuchen Sie, ob die Funktion f mit $f(x) = \begin{cases} x^2 - 1 & \text{für } x \neq 0 \\ 0 & \text{für } x = 0 \end{cases}$ an der Stelle $x_0 = 0$ einen Grenzwert besitzt.

Lösung:

Für jede Nullfolge (x_n) gilt: $\lim\limits_{x \to 0} (x^2 - 1) = \lim\limits_{x_n \to 0} (x_n^2 - 1) = -1$. Damit existiert der Grenzwert der Funktion an der Stelle $x_0 = 0$. Dieser stimmt aber nicht mit dem Funktionswert $f(0) = 0$ an dieser Stelle überein (Fig. 4).

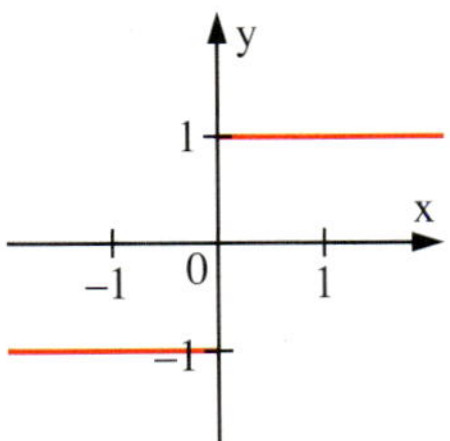

Fig. 5

Beispiel 2: (Kein Grenzwert)

Wie verhält sich die Funktion f mit $f(x) = \frac{|x|}{x}$ für $x \to 0$?

Lösung:

Für alle Nullfolgen (x_n) mit $x_n > 0$ haben die Bildfolgen den Grenzwert 1. Für alle Nullfolgen (x_n) mit $x_n < 0$ haben die Bildfolgen den Grenzwert -1, da $\frac{|x|}{x} = \frac{-x}{x} = -1$ ist.

Damit existiert kein Grenzwert für $x \to 0$ (Fig. 5).

Haben für alle Folgen (x_n) mit $x_n > x_0$ die Bildfolgen $(f(x_n))$ denselben Grenzwert g_r, so sagt man auch, f besitze einen ***rechtsseitigen Grenzwert*** *an der Stelle x_0.*

Entsprechendes gilt für den ***linksseitigen Grenzwert*** *an einer Stelle x_0.*

Beispiel 3: (Umformung und Grenzwertsätze)

Bestimmen Sie: $\lim\limits_{x \to -2} \frac{x^2 - 4}{x + 2}$.

Lösung:

Für jede Folge (x_n) mit $x_n \to -2$ strebt sowohl der Zähler als auch der Nenner gegen 0; das Verhalten des Quotienten ist nicht ohne weiteres zu erkennen.

Umformung aber ergibt: $\frac{x^2 - 4}{x + 2} = \frac{(x+2)\cdot(x-2)}{x+2} = x - 2$ für $x \neq -2$.

Damit erhält man: $\lim\limits_{x \to -2} \frac{x^2 - 4}{x + 2} = \lim\limits_{x \to -2} (x - 2) = -4$.

Wir markieren Punkte, die zum Graphen gehören, durch •, und diejenigen, die nicht zum Graphen gehören, durch □.

Aufgaben

2 Die Figur zeigt den Graphen einer Funktion f. Ermitteln Sie $\lim\limits_{x \to x_0} f(x)$ für die angegebene Stelle x_0, wenn er existiert.

a)

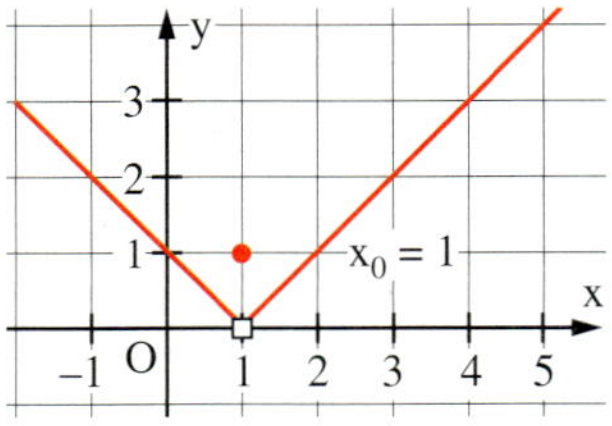

b)

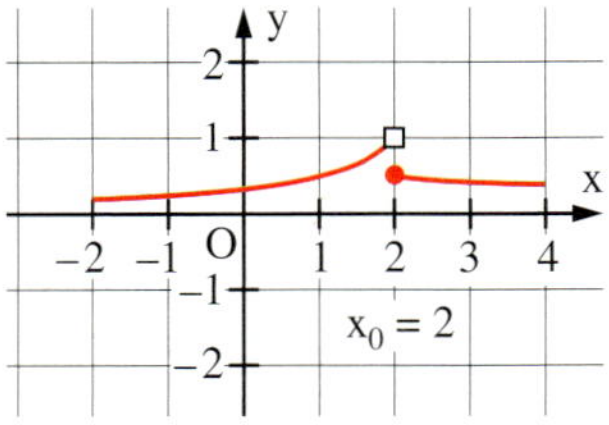

c)

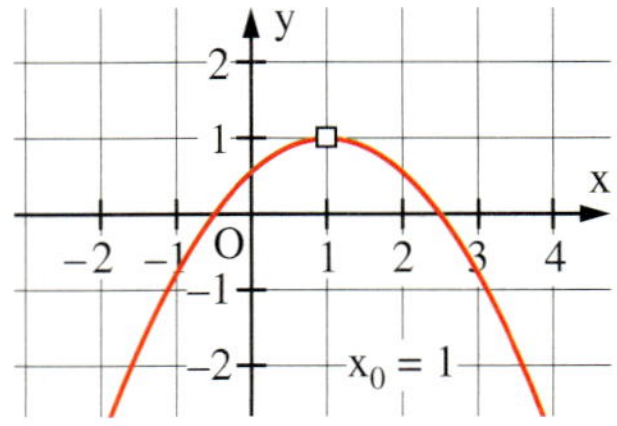

3 Die Figur zeigt den Graphen einer Funktion f. Für welche Werte von x_0 existiert der Grenzwert der Funktion f für $x \to x_0$?

a)

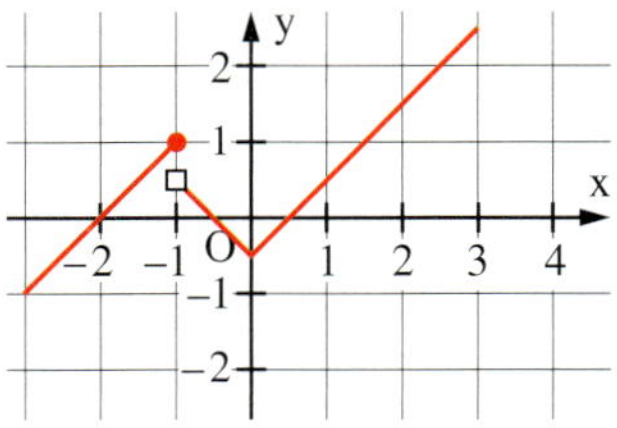

b)

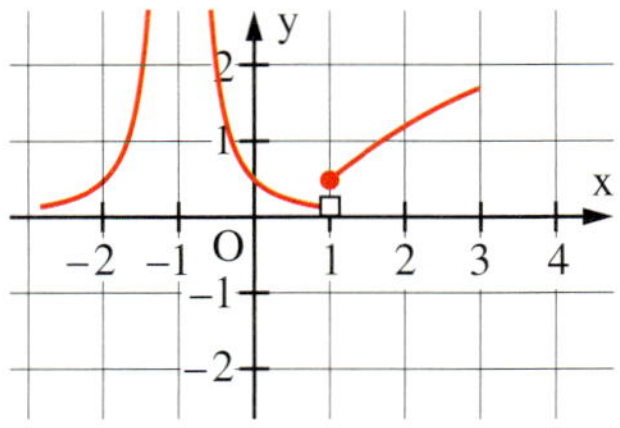

c)

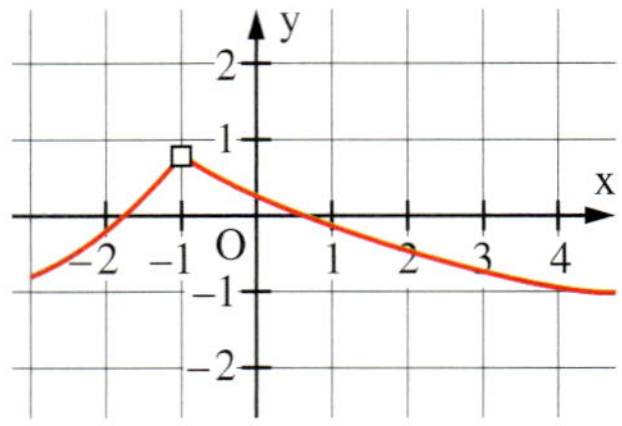

Es gibt auch sehr schwierig zu bestimmende Grenzwerte:

$\lim\limits_{x \to 0} \frac{\sin(2x)}{\sin(x)}$

$\lim\limits_{x \to 0} \frac{\sin(2x)}{\sin(3x)}$

$\lim\limits_{x \to 0} \frac{\sin(2x)}{\tan(x)}$

$\lim\limits_{x \to 0} \frac{\sin(2x)}{x}$

Versuchen Sie es einmal mit Kopf oder CAS!

4 Die Funktion f mit $f(x) = \frac{\sqrt{x+3} - \sqrt{3}}{x}$; $x \neq 0$ hat an der Stelle 0 einen Grenzwert g. Ermitteln Sie mit dem CAS einen auf zwei Stellen gerundeten Näherungswert für g.

5 a) Zeigen Sie, dass die Funktion f mit $f(x) = \frac{1}{(x+2)^4}$ für $x \to -2$ keinen Grenzwert hat.
b) Wie weit muss man sich der Stelle −2 nähern, damit die Funktionswerte von f größer als 10 000 sind?

6 Untersuchen Sie, ob die Funktion f an den Definitionslücken Grenzwerte besitzt. Skizzieren Sie den Graphen von f.
a) $f(x) = \frac{x}{x-1}$ b) $f(x) = \frac{x^2-1}{x-1}$ c) $f(x) = \frac{x^3-1}{x-1}$ d) $f(x) = \frac{x^2-a^2}{x-a}$ e) $f(x) = \frac{x^4-16}{x-2}$

7 Berechnen Sie den Grenzwert mithilfe der Grenzwertsätze für Funktionen.
a) $\lim\limits_{x \to 5} (x^2 - 2x)$ b) $\lim\limits_{x \to -3} (x^4 - 5x^2 + 10)$ c) $\lim\limits_{x \to -2} \left(x^3 - \frac{1}{x}\right)$ d) $\lim\limits_{x \to -3} \left(\frac{10}{x^3} + x - \frac{20}{x}\right)$

8 Existiert der Grenzwert $x \to x_0$ an der „Nahtstelle" x_0?
a) $f(x) = \begin{cases} x^2 & \text{für } x \leqq 3 \\ 12 - x & \text{für } x > 3 \end{cases}$ b) $f(x) = \begin{cases} x^2 + 4x & \text{für } x \leqq -1 \\ 2^x - 3 & \text{für } x > -1 \end{cases}$

Deuten Sie den Grenzwert geometrisch!

9 Zeichnen Sie in ein Koordinatensystem den Graphen von f sowie einige Sekanten P_0P_n mit $P_0(x_0 | f(x_0))$ und $P_n(x_0+h_n | f(x_0+h_n))$; (h_n) ist eine beliebige Nullfolge (Fig. 1).
Berechnen Sie den Grenzwert der Steigungen $m_{P_0P_n}$ der Sekanten für $n \to \infty$.
a) $f(x) = x^2$, $x_0 = 2$ b) $f(x) = \frac{1}{x}$, $x_0 = -3$

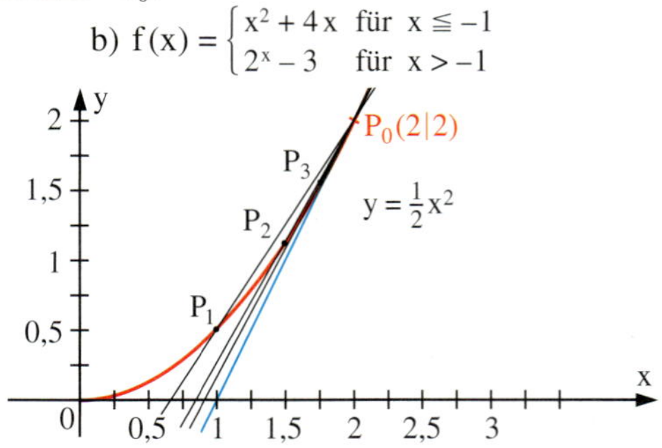

Fig. 1

Zahlenfolge
Hat eine Funktion f als Definitionsmenge die Menge $\mathbb{N}^*$ oder eine unendliche Teilmenge von $\mathbb{N}^*$, so nennt man f eine Zahlenfolge. Der Funktionswert f(n) wird mit a_n bezeichnet.
Eine Folge (a_n) kann explizit oder rekursiv beschrieben werden.

Folge der Quadratzahlen: 1; 4; 9; 16; 25; ...
Explizite Beschreibung: $a_n = n^2$
Rekursive Beschreibung:
$a_1 = 1$ *und* $a_n = a_{n-1} + 2n - 1$

Eigenschaften von Folgen
Eine Folge (a_n) heißt
monoton steigend, wenn $a_{n+1} \geqq a_n$ gilt für jedes $n \in \mathbb{N}^*$;
monoton fallend, wenn $a_{n+1} \leqq a_n$ gilt für jedes $n \in \mathbb{N}^*$;
nach oben beschränkt, wenn $a_n \leqq S$ gilt für jedes $n \in \mathbb{N}^*$;
nach unten beschränkt, wenn $a_n \geqq s$ gilt für jedes $n \in \mathbb{N}^*$.

Die Folge (a_n) *mit* $a_n = \frac{3n-1}{2n}$ *für* $n \geqq 1$ *ist monoton steigend, da gilt:*
$a_{n+1} - a_n = \frac{3(n+1)-1}{2(n+1)} - \frac{3n-1}{2n} = \frac{1}{2n(n+1)} > 0;$
nach oben beschränkt, da gilt:
$a_n = \frac{3n-1}{2n} = \frac{3}{2} - \frac{1}{2n} < \frac{3}{2};$

Grenzwert einer Zahlenfolge
Eine Zahl g heißt Grenzwert der Zahlenfolge (a_n), wenn bei Vorgabe irgendeiner positiven Zahl ε fast alle Folgenglieder die Ungleichung $|a_n - g| < \varepsilon$ erfüllen. Fast alle bedeutet dabei, dass es nur endlich viele Ausnahmen gibt.
(a_n) heißt dann konvergent. Man schreibt: $g = \lim\limits_{n \to \infty} a_n$.

Eine Folge mit dem Grenzwert 0 heißt Nullfolge.
Eine monotone und beschränkte Folge ist konvergent.

1 ist Grenzwert der Zahlenfolge (a_n) *mit* $a_n = 1 + \frac{1}{n}$, *da* $\left|\left(1 + \frac{1}{n}\right) - 1\right| < \varepsilon$ *ist für alle* $n > \frac{1}{\varepsilon}$.
Es sind nur endlich viele natürliche Zahlen kleiner als die Zahl $\frac{1}{\varepsilon}$, *fast alle sind größer.*
Damit ist $\lim\limits_{n \to \infty} a_n = \lim\limits_{n \to \infty} \left(1 + \frac{1}{n}\right) = 1.$

Geometrische Folge
Die Folge (a_n) mit $a_n = a_1 \cdot q^{n-1}$ heißt geometrische Folge;
eine geometrische Folge mit $|q| < 1$ ist eine Nullfolge.

Die geometrische Folge mit $a_n = 2 \cdot \left(\frac{1}{4}\right)^{n-1}$ *kann auch rekursiv beschrieben werden:*
$a_1 = 2$ *und* $a_n = \frac{1}{4} \cdot a_{n-1}$.

Grenzwertsätze
Haben zwei konvergente Folgen (a_n) und (b_n) die Grenzwerte a und b, so gilt:

$$\lim_{n \to \infty} (a_n \pm b_n) = \lim_{n \to \infty} a_n \pm \lim_{n \to \infty} b_n = a \pm b$$

$$\lim_{n \to \infty} (a_n \cdot b_n) = \lim_{n \to \infty} a_n \cdot \lim_{n \to \infty} b_n = a \cdot b$$

$$\lim_{n \to \infty} \frac{a_n}{b_n} = \frac{\lim\limits_{n \to \infty} a_n}{\lim\limits_{n \to \infty} b_n} = \frac{a}{b}, \; b_n \neq 0 \text{ und } b \neq 0$$

Mit den Grenzwertsätzen kann man Grenzwerte berechnen:

$$\lim_{n \to \infty} \frac{2n^2 - \sqrt{n} + 6}{n^2} = \lim_{n \to \infty} \left(2 - \frac{1}{\sqrt{n^3}} + \frac{6}{n^2}\right) =$$

$$= \lim_{n \to \infty} 2 - \lim_{n \to \infty} \frac{1}{n\sqrt{n}} + \lim_{n \to \infty} \frac{6}{n^2} = 2 + 0 + 0 = 2$$

Grenzwerte von Funktionen für $x \to x_0$
Eine Zahl g heißt Grenzwert der Funktion f für $x \to x_0$, wenn für jede Urbildfolge (x_n) mit $x_n \in D_f$, $x_n \neq x_0$ und $x_n \to x_0$ die Bildfolge $(f(x_n))$ denselben Grenzwert g hat. Man schreibt: $\lim\limits_{x \to x_0} f(x) = g$.

Gesucht ist $\lim\limits_{x \to -2} \frac{x^2 + 3x + 2}{x + 2}$.
Man wählt eine beliebige Zahlenfolge (x_n) *mit* $x_n \to -2$. *Dann gilt für die Bildfolge:*

$$\lim_{x_n \to -2} \frac{x_n^2 + 3x_n + 2}{x_n + 2} = \lim_{x_n \to -2} \frac{(x_n + 1)(x_n + 2)}{x_n + 2} =$$

$$\lim_{x_n \to -2} (x_n + 1) = \lim_{x_n \to -2} x_n + \lim_{x_n \to -2} 1 = -2 + 1 = -1$$

Grenzwerte von Funktionen für $x \to \pm\infty$
Eine Zahl g heißt Grenzwert einer Funktion f für $x \to +\infty$ $(x \to -\infty)$, wenn für jede Urbildfolge (x_n) mit $x \to +\infty$ $(x \to -\infty)$ und $x_n \in D_f$ die Bildfolge $(f(x_n))$ den Grenzwert g hat. Man schreibt:
$\lim\limits_{x \to +\infty} f(x) = g \; \left(\lim\limits_{x \to -\infty} f(x) = g\right)$.

Gesucht ist $\lim\limits_{x \to +\infty} \frac{4x^2 + x}{x^2 + 1}$. *Für eine beliebige Zahlenfolge* (x_n) *mit* $x_n \to +\infty$ *gilt:*

$$\lim_{x_n \to +\infty} \frac{4x_n^2 + x_n}{x_n^2 + 1} = \lim_{x_n \to +\infty} \frac{(4x_n^2 + x_n) \cdot \frac{1}{x_n^2}}{(x_n^2 + 1) \cdot \frac{1}{x_n^2}} = \lim_{x_n \to +\infty} \frac{4 + \frac{1}{x_n}}{1 + \frac{1}{x_n^2}} =$$

$$= \frac{\lim\limits_{x_n \to +\infty} \left(4 + \frac{1}{x_n}\right)}{\lim\limits_{x_n \to +\infty} \left(1 + \frac{1}{x_n^2}\right)} = \frac{4 + 0}{1 + 0} = 4$$

Üben und Wiederholen ohne Hilfsmittel

1 a) Was versteht man unter einer Nullfolge? Geben Sie ein Beispiel an.
b) Zeigen Sie, dass die Folge (a_n) mit $a_n = \frac{1}{n+4}$ eine Nullfolge ist.

2 Die Folge (a_n) ist eine Nullfolge. Untersuchen Sie die Folge (b_n) auf Konvergenz. Geben Sie gegebenenfalls den Grenzwert an.
a) $b_n = 2 + a_n$ b) $b_n = 2 \cdot a_n$ c) $b_n = \frac{2}{a_n}$ d) $b_n = \frac{2}{2 + a_n}$

3 a) Nennen Sie Eigenschaften von Zahlenfolgen.
b) Welche Eigenschaften hat die Folge (a_n) mit $a_n = 1 - \left(\frac{5}{9}\right)^n$? Begründen Sie diese.

4 Gegeben ist die Folge (a_n) mit $a_n = \frac{2n+1}{n}$.
a) Berechnen Sie die ersten 6 Folgenglieder und zeichnen Sie einen Graphen.
b) Begründen Sie, dass die Folge konvergent ist, und geben Sie den Grenzwert g an.
c) Ab welchem Folgenglied ist die Abweichung vom Grenzwert g kleiner als 0,001?

5 Geben Sie eine rekursiv beschriebene Folge an und berechnen Sie weitere drei Folgenglieder.

6 Geben Sie eine Folge an,
a) die den Grenzwert 3 hat,
b) die divergent ist,
c) die einen Grenzwert hat, aber nicht monoton ist,
d) die streng monoton fallend ist,
e) die nach oben beschränkt ist und streng monoton wächst.

7 Ist die Aussage wahr? Argumentieren Sie.
a) Hat eine Folge den Grenzwert 0, so muss sie unendlich viele negative Glieder haben.
b) Eine Folge mit nur negativen Gliedern kann keine positive Zahl als Grenzwert haben.
c) Die Folge $((-1)^n)$ hat zwei Grenzwerte.
d) Eine nicht monotone Folge kann beschränkt und konvergent sein.

8 Berechnen Sie den Grenzwert mithilfe der Grenzwertsätze.
a) $\lim\limits_{n \to \infty} \left(2 - \frac{1}{\sqrt{n}}\right)$ b) $\lim\limits_{n \to \infty} \frac{6n+9}{2n+1}$ c) $\lim\limits_{n \to \infty} \frac{5n+9}{2n^2-5}$ d) $\lim\limits_{n \to \infty} \frac{0{,}5^n + 9}{0{,}9^n + 1}$

9 Auf einem Konto mit einem festen Zinssatz von 5,2 % befinden sich zu Beginn eines Jahres 2500 €.
a) Geben Sie für das Guthaben nach 5 Jahren einen Term an.
b) Am Ende eines jeden Jahres werden 200 € abgehoben. Geben Sie für die Entwicklung des Kontostandes eine rekursive Darstellung an.

10 Fig. 1 zeigt die ersten Glieder der so genannten „Quadratwurzelschnecke“. Geben Sie eine explizite und eine rekursive Darstellung für die Folgenglieder der Quadratwurzelschnecke an.

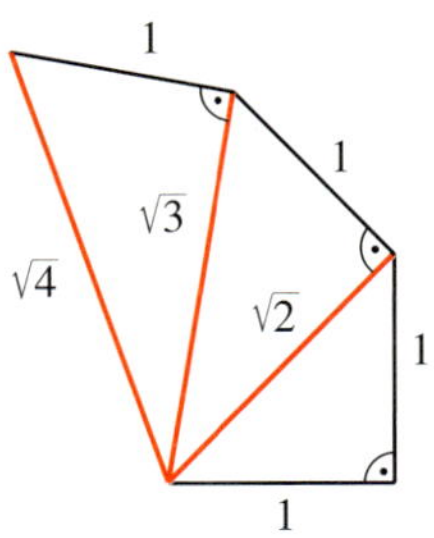

Fig. 1

11 Bestimmen Sie den Grenzwert.
a) $\lim\limits_{x \to 0} \frac{6x - 4x^2}{4x + 3x^2}$ b) $\lim\limits_{h \to 0} \frac{(4+h)^2 - 16}{h}$ c) $\lim\limits_{x \to 2} \frac{(x-2)^2}{x^2 - 4}$ d) $\lim\limits_{x \to -3} \frac{x^2 + 2x - 3}{2x^2 + 2x - 12}$

12 Berechnen Sie den Grenzwert der Funktion f für $x \to +\infty$.
a) $f(x) = 4 + \frac{1}{x}$ b) $f(x) = \frac{x^2 + \sqrt{3}}{2x^2}$ c) $f(x) = \frac{x^2 + 2x}{2x^3 + 1}$ d) $f(x) = \frac{2 + \sqrt{x}}{2\sqrt{x}}$

1 In Fig. 1 werden die Halbkreisbögen nach rechts immer weiter fortgesetzt. Ermitteln Sie den ersten Halbkreisbogen, dessen Länge 1 Millionstel der Länge des Anfangsbogens ist.

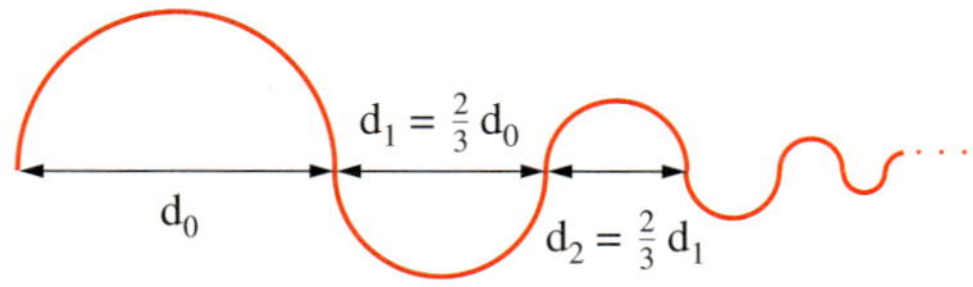

Fig. 1

2 Ein Land hat zurzeit 5 Millionen Einwohner. Die Wachstumsrate beträgt 1 %; außerdem hat das Land jährlich 10 000 Einwanderer. Berechnen Sie die Einwohnerzahlen nach 10 bzw. 20 Jahren, wenn sich die Entwicklung der Einwohnerzahl in diesen Zeiträumen nicht ändert.

3 Ein Autotank fasst 60 Liter Dieselkraftstoff. Er wurde mit verunreinigtem Diesel der Marke SLE vollgetankt. Da der Motor Probleme macht, will der Besitzer in Zukunft den Tank nur mit gutem Kraftstoff der Marke ELO füllen. Nachdem 40 Liter des minderen Kraftstoffs verbraucht sind, tankt er 40 Liter Markenkraftstoff. Nachdem er vom vollen Tank 40 Liter verbraucht hat, tankt er wieder den Kraftstoff von ELO usw.
a) Wie viel Liter des SLE-Kraftstoffs befinden sich nach 3-maligem bzw. 5-maligem Tanken von ELO-Kraftstoff noch im Tank?
b) Wie oft muss getankt werden, bis der Anteil des SLE-Kraftstoffs auf höchstens 0,01 Liter im Tank gefallen ist? Ermitteln Sie diese Zahl zunächst mithilfe einer Tabelle und dann rechnerisch durch Lösen einer Ungleichung.

4 In Fig. 2 besitzt die linke Fläche den Inhalt $a_1 = 3$ und den Umfang $b_1 = 8$, die mittlere, grüne Fläche den Inhalt a_2 und den Umfang b_2, die nächste grüne Fläche den Inhalt a_3 und den Umfang b_3 usw. Bestimmen Sie je eine explizite und rekursive Darstellung von (a_n) und (b_n).

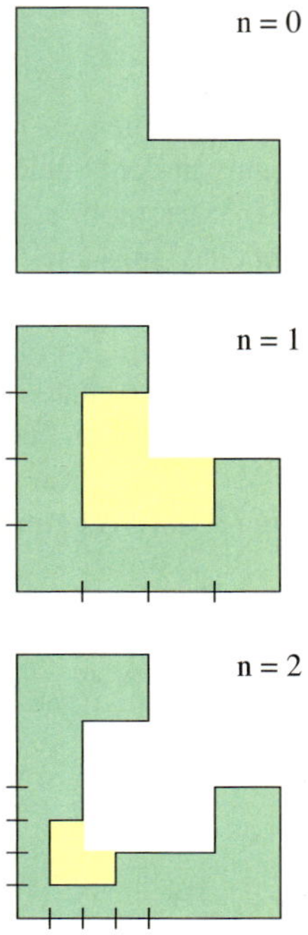

Fig. 2

5 Eine Stahlkugel, die aus 1 m Höhe vertikal auf eine Stahlplatte fällt, erreicht nach dem Auftreffen 95 % der vorherigen Höhe (Fig. 2).
a) Welche Höhe erreicht die Kugel nach dem fünften Aufschlag noch?
b) Nach wie vielen Aufschlägen erreicht sie gerade noch die halbe Höhe?
c) Welchen Weg hat die Kugel bis zum fünften Aufschlag zurückgelegt?

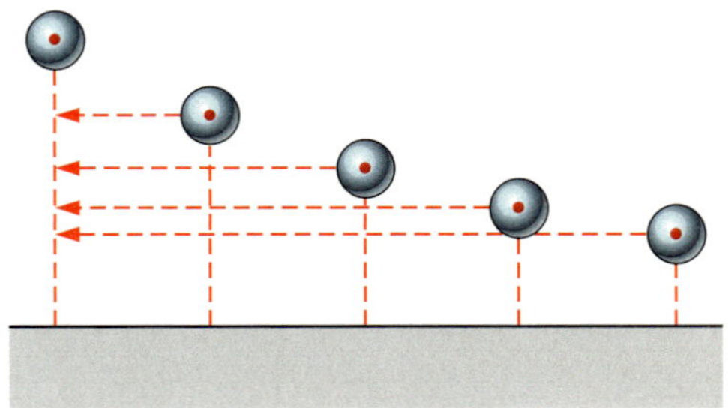

Fig. 3

6 a) Wie ist der Grenzwert einer Zahlenfolge definiert?
b) Zeigen Sie mithilfe dieser Definition, dass die Folge (a_n) mit $a_n = \frac{5-3n}{n+1}$ konvergent ist.

7 Gegeben ist die Folge (a_n) durch $a_1 = 4$ und $a_n = \sqrt{3 + a_{n-1}}$.
a) Ermitteln Sie die ersten Folgenglieder jeweils auf 4 Stellen gerundet und zeichnen Sie einen Graphen.
b) Zeigen Sie, dass die Folge konvergent ist.
c) Ermitteln Sie den Grenzwert der Folge.

8 Gegeben ist die Funktion f mit $f(x) = \frac{2x^2 - x - 6}{x^2 - 3x + 2}$.
a) Ermitteln Sie die Definitionsmenge von f.
b) Untersuchen Sie das Verhalten der Funktion f in der Nähe der Definitionslücken und für $x \longrightarrow +\infty$.
c) Zeichnen Sie den Graphen von f.

*1 Stetigkeit und Differenzierbarkeit einer Funktion

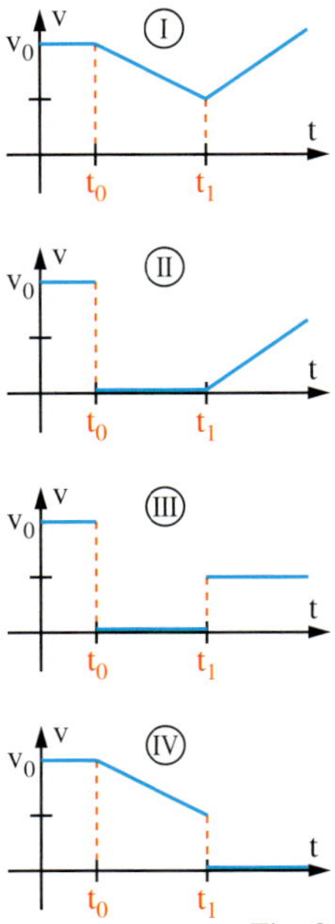

Fig. 3

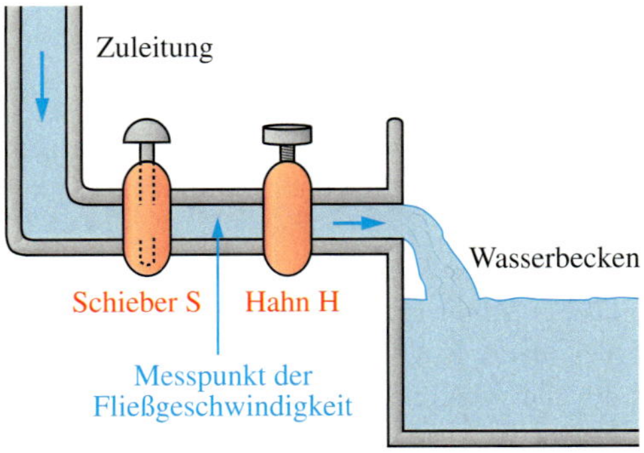

Fig. 1

1 Ein Wasserbecken wird über eine Leitung gefüllt. Der Zufluss kann mit dem Schieber S sehr rasch unterbrochen oder geöffnet werden. Der Hahn H erlaubt eine langsame Regelung der Fließgeschwindigkeit des Wassers in der Zuleitung.
Die Graphen I, II, III und IV zeigen Abhängigkeiten der Fließgeschwindigkeit v von der Zeit t. Beschreiben Sie den Verlauf der Graphen. Wie wurde v mit H und S jeweils geregelt?

Der Begriff der Funktion ist so weit gefasst, dass darunter zum Beispiel auch die „Paketportofunktion" fällt. Sie ordnet jedem Gewicht den zugehörigen Preis eindeutig zu.
Laut Stand vom 1. Januar 2006 gilt:

bis 5 kg	7,00 €
über 5 kg bis 10 kg	10,50 €
über 10 kg bis 20 kg	14,00 €

Ihr Graph zeigt „Sprünge" an den Stellen 5 und 10. Diese werden ausgeschlossen, wenn man die folgende Bedingung stellt.

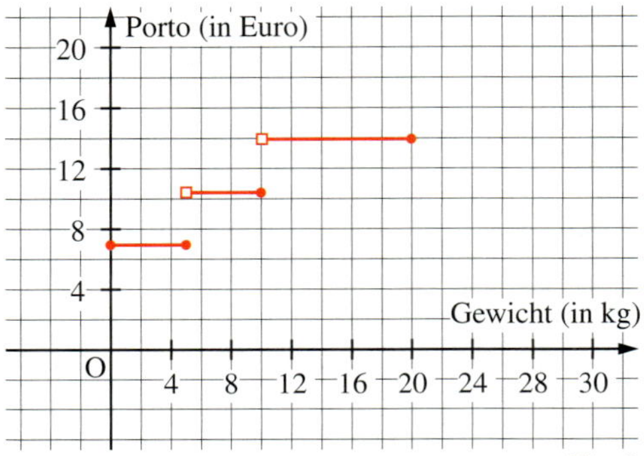

Fig. 2

Kurz und vereinfacht: „Funktionswert gleich Grenzwert!"

Definition: Eine Funktion f mit Definitionsmenge D heißt an der Stelle $x_0 \in D$ **stetig**, wenn der Grenzwert von f(x) für $x \to x_0$ vorhanden ist und mit dem Funktionswert $f(x_0)$ übereinstimmt, wenn also gilt: $\lim\limits_{x \to x_0} f(x) = f(x_0)$.

Wenn eine Funktion f an einer Stelle x_0 nicht definiert ist, kann f an dieser Stelle auch nicht auf Stetigkeit untersucht werden.

Funktionen, die an jeder Stelle ihrer Definitionsmenge D stetig sind, nennt man **stetige Funktionen** (auf D). Ist eine Funktion f an einer Stelle $x_0 \in D$ **nicht stetig** (man sagt auch **unstetig**), können zwei Fälle auftreten: f hat für $x \to x_0$ keinen Grenzwert oder der Grenzwert von f für $x \to x_0$ existiert zwar, aber es ist $\lim\limits_{x \to x_0} f(x) \neq f(x_0)$ (vgl. Beispiel 2).

Beispiel 1: (Nachweis der Stetigkeit)
Gegeben ist die Funktion f mit

$$f(x) = \begin{cases} \frac{1}{2}x & \text{für } x \leqq 6 \\ 3 - (x-6)^2 & \text{für } x > 6 \end{cases}$$

Zeigen Sie: f ist an der Stelle 6 stetig.
Lösung:
Für $x \to 6$ und $x < 6$ gilt: $f(x) \to 3$;
für $x \to 6$ und $x > 6$ gilt: $3 - (x-6)^2 \to 3$.
Da $f(6) = 3$ ist, ist also $\lim\limits_{x \to 6} f(x) = f(6)$.
f ist in $x_0 = 6$ stetig.

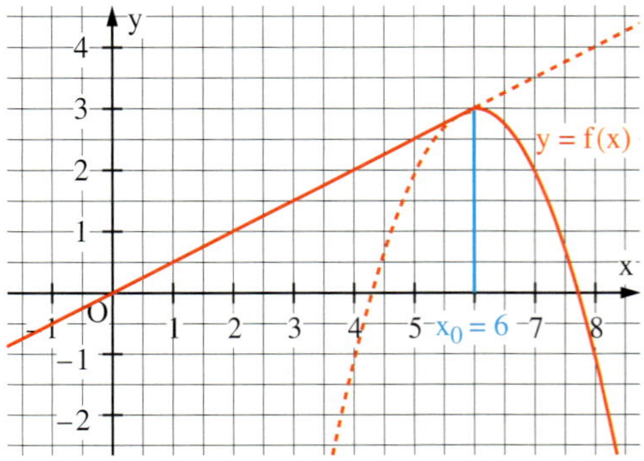

Fig. 4

Beispiel 2: (Funktionen, die an einer Stelle x_0 nicht stetig sind)
Gegeben sind die Funktionen f und g durch

$$f(x) = \begin{cases} \frac{1}{2}x & \text{für } x \leqq 2 \\ \frac{1}{2}x + \frac{1}{2} & \text{für } x > 2 \end{cases}$$

und

$$g(x) = \begin{cases} \frac{1}{2}x & \text{für } x \neq 2 \\ \frac{3}{2} & \text{für } x = 2 \end{cases}$$

Untersuchen Sie f und g auf Stetigkeit an der Stelle $x_0 = 2$.

Grobe Veranschaulichung der Stetigkeit in einem Intervall:

Man kann den Graphen zeichnen, ohne den Zeichenstift abzusetzen.

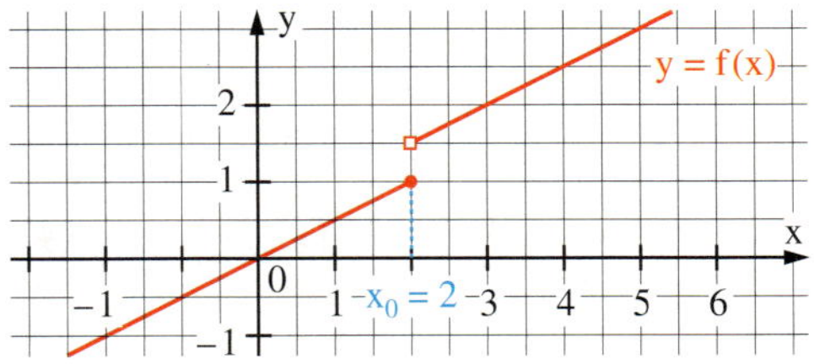

Fig. 1

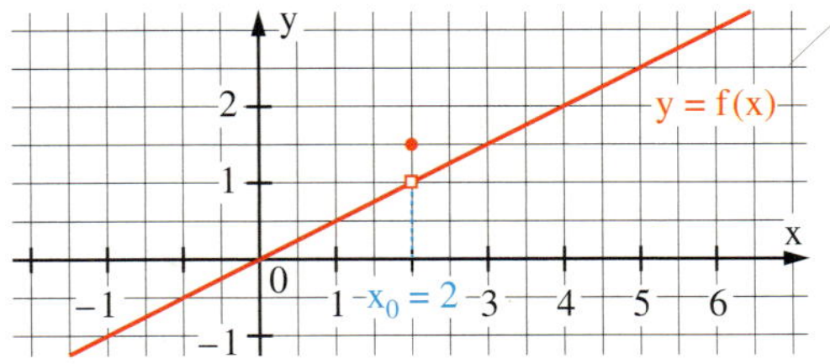

Fig. 2

Lösung:

Für $x \to x_0$ hat f keinen Grenzwert.

Untersuchung von f: Für $x \to 2$ und $x < 2$ gilt: $f(x) \to 1$. Für $x \to 2$ und $x > 2$ dagegen gilt: $f(x) \to \frac{3}{2}$. Damit hat f für $x \to 2$ keinen Grenzwert. Also ist f an der Stelle 2 nicht stetig.

Für $x \to x_0$ hat f zwar einen Grenzwert, aber der Grenzwert und der Funktionswert $f(x_0)$ sind verschieden.

Untersuchung von g: Es ist $g(2) = \frac{3}{2}$. Für $x \to 2$ und $x < 2$ oder $x > 2$ gilt: $g(x) \to 1$.
Dies besagt $\lim\limits_{x \to 2} g(x) = 1$. Dieser Grenzwert 1 für $x \to 2$ stimmt aber nicht mit dem Funktionswert $g(2) = \frac{3}{2}$ überein. Also ist g an der Stelle 2 nicht stetig.

Wenn eine Funktion f an der Stelle x_0 differenzierbar ist, so gilt für $x \to x_0$:
$\frac{f(x) - f(x_0)}{x - x_0} \to f'(x_0)$. Da für $x \to x_0$ in $\frac{f(x) - f(x_0)}{x - x_0}$ der Nenner gegen 0 strebt, muss auch der Zähler gegen 0 streben. Dies besagt $\lim\limits_{x \to x_0} f(x) = f(x_0)$, also gilt:

Satz: Ist eine Funktion f an einer Stelle x_0 differenzierbar, so ist f an der Stelle x_0 auch stetig.

Mit dem Satz ergibt sich unmittelbar, dass alle ganzrationalen Funktionen stetig auf ℝ sind. Der Satz besagt auch, dass eine Funktion nur an solchen Stellen differenzierbar sein kann, an denen sie stetig ist.

Beispiel 3: (Untersuchung auf Differenzierbarkeit)
Gegeben ist die Funktion f mit $f(x) = x \cdot |x - 2|$. Zeigen Sie, dass f an der Stelle 2 stetig aber nicht differenzierbar ist.

Es ist $|x-a| = \begin{cases} x-a & \textit{für } x \geqq a \\ -(x-a) & \textit{für } x < a \end{cases}$

Lösung:
Es ist $x_0 = 2$ und

$$f(x) = \begin{cases} x^2 - 2x & \text{für } x \geqq 2 \\ -x^2 + 2x & \text{für } x < 2 \end{cases}.$$

Grobe Veranschaulichung der Differenzierbarkeit in einem Intervall:

Differenzierbarkeit, und der Graph hat keinen „Knick".

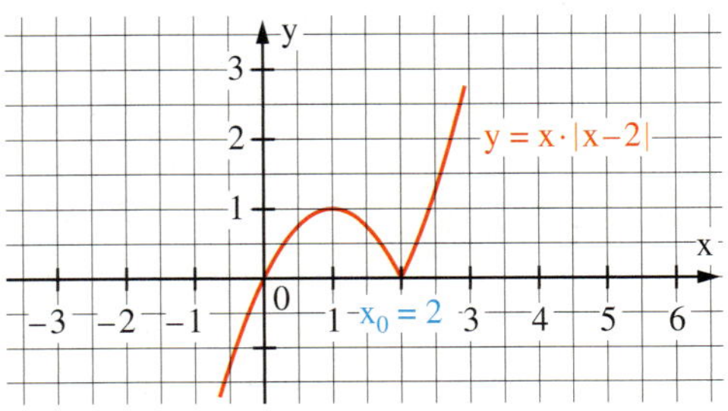

Fig. 3

f ist an der Stelle 2 stetig, denn es ist $f(2) = 0$ und für $x \to 2$ gilt: $f(x) \to 0$.
$\lim\limits_{x \to x_0} f(x) = \lim\limits_{x \to 2} (x \cdot |x - 2|) = 2 \cdot 0 = 2 = f(x_0)$

Für $x \neq 2$ ist $f'(x) = \begin{cases} 2x - 2 & \text{für } x > 2 \\ -2x + 2 & \text{für } x < 2 \end{cases}$.

Für $x \to 2$ und $x > 2$ gilt: $f'(x) \to 2$; für $x \to 2$ und $x < 2$ dagegen gilt: $f'(x) \to -2$. Damit ist f an der Stelle 2 nicht differenzierbar.

Weitere Beispiele

Die Stetigkeit von Funktionen wurde später als die Differenzierbarkeit zu einem Grundbegriff der Analysis. In ähnlicher Form wie heute wurde die Stetigkeit erstmals 1817 von BERNARD BOLZANO und kurz danach wohl unabhängig davon 1821 von AUGUSTIN LOUIS CAUCHY definiert.

Aufgaben

2 Welche der folgenden Funktionen sind stetig bzw. unstetig? Begründen Sie Ihre Antwort. Geben Sie anschließend weitere Beispiele stetiger bzw. unstetiger Funktionen an.

a) An jedem Ort wird jeder Tageszeit eindeutig eine Temperatur zugeordnet.

b) Die Kfz-Steuer beträgt pro angefangene 100 cm³ Hubraum 13 €.

c) Jedem Zeitpunkt innerhalb eines Jahres werden dem Kapital von 1000 € die Zinsen zugeordnet.

3 An welchen der markierten Stellen ist die Funktion f stetig, an welchen differenzierbar, wenn der Graph wie folgt aussieht?

a)

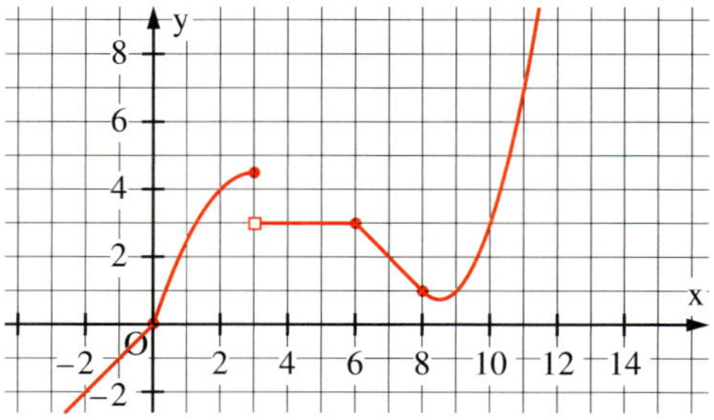

Fig. 1

b)

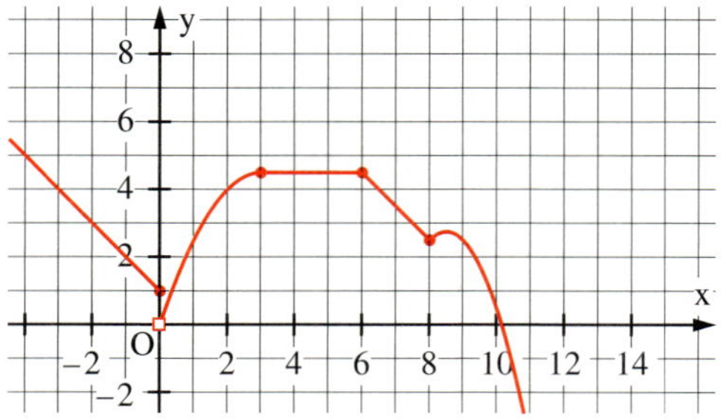

Fig. 2

4 Skizzieren Sie den Graphen einer Funktion, die an der Stelle $x_0 = 2$

a) unstetig b) nicht definiert ist c) stetig

d) stetig und differenzierbar e) stetig und nicht differenzierbar ist.

BERNARD BOLZANO (1781–1848) war Priester und Professor für Philosophie in Prag. Wegen seiner freiheitlichen Ansichten wurde er 1819 von Kaiser Franz entlassen und von der Universität verwiesen.

5 Welche der folgenden Aussagen ist wahr? Suchen Sie aus den angegebenen Beispielen das passende aus und argumentieren Sie.

a) Eine Funktion, die an einer Stelle x_0 nicht definiert ist, kann dort auch nicht stetig sein.

b) Eine Funktion, die an einer Stelle x_0 definiert ist, ist dort auch stetig.

c) Es gibt Funktionen, die an jeder Stelle x_0 ihrer Definitionsmenge unstetig sind.

d) Eine in x_0 stetige Funktion kann an dieser Stelle differenzierbar sein, muss es aber nicht.

I. $f(x) = \begin{cases} 1 & \text{für } x \in \mathbb{Q} \\ -1 & \text{für } x \in \mathbb{R} \setminus \mathbb{Q} \end{cases}$

II. $f(x) = \begin{cases} 1 & \text{für } x \leqq 2 \\ 2x & \text{für } x > 2 \end{cases}; \; x_0 = 2$

III. $f(x) = |x|; \; x_0 = 0$

IV. $f(x) = \frac{1}{x}; \; x_0 = 0$

6 Untersuchen Sie, ob die Funktion f an der Stelle x_0 stetig und gegebenenfalls differenzierbar ist.

a) $f(x) = \begin{cases} -x^2 + 8 & \text{für } x \leqq 2 \\ x^2 + x - 2 & \text{für } x > 2 \end{cases}; \; x_0 = 2$

b) $f(x) = \begin{cases} 2x - 12{,}5 & \text{für } x < 5 \\ 0{,}5x^2 - 3x & \text{für } x \geqq 5 \end{cases}; \; x_0 = 5$

AUGUSTIN LOUIS CAUCHY (1789–1857) war Professor an der Sorbonne in Paris. Politisch war er sehr konservativ und überzeugter Anhänger der Monarchie.

7 Bestimmen Sie $t \in \mathbb{R}$ so, dass die Funktion f an der Stelle x_0 stetig ist.

a) $f(x) = \begin{cases} t - x^2 & \text{für } x \leqq 2 \\ \frac{t}{x} & \text{für } x > 2 \end{cases}; \; x_0 = 2$

b) $f(x) = \begin{cases} t \cdot \sin(x) & \text{für } x < \frac{\pi}{6} \\ t + x & \text{für } x \geqq \frac{\pi}{6} \end{cases}; \; x_0 = \frac{\pi}{6}$

8 Zeichnen Sie unter Verwendung des CAS den Graphen der Funktion f und untersuchen Sie, ob f an der Stelle x_0 differenzierbar ist.

a) $f(x) = x \cdot |x|; \; x_0 = 0$ b) $f(x) = |x| \cdot (x - 3); \; x_0 = 3$ c) $f(x) = \begin{cases} 1 - x^2 & \text{für } x \leqq 1 \\ x^2 - 1 & \text{für } x > 1 \end{cases}; \; x_0 = 1$

2 Nullstellensatz und Intervallhalbierung

1 Ein Reiter macht sich morgens um 8.00 Uhr auf, um in einem hoch auf einem Berg gelegenen Ort Freunde zu besuchen. Er verbringt dort den Abend und übernachtet in einem Gasthaus. Am nächsten Morgen reitet er wieder die gleiche Route zurück, allerdings schneller, da es weite Strecken nur bergab geht. Er startet wieder pünktlich um 8.00 Uhr.
Gibt es eine Stelle auf seiner Route, an der er beim Hinreiten zur gleichen Tageszeit vorbeikommt wie beim Zurückreiten?

Weiß man von einer Funktion f nur, dass sie in einem Intervall [a; b] definiert und dass $f(a) < 0$ und $f(b) > 0$ ist, so kann man daraus schließen, dass es eine Stelle x_0 mit $a < x_0 < b$ gibt mit $f(x_0) = 0$, wenn f eine wichtige Eigenschaft hat: Der Graph von f darf z. B. keine Sprünge machen (Fig. 1). Dies ist bei stetigen Funktionen immer der Fall. Ist eine Funktion f an allen Stellen eines Intervalls [a; b] stetig, so nennt man **f stetig auf [a; b]**.

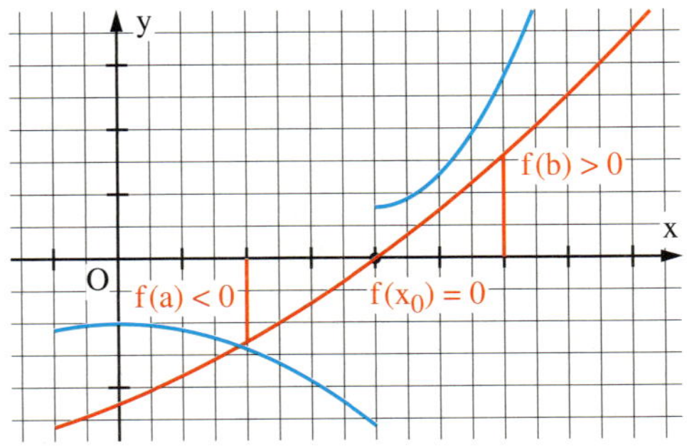

Fig. 1

Satz: (Nullstellensatz von BOLZANO)
Ist eine Funktion f auf dem abgeschlossenen Intervall [a; b] stetig und haben f(a) und f(b) unterschiedliche Vorzeichen, so hat f im Intervall [a; b] mindestens eine Nullstelle.

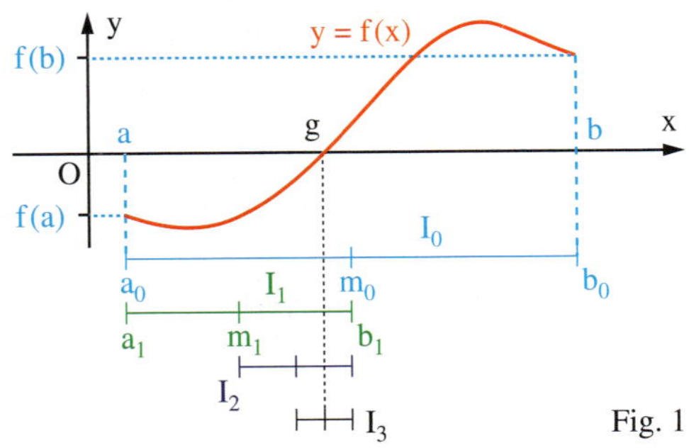

Fig. 1

Beweis: (Intervallhalbierung)
Es sei $a_0 = a$ und $b_0 = b$. Ferner sei f im Intervall $I_0 = [a_0; b_0]$ stetig und es sei $f(a_0) < 0$ und $f(b_0) > 0$ (Fig. 1). Für den Mittelpunkt des Intervalls $[a_0; b_0]$ mit $m_0 = \frac{a_0 + b_0}{2}$ gilt dann $f(m_0) > 0$ oder $f(m_0) < 0$ oder $f(m_0) = 0$. Ist $f(m_0) = 0$, so ist mit m_0 eine Nullstelle gefunden und der Beweis beendet. Ist $f(m_0) > 0$, so wählt man ein neues Intervall $I_1 = [a_1; b_1]$ mit $a_1 = a_0$ und $b_1 = m_0$.
Ist $f(m_0) < 0$, so wählt man hingegen als Intervall $I_1 = [a_1; b_1]$ mit $a_1 = m_0$ und $b_1 = b_0$.
Da $f(a_1) < 0$ und $f(b_1) > 0$ ist, verfährt man mit dem Intervall I_1 wie mit dem Intervall I_0 und erhält ein Intervall $I_2 = [a_2; b_2]$ mit denselben Eigenschaften wie I_0 usw. Man erhält eine Folge von Intervallen $I_n = [a_n; b_n]$, $n = 0; 1; 2; 3; \ldots$ mit folgenden Eigenschaften:

- Die Folge (a_n) der linken Intervallenden a_n ist monoton steigend.
- Die Folge (b_n) der rechten Intervallenden b_n ist monoton fallend.
- Die Folge $(b_n - a_n)$ mit $b_n - a_n = \frac{b_0 - a_0}{2^n}$ ist eine Nullfolge.

Aus diesen Eigenschaften ergibt sich: $a_n < b_1$ und $b_n > a_1$ für alle $n \in \mathbb{N}$, d.h. die Folgen (a_n) und (b_n) sind monoton und beschränkt. Wegen $b_n - a_n \to 0$ für $n \to \infty$ besitzen beide den gleichen Grenzwert g. Aus der Stetigkeit von f folgt zudem $\lim\limits_{a_n \to g} f(a_n) = f(g)$ und $\lim\limits_{b_n \to g} f(b_n) = f(g)$.
Da aber $f(a_n) < 0$ und $f(b_n) > 0$ ist für alle $n \in \mathbb{N}$, folgt $f(g) = 0$.

BERNHARD BOLZANO (1781–1848) schrieb 1816 eine Arbeit mit dem Titel: „Rein analytischer Beweis des Lehrsatzes, daß zwischen je zwey Werthen, die ein entgegengesetztes Resultat gewähren, wenigstens eine reelle Wurzel der Gleichung liege.“

Beispiel 1: (Anwendung des Nullstellensatzes)
Zeigen Sie, dass die Funktion f mit $f(x) = x^4 + x - 4$ im Intervall [1, 2] eine Nullstelle hat.
Lösung:
Es ist $f(1) = -2 < 0$ und $f(2) = 14 > 0$. Da f im Intervall [1, 2] stetig ist, hat f nach dem Nullstellensatz in diesem Intervall mindestens eine Nullstelle.

Beispiel 2: (Nullstellensatz, Intervallhalbierung)
Zeigen Sie, dass sich die Graphen der Funktionen f und g mit $f(x) = 0{,}5 + x^2 + x^4$ und $g(x) = x^5$ in genau einem Punkt S schneiden. Berechnen Sie die Koordinaten von S.
Lösung:
$f(x) = g(x)$ ist mit $f(x) - g(x) = 0$ äquivalent. Gesucht ist demnach eine Nullstelle der stetigen Funktion $h = f - g$ mit $h(x) = 0{,}5 + x^2 + x^4 - x^5$. Da $h(1) = 1{,}5 > 0$ und $h(2) = 0{,}5 + 4 + 16 - 32 < 0$ ist, liegt in [1; 2] mindestens eine Nullstelle.
Mithilfe der Intervallhalbierung lässt sich dann mit einer Tabellenkalkulation die Nullstelle genauer berechnen (Fig. 3). Man erhält $x_0 \approx 1{,}5235$. Die Graphen schneiden sich näherungsweise in $S(1{,}5235 | 8{,}2976)$ (Fig. 1).

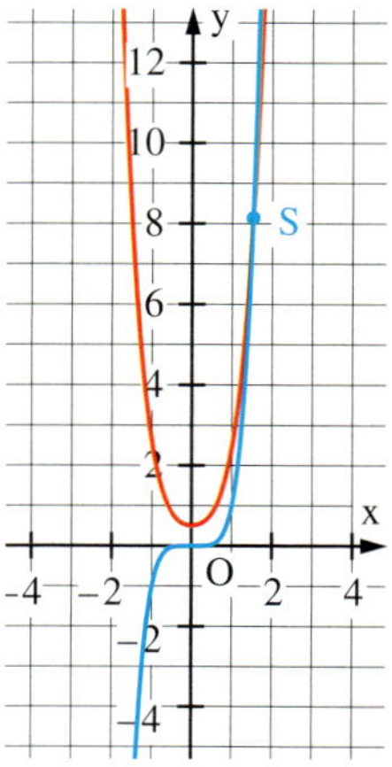

Fig. 1

Überlegen Sie:
Warum reicht eine grafische Diskussion der Funktion h auf dem CAS nicht aus?

	A	B	C	D
1	a	b	(a+b)/2	f((a+b)/2)
2	1,00000	2,00000	1,50000	0,21875
3	1,50000	2,00000	1,75000	-3,47168
4	1,50000	1,75000	1,62500	-1,21744
5	1,50000	1,25000	1,56250	-0,41136
	. . .			
16	1,52356	1,52362	1,52359	-0,00007
17	1,52356	1,52359	1,52357	0,00008

Fig. 3

Der Graph (Fig. 4) von h hat mindestens eine Nullstelle, da ihr Graph von $+\infty$ nach $-\infty$ verläuft (der Grad von h ist ungerade, der Koeffizient vor x^5 ist -1). Mit dem CAS berechnet man die Extrempunkte: $T(0|0{,}5)$ ist einziger Tiefpunkt, $H(1{,}1193|1{,}5665)$ einziger Hochpunkt (Fig. 5). Da h stetig ist und der T oberhalb der x-Achse liegt, kann der Graph keinen weiteren Schnittpunkt mit der x-Achse haben. Damit ist S einziger Schnittpunkt.

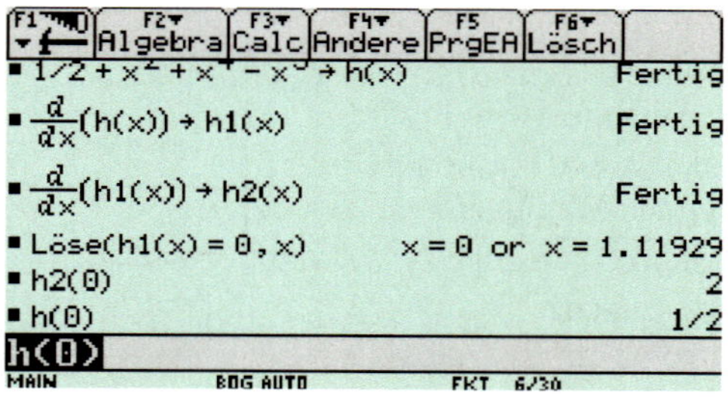

Fig. 4

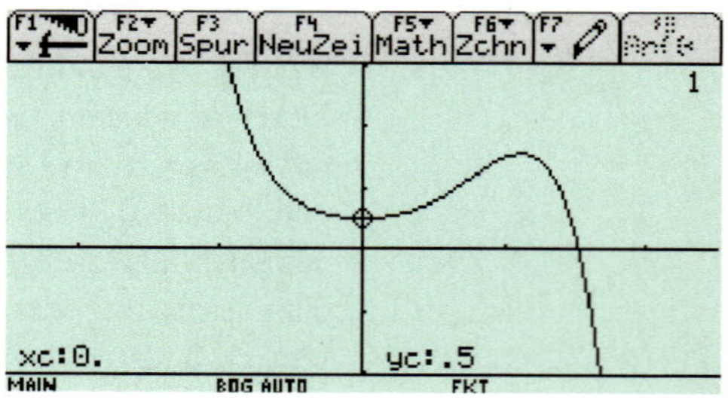

Fig. 5

Intervallhalbierung

Aufgaben

2 Bestimmen Sie ein Intervall $[z; z + 1]$ mit $z \in \mathbb{Z}$, in dem die Funktion f eine Nullstelle hat, und berechnen Sie diese bis auf drei Dezimalen genau.
a) $f(x) = x^3 - 3x^2 - 3$ b) $f(x) = 2^x - x^4$ c) $f(x) = 3 \cdot 2^x - 3^x$ d) $f(x) = 2^{x+1} - 3x^4 + 5$

Fig. 2

3 Ein Grundstück (Fig. 2) wird auf zwei Seiten von parallelen Straßen begrenzt. Ist es möglich, das Grundstück durch eine zu den Straßen parallele Gerade zu halbieren? Begründung?

4 Gibt es eine Gerade, die gleichzeitig die Kreis- und die Rechtecksfläche von Fig. 6 halbiert? Begründen Sie.

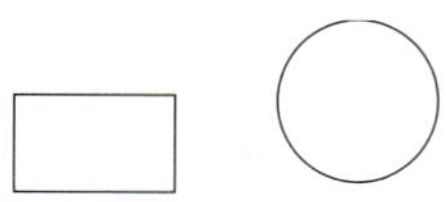
Fig. 6

*3 Das NEWTON-Verfahren

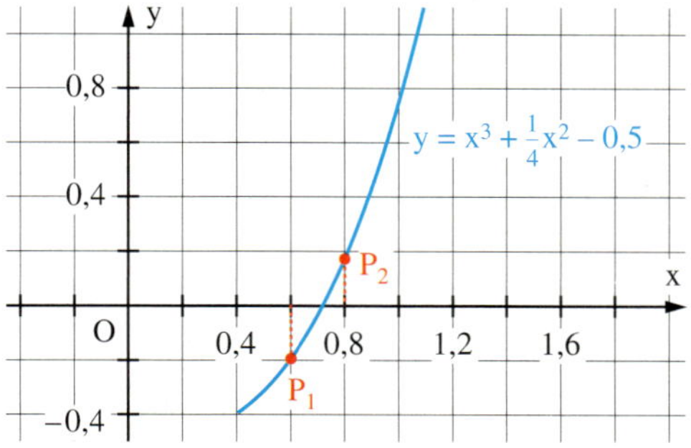

Fig. 1

1 Gegeben ist die Funktion f mit $f(x) = x^3 + \frac{1}{4}x^2 - 0{,}5$.
a) Die Punkte $P_1(0{,}6\,|\,-0{,}194)$ und $P_2(0{,}8\,|\,0{,}172)$ liegen auf dem Graphen von f. Wie kann man mithilfe der angegebenen Koordinaten einen Näherungswert für die Nullstelle von f ermitteln (Fig. 1)?
b) Versuchen Sie mithilfe der Tangente an den Graphen von f in P_2 einen Näherungswert für die Nullstelle von f zu bestimmen.

Hat eine Funktion f in einem Intervall eine Nullstelle, so kann man diese mit dem CAS exakt bzw. näherungsweise ermitteln. Wie die näherungsweise Berechnung erfolgen kann, hat das Verfahren der Intervallhalbierung (S. 135) gezeigt. Im Folgenden wird ein weiteres rechnerisches Verfahren vorgestellt, wie man einen solchen Näherungswert rasch ermitteln kann.

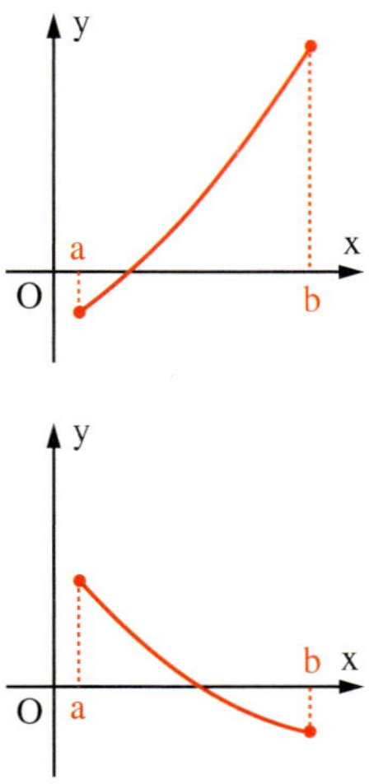

Fig. 2

Kennt man den Graphen einer Funktion f, so kann man relativ einfach feststellen, ob die Gleichung $f(x) = 0$ eine Lösung hat und in welchem Intervall die Lösung liegt. Hierzu versucht man zwei Stellen a und b aus der Definitionsmenge D_f zu ermitteln, für die f(a) und f(b) verschiedene Vorzeichen haben (Fig. 2). In diesem Fall hat f in [a; b] mindestens eine Nullstelle.

Es sei $x_0 \in [a; b]$ ein Näherungswert für die gesuchte Nullstelle x* (Fig. 3). Bei dem **NEWTON-Verfahren** ersetzt man in einer Umgebung von x_0 den Graphen von f durch die Tangente im Punkt $P_0(x_0\,|\,f(x_0))$ und berechnet die Stelle x_1, an der die Tangente die x-Achse schneidet. In vielen Fällen ist x_1 ein besserer Näherungswert für x* als x_0. Wiederholt man dieses Verfahren, erhält man (unter gewissen Voraussetzungen) eine Folge $x_0, x_1, x_2 \ldots$ von immer besseren Näherungswerten für x*.

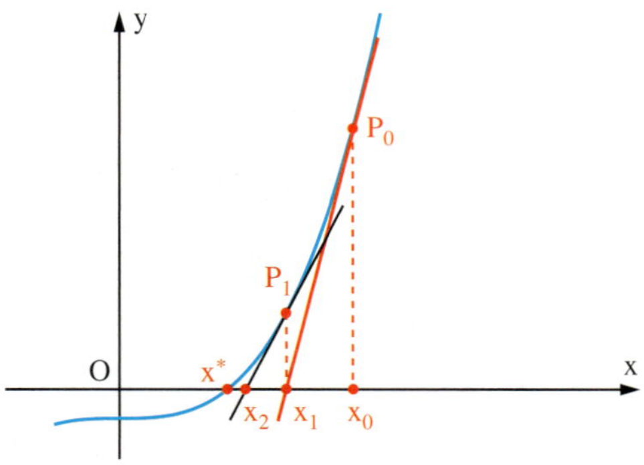

Fig. 3

Diese geometrischen Überlegungen führen zu den folgenden Schritten.
1) Aufstellung der Gleichung der Tangente im Punkt P_0:
Ist f differenzierbar, so ergibt sich als Gleichung der Tangente in P_0: $y = f(x_0) + f'(x_0)(x - x_0)$.
2) Berechnung der Stelle, an der die Tangente die x-Achse schneidet:
Aus $f(x_0) + f'(x_0)(x - x_0) = 0$ mit $f'(x_0) \neq 0$ folgt $x = x_0 - \frac{f(x_0)}{f'(x_0)}$. Diesen x-Wert bezeichnet man mit x_1.
Mit x_1 als neuem Startwert lassen sich die Schritte 1) und 2) wiederholen, usw.

iterare (lat.): wiederholen

Hat die differenzierbare Funktion f eine Nullstelle, so kann man diese näherungsweise mit dem NEWTON-Verfahren ermitteln. Die Iterationsvorschrift mit dem Startwert x_0 lautet:

$$x_{n+1} = x_n - \frac{f(x_n)}{f'(x_n)}, \quad n \in \mathbb{N}.$$

Beachten Sie: Das NEWTON-Verfahren gilt für jede differenzierbare Funktion. Aber nicht immer führt das Verfahren zum Erfolg. Damit x_{n+1} berechnet werden kann, muss $f'(x_n) \neq 0$ sein. Aber auch wenn dies der Fall ist, kann es vorkommen, dass die errechneten x_n–Werte nicht gegen die gesuchte Nullstelle x* streben (vgl. Fig. 1 und 2). In solchen Fällen muss man einen Startwert wählen, der „dichter" an der gesuchten Nullstelle x* liegt.

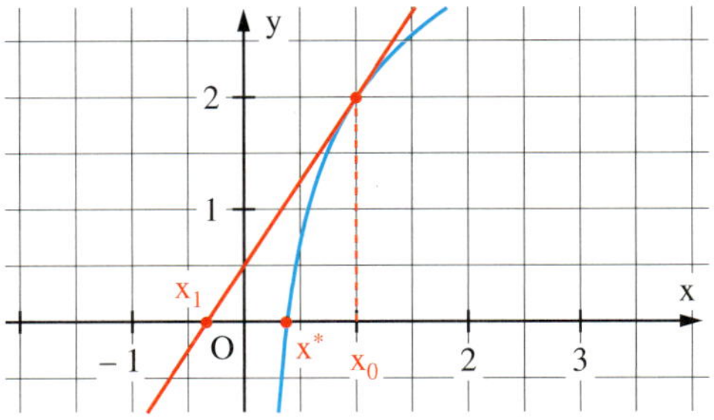

Fig. 1

$f(x) = \sqrt{x} - \frac{1}{x} + 2;\ x_0 = 1$

Der x_1-Wert liegt außerhalb der Definitionsmenge D_f.

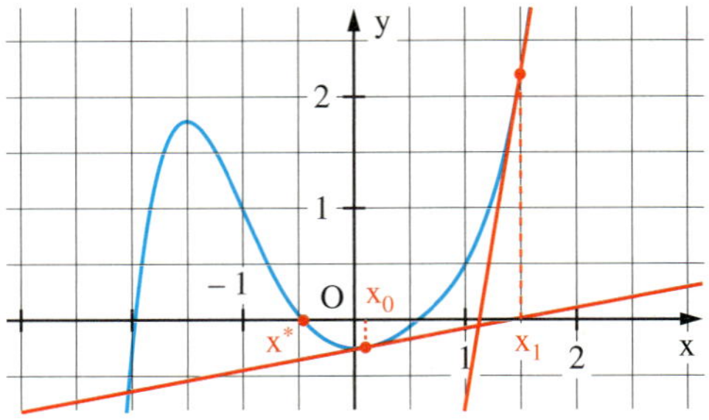

Fig. 2

$f(x) = \frac{1}{4}x^5 - \frac{1}{2}x^3 + x^2 - \frac{1}{4};\ x_0 = 0{,}1$

Die x_n-Werte streben gegen eine „falsche" Nullstelle.

Beispiel: (Durchführung des NEWTON-Verfahrens)

Die Funktion f mit $f(x) = x^3 + 2x - 5$ hat genau eine Nullstelle x*.

Berechnen Sie x* mit dem CAS nach dem NEWTON-Verfahren auf vier Dezimalen gerundet; überprüfen Sie das Ergebnis mit dem CAS.

Lösung:

Man definiert die Funktion f und ihre Ableitung f1 und gibt z. B. $x_0 = 1{,}5$ als Startwert an (Fig. 3). Der Befehl [ANS] – f([ANS])/f1([ANS]) liefert bei Bestätigung mit [ENTER] jeweils die nächste Iteration. Die Berechnung am Graphen ergibt ebenfalls $x^* \approx 1{,}3283$ (Fig. 4).

Näherungsweise Nullstellen bestimmen

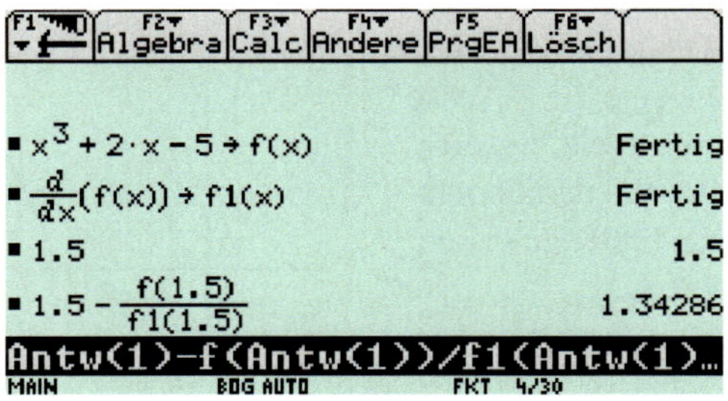

Fig. 3

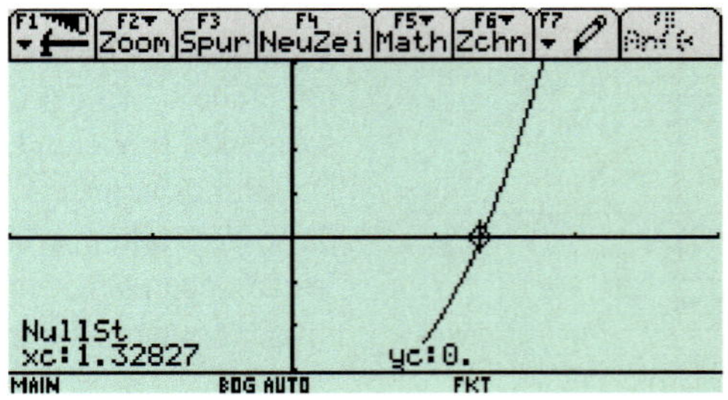

Fig. 4

Aufgaben

Ermitteln Sie für die Funktion f mit $f(x) = \frac{1}{x} - a,\ a \in \mathbb{R}$, die Iterationsvorschrift für das NEWTON-Verfahren. Was ist überraschend an dieser Vorschrift?

2 Die folgende Gleichung hat genau eine Lösung x*. Ermitteln Sie x* mit dem CAS nach dem NEWTON-Verfahren auf fünf Dezimalen gerundet.

a) $x^3 + 2x - 1 = 0$ b) $x^5 - x^3 + 1 = 0$ c) $\sqrt{x} + x^2 - x - 2 = 0$

d) $\frac{1}{x} + x^2 + 2 = 0$ e) $\sin(x) = -x + 2$ f) $\sin(x) = x^3 - 1$

3 Die folgende Gleichung hat mehrere Lösungen. Ermitteln Sie diese mit dem CAS nach dem NEWTON-Verfahren auf fünf Dezimalen gerundet.

a) $x^3 - 3x - 1 = 0$ b) $x^3 + 3x^2 - 3 = 0$ c) $x^4 - 2x^3 - 5x^2 + 1 = 0$

d) $x^4 + x^3 - 4x^2 + x + 0{,}5 = 0$ e) $\sin(x) = x^2 - 1$ f) $\cos(x) = (x-2)^4 - 1$

4 Verkettung von Funktionen

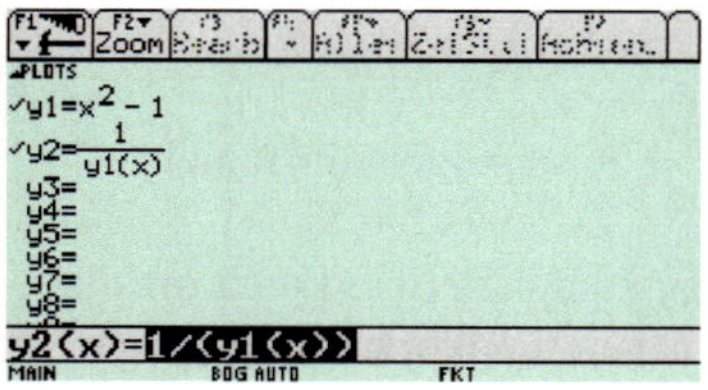

Fig. 1

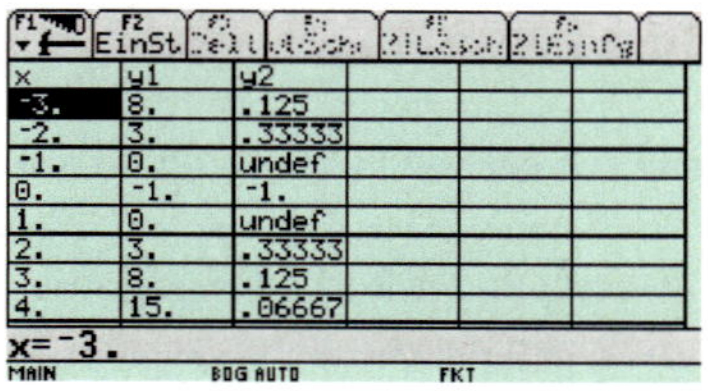

Fig. 2

1 In das CAS wurden zwei Funktionen (Fig. 1) eingegeben. Erläutern Sie, wie die Tabelle von Fig. 2 zustande gekommt.

2 Eine Funktion ist durch folgende Vorschrift gegeben: Addiere 5 zu einer gegebenen Zahl und ziehe dann daraus die Wurzel. Wie lautet der zugehörige Funktionsterm?

Aus zwei gegebenen Funktionen f und g können mithilfe der Addition, Subtraktion, Multiplikation und Division neue Funktionen gebildet werden. Es gibt noch weitere Möglichkeiten zur Bildung neuer Funktionen. Eine solche vielseitig nutzbringende Möglichkeit zeigt die folgende Anwendungssituation.

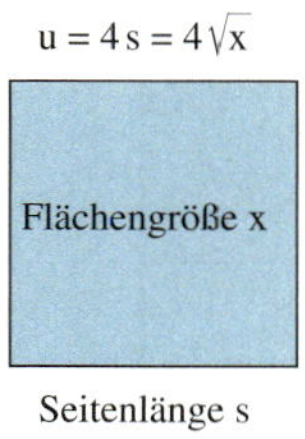

Der Preis eines Zaunes beträgt je Meter 80 €. Für einen Zaun der Länge u bezahlt man somit den Preis: $p(u) = u \cdot 80$ (in €) (Fig. 3). Soll ein quadratisches Grundstück mit dem Flächeninhalt x mit einem Zaun umgeben werden, so ergibt sich der Umfang zu $u(x) = 4 \cdot \sqrt{x}$ (Fig. 4). Will man den Preis des Zaunes für ein quadratisches Grundstück der Größe 625 m² bestimmen, so berechnet man zunächst dessen Umfang u und setzt diesen Wert für die Funktionsvariable u der Funktion p ein. Mit $u(625) = 4 \cdot 25 = 100$ erhält man also $p(100) = 8000$. Damit beträgt der Preis 8000 €. Man schreibt dafür auch kürzer: $p(u(625)) = p(100) = 8000$.

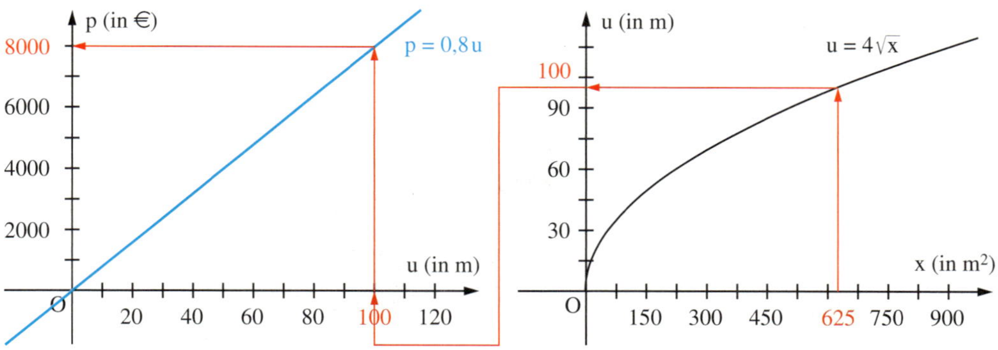

Fig. 3

Fig. 4

Auf diese Weise lässt sich der Preis der Umzäunung zu jeder quadratischen Fläche x angeben:

$$p(u(x)) = 80 \cdot u(x) = 80 \cdot \left(4 \cdot \sqrt{x}\right) = 320 \cdot \sqrt{x}.$$

In der Funktion p wird die Variable u durch den Term u(x) ersetzt. Die neue Funktion $x \mapsto p(u(x))$ bezeichnet man als **Verkettung** der Funktionen p und u und schreibt dafür $p \circ u$.

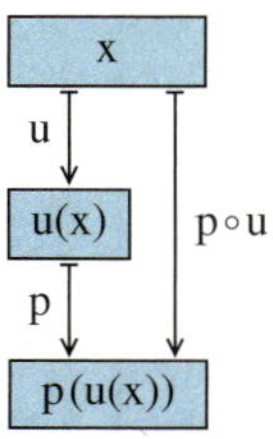

Für $u \circ v$ sagt man: „u nach v" oder „u verkettet mit v".

Definition: Gegeben sind die Funktionen $v\colon x \mapsto v(x)$ und $u\colon v \mapsto u(v)$.
Die Funktion $u \circ v\colon x \mapsto u(v(x))$, bei welcher der Funktionsterm v(x) an die Stelle v der Funktion u tritt, heißt **Verkettung der Funktionen u und v**.
Die Definitionsmenge von $u \circ v$ besteht aus allen $x \in D_v$, für die v(x) zu D_u gehört.

$u(v(x))$ bedeutet:
In $u(x)$ wird für x der Term $v(x)$ eingesetzt.
$v(u(x))$ bedeutet:
In $v(x)$ wird für x der Term $u(x)$ eingesetzt.

Bei der Verkettung $x \mapsto u(v(x))$ nennt man v die „innere" und u die „äußere" Funktion.
Bildet man mit $u(x) = \sqrt{x}$ und $v(x) = 2x + 1$ die Funktion $u \circ v$, so ist $v(x) = 2x + 1$ die innere und $u(v) = \sqrt{v}$ die äußere Funktion. Es gilt: $u(v(x)) = \sqrt{v(x)} = \sqrt{2x + 1}$.
Bildet man dagegen $v \circ u$, so ist $u(x) = \sqrt{x}$ die innere und $v(u) = 2u + 1$ die äußere Funktion.
In diesem Fall gilt: $v(u(x)) = 2 \cdot \sqrt{x} + 1$.

Das Verketten von Funktionen ist also nicht kommutativ, d. h. es gilt im Allgemeinen nicht $u \circ v = v \circ u$.
Der wichtigste Anwendungsbereich der Verkettung besteht darin, kompliziertere Funktionen als Verkettung einfacherer Funktionen darzustellen, sie also in einfachere Funktionen zu zerlegen.
Man erkennt dies am Beispiel der Funktion f mit $f(x) = \sqrt{x^2 + 1}$. Wählt man als innere Funktion die Funktion $v\colon x \mapsto x^2 + 1$ und ersetzt in $f(x)$ den Term $v(x)$ durch die Variable v, so erhält man die äußere Funktion $u(v) = \sqrt{v}$. Es ist $f = u \circ v$.

Beispiel 1: (Verketten zweier gegebener Funktionen)
Gegeben sind die Funktionen u mit $u(x) = \sin(x)$ und $v(x) = \frac{1}{2x}$.
Bestimmen Sie $u \circ v$ und $v \circ u$.
Lösung:
$u(v(x)) = \sin(v(x)) = \sin\left(\frac{1}{2x}\right)$. Somit ist $u \circ v\colon x \mapsto \sin\left(\frac{1}{2x}\right)$.
$v(u(x)) = \frac{1}{2u(x)} = \frac{1}{2\sin(x)}$. Somit ist $v \circ u\colon x \mapsto \frac{1}{2\sin(x)}$.

Beispiel 2: (Verkettung von Funktionen mit dem CAS)
Gegeben sind die Funktionen u mit $u(x) = 0{,}2x^2 - 1$ und v mit $v(x) = 2\sqrt{x}$.
a) Berechnen Sie mit dem CAS die Funktionswerte $u(v(4))$ und $v(u(4))$.
b) Zeichnen Sie mit dem CAS Graphen der Funktionen $f = u \circ v$ und $g = v \circ u$.
Lösung:
a) Es ist $Y_3 = u \circ v$, $Y_4 = v \circ u$ (Fig. 1). Damit gilt $u(v(4)) = 2{,}2$; $v(u(4)) \approx 2{,}9665$ (Fig. 2).
b) Fig. 3 enthält die Graphen $Y_3 = f$ (Halbgerade fett) und $Y_4 = g$ (extrem fett).

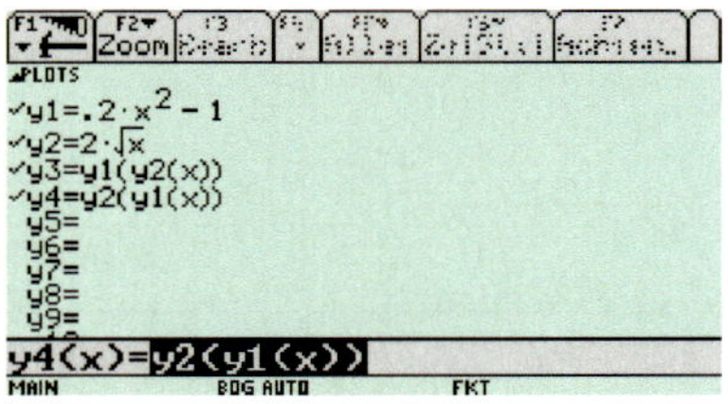

Fig. 1

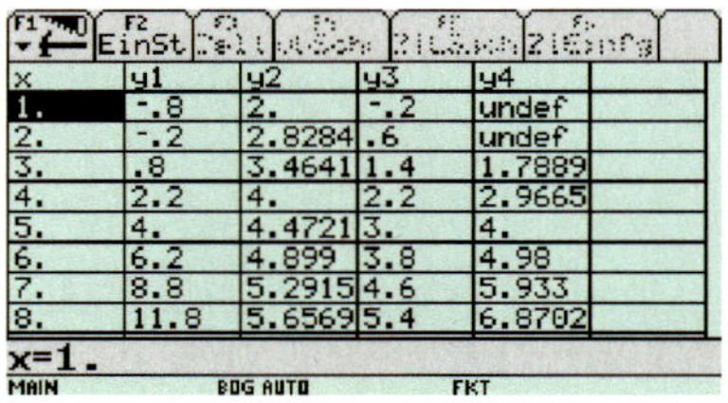

x	y1	y2	y3	y4
1.	-.8	2.	-.2	undef
2.	-.2	2.8284	.6	undef
3.	.8	3.4641	1.4	1.7889
4.	2.2	4.	2.2	2.9665
5.	4.	4.4721	3.	4.
6.	6.2	4.899	3.8	4.98
7.	8.8	5.2915	4.6	5.933
8.	11.8	5.6569	5.4	6.8702

Fig. 2

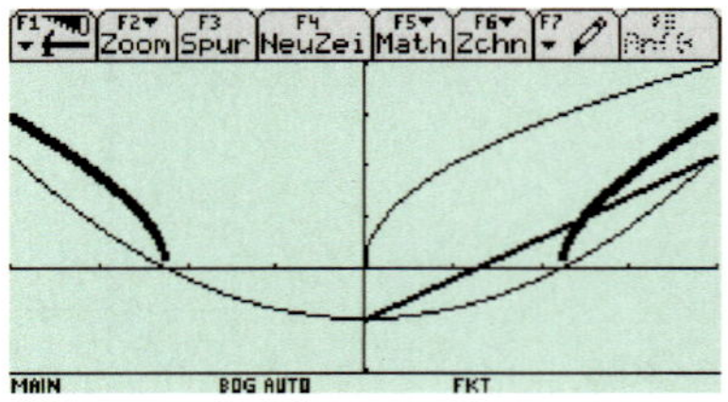

Fig. 3

Ist der Funktionsterm $f(x)$
– eine Potenz, so ist die äußere Funktion eine Potenz,
– eine Wurzel, so ist die äußere Funktion eine Wurzel,
– ein Sinus, so ist die äußere Funktion ein Sinus,
– . . .

Beispiel 3: (Zerlegen einer Funktion)
a) Gegeben ist die Funktion f mit $f(x) = (2x^2 - 1)^4$. Bestimmen Sie Funktionen u und v mit $u \circ v = f$.
b) Man kann die Funktion f mit $f(x) = \frac{1}{(x+3)^2}$ auf mehrere Arten zerlegen. Geben Sie zwei mögliche Zerlegungen an.
Lösung:
a) Innere Funktion $v(x) = 2x^2 - 1$; äußere Funktion $u(v) = v^4$.
Damit ist $u(v(x)) = v(x)^4 = (2x^2 - 1)^4$. Mit $v\colon x \mapsto 2x^2 - 1$ und $u\colon x \mapsto x^4$ gilt also $f = u \circ v$.
b) 1. Möglichkeit: Mit $v(x) = x + 3$ und $u(v) = \frac{1}{v^2}$ ergibt sich $u(v(x)) = \frac{1}{(x+3)^2}$.
2. Möglichkeit: Mit $v(x) = (x + 3)^2$ und $u(v) = \frac{1}{v}$ ergibt sich $u(v(x)) = \frac{1}{(x+3)^2}$.

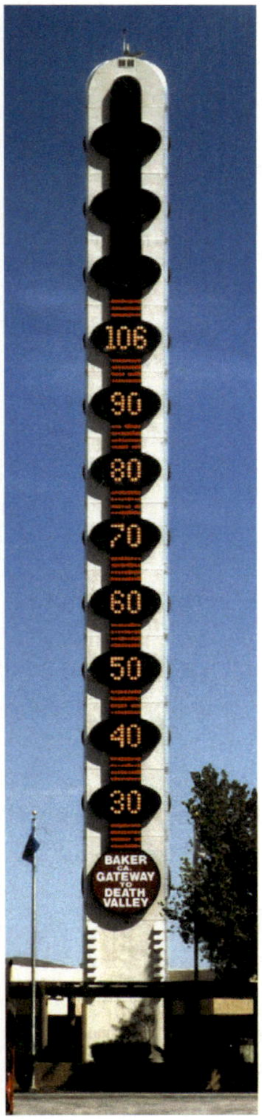

Das vermutlich größte Thermometer der Welt steht in Baker im US-Bundesstaat Kalifornien, dem Tor zum Death Valley. Es zeigt zum Zeitpunkt der Aufnahme im April 2000 eine Temperatur von 106 Grad Fahrenheit (ca. 41 Grad Celsius) an.

Aufgaben

3 Berechnen Sie für $u(x) = 1 - 3x$ und $v(x) = 1 + 2x^2$

a) $u(v(0))$ b) $v(u(0))$ c) $u(v(1))$ d) $v(v(2))$
e) $(u \circ v)(3)$ f) $(v \circ u)(3)$ g) $(u \circ u)(-2)$ h) $(v \circ v)(-2)$.

4 Bilden Sie $f(x) = u(v(x))$ und $g(x) = v(u(x))$ mit den Termen $u(x)$ und $v(x)$.

a) $u(x) = 1 + x$; $v(x) = 3x + 4$ b) $u(x) = 2 + x$; $v(x) = x^2$
c) $u(x) = 1 - x^2$; $v(x) = (1 - x)^2$ d) $u(x) = x^2 + 1$; $v(x) = \frac{1}{x-1}$
e) $u(x) = \frac{1}{1-x^2}$; $v(x) = \frac{2}{x}$ f) $u(x) = 2^x$; $v(x) = 1 - 2x$

5 Gegeben sind die Funktionen f und g. Legen Sie mit dem GTR für $f \circ g$ und $g \circ f$ eine Tabelle an und zeichnen Sie die zugehörigen Graphen (vgl. Beispiel 2).

a) $f: x \mapsto (x-1)^2$; $g: x \mapsto x + 1$ b) $f: x \mapsto x^2$; $g: x \mapsto 2x + 3$
c) $f: x \mapsto 2 - x$; $g: x \mapsto 1$ d) $f: x \mapsto \frac{1}{x}$; $g: x \mapsto \frac{1}{x^2-4}$
e) $f: x \mapsto 2x^2$; $g: x \mapsto \sin(x)$ f) $f: x \mapsto \sqrt{2x-3}$; $g: x \mapsto \frac{1}{x}$

6 Es ist $f(x) = u(v(x))$. Vervollständigen Sie die Tabelle.

	f(x)	v(x)	u(x)
a)		x^3	$3x + 1$
b)		$3x + 1$	x^3
c)	$(x^2 + 1)^2$		x^2

	f(x)	v(x)	u(x)
d)	$\frac{1}{2(x^2-4)}$	$x^2 - 4$	
e)	$\frac{2}{x^2-4}$		$\frac{2}{x}$
f)	$2\sqrt{3 - 0{,}5x}$		$\sqrt{x}$

7 Die Funktion f kann als Verkettung $u \circ v$ aufgefasst werden. Geben Sie geeignete Funktionen u und v an.

a) $f(x) = (2 - x)^3$ b) $f(x) = 2 - x^3$ c) $f(x) = \frac{1}{x^2-1}$
d) $f(x) = \frac{1}{x^2} - 1$ e) $f(x) = \sin^2(x)$ f) $f(x) = \sin(x^2)$
g) $f(x) = \sqrt{x^4 + 2}$ h) $f(x) = (3 + 4x)^{-1}$ i) $f(x) = |x^2 - 1|$

8 Für einen US-Dollar erhält man zu einem Zeitpunkt 0,9074 Euro, für einen Euro 1,5522 Schweizer Franken. Geben Sie jeweils eine Funktion an, die jedem Dollarbetrag den entsprechenden Betrag in Euro und jedem Euro-Betrag den entsprechenden Betrag in Schweizer Franken zuordnet. Geben Sie die Funktion an, die jedem Dollarbetrag den entsprechenden Betrag in Franken zuordnet.

9 Temperaturangaben der Kelvin-Skala rechnet man in solche der Celsius-Skala um nach der Vorschrift $x \mapsto x - 273$, solche der Celsius-Skala in die Fahrenheit-Skala durch $x \mapsto 1{,}8x + 32$. Wie lautet die Vorschrift, mit der man von der Kelvin-Skala direkt in die Fahrenheit-Skala umrechnen kann?

1 lb (ein englisches Pfund) entspricht ca. 4,45 Newton

10 Die Rückschlagskraft r eines Tennisschlägers ist von der Spannung s der Saiten abhängig. Ein Hersteller gibt für sein neues Modell an: $r(s) = 0{,}04s + 1{,}8$ (r, s in lb). Ein frisch bespannter Schläger verliert allmählich an Spannung. Nach t Tagen beträgt sie noch $s(t) = 50 + \frac{30}{t+2}$.

a) Berechnen Sie die Rückschlagskraft für einen frisch bespannten Schläger nach 4 Tagen.
b) Geben Sie eine Funktion an, mit der sich die Rückschlagskraft nach t Tagen direkt bestimmen lässt.

5 Die Kettenregel

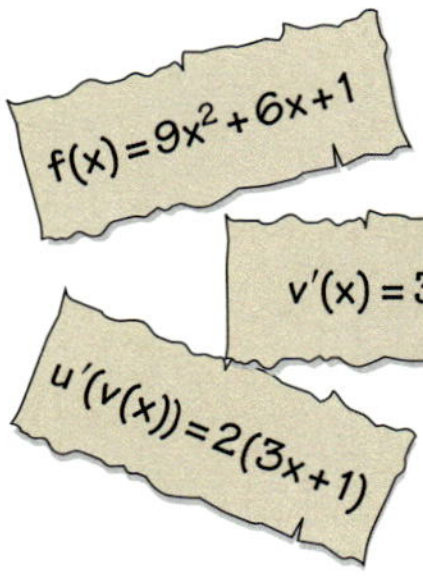

1 a) Stellen Sie möglichst viele Zusammenhänge zwischen den Funktionstermen her.

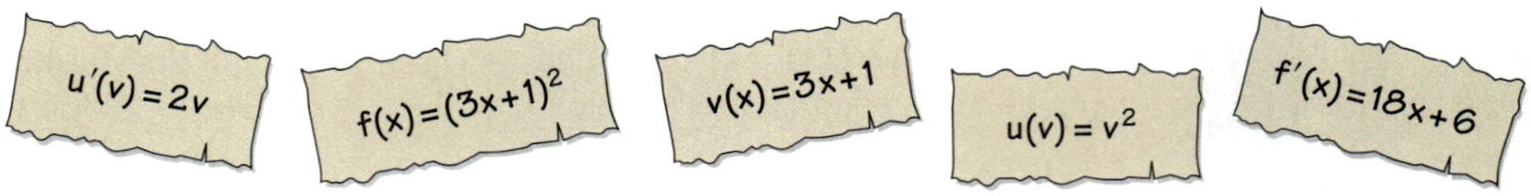

b) Führen Sie entsprechende Überlegungen für $f(x) = (x + 2)^3$, $g(x) = (4x - 1)^2$ und $h(x) = (x^2)^3$ durch.

Bei der Funktion f mit $f(x) = (x^2 + 3)^2$ liegt die Vermutung nahe, sie entsprechend der Potenzregel abzuleiten. Dies würde den Term $2(x^2 + 3)$ liefern. Multipliziert man aber den Funktionsterm von f aus, ergibt sich $f(x) = x^4 + 6x^2 + 9$ mit $f'(x) = 4x^3 + 12x = 4x(x^2 + 3)$.
Bei der Anwendung der Potenzregel fehlt also der Faktor 2x. Fasst man f als verkettete Funktion auf mit der inneren Funktion $v\colon x \mapsto x^2 + 3$ und der äußeren Funktion $u\colon v \mapsto v^2$, so ist der fehlende Faktor gerade die Ableitung der inneren Funktion v. Für die Funktion f gilt also: $f'(x) = u'(v(x)) \cdot v'(x)$. Im Folgenden wird untersucht, ob dieser Zusammenhang allgemein bei der Verkettung zweier Funktionen gilt.

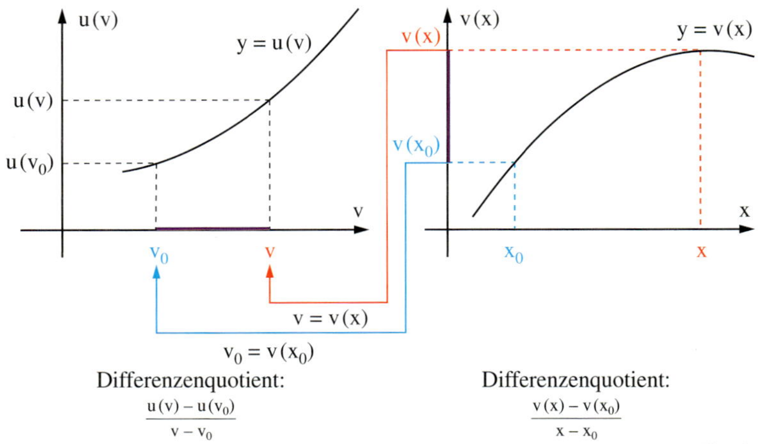

Fig. 1

Es sei $f(x) = u(v(x))$. Die innere Funktion v sei an der Stelle x_0 differenzierbar, die äußere Funktion u an der Stelle $v_0 = v(x_0)$.
Um zu untersuchen, ob die Funktion f an der Stelle x_0 differenzierbar ist, betrachtet man den Differenzenquotienten von f und versucht, diesen mithilfe der Differenzenquotienten von u und v darzustellen (Fig. 1).
Es ist

$$\frac{f(x) - f(x_0)}{x - x_0} = \frac{u(v(x)) - u(v(x_0))}{x - x_0} = \frac{u(v(x)) - u(v(x_0))}{v(x) - v(x_0)} \cdot \frac{v(x) - v(x_0)}{x - x_0}.$$

Mit $v(x) = v$ und $v(x_0) = v_0$ ist

$$\frac{f(x) - f(x_0)}{x - x_0} = \frac{u(v) - u(v_0)}{v - v_0} \cdot \frac{v(x) - v(x_0)}{x - x_0}.$$

Wegen der Stetigkeit der Funktion v geht für $x \to x_0$ auch $v \to v_0$.
Der Grenzübergang $x \to x_0$ liefert also: $f'(x_0) = u'(v_0) \cdot v'(x_0) = u'(v(x_0)) \cdot v'(x_0)$.

Satz: (Kettenregel)
Ist $f = u \circ v$ eine Verkettung zweier differenzierbarer Funktionen u und v, so ist auch f differenzierbar, und es gilt:

$$\mathbf{f'(x) = u'(v(x)) \cdot v'(x)}.$$

Deutung der inneren Ableitung

Bemerkung: Diese Herleitung der Kettenregel gilt nur für solche Funktionen, bei denen in einer hinreichend kleinen Umgebung von x_0 die Differenz $v(x) - v(x_0) \neq 0$ ist.
Man kann aber zeigen, dass die Kettenregel für alle differenzierbaren Funktionen u und v gilt.

Beispiel 1: (Kettenregel)
Leiten Sie ab und vereinfachen Sie das Ergebnis. Berechnen Sie $f'(2)$ und überprüfen Sie Ihre Ergebnisse mit dem CAS.
a) $f(x) = (5 - 3x)^4$ b) $f(x) = \sin\left(x + \frac{\pi}{2}\right)$ c) $f(x) = \frac{3}{(x^2-1)^2}$
Lösung:
a) f(x) ist eine Potenz.
Damit ist die äußere Funktion $u(v) = v^4$; $u'(v) = 4v^3$;
innere Funktion ist $v(x) = 5 - 3x$; $v'(x) = -3$.
Ableitung von f:
$f'(x) = u'(v) \cdot v'(x) = 4v^3 \cdot (-3) = -12 \cdot (5 - 3x)^3$;
Ableitung an der Stelle 2: $f'(2) = -12 \cdot (5 - 3 \cdot 2)^3 = 12$;
das CAS bestätigt sowohl die Richtigkeit der Ableitung wie auch $f'(2) = 12$ (Fig. 1).

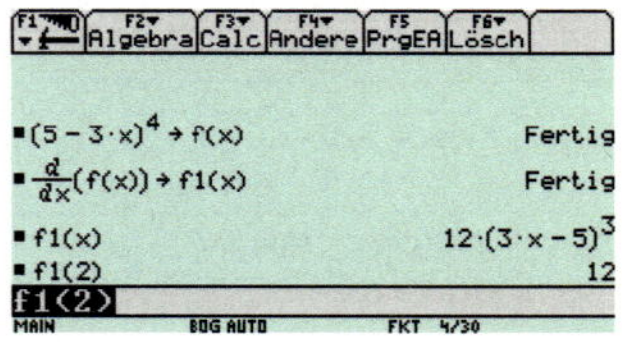

Fig. 1

Zu Beispiel 1b):
Wegen $\sin\left(x + \frac{\pi}{2}\right) = \cos(x)$
und $\cos\left(x + \frac{\pi}{2}\right) = -\sin(x)$
gilt also
$(\cos(x))' = -\sin(x)$.

b) f(x) ist eine Sinusfunktion: $u(v) = \sin(v)$; $u'(v) = \cos(v)$;
$v(x) = x + \frac{\pi}{2}$; $v'(x) = 1$;
$f'(x) = u'(v) \cdot v'(x) = \cos\left(x + \frac{\pi}{2}\right) \cdot 1 = \cos\left(x + \frac{\pi}{2}\right) = -\sin(x)$;
$f'(2) = -\sin(2) \approx -0{,}9093$;
Bestätigung mit dem CAS: Fig. 2.

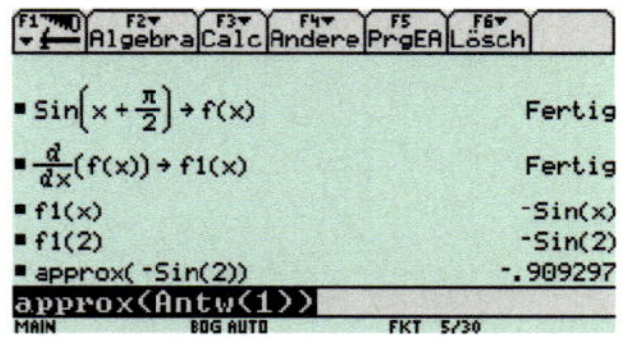

Fig. 2

c) f(x) kann man als 3faches einer Potenz schreiben:
$f(x) = 3 \cdot (x^2 - 1)^{-2}$. Also ist
$u(v) = 3 \cdot v^{-2}$, $u'(v) = -6v^{-3}$; $v(x) = x^2 - 1$, $v'(x) = 2x$;
$f'(x) = -6(x^2 - 1)^{-3} \cdot 2x = -\frac{12x}{(x^2-1)^3}$;
$f'(2) = -\frac{12 \cdot 2}{(2^2-1)^3} = -\frac{8}{9}$;
der CAS liefert ebenso $f'(2) = -\frac{8}{9}$ (vgl. Fig. 3).

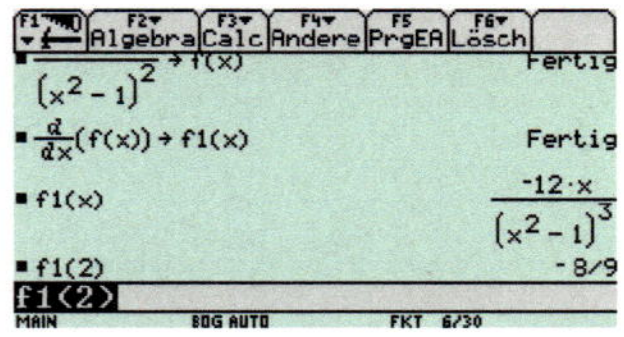

Fig. 3

Beispiel 2: (Berechnung einer momentanen Änderungsrate)
Nach dem Eintauchen eines Steins in einen ruhig daliegenden See breiten sich die Wellen in konzentrischen Kreisen aus. Bei einem Radius von 4 m wächst der Radius mit einer Rate von $1{,}2\,\frac{m}{s}$. Mit welcher Rate vergrößert sich der Flächeninhalt zu diesem Zeitpunkt?
Lösung:
Der Radius und damit der Flächeninhalt hängt von der Zeit t (in s) ab:

$$A(t) = \pi \cdot [r(t)]^2.$$

Nach der Kettenregel gilt: $A'(t) = 2\pi \cdot r(t) \cdot r'(t)$.
Also folgt: $A'(t) = 2\pi \cdot 4 \cdot 1{,}2 \approx 30{,}2 \left(\text{in } \frac{m^2}{s}\right)$.
Der Flächeninhalt ändert sich zu dem betrachteten Zeitpunkt mit einer Rate von rund 30,2 Quadratmeter pro Sekunde.

Aufgaben

2 Vervollständigen Sie die Tabelle.

	$f(x) = u(v(x))$	$v(x)$	$u(v)$	$v'(x)$	$u'(v)$	$u'(v(x))$	$f'(x)$
	$(5x-1)^3$	$5x - 1$	v^3	5	$3v^2$	$3(5x-1)^2$	$15(5x-1)^2$
a)		$2x + 3$	v^2				
b)	$\frac{2}{(2x+1)^2}$		$2v^{-2}$				
c)	$\cos(2x + 1)$						
d)	$\sqrt{5 - x^2}$						

Wetten, dass Ihnen dieser Fehler auch einmal unterläuft?

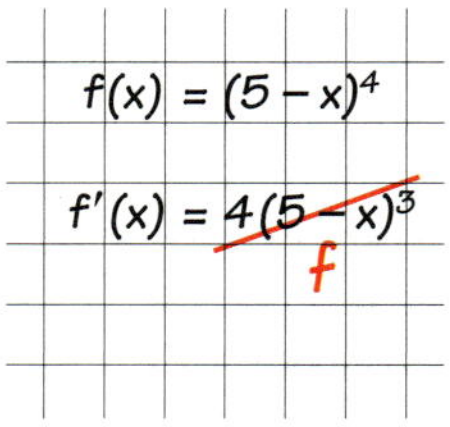

Eine Teilaufgabe geht auch ohne Kettenregel!

3 Leiten Sie ab und vereinfachen Sie das Ergebnis.

a) $f(x) = \left(\frac{1}{3}x + 2\right)^2$ b) $f(x) = \frac{1}{18}(3x + 2)^6$ c) $f(x) = \frac{1}{8}\left(\frac{1}{2} - x^2\right)^7$ d) $f(x) = (3 - x)^2$

e) $f(x) = (x + x^2)^2$ f) $h(x) = (2 - 3x + x^2)^3$ g) $h(x) = (1 - x + x^3)^2$ h) $f(x) = (x\sqrt{2} - x^2)^2$

4 a) $f(x) = (8x - 7)^{-1}$ b) $f(x) = 2(5 - x)^{-1}$ c) $f(x) = (15x - 3)^{-2}$ d) $f(x) = \left(\frac{1}{2}x - 5x^3\right)^{-3}$

e) $f(x) = \frac{1}{(x-2)^2}$ f) $g(t) = \frac{3}{(5-t)^2}$ g) $f(x) = \frac{1}{2(x-7)^3}$ h) $g(t) = \frac{5}{(t^2-1)^2}$

5 a) $f(x) = \sqrt{3x}$ b) $f(x) = \sqrt{1 + 2x}$ c) $g(x) = \sqrt{1 - x^2}$ d) $h(r) = \sqrt{7r - r^2}$

6 a) $f(x) = \sin(2x)$ b) $f(x) = \sin(2x - \pi)$ c) $f(x) = 2\cos(1 - x)$ d) $f(x) = \frac{1}{3}\sin(x^2)$

7 a) $f(x) = (ax^3 + 1)^2$ b) $f(x) = \frac{3a}{1 + x^2}$ c) $f(x) = \frac{1}{a + bx}$

d) $s(t) = \frac{a}{(bt + 1)^2}$ e) $f(x) = \sqrt{ax - 1}$ f) $g(x) = \sqrt{t^2x + 2t}$

g) $f(x) = \sin(ax^2)$ h) $f(x) = \sin((ax)^2)$ i) $f(x) = (\sin(ax))^2$

8 Leiten Sie zweimal ab.

a) $f(x) = (4x - 7)^3$ b) $f(x) = \frac{3}{5 - x}$ c) $f(x) = \frac{1}{(x-5)^3}$ d) $f(x) = \frac{1}{4}\sin(2x + 1)$

9 Leiten Sie ab und vereinfachen Sie das Ergebnis. Berechnen Sie die Ableitung an der angegebenen Stelle x_0 und überprüfen Sie das Ergebnis mit dem CAS.

a) $f(x) = \left(1 + \sqrt{x}\right)^2$; $x_0 = 25$ b) $f(x) = \left(2\sqrt{x} - x\right)^3$; $x_0 = 16$

c) $f(x) = 2\left(x^2 - 3\sqrt{x}\right)^2$; $x_0 = 9$ d) $f(x) = \frac{1}{(x^3 - x)^2}$; $x_0 = 4$

e) $f(x) = x^3 + \sin(3x)$; $x_0 = \frac{\pi}{3}$ f) $f(x) = \cos\left(\frac{1}{4} - x\right) + x$; $x_0 = 1$

g) $f(x) = \frac{1}{\sin(x)}$; $x_0 = \frac{\pi}{2}$ h) $f(x) = \frac{1}{x^2} + \sin\left(\frac{1}{x}\right)$; $x_0 = 2$

i) $f(x) = \sqrt{\sin(x)}$; $x_0 = \frac{\pi}{4}$

10 Eine Rohrleitung soll von A nach B verlegt werden. Die Verlegekosten betragen entlang der Straße 300 € pro Meter und über die Straße 500 € pro Meter.

a) Bestimmen Sie den Punkt D so, dass die Kosten der Verlegung von A über D nach B möglichst gering werden (nur notwendige Bedingung).

b) Vergleichen Sie die minimalen Kosten mit den Kosten bei geradliniger Verlegung von A nach B bzw. von A über C nach B.

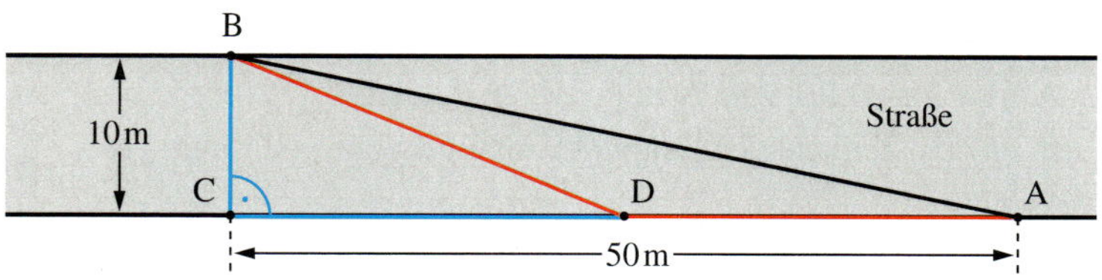

Fig. 1

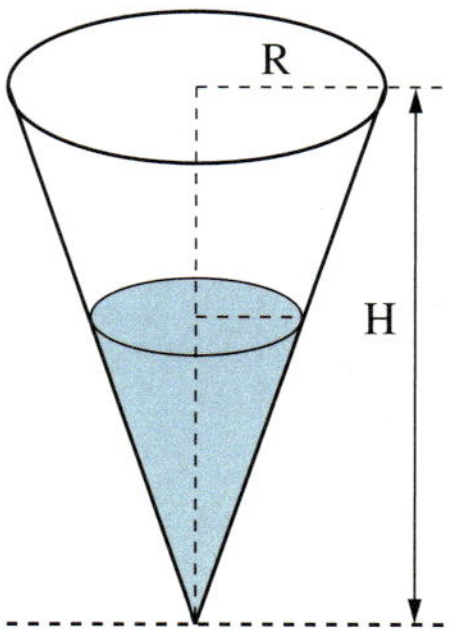

Fig. 2

11 a) Begründen Sie: Die Funktion f mit $f(x) = g(x^2)$ hat die Ableitung $f'(x) = 2x \cdot g'(x^2)$.

b) Leiten Sie entsprechend ab: $f_1(x) = g(3x)$; $f_2(x) = g(1 - x)$; $f_3(x) = g\left(\frac{1}{x}\right)$.

12 In einen kegelförmigen Behälter (Fig. 2) mit dem Radius $R = 10\,\text{cm}$ und der Höhe $H = 30\,\text{cm}$ werden pro Sekunde $20\,\text{cm}^3$ Wasser gefüllt. Die Höhe des Wasserspiegels und das Volumen des Wassers im Behälter hängen also von der Zeit t ab.

a) Ermitteln Sie die Zuordnung $h(t) \mapsto V(t)$.

b) Während des Füllvorgangs steigt der Wasserspiegel unterschiedlich schnell. Wie schnell steigt dieser in dem Augenblick, in dem das Wasser im Behälter 5 cm hoch steht?

6 Die Ableitung von Produkten

1 Gegeben sind die Funktionen u und v mit $u(x) = x$ und $v(x) = \sin(x)$.
a) Es sei f definiert durch $f(x) = u(x) \cdot v(x)$. Zeigen Sie mithilfe des CAS, dass $f'(x)$ nicht mit $u'(x) \cdot v'(x)$ übereinstimmt. Es gibt auch graphische Möglichkeiten.
b) $f'(x)$ lässt sich mithilfe von $u(x)$, $v(x)$, $u'(x)$ und $v'(x)$ ausdrücken. Versuchen Sie mit dem CAS eine Vermutung aufzustellen. Testen Sie diese mit dem CAS.

Ein Zahlenbeispiel:
$u(t_0) = 5$, $u(t) = 5{,}2$
$v(t_0) = 3$, $v(t) = 3{,}1$

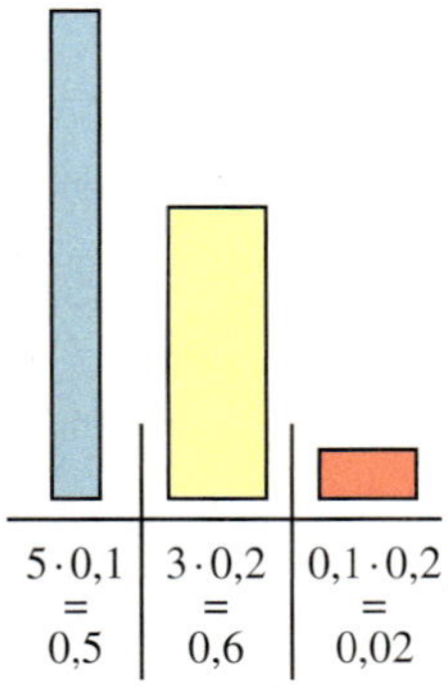

Zu zwei Funktionen f und g kann man ihr Produkt bilden. Mit $f(x) = x$ und $g(x) = x^2$ erhält man die Produktfunktion p mit $p(x) = f(x) \cdot g(x) = x \cdot x^2 = x^3$. Während Summen von Funktionen gliedweise abgeleitet werden, gilt dies für Produkte von Funktionen nicht. So hat die Funktion p die Ableitung $p'(x) = 3x^2$. Multipliziert man jedoch die Ableitungen der einzelnen Faktoren, so erhält man $1 \cdot 2x = 2x$.

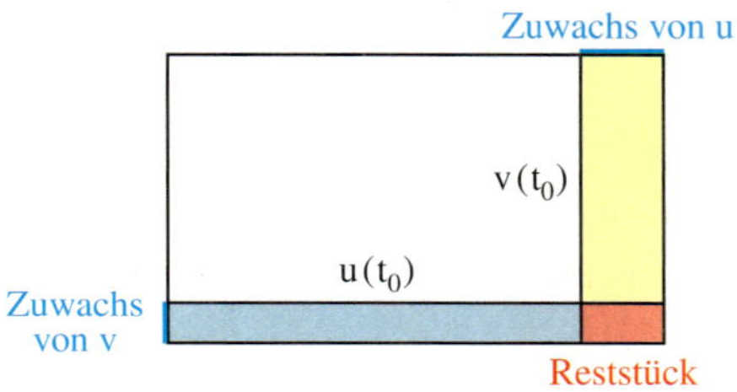

Fig. 1

Um eine Vermutung über die Ableitung eines Produkts zweier Funktionen zu erhalten, kann man den Flächeninhalt eines Rechtecks betrachten, dessen Seitenlängen u und v im Laufe der Zeit zunehmen. Für den Flächeninhalt zum Zeitpunkt t_0 gilt:
$A(t_0) = u(t_0) \cdot v(t_0)$.
Betrachtet man das Rechteck zu einem etwas späteren Zeitpunkt t, so erhält man:

Zuwachs von A = (Zuwachs von u) · $v(t_0)$ + $u(t_0)$ · (Zuwachs von v) + Rest.

Dividiert man durch $t - t_0$, so erhält man bei Vernachlässigung des kleinen Restes:

Änderungsrate von A ≈ (Änderungsrate von u) · $v(t_0)$ + $u(t_0)$ · (Änderungsrate von v).

Der Grenzübergang $t \to t_0$ liefert $A'(t_0) = u'(t_0) \cdot v(t_0) + u(t_0) \cdot v'(t_0)$.

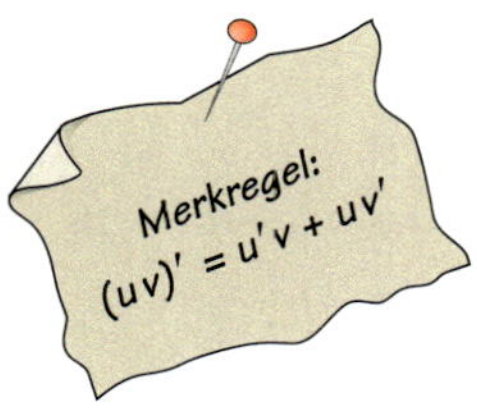

Satz: (Produktregel)
Sind die Funktionen u und v differenzierbar, so ist auch die Funktion $f = u \cdot v$ differenzierbar, und es gilt: $\mathbf{f'(x) = u'(x) \cdot v(x) + u(x) \cdot v'(x)}$.

Um den Differenzenquotienten von f auf die Differenzenquotienten
$\frac{u(x) - u(x_0)}{x - x_0}$
und
$\frac{v(x) - v(x_0)}{x - x_0}$
zurückführen zu können, wird der rot unterlegte Teil eingefügt.

Beweis:
Für den Differenzenquotienten von f gilt:

$$\frac{f(x) - f(x_0)}{x - x_0} = \frac{u(x) \cdot v(x) - u(x_0) \cdot v(x_0)}{x - x_0} = \frac{u(x) \cdot v(x) - u(x_0) \cdot v(x) + u(x_0) \cdot v(x) - u(x_0) \cdot v(x_0)}{x - x_0}$$

$$= \frac{[u(x) - u(x_0)] \cdot v(x) + u(x_0) \cdot [v(x) - v(x_0)]}{x - x_0} = \frac{u(x) - u(x_0)}{x - x_0} \cdot v(x) + u(x_0) \cdot \frac{v(x) - v(x_0)}{x - x_0}.$$

Die Funktionen u und v sind differenzierbar. Für $x \to x_0$ gilt daher $\frac{u(x) - u(x_0)}{x - x_0} \to u'(x_0)$; $v(x) \to v(x_0)$ und $\frac{v(x) - v(x_0)}{x - x_0} \to v'(x_0)$. Damit ist die Produktregel bewiesen.

Beispiel 1: (Produktregel)
Bestimmen Sie die Ableitung von f mit $f(x) = x^2 \cdot \sin(x)$
Lösung:
Mit $u(x) = x^2$ und $v(x) = \sin(x)$ ist $u'(x) = 2x$ und $v'(x) = \cos(x)$.
Mit der Produktregel gilt: $f'(x) = 2x \cdot \sin(x) + x^2 \cdot \cos(x) = x \cdot (2\sin(x) + x \cdot \cos(x))$.

Beispiel 2: (Ableitung eines Quotienten mit der Produktregel)
Bestimmen Sie die Ableitung der Funktion f.

a) $f(x) = \frac{\sin(x)}{x^3}$ b) $f(x) = \frac{x}{x^2+1}$

Lösung:

a) Es gilt: $f(x) = \sin(x) \cdot x^{-3}$.
Mit $u(x) = \sin(x)$ und $v(x) = x^{-3}$ ist $u'(x) = \cos(x)$ und $v'(x) = -3 \cdot x^{-4} = -\frac{3}{x^4}$.
Also: $f'(x) = \cos(x) \cdot x^{-3} + \sin(x) \cdot \left(-\frac{3}{x^4}\right) = \frac{\cos(x)}{x^3} - \frac{3\sin(x)}{x^4} = \frac{x \cdot \cos(x) - 3\sin(x)}{x^4}$.

b) $f(x) = x \cdot (x^2+1)^{-1}$. Mit $u(x) = x$, $v(x) = (x^2+1)^{-1}$, $u'(x) = 1$; $v'(x) = -(x^2+1)^{-2} \cdot 2x$ erhält man $f'(x) = 1 \cdot (x^2+1)^{-1} + x \cdot (-2x) \cdot (x^2+1)^{-2} = \frac{1}{x^2+1} - \frac{2x^2}{(x^2+1)^2} = \frac{1-x^2}{(x^2+1)^2}$.

Aufgaben

Die Faktorregel (vgl. S. 61) ist ein Sonderfall der Produktregel. Begründen Sie.

2 Leiten Sie ab.

a) $f(x) = 2x \cdot \cos(x)$ b) $f(x) = (x^2+1) \cdot x^2$ c) $f(x) = (2x^2 - x) \cdot \sqrt{x}$
d) $f(x) = x^3 \cdot \sqrt{x}$ e) $f(x) = \sin(x) \cdot \cos(x)$ f) $f(t) = t^6 \cdot \sin(t)$

3 Leiten Sie zunächst mithilfe der Produktregel ab und fassen Sie zusammen. Multiplizieren Sie dann f(x) aus und leiten Sie erneut ab.

a) $f(x) = \sqrt{x} \cdot \sqrt{x}$ b) $f(x) = (1-2x) \cdot (3x+1)$ c) $f(x) = \left(\frac{1}{x^3} + x^2\right) \cdot (-x)$

4 Welcher Fehler wurde beim Ableiten der Funktion f mit $f(x) = x^3 \cdot \cos(x)$ gemacht?

a) $f'(x) = 3x^2\cos(x) + x^3\sin(x)$ b) $f'(x) = x^3\cos(x) - 3x^2\sin(x)$

Eine genaue Untersuchung des abzuleitenden Terms kann manchmal den Arbeitsaufwand erheblich verringern!

5 Leiten Sie mithilfe der Produkt- und Kettenregel ab und vereinfachen Sie das Ergebnis, soweit dies möglich ist. Schreiben Sie gegebenenfalls die Quotienten um.

a) $f(x) = x \cdot (x^3+1)^3$ b) $f(x) = (\sin(x) + 1) \cdot x$ c) $f(x) = x^{10} \cdot (3x+4)$
d) $f(x) = x \cdot (\sin(x))^3$ e) $f(x) = \frac{\sin(x)}{x}$ f) $f(x) = \frac{x}{x+1}$
g) $f(x) = \frac{x^2}{2x+1}$ h) $f(x) = \frac{\sin(x)}{\cos(x)}$ i) $f(x) = a \cdot x \cdot \sin(a \cdot x)$
j) $f(x) = \frac{\sin(bx)}{bx}$ k) $f(t) = \frac{t}{\sin(x)}$ l) $f(x) = \frac{(3x^2+4)^4}{(3x^2+4)^3}$

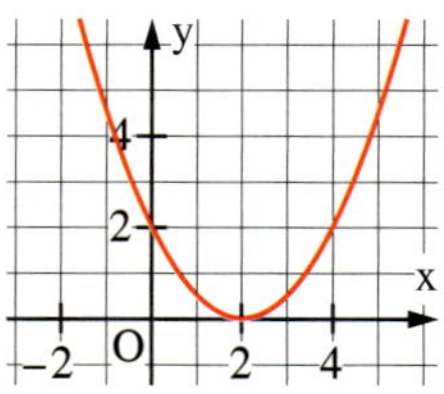

Was heißt „berühren“?

6 Der Graph der Funktion f berührt die x-Achse im Punkt P(2|0).

a) Zeigen Sie, dass dann auch der Graph der Funktion g mit $g(x) = x \cdot f(x)$ die x-Achse im Punkt P berührt.

b) Wenn P ein Hochpunkt des Graphen von f mit $f''(2) < 0$, ist dann P auch ein Hochpunkt des Graphen von g?

c) Was ändert sich in a) bzw. b), wenn der Berührpunkt P die Koordinaten P(−2|0) hat?

7 a) Leiten Sie die Funktion f mit $f(x) = x \cdot \sin(x) \cdot \cos(x)$ ab. Schreiben Sie dazu durch Klammersetzung f(x) als Produkt von 2 Funktionen.

b) Versuchen Sie eine Regel für die Ableitung von $f(x) = u(x) \cdot v(x) \cdot w(x)$ aufzustellen und prüfen Sie am Beispiel der Ableitung von $f(x) = x \cdot x^2 \cdot x^3$.

8 Gegeben ist die differenzierbare Funktion f. Berechnen Sie die Ableitungen der Funktionen g mit $g(x) = (f(x))^2$ und h mit $h(x) = (f(x))^3$ mit der Produktregel.
Beweisen Sie mit vollständiger Induktion, dass für alle natürlichen Zahlen $n \geqq 1$ die Funktion f_n mit $f_n(x) = x^n$ die Ableitung $f_n'(x) = n \cdot x^{n-1}$ besitzt.

*7 Die Ableitung von Quotienten

1 Formen Sie f(x) zunächst um und berechnen Sie danach f′(x).

a) $f(x) = \frac{1}{(2x+1)^4}$ b) $f(x) = \frac{x}{x+1}$ c) $f(x) = \frac{(x+2)^4}{x}$ d) $f(x) = \frac{\sin(x)}{x}$

Nebenbei wurde damit der Satz über die Ableitung der Kehrwertfunktion bewiesen: Für die Funktion $k = \frac{1}{v}$ gilt $k'(x) = -\frac{v'(x)}{v^2(x)}$.

Um Quotienten von Funktionen ableiten zu können, fasst man $f = \frac{u}{v}$ als Produkt zweier Funktionen auf mit $f(x) = \frac{u(x)}{v(x)} = u(x) \cdot \frac{1}{v(x)}$. Für die Funktion k mit $k(x) = \frac{1}{v(x)} = v^{-1}(x)$ gilt nach der Kettenregel: $k'(x) = -1 \cdot v^{-2}(x) \cdot v'(x) = -\frac{v'(x)}{v^2(x)}$.
Somit ergibt sich für $f(x) = u(x) \cdot \frac{1}{v(x)}$ mithilfe der Produktregel

$$f'(x) = u'(x) \cdot \frac{1}{v(x)} + u(x) \cdot \left(-\frac{v'(x)}{v^2(x)}\right) = \frac{u'(x) \cdot v(x) - u(x) \cdot v'(x)}{v^2(x)}.$$

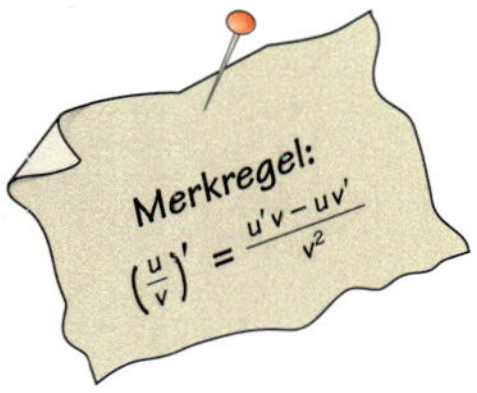

Satz: (Quotientenregel)
Sind die Funktionen u und v differenzierbar mit $v(x) \neq 0$, so ist die Funktion $f: x \mapsto \frac{u(x)}{v(x)}$ differenzierbar, und es gilt:

$$\mathbf{f'(x) = \frac{u'(x) \cdot v(x) - u(x) \cdot v'(x)}{v^2(x)}}.$$

Beachten Sie das Minuszeichen im Zähler!

Beispiel 1: (Quotientenregel)
Bestimmen Sie f′(x).

a) $f(x) = \frac{2x}{1-x}$ b) $f(x) = \frac{x^2+1}{2x-1}$

Produkt- und Quotientenregel

Lösung:
a) Mit $u(x) = 2x$ und $v(x) = 1 - x$ ist $u'(x) = 2$ und $v'(x) = -1$.
Mit der Quotientenregel gilt:

$$f'(x) = \frac{2(1-x) - 2x \cdot (-1)}{(1-x)^2} = \frac{2}{(1-x)^2}.$$

b) $$f'(x) = \frac{2x(2x-1) - (x^2+1)2}{(2x-1)^2} = \frac{2x^2 - 2x - 2}{(2x-1)^2}$$

Beispiel 2: (Quotientenregel mit Kettenregel)
Bestimmen Sie die Ableitung von f mit $f(x) = \frac{(2x^2+3)^2}{x-1}$.
Lösung:
Mit $u(x) = (2x^2+3)^2$ ergibt sich nach der Kettenregel:
$u'(x) = 2(2x^2+3) \cdot 4x = 8x(2x^2+3)$; mit $v(x) = x - 1$ ist $v'(x) = 1$.
Damit ergibt sich nach der Quotientenregel:

$$f'(x) = \frac{8x(2x^2+3)(x-1) - (2x^2+3)^2 \cdot 1}{(x-1)^2} = \frac{(2x^2+3)(8x^2 - 8x - 2x^2 - 3)}{(x-1)^2} = \frac{(2x^2+3)(6x^2 - 8x - 3)}{(x-1)^2}.$$

Beispiel 3: (Zweite Ableitung mit Quotientenregel und Kettenregel)
Bestimmen Sie f′(x) und f″(x) für $f(x) = \frac{1}{x^2+2}$.
Lösung:

Umständlicher geht's mit der Quotientenregel.

Mit $f(x) = (x^2+2)^{-1}$ ist $f'(x) = (-1) \cdot (x^2+2)^{-2} \cdot 2x = -\frac{2x}{(x^2+2)^2}$.
Quotientenregel mit Kettenregel ergibt:

Zuerst kürzen, dann ausmultiplizieren und zusammenfassen!

$$f''(x) = -\frac{2(x^2+2)^2 - 2x \cdot 2(x^2+2) \cdot 2x}{(x^2+2)^4} = -\frac{(x^2+2)[2(x^2+2) - 8x^2]}{(x^2+2)^4} = -\frac{2(x^2+2) - 8x^2}{(x^2+2)^3} = \frac{6x^2-4}{(x^2+2)^3}.$$

Aufgaben

2 Leiten Sie ab und vereinfachen Sie.

a) $f(x) = \frac{x}{x+1}$ b) $f(x) = \frac{2x}{1+3x}$ c) $f(x) = \frac{1-x^2}{x+2}$ d) $f(x) = \frac{x^2+x+1}{x^2-1}$

3 a) $g(x) = \frac{3x^2-1}{x^2+4}$ b) $g(t) = \frac{2-t^3}{2+t^3}$
c) $f(t) = \frac{1-t^3}{t^2+1}$ d) $h(r) = \frac{2r^4}{r^2-1}$

4 a) $f(x) = \frac{6x}{15-x^2}$ b) $s(t) = \frac{4t^2-5}{2t+1}$
c) $h(a) = \frac{2a+a^3}{3a-4}$ d) $z(t) = \frac{t^2-1{,}5t}{1+0{,}8t}$

5 a) $f(x) = \frac{\sqrt{x}}{x+1}$ b) $f(x) = \frac{\sqrt{x}+1}{\sqrt{x}-1}$
c) $g(x) = \frac{\sqrt{x+1}}{\sqrt{x-1}}$ d) $f(x) = \frac{\sin(x)}{\cos(x)}$

Wenn man davon ausgeht, dass der Quotient f zweier Funktionen u und v eine Ableitung besitzt, so lässt sich diese auch auf andere Weise aus der Produktregel herleiten:

Aus $f = \frac{u}{v}$ folgt $f \cdot v = u$.
Produktregel: $f' \cdot v + f \cdot v' = u'$
Umformen: $f' \cdot v + \frac{u}{v} \cdot v' = u'$
$f' \cdot v = \frac{u'v - uv'}{v}$
$f' = \frac{u'v - uv'}{v^2}$

Ich mag nicht immer die Quotientenregel!

$\frac{u(x)}{v(x)}$

6 Leiten Sie ab ohne Verwendung der Quotientenregel.

a) $f(x) = \frac{4}{7-2x^2}$ b) $f(x) = \frac{2}{\sin(x)}$ c) $f(x) = \frac{3x^2+x-5}{4x}$ d) $f(x) = \frac{2x^2+3x+2}{x+1}$

7 In einem betriebswirtschaftlichen Modell wird angenommen, dass beim Verkauf von x Stück eines Wirtschaftsguts der Gewinn pro Stück $\frac{1}{1+\sqrt{x}}$ Geldeinheiten beträgt.
a) Zeigen Sie, dass der Gewinn pro Stück mit wachsender Stückzahl abnimmt.
b) Zeigen Sie, dass der Gesamtgewinn mit wachsender Stückzahl zunimmt.

8 Die Konzentration eines Medikamentes (in $\frac{mg}{cm^3}$) im Blut eines Patienten lässt sich durch die Funktion K mit $K(t) = \frac{0{,}16t}{(t+2)^2}$ beschreiben (t: Zeit in h seit der Medikamenteneinnahme).
a) Berechnen Sie die anfängliche Änderungsrate der Konzentration und vergleichen Sie diese mit der mittleren Änderungsrate in den ersten 6 Minuten.
b) Wann ist die Konzentration am höchsten? Wie groß ist die maximale Konzentration? Wann ist die Konzentration nur noch halb so hoch?

Was ändert sich, wenn
- *x_0 zusätzlich Nullstelle von f ist?*
- *f eine von x_0 verschiedene Nullstelle besitzt?*

9 Gegeben ist die differenzierbare Funktion f mit $f(x) \neq 0$ und die Funktion g mit $g(x) = \frac{1}{f(x)}$.
a) Wählen Sie für f einen Funktionsterm so, dass f mindestens eine Minimalstelle x_0 hat. Entnehmen Sie den Graphen von f und g eine Vermutung darüber, welche Rolle die Stelle x_0 für die Funktion g spielt. Überprüfen Sie Ihre Vermutung an weiteren Beispielen.
b) Beweisen Sie Ihre Vermutung.

10 Beweisen oder widerlegen Sie die folgende Behauptung:
Hat der Graph von f die x-Achse als waagerechte Tangente, dann gilt dies auch für den Graphen von d mit $d(x) = \frac{f(x)}{x}$ $(x \neq 0)$.

11 Gegeben ist die Funktion f mit $f(x) = \frac{4x}{x^2-4}$.
a) Zeigen Sie, dass der Punkt $W(0|0)$ Wendepunkt des Graphen von f ist.
Geben Sie die Gleichung der zugehörigen Wendetangente an.
b) Die Parallelen zur Wendetangente berühren den Graphen von f in B_1 und B_2. Berechnen Sie die Koordinaten von B_1 und B_2. Geben Sie die Gleichungen der Tangenten in den beiden Berührungspunkten an.

Stetigkeit und Differenzierbarkeit

Eine Funktion f ist an der Stelle $x_0 \in D$ stetig, wenn gilt

$$\lim_{x \to x_0} f(x) = f(x_0).$$

Eine Funktion f ist an der Stelle $x_0 \in D$ differenzierbar mit Ableitung $f'(x_0)$, wenn gilt

$$\lim_{x \to x_0} \frac{f(x) - f(x_0)}{x - x_0} = f'(x_0).$$

Wenn f an einer Stelle x_0 differenzierbar ist, so ist f an dieser Stelle auch stetig. Es gibt aber Funktionen, die an einer Stelle x_0 stetig, jedoch nicht differenzierbar sind.

$f\colon x \mapsto |x|$ ist an der Stelle 0 stetig, aber nicht differenzierbar.

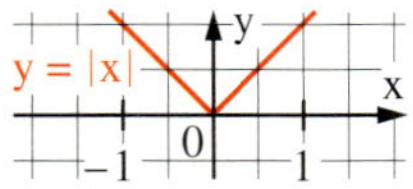

$f\colon x \mapsto [x]$ ist an der Stelle 1 nicht stetig.

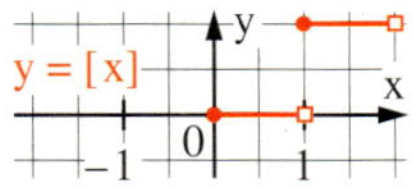

$f\colon x \mapsto \begin{cases} x^2 & \text{für } x \leqq 1 \\ 2x - 1 & \text{für } x > 1 \end{cases}$

ist an der Stelle 1 differenzierbar.

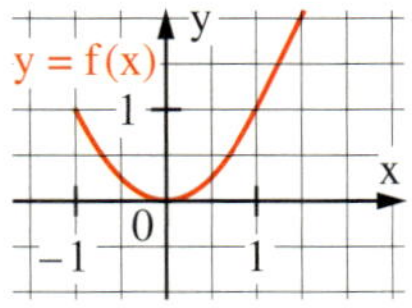

Intervallhalbierung zur Berechnung einer Nullstelle

Gegeben ist eine auf [a; b] stetige Funktion mit $f(a) < 0$ und $f(b) > 0$. Man bildet $m = \frac{a+b}{2}$. Ist $f(m) = 0$, so ist m exakte Nullstelle. Ist hingegen $f(m) < 0$, so wird $a_1 = m$ und $b_1 = b$ gesetzt, ansonsten $a_1 = a$ und $b_1 = m$. Das Verfahren wird für das Intervall $[a_1; b_1]$ wiederholt.

Das Verfahren läuft analog für eine auf [a; b] stetige Funktion mit $f(a) > 0$ und $f(b) < 0$.

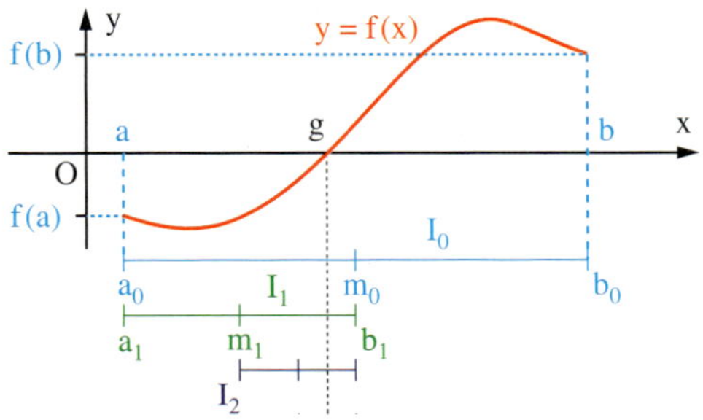

Verkettung zweier Funktionen

Unter der Verkettung zweier Funktionen v und u versteht man die Funktion $u \circ v\colon\ x \mapsto u(v(x))$.

Man erhält den Funktionsterm von $u \circ v$, indem man den Term $v(x)$ der „inneren" Funktion für die Variable der „äußeren" Funktion u einsetzt.

Dabei gilt im Allgemeinen: $u \circ v \neq v \circ u$.

Umgekehrt lässt sich oft eine komplizierte Funktion f als Verkettung von einfacheren Funktionen u und v auffassen mit $u \circ v = f$ (Zerlegung einer Verkettung).

$u\colon x \mapsto \frac{2}{x-1}$; $v\colon x \mapsto 3x^2$

Es ist $u(v(x)) = \frac{2}{v(x) - 1} = \frac{2}{3x^2 - 1}$.

Verkettung $u \circ v\colon\ x \mapsto \frac{2}{3x^2 - 1}$

Es ist $v(u(x)) = 3 \cdot (u(x))^2 = 3\left(\frac{2}{x-1}\right)^2 = \frac{12}{(x-1)^2}$

Verkettung $v \circ u\colon\ x \mapsto \frac{12}{(x-1)^2}$

Zerlegung der Funktion $f\colon x \mapsto 2\sqrt{4 - x}$ in die Funktionen $v\colon x \mapsto 4 - x$ und $u\colon x \mapsto 2\sqrt{x}$ mit $f = u \circ v$.

Ableitung von Verkettungen

Ist $f = u \circ v$ eine Verkettung zweier Funktionen, so gilt:

$$\mathbf{f'(x) = u'(v(x)) \cdot v'(x)}.$$

$f(x) = 4(5 - x^2)^3$

$v(x) = 5 - x^2;\quad v'(x) = -2x$

$u(x) = 4x^3;\quad u'(x) = 12x^2$

$f'(x) = 12(5 - x^2)^2 \cdot (-2x) = -24x(5 - x^2)^2$

Ableitung von Produkten

Ist $f = u \cdot v$ ein Produkt zweier Funktionen, so gilt:

$$\mathbf{f'(x) = u'(x) \cdot v(x) + u(x) \cdot v'(x)}.$$

$f(x) = (1 - x^2)\sin(x)$

$u(x) = 1 - x^2;\quad u'(x) = -2x$

$v(x) = \sin(x);\quad v'(x) = \cos(x)$

$f'(x) = -2x\sin(x) + (1 - x^2)\cos(x)$

Ableitung von Quotienten

Ist $f = \frac{u}{v}$ $(v(x) \neq 0)$ ein Quotient zweier Funktionen, so gilt:

$$\mathbf{f'(x) = \frac{u'(x) \cdot v(x) - u(x) \cdot v'(x)}{v^2(x)}}.$$

$f(x) = \frac{3x}{2 - x^2}$

$u(x) = 3x;\quad u'(x) = 3$

$v(x) = 2 - x^2;\quad v'(x) = -2x$

$f'(x) = \frac{3(2 - x^2) - 3x(-2x)}{(2 - x^2)^2} = \frac{6 + 3x^2}{(2 - x^2)^2}$

1 Die Tabelle zeigt Wertetabellen der Funktionen f und g.
Erstellen Sie Wertetabellen der Funktionen $g \circ f$ und $f \circ g$.

x	−3	−2	−1	0	1	2	3	4
f(x)	4	2	1	2	1	0	2	3
g(x)	−3	0	−1	−2	−1	0	−2	−3

2 a) Gegeben ist ein Würfel mit der Kantenlänge a. Ermitteln Sie eine Formel für das Volumen des Würfels in Abhängigkeit von der Oberfläche.
b) Gegeben ist ein Kreis mit dem Radius r. Ermitteln Sie eine Formel für den Flächeninhalt des Kreises in Abhängigkeit vom Umfang.

3 Gegeben sind die Funktionen u und v. Bestimmen Sie die Funktionen $u \circ v$ und $v \circ u$. Geben sie jeweils die maximale Definitionsmenge an.
a) $u(x) = 2x - 1;\ v(x) = 3x$ b) $u(x) = \frac{1}{x^3};\ v(x) = x^2 + 2$ c) $u(x) = \frac{1}{x^2 - 1};\ v(x) = \sqrt{x + 1}$

4 Die Funktion f mit $f(x) = \frac{1}{x}$ wird wiederholt mit sich selbst verkettet. Dabei sei z. B. $f_3(x) = f(f(f(x)))$. Ermitteln Sie
a) $f_3(2)$ b) $f_5(-1)$ c) $f_{10}(5)$ d) $f_{100}(20)$

5 Die Funktion f kann als Verkettung $u \circ v$ aufgefasst werden. Geben Sie geeignete Funktionen u und v an.
a) $f(x) = (2x - 5)^3$ b) $f(x) = -\frac{2}{(x + 1)^4}$ c) $f(x) = \frac{1}{2(x^2 + 1)^2}$ d) $f(x) = 3\sqrt{2x^2 + 1}$

6 Leiten Sie ab und vereinfachen Sie das Ergebnis.
a) $f(x) = 2(4 - 3x^2)^4$ b) $f(x) = \frac{8}{(5 - 4x)^2}$ c) $f(x) = \cos(x^2)$ d) $f(x) = \frac{1}{\sin(x)}$

7 Bestimmen Sie $f'(x)$.
a) $f(x) = \frac{x^4}{x^4 + 4}$ b) $f(x) = \frac{x^4 + 4}{x^4}$ c) $f(x) = \frac{x^2}{x + 1}$ d) $f(x) = \frac{4}{x^2 + x}$
e) $f(x) = \frac{x^2 + 5x}{4 - x}$ f) $f(x) = \frac{x^2 + 5x}{4x}$ g) $f(x) = \frac{x^2 - 2x}{2x + 1}$ h) $f(x) = \frac{x^2 - 2x}{2x}$

8 An welchen Stellen hat die Ableitung der Funktion f den Wert m?
a) $f(x) = \frac{x}{2} + \frac{3}{2x};\ m = -\frac{1}{2}$ b) $f(x) = \frac{1 - x^2}{x};\ m = -5$

Tangentensteigung:
$m_t = f'(x_0)$
Normalensteigung:
$m_n = -\frac{1}{f'(x_0)}$

9 Geben Sie die Gleichungen der Tangenten und der Normalen in den Punkten $P(1\,|\,f(1))$ und $Q(-2\,|\,f(-2))$ an.
a) $f(x) = \frac{2}{x}$ b) $f(x) = \frac{x}{x + 1}$

10 Beweisen oder widerlegen Sie die folgende Behauptung:
Hat der Graph von f die x-Achse als waagerechte Tangente, dann gilt dies auch für den Graphen von d mit $d(x) = \frac{f(x)}{x}\ (x \neq 0)$.

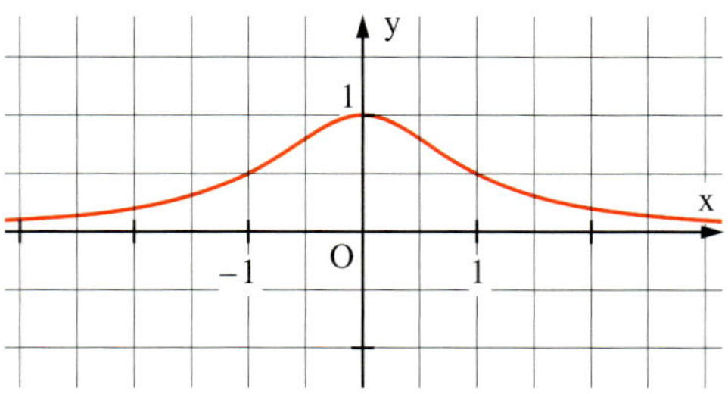

11 Ein zur y-Achse symmetrisches Dreieck hat den Ursprung 0 als eine Ecke. Die beiden weiteren Ecken P_1 und P_2 liegen auf dem Graphen von f mit $f(x) = \frac{1}{1 + x^2}$.
Für welche Lage von P_1 ist der Flächeninhalt des Dreiecks extremal?
Um welche Art von Extremum handelt es sich dabei?

1 Untersuchen Sie den Graphen der Funktion f mit dem CAS.
a) $f(x) = \frac{1}{x^2} - \frac{1}{x}$ b) $f(x) = 1 + \frac{1}{x-1} + \frac{1}{x+1}$

2 Fig. 1 zeigt den Graphen einer Funktion f. Mit dem NEWTON-Verfahren sollen die Nullstellen von f bestimmt werden. Erläutern Sie mithilfe der Figur, wie sich die Folge der Iterationswerte entwickelt, wenn man 1 (0; −1; −2; −3) als Startwert wählt.

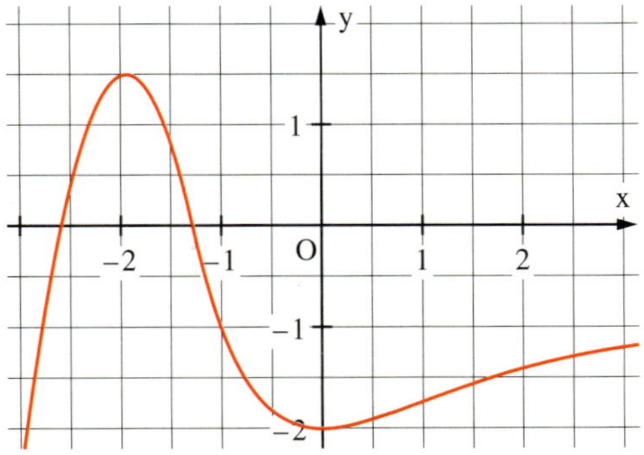

Fig. 1

3
Zur Entlastung einer Kreuzung sollen zwei sich rechtwinklig schneidende Straßen durch ein Straßenstück verbunden werden. Das neue Straßenstück darf dabei nicht durch das eingezeichnete Grundstück führen.
a) Zeigen Sie: Zweigt die neue Straße im Punkt Z ab, so ist der Inhalt des eingeschlossenen dreieckigen Flächenstücks
$A(x) = \frac{50x^2}{x-200}$; $x > 200$.
b) Bei welcher Lage von Z wird dieser Flächeninhalt minimal?

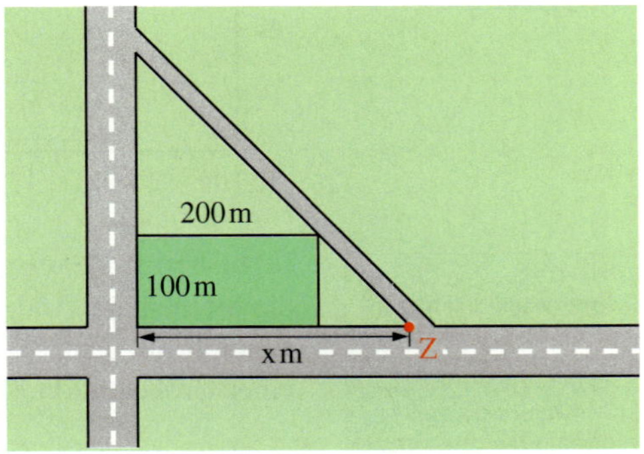

Fig. 2

4 a) Welche Funktion f hat als Graphen einen Halbkreis mit Radius r (Fig. 3)?
b) Einem Halbkreis mit Radius $r = 3\,\text{cm}$ wird ein zur y-Achse symmetrisches Rechteck einbeschrieben. Betrachtet wird die Funktion A, die jedem x den Flächeninhalt A(x) des Rechtecks zuordnet (Fig. 4).
Geben Sie die Zuordnung für A an.
Ermitteln Sie zunächst mit dem CAS im Grafikfenster den Wert von x, für den der Flächeninhalt des einbeschriebenen Rechtecks maximal wird.
Wie gehen Sie vor, um ohne CAS diesen Wert von x zu ermitteln? Führen Sie die Rechnung durch.

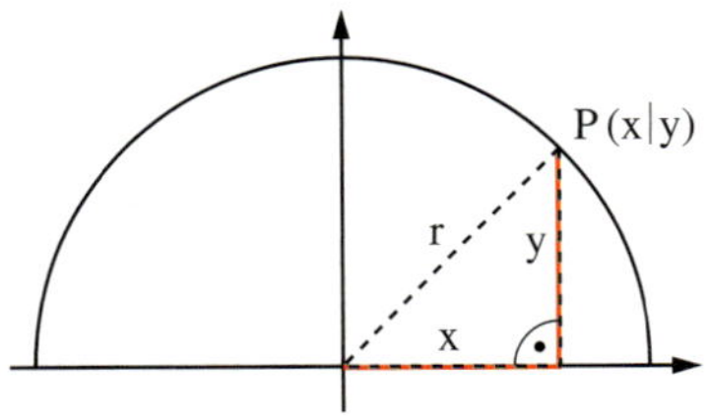

Fig. 3

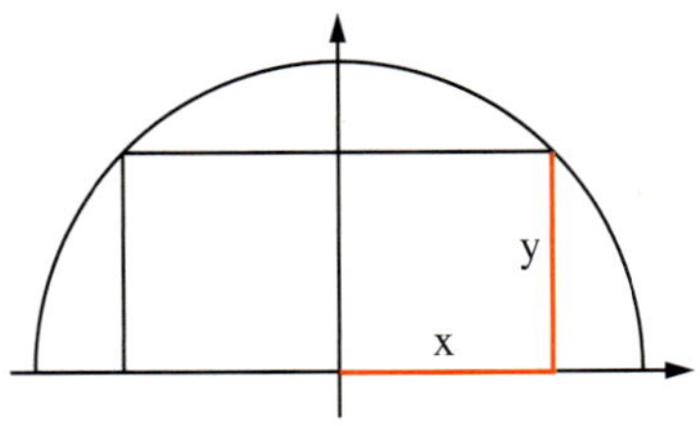

Fig. 4

5 Ein Wassertrog von 2 m Länge hat die Form eines senkrechten Prismas; der Querschnitt ist ein gleichseitiges Dreieck mit der Seitenlänge 50 cm (Fig. 5).
In den Trog werden pro Sekunde 2 Liter Wasser gefüllt.
a) Ermitteln Sie die Zuordnung $h(t) \mapsto V(t)$.
b) Wie schnell steigt der Wasserspiegel in dem Augenblick, wo das Wasser im Trog 30 cm hoch ist?

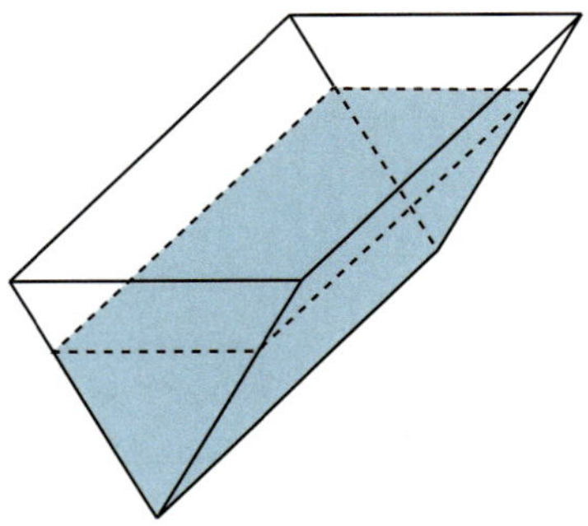
Fig. 5

1 Beispiele, die zur Integralrechnung führen

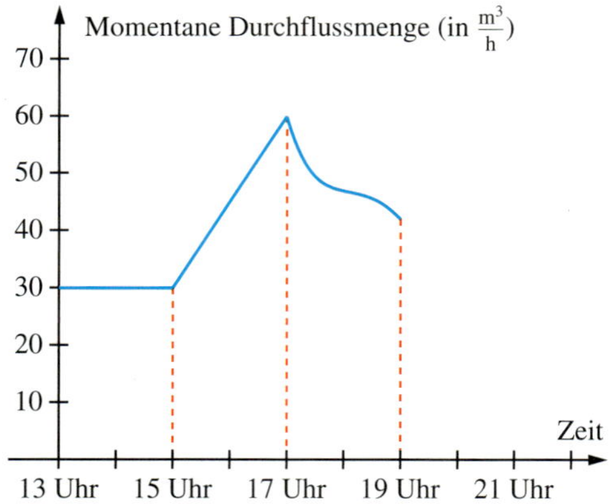

Fig. 1

1 Die Messstelle einer Ölpipeline zeigt zu jedem Zeitpunkt die momentane Durchflussmenge an (Fig. 1). Sie wird mithilfe eines im Rohr befestigten Propellers bestimmt.
a) Wie viel Erdöl floss zwischen 13 Uhr und 15 Uhr durch die Pipeline? Wie lässt sich dieses Ergebnis in Fig. 1 veranschaulichen?
b) Bearbeiten Sie die Fragen aus a) für die Zeitspanne von 15 Uhr bis 17 Uhr.
c) Auch für den Zeitraum von 17 Uhr bis 19 Uhr soll die geförderte Ölmenge veranschaulicht werden. Stellen Sie eine Vermutung auf.

Bisher: **Differenzialrechnung**	*Jetzt:* **Integralrechnung**

Beide Gebiete werden auch unter dem Namen ***Infinitesimalrechnung*** *zusammengefasst.*

Im bisherigen Gang der Analysis war die Ableitung ein zentraler Begriff, mit deren Hilfe man die momentane Änderungsrate einer Größe bestimmen konnte. Im Folgenden wird in einen neuen Problemkreis eingeführt, bei dem man umgekehrt von der momentanen Änderungsrate einer Größe auf die Gesamtänderung der Größe schließen muss.

Im Kamin eines Kraftwerks wird ständig die in der Abluft enthaltene Menge eines Schadstoffs gemessen. Fig. 2 zeigt ein dazugehöriges Messdiagramm. Aus einem solchen Diagramm kann man die Gesamtmenge des ausgetretenen Schadstoffs bestimmen.

Momentane Änderungsrate ist ein Oberbegriff für z. B.
Momentane Durchflussmenge,
Momentaner Schadstoffausstoß,
Momentangeschwindigkeit,
Momentane Wachstumsrate,
Momentane Abflussmenge

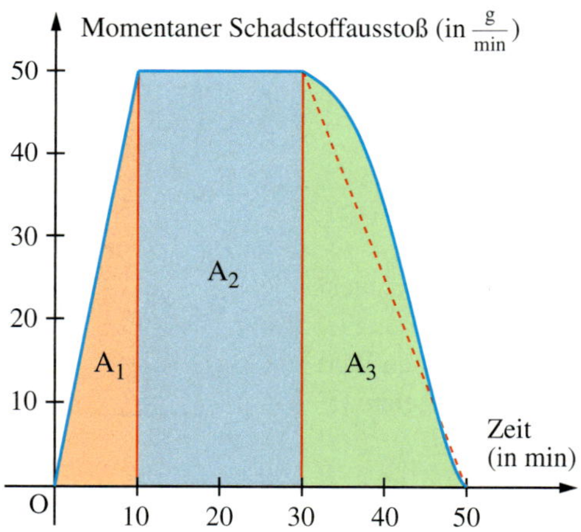

Fig. 2

Am einfachsten erhält man die im Zeitraum von 10 min bis 30 min entwichene Schadstoffmenge M_2 (in g):
$M_2 = 20 \cdot 50 = 1000$.
Dies entspricht dem Flächeninhalt A_2.
Die im Zeitraum von 0 min bis 10 min ausgetretene Menge M_1 ist die gleiche, die bei einem zehnminütigen konstanten Schadstoffausstoß von $25 \frac{g}{min}$ zusammengekommen wäre.
Für M_1 (in g) gilt: $M_1 = 10 \cdot 25 = 250$.
Dies entspricht dem Flächeninhalt A_1.
Es liegt die Vermutung nahe, dass die gesuchte Schadstoffmenge dem Inhalt der unter der Kurve liegenden Fläche entspricht.
Somit kann man die zwischen 30 min und 50 min ausgetretene Schadstoffmenge bestimmen, indem man A_3 berechnet. Nähert man den Graphen durch ein Geradenstück an, ergibt sich für M_3 (in g) näherungsweise: $M_3 \approx 20 \cdot 25 = 500$.

Die momentane Änderungsrate „bewirkt" die Gesamtänderung.

> Kennt man die momentane Änderungsrate einer Größe, so kann man die Gesamtänderung der Größe (Wirkung) als **Flächeninhalt unter einer Kurve** deuten. Deshalb sucht man nach Methoden zur Bestimmung solcher Flächeninhalte.

Die zu bestimmende Größe ist der zurückgelegte Weg. Die Änderungsrate dieser Größe ist die Geschwindigkeit. Sie bewirkt die Ortsveränderung.

Beispiel 1: (Geschwindigkeit und zurückgelegte Strecke)

a) Berechnen Sie anhand des Geschwindigkeit-Zeit-Diagramms in Fig. 1 die im Zeitraum von 0 s bis 20 s zurückgelegte Strecke s. Deuten Sie das Ergebnis in Fig. 1.

b) Bestimmen Sie näherungsweise die im Zeitraum von 20 s bis 30 s zurückgelegte Strecke.

Lösung:

a) Im Zeitraum von 0 s bis 15 s gilt für die zurückgelegte Strecke s_1 (in m):

$s_1 = 15 \cdot 20 = 300.$

Im Zeitraum von 15 s bis 20 s beträgt die Durchschnittsgeschwindigkeit $10\,\frac{m}{s}$.

Für s_2 (in m) gilt: $s_2 = 5 \cdot 10 = 50.$

Den zurückgelegten Teilstrecken entsprechen die Flächeninhalte A_1 bzw. A_2.

b) Der Teilstrecke s_3 entspricht der Flächeninhalt A_3. Zur näherungsweisen Berechnung von s_3 nähert man den Graphen durch ein Geradenstück an. Es ergibt sich

$s_3 \approx \frac{1}{2} \cdot 10 \cdot 15 = 75.$

Insgesamt gilt $s \approx 425\,m$.

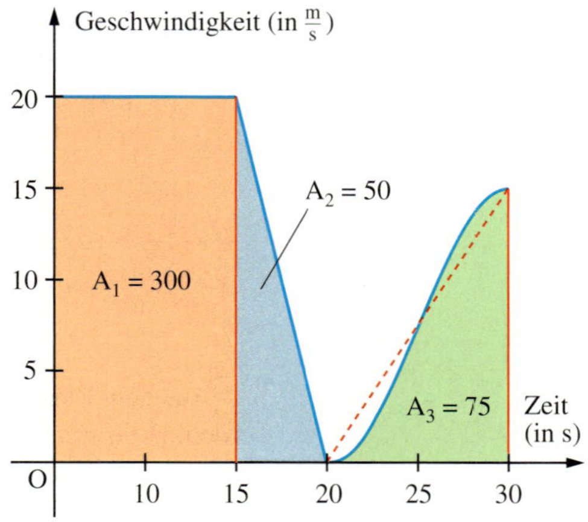

Fig. 1

In Fig. 2 wird die verdunstete Wassermenge zwischen 10 Uhr und 12 Uhr als Inhalt eines Rechtecks veranschaulicht. Man hätte die Messpunkte auch mit Geradenstücken verbinden können. Dabei wird die verdunstete Wassermenge als Inhalt eines Trapezes veranschaulicht. Die Inhalte des Rechtecks und

Beispiel 2: (Änderungsraten als Tabellenwerte gegeben)

Pflanzen verdunsten über die Blattoberflächen Wasser. Bei einer Sonnenblume wurde dieser Wasserverlust im Verlauf eines Sommertages bestimmt.

Uhrzeit	0	2	4	6	8	10	12	14	16	18	20	22
Mom. Verlustrate (in $\frac{g}{h}$)	0,3	0,3	0,9	2,1	4,8	9,6	14,7	15,6	7,2	3,0	1,5	0,6

a) Stellen Sie die Messwerte in einem Koordinatensystem dar. Erläutern Sie, wie man die im Tagesverlauf von der Sonnenblume verdunstete Wassermenge veranschaulichen kann.

b) Bestimmen Sie näherungsweise die an diesem Tag verdunstete Wassermenge.

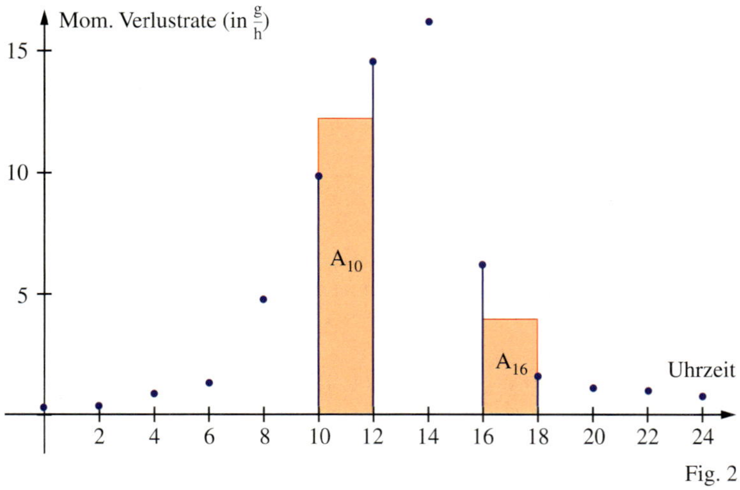

Fig. 2

Lösung:

a) Fig. 2 zeigt eine Darstellung der Messwerte in einem Koordinatensystem.

Veranschaulichung der verdunsteten Wassermenge z. B. im Zeitraum von 10 Uhr bis 12 Uhr:

Der Wasserverlust (in g) ist größer als $2 \cdot 9{,}6 = 19{,}2$ und kleiner als $2 \cdot 14{,}7 = 29{,}4$.

Als Näherungswert kann man den Mittelwert $(19{,}2 + 29{,}4) : 2 = 24{,}3$ nehmen. Dies entspricht dem Flächeninhalt A_{10} in Fig. 2.

Entsprechend kann man den Wasserverlust z. B. im Zeitraum von 16 Uhr bis 18 Uhr näherungsweise durch den Flächeninhalt A_{16} veranschaulichen.

b) Für den gesamten Wasserverlust W der Sonnenblume (in g) gilt:

$W = 2 \cdot \frac{0{,}3 + 0{,}3}{2} + 2 \cdot \frac{0{,}3 + 0{,}9}{2} + 2 \cdot \frac{0{,}9 + 2{,}1}{2} + \ldots + \frac{2 \cdot 1{,}5 + 0{,}6}{2} + 2 \cdot \frac{0{,}6 + 0{,}3}{2} = 121{,}2.$

Der gesamte Wasserverlust beträgt näherungsweise 121,2 g.

Aufgaben

2 a) Berechnen Sie in Fig. 1 die von 16 Uhr bis 18 Uhr zurückgelegte Strecke s.
b) Bestimmen Sie in Fig. 2 näherungsweise die von 7 Uhr bis 9 Uhr zurückgelegte Strecke s.

Zum Ausmessen von Flächeninhalten gibt es besondere Geräte, die so genannten **Planimeter**. *Nach Umfahren der Fläche mit einem Stift kann man den Flächeninhalt näherungsweise ablesen.*

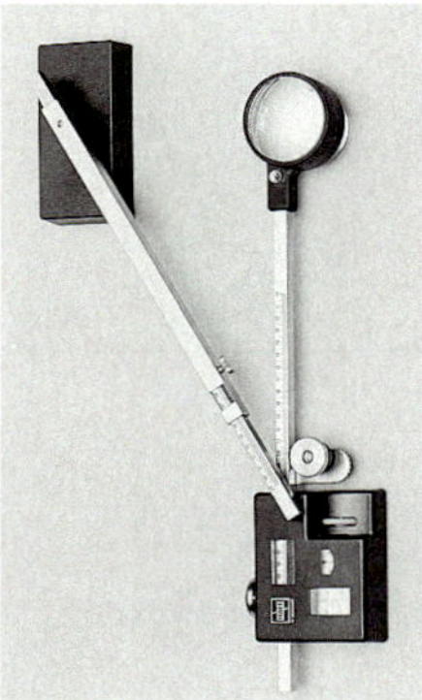

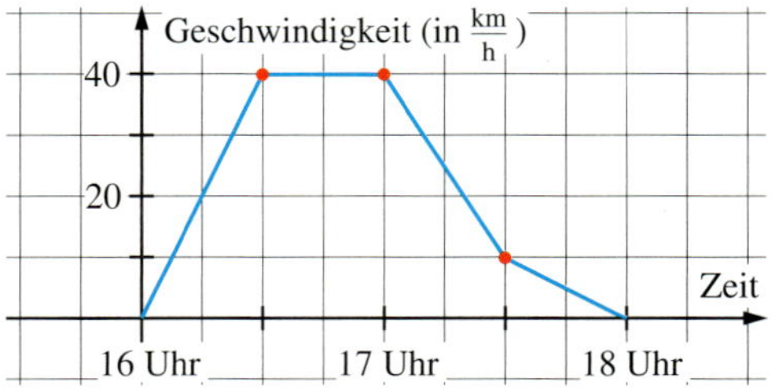

Fig. 1

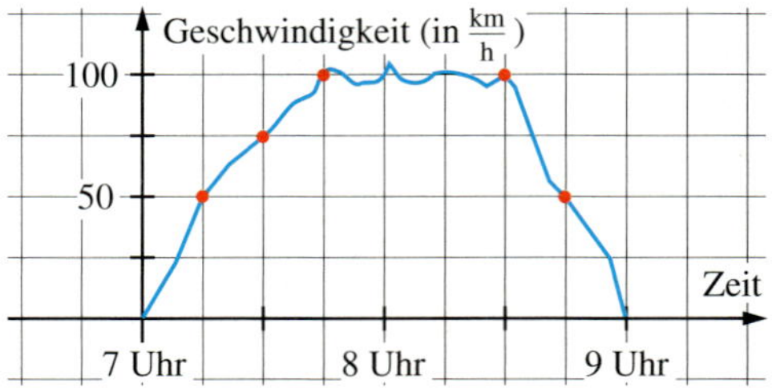

Fig. 2

3 Aus dem Pegelstand eines Flusses kann auf die Abflussmenge pro Zeit geschlossen werden. Bestimmen Sie näherungsweise die am 14.3.04 abgeflossene Wassermenge (Fig. 3).

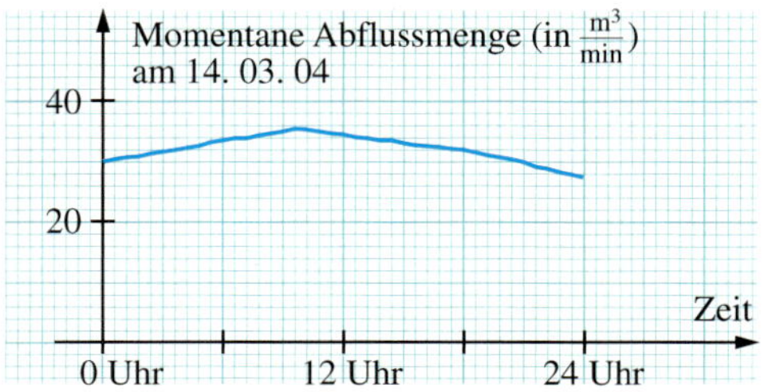

Fig. 3

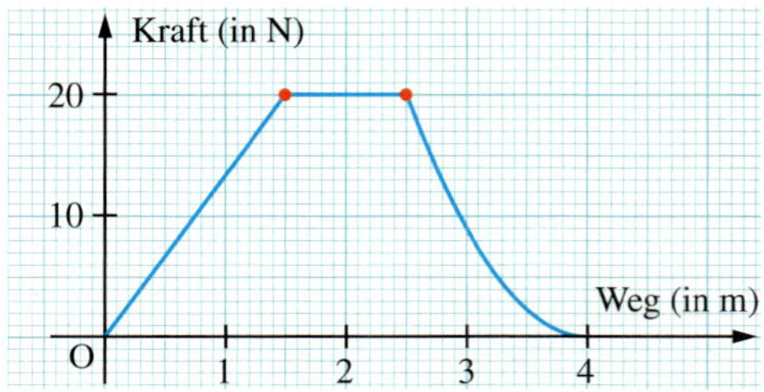

Fig. 4

4 a) Ein Auto wird 50 m mit der konstanten Kraft $F = 300\,N$ angeschoben. Zeichnen Sie ein F-s-Diagramm und deuten Sie darin die verrichtete Arbeit $W = F \cdot s$.
b) Bestimmen Sie näherungsweise die verrichtete Arbeit in Fig. 4.

5 Familie Schröder plant, ihr Hausdach auf einer Fläche von $30\,m^2$ mit Solarzellen zu bedecken. Um zu wissen, ob sich eine solche Investition lohnt, messen sie mit einem Leihgerät an einem Frühlingstag die auf $1\,dm^2$ des Daches einfallende Sonnenenergie.

Uhrzeit	6	7	8	9	10	11	12	13	14	15	16	17	18
Leistung (in $\frac{J}{s}$)	1	1	2	2	3	5	6	7	6	4	2	1	1

Der Wirkungsgrad von Solarzellen liegt bei etwa 10 %. Bestimmen Sie näherungsweise die Energiemenge, die man an diesem Tag mit der installierten Anlage hätten nutzen können. Geben Sie diese Energie in kWh (Kilowattstunden) an. Es gilt: 1 kWh = 3 600 000 J.

Leistung *ist die momentane Änderungsrate der Energie.*
$\frac{J}{s} = \frac{Joule}{Sekunde}$
Beispiele für Energieverbrauch:

Kühlschrank	*2 kWh/d*
Herdplatte	*2 kWh/h*
1 kg Wäsche waschen	*0,5 kWh*
Lampe	*0,1 kWh/h*

6 Nach einem Gewitterregen wurde gemessen, wie stark die Schüttung einer Quelle von diesem Niederschlag beeinflusst wurde. Dazu wurde zu verschiedenen Zeiten vor und nach Beginn des Gewitterregens die von der Quelle geschüttete Wassermenge gemessen.

Zeit nach Beginn (in min.)	–20	–10	0	10	20	25	30	35	45	55	70
Mom. Schüttung (in $\frac{l}{s}$)	5	5	5	5	9	14	14	8	6	5	5

Bestimmen Sie näherungsweise die durch den Gewitterregen zusätzlich geschüttete Wassermenge.

2 Näherungsweise Berechnung von Flächeninhalten

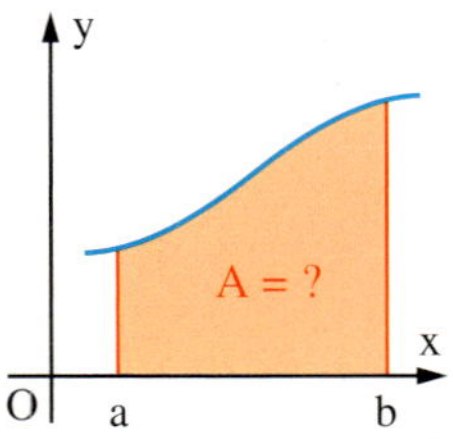

Fig. 1

1 Zeichnen Sie den Graphen der Funktion f mit $f(x) = \sqrt{x}$. Färben Sie die von folgenden Linien begrenzte Fläche: die x-Achse, die Gerade mit der Gleichung $x = 4$ und den Graphen von f. Wie kann man den Inhalt A dieser Fläche näherungsweise berechnen?

Im Folgenden wird eine Methode zur näherungsweisen Berechnung der Inhalte von Flächen entwickelt, die vom Graphen einer stetigen Funktion f mit $f(x) \geqq 0$, der x-Achse und den Parallelen zur y-Achse mit den Gleichungen $x = a$ und $x = b$ begrenzt werden.
Eine solche Fläche beschreibt man auch so: Die Fläche zwischen dem Graphen von f und der x-Achse über dem Intervall [a; b].

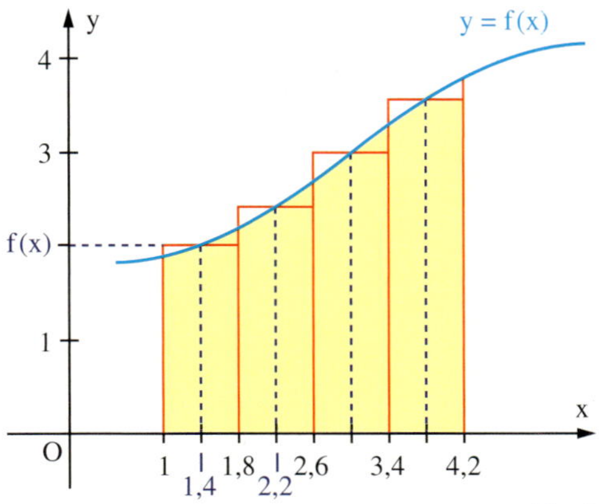

Fig. 3

Zur näherungsweisen Ermittlung des Inhaltes A solcher Flächen nähert man diese durch Rechtecke an. Dazu zerlegt man z. B. in Fig. 3 das Intervall [1; 4,2] in 4 gleich breite Teilintervalle der Breite $\frac{4{,}2-1}{4} = 0{,}8$ (Fig. 3).
Wählt man als Höhen der Rechtecke jeweils die Funktionswerte z. B. an den Intervallmitten, so ergibt sich:
$S_4 = 0{,}8 \cdot f(1{,}4) + 0{,}8 \cdot f(2{,}2) + 0{,}8 \cdot f(3) + 0{,}8 \cdot f(3{,}8)$.
S_4 ist ein Näherungswert für den gesuchten Flächeninhalt A.
Eine andere Wahl als die Intervallmitten zur Bestimmung der Rechteckshöhen ergibt einen anderen Näherungswert für A.

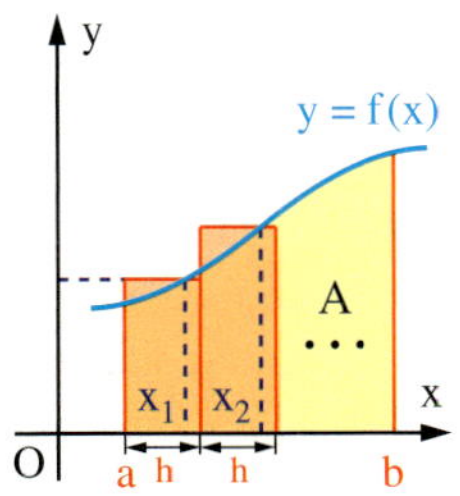

Fig. 2

Gegeben ist die stetige Funktion f mit $f(x) \geqq 0$ für $x \in [a; b]$. Zur näherungsweisen Berechnung des Inhaltes A der Fläche zwischen dem Graphen von f und der x-Achse über dem Intervall [a; b] kann man so vorgehen:

1. Man wählt eine feste Zahl n und unterteilt das Intervall [a; b] in n Teilintervalle der Breite $h = \frac{b-a}{n}$.
2. Aus jedem Teilintervall wählt man eine Stelle x_i für $i = 1, 2, \ldots, n$ und berechnet den zugehörigen Funktionswert $f(x_i)$.
3. Man berechnet als Näherungswert für den Flächeninhalt die **Zerlegungssumme**
$\mathbf{S_n = h \cdot f(x_1) + h \cdot f(x_2) + \ldots + h \cdot f(x_n) = h \cdot [f(x_1) + f(x_2) + \ldots + f(x_n)]}$.

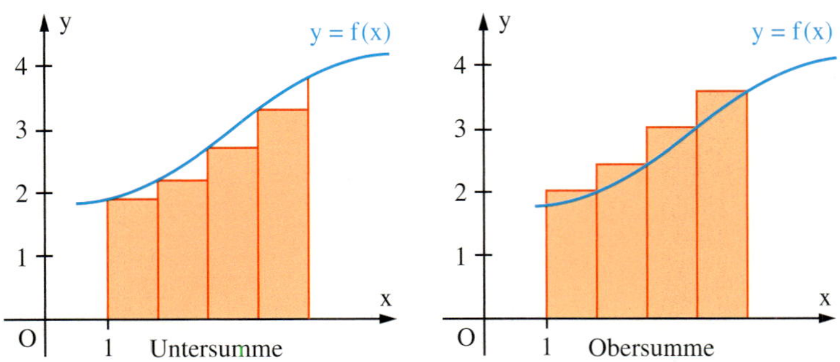

Fig. 4

Beachten Sie: Zur Berechnung eines Näherungswertes von A ist jede Stelle x_i im zugehörigen Teilintervall möglich. Soll dagegen A „nach unten" bzw. „nach oben" abgeschätzt werden, wählt man für die Höhe jedes Rechtecks den kleinsten bzw. den größten Funktionswert (Fig. 4).
Die zugehörigen Zerlegungssummen heißen **Untersumme U_4** bzw. **Obersumme O_4**.
Es gilt: $U_4 \leqq A \leqq O_4$.

Auch wenn kein Graph verlangt ist, sollten Sie sich vor der Rechnung anhand einer Skizze einen Überblick verschaffen.

Beispiel 1: (Näherungsweise Berechnung und Abschätzung eines Flächeninhaltes)
Gegeben ist die Funktion f mit $f(x) = -0{,}25\,x^2 + 4$.
a) Bestimmen Sie mithilfe einer Zerlegungssumme S_6 näherungsweise den Inhalt A der Fläche zwischen dem Graphen von f und der x-Achse über [0; 3].
b) Schätzen Sie den Flächeninhalt A mithilfe der Ober- und Untersumme ab.
Lösung:
a) Für h gilt: $h = \frac{3-0}{6} = 0{,}5$.
Wählt man für x_i aus jedem Teilintervall jeweils die Mitte, ergibt sich die folgende Tabelle.

x_i	0,25	0,75	1,25	1,75	2,25	2,75
$f(x_i)$	3,984	3,859	3,609	3,234	2,734	2,109

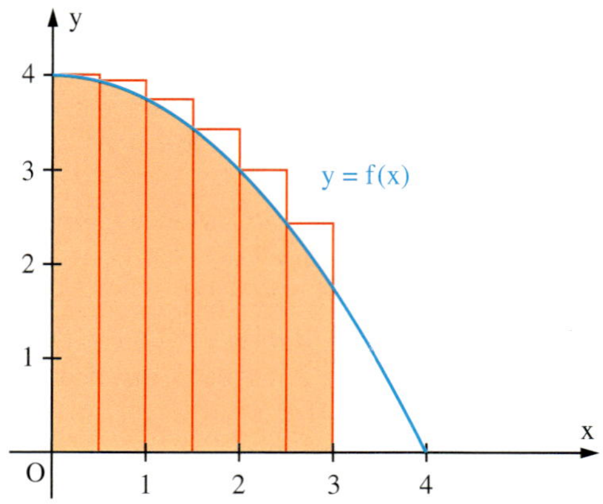

Fig. 1

Falls der Taschenrechner bei der Berechnung der Obersumme z. B. 10,282 anzeigt, darf man zur Abschätzung nicht auf 10,28 runden, sondern muss 10,29 verwenden.

Für S_6 gilt: $S_6 \approx 0{,}5 \cdot [3{,}984 + 3{,}859 + 3{,}609 + 3{,}234 + 2{,}734 + 2{,}109] \approx 9{,}76$.
Der gesuchte Flächeninhalt beträgt näherungsweise $A \approx 9{,}76$.
b) Zur Berechnung der Obersumme muss in diesem Fall für x_i jeweils der linke Rand jedes Teilintervalls gewählt werden, also $x_1 = 0$, $x_2 = 0{,}5$, …, $x_6 = 2{,}5$ (Fig. 1).
Es gilt: $O_6 \approx 0{,}5 \cdot [4{,}000 + 3{,}938 + 3{,}750 + 3{,}438 + 3{,}000 + 2{,}438] \approx 10{,}29$.
Die Untersumme U_6 ergibt sich entsprechend mithilfe der rechten Intervallränder:
$U_6 \approx 0{,}5 \cdot [3{,}937 + 3{,}750 + 3{,}437 + 3{,}000 + 2{,}437 + 1{,}750] \approx 9{,}15$.
Für den gesuchten Flächeninhalt A gilt: $9{,}15 \leqq A \leqq 10{,}29$.

Beispiel 2: (Abschätzung eines Flächeninhaltes mit einer Tabellenkalkulation)
Gegeben ist die Funktion f mit $f(x) = \frac{1}{x} + x$. Schätzen Sie den Inhalt A der Fläche zwischen dem Graphen von f und der x-Achse über dem Intervall [1; 3] ab. Berechnen Sie dazu mithilfe einer Tabellenkalkulation die Untersumme U_{20} und die Obersumme O_{20}.
Lösung:
In Fig. 1 ist der Graph von f abgebildet. Es ist zu vermuten, dass f in [1; 3] streng monoton steigend ist. Dies wird durch die Ableitung bestätigt. Es gilt: $f'(x) = -\frac{1}{x^2} + 1 > 0$ für $x > 1$.
Bei jedem Teilintervall erhält man somit den kleinsten Funktionswert am linken Rand und den größten Funktionswert am rechten Rand. In Fig. 3 sind die Werte einer Excelberechnung dargestellt. Für den gesuchten Inhalt A gilt: $5{,}03 \leqq A \leqq 5{,}17$.

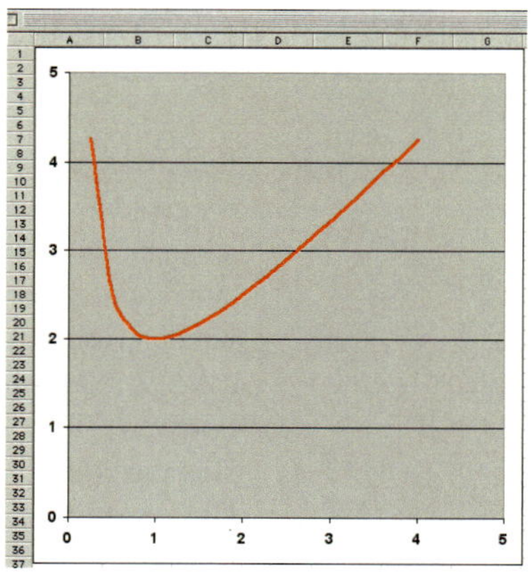

Fig. 2

Abschätzung mit O_{20} und U_{20}; h = 0,1.			
Untersumme		Obersumme	
x_i	$0{,}1*(1/x_i+x_i)$	x_i	$0{,}1*(1/x_i+x_i)$
1	0,2	1,1	0,20090909
1,1	0,20090909	1,2	0,20333333
1,2	0,20333333	1,3	0,20692308
1,3	0,20692308	1,4	0,21142857
1,4	0,21142857	1,5	0,21666667
1,5	0,21666667	1,6	0,2225
…	…	…	…
2,3	0,27347826	2,4	0,28166667
2,4	0,28166667	2,5	0,29
2,5	0,29	2,6	0,29846154
2,6	0,29846154	2,7	0,30703704
2,7	0,30703704	2,8	0,31571429
2,8	0,31571429	2,9	0,32448276
2,9	0,32448276	3	0,33333333
U_{20} =	5,03268554	O_{20} =	5,16601888

Fig. 3

Beispiel 3: (Näherungsweise Bestimmung eines Flächeninhaltes mit dem CAS)
Gegeben ist die Funktion f mit $f(x) = \frac{4}{x} + x$. Bestimmen Sie einen Näherungswert für den Inhalt der Fläche zwischen dem Graphen von f und der x-Achse über dem Intervall [1; 3]. Berechnen Sie dazu mithilfe des CAS eine Zerlegungssumme S_{20}.

Lösung:

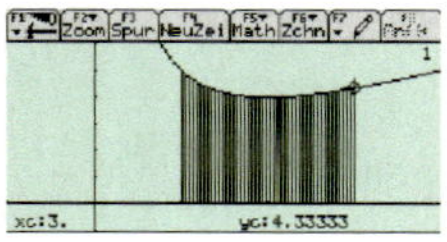

Fig. 1

In Fig. 1 ist der Graph von f abgebildet. Die Breite jedes Rechteckes ist $\frac{3-1}{20} = \frac{1}{10}$. Für die Höhe wählt man jeweils den Funktionswert am linken Rand $x_n = 1 + \frac{n-1}{10}$. Für den Inhalt der einzelnen Rechtecke gilt dann $A_n = \frac{1}{10} \cdot f(x_n)$ mit $1 \leqq n \leqq 20$. Diese Inhalte stellen eine Zahlenfolge dar (Fig. 2). Summiert man die ersten 20 Folgenglieder auf, so erhält man die Zerlegungssumme S_{20} als Näherungswert für den gesuchten Inhalt: $A \approx 8{,}43074$ (Fig. 3). Der zugehörige Befehl befindet sich im Hauptbildschirm im CALC-Fenster [F3].

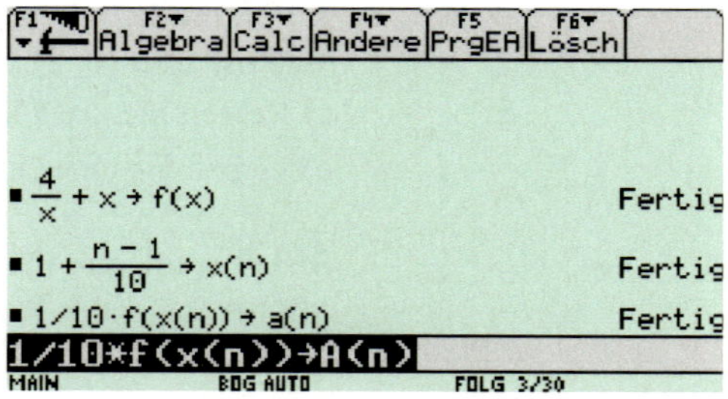

Fig. 2

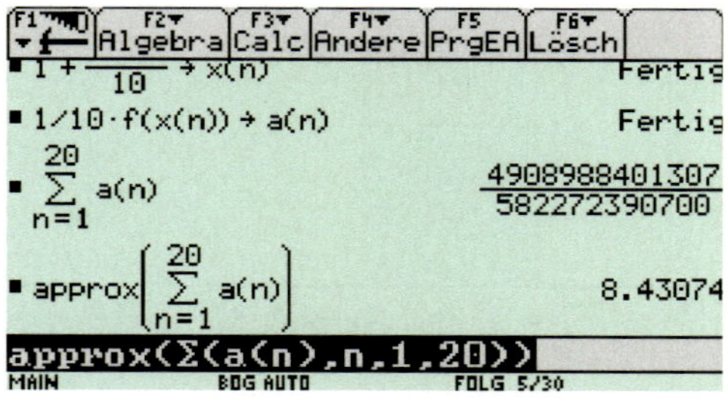

Fig. 3

Aufgaben

2 Zeichnen Sie den Graphen der Funktion f und markieren Sie mit Farbe die Fläche zwischen dem Graphen von f und der x-Achse über dem Intervall [a; b]. Bestimmen Sie mithilfe einer Zerlegungssumme S_6 näherungsweise den Inhalt A dieser Fläche.

a) $f(x) = x + 1$; $a = 1$; $b = 4$
b) $f(x) = x^2$; $a = 0$; $b = 3$

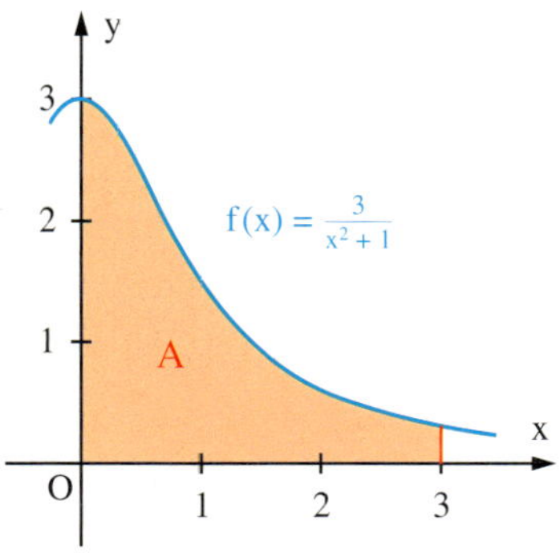

Fig. 4

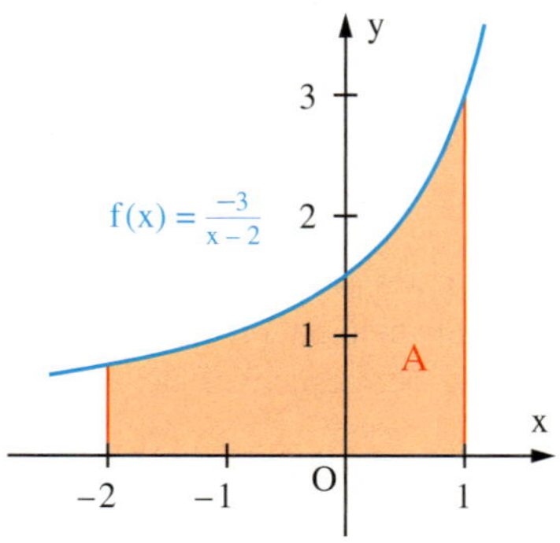

Fig. 5

3 Schätzen Sie den Inhalt der Fläche zwischen dem Graphen von f und der x-Achse über [a; b] mithilfe der Ober- und Untersumme O_8 bzw. U_8 ab.

a) $f(x) = 0{,}25x^2 + 2$; $a = 0$; $b = 4$
b) $f(x) = -0{,}5x^2 + 5$; $a = 1$; $b = 3$

4 Geben Sie einen Näherungswert für den Inhalt A der gefärbten Fläche in Fig. 4 bzw. Fig. 5 an und schätzen Sie A ab. Verwenden Sie dazu eine Zerlegung in 6 Teilintervalle.

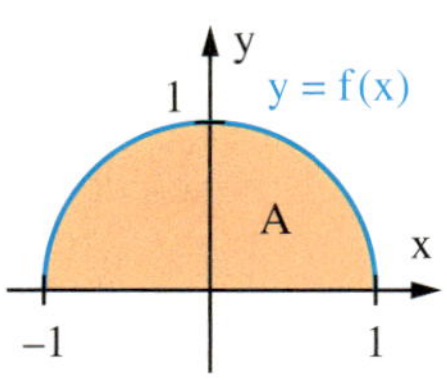

Fig. 6

5 Schätzen Sie mithilfe des CAS den Inhalt der Fläche zwischen dem Graphen von f und der x-Achse über [a; b] ab. Bestimmen Sie dazu die Untersumme U_{20} und die Obersumme O_{20}.

a) $f(x) = \sqrt{1 + x^2}$; $a = 0$; $b = 4$
b) $f(x) = x^3 - 3x + 2$; $a = -1$; $b = 1$
c) $f(x) = \sin(x)$; $a = 0$; $b = \pi$
d) $f(x) = \cos(x) + 1$; $a = 0$; $b = \pi$

6 Der Graph der Funktion f mit $f(x) = \sqrt{1 - x^2}$ ist ein Halbkreis mit dem Radius 1 (Fig. 6). Der Flächeninhalt dieses Halbkreises beträgt $A = \frac{1}{2}\pi r^2 = \frac{1}{2}\pi$. Bestimmen Sie näherungsweise π.

3 Bestimmung von Flächeninhalten

1 Es soll der Inhalt A der Fläche zwischen dem Graphen von f mit $f(x) = x^2$ und der x-Achse über [0; 2] bestimmt werden.

a) Zeigen Sie, dass für die Obersumme O_{10} gilt: $O_{10} = \frac{2^3}{10^3}[1^2 + 2^2 + 3^2 + \ldots + 10^2]$.

b) Geben Sie eine entsprechende Formel für O_n an. Wie kann man A damit genau erhalten?

Bisher wurde der Flächeninhalt unterhalb einer Kurve nur näherungsweise bestimmt. Mit der folgenden Methode kann man den Flächeninhalt genau ermitteln.

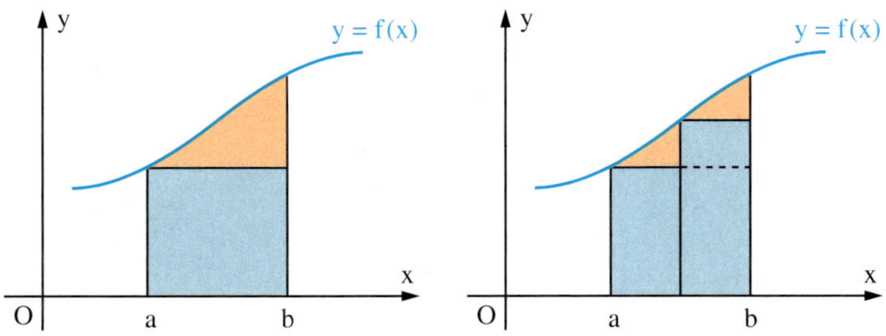

Fig. 1

Bildet man z. B. die Untersumme U_n und vergrößert die Zahl der Rechtecke, wird die Abweichung vom gesuchten Flächeninhalt im Allgemeinen kleiner (rot in Fig. 1). Es liegt also nahe, das Intervall [a; b] in immer kleinere Teilintervalle zu unterteilen und die sich ergebenden Untersummen U_n auf einen Grenzwert für $n \to \infty$ zu untersuchen.

Eine nützliche Formel:
Aus

$$\begin{array}{l} 1 + \quad 2 \quad + \ldots + z \\ + z + \; (z-1) + \ldots + 1 \\ \hline (z+1) + (z+1) + \ldots + (z+1) \end{array}$$

folgt:
$1 + 2 + \ldots + z = \frac{1}{2}z(z+1)$.
Ist $z = n-1$, *dann gilt:*
$1 + 2 + \ldots + (n-1) = \frac{1}{2}n(n-1)$.

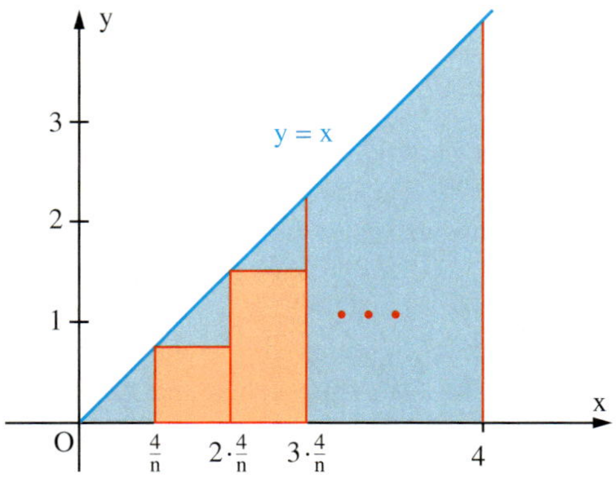

Fig. 2

Das Verfahren wird am Beispiel der Funktion f mit $f(x) = x$ (Fig. 2) mit dem bekannten Flächeninhalt $A = 8$ erläutert.
Bei n gleichbreiten Rechtecken gilt für $a = 0$ und $b = 4$:

$$U_n = \frac{4}{n}\left[0 + \frac{4}{n} + 2\cdot\frac{4}{n} + \ldots + (n-1)\cdot\frac{4}{n}\right]$$
$$= \frac{16}{n^2}[1 + 2 + 3 + \ldots + (n-1)].$$

Wegen $1 + 2 + 3 + \ldots + (n-1) = \frac{1}{2}n(n-1)$ folgt:

$$U_n = \frac{16}{2}\cdot\frac{n}{n}\cdot\frac{n-1}{n} = 8\,\frac{n-1}{n} = 8\left(1 - \frac{1}{n}\right).$$

Somit ist $\lim\limits_{n \to \infty} U_n = 8$.

Man kann zeigen, dass bei einer stetigen Funktion f jede Zerlegungssumme S_n einen Grenzwert für $n \to \infty$ hat. Außerdem ergibt sich unabhängig von der Wahl der Stellen x_i immer derselbe Grenzwert. Dieser Grenzwert ist der gesuchte Flächeninhalt.

Hier ist $f(x_i)$ *keine Zahl, sondern ein Term mit der Variable n.*

Gegeben ist die stetige Funktion f mit $f(x) \geqq 0$ für $x \in [a; b]$. Zur Ermittlung des Inhaltes A der Fläche zwischen dem Graphen von f und der x-Achse über dem Intervall [a; b] geht man so vor:

1. Man unterteilt das Intervall [a; b] in n Teilintervalle der Breite $h = \frac{b-a}{n}$.
2. Aus jedem Teilintervall wählt man eine Stelle x_i für $i = 1, 2, \ldots, n$ und berechnet den zugehörigen Funktionswert $f(x_i)$.
3. Man berechnet die Zerlegungssumme $S_n = h\cdot f(x_1) + h\cdot f(x_2) + \ldots + h\cdot f(x_n)$ in Abhängigkeit von n.
4. Man ermittelt den Grenzwert der Zerlegungssumme S_n für $n \to \infty$.

Da f stetig ist, kann man die Bestimmung des Flächeninhalts mit einer beliebigen Zerlegungssumme durchführen.

Zur Bestimmung dieses Flächeninhalts ist folgende Summenformel notwendig:
$1^2 + 2^2 + 3^2 + \ldots + z^2 = \frac{1}{6}z(z+1)(2z+1)$.

Flächenproblem

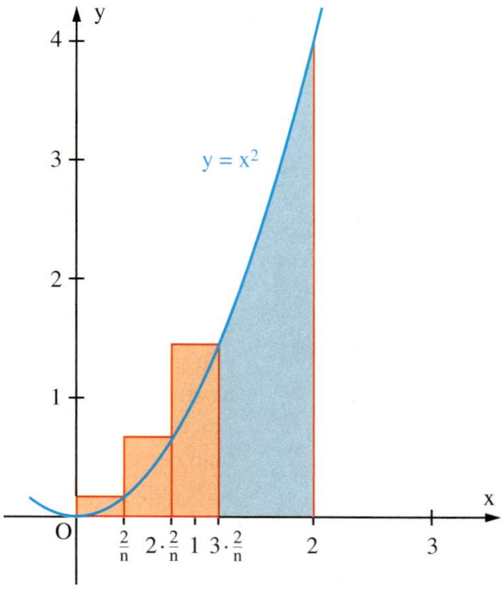

Fig. 1

Beispiel: (Bestimmung eines Flächeninhalts)
Bestimmen Sie den Flächeninhalt A der Fläche zwischen dem Graphen der Funktion f mit $f(x) = x^2$ und der x-Achse über dem Intervall [0; 2] als Grenzwert einer Zerlegungssumme.
Lösung:
Man teilt das Intervall [0; 2] in n Teile der Breite $\frac{2}{n}$. Dann gilt z. B. für O_n:

$$O_n = \frac{2}{n}\left[\left(\frac{2}{n}\right)^2 + \left(2\cdot\frac{2}{n}\right)^2 + \ldots + \left(n\cdot\frac{2}{n}\right)^2\right]$$
$$= \frac{2^3}{n^3}[1 + 2^2 + 3^2 + \ldots + n^2].$$ Wegen
$$1^2 + 2^2 + 3^2 + \ldots + z^2 = \frac{1}{6}z(z+1)(2z+1)$$
folgt (siehe Randspalte):
$$O_n = \frac{8}{n^3}\cdot\frac{1}{6}\cdot n(n+1)(2n+1) = \frac{4}{3}\cdot\frac{n+1}{n}\cdot\frac{2n+1}{n}$$
$$= \frac{4}{3}\left(1 + \frac{1}{n}\right)\left(2 + \frac{1}{n}\right).$$
Somit ist $\lim\limits_{n\to\infty} O_n = \frac{4}{3}\cdot 2 = \frac{8}{3}$.

Der gesuchte Flächeninhalt ist $A = \frac{8}{3}$.

Aufgaben

2 Bestimmen Sie den Inhalt der Fläche zwischen der Parabel mit $y = x^2$ und der x-Achse über dem Intervall [a; b].
a) a = 0; b = 1 b) a = 0; b = 3 c) a = 0; b = 10

3 Zeigen Sie, dass im Beispiel bei Verwendung der Untersumme der errechnete Grenzwert der gleiche ist wie bei der Verwendung der Obersumme.

Bei Aufgabe 4 wird folgende Summenformel benötigt:
$1^3 + 2^3 + 3^3 + \ldots + z^3 = \frac{1}{4}z^2(z+1)^2$.

4 a) Zeichnen Sie den Graphen der Funktion f mit $f(x) = x^3$. Der Graph, die x-Achse und die Gerade mit der Gleichung $x = 2$ begrenzen eine Fläche. Bestimmen Sie ihren Inhalt als Grenzwert der Obersumme O_n. (Anleitung: Benutzen Sie die Formel auf der Randspalte.)
b) Zeigen Sie, dass man bei Verwendung der Untersumme denselben Grenzwert wie in a) erhält.

5 Berechnen Sie den Inhalt der gefärbten Fläche mithilfe des Ergebnisses des Beispiels.

a)

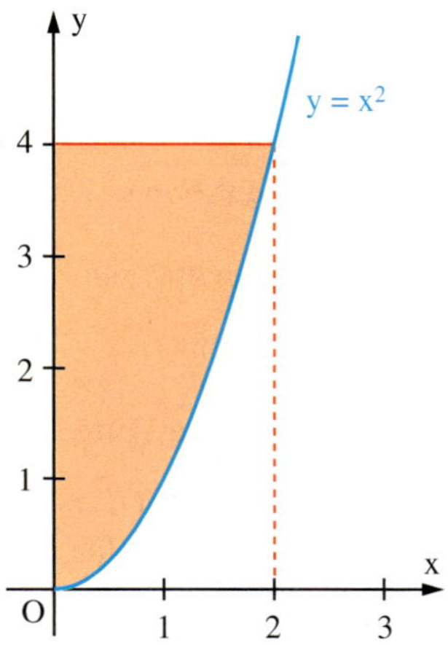

Fig. 2

b)

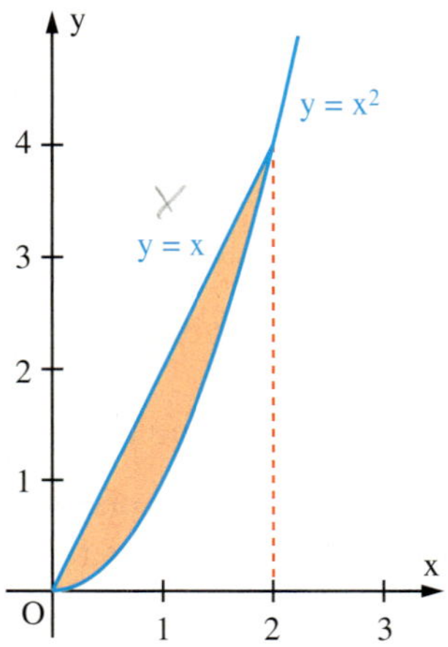

Fig. 3

c)

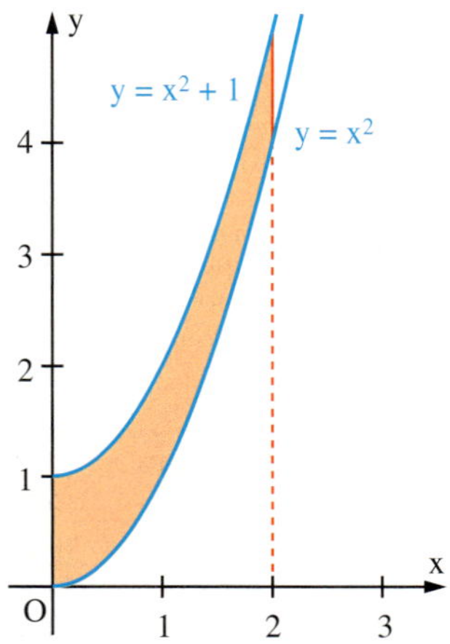

Fig. 4

4 Einführung des Integrals; Integralfunktion

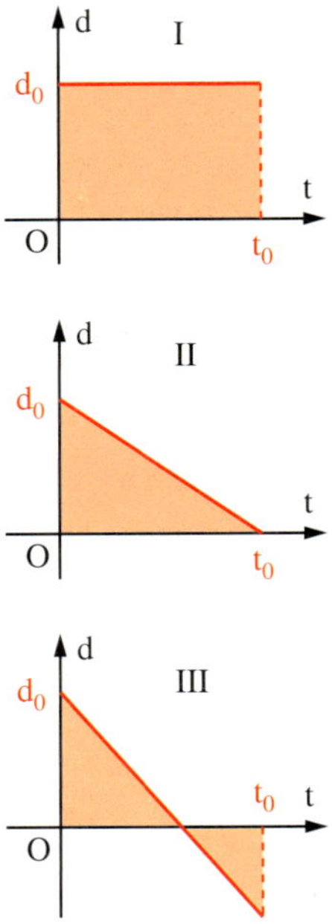

Fig. 1

1 In einem Gezeitenkraftwerk strömt bei Flut das Wasser in einen Speicher und bei Ebbe wieder heraus. Das durchfließende Wasser treibt dabei Turbinen zur Stromerzeugung an. Die momentane Durchflussmenge d (in $\frac{m^3}{s}$) des Wassers in den Speicher kann man messen. Die Graphen in Fig. 1 zeigen Beispiele dafür, wie sich d mit der Zeit ändert.
a) Beschreiben Sie in I, II und III den Verlauf von d. Was besagt es, wenn der Graph unterhalb der t-Achse verläuft?
b) Welche anschauliche Bedeutung hat jeweils der Inhalt der gefärbten Fläche?

Für die Bestimmung des Flächeninhaltes unter dem Graphen einer stetigen Funktion f über dem Intervall [a; b] wurde bisher $f(x) \geqq 0$ vorausgesetzt. Im Folgenden wird auch $f(x) < 0$ sowie $a > b$ zugelassen.

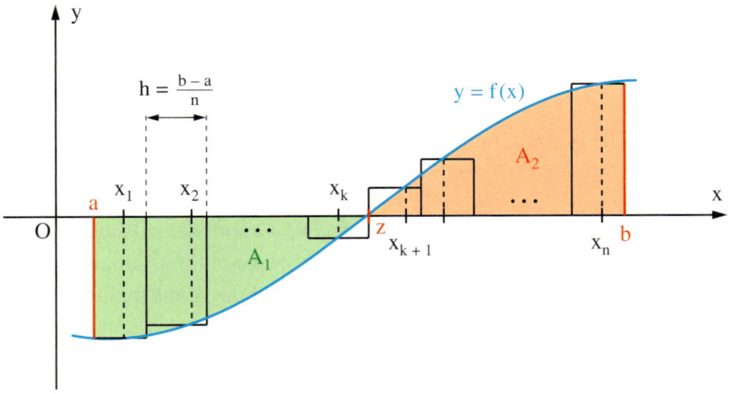

Fig. 2

In Fig. 2 ist $f(x) \leqq 0$ für $x \in [a; z]$ und $f(x) \geqq 0$ für $x \in [z; b]$. Deshalb haben die Summanden einer Zerlegungssumme S_n über [a; b] verschiedene Vorzeichen:

$$S_n = \underbrace{hf(x_1) + \ldots + hf(x_k)}_{\leqq 0} + \underbrace{hf(x_{k+1}) + \ldots + hf(x_n)}_{\geqq 0}.$$

Der Grenzwert $\lim\limits_{n \to \infty} S_n$ gewichtet A_1 mit einem negativen Vorzeichen und A_2 mit einem positiven Vorzeichen.
Es gilt: $\lim\limits_{n \to \infty} S_n = -A_1 + A_2$. Man nennt $\lim\limits_{n \to \infty} S_n$ den **orientierten Flächeninhalt**.
Im Fall $a > b$ ändert die Summe S_n und der Grenzwert $\lim\limits_{n \to \infty} S_n$ lediglich das Vorzeichen.

Die Integralschreibweise wurde von GOTTFRIED WILHELM LEIBNIZ (1646–1716) eingeführt.
Das Zeichen $\int$ ist aus einem S (von summa) entstanden; dx steht für die immer kleiner werdenden Intervalle.

Definition 1: Die Funktion f sei auf dem Intervall I stetig und $a, b \in I$. Für jedes $n \in \mathbb{N}^*$ sei S_n eine Zerlegungssumme mit $S_n = h \cdot f(x_1) + h \cdot f(x_2) + \ldots + h \cdot f(x_n)$ und $h = \frac{b-a}{n}$.
Dann heißt der Grenzwert $\lim\limits_{n \to \infty} S_n$ das **Integral der Funktion f** zwischen den Grenzen a und b.
Man schreibt dafür: $\mathbf{\lim\limits_{n \to \infty} S_n = \int\limits_a^b f(x)\,dx}$ (lies: Integral von $f(x)\,dx$ von a bis b).

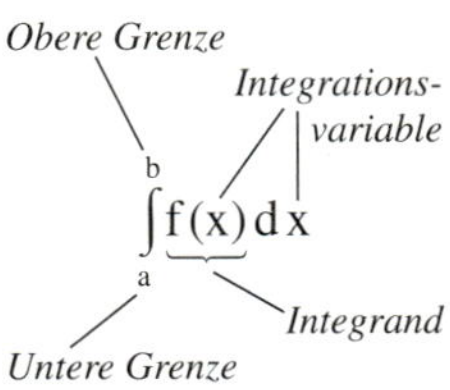

Im Ausdruck $\int\limits_a^b f(x)\,dx$ wird für f(x) auch die Bezeichnung **„Integrand"** und für x die Bezeichnung **„Integrationsvariable"** verwendet. Die Grenzen a und b heißen untere und obere Integrationsgrenze. Da z. B. f mit $f(x) = x^2$ bzw. $f(t) = t^2$ dieselbe Funktion bezeichnet, gilt $\int\limits_a^b f(x)\,dx = \int\limits_a^b f(t)\,dt$.

Größe	Momentane Änderungsrate der Größe	Gesamtänderung der Größe
Weg s in $[t_1; t_2]$	Geschwindigkeit v	$s = \int_{t_1}^{t_2} v(t)\,dt$
Schadstoffausstoß E in $[t_1, t_2]$	Momentaner Schadstoffausstoß e	$E = \int_{t_1}^{t_2} e(t)\,dt$
Durchflussmenge D in $[t_1, t_2]$	Momentane Durchflussmenge d	$D = \int_{t_1}^{t_2} d(t)\,dt$

Ist m die momentane Änderungsrate einer Größe, dann ist $\int_{t_1}^{t_2} m(t)$ die Gesamtänderung der Größe im Zeitintervall $[t_1; t_2]$. Diese Gesamtänderung entspricht dem orientierten Flächeninhalt unter dem Graphen der Funktion m über dem Intervall $[t_1; t_2]$. Ein positiver bzw. negativer Wert für das Integral bedeutet eine Zunahme bzw. Abnahme der Größe.
Die Tabelle zeigt einige Beispiele.

Integrale mit fester unterer Grenze, wie z.B. $\int_0^2 x^2\,dx$ und $\int_0^3 x^2\,dx$, kann man als Funktion auffassen, wenn die obere Grenze variabel ist. Die Funktion $b \mapsto \int_0^b x^2\,dx$ ordnet jeder Zahl b die Zahl $\int_0^b x^2\,dx$ zu. Um deutlich zu machen, dass bei der Funktion $b \mapsto \int_0^b x^2\,dx$ die obere Grenze die Variable ist, schreibt man statt $\int_0^b x^2\,dx$ auch $\int_0^x t^2\,dt$.

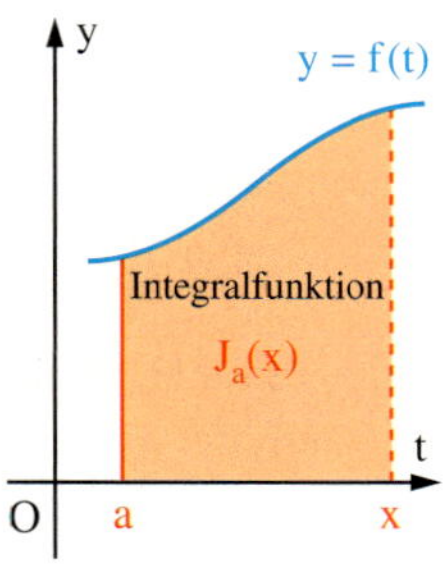

Definition 2: Die Funktion $f: t \mapsto f(t)$ sei in einem Intervall I stetig und $a \in I$. Dann heißt die Funktion

$$J_a \text{ mit } J_a(x) = \int_a^x f(t)\,dt \text{ für } x \in I$$

Integralfunktion von f zur unteren Grenze a.

Beispiel 1: (Deutung und Berechnung eines Integrals)
Deuten Sie das Integral als orientierten Flächeninhalt. Berechnen Sie das Integral.

a) $\int_0^2 x^2\,dx$ b) $\int_{-1}^0 -2\,dz$ c) $\int_{-2}^1 0{,}5\,x\,dx$

Lösung:

a)

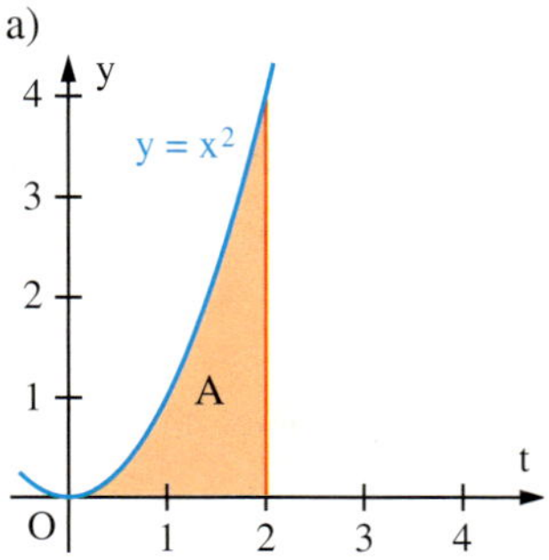

Fig. 1

$\int_0^2 x^2\,dx = A = \frac{8}{3}$ (siehe S. 79).

b)

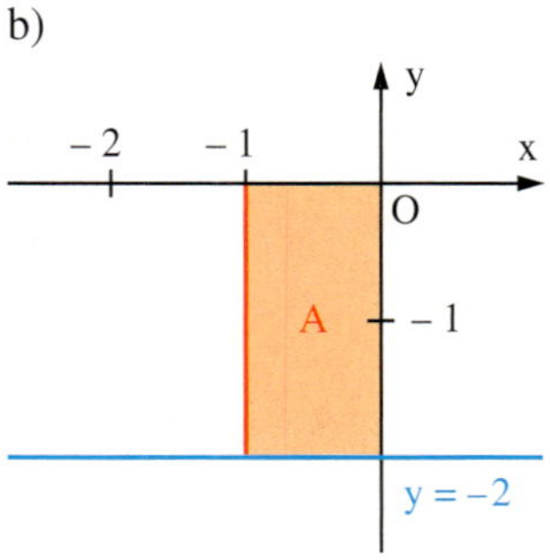

Fig. 2

$\int_{-1}^0 -2\,dz = -A = -2.$

c)

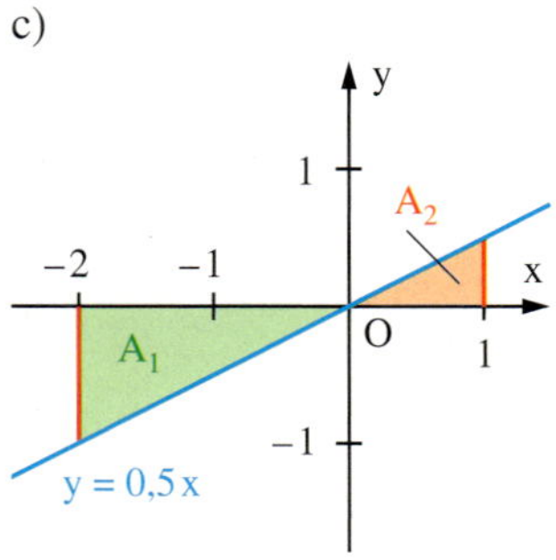

Fig. 3

$\int_{-2}^1 0{,}5\,x\,dx = -A_1 + A_2$
$= -\left(\frac{1}{2}\cdot 2\cdot 1\right) + \frac{1}{2}\cdot 1\cdot \frac{1}{2}$
$= -0{,}75.$

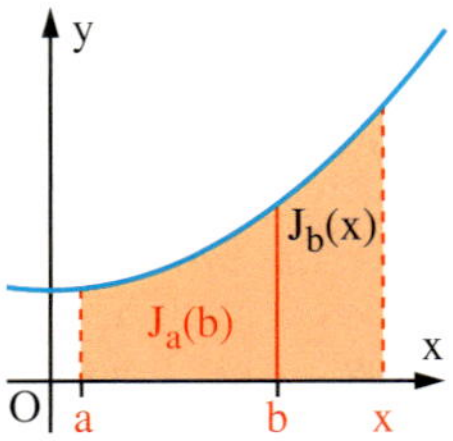

Wie bei Flächeninhalten gilt bei Integralfunktionen die Rechenregel:
$J_a(b) + J_b(x) = J_a(x)$.
Diese Regel heißt ***Intervalladditivität*** *des Integrals.*

Beispiel 2: (Bestimmung einer Integralfunktion)
Gegeben ist die Funktion f mit $f(x) = 0{,}5\,x$. Geben Sie einen Funktionsterm für die Integralfunktion J_1 von f an.
Lösung:
$J_1(x)$ entspricht dem Inhalt der Fläche unter dem Graphen von f über [1; x]. Man erhält sie als Differenz von zwei Dreiecken (siehe Fig. 1).
$J_1(x) = J_0(x) - J_0(1)$
$J_1(x) = \frac{1}{2}\cdot x\cdot(0{,}5\,x) - \frac{1}{2}\cdot 1\cdot 0{,}5 = 0{,}25\,x^2 - 0{,}25$.

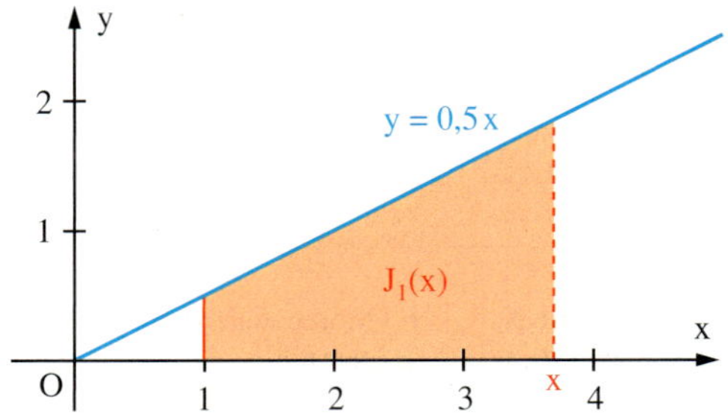

Fig. 1

Beispiel 3: (Integralfunktion und Gesamtänderung einer Größe)
In Fig. 2 ist näherungsweise die Vertikalgeschwindigkeit eines Ballons in Abhängigkeit von der Zeit aufgetragen. Positive Geschwindigkeitswerte bedeuten, dass der Ballon nach oben steigt.
a) Skizzieren Sie den Graphen der Integralfunktion von v zur unteren Grenze 0.
b) Was bedeuten die Funktionswerte der Integralfunktion im Zusammenhang mit der Ballonfahrt?
c) Beurteilen Sie, ob Start- und Landepunkt gleich hoch liegen.
Lösung:
a) Der Funktionswert der Integralfunktion an der Stelle t entspricht dem orientierten Flächeninhalt unter dem Graphen von v über [0; t]. Wenn man einige Flächeninhalte abschätzt, ergibt sich der Graph der Integralfunktion in Fig. 3.
b) Die Funktionswerte geben die Höhe des Ballons über dem Standpunkt an.
c) Der Wert des Integrals $\int_0^{60} v(t)\,dt$ ist positiv.
Das entspricht einer Höhenzunahme. Der Landepunkt liegt höher als der Startpunkt.

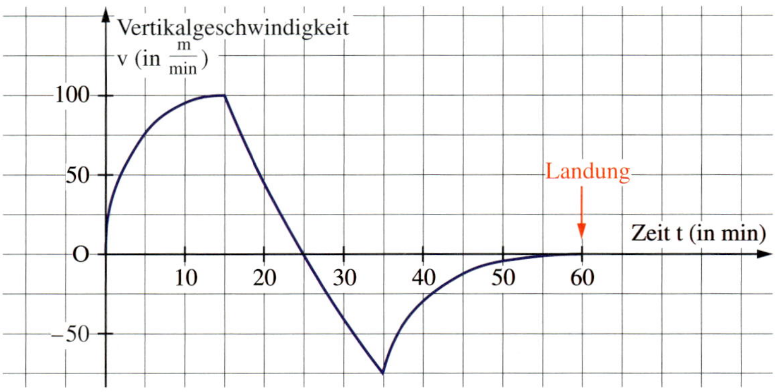

Fig. 2

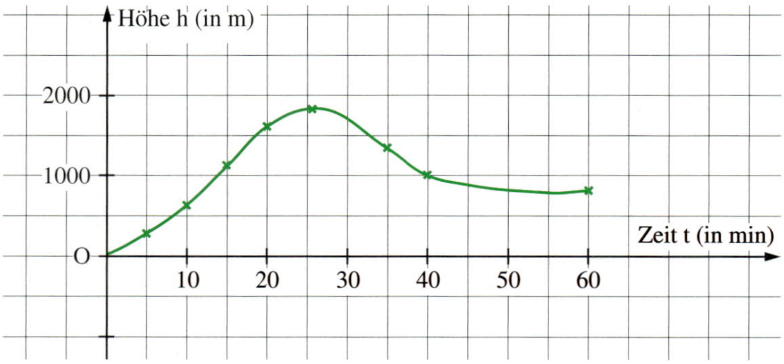

Fig. 3

Aufgaben

2 Schreiben Sie den Inhalt der gefärbten Fläche als Integral.

a)
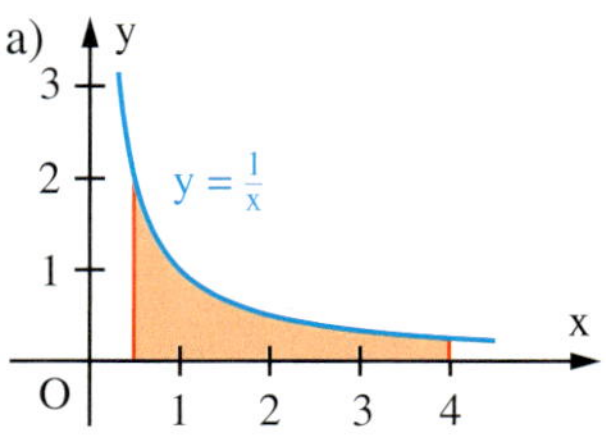

Fig. 4

b)
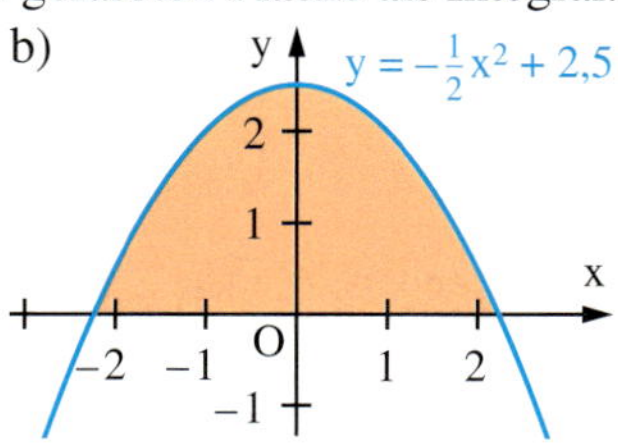

Fig. 5

c)
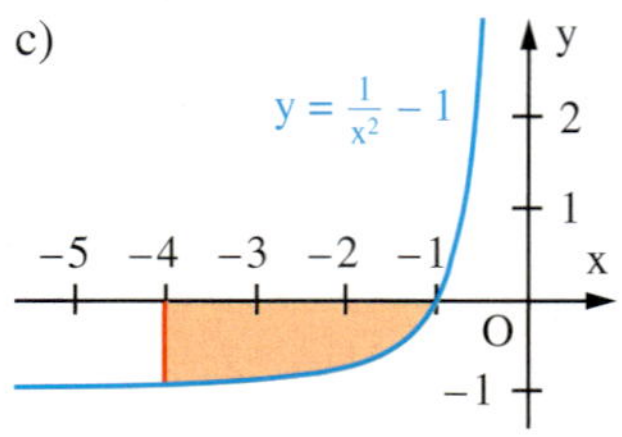

Fig. 6

3 Entscheiden Sie ohne Rechnung, ob das Integral positiv oder negativ ist. Begründen Sie Ihre Entscheidung.

a) $\int_{10}^{80}(3-x)^4\,dx$ b) $\int_{-4}^{-1}x^3\,dx$ c) $\int_{-2}^{3}\frac{1}{3}x\,dx$

4 Bei der Funktion v bedeutet x die Zeit (in s), v(x) die Geschwindigkeit (in $\frac{m}{s}$) eines sich geradlinig bewegenden Körpers.

a) Beschreiben Sie den Ablauf der Bewegung in Worten.

b) Drücken Sie die zurückgelegte Strecke zwischen $x_1 = 0$ und $x_2 = 8$ als Integral aus. Berechnen Sie dieses Integral.

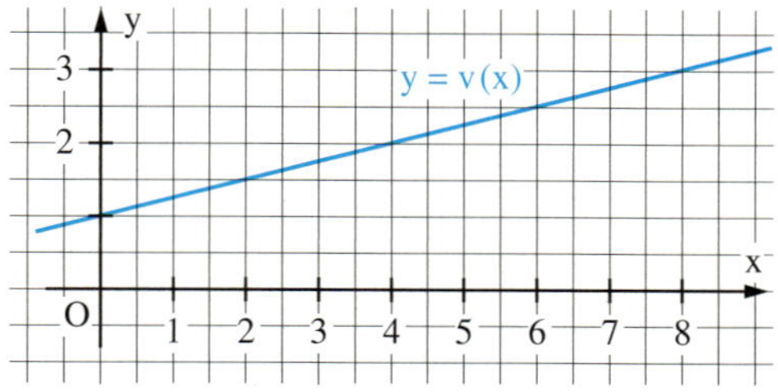

Fig. 1

Bestimmung einer Integralfunktion

5 Zeichnen Sie den Graphen der Funktion f und bestimmen Sie einen Funktionsterm der Integralfunktion J_0 von f zur unteren Grenze 0. Berechnen Sie dazu die Inhalte geeigneter Dreiecke, Rechtecke usw.

a) $f(x) = 2$ b) $f(x) = x$ c) $f(x) = x + 1$

6 Gegeben ist der Graph einer Funktion f. Skizzieren Sie den Graphen der Integralfunktion von f zur unteren Grenze 1 für $x \in [0; 5]$.

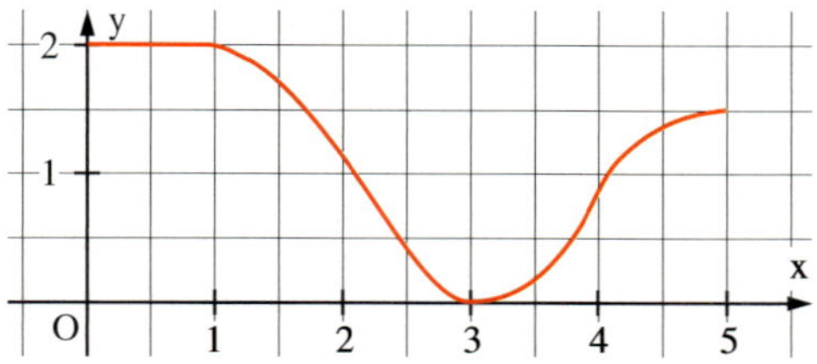

Fig. 2

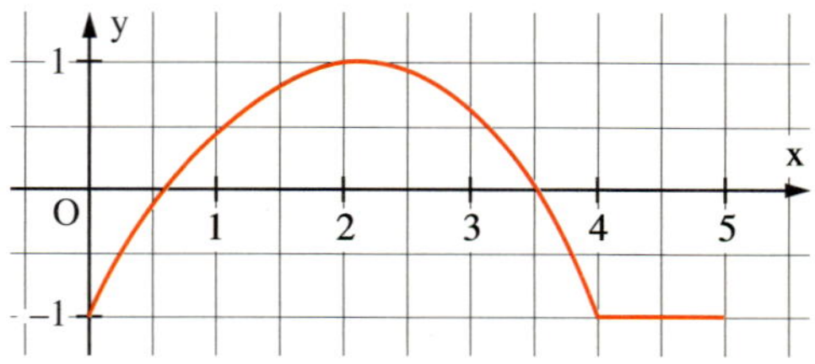

Fig. 3

7 In den Figuren 4 und 5 sind jeweils Graphen der momentanen Änderungsrate m einer Größe G gezeichnet.

Beurteilen Sie, ob in Fig. 4 die Größe im Zeitraum zwischen 0 s und 4 s und in Fig. 5 zwischen 1 s und 3 s insgesamt zugenommen hat.

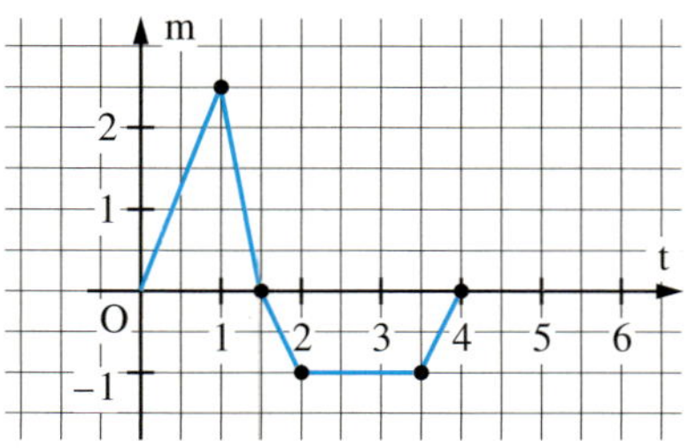

Fig. 4

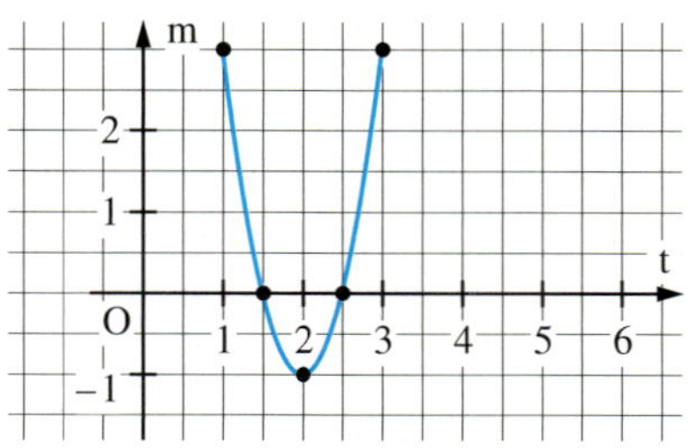

Fig. 5

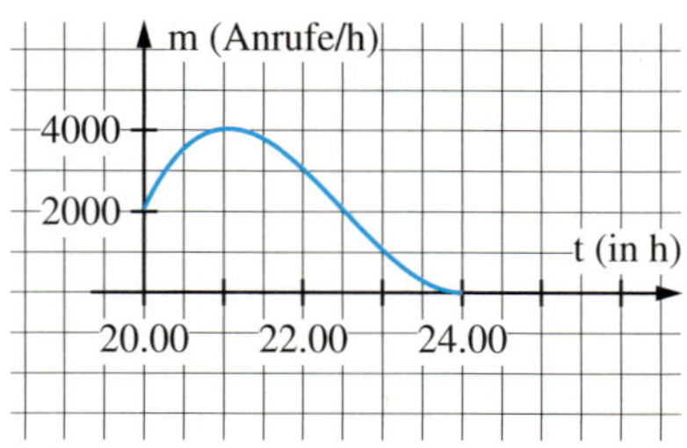

Fig. 6

8 Anlässlich eines im Fernsehen übertragenen Benefizkonzertes können Zuschauer ab 20 Uhr einen Spendenaufruf tätigen. In Fig. 6 ist die Entwicklung der momentanen Anrufrate m dargestellt.

a) Bestimmen Sie einen Schätzwert für die Zahl der Anrufe bis 22 Uhr.

b) Pro Stunde können 3000 Anrufe bearbeitet werden. Zu welcher Zeit ist die Zahl der Anrufer in der Warteschleife am größten?

5 Stammfunktionen

1 Geben Sie eine Funktion F an, so dass gilt
a) $F'(x) = x$ b) $F'(x) = 2x + 1$ c) $F'(x) = x^2 - 1$ d) $F'(x) = 2x^3 + x$.

2 a) Geben Sie zur Funktion f mit $f(x) = x$ die Integralfunktionen J_0, J_1 und J_2 an.
b) Welcher Zusammenhang besteht zwischen jeder dieser Integralfunktionen und der Funktion f?

$f(x)$	2	$\frac{1}{2}x$	$\frac{1}{2}x + 1$	x^2
$J_0(x)$	$2x$	$\frac{1}{4}x^2$	$\frac{1}{4}x^2 + x$	$\frac{1}{3}x^3$
$J_1(x)$	$2x - 2$	$\frac{1}{4}x^2 - 0{,}25$	$\frac{1}{4}x^2 + x - 1{,}25$	$\frac{1}{3}x^3 - \frac{1}{3}$

Die Tabelle enthält für einige Funktionen die Integralfunktionen J_0 und J_1 von f. Vergleicht man f mit J_0, so gilt für die aufgeführten Beispiele: f ist die Ableitungsfunktion der Integralfunktion J_0 von f.

Ein entsprechender Zusammenhang gilt für f und J_1: Bei den angeführten Beispielen ist die Funktion f die Ableitungsfunktion der Integralfunktion J_1 von f.
Dieser Sachverhalt führt auf die Vermutung, dass man eine Integralfunktion J_a von f erhalten kann, indem man eine Funktion F mit $F'(x) = f(x)$ sucht.

> **Definition:** Gegeben sei eine auf einem Intervall I definierte Funktion f.
> Eine Funktion F heißt **Stammfunktion** von f im Intervall I, wenn für alle $x \in I$ gilt:
> $$\mathbf{F'(x) = f(x)}.$$

Hier muss man prüfen: Gilt $F'(x) = f(x)$?

In der Tabelle ist zu einigen Funktionen eine Stammfunktion angegeben.

$f(x)$	x^2	x	1	0	x^{-2}	x^{-3}	$\frac{1}{2\sqrt{x}}$	$\cos(x)$	$\sin(x)$
$F(x)$	$\frac{1}{3}x^3$	$\frac{1}{2}x^2$	x	c	$-x^{-1}$	$-\frac{1}{2}x^{-2}$	$\sqrt{x}$	$\sin(x)$	$-\cos(x)$

So findet man zu einer Potenzfunktion eine Stammfunktion:
1. Hochzahl plus 1
2. Mit dem Kehrwert der neuen Hochzahl multiplizieren.

Anhand der Tabelle erhält man eine Vermutung, wie man zu einer **Potenzfunktion** eine Stammfunktion finden kann: Es gilt: Zu f mit $\mathbf{f(x) = x^z}$ $(z \in \mathbb{Z} \setminus \{-1\})$ ist F mit $\mathbf{F(x) = \frac{1}{z+1}x^{z+1}}$ eine Stammfunktion, da $F'(x) = \frac{z+1}{z+1}x^z = x^z = f(x)$ ist.

Um bei einer zusammengesetzten Funktion wie z. B. f mit $f(x) = x^2 + \cos(x)$ eine Stammfunktion zu finden, beachtet man die Ableitungsregel $(u + v)' = u' + v'$ für Summen von Funktionen. Danach ist F mit $F(x) = \frac{1}{3}x^3 + \sin(x)$ eine Stammfunktion von f.
Entsprechend kann man die Ableitungsregeln $(c \cdot f)' = c \cdot f'$ und $(f(rx + s))' = r \cdot f'(rx + s)$ zum Auffinden von Stammfunktionen benützen.

*Aus $f(x) = u(x) \cdot v(x)$ folgt **nicht** $F(x) = U(x) \cdot V(x)$.*

Satz 1:

	Funktion f	Stammfunktion F von f
Potenzfunktionen	$f(x) = x^z$	$F(x) = \frac{1}{z+1}x^{z+1}$ für $z \in \mathbb{Z} \setminus \{-1\}$
Sind U und V Stammfunktionen von u bzw. v, dann gilt:		
	$f(x) = u(x) + v(x)$	$F(x) = U(x) + V(x)$
	$f(x) = c \cdot u(x)$	$F(x) = c \cdot U(x)$
(Lineare Verkettung)	$f(x) = u(rx + s)$	$F(x) = \frac{1}{r}U(rx + s)$.

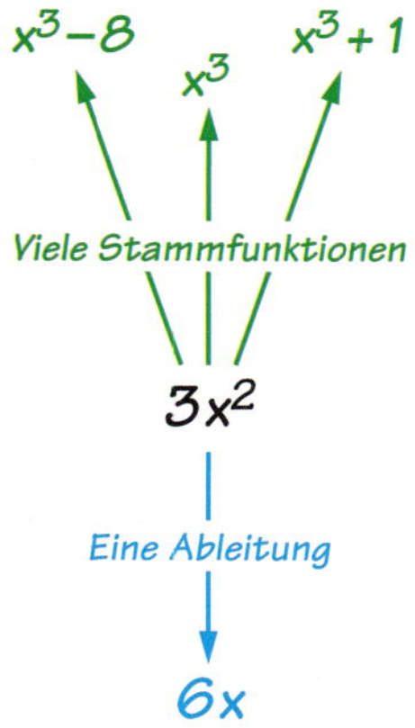

Besitzt f eine Stammfunktion F in einem Intervall I, dann ist auch G mit $G(x) = F(x) + c$ (c ist eine beliebige Konstante) eine Stammfunktion von f, da $(F + c)' = F' + c' = f$ gilt.

Gibt es auch Stammfunktionen von f, die nicht die Form $F + c$ haben?
Sei G irgendeine weitere Stammfunktion von f in I. Dann gilt für die Ableitung der Differenzfunktion $F - G$: $(F - G)'(x) = F'(x) - G'(x) = f(x) - f(x) = 0$. Die Funktion $F - G$ hat somit an jeder Stelle die Ableitung 0. Dies bedeutet, dass $F - G$ auf I eine konstante Funktion sein muss. Es gilt also $G(x) = F(x) + c$.

Satz 2: Ist F eine Stammfunktion von f in I, so gilt für alle weiteren Stammfunktionen G von f in I $\quad G(x) = F(x) + c, \; x \in I$
mit einer Konstanten c.

Beispiel 1: (Bestimmung von Stammfunktionen)
a) Geben Sie eine Stammfunktion von f mit $f(x) = 5x^2 - \frac{2}{x^3}$ an.
b) Bestimmen Sie eine Stammfunktion von g mit $g(x) = (2x + 1)^3$, die an der Stelle 1 den Funktionswert 4 annimmt.
Lösung:

Stammfunktionen mit CAS:

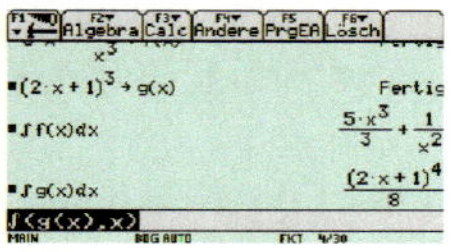

a) Eine Stammfunktion von u mit $u(x) = 5x^2$ ist U mit $U(x) = \frac{5}{3}x^3$.
Eine Stammfunktion von v mit $v(x) = -\frac{2}{x^3} = -2 \cdot x^{-3}$ ist V mit $V(x) = x^{-2} = \frac{1}{x^2}$.
Also ist F mit $F(x) = U(x) + V(x) = \frac{5}{3}x^3 + \frac{1}{x^2}$ eine Stammfunktion von f.
b) Die Funktion g ist eine lineare Verkettung:
$g(x) = u(v(x))$ mit $u(x) = x^3$ und $v(x) = 2x + 1$.
Somit ist G mit $G(x) = \frac{1}{2}\left(\frac{1}{4}(2x + 1)^4\right) = \frac{1}{8}(2x + 1)^4$ eine Stammfunktion von g.
Jede Stammfunktion von g hat die Form:
$H(x) = \frac{1}{8}(2x + 1)^4 + c$ mit einer Konstanten $c \in \mathbb{R}$.
Wegen $H(1) = 4$ gilt: $\frac{1}{8}(2 \cdot 1 + 1)^4 + c = 4$.
Hieraus folgt: $c = -6{,}125$.
Die gesuchte Stammfunktion ist $H(x) = \frac{1}{8}(2x + 1)^4 - 6{,}125$.

Stammfunktion

Beispiel 2: (Skizzieren des Graphen einer Stammfunktion)
Gegeben ist der Graph der Funktion f (Fig. 1). Skizzieren Sie den Graphen einer Stammfunktion F von f.
Lösung:
Wegen $f(a) = 0$ und $f(c) = 0$ gilt: An den Stellen a und b hat der Graph von F eine waagerechte Tangente. Wegen $f(x) > 0$ für $x \in (a; c)$ gilt: Der Graph von F ist im Intervall $(a; c)$ streng monoton steigend.
Entsprechend gilt:
Der Graph von F ist für $x < a$ und $x > c$ streng monoton fallend.
Da $f'(b) = 0$ ist und f′ an der Stelle b das Vorzeichen wechselt, hat F an der Stelle b eine Wendestelle.
Einen möglichen Graphen von F zeigt Fig. 2.
(Die Graphen weiterer Stammfunktionen sind in y-Richtung verschoben.)

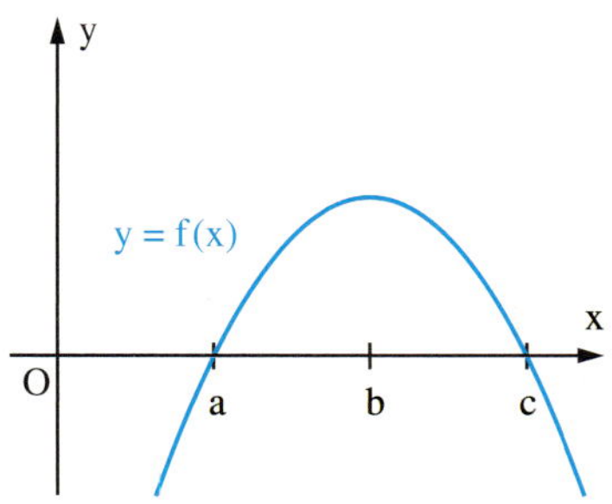

Fig. 1

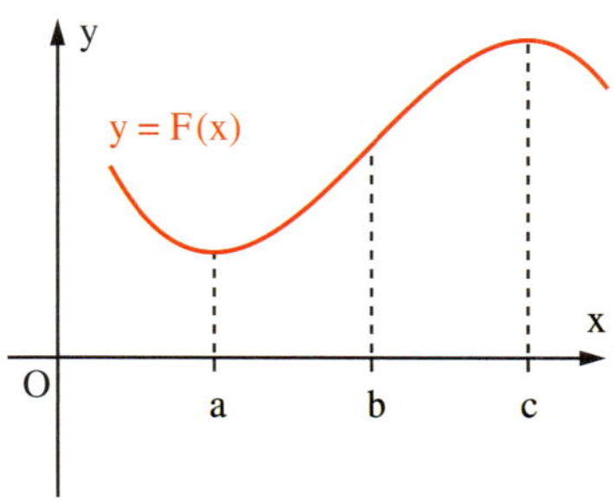

Fig. 2

Aufgaben

Ist die Stammfunktion richtig bestimmt? Ableiten bringt Sicherheit!

3 Geben Sie eine Stammfunktion an.

a) $f(x) = 3x$ b) $f(x) = 0{,}5x^2$ c) $f(x) = \sqrt{2}\,x^3$ d) $f(x) = 0$
e) $f(x) = 0{,}4x^4$ f) $f(x) = \frac{3}{x^2}$ g) $f(x) = -\frac{1}{x^3}$ h) $f(x) = (-3x)^2$

4 a) $f(x) = 2x^4 - 0{,}1x$ b) $f(x) = \frac{1}{x^2} + x$ c) $f(x) = -\frac{2}{3}x^3 - 3$ d) $f(x) = (2x)^3 - \pi^2$
e) $f(x) = (x+5)^3$ f) $f(x) = (4x+2)^3$ g) $f(x) = 2(9-2x)^4$ h) $f(x) = -(-5x-7)^3$
i) $f(x) = 2\sin(x)$ j) $f(x) = -0{,}5\sin(x)$ k) $f(x) = 3\cos(x)$ l) $f(x) = 2\cos(x) + \sin(x)$

5 a) $f(x) = x^n$ b) $f(x) = x^{n-1}$ c) $f(x) = x^{2n}$ d) $f(x) = x^{1-2k}$
e) $f(x) = \frac{1}{2}x^{-2-n}$ f) $f(x) = \frac{-2}{x^n}$ g) $f(x) = -\frac{3}{2x^{n-1}}$ h) $f(x) = c \cdot \frac{1}{-x^{-n}}$

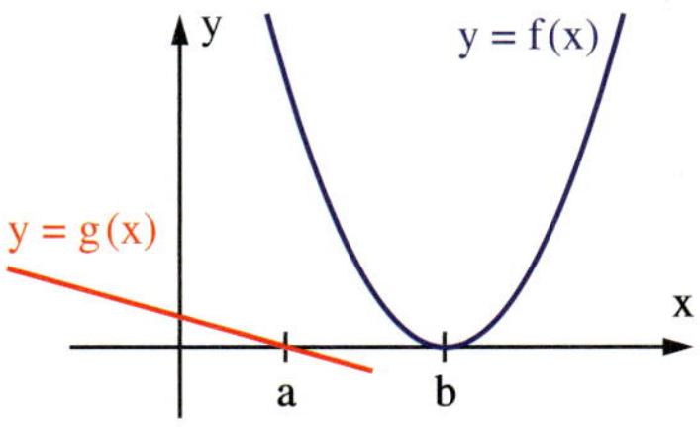

Fig. 1

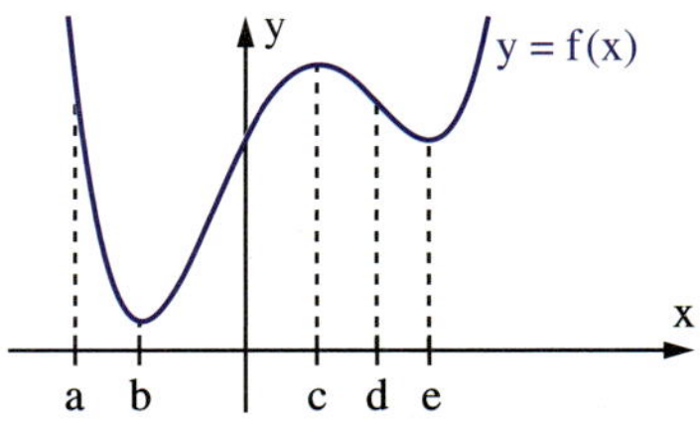

Fig. 2

6 Gegeben sind die Graphen der Funktionen f und g (Fig. 1). Skizzieren Sie jeweils den Graphen einer Stammfunktion.

7 In Fig. 2 ist ein Graph einer Funktion f gezeichnet. F ist eine Stammfunktion von f. An welcher der markierten Stellen ist
a) F(x) am größten, b) F(x) am kleinsten,
c) f′(x) am kleinsten, d) F′(x) am größten?

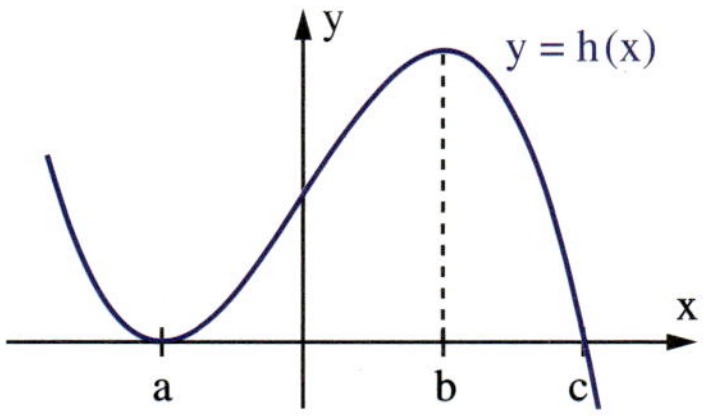

Fig. 3

	H	h	h′
a			
b			
c			

8 In Fig. 3 ist der Graph der Funktion h gezeichnet. H ist eine Stammfunktion von h mit H(a) = 5.
Übertragen Sie die Tabelle in Ihr Heft und geben Sie an, ob die Funktionswerte von H, h und h′ an den Stellen a, b und c positiv, negativ oder Null sind.

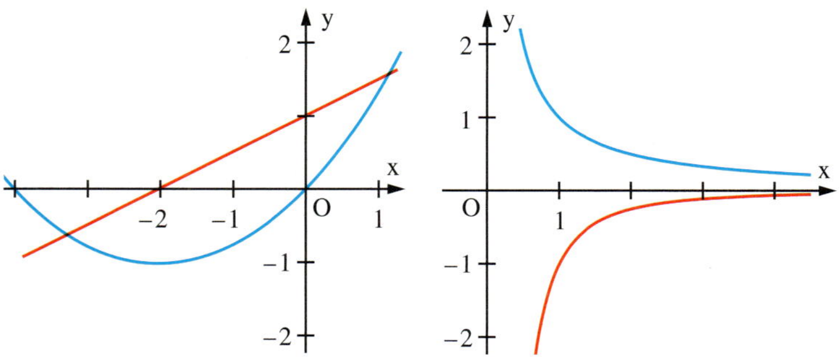

Fig. 4

9 Im gleichen Koordinatensystem sind der Graph einer Funktion f und der Graph einer Stammfunktion F von f gezeichnet (Fig. 4). Welcher Graph gehört zu f, welcher zu F?

10 Welche Stammfunktion der Funktion f nimmt an der Stelle 1 den Funktionswert 2 an?
a) $f(x) = 3x^2$ b) $f(x) = x^3 - 2x^2 + 1$

11 Überprüfen Sie, ob F eine Stammfunktion von f ist.
a) $f(x) = \frac{x}{\sqrt{x^2-1}}$; $F(x) = \sqrt{x^2-1}$ b) $f(x) = \sin(x) \cdot \cos(x)$; $F(x) = (\sin(x))^2$

12 Geben Sie eine Stammfunktion von f an. Schreiben Sie dazu den Funktionsterm von f als Summe.
a) $f(x) = \frac{x^2+2x}{x^4}$ b) $f(x) = \frac{x^3+1}{2x^2}$ c) $f(x) = \frac{1+x+x^3}{3x^3}$ d) $f(x) = \frac{(2x+1)^2-1}{x}$

6 Der Hauptsatz der Differenzial- und Integralrechnung

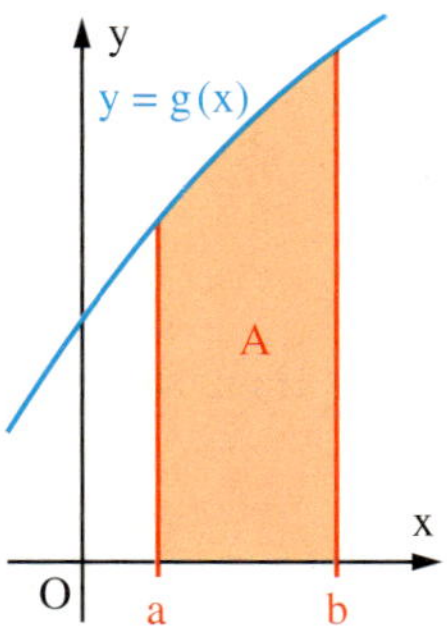

Fig. 1

1 Gegeben ist die Funktion f mit $f(t) = t$ und die Integralfunktion $J_0(x) = \int_0^x f(t)\,dt$ von f zur unteren Grenze 0.
a) Veranschaulichen Sie $J_0(3)$, $J_0(4)$ und $J_0(4) - J_0(3)$ als Flächeninhalte.
b) Bestimmen Sie einen Funktionsterm der Integralfunktion J_0 und geben Sie die Flächeninhalte aus Teilaufgabe a) an.
c) Es sei F eine Stammfunktion von f. Bestimmen Sie $F(3)$, $F(4)$ und $F(4) - F(3)$. Was fällt Ihnen auf? Prüfen Sie Ihre Vermutung mit einer weiteren Stammfunktion von f.

2 Drücken Sie den Inhalt A der gefärbten Fläche in Fig. 1 mithilfe einer Integralfunktion aus. Wie könnte sich A mithilfe einer Stammfunktion G von g ergeben (siehe Aufgabe 1)?

Die Bestimmung eines Integrals oder einer Integralfunktion als Grenzwert einer Zerlegungssumme ist mühsam und schwierig. Es besteht nun die Vermutung, dass man die Integralfunktion J_a einer Funktion f als Stammfunktion von f erhalten kann.

Integralrechnung (integrieren) und Differenzialrechnung (ableiten) hängen auf das Engste zusammen:
$$\left(\int_a^x f(t)\,dt\right)' = f(x).$$

Satz 1: Die Funktion $f\colon t \mapsto f(t)$ sei im Intervall I stetig und $a \in I$.
Dann ist die Integralfunktion J_a mit $J_a(x) = \int_a^x f(t)\,dt$ differenzierbar und es gilt:
$$\mathbf{J_a'(x) = f(x)} \text{ für } x \in I.$$
Kurz: Die Integralfunktion J_a von f ist eine Stammfunktion von f.

Beweis: Der Differenzenquotient von J_a an der Stelle x ist: $\frac{J_a(x+h) - J_a(x)}{h}$.

Beim Beweis wurde $f(t) \geqq 0$ und $h > 0$ und $x > a$ vorausgesetzt. Ohne diese Einschränkungen wird der Beweis entsprechend geführt.

Dabei entspricht $J_a(x+h) - J_a(x)$ dem Inhalt des rot markierten Streifens in Fig. 2. Da f stetig ist, hat f im Intervall $[x; x+h]$ einen größten Funktionswert M_h und einen kleinsten Funktionswert m_h. Es gilt:
$$m_h \cdot h \leqq J_a(x+h) - J_a(x) \leqq M_h \cdot h$$
oder
$$m_h \leqq \frac{J_a(x+h) - J_a(x)}{h} \leqq M_h.$$
Da f stetig ist, streben für $h \to 0$ sowohl m_h als auch M_h gegen $f(x)$. Also strebt auch der Differenzenquotient für $h \to 0$ gegen $f(x)$.
Damit gilt $J_a'(x) = \lim\limits_{h \to 0} \frac{J_a(x+h) - J_a(x)}{h} = f(x)$.

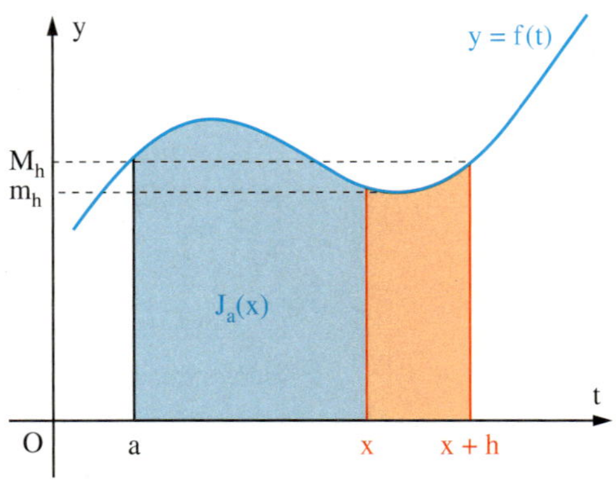

Fig. 2

Wie kann man nun mithilfe von Satz 1 ein Integral wie $\int_a^b f(x)\,dx = J_a(b)$ berechnen?

Ist F irgendeine Stammfunktion von f, dann gilt nach Satz 1 und Satz 2 von Seite 164 bzw. 165: $J_a(x) = F(x) + c$. Die Konstante c ergibt sich aus der anschaulichen Feststellung $J_a(a) = 0$, also $c = -F(a)$. Somit gilt für die gesuchte Integralfunktion $J_a(x) = F(x) - F(a)$. Insbesondere ist $J_a(b) = F(b) - F(a)$.

*Der Zusammenhang von Differenzial- und Integralrechnung ist im **Hauptsatz** niedergelegt. Der Hauptsatz ist eine der bedeutenden geistigen Leistungen des 17. Jahrhunderts und gehört zu den großen mathematischen Entdeckungen.*

Satz 2: (Hauptsatz der Differenzial- und Integralrechnung)
Die Funktion f sei auf dem Intervall I stetig. Ist F eine beliebige Stammfunktion von f in I, dann gilt für $a \in I$ und $b \in I$:

$$\int_a^b \mathbf{f(x)\,dx = F(b) - F(a).}$$

Statt $F(b) - F(a)$ schreibt man auch $[F(x)]_a^b$; es ist dann $\int_a^b f(x)\,dx = [F(x)]_a^b$.

Ist m eine momentane Änderungsrate einer Größe G, dann kann man mithilfe des Hauptsatzes die Gesamtänderung der Größe G berechnen.

Kennt man von einer Funktion f nur die Ableitung f' auf dem Intervall [a; b], dann kann man daraus die Gesamtänderung $f(b) - f(a)$ bestimmen

$$f(b) - f(a) = \int_a^b f'(x)\,dx.$$

Das ist lediglich eine andere Formulierung des Hauptsatzes.

Es gilt weiterhin: Kennt man von einer Funktion f die Ableitung f' auf dem Intervall [a; b] und den Funktionswert f(a), dann kann man daraus den Funktionswert f(b) bestimmen

$$f(b) = f(a) + \int_a^b f'(x)\,dx.$$

Satz 3: Ist $m(t)$ mit $t \in [t_1; t_2]$ die momentane Änderungsrate einer Größe G, dann erhält man die Gesamtänderung $G(t_2) - G(t_1)$ der Größe im Intervall $[t_1; t_2]$ als Integral:

$$\mathbf{G(t_2) - G(t_1) = \int_{t_1}^{t_2} m(t)\,dt.}$$

Ist z. B. die Momentangeschwindigkeit v eines Autos im Zeitraum zwischen 10 s und 30 s nach Fahrtbeginn bekannt, so erhält man mit dem Integral aus Satz 3 die in diesem Zeitraum zurückgelegte Streckenlänge $s(30) - s(10)$.
Um die gesamte Fahrstrecke $s(30)$ zu erhalten, muss die nach 10 s bereits zurückgelegte Strecke $s(10)$ addiert werden. Es gilt:

$s(30) = s(10) + \int_{10}^{30} v(t)\,dt$ oder allgemein: $\mathbf{G(t_2) = G(t_1) + \int_{t_1}^{t_2} m(t)\,dt.}$

Beispiel 1: (Bestimmung eines Integrals und einer Integralfunktion)

a) Berechnen Sie das Integral $\int_{-1}^{3}\left(\frac{1}{2}x^2 - 1\right)dx$ und deuten Sie das Ergebnis als Flächeninhalt.

b) Bestimmen Sie die Integralfunktion von f mit $f(x) = \frac{1}{2}x^2 - 1$ zur unteren Grenze -1.

Lösung:

a) $\int_{-1}^{3}\left(\frac{1}{2}x^2 - 1\right)dx = \left[\frac{1}{6}x^3 - x\right]_{-1}^{3}$

$= \frac{1}{6}\cdot 3^3 - 3 - \left(\frac{1}{6}\cdot(-1)^3 - (-1)\right) = \frac{2}{3}.$

Das Integral entspricht dem orientierten Flächeninhalt.

Es gilt $\int_{-1}^{3}\left(\frac{1}{2}x^2 - 1\right)dx = -A_1 + A_2$ (Fig. 1).

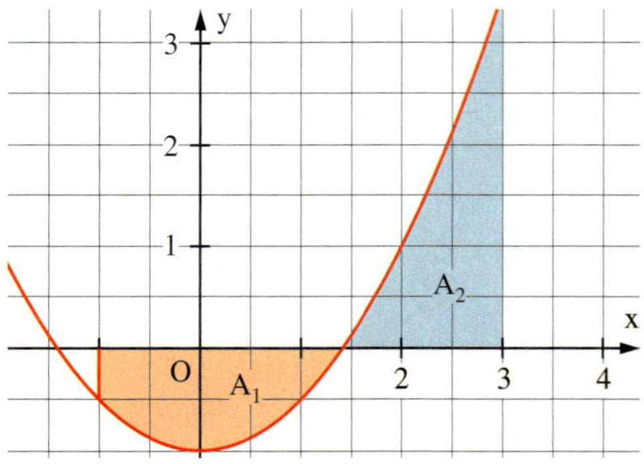

Fig. 1

b) Die gesuchte Integralfunktion J_{-1} ist eine Stammfunktion von f: $J_{-1}(x) = \frac{1}{6}x^3 - x + c$.
Es gilt $J_{-1}(-1) = 0$,
also $\frac{1}{6}(-1)^3 - (-1) + c = 0$; $c = -\frac{5}{6}$.

Die Integralfunktion von f zur unteren Grenze -1 ist $J_{-1}(x) = \frac{1}{6}x^3 - x - \frac{5}{6}$.

Man kann die Lösung von a) auch mit dem Ergebnis von b) bestimmen: $\int_{-1}^{3}\left(\frac{1}{2}x^2 - 1\right)dx = J_{-1}(3)$.

Allgemein gilt: Aus der momentanen Änderungsrate m einer Größe und ihrem Bestand $G(t_1)$ zum Zeitpunkt t_1 kann man den Bestand der Größe $G(t_2)$ zum Zeitpunkt t_2 bestimmen.

Beispiel 2: (Berechnung einer Größe aus ihrer momentanen Änderungsrate)
Für eine Modellrechnung wird die Wachstumsgeschwindigkeit $w(t)$ $\left(\text{in } \frac{\text{cm}}{\text{Tag}}\right)$ einer zu Beginn 20 cm langen Wildrebe während der ersten 100 Tage in Abhängigkeit von ihrem Alter t (in Tagen) durch $w(t) = 0{,}001 \cdot t^2$ beschrieben.
Berechnen Sie die Länge der Pflanze nach 100 Tagen.
Lösung:
Die Gesamtänderung (den Längenzuwachs) $L(100) - L(0)$ erhält man mit dem Integral:

$$\int_0^{100} (0{,}001 \cdot t^2)\,dt = \left[\frac{0{,}001}{3} \cdot t^3\right]_0^{100} = \frac{1000}{3} - 0 \approx 333.$$

Die Länge nach 100 Tagen beträgt $333\text{ cm} + 20\text{ cm} = 353\text{ cm}$.

Beispiel 3: (Berechnung eines Integrals mit dem CAS)
Gegeben ist die Funktion f mit $f(x) = \frac{2}{x} \cdot \sin(x);\ x \in \mathbb{R} \setminus \{0\}$.

a) Bestimmen Sie mit dem CAS das Integral $\int_1^5 f(x)\,dx$.

b) Skizzieren Sie mithilfe des CAS den Graphen der Integralfunktion von f zur unteren Grenze 1. Geben Sie Kriterien an, mit denen Sie die Richtigkeit des Graphen prüfen.

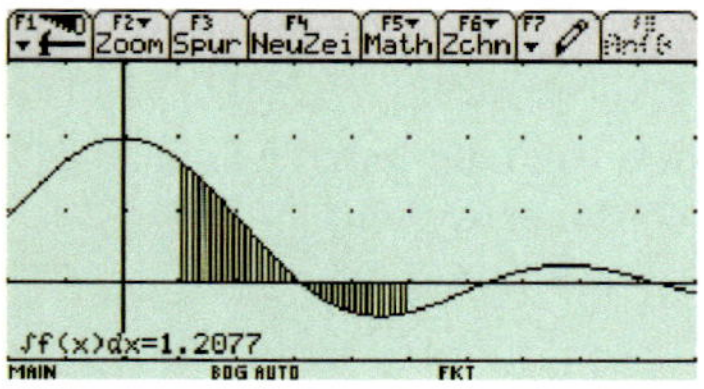

Fig. 1

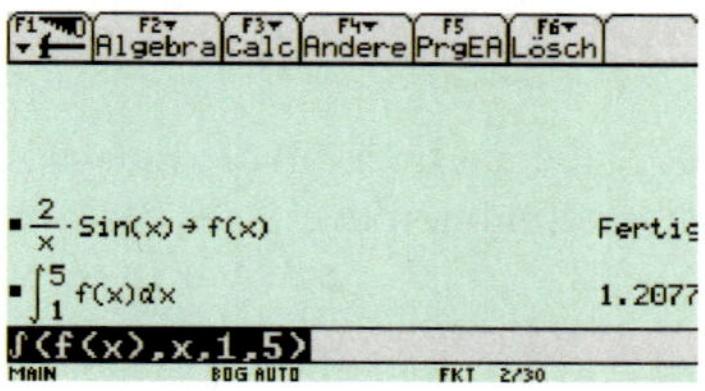

Fig. 2

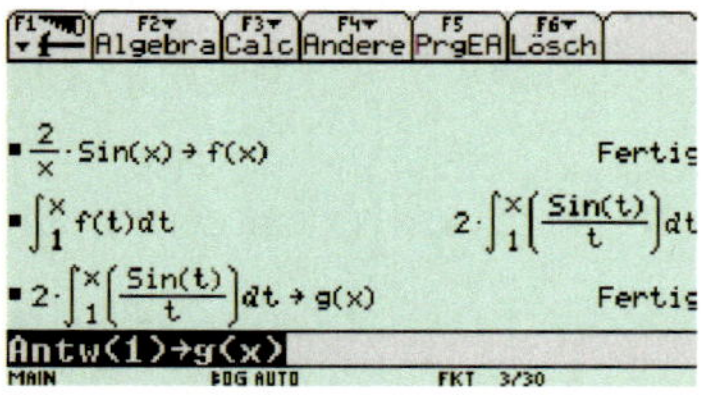

Fig. 3

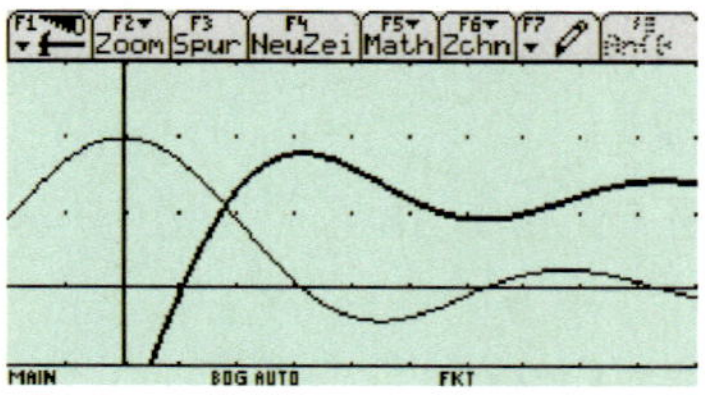

Fig. 4

Lösung:

a) Es gilt $\int_1^5 f(x)\,dx \approx 1{,}208$

Die Berechnung in Fig. 1 erfolgte im Graphikmenü mit [F5] (Math), die in Fig. 2 im Hauptbildschirm mit [F3] (Calc).

b) Fig. 3 zeigt, wie die Integralfunktion eingegeben werden kann. Der Graph der Integralfunktion ist in Fig. 4 fett gezeichnet. Kriterien für die Richtigkeit des Graphen:
Die Integralfunktion hat an der Stelle 1 den Funktionswert 0. An den Extremstellen der Integralfunktion hat die Funktion f Nullstellen. In Intervallen mit $f(x) > 0$ wächst die Integralfunktion, in Intervallen mit $f(x) < 0$ fällt sie.

Aufgaben

3 Berechnen Sie das Integral mithilfe des Hauptsatzes.

a) $\int_1^4 x\,dx$ b) $\int_1^3 x^2\,dx$ c) $\int_{-2}^4 x^3\,dx$ d) $\int_{0,5}^2 \frac{1}{x^2}\,dx$

e) $\int_2^4 \frac{-1}{x^3}\,dx$ f) $\int_{-2}^{-10} x^2\,dx$ g) $\int_{-8}^{-4} (1 - x)\,dx$ h) $\int_{-4}^{-3} (-3)\,dx$

Berechnen Sie das Integral von Aufgabe 4 g) auch mit einem CAS. Unterscheiden sich die Ergebnisse?

4 a) $\int_{-2}^0 (2 + x)^2\,dx$ b) $\int_2^3 (2 - x)^3\,dx$ c) $\int_1^2 \left(x - \frac{1}{x^2}\right)dx$ d) $\int_0^\pi 3\sin(x)\,dx$

e) $\int_{-3}^{-5} \frac{1}{(2 - x)^2}\,dx$ f) $\int_{-2}^0 \frac{-2}{(1 - x)^3}\,dx$ g) $\int_1^6 \frac{1}{\sqrt{x}}\,dx$ h) $\int_0^\pi \cos(2x)\,dx$

5 Berechnen Sie den Inhalt der gefärbten Fläche.

a) 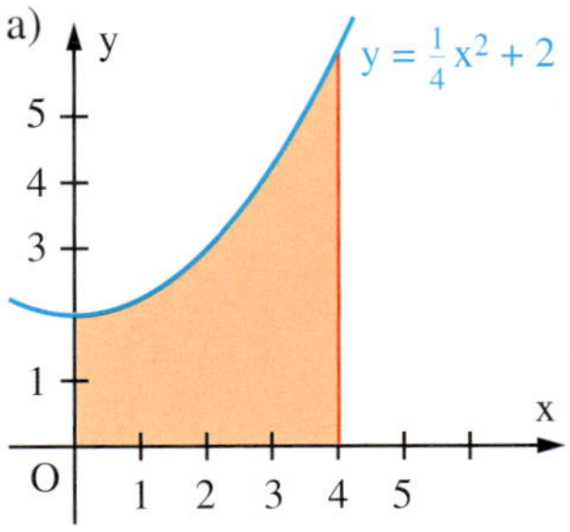

b) 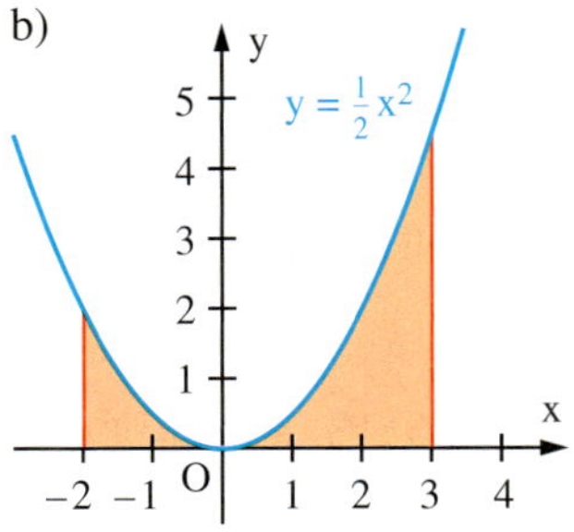

c) 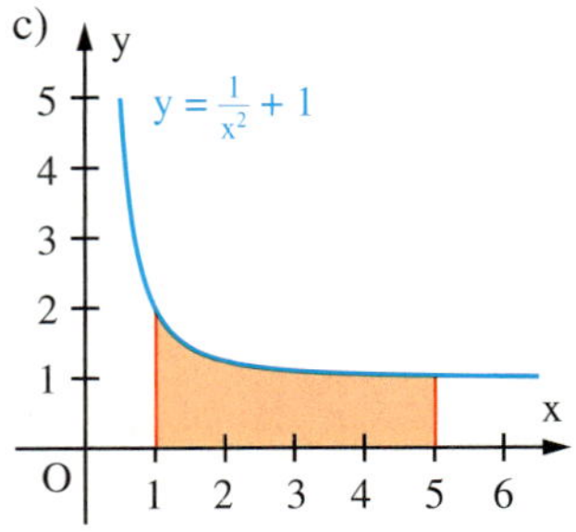

6 Bestimmen Sie mit dem CAS das Integral.

a) $\int_{-2,3}^{1} \left(\frac{1}{2}x \cdot (x^2 - 4) \cdot x\right) dx$ b) $\int_{-10}^{10} x \cdot \sin(x)\, dx$ c) $\int_{3,5}^{4,2} \frac{2}{x^2 + 1}\, dx$ d) $\int_{-\frac{1}{3}}^{\pi} \left(\frac{3}{7}x^4 - \frac{9}{200}x^2\right) dx$

7 Skizzieren Sie mit dem CAS den Graphen der Integralfunktion von f zur unteren Grenze a. Bestimmen Sie die Nullstellen und die Extremstellen der Integralfunktion.

a) $f(x) = 0{,}2x^2 + 1;\ a = 0;\ x \in \mathbb{R}$ b) $f(x) = x^2 - 2x;\ a = 1;\ x \in \mathbb{R}$
c) $f(x) = \frac{20(20 - x)}{x^3 + 1};\ a = 3;\ x \geqq 1.$

8 Bestimmen Sie im angegebenen Intervall die Integralfunktion von f zur unteren Grenze a. Skizzieren Sie f und die Integralfunktion in ein gemeinsames Koordinatensystem.

a) $f(x) = x^3 + 1;\ a = -1;\ x \in \mathbb{R}$ b) $f(x) = \frac{1}{x^2} - 1;\ a = 1;\ x \in \mathbb{R}^+$

9 Für die Ableitung einer Funktion f gilt: $f'(x) = \frac{8}{x^2} + x.$

a) Berechnen Sie $f(7) - f(3)$. b) Es ist $f(10) = 2200$. Bestimmen Sie $f(15)$.

10 Bestimmen Sie die Zahl a.

a) $\int_{0}^{a} x^2\, dx = 5$ b) $\int_{10}^{a} x^2\, dx = -10$ c) $\int_{1}^{2a} \frac{1}{x^2}\, dx = 0{,}7$ d) $\int_{-\pi}^{a} (x \cdot \sin(x))\, dx = 1$

Gottfried Wilhelm Leibniz (1646–1716)

Isaac Newton (1643–1727)

Gottfried Wilhelm Leibniz und Isaac Newton erkannten als Erste, dass sich eine große Vielfalt von Problemen auf die zwei Grundaufgaben zurückführen lassen, die Ableitung bzw. das Integral zu ermitteln. Zudem entdeckten sie unabhängig voneinander den Zusammenhang zwischen Ableitung und Integral.

11 Für das Wachstum einer Hopfenpflanze wird folgende Modellannahme getroffen: die Wachstumsgeschwindigkeit $w(t)$ $\left(\text{in } \frac{\text{cm}}{\text{Tag}}\right)$ steigt innerhalb von 40 Tagen linear von 0 auf 25. Anschließend nimmt die Wachstumsgeschwindigkeit linear innerhalb 30 Tage wieder auf 0 ab. Um wie viel wächst die Pflanze insgesamt?

12 Pflanzen wandeln Kohlendioxid in Sauerstoff um. Die dabei pro Quadratmeter Blattfläche verbrauchte Kohlendioxidmenge $k(t)$ $\left(\text{in } \frac{\text{ml}}{\text{h}}\right)$ hängt vom Lichteinfall und damit von der Tageszeit ab. Die Kohlendioxidverbrauch von $1\,\text{m}^2$ Buchenblätter während eines Tages kann beschrieben werden durch $k(t) = 600 - \frac{600}{36}t^2$ mit $-6 \leqq t \leqq 6$.

a) Zeichnen Sie den Graphen von k.

b) Eine Buche hat etwa 200 000 Blätter, ein mittelgroßes Blatt hat eine Oberfläche von etwa $25\,\text{cm}^2$. Bestimmen Sie den Kohlendioxidverbrauch der Buche während eines Tages.

7 Flächen oberhalb und unterhalb der x-Achse

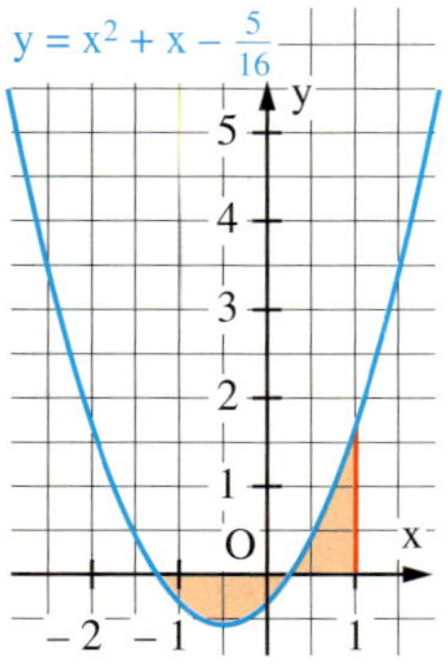

Fig. 1

1 Drücken Sie den Inhalt der gefärbten Fläche in Fig. 1 mithilfe von Integralen aus. Beschreiben Sie die Schritte Ihres Vorgehens.

Den Flächeninhalt $A = A_1 + A_2 + A_3$ zwischen dem Graphen von f und der x-Achse über [a; b] in Fig. 2 erhält man nicht durch das Integral $\int_a^b f(x)\,dx$, da das Integral Flächen oberhalb der x-Achse positiv und Flächen unterhalb der x-Achse negativ zählt.

Nimmt f in [a; b] sowohl positive als auch negative Werte an, muss man die Inhalte der Teilflächen getrennt berechnen. Es gilt in Fig. 2:

$$A = A_1 + A_2 + A_3$$

$$A = \int_a^{x_1} f(x)\,dx + \left(-\int_{x_1}^{x_2} f(x)\,dx\right) + \int_{x_1}^{b} f(x)\,dx.$$

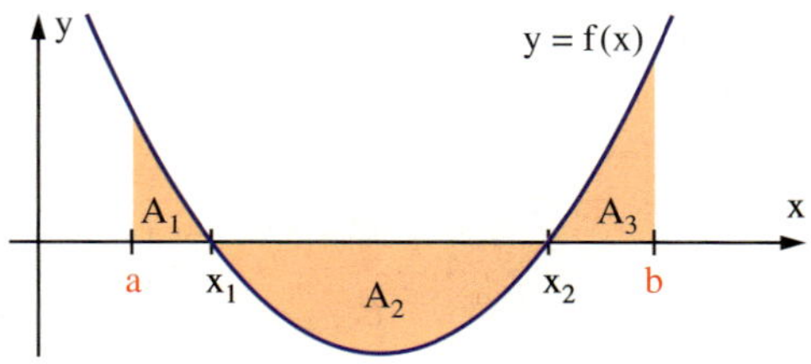

Fig. 2

Zur Berechnung des Flächeninhalts zwischen dem Graphen von f und der x-Achse über dem Intervall [a; b] geht man so vor:
1. Man bestimmt die Nullstellen von f auf [a; b].
2. Man untersucht, welches Vorzeichen f(x) in den Teilintervallen hat.
3. Man bestimmt die Inhalte der Teilflächen und addiert sie.

Den Flächeninhalt in Fig. 2 kann man noch auf eine andere Art berechnen. Dazu spiegelt man den unterhalb der x-Achse verlaufenden Teil des Graphen von f an der x-Achse (Fig. 3).

Für A_2 gilt dann: $A_2 = \int_{x_1}^{x_2} -f(x)\,dx$.

Der Vergleich von Fig. 2 mit Fig. 3 ergibt:

$-\int_{x_1}^{x_2} f(x)\,dx = \int_{x_1}^{x_2} -f(x)\,dx$. Allgemein gilt:

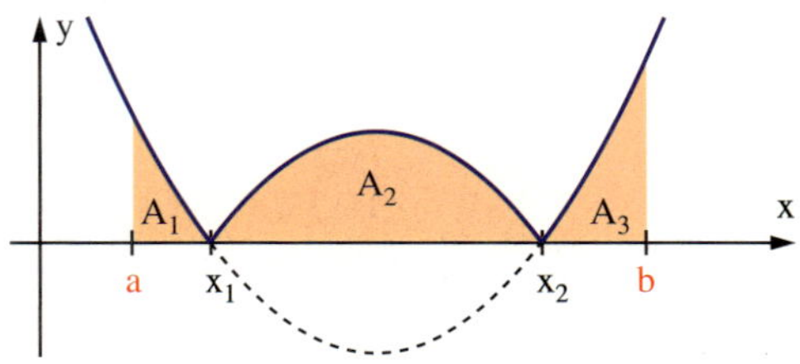

Fig. 3

Diese Eigenschaften heißen Linearität des Integrals

Satz: a) $r \cdot \int_a^b f(x)\,dx = \int_a^b r \cdot f(x)\,dx$ b) $\int_a^b (f(x) + g(x))\,dx = \int_a^b f(x)\,dx + \int_a^b g(x)\,dx.$

Hier ist natürlich vorausgesetzt, dass man den Hauptsatz anwenden kann. Dazu müssen die Funktionen f und g auf einem Intervall I mit a, b, c ∈ I stetig sein.

Nachweis mit dem Hauptsatz am Beispiel von a):

Ist F eine Stammfunktion von f, dann gilt: $r \cdot \int_a^b f(x)\,dx = r \cdot (F(b) - F(a)) = r \cdot F(b) - r \cdot F(a)$

Die Funktion $r \cdot F(x)$ ist eine Stammfunktion von $r \cdot f(x)$, also gilt:

$\int_a^b r \cdot f(x)\,dx = r \cdot F(b) - r \cdot F(a)$.

Bisher wurden nur Flächeninhalte über einem abgeschlossenen Intervall [a; b] bestimmt. Hier wird untersucht, ob man auch „ins Unendliche reichenden“ Flächen wie in Fig. 1 (grüne und orange Fläche) einen Flächeninhalt zuordnen kann.

Hier existiert der Grenzwert $\lim\limits_{b \to \infty} \int_2^b f(x)\,dx$.

Untersuchung des Inhaltes der grünen Fläche:
Der Inhalt über dem abgeschlossenen Intervall [2; b] ist

$A(b) = \int_2^b \frac{2}{x^2}\,dx = \left[-\frac{2}{x}\right]_2^b = -\frac{2}{b} + 1 = 1 - \frac{2}{b}$.

Für $b \to +\infty$ strebt $1 - \frac{2}{b}$ gegen 1.
Der Inhalt der rechts ins Unendliche reichenden grünen Fläche ist 1.

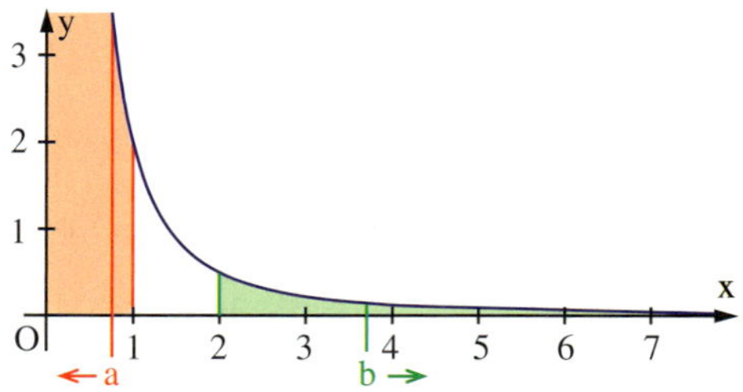

Fig. 1

Hier existiert der Grenzwert $\lim\limits_{a \to 0} \int_a^1 f(x)\,dx$ *nicht.*

Untersuchung des Inhaltes der orangen Fläche: Der Inhalt über dem abgeschlossenen Intervall [a; 1] mit $a > 0$ ist: $A(a) = \int_a^1 \frac{2}{x^2}\,dx = \left[-\frac{2}{x}\right]_a^1 = -2 + \frac{2}{a}$. Für $a \to 0$ hat $\frac{2}{a} - 2$ keinen Grenzwert. Der ins Unendliche reichenden orangen Fläche kann kein Flächeninhalt zugeordnet werden.

Die Beschreibung „über dem Intervall [–1; 3] bedeutet: Es sind ***alle*** *Flächen im Bereich des Intervalls gemeint, die vom Graphen von f, der x-Achse und den Geraden mit den Gleichungen $x = -1$ und $x = 3$ begrenzt werden.*

Beispiel 1: (Flächen teilweise unterhalb, teilweise oberhalb der x-Achse)
Gegeben ist die Funktion f mit $f(x) = x^2 - 2x$.
Berechnen Sie den Inhalt der Fläche, die der Graph von f und die x-Achse über dem Intervall [–1; 3] einschließen.
a) ohne CAS b) mit CAS.

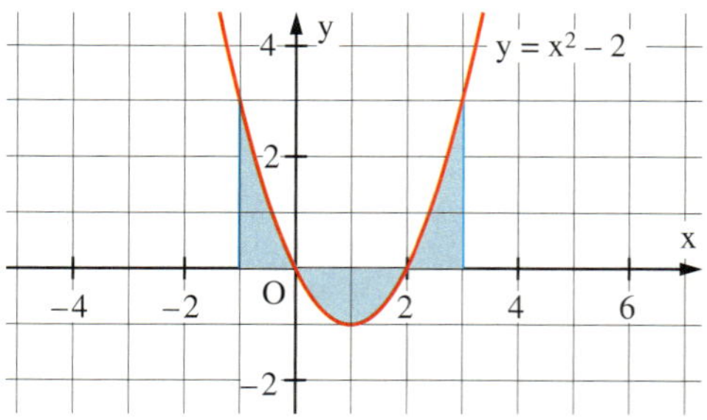

Fig. 2

Lösung:
a) Nullstellen bestimmen:
$x(x-2) = 0$; $x_1 = 0$; $x_2 = 2$.
Vorzeichen von f in den Teilintervallen:
$f(x) \geqq 0$ für $-1 \leqq x \leqq 0$,
$f(x) \leqq 0$ für $0 \leqq x \leqq 2$,
$f(x) \geqq 0$ für $2 \leqq x \leqq 3$.
Inhalte der Teilflächen:

Rechnung von Aufgabenteil a) mit dem CAS:

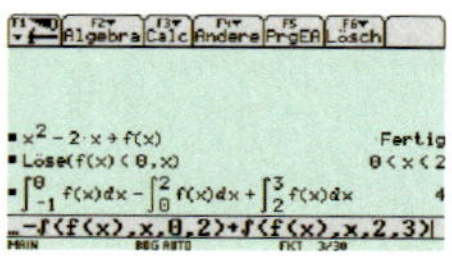

$$A = \int_{-1}^{0} (x^2 - 2x)\,dx - \int_{0}^{2} (x^2 - 2x)\,dx + \int_{2}^{3} (x^2 - 2x)\,dx$$

$$= \left[\frac{1}{3}x^3 - x^2\right]_{-1}^{0} - \left[\frac{1}{3}x^3 - x^2\right]_{0}^{2} + \left[\frac{1}{3}x^3 - x^2\right]_{2}^{3} = \frac{4}{3} + \frac{4}{3} + \frac{4}{3} = 4.$$

Der Flächeninhalt ist $A = 4$.
b) Anstelle der Funktion f betrachtet man die Funktion g mit $g(x) = |f(x)| = |x^2 - 2x|$ (Fig. 3). Da g keine negativen Funktionswerte hat, werden alle Teilflächen positiv gezählt. Das Ergebnis zeigt Fig. 4.

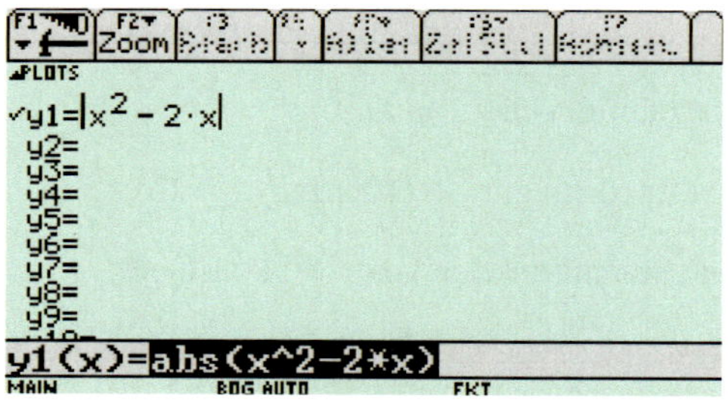

Fig. 3

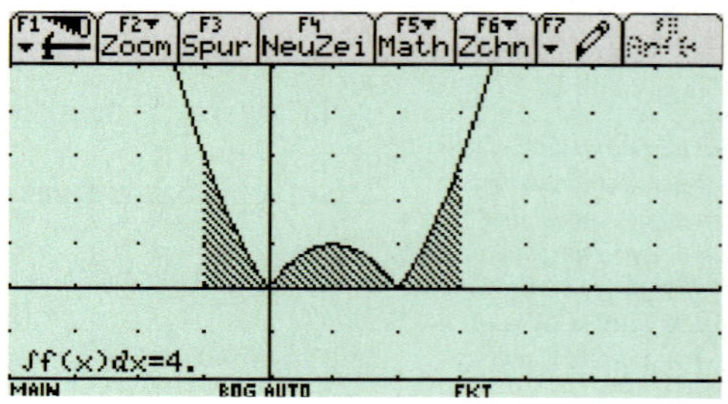

Fig. 4

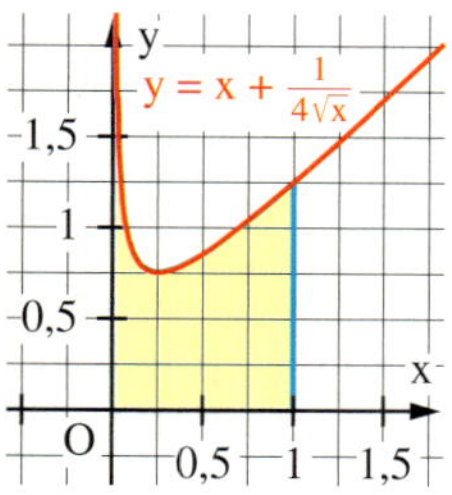

Fig. 1

Beispiel 2: (Fläche, die „oben ins Unendliche reicht")
Gegeben ist die Funktion f mit $f(x) = x + \frac{1}{4\sqrt{x}}$ für $x > 0$.
Zeigen Sie, dass die Fläche zwischen dem Graphen von f, den Koordinatenachsen und der Geraden mit der Gleichung $x = 1$ (Fig. 1) einen Flächeninhalt A hat, und geben Sie diesen Flächeninhalt A an.
Lösung:
Für $a > 0$ gilt $A(a) = \int_a^1 \left(x + \frac{1}{4\sqrt{x}}\right)dx = \left[\frac{1}{2}x^2 + \frac{1}{2}\sqrt{x}\right]_a^1 = 1 - \frac{1}{2}a^2 - \frac{1}{2}\sqrt{a}$.
Für $a \to 0$ hat der Flächeninhalt A(a) den Grenzwert 1.
Folglich ist $A = \lim\limits_{a \to 0} A(a) = 1$.

Aufgaben

Aufgaben mit Flächenbedingung

2 Berechnen Sie den Inhalt der Fläche zwischen dem Graphen von f und der x-Achse über dem Intervall [a; b].
a) $f(x) = -0{,}5x^2$; [0; 4] b) $f(x) = \frac{1}{3}x^3 - 3x$; [0; 2] c) $f(x) = -\frac{1}{x^2}$; [−10; −5]

3 Bestimmen Sie den Inhalt der Fläche, die der Graph von f mit der x-Achse einschließt.
a) $f(x) = 0{,}5x^2 - 3x$ b) $f(x) = (x-1)^2 - 1$ c) $f(x) = x^4 - 4x^2$
d) $f(x) = -\frac{1}{5}x^3 + 2x^2 - 5x$ e) $f(x) = -3x - 7 + \frac{4}{x^2}$ f) $f(x) = x(3 - x^2)$

4 Bestimmen Sie einen Wert a so, das die Flächen oberhalb und unterhalb der x-Achse über dem Intervall [0; a] gleich groß sind.
a) $f(x) = x^3 - 1$ b) $f(x) = x^3 - x^2 - 2$ c) $f(x) = x \cdot \sin(x)$

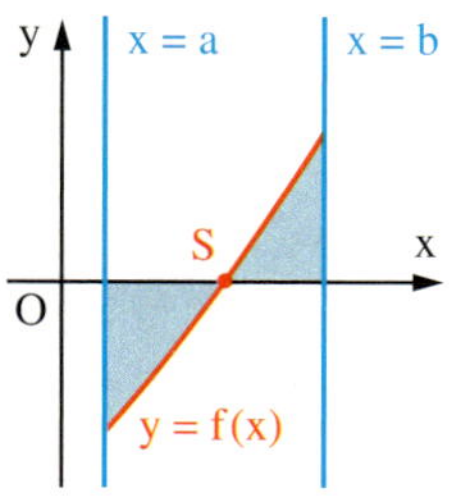

Fig. 2

5 Die Funktion f_c hat bei geeigneter Wahl von c im Intervall [a; b] genau eine Nullstelle x_0. Der Graph von f_c, die x-Achse sowie die Geraden mit den Gleichungen $x = a$ und $x = b$ begrenzen eine Fläche, die aus zwei Teilen besteht (Fig. 2). Bestimmen Sie c so, dass die beiden Teilflächen denselben Inhalt haben.
a) $f_c(x) = x^3 - x + c$; $a = 0$; $b = 2$ b) $f_c(x) = x^3 - cx - 1$; $a = 0$; $b = 2$

6 Untersuchen Sie, ob die vom Graphen von f und der x-Achse über dem Intervall $[c; +\infty)$ bzw. $(-\infty; c]$ begrenzte, „ins Unendliche reichende" Fläche einen Flächeninhalt A besitzt. Geben Sie gegebenenfalls A an.
a) $f(x) = \frac{1}{x^3}$; $[1; +\infty)$ b) $f(x) = \frac{1}{\sqrt{x}}$; $[1; +\infty)$ c) $f(x) = \frac{1}{10x^2}$; $(-\infty; -1]$

7 Zeichnen Sie den Graphen der Funktion f sowie dessen Asymptote für $x \to +\infty$ bzw. $x \to -\infty$. Die Gerade mit der Gleichung $x = c$, der Graph von f und die Asymptote begrenzen eine nach links bzw. rechts unbeschränkte Fläche. Untersuchen Sie, ob diese Fläche einen Inhalt A besitzt. Geben Sie gegebenenfalls A an.
a) $f(x) = \frac{1}{2}x + \frac{2}{x^2}$; $c = 2$, nach rechts b) $f(x) = -\frac{1}{2}x + \frac{1}{x^3}$; $c = -1{,}5$, nach links.

Kurve mit Flächenbedingung

8 Gegeben ist die Funktion f mit $f(x) = x \cdot \sin(x) - x^2 \cdot \cos(x)$.
a) Bestimmen Sie den Inhalt der Fläche zwischen dem Graphen von f und der x-Achse über dem Intervall [−10,90412165; 10,90412165].
b) Wie viel Prozent des unter a) berechneten Flächeninhalts liegen unterhalb der x-Achse?

8 Flächen zwischen zwei Graphen

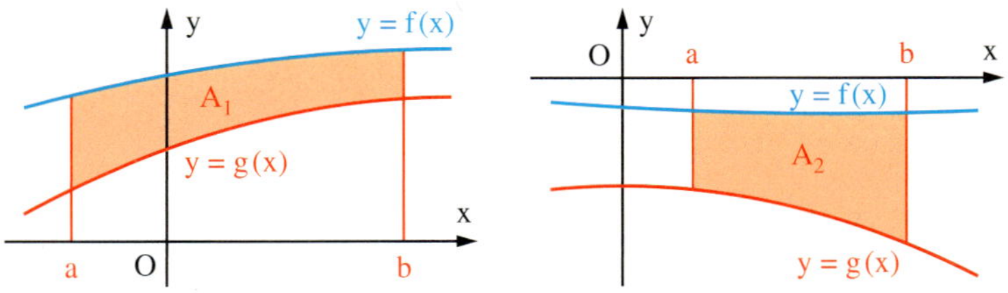

Fig. 1

1 a) Schreiben Sie den Inhalt der orangefarbenen Flächen in Fig. 1 als Differenz bzw. als Summe von Integralen.
b) Drücken Sie diese Integrale mithilfe von Stammfunktionen aus. Formulieren Sie für beide Fälle eine gemeinsame Regel zur Bestimmung des Flächeninhalts.

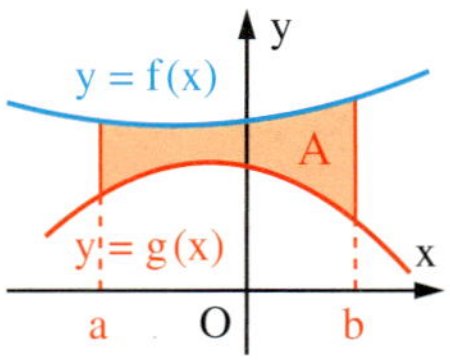

Fig. 2

Es soll der Inhalt einer Fläche bestimmt werden, die wie die gefärbte Fläche in Fig. 2 von den Graphen zweier Funktionen und den Geraden mit den Gleichungen $x = a$ und $x = b$ begrenzt wird. Dabei wird $f(x) \geqq g(x)$ für $x \in [a; b]$ vorausgesetzt, und F und G seien Stammfunktionen von f bzw. g.

Für den Inhalt A in Fig. 2 gilt:

$$A = \int_a^b f(x)\,dx - \int_a^b g(x)\,dx = F(b) - F(a) - (G(b) - G(a)) = F(b) - G(b) - (F(a) - G(a))$$

$$= [F(x) - G(x)]_a^b = \int_a^b (f(x) - g(x))\,dx.$$

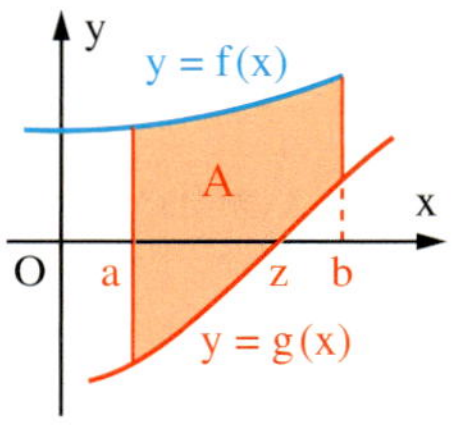

Fig. 3

In Fig. 3 nimmt die Funktion g im Intervall [a; b] auch negative Funktionswerte an.
Für A gilt:

$$A = \int_a^b f(x)\,dx + \int_a^z -g(x)\,dx - \int_z^b g(x)\,dx = F(b) - F(a) + (-G(z) - (-G(a)) - (G(b) - G(z))$$

$$= (F(b) - G(b)) - (F(a) - G(a)).$$

Die angeführten Beispiele zeigen, dass es bei der Berechnung des Inhalts einer Fläche zwischen zwei Graphen, die sich nicht schneiden, nur auf die Differenzfunktion ankommt.

Faustregel:

Falls sich die Graphen von f und g nicht schneiden, gilt für einen Flächeninhalt A zwischen den Graphen:
A =
$\int$(obere Fu. – untere Fu.).

Satz: Es seien f und g stetige Funktionen mit $f(x) \geqq g(x)$ für $x \in [a; b]$. Dann gilt für den Inhalt A der Fläche zwischen den Graphen von f und g über dem Intervall [a; b]:

$$\mathbf{A = \int_a^b (f(x) - g(x))\,dx.}$$

Falls sich die Graphen von f und g im Intervall [a; b] schneiden, gilt teilweise $f(x) \geqq g(x)$ und teilweise $g(x) \geqq f(x)$. Zur Bestimmung von A geht man deshalb so vor (Fig. 4):
1. Schritt: Berechnung der Schnittstellen von f und g
2. Schritt: Bestimmung, in welchen Teilintervallen $f(x) \geqq g(x)$ bzw. $g(x) \geqq f(x)$ gilt
3. Schritt: Berechnung des Flächeninhaltes.

$$A = \int_a^z (f(x) - g(x))\,dx + \int_z^b (g(x) - f(x))\,dx$$

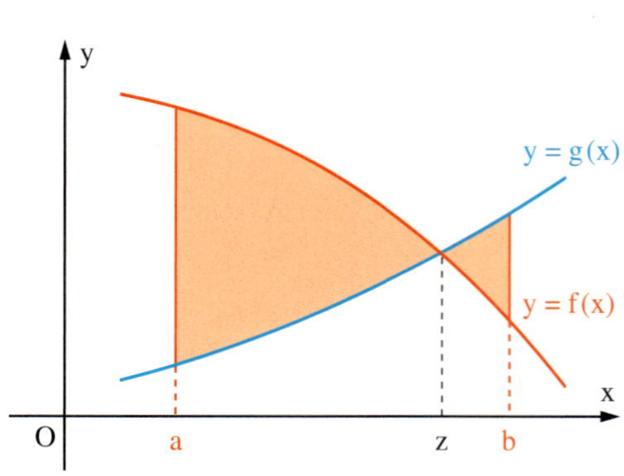

Fig. 4

Beispiel 1: (Die Graphen von f und g schneiden sich nicht)
Gegeben ist die Funktion f mit
$f(x) = \frac{1}{8}x^2 + 1$
und die Funktion g mit
$g(x) = -\frac{1}{2}x^2 + 3x - 4.$
Berechnen Sie den Inhalt A der Fläche, die von den Graphen der Funktionen f und g über [1; 3] eingeschlossen wird (Fig. 1).
Lösung:
Im Intervall [1; 3] gilt: $f(x) \geqq g(x)$.
Also gilt:

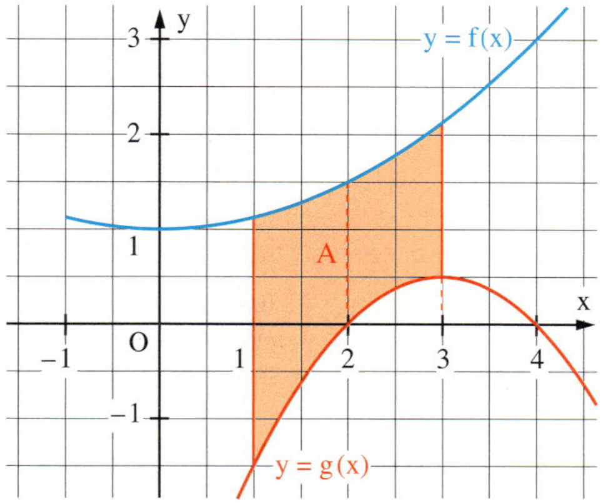

Fig. 1

Wie stellt man fest, ob $f(x) \geqq g(x)$ für $x \in [1; 3]$ gilt?
Oft schafft der Graph Klarheit. Rein rechnerisch kann man z. B. zeigen, dass die Funktion $f - g$ mit $(f-g)(x) = \frac{5}{8}x^2 - 3x + 5$ in [1; 3] keine Nullstellen hat. Da $f - g$ stetig ist, genügt es dann z. B. $(f-g)(2) \geqq 0$ nachzuweisen.

$$A = \int_1^3 \left(\left(\frac{1}{8}x^2 + 1\right) - \left(-\frac{1}{2}x^2 + 3x - 4\right)\right)dx = \int_1^3 \left(\frac{5}{8}x^2 - 3x + 5\right)dx = \left[\frac{5}{24}x^3 - \frac{3}{2}x^2 + 5x\right]_1^3 = \frac{41}{12}.$$

Der gesuchte Flächeninhalt ist $A = \frac{41}{12}$.

Beispiel 2: (Die Graphen von f und g schneiden sich)
Berechnen Sie den Inhalt A der Fläche, die von den Graphen von f mit
$f(x) = x^3 - 6x^2 + 9x$ und g mit
$g(x) = -\frac{1}{2}x^2 + 2x$ eingeschlossen wird (Fig. 2)
a) ohne CAS b) mit CAS
Lösung:
a) 1. Schritt: $x^3 - 6x^2 + 9x = -\frac{1}{2}x^2 + 2x$
$x(2x^2 - 11x + 14) = 0$
$x_1 = 0;\ x_2 = 2;\ x_3 = 3{,}5$

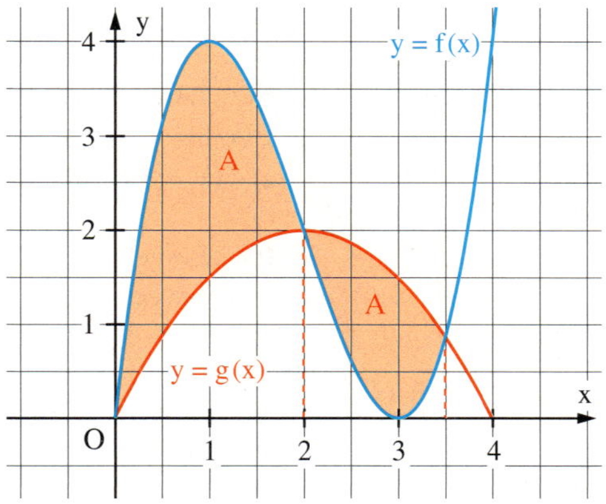

Fig. 2

Die Ergebnisse des 2. Schrittes ergeben sich oft aus dem Graphen. Da f und g stetig sind, genügt es z. B. auch $f(1) \geqq g(1)$ und $f(3) \leqq g(3)$ nachzuweisen.

2. Schritt: Für $0 \leqq x \leqq 2$ ist $f(x) \geqq g(x)$;
für $2 \leqq x \leqq 3{,}5$ ist $g(x) \geqq f(x)$.
3. Schritt:

$$A = \int_0^2 (f(x) - g(x))\,dx + \int_2^{3,5} (g(x) - f(x))\,dx = \int_0^2 (x^3 - 5{,}5x^2 + 7x)\,dx + \int_2^{3,5} (-x^3 + 5{,}5x^2 - 7x)\,dx$$

$$= \left[\frac{1}{4}x^4 - \frac{11}{6}x^3 + \frac{7}{2}x^2\right]_0^2 + \left[-\frac{1}{4}x^4 + \frac{11}{6}x^3 - \frac{7}{2}x^2\right]_2^{3,5} = \frac{937}{192} \approx 4{,}88.$$

Der gesuchte Flächeninhalt ist $A = \frac{937}{192}$.

Flächen zwischen Kurven

b) Fig. 3 zeigt, wie die Fläche exakt berechnet werden kann. Das Vorgehen orientiert sich an der Rechnung von a). Fig. 4 und Fig. 5 zeigen die näherungsweise Berechnung der Schnittstellen im Graphikfenster und das Ergebnis $A \approx 4{,}88$ der Integration $A = \int_0^{3,5} |f(x) - g(x)|\,dx$.

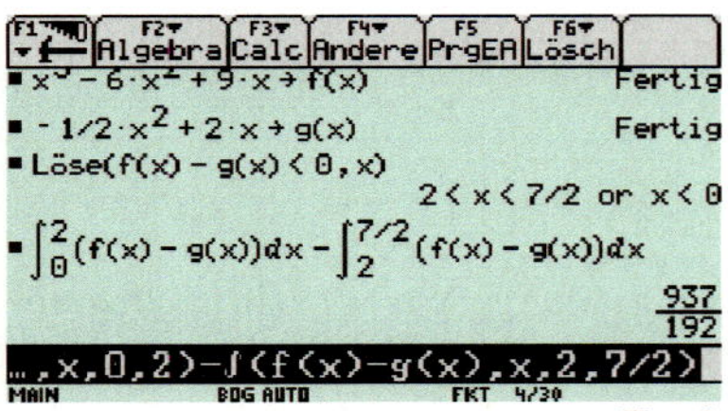

Fig. 3

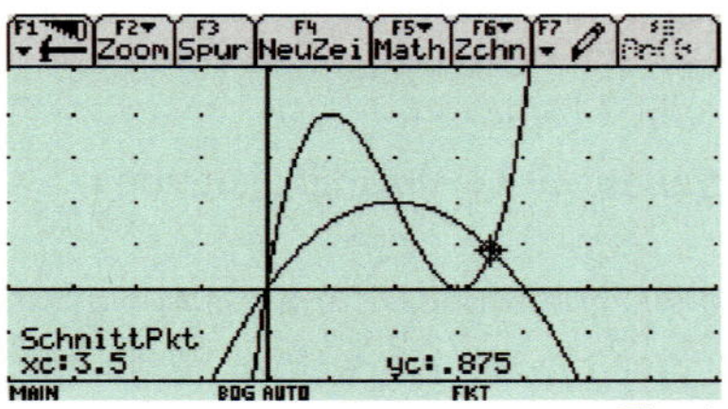

Fig. 4

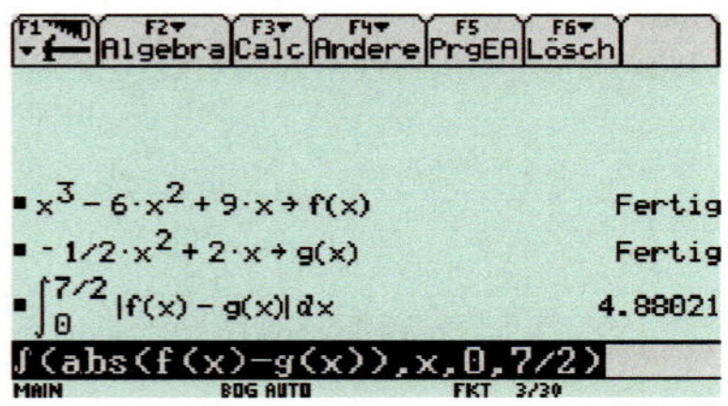

Fig. 5

Aufgaben

2 Drücken Sie den Inhalt A der beschriebenen Fläche als Summe von $A_1, A_2, \ldots, A_6$ aus.
a) Die Fläche wird von den Graphen von f und g begrenzt.
b) Die Fläche wird von den Graphen von f und g sowie der x-Achse begrenzt.
c) Die Fläche wird von den Graphen von f und g über dem Intervall $[0; b]$ begrenzt.

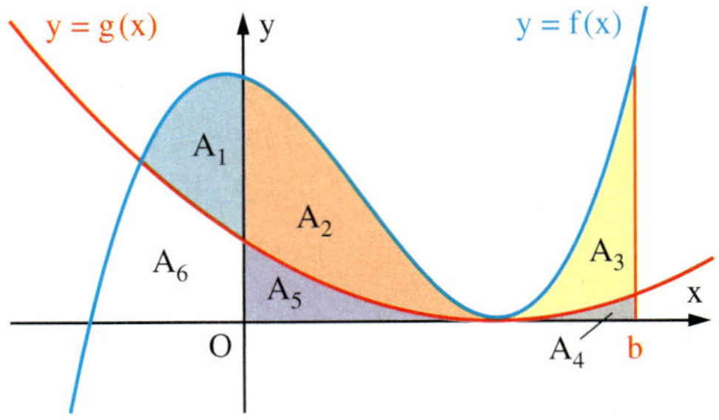

Fig. 1

Zu Aufgabe 5:

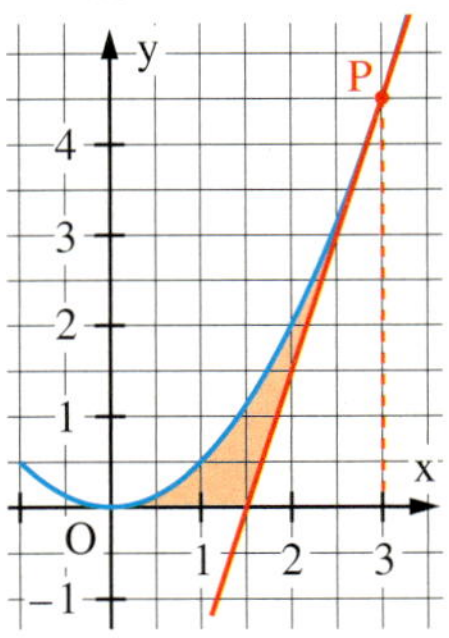

Fig. 2

3 Berechnen Sie den Inhalt der Fläche, die von den Graphen von f und g sowie den Geraden mit den Gleichungen $x = a$ und $x = b$ begrenzt wird.
a) $f(x) = \frac{1}{2}x$; $g(x) = -x^2 + 4$; $a = -1$; $b = 1$ b) $f(x) = x^3$; $g(x) = x$; $a = 0$; $b = 1$

4 Wie groß ist die Fläche, die von den Graphen von f und g begrenzt wird?
a) $f(x) = x^2$; $g(x) = -x^2 + 4x$ b) $f(x) = x^2$; $g(x) = -x^3 + 3x^2$
c) $f(x) = -\frac{1}{x^2}$; $g(x) = 2{,}5x - 5{,}25$ d) $f(x) = x^3 - x$; $g(x) = -x^3 + x^2$

5 Berechnen Sie den Inhalt der Fläche, die vom Graphen von f, der Tangente in P und der x-Achse begrenzt wird.
a) $f(x) = \frac{1}{2}x^2$; $P(3\,|\,4{,}5)$ b) $f(x) = (x-2)^4$; $P(0\,|\,16)$ c) $f(x) = \frac{1}{x^2} - \frac{1}{4}$; $P(0{,}5\,|\,3{,}5)$

6 Berechnen Sie den Inhalt der Fläche, die vom Graphen von f, der Normalen in P und der x-Achse begrenzt wird.
a) $f(x) = -x^2$; $P(1\,|\,-1)$ b) $f(x) = x^3$; $P(1\,|\,1)$ c) $f(x) = -\frac{1}{4}x^3 + 2$; $P(-2\,|\,4)$

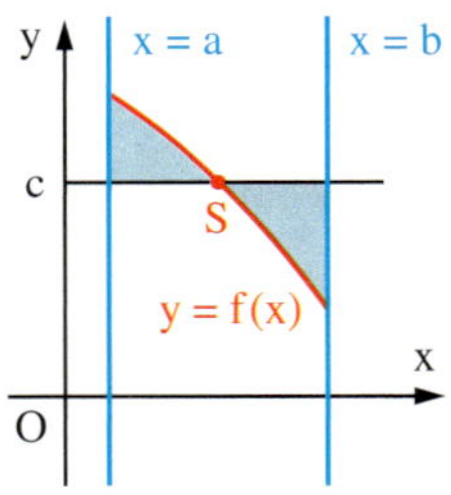

Fig. 3

7 Berechnen Sie den Inhalt der Fläche zwischen dem Graphen von f und der Normalen im Wendepunkt von f.
a) $f(x) = -x^3 + x$ b) $f(x) = -\frac{1}{3}x^3 + 2x$ c) $f(x) = -0{,}5x^3 - 1{,}5x^2 - 0{,}5x - 0{,}5$

8 Die Funktion f ist auf dem Intervall [a; b] definiert und es ist $f(a) \neq f(b)$. Wenn $c \in \mathbb{R}$ mit $f(a) < c < f(b)$ oder $f(b) < c < f(a)$ ist, begrenzen der Graph von f sowie die Geraden mit den Gleichungen $x = a$, $x = b$ und $y = c$ eine Fläche, die aus zwei Teilen besteht (Fig. 3). Bestimmen Sie c so, dass die beiden Teilflächen denselben Inhalt haben.
a) $f(x) = 4x - x^2$; $a = 0$; $b = 2$ b) $f(x) = \frac{6}{(x+2)^2}$; $a = -1$; $b = 4$

9 Für jedes $t \in \mathbb{R}^+$ ist eine Funktion f_t gegeben durch $f_t(x) = tx^3 - 3(t+1)x$.
Die Gerade mit der Gleichung $y = -3x$ schließt mit dem Graphen von f_t eine Fläche mit dem Inhalt A(t) ein. Bestimmen Sie A(t).

Aufgabe: Kanalquerschnitt

10 Für jedes $t \in \mathbb{R}^+$ ist eine Funktion f_t gegeben durch $f_t(x) = \frac{tx^2 - 4}{x^2}$. Der Graph von f_t schließt im 1. Quadranten mit den Koordinatenachsen und den Geraden mit den Gleichungen $x = \frac{4}{\sqrt{t}}$ und $y = t$ eine Fläche ein.
Berechnen Sie deren Inhalt in Abhängigkeit von t.

11 Die Graphen der Funktionen f_a mit $f_a(x) = a \cdot \sin(x)$ und g_a mit $g_a(x) = -\frac{1}{a} \cdot \sin(x)$ begrenzen für $x \in [0; \pi]$ eine Fläche. Für welche Werte von a ist der Flächeninhalt minimal? Geben Sie den minimalen Inhalt an.

Definition des Integrals
Bei einer stetigen Funktion f ist das Integral der Grenzwert einer Zerlegungssumme.

$$\int_b^a f(x)\,dx = \lim_{n\to\infty} \frac{b-a}{n}[(f(x_1) + f(x_2) + \ldots + f(x_n)].$$

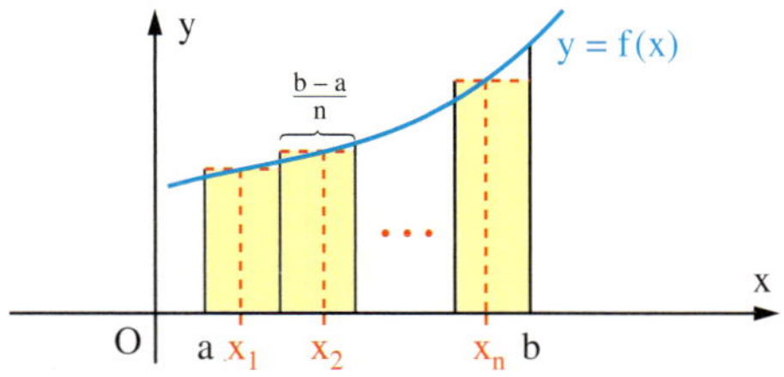

Stammfunktionen
F heißt Stammfunktion von f, falls $F'(x) = f(x)$ ist. Ist F eine Stammfunktion von f, dann auch G mit $G(x) = F(x) + c$.

Zu f mit $f(x) = 3x^2 + \frac{1}{x^2}$ sind F mit $F(x) = x^3 - \frac{1}{x}$ und G mit $G(x) = x^3 - \frac{1}{x} - 2$ Stammfunktionen.

Berechnung von Integralen
Integrale kann man mit Hilfe von Stammfunktionen berechnen.
Ist F eine beliebige Stammfunktion von f, so gilt:

$$\int_b^a f(x)\,dx = F(b) - F(a).$$

Gegeben: f mit $f(x) = 1{,}5x^2$.
Stammfunktion von f ist F mit $F(x) = 0{,}5x^3$.

$$\int_1^4 1{,}5x^2\,dx = [0{,}5x^3]_1^4 = 32 - 0{,}5 = 31{,}5.$$

Integral und momentane Änderungsrate
Ist die momentane Änderungsrate m einer Größe G in einem Zeitintervall $[t_1; t_2]$ gegeben, dann kann man die Gesamtänderung der Größe $G(t_2) - G(t_1)$ in diesem Intervall mit einem Integral bestimmen:

$$G(t_2) - G(t_1) = \int_{t_1}^{t_2} m(t)\,dt.$$

Während der ersten 10 Minuten nach dem Starten eines kalten Motors wird der momentane Schadstoffausstoß m $\left(\text{in } \frac{mg}{s}\right)$ gemessen:

$$m(t) = \frac{8}{(0{,}01\,t)^2 + 1} + 1 \ (t \text{ in s}).$$

Gesamter Schadstoffausstoß:

$$\int_0^{600} \left(\frac{8}{(0{,}01\,t)^2 + 1} + 1\right)dt \approx 1725\,mg \ (\text{mit CAS}).$$

Berechnung von Flächeninhalten
a) Flächen zwischen einem Graphen und der x-Achse
Bei der Berechnung des Flächeninhalts ist zu unterscheiden, ob die Fläche oberhalb oder unterhalb der x-Achse liegt.

$$A_1 = \int_a^b f(x)\,dx;$$

$$A_2 = -\int_b^c f(x)\,dx.$$

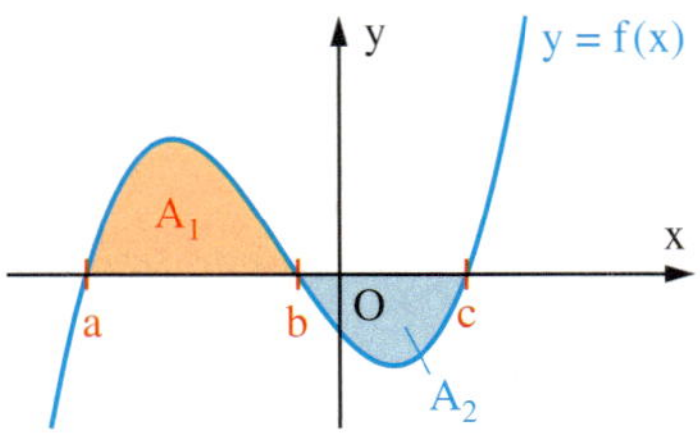

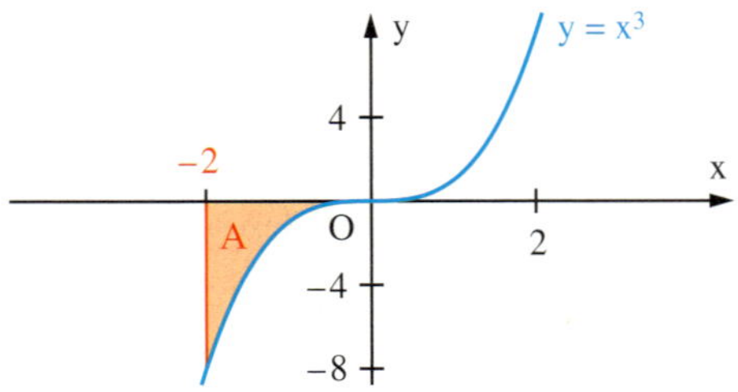

$$A = -\int_{-2}^{0} x^3\,dx = [-0{,}25x^4]_{-2}^{0} = 0 - (-4) = 4.$$

b) Flächen zwischen zwei Kurven
Zur Berechnung des Flächeninhalts ist zunächst zu klären, welche Kurve in welchen Bereichen oberhalb der anderen Kurve liegt. Dazu müssen die Schnittstellen der Graphen bestimmt werden.

$$A_1 = \int_b^a (f(x) - g(x))\,dx;$$

$$A_2 = \int_b^c (g(x) - f(x))\,dx.$$

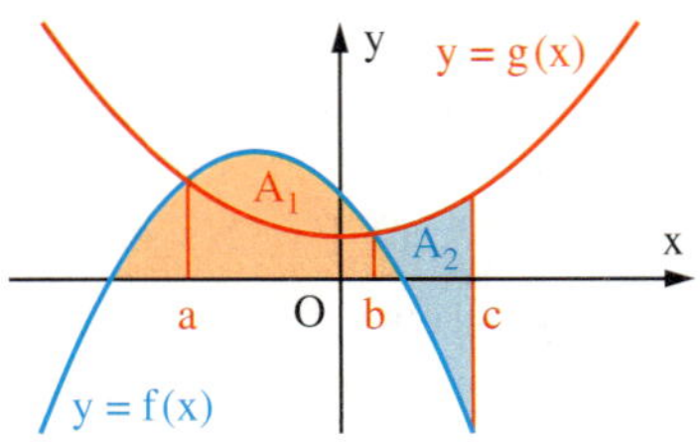

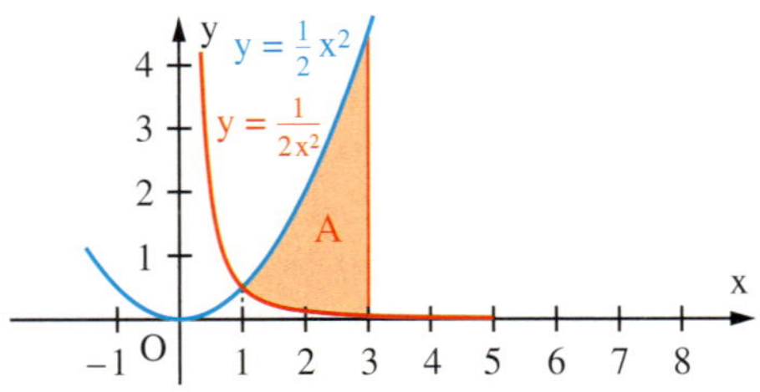

$$A = \int_1^3 \left(\tfrac{1}{2}x^2 - \tfrac{1}{2x^2}\right)dx = \left[\tfrac{1}{6}x^3 + \tfrac{1}{2x}\right]_1^3$$

$$= \left(\tfrac{27}{6} + \tfrac{1}{6}\right) - \left(\tfrac{1}{6} + \tfrac{1}{2}\right) = 4.$$

1 Bestimmen Sie das Integral und veranschaulichen Sie es als orientierten Flächeninhalt.

a) $\int_{-2}^{2} (x^2 + 1)\,dx$ b) $\int_{0}^{2\pi} \cos(x)\,dx$ c) $\int_{1}^{2} -\frac{1}{x^2}\,dx$

2 a) Geben Sie für f mit $f(x) = (x-1)(x+1)$ alle Stammfunktionen an.

b) Bestimmen Sie einen Funktionsterm der Integralfunktion J_1 mit $J_1(x) = \int_{1}^{x} f(t)\,dt$.

3 Bestimmen Sie den Inhalt der Fläche, die von den Graphen der Funktionen f und g mit $f(x) = -x^2 + 4$ und $g(x) = 2x + 1$ eingeschlossen wird.

4 Untersuchen Sie, ob die nach rechts ins Unendliche reichende Fläche mit der linken Grenze $a = 1$ unter dem Graphen von f mit $f(x) = \frac{10}{x^4}$ einen endlichen Inhalt hat.

5 Skizzieren Sie den Graphen der Funktion f (Fig. 1) in Ihr Heft. Skizzieren Sie dazu einen Graphen

a) der Ableitungsfunktion f',

b) einer Stammfunktion von f,

c) der Integralfunktion $\int_{0}^{x} f(t)\,dt$.

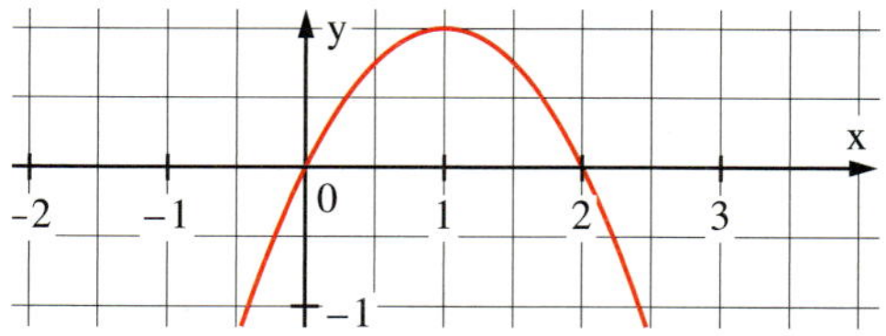

Fig. 1

6 Die Funktion G (Fig. 2) ist eine Stammfunktion von g. Bestimmen Sie aus dem Graphen von G näherungsweise

a) $g(2)$,

b) $\int_{1}^{4} g(x)\,dx$.

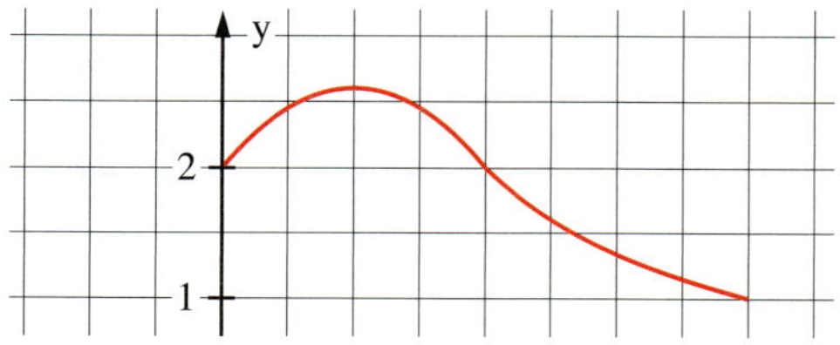

Fig. 2

7 a) Geben Sie eine Funktion f mit $D_f = \mathbb{R}$ an mit der Eigenschaft: Die Integralfunktion J_0 mit $J_0(x) = \int_{0}^{x} f(t)\,dt \ (x \in \mathbb{R})$ ist streng monoton steigend.

b) Beschreiben Sie, welche Eigenschaften eine Funktion f mit $D_f = \mathbb{R}$ haben muss, damit die Integralfunktion J_a mit $J_a(x) = \int_{a}^{x} f(t)\,dt \ (x \in \mathbb{R})$ streng monoton steigend ist.

8 Die Steiggeschwindigkeit v (in $\frac{m}{s}$) eines Flugzeuges in Abhängigkeit von der Zeit t (in s) beträgt $v(t) = -\frac{1}{10}t^2 + 2{,}5t$ für $t \in [0; 20]$.
Welche größte Höhe hat das Flugzeug im angegebenen Zeitintervall erreicht?

9 Ein quaderförmiger Wasserbehälter hat eine Grundfläche von $80\,m^2$. Im Zeitraum zwischen 0 und 4 h gilt für die Höhe des Wasserspiegels $h(t) = -t(t-4)$ (t in h; h in m).

a) Geben Sie die Wassermenge $W(t)$ an, die sich zur Zeit t im Behälter befindet.

b) Dem Behälter wird über einen Zufluss Wasser zugeführt und über einen Abfluss Wasser entnommen. Welche Bedeutung hat in diesem Zusammenhang W'?

Der rein mathematische Hintergrund ist jeweils der Gleiche (siehe Aufg. 10).

10 a) Bei vom Weg s abhängiger Kraft $F = D \cdot s$ gilt für die verrichtete Arbeit $W = \int_{0}^{s_0} F(s)\,ds$.
Leiten Sie damit die für das Spannen einer Feder nötige Arbeit $W = \frac{1}{2}D \cdot s_0^2$ her.

b) Beim freien Fall wächst die Geschwindigkeit gemäß $v(t) = g \cdot t$. Leiten Sie mit Hilfe eines Integrals die Formel für die Fallstrecke $s = \frac{1}{2}g \cdot t^2$ her.

1 Gegeben ist die Funktion f mit $f(x) = 0{,}5\,x^2(x^2 - 4)$.
a) Wie groß ist der Inhalt A_1 der Fläche, die der Graph von f mit der x-Achse einschließt?
b) Der Graph von f und die Gerade mit der Gleichung $y = -2$ begrenzen unterhalb der x-Achse eine Fläche vom Inhalt A_2. Berechnen Sie A_2.
c) Geben Sie das Verhältnis der beiden Flächen in Prozent an..

2 Gegeben ist die Funktion f mit $f(x) = -\frac{1}{12}x^3 + \frac{3}{2}x^2 + 9$. Der Graph von f sei K.
a) Bestimmen Sie die Hoch-, Tief- und Wendepunkte von K. Skizzieren Sie K.
b) K und die Tangente von K in $Q(0|9)$ begrenzen im 1. Feld eine Fläche. Berechnen Sie ihren Inhalt.
c) Für welches u mit $0 \leqq u \leqq 18$ hat die Strecke OP mit $P(u|f(u))$ eine maximale Länge?

3 Gegeben ist die Funktion f mit $f(t) = (t - 2)^2$; $t \in \mathbb{R}$.
Es sei $J_a(x) = \int_a^x f(t)\,dt$ die Integralfunktion von f zur unteren Grenze a $(a \in \mathbb{R})$.
a) Skizzieren Sie in einem Koordinatensystem den Graphen von f und die Graphen von zwei verschiedenen Integralfunktionen von f.
b) Weisen Sie nach, dass J_a keine Extremstellen und genau eine Wendestelle hat.

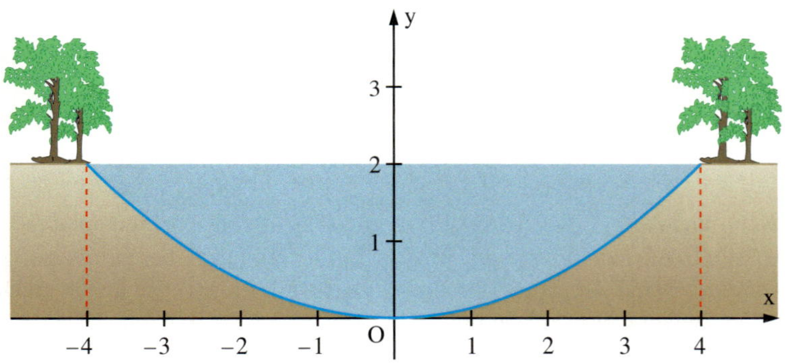

Fig. 1

4 Der Boden eines 2 km langen Kanals hat die Form einer Parabel (siehe Fig. 1). Dabei entspricht einer Längeneinheit 1 m in der Wirklichkeit.
a) Berechnen Sie den Inhalt der Querschnittsfläche des Kanals.
b) Wie viel Wasser befindet sich im Kanal, wenn er ganz gefüllt ist?
c) Wie viel Prozent der maximalen Wassermenge befindet sich im Kanal, wenn er nur bis zur halben Höhe gefüllt ist?

5 Der Inhalt V(t) eines $30\,m^3$ fassenden Wasserbehälters ändert sich in einem Rhythmus von 24 Stunden gemäß $V(t) = 0{,}01\,(t^3 - 24t^2 + 3000)$; $(0 \leqq t \leqq 24$; t in Stunden; V(t) in $m^3)$.
Zu welchem Zeitpunkt enthält der Behälter die kleinste Menge? Wie viel Wasser ist das?

6 Die Funktion f mit $f(x) = \sin(x)$ schließt auf dem Intervall $[0; \pi]$ mit der x-Achse eine Fläche ein.
a) Bestimmen Sie den Inhalt dieser Fläche exakt und anschließend näherungsweise. Teilen Sie dazu das Intervall $[0; \pi]$ in 10 gleich lange Teilintervalle auf und errichten Sie über jedem Teilintervall ein Rechteck, dessen Höhe jeweils der Funktionswert am rechten Rand des Intervalls ist. Summieren Sie die Inhalte der Rechtecke auf. Geben Sie die prozentuale Abweichung vom exakten Wert an.
b) Wie groß ist die prozentuale Abweichung bei Aufteilung von $[0; \pi]$ in 100 Teilintervalle?

7 Für die Zuwachsrate z einer Pflanzenpopulation für die nächsten 20 Jahre wird folgende Modellannahme zugrunde gelegt: $z(t) = 0{,}01\,t\,(t - 10)\,(t - 20)$ $\left(\text{t in Jahren; z(t) in } \frac{\text{Pflanzen}}{\text{Jahr}}\right)$.
a) Skizzieren Sie einen Graph von z. Bestimmen Sie anhand dieses Graphen, in welchen Zeiträumen der Bestand zunimmt bzw. abnimmt. Wann ist der Bestand maximal?
b) Zur Zeit $t = 0$ sind 100 Pflanzen vorhanden. Bestimmen Sie mithilfe des GTR den Minimal- und den Maximalbestand in den nächsten 20 Jahren.

1 Eigenschaften der Funktion f: $x \mapsto c \cdot a^x$

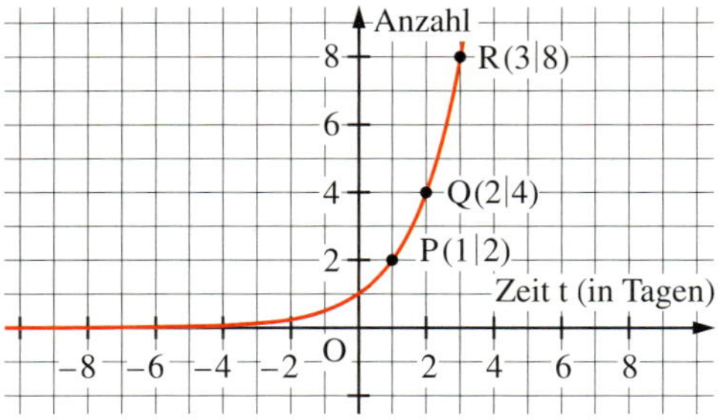

Fig. 1

1 Ein Gerücht verbreitet sich durch Gespräche von Person zu Person. Jeden Tag informiert jede Person, die dieses Gerücht kennt, genau eine andere, die es nicht kennt.
a) Deuten Sie diese Situation am nebenstehenden Graphen.
b) Geben Sie an, wie viele Personen nach 1 (2, 3, 4, 10) Tagen das Gerücht kennen.
c) Geben Sie die zugehörige Funktion an.

Inflationsrate unverändert

Bonn (dpa). Nach neuesten Mitteilungen ist die Inflationsrate in Frankreich seit mehreren Jahren nahezu unverändert bei 4 %. Dies teilte das …

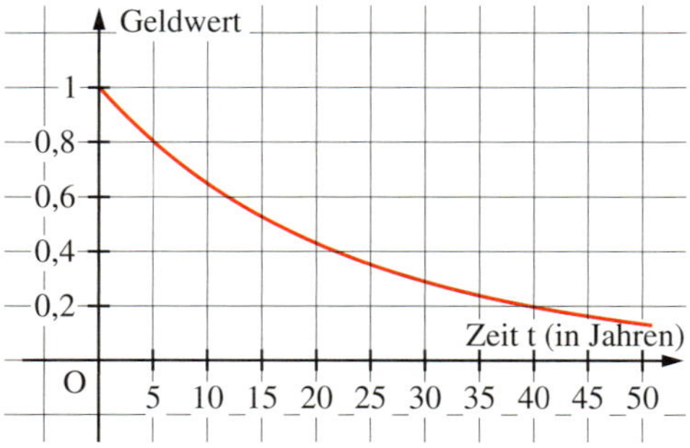

Fig. 2

2 In einem Land beträgt die durchschnittliche jährliche Inflationsrate 4,0 %. Der Wert der Währungseinheit sinkt damit innerhalb eines Jahres auf das $\frac{100}{104}$fache.
a) Geben Sie den Wert der Währungseinheit nach 5 (10, 20, 40) Jahren an. Wie lautet der zugehörige Funktionsterm?
b) Bestimmen Sie mithilfe des CAS, wann sich der Geldwert gegenüber dem Beobachtungsbeginn halbiert (gedrittelt) hat.

Zahlreiche Vorgänge in Natur und Alltag wie z. B. das Pflanzenwachstum oder der radioaktive Zerfall lassen sich in gewissen Bereichen durch eine Funktion f mit $f(t) = c \cdot a^t$ beschreiben. Dabei ist $f(0) = c$ der Anfangsbestand. Da $f(t+1) = c \cdot a^{t+1} = a \cdot (c \cdot a^t) = a \cdot f(t)$ ist, ändert sich der Funktionswert f(t) an der Stelle t beim „Schritt um 1 nach rechts" um den Faktor a. Diese Zahl heißt Wachstumsfaktor.

Für a = 1 erhält man die konstanten Funktionen f mit f(x) = 1 bzw. g mit g(x) = c.

Funktionen f mit $f(x) = a^x$ oder auch g mit $g(x) = c \cdot a^x$, $c \in \mathbb{R}$, $a > 0$, $x \in \mathbb{R}$, nennt man **Exponentialfunktionen zur Basis a**. Ein Vorgang, der durch eine Exponentialfunktion beschrieben werden kann, wird exponentielles Wachstum genannt. Exponentialfunktionen nennt man deshalb bei Anwendungen auch **Wachstums-** bzw. **Zerfallsfunktionen**.

Zeichnen Sie mithilfe des CAS die Graphen verschiedener Exponentialfunktionen. Welche Gemeinsamkeiten bzw. Unterschiede ergeben sich zu den Graphen ganzrationaler Funktionen?

Eigenschaften von Exponentialfunktionen:
a) Die Graphen von Funktionen f mit $f(x) = a^x$ verlaufen immer oberhalb der x-Achse. Da $a^0 = 1$ ist für alle $a > 0$, gehen alle Graphen durch A(0|1).
b) Für $a > 1$ ist mit $x_2 > x_1$ auch $a^{x_2} > a^{x_1}$; der Graph von f steigt. Für $a < 1$ folgt aus $x_2 > x_1$ stets $a^{x_2} < a^{x_1}$; der Graph von f fällt.
c) Für $a > 1$ gilt: $a^x \to 0$ für $x \to -\infty$; die x-Achse ist waagerechte Asymptote.
Für $0 < a < 1$ und $x \to +\infty$ ist die x-Achse ebenfalls Asymptote.

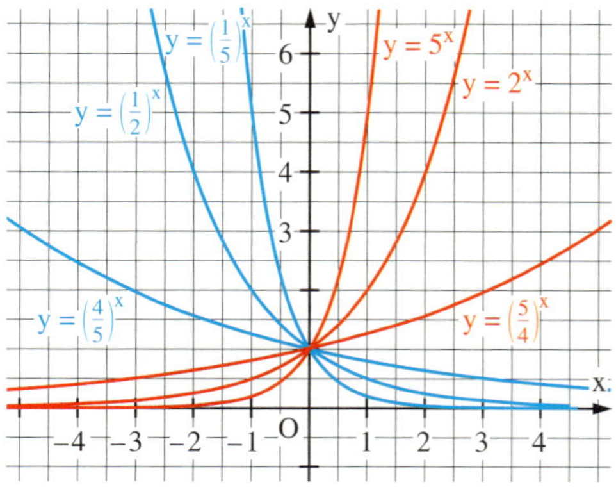

Fig. 3

Ein einziger Punkt legt den Graphen einer Exponentialfunktion $x \mapsto a^x$ fest!

Beispiel 1: (Exponentialfunktion angeben)
Der Graph einer Exponentialfunktion f mit $f(x) = a^x$ geht durch den Punkt P(3|2).
a) Geben Sie den Funktionsterm von f an.
b) Beschreiben Sie den Verlauf des Graphen von f und zeichnen Sie diesen.
Lösung:
a) Wegen $f(3) = 2$ ist $a^3 = 2$, also $a = 2^{\frac{1}{3}}$.
Es ist $f(x) = (2^{\frac{1}{3}})^x$ oder $f(x) = \left(\sqrt[3]{2}\right)^x$.
b) Wegen $a = 2^{\frac{1}{3}} > 1$ ist der Graph K von f streng monoton zunehmend. Die negative x-Achse ist Asymptote. A(0|1) liegt auf K.

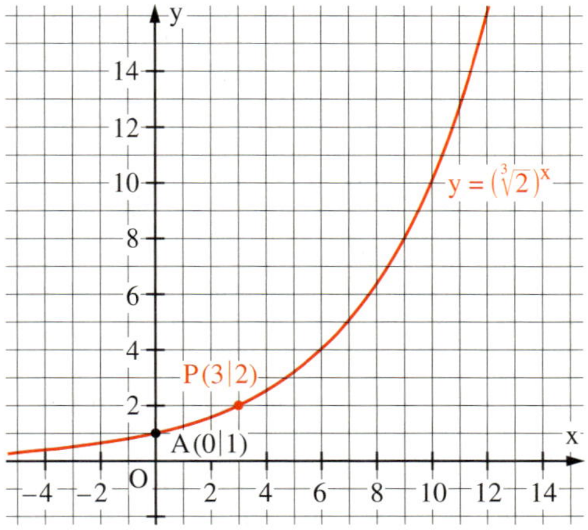

Fig. 1

Beispiel 2: (Zerfallsfunktion aufstellen)
Die Arbeitslosenzahl beträgt in einem Land derzeit 4,8 Mio. Sie soll innerhalb von 5 Jahren halbiert werden. Wie groß ist die jährliche Abnahme in Prozent, wenn exponentielle Abnahme vorausgesetzt wird?
Lösung:
f(t) ist die Arbeitslosenzahl in Millionen zum Zeitpunkt t (in Jahren). Da exponentielle Abnahme vorausgesetzt wird, muss gelten $f(t) = c \cdot a^t$. Weiterhin ist $f(0) = 4{,}8$ und $f(5) = 2{,}4$.
Aus $f(0) = 4{,}8$ folgt $c \cdot a^0 = 4{,}8$. Aus $f(5) = 2{,}4$ folgt $c \cdot a^5 = 2{,}4$. Also ist $c = 4{,}8$ und $a^5 = \frac{1}{2}$ oder $a = \left(\frac{1}{2}\right)^{\frac{1}{5}} = \sqrt[5]{0{,}5} \approx 0{,}8706$. Die Wachstumsfunktion ist somit f mit $f(t) = 4{,}8 \cdot \left[\left(\frac{1}{2}\right)^{\frac{1}{5}}\right]^t$.
Da $f(t+1) = a \cdot f(t)$ für $a = \left(\frac{1}{2}\right)^{\frac{1}{5}} \approx 0{,}8706$ ist, fällt die Arbeitslosenzahl innerhalb jedes Jahres ungefähr auf das 0,87fache, d.h. sie nimmt um rund 13 % jährlich ab.

Lösung mit dem CAS:

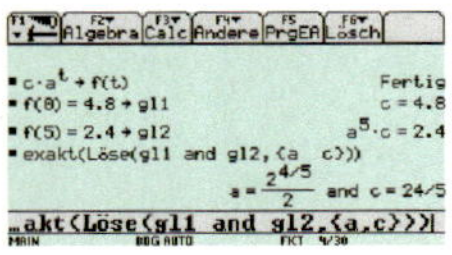

Aufgaben

3 Zeichnen Sie den Graphen K von f mit $f(x) = 3^x$. Wie erhält man den Graphen G der Funktion g aus dem Graphen von K?
a) $g(x) = 3^x + 1$ b) $g(x) = -\frac{1}{2} \cdot 3^x$ c) $g(x) = \left(\frac{1}{3}\right)^x$ d) $g(x) = \frac{1}{2} \cdot \left(\frac{1}{3}\right)^x$ e) $g(x) = 3^{x-1}$.

4 Der Graph der Exponentialfunktion f mit $f(x) = a^x$ geht durch den Punkt P. Bestimmen Sie den zugehörigen Funktionsterm und skizzieren Sie den Graphen.
a) P(1|3) b) $P\left(1\middle|\frac{1}{4}\right)$ c) P(2|6) d) P(−1|3) e) $P\left(-\frac{1}{2}\middle|\frac{1}{16}\right)$

Ohne sie geht nichts!

Die Potenzgesetze:
$a^x \cdot a^y = a^{x+y}$
$\frac{a^x}{a^y} = a^{x-y}$
$(a^x)^y = a^{x \cdot y}$

5 Der Graph der Exponentialfunktion f mit $f(x) = c \cdot a^x$ geht durch die Punkte P und Q. Berechnen Sie c und a.
a) P(1|1), Q(2|2) b) P(−1|5), Q(0|7) c) P(4|5), Q(5|6)

6 Suchen Sie mithilfe des CAS die kleinste ganze Zahl x, für die gilt
a) $2{,}5^x > 100\,000$ b) $0{,}000\,005 \leqq 2^x$ c) $\left(\frac{2}{3}\right)^x \geqq 0{,}000\,07$ d) $6 \cdot 10^{-8} \leqq 0{,}5^x$.

7 Am 1. Januar 1950 wurde ein Betrag von umgerechnet 100,00 € auf ein Bankkonto eingezahlt. Dabei wurde ein langjähriger Festzinssatz von 5 % pro Jahr vereinbart.
a) Welchen Betrag weist das Konto am 1. Januar 2010 auf, wenn der Zins jährlich auf dem Konto gutgeschrieben wird und keine weiteren Ein- oder Auszahlungen erfolgt sind bzw. erfolgen?
b) Welchen Kontostand weist das Konto am 1. April 2005 auf?

Beispiel:
$f(x) = 2^{3x-\frac{1}{2}} = 2^{3x} \cdot 2^{-\frac{1}{2}}$
$= \frac{1}{2^{\frac{1}{2}}} \cdot (2^3)^x = \frac{1}{\sqrt{2}} \cdot 8^x$

8 Schreiben Sie den Funktionsterm der Funktion f in der Form $f(x) = c \cdot a^x$.

a) $f(x) = 3^{2x+3}$ b) $f(x) = 16^{2x+0,5}$ c) $f(x) = \frac{1}{2^{1+x}}$ d) $f(x) = \frac{1}{2^{x-1}}$

e) $f(x) = \left(\frac{1}{2}\right)^{x-2}$ f) $f(x) = 3^{\frac{1}{3}x-3}$ g) $f(x) = \left(\frac{1}{4}\right)^{\frac{1}{4}x-\frac{1}{4}}$ h) $f(x) = \frac{48}{4^{-0,5x+2}}$

9 Gegeben ist der Graph G der Funktion f mit $f(x) = 2^x$. Durch die angegebene Abbildung entsteht aus G jeweils der Graph einer neuen Funktion h. Geben Sie h an.

a) Spiegelung an der x-Achse
b) Spiegelung an der y-Achse
c) Verschiebung um 1 in Richtung der positiven x-Achse
d) Verschiebung um 3 in Richtung der negativen y-Achse.

10 Entscheiden Sie, ob für die Funktion f mit $f(x) = c \cdot 3^x$, $c \in \mathbb{R}$ die folgenden Aussagen richtig, falsch oder nicht entscheidbar sind. Geben Sie jeweils eine Begründung an.

a) Ist $c > 0$, so gilt stets $f(x) > 0$.
b) Ist $g(x) = c \cdot b^x$ mit $b > 3$, so gilt stets $g(x) > f(x)$.
c) Für den Funktionswert $f(x + 2)$ gilt immer: $f(x + 2) = 3^2 \cdot f(x)$.
d) Für den Funktionswert $f(2x)$ gilt immer: $f(2x) = (f(x))^2$.
e) Zum an der y-Achse gespiegelten Graphen der Funktion f existiert ebenfalls eine Funktion. Dies ist die Funktion h mit $h(x) = c \cdot (-3)^x$.

$a^x = a^y$ mit $a \neq 1$ tritt genau dann ein, wenn $x = y$.

11 Lösen Sie die Gleichung.

a) $5^x = 125$ b) $5^x = \frac{1}{25}$ c) $0,5^x = 2$ d) $3^{x-1} = 9$ e) $2^{3x-4} = 8$

12 a) $(x - 1) \cdot 4^x = 0$ b) $(2x + 5) \cdot 1,5^x = 0$ c) $(x - 1) \cdot 2^x = 2^x$ d) $\left(x + \frac{1}{2}\right) \cdot 2^x = x + \frac{1}{2}$

Es ist
$a \cdot b = 0$, wenn entweder
1. $a = 0$ oder
2. $b = 0$ oder
3. $a = 0$ und $b = 0$ ist.

13 In einem Gebiet vermehrt sich ein Heuschreckenschwarm exponentiell, und zwar wöchentlich um 50 %. Man geht von einem Anfangsbestand von 10 000 Tieren aus.

a) Wie lautet die Wachstumsfunktion? Wie groß ist der Zuwachs in den ersten 6 Wochen?
b) Um wie viel Prozent nimmt der Bestand in den ersten 10 Wochen zu?

14 Ein Bestand kann näherungsweise durch die Funktion f mit $f(t) = 20 \cdot 0,95^t$ (t in Tagen) beschrieben werden.

a) Wie groß ist die Bestandsabnahme in den ersten drei Tagen?
b) Berechnen Sie die wöchentliche Abnahme in Prozent.

Blaise Pascal (1623–1662) war überzeugt, „dass die Quecksilbersäule im Barometer vom Luftdruck getragen wird, so dass ihre Höhe auf dem Berg kleiner sein muss als im Tal". 1648 führte sein Schwager Périer in seinem Auftrag ein entsprechendes Experiment am Fuße und am Gipfel des Puy de Dôme durch.

15 Die Demokratische Republik Kongo hatte im Jahr 2000 eine Einwohnerzahl von 51,8 Millionen. Für die nächsten Jahre wird ein Wachstum von jährlich 3,2 % erwartet.

a) Bestimmen Sie die zugehörige Wachstumsfunktion. Welche Einwohnerzahl erwartet man im Jahr 2010 bzw. 2020?
b) Berechnen Sie die Einwohnerzahl vor 2, 5, 10 bzw. 20 Jahren.

16 Der Luftdruck beträgt in Meereshöhe (Normalnull, NN) etwa 1000 hPa (Hektopascal). Mit zunehmender Höhe nimmt der Luftdruck exponentiell ab. Bei gleich bleibender Temperatur sinkt der Luftdruck innerhalb von 1 km Aufstieg auf das 0,88fache.

a) Bestimmen Sie die zugehörige Wachstumsfunktion (barometrische Höhenformel).
b) Wie groß ist der Luftdruck etwa auf dem Feldberg im Schwarzwald (1493 m), der Zugspitze (2963 m), dem Mt. Blanc (4807 m) und dem Mt. Everest (8848 m)?
c) Um wie viel Prozent nimmt der Luftdruck nach der barometrischen Höhenformel beim Anstieg um jeweils 100 m bzw. 10 m ab?

2 Die eulersche Zahl e

1 Welche der drei Banken macht das günstigste Angebot?

Der jährliche Zinssatz z, der zur Verdopplung des Kapitals K nach 10 Jahren führt, beträgt nur etwa 7,18%. Es ist nämlich:
$K \cdot \left(1 + \frac{z}{100}\right)^{10} = 2 \cdot K$, also
$z = 100 \cdot \left(\sqrt[10]{2} - 1\right) \approx 7{,}18$.

Eine Bank legt ein Angebot vor, nach dem sich ein angelegtes Kapital K innerhalb von 10 Jahren verdoppelt. Dies sind 100% Zinsen in 10 Jahren. Damit erhöht sich im Durchschnitt das Kapital K pro Jahr um $\frac{100\,\%}{10} = 10\,\%$. Würde diese durchschnittliche Kapitalerhöhung von 10% als Jahreszins dem Kapital K hinzugefügt, so erhielte man wegen

$$K_{10} = K \cdot \left(1 + \tfrac{1}{10}\right)^{10} \approx 2{,}5937 \cdot K$$

einen erheblich höheren Betrag nach 10 Jahren.
Es wird folgender Fall betrachtet:
Bei einer Verzinsung von 100% in 10 Jahren ist die durchschnittliche Kapitalerhöhung pro Jahr $\frac{1}{10} = 10\,\%$, pro Halbjahr $\frac{1}{20} = 5\,\%$, pro Vierteljahr $\frac{1}{40} = 2{,}5\,\%$, pro Monat $\frac{1}{120} \approx 0{,}83\,\%$ usw.
Dieser Anteil wird als Zinssatz angenommen und der zugehörige Zins dem Kapital jährlich, halbjährlich, vierteljährlich, monatlich usw. zugeführt. Welches Kapital liegt jeweils nach 10 Jahren vor?

– Halbjährige Verzinsung (20 Zeiträume) mit $\frac{100}{20}\,\% = 5\,\%$:

$$K_{20} = K \cdot \left(1 + \tfrac{1}{20}\right)^{20} \approx 2{,}6533 \cdot K$$

– Vierteljährige Verzinsung (40 Zeiträume) mit $\frac{100}{40}\,\% = 2{,}5\,\%$:

$$K_{40} = K \cdot \left(1 + \tfrac{1}{40}\right)^{40} \approx 2{,}6851 \cdot K$$

Das CAS liefert die Werte der Tabelle:

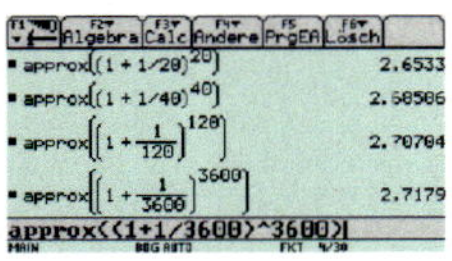

– Monatliche Verzinsung (120 Zeiträume) mit $\frac{100}{120}\,\% = \frac{5}{6}\,\%$:

$$K_{120} = K \cdot \left(1 + \tfrac{1}{120}\right)^{120} \approx 2{,}7070 \cdot K$$

– Werden schließlich die 10 Jahre in m gleiche Zeiträume unterteilt und der Zinssatz $\frac{100}{m}\,\%$ nach jedem Zeitabschnitt dem Kapital zugefügt, so erhält man das Endkapital

$$\boxed{K_m = K \cdot \left(1 + \tfrac{1}{m}\right)^{m}.}$$

Die Tabelle zeigt den Kontostand eines Anfangskapitals von $K = 1$ Euro nach 10 Jahren.

Zuschlag	10j.	jährl.	halbj.	viertelj.	monatl.	tägl.	stündl.	pro Sekunde
m	1	10	20	40	120	3600	86400	311040000
Kapital	2,00	2,5937	2,6533	2,6851	2,7070	2,7179	2,7183	2,7183

Im Jahre 1690 untersuchte JAKOB BERNOULLI erstmals das Anwachsen bei „augenblicklicher Verzinsung".

Wie die Tabelle vermuten lässt, steigt bei fortgesetzter Erhöhung der Zahl der Verzinsungszeiträume das Endkapital laufend, jedoch nicht unbegrenzt. Im Grenzfall $(m \to \infty)$ spricht man von stetiger Verzinsung. Dazu ist der Grenzwert $\lim\limits_{m \to \infty} \left(1 + \frac{1}{m}\right)^m$ zu untersuchen, da

$\lim\limits_{m \to \infty} K \cdot \left(1 + \frac{1}{m}\right)^m = K \cdot \lim\limits_{m \to \infty} \left(1 + \frac{1}{m}\right)^m$ ist. Auf den Nachweis, dass er existiert, wird verzichtet.

Die eulersche Zahl e

*e = 2,718 281 828 459
045 235 360 287
471 352 662 497
757 247 093 699
959 574 966 967
627 724 076 630
353 547 594 571...*

Der Grenzwert $\lim\limits_{n \to \infty} \left(1 + \frac{1}{n}\right)^n$ existiert und ist eine irrationale Zahl. Die Zahl heißt **eulersche Zahl** und wird mit **e** bezeichnet.
Es ist $e = 2{,}71828\ldots$

Beispiel: (Vergleich von unterschiedlichen Verzinsungen)
Ein Kapital von 1000 Euro verdoppelt sich nach 8 Jahren. Dies sind 100 % in 8 Jahren.
Berechnen Sie, welche Höhe das Kapital nach 8 Jahren erreichen würde, wenn die einem Jahr, Monat bzw. Tag entsprechende durchschnittliche Kapitalerhöhung direkt dem Kapital
a) als Jahreszins b) als monatlich bezahlter Zins c) als Tageszins
zugeführt würde.
d) Wie hoch wäre das Kapital nach 8 Jahren bei stetiger Verzinsung?

Und wie hoch ist der tatsächliche Jahreszinssatz bei einer Verdopplung in 8 Jahren?

Lösung:
a) Ein Jahreszinssatz von $\frac{100}{8}\,\% = 12{,}5\,\%$ ergibt nach 8 Jahren in Euro:
$K_8 = 1000 \cdot \left(1 + \frac{100}{8 \cdot 100}\right)^8 = 1000 \cdot \left(1 + \frac{1}{8}\right)^8 \approx 2565{,}78.$
b) Ein monatlicher Zinssatz von $\frac{100}{96}\,\% \approx 1{,}04\,\%$ ergibt nach 8 Jahren in Euro:
$K_{96} = 1000 \cdot \left(1 + \frac{100}{96 \cdot 100}\right)^{96} = 1000 \cdot \left(1 + \frac{1}{96}\right)^{96} \approx 2704{,}26.$
c) Ein täglicher Zinssatz von $\frac{100}{8 \cdot 360}\,\% = \frac{100}{2880}\,\%$ ergibt nach 8 Jahren in Euro:
$K_{2880} = 1000 \cdot \left(1 + \frac{100}{2880 \cdot 100}\right)^{2880} = 1000 \cdot \left(1 + \frac{1}{2880}\right)^{2880} \approx 2717{,}81.$
d) Bei stetiger Verzinsung erhält man nach 8 Jahren $1000 \cdot e$ Euro, also etwa 2718,28 Euro.

Lösung mit dem CAS:

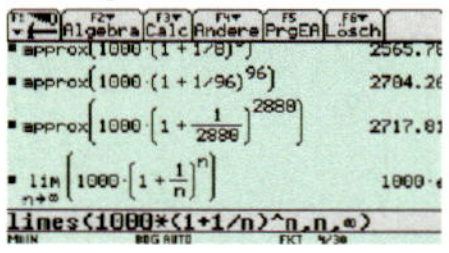

Aufgaben

Näherung für e

2 Geben Sie auf 4 Dezimalen genau an.
a) e^4 b) $e^{\frac{1}{4}}$ c) $e^{\sqrt{5}}$ d) $e^{2,67}$ e) $2 \cdot e^{-1,2}$ f) $\frac{2}{3} e^{-\sqrt{23}}$ g) e^e
h) $3e^3 - 12$ i) $3e^3 - e$ j) $\frac{1}{e} - e$ k) $\sqrt{e} + e$ l) $4 \cdot \sqrt[4]{e}$ m) $\left(\sqrt[3]{e}\right)^4$ n) $\frac{4}{5}\sqrt{e} + e$

3 Lösen Sie die Gleichung.
a) $e^x = 1$ b) $e^x = e$ c) $e^x = \frac{1}{e}$ d) $e^{-x} = e^3$ e) $e^{2x} = e^{-5}$ f) $e^{2x+1} = e$
g) $e^{2x+3} = e^4$ h) $e^{-2x} = e^{x-1}$ i) $e^{\frac{1}{2}x} = e^{\frac{1}{2}x+1}$ j) $e^{\sqrt{x}+1} = e^{2 \cdot \sqrt{x}}$ k) $e^{\sqrt[3]{x}} = e$ l) $e^x = \sqrt{\frac{1}{e^{2x+1}}}$

Leonhard Euler (1707–1783) veröffentlichte 1743 eine Abhandlung über den Grenzwert $\lim\limits_{m \to \infty} \left(1 + \frac{1}{m}\right)^m$ und nannte ihn e.

4 Ein Kapital von 10 000 Euro verdoppelt sich in 20 Jahren.
a) Berechnen Sie den dazu erforderlichen Jahreszinssatz.
b) Berechnen Sie, auf welche Höhe das Endkapital bei einem jährlichen Zinssatz von 5 % (= jährliche durchschnittliche Erhöhung des Kapitals) ansteigen würde.
c) Berechnen Sie das Endkapital bei einer täglichen Verzinsung mit $\frac{100}{20 \cdot 360}\,\%$.

5 Ein Kapital K steigt bei festem Jahreszinssatz in 5 Jahren auf das 1,5fache.
a) Berechnen Sie das Kapital nach 5 Jahren, wenn die vierteljährige bzw. tägliche durchschnittliche Erhöhung als vierteljährliche bzw. tägliche Zinszahlung dem Kapital zugeführt würde.
b) Berechnen Sie das Endkapital nach 5 Jahren bei stündlicher Verzinsung.

6 Jemand möchte sein Kapital in 12 Jahren verdoppeln.
Die Bank A bietet an: 1,51 % Zins je Vierteljahr, Bank B 3,1 % Zins je Halbjahr. Verdoppelt sich in beiden Fällen das Kapital nach 12 Jahren? Welche Verzinsung ist günstiger?

3 Ableitung und Stammfunktionen der Funktion f: $x \mapsto e^x$

Die natürliche Exponentialfunktion

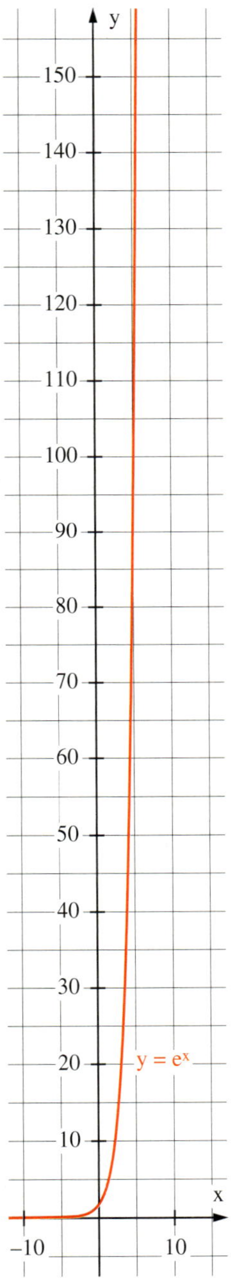

Fig. 1

$f(x) = f'(x) = f''(x) = f'''(x) = f^{(IV)}(x) = \ldots = e^x$

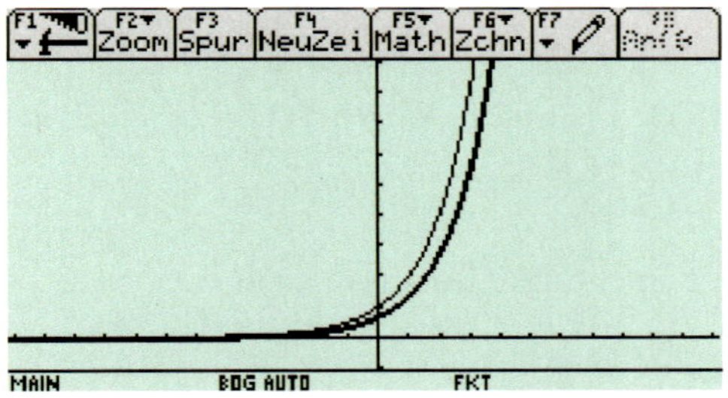

Fig. 2

1 Fig. 2 zeigt die Graphen der Funktion f und f′ (fett) mit $f(x) = 2^x$, wobei $f'(x)$ über die MATH-Taste im Graphik-Fenster bestimmt wurde.
Versuchen Sie eine Basis a auf mindestens 3 Dezimalen so zu bestimmen, dass die Funktion g mit $g(x) = a^x$ mit ihrer Ableitungsfunktion g′ übereinstimmt. Nutzen Sie die Möglichkeiten wie Zoomen, Spur, Window verändern, usw., die Ihnen Ihr CAS bietet.

Um die momentane Änderungsrate von Wachstumsfunktionen, auch Wachstumsgeschwindigkeit genannt, berechnen zu können, wird die Ableitung von $x \mapsto a^x$ benötigt. Es wird sich zeigen, dass die Ableitung besonders leicht zu bestimmen ist, wenn man die eulersche Zahl e als Basis verwendet. Die Exponentialfunktion f mit $f(x) = e^x$ nennt man **natürliche Exponentialfunktion**. Ihren Graphen zeigt Fig. 3.

Um die Ableitung von f mit $f(x) = e^x$ an einer Stelle x_0 zu bestimmen, wird der Differenzenquotient in x_0 berechnet:

$m(h) = \frac{e^{x_0+h} - e^{x_0}}{h} = \frac{e^{x_0} \cdot e^h - e^{x_0}}{h} = e^{x_0} \cdot \frac{e^h - 1}{h}$.

Grenzwert für $h \to 0$:

$f'(x_0) = \lim\limits_{h \to 0} m(h) = \lim\limits_{h \to 0} e^{x_0} \cdot \frac{e^h - 1}{h}$

$= e^{x_0} \cdot \lim\limits_{h \to 0} \frac{e^h - 1}{h} = e^{x_0} \cdot f'(0)$.

Die Ableitung der natürlichen Exponentialfunktion an der Stelle x_0 ist also gleich dem Produkt aus dem Funktionswert in x_0 und der Ableitung der Funktion an der Stelle 0.
Setzt man die Existenz dieses Grenzwertes voraus, so lässt sich dieser mit dem CAS ermitteln (Fig. 4). Man kann aber auch am Graphen von $f(x) = \frac{e^h - 1}{h}$ feststellen, dass in unmittelbarer Nähe von x = 0, die Funktionswerte dem Wert 1 sehr nahe kommen. Es ist also zu vermuten: $\lim\limits_{h \to 0} \frac{e^h - 1}{h} = 1$.

Daher ist $f'(x_0) = e^{x_0}$. Insbesondere ist $f'(0) = 1$ (Fig. 3).
Aus $f'(x_0) = e^{x_0}$ folgt: $f''(x_0) = e^{x_0}$, $f'''(x_0) = e^{x_0}$, …
F mit $F(x) = e^x$ ist damit eine Stammfunktion von f.

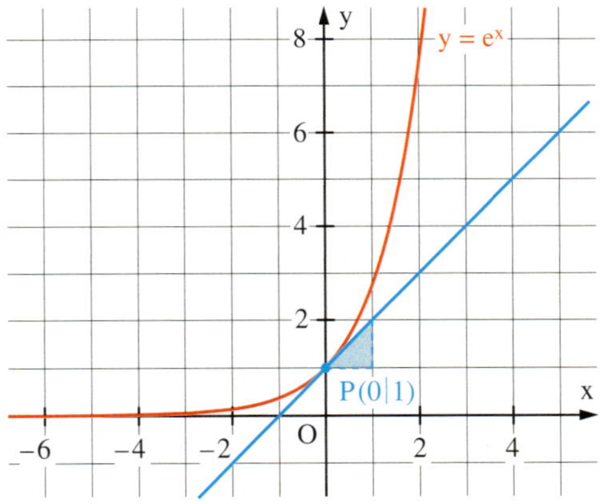

Fig. 3

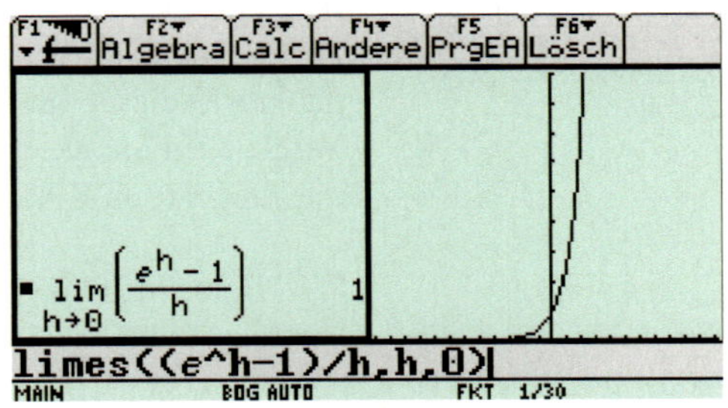

Fig. 4

Satz: Die **natürliche Exponentialfunktion** f mit $f(x) = e^x$ hat die Ableitungsfunktion f′ mit $f'(x) = e^x$. Eine Stammfunktion ist F mit $F(x) = e^x$.

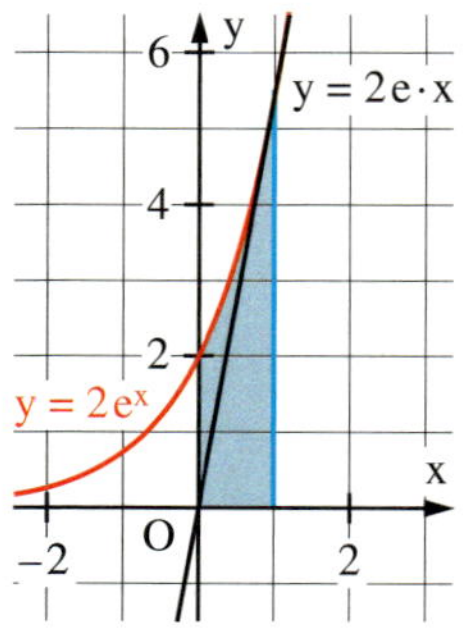

Fig. 1

Beispiel: (Tangente und Fläche)
Gegeben ist die Funktion f mit $f(x) = 2e^x$.
a) Ermitteln Sie die Gleichung der Tangente im Punkt $A(1|f(1))$ an den Graphen von f.
b) Wie groß ist der Inhalt der Fläche zwischen dem Graphen von f und der x-Achse über dem Intervall [0; 1]?
Lösung:
a) Aus $f'(x) = 2e^x$ ergibt sich $f'(1) = 2e$. Wegen $f(1) = 2e$ erhält man mithilfe der Punktsteigungsform: $y - 2e = 2e(x - 1)$.
Gleichung der Tangente: $y = 2e \cdot x$.
b) $A = \int_0^1 2e^x\,dx = 2[e^x]_0^1 = 2 \cdot (e^1 - e^0) = 2 \cdot (e - 1) \approx 3{,}4366$.

Aufgaben

2 Der Graph der Funktion f mit $f(x) = e^x$ soll für $x \geqq 0$ auf ein Blatt Papier gezeichnet werden. Der Koordinatenursprung soll sich dazu in der linken unteren Ecke des Blattes befinden. Eine Längeneinheit soll auf beiden Koordinatenachsen jeweils 1 cm betragen.
a) Bis zu welchem x-Wert passt der Graph der Funktion auf ein DIN A4-Blatt?
b) Wie hoch müsste ein Blatt sein, wenn der x-Wert die volle Breite eines DIN A4-Blattes annehmen soll?

Zur Erinnerung:
Die Ordinatenaddition

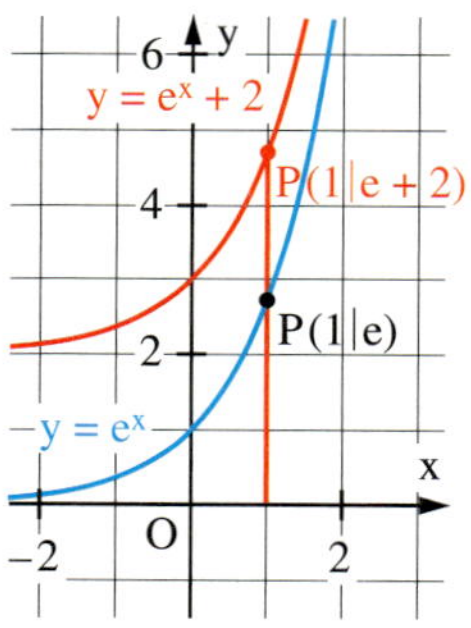

Fig. 2

3 Skizzieren Sie mithilfe des Graphen von f mit $f(x) = e^x$ den Graphen von
a) f_1 mit $f_1(x) = e^x + 1$ b) f_2 mit $f_2(x) = 2 \cdot e^x$ c) f_3 mit $f_3(x) = e^{x-1}$.

4 Gegeben ist der Graph K der natürlichen Exponentialfunktion.
a) Bestimmen Sie die Gleichungen der Tangenten an K in den Punkten $A(1|e)$ und $B\left(-1\middle|\frac{1}{e}\right)$.
b) Berechnen Sie den Schnittpunkt der Tangente an K im Punkt A mit der x-Achse.
c) Geben Sie die Steigungen der Normalen an K in den Punkten A und B an.

5 Berechnen Sie den Inhalt der Fläche zwischen der x-Achse, dem Graphen der natürlichen Exponentialfunktion und den Geraden mit den Gleichungen $x = a$ und $x = b$ für
a) $a = 0,\ b = 2$ b) $a = -1,\ b = 1$ c) $a = 2,\ b = 4$ d) $a = -10,\ b = 2$.

Experimentieren Sie hierbei zuerst mit dem CAS und stellen Sie eine Vermutung auf.

6 Gegeben ist der Graph K der natürlichen Exponentialfunktion f mit $f(x) = e^x$. In einem Punkt $P(a|f(a))$ wird die Tangente an K gelegt. Berechnen Sie die Koordinaten des Schnittpunktes Q dieser Tangente mit der x-Achse.
Vergleichen Sie die x-Werte der Punkte P und Q. Wie kann man also in einem gegebenen Punkt die Tangente an K konstruieren?

7 Berechnen Sie den Inhalt der gefärbten Fläche.

a)
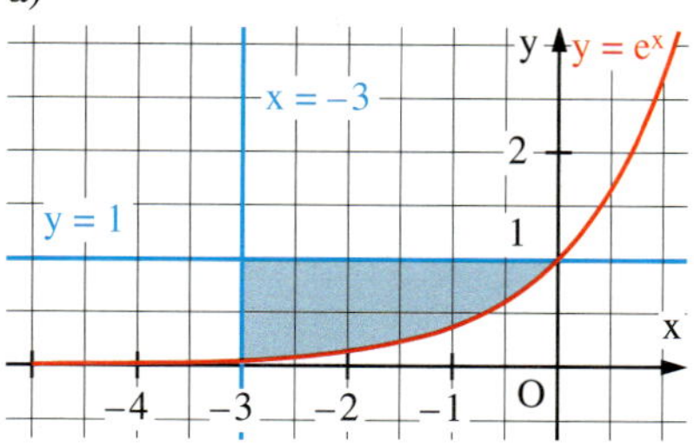

Fig. 3

b)
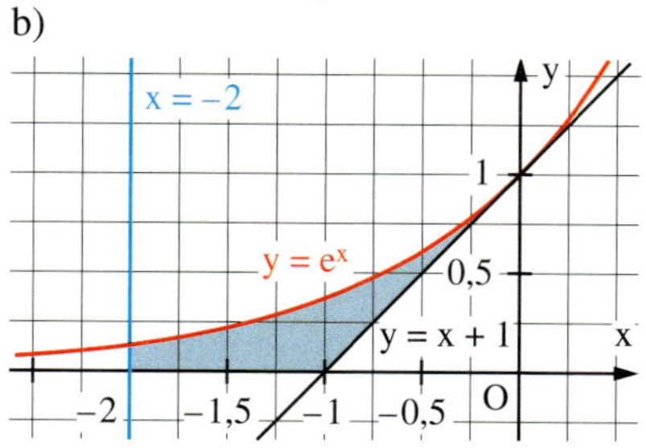

Fig. 4

c)
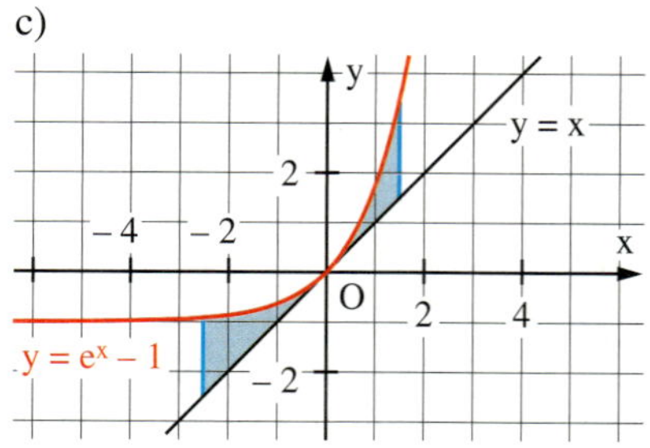

Fig. 5

4 Ableiten und Integrieren mithilfe der Kettenregel

$h_1(x) = x^2 + 1 - e^x$, $h_2(x) = e^x \cdot (x^2 + 1)$, $h_3(x) = \frac{e^x}{x^2+1}$,
$h_4(x) = \frac{x^2+1}{e^x}$, $h_5(x) = e^{x^2+1}$, $h_6(x) = (e^x)^2 + 1$.

1 Wie erhält man die links angegebenen Funktionen aus den Funktionen f mit $f(x) = e^x$ und g mit $g(x) = x^2 + 1$?

Durch Addition, Subtraktion, Multiplikation, Division oder Verkettung lassen sich aus der natürlichen Exponentialfunktion und einer weiteren Funktion neue Funktionen gewinnen. Bis auf die Ableitung eines Quotienten (vgl. Seite 164) gelten für die Ableitung dieser Funktionen die bekannten Ableitungsregeln. Besonders wichtig ist die Kettenregel.

Beachten Sie:
Der Term mit der Exponentialfunktion reproduziert sich beim Ableiten

Satz: Die Funktion f mit $f(x) = e^{v(x)}$ ist eine Verkettung der Funktion $v: x \mapsto v(x)$ mit der Exponentialfunktion $u: v \mapsto u(v) = e^v$. Existiert die Ableitung v′, so gilt nach der Kettenregel

$$\mathbf{f'(x) = e^{v(x)} \cdot v'(x).}$$

Ist insbesondere v eine lineare Funktion mit $v(x) = mx + c$, also $f(x) = e^{mx+c}$, so ist $f'(x) = m \cdot e^{mx+c}$. Eine Stammfunktion der Funktion f ist dann F mit $F(x) = \frac{1}{m} \cdot e^{mx+c}$, $m \neq 0$.

Beispiel 1: (Anwendung der Kettenregel)
Leiten Sie die Funktion f ab und geben Sie, wenn möglich, eine Stammfunktion von f an.
a) $f(x) = e^{3x-2}$ b) $f(x) = \frac{2}{3} \cdot e^{-x^2+1}$
Lösung:
a) Es ist $v(x) = 3x - 2$. Damit gilt: $f'(x) = e^{v(x)} \cdot v'(x) = e^{3x-2} \cdot 3 = 3 \cdot e^{3x-2}$.
F mit $F(x) = \frac{1}{3} \cdot e^{3x-2}$ ist eine Stammfunktion von f.
b) Mit $v(x) = -x^2 + 1$ gilt: $f'(x) = \frac{2}{3} \cdot e^{v(x)} \cdot v'(x) = \frac{2}{3} \cdot e^{-x^2+1} \cdot (-2x) = -\frac{4}{3} x \cdot e^{-x^2+1}$.
Eine Stammfunktion von f können wir mit den bisherigen Kenntnissen nicht angeben!

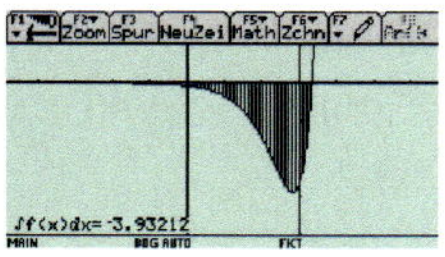

Fig. 1

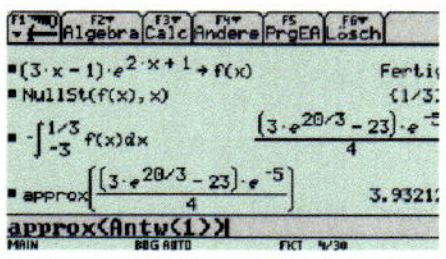

Fig. 2

Beispiel 2: (Anwendung von Produkt- und Kettenregel, Flächeninhalt mit dem CAS)
Gegeben ist die Funktion f mit $f(x) = (3x - 1) \cdot e^{2x+1}$.
a) Leiten Sie die Funktion f zweimal ab.
b) Bestimmen Sie mit dem CAS den Inhalt A der Fläche, den der Graph von f mit der x-Achse und der Geraden mit der Gleichung $x = -3$ einschließt.
Lösung:
a) Mit der Produkt- und Kettenregel erhält man: $f'(x) = 3 \cdot e^{2x+1} + (3x - 1) \cdot e^{2x+1} \cdot 2$
$= (6x + 1) \cdot e^{2x+1}$; $f''(x) = 6 \cdot e^{2x+1} + (6x + 1) \cdot e^{2x+1} \cdot 2 = (12x + 8) \cdot e^{2x+1}$
b) Mit $f\left(\frac{1}{3}\right) = 0$ erhält man den Flächeninhalt $A \approx 3{,}93$ (Fig. 1, Fig. 2)

Beispiel 3: (Flächeninhalt ohne CAS)
Gegeben ist der Graph der Funktion f mit $f(x) = -\frac{1}{2} e^{2x-3}$ (Fig. 3). Berechnen Sie den Inhalt der gefärbten Fläche.
Lösung:

$$A = -\int_0^{1,5} -\frac{1}{2} e^{2x-3}\,dx = \left[\frac{1}{4} e^{2x-3}\right]_0^{1,5} = \frac{1}{4}(e^0 - e^{-3})$$
$$= \frac{1}{4}(1 - e^{-3}) \approx 0{,}25.$$

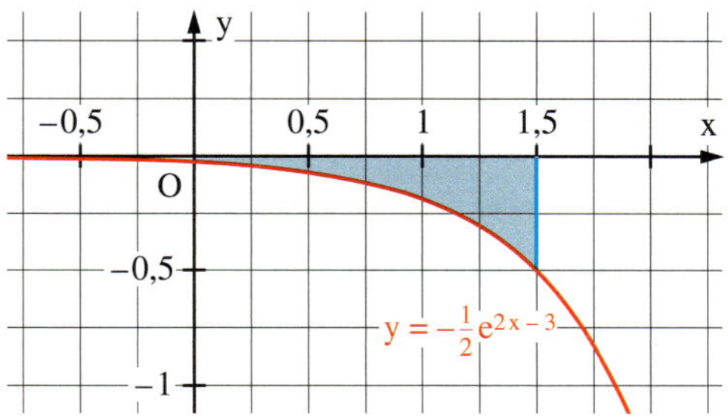

Fig. 3

$f(x) = e^{2x}$ kann man auf mehrere Arten ableiten:

(1) Kettenregel:
$f(x) = u(v(x))$
$f'(x) = 2 \cdot e^{2x}$

(2) Produktregel:
$f(x) = e^{2x} = e^x \cdot e^x$
$f'(x) = e^x \cdot e^x + e^x \cdot e^x = 2 \cdot e^{2x}$

(3) Potenz- und Kettenregel:
$f(x) = (e^x)^2$
$f'(x) = 2 \cdot e^x \cdot e^x = 2 \cdot e^{2x}$

Aufgaben

2 Leiten Sie f zweimal ab und geben Sie eine Stammfunktion von f an.

a) $f(x) = x - e^x$ b) $f(x) = \frac{1}{3} \cdot x^3 - 3e^x$ c) $f(x) = e^x + e^{2x}$ d) $f(x) = e^{-2x}$

e) $f(x) = e^{3x+4}$ f) $f(x) = 4e^{2x+5}$ g) $f(x) = \frac{2}{5} e^{\frac{1}{2}x+3}$ h) $f(t) = 5e^{-\frac{3}{5}x-2}$

3 Bilden Sie die erste Ableitung.

a) $f(x) = 2x \cdot e^x$ b) $f(x) = \frac{1}{2} x^{-1} \cdot e^x$ c) $f(x) = x^2 \cdot e^{-x}$ d) $f(x) = \frac{2x}{e^{-4x}}$

4 Bilden Sie mit verschiedenen Verknüpfungen aus den Funktionen f und g mit $f(x) = 3e^{2x}$ und $g(x) = x^2 + 1$ neue Funktionen. Leiten Sie diese, wenn möglich, ab. Von welchen dieser Funktionen können Sie auch Stammfunktionen bilden?

5 Gegeben ist die Funktion f. Bilden Sie mehrere Ableitungen und versuchen Sie damit eine Vermutung zur n-ten Ableitung $f^{(n)}(x)$ und zu einer Stammfunktion $F(x)$ aufzustellen.

a) $f(x) = x \cdot e^x$ b) $f(x) = x \cdot e^{-x}$ c) $f(x) = x \cdot e^{x+1}$ d) $f(x) = (x + 1)e^{1-x}$

Beispiele von Umformungen, die das Ableiten ermöglichen bzw. vereinfachen können:

(1) Quotienten in Produkte umwandeln: $\frac{x^2}{e^{-x}} = x^2 \cdot e^x$

(2) Faktoren vorziehen: $\frac{2e^{-4x}}{3x} = \frac{2}{3} \cdot \frac{e^{-4x}}{x} = x^{-1} \cdot e^{-4x}$

(3) Terme vereinfachen und $e^{u(x)}$ ausklammern:
$(x - 1)e^{2x} + e^{2x} = (x - 1 + 1)e^{2x} = x \cdot e^{2x}$

6 Leiten Sie ab. Kontrollieren Sie mit dem CAS anhand des zugehörigen Graphen.

a) $f(x) = \frac{2x - 1}{e^{-x}}$ b) $f(x) = e^{-x} + \frac{x}{e^x}$

7 In welchen Punkten besitzt der Graph der Funktion f waagerechte Tangenten?

a) $f(x) = x \cdot e^x$ b) $f(x) = x \cdot e^{2x+1}$

8 Berechnen Sie das Integral und geben Sie einen Näherungswert an.

a) $\int_0^{\frac{1}{2}} 2e^{2x}\,dx$ b) $\int_0^{\frac{1}{2}} 2e^{2x+1}\,dx$ c) $\int_0^1 (x + e^{-x+1})\,dx$ d) $\int_{0,25}^{0,75} \left(\frac{1}{2}e^{4t-1} + 1\right)dt$ e) $\int_2^4 \left(e^{\frac{1}{2}t-1}\right)^2 dt$

Zu Aufgabe 9:
Es ist: $f(x) = \frac{1}{4}(3x^2 - e^x)$.
Überprüfen Sie mit dem CAS Ihr Ergebnis.

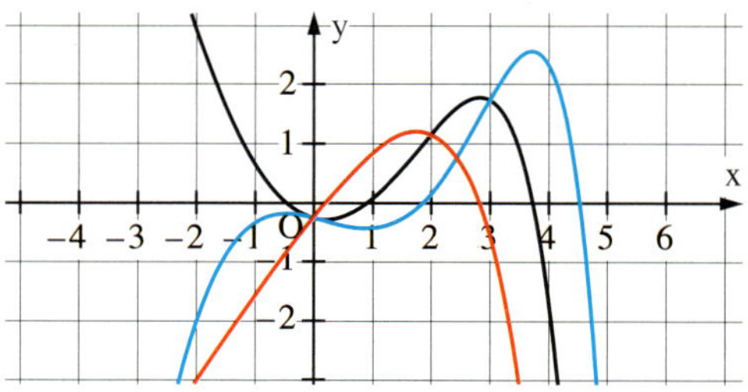

Fig. 1

9 Fig. 1 zeigt die Graphen einer Funktion f, ihrer Ableitung f′ und einer Stammfunktion F. Ordnen Sie die Graphen zu und begründen Sie Ihre Zuordnung.

10 Gegeben ist f_t mit $f_t(x) = x + t \cdot e^x$, $t \in \mathbb{R}$.

a) Für welchen Wert von t hat die Funktion f_t an der Stelle $x_0 = 1$ die Ableitung 2? Skizzieren Sie die Graphen von f_{-2} und f_2.

b) Bestimmen Sie t so, dass der Graph der Stammfunktion F_t von f_t durch die Punkte $P(0|0)$ und $Q(1|0)$ verläuft?

Tangente an eine Kurve

11 In einen Speicher fließt während eines Regenschauers Wasser. Die Stärke des Zu- bzw. Abflusses in den Speicher lässt sich ab Beobachtungsbeginn näherungsweise durch die Funktion f mit $f(t) = (10t - 3t^2) \cdot e^{-t}$; $t \in [0; 8]$ (t in h, f(t) in $\frac{m^3}{h}$) beschreiben.

a) Zeichnen Sie den Graphen von f mit dem CAS. Wie groß ist der Zufluss zu Beobachtungsbeginn. Wann ist der Zufluss am stärksten?

b) Zu Beobachtungsbeginn befinden sich $5\,m^3$ Wasser im Speicher. Wann ist der Inhalt des Speichers maximal? Wie groß ist dann der Speicherinhalt?

5 Die natürliche Logarithmusfunktion

1 Zeichnen Sie mit dem CAS die natürliche Exponentialfunktion $f\colon x \mapsto e^x$ mit $x \in \mathbb{R}$.
a) Rufen Sie dann mit der Taste [F6] den Befehl 3: ZchInv auf, so dass die „Umkehrfunktion" g zu f gezeichnet wird. Handelt es sich wieder um eine Funktion? Begründen Sie..
b) Bestimmen Sie die Funktionswerte von g an den Stellen e, e^2, e^{-1} und $\sqrt{e}$.
c) Geben Sie die Funktion g an.

Zum Vergleich:
$10^x = 1000$, also $x = 3$;
allgemein
$10^x = y$, also $x = \log_{10}(y)$ für $y > 0$

Die natürliche Exponentialfunktion $f\colon x \mapsto e^x$ mit $D_f = \mathbb{R}$ und dem Wertebereich $W_f = \mathbb{R}^+$ ist streng monoton steigend, da $f'(x) = e^x > 0$ ist für alle $x \in \mathbb{R}$. Damit gibt es zu jeder positiven Zahl y genau eine Zahl x mit $e^x = y$. Man sagt in diesem Fall: f ist auf $\mathbb{R}$ umkehrbar. Die Lösung der Gleichung $e^x = y$ wird definiert als $x = \log_e(y)$. Statt $\log_e$ schreibt man auch kürzer ln.

$\log_e(x) = \ln(x)$

Definition: In der Exponentialgleichung $e^x = y$ nennt man die Hochzahl x den **natürlichen Logarithmus** von y. Man schreibt $x = \ln(y)$.
Die Funktion $x \mapsto \ln(x)$; $x \in \mathbb{R}^+$ heißt **natürliche Logarithmusfunktion**.

Kaum zu glauben:
Wenn man an der Wandtafel die Einheit in x- und y-Richtung zu je 1 dm wählt, so erreicht der Graph der ln-Funktion eine 3 m hohe Decke für $x = e^{30}$ dm $> 10^9$ km. Die Entfernung der Sonne von der Erde beträgt „nur" $1{,}5 \cdot 10^8$ km.

Eigenschaften von $f\colon x \mapsto \ln(x)$:
a) Für $x < 0$ gilt $0 < e^x < 1$, also folgt:
$\mathbf{\ln(x) < 0}$ **für** $\mathbf{0 < x < 1}$.
b) Für $x > 0$ gilt $e^x > 1$, also folgt:
$\mathbf{\ln(x) > 0}$ **für** $\mathbf{x > 1}$.
c) Wegen $e^0 = 1$ erhält man
$\mathbf{\ln(1) = 0}$.
d) Für $\mathbf{x \to +\infty}$ gilt: $\mathbf{\ln(x) \to +\infty}$.
e) Für $\mathbf{x \to 0}$ gilt: $\mathbf{\ln(x) \to -\infty}$;
die y-Achse ist senkrechte Asymptote des Graphen (Fig. 1).

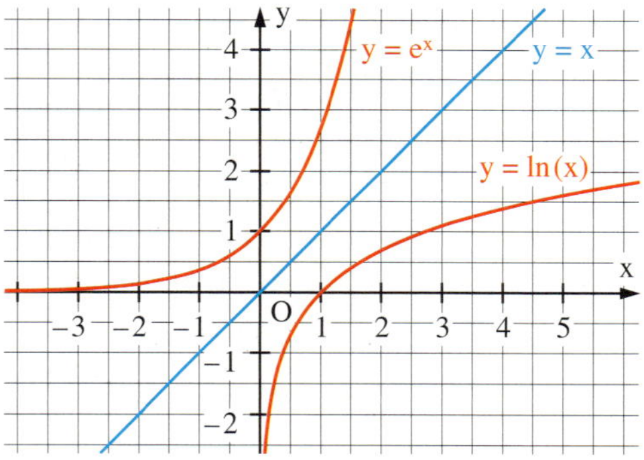

Fig. 1

Die **Ableitung** der natürlichen Logarithmusfunktion erhält man mithilfe der Kettenregel.
Da $e^x = y$ definitionsgemäß die Lösung $x = \ln(y)$ besitzt, gilt die Gleichung $x = \ln(e^x)$.
Bildet man dazu die Ableitung nach x, so gilt $1 = (\ln(e^x))' = \ln'(e^x) \cdot (e^x)'$.
Setzt man für e^x wieder y ein, so erhält man $1 = \ln'(y) \cdot y$, also aufgelöst $\ln'(y) = \frac{1}{y}$.
Ersetzt man y durch x, so kann man festhalten:

Satz 1: Die natürliche Logarithmusfunktion f mit $f(x) = \ln(x)$, $x \in \mathbb{R}^+$, hat die Ableitungsfunktion f' mit $f'(x) = \frac{1}{x}$.

Zu f mit $f(x) = \frac{1}{x}$ konnten wir bisher keine Stammfunktion angeben.

Damit ist die natürliche Logarithmusfunktion $x \mapsto \ln(x)$ eine Stammfunktion von f mit $f(x) = \frac{1}{x}$ für $x > 0$. Um auch für $x < 0$ eine Stammfunktion zu finden, betrachtet man die Funktion F mit $F(x) = \ln(-x)$. Ihre Ableitung ist $F'(x) = \frac{1}{-x} \cdot (-1) = \frac{1}{x}$; also ist auch F mit $F(x) = \ln(-x)$, $x < 0$, eine Stammfunktion von f mit $f(x) = \frac{1}{x}$.
Die Fälle $x > 0$ und $x < 0$ können mithilfe der Betragschreibweise zusammengefasst werden.

Satz 2: Eine Stammfunktion der Funktion f mit $f(x) = \frac{1}{x}$, $x \neq 0$, ist die Funktion F mit
$F(x) = \ln(|x|)$.

Daraus ergibt sich: Die Funktion f mit $f(x) = \frac{a}{bx + c}$ hat die Funktion F mit $F(x) = \frac{a}{b} \cdot \ln(|bx + c|)$ als Stammfunktion, denn es gilt: $F'(x) = \frac{a}{b} \cdot \frac{1}{bx + c} \cdot b = \frac{a}{bx + c}$.

Ist u eine differenzierbare Funktion, so gilt für die Funktion f mit $f(x) = \ln(|u(x)|)$ nach der Kettenregel und Satz 2: $f'(x) = \frac{1}{u(x)} \cdot u'(x) = \frac{u'(x)}{u(x)}$.

Satz 3: Eine Stammfunktion der Funktion f mit $f(x) = \frac{u'(x)}{u(x)}$ ist die Funktion F mit
$F(x) = \ln(|u(x)|)$.

Es gelten auch für den natürlichen Logarithmus die **Logarithmengesetze**:
(1) $\ln(uv) = \ln(u) + \ln(v)$
(2) $\ln\left(\frac{u}{v}\right) = \ln(u) - \ln(v)$
(3) $\ln(u^k) = k \cdot \ln(u)$
mit $u, v \in \mathbb{R}^+$

Beispiel 1: (Ableitungen)
Berechnen Sie die Ableitung.
a) $f(x) = (\ln(x))^2$, $x > 0$ b) $g(x) = \ln(x^2)$, $x \neq 0$
Lösung:
a) $f'(x) = 2 \cdot (\ln(x)) \cdot \frac{1}{x} = \frac{2 \cdot \ln(x)}{x}$
b) Wegen $g(x) = 2 \cdot \ln(|x|)$ ist $g'(x) = \frac{2}{x}$.

So geht's auch:
$g'(x) = \frac{1}{x^2} \cdot 2x = \frac{2}{x}$

Beispiel 2: (Flächenberechnung)
Berechnen Sie den Inhalt der Fläche zwischen dem Graphen von f mit $f(x) = \frac{2}{x}$ und der x-Achse über dem Intervall
a) [1; e] b) [–2; –0,5].
Lösung:
a) $A_1 = \int_1^e \frac{2}{x}\,dx = [2 \cdot \ln(|x|)]_1^e = 2 \cdot (\ln(e) - \ln(0)) = 2$
b) $A_2 = \int_{-2}^{-0,5} \left(0 - \frac{2}{x}\right)dx = [-2 \cdot \ln(|x|)]_{-2}^{-0,5}$
$= -2 \cdot \left(\ln\left(\frac{1}{2}\right) - \ln(2)\right) = -2 \cdot (-\ln(2) - \ln(2))$
$= 4 \cdot \ln(2)$

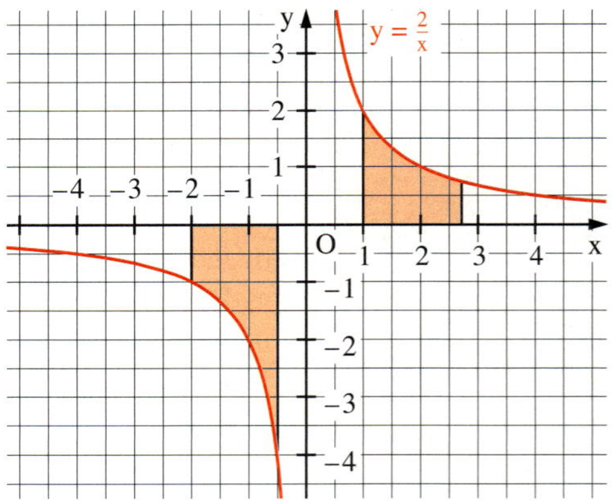

Fig. 1

Beispiel 3: (Berechnung einer Stammfunktion nach Satz 3)
Berechnen Sie eine Stammfunktion von f.
a) $f(x) = \frac{x^3}{x^4 + 1}$ b) $f(x) = \frac{\sin(x)}{\cos(x)}$
Lösung:
a) Da die Zählerfunktion bis auf den Faktor 4 die Ableitung der Nennerfunktion ist, schreibt man $f(x) = \frac{1}{4} \cdot \frac{4x^3}{x^4 + 1}$. Also ist F mit $F(x) = \frac{1}{4} \cdot \ln(x^4 + 1)$ eine mögliche Stammfunktion.
b) Da $(\cos(x))' = -\sin(x)$ ist, gilt $F(x) = -\ln(|\cos(x)|)$.

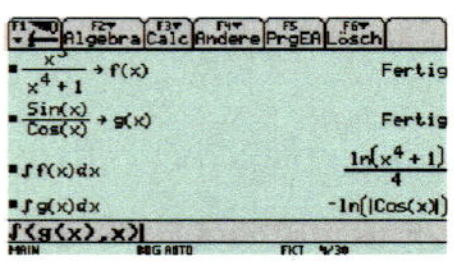

$\ln(cx)$ existiert nur für $cx > 0$, d.h.
*$c > 0$ **und** $x > 0$*
oder
*$c < 0$ **und** $x < 0$.*
Es ist
*$\ln(cx) = \ln(c) + \ln(x)$, wenn $c > 0$ **und** $x > 0$,*
aber
*$\ln(cx) = \ln(-c) + \ln(-x)$, wenn $c < 0$ **und** $x < 0$.*

Aufgaben

2 Bestimmen Sie die maximale Definitionsmenge der Funktion f.
a) $f(x) = \ln(x)$ b) $f(x) = \ln(x^2)$ c) $f(x) = \ln(cx)$; $c < 0$ d) $f(x) = \ln(\sqrt{x})$
e) $f(x) = \ln(1 + x)$ f) $f(x) = \ln\left(\frac{x}{x+1}\right)$ g) $f(x) = \ln\left(\frac{1-x}{1+x}\right)$ h) $f(x) = \ln\left(\frac{c^2}{x}\right)$, $c \neq 0$

$f(x) = \ln\left(\frac{3}{x}\right)$ kann man ableiten nach der Kettenregel:
$f'(x) = \frac{1}{\frac{3}{x}} \cdot \left(-\frac{3}{x^2}\right)$
$= -\frac{x}{3} \cdot \frac{3}{x^2} = -\frac{1}{x}$
Einfacher geht's mit der Zerlegung:
$f(x) = \ln(3) - \ln(x)$; also
$f'(x) = -\frac{1}{x}$

3 Bilden Sie die 1. Ableitung.
a) $f(x) = 1 + \ln(x)$ b) $f(x) = x + \ln(x)$ c) $f(x) = 2x + \ln(2x)$ d) $f(x) = x^2 + \ln(tx)$
e) $f(x) = \ln\left(\frac{1}{x}\right)$ f) $f(x) = \ln\left(\frac{t}{x}\right)$ g) $f(t) = \ln\left(\frac{t}{x}\right)$ h) $f(t) = \ln(t + x)$

4 a) $f(x) = \ln\left(\sqrt{x}\right)$ b) $f(x) = \ln(1 + 3x^2)$ c) $f(x) = \ln(1 - x^2)$ d) $f(x) = 3\ln\left(\sqrt{4x}\right)$
e) $f(x) = \sqrt{\ln(x)}$ f) $f(x) = \ln(\sin(x))$ g) $f(x) = \sin(\ln(x))$ h) $f(x) = (\ln(x))^{-1}$

5 Bilden Sie die 1. und 2. Ableitung.
a) $f(t) = \ln(t^4)$ b) $f(t) = (\ln(t))^4$ c) $f(u) = \ln\left(\frac{u}{u+1}\right)$ d) $f(t) = k \cdot \ln\left(\sqrt[3]{2t}\right)$
e) $f(s) = (\ln(s - a))^3$ f) $f(x) = x \cdot \ln(x)$ g) $f(x) = \frac{1}{\ln(x)}$ h) $f(x) = \frac{x}{\ln(x)}$

6 a) Ergänzen Sie f(x) geeignet und geben Sie eine Stammfunktion an.
$f(x) = \frac{\square}{x^3 + x}$; $f(x) = \frac{x^4 + 2x}{\square}$; $f(x) = \frac{\square}{\cos(x)}$; $f(x) = \frac{\square}{\cos(x) + x}$
b) Finden Sie weitere geeignete Beispiele.

Tangente und Fläche

7 Geben Sie für jedes Intervall, auf dem die Funktion f definiert ist, eine Stammfunktion an.
a) $f(x) = \frac{3}{4x}$ b) $f(x) = \frac{2}{x - 1}$ c) $f(x) = \frac{1}{(x - 3)^3}$ d) $f(x) = \frac{1}{2x - 1}$
e) $f(t) = \frac{3}{2 - 5t}$ f) $f(x) = \frac{2x}{x^2 + 1}$ g) $f(x) = \frac{2x + 1}{x^2 + x}$ h) $f(x) = \frac{x}{x^2 - 1}$
i) $f(x) = \frac{\cos(x)}{\sin(x)}$ j) $f(x) = \frac{2x^3}{x^4 + 1}$ k) $f(x) = \frac{x^{n-1}}{ax^n + b}$ l) $f(x) = \frac{cx^{n-1}}{ax^n + b}$

8 Zeichnen Sie den Graphen der Funktion von f mit $f(x) = \ln(x)$. Beschreiben Sie, wie daraus der Graph der Funktion g erstellt werden kann. Skizzieren Sie den Graphen von g.
a) $g(x) = \ln(x) + 1$ b) $g(x) = \ln(x - 1)$ c) $g(x) = \ln(-x)$ d) $g(x) = -\ln(-x)$

Simples kann sehr wichtig sein:
$\frac{a+b}{c} = \frac{a}{c} + \frac{b}{c}$

9 Berechnen Sie das Integral.
a) $\int_{-10}^{-1} \frac{5}{x}\,dx$ b) $\int_{1}^{e} \frac{2x + 5}{x}\,dx$ c) $\int_{e}^{2e} \frac{x^2 - 1}{x}\,dx$ d) $\int_{10}^{100} \left(\frac{1}{x^2} - \frac{1}{x}\right)dx$ e) $\int_{-e}^{-1} \frac{2 + |x|}{x^2}\,dx$ f) $\int_{1}^{10} \frac{x^2 + 4x + 3}{2x}\,dx$

10 Berechnen Sie den Inhalt der gefärbten Fläche.

a)
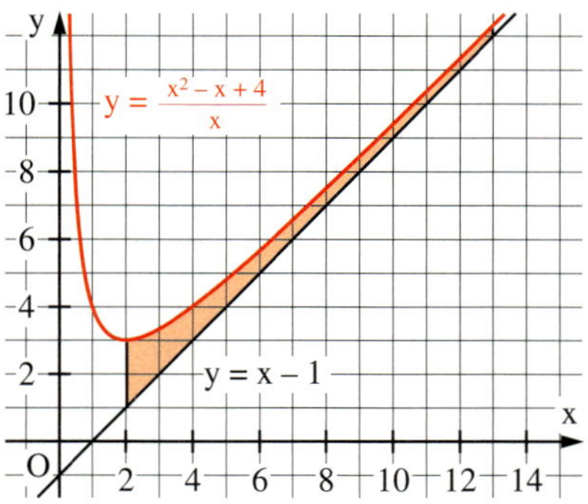

Fig. 1

b)
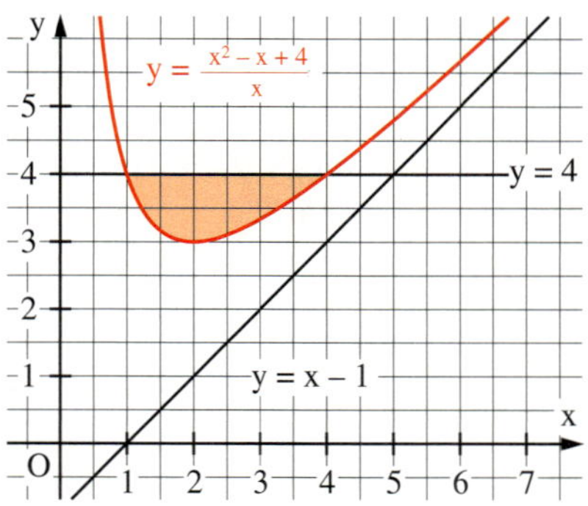

Fig. 2

c)
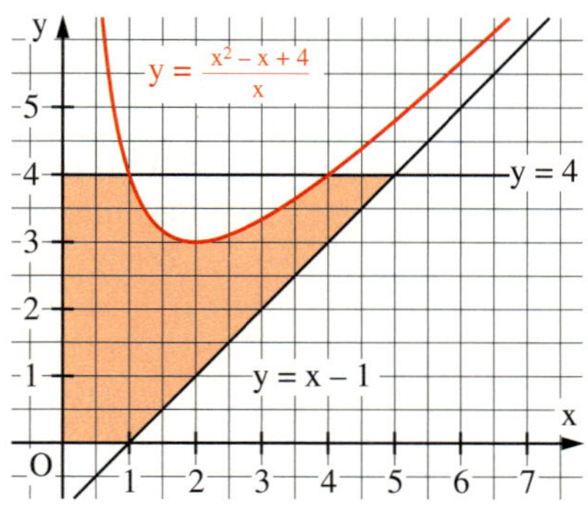

Fig. 3

11 Gegeben ist eine Kurvenschar durch die Funktionen f_k mit $f_k(x) = \ln(kx)$, $k \in \mathbb{R}$.
a) Zeigen Sie, dass es für jedes k eine Tangente an den Graphen der Funktion f_k gibt, die durch A(0|2) verläuft.
b) Berechnen Sie mit dem CAS den Punkt P des Graphen von f_1, dessen Normale durch den Nullpunkt verläuft.

Wie verändert sich der Graph von f_k, wenn sich k verändert?

6 Gleichungen, Funktionen mit beliebigen Basen

1 Berechnen Sie $x \in \mathbb{R}$ so, dass $2 \cdot e^x = 2^x$ ist. Können Sie weitere Lösungswege angeben?

2 Bestimmen Sie eine Zahl k so, dass $2^x = e^{kx}$ für alle $x \in \mathbb{R}$ ist.

Bei der Exponentialfunktion $f: x \mapsto e^x$ ist oft der Funktionswert vorgegeben und der zugehörige x-Wert gesucht. Dann ist die **Exponentialgleichung** $e^x = y$ zu lösen. Ihre Lösung ist definitionsgemäß $x = \ln(y)$. Setzt man dies in die Ausgangsgleichung ein („Probe“), so gilt: $e^{\ln(y)} = y$. Entsprechend erhält man $\ln(e^x) = x$. Mithilfe dieses Satzes kann man Terme vereinfachen und Exponentialgleichungen sowie logarithmische Gleichungen lösen.

Satz 1: Für alle $x > 0$ gilt: $e^{\ln(x)} = x$. Für alle $x \in \mathbb{R}$ gilt: $\ln(e^x) = x$.

Exponentialfunktion mit beliebiger Basis

Mit Satz 1 ist es möglich, jede Exponentialfunktion f mit $f(x) = a^x$ mit der Basis e darzustellen: $a^x = (e^{\ln(a)})^x = e^{x\ln(a)}$.
Ferner kann jede Logarithmusfunktion f mit $f(x) = \log_a(x)$ durch die natürliche Logarithmusfunktion ausgedrückt werden: Aus $y = a^x$ folgt nämlich einerseits $x = \log_a(y)$, wegen $y = e^{x\ln(a)}$ folgt andererseits $\ln(y) = x \cdot \ln(a)$ bzw. $x = \frac{\ln(y)}{\ln(a)}$. Damit gilt: $\log_a(y) = \frac{\ln(y)}{\ln(a)}$.

Man könnte auch eine andere Basis als e verwenden, allerdings wäre dann die Ableitung nicht so einfach zu bilden.

Satz 2: Jede Exponentialfunktion f mit $f(x) = a^x$, $a > 0$, $x \in \mathbb{R}$, ist darstellbar mithilfe der Basis e: $f(x) = e^{x\ln(a)}$.
Jede Logarithmusfunktion f mit $f(x) = \log_a(x)$, $a > 0$, $x > 0$, ist darstellbar mithilfe des natürlichen Logarithmus: $f(x) = \frac{\ln(x)}{\ln(a)}$.

Wie kann man in Beispiel 1 a) auch noch anders umformen?

Beispiel 1: (Vereinfachen von Termen)
Vereinfachen Sie.
a) $e^{2\cdot\ln(4x)}$ b) $\ln\left(e^{\sqrt{x}}\right)$ c) $\ln\left(\frac{1}{2}e^2\right)$
Lösung:
a) $e^{2\cdot\ln(4x)} = e^{\ln((4x)^2)} = (4x)^2 = 16x^2$ b) $\ln\left(e^{\sqrt{x}}\right) = \sqrt{x}$ c) $\ln\left(\frac{1}{2}e^2\right) = \ln\left(\frac{1}{2}\right) + \ln(e^2) = 2 + \ln\left(\frac{1}{2}\right)$

Beispiel 2: (Exponentialgleichung, logarithmische Gleichung)
Bestimmen Sie die Lösung von a) $2 \cdot e^{2x-3} = e^{-x}$ b) $\ln(5x^2) = 4 \cdot \ln\left(\sqrt{x}\right) + 3$, $x > 0$
Lösung:

Anwendung der Definition

a) 1. Möglichkeit:
$2 \cdot e^{2x-3} = e^{-x} \quad | \cdot \frac{1}{2}e^x$
$e^{3x-3} = \frac{1}{2}$
$3x - 3 = \ln\left(\frac{1}{2}\right)$
$x = 1 - \frac{1}{3}\ln(2)$; $x \approx 0{,}7690$

Beidseitiges Logarithmieren bzw. Anwenden der Logarithmengesetze

2. Möglichkeit:
$\ln(2 \cdot e^{2x-3}) = \ln(e^{-x})$
$\ln(2) + (2x - 3) = -x$
$3x = 3 - \ln(2)$
$x = 1 - \frac{1}{3}\ln(2) \approx 0{,}7690$

b) 1. Möglichkeit:
$\ln(5x^2) = 4 \cdot \ln\left(\sqrt{x}\right) + 3$, $x > 0$
$5x^2 = e^{4\cdot\ln(\sqrt{x})+3}$
$5x^2 = e^{\ln(x^2)} \cdot e^3 = x^2 \cdot e^3$
$(e^3 - 5) \cdot x^2 = 0$
Diese Gleichung hat keine Lösung.
2. Möglichkeit:
$\ln(5) + \ln(x^2) = \ln(x^2) + 3$
$\ln(5) = 3$
Diese Gleichung hat keine Lösung.

Beispiel 3: (Beliebige Basen)
Gegeben ist die Funktion f mit $f(x) = 3^x$. Leiten Sie f ab und geben Sie eine Stammfunktion an.
Lösung:

Bearbeitung mit dem CAS:

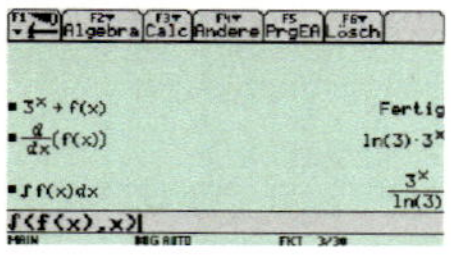

Umschreiben: $f(x) = (e^{\ln(3)})^x = e^{x\ln(3)}$; Ableitung: $f'(x) = \ln(3) \cdot e^{x\ln(3)} = \ln(3) \cdot 3^x$;
Mögliche Stammfunktion: $F(x) = \frac{1}{\ln(3)} \cdot e^{x\ln(3)} = \frac{1}{\ln(3)} \cdot 3^x$

Aufgaben

2 Vereinfachen Sie.
a) $e^{\ln(4)}$ b) $e^{-\ln(2)}$ c) $e^{3\ln(2)}$ d) $\ln\left(\frac{1}{2} \cdot e^3\right)$ e) $\ln\left(\frac{1}{3}\sqrt{e}\right)$ f) $\ln\left(\sqrt{e}^{\,3}\right)$

3 Zeigen Sie die Gültigkeit der Gleichung.
a) $\frac{\ln(a^r)}{\ln(a^s)} = \frac{r}{s}$ für $a > 0$ b) $a^{\frac{\ln(b)}{\ln(a)}} = b$ für $a > 0,\ b > 0$ c) $a^{\frac{1}{\ln(a)}} = e$ für $a > 0$

4 Lösen Sie die Gleichung und geben Sie die Lösung auf 4 Dezimalen gerundet an.
a) $e^x = \sqrt{2}$ b) $e^{x^2} = 1000$ c) $e^x(e^x - 2) = 0$ d) $\left(\frac{1}{2}\right)^x = \left(\frac{2}{3}\right)^{x-1}$
e) $2^x = 3$ f) $2^{x-1} - 3^x = 0$ g) $\ln\left(\frac{1}{x}\right) - \ln(x) = 4$ h) $\sqrt{\ln(1-x)} = e$

Lösen Sie diese Aufgaben zur Kontrolle auch mit dem CAS.

5 Bestimmen Sie z.
a) Der Flächeninhalt zwischen dem Graphen von f mit $f(x) = e^{0,5x}$ und der x-Achse über dem Intervall [0; z] ist 1.
b) Die Graphen der Funktion f mit $f(x) = e^{2x}$ und g mit $g(x) = 2^x$ schneiden sich an der Stelle z.
c) Die Steigung des Graphen der Funktion g mit $g(x) = e^{3x+1}$ an der Stelle z ist e.

6 Bilden Sie die erste Ableitung der Funktion und geben Sie eine Stammfunktion an.
a) $f(x) = 4^x$ b) $f(x) = \left(\frac{2}{3}\right)^x$ c) $f(x) = 2^{x-2}$ d) $f(x) = 0{,}5^{2x-1}$ e) $f(x) = 2^{3x}$

7 Bestimmen Sie näherungsweise mit dem CAS alle Schnittpunkte der Graphen f und g.
a) $f(x) = e^x$; $g(x) = x + 2$ b) $f(x) = \ln(x)$; $g(x) = \frac{1}{x}$ c) $f(x) = 5 + \ln(x)$; $g(x) = e^x$.

8 Die Bevölkerungszahl der Länder A und B entwickelt sich gemäß nachfolgender Tabelle.

Jahr	1983	1988	1993	1998	2003
Einwohnerzahl Land A (in Mio.)	38	40,3	42,8	45,4	48,2
Einwohnerzahl Land B (in Mio.)	71	67,2	63,6	60,1	56,9

a) Stellen Sie die Bevölkerungsentwicklung der beiden Länder grafisch dar.
b) Zeigen Sie, dass die Einwohnerzahl im Land A um etwa 1,2 % jährlich zunimmt, im Land B hingegen um etwa 1,1 % jährlich abnimmt.
c) Berechnen Sie, wann die beiden Länder jeweils 50 Millionen Einwohner haben.
d) In welchem Jahr nimmt die Einwohnerzahl des Landes A erstmals um 1 Million zu?
e) Wann haben beide Länder gleich viele Einwohner?

9 Durch starke Sonneneinstrahlung wird in warmen Meeren Öl durch Bakterien relativ rasch zersetzt. Ein Ölteppich der Größe $100\,km^2$ verkleinert sich wöchentlich um etwa 4 %. Wann ist seine Größe auf
a) $50\,km^2$ b) $25\,km^2$ c) $12{,}5\,km^2$ d) $6{,}25\,km^2$ e) $100\,m^2$
geschrumpft, wenn von einer gleich bleibenden Abnahme ausgegangen wird?

*7 Untersuchung von Exponentialfunktionen

x	$f(x) = x^{10}$	$g(x) = e^x$
10	$1 \cdot 10^{10}$	22026,5
20	$1{,}02 \cdot 10^{13}$	$4{,}85 \cdot 10^{8}$
30	$5{,}90 \cdot 10^{14}$	$1{,}07 \cdot 10^{13}$
40	$1{,}05 \cdot 10^{16}$	$2{,}35 \cdot 10^{17}$
50	$9{,}77 \cdot 10^{16}$	$5{,}18 \cdot 10^{21}$
60	$6{,}05 \cdot 10^{17}$	$1{,}14 \cdot 10^{26}$
70	$2{,}82 \cdot 10^{18}$	$2{,}52 \cdot 10^{30}$
80	$1{,}07 \cdot 10^{19}$	$5{,}54 \cdot 10^{34}$
90	$3{,}49 \cdot 10^{19}$	$1{,}22 \cdot 10^{39}$
100	$1 \cdot 10^{20}$	$2{,}69 \cdot 10^{43}$

Fig. 1

1 Die Tabelle von Fig. 1 zeigt die Funktionswerte der Funktionen f und g mit $f(x) = x^{10}$ und $g(x) = e^x$ zu verschiedenen x-Werten. Welche Vermutung liegt nahe für das Verhalten von $\frac{f}{g}$, $\frac{g}{f}$, $f - g$ für $x \to \infty$? Versuchen Sie ihre Vermutung mit dem CAS zu untermauern.

Mithilfe einer Funktionsuntersuchung ist es möglich, genaue Aussagen über die Funktion und über den Verlauf ihres Graphen zu erhalten. Bevor die dabei angewendeten Vorgehensweise an einem Beispiel durchgeführt wird, wird das Verhalten von Exponentialfunktionen für $|x| \to \infty$ näher betrachtet.

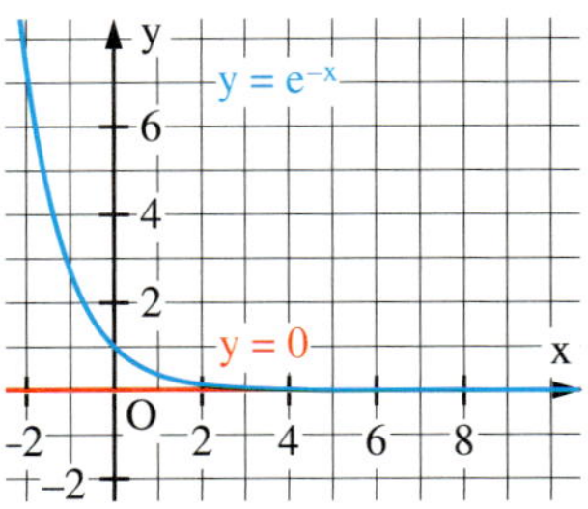

Der Graph der Funktion f mit $f(x) = e^{-x}$ nähert sich für $x \to \infty$ der x-Achse immer mehr an.
Die Gerade mit der Gleichung $y = 0$ ist eine waagerechte Asymptote für $x \to \infty$.

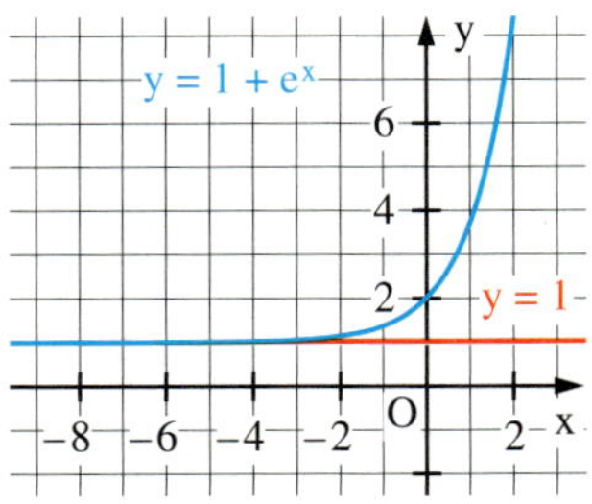

Der Graph der Funktion g mit $g(x) = 1 + e^x$ nähert sich für $x \to -\infty$ der Geraden mit der Gleichung $y = 1$ immer mehr an.
Die Gerade mit der Gleichung $y = 1$ ist eine waagerechte Asymptote für $x \to -\infty$.

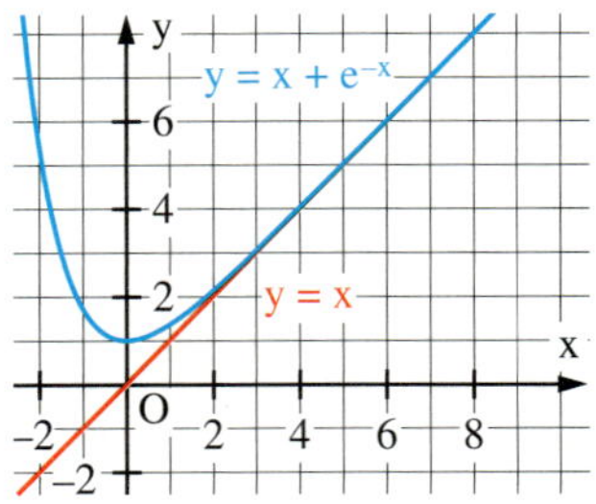

Der Graph der Funktion h mit $h(x) = x + e^{-x}$ nähert sich für $x \to \infty$ der Geraden mit der Gleichung $y = x$ immer mehr an.
Die Gerade mit der Gleichung $y = x$ ist eine schiefe Asymptote für $x \to \infty$.

Eine Gerade mit der Gleichung $y = ax + b$ ist Asymptote des Graphen der Funktion f für $x \to \infty$, wenn $f(x) - (ax + b) \to 0$ für $x \to \infty$.

Untersucht man Funktionen wie $x \mapsto x^n \cdot e^{-x}$, $n \in \mathbb{N} \setminus \{0\}$, so lässt sich das Verhalten für $x \mapsto +\infty$ nicht ohne Weiteres beurteilen, da mit wachsendem x der erste Faktor gegen unendlich, der zweite aber gegen null strebt. Bei der Funktion $x \mapsto e^x - x^n$, $n \in \mathbb{N} \setminus \{0\}$, gehen für $x \mapsto +\infty$ beide Summanden gegen unendlich. Man kann zeigen, dass für $n \in \mathbb{N}$ gilt:
$x^n \cdot e^{-x} \to 0$ für $x \to +\infty$, (1) $\qquad e^x - x^n \to +\infty$ für $x \to +\infty$. (2)

Ist nicht nur eine einzige Funktion f, sondern eine Funktionenschar f_t mit dem Parameter t gegeben, sind häufig die Koordinaten bestimmter Punkte P_t (z. B. Extrem- oder Wendepunkte) von t abhängig. Durchläuft t alle zugelassenen Werte, so bilden die Punkte P_t eine Kurve. Diese Kurve heißt **Ortslinie**, **Ortskurve** oder **geometrischer Ort** der Punkte P_t. Die zugehörige Gleichung ergibt sich, indem man t aus den beiden Gleichungen $x = x(t)$ und $y = y(t)$ eliminiert.

Beispiel 1: (Verhalten für $|x| \mapsto \infty$, Asymptoten)
Untersuchen Sie das Verhalten der Funktion f für $x \to \infty$ und $x \to -\infty$ und geben Sie die Gleichung der Asymptote an.
a) $f(x) = 4 - 3e^{-x}$ $\qquad$ b) $f(x) = \frac{x^3}{e^x} + 5$
Lösung:
a) Für $x \to \infty$ folgt $e^{-x} \to 0$ und damit $f(x) \to 4$; für $x \to -\infty$ folgt $e^{-x} \to \infty$ und damit $f(x) \to -\infty$. Die Gleichung der Asymptote für $x \to \infty$ lautet $y = 4$.
b) Es gilt: $f(x) = x^3 \cdot e^{-x} + 5$; für $x \to \infty$ folgt $x^3 \cdot e^{-x} \to 0$ und $f(x) \to 5$; für $x \to -\infty$ folgt $x^3 \cdot e^{-x} \to -\infty$ und $f(x) \to -\infty$. Die Gleichung der Asymptote für $x \to \infty$ lautet $y = 5$.

Wie sieht eine sinnvolle Funktionsuntersuchung aus und wie ändert sich die Abfolge, wenn Sie ein CAS verwenden?
Orientieren Sie sich dazu am Beispiel von Seite 88.

Beispiel 2: (Untersuchung einer Funktion ohne Parameter)

Untersuchen Sie die Funktion f mit $f(x) = 10x \cdot e^{-\frac{1}{2}x^2}$ mit $D_f = \mathbb{R}$. Zeichnen Sie den Graphen von f.

Lösung:

1. Symmetrie

$f(-x) = 10 \cdot (-x) \cdot e^{-\frac{1}{2}(-x)^2} = -10x \cdot e^{-\frac{1}{2}x^2} = -f(x)$, also ist der Graph von f punktsymmetrisch zum Ursprung.

2. Nullstellen; Funktionswert an der Stelle 0

$f(x) = 0$, d.h. $10x \cdot e^{-\frac{1}{2}x^2} = 0$, also $x_1 = 0$, da $e^{-\frac{1}{2}x^2} > 0$ für alle $x \in \mathbb{R}$. Also ist $N(0|0)$ einziger Schnittpunkt mit der x-Achse. Wegen $f(0) = 0$ ist N auch Schnittpunkt mit der y-Achse.

3. Verhalten für $|x| \to \infty$

Es gilt für $x > 2$: $0 < 10x \cdot e^{-\frac{1}{2}x^2} = 10x \cdot e^{-\frac{1}{2}x \cdot x} < 10x \cdot e^{-x}$

Für $x \to +\infty$ gilt: $10x \cdot e^{-x} \to 0$, also gilt auch $10x \cdot e^{-\frac{1}{2}x^2} \to 0$.

Die x-Achse ist Asymptote für $x \to +\infty$ und wegen der Punktsymmetrie auch für $x \to -\infty$.

4. Ableitungen

$f'(x) = 10 \cdot (1 - x^2) \cdot e^{-\frac{1}{2}x^2}$; $f''(x) = 10x \cdot (x^2 - 3) \cdot e^{-\frac{1}{2}x^2}$; $f'''(x) = -10 \cdot e^{-\frac{1}{2}x^2} \cdot (x^4 - 6x^2 + 3)$

5. Extremstellen

$f'(x) = 0$ liefert $x_2 = -1$ und $x_3 = 1$ als mögliche Extremstellen. Es ist $f''(x_2) = 20 \cdot e^{-\frac{1}{2}} > 0$ und $f(x_2) = -10 \cdot e^{-\frac{1}{2}} \approx -6{,}07$. Daher ist $T\left(-1 \,\middle|\, -\frac{10}{\sqrt{e}}\right)$ Tiefpunkt. Wegen der Punktsymmetrie ist $H\left(1 \,\middle|\, \frac{10}{\sqrt{e}}\right)$ Hochpunkt.

Beachten Sie:
Man käme auch ohne 3. Ableitung aus, da für $f''(x) = 10x(x^2 - 3) \cdot e^{-\frac{1}{2}x^2}$ beim Durchgang durch die Stellen $x_4 = 0$, $x_5 = -\sqrt{3}$, $x_6 = \sqrt{3}$ jeweils ein Vorzeichenwechsel stattfindet.

6. Wendestellen

$f''(x) = 0$ ergibt drei mögliche Wendestellen: $x_4 = 0$, $x_5 = -\sqrt{3}$ und $x_6 = \sqrt{3}$. An allen drei Stellen ist die 3. Ableitung von null verschieden. Unter Verwendung der Punktsymmetrie erhält man die Wendepunkte

$W_1(0|0)$, $W_2\left(\sqrt{3} \,\middle|\, \frac{10\sqrt{3}}{e\sqrt{e}}\right) \approx W_2(1{,}73|3{,}86)$ und

$W_3\left(-\sqrt{3} \,\middle|\, -\frac{10\sqrt{3}}{e\sqrt{e}}\right) \approx W_3(-1{,}73|-3{,}86)$.

7. Graph: Siehe Fig. 1.

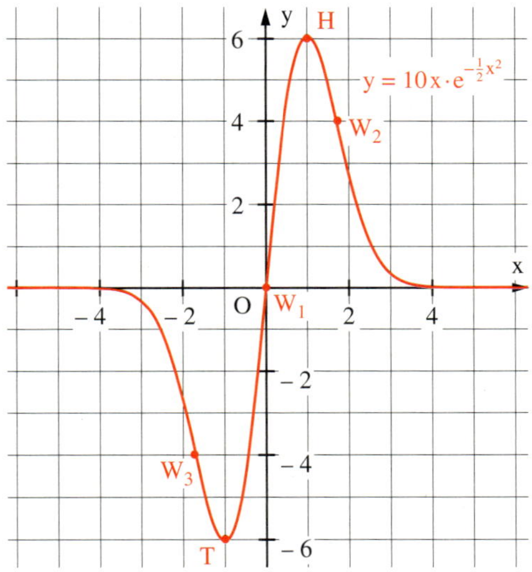

Fig. 1

Ein Parameter t wird wie eine Konstante behandelt!

Setzen Sie auch hier Ihr CAS ein!

Beispiel 3: (Untersuchung einer Funktionenschar)

Gegeben ist die Funktionenschar f_t mit $f_t(x) = (t - e^x)^2$, $x \in \mathbb{R}$ und $t > 0$.

a) Untersuchen Sie die Funktionenschar f_t und zeichnen Sie die Graphen für $t = \frac{1}{2}$, 1 und 2.

b) Auf welcher Ortskurve liegen die Wendepunkte der Graphen von f_t? Zeichnen Sie die Ortskurve in das vorhandene Koordinatensystem ein.

Lösung:

a) **1. Symmetrie des Graphen**

$f_t(-x) = (t - e^{-x})^2$ stimmt weder mit $f_t(x)$ noch mit $-f_t(x)$ überein, also ist der Graph von f_t weder achsensymmetrisch zur y-Achse noch punktsymmetrisch zum Ursprung.

2. Nullstellen, Funktionswert an der Stelle 0

$f_t(x) = 0$ ergibt $e^x = t$, also ist $x_t = \ln(t)$ einzige Nullstelle; damit ist $N_t(\ln(t)|0)$ Schnittpunkt mit der x-Achse.

$f_t(0) = (t - 1)^2$, also ist $A_t(0|(t - 1)^2)$ Schnittpunkt mit der y-Achse.

3. Verhalten für $|x| \to \infty$

Für $x \to \infty$ folgt $e^x \to \infty$ und $f_t(x) = (t - e^x)^2 \to \infty$ wegen des geraden Exponenten 2.
Für $x \to -\infty$ folgt $e^x \to 0$ und damit $f_t(x) = (t - e^x)^2 \to t^2$; $y = t^2$ ist Asymptote für $x \to -\infty$.

4. Ableitungen

$f_t'(x) = 2 \cdot (t - e^x) \cdot (-e^x) = 2 \cdot (e^{2x} - t\,e^x)$; $f_t''(x) = 2 \cdot (2\,e^{2x} - t\,e^x)$; $f_t'''(x) = 2\,(4\,e^{2x} - t\,e^x)$

5. Extremstellen

$f_t'(x) = 0$ ergibt $2\,(e^x - t) \cdot e^x = 0$, also ist $x_2 = \ln(t)$ einzig mögliche Extremstelle.
Es ist $f_t''(x) = 2 \cdot (2\,e^{2 \cdot \ln(t)} - t\,e^{\ln(t)}) = 2\,(2\,e^{\ln(t^2)} - t\,e^{\ln(t)}) = 2 \cdot (2\,t^2 - t^2) = 2\,t^2 > 0.$
Also ist $f_t(x_2) = 0$ lokales Minimum; $T_t(\ln(t)|0)$ ist Tiefpunkt.
Die Tiefpunkte liegen auf der x-Achse.

6. Wendestellen

$f_t''(x) = 0$ ergibt $2 \cdot (2\,e^x - t) \cdot e^x = 0$, also ist $x_3 = \ln\left(\frac{t}{2}\right)$ einzig mögliche Wendestelle. Es ist
$f_t'''(x_3) = 2\left(4\,e^{2 \cdot \ln\left(\frac{t}{2}\right)} - t\,e^{\ln\left(\frac{t}{2}\right)}\right) = 2\left(4\,e^{\ln\left(\left(\frac{t}{2}\right)^2\right)} - \frac{t^2}{2}\right) = 2\left(4 \cdot \frac{t^2}{4} - \frac{t^2}{2}\right) = t^2 \neq 0$ und $f(x_3) = \left(t - e^{\ln\left(\frac{t}{2}\right)}\right)^2 = \frac{t^2}{4}.$
Also liegt in $W_t\left(\ln\left(\frac{t}{2}\right)\middle|\frac{t^2}{4}\right)$ ein Wendepunkt vor. Die Steigung des Graphen beträgt dort
$f'(x_3) = 2\left(t - e^{\ln\left(\frac{t}{2}\right)}\right) \cdot \left(-e^{\ln\left(\frac{t}{2}\right)}\right) = -\frac{t^2}{2}.$

7. Graphen für $t = \frac{1}{2}$, 1 und 2

t	$\frac{1}{2}$	1	2
Asymptoten	$y = \frac{1}{4}$	$y = 1$	$y = 4$
Nullstellen	$\ln\left(\frac{1}{2}\right) = -\ln(2)$	0	$\ln(2)$
Schnittpunkt mit y-Achse	$A_{\frac{1}{2}}\left(0\middle|\frac{1}{4}\right)$	$A_1(0|0)$	$A_2(0|1)$
Tiefpunkt	$T_{\frac{1}{2}}\left(\ln\left(\frac{1}{2}\right)\middle|0\right)$	$T_1(0|0)$	$T_2(\ln(2)|0)$
Wendepunkt	$W_{\frac{1}{2}}\left(\ln\left(\frac{1}{4}\right)\middle|\frac{1}{16}\right)$	$W_1\left(\ln\left(\frac{1}{2}\right)\middle|\frac{1}{4}\right)$	$W_2(0|1)$

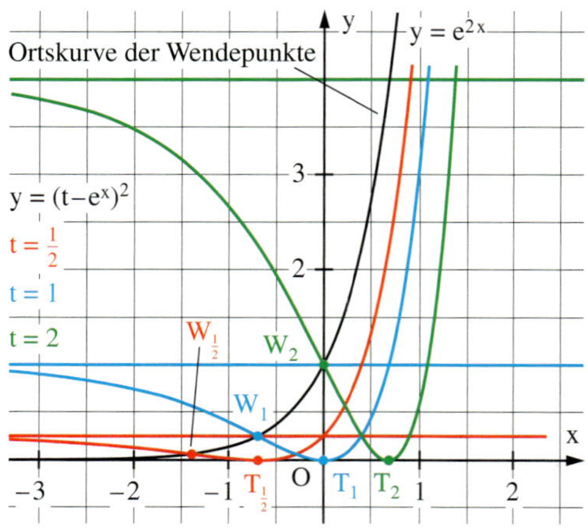

Fig. 1

b) Ortskurve der Wendepunkte
Die Ortskurve der Wendepunkte $W_t\left(\ln\left(\frac{t}{2}\right)\middle|\frac{t^2}{4}\right)$ bestimmt man durch Eliminieren der Variablen t aus $x = \ln\left(\frac{t}{2}\right)$ und $y = \frac{t^2}{4}$.
Löst man $x = \ln\left(\frac{t}{2}\right)$ mit $t > 0$ nach t auf, so erhält man $t = 2 \cdot e^x$. Dieses Ergebnis setzt man in $y = \frac{t^2}{4}$ ein und erhält $y = e^{2x}$. Damit liegen die Wendepunkte auf dem Graphen der Funktion k mit $k(x) = e^{2x}$. Der Graph von k ist in Fig. 1 eingezeichnet.

Aufgaben

2 Untersuchen Sie das Verhalten der Funktion f für $|x| \to \infty$ und geben Sie eine Gleichung der Asymptoten des Graphen von f an.

a) $f(x) = 6 + 2\,e^x$ b) $f(x) = 3\,e^{-x} - 7$ c) $f(x) = x^5 \cdot e^{-x}$ d) $f(x) = \sqrt{x} \cdot e^{-x}$
e) $f(x) = \frac{1}{2}x + 3 + e^{-x}$ f) $f(x) = x - e^x$ g) $f(x) = 3\,e^x - x^7$ h) $f(x) = x^2 \cdot e^x$

3 Skizzieren Sie den Graphen der folgenden Funktion f.

a) $f(x) = e^{x-2}$ b) $f(x) = \frac{1}{2} \cdot e^{-x} + 3$ c) $f(x) = \frac{1}{4}x - e^x$ d) $f(x) = x + e^x$

Eine Auskunft über Schnittpunkt mit der x-Achse erhält man häufig aus der Lage der Extrempunkte.

4 Führen Sie eine Funktionsuntersuchung durch und zeichnen Sie den Graphen.

a) $f(x) = 2x - e^x$ b) $f(x) = x + \frac{1}{2}e^{-x}$ c) $f(x) = e \cdot x + e^{-x}$ d) $f(x) = e^x + e^{-x}$

e) $f(x) = 5x \cdot e^x$ f) $f(x) = (x-2) \cdot e^x$ g) $f(x) = 3x \cdot e^{-x+1}$ h) $f(x) = x \cdot e^{-2x} + 2$

i) $f(x) = x^2 \cdot e^{-x}$ j) $f(x) = 3 \cdot e^{-x^2}$ k) $f(x) = 4e^{-\frac{1}{4}x^4}$ l) $f(x) = x^3 \cdot e^{-x}$

5 a) Der Graph der Funktion f mit $f(x) = e \cdot x + e^{-x}$ schließt mit der x- und y-Achse eine Fläche ein. Berechnen Sie ihren Inhalt.
b) Zeigen Sie, dass der Graph der Funktion f mit $f(x) = x + e^{-x+2}$ mit den Geraden mit den Gleichungen $y = x$, $x = 5$ und $x = 10$ eine Fläche einschließt, deren Inhalt kleiner als 0,05 ist.

6 Untersuchen Sie die Funktionenschar f_t.
a) $f_t(x) = e^{tx} - x$; $t > 0$ b) $f_t(x) = \frac{te^x}{t + e^x}$; $t > 0$ c) $f_t(x) = tx^2 + e^{-x}$; $t \in \mathbb{R}$

7 Gegeben ist die Funktionenschar f_t mit $f_t(x) = 10x \cdot e^{-\frac{1}{2}tx}$ mit $t > 0$.
a) Untersuchen Sie die Funktionenschar und zeichnen Sie die Graphen für $t = 1$; 1,5 und 2.
b) Bestimmen Sie die Ortskurve der Extrempunkte und der Wendepunkte.
c) Der Graph von f_1 schließt mit den Koordinatenachsen und der Geraden mit der Gleichung $x = 10$ eine Fläche ein. Bestimmen Sie den Inhalt dieser Fläche mit dem GTR.
d) Zeigen Sie, dass F_1 mit $F_1(x) = -20(x+2) \cdot e^{-\frac{1}{2}x}$ eine Stammfunktion zu f_1 ist und berechnen Sie hiermit den Inhalt der Fläche aus c).

8 a) Gegeben ist die Funktionenschar f_t mit $f_t(x) = -\frac{2x}{t} \cdot e^{t-x}$ mit $t > 0$.
Untersuchen Sie die Funktionenschar und bestimmen Sie die Ortskurve der Wendepunkte.
b) Zeigen Sie, dass die Funktionen f_k mit $f_k(x) = \frac{k \cdot e^{-x}}{k + e^{-x}}$ für kein $k > 0$ Extremwerte besitzen und die Wendepunkte auf dem Graphen von h mit $h(x) = \frac{1}{2} \cdot e^{-x}$ liegen.

9 Gegeben ist die Funktionenschar $f_k(x) = x - k \cdot e^x$ mit beliebigem $k \neq 0$.
a) Berechnen Sie die Nullstelle von f_1 auf 4 Dezimalen gerundet.
b) Untersuchen Sie die Funktionen f_k und zeigen Sie, dass die Hochpunkte auf der Geraden mit der Gleichung $y = x - 1$ liegen.
c) Vom Nullpunkt lässt sich an jede Kurve genau eine Tangente legen. Wo berührt diese Tangente die zugehörige Kurve?

Weitere Aufgaben

10 Gegeben ist die Funktion f mit $f(x) = x^x$ mit $x > 0$. Untersuchen Sie den Graphen von f und stellen Sie eine Vermutung zum Grenzwert von f für $x \to 0$ auf.

Für die Aufgabenteile d) bis f) ist die in c) berechnete Funktion zu verwenden.

11 Der Verlauf des Trageseiles einer Hängebrücke kann durch eine Kettenlinie angenähert werden. Diese ist der Graph der Funktion $f_{a;c}(x) = \frac{a}{2c}(e^{cx} + e^{-cx})$ mit $a, c > 0$, x in Metern, y in Metern.
a) Untersuchen Sie den Graphen von $f_{a;c}$ auf Symmetrie.
b) Berechnen Sie das Minimum der Funktion $f_{a;c}$
c) Bestimmen Sie a und c so, dass das Seil den tiefsten Punkt mit 5 m über der Fahrbahn erreicht, die beiden Aufhängepunkte einen Abstand von 200 m haben und je 30 m hoch sind.
d) Welches Gefälle in Prozent haben die Seile in den Aufhängepunkten?
e) An welchen Stellen befindet sich das Seil ca. 15 m über der Fahrbahn?
f) Wo könnte ein Stuntman das Seil mit einem Motorrad befahren, wenn er noch eine Steigung von 20 % bewältigen kann?

*8 Untersuchung von Logarithmusfunktionen

1 a) Erstellen Sie die Graphen von f mit $f(x) = \ln(x)$ und g mit $g(x) = x \cdot \ln(x)$. Welche Aussage über das Verhalten der Funktion g für $x \to 0$ lesen Sie aus den Graphen ab?
b) Welches Verhalten erwarten Sie für h mit $h(x) = \frac{\ln(x)}{x}$ für $x \to 0$ bzw. $x \to \infty$?

Bei der Untersuchung von Funktionen wie z. B. f mit $f(x) = x^2 \cdot \ln(x)$ benötigt man eine Aussage über das Verhalten für $x \to 0$. Entsprechend interessiert bei Funktionen wie z. B. g mit $g(x) = \frac{\ln(x)}{x}$ das Verhalten für $x \to +\infty$.

Fig. 1 zeigt Graphen der Funktionen f_n mit $f_n(x) = x^n \cdot \ln(x)$ für $n = 1, 2$ und 3.

Fig. 2 zeigt Graphen der Funktionen g_n mit $g_n(x) = \frac{\ln(x)}{x^n}$ für $n = 1, 2$ und 3.

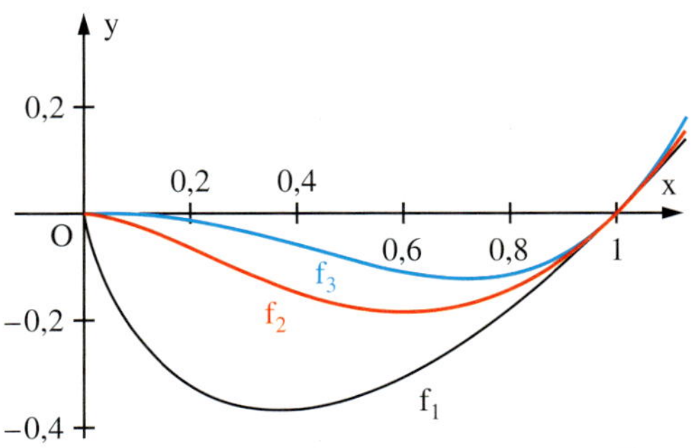

Fig. 1

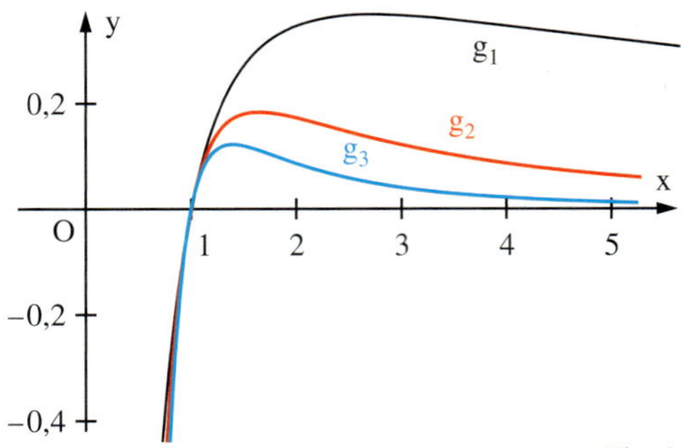

Fig. 2

Man kann zeigen, dass für $n \in \mathbb{Q}^+$ gilt:

$\mathbf{x^n \cdot \ln(x) \to 0}$ für $x \to 0$ und $\mathbf{\frac{\ln(x)}{x^n} \to 0}$ für $x \to \infty$.

Setzen Sie Ihr CAS sinnvoll ein! Überlegen Sie: Warum ist eine graphische Untersuchung nicht ausreichend?

Für $x \to 0$ gilt: $\ln(x) \to -\infty$ und $\frac{1}{x} \to +\infty$, also $f(x) = \ln(x) \cdot \frac{1}{x} \to -\infty$.

Beispiel: (Untersuchung einer Logarithmusfunktion)
Untersuchen Sie die Funktion f mit $f(x) = 4 \cdot \frac{\ln(x)}{x}$. Zeichnen Sie den Graphen.
Lösung:

1. Definitionsmenge: Es ist $D_f = \mathbb{R}^+$.

2. Verhalten: Für $x \to 0$ gilt $f(x) \to -\infty$; für $x \to +\infty$ gilt $f(x) \to 0$. Die y-Achse ist senkrechte, die x-Achse ist waagerechte Asymptote des Graphen.

3. Nullstellen: $4 \cdot \ln(x) = 0$ liefert $x_1 = 1$.

4. Ableitungen: $f'(x) = 4 \cdot \frac{1 - \ln(x)}{x^2}$,
$f''(x) = 4 \cdot \frac{-3 + 2 \cdot \ln(x)}{x^3}$, $f'''(x) = 4 \cdot \frac{11 - 6 \cdot \ln(x)}{x^4}$.

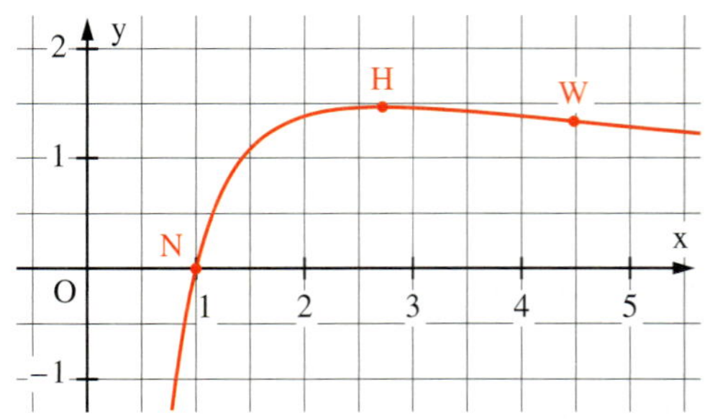

Fig. 3

5. Extremstellen:
$f'(x) = 0$ ergibt $1 - \ln(x) = 0$; Lösung: $x_2 = e$; $f''(e) = \frac{-4}{e} < 0$; $f(e) = \frac{4}{e}$ ist lokales Maximum.

6. Wendestellen:
$f''(x) = 0$ liefert $-3 + 2\ln(x) = 0$; Lösung: $x_3 = e^{1,5}$; $f'''(e^{1,5}) = \frac{8}{e^6} \neq 0$; $x_3 = e^{1,5}$ ist Wendestelle.

7. Graph:
Der Graph (Fig. 3) schneidet in $N(1|0)$ die x-Achse; $H\left(e\middle|\frac{4}{e}\right)$ ist Hochpunkt; $W\left(e^{1,5}\middle|\frac{6}{e^{1,5}}\right)$ ist Wendepunkt.

Aufgaben

Setzen Sie Ihr CAS sinnvoll ein.

2 Untersuchen Sie die Funktion. Zeichnen Sie den Graphen.

a) $f(x) = 8 \cdot \frac{\ln(x)}{x}$ b) $f(x) = -10 \cdot \frac{\ln(x)}{x^2}$ c) $f(x) = 5x^3 \cdot \ln(x)$ d) $f(x) = \frac{\ln(x^2)}{x}$

e) $f(x) = \ln(2x - 1)$ f) $f(x) = \ln((x - 1)^2)$ g) $f(x) = \ln(1 + x^2)$ h) $f(x) = \frac{1}{x} \cdot (1 + \ln(x))$

3 Gegeben ist die Funktion f mit $f(x) = x - \ln(x)$.

a) Untersuchen Sie f. Zeichnen Sie den Graphen. Gibt es Punkte mit der Steigung e?

b) Vom Ursprung aus soll eine Tangente an einen weiteren Punkt P des Graphen von f gelegt werden. Ermitteln Sie die Koordinaten von P.

c) Ist g mit $g(x) = x \cdot \ln(x) - x$ eine Stammfunktion von h mit $h(x) = \ln(x)$?

d) Der Graph von f schließt mit der x-Achse und den Geraden mit den Gleichungen $x = 1$ und $x = e$ eine Fläche ein. Berechnen Sie den Inhalt dieser Fläche.

4 Gegeben ist die Funktion f mit $f(x) = (\ln(x))^2$.

a) Untersuchen Sie die Funktion f. Zeichnen Sie den Graphen K von f.

b) Bestimmen Sie diejenigen Ursprungsgeraden, die Tangenten an K sind.

c) Zeigen Sie: F mit $F(x) = x \cdot (\ln(x))^2 - 2x \cdot \ln(x) + 2x$ ist eine Stammfunktion von f.

d) Berechnen Sie die Fläche A, die von den Graphen von f und g mit $g(x) = \ln(x)$ umschlossen wird.

e) Welche Parallele zur y-Achse schneidet A in einer Strecke maximaler Länge?

5 Untersuchen Sie die Funktionenschar f_t. Zeichnen Sie mithilfe Ihres CAS die Graphen von f_t für drei Werte von t.

a) $f_t(x) = \ln(x + t) - x,\ t < 0$ b) $f_t(x) = \frac{\ln(x)}{t \cdot x},\ 0 < t \leqq 1$ c) $f_t(x) = t \cdot [\ln(x + t)]^2,\ t > 0$

6 Gegeben ist die Funktionenschar f_t mit $f_t(x) = (\ln(x))^2 + t \cdot \ln(x),\ x \in \mathbb{R}^+$ und $t \in \mathbb{R}$.

a) Untersuchen Sie die Funktionenschar f_t und zeichnen Sie die Graphen für $t = -1,\ 0$ und 2.

b) Auf welcher Ortskurve liegen die Extrempunkte der Graphen von f_t?

Mithilfe von Funktionswertetabellen erhält man ***nur Vermutungen*** *über das Grenzwertverhalten von Funktionen.*

x	$\sqrt{x}$	$\ln x$	$h(x)$
0	...	...	...
0,1			
0,01			
0,001			
...			

$x \to 0$: $h(x) \to ?$

7 Gegeben sind die Funktionen f mit $f(x) = \sqrt{x}$ und g mit $g(x) = \ln(x)$. Aus den Funktionen f und g wird auf verschiedene Arten eine neue Funktion h gebildet:

I) $h(x) = f(x) - g(x)$ II) $h(x) = f(x) \cdot g(x)$ III) $h(x) = \frac{f(x)}{g(x)}$ IV) $h(x) = f(g(x))$

Bestimmen Sie jeweils die Definitionsmenge und untersuchen Sie das Grenzverhalten von h. Erstellen Sie dazu gegebenenfalls Tabellen mit geeigneten Funktionswerten. Skizzieren Sie die Graphen.

8 Gegeben ist die Funktionenschar f_t mit $f_t(x) = tx + \frac{1}{tx};\ t \in \mathbb{R}^+$.

Untersuchen Sie das Grenzverhalten für $x \to 0$ und für $x \to \infty$. Zeichnen Sie den Graphen von f_1. Berechnen Sie den Flächeninhalt, der vom Graphen von f_1 im Intervall [1; 2] mit der x-Achse eingeschlossen wird. Für welchen Wert von t wird der Inhalt der Fläche minimal?

Einige Lautstärken in dB:	
Blätterrauschen	*10*
normale Unterhaltung	*40*
starker Verkehrslärm	*70*
Presslufthammer (in 1 m Entfernung)	*120*

9 Die Lautstärke L eines Schalls ist wie folgt definiert $L = 10 \cdot \log_{10}\left(\frac{I}{I_0}\right)$, sie wird in dB (Dezibel) angegeben. Dabei ist I die Schallintensität und $I_0 = 10^{-16} \frac{W}{cm^2}$ die Hörgrenze.

a) Flüstern ergibt etwa eine Lautstärke von 20 dB, normales Reden von 40 dB. Um wie viel höher ist die Schallintensität bei normaler Unterhaltung gegenüber dem Flüstern?

b) Geben Sie die Intensität I in Abhängigkeit von der Lautstärke L an. Bestimmen Sie die mittlere Änderungsrate der Intensität I im Lautstärkenintervall zwischen 20 dB und 40 dB und interpretieren Sie diese.

9 Exponentielle Wachstums- und Zerfallsprozesse

1 In einem Waldstück wird der derzeitige Holzbestand auf 4000 fm (Festmeter) geschätzt. Der Holzzuwachs beträgt momentan 2 % jährlich.
Stellen Sie die zeitliche Entwicklung des Holzbestandes H in der Form $H(t) = c \cdot a^t$ (t in Jahren) dar. Wie lautet die Funktion H in der Form $H(t) = c \cdot e^{k \cdot t}$?

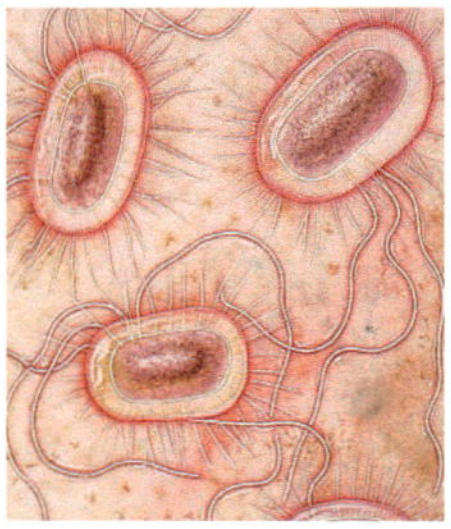

Escherichia coli, normaler Darmbewohner. Erreger von Harnwegsinfekten, Blutvergiftung, Durchfall und Nierenversagen

Die mathematische Nachbildung einer realen Situation nennt man **Modellierung.**

Bei einer Kultur von Coli-Bakterien wird in stündlichen Abständen die Bakterienzahl pro ml Nährlösung bestimmt (Fig. 1). Da in der Tabelle $\frac{f(t+1)}{f(t)} \approx a = 1{,}82 = 1 + \frac{82}{100}$ ist, wächst die Bakterienzahl f(t) bei einem Zeitschritt von 1 h jeweils näherungsweise um den konstanten Faktor $a = 1{,}82$ (Wachstumsfaktor).
In jeder Stunde nimmt die Bakterienzahl also um 82 % zu. Damit ist f eine Wachstumsfunktion mit dem Funktionsterm $f(t) = c \cdot a^t$, $c = f(0) = 80$ Millionen und $a = 1{,}82$. Stellt man die Wachstumsfunktion als Funktion f mit $f(t) = c \cdot e^{kt}$ dar, so erhält man mit $k = \ln(a)$ den Funktionsterm $f(t) = 80 \cdot e^{\ln(1{,}82) \cdot t}$ (vgl. Seite 192).

Zeit t (in h)	Bakterienzahl f(t) (in Mio)	$\frac{f(t+1)}{f(t)}$
0	80,0	
		1,824
1	145,9	
		1,826
2	266,4	
		1,811
3	482,4	
		1,815
4	875,7	
		1,825
5	1597,8	
	gemittelt: a = 1,82	

Fig. 1

Exponentielle Wachstums- oder Zerfallsprozesse können durch eine Funktion f mit $f(t) = c \cdot a^t$ bzw. $f(t) = c \cdot e^{kt}$ mit $k = \ln(a)$ beschrieben werden.
Dabei ist $c \in \mathbb{R}$ der Bestand zum Zeitpunkt $t = 0$, f(t) der Bestand zum Zeitpunkt t und a der Wachstumsfaktor.
Für $k > 0$ heißt k Wachstumskonstante und f Wachstumsfunktion.
Für $k < 0$ heißt k Zerfallskonstante und f Zerfallsfunktion.

Beispiel 1: (Bestimmung einer Zerfallsfunktion)
Zur Untersuchung der Langzeitwirkung eines Medikamentes wurde einer Versuchsperson eine Dosis von 70 mg verabreicht und im täglichen Abstand die Konzentration des Medikamentes im Blut gemessen.

Zeit t (in Tagen)	0	1	2	3	4	5
Konzentration $\left(\text{in } \frac{mg}{l}\right)$	10	7,20	5,18	3,72	2,68	1,93

Konzentration f (in mg/l)	$\frac{f(t+1)}{f(t)}$
10	
	0,720
7,20	
	0,7194
5,18	
	0,7181
3,72	
	0,7204
2,68	
	0,7201
1,93	

gemittelt: a = 0,72

a) Weisen Sie nach, dass es sich im angegebenen Zeitraum um exponentielles Fallen handelt. Bestimmen Sie die Zerfallskonstante und die Zerfallsfunktion.
b) Nach wie vielen Tagen sinkt die Konzentration erstmals unter $0{,}5\,\frac{mg}{l}$?
Lösung:
a) Der Quotient aufeinander folgender Konzentrationen des Medikamentes ergibt gemittelt den Wachstumsfaktor $a = 0{,}72$. Daher kann in guter Näherung von einem exponentiellen Zerfall ausgegangen werden. Die Zerfallskonstante ist $k = \ln(a) = \ln(0{,}72) \approx -0{,}3285$. Mit der Anfangskonzentration 10 erhält man die Zerfallsfunktion f mit $f(t) = 10 \cdot e^{-0{,}3285 \cdot t}$.
b) Aus $10 \cdot e^{-0{,}3285 \cdot t} = 0{,}5$ erhält man $e^{-0{,}3285 \cdot t} = 0{,}05$ und hieraus $t = \frac{\ln(0{,}05)}{-0{,}3285} \approx 9{,}12$.
Am zehnten Tag sinkt die Konzentration erstmals unter $0{,}5\,\frac{mg}{l}$.

Das in der Natur vorkommende Radon wird teilweise zu therapeutischen Zwecken benutzt.

Masse f (in mg)	$\frac{f(t+30)}{f(t)}$
400	
	0,6850
274	
	0,6854
187,8	
	0,6853
128,7	
	0,6853
88,2	
	0,6848
60,4	
	0,6854
41,4	

gemittelt: $a = 0{,}685$

Anderer Zeitschritt
⇒ anderer Wachstumsfaktor a
⇒ andere Wachstumskonstante k

Beispiel 2: (Zerfallsfunktion mit größerem Zeitschritt)
Bei einem Experiment zum radioaktiven Zerfall von Radon 220 misst man zu Beginn der Beobachtung eine Masse von 400 mg. Alle 30 s wird die Masse neu bestimmt.

Zeit t (in s)	0	30	60	90	120	150	180
Masse (in mg)	400	274	187,8	128,7	88,2	60,4	41,4

a) Begründen Sie, dass man im angegebenen Zeitraum von einem exponentiellen Zerfallsprozess ausgehen kann. Geben Sie den Wachstumsfaktor a für den Zeitschritt 30 s und die zugehörige Zerfallsfunktion an.
b) Bestimmen Sie neben der Zerfallsfunktion auch die Zerfallskonstante zum Zeitschritt 1 s.
Lösung:
a) Der Quotient aufeinander folgender Messungen der noch vorhandenen Masse liefert gemittelt und gerundet den konstanten Wachstumsfaktor $a = 0{,}685$. Die Zerfallskonstante zum Zeitschritt 30 s ist damit $k^* = \ln(a) = \ln(0{,}685) \approx -0{,}3783$. Die Zerfallsfunktion lautet also f mit $f(t^*) = 400 \cdot e^{-0{,}3783 \cdot t^*}$ (t^* gemessen in Zeitschritten von jeweils 30 s).
b) Da ein Zeitschritt 1 für t^* einer Zeitdauer von $t = 30\,s$ entspricht, folgt $t^* = \frac{1}{30} \cdot t$.
Damit gilt $e^{-0{,}3783 \cdot t^*} = e^{-0{,}3783 \cdot \frac{1}{30} t} = e^{\frac{0{,}3783}{30} \cdot t} = e^{-0{,}01261 \cdot t}$. Hiermit ist die Zerfallsfunktion $f(t) = 400 \cdot e^{-0{,}01261 \cdot t}$ (t in s) und die Zerfallskonstante $k = \frac{k^*}{30} = \frac{\ln(0{,}685)}{30} \approx -0{,}0126$.

Aufgaben

2 Ein Kapital von 20 000 Euro wird mit einem Zinssatz von 5 % jährlich verzinst.
a) Geben Sie die Funktion an, welche die zeitliche Entwicklung des Kapitals beschreibt.
b) Bestimmen Sie das Kapital nach 1; 2; 5; 10 und 20 Jahren.
c) Vor wie vielen Jahren betrug das Kapital bei gleichem Zinssatz 15 000 Euro?
d) In welchem Jahr nimmt das Kapital erstmals um 5000 Euro zu?

3 Eine Internetbank hatte im Jahr 2000 eine jährliche Bilanzsumme von 300 Millionen Euro. Für das Jahr 2001 werden bereits 375 Millionen Euro erwartet.
a) Um wie viel Prozent stieg die Bilanzsumme innerhalb eines Jahres?
b) Welche Bilanzsumme erwartet die Bank bei gleich bleibendem prozentualem Wachstum in den nächsten 3 Jahren?
c) Wann übersteigt die Bilanzsumme voraussichtlich 650 Mio. Euro?

ROBERT KOCH (1843–1910) entdeckte u. a. 1882 das Tuberkulosebakterium, 1883 den Choleraerreger. Er war der Hauptbegründer der modernen Bakteriologie. 1905 erhielt er den Nobelpreis für Medizin.

4 Bei einer Bakterienkultur wird die Anzahl der Bakterien stündlich bestimmt.

Zeit t (in h)	0	1	2	3	4	5	6
Bakterienzahl (in Mio.)	7,1	7,7	8,3	9,0	9,7	10,5	11,3

a) Begründen Sie, dass im angegebenen Zeitraum von einem exponentiellen Wachstum der Bakterienzahl ausgegangen werden kann.
b) Bestimmen Sie die Wachstumskonstante k und die Wachstumsfunktion f.
c) Wie viele Baktieren sind es nach 2,5 h, wie viele eine Stunde vor Beobachtungsbeginn?

5 Cholera wird durch den Bazillus *Vibrio cholerae* hervorgerufen. Zu Beginn eines Experimentes wird eine Kolonie von 400 Bazillen in eine Nährlösung gebracht. Zwei Stunden später zählt man bereits 30 000. Es wird von einer exponentiellen Vermehrung ausgegangen.
a) Bestimmen Sie die zugehörige Wachstumsfunktion zum Zeitschritt 2 Stunden.
b) Wie lautet die Wachstumskonstante und die Wachstumsfunktion zum Zeitschritt 1 h bzw. zum Zeitschritt 1 min? Wie viele Bakterien erhält man jeweils nach 30 Minuten?

6 Eine Vakuumpumpe soll angeblich den Luftdruck in einem Testraum pro Sekunde um 4 % senken. Bei einer Überprüfung senkte sich der Luftdruck in dem Raum innerhalb von 2 Minuten auf 50 % des ursprünglichen Wertes. Arbeitet die Pumpe normal?

7 Mexiko hatte zu Beginn des Jahres 1990 nach einer Volkszählung 84,4 Millionen Einwohner. Im Jahr 2000 waren es 100,4 Millionen. Es wird von einer exponentiellen Vermehrung der Bevölkerung ausgegangen.

Zum Vergleich: Deutschland:

Jahr	*1990*	*2000*
Einwohner (in Mio.)	*79,4*	*82,8*

a) Bestimmen Sie jeweils die Wachstumskonstante zu den Zeitschritten 1; 5 bzw. 10 Jahre.
b) Berechnen Sie die Einwohnerzahlen für die Jahre 2001 bis 2005.
c) Wie viele Einwohner hat Mexiko bei gleich bleibendem Wachstum im Jahr 2010? Wann wird die Einwohnerzahl von 120 Millionen voraussichtlich überschritten?
d) Wann wird Mexiko doppelt so viele Einwohner wie Deutschland haben?

8 Dringt Licht in Wasser ein, so verliert es mit zunehmender Wassertiefe durch Absorption an Intensität. In reinem Meerwasser nimmt die Lichtintensität pro Meter auf etwa $\frac{1}{4}$ des bis dahin verbliebenen Wertes ab.
a) Wie viel Prozent der ursprünglichen Intensität sind in 1 m, 2 m bzw. 3 m Wassertiefe noch vorhanden?
b) In welcher Wassertiefe beträgt die Lichtintensität weniger als 1 ‰ der ursprünglichen Intensität?

9 Eine Population von Insekten wurde in den letzten Jahren jeweils am 1. Januar gezählt (Fig. 1).
a) Untersuchen Sie, ob man in diesem Zeitraum von einer exponentiellen Abnahme ausgehen kann.
b) Wann werden nur noch 10 % der heutigen Population vorhanden sein?

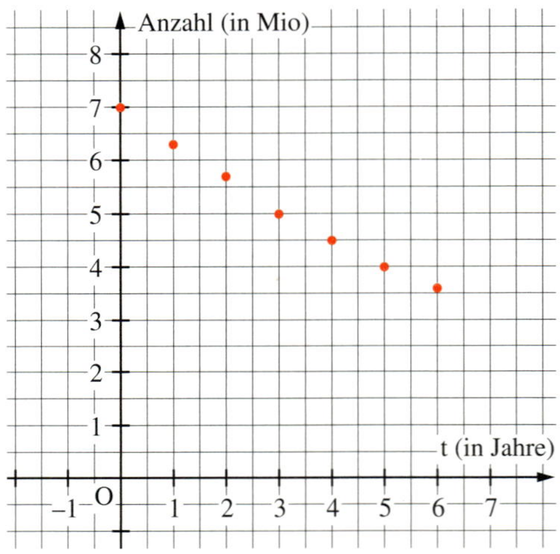

Fig. 1

Weitere Aufgaben

10 Bei einem radioaktiven Zerfall gilt für die Masse m der zerfallenden Substanz $m(t) = e^{kt+b}$ (m(t) in g, t in Tagen nach Beobachtungsbeginn).
a) Bestimmen Sie k und b, wenn zu Beginn der Beobachtung 20 g und nach 21 Tagen nur noch 2,5 g dieser Substanz vorhanden sind.
b) Nach wie vielen Tagen sind nur noch 1 % bzw. 1 ‰ der ursprünglichen Masse vorhanden?
c) Weisen Sie nach, dass von der zu einem beliebigen Zeitpunkt vorhandenen Masse dieser radioaktiven Substanz nach 14 Tagen $\frac{3}{4}$ zerfallen ist.

Das tödlichste Produkt

In der Bundesrepublik Deutschland sterben jährlich etwa 110 000 Menschen an den Folgen des Tabakkonsums.

oder

Alle 5 Minuten stirbt in Deutschland ein Mensch an den Folgen des Rauchens.

11 Das relative Risiko von Rauchern, die mindestens 20 Zigaretten pro Tag rauchen, an Lungenkrebs zu erkranken, wurde in einer medizinischen Studie untersucht.

Jahre seit Beenden des Rauchens	0	2	4	6	8	10	12
Relatives Risiko in %	38	30	22	17	13	10	7,7

a) Welches Risiko, an Lungenkrebs zu erkranken, lässt sich für einen Raucher aus der Tabelle ablesen (zum Vergleich: Nie-Raucher: etwa 1 %)? Was bedeutet „relatives Risiko“?
b) Begründen Sie, dass das Lungenkrebsrisiko exponentiell mit den Jahren seit Beenden des Rauchens abnimmt und geben Sie die Zerfallsfunktion zum Zeitschritt 2 Jahre an. Wie lautet die Zerfallsfunktion zum Zeitschritt 1 Jahr?

10 Halbwerts- und Verdoppelungszeit

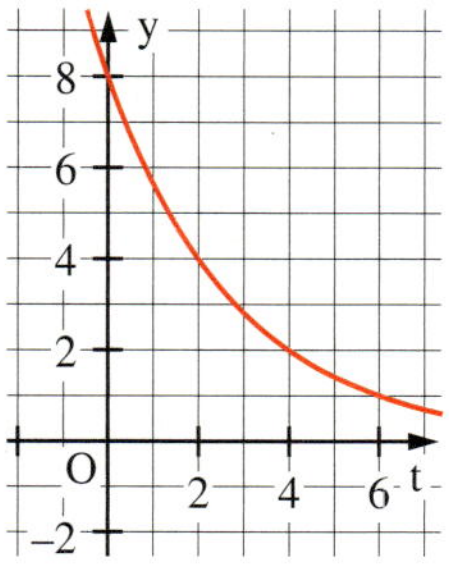

Fig. 1

1 Um wie viel Prozent vergrößert sich bei der Wachstumsfunktion f mit $f(t) = 100 \cdot e^{0,2 \cdot t}$ der Funktionswert, wenn t um 1 zunimmt?

2 Fig. 1 zeigt den Graphen einer Zerfallsfunktion. Lesen Sie aus dem Graphen ab, innerhalb welcher Zeitspanne sich der Bestand jeweils halbiert.

Mit der Wachstums- bzw. Zerfallskonstanten k verbindet man keine direkte anschauliche Vorstellung. Meist wird deshalb z. B. das Wachstum durch die prozentuale Zunahme p pro Zeitschritt angegeben.
Aus $f(t+1) = a \cdot f(t) = f(t) + \frac{p}{100} \cdot f(t) = \left(1 + \frac{p}{100}\right) \cdot f(t)$ folgt $a = 1 + \frac{p}{100}$.
Mit $k = \ln(a)$ ergibt sich $k = \ln\left(1 + \frac{p}{100}\right)$.
Löst man diese Gleichung nach p auf, so erhält man $p = 100 \cdot (e^k - 1)$.
Bei einem Zerfallsprozess mit der prozentualen Abnahme p pro Zeitschritt ergibt sich:
$k = \ln\left(1 - \frac{p}{100}\right)$ bzw. $p = 100 \cdot (1 - e^k)$.

Eine für Wachstums- bzw. Zerfallsprozesse charakteristische Größe ist die so genannte Verdoppelungszeit T_V bzw. die Halbwertszeit T_H, d. h. die Zeit, in der sich ein Bestand jeweils verdoppelt bzw. halbiert.
Die Halbwertszeit T_H eines Zerfalls berechnet man folgendermaßen:
Aus $f(t + T_H) = \frac{1}{2} \cdot f(t)$ folgt mit $f(t) = c \cdot e^{k \cdot t}$ die Gleichung $c \cdot e^{k \cdot (t + T_H)} = \frac{1}{2} \cdot c \cdot e^{k \cdot t}$ oder $c \cdot e^{k \cdot t} \cdot e^{k \cdot T_H} = \frac{1}{2} \cdot c \cdot e^{k \cdot t}$. Hieraus erhält man $e^{k \cdot T_H} = \frac{1}{2}$, also $T_H = \frac{\ln\left(\frac{1}{2}\right)}{k} = -\frac{\ln(2)}{k}$.

k > 0: Wachstum

k < 0: Zerfall

Wird ein exponentieller Wachstums- oder Zerfallprozess durch eine Funktion f mit $f(t) = c \cdot e^{k \cdot t}$, $c > 0$, beschrieben, und ist p $(p > 0)$ die prozentuale Zu- bzw. Abnahme pro Zeitschritt, so gilt:

Wachstumskonstante: $k = \ln\left(1 + \frac{p}{100}\right)$ **Verdoppelungszeit:** $T_V = \frac{\ln(2)}{k}$

Zerfallskonstante: $k = \ln\left(1 - \frac{p}{100}\right)$ **Halbwertszeit:** $T_H = -\frac{\ln(2)}{k}$

Beim Kernreaktorunfall in Tschernobyl (1986) wurden u. a große Mengen Cäsium freigesetzt.

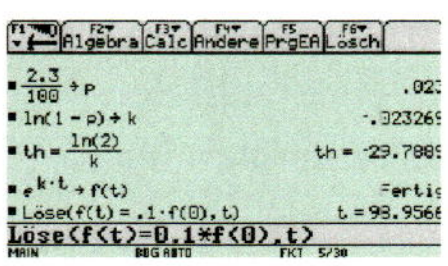

Beispiel: (Zusammenhang zwischen p, k und T_H)
Von dem radioaktivem Element Cäsium 137 zerfallen innerhalb eines Jahres etwa 2,3 % seiner Masse.
a) Bestimmen Sie die zugehörige Zerfallskonstante k und die Halbwertszeit T_H.
b) Nach welcher Zeit sind mindestens 90 % zerfallen?
Lösung:
a) Aus $p = \frac{2,3}{100}$ und $k = \ln\left(1 - \frac{2,3}{100}\right) \approx -0,02327$ folgt $T_H = -\frac{\ln(2)}{-0,02327} \approx 29,79$.
b) Der Zerfall kann durch die Funktion f mit $f(t) = f(0) \cdot e^{-0,02327 \cdot t}$ beschrieben werden.
Da 10 % = 0,1 der Stoffmenge noch strahlen sollen, erhält man $f(t) = 0,1 \cdot f(0)$ oder $e^{-0,02327 \cdot t} = 0,1$. Daraus ergibt sich $t = -\frac{\ln(0,1)}{-0,02327} \approx 98,95$.
Bei einer Halbwertszeit von etwa 30 Jahren sind nach rund 99 Jahren mindestens 90 % der Ausgangsmenge zerfallen.

Aufgaben

	k	p	T_H	T_V
a)	0,4			
b)		2,5		
c)	−0,2			
d)			20	
e)		15		
f)				340

Fig. 1

3 Berechnen Sie in Fig. 1 jeweils die fehlenden Werte für einen Wachstums- bzw. Zerfallsprozess f mit $f(t) = c \cdot e^{kt}$ (Fig. 1).

4 a) Ein Auto verliert pro Jahr etwa 15 % an Wert. In welchem Zeitraum sinkt der derzeitige Wert eines Autos auf die Hälfte?
b) Ein Kapital verdoppelt sich in 12 Jahren. Welcher jährliche Zinssatz liegt zugrunde?

5 Plutonium 239 ($^{239}_{94}Pu$) hat eine Halbwertszeit von 24 400 Jahren.
a) In einem Zwischenlager für radioaktiven Abfall ist 20 kg Plutonium eingelagert. Welche Menge war es vor 10 Jahren, welche wird es in 100 Jahren noch sein?
b) Wie viel Prozent einer Menge Plutoniums sind nach 10^3; 10^4; 10^5 Jahren noch vorhanden?
c) Wie lange dauert es, bis 10 % (90 %; 99 %) zerfallen sind?

6 Indien hatte zu Beginn des Jahres 2000 nach Schätzungen etwa 1 Milliarde Einwohner. Es wird angenommen, dass das jährliche Bevölkerungswachstum für die nächsten 10 Jahre 1,4 % betragen wird.
a) Wie viele Einwohner hat Indien voraussichtlich im Jahr 2010? Wann würde bei gleich bleibendem Wachstum die Einwohnerzahl von 1,5 Milliarden überschritten?
b) Welche Verdoppelungszeit für die Bevölkerungszahl berechnet man bei gleich bleibendem Wachstum? Ist dies realistisch?

Für kleine p gilt:
$k \approx \frac{p}{100}$

***Faustformel:** (p klein)*
Bei einem jährlichen Zinssatz von p % verdoppelt sich ein Kapital in etwa $\frac{70}{p}$ Jahren.

7 a) Bestätigen Sie, dass bei Wachstums- und Zerfallsfunktionen $k \approx \frac{p}{100}$ für kleine Werte von p gilt. Berechnen Sie hierzu für $p = 0{,}5; 1; 2; 5; 10; 15; 20$ jeweils die zugehörige Wachstums- und Zerfallskonstante.
b) Begründen Sie mit a) für kleine Werte von p die Faustformel $p \cdot T_H \approx 70$.
c) In welcher Zeit halbiert sich die Kaufkraft einer Währung bei 2 % Inflation jährlich nach der Faustformel?

8 Beim radioaktiven Zerfall einer Substanz gilt für die Masse m der noch nicht zerfallenen Substanz $m(t) = 200 \cdot e^{kt}$ (m(t) in mg, t in Stunden).
a) Berechnen Sie die Zerfallskonstante k, wenn die Halbwertszeit für diesen Zerfall 6 Stunden beträgt.
b) Welche Masse ist nach 24 Stunden bereits zerfallen?
c) Welcher Teil der Anfangsmasse ist nach der Zeit $T = n \cdot T_H$ mit $n \in \mathbb{N}$ noch vorhanden?

9 Ein radioaktiver Stoff S entsteht erst als Zerfallsprodukt einer anderen Substanz. Für die Masse m(t) von S gilt $m(t) = 200 \cdot e^{ct}(1 - e^{-t})$ (m(t) in mg, t in Stunden).
a) Welche Menge ist von dem Stoff S am Beobachtungsbeginn (t = 0) vorhanden?
b) Bestimmen Sie c, wenn zwei Stunden nach Beobachtungsbeginn 63,62 mg von S vorhanden sind.
c) Zu welchem Zeitpunkt wird die größte Masse der Substanz S gemessen?

10 In einem Zeitungsbericht ist zu lesen, dass sich die Weltbevölkerung – wenn die derzeitige Entwicklung anhalte – im Jahre 2010 innerhalb von 11 Monaten um die Einwohnerzahl der Bundesrepublik (80 Millionen) vermehren werde. Nach den Ermittlungen der Vereinten Nationen nimmt die Weltbevölkerung derzeit jährlich um etwa 1,26 % zu.
a) Welche Bevölkerungszahl ergibt sich aus diesen Angaben für das Jahr 2010?
b) Wie lange dauerte es im Jahr 2000, bis die Weltbevölkerung um 80 Millionen zugenommen hatte? Wann wird die Weltbevölkerung erstmals innerhalb von 9 Monaten um 80 Millionen zunehmen?

11 Funktionsanpassung bei Exponentialfunktionen

x	*y*
0	*2,7*
1	*3,8*
2	*5,4*
3	*7,7*
4	*11,0*
5	*15,6*

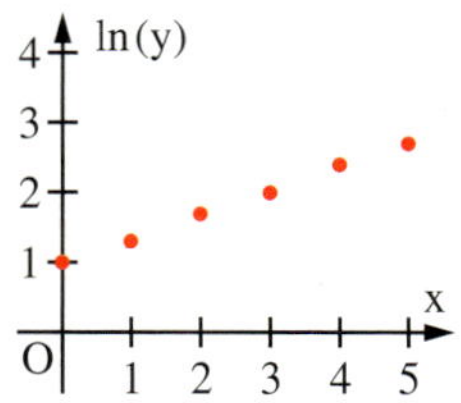

Fig. 1

1 Bei einem Versuch wurden gemessene Werte tabellarisch und grafisch dargestellt (Fig. 1).
a) Was fällt Ihnen bei der grafischen Darstellung auf?
b) Liegen die Messpunkte näherungsweise auf dem Graphen einer Exponentialfunktion?

Liegen grafisch veranschaulichte Messwerte näherungsweise auf einer Geraden, so kann man zeichnerisch oder mit der Methode der kleinsten Fehlerquadrate die Regressionsgerade bestimmen, die den zugrunde liegenden linearen Zusammenhang beschreibt (S. 56).
Liegen nun die vorgegebenen Messpunkte $(x\,|\,y)$ näherungsweise auf dem Graphen $y = c \cdot e^{kx}$, so erhält man hieraus durch Logarithmieren $\ln(y) = \ln(c \cdot e^{kx}) = k \cdot x + \ln(c)$.
In einem $(x, \ln(y))$-Koordinatensystem ist dies die Gleichung einer Geraden („Regressionsgerade") mit der Steigung $m = k$ und dem y-Achsenabschnitt $b = \ln(c)$.

Liegen Messpunkte $(x\,|\,y)$ in einem $(x, \ln(y))$-Koordinatensystem näherungsweise auf einer Geraden, so ist eine Exponentialfunktion f mit $f(x) = c \cdot e^{kx}$ eine geeignete Näherungsfunktion.

Jahr	*CO_2-Emission (in Mrd. Tonnen)*
1860	*0,55*
1880	*1,00*
1900	*1,80*
1920	*3,90*
1940	*4,90*
1960	*8,95*
1980	*19,53*
1990	*22,10*

Fig. 2

Beispiel ausführlich auf CD

Die Wahl eines geeigneten Funktionstyps ist nicht immer eindeutig. Führen Sie zu dem bearbeiteten Beispiel wietere Funktionsanpassungen durch z. B. durch eine ganzrationale Funktion vom Grad 3 und beurteilen Sie die Ergebnisse.

Mit dem CAS lässt sich diese Funktion direkt bestimmen. Dazu dient der Befehl ExpReg.

Beispiel: (Funktionsanpassung mit dem CAS)
Die globalen Kohlendioxid-Emissionen von 1860 bis 1990 zeigt die Tabelle in Fig. 2.
a) Führen Sie eine Funktionsanpassung durch, wobei $t = 0$ dem Jahr 1860 entspricht.
b) Welche Emission ist bei ungebremstem Ausstoß im Jahr 2010 zu erwarten?
Lösung:
a) Die Messwerte werden im Dat./Matrix-Editor in die Listen c1 mit dem Titel „Jahr" und c2 mit dem Titel „CO_2" eingegeben. In der Liste c3 werden sodann die zugehörigen Logarithmen eingetragen. Dies geschieht automatisch dadurch, dass man den Cursor auf c3 stellt und ln(c2) eingibt (Fig. 3).
An der PLOT-Darstellung der Listen c1 und c3 als Streudiagramm kann man erkennen, dass die Messpunkte $(x\,|\,\ln(y))$ angenähert auf einer Geraden liegen (Fig. 4). Man ermittelt die Gerade durch lineare Regression: $y = 0{,}028447 \cdot x - 0{,}555838$. Damit liegt nach dem einführenden Text eine Annäherung durch eine Exponentialfunktion nahe. Fig. 5 entsteht durch Funktionsanpassung der Listen c1 und c2 durch eine Exponentialfunktion.
Ergebnis: $f(t) = 0{,}57 \cdot 1{,}0289^t$ oder geschrieben als Exponentialfunktion mit der Basis e:
$f(t) = 0{,}57 \cdot e^{0{,}0285\,t}$
b) Man berechnet mit der Taste [F5] und 1:FktWert $f(150) = 40{,}6$.
2010 sind somit Emissionen von 41 Mrd. Tonnen CO_2 zu erwarten.

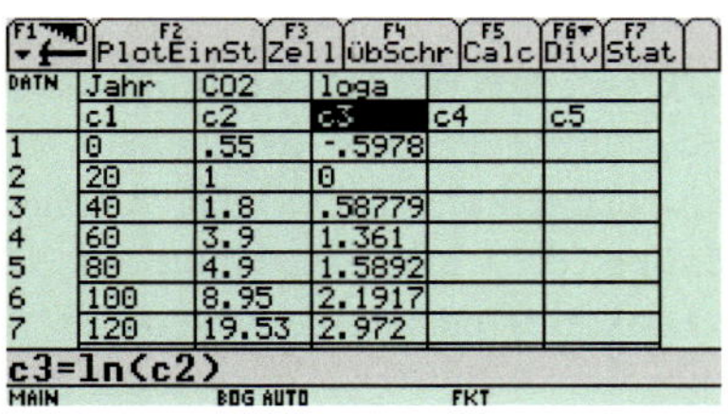

Fig. 3

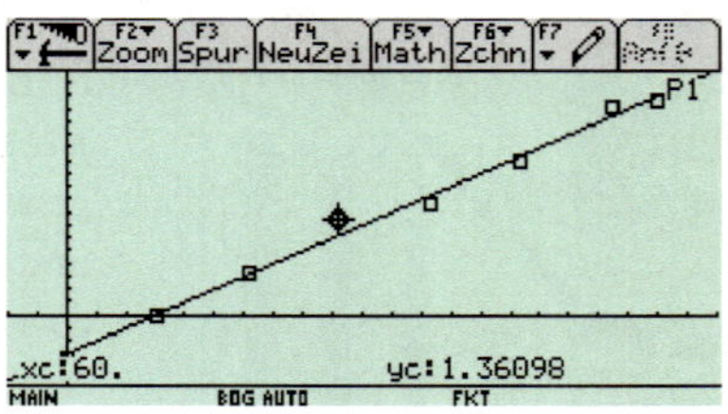

Fig. 4

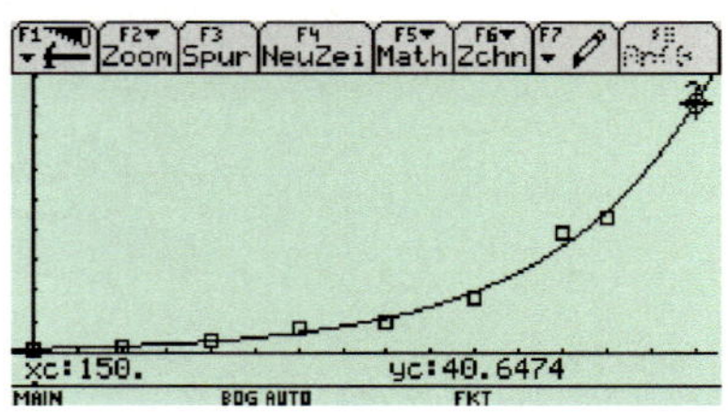

Fig. 5

Aufgaben

2 Ein Computervirus verbreitet sich als E-Mail-Attachment weltweit. Eine Firma zur Herstellung von Antiviren-Software behauptet, dass sich der Virus exponentiell vermehrt und veröffentlicht die folgende Tabelle:

Zeit t nach erstmaligem Auftreten (in h)	2	4	8	12	24
Anzahl z der infizierten Computer	7250	11 700	30 500	79 200	1 395 000

a) Prüfen Sie, ob die Punkte $(t \mid \ln(z))$ näherungsweise auf einer Geraden liegen. Geben Sie auch die zugehörige Exponentialfunktion an.
b) Wie viele Computer sind bei ungebremstem Wachstum nach 48 h infiziert?

Zum Vergleich: Etwa 11 000 km³ Wasser befinden sich ständig als Wolken in der Atmosphäre.

3 Der jährliche Wasserverbrauch w der Erdbevölkerung ist in der Tabelle dargestellt.

Jahr	1900	1940	1950	1960	1970	1980
w (in km^3/a)	33,0	69,8	88,6	122,4	142,6	174,2

a) Führen Sie eine Funktionsanpassung mithilfe einer Exponentialfunktion durch, die den jährlichen Wasserverbrauch näherungsweise beschreibt.
b) Bestimmen Sie den Zeitraum, in dem sich die verbrauchte Wassermenge jeweils verdoppelt hat.
c) Vergleichen Sie den Funktionswert w(1995) mit dem tatsächlichen Verbrauch im Jahre 1995 von 200,5 km^3. Welchen Schluss ziehen Sie daraus?

Enterprise Resource Planning (ERP) bedeutet die computergestützte Lenkung eines Unternehmens.

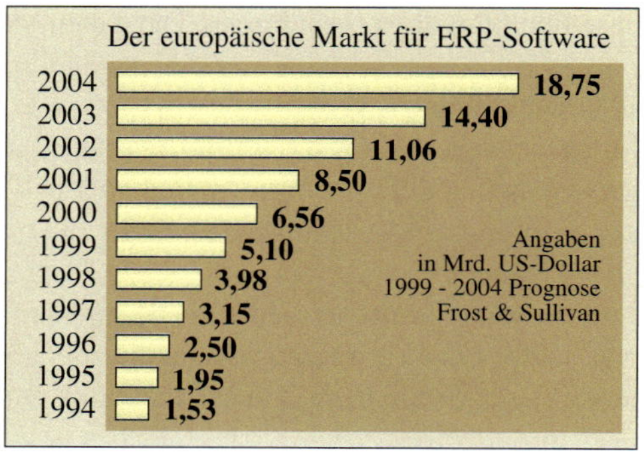

4 Die Grafik informiert über den europäischen Markt für ERP-Software von 1994 bis 2004.
a) Versuchen Sie, die prognostizierten Umsatzzahlen durch eine geeignete Funktionsanpassung in etwa zu bestätigen.
b) Machen Sie Angaben über die Abweichung Ihrer Berechnungen von den prognostizierten Werten.
c) Berechnen Sie für den gesamten Zeitraum das mittlere jährliche prozentuale Wachstum.

Jahr	Bevölkerung (in 1000)
1900	290
1910	460
1920	660
1930	1100
1940	1470
1950	2650
1960	4820
1970	8080
1980	12 500
1990	15 100

Fig. 1

Sao Paulo ist eine der „Megastädte" unserer Erde.

5 Die Entwicklung der Bevölkerung von Sao Paulo in Brasilien zeigt die Tabelle in Fig. 1. Führen Sie jeweils mit den Daten für die Zeiträume von 1900 – 1960 und von 1900 – 1980 eine Funktionsanpassung durch. Welche liefert für 1990 den besseren Näherungswert? Welche Schlüsse ziehen Sie daraus?

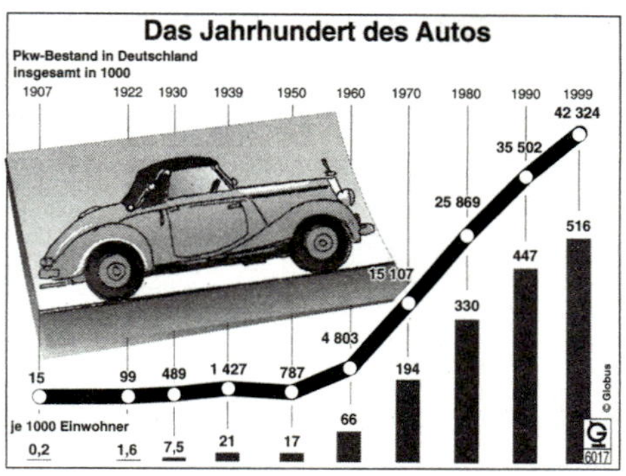

Können Sie anhand der Grafik die Einwohnerzahl Deutschlands berechnen?

6 Die Grafik zeigt u. a. die Entwicklung des PKW-Bestandes im 20. Jahrhundert.
a) Ist eine Funktionsanpassung mit einer Exponentialfunktion sinnvoll?
b) Bestätigen Sie, dass bis zum Ausbruch des Zweiten Weltkrieges der PKW-Bestand angenähert exponentiell anwuchs. Geben Sie die mittlere jährliche prozentuale Zunahme an.
c) Welche Funktionsanpassung erscheint ab 1960 naheliegend? Welcher PKW-Bestand ergibt sich hieraus für das Jahr 2010?

Exponentialfunktionen

Die Funktion g mit $g(x) = c \cdot a^x$, $c \in \mathbb{R}$, $a > 0$, $x \in \mathbb{R}$ heißt Exponentialfunktion. Die natürliche Exponentialfunktion f mit $f(x) = e^x$ hat die eulersche Zahl $e = 2{,}71828\ldots$ als Basis.
Es gilt: $f'(x) = e^x$.
F mit $F(x) = e^x$ ist eine Stammfunktion von f.

Die Funktion f mit $f(x) = e^{v(x)}$ hat die Ableitung $f'(x) = v'(x) \cdot e^{v(x)}$.
Sonderfall: Ist $v(x) = mx + c$ mit $m \neq 0$, so gilt:
$f(x) = e^{mx+c}$; $f'(x) = m \cdot e^{mx+c}$; $F(x) = \frac{1}{m} \cdot e^{mx+c}$.

Funktion: $f(x) = e^{-0{,}5x}$
Ableitung: $f'(x) = -0{,}5 \cdot e^{-0{,}5x}$
Stammfunktion: $F(x) = \frac{1}{-0{,}5} \cdot e^{-0{,}5x} = -2 \cdot e^{-0{,}5x}$.

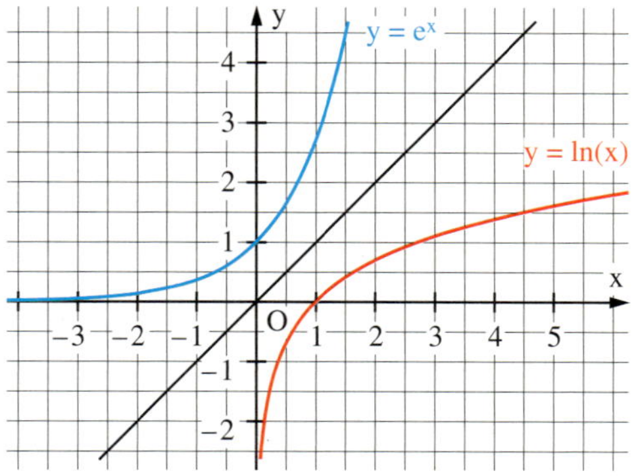

Die natürliche Logarithmusfunktion

Die Funktion f mit $f(x) = \ln(x)$, $x \in \mathbb{R}^+$ heißt natürliche Logarithmusfunktion. Sie ist die Umkehrfunktion der natürlichen Exponentialfunktion.
Für die Ableitung von f mit $f(x) = \ln(x)$, $x \in \mathbb{R}^+$ gilt $f'(x) = \frac{1}{x}$.
Die Funktion G mit $G(x) = \ln(|x|)$, $x \neq 0$, ist eine Stammfunktion von g mit $g(x) = \frac{1}{x}$. Die Funktion h mit $h(x) = \frac{u'(x)}{u(x)}$ hat als Stammfunktion die Funktion H mit $H(x) = \ln(|u(x)|)$.

Für $f(x) = \ln(x^2 + 1)$ *gilt:* $f'(x) = \frac{2x}{x^2+1}$.
G mit $G(x) = \ln(|x^2 + 1|)$ *ist eine Stammfunktion von g mit* $g(x) = \frac{2x}{x^2+1}$.

Lösen von Exponential- und Logarithmusgleichungen

Eine Exponentialgleichung der Form $e^x = c$ hat die Lösung $x = \ln(c)$.
Es ist $\ln(x) = \log_e(x)$.
Für alle $x > 0$ gilt: $e^{\ln(x)} = x$
Für alle $x \in \mathbb{R}$ gilt: $\ln(e^x) = x$

Beispiele:

$\ln(\sqrt{x} - 2) = 1$
$e^{\ln(\sqrt{x}-2)} = e^1$
$\sqrt{x} - 2 = e$
$x = (e + 2)^2$

$e^{\sqrt{x}-2} = 1$
$\ln(e^{\sqrt{x}-2}) = \ln(1)$
$\sqrt{x} - 2 = 0$
$x = 4$

Beliebige Exponential- und Logarithmusfunktionen

f mit $f(x) = a^x$, $x \in \mathbb{R}$ ist darstellbar als $f(x) = e^{x \cdot \ln(a)}$.
g mit $g(x) = \log_a(x)$, $x \in \mathbb{R}^+$ ist darstellbar als $g(x) = \frac{\ln(x)}{\ln(a)}$.

Aus $f(x) = 3^{x-2}$ *wird* $f(x) = e^{\ln(3^{x-2})} = e^{(x-2) \cdot \ln(3)}$.
Aus $g(x) = \log_3(x)$ *wird* $g(x) = \frac{\ln(x)}{\ln(3)}$.

Wichtige Grenzwerte:

für $x \to +\infty$ gilt: $x^n \cdot e^{-x} \to 0$, für $x \to +\infty$ gilt: $e^x - x^n \to +\infty$
für $x \to 0$ gilt: $x^n \cdot \ln(x) \to 0$, für $x \to +\infty$ gilt: $\frac{\ln(x)}{x^n} \to 0$
jeweils mit $n \in \mathbb{N} \setminus \{0\}$

$x^2 \cdot e^{-x} \to 0$ *für* $x \to +\infty$, *d.h. der Graph der Funktion f mit* $f(x) = x^2 \cdot e^{-x}$ *hat eine Asymptote mit der Gleichung* $y = 0$.

Exponentielle Wachstums- und Zerfallsprozesse

Exponentielle Wachstums- oder Zerfallprozesse können durch f mit $f(t) = c \cdot a^t$ bzw. $f(t) = c \cdot e^{kt}$ mit $k = \ln(a)$ beschrieben werden.
Dabei ist $c \in \mathbb{R}$ der Bestand zum Zeitpunkt $t = 0$, $f(t)$ der Bestand zum Zeitpunkt t und k die Wachstumskonstante.
Ist p mit $p > 0$ die prozentuale Zu- bzw. Abnahme in der Zeiteinheit, so gilt:

Wachstumskonstante k bzw. **Zerfallskonstante k**

$k = \ln\left(1 + \frac{p}{100}\right) > 0$ $\quad$ $k = \ln\left(1 - \frac{p}{100}\right) < 0$

Verdopplungszeit: $T_V = \frac{\ln(2)}{k}$ $\quad$ **Halbwertszeit:** $T_H = -\frac{\ln(2)}{k}$.

Eine Kolonie von anfangs 100 Vögeln vermehrt sich jährlich um $4\,\% = \frac{4}{100}$.
Bei exponentiellem Wachstum sind es nach t Jahren:
$f(t) = 100 \cdot 1{,}04^t$ *bzw.* $f(t) = 100 \cdot (e^{\ln(1{,}04)})^t$
Wachstumskonstante:
$k = \ln(1{,}04) \approx 0{,}0392$
Verdopplungszeit:
$T_V = \frac{\ln(2)}{\ln(1{,}04)} \approx 17{,}7$ *(in Jahren).*

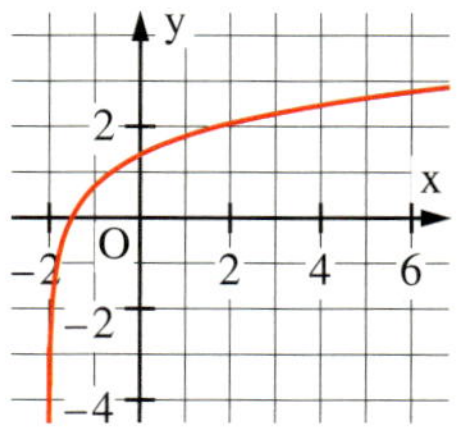

Fig. 1

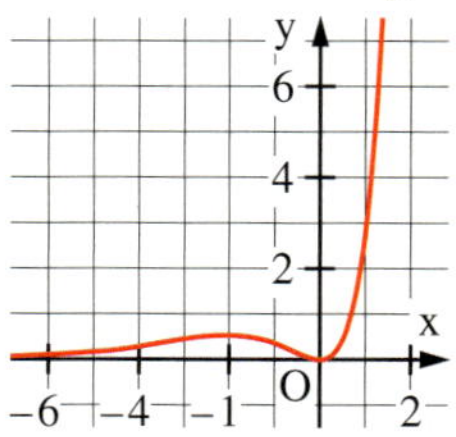

Fig. 2

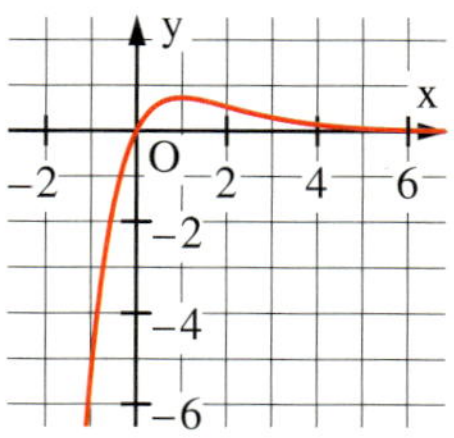

Fig. 3

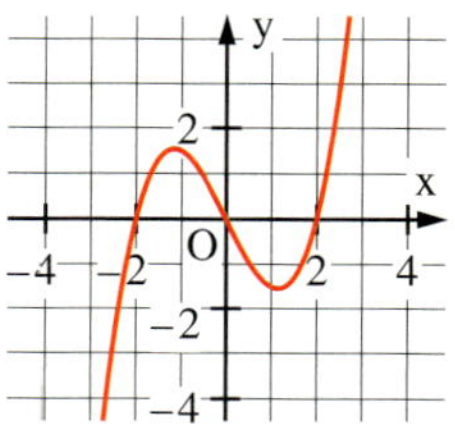

Fig. 4

1 Leiten Sie zweimal ab.

a) $f(x) = x^2 + e^{-2x}$ b) $f(x) = \ln(2x)$ c) $f(x) = x^2 \cdot e^{-x}$ d) $f(x) = \ln(x \cdot e^x) + e^{x^2}$

2 Geben Sie eine Stammfunktion F von der Funktion f an.

a) $f(x) = \frac{1}{2}e^x$ b) $f(x) = 3e^{2x-1}$ c) $f(x) = (5x+2)^2 + e^{-3x}$ d) $f(x) = \frac{3}{4x-7} + \frac{2}{e^x}$

3 Bestimmen Sie die Extremwerte von f und das Verhalten für $x \to \pm\infty$.

a) $f(x) = e^x + e^{-2x}$ b) $f(x) = \frac{\ln(x)}{x}$ c) $f(x) = x^3 \cdot e^{-x}$ d) $f(x) = x \cdot (\ln(x))^3$

4 Gegeben ist die Funktion f mit $f(x) = e^x \cdot (e^x - 2)$. Der Graph von f sei K.

a) Untersuchen Sie K auf Schnittpunkte mit den Koordinatenachsen, Asymptoten, Extrem- und Wendepunkte. Welche Wertemenge hat f? Zeichnen Sie K.

b) Berechnen Sie den Inhalt A(u) der Fläche, die von K, den Koordinatenachsen und der Geraden mit der Gleichung $x = -e^2$ begrenzt wird.

5 Gegeben ist die Funktion f_t durch $f_t(x) = \frac{1}{2} \cdot (tx - \ln(x))$ mit $t > 0$. Der Graph von f_t sei K_t.

a) Bestimmen Sie den Tiefpunkt von K_t. Für welchen Wert von t liegt der Tiefpunkt auf der Geraden mit der Gleichung $y = 1$; für welchen Wert von t liegt er auf der x-Achse?

b) Untersuchen Sie, ob es Graphen K_t gibt, die einen Wendepunkt haben.

c) Für welchen Wert von t hat K_t mit der x-Achse einen Punkt gemeinsam?

d) Von $A(0|0{,}5)$ aus wird an jeden Graphen K_t die Tangente gelegt. Berechnen Sie die Koordinaten der Berührpunkte.

Geben Sie den geometrischen Ort aller Berührpunkte an.

6 Die Fig. 1–4 zeigen die Graphen der Funktionen f mit $f(x) = 2x \cdot e^{-x}$, g mit $g(x) = \ln(2x+4)$, h mit $h(x) = x^2 \cdot e^x$ und k mit $k(x) = \frac{1}{2}(x^3 - 4x)$.
Ordnen Sie jeder Funktion einen Graphen zu. Begründen Sie Ihre Zuordnung.

7 Zeigen Sie, dass bei einem exponentiellen Wachstumsprozess die Verdoppelungszeit T_V nicht vom Anfangsbestand abhängt. Geben Sie mithilfe von T_V an, wie lange es dauert, bis sich die Bakterienzahl vervierfacht hat.

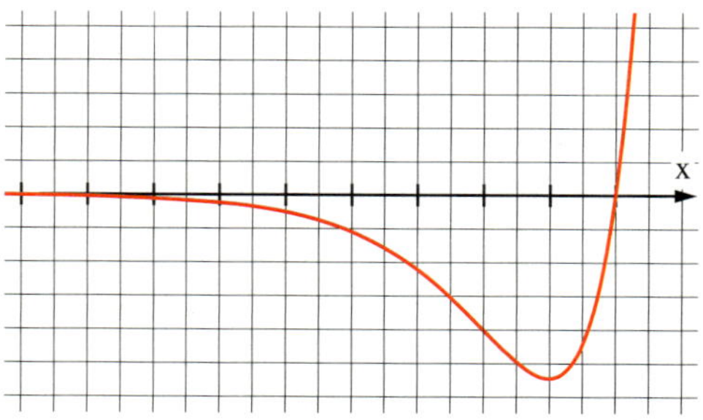

Fig. 5

8 Gegeben ist der Graph der Funktion f mit $f(x) = (x-2) \cdot e^x$ (Fig. 5).

a) Bestimmen Sie die Lage der y-Achse und die Einheiten auf beiden Koordinatenachsen.

b) Berechnen Sie die Koordinaten des Tief- und des Wendepunktes.

9 Eine Nährlösung enthält zu Beginn der Beobachtung 50 000 Bakterien. Täglich vermehrt sich die Anzahl der Bakterien um 10 %.

a) Wie lautet die zugehörige Wachstumsfunktion?

b) Wie viele Bakterien sind nach 2 Tagen in der Nährlösung?

10 Entscheiden Sie, welche der folgenden Aussagen geeignet sind zu überprüfen, ob ein untersuchter Prozess durch eine Exponentialfunktion beschrieben werden kann.

a) Bei einem festen Zeitschritt ist der Quotient aufeinander folgender Funktionswerte konstant.

b) Die Differenz aufeinander folgender Funktionswerte ergibt immer einen konstanten Wert.

c) Trägt man die Messpunkte in ein (t, ln(y))-Koordinatensystem ein, so liegen die Punkte angenähert auf einer Geraden.

d) Aufeinander folgende Funktionswerte unterscheiden sich stets um denselben Faktor.

Bestimmen Sie anschließend die wesentlichen Punkte des Graphen auch exakt.

1 Gegeben ist die Funktion f mit $f(x) = e^x \cdot (e^x - 2)$. Ihr Graph sei K.
a) Untersuchen Sie K mithilfe des CAS.
b) Berechnen Sie den Inhalt A der Fläche, die von K, den Koordinatenachsen und der Geraden mit der Gleichung $x = -e^2$ begrenzt wird, mithilfe einer Stammfunktion.
c) f ist eine Funktion der Schar f_k mit $f_k(x) = e^x \cdot (e^x - k)$ mit $k \in \mathbb{R}$. Welche Eigenschaften übertragen sich von f auf f_k? Bestimmen Sie den Extrem- bzw. den Wendepunkt des Graphen von f_k. Geben Sie die Ortslinie der Extrempunkte an.
d) Für welche Werte von k ist die Nullstelle von f_k ganzzahlig?

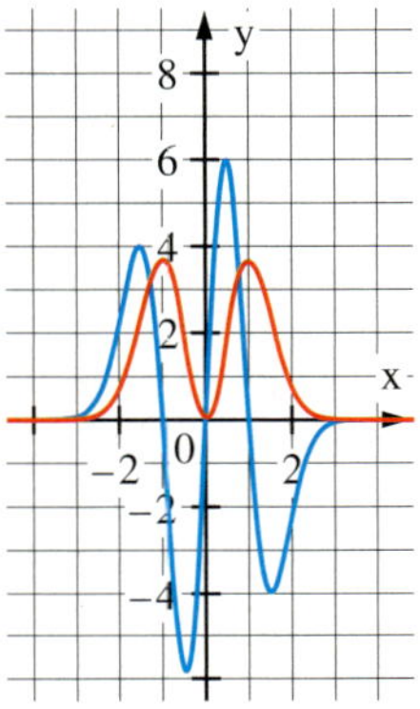

Fig. 1

2 a) Fig. 1 zeigt die Graphen einer Funktion f und ihrer Ableitung f′. Ordnen Sie zu.
b) Die Funktion f lautet $f(x) = \frac{1}{2}x^2 \cdot e^{-x^2+3}$. Überprüfen Sie Ihre Zuordnung.
c) Untersuchen Sie f und f′ auf Symmetrie. Berechnen Sie die Extremstellen von f exakt.
d) Wie viele Wendepunkte muss der Graph von f besitzen? Geben Sie ihre Koordinaten an.

3 Das Wachstum einer Forellenart wird statistisch ausgewertet (vgl. Tabelle).

Lebenszeit (in Monaten)	2	4	6	8	10
Länge (in cm)	6,6	11,2	14,7	17,0	18,8

a) Ermitteln Sie mithilfe von Wertepaaren eine Funktion f mit $f(t) = S \cdot (1 - e^{-kt})$, die das Wachstum der Fische beschreibt. Wie groß sind die Fische im Mittel nach einem Jahr?
b) Welche durchschnittliche Länge hat eine ausgewachsene Forelle?
c) Wann ungefähr ist eine Forelle ausgewachsen? Wann erreicht sie 95 % der Länge einer ausgewachsenen Forelle?

4 a) An den Graphen der Funktion f mit $f(x) = e^x + 1$ wird in einem Punkt $P(u \mid f(u))$ die Tangente gelegt; sie schneidet die x-Achse in Q. Wie lang ist die Strecke PQ mindestens?
b) Die Tangente in P, die Parallele zur y-Achse durch P und die x-Achse begrenzen ein Dreieck. Für welchen Kurvenpunkt P wird der Flächeninhalt dieses Dreiecks minimal? Wie groß ist er dann?

5 Auf einer Teststecke startet ein Auto A_1, dessen Geschwindigkeit v_1 sich beschreiben lässt durch $v_1(t) = 50 \cdot (1 - e^{-0{,}03t})$; t in Sekunden, $v_1(t)$ in $\frac{m}{s}$.
Ein zweites Auto A_2 startet 20 Sekunden nach dem Start von A_1 von der gleichen Startlinie wie A_1. Für die Geschwindigkeit von A_2 gilt: $v_2(t) = 70 \cdot (1 - e^{-0{,}09t})$; t in Sekunden, $v_2(t)$ in $\frac{m}{s}$.
a) Stellen Sie in einem gemeinsamen v-t-Koordinatensystem den Verlauf der Geschwindigkeiten beider Autos dar, wenn die Zeit t vom Start des Autos A_1 gemessen wird.
b) Welche Strecke hat A_1 bereits zurückgelegt, wenn A_2 startet?
c) Geben Sie das v-t-Gesetz für A_2 an, wenn die Zeit t wieder vom Start des Autos A_1 gemessen wird. Wie groß ist der Geschwindigkeitsunterschied der beiden Autos 20 s nach dem Start von Auto 2?
d) A_1 liegt nach dem Start von A_2 noch für eine gewisse Zeit in Führung. Wann ist in dieser Zeit der Abstand der beiden Fahrzeuge am größten? Bestimmen Sie diesen Abstand.
e) Wann überholt das Auto A_2 das Auto A_1? Wie weit ist zu diesem Zeitpunkt jedes der beiden Fahrzeuge von der Startlinie entfernt?

6 Gegeben sind die Funktionen f durch $f(x) = \frac{2}{1-x^2}$ mit $x \in (-1; 1)$ und g mit $g(x) = \ln\left(\frac{1+x}{1-x}\right)$. Skizzieren Sie ihre Graphen.
Jede der Geraden mit der Gleichung $x = u$ $(0 < u < 1)$ schneidet den Graphen der Funktion f im Punkt P_u und den Graphen der Funktion g im Punkt Q_u. Für welchen Wert u ist der Abstand $\overline{P_uQ_u}$ minimal?

* 1 Verschieben von Graphen von Funktionen

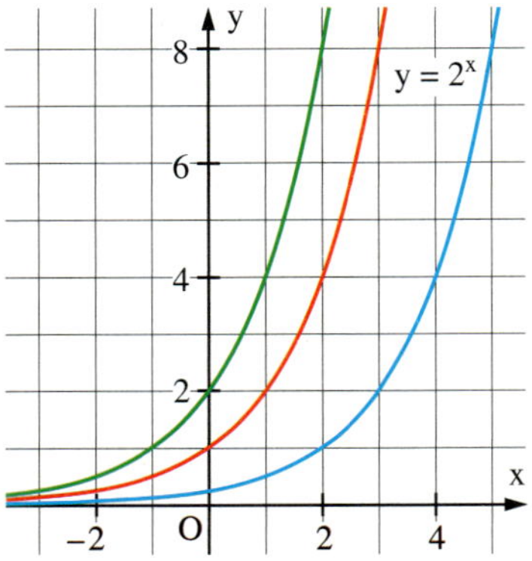

Fig. 1

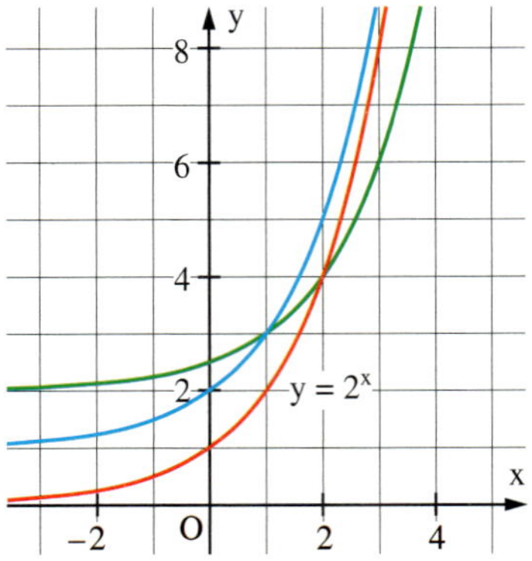

Fig. 2

1 Gegeben ist die Funktion f mit $f(x) = \frac{1}{x^2}$. Wie muss man den Graphen von f abbilden, um den von g zu erhalten? Dabei sind a, b, c ∈ ℝ. Nehmen Sie Ihr CAS zu Hilfe.

a) $g(x) = \frac{1}{x^2} + b$ b) $g(x) = \frac{1}{(x-a)^2}$

c) $g(x) = \frac{1}{(x-a)^2} + b$ d) $g(x) = \frac{c}{x^2}$

2 Fig. 1 und Fig. 2 zeigen die Graphen der Funktion f mit $f(x) = 2^{x-a} + b$. Welche Zahlen muss man für a und b jeweils ein setzen, um diese Graphen zu erhalten?

Die Graphen von zwei Funktionen unterscheiden sich häufig nur durch ihre Lage im Koordinatensystem. Sie entstehen durch einfache Verkettung einer der beiden Funktionen.
Gegeben sei die Funktion f mit $f(x) = \sin(x)$. Verkettet man die lineare Funktion $s: x \mapsto x - 2$ mit f, so erhält man die Funktion $f \circ s$ mit $f(s(x)) = g(x) = \sin(x-2)$. Der Graph der Funktion g mit $g(x) = \sin(x-2)$ entsteht aus dem von f durch Verschiebung um 2 Einheiten nach rechts, da für alle $x \in \mathbb{R}$ gilt $f(x) = g(x+2)$ (Fig. 3). Der Graph von h mit $h(x) = \sin(x-2) + 3$ entsteht aus dem von g durch Verschiebung um zwei Einheiten in positive y-Richtung (Fig. 3).
Entsprechende Überlegungen gelten für die Funktion f mit $f(x) = \frac{1}{x}$ (Fig. 4).

$f(x) = g(x+2)$ bedeutet, dass die Funktionswerte von f und g übereinstimmen, wenn man in g einen um 2 größeren x-Wert einsetzt.

Wird allgemein der Graph einer Funktion f um a in x-Richtung und um b in y-Richtung verschoben, so gehört der entstandene Graph zu der Funktion g mit $g(x) = f(x-a) + b$.

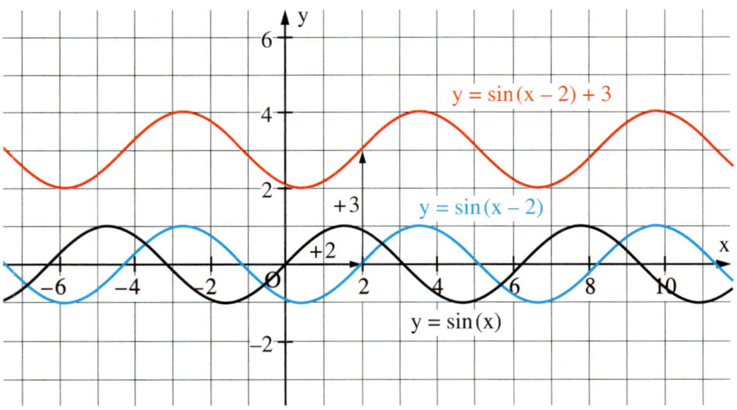

Fig. 3

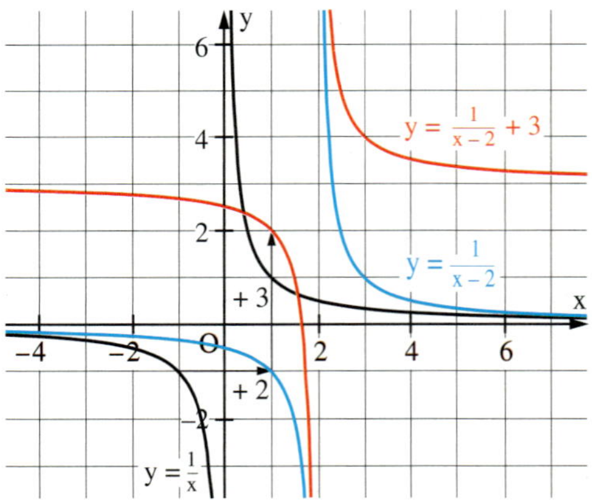

Fig. 4

Satz: (Verschiebung von Graphen)
Wird der Graph der Funktion f verschoben
um b in y-Richtung | um a in x-Richtung | um a in x- und um b in y-Richtung,
so lautet die zugehörige Funktion
$\mathbf{g(x) = f(x) + b}$ | $\mathbf{h(x) = f(x-a)}$ | $\mathbf{k(x) = f(x-a) + b.}$

Beachten Sie:
f(x – 2) *ergibt für den Graphen von f: x → f(x) eine Verschiebung um 2 Einheiten nach* ***rechts****,*
f(x + 2) *eine Verschiebung um 2 Einheiten nach links.*

Bei gebrochenrationalen Funktionen f der Form $f(x) = \frac{1}{(x-a)^n} + b$ kann die Lage der Asymptoten direkt abgelesen werden. Es gilt:

Senkrechte Asymptote: $x = a$
Waagerechte Asymptote: $y = b$.

Beispiel 1: (Skizzieren eines Graphen)
Skizzieren Sie den Graphen der Funktion f mit

a) $f(x) = \frac{1}{(x-3)^2} + 1$

b) $f(x) = \cos\left(x + \frac{2}{3}\pi\right) - 2$.

Lösung:

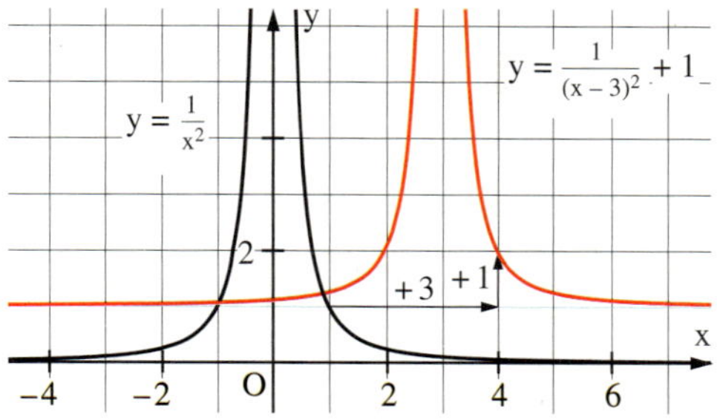

Fig. 1

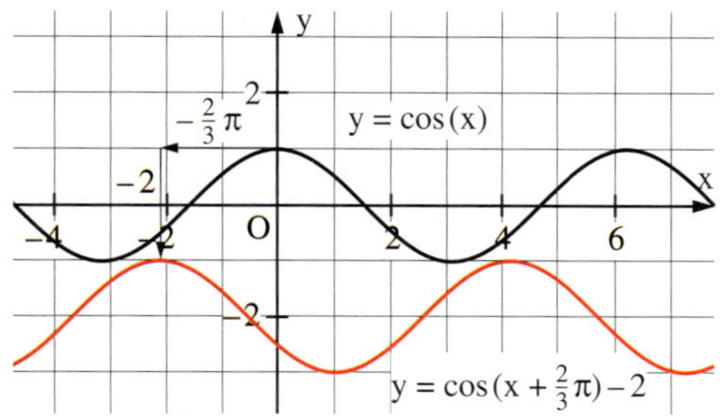

Fig. 2

Beispiel 2: (Angabe der Funktion zu einem verschobenen Funktionsgraphen)
Geben Sie die Funktion an, die zu dem farbig gezeichneten Graphen gehört. Die zum schwarz gezeichneten Graphen gehörige Funktion ist angegeben.

a) $f(x) = \sin(x)$

b) $f(x) = \frac{1}{2 \cdot x^3}$

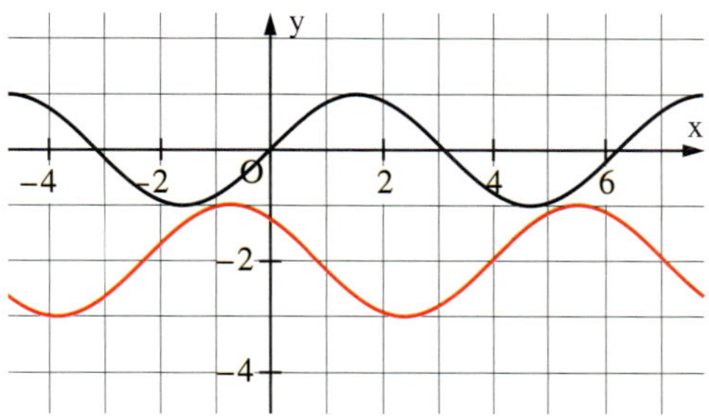

Fig. 3

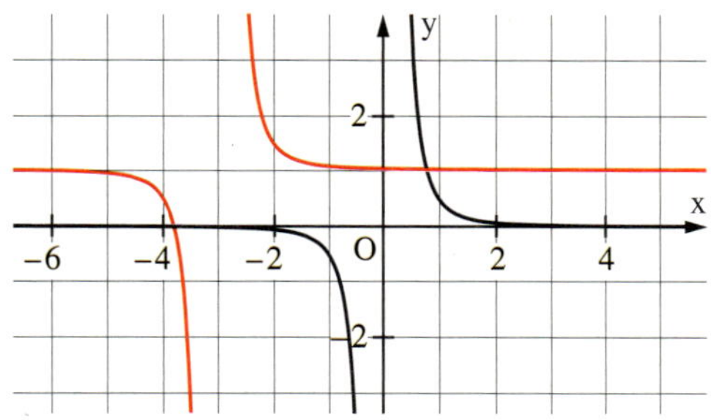

Fig. 4

Lösung:
Man wählt einen Punkt mit möglichst ganzzahligen Funktionswerten auf dem nicht verschobenen Graphen und sucht nach dem entsprechenden Bildpunkt des verschobenen Graphen.

a) $P(0|0) \to P'(4|-2)$

b) $Q(1|0{,}5) \to Q'(-2|1{,}5)$

$\overrightarrow{PP'} = \begin{pmatrix} 4-0 \\ -2-0 \end{pmatrix} = \begin{pmatrix} 4 \\ -2 \end{pmatrix}$

$\overrightarrow{QQ'} = \begin{pmatrix} -2-1 \\ 1\frac{1}{2} - \frac{1}{2} \end{pmatrix} = \begin{pmatrix} -3 \\ 1 \end{pmatrix}$

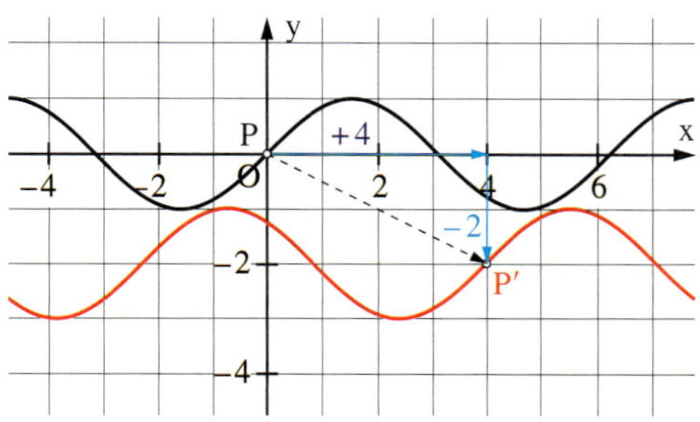

Fig. 5

$g(x) = \sin(x - 4) - 2$

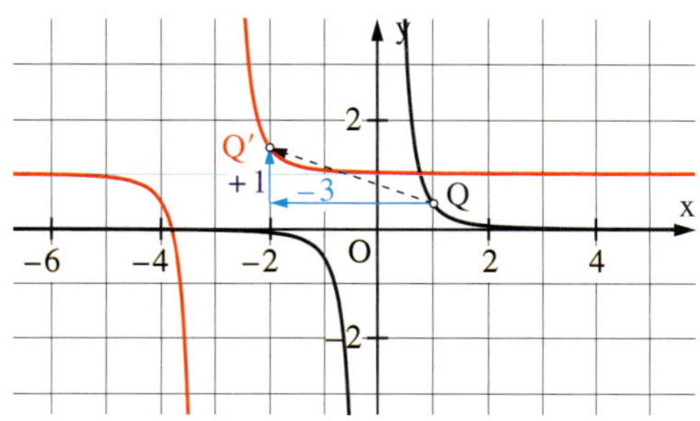

Fig. 6

$g(x) = \frac{1}{2(x+3)^3} + 1$

Aufgaben

3 Geben Sie die Funktionen an, die zu den farbig gezeichneten Graphen gehören. Die zum schwarz gezeichneten Graphen gehörige Funktion ist angegeben.

a) $f(x) = \frac{1}{x}$

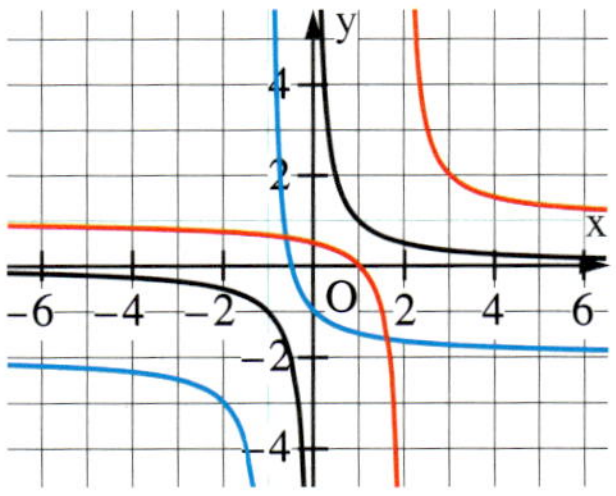

b) $f(x) = \frac{1}{x^4}$

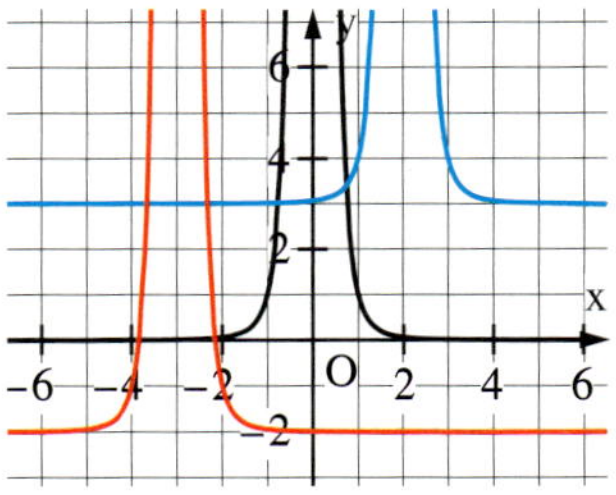

c) $f(x) = x - \sqrt{x}$

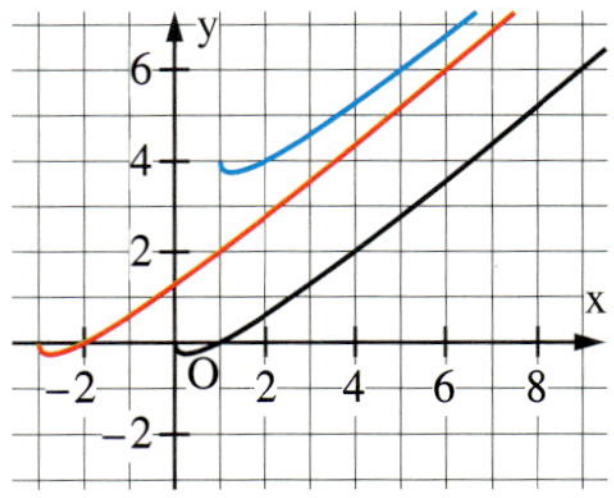

d) $f(x) = \sin(x)$

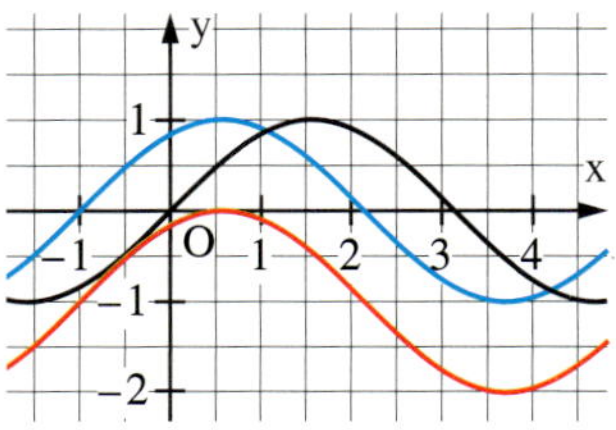

e) $f(x) = 2 \cdot \cos(x)$

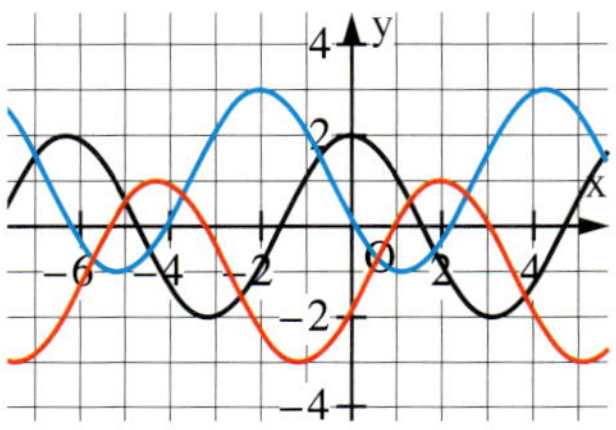

f) $f(x) = e^x$

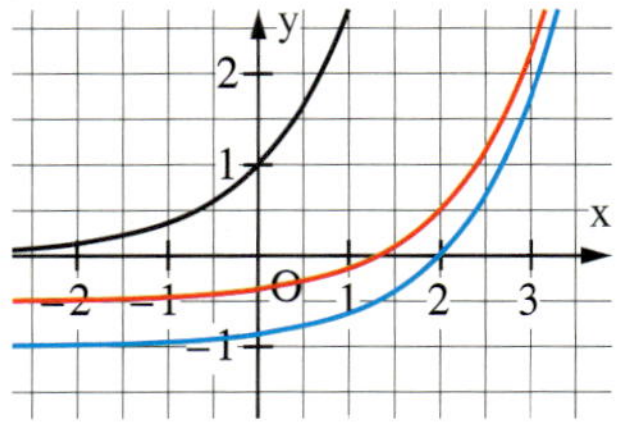

4 Der Graph der Funktion f soll um a Einheiten in x-Richtung und um b Einheiten in y-Richtung verschoben werden. Geben Sie die zum Bildgraphen gehörige Funktion g an.

a) $f(x) = x^2;\ a = 4,\ b = 1$ b) $f(x) = x + \frac{2}{x};\ a = -1,\ b = 6$ c) $f(x) = e^{-x^2};\ a = b = -1$
d) $f(x) = \sin(x);\ a = b = \pi$ e) $f(x) = 2;\ a = 1,\ b = 3$ f) $f(x) = 2^x;\ a = -3,\ b = -2$

So kann man sich häufig ohne ein CAS mit wenig Aufwand einen Überblick über den Graphen einer Funktion verschaffen!

5 Skizzieren Sie den Graphen der Funktion f und den zu diesem verschobenen Graphen einer Funktion g mit den Asymptoten $x = 0$ und $y = 0$.

a) $f(x) = \frac{1}{(x-1)^2} + 4$ b) $f(x) = (x+2)^{-3} - \frac{3}{2}$ c) $f(x) = \frac{3}{x - 0{,}5} + 2$ d) $f(x) = e^{x-1} + \frac{1}{x-1}$

6 Skizzieren Sie den Graphen einer einfachen Funktion g, der gegenüber f verschoben ist. Geben Sie zu der vorgelegten Funktion f die Nullstellen und Extrempunkte an.

a) $f(x) = \sin(x-2) - 1$ b) $f(x) = \sin\left(x - \frac{\pi}{2}\right) - 2$ c) $f(x) = -\sin(x+1) + 2$

Weitere Aufgabe

7 Begründen Sie, dass der Graph von f aus dem von g durch Verschiebung entsteht.

a) $f(x) = 2 \cdot \sin(x-2) + 3;\ g(x) = 2 \cdot \sin(x)$ b) $f(x) = x^2 + 2x - 3;\ g(x) = x^2$
c) $f(x) = 2x^3 - 2x - 2;\ g(x) = 2x^3$ d) $f(x) = (x+2)^{-1} + x + 4;\ g(x) = x^{-1} + x$

Welche Kenntnisse aus der Analytischen Geometrie werden bei dieser Aufgabe benötigt?

8 Gegeben ist die Funktion f mit $f(x) = 2x^{-3}$. Zeichnen Sie den Graphen von f.

a) Alle Punkte des Graphen von f sollen um $\vec{v} = \begin{pmatrix} -2 \\ 3 \end{pmatrix}$ verschoben werden. Skizzieren Sie den Graphen und geben Sie die zugehörige Funktion g an.

b) Der Graph von f soll zuerst um $\vec{v}_1 = \begin{pmatrix} 2 \\ -1 \end{pmatrix}$ und anschließend um $\vec{v}_2 = \begin{pmatrix} 2 \\ 3 \end{pmatrix}$ verschoben werden. Skizzieren Sie den Graphen der Funktion g und geben Sie g an.

c) Der Punkt $P(2|0{,}25)$ des Graphen von f wird auf $P'(0|1)$ abgebildet. Skizzieren Sie den Graphen der Funktion g und geben Sie g an.

* 2 Eigenschaften gebrochenrationaler Funktionen

1 Für eine Weihnachtsaktion stellt die Arbeitsgemeinschaft „Siebdruck" einer Schule Kalender her. Die einmaligen Kosten für die Erstellung der Vorlagen usw. belaufen sich auf 400 €. Dazu kommen die Kosten von 3,50 € pro Kalender.

a) Geben Sie die Funktion f an, welche die Gesamtkosten beschreibt, wenn x Kalender gedruckt werden. Skizzieren Sie den Graphen dieser Funktion f.

b) Welche Funktion g beschreibt die durchschnittlichen Kosten pro Kalender in Abhängigkeit von x? Skizzieren Sie den Graphen von g.

c) Zu welcher Klasse von Funktionen gehört f? Nennen Sie Unterschiede zwischen f und g.

d) Ist es möglich, den Stückpreis auf 3,60 € oder gar 3,50 € zu senken?

Bemerkung:
Bei nicht gekürzten Quotienten muss die Definitionslücke nicht unbedingt ein Pol sein. Es kann sich wie bei der Funktion h an der Stelle $x_0 = 1$ lediglich um ein „Loch" handeln, d. h., dass h mit f identisch ist bis auf die Stelle 1.

Bei einer ganzrationalen Funktion ist der Funktionsterm ein Polynom. Bildet man den Quotienten zweier Polynome, so wird man zu neuen Funktionen geführt. Diese Funktionen sind oftmals nicht mehr in ganz IR definiert und zeigen für $x \to \pm\infty$ ein anderes Verhalten als ganzrationale Funktionen. Beispiele solcher Funktionen sind f mit $f(x) = \frac{x}{x-1}$, g mit $g(x) = \frac{x+2}{x^2+1}$ oder h mit $h(x) = \frac{x(x+1)}{(x+1)(x-1)}$. Sie gehören zur Funktionsklasse der **gebrochenrationalen Funktionen**.
Im Folgenden werden nur Funktionen untersucht, deren Terme vollständig gekürzt sind. Funktionen wie h sind nämlich bis auf die Stelle $x_0 = 1$ mit f identisch..
Es kann Stellen geben, an denen das Nennerpolynom null ist. Solche Stellen heißen **Definitionslücken**. So hat die Funktion f mit $f(x) = \frac{x+1}{x-2}$ an der Stelle $x_0 = 2$ eine Definitionslücke; es ist also $D_f = \mathbb{R}\setminus\{2\}$. Eine solche Stelle heißt **Polstelle** der Funktion f. Hingegen ist die Funktion g mit $g(x) = \frac{x-1}{x^2+4}$ auf ganz $\mathbb{R}$ definiert.
Da der Graph der gebrochenrationalen Funktion f mit $f(x) = \frac{1}{(x-2)^n}$ mit der Polstelle $x_0 = 2$ durch Verschiebung aus dem Graphen der Funktion g mit $g(x) = \frac{1}{x^n}$ hervorgeht, ist die Gerade mit der Gleichung $x = 2$ Asymptote. Je nachdem ob n gerade oder ungerade ist, nähert sich der Graph von f der Asymptote gleichsinnig oder in entgegengesetzter Richtung. Man spricht von einer **Polstelle ohne bzw. mit Vorzeichenwechsel** (VZW) (Fig. 1 und Fig. 2).

Eine zusätzliche Verschiebung des Graphen in y-Richtung ändert weder an Lage der Polstelle noch an der senkrechten Asymptote etwas (Fig. 1 und Fig. 2).
Bei komplexeren Funktionen kann man wie im Beispiel vorgehen.

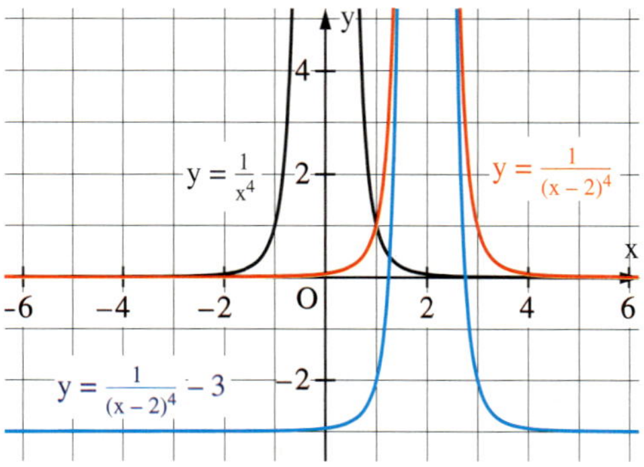

$x_0 = 2$ ist Polstelle ohne VZW

Fig. 1

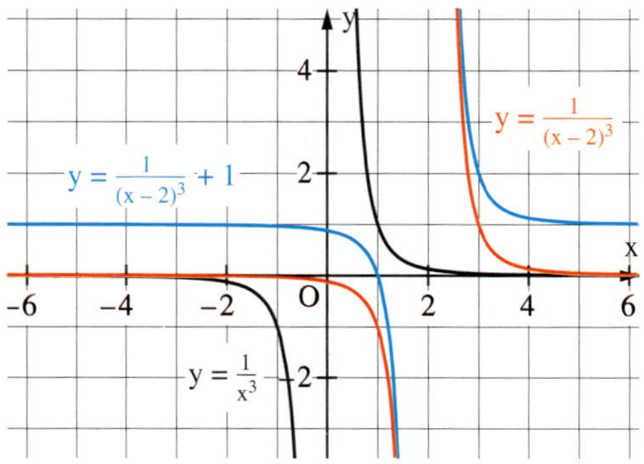

$x_0 = 2$ ist Polstelle mit VZW

Fig. 2

> Besitzt die gebrochenrationale Funktion f mit vollständig gekürztem Funktionsterm $f(x) = \frac{p(x)}{q(x)}$ eine Stelle x_0 mit $q(x_0) = 0$, so nennt man x_0 eine **Polstelle** von f.
> Die Gerade mit der Gleichung $x = x_0$ heißt **senkrechte Asymptote** des Graphen von f.

Während eine ganzrationale Funktion für $x \to \pm\infty$ stets gegen $+\infty$ oder $-\infty$ strebt, ist dies bei gebrochenrationalen Funktionen nicht unbedingt der Fall. Das Verhalten hängt vielmehr vom Grad des Zählerpolynoms und vom Grad des Nennerpolynoms ab.

Bezeichnet man mit k den kleineren der Grade von Zähler und Nenner, so dividiert man Zähler und Nenner durch x^k. Dies gilt auch im 2. Fall.

1. Fall: Zählergrad < Nennergrad
Für f mit $f(x) = \frac{3x}{x^2+1}$ ist $D_f = \mathbb{R}$. Division durch $x \neq 0$ ergibt $f(x) = \frac{3}{x + \frac{1}{x}}$. Man erkennt:

$\lim\limits_{x \to +\infty} f(x) = 0$. Die x-Achse mit der Gleichung $y = 0$ ist **waagerechte Asymptote** (Fig. 1).

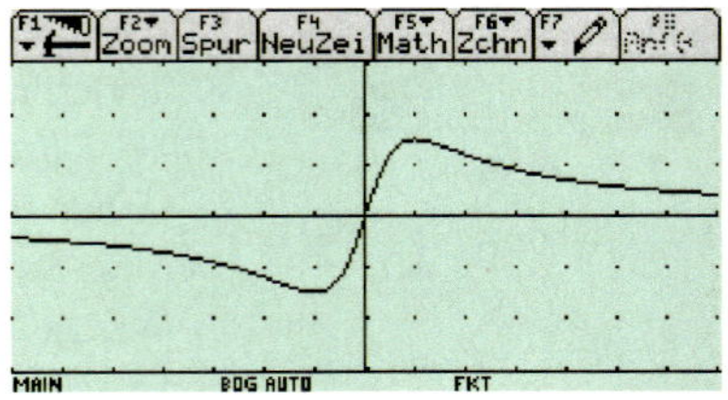

Fig. 1

Die fett gezeichneten Kurven von Fig. 2 bis Fig. 4 sind die Asymptoten bzw. Näherungskurven für $x \to \pm\infty$.

Die senkrechten Asymptoten erhält man nachträglich, indem man im Hauptbildschirm den Befehl „VertLin 0,5" (Taste CATALOG drücken) eingibt. Bei Eingabe der Stelle 0.5 wird die Gerade mit der Gleichung x = 0,5 gezeichnet..

2. Fall: Zählergrad = Nennergrad
Für f mit $f(x) = -\frac{x}{x+1}$ ist $D_f = \mathbb{R}\setminus\{-1\}$. Division durch $x \neq 0$ ergibt $f(x) = \frac{-1}{1+\frac{1}{x}}$. Man erkennt:

$\lim\limits_{x \to \pm\infty} f(x) = \lim\limits_{x \to \pm\infty} \frac{-1}{1+\frac{1}{x}} = \frac{-1}{1} = -1$. Die Gerade mit der Gleichung $y = -1$ ist **waagerechte Asymptote** (Fig. 2).

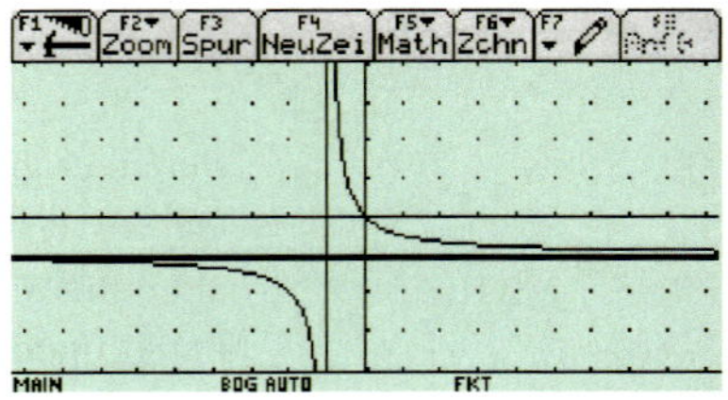

Fig. 2

3. Fall: Zählergrad = Nennergrad + 1
Für f mit $f(x) = \frac{x^2 + 1{,}5x}{2x-1}$ ist $D_f = \mathbb{R}\setminus\{-0{,}5\}$. Man erhält durch Polynomdivision:

$$(x^2 + 1{,}5x):(2x-1) = \tfrac{1}{2}x + 1 + \frac{1}{2x-1}$$
$$\underline{-(x^2 - 0{,}5x)}$$
$$2x$$
$$\underline{-(2x-1)}$$
$$1$$

Polynomdivision mit CAS:

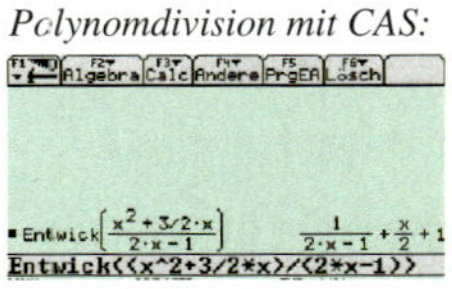

Polynomdivision

Für $x \to \pm\infty$ unterscheiden sich die Funktionswerte von f beliebig wenig von denen der Funktion g mit $g(x) = 0{,}5x + 1$. Der Graph von g ist schiefe Asymptote (Fig. 3).

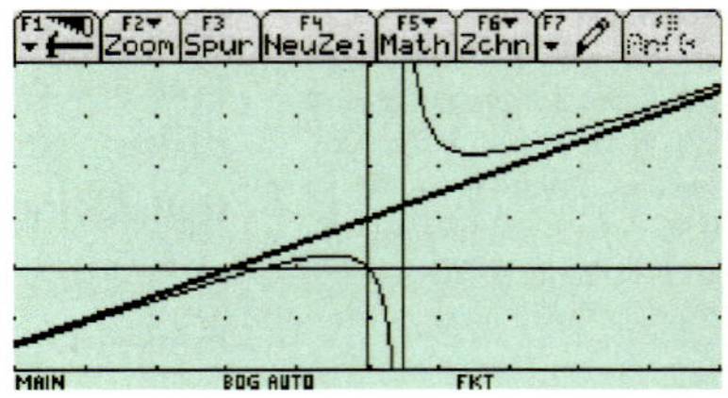

Fig. 3

4. Fall: Zählergrad > Nennergrad
f mit $f(x) = \frac{x^3}{5(x+1)}$ ist identisch mit $f(x) = x^2 + 1 + \frac{1}{x}$; $D_f = \mathbb{R}\setminus\{0\}$. Der Anteil $x^2 + 1$ ist nicht linear.

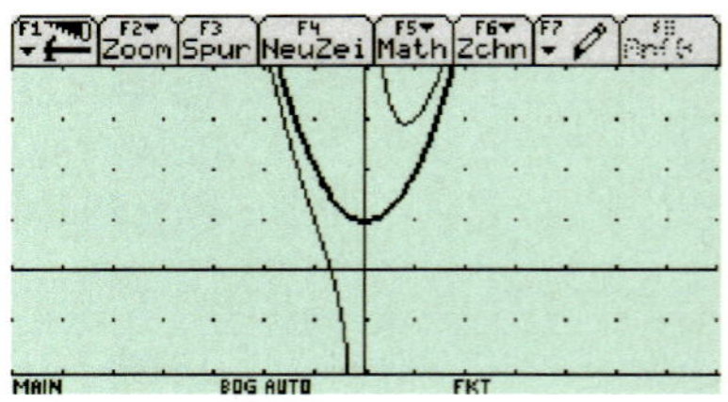

Fig. 4

Die Funktion g mit $g(x) = x^2 + 1$ heißt ganzrationale **Näherungsfunktion**. Man nennt den Graphen von g **Näherungskurve** des Graphen von f für $|x| \to \infty$.

Satz: Gegeben ist eine gebrochenrationale Funktion f mit $f(x) = \frac{p(x)}{q(x)}$ mit vollständig gekürztem Term. Ferner sei n der Grad des Polynoms $p(x)$, kurz Zählergrad genannt, m der Grad des Polynoms $q(x)$, kurz Nennergrad genannt.
Das Verhalten von f für $|x| \to +\infty$ gilt dann: Ist
(1) Zählergrad < Nennergrad, so ist die x-Achse waagerechte Asymptote
(2) Zählergrad = Nennergrad, so ist die Gerade $y = c$ waagerechte Asymptote
(3) Zählergrad = Nennergrad + 1, so ist die Gerade $y = mx + c$ schiefe Asymptote
(4) Zählergrad > Nennergrad + 1, so gibt es eine ganzrationale Näherungskurve.
Die Asymptoten bzw. Näherungskurve erhält man durch Polynomdivision.

Beispiel: (Polstellen, Asymptoten)

Gegeben ist die Funktion f mit $f(x) = \frac{3x-5}{x-2}$. Ermitteln Sie die Definitionsmenge und das Verhalten an den Polstellen von f. Geben Sie die Asymptoten an und skizzieren Sie den Graphen.

Lösung:

Um das Vorzeichen von $f(x)$ für $x < 2$ zu bestimmen, ersetzt man im Zähler x durch 2. Er wird damit positiv. Der Nenner ist für $x < 2$ negativ, für $x > 2$ positiv.
Damit ist die Funktion für $x < 2$ negativ, für $x > 2$ positiv.

Es ist $x - 2 = 0$ für $x_0 = 2$; $D_f = \mathbb{R} \setminus \{2\}$; $x_0 = 2$ ist also Polstelle. Für $x \to 2$ ergeben sich für $x < 2$ negative, für $x > 2$ positive Funktionswerte: $x_0 = 2$ ist ein Pol mit VZW. Senkrechte Asymptote: $x = 2$. Da Zähler- und Nennergrad gleich sind, ist die Gerade mit der Gleichung $y = \frac{3}{1} = 3$ waagerechte Asymptote für $x \to \pm\infty$. Graph rechts.

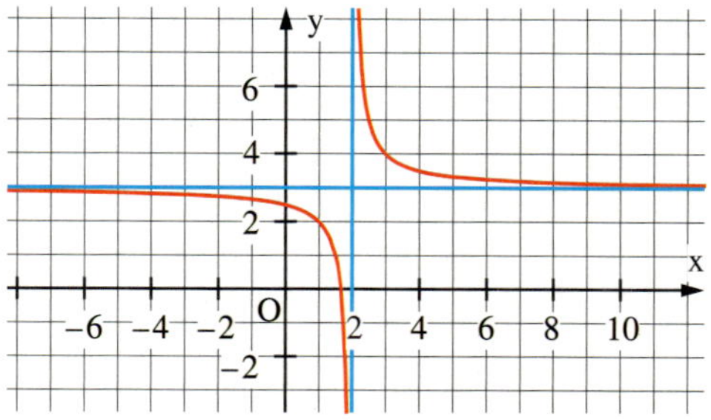

Fig. 1

Aufgaben

2 Gegeben sind 5 Funktionen und 3 Graphen. Zu welchen Funktionen sind keine Graphen vorhanden und zu welchen Graphen gehören die verbleibenden Funktionen? Begründen Sie.

(1) $f(x) = \frac{x}{x-2}$ (2) $f(x) = \frac{x^2}{x-2}$ (3) $f(x) = \frac{x^2}{(x-2)^2}$ (4) $f(x) = \frac{x(x-1)}{(x-2)}$ (5) $f(x) = \frac{x}{(x-2)^2}$

a) b) c)

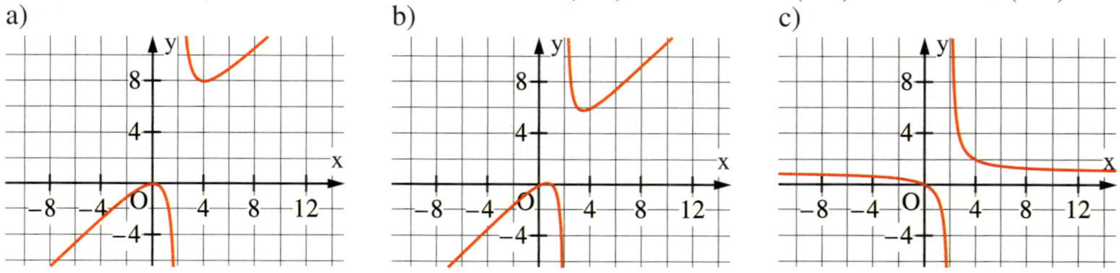

Fig. 2

Betrachten Sie zur Kontrolle anschließend den Graphen von f mit Ihrem CAS.

3 Gegeben ist die Funktion f. Ermitteln Sie die Definitionsmenge und die Polstellen. Geben Sie die gemeinsamen Punkte des Graphen von f mit der x-Achse sowie die Asymptoten an.

a) $f(x) = \frac{-2}{x-4}$ b) $f(x) = \frac{-4}{x-2}$ c) $f(x) = \frac{1}{(x-2)^2}$ d) $f(x) = \frac{x}{x-3}$ e) $f(x) = \frac{x+2}{x}$

f) $f(x) = \frac{x+2}{x+4}$ g) $f(x) = \frac{x+1}{x}$ h) $f(x) = \frac{x+2}{x-4}$ i) $f(x) = \frac{x-1}{(x-4)^2}$ j) $f(x) = \frac{x^2}{2(x-3)}$

Welche Denkfehler wurden möglicherweise gemacht?

4 Jemand behauptet, die Funktion f habe die Nullstellen –4 und 4 und die Polstellen –1 und 1. Stellen Sie dies richtig!

a) $f(x) = \frac{(x-4)-4}{(x-1)(x+1)}$ b) $f(x) = \frac{(x+4)^2}{(x-1)(x+1)}$ c) $f(x) = \frac{x^2-4}{x^2-1}$ d) $f(x) = \frac{x^2-1}{x^2-16}$ e) $f(x) = \frac{x^2-16}{x^2-1}$

Bestätigen Sie Ihr Ergebnis mit dem CAS.

5 Geben Sie mindestens zwei gebrochenrationale Funktionen an mit

a) keiner Polstelle b) Polstelle 3 mit VZW
c) Polstelle 3 ohne VZW d) Nullstelle 1 und Polstelle 3 ohne VZW
e) Nullstelle 1 ohne Polstelle f) Nullstellen 1 und –1 und Polstellen 2 und –2 ohne VZW.

6 Geben Sie die Gleichungen aller Asymptoten an bzw. Näherungskurven für $|x| \to \infty$ an.

a) $f(x) = x + \frac{1}{x}$ b) $f(x) = \frac{x^3+4}{2x^2}$ c) $f(x) = \frac{x^2-x}{x+1}$ d) $f(x) = \frac{1-2x^2}{x+1}$

e) $f(x) = x^2 - \frac{8}{x}$ f) $f(x) = \frac{2x^4-32}{x^2}$ g) $f(x) = \frac{x^3+2x^2}{x+4}$ g) $f(x) = \frac{3x^5-7x^3+2x^2-4}{2x^2-4}$

7 Geben Sie eine gebrochenrationale Funktion mit g und h als Asymptoten an.

a) g: $y = x$; h: $x = 0$ b) g: $y = -x$; h: $x = 0$ c) g: $y = 0{,}5x$; h: $x = 2$ d) g: $y = 2x + 1$; h: $x = 1$

*3 Funktionsuntersuchungen gebrochenrationaler Funktionen

1 Welche einzelnen Schritte kommen zur bisherigen Untersuchung gebrochenrationaler Funktionen noch hinzu?

2 Geben Sie Möglichkeiten an, wie man mit dem CAS eine Schar von Funktionen f_t mit $f_t(x) = \frac{t-x}{x^2}$ für $t = 0{,}1;\ 0{,}3;\ 0{,}8;\ 1{,}5$ zeichnen kann.

Arbeitet man mit dem CAS, so verschafft man sich auch bei gebrochenrationalen Funktionen zunächst einen Überblick über den Graphen, ehe man Fragestellungen beantwortet. Ist nicht nur eine Funktion, sondern eine Funktionenschar f_t mit dem Parameter t gegeben, so sind häufig die Koordinaten bestimmter Punkte $P_t(x_t|y_t)$ (z. B. Extrempunkte) von t abhängig. In diesen Fällen kann man dann nach der Gleichung der Ortslinie fragen (Beispiel 2). Die zugehörige Gleichung ergibt sich, indem man t aus den beiden Gleichungen $x_t = x(t);\ y_t = y(t)$ eliminiert.

Beispiel 1: (Eigenschaften einer Funktion)
Gegeben ist die Funktion f mit $f(x) = \frac{1}{6} \cdot \frac{x^3}{x^2-9}$.
a) Verschaffen Sie sich einen Überblick über den Graphen der Funktion f. Skizzieren Sie den Graphen mit gleichen Einheiten auf den Achsen in Ihr Heft.
b) Untersuchen Sie die Funktion nur unter Heranziehung des Funktionsterms auf Symmetrie, Polstellen, Nullstellen und Asymptoten.
c) Bestimmen Sie die Extremwerte näherungsweise am Grafikbildschirm.
d) Weisen Sie nach, dass es genau zwei Extrempunkte gibt und berechnen Sie diese anschließend exakt.
Lösung:
a) Fig. 1.
b) Der Graph der Funktion f ist punktsymmetrisch zum Ursprung. f hat die Polstellen $x_1 = -3$ und $x_2 = 3$. Damit hat ihr Graph senkrechte Asymptoten mit den Gleichungen $x = -3$ und $x = 3$.
Einzige Nullstelle ist $x_0 = 0$. Polynomdivision mit dem CAS ergibt $f(x) = \frac{1}{6}x + \frac{3}{4(x+3)} + \frac{3}{4(x-3)}$ (Fig. 2). Damit ist die Gleichung der schiefen Asymptote: $y = \frac{1}{6}x$.
c) Die mit dem CAS näherungsweise im Graphikfenster errechneten Extrempunkte sind der Hochpunkt $H(-5{,}196|-1{,}299)$ und der Tiefpunkt $T(5{,}195|1{,}299)$.
d) Die exakte Berechnung erfolgt mit dem CAS (Fig. 3): Ableitung: $f'(x) = \frac{1}{6} \cdot \frac{x^2 \cdot (x^2-27)}{(x^2-9)^2}$; $f'(x) = 0$ für $x_3 = -3\sqrt{3};\ x_4 = 0;\ x_5 = 3\sqrt{3}$.
Damit hat f höchstens 3 Extremstellen.
Da $f''(-3\sqrt{3}) = -\frac{\sqrt{3}}{12} < 0$ ist, liegt in $H\left(-3\sqrt{3}\,\middle|\,-\frac{3\sqrt{3}}{4}\right)$ ein Hochpunkt, in $T\left(3\sqrt{3}\,\middle|\,\frac{3\sqrt{3}}{4}\right)$ ein Tiefpunkt und in $x_4 = 0$ wegen $f''(0) = 0$ und $f'''(0) = -\frac{1}{9} \neq 0$ ein Wendepunkt vor. Damit ist begründet, dass f genau zwei Extrempunkte besitzt.

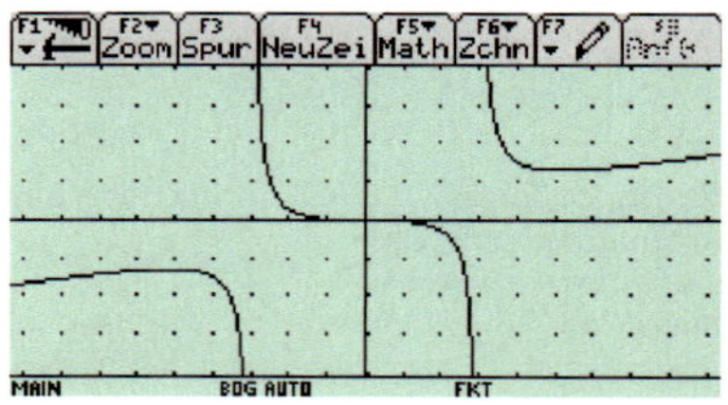

Fig. 1

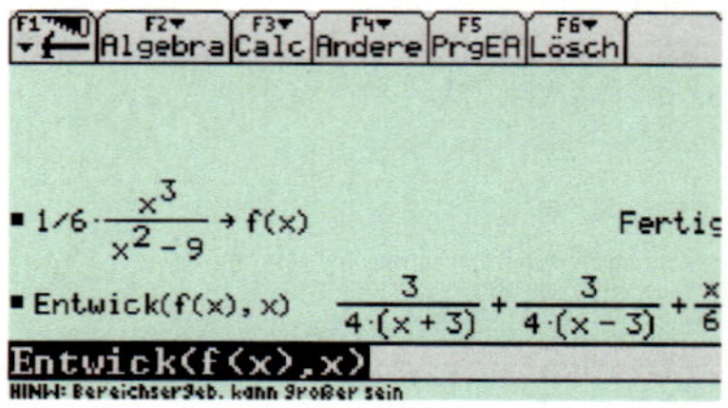

Fig. 2

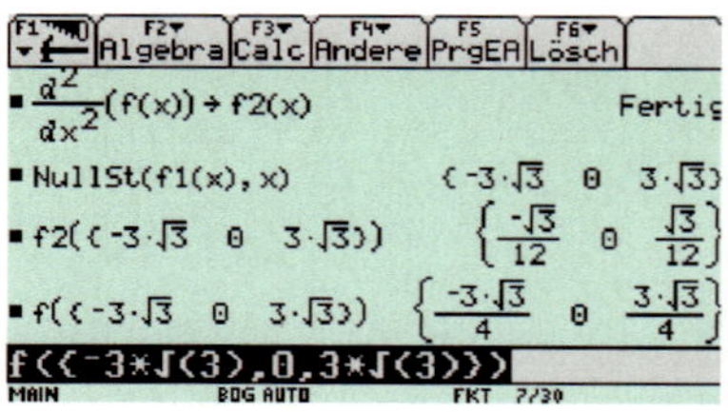

Fig. 3

Beispiel 2: (Untersuchung einer Funktionenschar, Ortslinie, Extremwertaufgabe)

Für jedes $t > 0$ ist eine Funktion f_t gegeben durch $f_t(x) = \frac{8x - 4t}{x^3}$. Ihr Graph sei K_t.

a) Zeichnen Sie mit dem CAS Graphen K_t von Funktionen mit verschiedenen Werten von t in einem geeigneten Intervall I.

b) Führen Sie für K_t eine Funktionsuntersuchung mit Ihrem CAS durch.

c) Wie lautet die Gleichung der Ortslinie C der Hochpunkte von K_t? Zeichnen Sie C.

d) Es sei N der Schnittpunkt von K_2 mit der x-Achse und $P(u|v)$ mit $u > 1$ ein Punkt auf K_2. Die Punkte N, P und $Q(u|0)$ sind die Eckpunkte eines Dreiecks. Für welchen Wert von u wird der Flächeninhalt dieses Dreiecks extremal?

Lösung:

a) Die Darstellung mit dem CAS zeigen Fig. 1 und Fig. 2.

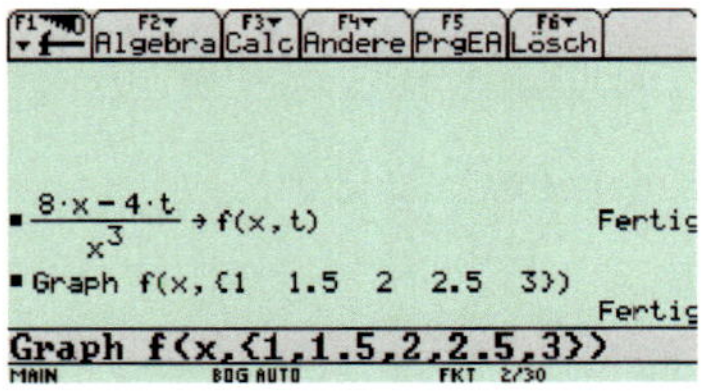

Fig. 1

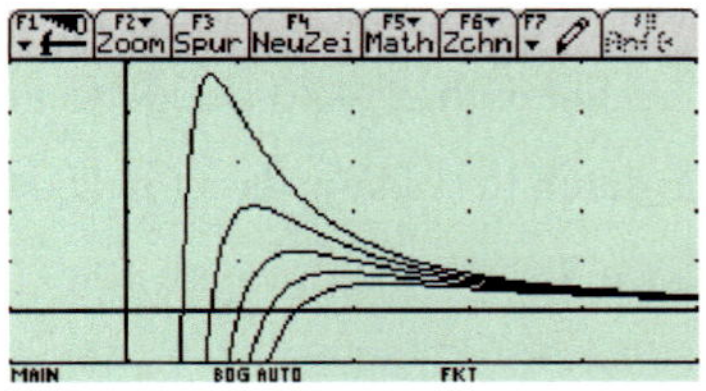

Fig. 2

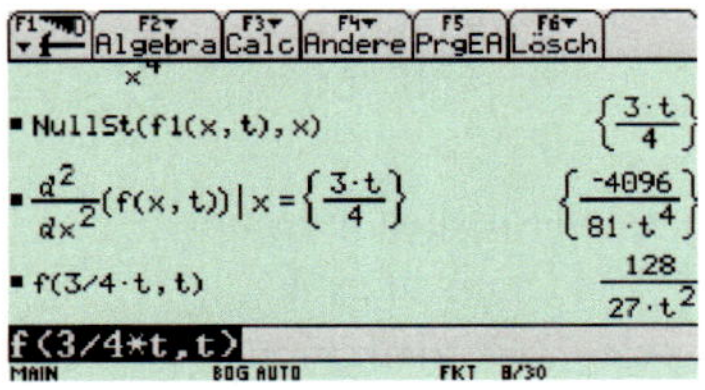

Fig. 3

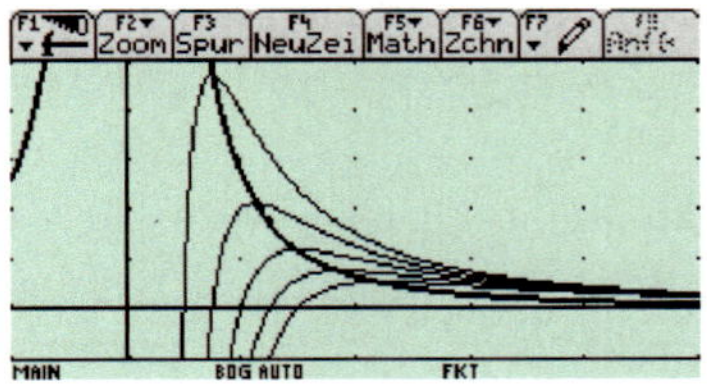

Fig. 4

b) 1. Definitionsmenge: $x^3 = 0$, $D_t = \mathbb{R} \setminus \{0\}$.

2. Symmetrie: $f_t(-x) = \frac{8(-x) - 4t}{(-x)^3} = \frac{8x + 4t}{x^3}$;
keine Symmetrie erkennbar.

3. $x_1 = 0$ ist eine Polstelle mit VZW.
Asymptoten: $x = 0$, waagerechte Asymptote: $y = 0$

4. Nullstellen: $8x - 4t = 0$ ergibt $x_2 = \frac{1}{2}t$;
Schnittpunkt mit der x-Achse: $N_t\left(\frac{1}{2}t \middle| 0\right)$.

5. Ableitungen: $f_t(x) = \frac{8}{x^2} - \frac{4t}{x^3}$;
$f_t'(x) = -\frac{16}{x^3} + \frac{12t}{x^4} = \frac{-16x + 12t}{x^4}$;
$f_t''(x) = \frac{48}{x^4} - \frac{48t}{x^5} = \frac{48x - 48t}{x^5}$

6. Extremstellen:
Notwendige Bedingung: $\frac{-16x + 12t}{x^4} = 0$ ergibt $x_3 = \frac{3}{4}t$

Hinreichende Bedingung $f_t'(x_3) = 0$;
$f_t''(x_3) = -\frac{12t}{\left(\frac{3}{4}t\right)^5} < 0$; x_3 ist Maximalstelle.

Mit $f_t(x_3) = \frac{128}{27t^2}$ erhält man: $H_t\left(\frac{3}{4}t \middle| \frac{128}{27t^2}\right)$ sind Hochpunkte der Schar (Fig. 3).

7. Wendestellen: Notwendige Bedingung $\frac{48x - 48t}{x^5} = 0$ ergibt $x_4 = t$.

Hinreichende Bedingung: $f''(x_4) = 0$; Vorzeichenwechsel von $f''(x_4)$ bei $x_4 = t$.

Damit sind die Wendepunkte der Schar: $W_t\left(t \middle| \frac{4}{t^2}\right)$.

c) $H_t\left(\frac{3}{4}t \middle| \frac{128}{27t^2}\right)$ sind Hochpunkte der Schar. Aus $x = \frac{3}{4}t$ und $y = \frac{128}{27t^2}$ folgt zunächst $t = \frac{4}{3}x$, mit $x > 0$ (wegen $t > 0$); eingesetzt in $y = \frac{128}{27t^2}$ erhält man die Gleichung der Ortslinie:

$y = \frac{128}{27 \cdot \left(\frac{4}{3}x\right)^2} = \frac{8}{3x^2}$, $x > 0$ (Fig. 4).

d) Der Inhalt A(u) des Dreiecks NQP ist (Fig. 5):

$$A(u) = \frac{1}{2} \cdot \overline{NQ} \cdot \overline{QP} = \frac{1}{2}(u-1) \cdot v$$
$$= \frac{1}{2} \cdot (u-1) \cdot f_2(u)$$
$$= \frac{1}{2} \cdot (u-1) \cdot \frac{8u - 8}{u^3}$$
$$= 4 \cdot \frac{(u-1)^2}{u^3}$$

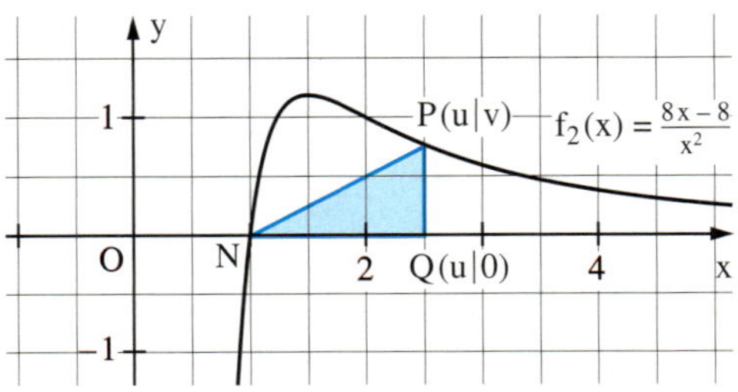

Fig. 5

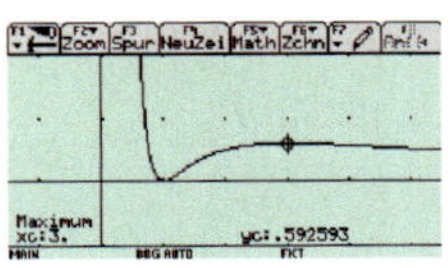

Fig. 6

Mit dem CAS zeichnet man den Graphen der Funktion A. Man erkennt, dass die Funktion A ein Maximum besitzt: $A(3) \approx 0{,}593$ (Fig. 6).

Aufgaben

3 Gegeben ist die Funktion f mit $f(x) = \frac{2-x^2}{x^2-9}$.

a) Verschaffen Sie sich einen Überblick über den Graphen der Funktion f.

b) Untersuchen Sie die Funktion nur unter Heranziehung des Funktionsterms auf Symmetrie, Polstellen, Nullstellen und Asymptoten. Weisen Sie die Symmetrie rechnerisch nach.

c) Bestimmen Sie die Extremwerte von f.

d) Weisen Sie rechnerisch nach, dass f keine Wendestelle besitzt.

4 Verschaffen Sie sich einen Überblick über den Graphen der Funktion f. Untersuchen Sie die Funktion nur unter Heranziehung des Funktionsterms auf Symmetrie, Polstellen, Nullstellen und Asymptoten.

a) $f(x) = \frac{x}{x-1}$. Zeigen Sie rechnerisch, dass f keine Extremwerte besitzt.

b) $f(x) = \frac{2x+1}{x-2}$. Zeigen Sie durch Rechnung, dass f in D_f streng monoton fallend ist.

c) $f(x) = \frac{x^2+2x+5}{2(x+1)}$. Berechnen Sie alle Extremwerte von f exakt.

d) $f(x) = \frac{x^2-4}{x^2+1}$. Zeigen Sie, dass der Graph von f den Wendepunkt $W_1\left(\frac{1}{\sqrt{3}} \middle| -\frac{11}{4}\right)$ besitzt.

5 Führen Sie eine Funktionsuntersuchung von f nur mit dem CAS durch.

a) $f(x) = \frac{8}{4-x^2}$ b) $f(x) = \frac{4+x^2}{x^2-9}$ c) $f(x) = \frac{x^2-4}{x^2+2}$ d) $f(x) = \frac{3x^3-3x}{(x-2)^2}$

6 Führen Sie eine Funktionsuntersuchung von f durch. Bestimmen Sie die Gleichung der Asymptote für $|x| \to \infty$. Berechnen Sie mögliche Extrem- und Wendepunkte exakt.

a) $f(x) = \frac{x^2}{x-1}$ b) $f(x) = \frac{x^3}{x^2-1}$ c) $f(x) = \frac{(1-x)^2}{2-x}$ d) $f(x) = \frac{x^3}{x^2+6}$

7 Führen Sie eine Funktionsuntersuchung von f durch. Ermitteln Sie für $x \to \pm\infty$ die ganzrationale Näherungsfunktion g.

a) $f(x) = \frac{x^3-1}{x}$. Weisen Sie rechnerisch nach, dass f für $x > 0$ streng monoton wächst.

b) $f(x) = \frac{2-x^3}{2x}$. Berechnen Sie den Wendepunkt des Graphen exakt.

c) $f(x) = \frac{16+x^4}{4x^2}$. Berechnen Sie den Inhalt der Fläche, die der Graph mit der x-Achse über dem Intervall [1; 4] einschließt.

Funktionenscharen

8 Für jedes $t > 0$ ist eine Funktion f_t gegeben. Führen Sie eine Funktionsuntersuchung wie in Beispiel 2a) durch. Zeichnen Sie Graphen für $t = 1; 2; 3$ in ein gemeinsames Koordinatensystem.

a) $f_t(x) = x - \frac{t^3}{x^2}$ b) $f_t(x) = \frac{10}{x} - \frac{10t}{x^2}$ c) $f_t(x) = \frac{6x}{x^2+t^2}$ d) $f_t(x) = \frac{10x}{(x^2+t)^2}$

9 Es gibt eine Funktion f, deren Funktionsterm die Form $f(x) = \frac{a+bx+x^2}{x^3}$; $a, b \in \mathbb{R}$ hat und deren Graph an der Stelle $x = 1$ einen Wendepunkt mit waagerechter Tangente besitzt. Bestimmen Sie f(x).

Weitere Aufgaben

10 Für jedes $t > 0$ ist eine Funktion f_t gegeben durch $f_t(x) = \frac{tx^2}{x^2-4}$. Ihr Graph sei K_t.

a) Durch welchen Punkt verlaufen alle Graphen K_t?

b) Untersuchen Sie K_t.

Zu Aufgabe 11:
Je nach Parameterwert kann der zugehörige Graph sehr verschieden aussehen.

$f_{-\frac{1}{2}}(x) = \frac{4}{1 - \frac{1}{2}x^2}$

$f_{\frac{1}{2}}(x) = \frac{4}{1 + \frac{1}{2}x^2}$

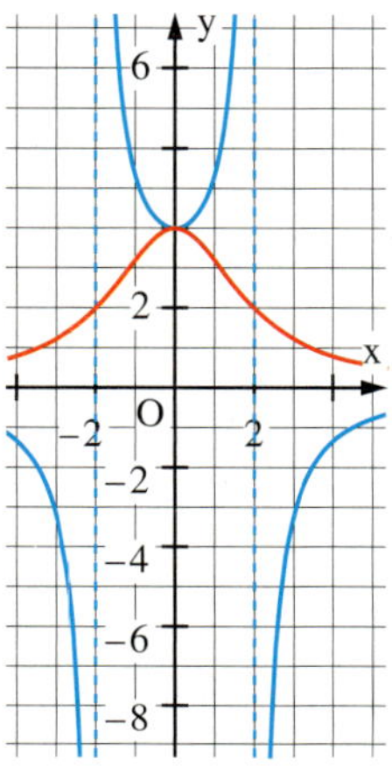

Fig. 1

11 Für jedes $t \neq 0$ ist eine Funktion f_t gegeben durch $f_t(x) = \frac{4}{1 + tx^2}$. Ihr Graph sei K_t.
a) Untersuchen Sie K_t auf Symmetrie, Schnittpunkte mit der x-Achse, Hoch-, Tief- und Wendepunkte sowie auf Asymptoten. Zeichnen Sie K_t für $t = -1; 1; 2$.
b) Bestimmen Sie die Ortslinie der Wendepunkte aller K_t. Zeichnen Sie den zugehörigen Graphen in das vorhandene Koordinatensystem ein.
c) Für welchen Wert von t hat K_t Wendetangenten mit den Steigungen 1 bzw. −1?

12 Für jedes $t \neq 0$ ist eine Funktion f_t gegeben durch $f_t(x) = \frac{x}{2t} - \frac{2}{t} + \frac{2}{x}$. Ihr Graph sei K_t.
a) Zeichnen Sie den Graphen von K_t für verschiedene Werte von t in ein gemeinsames Koordinatensystem. Durch welchen Punkt gehen alle gezeichneten Graphen?
b) Untersuchen Sie „experimentell" und rechnerisch, für welche Werte von t der Graph K_t einen Tiefpunkt besitzt. Gibt es einen Graphen, dessen Tiefpunkt auf der x-Achse liegt?

13 Gegeben ist die Schar von Funktionen f_t mit $f_t(x) = \frac{t}{x^2 + t^2}$ für jede Zahl $t > 0$.
a) Beschreiben Sie den Verlauf der Graphen in Abhängigkeit von t.
b) Berechnen Sie die Wendepunkte von t und bestimmen Sie die Kurve C_t, auf der die Wendepunkte liegen.
c) Bestimmen Sie mit dem CAS den Inhalt der Fläche, den der Graph einer Funktion f_t für verschiedene t mit der x-Achse einschließt. Äußern Sie sich zu den Ergebnissen.

Funktionsuntersuchungen mit Integrationen und Extremwertaufgaben

14 Gegeben ist die Funktion f mit $f(x) = \frac{x^3 + 3x^2 - 4}{x^2}$; $x \in \mathbb{R} \setminus \{0\}$.
a) Führen Sie eine Funktionsuntersuchung durch.
b) Der Graph von f, die schiefe Asymptote sowie die Geraden mit den Gleichungen $x = 1$ und $x = z$ mit $z > 1$ begrenzen eine Fläche mit dem Inhalt A (z). Berechnen Sie A (z) und untersuchen Sie A (z) für $z \to \infty$.

15 Bestimmen Sie den Inhalt der Fläche, den der Graph von f mit $f(x) = \frac{x^4 - 1}{x^2}$ zusammen mit der zugehörigen Näherungskurve, der x-Achse, der y-Achse und der Geraden mit der Gleichung $x = k$ mit $k > 1$ einschließt. Existiert der Grenzwert für $k \to \infty$.

16 Gegeben ist die Funktion f mit $f(x) = \frac{4x - 2}{x^2}$; $x \in \mathbb{R} \setminus \{0\}$.
a) Führen Sie eine Funktionsuntersuchung durch.
b) Der Graph von f, die x-Achse und die Gerade mit der Gleichung $x = z$ mit $z > \frac{1}{2}$ begrenzen eine Fläche mit dem Inhalt A (z). Berechnen Sie A (z) und untersuchen Sie A (z) für $z \to \infty$.

17 Gegeben ist die Funktion f mit $f(x) = \frac{x}{x - 2}$; $x \in \mathbb{R} \setminus \{2\}$.
Der Punkt $P(u|v)$ mit $u > 2$ sei ein Punkt auf dem Graphen von f. Die Parallelen zu den Koordinatenachsen durch P bilden zusammen mit den Koordinatenachsen ein Rechteck. Für welchen Wert von u wird der Inhalt des Rechtecks extremal? Bestimmen Sie die Art des Extremums.

18 Gegeben ist die Funktion f mit $f(x) = \frac{8}{x^2 + 2}$; $x \in \mathbb{R}$.
Der Punkt $P(u|v)$ mit $u > 0$ sei ein Punkt auf dem Graphen von f. Die Parallele zur x-Achse durch P schneidet die y-Achse in Q; die Parallele zur y-Achse durch P schneidet die x-Achse in R. Die Punkte R, P und Q sind Eckpunkte eines Dreiecks. Für welche Lage von P wird der Inhalt des Dreiecks extremal? Handelt es sich um ein absolutes Extremum?

*4 Anwendungen gebrochenrationaler Funktionen

Eine gegebene Funktion kann man mithilfe der Differenzialrechnung auf wichtige Eigenschaften wie z. B. Monotonie oder Existenz von Extremwerten untersuchen. Bei Anwendungen muss aber häufig erst aus der Beschreibung des Sachverhaltes eine Funktion ermittelt werden, anhand derer man dann reale Fragestellungen untersuchen kann.

Beispiel:

Bei einem Buch ist für den bedruckbaren Teil einer Seite eine rechteckige Fläche mit dem Inhalt $360\,\text{cm}^2$ festgelegt. Die Ränder sollen oben und unten je 2 cm, links und rechts je 1 cm breit werden (Fig. 1). Bei welchen Maßen für eine Seite ist der Papierverbrauch am kleinsten?

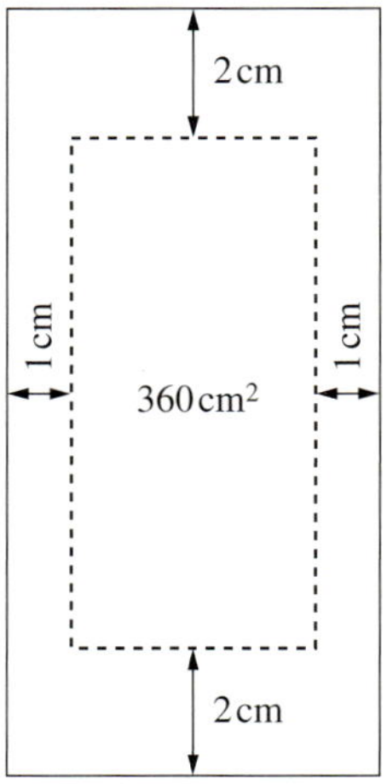

Fig. 1

Zur Strategie für das Lösen von Extremwertproblemen vgl. Seite 93.

Lösung:

1. Ist x (in cm) die Breite und y (in cm) die Höhe der Seite, so gilt:
$A = x \cdot y$ mit $x > 2$ und $y > 4$.
2. Nebenbedingung: $(x - 2) \cdot (y - 4) = 360$
3. Aus der Nebenbedingung ergibt sich z. B. $y = \frac{360}{x-2} + 4 = \frac{352 + 4x}{x-2}$.
Einsetzen in $A = x \cdot y$ liefert $A(x) = \frac{352x + 4x^2}{x-2} = 4x + 360 + \frac{720}{x-2}$ mit $D_A = \{x \mid x > 2\}$.
4. Mit dem CAS verschafft man sich einen Überblick über den Graphen der Funktion. Man bestimmt das absolute Minimum: $x \approx 15{,}4$; $A(15{,}4) \approx 475{,}3$.

Ergebnis: Für eine Breite von ungefähr 15 cm und eine Höhe von ungefähr 30,8 cm ergibt sich eine Seite mit kleinstem Papierverbrauch. Dieser beträgt ungefähr $475\,\text{cm}^2$.

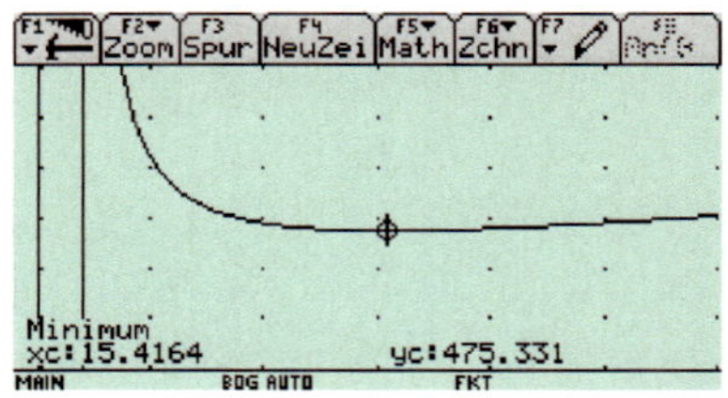

Fig. 2

Aufgaben

1 In einem Zoo beträgt der Platzbedarf für ein rechteckiges Gehege (in Fig. 3 grün) einschließlich der Streifen um das Gehege (in Fig. 2 rot) insgesamt $6000\,\text{m}^2$.
Die Streifen sind Abgrenzungen zu den Besuchern bzw. zu anderen Bereichen des Zoos.
Sie sind versicherungsrechtlich vorgeschrieben und haben die angegebenen Maße (in m).
Wie groß kann der Flächeninhalt des Geheges höchstens werden?

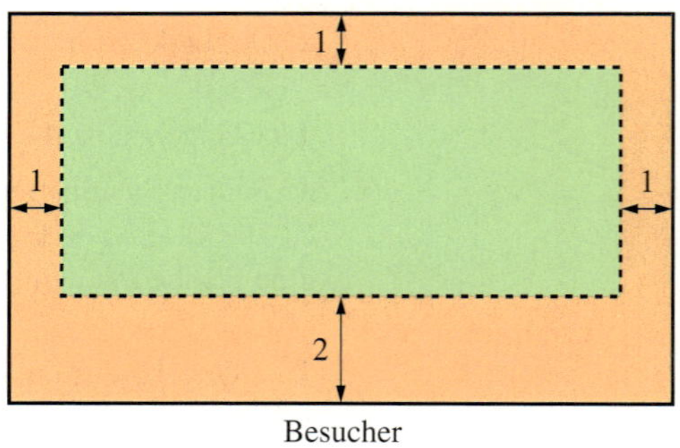

Fig. 3

2 Der Querschnitt eines unterirdischen Entwässerungskanals ist ein Rechteck mit aufgesetztem Halbkreis (Fig. 4). Wie sind Breite und Höhe des Rechtecks zu wählen, damit die Querschnittsfläche $8\,\text{m}^2$ groß ist und zur Ausmauerung des Kanals möglichst wenig Material benötigt wird?

Fig. 4

Der entscheidende Durchbruch für eine umfangreiche Produktion von Stickstoff-Dünger gelang 1913 mit der Ammoniaksynthese nach HABER-BOSCH.

3 Einer der wichtigsten Nährstoffe für Pflanzen ist Stickstoff (N). Er wird den Pflanzen (neben dem schon im Boden vorhandenen Stickstoff) in der Form von Dünger zugegeben. Man fand heraus, dass der zusätzliche Getreideertrag $f(x)$ $\left(\text{in } 100\,\frac{\text{kg}}{\text{ha}}\right)$ aufgrund der Zugabe von Stickstoffdünger x $\left(\text{in } \frac{\text{kg}}{\text{ha}}\right)$ näherungsweise beschrieben werden kann durch eine Funktion f der Form $f(x) = \frac{a \cdot x}{x^2 + b}$, $x \geqq 0$. Für f gilt dabei $f(100) = 25$ und $f(600) = 20$.

a) Bestimmen Sie a und b; runden Sie die Ergebnisse auf natürliche Zahlen.

b) Skizzieren Sie den Graphen von f und berechnen Sie die optimale Düngerzugabe.

ARCHIBALD HILL (1886–1977), bedeutender englischer Physiologe; Nobelpreis für Medizin im Jahre 1922.

4 Belastet man einen Muskel durch ein Gewicht, so zieht sich der Muskel zusammen. Der Zusammenhang zwischen der Gewichtskraft F (in N) und der Geschwindigkeit v $\left(\text{in } \frac{\text{m}}{\text{s}}\right)$, mit der sich der Muskel zusammenzieht, wird durch die HILL'sche Gleichung beschrieben:
$(F + a) \cdot (v + b) = c$, wobei a, b und c vom Muskel abhängige Konstanten sind.

a) Drücken Sie die Geschwindigkeit v in Abhängigkeit von der Gewichtskraft F aus.

b) Für einen menschlichen Armmuskel wurden die Konstanten $a = 40$ (in N), $b = 1{,}5$ $\left(\text{in } \frac{\text{m}}{\text{s}}\right)$ und $c = 370$ $\left(\text{in } \frac{\text{N} \cdot \text{m}}{\text{s}}\right)$ ermittelt. Zeichnen Sie den Graphen der Funktion $F \mapsto v$.

c) Welche Kontraktionsgeschwindigkeit ergibt sich für einen menschlichen Armmuskel bei einer Belastung von 50 Newton?

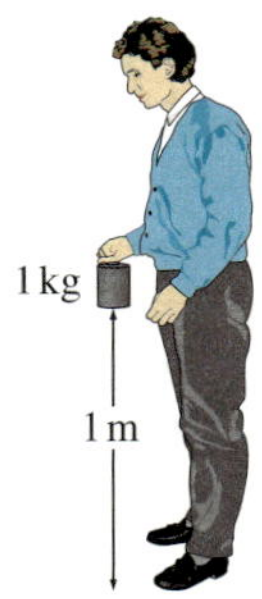

Um 1 kg um 1 m anzuheben benötigt man etwa 10 Joule.

5 Um herauszufinden, „wie hart ein Vogel arbeiten muss um zu fliegen", wurden im Windkanal Versuche mit australischen Sittichen (Körpergewicht zwischen 20 und 40 Gramm) durchgeführt. Durch Messung des Sauerstoffverbrauchs des Vogels konnte man auf den Energieverbrauch zurückschließen. Ist v die Geschwindigkeit des Vogels gegenüber der Luft beim Horizontalflug, so kann der Energieverbrauch E(v) für eine Strecke von 1 km und pro Gramm Körpergewicht näherungsweise beschrieben werden durch:
$E(v) = \frac{0{,}31\,(v - 35)^2 + 92}{v}$, $20 \leqq v \leqq 60$ $\left(\text{E in } \frac{\text{J}}{\text{g} \cdot \text{km}};\ \text{v in } \frac{\text{km}}{\text{h}}\right)$.
Wie hoch ist der Energieverbrauch pro Kilometer und Gramm bei einer Geschwindigkeit von $25\,\frac{\text{km}}{\text{h}}$? Bei welcher Geschwindigkeit ist der Energieverbrauch des Vogels am geringsten?

Parameter k:
nur wenig größer als 2 — wesentlich größer als 2

6 Ein Fisch schwimmt in einem Bach (Fließgeschwindigkeit $2\,\frac{\text{m}}{\text{s}}$) 100 m weit stromaufwärts mit der konstanten Geschwindigkeit $x\,\frac{\text{m}}{\text{s}}$ relativ zum Wasser. Die Energie E (in Joule), die er dazu benötigt, hängt vor allem ab von seiner Form und der Zeit t, die er unterwegs ist. Aus Experimenten weiß man, dass $E = c \cdot x^k \cdot t$ ist mit $c > 0$ und $k > 2$.

a) Leiten Sie her, dass der Energieaufwand des Fisches am geringsten ist bei der Geschwindigkeit $\frac{2k}{k-1}\,\frac{\text{m}}{\text{s}}$.

b) Begründen Sie: Je „plumper" ein Fisch gebaut ist (d. h. je größer der Parameter k ist), desto kleiner ist seine energiesparendste Geschwindigkeit.

Weitere Aufgabe

7 Eine Autobahntrasse soll bzgl. eines Koordinatensystems den Verlauf des Graphen der Funktion f mit $f(x) = x - \frac{1}{x}$ für $x > 0$ (x in km, f(x) in km) erhalten. An der Stelle $H(1\,|\,1)$ befindet sich ein Haus, dessen Einwohner die Lärmbelästigung fürchten. Ab einer Entfernung von 300 m ist der Lärm erträglich. Haben die Bewohner Grund zu klagen?

*5 Amplituden und Perioden von Sinusfunktionen

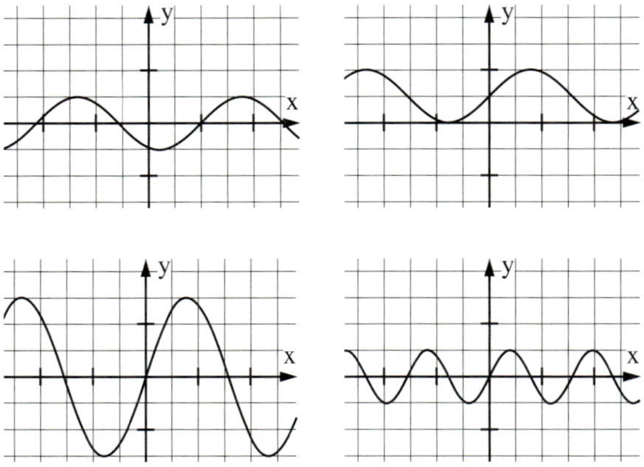

Fig. 1

1 Erstellen Sie für verschiedene Werte der Parameter den Graphen von f. Beschreiben Sie, wie man die Sinuskurve abbilden muss, um diese Graphen zu erhalten.

a) $f(x) = a \cdot \sin(x)$ b) $f(x) = \sin(x) + d$
c) $f(x) = \sin(b \cdot x)$ d) $f(x) = \sin(x - c)$.

2 Gegeben ist die Funktion f mit $f(x) = a \cdot \sin[b(x - c)]$; $a, b, c \in \mathbb{R}$. Setzen Sie für die Parameter solche Zahlen ein, dass sich die Graphen in Fig. 1 ergeben.

Viele periodische Vorgänge lassen sich zwar nicht mit der Sinusfunktion $x \mapsto \sin(x)$, aber durch eine Funktion f mit $f(x) = a \cdot \sin[b(x - c)]$ beschreiben.

Es ist bekannt, dass die Parameter c und d eine Verschiebung des Graphen bewirken (vgl. Seite 210). Im Folgenden wird die Wirkung der Parameter a und b aufgezeigt.

*|a| heißt **Amplitude** und gibt den Abstand eines Extremums von der x-Achse an.*

(1) $f(x) = a \cdot \sin(x)$ (Streckung in y-Richtung)

Der Graph von $f(x) = 3 \cdot \sin(x)$ entsteht aus dem von $g(x) = \sin(x)$ durch Streckung in positiver y-Richtung um den Faktor 3.

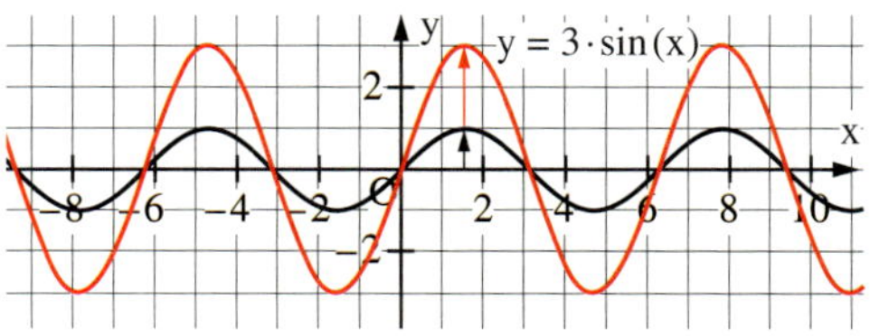

Der Graph von $f(x) = -3 \cdot \sin(x)$ entsteht aus dem von $g(x) = 3 \cdot \sin(x)$ durch Spiegelung an der x-Achse.

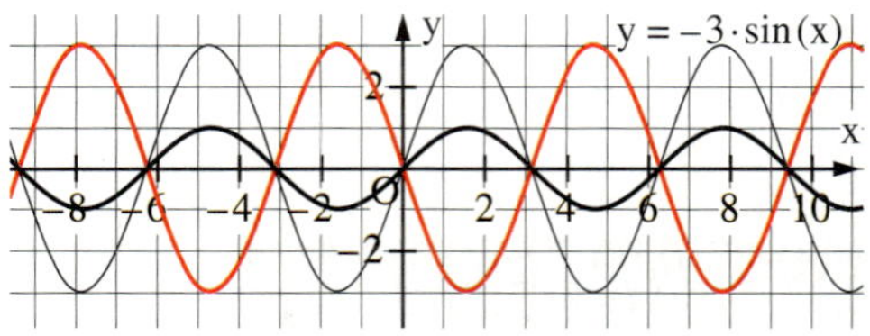

(2) $f(x) = \sin(b \cdot x)$ (Streckung in x-Richtung)

Der Graph von $f(x) = \sin(2 \cdot x)$ entsteht aus dem von $g(x) = \sin(x)$ durch Streckung von der y-Achse aus in x-Richtung um den Faktor $\frac{1}{2}$. Damit ist die Periode $\frac{2\pi}{2} = \pi$.

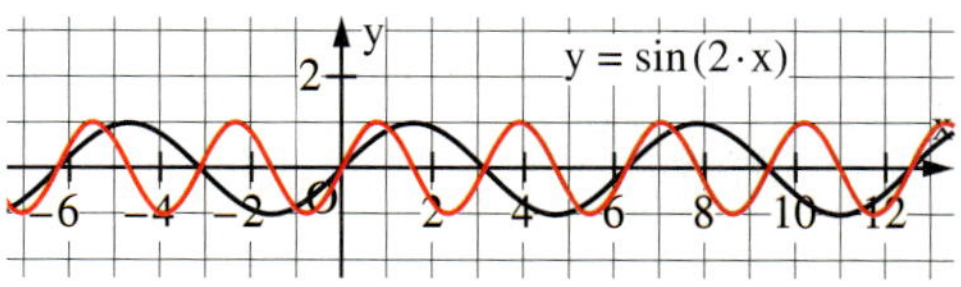

Der Graph von $f(x) = \sin\left(\frac{\pi}{4} \cdot x\right)$ entsteht aus dem von $g(x) = \sin(x)$ durch Streckung von der y-Achse aus in x-Richtung um den Faktor $\frac{\pi}{4}$. Damit ist die Periode $\frac{2\pi}{\frac{\pi}{4}} = 8$.

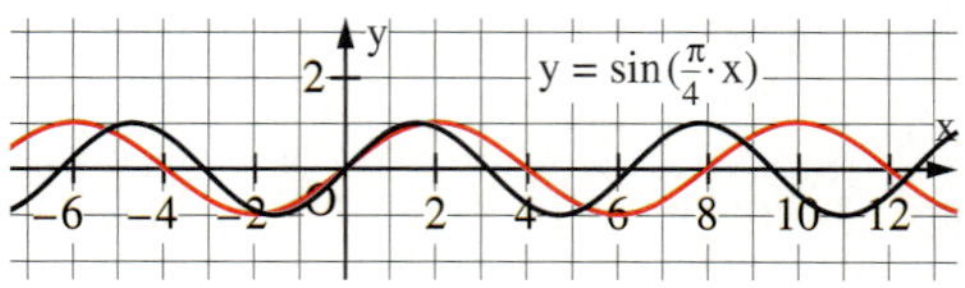

Die Funktion f mit $f(x) = a \cdot \sin(bx)$ hat die Periode $p = \frac{2\pi}{b}$, da für alle $k \in \mathbb{Z}$ gilt:
$f(x + k \cdot p) = a \cdot \sin\left(b\left(x + k \cdot \frac{2\pi}{b}\right)\right) = a \cdot \sin(bx + k \cdot 2\pi) = a \cdot \sin(bx) = f(x)$.

Den Fall $b < 0$ kann man wegen $\sin(x) = -\sin(-x)$ darauf zurückführen: $\sin(bx) = -\sin((-b) \cdot x)$

Die Sinusfunktion f mit $f(x) = a \cdot \sin(bx)$ mit $a \neq 0$ und $b > 0$ hat die **Amplitude** $|a|$ und die **Periode** $p = \frac{2\pi}{b}$.

Nimmt man noch die Verschiebungen des Graphen einer Sinusfunktion hinzu, so erhält man einen großen Bereich verschiedener periodischer Funktionen.
Im Folgenden wird an einem Beispiel das schrittweise Erstellen des Graphen einer Funktion f mit $f(x) = a \cdot \sin[b(x-c)] + d$ aufgezeigt.

Beispiel: (Schrittweises Zeichnen von Graphen)
Zeichnen Sie mithilfe des Graphen von $g(x) = \sin(x)$ den Graphen der Funktion f mit $f(x) = 3 \cdot \sin(2x) + 1$.
Lösung:
Amplitude ist $a = 3$; die Periode ist $p = \frac{2\pi}{2} = \pi$; Verschiebung um 1 in positiver y-Richtung.

Beachten Sie:
$\sin(2x+2)$ muss in der Form $\sin(2 \cdot (x+1))$ geschrieben werden, wenn man die Verschiebung in x-Richtung feststellen möchte.

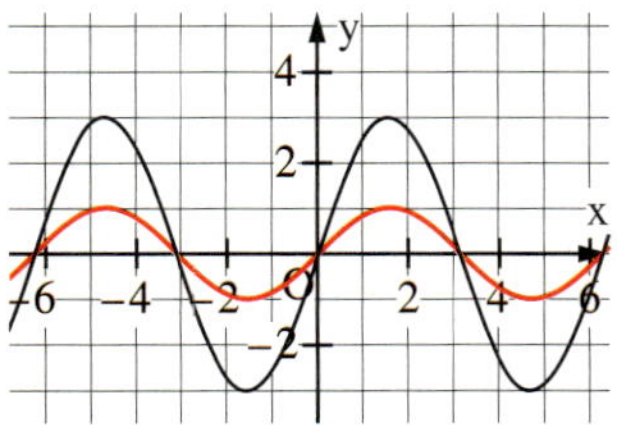

Streckung in y-Richtung um den Faktor 3.

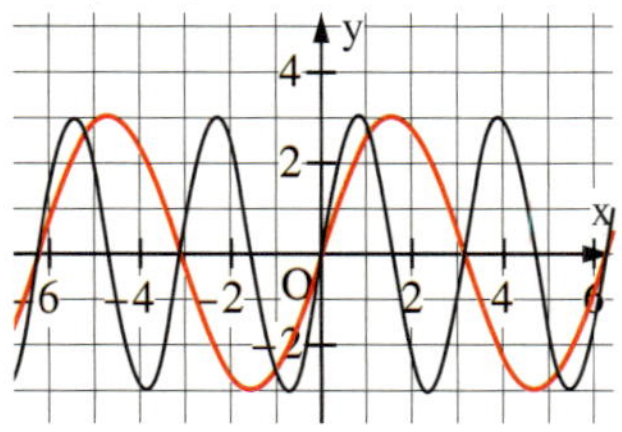

Streckung in x-Richtung um den Faktor $\frac{1}{2}$.

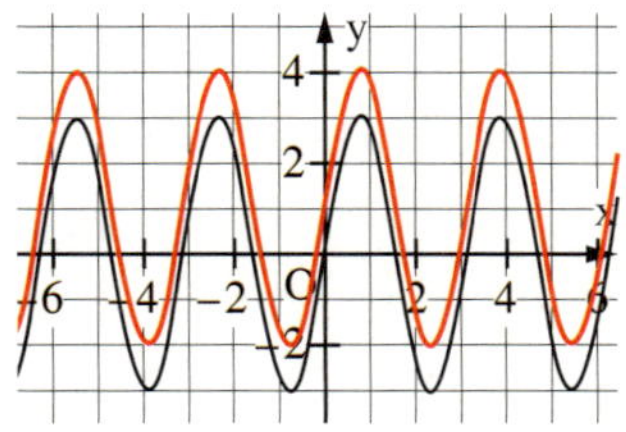

Verschiebung in y-Richtung um 1 Einheit.

Da $\sin\left(x + \frac{\pi}{2}\right) = \cos(x)$ ist, gelten die Überlegungen auch für die Kosinusfunktion.

Den Graphen von f mit $f(x) = a \cdot \sin[b(x-c)] + d$ mit $a, b, c, d \in \mathbb{R}$, $b > 0$, kann man aus dem Graphen der Sinusfunktion schrittweise herstellen durch
1. Streckung in y-Richtung um den Faktor $|a|$ und anschließend der Spiegelung an der x-Achse, wenn $a < 0$ ist,
2. Streckung in x-Richtung um den Faktor $\frac{1}{b}$; die Periode ist $p = \frac{2\pi}{b}$,
3. Verschiebung in x-Richtung um c unter Beachtung des Vorzeichens,
4. Verschiebung in y-Richtung um d unter Beachtung des Vorzeichens.

Aufgaben

Amplituden und Perioden

3 Wie könnte man den Graphen K der Funktion f aus dem der Sinusfunktion herstellen? Bestimmen Sie die Periode p der Funktion f und nennen Sie, wenn möglich, für das Intervall [0; p[die gemeinsamen Punkte des Graphen mit der x-Achse. Skizzieren Sie K.
a) $f(x) = 2 \cdot \sin(x)$ b) $f(x) = \sin(x - \pi)$ c) $f(x) = -2\sin(x) + 1$ d) $f(x) = \sin(1{,}5x) - 3$
e) $f(x) = \sin(2(x-1))$ f) $f(x) = 3\sin(x+3)$ g) $f(t) = \sin\left(\frac{\pi}{2} \cdot t\right) - 2$ h) $f(t) = \frac{1}{2}\cos(2\pi t - \pi)$

4 Geben sie zu jedem Graphen die Periode, die Amplitude und die zugehörige Funktion an.

a)
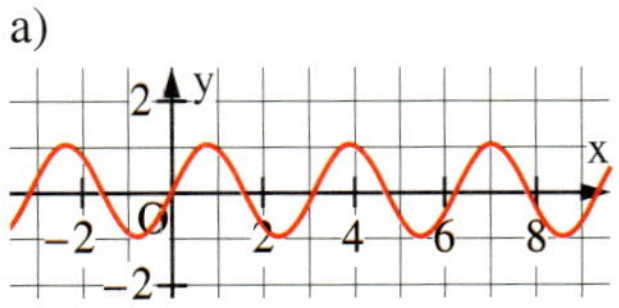

b)
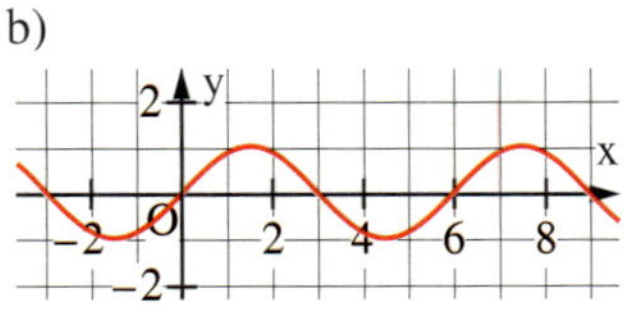

c)
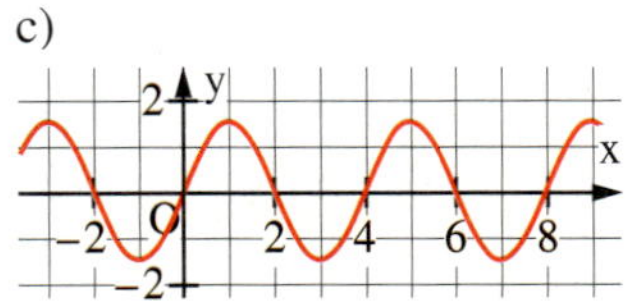

d)
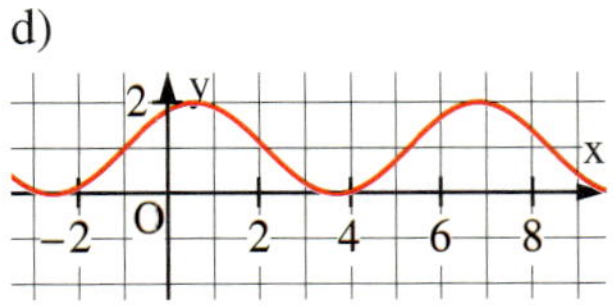

e)
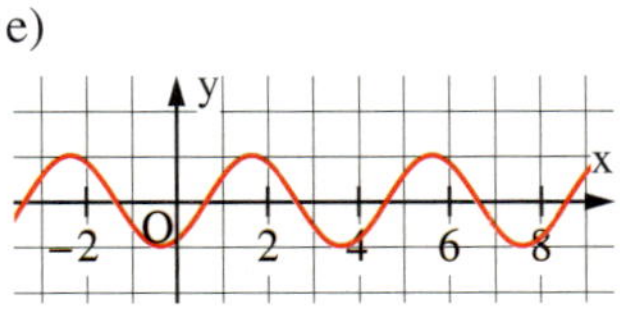

f)
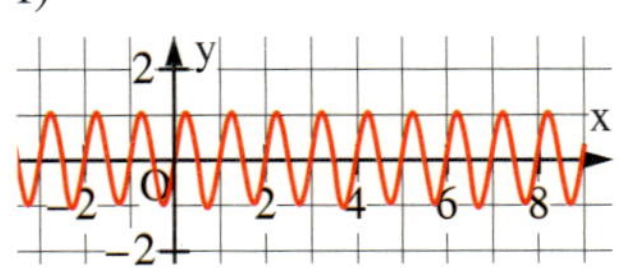

* 6 Funktionsuntersuchungen bei trigonometrischen Funktionen

1 Gegeben ist die Funktion f mit $f(x) = 3 \cdot \sin\left(\frac{1}{2}x\right)$. Versuchen Sie ohne abzuleiten, die Koordinaten der Extrem- und Wendepunkte anzugeben.

Häufig können bei Sinusfunktionen Funktionsuntersuchungen ohne weitere Hilfsmittel wie Differenzieren oder Integrieren erfolgen. Ihre Graphen entstehen nämlich oft aus dem Graphen der Funktion s mit $s(x) = \sin(x)$ durch Streckung oder Stauchung in x- bzw. y-Richtung und anschließender Verschiebung. Es genügt, trigonometrische Funktionen mit der Periode p nur im Periodenintervall $[0; p[$ zu untersuchen.

Beispiel 1: (Bestimmung besonderer Punkte und Inhalte)
Gegeben ist die Funktion f mit $f(x) = 2 \cdot \sin\left(\frac{\pi}{2} \cdot x\right)$.

a) Skizzieren Sie den Graphen und geben Sie die Periode p an.
b) Geben Sie im Intervall $[0; p[$ die Extrempunkte und Wendepunkte an.
c) Wie groß ist die Fläche, die der Graph mit der x-Achse in $\left[0; \frac{1}{2}p\right[$ einschließt?

Lösung:
a) Fig. 1 zeigt den Graphen $p = \frac{2\pi}{\frac{\pi}{2}} = 4$.

Streckfaktor in y-Richtung ist 2,
Streckfaktor in x-Richtung ist $\frac{4}{2\pi} = \frac{2}{\pi}$.

b) Der Graph der Sinusfunktion hat im Periodenintervall $[0; 2\pi[$ den Hochpunkt $H^*\left(\frac{\pi}{2}\middle|1\right)$ und den Tiefpunkt $T^*\left(\frac{3\pi}{2}\middle|-1\right)$.
Damit hat der Graph von f den Hochpunkt $H\left(\frac{\pi}{2} \cdot \frac{2}{\pi}\middle|1 \cdot 2\right) = H(1|2)$ und den Tiefpunkt $T\left(\frac{3\pi}{2} \cdot \frac{2}{\pi}\middle|-1 \cdot 2\right) = T(3|-2)$.
Der Graph der Sinusfunktion hat in $[0; 2\pi[$ die Wendepunkte $W_1^*(0|0)$ und $W_2^*(\pi|0)$.
Damit hat der Graph von f die Wendepunkte $W_1\left(0 \cdot \frac{2}{\pi}\middle|0 \cdot 2\right) = W_1(0|0)$ und $W_2\left(\pi \cdot \frac{2}{\pi}\middle|0 \cdot 2\right) = W_2(2|0)$.

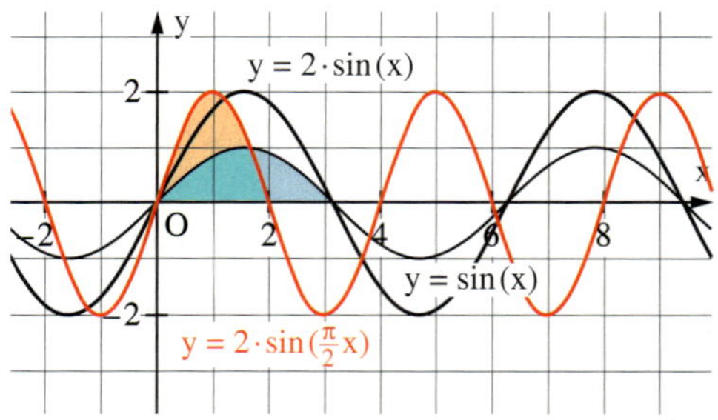

Fig. 1

Man kann auch mit der Ableitung arbeiten, muss dann aber viel mehr rechnen!

c) Für die Fläche unter dem Graphen der Sinusfunktion gilt: $A = \int_0^{\pi} \sin(x)\,dx = [-\cos(x)]_0^{\pi} = 2$.

Damit beträgt der Inhalt der Fläche für den Graphen von f: $2 \cdot 2 \cdot \frac{2}{\pi} = \frac{8}{\pi} \approx 2{,}55$.

Man kann den Inhalt auch mithilfe des Integrals bestimmen:

$$A = \int_0^2 2\sin\left(\frac{\pi}{2} \cdot x\right)dx = \left[-\frac{4}{\pi}\cos\left(\frac{\pi}{2} \cdot x\right)\right]_0^2 = -\frac{4}{\pi}\cos(\pi) = \left(-\frac{4}{\pi}\cos(0)\right) = -\left(-\frac{4}{\pi}\right) + \frac{4}{\pi} = \frac{8}{\pi}.$$

Bemerkung:
Die Fläche vom Inhalt 2 wird mit dem Faktor 2 in y-Richtung und mit dem Faktor $\frac{2}{\pi}$ in x-Richtung gestreckt bzw. gestaucht.

Beispiel 2: (Anwendung)
Der Temperaturverlauf an einem warmen Sommertag kann näherungsweise durch die Funktion T mit $T(x) = 8 \cdot \sin\left(\frac{\pi}{12}(x - 10)\right) + 18$, x in h, T in °C, beschrieben werden. Dabei entspricht $x = 0$ der Tageszeit 0.00 Uhr.

a) Welche Temperaturen zeigte das Thermometer um 10.00 Uhr und um 16.00 Uhr an?
b) Wurde an diesem Tag eine Temperatur von 28 °C erreicht?
c) Wie groß war der Temperaturunterschied zwischen Tag und Nacht?
d) Wann begann die Temperatur zu fallen und wie lange geschah dies?
e) Erstellen Sie den Graphen von T und die „verschobene Achse".

Lösung:
a) $T(10) = 8 \cdot \sin\left(\frac{\pi}{12}(10 - 10)\right) + 18 = 8 \cdot \sin(0) + 18 = 18$; $T(16) = 8 \cdot \sin\left(\frac{\pi}{12}(16 - 10)\right) + 18 = 8 \cdot \sin\left(\frac{\pi}{2}\right) + 18 = 8 + 18 = 26$, also Temperaturen um 10.00 Uhr 18 °C, um 16.00 Uhr 26 °C.
b) 28 °C wurden nicht erreicht, da die Amplitude 8 ist und die Achse bei $y = 18$ liegt. Die maximale Temperatur liegt damit bei 26 °C.

In der Physik werden Temperaturdifferenzen in Kelvin angegeben.

c) Da die Amplitude 8 ist, ist die maximale Temperaturdifferenz 16 °Kelvin.
d) Die Temperatur begann nach dem Maximum um 16.00 Uhr zu fallen. Da die Periode $\frac{2\pi}{\frac{\pi}{12}} = 24$ ist, geschah dies 12 Stunden lang, also bis 4.00 Uhr.
e) Graph (Fig. 1)

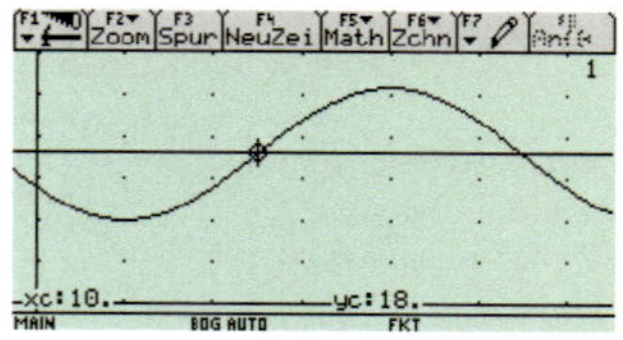

Fig. 1

Aufgaben

2 Geben Sie eine Sinusfunktion an mit der Eigenschaft
a) Periode $p = 1$; Amplitude $a = 4$ b) Periode $100 \cdot \pi$; Amplitude $a = 0{,}8$

Überprüfen Sie Ihre Ergebnisse mit dem CAS.

3 Bestimmen Sie die Periode p der Funktion f und geben Sie für das Intervall $[0; p[$ die gemeinsamen Punkte mit der x-Achse sowie die Extrem- und Wendepunkte an.
a) $f(x) = \sin(x - 1)$ b) $f(x) = 10 \cdot \sin(x)$ c) $f(x) = \sin(5 \cdot x)$ d) $f(x) = \sin(3(x + 1))$
e) $f(x) = 3\sin(x + 3)$ f) $f(t) = \sin(\pi t) - 2$ g) $f(t) = \frac{1}{2}\cos(2\pi t)$ h) $f(t) = \cos\left(\frac{\pi}{2}t\right) + 1$

4 Bestimmen Sie $f'(x)$ und geben Sie eine Stammfunktion von f an.
a) $f(x) = \sin(x) + \cos(x)$ b) $f(x) = -\cos(2x)$ c) $f(x) = 16\sin\left(\frac{\pi}{8} \cdot x\right)$ d) $f(x) = \sin\left(\frac{\pi}{2}(x - 2)\right)$

5 Gegeben ist die Funktion f mit $f(x) = 3 \cdot \sin\left(\frac{\pi}{3}x\right)$.
a) Skizzieren Sie den Graphen und geben Sie die Periode p an.
b) Geben Sie im Intervall $[0; p[$ die Extremwerte und Wendepunkte an.
c) Wie groß ist die Fläche, die der Graph mit der x-Achse in $\left[0; \frac{1}{2}p\right[$ einschließt?

6 Wie groß ist die Fläche, die der Graph von f mit der x-Achse in $\left[0; \frac{1}{2}p\right[$ einschließt?
a) $f(x) = \sin(4x)$ b) $f(x) = 5 \cdot \sin(0{,}8 \cdot x)$ c) $f(x) = 0{,}5 \cdot \sin\left(\frac{3\pi}{4} \cdot x\right)$ d) $f(x) = \sin(100x)$

Weitere Aufgabe

7 Gegeben ist die Funktion f mit $f(x) = \sin(1{,}5 \cdot x)$
a) Geben Sie eine Gerade an, die den Graphen von f im Ursprung möglichst gut annähert.
b) Berechnen Sie den Inhalt der Fläche, den der Graph über $\left[0; \frac{p}{4}\right]$ mit der x-Achse einschließt.

8 Die Funktion f (vgl. Panorama-Aufnahme) ordnet der Zeitdauer t (in Std.) nach Mitternacht die Sonnenhöhe bezüglich der eingetragenen Achse auf den Bildern (in mm) zu. Die Funktion f lässt sich durch
$f(t) = a \cdot \sin[b(t - c)]$ mit $-2 \leqq t \leqq 13$
beschreiben.
a) Begründen Sie, dass der Ansatz $f(t) = 10 \cdot \sin[b(t - c)]$ sinnvoll ist.
b) Ermitteln Sie b und c.

*7 Anwendungen und Funktionsanpassung bei trigonometrischen Funktionen

Ist dieser Vorgang mit einer Sinusfunktion sinnvoll zu modellieren?

1 Ein Kühlschrank ist auf 6 °C eingestellt. Ein Thermometer zeigt momentan 6 °C. Er hat sich nach 1 Stunde auf 8 °C aufgewärmt. Jetzt wird automatisch das Kühlaggregat eingeschaltet, das den Kühlschrank in 6 Minuten auf 6 °C abkühlt. Dann schaltet es ab. Der Kühlschrank erwärmt sich nun allmählich wieder.
a) Wie lang ist eine Periode dieses Vorgangs?
b) Skizzieren Sie grob den zeitlichen Verlauf der Temperatur im Kühlschrank.

In gleicher Weise kann man bei einer Kosinusfunktion vorgehen.

Viele Vorgänge in der Technik und der Natur haben periodische Verläufe. Modelliert man den Verlauf durch eine Funktion f, so kann man mit ihrer Hilfe reale Fragen beantworten. Ist ein sinusförmiger periodischer Vorgang vorgelegt, so kann man die zugehörige Funktion f mit $f(x) = a \cdot \sin(b \cdot (x - x_0)) + y_0$ sehr einfach ermitteln. Die unbekannten Parameter a, b, x_0 und y_0 berechnet man unter Zuhilfenahme von Fig. 1: $a = \frac{1}{2}(v - u)$, v Maximum, u Minimum des Graphen;
$y_0 = u + a = u + \frac{1}{2}(v - u) = \frac{1}{2}(u + v)$;
$b = \frac{2\pi}{p}$, da die Periode $p = \frac{2\pi}{b}$ ist;
x_0 liest man aus der Zeichnung ab.

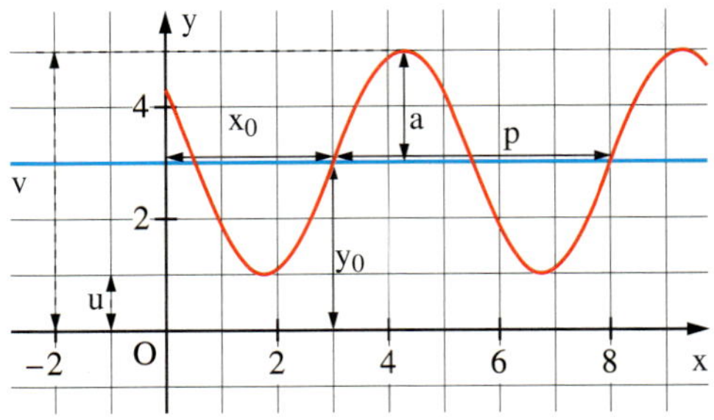

Fig. 1

Beispiel 1: (Modellierung mit einer Sinusfunktion)
Die Wassertiefe bei der Einfahrt zu einer Anlegestelle eines kleineren Hafens variiert laufend infolge der Gezeiten. Am Tage der Beobachtung ist die Flut um 04.20 Uhr bei einer Wassertiefe von 5,2 m, Ebbe ist um 10.32 Uhr bei einer Wassertiefe von 2,0 m.
a) Geben Sie eine von der Zeit abhängige Funktion an, die die Wassertiefe modelliert.
b) Ein größeres Schiff benötigt mindestens 3 m Wassertiefe, um anzulegen. In welcher Zeit am Nachmittag ist dies möglich?
c) Wann fällt der Wasserspiegel am schnellsten?
Lösung:
a) Zunächst fertigt man eine Skizze (Fig. 2).
Ansatz: $w(t) = a \cdot \cos(b \cdot t) + y_0$.
$a = \frac{5{,}2 - 2{,}0}{2} = 1{,}6$; $y_0 = \frac{5{,}2 + 2{,}0}{2} = 3{,}6$;
$p = 2 \cdot \left(10\frac{32}{60} - 4\frac{20}{60}\right) = 2 \cdot 6\frac{1}{5} = 12{,}4$, also
$b = \frac{2\pi}{12{,}4} \approx 0{,}507$. Gesuchte Funktion:
$w(t) = 1{,}6 \cdot \cos(0{,}507 \cdot t) + 3{,}6$

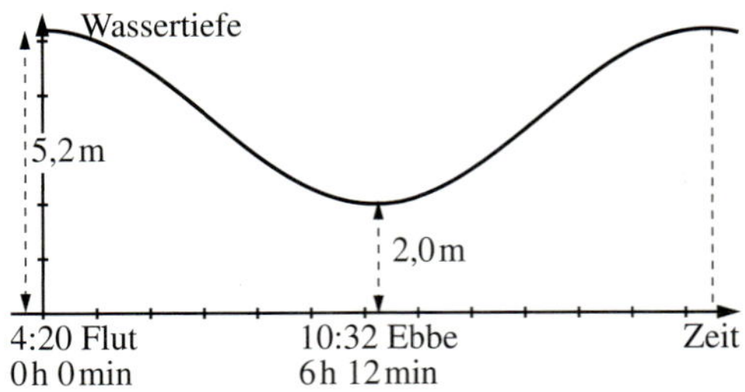

Fig. 2

Um die Uhrzeit direkt angeben zu können, kann man den Graphen noch um $4\frac{20}{60}$ nach rechts verschieben. Man erhält dann $w(t) = 1{,}6 \cdot \cos(0{,}507(t - 4{,}33)) + 3{,}6$.

b) Es ist der Graph von w mit der Geraden mit der Gleichung $y = 3$ zu schneiden. Mit dem GTR (Fig. 3) erhält man $t_1 \approx 8{,}54$ und $t_2 \approx 16{,}25$, das entspricht $8{,}54\,h + 4{,}33\,h = 12{,}87\,h \approx 12\frac{52}{60}\,h$ und $16{,}25\,h + 4{,}33\,h = 20{,}58\,h \approx 20\frac{35}{60}\,h$, gerechnet von 0 Uhr ab.
Damit erhält man eine Wassertiefe von mehr als 3 m zwischen etwa 12.52 Uhr und 20.35 Uhr.
c) Es ist $w'(t) = -0{,}8112 \cdot \sin(0{,}507 \cdot t)$. Das Minimum der Funktion w′ ermittelt man mit dem CAS zu $t_1 \approx 3{,}10$.
Daraus errechnet man die Zeit $3{,}10\,h + 4{,}33\,h = 7{,}43\,h \approx 7\frac{26}{60}\,h$.
Damit fällt der Wasserspiegel am raschesten um ca. 7.26 Uhr und dann wieder nach $p = 12{,}4\,h$ um ca. 19.50 Uhr.

Beispiel 2: (Funktionsanpassung mit einer Sinusfunktion)
Fig. 1 zeigt die Monatsmittelwerte der Lufttemperatur in Berlin-Dahlem.

Jan	Feb	Mär	Apr	Mai	Jun	Jul	Aug	Sep	Okt	Nov	Dez
–0,5	0,5	4,0	8,3	13,4	16,6	17,9	17,3	13,6	9,3	4,5	1,1

a) Untersuchen Sie, ob eine Funktionsanpassung durch eine Sinusfunktion möglich ist.
b) Geben Sie an, an wie vielen Tagen die mittlere Temperatur über 10 °C liegt.
c) In welchem Monat ist die Temperaturabnahme am stärksten?
Lösung:
a) Man gibt die Tabellenwerte in eine Liste ein (Fig. 1) und plottet anschließend die eingegebenen Punkte (Fig. 2). Man kann vermuten, das die zugehörige Kurve durch eine Sinusfunktion modelliert werden kann. Um diese zu erhalten, aktiviert man im Listen-Fenster mit [F5] das Calc-Fenster und aktiviert 8:SinRegr. Dort gibt man ein, dass die x-Werte aus c1, die y-Werte aus c2 sind und dass die Regressionsgleichung in y1 (x) gespeichert werden soll. Man erhält dann die Funktion $y = 9{,}289 \cdot \sin(0{,}521 \cdot x - 2{,}117) + 8{,}789$ (Fig. 3). Fig. 4 zeigt ihren Graphen.

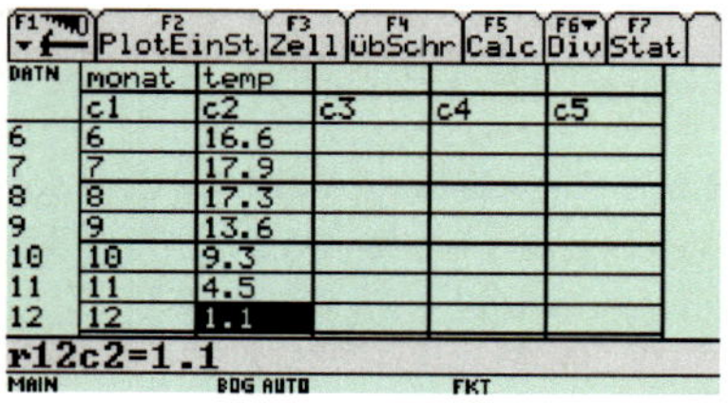

Fig. 1

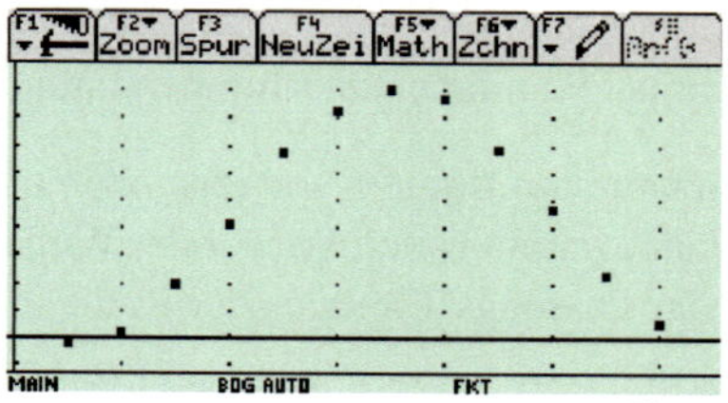

Fig. 2

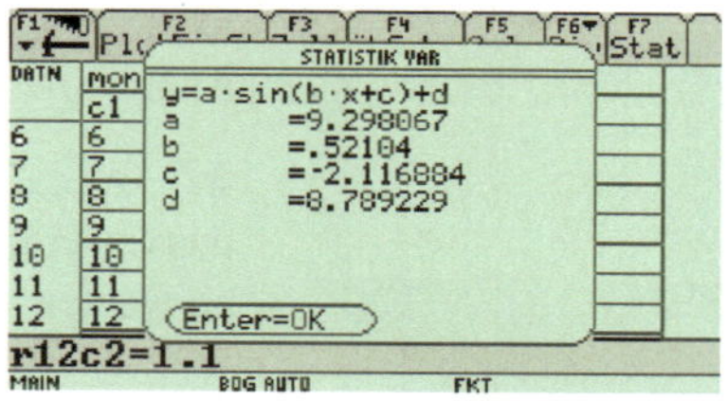

Fig. 3

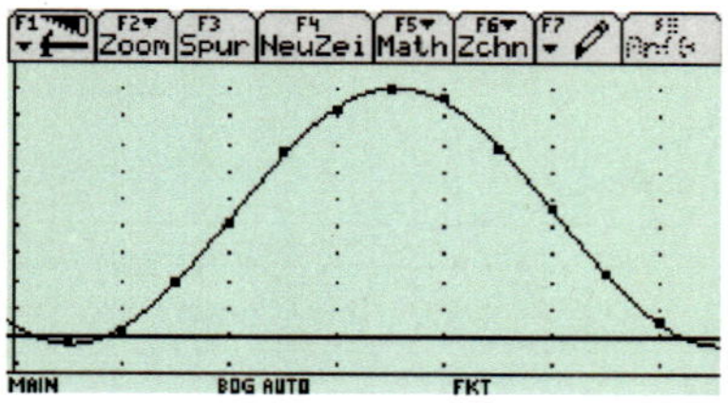

Fig. 4

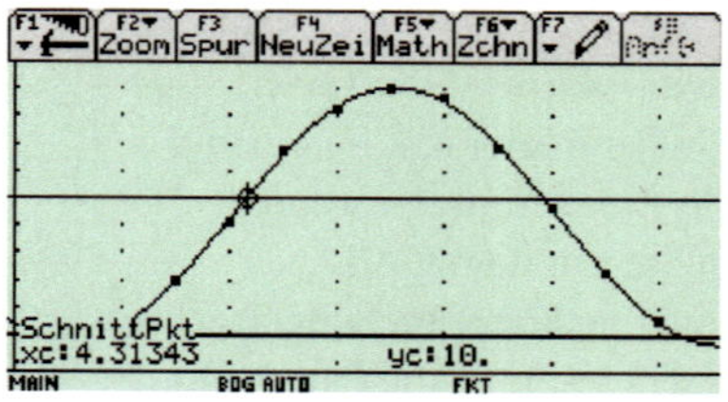

Fig. 5

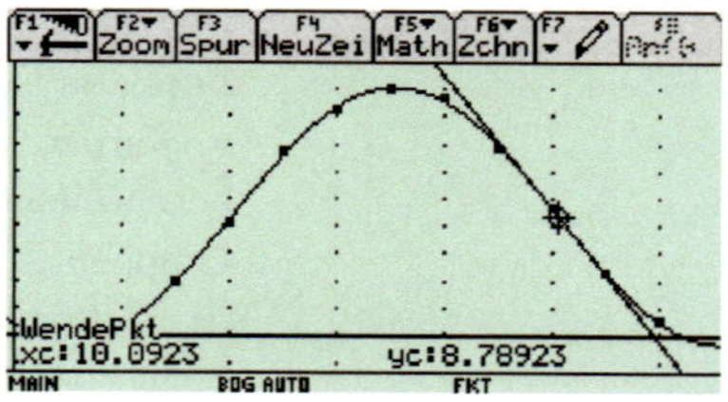

Fig. 6

b) Die Schnittstellen sind $x_1 \approx 4{,}31$; $x_2 \approx 9{,}84$ (Fig. 5). Da die Differenz 5,53 ist, liegt die Temperatur etwa 5,5 Monate über 10° C.

Die Temperaturabnahme Anfang November beträgt dann etwa 4,8 Grad pro Monat.

c) Die Temperatur fällt am stärksten bei einem Minimum der Ableitung, d. h. bei $f''(x) = 0$ und $f'''(x) > 0$. Dies ist im rechts liegenden Wendepunkt der Fall, also Anfang November.

Aufgaben

2 Eine Uhr hat ein Pendel mit einem maximalen Ausschlag gegenüber der Nulllage von 10 cm. Das Pendel hat eine Schwingungsdauer von 1,5 Sekunden.
a) Geben Sie eine Funktion an, die diesen Vorgang modelliert.
b) Zu welchem Zeitpunkt erfährt das Pendel seine größte Beschleunigung?

3 Die Tabelle zeigt die mittlere Sonnenscheindauer je Monat in Stunden in Berlin-Dahlem.

Jan	Feb	Mär	Apr	Mai	Jun	Jul	Aug	Sep	Okt	Nov	Dez
45,4	72,3	122,1	157,7	221,6	220,9	218,0	210,2	156,3	110,8	52,4	37,4

a) Modellieren Sie den Verlauf mit einer Sinusfunktion und beurteilen Sie die Annäherung.
b) Bestimmen Sie die Sonnenscheindauer pro Jahr auf zwei Arten. Vergleichen Sie.

4 In der Tabelle steht in der 2. Zeile die mittlere relative Luftfeuchtigkeit über ein Jahr in Berlin, in der 3. Zeile die mittlere Wassertemperatur in °C der Havel.

Jan	Feb	Mär	Apr	Mai	Jun	Jul	Aug	Sep	Okt	Nov	Dez
85	82	75	69	67	69	70	73	80	83	85	86
2,9	3,2	5,6	10,5	16,5	20,0	21,7	21,7	17,9	13,2	7,6	4,1

a) Sofern es sich um einigermaßen sinusförmige Verläufe handelt, nehmen Sie eine Funktionsanpassung vor.
b) Berechnen Sie die durchschnittliche Luftfeuchtigkeit pro Monat auf zwei Arten.
c) Wann ist die Temperaturzunahme der Havel maximal. Wie hoch ist diese dann?

5 An einem Sommertag in Leipzig wurden um 14.00 Uhr als höchste Temperatur 30 °C gemessen, am frühen Morgen dieses Tages betrug die tiefste Temperatur 16 °C. Im Folgenden wird angenommen, die Funktion f(t) mit $f(t) = a \cdot \sin\left(\frac{1}{12}\pi t + e\right) + d$ beschreibe die Temperatur (in °C) an diesem Tag in Abhängigkeit von der Zeit t (in Stunden) nach Mitternacht.
a) Bestimmen Sie a, e, und d.
b) Um wie viel Uhr ist die momentane Temperaturänderung maximal?

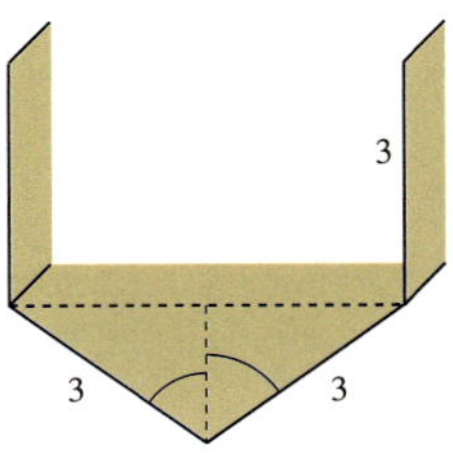

Fig. 1

6 Aus vier gleich breiten Brettern soll eine oben offene Rinne (Fig. 1) hergestellt werden, so dass zwei ihrer Wände parallel sind. Wie ist der Winkel α zwischen den beiden anderen Wänden zu wählen, damit das Fassungsvermögen der Rinne möglichst groß wird?

7 Fig. 2 zeigt den Graphen einer gedämpften Schwingung. Die zugehörige allgemeine Funktion ist s mit $s(t) = a \cdot e^{-k \cdot t} \cdot \sin(\omega \cdot t)$.
a) Variieren Sie die Parameter a, k und ω und beschreiben Sie die Auswirkungen auf den Graphen. Arbeiten Sie mit dem CAS.
b) Ist der Graph einer gedämpften Schwingung vorgegeben, so kann man die Parameter a, k und ω aus der Lage der Maxima und der Nullstellen berechnen.

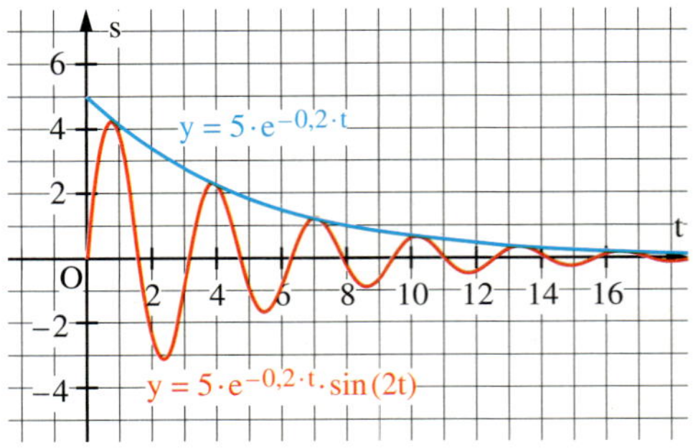

Fig. 2

Weitere Aufgaben

8 Eine an einer Feder befestigte Kugel schwingt auf und ab. Ihre Höhe h (in dm) über einem Tisch wird in Abhängigkeit von der Zeit t (in s) modellhaft beschrieben durch $h(t) = e^{kt} \cdot \sin(bt) + d$ (Fig. 3). Ermitteln Sie „passende" Werte für die Parameter k, b und d.

Jährliche Schwankungen des CO_2-Gehalts hängen unter anderem mit dem Rhythmus des Pflanzenwachstums zusammen.

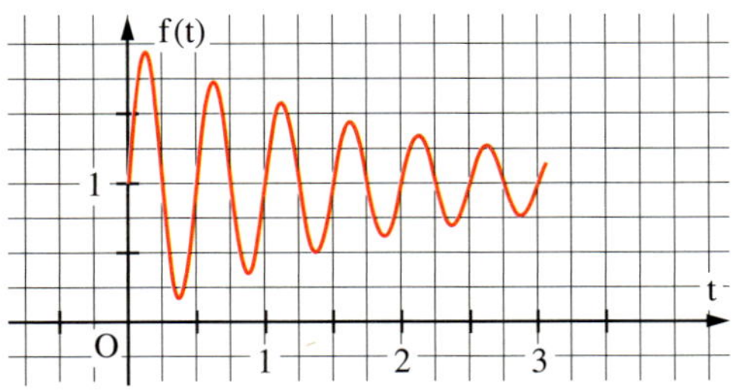

Fig. 3

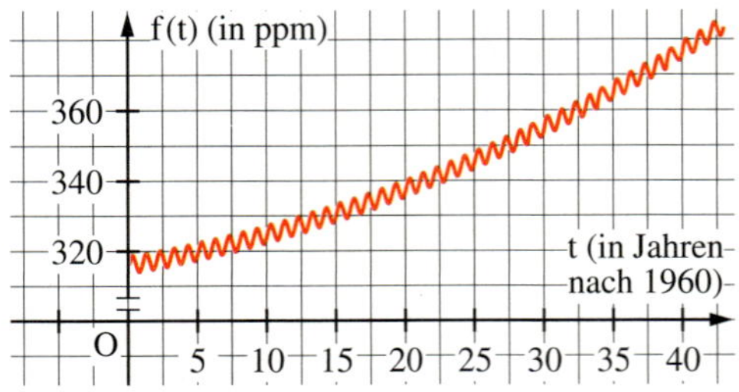

Fig. 4

Als Folge eines erhöhten CO_2-Gehalts wird wegen des Treibhauseffekts eine globale Erwärmung befürchtet.

9 Fig. 4 zeigt die Entwicklung des CO_2-Gehalts f (in ppm) der Erdatmosphäre.
a) Beschreiben und begründen Sie die Entwicklung des CO_2-Gehalts.
b) f lässt sich beschreiben durch $f(t) = (k_0 + k_1 t + k_2 t^2) + a \cdot \sin(bt)$, hierbei ist t die Zeit (in Jahren) nach 1960. Ermitteln Sie „passende" Werte für die Parameter k_0, k_1, k_2, a und b.

Verschiebung von Graphen
Wird der Graph der Funktion f verschoben
um b in y-Richtung,
so lautet die zugehörige Funktion $g(x) = f(x) + b$,
um a in x-Richtung
so lautet die zugehörige Funktion $h(x) = f(x - a)$,
um a in x- und um b in y-Richtung
so lautet die zugehörige Funktion $k(x) = f(x - a) + b$.

Beispiel: Graph von $f(x) = \sin(x)$ verschoben um 2 nach oben und um 3 nach links:
$k(x) = \sin(x + 3) + 2$
Umgekehrt ist der Graph von
$g(x) = \frac{1}{(x-1)^3} - 2$
identisch mit dem um 1 nach rechts und um 2 nach unten verschobenen Graphen von $f(x) = \frac{1}{x^3}$.

Gebrochenrationale Funktionen
Eine Funktion f der Form $f(x) = \frac{p(x)}{q(x)}$, wobei p(x) und q(x) Polynome sind und der Bruch vollständig gekürzt ist, gehört zur Klasse der gebrochenrationalen Funktionen.
Ihre Definitionsmenge ist $D = \mathbb{R} \setminus \{x \mid q(x) = 0\}$.

$f(x) = \frac{x}{x+2}$: $D_f = \mathbb{R} \setminus \{-2\}$.
$g(x) = \frac{x-1}{(x-4)^2}$: $D_g = \mathbb{R} \setminus \{4\}$.

Verhalten in der Umgebung einer Definitionslücke
Besitzt die gebrochenrationale Funktion f mit vollständig gekürztem Funktionsterm $f(x) = \frac{p(x)}{q(x)}$ eine Stelle x_0 mit $q(x_0) = 0$,
so nennt man x_0 eine **Polstelle** von f.
Die Gerade mit der Gleichung $x = x_0$ heißt **senkrechte Asymptote** des Graphen von f.

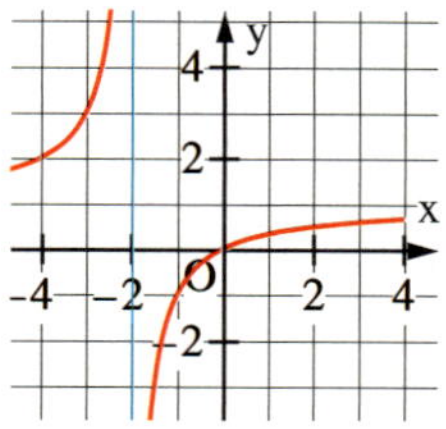

Polstelle der Funktion $f(x) = \frac{x}{x+2}$ ist $x_0 = -2$; es liegt ein VZW vor, da $f(x) > 0$ ist für $x < -2$ und $f(x) < 0$ für $x > -2$. Senkrechte Asymptote ist $x = -2$.

Verhalten einer gebrochenrationalen Funktion für $|x| \to \infty$
In $f(x) = \frac{p(x)}{q(x)}$ sei der Term vollständig gekürzt. Wenn
- Zählergrad < Nennergrad,
  so ist die x-Achse waagerechte Asymptote
- Zählergrad = Nennergrad,
  so ist die Gerade $y = c$ waagerechte Asymptote
- Zählergrad = Nennergrad + 1,
  so ist eine Gerade $y = mx + c$ schiefe Asymptote
- Zählergrad > Nennergrad + 1
  so gibt es eine ganzrationale Näherungskurve.

Die Asymptoten bzw. Näherungskurve erhält man durch Polynomdivision.

Funktion	*Asymptote oder Näherungskurve*
$f(x) = \frac{1}{x-2}$	$y = 0$
$g(x) = \frac{3x}{4x-2}$	$y = \frac{3}{4}$
$h(x) = \frac{x^2+4}{x+5}$	$y = x - 5$
$k(x) = \frac{x^4-5x^2}{x^2-4}$	$y = x^2 - 1$

Polynomdivision: $\frac{x^2+4}{x+5} = x - 5 + \frac{29}{x+5}$;
$\frac{x^4-5x^2}{x^2-4} = x^2 - 1 - \frac{4}{x^2-4}$

Funktionen f mit $f(x) = a \cdot \sin[b(x-c)] + d$, $a > 0$ und $b > 0$
Die Periode p von f ist $p = \frac{2\pi}{b}$; Amplitude ist a.
Es gilt:
Den Graphen von f kann man aus dem Graphen der Sinusfunktion schrittweise herstellen durch:
- Streckung in y-Richtung mit dem Faktor a
- Streckung in x-Richtung mit dem Faktor $\frac{1}{b}$
- Verschiebung in x-Richtung um c
- Verschiebung in y-Richtung um d

Beispiele:
a) f mit $f(x) = 5 \cdot \sin(x + 3)$; Periode ist 2π.
- *Streckung in y-Richtung mit dem Faktor 5*
- *Verschiebung in x-Richtung um −3*

b) g mit $g(x) = \sin(2x) + 3$; Periode ist π.
- *Streckung in x-Richtung um den Faktor $\frac{1}{2}$*
- *Verschiebung in y-Richtung um +3*

1 Wahr oder falsch? Begründen Sie Ihre Antwort.
a) Der Graph einer ganzrationalen Funktion besitzt keine senkrechten Asymptoten.
b) Jede allgemeine Sinusfunktion hat stets unendlich viele Nullstellen.

2 Begründen Sie, warum es keine gebrochenrationale Funktion mit unendlich vielen Nullstellen gibt.

3 Geben Sie eine gebrochenrationale Funktion an, die Sie nicht nur mit der Quotientenregel ableiten können.

4 Gegeben ist die Funktion f mit $f(x) = \frac{1}{x+2} + 2;\ D_f = \mathbb{R} \setminus \{-2\}$.
Geben Sie alle Asymptoten des Graphen von f an und begründen Sie Ihre Antwort.

5 Entscheiden Sie rechnerisch, ob die Funktion f mit $f(x) = \frac{x-1}{x} - 1$ eine Nullstelle besitzt.

6 Gegeben sind die Funktionen $f(x) = 2 \cdot \sin(x)$ und $g(x) = 1$. Skizzieren Sie die Graphen von f und g und deuten Sie das Integral $\int_{\frac{1}{6}\pi}^{\frac{5}{6}\pi} (2\sin(x) - 1)\,dx$ geometrisch.

7 Die Funktion d mit $d(t) = \frac{62-2t}{t+1}$, $t \geqq 1$, beschreibt näherungsweise den Abfall der Schüttung einer Dachrinne nach einem Regenguss $\left(t \text{ in min; } d \text{ in } \frac{\text{Liter}}{\text{min}}\right)$.
Wie groß ist die anfängliche Schüttung? Wann kommt kein Wasser mehr?

8 Bestimmen Sie zur Funktion f mit $f(x) = a \cdot \sin(b(x - x_0)) + y_0$ „passende" Werte für a, b, x_0, y_0.

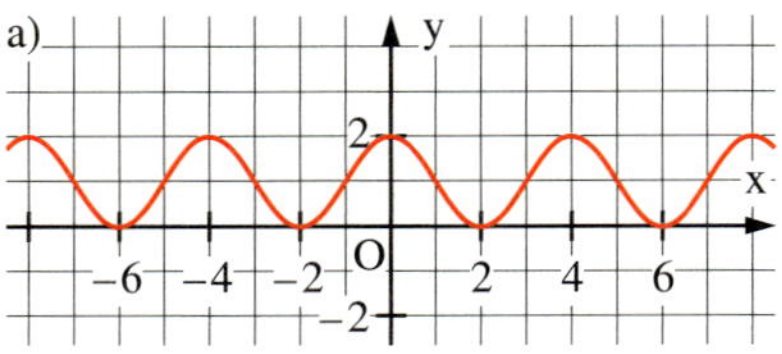

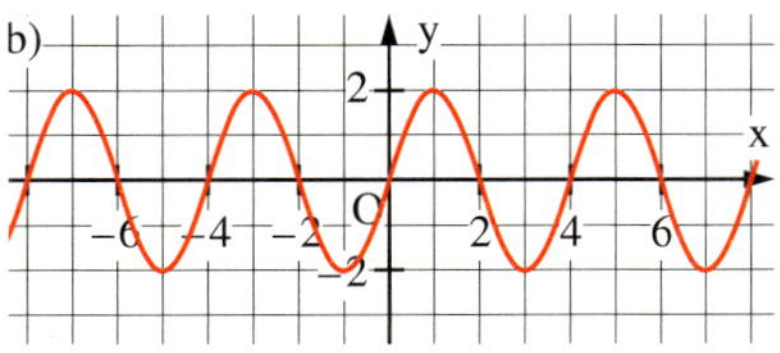

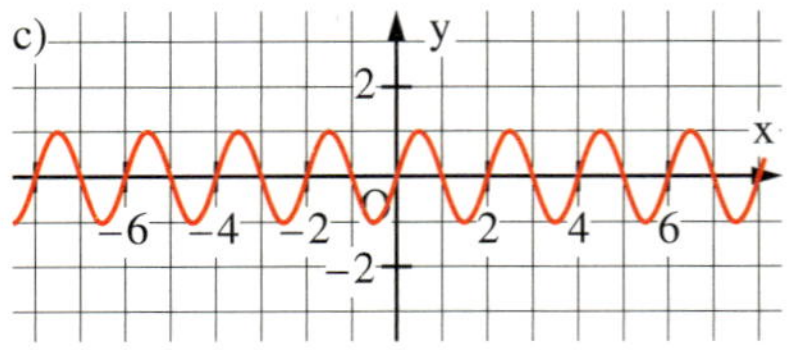

9 Gegeben ist die Funktion f_a mit $f_a(x) = a \cdot \sin(\pi x)$ im Periodenintervall $[0; p]$.
Bestimmen Sie die Periode p von f_a und skizzieren Sie den Graphen der Funktion f_2.

10 Geben Sie die Extrem- und Wendepunkte des Graphen von f_5 mit $f_5(x) = 5 \cdot \sin(\pi x)$ im Periodenintervall $[0; p]$ an.

11 Gegeben ist die Funktion f_b mit $f_b(x) = 2 \cdot \sin(bx)$. Geben Sie die Periode p an.
Bestimmen Sie anschließend b so, dass die Fläche, die der Graph von f_b über $\left[0; \frac{1}{2}p\right]$ mit der x-Achse einschließt, gleich ist dem Inhalt der Fläche, die die Sinusfunktion s mit $s(x) = \sin(x)$ über $[0; \pi]$ mit der x-Achse bildet.

12 Gegeben sind die Funktionen f mit $f(x) = \frac{2}{x+1}$ und g mit $g(x) = -\frac{2x}{x-1}$.
Geben Sie jeweils die maximale Definitionsmenge und alle Asymptoten an.

13 Leiten Sie die beiden Funktionen f und g mit $f(x) = \frac{2}{x+1}$ und $g(x) = \frac{-2x}{x+1}$ ab und vergleichen Sie die Ableitungen. Welchen Schluss ziehen Sie daraus für die Funktionen f und g?

1 Ist die Funktion f richtig abgeleitet?

a) $f(x) = \frac{x^2-4}{x}$; $f'(x) = \frac{4}{x^2} + 1$

b) $f(x) = \frac{x^2+x}{x-4}$; $f'(x) = \frac{x^2-8x+4}{(x-4)^2}$

c) $f(x) = \frac{x^3}{4} - \frac{2}{x}$; $f'(x) = \frac{6x^4+8}{4x^2}$

d) $f(x) = \frac{\sin(x)+x}{\sin(x)}$; $f'(x) = \frac{\sin(x)+x\cdot\cos(x)}{(\sin(x))^2}$

2 Gegeben ist die Funktion f mit $f(x) = \frac{x^2-1}{x^2-4x+4}$.

a) Untersuchen Sie f auf Nullstellen und Polstellen.
b) Geben Sie die Gleichungen der Asymptoten an.
c) Skizzieren Sie ohne weitere Rechnung den Graphen von f.

3 Gegeben ist die gebrochenrationale Funktion f mit $f(x) = \frac{ax^2+bx+3}{x^2}$ mit $D_f = \mathbb{R} \setminus \{0\}$, $a, b \in \mathbb{R}$.

a) Bestimmen Sie a und b so, dass der Graph von f die x-Achse in dem Punkt $P(-1|0)$ schneidet und dort die Steigung -2 hat.
b) Untersuchen Sie den Graphen von f auf Nullstellen, Extrem- und Wendepunkte sowie auf Asymptoten.
c) Berechnen Sie den Schnittpunkt des Graphen mit der Geraden mit der Gleichung $y = 1$.

4 Gegeben ist die Funktion f mit $f(x) = \frac{x^3+4x-1}{x+1}$.

a) Der Graph von f hat genau eine Nullstelle. Geben Sie die x-Koordinate dieser Nullstelle auf 3 Dezimalen gerundet an.
b) Der Graph von f hat genau einen Tiefpunkt. Geben Sie die x-Koordinate dieses Tiefpunktes auf 3 Dezimalen gerundet an.
c) Berechnen Sie die Gleichung der Näherungskurve für $x \longrightarrow \pm\infty$.

5 Führen Sie eine Funktionsuntersuchung im Periodenintervall $[0; p[$ durch.

a) $f(x) = \sin(x)\cdot\cos(x)$

b) $f(x) = \sin(x) + 2\cdot\cos(x)$

6 a) Welche der Funktionen gehören zu dem Graphen von Fig. 1?

(1) $f(x) = 1{,}5\cdot\sin(x-2) + 1$
(2) $f(x) = 1{,}5\cdot\cos\left(\frac{2\pi}{4}\cdot(x-3)\right) + 1$
(3) $f(x) = 1{,}5\cdot\sin\left(\frac{\pi}{2}\cdot(x-2)\right) + 1$
(4) $f(x) = -1{,}5\cdot\sin\left(\frac{\pi}{2}x\right) + 1$

b) Geben Sie die Gleichung der Tangente in einem Wendepunkt an.
c) In welchen Verhältnis stehen die Inhalte der Flächen, die die Graphen oberhalb und unterhalb der x-Achse mit ihr einschließen?

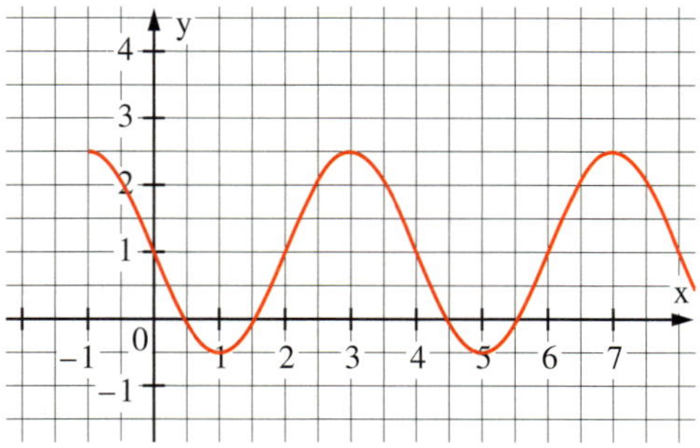

Fig. 1

7 Der Wasserstand h (in m) bei Spiekeroog an der Nordseeküste schwankt zwischen 1 m bei Niedrigwasser und etwa 3 m bei Hochwasser. Er lässt sich in Abhängigkeit von der Zeit t (in Std. nach Niedrigwasser) modellhaft beschreiben durch $h(t) = a + b\cdot\cos\left(\frac{1}{6}\pi\cdot t\right)$.

a) Bestimmen Sie die Parameter a und b. Skizzieren Sie den Graphen von h.
b) Wie lange liegt der Wasserpegel unter 1,5 m?
c) Wie viel Zentimeter je Minute steigt das Wasser maximal?
d) Überprüfen Sie die Richtigkeit der Faustregel: Der Wasserstand steigt im zweiten Drittel der Zeitspanne zwischen Niedrig- und Hochwasser um die Hälfte der Gesamtzunahme.

*IX Ergänzungen zur Integralrechnung

*1 Rauminhalte von Rotationskörpern

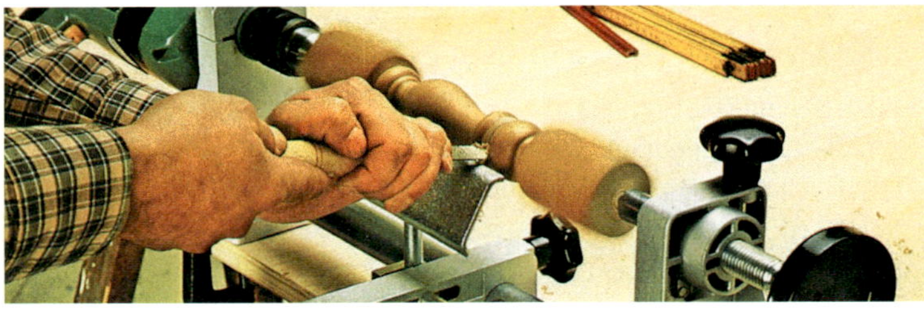

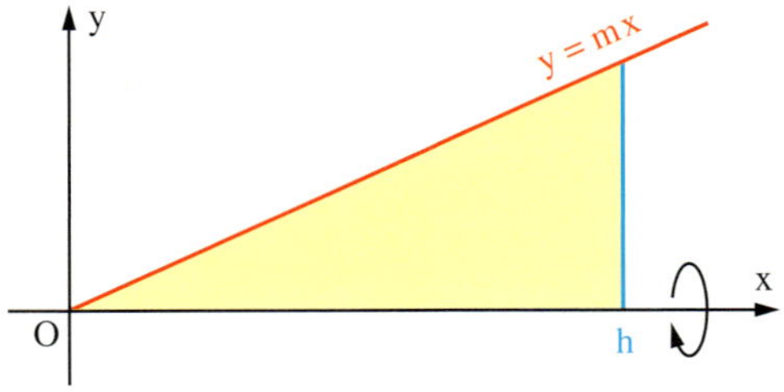

Fig. 1

1 Welche gemeinsamen Eigenschaften haben Körper, die ein Drechsler herstellt?

2 Gegeben ist die Funktion f mit $f(x) = mx$ und $m > 0$ (Fig. 1). Dreht sich die in Fig. 1 gefärbte Fläche um die x-Achse, so entsteht ein Kegel.

a) Zeigen Sie, dass dieser Kegel das Volumen $V = \frac{1}{3}\pi m^2 h^3$ hat.

b) Es ist $V = \int_0^h q(x)\,dx$. Bestimmen Sie die Funktion q und beschreiben Sie deren Bedeutung.

Gegeben ist eine auf dem Intervall [a; b] stetige Funktion f. Der Graph von f schließt mit der x-Achse und den Geraden mit den Gleichungen $x = a$ und $x = b$ eine Fläche ein. Rotiert diese Fläche um die x-Achse (Fig. 2), entsteht ein Dreh- oder **Rotationskörper**.

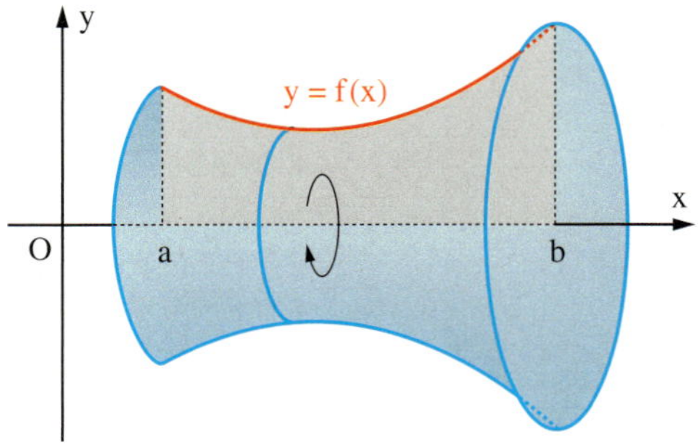

Fig. 2

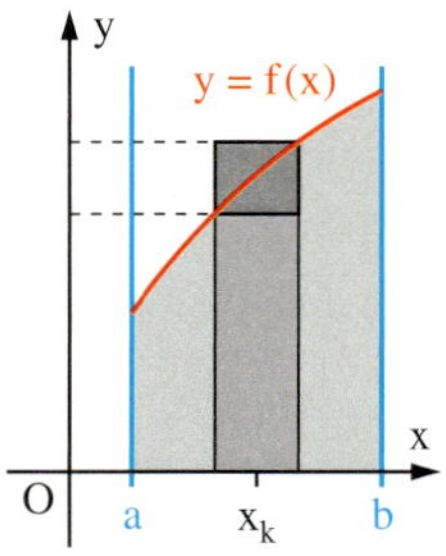

Fig. 3

Die Berechnung des Volumens V dieses Rotationskörpers K schließt sich eng an das Verfahren zur Bestimmung von „Flächeninhalten unter Graphen“ an (Fig. 3). Dabei wird [a; b] wieder in n Teilintervalle gleicher Länge h eingeteilt. Zu jedem Teilintervall gibt es einen Zylinder, der K von außen, und einen Zylinder, der K von innen berührt (Fig. 4). Man wählt nun x_k im k-ten Teilintervall so, dass $f(x_k)$ zwischen den Radien des inneren und des äußeren Zylinders liegt. Damit erhält man für das Volumen von K die Zerlegungssumme
$V_n = \pi(f(x_1))^2 \cdot h + \pi(f(x_2))^2 \cdot h + \ldots + \pi(f(x_n))^2 \cdot h$.
Für $n \to \infty$ strebt diese Summe V_n gegen das Integral $\pi\int_a^b (f(x))^2\,dx$.

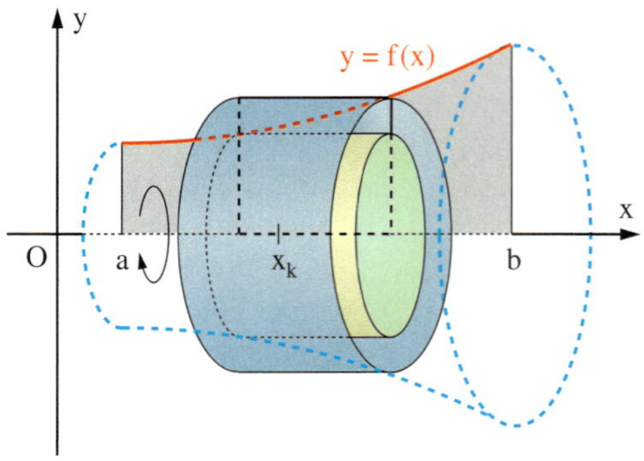

Fig. 4

Ist $q(x) = \pi \cdot (f(x))^2$ der Inhalt einer Querschnittsfläche, dann kann man auch schreiben:
$V = \int_a^b q(x)\,dx$.

Satz: Ist die Funktion f auf dem Intervall [a; b] stetig, so entsteht bei Rotation der Fläche zwischen dem Graphen von f und der x-Achse über [a; b] ein Körper mit dem Volumen

$$\mathbf{V = \pi\int_a^b (f(x))^2\,dx.}$$

Weitere Aufgaben

Beispiel: (Berechnung des Rauminhaltes eines Rotationskörpers)
Der Graph der Funktion f mit $f(x) = \frac{1}{2}\sqrt{x^2+4}$ begrenzt mit den Koordinatenachsen und der Geraden mit der Gleichung $x = 4$ eine Fläche (Fig. 1).
Bestimmen Sie das Volumen V des Rotationskörpers, der entsteht, wenn diese Fläche um die x-Achse rotiert.

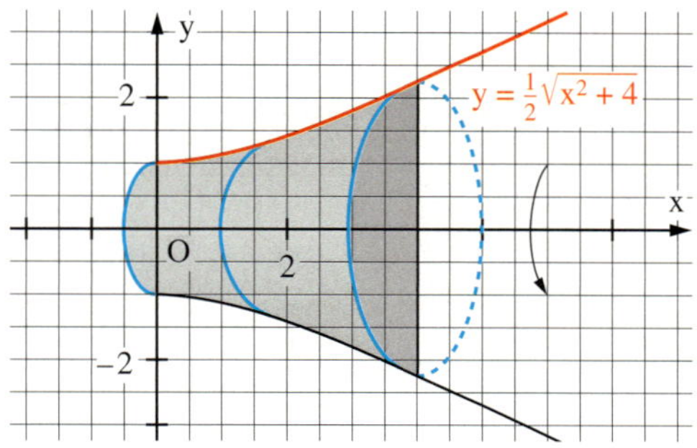

Fig. 1

Lösung:
Das Volumen V ist

$$V = \pi \cdot \int_0^4 \left(\tfrac{1}{2}\sqrt{x^2+4}\right)^2 dx$$
$$= \pi \cdot \int_0^4 \left(\tfrac{1}{4}x^2 + 1\right) dx = \pi\left[\tfrac{1}{12}x^3 + x\right]_0^4$$
$$= \tfrac{28}{3}\pi \approx 29{,}32.$$

Zum Vergleich: *V ist näherungsweise das Volumen des Kegelstumpfes, der durch Rotation der Strecke durch $P(0|1)$ und $Q(4|f(4))$ entsteht. Wie groß ist der prozentuale Fehler?*

Aufgaben

Folgende Fälle treten in den Aufgaben auf:

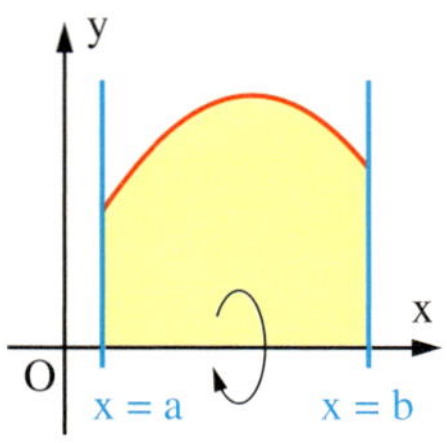

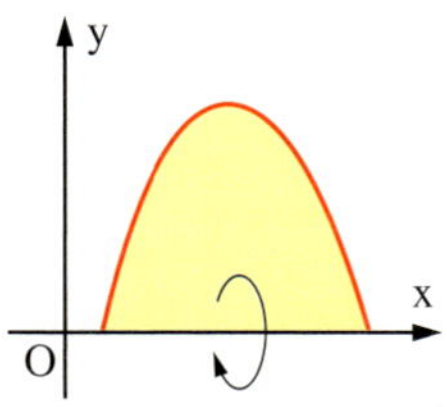

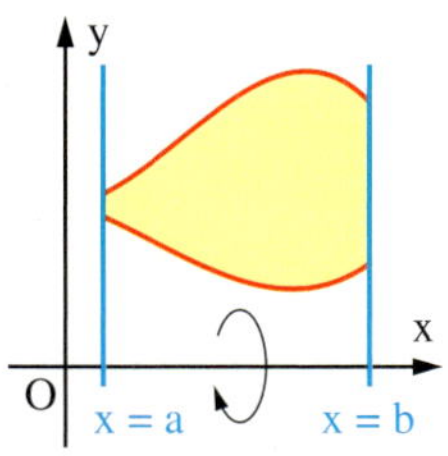

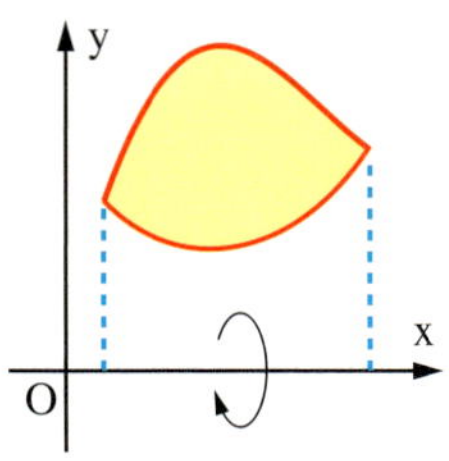

3 Skizzieren Sie den Graphen K der Funktion f. Berechnen Sie das Volumen des entstehenden Drehkörpers, wenn die Fläche zwischen K und der x-Achse über [a; b] um die x-Achse rotiert.

a) $f(x) = \frac{1}{2}x^2 + 1;\ a = 1;\ b = 3$
b) $f(x) = 3\sqrt{x+2};\ a = -1;\ b = 7$
c) $f(x) = \frac{1}{x^2};\ a = 1;\ b = 4$
d) $f(x) = \frac{1}{x^2} + x;\ a = 1;\ b = 4$

4 Der Graph K der Funktion f begrenzt mit der x-Achse eine Fläche, die um die x-Achse rotiert. Skizzieren Sie den Graphen K und berechnen Sie das Volumen des entstehenden Drehkörpers.

a) $f(x) = -x^2 + 4$
b) $f(x) = 3x - \frac{1}{2}x^2$
c) $f(x) = x^2(x+2)$
d) $f(x) = x\sqrt{4-x}$

5 Die Fläche zwischen den Graphen von f und g sowie den Geraden mit den Gleichungen $x = a$ und $x = b$ rotiert um die x-Achse.
Skizzieren Sie die Graphen und berechnen Sie den Rauminhalt des Drehkörpers.

a) $f(x) = \sqrt{x+1};\ g(x) = 1;\ a = 3;\ b = 8$
b) $f(x) = x^2 + 1;\ g(x) = -x^2 + 3;\ a = -1;\ b = 1$
c) $f(x) = \frac{1}{\sqrt{x}};\ g(x) = \sqrt{x};\ a = 1;\ b = 9$

Achtung:
Bei Aufgabe 5 und 6 ist
$$V = \pi \int_a^b ((u(x))^2 - (v(x))^2)\,dx$$
aber $V \neq \pi \int_a^b (u(x) - v(x))^2\,dx.$
Begründen Sie dies anschaulich!

6 Die Graphen der Funktionen f und g begrenzen eine Fläche, die um die x-Achse rotiert. Skizzieren Sie die Graphen der beiden Funktionen und berechnen Sie das Volumen des Rotationskörpers.

a) $f(x) = \frac{1}{2}x;\ g(x) = \sqrt{x}$
b) $f(x) = 3x^2 - x^3;\ g(x) = x^2$
c) $f(x) = 3x^2 - x^3;\ g(x) = 2x$

7 a) Rotiert der Graph der Funktion f mit $f(x) = 2$ über dem Intervall [0; 5] um die x-Achse, so entsteht ein Zylinder. Bestimmen Sie sein Volumen unter Verwendung des Satzes von Seite 97 und bestätigen Sie das Ergebnis mithilfe der Formel für den Rauminhalt von Zylindern.
b) Leiten Sie wie in a) die Formel $V = \pi r^2 h$ für den Zylinderinhalt her.

8 Durch Rotation des Graphen von f mit $f(x) = \sqrt{x}$ um die x-Achse entsteht ein (liegendes) Gefäß. Dieses Gefäß wird aufgestellt und mit einer Flüssigkeit gefüllt. Bis zu welcher Höhe steht die Flüssigkeit in dem Gefäß, wenn ihr Volumen 30 beträgt?

Schnitt durch die Mittelachse

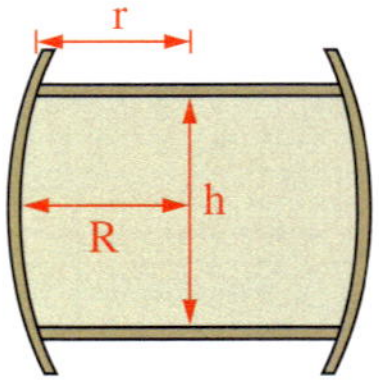

Fig. 1

9 Ein Fass hat die Höhe $h = 1{,}2\,\text{m}$ und die Radien $r = 0{,}80\,\text{m}$ und $R = 1{,}0\,\text{m}$ (Fig. 1).
a) Bestimmen Sie sein Volumen V. Wählen Sie dazu ein geeignetes Koordinatensystem und bestimmen Sie eine quadratische Funktion f, über deren Graph Sie das Fass als Rotationskörper erhalten.
b) Vergleichen Sie V mit den Volumina V_1 und V_2 von Zylindern, welche dieselbe Höhe h, aber die Radien $r_1 = \frac{1}{2}(R + r)$ bzw. $r_2 = \frac{1}{3}(2R + r)$ besitzen. Geben Sie die prozentualen Abweichungen von V_1 bzw. V_2 von V auf 2 Dezimalen gerundet an.

10 Durch Rotation der Flächen in Fig. 2 um die x-Achse entstehen Drehkörper. Bestimmen Sie jeweils das Volumen des Drehkörpers durch Integration.

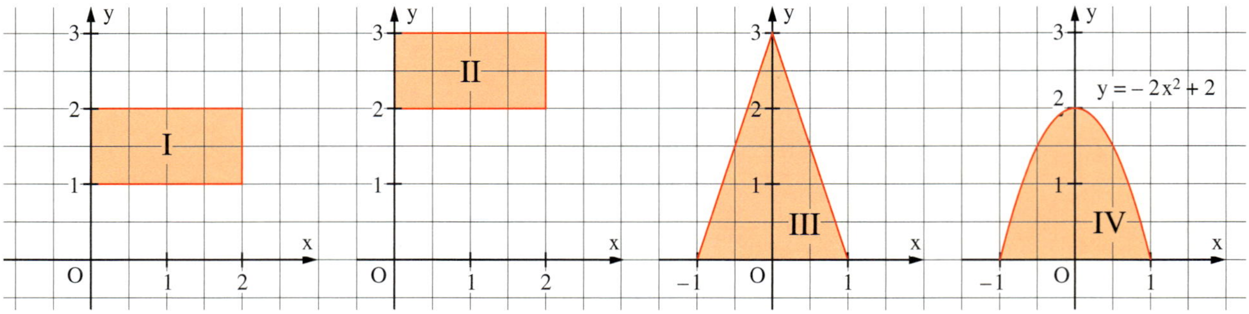

Fig. 2

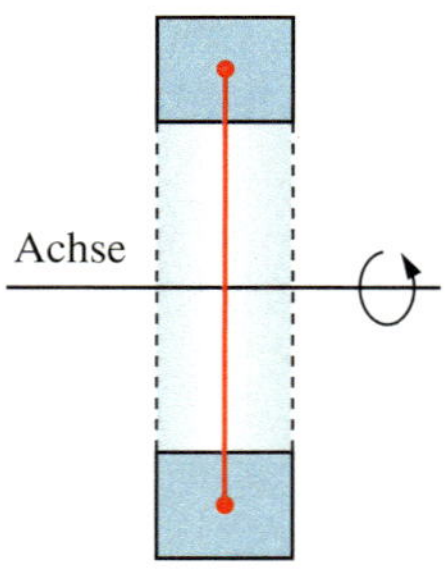

Fig. 3

11 Die **Guldin'sche Regel** besagt: Wenn eine Figur um eine äußere, in der Ebene gelegene Achse rotiert, so ist das Volumen des erzeugten Drehkörpers gleich dem Flächeninhalt der Figur multipliziert mit dem Umfang des Kreises, den ihr Schwerpunkt beschreibt (Fig. 3).
a) Bestimmen Sie mit der Guldin'schen Regel die Rauminhalte der Körper, die von den Flächen I, II und III in Fig. 2 erzeugt werden.
b) Bestimmen Sie mit der Guldin'schen Regel den Schwerpunkt der Fläche IV in Fig. 2.

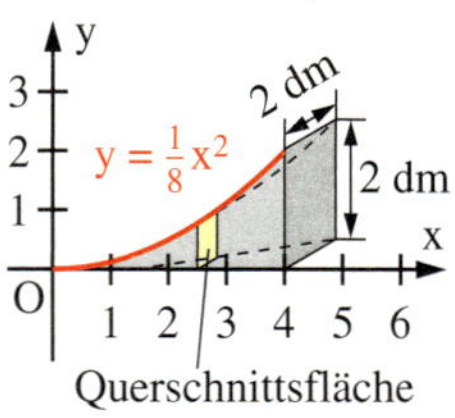

Fig. 4

12 Der Körper in Fig. 4 hat die Form eines Bremsschuhs, wie er zur Sicherung abgestellter Lkws verwendet wird. Die zur x-Achse orthogonalen Querschnittsflächen sind Rechtecke.
a) Geben Sie den Inhalt q(x) der Querschnittsfläche an der Stelle x an.
b) Bestimmen Sie den Rauminhalt des Körpers. Verwenden Sie dazu die nebenstehende Formel.

> Bei der Rotation des Graphen von f um die x-Achse ist $q(x) = \pi(f(x))^2$ der Inhalt einer Querschnittsfläche. Für das Volumen V des Rotationskörpers kann man dann schreiben:
> $V = \int_a^b q(x)\,dx.$
> Diese Formel gilt auch, wenn die Querschnittsflächen keine Kreise sind, sofern die Querschnittsfunktion $x \mapsto q(x)$ stetig ist.

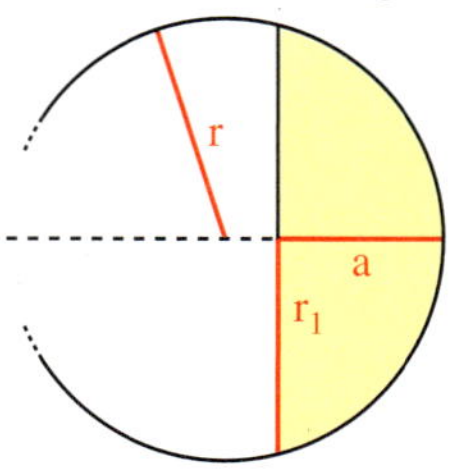

Kugel	$V = \frac{4\pi}{3} r^3$
Kugelabschnitt	$V = \frac{\pi}{3} a^2 (3r - a)$
	$= \frac{\pi}{6} a (3r_1^2 + a^2)$

Fig. 5

13 In einer Formelsammlung finden sich Formeln über Kugelteile (Fig. 5). Beweisen Sie die angegebenen Formeln. Beachten Sie dabei: Durch Rotation des Graphen von f mit $f(x) = \sqrt{r^2 - x^2}$ um die x-Achse entsteht eine Kugel mit dem Ursprung als Mittelpunkt und dem Radius r.

*2 Mittelwerte von Funktionen

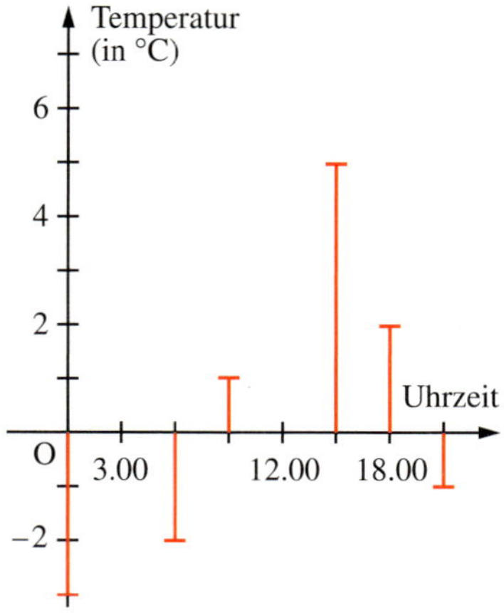

Fig. 1

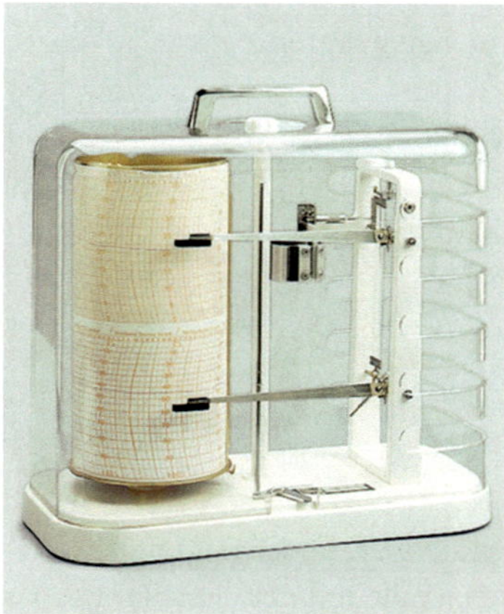
Fig. 2

1 An einem Ort wurde mehrmals am Tage die Temperatur gemessen. Fig. 1 zeigt das zugehörige Stabdiagramm. Wie könnte man damit eine mittlere Tagestemperatur bestimmen?

2 Ein Temperaturschreiber (Fig. 2) liefert einen kontinuierlichen Verlauf der Temperatur.
a) Wie könnte man mit einem solchen Graphen eine mittlere Tagestemperatur festlegen?
b) Welche weitere Möglichkeit für die Festlegung einer mittleren Tagestemperatur gibt es, wenn der Verlauf der Temperatur sogar durch den Graphen einer bekannten Funktion angenähert werden kann?

Sind n Zahlen $z_1, z_2, \ldots, z_n$ gegeben, so nennt man die Zahl $m_n = \frac{1}{n}(z_1 + z_2 + \ldots + z_n)$ ihren Mittelwert oder genauer ihr arithmetisches Mittel.
Die Bildung eines Mittelwertes soll nun auf die Funktionswerte $f(x)$ einer auf einem Intervall $[a; b]$ stetigen Funktion f übertragen werden.

Dazu teilt man das Intervall $[a; b]$ in n Teilintervalle der Länge $h = \frac{b-a}{n}$ ein. Aus jedem Teilintervall wird eine Stelle ausgewählt (Fig. 3); man erhält so n zugehörige Funktionswerte $f(x_1), f(x_2), \ldots, f(x_n)$. Bildet man den Mittelwert m_n dieser Funktionswerte und ersetzt $\frac{1}{n}$ durch $\frac{h}{b-a}$, ergibt sich:

$$m_n = \tfrac{1}{n}(f(x_1) + f(x_2) + \ldots + f(x_n))$$
$$= \tfrac{1}{b-a}(f(x_1)\cdot h + f(x_2)\cdot h + \ldots + f(x_n)\cdot h).$$

Für $n \to \infty$ gilt $h \to 0$ und damit

$$m_n \to \frac{1}{b-a}\int_a^b f(x)\,dx.$$

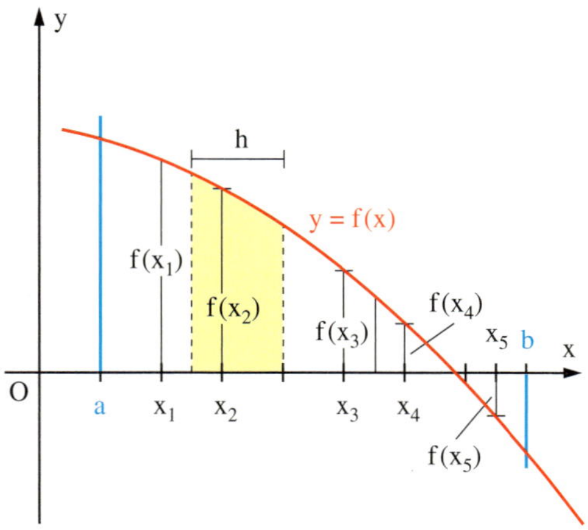

Fig. 3

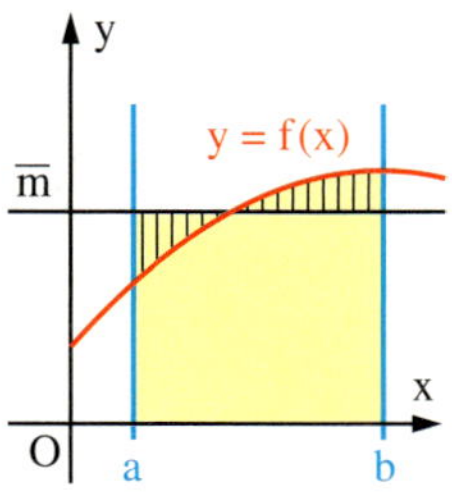

Fig. 4

Anschaulich ist der Mittelwert $\overline{m}$ der Funktionswerte von f die Breite eines Rechtecks (Fig. 4), welches dieselbe Länge und denselben Inhalt hat wie die Fläche zwischen dem Graphen von f und der x-Achse über dem Intervall [a; b].

Definition: Für eine auf einem Intervall $[a; b]$ stetige Funktion f heißt

$\frac{1}{b-a}\int_a^b f(x)\,dx$ der **Mittelwert $\overline{m}$ der Funktionswerte von f auf [a; b]**.

Beispiel 1: (Berechnung eines Mittelwertes)
Bestimmen Sie für f mit $f(x) = \frac{1}{x^2}$ den Mittelwert $\overline{m}$ der Funktionswerte auf $[1; 10]$.
Lösung:
Für den Mittelwert $\overline{m}$ gilt: $\overline{m} = \frac{1}{10-1}\cdot\int_1^{10}\frac{1}{x^2}dx = \frac{1}{9}\left[-\frac{1}{x}\right]_1^{10} = \frac{1}{9}\left(-\frac{1}{10} - (-1)\right) = \frac{1}{10}$.

Beispiel 2: (Anwendung der Mittelwertbildung)
Die Schüttung S (in $\frac{m^3}{s}$) einer Quelle hängt ab von der Zeit t (in Tagen). Messungen ergaben, dass für $0 \leqq t \leqq 10$ etwa $S(t) = \frac{90}{(t+5)^2}$ gilt.
Welche konstante Schüttung hätte in diesem Zeitraum dieselbe Wassermenge geliefert?

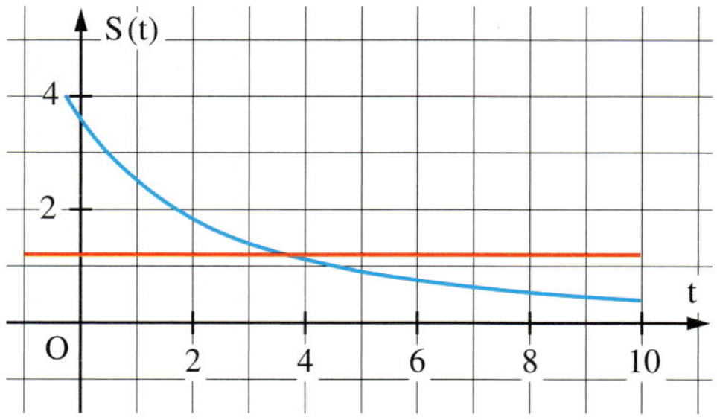

Fig. 1

Lösung:

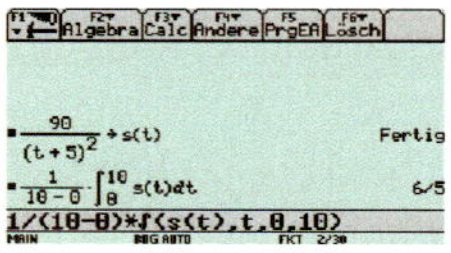

Die gesuchte konstante Schüttung ist der Mittelwert $\overline{S}$ der Schüttung S.

$$\overline{S} = \frac{1}{10-0}\int_0^{10} \frac{90}{(t+5)^2}\,dt = \frac{1}{10}\left[\frac{-90}{t+5}\right]_0^{10} = 1{,}2.$$

Die konstante Schüttung ist $\overline{S} = 1{,}2\,\frac{m^3}{s}$.

Aufgaben

Weitere Aufgabe

3 Bestimmen Sie den Mittelwert $\overline{m}$ der Funktionswerte von f auf [a; b] und zeichnen Sie den Graphen von f und die Gerade mit der Gleichung $y = \overline{m}$.
a) $f(x) = x^2 + 4x$; $a = 0$; $b = 4$
b) $f(x) = 1 - \left(\frac{2}{x}\right)^2$; $a = 1$; $b = 3$.

4 Geben Sie drei Funktionen an, deren Mittelwert der Funktionswerte auf [–2; 2] genau 1 ist.

5 Gegeben ist die Funktion f und der Mittelwert $\overline{m} = 2$ der Funktionswerte von f auf [1; 6] (siehe Fig. 2).
a) Bestimmen Sie $\int_1^6 f(x)\,dx$
b) Bestimmen Sie $\int_1^6 (f(x) - \overline{m})\,dx$.
c) Es ist $A_1 = 2{,}4$. Bestimmen Sie A_2.

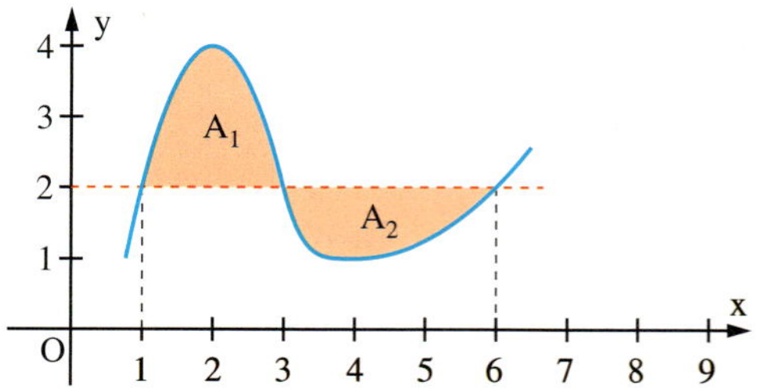

Fig. 2

Beachten Sie:
$100\,\frac{km}{h} = \frac{100}{3{,}6}\,\frac{m}{s}$.

6 Ein Auto beschleunigt in 10 s von 0 auf $100\,\frac{km}{h}$. Für diese Zeitspanne gilt für die Geschwindigkeit: $v(t) = \frac{1}{3{,}6}\cdot t\cdot(20 - t)$ (t in s; v in $\frac{m}{s}$).
a) Zeichnen Sie den Graphen in Ihr Heft und bestimmen Sie ohne Rechnung näherungsweise die mittlere Geschwindigkeit $\overline{v}$.
b) Bestimmen Sie $\overline{v}$ rechnerisch.
c) Wie weit ist das Auto gefahren?

Windgeschwindigkeit (in $\frac{m}{s}$)

	5.2	6.2	7.2
7^{00}	15	21	36
13^{00}	27	30	42
19^{00}	30	33	24

Fig. 3

7 Eine Messung der Windgeschwindigkeit v (in $\frac{m}{s}$) an drei Tagen ergab die Tabelle von Fig. 3. Bestimmen Sie einen Mittelwert von v und v^3 für die Zeit zwischen 7^{00} und 19^{00}, indem Sie
a) das arithmetische Mittel bilden
b) zunächst eine Parabel 3. Ordnung bestimmen und von dieser Funktion den Mittelwert berechnen.
Hinweis: Windenergie ist proportional zu v^3.

* 3 Numerische Integration, Trapezregeln

Zu der Funktion f mit $f(x) = \frac{1}{1+x^2}$ kann man mittels den bisher bekannten Funktionen keine Stammfunktion angeben.

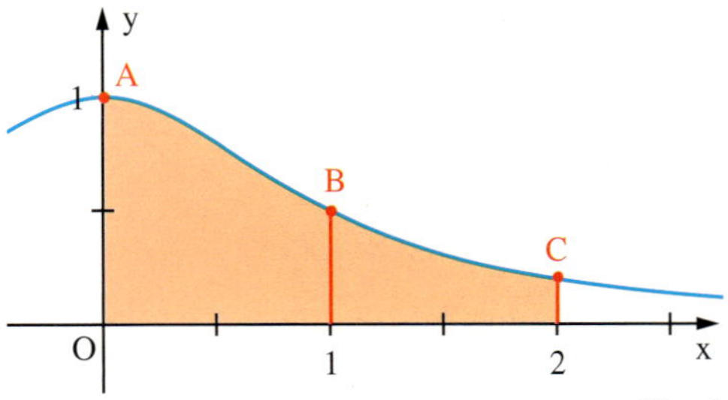

Fig. 2

1 Gegeben ist die Funktion f mit $f(x) = \frac{1}{1+x^2}$.

a) Welcher Näherungswert für den Inhalt der in Fig. 2 gefärbten Fläche ergibt sich, wenn man den Graphen der Funktion f zwischen A und B sowie B und C durch Sehnen ersetzt?

b) Welcher Wert ergibt sich, wenn man den Graphen durch die Tangente in B ersetzt?

Wenn man zu einer gegebenen Funktion f keine Stammfunktion angeben kann, dann kann man im Allgemeinen das Integral $\int_a^b f(x)\,dx$ nicht exakt berechnen. In solchen Fällen versucht man einen möglichst guten Näherungswert für das Integral zu berechnen.

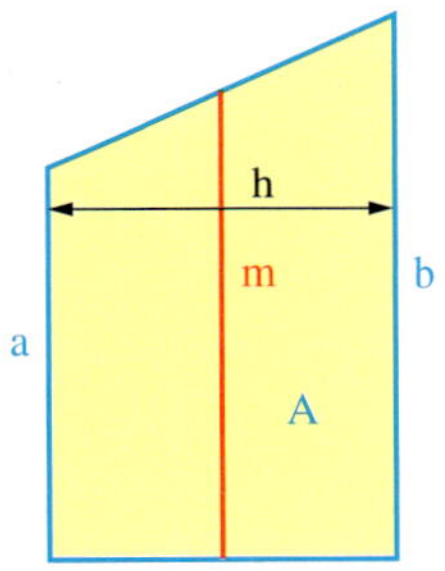

$A = \frac{a+b}{2} \cdot h$ bzw.
$A = m \cdot h$

Fig. 1

Jedes Integral kann durch Produktsummen näherungsweise bestimmt werden. Damit gibt auch jede Unter- und jede Obersumme einen Näherungswert vor (siehe Seite 155).
Man erhält jedoch bessere Näherungswerte, wenn man die Rechtecke durch Sehnentrapeze wie in Fig. 3 oder durch Tangententrapeze wie in Fig. 4 ersetzt. Dabei benützt man die für den Flächeninhalt eines Trapezes geltenden Formeln (siehe Fig. 1).

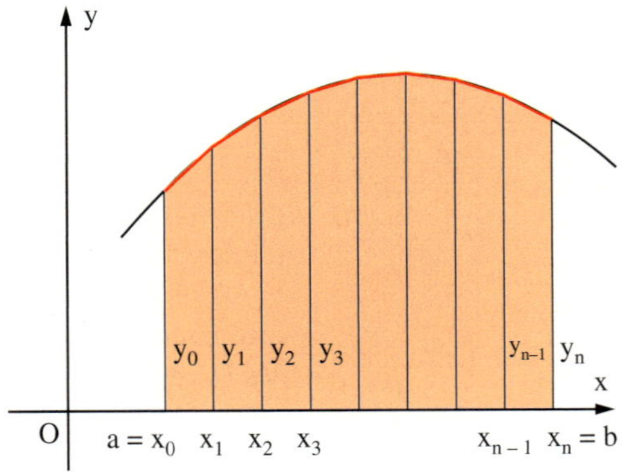

Fig. 3

Zur Bestimmung des Inhalts der Sehnentrapeze in Fig. 3 unterteilt man das Intervall [a; b] zunächst in n gleichlange Teilintervalle. Zur Vereinfachung schreibt man für $f(x_i)$ kurz y_i.
Dann gilt für den Inhalt S_n:

$$S_n = \frac{b-a}{n}\left(\frac{y_0+y_1}{2} + \frac{y_1+y_2}{2} + \ldots + \frac{y_{n-1}+y_n}{2}\right)$$

oder

$$S_n = \frac{b-a}{2n}(y_0 + 2y_1 + 2y_2 + \ldots + 2y_{n-1} + y_n).$$

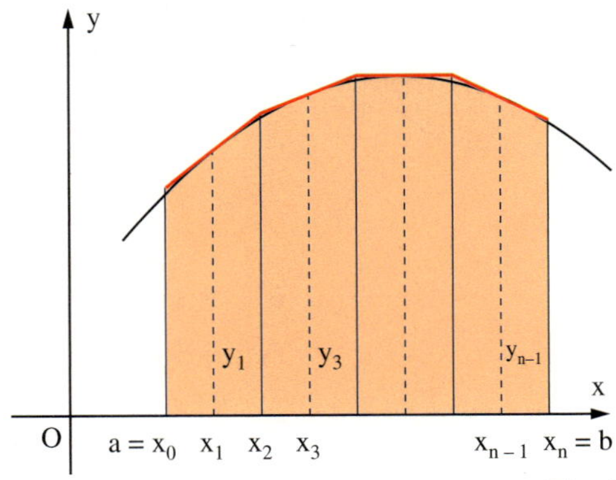

Fig. 4

Für gerade Zahlen n kann man entsprechend den Inhalt T_n der Tangententrapeze in Fig. 4 bestimmen. Es gilt:

$$T_n = \frac{2(b-a)}{n}(y_1 + y_3 + y_5 + \ldots + y_{n-1}).$$

Die Trapezregeln kann man auch bei einem Integral $\int_a^b f(x)\,dx$ mit $f(x) < 0$ oder $a > b$ verwenden.

Für das Integral $\int_a^b f(x)\,dx$ erhält man einen Näherungswert S_n bzw. T_n mit der

Sehnentrapezregel: $S_n = \frac{b-a}{2n}(y_0 + 2y_1 + 2y_2 + \ldots + 2y_{n-1} + y_n)$ bzw.

Tangententrapezregel (n gerade)**:** $T_n = \frac{2(b-a)}{n}(y_1 + y_3 + y_5 + \ldots + y_{n-1})$.

Man kann zeigen, dass der genaue Wert des Integrals im Beispiel auf 6 Dezimalen gerundet den Wert 0,463648 hat.

	A	B	C
1	x_i	y_i	$(1/40)*(y_i+y_{i+1})$
2	1	0,5	0
3	1,05	0,47562424	0,02439061
4	1,1	0,45248869	0,02320282
5	1,15	0,43057051	0,02207648
6	1,2	0,40983607	0,02101016
7	1,25	0,3902439	0,020002
8	1,3	0,37174721	0,01904978
9	1,35	0,35429584	0,01815108
10	1,4	0,33783784	0,01730334
11	1,45	0,32232071	0,01650396
12	1,5	0,30769231	0,01575033
13	1,55	0,29390154	0,01503985
14	1,6	0,28089888	0,01437001
15	1,65	0,26863667	0,01373839
16	1,7	0,25706941	0,01314265
17	1,75	0,24615385	0,01258058
18	1,8	0,23584906	0,01205007
19	1,85	0,22611645	0,01154914
20	1,9	0,21691974	0,0110759
21	1,95	0,20822488	0,01062862
22	2	0,2	0,01020562
23	2,05	0,19221528	0,00980538
24	2,1	0,18484288	0,00942645
25	2,15	0,17785683	0,00906749
26	2,2	0,17123288	0,00872724
27	2,25	0,16494845	0,00840453
28	2,3	0,15898251	0,00809827
29	2,35	0,15331545	0,00780745
30	2,4	0,14792899	0,00753111
31	2,45	0,14280614	0,00726838
32	2,5	0,13793103	0,00701843
33	2,55	0,1332889	0,0067805
34	2,6	0,12886598	0,00655387
35	2,65	0,12464942	0,00633789
36	2,7	0,12062726	0,00613192
37	2,75	0,11678832	0,00593539
38	2,8	0,11312217	0,00574776
39	2,85	0,10961907	0,00556853
40	2,9	0,10626993	0,00539722
41	2,95	0,10306622	0,0052334
42	3	0,1	0,00507666
43	Näherungswert S_{40} =		0,46373928

Fig. 1

Zu Aufgabe 3 b).

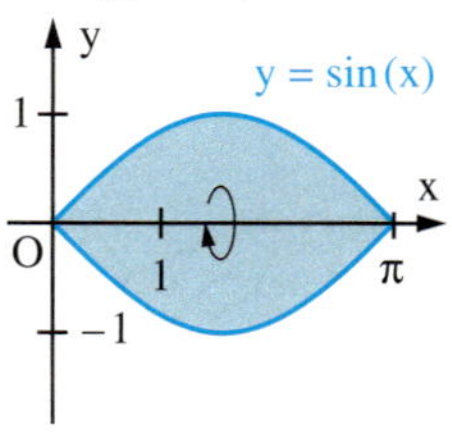

Fig. 2

Trapezregel

Die Formel für K_2 ist auch unter dem Namen **Kepler'sche Fassregel** bekannt. Sie kann verwendet werden, um das Ergebnis einer Integralberechnung zu kontrollieren oder ein Integral näherungsweise zu berechnen.

Beispiel:

a) Berechnen Sie für das Integral $\int_1^3 \frac{1}{1+x^2}\,dx$ die Näherungswerte S_4 und T_4.

b) Bestimmen Sie mit einem Tabellenkalkulationsprogramm S_{40}.

Lösung:

a) Mit $x_0 = 1$; $x_1 = 1{,}5$; $x_2 = 2$; $x_3 = 2{,}5$ und $x_4 = 3$ ergibt sich

$y_0 = \frac{1}{2}$; $y_1 = \frac{4}{13}$; $y_2 = \frac{1}{5}$; $y_3 = \frac{4}{29}$; $y_4 = \frac{1}{10}$.

Damit berechnet man:

$S_4 = \frac{3-1}{2\cdot 4}\left(\frac{1}{2} + 2\cdot\frac{4}{13} + 2\cdot\frac{1}{5} + 2\cdot\frac{4}{29} + 2\cdot\frac{1}{10}\right) = 0{,}4728$ (4 Dezimalen) bzw.

$T_4 = \frac{2(3-1)}{4}\left(\frac{4}{13} + \frac{4}{29}\right) = 0{,}4456$ (4 Dezimalen).

b) Fig. 1 zeigt die mit einer Tabellenkalkulation berechneten Werte.

Es ergibt sich: $S_{40} \approx 0{,}46373928$.

Aufgaben

2 Ermitteln Sie mit beiden Trapezregeln Näherungswerte für das Integral.

a) $\int_1^4 \frac{1}{x}\,dx$; $n = 6$ b) $\int_0^2 \sqrt{1+x}\,dx$; $n = 4$ c) $\int_0^4 2^x\,dx$; $n = 8$ d) $\int_{\frac{\pi}{4}}^{\frac{\pi}{2}} \frac{1}{\sin(x)}\,dx$; $n = 4$

3 a) Der Graph der Funktion f mit $f(x) = x\sqrt{4-x}$ schließt über dem Intervall [0; 4] mit der x-Achse eine Fläche ein. Bestimmen Sie mit der Sehnentrapezregel einen Näherungswert für den Inhalt dieser Fläche (n = 8).

b) Die Fläche zwischen dem Graphen der Funktion f mit $f(x) = \sin(x)$ und der x-Achse über dem Intervall [0; π] rotiere um die x-Achse. Bestimmen Sie einen Näherungswert für den Inhalt des Drehkörpers (n = 8).

4 a) Bestimmen Sie mithilfe einer Stammfunktion das Integral $\int_1^4 \frac{1}{x}\,dx$ (4 Dez.).

b) Berechnen Sie für das Integral aus Teilaufgabe a) Näherungswerte mithilfe der Trapezregeln und mithilfe von Ober- und Untersummen (n = 20) und vergleichen Sie.

5 Der Bogen der Normalparabel K: $y = x^2$ zwischen den Punkten O(0|0) und A(2|4) hat die Länge $L = \int_0^2 \sqrt{1+4x^2}\,dx$. Ermitteln Sie mit der Sehnentrapezregel einen Näherungswert (n = 40).

6 Bei den in Fig. 3 und Fig. 4 von Seite 152 verwendeten Graphen gilt $S_n \leqq \int_a^b f(x)\,dx \leqq T_n$. Zeigen Sie an einem Beispiel, dass dies im Allgemeinen nicht gilt.

7 Es liegt nahe, die mittels der Sehnentrapezregel und der Tangententrapezregel erhaltenen Näherungswerte S_n und T_n zu einem einzigen Näherungswert zusammenzufassen. Weil bei der Berechnung jeweils doppelt so viele Sehnentrapeze wie Tangententrapeze verwendet werden, erscheint es sinnvoll, S_n doppelt so stark zu gewichten wie T_n. Man erhält $K_n = \frac{1}{3}(2S_n + T_n)$.

a) Zeigen Sie, dass für $n = 2$ gilt: $K_2 = \frac{b-a}{6}(y_0 + 4y_1 + y_2)$.

b) Bestimmen Sie mit der Regel aus Teilaufgabe a) den Näherungswert K_2 für das Integral $\int_1^3 \frac{1}{1+x^2}\,dx$ aus dem Beispiel.

*4 Uneigentliche Integrale

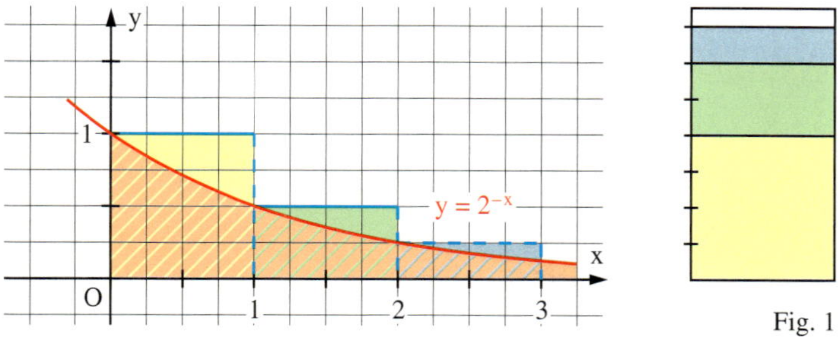

Fig. 1

1 In Fig. 1 begrenzt der Graph der Funktion f: $x \mapsto 2^{-x}$ mit den Koordinatenachsen eine „rechts ins Unendliche reichende", rot gefärbte Fläche. Die Fläche habe den Inhalt A.
Vergleichen Sie A mit dem Inhalt der Fläche unter der blau gezeichneten Treppenkurve und geben Sie eine obere Schranke für A an.

Bisher wurden Integrale über abgeschlossenen Intervallen betrachtet. Hier wird untersucht, ob man auch „ins Unendliche reichenden" Flächen (Fig. 1) einen (endlichen) Flächeninhalt zuordnen kann.

In Fig. 2 hat die Fläche zwischen dem Graphen von f und der x-Achse über dem Intervall [1; b] den Inhalt

$A(b) = \int_1^b \frac{2}{x^2}\,dx = \left[\frac{-2}{x}\right]_1^b = 2 - \frac{2}{b}$.

Für $b \to +\infty$ gilt $2 - \frac{2}{b} \to 2$. Damit kann man der „rechts ins Unendliche reichenden" Fläche den Flächeninhalt 2 zuordnen.

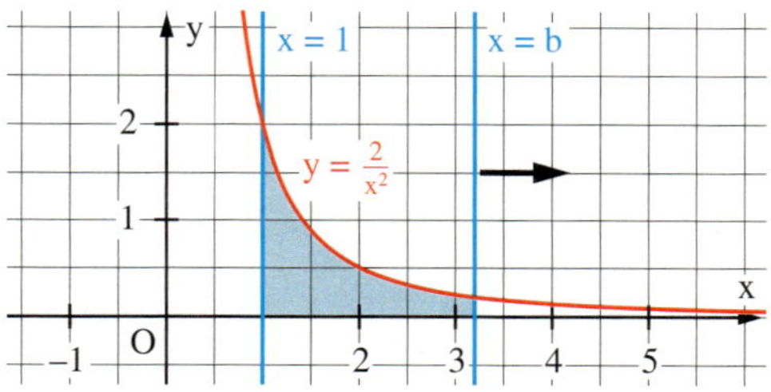

Fig. 2

Schreibweise:

$\lim\limits_{b \to \infty} \int_a^b f(x)\,dx = \int_a^\infty f(x)\,dx$

Definition 1: Ist die Funktion f auf dem Intervall $[a; +\infty)$ stetig und existiert der Grenzwert $\lim\limits_{b \to \infty} \int_a^b f(x)\,dx$, so heißt dieser Grenzwert das **uneigentliche Integral von f über [a; +∞)**.
Entsprechend wird das uneigentliche Integral von f über $(-\infty; b]$ definiert.

Entsprechend untersucht man eine nach „oben ins Unendliche reichende" Fläche (Fig. 3).
Für $0 < a \leqq 2$ hat die rote Fläche den Inhalt

$A(a) = \int_a^2 \frac{2}{\sqrt{x}}\,dx = [4\sqrt{x}\,]_a^2 = 4\sqrt{2} - 4\sqrt{a}$.

Für $a \to 0$ strebt $A(a) \to 4\sqrt{2}$.
Zu einem anderen Ergebnis kommt man in Fig. 4. Dort ergibt sich

$A(a) = \int_a^2 \frac{1}{x^2}\,dx = \left[\frac{-1}{x}\right]_a^2 = \frac{1}{a} - \frac{1}{2}$.

Für $a \to 0$ hat A(a) keinen Grenzwert.

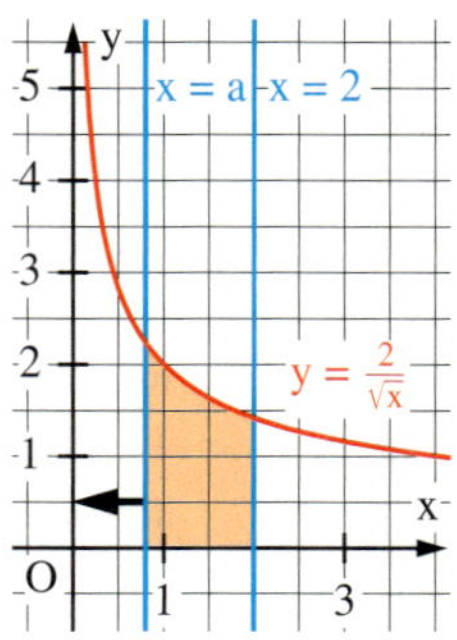

Fig. 3

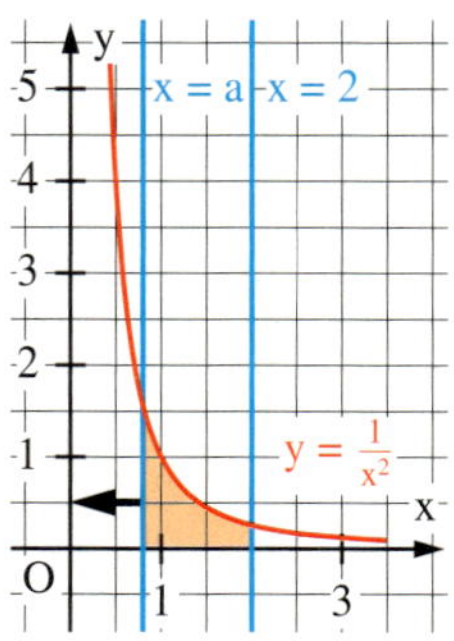

Fig. 4

Schreibweise:

$\lim\limits_{z \to a} \int_z^b f(x)\,dx = \int_a^b f(x)\,dx$

Definition 2: Ist die Funktion f auf dem Intervall (a; b] stetig und existiert der Grenzwert $\lim\limits_{z \to a} \int_z^b f(x)\,dx$, so heißt dieser Grenzwert das **uneigentliche Integral von f über (a; b]**.
Entsprechend wird das uneigentliche Integral von f über [a; b) definiert.

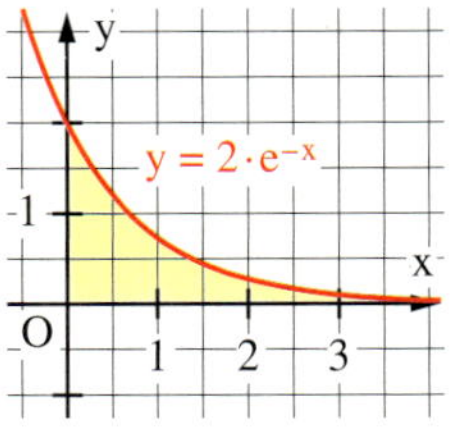

Fig. 1

Beispiel 1: (Fläche, die „rechts ins Unendliche reicht")
Gegeben ist die Funktion f mit $f(x) = 2e^{-x}$.
Zeigen Sie, dass die Fläche zwischen dem Graphen von f und den Koordinatenachsen (Fig. 1) einen Flächeninhalt A hat, und geben Sie A an.
Lösung:
Für $b > 0$ ist $A(b) = \int_0^b 2e^{-x}\,dx = [-2e^{-x}]_0^b = -2e^{-b} + 2$. Für $b \to +\infty$ gilt $-2e^{-b} + 2 \to 2$,
d.h., der Flächeninhalt A(b) hat den Grenzwert 2 für $b \to \infty$.
Damit ist $A = \lim\limits_{b \to \infty} A(b) = 2$.

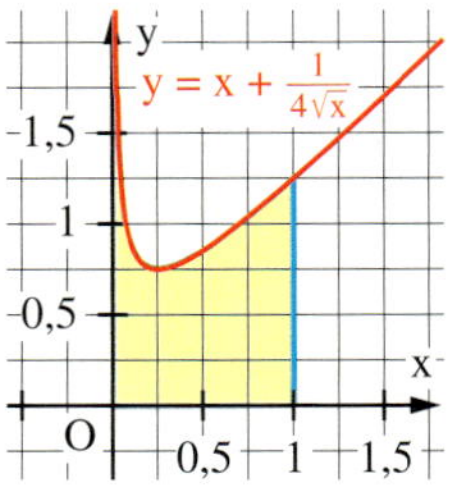

Fig. 2

Beispiel 2: (Fläche, die „oben ins Unendliche reicht")
Gegeben ist die Funktion f mit $f(x) = x + \frac{1}{4\sqrt{x}}$ für $x > 0$.
Zeigen Sie, dass die Fläche zwischen dem Graphen von f, den Koordinatenachsen und der Geraden mit der Gleichung $x = 1$ (Fig. 2) einen Flächeninhalt A hat, und geben Sie diesen Flächeninhalt A an.
Lösung:
Für $a > 0$ gilt $A(a) = \int_a^1 \left(x + \frac{1}{4\sqrt{x}}\right)dx = \left[\frac{1}{2}x^2 + \frac{1}{2}\sqrt{x}\right]_a^1 = 1 - \frac{1}{2}a^2 - \frac{1}{2}\sqrt{a}$.
Für $a \to 0$ hat der Flächeninhalt A(a) den Grenzwert 1.
Folglich ist $A = \lim\limits_{a \to 0} A(a) = 1$.

Beachten Sie:
Es gibt zwei Arten von uneigentlichen Integralen, nämlich bei

a) Integration über ein nach links oder rechts unbeschränktes Intervall

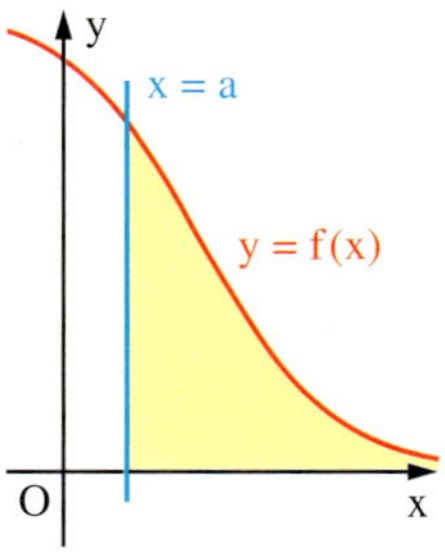

b) Integration über ein Intervall, an dessen Rand der Integrand nicht definiert ist.

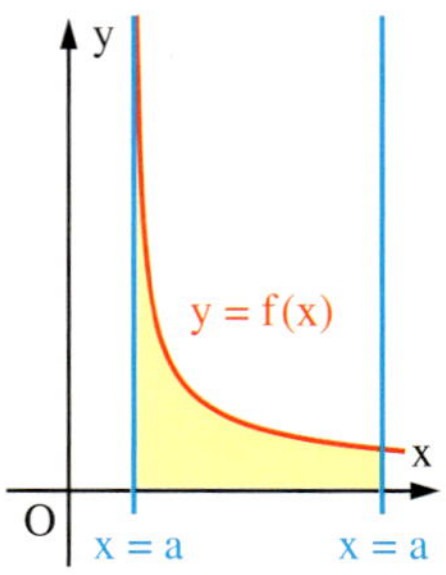

Aufgabe

Aufgaben

2 Untersuchen Sie, ob die vom Graphen von f und der x-Achse über dem Intervall $[c; +\infty)$ bzw. $(-\infty; c]$ begrenzte, „ins Unendliche reichende" Fläche einen Flächeninhalt A besitzt. Geben Sie gegebenenfalls A an.
a) $f(x) = \frac{3}{x}$; $[1; +\infty)$ b) $f(x) = -4x^{-3}$; $(-\infty; -1]$ c) $f(x) = 3e^{0,2x+1}$; $(-\infty; 0]$

3 Zeichnen Sie den Graphen der Funktion f sowie dessen Asymptote für $x \to +\infty$ bzw. $x \to -\infty$. Die Gerade mit der Gleichung $x = c$, der Graph von f und die Asymptote begrenzen eine nach links bzw. rechts unbeschränkte Fläche. Untersuchen Sie, ob diese Fläche einen Inhalt A besitzt. Geben Sie gegebenenfalls A an.
a) $f(x) = \frac{1}{2}x + \frac{2}{x^2}$; $c = 2$, nach rechts b) $f(x) = \frac{-1}{3}x + e^x$; $c = 1$, nach links

4 Untersuchen Sie, ob die vom Graphen von f, den Geraden mit den Gleichungen $x = a$ und $x = b$ sowie der x-Achse begrenzte und „oben oder unten ins Unendliche reichende" Fläche einen Flächeninhalt A besitzt. Geben Sie gegebenenfalls A an.
a) $f(x) = \frac{1}{x}$; $a = 0$; $b = 1$ b) $f(x) = \frac{4}{\sqrt{x}}$; $a = 0$; $b = 1$

5 Die Schüttung einer Quelle, die zu Beginn $4{,}0\,\frac{m^3}{min}$ beträgt, nimmt etwa exponentiell ab und beträgt nach 20 Tagen $0{,}50\,\frac{m^3}{min}$. Berechnen Sie die Wassermenge, die von der Quelle
a) in 30 Tagen geliefert wird b) insgesamt geliefert wird.

6 a) Wie viel Prozent von $\int_1^\infty e^{-x}\,dx$ sind $\int_1^a e^{-x}\,dx$ für $a = 2; 5; 10; 20; 50; 100$?
b) Bearbeiten Sie a) für die Funktion f mit $f(x) = x^{-2}$ anstatt der Funktion f mit $f(x) = e^{-x}$.

*5 Weitere Anwendungen der Integration

Mit F ist diejenige Kraft gemeint, die längs des Weges s wirkt.

1 Bei konstanter Kraft F gilt für die verrichtete Arbeit W: $W = F \cdot s$. Begründen Sie, warum bei veränderlicher Kraft F die verrichtete Arbeit W so festgelegt ist: $W = \int_{s_1}^{s_2} F(s)\,ds$.

Abkürzungen:

Zeit	*t*
Weg	*s*
Geschwindigkeit	*v*
Kraft	*F*
Arbeit	*W*

Neben Flächeninhalten sind auch viele andere Größen Grenzwerte von Zerlegungssummen und lassen sich daher mithilfe von Integralen berechnen. Besonders wichtige Fälle aus der Physik sind die Berechnung des zurückgelegten Weges aus der Geschwindigkeits-Zeit-Funktion und die Berechnung der Arbeit aus der Kraft-Weg-Funktion. Es gilt (siehe Seite 130):

$$s = \int_{t_1}^{t_2} v(t)\,dt \qquad \text{und} \qquad W = \int_{s_1}^{s_2} F(s)\,ds.$$

Liegen die Funktionen v bzw. F vor, so kann man die Größen s bzw. W durch Integration bestimmen (Beispiel 1). Eine weitere vorkommende Anwendung der Integralrechnung ist bei Vorliegen einer Verbrauchsfunktion die Bestimmung des Gesamtverbrauchs (Beispiel 2).

Fallbeschleunigung

$g = 9{,}81\,\frac{m}{s^2}$.

Beispiel 1: (Berechnung des zurückgelegten Weges bei bekannter Funktion v)
Ein im luftleeren Raum aus der Ruhelage frei fallender Körper hat nach t Sekunden eine Geschwindigkeit von $v(t) = 9{,}81 \cdot t$ (v in $\frac{m}{s}$).
Wie lang ist die Fallzeit bei einer Höhe von 100 m?
Lösung:
Bei einer Fallzeit T gilt für die Fallhöhe s: $s = \int_0^T (9{,}81 \cdot t)\,dt = \left[\frac{1}{2} 9{,}81 \cdot t^2\right]_0^T = 4{,}905 \cdot T^2$.
Für $s = 100$ erhält man $T = \sqrt{100 : 4{,}905} \approx 4{,}52$.
Die Fallzeit ist ungefähr 4,5 s.

Wie kommt man darauf, dass der Gesamtverbrauch mit einem Integral bestimmt werden kann?

Nähert man die Verbrauchsfunktion durch eine stückweise konstante Funktion an, gilt: Der Verbrauch in einem Teilintervall entspricht näherungsweise dem Flächeninhalt des betreffenden Rechtecks.

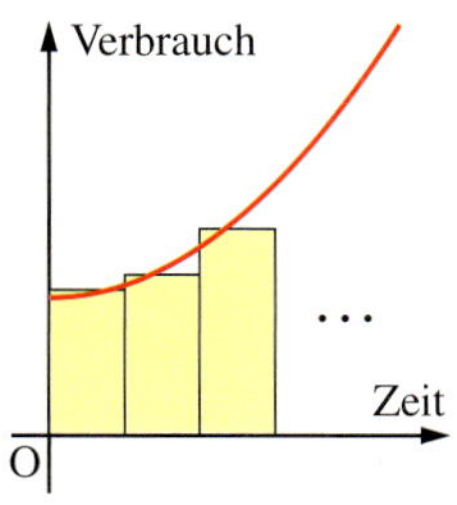

Der genaue Gesamtverbrauch entspricht dem Grenzwert der Zerlegungssumme.

Beispiel 2: (Berechnung des Gesamtverbrauchs aus der Verbrauchsfunktion)
Von einem Rohstoff sind noch 10000 Einheiten vorhanden. Die heutige Erdbevölkerung verbraucht im Jahr 120 Einheiten. Für eine Prognose des zukünftigen Rohstoffverbrauchs wird eine jährliche Zunahme der Erdbevölkerung von 4 % angenommen und davon ausgegangen, dass der Rohstoffverbrauch proportional zur Bevölkerungszahl ist.
a) Bestimmen Sie den Gesamtverbrauch des Rohstoffes in den nächsten 20 Jahren.
b) Wie lange wird der Rohstoff unter den angegebenen Bedingungen vorhalten?
Lösung:
a) Ist B_0 die heutige Bevölkerungszahl, dann gilt für die Bevölkerungszahl B(t) in t Jahren:
$B(t) = B_0 \cdot 1{,}04^t = B_0 \cdot e^{0{,}039\,t}$.
Der Verbrauch V(t) in t Jahren beträgt: $V(t) = 120 \cdot 1{,}04^t = 120 \cdot e^{0{,}039\,t}$.
Für den Gesamtverbrauch V während der nächsten 20 Jahre gilt:

$$V = \int_0^{20} V(t)\,dt = \int_0^{20} 120 \cdot e^{0{,}039\,t}\,dt = \left[120 \cdot \frac{1}{0{,}039} \cdot e^{0{,}039\,t}\right]_0^{20} \approx 3635.$$

Der Rohstoffverbrauch während der nächsten 20 Jahre beträgt etwa 3635 Einheiten.
b) Gesucht ist T mit

$$\int_0^T V(t)\,dt = \int_0^T 120 \cdot e^{0{,}039\,t}\,dt = \left[120 \cdot \frac{1}{0{,}039} \cdot e^{0{,}039\,t}\right]_0^T = 10000.$$

Daraus ergibt sich $T \approx 37$.
Der Rohstoff ist unter den angegebenen Voraussetzungen in etwa 37 Jahren verbraucht.

Aufgaben

2 Wie lange braucht ein von einem 300 m hohen Turm fallender Stein, bis er am Boden aufschlägt (ohne Luftwiderstand?

3 Beim senkrechten Wurf nach oben mit der positiven Anfangsgeschwindigkeit $v(0) = v_0$ gilt für die Geschwindigkeit eines Körpers nach t Sekunden $v(t) = v_0 - 9{,}81 \cdot t$ (v in $\frac{m}{s}$).
a) Bestimmen Sie für $v_0 = 20$ (in $\frac{m}{s}$) die Höhe, in der sich ein Körper nach 3 s befindet.
b) Ein nach oben geworfener Stein kommt nach 4 s wieder an der Abwurfstelle an. Wie groß ist die Anfangsgeschwindigkeit und welche Höhe erreicht der Stein?

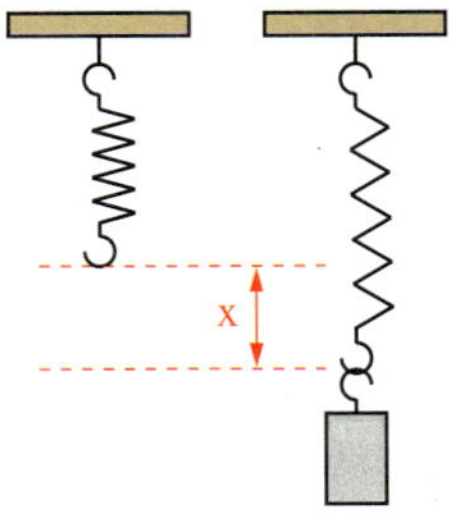

Fig. 1

4 Beim Dehnen einer Schraubenfeder nimmt die Kraft F mit wachsender Verlängerung x der Feder zu (Fig. 1) Dabei gilt $F(x) = D \cdot x$ mit D als Federkonstante.
a) Eine Schraubenfeder hat die Federkonstante $D = 100$ (in $\frac{N}{m}$). Die Feder wird aus dem entspannten Zustand um 0,05 m gedehnt. Berechnen Sie die verrichtete Arbeit.
b) Die Feder ist schon um 10 cm gedehnt und wird um weitere 5 cm verlängert. Welche Arbeit ist für diese Verlängerung erforderlich?

5 Die jährlichen Kosten k(t) im Gesundheitsbereich eines Landes betragen derzeit $K_0 = 20$ Milliarden Euro. Falls keine Maßnahmen ergriffen werden, steigen diese Kosten an und können näherungsweise so beschrieben werden: $k(t) = K_0 \cdot 1{,}05^t$ (t in Jahren).
a) Wie viel Geld wird in den nächsten 5 Jahren für den Gesundheitsbereich ausgegeben?
b) Mit einem Einsparungsprogramm sollen die Kosten für die nächsten 10 Jahre auf dem derzeitigen Stand eingefroren werden. Wie viel Geld wird gespart?

ICE-Wegberechnung

6 Ein ausgewachsener Ahornbaum hat etwa 100 000 Blätter und jedes Blatt hat eine Oberfläche von $55\,cm^2$. Die Blätter produzieren abhängig von der Sonneneinstrahlung Sauerstoff. $1\,m^2$ Blattoberfläche liefert maximal 500 m*l* Sauerstoff pro Stunde. Die Sauerstoffproduktion s(t) $\left(\text{in } \frac{ml}{h \cdot m^2}\right)$ pro m^2 und Stunde während eines Sommertages zwischen 6 Uhr und 21 Uhr kann näherungsweise so beschrieben werden:
$s(t) = 500 \cdot e^{-\frac{t^4}{360}}$ $(-6 \leqq t \leqq 9)$.
a) Skizzieren Sie den Graphen von s.
b) Berechnen Sie näherungsweise die an einem Tag produzierte Sauerstoffmenge.
c) Skizzieren Sie ohne Rechnung den Graphen der Integralfunktion $J(x) = \int_{-6}^{x} s(t)\,dt$.
An welcher Stelle ist der Graph am steilsten?

Zahlenangaben zu Aufgabe 7:

$M = 5{,}97 \cdot 10^{24}\,kg$
$\gamma = 6{,}67 \cdot 10^{-11}\,\frac{m^3}{kg \cdot s^2}$
$m = 1000\,kg$
Erdradius: $h_1 = 6370\,km$
Höhe einer geostationären Bahn: $h_2 = 4{,}22 \cdot 10^4\,km$

Eine geostationäre Bahn liegt so über dem Äquator, dass der Satellit immer am gleichen Ort am Himmel zu stehen scheint.

7 Aus der Physik ist bekannt: Um einen Körper der Masse m aus der Höhe h_1 über dem Erdmittelpunkt auf die Höhe h_2 über dem Erdmittelpunkt zu bringen, benötigt man die Arbeit
$$W = \int_{h_1}^{h_2} F(s)\,ds \quad \text{mit} \quad F(s) = \gamma \frac{m \cdot M}{s^2}.$$
Dabei ist M die Masse der Erde und γ die Gravitationskonstante. Welche Arbeit ist notwendig, um einen Satelliten der Masse m von der Erdoberfläche
a) in eine geostationäre Bahn zu bringen
b) aus dem Anziehungsbereich der Erde „hinauszubefördern“?

*6 Integration von Produkten

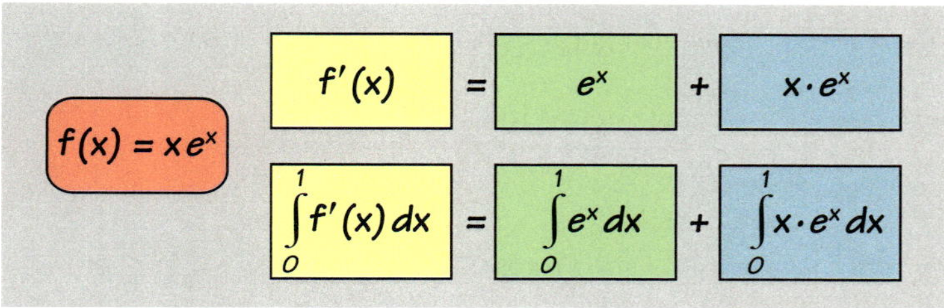

Fig. 1

1 In Fig. 1 ist die Ableitung f' der Funktion f mit $f(x) = x \cdot e^x$ angegeben. Durch Integration von 0 bis 1 über die Funktion f' erhält man die darunter stehenden Integrale.
a) Zwei Integrale können sofort bestimmt werden. Welche Ergebnisse erhalten Sie?
b) Welches Integral kann mit den Ergebnissen von a) auch bestimmt werden?

Aus der Produktregel kann ein Verfahren zur Bestimmung von Integralen gewonnen werden. Aus $f = u \cdot v$ folgt $f' = u'v + uv'$. Integration über die Funktion f' von a bis b ergibt:
$\int_a^b f'(x)\,dx = \int_a^b u'(x) \cdot v(x)\,dx + \int_a^b u(x) \cdot v'(x)\,dx$. Wegen $\int_a^b f'(x)\,dx = [f(x)]_a^b = [u(x) \cdot v(x)]_a^b$ gilt:

Statt Produktintegration sagt man auch ***partielle Integration****, weil die Integration von $u \cdot v'$ nur teilweise ausgeführt wird.*

Satz 1: Sind u und v auf dem Intervall [a; b] differenzierbare Funktionen mit stetigen Ableitungsfunktionen u' bzw. v', so gilt

$$\int_a^b \mathbf{u(x) \cdot v'(x)\,dx = [u(x) \cdot v(x)]_a^b - \int_a^b u'(x) \cdot v(x)\,dx.} \qquad \textbf{(Produktintegration)}$$

Mit der Produktintegration lässt sich eine Stammfunktion der Logarithmusfunktion f mit $f(x) = \ln x$ bestimmen. Man schreibt dazu $f(x) = (\ln(x)) \cdot 1$. Mit $u(x) = \ln(x)$ und $v'(x) = 1$ erhält man $u'(x) = \frac{1}{x}$ und $v(x) = x$. Damit ergibt sich für a, b > 0

$$\int_a^b \ln(x)\,dx = \int_a^b (\ln(x)) \cdot 1\,dx = [(\ln(x)) \cdot x]_a^b - \int_b^a \tfrac{1}{x} \cdot x\,dx = [(\ln(x)) \cdot x]_a^b - [x]_a^b = [(\ln(x)) \cdot x - x]_a^b.$$

Satz 2: Eine Stammfunktion der Funktion f mit $f(x) = \ln(x)$ ist die Funktion F mit
$$\mathbf{F(x) = x \cdot \ln(x) - x.}$$

Strategie I

Wähle u und v' so, dass

u'·v „einfacher" als u·v'

wird.

Beispiel 1: (Produktintegration)
Bestimmen Sie $\int_0^1 3x \cdot e^{2x}\,dx$.
Lösung:
Wählt man $u(x) = 3x$ und $v'(x) = e^{2x}$, so ist $u'(x) = 3$ und $v(x) = \frac{1}{2}e^{2x}$.
Also gilt:

$$\int_0^1 3x \cdot e^{2x}\,dx = \int_0^1 u(x) \cdot v'(x)\,dx = [u(x) \cdot v(x)]_0^1 - \int_0^1 u'(x) \cdot v(x)\,dx$$
$$= \left[3x \cdot \tfrac{1}{2}e^{2x}\right]_0^1 - \int_0^1 3 \cdot \tfrac{1}{2}e^{2x}\,dx = \tfrac{3}{2}e^2 - \left[\tfrac{3}{4}e^{2x}\right]_0^1 = \tfrac{3}{4}e^2 + \tfrac{3}{4}.$$

Bemerkung: Wählt man in Beispiel 1 $u(x) = e^{2x}$ und $v'(x) = 3x$, dann ist $u'(x) = 2 \cdot e^{2x}$ und $v(x) = \frac{3}{2}x^2$. Damit gilt $\int_0^1 e^{2x} \cdot 3x\,dx = \left[e^{2x} \cdot \frac{3}{2}x^2\right]_0^1 - \int_0^1 2e^{2x} \cdot \frac{3}{2}x^2\,dx$. Das letzte Integral kann nicht bestimmt werden. Diese Wahl von u und v ist also ungeeignet.

Strategie II

Wähle u und v' so, dass

u'·v „ähnlich" zu u·v'

wird.

Beispiel 2: (Produktintegration; ein Sonderfall)

Bestimmen Sie $\int_0^{\frac{1}{2}\pi} \sin(x)\cdot\cos(x)\,dx$.

Lösung:

Mit $u(x) = \sin(x)$ und $v'(x) = \cos(x)$ erhält man $u'(x) = \cos(x)$ und $v(x) = \sin(x)$. Dies ergibt:

$$\int_0^{\frac{1}{2}\pi} \sin(x)\cdot\cos(x)\,dx = [\sin(x)\cdot\sin(x)]_0^{\frac{1}{2}\pi} - \int_0^{\frac{1}{2}\pi} \cos(x)\cdot\sin(x)\,dx.$$

Zusammenfassen derselben Integrale liefert:

$$2\int_0^{\frac{1}{2}\pi} \sin(x)\cdot\cos(x)\,dx = [\sin^2(x)]_0^{\frac{1}{2}\pi} \text{ und somit } \int_0^{\frac{1}{2}\pi} \sin(x)\cdot\cos(x)\,dx = \tfrac{1}{2}[\sin^2(x)]_0^{\frac{1}{2}\pi} = \tfrac{1}{2}.$$

Aufgaben

2 Berechnen Sie.

a) $\int_{-1}^{1} x\cdot e^x\,dx$ b) $\int_0^{\pi} x\cdot\sin(x)\,dx$ c) $\int_0^{3} x\cdot(x-3)^5\,dx$

d) $\int_0^{0,5} 4x\cdot e^{2x+1}\,dx$ e) $\int_1^{e^2} 2\ln(x)\,dx$ f) $\int_1^{e} x\cdot\ln(x)\,dx$

3 Geben Sie verschiedene Möglichkeiten an, sodass Sie das Integral $\int_{-1}^{1} \square\cdot e^x\,dx$ berechnen können. Begründen Sie Ihre Wahl in Worten.

4 Bestimmen Sie das Integral durch zweimalige Anwendung der Produktintegration.

a) $\int_0^{2} x^2\cdot e^x\,dx$ b) $\int_{\pi}^{-\pi} x^2\cdot\cos(x)\,dx$ c) $\int_0^{2,5} x^2\cdot(2x-5)^4\,dx$ d) $\int_{-1}^{\pi-1} x^2\cdot\sin(x+1)\,dx$

5 Berechnen Sie das Integral wie in Beispiel 2.

a) $\int_0^{\pi} \sin^2(x)\,dx$ b) $\int_{-1}^{1} \cos^2(\pi x)\,dx$ c) $\int_0^{\pi} e^x\cdot\cos(x)\,dx$ d) $\int_0^{2} e^{2x}\cdot\sin(\pi x)\,dx$

6 Für die Auslenkung $a(t)$ (in cm) einer gedämpften Schwingung zur Zeit t (in s) gilt $a(t) = 8\cdot e^{-0,2t}\cdot\sin t$.
Skizzieren Sie das Schaubild von a für $0 \leqq t \leqq 15$ und berechnen Sie den Mittelwert der Auslenkung in diesem Zeitintervall.

7 Gegeben ist die Funktion f mit $f(x) = x\cdot e^{1-x}$; ihr Graph sei K.
a) Der Graph K teilt das Quadrat ORST mit $O(0|0)$, $R(1|0)$ und $S(1|1)$ in zwei Teilflächen mit den Inhalten A_1 und A_2. Bestimmen Sie das Verhältnis $A_1 : A_2$.
b) Der Graph K, seine Wendetangente und die y-Achse begrenzen eine Fläche mit dem Inhalt A. Bestimmen Sie A.

8 Gegeben ist der Graph K der Funktion f mit $f(x) = 4x\cdot e^{-x}$.
Die x-Achse und K begrenzen im ersten Feld eine nach rechts offene Fläche, welche um die x-Achse rotiert.
Bestimmen Sie den Inhalt A der Fläche und das Volumen V des Rotationskörpers.

*7 Integration durch Substitution

$F(x) = x^3$ $f(x) = 3x^2 \cdot \square$	$F(x) = (2x+3)^3$ $f(x) = 3(2x+3)^2 \cdot \square$	$F(x) = (2x^4+1)^3$ $f(x) = 3(2x^4+1)^2 \cdot \square$
$F(x) = (x+1)^3$ $f(x) = 3(x+1)^2 \cdot \square$	$F(x) = (x^2+1)^3$ $f(x) = 3(x^2+1)^2 \cdot \square$	$F(x) = (2e^{4x}+x)^3$ $f(x) = 3(2e^{4x}+x)^2 \cdot \square$

Fig. 1

1 Eine auf $\mathbb{R}$ definierte und differenzierbare Funktion F ist eine Stammfunktion der Funktion f, wenn $F' = f$ gilt.
a) Ergänzen Sie in Fig. 1 jeweils den Term von f so, dass F eine Stammfunktion von f ist.
b) Es sei $F(x) = (g(x))^3$ und $f(x) = 3 \cdot (g(x))^2 \cdot \square$.
Welcher Term ist stets für $\square$ zu wählen?

Die Grundlage der Produktintegration ist die Produktregel beim Ableiten. Entsprechend kann man aus der Kettenregel ein Integrationsverfahren herleiten.
Es sei F eine Stammfunktion von f und g eine weitere differenzierbare Funktion. Kann man die Verkettung H mit $H(x) = F(g(x))$ bilden, so gilt $H'(x) = F'(g(x)) \cdot g'(x) = f(g(x)) \cdot g'(x)$ nach der Kettenregel. Folglich ist H eine Stammfunktion von h mit $h(x) = f(g(x)) \cdot g'(x)$. Also gilt, wenn man die Variable von f und F mit z bezeichnet:

$$\int_a^b f(g(x)) \cdot g'(x)\,dx = [F(g(x))]_a^b = F(g(b)) - F(g(a)) = [F(z)]_{g(a)}^{g(b)} = \int_{g(a)}^{g(b)} f(z)\,dz.$$

Diesen Zusammenhang kann man zur Bestimmung von Integralen nutzen.

substituere (lat.): ersetzen

Bei der **Integration durch Substitution** wendet man die folgende Integrationsformel an:

$$\int_a^b \mathbf{f(g(x)) \cdot g'(x)\,dx} = \int_{g(a)}^{g(b)} \mathbf{f(z)\,dz}.$$

Strategie:
Man versucht die „innere Funktione g“ und die „äußere Funktion f“ so zu wählen, dass
a) die Ableitung g' im Integranden als Faktor auftritt
b) eine Stammfunktion F von f bekannt ist.

Beispiel 1: (Integration durch Substitution)

Bestimmen Sie $\int_0^2 \frac{4x}{\sqrt{1+2x^2}}\,dx$.

Lösung:

Substitution: $g(x) = 1 + 2x^2$ und $f(z) = \frac{1}{\sqrt{z}}$

Ableitung: $g'(x) = 4x$

Umrechung der Grenzen: Aus der Grenze 0 wird die Grenze $g(0) = 1$;
aus der Grenze 2 wird die Grenze $g(2) = 9$.

Durchführung der Integration:

$$\int_0^2 \frac{4x}{\sqrt{1+2x^2}}\,dx = \int_0^2 \frac{1}{\sqrt{1+2x^2}} \cdot 4x\,dx = \int_0^2 f(g(x)) \cdot g'(x)\,dx = \int_1^9 f(z)\,dz = \int_1^9 \frac{1}{\sqrt{z}}\,dz = \left[2\sqrt{z}\right]_1^9 = 4.$$

Beachten Sie:

Sie müssen die Grenzen nicht ausrechnen, wenn Sie die Substitution rückgängig machen oder wenn Sie eine Stammfunktion bestimmen wollen.

Bemerkung: Man kann in Beispiel 1 die Substitution $g(x) = 1 + 2x^2$ rückgängig machen.

Dies ergibt: $\int_0^2 \frac{4x}{\sqrt{1+2x^2}}\,dx = \ldots = \left[2\sqrt{z}\right]_1^9 = \left[2\sqrt{1+2x^2}\right]_0^2 = 4.$

Auf diese Weise erhält man eine Stammfunktion des Integranden: F mit $F(x) = 2\sqrt{1+2x^2}$ ist eine Stammfunktion von f mit $f(x) = \frac{4x}{\sqrt{1+2x^2}}$.

Beispiel 2: (Bestimmung einer Stammfunktion)

Bestimmen Sie eine Stammfunktion für f mit $f(x) = \frac{x}{2(1+x^2)^3}$.

Lösung:

Man berechnet $\int_a^b \frac{x}{2(1+x^2)^3}\,dx$ für beliebige Zahlen $a, b \in D_f$ mithilfe einer Substitution.

Ableiten bringt Sicherheit!

Substitution: $g(x) = 1 + x^2$ und $f(z) = \frac{1}{z^3}$.

Ableitung: $g'(x) = 2x$

Umrechnung der Grenzen: Aus der Grenze a wird die Grenze g(a); aus der Grenze b wird die Grenze g(b).

Durchführung der Integration:

$$\int_a^b \frac{x}{2(1+x^2)^3}\,dx = \frac{1}{4}\int_a^b \frac{1}{(1+x^2)^3}\cdot 2x\,dx = \frac{1}{4}\int_{g(a)}^{g(b)} \frac{1}{z^3}\,dz = \frac{1}{4}\left[\frac{-1}{2z^2}\right]_{g(a)}^{g(b)} = \frac{1}{4}\left[\frac{-1}{2(1+x^2)^2}\right]_a^b$$

Also ist F mit $F(x) = \frac{-1}{8(1+x^2)^2}$ eine Stammfunktion von f mit $f(x) = \frac{x}{2(1+x^2)^3}$.

Aufgaben

2 Berechnen Sie das Integral mit der angegebenen Substitution.

a) $\int_0^2 \frac{4x}{\sqrt{1+2x^2}}\,dx$; $g(x) = 1 + 2x^2$ b) $\int_{-1}^1 \frac{-2x}{(4-3x^2)^2}\,dx$; $g(x) = 4 - 3x^2$

c) $\int_0^1 x^2 e^{x^3+1}\,dx$; $g(x) = x^3 + 1$ d) $\int_0^1 x\cdot\sin(x^2)\,dx$; $g(x) = x^2$

Konntrolle mit dem CAS ist eine Selbstverständlichkeit!

3 Bestimmen Sie eine Stammfunktion der Funktion f.

a) $f(x) = \frac{3}{(3x+1)^2}$ b) $f(x) = \frac{5}{(4x-5)^4}$ c) $f(x) = \frac{x}{5+x^2}$ d) $f(x) = x^3\cdot\ln(x^4)$

4 Bestimmen Sie eine Stammfunktion und das Integral.

a) $\int_1^3 \frac{10}{(3x+1)^2}\,dx$ b) $\int_{-2}^0 \frac{3}{\sqrt{1-4x}}\,dx$ c) $\int_0^2 \frac{4}{2x+5}\,dx$ d) $\int_1^4 \ln\left(\frac{2}{5}x - \frac{1}{5}\right)dx$

e) $\int_0^3 \frac{2x}{1+x^2}\,dx$ f) $\int_{-1}^2 \frac{e^x}{2+e^x}\,dx$ g) $\int_e^{e^2} \frac{4}{x\cdot\ln(x)}\,dx$ h) $\int_{\frac{1}{3}}^{\frac{1}{2}} \frac{\pi\cdot\cos(\pi x)}{\sin(\pi x)}\,dx$

5 Geben Sie verschiedene Funktionen u an, bei denen das Integral durch Substitution berechnet werden kann.

a) $\int_a^b (x^2+x)^3\cdot u(x)\,dx$ b) $\int_a^b e^{x^2+2}\cdot u(x)\,dx$ c) $\int_a^b \sin\left(\sqrt{\pi x}\right)\cdot u(x)\,dx$ d) $\int_a^b \frac{4\cdot u(x)}{\sqrt{1-3x^2}}\,dx$

e) $\int_a^b \frac{4x^2}{\sqrt{u(x)}}\,dx$ f) $\int_a^b (u(x))^2\cdot 4x^3\,dx$ g) $\int_a^b \frac{2x^3+x}{(u(x))^4}\,dx$ h) $\int_a^b e^{u(x)}\cdot(x^2+1)\,dx$

Zum „Forschen“
Man könnte vermuten, dass es auch ein Integrationsverfahren gibt, das sich aus der Quotientenregel ableiten lässt. Wie könnte man zeigen, dass dieses Verfahren keine neuen Integrationsmöglichkeiten ergibt?

6 Die folgenden Integrale lassen sich sowohl durch Integration mit Substitution als auch durch Produktintegration bestimmen. Berechnen Sie jedes Integral auf zwei verschiedene Arten.

a) $\int_1^{2e} \frac{1}{x}\cdot\ln(x)\,dx$ b) $\int_{0,5\pi}^{1,5\pi} \sin(x)\cdot\cos(x)\,dx$ c) $\int_0^{\pi} \sin^2(x)\cdot\cos(x)\,dx$ d) $\int_0^{\pi} \sin(x)\cdot\cos^3(x)$

7 Untersuchen Sie, ob das uneigentliche Integral existiert.

a) $\int_0^{\infty} \frac{x^3}{(1+x^4)^2}\,dx$ b) $\int_0^{e} \frac{\ln x}{x}\,dx$ c) $\int_{\pi}^{\infty} \frac{1}{x^2}\cdot\sin\frac{1}{x}\,dx$ d) $\int_0^1 \frac{1-2x}{\sqrt{x-x^2}}\,dx$

Rauminhalte von Rotationskörpern

Rotation um die x-Achse.

Rotiert die Fläche zwischen dem Graphen von f und der x-Achse über dem Intervall [a; b] um die x-Achse, so gilt für das Volumen des dabei entstehenden Rotationskörpers:

$$V_x = \pi \cdot \int_a^b (f(x))^2 dx.$$

Gegeben ist f mit $f(x) = \sqrt{x^2 + 1}$
Rotation um die x-Achse mit
$a = 0$ *und* $b = 3$:

$$V_x = \pi \int_0^3 (\sqrt{x^2+1})^2 dx = \pi \int_0^3 (x^2+1) dx = 12\pi.$$

Mittelwert von Funktionen

$\overline{m} = \frac{1}{b-a} \cdot \int_a^b f(x) dx$ ist der Mittelwert der Funktionswerte f auf [a; b].

$f(x) = 4 - x^2$, $a = 0$ *und* $b = 3$ *ergeben*

$$\overline{m} = \frac{1}{3-0} \int_0^3 (4 - x^2) dx = \frac{1}{3}\left[4x - \frac{1}{3}x^3\right]_0^3 = 1.$$

Numerische Integration

Ein Integral $\int_a^b f(x) dx$ kann mithilfe gegebener Funktionswerte $y_0; y_1; \ldots; y_n$ von f auf folgende Arten näherungsweise bestimmt werden:

a) mit der Sehnentrapezregel durch Berechnung von

$S_n = \frac{b-a}{2n}(y_0 + 2y_1 + 2y_2 + \ldots + 2y_{n-1} + y_n)$

b) Mit der Tangententrapezregel durch Berechnung von

$T_n = \frac{2(b-a)}{n}(y_1 + y_3 + y_5 + \ldots + y_{n-1})$.

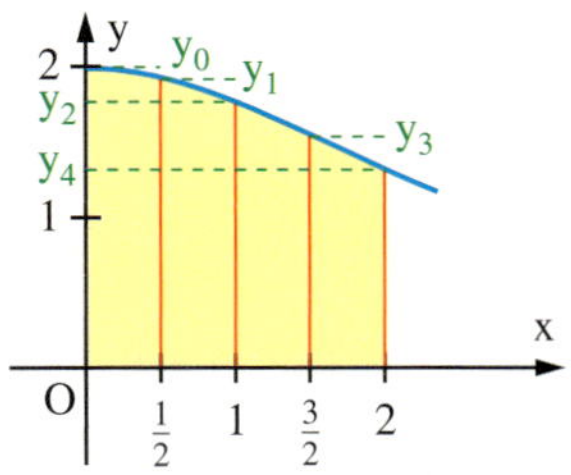

Gegeben:
$x_0 = 0;\ y_0 = 2$
$x_1 = \frac{1}{2};\ y_1 = \frac{64}{33}$
$x_2 = 1;\ y_2 = \frac{16}{9}$
$x_3 = \frac{1}{2};\ y_3 = \frac{64}{41}$
$x_4 = 2;\ y_4 = \frac{4}{3}$

$$S_4 = \frac{2-0}{8}\left(2 + 2\cdot\frac{64}{33} + 2\cdot\frac{16}{9} + 2\cdot\frac{64}{41} + \frac{4}{3}\right) \approx 3{,}47.$$

$$T_4 = \frac{2\cdot(2-0)}{4}\left(\frac{64}{33} + \frac{64}{41}\right) \approx 3{,}5.$$

Uneigentliche Integrale

Es gibt zwei Arten von uneigentlichen Integralen. Man untersucht

a) den Grenzwert von $\int_a^b f(x) dx$ für $b \to \infty$

b) den Grenzwert von $\int_z^b f(x) dx$ für $z \to a$

$$\lim_{b\to\infty} \int_1^b \frac{1}{x^2} dx = \lim_{b\to\infty} \left(1 - \frac{1}{b}\right) = 1.$$

$$\lim_{z\to 0} \int_z^4 \frac{1}{2\sqrt{x}} dx = \lim_{z\to 0} (2 - \sqrt{z}) = 2.$$

Integration von Produkten

$$\int_a^b u(x)\cdot v'(x) dx = [u(x)\cdot v(x)]_a^b - \int_a^b u'(x)\cdot v(x) dx$$

$$\int_0^1 x\cdot e^{2x} dx = \left[x\cdot\frac{1}{2}e^{2x}\right]_0^1 - \int_0^1 1\cdot\frac{1}{2}e^{2x} dx = \frac{1}{4}(e^2 + 1)$$

Integration durch Substitution

Mit $z = g(x)$ erhält man als neue Grenzen:

$g(a)$ und $g(b)$ und es gilt

$$\int_a^b f(g(x))\cdot g'(x) dx = \int_{g(a)}^{g(b)} f(z) dz$$

$\int_0^1 (1 + x^2)^5 \cdot 2x dx$;

mit $z = g(x) = 1 + x^2$, $g(0) = 1$, $g(1) = 2$
ergibt sich

$$\int_0^1 (1 + x^2)^5 \cdot 2x dx = \int_1^2 z^5 dz = \left[\frac{z^6}{6}\right]_1^2 = \frac{21}{2}$$

1 Die Gerade g habe die Gleichung $g(x) = m \cdot x + c$. Sie rotiere über dem Intervall $[0; h]$ um die x-Achse. Zeichnen Sie die Gerade über dem Intervall $[0; 4]$ und geben Sie an, um welchen Körper es sich handelt. Berechnen sie das Volumen des Rotationskörpers, wenn
a) $m = 0$ und $c = 2$ b) $m = 1$ und $c = 0$ c) $m = 1$ und $c = 1$ ist.
Berechnen Sie das Volumen auch mithilfe der Formeln für das Volumen der entstehenden Körper.

2 Die Funktion f mit $f(x) = \sin(x)$ schließt über dem Intervall $[0; \pi]$ mit der x-Achse eine Fläche ein.
a) Bestimmen Sie den Inhalt dieser Fläche exakt.
b) Bestimmen Sie den Inhalt der Fläche, indem Sie den Graphen über $[0; \pi]$ durch eine Parabel durch die Schnittpunkte mit der x-Achse und den Hochpunkt annähern und den Inhalt dieser Parabel berechnen.
c) Bestimmen Sie den Inhalt, indem Sie den Mittelwert m der Funktion über $[0; \pi]$ berechnen und dann die Gerade $y = m$ um die x-Achse m $[0; \pi]$ rotieren lassen.
d) Die Fläche rotiert um die x-Achse. Bestimmen Sie den Inhalt des entstehenden Rotationskörpers.

3 Bestimmen Sie die folgenden Integrale.
a) $\int_0^{\pi} x \cdot \cos(x)\,dx$ b) $\int_1^{e} 4x \cdot \ln(x)\,dx$ c) $\int_0^{1} x \cdot e^{x^2}\,dx$
d) $\int_0^{\frac{\pi}{2}} (\sin(x))^3 \cdot \cos(x)\,dx$ e) $\int_{\frac{\pi}{6}}^{\frac{\pi}{2}} \frac{\cos(x)}{(\sin(x))^2}\,dx$ f) $\int_1^{e} \frac{\ln(x)}{x}\,dx$

4 Die Funktion f hat folgende Eigenschaft:
Rotiert der Graph von f über dem Intervall $[0; 1]$ um die x-Achse, dann hat der entstehende Rotationskörper den Rauminhalt π.
Geben Sie zwei verschiedene Möglichkeiten für die Funktion f an.

5 a) Erstellen Sie eine Liste von Grundfunktionen, die Sie integrieren können. Welche Regeln für das Integrieren von zusammengesetzten Funktionen kennen Sie?
b) Geben Sie jeweils drei Integrale an, die Sie nur mit Produktintegration bzw. Integration durch Substitution lösen können.
c) Geben Sie drei Integrale an, die Sie nicht bestimmen können. Wie behelfen Sie sich?

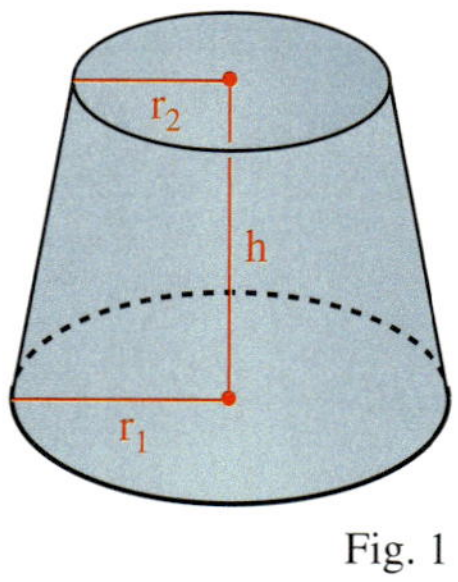

Fig. 1

6 a) Gegeben sind die Funktionen f und g_t durch $f(x) = \frac{1}{x^3}$ und $g_t(x) = \frac{t}{x^2}$ für $x \neq 0$ und $t > 0$. Ihre Graphen sind K bzw. C_t. Bestimmen Sie den x-Wert s_t des Schnittpunktes S_t der beiden Graphen K und C_t in Abhängigkeit von t.
b) Der Graph C_t und die Geraden mit den Gleichungen $x = s_t$ und $y = 0$ begrenzen eine „rechts ins Unendliche reichende" Fläche. Zeigen Sie, dass K diese Fläche halbiert.

7 Für das Volumen eines Kegelstumpfes (Fig. 1) gilt $V = \frac{1}{3}\pi h (r_1^2 + r_1 r_2 + r_2^2)$.
Bestätigen Sie dies durch Integration.

8 Die Zunahme des Wasserstandes in einem Regenauffangbecken kann nach einem heftigen Gewitter in den ersten 10 Minuten nach Beobachtungsbeginn modelliert werden durch die Funktion h mit $h(t) = 0{,}1 \cdot t \cdot e^{0{,}1\,t}$, t in min, $h(t)$ in $\frac{m^3}{min}$. Wie viel Kubikmeter Wasser sind in den 10 Minuten nach Beobachtungsbeginn in das Becken geflossen?

1 Der Graph von f und die x-Achse begrenzen über dem angegebenen Intervall eine Fläche. Zeigen Sie, dass diese Fläche einen (endlichen) Flächeninhalt hat, und geben Sie diesen an.
a) $f(x) = \frac{6}{x^2}$; $[1; \infty)$ b) $f(x) = \frac{3}{(2x-5)^2}$; $(-\infty; 2]$ c) $f(x) = e^{3-2x}$; $[0; \infty)$

2 Die beschriebene Fläche rotiert um die x-Achse. Bestimmen Sie das Volumen des entstehenden Rotationskörpers.
a) Fläche zwischen dem Graphen von $f: x \mapsto \frac{1}{2x}$ und der x-Achse über $[1; 4]$.
b) Fläche zwischen den Graphen von $f: x \mapsto e^x$ und $g: x \mapsto \frac{1}{2}x$ über $[0; 3]$.

3 Gegeben sind die auf dem Intervall $[0; 3]$ definierten Funktionen f mit $f(x) = \frac{1}{2}x^2$ und g mit $g(x) = mx$ mit $0 < m < \frac{3}{2}$. Die Graphen von f und g schneiden sich im ersten Feld und schließen zwei Teilflächen ein. Bestimmen Sie m so, dass
a) die beiden Teilflächen denselben Flächeninhalt haben
b) die linke Teilfläche einen um $\frac{3}{2}$ größeren Flächeninhalt als die rechte Teilfläche hat
c) die beiden Rotationskörper bei Rotation der Teilflächen um die x-Achse dasselbe Volumen haben.

4 Ein Sektglas hat innen die in Fig. 1 gezeigte Parabelform.
a) Welches Volumen fasst das Glas?
b) Wie hoch stehen 0,1 Liter Sekt in dem Glas?

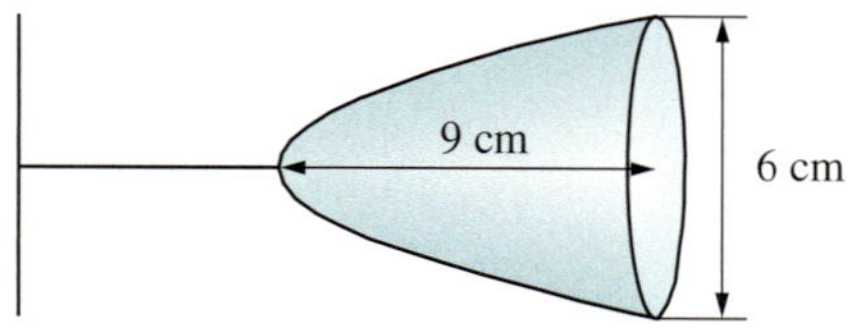

5 Der Temperaturverlauf während eines Tages wird näherungsweise beschrieben durch die Funktion T mit $T(t) = \frac{-1}{240}t^3 + \frac{1}{10}t^2 - \frac{7}{20}t - 1$ mit $0 \leqq t \leqq 24$. Dabei wird T in °C und die Uhrzeit t in Stunden angegeben. Bestimmen Sie durch Integration eine mittlere Tagestemperatur.

6 Der Graph der Funktion f mit $f(x) = x^2$ und die Gerade mit der Gleichung $y = 2x$ begrenzen im ersten Feld eine Fläche A. Rotiert A um die x-Achse, so entsteht ein Rotationskörper mit dem Volumen V. Berechnen Sie V.

7 Berechnen Sie.
a) $\int_0^1 x \cdot e^{3-2x}\,dx$ b) $\int_0^{2\pi} x^2 \cdot \sin(1-x)\,dx$ c) $\int_1^3 \frac{x+1}{2x+x^2}\,dx$ d) $\int_1^2 2x \cdot e^{4-x^2}\,dx$

8 Eine Pflanzung ist von einem Schädling befallen. Zu Beginn der Beobachtung zählt man auf einem Quadratmeter 50 Schädlinge, wobei insgesamt eine Fläche von $200\,m^2$ befallen ist. Aus Versuchen ist bekannt, dass 100 Schädlinge an einem Tag 120 g Blattmasse fressen.
Man nimmt an, dass sich die Schädlinge in den nächsten 30 Tagen bei einer Verdoppelungszeit von 5 Tagen exponentiell vermehren werden.
Wie groß ist die von den Schädlingen in 30 Tagen abgefressene Blattmasse?

9 Gegeben ist die Funktion f mit $f(x) = \sqrt{2x^2 + 1}$.
a) Skizzieren Sie den Graphen von f.
b) Der Graph von f schließt mit der x-Achse über dem Intervall $[0; 2]$ eine Fläche ein. Bestimmen Sie mit der Sehnentrapezregel und der Tangententrapezregel $(n = 4)$ jeweils einen Näherungswert für den Inhalt A dieser Fläche.
c) Die Fläche rotiert um die x-Achse. Bestimmen Sie das Volumen V des dabei entstehenden Rotationskörpers.

*1 Lineare Gleichungssysteme

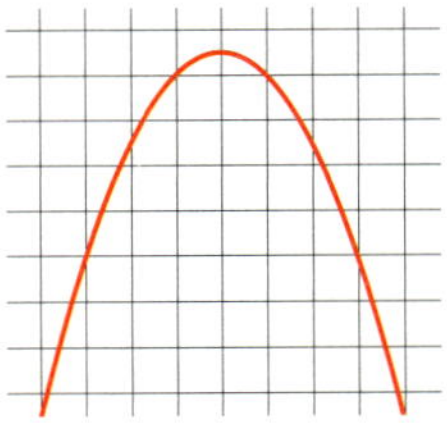

Fig. 1

1 Von der parabelförmigen Flugbahn eines Balles sind in einem (geeignet gewählten) Koordinatensystem die Punkte $(1|1)$, $(3|5)$ und $(6|3{,}5)$ bekannt.
a) Stellen Sie die drei Bedingungsgleichungen für die Punkte einer Parabel mit der Gleichung $y = ax^2 + bx + c$ auf.
b) Berechnen Sie a, b und c so, dass die Gleichungen erfüllt sind.

In der Sekundarstufe I wurden einfache lineare Gleichungssysteme gelöst, indem sie mit dem Additionsverfahren auf Stufenform gebracht wurden. Jetzt soll gezeigt werden, wie man solche Gleichungssysteme mit dem CAS löst.
Gleichungen der Form $a_1x_1 + a_2x_2 + \ldots + a_nx_n = b$, z.B. $3x_1 + 4x_2 - 2x_3 = 5$, nennt man **lineare Gleichungen**, da die Variablen x_1, x_2, x_3, … nur in der ersten Potenz vorkommen. Die Zahlen vor den Variablen heißen **Koeffizienten** der Gleichung. Ein lineares **Gleichungssystem** (abgekürzt LGS) besteht aus mehreren solchen Gleichungen.

Im LGS (1) sind alle Gleichungen erfüllt, wenn man 1 für x_1, 0 für x_2 und −1 für x_3 einsetzt. Daher nennt man das Zahlentripel (1; 0; −1) eine Lösung des Gleichungssystems. Es ist die einzige Lösung.

Ein LGS mit 3 Variablen:

$$(1)\left\{\begin{array}{l} 2x_1 + 4x_2 - \tfrac{1}{2}x_3 = \tfrac{5}{2} \\ x_1 - x_2 + 2x_3 = -1 \\ x_1 - x_2 - 4x_3 = 5 \end{array}\right.$$

umgeformt in Stufenform:

$$(1a)\left\{\begin{array}{r} 2x_1 + 4x_2 - \tfrac{1}{2}x_3 = \tfrac{5}{2} \\ x_2 - \tfrac{3}{4}x_3 = \tfrac{3}{4} \\ x_3 = -1 \end{array}\right.$$

> Eine Lösung eines linearen Gleichungssystems mit n Variablen besteht aus n Zahlen, die man als **n-Tupel** (d.h. als Zahlenpaar, Zahlentripel, Zahlenquadrupel, …) angibt.
> Sind die Lösungsmengen zweier LGS gleich, so heißen sie **äquivalent**.

Das LGS (2) ist äquivalent zu (1) und (1a), denn es hat auch die einzige Lösung (1; 0; – 1). Allerdings kann man hier die Lösung direkt ablesen, da in jeder Gleichung nur noch eine Variable vorkommt.

Ein zu (1) äquivalentes LGS:

$$(2)\left\{\begin{array}{lllr} x_1 & & & = 1 \\ & x_2 & & = 0 \\ & & x_3 & = -1 \end{array}\right.$$

Die Form des LGS (2) heißt **Diagonalform**. Mit dem CAS kann man zu einem gegebenen Gleichungssystem ein äquivalentes System in dieser Form berechnen.
Vereinbart man, dass die Variablen in allen Gleichungen des LGS dieselbe Reihenfolge haben sollen, so ist das LGS durch die Koeffizienten und die Zahlen auf der rechten Seite vollständig bestimmt. Das so entstehende Zahlenschema nennt man eine **Matrix**.

Kommt eine Variable in einer Gleichung nicht vor, so ist der entsprechende Koeffizient 0. Subtraktionen werden mit negativen Koeffizienten in die Matrix eingetragen.

LGS

$$\begin{array}{rrrrr} x_1 + & 2x_2 - & x_3 + & x_4 = & 9 \\ -x_1 & + & x_3 + & 2x_4 = & 4 \\ & x_2 + & 2x_3 + & x_4 = & 3 \\ -2x_1 - & x_2 + & & 2x_4 = & 2 \end{array}$$

LGS als Matrix

$$\left(\begin{array}{rrrr|r} 1 & 2 & -1 & 1 & 9 \\ -1 & 0 & 1 & 2 & 4 \\ 0 & 1 & 2 & 1 & 3 \\ -2 & -1 & 0 & 2 & 2 \end{array}\right)$$

Man erhält aus einem LGS durch folgende **Äquivalenzumformungen** ein äquivalentes:
(1) zwei Gleichungen (Zeilen der Matrix) vertauschen,
(2) eine Gleichung (Zeile der Matrix) mit einer Zahl $c \neq 0$ multiplizieren,
(3) eine Gleichung (Zeile der Matrix) durch die Summe oder Differenz eines Vielfachen von ihr und eines Vielfachen einer **anderen** Gleichung des Systems (Zeile der Matrix) ersetzen.
Aus diesen Umformungen lässt sich ein Verfahren herleiten, mit dem man von einem gegebenen Gleichungssystem zu einem äquivalenten in Stufenform oder Diagonalenform gelangt. Zunächst wird in allen Gleichungen außer der ersten die erste Variable eliminiert, dann entsprechend die zweite Variable in allen Gleichungen außer der zweiten usw.

> **GAUSS-Verfahren:** Beim GAUSS-Verfahren löst man ein lineares Gleichungssystem mit n Variablen, indem man es mithilfe der Äquivalenzumformungen (1), (2) und (3) auf Stufenform oder auf Diagonalenform bringt.

Beispiel: (GAUSS-Verfahren)
Lösen Sie das lineare Gleichungssystem, indem Sie es mit dem GAUSS-Verfahren umformen.

$$\begin{aligned} 3x_1 + 6x_2 - 2x_3 &= -15 \\ 3x_1 + 2x_2 + x_3 &= 2 \\ 2x_1 + 5x_2 - 5x_3 &= -23 \end{aligned}$$

Lösung:

	Ausführliche Schreibweise:	Matrixschreibweise:	Umformung:
1. Schritt: LGS notieren und Gleichungen „nummerieren“	$\begin{array}{lrcl} \text{I} & 3x_1 + 6x_2 - 2x_3 &=& -15 \\ \text{II} & 3x_1 + 2x_2 + x_3 &=& 2 \\ \text{III} & 2x_1 + 5x_2 - 5x_3 &=& -23 \end{array}$	$\left(\begin{array}{rrr\|r} 3 & 6 & -2 & -15 \\ 3 & 2 & 1 & 2 \\ 2 & 5 & -5 & -23 \end{array}\right)$	 | IIa = II − I | IIIa = 3 · III − 2 · I
2. Schritt: Eliminieren von x_1 aus der 2. und 3. Gleichung (Reduktion der ersten Matrixspalte)	$\begin{array}{lrcl} \text{I} & 3x_1 + 6x_2 - 2x_3 &=& -15 \\ \text{IIa} & -4x_2 + 3x_3 &=& 17 \\ \text{IIIa} & 3x_2 - 11x_3 &=& -39 \end{array}$	$\left(\begin{array}{rrr\|r} 3 & 6 & -2 & -15 \\ 0 & -4 & 3 & 17 \\ 0 & 3 & -11 & -39 \end{array}\right)$	| Ia = 2 · I + 3 · IIa | IIIb = 4 · IIIa + 3 · IIa
3. Schritt: Eliminieren von x_2 aus der 1. und 3. Gleichung (Reduktion der zweiten Matrixspalte)	$\begin{array}{lrcl} \text{Ia} & 6x_1 + 5x_3 &=& 21 \\ \text{IIa} & -4x_2 + 3x_3 &=& 17 \\ \text{IIIb} & -35x_3 &=& -105 \end{array}$	$\left(\begin{array}{rrr\|r} 6 & 0 & 5 & 21 \\ 0 & -4 & 3 & 17 \\ 0 & 0 & -35 & -105 \end{array}\right)$	 | IIIc = IIIa : (−35)
4. Schritt: Normierung der 3. Gleichung durch Division mit −35.	$\begin{array}{lrcl} \text{Ia} & 6x_1 + 5x_3 &=& 21 \\ \text{IIa} & -4x_2 + 3x_3 &=& 17 \\ \text{IIc} & x_3 &=& 3 \end{array}$	$\left(\begin{array}{rrr\|r} 6 & 0 & 5 & 21 \\ 0 & -4 & 3 & 17 \\ 0 & 0 & 1 & 3 \end{array}\right)$	| Ib = Ia − 5 · IIIc | IIb = IIa − 3 · IIIc
5. Schritt: Eliminieren von x_3 aus der 1. und 2. Gleichung (Reduktion der dritten Matrixspalte)	$\begin{array}{lrcl} \text{Ib} & 6x_1 &=& 6 \\ \text{IIb} & -4x_2 &=& 8 \\ \text{IIIc} & x_3 &=& 3 \end{array}$	$\left(\begin{array}{rrr\|r} 6 & 0 & 0 & 6 \\ 0 & -4 & 0 & 8 \\ 0 & 0 & 1 & 3 \end{array}\right)$	| Ic = Ib : 6 | IIc = IIc : (−4)
6. Schritt: Normierung der ersten beiden Gleichungen und Ablesen der Lösung.	$\begin{array}{lrcl} \text{Ic} & x_1 &=& 1 \\ \text{IIc} & x_2 &=& -2 \\ \text{IIIc} & x_3 &=& 3 \end{array}$ Lösung: (1; −2; 3)	$\left(\begin{array}{rrr\|r} 1 & 0 & 0 & 1 \\ 0 & 1 & 0 & -2 \\ 0 & 0 & 1 & 3 \end{array}\right)$	

Bei Berechnungen ohne ein CAS hört man nach dem Erreichen der Stufenform mit den Umformungen auf, also nach dem 3. Schritt. Die Lösung erhält man wie folgt: Aus IIIb: $x_3 = 3$, eingesetzt in IIa: $-4x_2 + 9 = 17$, $x_2 = -2$; beides eingesetzt in I: $3x_1 - 12 - 6 = -15$, also $x_1 = 1$.

Mit dem CAS kann man Gleichungssysteme auf zwei Arten lösen.
(1) Man gibt das Gleichungssystem als Matrix unter einem Namen A ein (Fig. 1) (oder einem anderen, Groß- und Kleinschreibung werden nicht unterschieden), füllt anschließend die Zellen aus, geht in den Hauptbildschirm, drückt auf die Taste [MATH], geht dort auf den Befehl 4:Matrix und dann wieder auf 4:DiagForm(. Nach Bestätigung mit [ENTER] gibt man in Klammern den Namen A der Matrix ein und erhält Fig. 3. Aus ihr liest man die Lösung (1; –2; 3) ab.

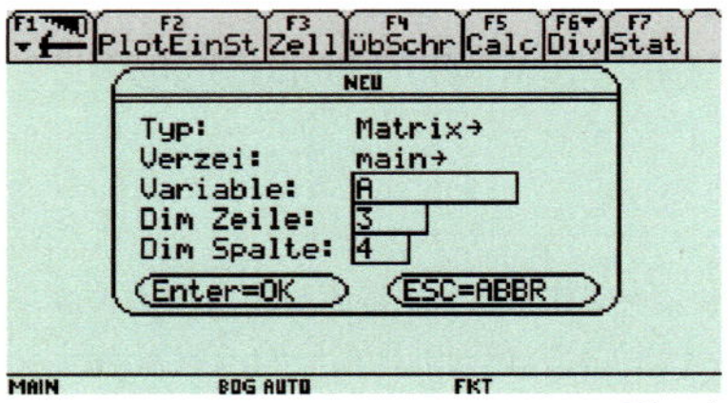

Fig. 1

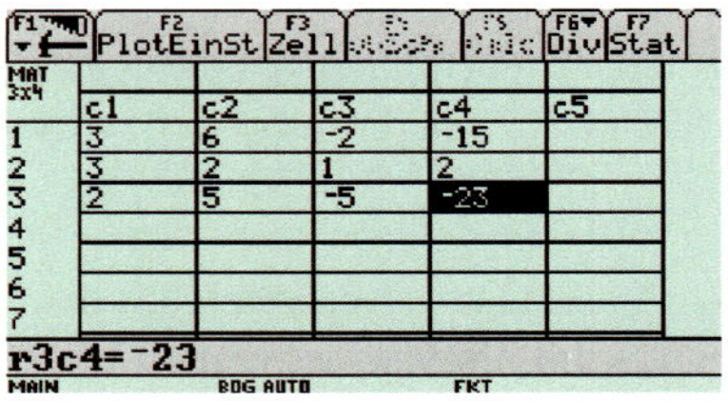

Fig. 2

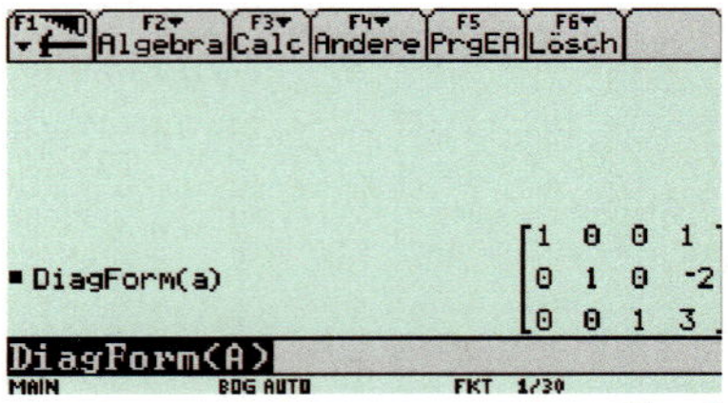

Fig. 3

(2) Man geht in den Hauptbildschirm löst mit der Taste [F2] den Befehl 1:Löse(aus. Man gibt die Gleichungen mit „and" verbunden ein, schließt die Eingabe mit einem Komma ab und schreibt dahinter die Lösungsvariablen in geschweifter Klammer:
Löse(3x1+6x2–2x3=–15 and 3x1+2x2+x3=2 and 2x1+5x2–5x3=–23, {x1, x2, x3})
Mit [ENTER] wird die Lösung ausgegeben (Fig. 4)

Computertomographie

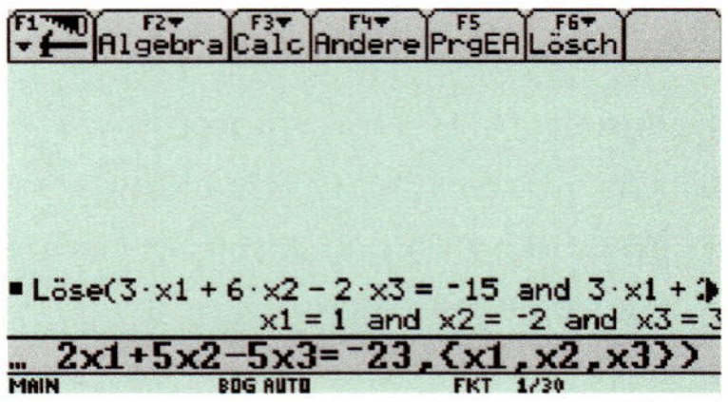

Fig. 4

Aufgaben

2 Lösen Sie das lineare Gleichungssystem.

a) $\begin{aligned} 2x_1 - 3x_2 - 5x_3 &= -1 \\ 2x_2 + x_3 &= 0 \\ 3x_3 &= 6 \end{aligned}$ b) $\begin{aligned} 3x_1 + 8x_2 - 3x_3 &= 5 \\ 4x_2 + x_3 &= 1 \\ -5x_3 &= 10 \end{aligned}$ c) $\begin{aligned} 3x_1 + 4x_2 + 6x_3 &= 5 \\ 17x_2 + 24x_3 &= 16 \\ 2x_3 &= 7 \end{aligned}$

3 Lösen Sie.

a) $\begin{aligned} 2x_1 - 4x_2 + 5x_3 &= 3 \\ 3x_1 + 3x_2 + 7x_3 &= 13 \\ 4x_1 - 2x_2 - 3x_3 &= -1 \end{aligned}$ b) $\begin{aligned} -x_1 + 7x_2 - x_3 &= 5 \\ 4x_1 - x_2 + x_3 &= 1 \\ 5x_1 - 3x_2 + x_3 &= -1 \end{aligned}$ c) $\begin{aligned} 0{,}6x_2 + 1{,}8x_3 &= 3 \\ 0{,}3x_1 + 1{,}2x_2 &= 0 \\ 0{,}5x_1 + x_3 &= 1 \end{aligned}$

4 Lösen Sie das Gleichungssystem.

a) $\begin{aligned} x_2 &= 3x_1 + 3x_3 + 17 \\ x_2 &= 2x_1 - x_3 + 8 \\ x_2 &= x_1 + 3x_3 + 7 \end{aligned}$ b) $\begin{aligned} 2x_1 - (3x_2 + 2) &= 2x_3 + 8 \\ x_2 - (x_1 + x_3) &= 2 \\ x_3 + (x_1 - 1) &= 3x_3 + 6 \end{aligned}$ c) $\begin{aligned} 2(x_1 - 1) + 3(x_3 - x_2) &= 2 \\ 5x_1 - 4(x_2 - 2x_3) &= 22 \\ 3(x_2 + x_3) - 4(x_1 - 1) &= 14 \end{aligned}$

In Aufgabe 5 enthält das Lösungstripel Terme, ist also von einer Form wie z. B. (2 + r; r; 3 – 2r).

5 Die rechte Seite des Gleichungssystems hängt von r ab. Bestimmen Sie die Lösung in Abhängigkeit von r.

a) $\begin{aligned} -x_1 + 3x_2 &= r \\ x_1 + x_2 &= 3r \\ -3x_1 + 2x_2 + x_3 &= 0 \end{aligned}$ b) $\begin{aligned} 2x_1 + x_2 + x_3 &= r \\ x_2 - x_3 &= r + 1 \\ 2x_1 + 3x_2 &= r \end{aligned}$ c) $\begin{aligned} 3x_1 + 2x_2 + x_3 &= 4r \\ 2x_1 + x_2 &= r + 2 \\ x_1 - 2x_2 + 3x_3 &= 2r \end{aligned}$

6 Die Quersumme einer dreiziffrigen Zahl ist gleich dem Dreifachen der ersten Ziffer. Die Summe der ersten und dritten Ziffer ist gleich der zweiten Ziffer. Die zweite und dritte Ziffer ergeben zusammen 8.

*2 Lösungsmengen linearer Gleichungssysteme

a)
$$\begin{aligned} x_1 + 2x_2 - x_3 &= 2 \\ 2x_1 - x_2 + 3x_3 &= 9 \end{aligned}$$

b)
$$\begin{aligned} x_1 - x_2 &= 1 \\ 2x_1 + 3x_2 &= 6 \\ 4x_1 + 5x_2 &= 9 \end{aligned}$$

1 Was passiert jeweils, wenn Sie das GAUSS-Verfahren auf die Gleichungssysteme anwenden? Welches der beiden Systeme hat keine Lösung, welches hat mehr als eine Lösung? Beschreiben Sie jeweils die Lösungsmenge.

Bisher wurden nur LGS mit n Gleichungen und n Variablen betrachtet. Das GAUSS-Verfahren lässt sich auch für weniger oder mehr Gleichungen als Variablen durchführen.

(1) Gleichungssysteme mit **genau einer** Lösung

LGS	Stufenform (ohne CAS)
$x_1 + 2x_2 + x_3 = 9$	$x_1 + 2x_2 + x_3 = 9$
$-2x_1 - x_2 + 5x_3 = 5$	$3x_2 + 7x_3 = 3$
$x_1 - x_2 + 3x_3 = 4$	$9x_3 = 18$

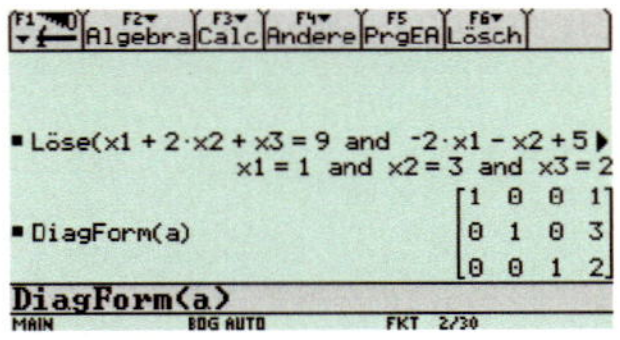

Die Eindeutigkeit der Lösung folgt direkt aus der Diagonalenform. In der Stufenform darf die letzte Gleichung nur noch eine Variable enthalten. Dies ist nur möglich, wenn mindestens so viele Gleichungen wie Variablen im LGS auftreten. Letzteres ist notwendig, aber nicht hinreichend. Lösungsmenge: $L = \{(1; 3; 2)\}$

Die Diagonalenform, die das CAS liefert hat folgende Bedeutung:
$1 \cdot x_1 + 0 \cdot x_2 = 0$
$0 \cdot x_1 + 1 \cdot x_2 = 0$
$0 \cdot x_1 + 0 \cdot x_2 = 1$, also $0 = 1$.

(2) Gleichungssysteme mit **keiner** Lösung

LGS	Stufenform (ohne CAS)
$x_1 + 3x_2 = 2$	$x_1 + 3x_2 = 2$
$2x_1 - x_2 = 1$	$-7x_2 = -3$
$5x_1 + x_2 = 3$	$0 = 1$

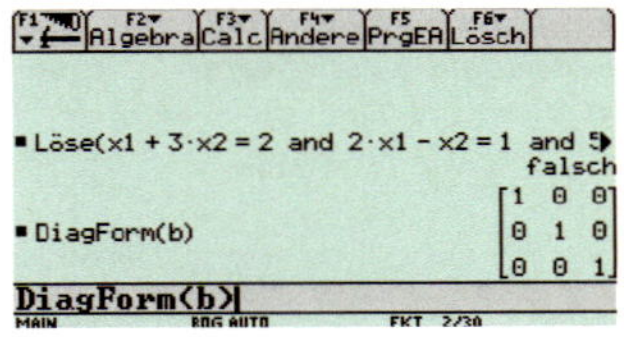

Bei der Umformung in Stufenform (und entsprechend in Diagonalenform) entsteht hier eine Gleichung, die keine Variable mehr enthält und falsch ist. Damit ist das LGS nicht lösbar. Dieser Fall tritt häufig auf, wenn mehr Gleichungen als Variablen vorhanden sind. Lösungsmenge: $L = \{\}$

(3) Gleichungssysteme mit **unendlich vielen** Lösungen

LGS	Stufenform (ohne CAS)
$x_1 - 2x_2 + x_3 = 3$	$x_1 - 2x_2 + x_3 = 3$
$2x_1 - 3x_2 - x_3 = 1$	$x_2 - 3x_3 = -5$

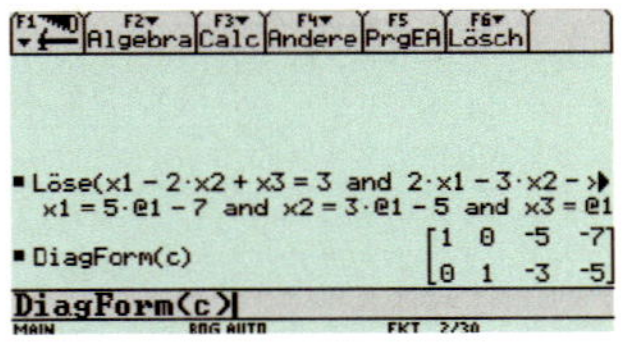

Bei der Umformung in die Stufenform (und entsprechend in Diagonalenform) bleibt in der letzten Gleichung mehr als eine Variable stehen. Ersetzt man diese Variable bis auf eine im LGS durch beliebige Zahlen, so hat man eine eindeutige Lösung.

*Das Wort **Parameter** leitet sich von den griechischen Begriffen para (= neben) und metron (= Maß) ab. Man bezeichnet damit Variablen, die eine Sonderrolle spielen.*

Die Abhängigkeit der Lösung von den verschiedenen Ersetzungen beschreibt man durch die Einführung so genannter **Parameter**. Im Beispiel ersetzt man etwa x_3 durch t (das CAS setzt dafür @1). Damit wird $x_2 = 3t - 5$; $x_1 = 5t - 7$. Lösungsmenge: $L = \{(5t - 7; 3t - 5; t) \mid t \in \mathbb{R}\}$

> Ein lineares Gleichungssystem hat entweder genau eine Lösung oder keine Lösung oder unendlich viele Lösungen.

Beispiel 1: (Lösen ohne CAS)
Bestimmen Sie die Lösungsmenge:

$$\begin{aligned} x_1 + 3x_2 - 4x_3 &= 1 \\ 3x_1 - 2x_2 + x_3 &= 0 \\ -\tfrac{3}{2}x_1 + x_2 - \tfrac{1}{2}x_3 &= 1 \end{aligned}$$

Lösung:
1. Schritt: LGS notieren.

$$\begin{array}{ll} \text{I} & x_1 + 3x_2 - 4x_3 = 1 \\ \text{II} & 3x_1 - 2x_2 + x_3 = 0 \quad |\ \text{IIa} = \text{II} - 3\cdot\text{I} \\ \text{III} & -\tfrac{3}{2}x_1 + x_2 - \tfrac{1}{2}x_3 = 1 \quad |\ \text{IIIa} = \text{III} + \tfrac{1}{2}\cdot\text{II} \end{array}$$

2. Schritt: Man bringt das LGS auf Stufenform.

$$\begin{array}{ll} \text{I} & x_1 + 3x_2 - 4x_3 = 1 \\ \text{IIa} & -11x_2 + 13x_3 = -3 \\ \text{IIIa} & 0 = 1 \end{array}$$

3. Schritt: Man gibt die Lösungsmenge an.
Das System ist unlösbar.
Lösungsmenge: $L = \{\ \}$.

Gleichungssysteme

Beispiel 2: (Lösen mit CAS)
Bestimmen Sie die Lösungsmenge.

$$\begin{aligned} 2x_1 + 4x_2 - x_3 &= 3 \\ x_1 - 3x_2 + 2x_3 &= -1 \\ x_1 + 7x_2 - 3x_3 &= 4 \end{aligned}$$

Lösung:
Man gibt die Matrix ein, wechselt zum Hauptbildschirm und aktiviert mit der Taste MATH im Editor 4:Matrix den Befehl 4:DiagForm oder arbeitet mit dem Befehl Löse (Fig. 1).
Die Diagonalform bedeutet $x_1 + \frac{1}{2}x_3 = \frac{1}{2}$ und $x_2 - \frac{1}{2}x_3 = \frac{1}{2}$.
Setzt man $x_3 = t \in \mathbb{R}$, so ergibt sich
$x_1 = -\frac{1}{2}t + \frac{1}{2}$ und $x_2 = \frac{1}{2}t + \frac{1}{2}$.
Damit erhält man die Lösung
$L = \left\{-\frac{1}{2}t + \frac{1}{2};\ \frac{1}{2}t + \frac{1}{2};\ t\right\}$ oder
$L = \left\{-\frac{t-1}{2};\ \frac{t+1}{2};\ t\right\}$ (Fig. 1 mit t = @1)
Man kann auch $x_3 = 2s;\ s \in \mathbb{R}$ setzen.
Damit gilt: $L = \left\{\frac{1}{2} - s;\ \frac{1}{2} + s;\ s\right\}$.

*Mit dem Befehl **Löse**, Eingabe der 3 Gleichungen mit **and** dazwischen und Angabe der Lösungsvariablen in der Form {x1,x2,x3} erhält man ebenfalls die Lösungsmenge.*

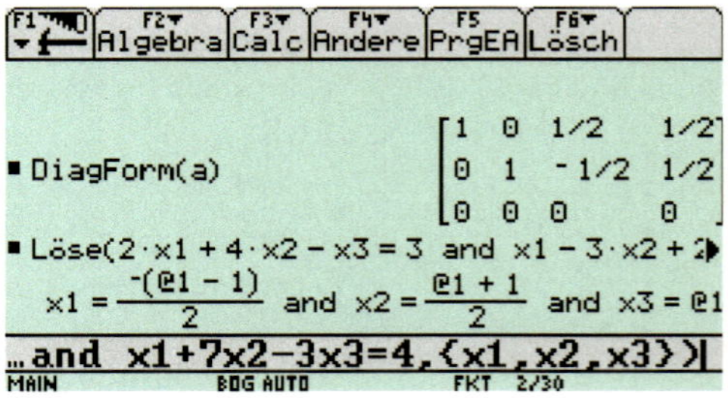

Fig. 1

Aufgaben

2 Bestimmen Sie die Lösungsmenge.

a) $\begin{aligned} x_1 - 3x_2 + 2x_3 &= 2 \\ 3x_2 - 2x_3 &= 1 \\ -6x_2 + 4x_3 &= 3 \end{aligned}$
b) $\begin{aligned} x_1 + 2x_2 - x_3 &= 2 \\ 2x_2 - 4x_3 &= 1 \\ 3x_2 - 6x_3 &= \tfrac{3}{2} \end{aligned}$
c) $\begin{aligned} x_1 - 4x_2 + x_3 &= 2 \\ 2x_2 - 4x_3 &= 6 \\ 3x_2 - 7x_3 &= 5 \end{aligned}$
d) $\begin{aligned} x_1 + 2x_2 - x_3 &= 2 \\ x_1 + 2x_2 - 3x_3 &= 6 \\ -4x_3 &= 8 \end{aligned}$

3 a) $\begin{aligned} x_1 + x_2 + x_3 &= 3 \\ x_1 + 2x_2 + 3x_3 &= 6 \end{aligned}$
b) $\begin{aligned} -3x_1 + 6x_2 - 6x_3 &= 5 \\ 2x_1 - 4x_2 + 4x_3 &= -2 \end{aligned}$
c) $\begin{aligned} -6x_1 - 3x_2 + 6x_3 &= 9 \\ 4x_1 + 2x_2 - 5x_3 &= -6 \end{aligned}$

4 Das Gleichungssystem enthält einen Parameter auf der rechten Seite. Geben Sie die Lösungsmenge in Abhängigkeit vom Parameter an.

a) $\begin{aligned} 3x_1 - 2x_2 &= 4r \\ x_1 + 3x_2 &= 5r \end{aligned}$
b) $\begin{aligned} 3x_1 - 4x_2 &= 7r \\ 5x_1 + 4x_2 &= r \end{aligned}$
c) $\begin{aligned} 6x_1 - 3x_2 &= 3r + 6 \\ 4x_1 - 3x_2 &= 2r + 4 \end{aligned}$
d) $\begin{aligned} 3x_1 + 3x_2 - 5x_3 &= 3r \\ x_1 + 6x_2 - 10x_3 &= r \\ 15x_2 + 25x_3 &= 0 \end{aligned}$
e) $\begin{aligned} 3x_1 - 2x_2 + x_3 &= 2r \\ 5x_1 - 4x_2 - x_3 &= 2 \\ x_1 + 3x_2 - 2x_3 &= 2r + 6 \end{aligned}$
f) $\begin{aligned} 2x_1 + 2x_2 + 2x_3 &= r + 2 \\ 4x_1 - 3x_2 + 2x_3 &= 0 \\ x_1 + x_2 + 3x_3 &= 2r + 6 \end{aligned}$

3 Der Begriff des Vektors in der Geometrie

Fig. 1

1 a) Vergleichen Sie die Pfeile in Fig. 1 miteinander.
b) Welche physikalische Größe wird vermutlich durch die Pfeile symbolisiert?
Wie viele Pfeile müssen hierzu mindestens gezeichnet werden?
c) Welche Informationen kann man durch die Pfeile mitteilen?
Welche Angabe fehlt in Fig. 1?

Viele geometrische Fragestellungen lassen sich mithilfe von Verschiebungen bearbeiten.
In diesem Kapitel werden deshalb Verschiebungen näher betrachtet und Rechenregeln für sie erarbeitet. Diese Regeln gelten jedoch nicht nur für Verschiebungen, sondern für viele Objekte in der Mathematik und anderen Wissenschaften. Solche Objekte nennt man allgemein **Vektoren**.
In der Geometrie meint man mit der Bezeichnung Vektor den Spezialfall einer Verschiebung; deshalb wird ein Vektor in der Geometrie durch eine Menge zueinander paralleler, gleich langer und gleich gerichteter Pfeile beschrieben.
Eine solche Menge von Pfeilen ist bereits festgelegt, wenn man einen ihrer Pfeile, einen Repräsentanten, kennt.

Bezeichnungen bei Vektoren:

Der Vektor, zu dem die Pfeile in Fig. 2 gehören, bildet P auf P′, Q auf Q′, R auf R′ ... ab.
Man bezeichnet ihn mit $\overrightarrow{PP'}$ oder $\overrightarrow{QQ'}$ oder $\overrightarrow{RR'}$ ... oder mit einem kleinen Buchstaben und einem Pfeil (z. B.: $\vec{a}$ oder $\vec{b}$ oder $\vec{c}$ ...).

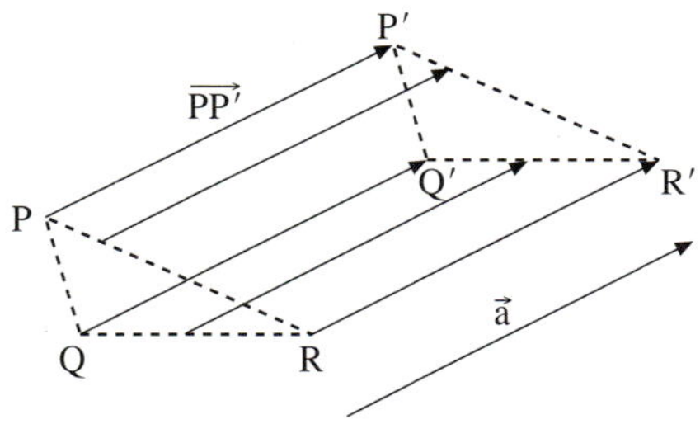

Fig. 2

vehere (lat.): *ziehen, schieben*
vector (lat.): *Träger, Fahrer*

Zwei Vektoren $\vec{a}$ und $\vec{b}$ sind **gleich** ($\vec{a} = \vec{b}$), wenn die Pfeile von $\vec{a}$ und $\vec{b}$ zueinander parallel, gleich lang und gleich gerichtet sind (Fig. 3).

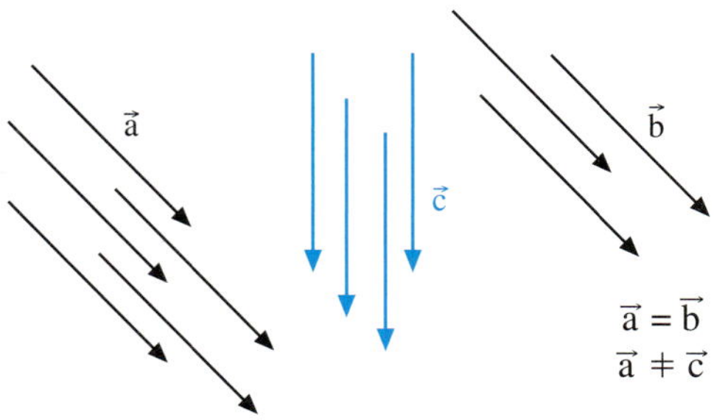

Fig. 3

Derjenige Vektor, der jeden Punkt auf sich selbst abbildet, heißt **Nullvektor**.
Der Nullvektor wird mit $\vec{o}$ bezeichnet, er ist der einzige Vektor ohne Verschiebungspfeil.

Sind die Pfeile zweier Vektoren $\vec{a}$ und $\vec{b}$ zueinander parallel und gleich lang, aber entgegengesetzt gerichtet (Fig. 4), so heißt $\vec{a}$ **Gegenvektor** zu $\vec{b}$ (und $\vec{b}$ heißt Gegenvektor zu $\vec{a}$).

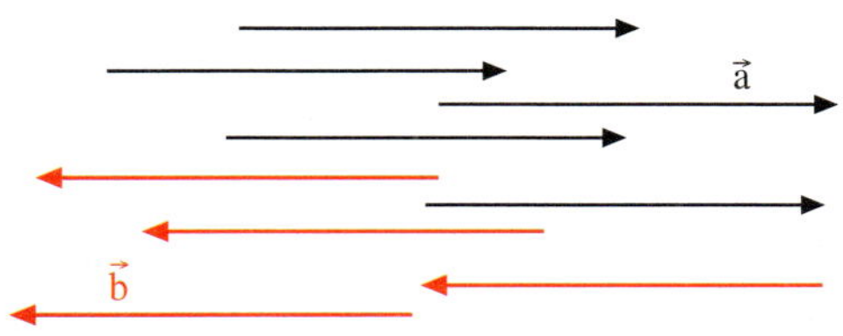

Fig. 4

Blickwechsel unbedenklich:
Die Figur zum Beispiel kann man räumlich als Quader sehen oder so, dass alle Pfeile in einer Ebene liegen.
Die Lösung vom Beispiel ist jedoch unabhängig von der „Sichtweise“ des Betrachters der Figur.

Beispiel:
a) Wie viele verschiedene Vektoren sind in der Figur durch Pfeile dargestellt?
b) Welche Vektoren sind zueinander Gegenvektoren?
Lösung:
a) Da die Pfeile von $\vec{a}$, $\vec{e}$ und $\vec{g}$ zueinander parallel, gleich lang und gleich gerichtet sind, gilt: $\vec{a} = \vec{e} = \vec{g}$.
Ebenso gilt:
$\vec{b} = \vec{d}$ und $\vec{f} = \vec{h}$ und $\vec{k} = \vec{l} = \vec{m}$.
Also sind 6 verschiedene Vektoren in der Figur eingetragen: $\vec{a}$, $\vec{b}$, $\vec{c}$, $\vec{f}$, $\vec{i}$, $\vec{k}$.
b) $\vec{a}$, $\vec{e}$ und $\vec{g}$ sind Gegenvektoren zu $\vec{c}$.
$\vec{k}$, $\vec{l}$ und $\vec{m}$ sind Gegenvektoren zu $\vec{i}$.
$\vec{b}$ und $\vec{d}$ sind Gegenvektoren zu $\vec{f}$ und $\vec{h}$.

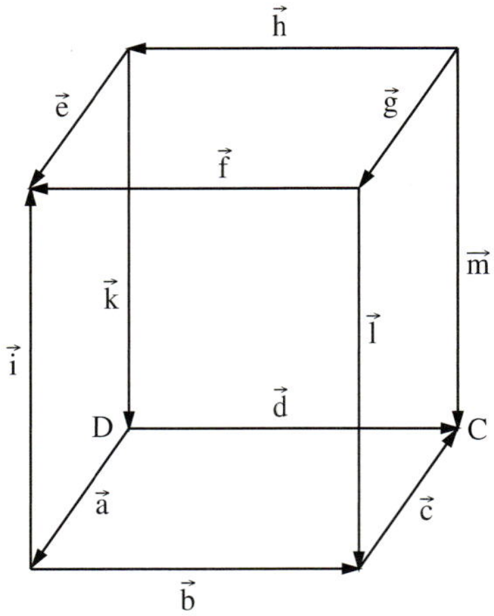

Fig. 1

Aufgaben

2 Ein Würfel hat die Ecken A, B, C, D, E, F, G und H. Mithilfe dieser Ecken kann man Pfeile längs der Kanten festlegen, z. B. den Pfeil von A nach B.
Wie viele solcher Pfeile gibt es? Wie viele verschiedene Vektoren legen diese Pfeile fest?

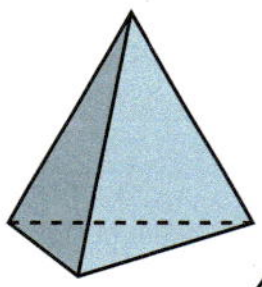

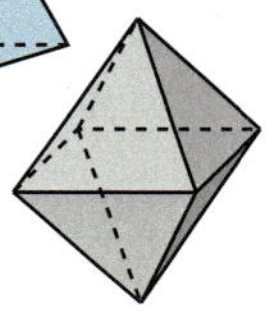

3 Wie viele verschiedene Vektoren können durch die Ecken eines Tetraeders (Oktaeders) festgelegt werden, wenn jeweils eine Ecke Anfangspunkt und eine andere Ecke Endpunkt eines Pfeiles ist?

4 Ein Punkt A wird durch einen Vektor $\vec{a}$ $(\vec{a} \neq \vec{o})$ auf A_1, durch den Gegenvektor zu $\vec{a}$ auf A_2 abgebildet. Weiterhin wird A durch einen Vektor $\vec{b}$ $(\vec{b} \neq \vec{o})$ auf B abgebildet. Wie müssen $\vec{a}$ und $\vec{b}$ gewählt werden, damit das Dreieck A_1BA_2 gleichschenklig (gleichseitig) ist?

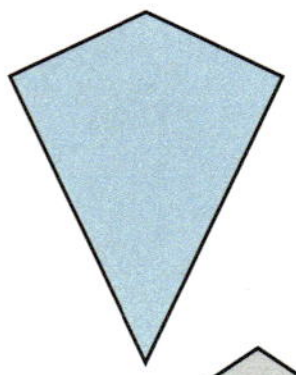

5 Ein Punkt A wird durch einen Vektor $\vec{v}$ auf A_1 und durch den Gegenvektor von $\vec{v}$ auf A_3 abgebildet sowie durch einen Vektor $\vec{w}$ auf A_2 und durch den Gegenvektor von $\vec{w}$ auf A_4 abgebildet. Beschreiben Sie das Viereck $A_1A_2A_3A_4$, wenn $\vec{v} \neq \vec{w}$, $v \neq \vec{o}$ und $\vec{w} \neq \vec{o}$.

6 Ein Punkt A wird auf die Punkte B, C, D und E abgebildet. Wie müssen die Vektoren $\overrightarrow{AB}$, $\overrightarrow{AC}$, $\overrightarrow{AD}$, $\overrightarrow{AE}$ gewählt werden, damit das Viereck BCDE
a) ein Rechteck, b) ein Quadrat, c) ein Drachen, d) eine Raute, e) ein Trapez ist?

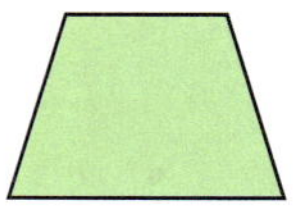

7 Zeichnen Sie ein Dreieck ABC und bilden Sie es durch eine zweifache Achsenspiegelung an zueinander parallelen Geraden auf ein Dreieck A′B′C′ ab.
Welche Richtung und welche Länge haben die Pfeile des Vektors, der das Dreieck ABC auf das Dreieck A′B′C′ abbildet?

8 Zeichnen Sie ein gleichseitiges Dreieck ABC. Bilden Sie B durch $\overrightarrow{AB}$ auf B_1 und C durch $\overrightarrow{AC}$ auf C_1 ab. Bilden Sie nun B_1 durch $\overrightarrow{AB_1}$ auf B_2 ab und C_1 durch $\overrightarrow{AC_1}$ auf C_2 ab usw., bis Sie das Dreieck AB_4C_4 $(AB_nC_n,\ n \in \mathbb{N})$ erhalten.
Wievielmal so groß ist der Flächeninhalt des Dreiecks AB_4C_4 (des Dreiecks AB_nC_n, $n \in \mathbb{N}$) wie der Flächeninhalt des Dreiecks ABC?

4 Rechnen mit Vektoren

1 Ein Propellerflugzeug fliegt mit $400\,\frac{\text{km}}{\text{h}}$ in Richtung Osten. Auch nach Aufkommen einer Nordwindströmung von $100\,\frac{\text{km}}{\text{h}}$ ändert es seinen Kurs nicht (Fig. 1). In welche Richtung wird es abgetrieben? Zeichnen Sie.
In welche Richtung wird das Flugzeug abgetrieben, wenn eine Strömung von $50\,\frac{\text{km}}{\text{h}}$ aus Nord-Osten herrscht?

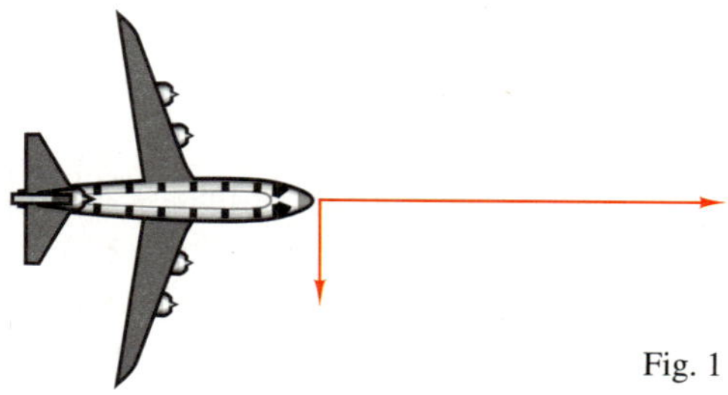

Fig. 1

2 Zeichnen Sie einen Vektor $\vec{a}$, der eine Geschwindigkeit von $60\,\frac{\text{km}}{\text{h}}$ in Richtung Nord-Westen repräsentiert. Was repräsentieren die Vektoren $2\vec{a}$ bzw. $-\vec{a}$?

Eine andere Möglichkeit zum zeichnerischen Addieren zweier Vektoren:

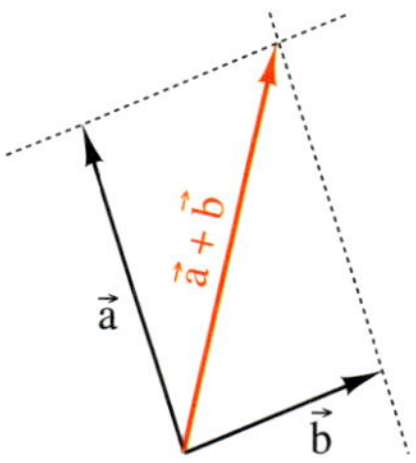

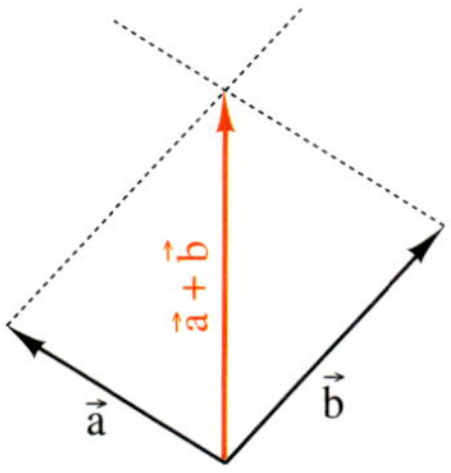

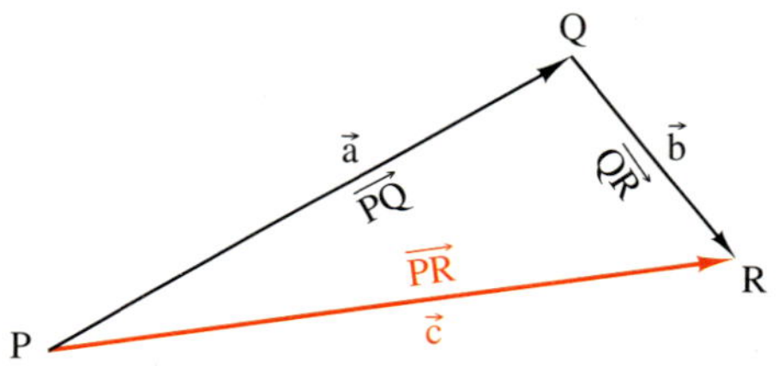

Fig. 2

Die Hintereinanderausführung zweier Vektoren $\vec{a}$ und $\vec{b}$ (d. h. zweier Verschiebungen) ergibt wieder einen Vektor $\vec{c}$ (d. h. wieder eine Verschiebung). Fig. 2 verdeutlicht, wie man mithilfe eines Pfeiles von $\vec{a}$ und eines Pfeiles von $\vec{b}$ einen Pfeil von $\vec{c}$ erhält: Der Anfangspunkt des zweiten Pfeiles wird an das Ende des ersten Pfeiles gezeichnet.

> Statt Hintereinanderausführung zweier Vektoren $\vec{a}$ und $\vec{b}$ sagt man auch:
> Die Vektoren $\vec{a}$ und $\vec{b}$ werden **addiert** und man schreibt für die Summe $\vec{a}+\vec{b}$.
> In Fig. 2 ist $\overrightarrow{PQ}+\overrightarrow{QR}=\overrightarrow{PR}$.

Wie bei reellen Zahlen gelten auch bei Vektoren für die Addition das Kommutativgesetz und das Assoziativgesetz (vgl. Fig. 3 und Fig. 4).

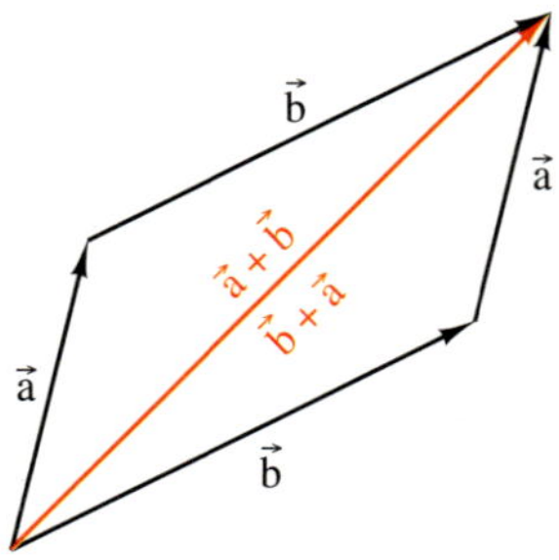

Fig. 3

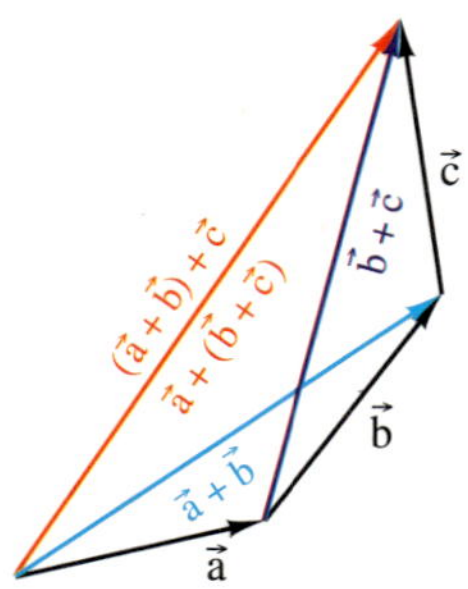

Fig. 4

> **Satz 1:** Für alle Vektoren $\vec{a}$, $\vec{b}$, $\vec{c}$ einer Ebene oder des Raumes gelten für die Addition
> $\vec{a}+\vec{b}=\vec{b}+\vec{a}$ (**Kommutativgesetz**) und
> $\vec{a}+\vec{b}+\vec{c}=(\vec{a}+\vec{b})+\vec{c}=\vec{a}+(\vec{b}+\vec{c})$ (**Assoziativgesetz**)

Zeichnerisches Subtrahieren (Fig. 1):
Gemeinsamer Anfangspunkt für beide Pfeile. Der Ergebnispfeil reicht von der Spitze des zweiten zur Spitze des ersten Pfeiles.

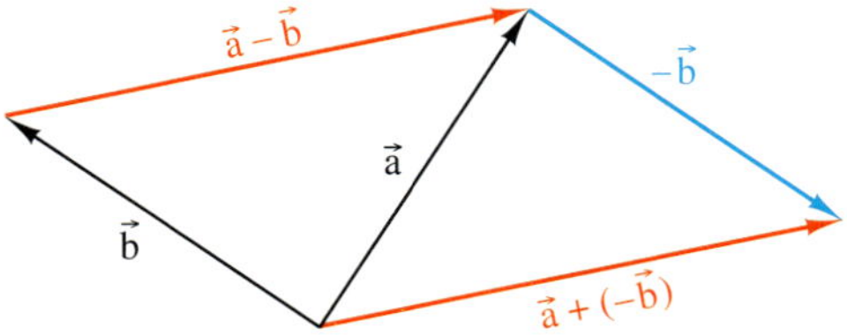

Fig. 1

Den Gegenvektor eines Vektors kennzeichnet man mit einem „–"-Zeichen. $-\vec{b}$ ist der Gegenvektor des Vektors $\vec{b}$.
Statt $\vec{a}+(-\vec{b})$ schreibt man kurz $\vec{a}-\vec{b}$ und man sagt: $\vec{b}$ wird von $\vec{a}$ **subtrahiert**.
Fig. 1 zeigt, wie man einen Pfeil von $\vec{a}-\vec{b}$ erhält.

Die Addition $\vec{a}+\vec{a}+\ldots+\vec{a}$ mit n Summanden $\vec{a}$ $(\vec{a} \neq \vec{o})$ ergibt einen Vektor, dessen Pfeile parallel und gleich gerichtet zu den Pfeilen von $\vec{a}$ und n-mal so lang wie die Pfeile von $\vec{a}$ sind. Diesen Vektor bezeichnet man deshalb mit $n\cdot\vec{a}$ (Fig. 2).
Die Multiplikation eines Vektors mit einer natürlichen Zahl kann auf reelle Zahlen erweitert werden:

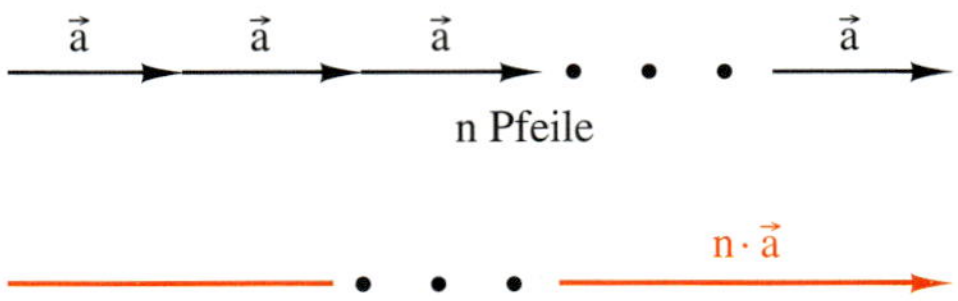

Fig. 2

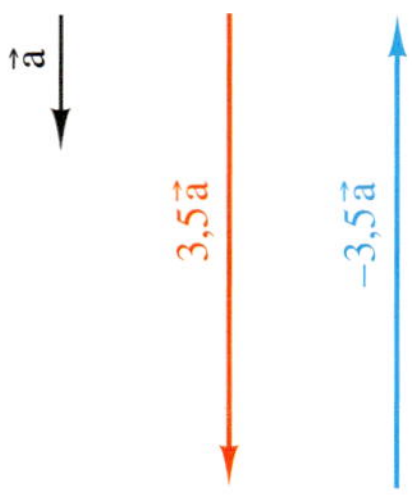

Fig. 3

> **Definition:** Für einen Vektor $\vec{a}$ $(\vec{a} \neq \vec{o})$ und eine reelle Zahl r $(r \neq 0)$ bezeichnet man mit $\mathbf{r\cdot\vec{a}}$ den Vektor, dessen Pfeile
> 1. parallel zu den Pfeilen von $\vec{a}$ sind,
> 2. $|r|$-mal so lang wie die Pfeile von $\vec{a}$ sind,
> 3. gleich gerichtet zu den Pfeilen von $\vec{a}$ sind, falls $r > 0$,
>   entgegengesetzt gerichtet zu den Pfeilen von $\vec{a}$ sind, falls $r < 0$.
>
> Ist $r = 0$, so ist $r\cdot\vec{a}=\vec{o}$ für alle Vektoren $\vec{a}$. Ist $\vec{a}=\vec{o}$, so ist $r\cdot\vec{a}=\vec{o}$ für alle $r \in \mathbb{R}$.

Die in Satz 2 angegebenen Regeln für das Multiplizieren von Vektoren mit reellen Zahlen erhält man aus dem Strahlensatz (Fig. 4 bis Fig. 6).

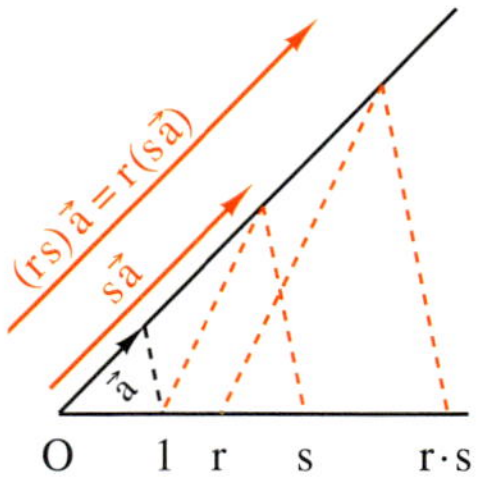

Fig. 4

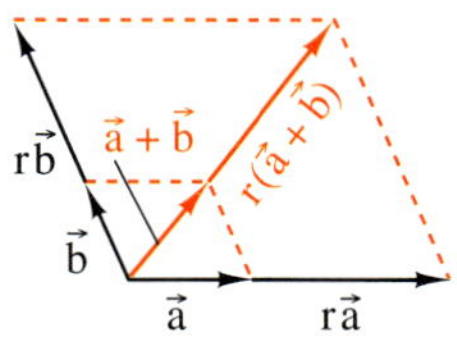

Fig. 5

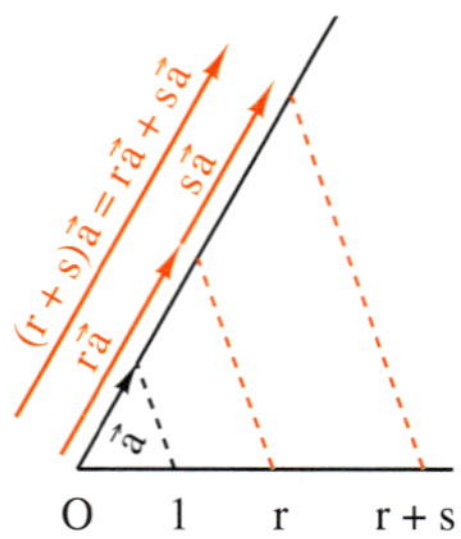

Fig. 6

> **Satz 2:** Für alle Vektoren $\vec{a}$, $\vec{b}$ einer Ebene bzw. des Raumes und alle reellen Zahlen r, s gelten
> $\mathbf{r\cdot(s\cdot\vec{a}) = (r\cdot s)\cdot\vec{a}}$ (**Assoziativgesetz**) und
> $\mathbf{r\cdot(\vec{a}+\vec{b}) = r\cdot\vec{a}+r\cdot\vec{b}}$; $\mathbf{(r+s)\cdot\vec{a} = r\cdot\vec{a}+s\cdot\vec{a}}$ (**Distributivgesetze**)

Ein Punkt mit zwei verschiedenen Bedeutungen:

r · s
↑
Zahl mal Zahl
Zahl mal Vektor
↓
$r\cdot\vec{a}$

Einen Ausdruck wie $r_1\cdot\vec{a_1}+r_2\cdot\vec{a_2}+\ldots+r_n\cdot\vec{a_n}$ $(n \in \mathbb{N})$ nennt man eine **Linearkombination** der Vektoren $\vec{a_1}, \vec{a_2}, \ldots, \vec{a_n}$; die entsprechenden reellen Zahlen $r_1, r_2, \ldots, r_n$ heißen **Koeffizienten**.

Beispiel 1:
Drücken Sie die Vektoren $\overrightarrow{AB}$, $\overrightarrow{CD}$, $\overrightarrow{BD}$ und ihre Gegenvektoren durch $\vec{a}, \vec{b}, \vec{c}$ aus (Fig. 1).
Lösung:

$\overrightarrow{AB} = \vec{b} - \vec{a}$;
$-\overrightarrow{AB} = \overrightarrow{BA} = \vec{a} - \vec{b}$;
$\overrightarrow{CD} = \vec{a} + \vec{c}$;
$-\overrightarrow{CD} = \overrightarrow{DC} = -\vec{c} + (-\vec{a}) = -\vec{c} - \vec{a} = -\vec{a} - \vec{c}$;
$\overrightarrow{BD} = \overrightarrow{BA} + \vec{c} = \vec{a} - \vec{b} + \vec{c}$;
$-\overrightarrow{BD} = \overrightarrow{DB} = -\vec{c} + \overrightarrow{AB} = -\vec{c} + \vec{b} - \vec{a} = -\vec{a} + \vec{b} - \vec{c}$

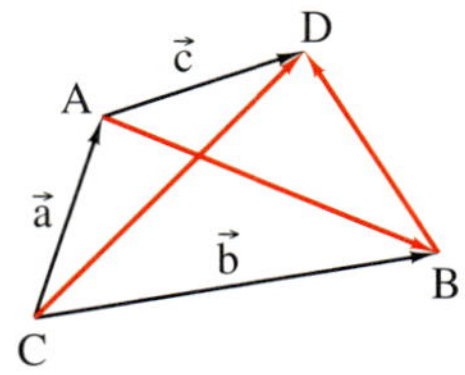

Fig. 1

Beispiel 2:
R und S sind Kantenmitten des Quaders von Fig. 2.
Stellen Sie den Vektor $\overrightarrow{RS}$ als Linearkombination der Vektoren $\vec{a}, \vec{b}$ und $\vec{c}$ dar.
Lösung:
Man „sucht" einen „Vektorweg", der von R nach S führt.
Eine Möglichkeit ist (Fig. 2):
$\overrightarrow{RS} = -0{,}5\vec{a} + \vec{c} - 0{,}5\vec{b} = -0{,}5\vec{a} - 0{,}5\vec{b} + \vec{c}$.

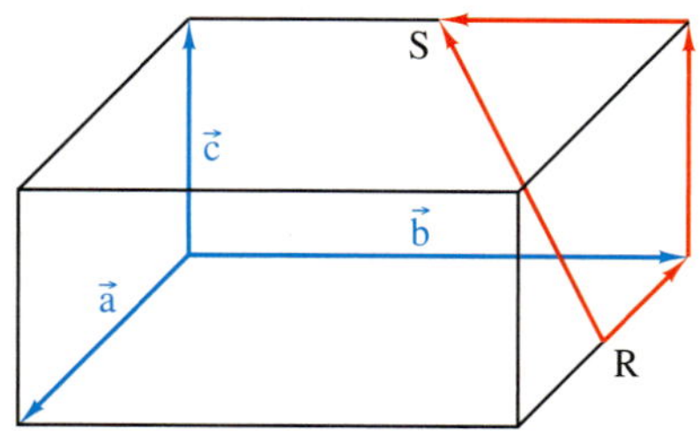

Fig. 2

Aufgaben

3 Vereinfachen Sie.

a) $2(\vec{a} + \vec{b}) + \vec{a}$ b) $-3(\vec{x} + \vec{y})$ c) $-(\vec{u} - \vec{v})$
d) $-(-\vec{a} - \vec{b})$ e) $3(2\vec{a} + 4\vec{b})$ f) $-4(\vec{a} - \vec{b}) - \vec{b} + \vec{a}$
g) $3(\vec{a} + 2(\vec{a} + \vec{b}))$ h) $6(\vec{a} - \vec{b}) + 4(\vec{a} + \vec{b})$ i) $7\vec{u} + 5(\vec{u} - 2(\vec{u} + \vec{v}))$

4 In Fig. 3 sind Pfeile der Vektoren $\vec{a}$, $\vec{b}$, $\vec{c}$ und $\vec{d}$ gegeben. Zeichnen Sie einen Pfeil von
a) $\vec{a} + \vec{b}$; $\vec{a} - \vec{b}$; $-\vec{a} + \vec{b}$; $-\vec{c} - \vec{d}$; $\vec{d} - \vec{c}$,
b) $(\vec{a} + \vec{b}) + \vec{c}$; $\vec{d} - (\vec{a} - \vec{c})$; $(\vec{c} - \vec{d}) - \vec{a}$,
c) $(\vec{a} + \vec{b}) - (\vec{c} + \vec{d})$; $(\vec{a} - \vec{b}) + (\vec{c} - \vec{d})$.

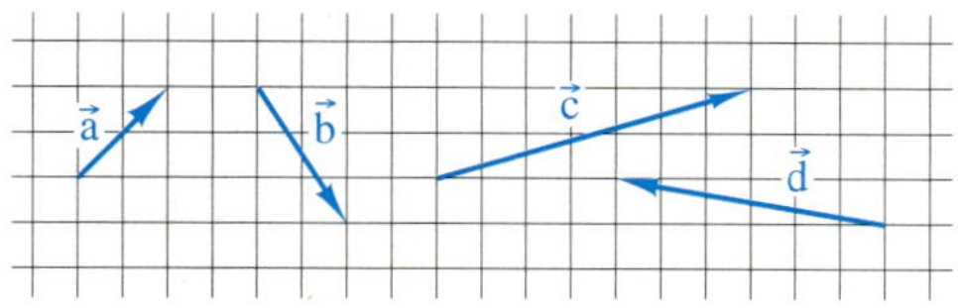

Fig. 3

5 Drücken Sie mit den Vektoren $\vec{a}$, $\vec{b}$ und $\vec{c}$ die Vektoren $\vec{x}$, $\vec{y}$ und $\vec{z}$ in Fig. 4 aus.

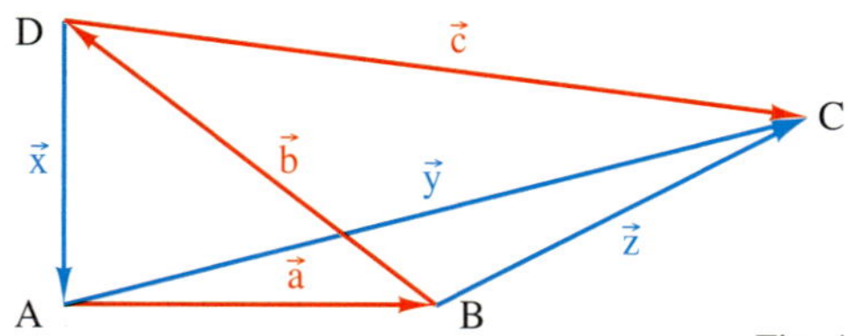

Fig. 4

6 Fig. 5 zeigt einen Quader mit den Ecken ABCDEFGH.
Drücken Sie die Vektoren $\overrightarrow{AG}$, $\overrightarrow{CE}$, $\overrightarrow{FH}$, $\overrightarrow{BF}$, $\overrightarrow{DG}$ durch die Vektoren $\vec{a}$, $\vec{b}$ und $\vec{c}$ aus.

7 Eine quadratische gerade Pyramide hat die Ecken ABCD und die Spitze S.
Drücken Sie den Vektor $\overrightarrow{CS}$ durch die Vektoren $\overrightarrow{AS}$, $\overrightarrow{AB}$ und $\overrightarrow{DA}$ aus.

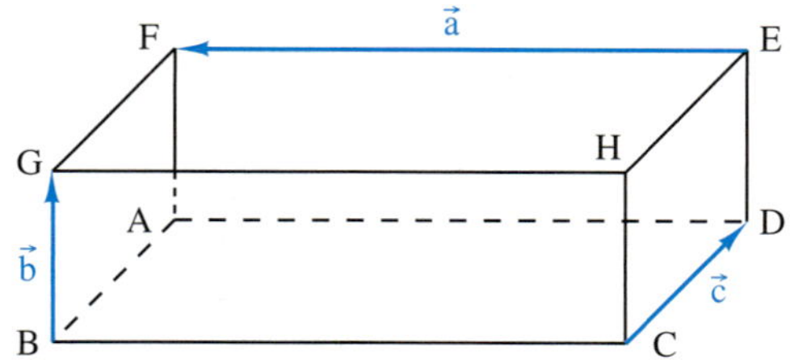

Fig. 5

8 In welche Richtung wird der Mann in Fig. 1 von seinen Hunden gezogen, wenn jeder Hund gleich stark zieht?
Stellen Sie die resultierende Kraft mithilfe eines Vektors dar.

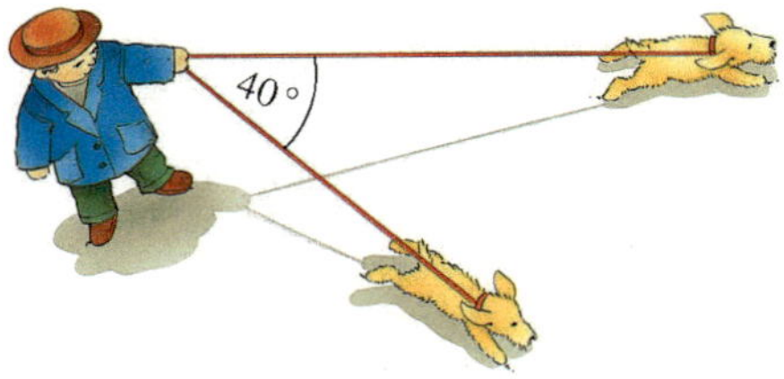

Fig. 1

9 Eine Lampe mit der Masse 5 kg wird von der Erde mit der Kraft 50 N angezogen (Fig. 2).
Bestimmen Sie zeichnerisch die Kräfte $\vec{F_1}$ und $\vec{F_2}$ an den Aufhängeschnüren für
a) $\alpha = 30°$ b) $\alpha = 60°$.

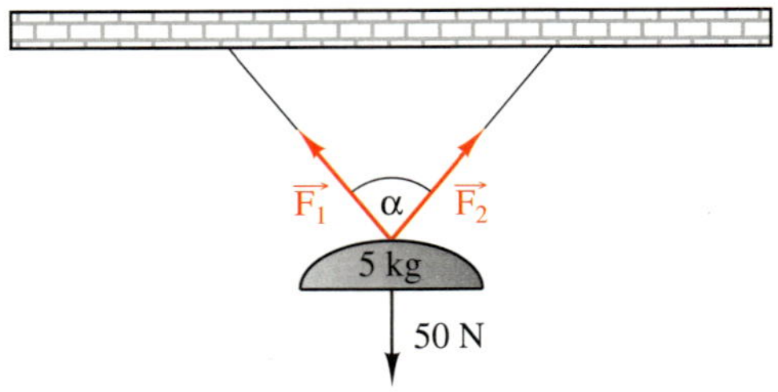

Fig. 2

10 Die Pfeile der Vektoren $\vec{a}$ und $\vec{b}$ sind gleich lang, der Pfeil von $\vec{a} + \vec{b}$ ist $\sqrt{2}$-mal so lang wie ein Pfeil von $\vec{a}$. Wie groß ist der Winkel zwischen einem Pfeil von $\vec{a}$ und einem Pfeil von $\vec{b}$ bei gleichem Anfangspunkt?

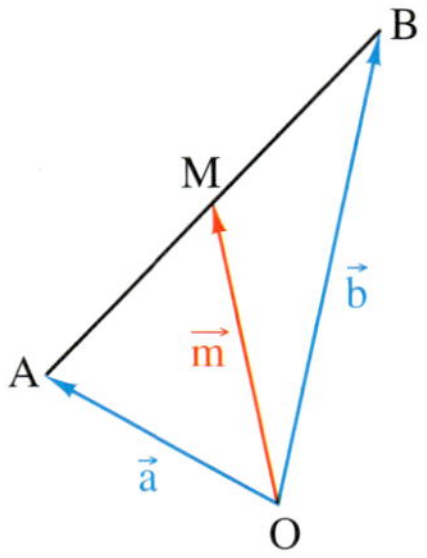

Fig. 3

11 In Fig. 3 ist M die Mitte der Strecke AB. Drücken Sie den Vektor $\overrightarrow{OM} = \vec{m}$ als Linearkombination der Vektoren $\vec{a}$ und $\vec{b}$ aus.

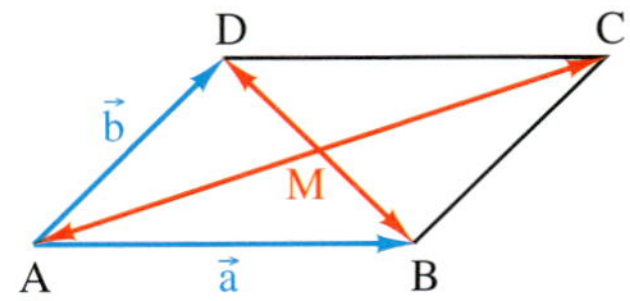

Fig. 4

12 Geben Sie im Parallelogramm in Fig. 4 die Vektoren $\overrightarrow{MA}$, $\overrightarrow{MB}$, $\overrightarrow{MC}$, $\overrightarrow{MD}$ als Linearkombination der Vektoren $\vec{a} = \overrightarrow{AB}$ und $\vec{b} = \overrightarrow{AD}$ an.

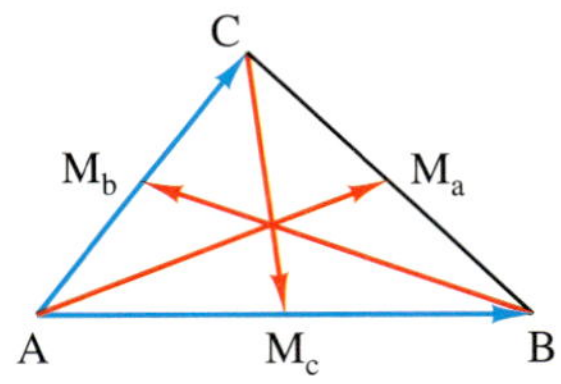

Fig. 5

13 In Fig. 5 sind M_a, M_b, M_c die Mittelpunkte der Dreiecksseiten.
Drücken Sie die Vektoren $\overrightarrow{AM_a}$, $\overrightarrow{BM_b}$, $\overrightarrow{CM_c}$ als Linearkombinationen der Vektoren $\vec{u} = \overrightarrow{AB}$ und $\vec{v} = \overrightarrow{AC}$ aus.

14 Drücken Sie die Vektoren $\overrightarrow{BC}$, $\overrightarrow{BD}$, $\overrightarrow{CD}$, die durch die dreiseitige Pyramide in Fig. 6 gegeben sind, als Linearkombinationen der Vektoren $\vec{b}$, $\vec{c}$ und $\vec{d}$ aus.

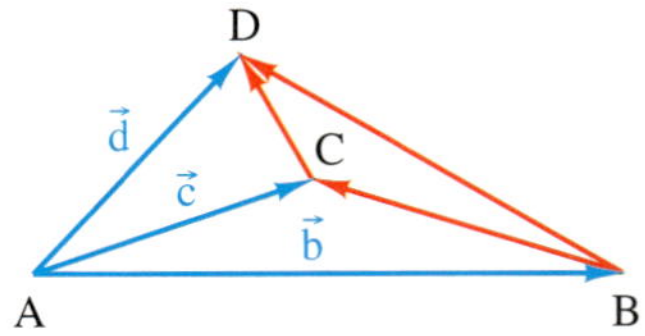

Fig. 6

15 Drücken Sie die Vektoren $\overrightarrow{SD}$, $\overrightarrow{AB}$, $\overrightarrow{BC}$, $\overrightarrow{DA}$, $\overrightarrow{CD}$, die durch die quadratische Pyramide in Fig. 7 gegeben sind, als Linearkombinationen der Vektoren $\overrightarrow{SA}$, $\overrightarrow{SB}$, $\overrightarrow{SC}$ aus.

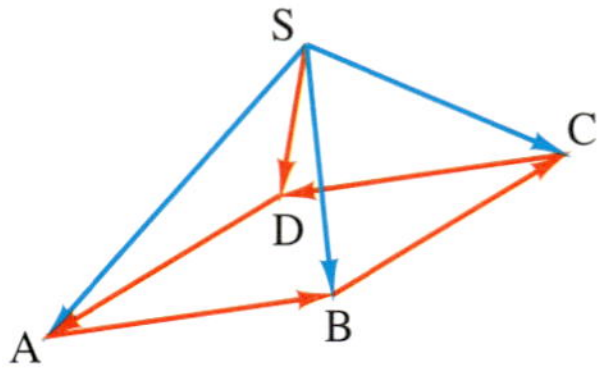

Fig. 7

16 In Fig. 8 sind M_1, M_2 und M_3 die Mittelpunkte der „vorderen", „rechten" und „hinteren" Seitenfläche des Quaders. Stellen Sie die Vektoren $\overrightarrow{AM_1}$, $\overrightarrow{AM_2}$, $\overrightarrow{AM_3}$ als Linearkombinationen der Vektoren $\vec{a}$, $\vec{b}$ und $\vec{c}$ dar.

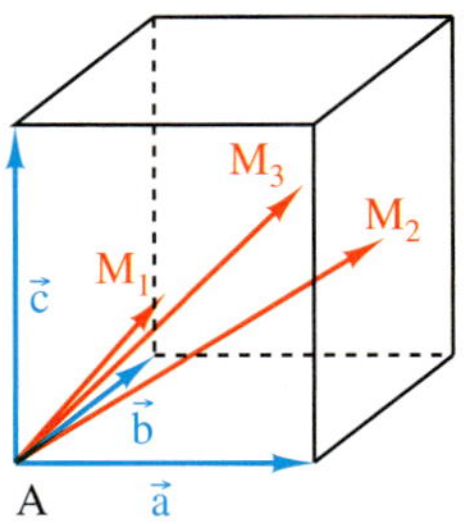

Fig. 8

5 Punkte und Vektoren im Koordinatensystem

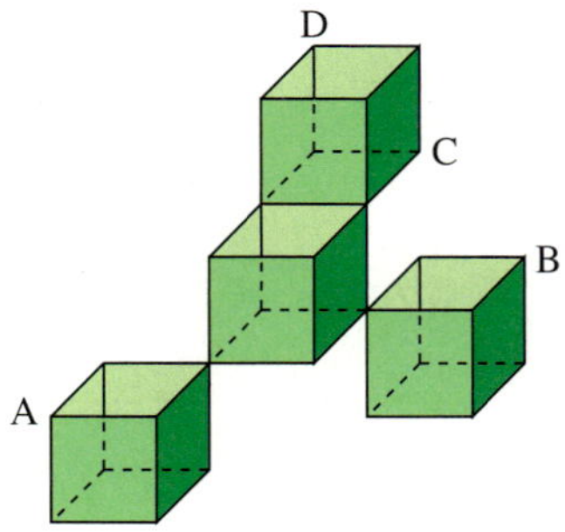

Fig. 1

1 Die Figur zeigt eine Plastik aus vier gleich großen Würfeln mit der Kantenlänge 1 m.
a) Geben Sie mehrere Möglichkeiten an, wie man die Lagen der Ecken A, B, C und D präzise beschreiben kann, und geben Sie die Positionen der Ecken an.
b) Geben Sie Vor- und Nachteile dieser Möglichkeiten an.

Das bisher verwendete Koordinatensystem hat zwei zueinander senkrechte Achsen. Es ermöglicht, die Lage von Punkten in einer Ebene durch Zahlenpaare anzugeben (Fig. 2).
Ein Koordinatensystem mit drei Achsen, die paarweise aufeinander senkrecht stehen, ermöglicht die Lage von Punkten des Raumes anzugeben; hierbei verwendet man Zahlentripel (Fig. 3).
Es ist üblich, die erste dieser Achsen „nach vorn", die zweite „nach rechts" und die dritte „nach oben" zu zeichnen.
Es ist ferner zweckmäßig, die Achsen nicht wie bisher mit x, y und ggf. z zu bezeichnen, sondern mit x_1, x_2 und ggf. x_3, denn zur Bezeichnung der **Koordinaten von Punkten** verwendet man auch die Indizes 1, 2, 3; z. B.: $P(p_1|p_2)$ bzw. $P(p_1|p_2|p_3)$.

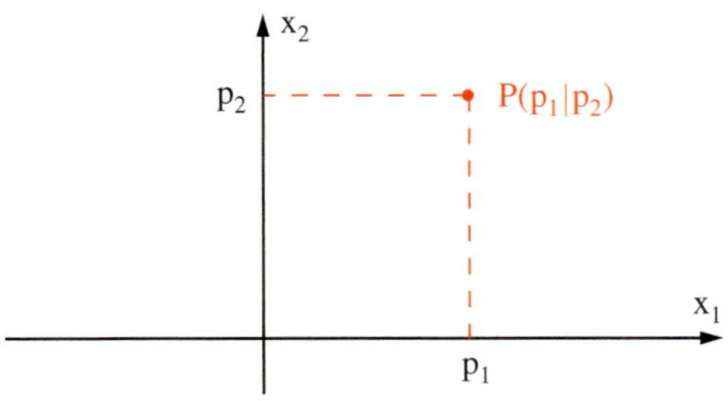

Fig. 2

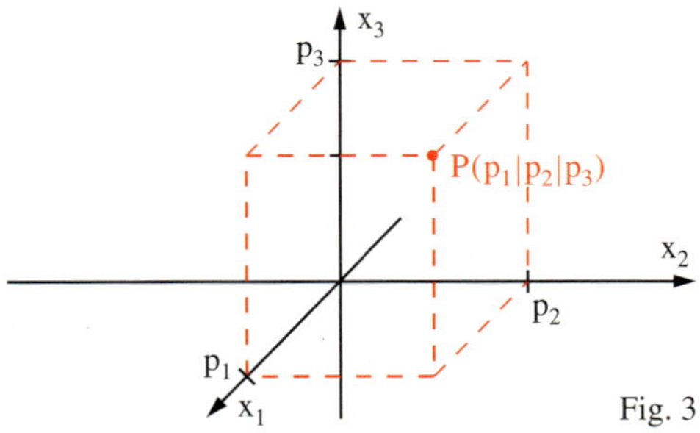

Fig. 3

Verschiebt ein Vektor $\vec{v}$ einen Punkt um

$$\left.\begin{array}{l} v_1 \text{ Einheiten in Richtung der } x_1\text{-Achse,} \\ v_2 \text{ Einheiten in Richtung der } x_2\text{-Achse,} \\ v_3 \text{ Einheiten in Richtung der } x_3\text{-Achse,} \end{array}\right\} \text{ so schreibt man } \vec{v} = \begin{pmatrix} v_1 \\ v_2 \\ v_3 \end{pmatrix} \quad (v_1, v_2, v_3 \in \mathbb{R})$$

v_1, v_2, v_3 nennt man die **Koordinaten des Vektors** $\vec{v}$.

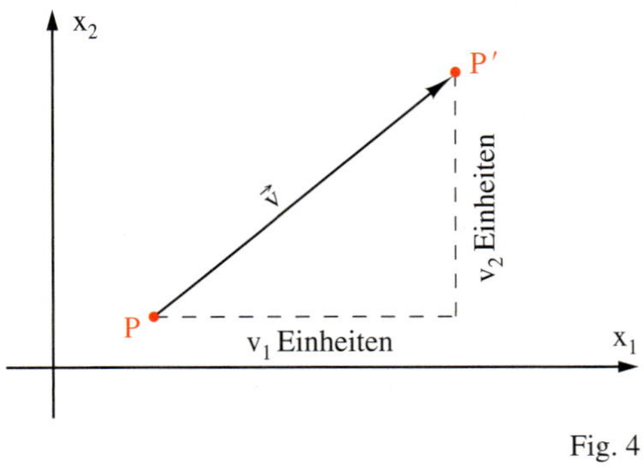

Fig. 4

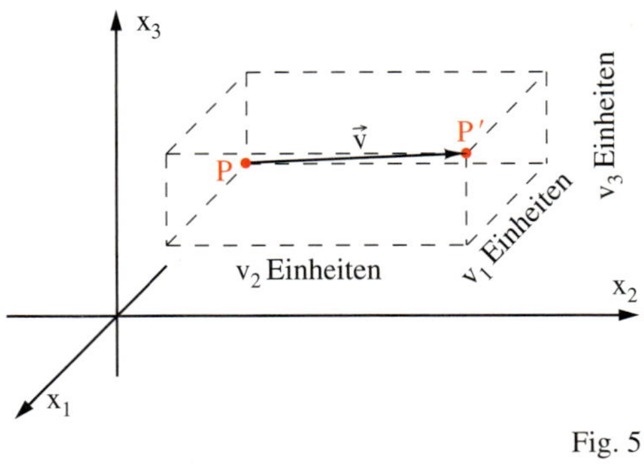

Fig. 5

„−5 Einheiten in Richtung der x_1-Achse“ bedeutet: „5 Einheiten in Gegenrichtung der x_1-Achse“.

Zeichenhilfe:

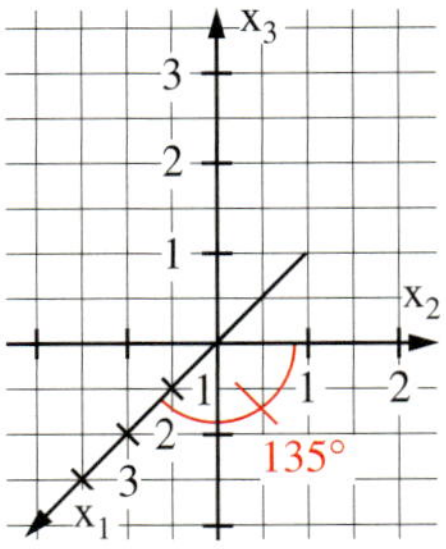

Um einen räumlichen Eindruck zu erreichen, zeichnet man die x_1-Achse und die x_2-Achse so, dass sie einen Winkel von 135° einschließen. Die Einheiten auf der x_1-Achse wählt man $\frac{1}{2}\sqrt{2}$ -mal so groß wie auf den beiden anderen Achsen.

Entsprechen in der Zeichnung auf der x_2-Achse und der x_3-Achse 2 Kästchen einer Längeneinheit, dann entspricht auf der x_1-Achse eine Kästchendiagonale einer Längeneinheit.

Beachten Sie:
Jeder Vektor ist Ortsvektor eines Punktes, nämlich des Punktes, auf den der Vektor den Ursprung O abbildet.

Bildet ein Vektor $\vec{v}$ einen Punkt $A(a_1|a_2|a_3)$ auf einen Punkt $B(b_1|b_2|b_3)$ ab, so verschiebt dieser Vektor $\vec{v}$ auch jeden anderen Punkt um
$b_1 - a_1$ Einheiten in Richtung der x_1-Achse,
$b_2 - a_2$ Einheiten in Richtung der x_2-Achse,
$b_3 - a_3$ Einheiten in Richtung der x_3-Achse.

Also ist $\vec{v} = \overrightarrow{AB} = \begin{pmatrix} b_1 - a_1 \\ b_2 - a_2 \\ b_3 - a_3 \end{pmatrix}$

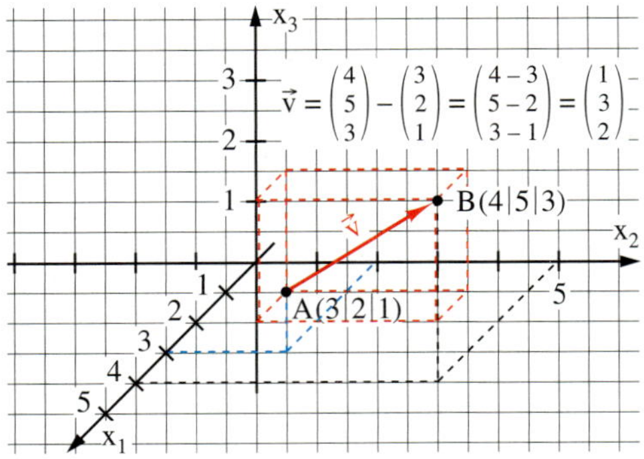

Fig. 1

Für zwei Punkte $A(a_1|a_2|a_3)$ und $B(b_1|b_2|b_3)$ gilt: $\overrightarrow{\mathbf{AB}} = \begin{pmatrix} \mathbf{b_1 - a_1} \\ \mathbf{b_2 - a_2} \\ \mathbf{b_3 - a_3} \end{pmatrix}$.

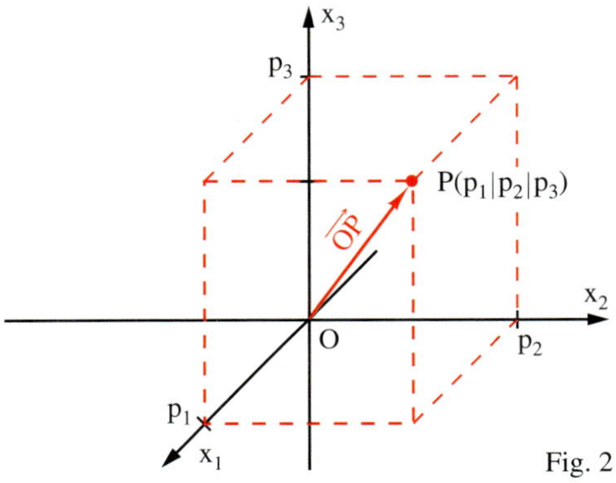

Fig. 2

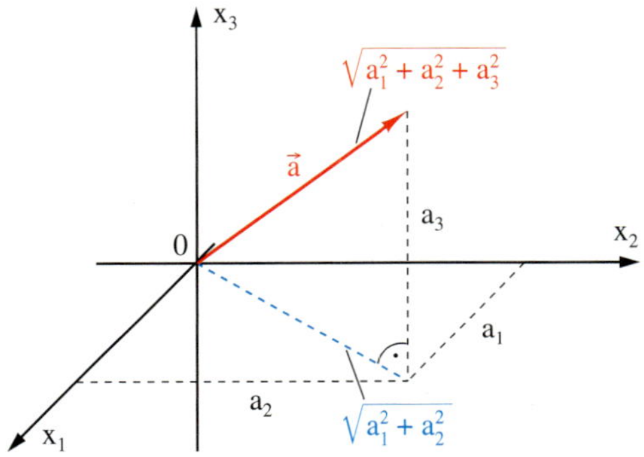

Fig. 3

Zu jedem Punkt $P(p_1|p_2|p_3)$ gibt es einen Vektor $\overrightarrow{OP}$, der den Ursprung $O(0|0|0)$ auf diesen Punkt P abbildet (Fig. 2). $\overrightarrow{OP}$ heißt **Ortsvektor des Punktes P**. Ein Punkt und sein Ortsvektor haben dieselben Koordinaten.

Es gilt: $\overrightarrow{OP} = \begin{pmatrix} p_1 - 0 \\ p_2 - 0 \\ p_3 - 0 \end{pmatrix} = \begin{pmatrix} p_1 \\ p_2 \\ p_3 \end{pmatrix}$

Unter dem **Betrag eines Vektors $\vec{a}$** versteht man die Länge der zu $\vec{a}$ gehörenden Pfeile.
Der Betrag von $\vec{a}$ wird mit $|\vec{a}|$ bezeichnet. Für den Nullvektor gilt: $|\vec{0}| = 0$.
Kennt man die Koordinaten des Vektors $\vec{a}$, so kann man seinen Betrag mithilfe des Satzes von Pythagoras berechnen (vgl. Fig. 3).

Satz 1: Für $\vec{a} = \begin{pmatrix} a_1 \\ a_2 \end{pmatrix}$ gilt: $|\vec{a}| = \sqrt{\mathbf{a_1^2 + a_2^2}}$; für $\vec{a} = \begin{pmatrix} a_1 \\ a_2 \\ a_3 \end{pmatrix}$ gilt: $|\vec{a}| = \sqrt{\mathbf{a_1^2 + a_2^2 + a_3^2}}$.

Einen Vektor mit dem Betrag 1 nennt man **Einheitsvektor**.
Ist $\vec{a} \neq \vec{o}$, so bezeichnet man mit $\vec{a_0}$ den Einheitsvektor, der die gleiche Richtung wie $\vec{a}$ hat.
Man nennt $\vec{a_0}$ auch den Einheitsvektor zu $\vec{a}$. Für $\vec{a} \neq \vec{o}$ gilt: $\vec{a_0} = \frac{1}{|\vec{a}|} \cdot \vec{a}$.

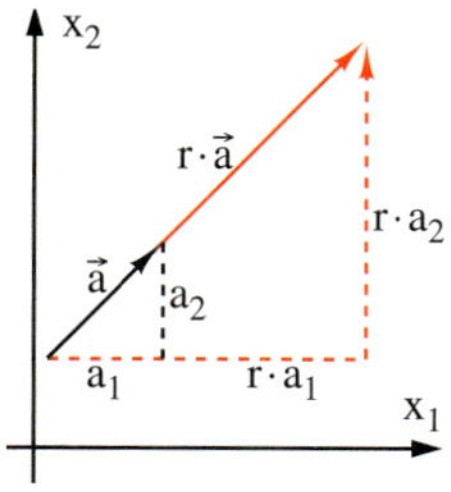

Fig. 2

Sind die Koordinaten zweier Vektoren $\vec{a}$ und $\vec{b}$ bekannt, kann man auch die Summe $\vec{c} = \vec{a} + \vec{b}$ in Koordinaten angeben.
Fig. 1 entnimmt man:

$$\begin{pmatrix}2\\1\end{pmatrix} + \begin{pmatrix}3\\-2\end{pmatrix} = \begin{pmatrix}2+3\\1-2\end{pmatrix} = \begin{pmatrix}5\\-1\end{pmatrix}.$$

Die Koordinaten von $\vec{c}$ ergeben sich aus den Summen der Koordinaten von $\vec{a}$ und $\vec{b}$.

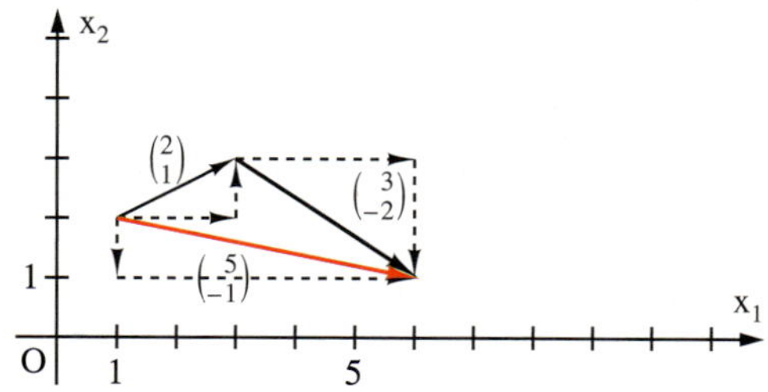

Fig. 1

Fig. 2 zeigt, wie man das r-fache eines Vektors erhält, dessen Koordinaten gegeben sind: Man multipliziert jede Koordinate mit r.

Satz 2: Sind die Koordinaten zweier Vektoren $\vec{a}$ und $\vec{b}$ gegeben, so gilt: $\vec{b}$

$$\vec{\mathbf{a}} + \vec{\mathbf{b}} = \begin{pmatrix}\mathbf{a_1}\\\mathbf{a_2}\end{pmatrix} + \begin{pmatrix}\mathbf{b_1}\\\mathbf{b_2}\end{pmatrix} = \begin{pmatrix}\mathbf{a_1+b_1}\\\mathbf{a_2+b_2}\end{pmatrix} \text{ bzw. } \vec{\mathbf{a}} + \vec{\mathbf{b}} = \begin{pmatrix}\mathbf{a_1}\\\mathbf{a_2}\\\mathbf{a_3}\end{pmatrix} + \begin{pmatrix}\mathbf{b_1}\\\mathbf{b_2}\\\mathbf{b_3}\end{pmatrix} = \begin{pmatrix}\mathbf{a_1+b_1}\\\mathbf{a_2+b_2}\\\mathbf{a_3+b_3}\end{pmatrix}.$$

Für einen Vektor und eine reelle Zahl r gilt:

$$\mathbf{r}\cdot\begin{pmatrix}\mathbf{a_1}\\\mathbf{a_2}\end{pmatrix} = \begin{pmatrix}\mathbf{r\cdot a_1}\\\mathbf{r\cdot a_2}\end{pmatrix} \text{ bzw. } \mathbf{r}\cdot\begin{pmatrix}\mathbf{a_1}\\\mathbf{a_2}\\\mathbf{a_3}\end{pmatrix} = \begin{pmatrix}\mathbf{r\cdot a_1}\\\mathbf{r\cdot a_2}\\\mathbf{r\cdot a_3}\end{pmatrix}.$$

Beispiel 1: (Vektoren)
Sind die Punkte A(1|2|3), B(3|−2|1), C(2,25|−1,3|7) und D(0,25|2,7|9) die aufeinander folgenden Ecken eines Parallelogramms ABCD?
Lösung:
Falls $\overrightarrow{AB} = \overrightarrow{DC}$ (bzw. $\overrightarrow{AD} = \overrightarrow{BC}$), dann sind A, B, C und D die Ecken eines Parallelogramms (vergleiche Fig. 3).

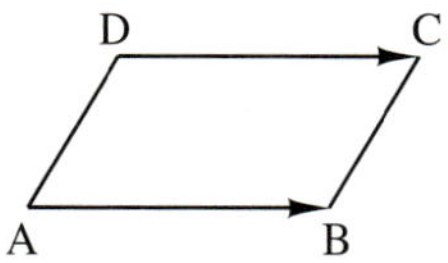

Fig. 3

$$\overrightarrow{AB} = \begin{pmatrix}3-1\\-2-2\\1-3\end{pmatrix} = \begin{pmatrix}2\\-4\\-2\end{pmatrix};\quad \overrightarrow{DC} = \begin{pmatrix}2{,}25-0{,}25\\-1{,}3-2{,}7\\7-9\end{pmatrix} = \begin{pmatrix}2\\-4\\-2\end{pmatrix};\quad \overrightarrow{AB} = \overrightarrow{DC}.$$

A, B, C und D sind die Ecken eines Parallelogramms. Das Vorgehen mit dem CAS zeigt Fig. 4.

Vektoren werden als Zeilenvektoren in eckiger Klammer eingegeben:

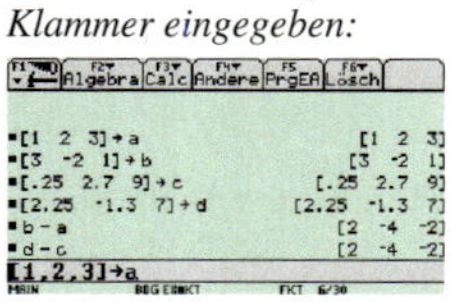

Fig. 4

Beispiel 2: (Länge einer Strecke; Mittelpunkt einer Strecke)
Gegeben sind die Punkte P(−6|−2|3) und Q(9|−2|11).
a) Bestimmen Sie die Länge der Strecke PQ.
b) Ermitteln Sie die Koordinaten des Mittelpunktes M der Strecke PQ.
Lösung:
a) Die Länge der Strecke PQ ist gleich dem Betrag des Vektors $\overrightarrow{PQ}$. Es gilt (Fig. 5):

$$\overrightarrow{PQ} = \overrightarrow{OQ} - \overrightarrow{OP} = \begin{pmatrix}9\\-2\\11\end{pmatrix} - \begin{pmatrix}-6\\-2\\3\end{pmatrix} = \begin{pmatrix}15\\0\\8\end{pmatrix};$$

$$|\overrightarrow{PQ}| = \sqrt{225 + 0 + 64} = 17.$$

Die Länge der Strecke PQ ist 17 Koordinateneinheiten.

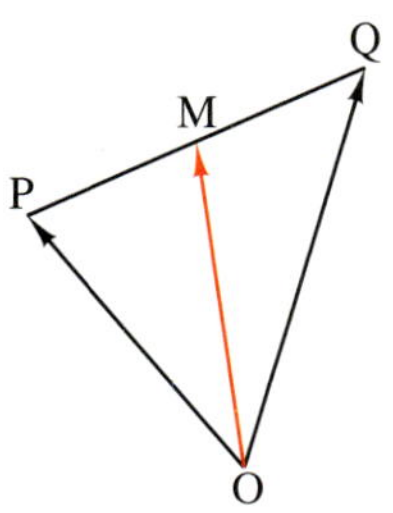

Fig. 5

b) Es gilt (Fig. 4): $\overrightarrow{OM} = \frac{1}{2}(\overrightarrow{OP} + \overrightarrow{OQ})$

$$= \frac{1}{2}\left[\begin{pmatrix}-6\\-2\\3\end{pmatrix} + \begin{pmatrix}9\\-2\\11\end{pmatrix}\right] = \begin{pmatrix}1{,}5\\-2\\7\end{pmatrix}.$$

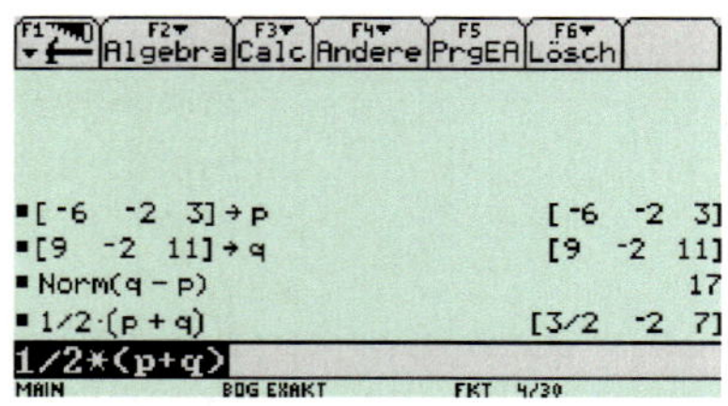

Fig. 6

Also ist M(1,5|−2|7) der Mittelpunkt von PQ (Fig. 6).

Beispiel 3: (Linearkombination)

Stellen Sie $\vec{a} = \begin{pmatrix} 4 \\ 2 \\ 1 \end{pmatrix}$ als Linearkombination der Vektoren $\begin{pmatrix} 1 \\ 2 \\ 1 \end{pmatrix}$, $\begin{pmatrix} 1 \\ 1 \\ 0 \end{pmatrix}$, $\begin{pmatrix} 0 \\ 2 \\ 3 \end{pmatrix}$ dar.

Lösung:
Es sind Koeffizienten u, v, w gesucht, sodass gilt: $u \cdot \begin{pmatrix} 1 \\ 2 \\ 1 \end{pmatrix} + v \cdot \begin{pmatrix} 1 \\ 1 \\ 0 \end{pmatrix} + w \cdot \begin{pmatrix} 0 \\ 2 \\ 3 \end{pmatrix} = \begin{pmatrix} 4 \\ 2 \\ 1 \end{pmatrix}$. Aus dieser

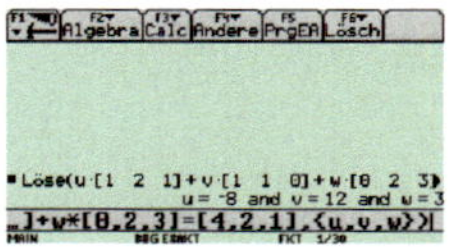

Fig. 1

Gleichung erhält man das LGS $\begin{cases} u + v + 0w = 4 \\ 2u + v + 2w = 2 \\ u + 0v + 3w = 1 \end{cases}$ mit der Lösungsmenge $L = \{(-8; 12; 3)\}$.

Mit dem CAS kann man die Vektorgleichung ebenfalls lösen. Man gibt dazu die Gleichung mit den Vektoren in eckigen Klammern ein:
LÖSE(u*[1,2,1]+v*[1,1,0]+w*[0,2,3]=[4,2,1],{u,v,w}) (Fig. 1)

Aufgaben

2 Zeichnen Sie die Punkte $A(2|3|4)$, $B(-2|0|1)$, $C(3|-1|0)$ und $D(0|0|-3)$ in ein Koordinatensystem ein.

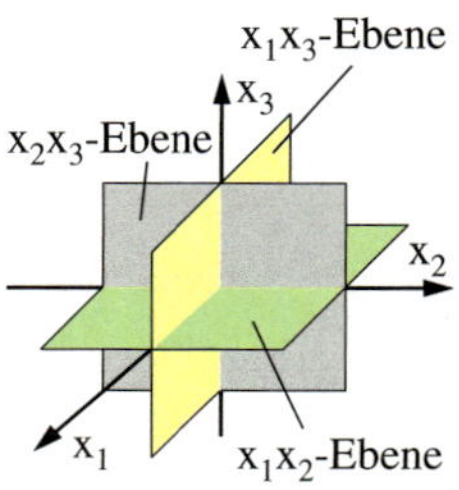

Fig. 2

3 Wo liegen im räumlichen Koordinatensystem alle Punkte, deren
a) x_1-Koordinate (x_2-Koordinate, x_3-Koordinate) null ist?
b) x_2-Koordinate und x_3-Koordinate null sind?

4 In Fig. 3 befinden sich
die Punkte P und Q in der x_1x_2-Ebene,
die Punkte R und S in der x_2x_3-Ebene,
die Punkte T und U in der x_1x_3-Ebene.
Bestimmen Sie die Koordinaten dieser Punkte.

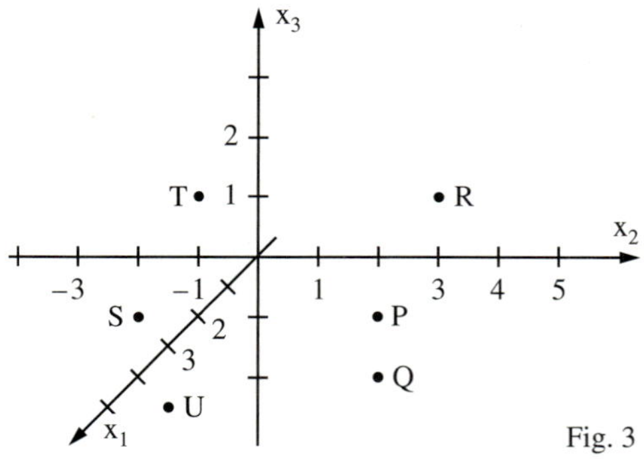

Fig. 3

5 Die Punkte $O(0|0|0)$, $A(1|0|0)$, $B(0|1|0)$ und $C(0|0|1)$ sind Eckpunkte eines Würfels.
a) Bestimmen Sie die Koordinaten der Mittelpunkte der Würfelkanten.
b) Bestimmen Sie die Koordinaten der Diagonalenmittelpunkte der Seitenflächen des Würfels.

6 Bestimmen Sie die Koordinaten des Vektors $\overrightarrow{AB}$ und seines Gegenvektors.
a) $A(1|0|1)$, $B(3|4|1)$
b) $A(4|2|0)$, $B(3|3|3)$
c) $A(-1|2|3)$, $B(2|-2|4)$
d) $A(4|2|-1)$, $B(5|-1|-3)$
e) $A(1|-4|-3)$, $B(7|2|-4)$
f) $A(2{,}5|1|-3)$, $B(4|-3{,}3|2)$

7 Überprüfen Sie, ob das Viereck ABCD ein Parallelogramm ist.
a) $A(-2|2|3)$, $B(5|5|5)$, $C(9|6|5)$, $D(2|3|3)$
b) $A(2|0|3)$, $B(4|4|4)$, $C(11|7|9)$, $D(9|3|8)$
c) $A(2|-2|7)$, $B(6|5|1)$, $C(1|-1|1)$, $D(8|0|8)$

8 Bestimmen Sie die Koordinaten des Punktes D so, dass das Viereck ABCD ein Parallelogramm ist.
a) $A(21|-11|43)$, $B(3|7|-8)$, $C(0|4|5)$
b) $A(-75|199|-67)$, $B(35|0|-81)$, $C(1|2|3)$

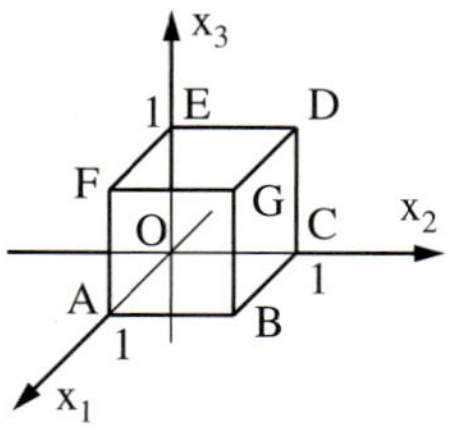

Fig. 1

9 Bestimmen Sie zu Fig. 1 die Koordinaten der Vektoren
$\overrightarrow{FG}$, $\overrightarrow{DB}$, $\overrightarrow{CA}$, $\overrightarrow{EB}$, $\overrightarrow{AD}$, $\overrightarrow{CF}$, $\overrightarrow{OG}$.

10 Fig. 2 zeigt einen Quader ABCDEFGH. M_1 ist der Diagonalenschnittpunkt des Vierecks ABCD, M_2 ist der Diagonalenschnittpunkt des Vierecks BCGF, M_3 ist der Diagonalenschnittpunkt des Vierecks CDHG und M_4 ist der Diagonalenschnittpunkt des Vierecks ADHE.
Bestimmen Sie die Koordinaten von $\overrightarrow{M_1M_2}$, $\overrightarrow{M_2M_3}$, $\overrightarrow{M_3M_4}$, $\overrightarrow{M_4M_1}$.

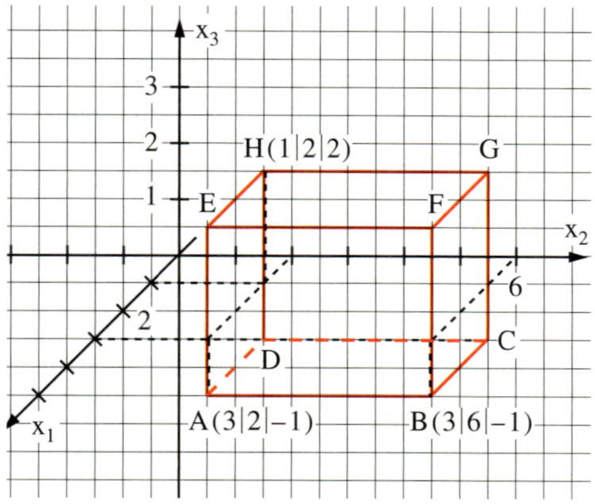

Fig. 2

Linearkombination

11 Berechnen Sie für A(2|−1|5), B(3|0|3), C(−2|7|1), D(4|4|4) die Koordinaten von
a) $\overrightarrow{AB} + \overrightarrow{CD}$
b) $\overrightarrow{BD} + \overrightarrow{AC} - \overrightarrow{DB}$
c) $2\overrightarrow{BC} - 3\overrightarrow{AB}$
d) $2\overrightarrow{AB} + 7\overrightarrow{BC} - 4\overrightarrow{CD}$

12 Stellen Sie den Vektor $\vec{x}$ als Linearkombination der Vektoren $\vec{a}$, $\vec{b}$ und $\vec{c}$ dar.

a) $\vec{x} = \begin{pmatrix} 3 \\ 13 \\ -1 \end{pmatrix}$, $\vec{a} = \begin{pmatrix} 2 \\ 3 \\ 4 \end{pmatrix}$, $\vec{b} = \begin{pmatrix} -4 \\ 3 \\ -2 \end{pmatrix}$, $\vec{c} = \begin{pmatrix} 5 \\ 7 \\ -3 \end{pmatrix}$
b) $\vec{x} = \begin{pmatrix} 1 \\ 2 \\ 0 \end{pmatrix}$, $\vec{a} = \begin{pmatrix} 1 \\ 1 \\ 1 \end{pmatrix}$, $\vec{b} = \begin{pmatrix} -1 \\ -1 \\ 1 \end{pmatrix}$, $\vec{c} = \begin{pmatrix} 0 \\ 1 \\ -2 \end{pmatrix}$

c) $\vec{x} = \begin{pmatrix} 5 \\ 1 \\ -1 \end{pmatrix}$, $\vec{a} = \begin{pmatrix} -1 \\ 4 \\ 5 \end{pmatrix}$, $\vec{b} = \begin{pmatrix} 7 \\ -1 \\ -3 \end{pmatrix}$, $\vec{c} = \begin{pmatrix} -1 \\ 1 \\ 1 \end{pmatrix}$
d) $\vec{x} = \begin{pmatrix} 0 \\ 1 \\ 1 \end{pmatrix}$, $\vec{a} = \begin{pmatrix} 0{,}3 \\ 0{,}5 \\ 0 \end{pmatrix}$, $\vec{b} = \begin{pmatrix} 1{,}2 \\ 0 \\ 0{,}7 \end{pmatrix}$, $\vec{c} = \begin{pmatrix} 0 \\ 1 \\ -1{,}7 \end{pmatrix}$

13 Das Dreieck ABC ist gleichschenklig. Berechnen Sie den Flächeninhalt des Dreiecks.
a) A(1|−5), B(0|3), C(−8|2)
b) A(2|3|5), B(6|6|0), C(2|8|0)
c) A(1|1|6), B(3|3|−2), C(5|−1|2)
d) A(7|0|−1), B(5|−3|−1), C(4|0|1)

14 Berechnen Sie die Längen der drei Seitenhalbierenden des Dreiecks ABC mit
a) A(4|2|−1), B(10|−8|9) und C(4|0|1),
b) A(1|2|−1), B(−1|10|15) und C(9|6|−5).

15 Der Punkt A wird an dem Punkt B gespiegelt. Ermitteln Sie die Koordinaten des Spiegelpunktes.
a) A(5|6|6); B(3|8|1)
b) A(6|2|0); B(4|−5|−1)
c) A(3|0|−2); B(1|2|−1)

16 Bestimmen Sie die fehlende Koordinate p_3 so, dass der Punkt $P(5|0|p_3)$ vom Punkt Q den Abstand d hat.
a) Q(4|−2|5); d = 3
b) Q(9|2|3); d = 6
c) P(1|1|−2); d = 5

17 Ermitteln Sie in Fig. 3 die Koordinaten der Punkte P und Q, die von A jeweils den Abstand d haben.
a) A(1|2|−2); d = 9
b) A(12|3|4); d = 2

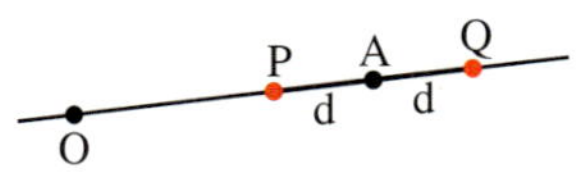

Fig. 3

In Fig. 4 ist $\overrightarrow{a_0}$ ein Einheitsvektor.

18 In Fig. 4 ist der Punkt C drei Einheiten vom Punkt B entfernt. Ermitteln Sie die Koordinaten des Punktes C.
a) A(2|−3|12), B(6|4|8)
b) A(2|−3|1), B(10|5|15)

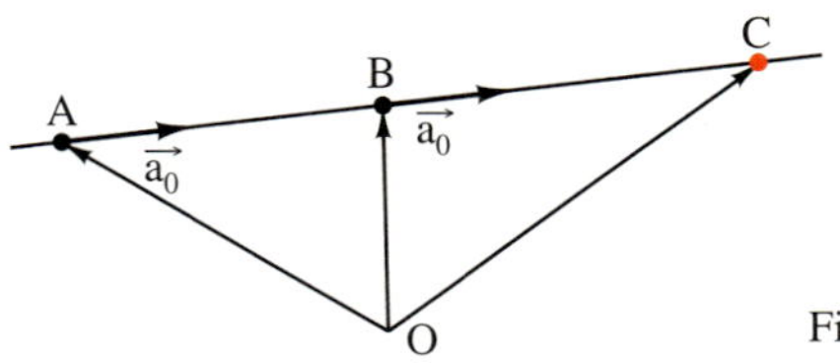

Fig. 4

*6 Lineare Abhängigkeit und Unabhängigkeit von Vektoren

1 Betrachtet werden die Vektoren in Fig. 1.
a) Kann man den Vektor $\vec{a}$ durch den Vektor $\vec{b}$ ausdrücken?
b) Kann man den Vektor $\vec{c}$ durch den Vektor $\vec{d}$ ausdrücken?
c) Gibt es Vektoren der Ebene von Fig. 1, die man nicht als Linearkombination der Vektoren $\vec{c}$ und $\vec{d}$ darstellen kann?
d) Gibt es einen Vektor der Ebene von Fig. 1, den man mit zwei verschiedenen Linearkombinationen der Vektoren $\vec{c}$ und $\vec{d}$ darstellen kann?
Begründen Sie Ihre Antworten.

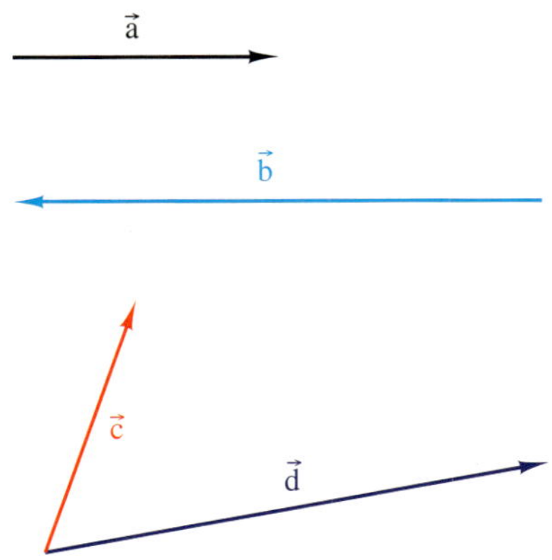

Fig. 1

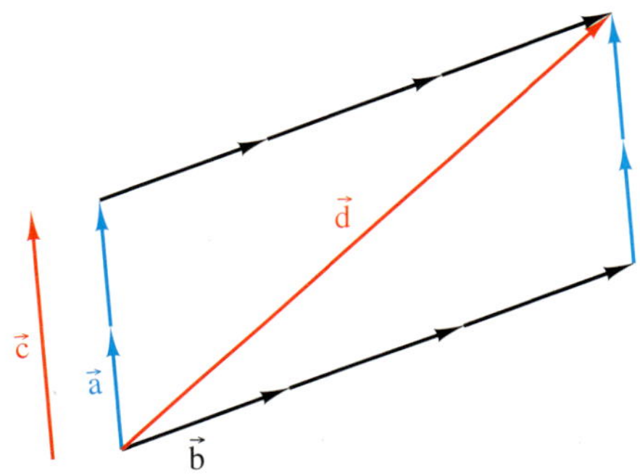

Fig. 2

Für die Vektoren in Fig. 2 gilt:
Der Vektor $\vec{c}$ kann als ein Vielfaches des Vektors $\vec{a}$ dargestellt werden:
$\vec{c} = 2 \cdot \vec{a}$.
Der Vektor $\vec{d}$ kann als Linearkombination der Vektoren $\vec{a}$ und $\vec{b}$ dargestellt werden:
$\vec{d} = 2 \cdot \vec{a} + 3 \cdot \vec{b}$.
Man sagt:
Die Vektoren $\vec{a}$ und $\vec{c}$ bzw. die Vektoren $\vec{a}$, $\vec{b}$ und $\vec{d}$ sind linear abhängig.

Allgemein gilt die

Definition: Die Vektoren heißen **linear abhängig**, wenn mindestens einer dieser Vektoren als Linearkombination der anderen Vektoren darstellbar ist.
Andernfalls heißen die Vektoren **linear unabhängig**.

Zwei Vektoren sind genau dann linear abhängig, wenn ihre Pfeile zueinander parallel sind. Man sagt in diesem Fall deshalb auch:
Die Vektoren sind ***kollinear****.*

Drei Vektoren sind genau dann linear abhängig, wenn es von jedem Vektor einen Pfeil gibt, sodass diese drei Pfeile in einer Ebene liegen.
Man sagt in diesem Fall deshalb auch:
Die Vektoren sind ***komplanar****.*

Für die Vektoren in einer Ebene gilt (Fig. 2):
a) Es sind höchstens zwei Vektoren einer Ebene linear unabhängig.
b) Ein Vektor einer Ebene kann stets als Linearkombination zweier linear unabhängiger Vektoren dieser Ebene dargestellt werden.
In Fig. 2 kann jeder Vektor als Linearkombination von $\vec{a}$ und $\vec{b}$ dargestellt werden.

Für Vektoren des Raumes gilt (Fig. 3):
a) Es sind höchstens drei Vektoren des Raumes linear unabhängig.
b) Ein Vektor des Raumes kann stets als Linearkombination dreier linear unabhängiger Vektoren dargestellt werden.

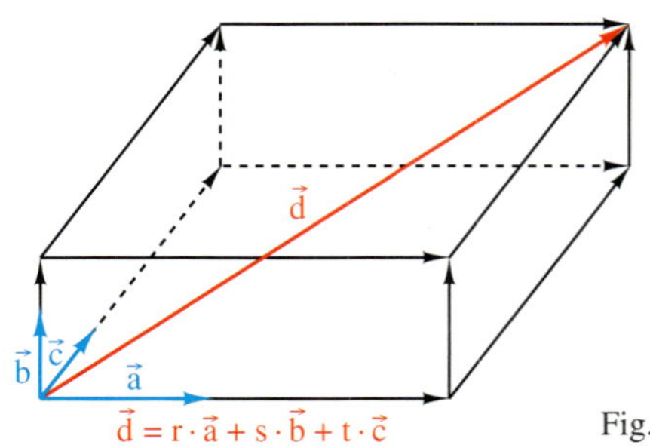

Fig. 3

In Fig. 1 liegen $\vec{a}$, $\vec{b}$ und $\vec{c}$ in einer Ebene. Je zwei der Vektoren sind linear unabhängig, alle drei jedoch sind linear abhängig. Jeder Vektor kann also als Linearkombination der beiden anderen dargestellt werden. Dies kann man geometrisch auch so deuten: Es lassen sich reelle Zahlen r, s und t finden, sodass die Summe $r\cdot\vec{a} + s\cdot\vec{b} + t\cdot\vec{c}$ eine so genannte geschlossene Vektorkette bildet, d. h. die Gleichung $r\cdot\vec{a} + s\cdot\vec{b} + t\cdot\vec{c} = 0$ erfüllt ist.
Für nur zwei der drei Vektoren, z. B. $\vec{a}$ und $\vec{b}$, ist die Gleichung $r\cdot\vec{a} + s\cdot\vec{b} = 0$ nur erfüllbar, wenn die Koeffizienten null sind. Entsprechende Überlegungen gelten für Vektoren im Raum.

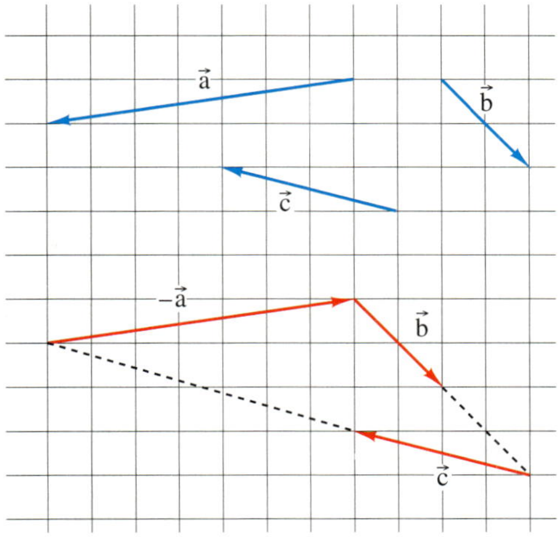

Fig. 1

Satz: Die Vektoren

$\vec{a}$ und $\vec{b}$	$\vec{a}$, $\vec{b}$ und $\vec{c}$
sind genau dann linear unabhängig, wenn die Gleichung	
$r\cdot\vec{a} + s\cdot\vec{b} = \vec{o}$ $(r, s \in \mathbb{R})$	$r\cdot\vec{a} + s\cdot\vec{b} + t\cdot\vec{c} = \vec{o}$ $(r, s, t \in \mathbb{R})$
genau eine Lösung mit	
$r = s = 0$	$r = s = t = 0$
besitzt.	

Beispiel:
Entscheiden Sie, ob die Vektoren linear abhängig oder linear unabhängig sind.

a) $\begin{pmatrix}1\\-1\\2\end{pmatrix}, \begin{pmatrix}3\\0\\1\end{pmatrix}, \begin{pmatrix}2\\2\\-1\end{pmatrix}$ b) $\begin{pmatrix}1\\-2\\3\end{pmatrix}, \begin{pmatrix}2\\-3\\5\end{pmatrix}, \begin{pmatrix}11\\-18\\29\end{pmatrix}$

Lösung:
a) (ohne CAS)
Bestimmung der Anzahl der Lösungen: $r\cdot\begin{pmatrix}1\\-1\\2\end{pmatrix} + s\cdot\begin{pmatrix}3\\0\\1\end{pmatrix} + t\cdot\begin{pmatrix}2\\2\\-1\end{pmatrix} = \begin{pmatrix}0\\0\\0\end{pmatrix}$,

$\left\{\begin{array}{l} r + 3s + 2t = 0 \\ -r \quad\quad + 2t = 0 \\ 2r + s - t = 0 \end{array}\right.$, also $\left\{\begin{array}{l} r + 3s + 2t = 0 \\ 3s + 4t = 0 \\ -5s - 5t = 0 \end{array}\right.$, also $\left\{\begin{array}{l} r + 3s + 2t = 0 \\ 3s + 4t = 0 \\ 5t = 0 \end{array}\right.$.

Dieses LGS hat $r = 0$, $s = 0$, $t = 0$ als einzige Lösung; die drei Vektoren sind linear unabhängig.
b) (mit CAS)
Die Vektorgleichung

$r\cdot\begin{pmatrix}1\\-2\\3\end{pmatrix} + s\cdot\begin{pmatrix}2\\-3\\5\end{pmatrix} + t\cdot\begin{pmatrix}11\\-18\\29\end{pmatrix} = \vec{0}$

wird im Hauptmenü eingegeben.
Fig. 2 zeigt, dass es unendlich viele Lösungen gibt. Für @2=1 ist $r = -3$, $s = -4$ und $t = 1$ eine Lösung damit sind die Vektoren linear abhängig.

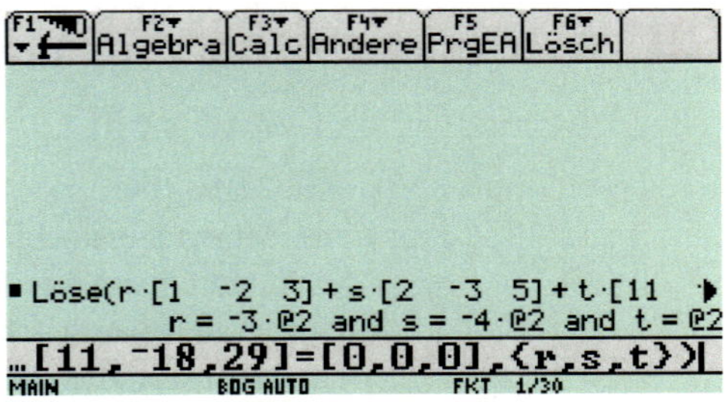

Fig. 2

Aufgaben

Lineare Unabhängigkeit

2 Überprüfen Sie ohne CAS die Vektoren auf lineare Abhängigkeit bzw. Unabhängigkeit.

a) $\begin{pmatrix}1\\1\\1\end{pmatrix}, \begin{pmatrix}2\\0\\2\end{pmatrix}, \begin{pmatrix}0\\1\\0\end{pmatrix}$ b) $\begin{pmatrix}4\\1\\4\end{pmatrix}, \begin{pmatrix}2\\1\\2\end{pmatrix}, \begin{pmatrix}2\\-4\\1\end{pmatrix}$ c) $\begin{pmatrix}1\\2\\3\end{pmatrix}, \begin{pmatrix}1\\1\\0\end{pmatrix}, \begin{pmatrix}1\\0\\1\end{pmatrix}$ d) $\begin{pmatrix}4\\1\\3\end{pmatrix}, \begin{pmatrix}-3\\-1\\-4\end{pmatrix}, \begin{pmatrix}1\\-3\\4\end{pmatrix}$

Notieren Sie mehrmals drei Vektoren im Raum und untersuchen Sie diese jeweils mit dem CAS auf lineare Abhängigkeit bzw. Unabhängigkeit. Welcher Fall tritt bei Ihnen häufiger auf? Begründung?

3 Überprüfen Sie mit CAS die Vektoren auf lineare Abhängigkeit bzw. Unhabhängigkeit.

a) $\begin{pmatrix}-3\\17\\18\end{pmatrix}, \begin{pmatrix}5\\9\\-7\end{pmatrix}, \begin{pmatrix}12\\-10\\9\end{pmatrix}$ b) $\begin{pmatrix}23\\-5\\15\end{pmatrix}, \begin{pmatrix}-3\\20\\19\end{pmatrix}, \begin{pmatrix}37\\50\\87\end{pmatrix}$ c) $\begin{pmatrix}13\\14\\-15\end{pmatrix}, \begin{pmatrix}16\\-17\\18\end{pmatrix}, \begin{pmatrix}-22\\-23\\24\end{pmatrix}$ d) $\begin{pmatrix}45\\17\\56\end{pmatrix}, \begin{pmatrix}-69\\45\\38\end{pmatrix}, \begin{pmatrix}35\\11\\10\end{pmatrix}$

4 Wie muss die reelle Zahl a gewählt werden, damit die Vektoren linear abhängig sind?

a) $\begin{pmatrix}3\\1\\a\end{pmatrix}, \begin{pmatrix}1\\0\\4\end{pmatrix}, \begin{pmatrix}a\\2\\1\end{pmatrix}$ b) $\begin{pmatrix}0\\a\\1\end{pmatrix}, \begin{pmatrix}a^2\\1\\0\end{pmatrix}, \begin{pmatrix}0\\0\\1\end{pmatrix}$ c) $\begin{pmatrix}a\\0\\2\end{pmatrix}, \begin{pmatrix}0\\a\\3\end{pmatrix}, \begin{pmatrix}3a\\1\\0\end{pmatrix}$ d) $\begin{pmatrix}1\\a\\a^2\end{pmatrix}, \begin{pmatrix}2\\8\\18\end{pmatrix}, \begin{pmatrix}1\\1\\1\end{pmatrix}$

5 Zeigen Sie, dass jeweils drei der vier Vektoren linear unabhängig sind, und stellen Sie jeden der vier Vektoren als Linearkombination der drei anderen dar.

a) $\begin{pmatrix}1\\0\\0\end{pmatrix}, \begin{pmatrix}0\\1\\0\end{pmatrix}, \begin{pmatrix}0\\0\\1\end{pmatrix}, \begin{pmatrix}1\\3\\4\end{pmatrix}$ b) $\begin{pmatrix}1\\1\\0\end{pmatrix}, \begin{pmatrix}0\\1\\1\end{pmatrix}, \begin{pmatrix}1\\0\\1\end{pmatrix}, \begin{pmatrix}1\\1\\1\end{pmatrix}$ c) $\begin{pmatrix}1\\-1\\1\end{pmatrix}, \begin{pmatrix}2\\1\\-1\end{pmatrix}, \begin{pmatrix}1\\0\\1\end{pmatrix}, \begin{pmatrix}5\\-1\\2\end{pmatrix}$

Tipp zu Aufgabe 6: *Welche Bedingung müssen die Vektoren $\overrightarrow{AB}$, $\overrightarrow{AC}$, $\overrightarrow{AD}$ erfüllen, damit die vier Punkte A, B, C, D in einer Ebene liegen?*

6 Überprüfen Sie ob die Punkte A, B, C, D in einer Ebene liegen.

a) A(2|−5|0), B(3|4|7), C(4|−4|3), D(−2|10|5)

b) A(1|1|1), B(5|4|3), C(−11|4|5), D(0|5|7).

7 a) Begründen Sie: Die Vektoren $\vec{e_1}$, $\vec{e_2}$, $\vec{e_3}$ in Fig. 1 sind linear unabhängig.

b) Stellen Sie jeden der Vektoren $\overrightarrow{OP}$, $\overrightarrow{E_1Q}$, $\overrightarrow{E_2R}$, $\overrightarrow{E_3S}$ als Linearkombination der Vektoren $\vec{e_1}$, $\vec{e_2}$, $\vec{e_3}$ dar.

c) Begründen Sie:
Jeweils drei der Vektoren $\overrightarrow{OP}$, $\overrightarrow{E_1Q}$, $\overrightarrow{E_2R}$, $\overrightarrow{E_3S}$ sind linear unabhängig.

d) Stellen Sie jeden der Vektoren $\overrightarrow{OP}$, $\overrightarrow{E_1Q}$, $\overrightarrow{E_2R}$, $\overrightarrow{E_3S}$ als Linearkombination der drei anderen dar.

Warum findet man für die „?“ keine Zahlen, sodass die Vektoren linear unabhängig werden?

a) $\begin{pmatrix}?\\0\\?\end{pmatrix}, \begin{pmatrix}?\\0\\?\end{pmatrix}, \begin{pmatrix}?\\0\\?\end{pmatrix}$

b) $\begin{pmatrix}4\\-3\\2\end{pmatrix}, \begin{pmatrix}0\\0\\0\end{pmatrix}, \begin{pmatrix}?\\7\\?\end{pmatrix}$

c) $\begin{pmatrix}1\\?\end{pmatrix}, \begin{pmatrix}?\\1\end{pmatrix}, \begin{pmatrix}?\\?\end{pmatrix}$

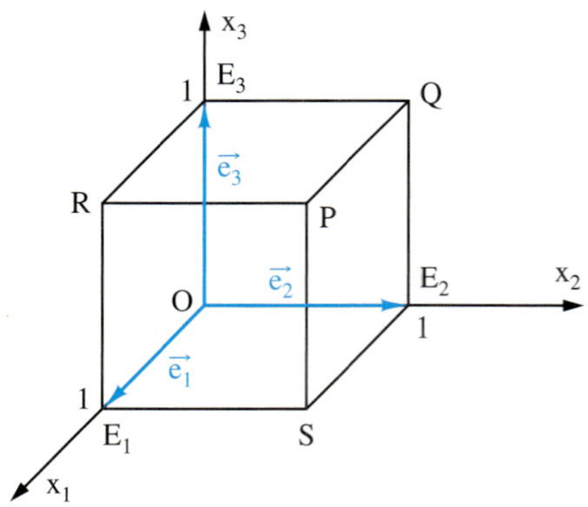

Fig. 1

8 Zeichnen Sie einen Quader ABCDEFGH wie in Fig. 2.
Zeichnen Sie jeweils einen Pfeil der Vektoren

$\vec{r} = \frac{1}{2}\overrightarrow{AB} + \frac{1}{2}\overrightarrow{BC} + \frac{1}{2}\overrightarrow{CG}$,

$\vec{s} = \frac{1}{2}\overrightarrow{AD} + 2\overrightarrow{BF}$,

$\vec{t} = 2\overrightarrow{HF} - \overrightarrow{FG}$.

a) Zeigen Sie algebraisch, dass die Vektoren $\vec{r}$, $\vec{s}$ und $\vec{t}$ paarweise sowie alle drei zusammen linear unabhängig sind.

b) Veranschaulichen Sie die Behauptung von a) mithilfe einer Zeichnung.

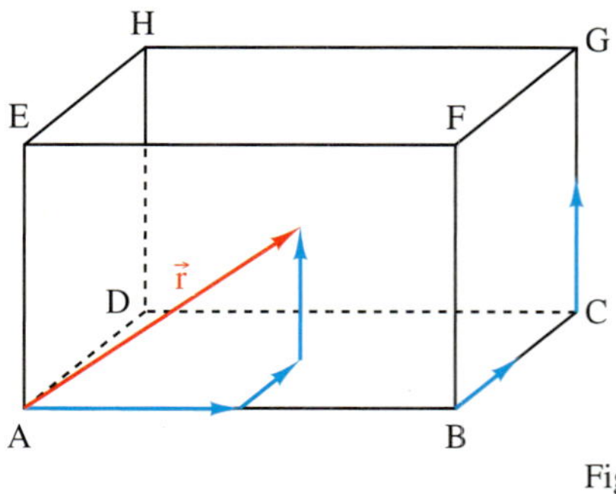

Fig. 2

*7 Vektorräume

$$\begin{pmatrix}0&1&2\\3&1&-1\\0&1&2\end{pmatrix}+\begin{pmatrix}2&9&4\\7&5&3\\6&1&8\end{pmatrix}=\begin{pmatrix}0+2&1+9&2+4\\3+7&1+5&-1+3\\0+6&1+1&2+8\end{pmatrix}=\begin{pmatrix}2&10&6\\10&6&2\\6&2&10\end{pmatrix}$$

$$4\cdot\begin{pmatrix}0&1&2\\3&1&-1\\0&1&2\end{pmatrix}=\begin{pmatrix}4\cdot0&4\cdot1&4\cdot2\\4\cdot3&4\cdot1&4\cdot(-1)\\4\cdot0&4\cdot1&4\cdot2\end{pmatrix}=\begin{pmatrix}0&4&8\\12&4&-4\\0&4&8\end{pmatrix}$$

Fig. 1

1 Eine quadratische Matrix heißt magisches Quadrat, wenn die Summen der Zahlen in jeder Spalte, jeder Zeile und jeder Diagonalen gleich sind. Fig. 1 verdeutlicht, wie man zwei magische Quadrate addiert und wie man ein magisches Quadrat mit einer reellen Zahl multipliziert. Ist die Summe zweier magischer Quadrate stets wieder ein magisches Quadrat? Welche Rechengesetze der (Verschiebungs-) Vektoren gelten auch für magische Quadrate?

In der analytischen Geometrie meinen wir mit dem Begriff Vektor eine Verschiebung. Die Eigenschaften und Gesetze für Verschiebungen gelten auch für viele andere Objekte. Solche Objekte nennt man allgemein Vektoren und eine Menge von solchen Objekten bezeichnet man als Vektorraum.

+ entspricht der Addition zweier Verschiebungsvektoren, vergleiche Seite 257.

zu 1.1 vergleiche „Nullvektor" auf Seite 255.
zu 1.2 vergleiche „Gegenvektor" auf den Seiten 257 und 255.
zu 1.3 und 1.4 vergleiche Seite 257.

· entspricht der Multiplikation eines Verschiebungsvektors mit einer reellen Zahl, vergleiche Seite 258;p
zu 2.1 und 2.2 vergleiche

Definition: Eine nicht leere Menge V nennt man einen **Vektorraum** und ihre Elemente **Vektoren**, wenn

1. es eine „Addition" gibt, die Elementen $\vec{a}, \vec{b} \in V$ jeweils genau ein Element $\vec{a}+\vec{b} \in V$ zuordnet, und hierbei gilt:
   - 1.1 Es gibt ein „Nullelement" $\vec{o} \in V$ mit $\vec{a}+\vec{o}=\vec{a}$ für alle $\vec{a} \in V$.
   - 1.2 Zu jedem $\vec{a} \in V$ gibt es ein „Gegenelement" $-\vec{a} \in V$ mit $\vec{a}+(-\vec{a})=\vec{o}$.
   - 1.3 Für alle $\vec{a}, \vec{b}, \vec{c} \in V$ gilt: $\vec{a}+(\vec{b}+\vec{c})=(\vec{a}+\vec{b})+\vec{c}$ (Assoziativgesetz)
   - 1.4 Für alle $\vec{a}, \vec{b} \in V$ gilt: $\vec{a}+\vec{b}=\vec{b}+\vec{a}$ (Kommutativgesetz)
2. es eine „Multiplikation" gibt, die jeweils einer reellen Zahl r und einem Element $\vec{a} \in V$ genau ein Element $r\cdot\vec{a} \in V$ zuordnet, und hierbei gilt:
   - 2.1 Für alle $r \in \mathbb{R}$, $\vec{a}, \vec{b} \in V$ gilt: $r\cdot(\vec{a}+\vec{b})=r\cdot\vec{a}+r\cdot\vec{b}$ und
     für alle $r, s \in \mathbb{R}$, $\vec{a} \in V$ gilt: $(r+s)\cdot\vec{a}=r\cdot\vec{a}+s\cdot\vec{a}$ (Distributivgesetze)
   - 2.2 Für alle $r, s \in \mathbb{R}$, $\vec{a} \in V$ gilt: $r\cdot(s\cdot\vec{a})=(r\cdot s)\cdot\vec{a}$ (Assoziativgesetz)
   - 2.3 Für alle $\vec{a} \in V$ gilt: $1\cdot\vec{a}=\vec{a}$

Ein Vektorraum ist vollständig bekannt, wenn man die Menge der Vektoren V und die beiden Verknüpfungen + und · kennt. Man gibt deshalb oft einen Vektorraum in der Schreibweise (V, +, ·) an.

Es gibt viele verschiedene Vektorräume, zum Beispiel:
Vektorräume mit Polynomen als Vektoren oder Vektorräume mit Matrizen als Vektoren oder Vektorräume mit Zahlenfolgen als Vektoren oder $\mathbb{R}^n=\left\{\begin{pmatrix}a_1\\\vdots\\a_n\end{pmatrix} \middle| a_1, \ldots, a_n \in \mathbb{R}\right\}$. In der analytischen Geometrie sind die Vektorräume $\mathbb{R}^2=\left\{\begin{pmatrix}a_1\\a_2\end{pmatrix} \middle| a_1, a_2 \in \mathbb{R}\right\}$ und $\mathbb{R}^3=\left\{\begin{pmatrix}a_1\\a_2\\a_3\end{pmatrix} \middle| a_1, a_2, a_3 \in \mathbb{R}\right\}$ mit den bekannten Verknüpfungen + und · wichtig, denn jede Verschiebung kann durch ein Element aus $\mathbb{R}^2$ bzw. $\mathbb{R}^3$ beschrieben werden.
Alle Vektorräume haben neben den Eigenschaften, die die Definition auflistet, noch weitere Gemeinsamkeiten. Diese Gemeinsamkeiten beweist man allgemein, das heißt für alle Vektorräume auf einmal.

Ist die Summe zweier Elemente einer Menge wieder ein Element dieser Menge, so sagt man auch, die Menge ist bezüglich dieser Addition ***abgeschlossen****.*

Beispiel 1: (Nachweis eines Vektorraumes)
Zeigen Sie, dass die Menge der Polynome maximal 2. Grades $P_2 = \{a x^2 + b x + c \mid a, b, c \in \mathbb{R}\}$ mit der Addition $(a_1 x^2 + b_1 x + c_1) + (a_2 x^2 + b_2 x + c_2) = (a_1 + a_2) x^2 + (b_1 + b_2) x + (c_1 + c_2)$ und der Multiplikation $r \cdot (a_1 x^2 + b_1 x + c_1) = r a_1 x^2 + r b_1 x + r c_1$ ein Vektorraum ist.
Lösung:
Zuerst überprüft man, ob die Addition zweier Elemente aus P_2 sowie die Multiplikation einer reellen Zahl mit einem Element aus P_2 jeweils wieder ein Element aus P_2 ergibt:
Es ist $(a_1 x^2 + b_1 x + c_1) + (a_2 x^2 + b_2 x + c_2) = (a_1 + a_2) x^2 + (b_1 + b_2) x + (c_1 + c_2)$
und $r \cdot (a_1 x^2 + b_1 x + c_1) = r a_1 x^2 + r b_1 x + r c_1$;
hierbei sind $(a_1 + a_2) x^2 + (b_1 + b_2) x + (c_1 + c_2)$ und $r a_1 x^2 + r b_1 x + r c_1$ ebenfalls Elemente von P_2.
Zum Nachweis der restlichen Vektorraumeigenschaften nutzt man aus, dass für die Koeffizienten die Rechenregeln der reellen Zahlen gelten.

Beispiel 2: (Beweis einer Vektorraumeigenschaft)
Zeigen Sie:
Ist $\vec{o}$ das Nullelement eines Vektorraumes $(V, +, \cdot)$, so gilt für alle $\vec{a}$ aus V: $0 \cdot \vec{a} = \vec{o}$.
Lösung:
Es gilt für alle $\vec{a}$ aus V: $(0 + 1) \cdot \vec{a} = 0 \cdot \vec{a} + \vec{a}$, also ist $\vec{a} = 0 \cdot \vec{a} + \vec{a}$.
Addiert man auf beiden Seiten der Gleichung $-\vec{a}$, so erhält man $\vec{a} + (-\vec{a}) = 0 \cdot \vec{a} + \vec{a} + (-\vec{a})$, und somit gilt $\vec{o} = 0 \cdot \vec{a}$.

Aufgaben

Vektorräume

2 Überprüfen Sie, ob die Menge V zusammen mit der für den Vektorraum $\mathbb{R}^3$ definierten Addition und Multiplikation ein Vektorraum ist.

a) $V = \left\{ \begin{pmatrix} a \\ 0 \\ 0 \end{pmatrix} \middle| \, a \in \mathbb{R} \right\}$ b) $V = \left\{ \begin{pmatrix} a \\ 2a \\ 3a \end{pmatrix} \middle| \, a \in \mathbb{R} \right\}$ c) $V = \left\{ \begin{pmatrix} a \\ a^2 \\ a^3 \end{pmatrix} \middle| \, a \in \mathbb{R} \right\}$

3 Welche dieser Teilmengen des $\mathbb{R}^2$ ist zusammen mit der für den Vektorraum $\mathbb{R}^2$ definierten Addition und Multiplikation jeweils ein Vektorraum

$A = \left\{ \begin{pmatrix} x_1 \\ x_2 \end{pmatrix} \middle| \, x_1 + x_2 = 0 \right\}$; $B = \left\{ \begin{pmatrix} x_1 \\ x_2 \end{pmatrix} \middle| \, x_1 + x_2 = 1 \right\}$; $C = \left\{ \begin{pmatrix} x_1 \\ x_2 \end{pmatrix} \middle| \, x_1 + x_2 > 0 \right\}$;

4 Zeigen Sie:
Die Menge aller reellen Zahlenfolgen bildet zusammen mit der Addition $(a_n) + (b_n) = (a_n + b_n)$ und der Multiplikation $r \cdot (a_n) = (r \cdot a_n)$ einen Vektorraum.

Tipp zu Aufgabe 5:
$\vec{o} + \vec{o} = \vec{o}$
$\vec{a} + \vec{o} = \vec{a}$

5 $(V, +, \cdot)$ ist ein Vektorraum mit dem Nullelement $\vec{o}$.
Zeigen Sie:
a) Für alle $r \in \mathbb{R}$ gilt: $r \cdot \vec{o} = \vec{o}$.
b) Für alle $r \in \mathbb{R}$ und alle $\vec{a} \in V$ gilt: Aus $r \cdot \vec{a} = \vec{o}$ folgt $r = 0$ oder $\vec{a} = \vec{o}$.
c) Für alle $\vec{a} \in V$ gilt: $(-1) \cdot \vec{a} = -\vec{a}$.

6 $(V, +, \cdot)$ ist ein Vektorraum. Zeigen Sie, dass für alle $\vec{a}, \vec{b} \in V$ die Gleichung $\vec{a} + \vec{x} = \vec{b}$ genau eine Lösung besitzt.

*8 Basis und Dimension

1 Der Schreibkopf S des Plotters wird mit der Stange vor- und rückwärts sowie entlang der Stange seitwärts bewegt (Fig. 1).
a) Wäre es von Nachteil, wenn die beiden möglichen „Bewegungsrichtungen" einen anderen Winkel als 90° einschließen würden?
b) Wie viele „Bewegungsrichtungen" benötigt man für ein Gerät, das „alle" Punkte des Raumes erreichen kann?

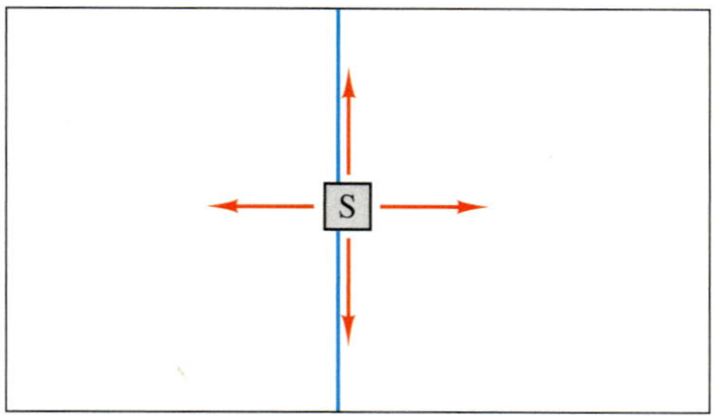

Fig. 1

Sind $\vec{a} = \begin{pmatrix} a_1 \\ a_2 \end{pmatrix}$ und $\vec{b} = \begin{pmatrix} b_1 \\ b_2 \end{pmatrix}$ zwei linear unabhängige Vektoren des $\mathbb{R}^2$, dann kann jeder weitere Vektor $\vec{c} = \begin{pmatrix} c_1 \\ c_2 \end{pmatrix}$ eindeutig als Linearkombination von $\vec{a}$ und $\vec{b}$ dargestellt werden, denn das LGS $\begin{cases} x\,a_1 + y\,b_1 = c_1 \\ x\,a_2 + y\,b_2 = c_2 \end{cases}$ ist wegen der linearen Unabhängigkeit von $\vec{a}$ und $\vec{b}$ eindeutig lösbar.

Ebenso kann man im $\mathbb{R}^3$ mit jeweils drei linear unabhängigen Vektoren alle anderen Vektoren darstellen. Man sagt:
Zwei linear unabhängige Vektoren des $\mathbb{R}^2$ bilden eine Basis des $\mathbb{R}^2$ und drei linear unabhängige Vektoren des $\mathbb{R}^3$ bilden eine Basis des $\mathbb{R}^3$.

Definition: Jeweils n linear unabhängige Vektoren $\vec{b_1}, \vec{b_2}, \ldots, \vec{b_n}$ eines Vektorraumes V heißen **Basis** von V, wenn man jeden Vektor von V als Linearkombination dieser Vektoren darstellen kann.

Im $\mathbb{R}^2$ benötigt man stets zwei Vektoren, um alle anderen Vektoren darzustellen, und es sind höchstens zwei Vektoren linear unabhängig.
Im $\mathbb{R}^3$ benötigt man stets drei Vektoren, um alle anderen Vektoren darzustellen, und es sind höchstens drei Vektoren linear unabhängig.
Allgemein gilt:
Ist n die maximale Anzahl linear unabhängiger Vektoren eines Vektorraumes V, so bilden jeweils n linear unabhängige Vektoren eine Basis von V.

Definition: Die Anzahl der Vektoren einer Basis eines Vektorraumes V heißt **Dimension** von V.

Der Vektorraum $\mathbb{R}^n$, $n \in \mathbb{N}$, hat die Dimension n. Seine „einfachste" Basis ist

$\vec{e_1} = \begin{pmatrix} 1 \\ 0 \\ 0 \\ \vdots \\ 0 \end{pmatrix}$, $\vec{e_2} = \begin{pmatrix} 0 \\ 1 \\ 0 \\ \vdots \\ 0 \end{pmatrix}, \ldots,$ $\vec{e_n} = \begin{pmatrix} 0 \\ 0 \\ 0 \\ \vdots \\ 1 \end{pmatrix}$, denn für jeden Vektor $\vec{c} = \begin{pmatrix} c_1 \\ c_2 \\ c_3 \\ \vdots \\ c_n \end{pmatrix}$ gilt:

$\vec{c} = c_1\vec{e_1} + c_2\vec{e_2} + \ldots + c_n\vec{e_n}$. Die Basis $\vec{e_1}, \vec{e_2}, \ldots, \vec{e_n}$ heißt **Standardbasis**.

Zur Erinnerung:
Bisher wurde
$\vec{a} = \begin{pmatrix} 6 \\ 5 \end{pmatrix}$
so interpretiert:
Der Vektor $\vec{a}$ verschiebt in einem Koordinatensystem jeden Punkt um 6 Einheiten in x_1-Richtung und 5 Einheiten in x_2-Richtung.

Fig. 1 verdeutlicht:
In einem Koordinatensystem bilden die Vektoren $\vec{e_1} = \overrightarrow{OE_1}$, $\vec{e_2} = \overrightarrow{OE_2}$ mit $E_1(1|0)$ und $E_2(0|1)$ die Standardbasis des $\mathbb{R}^2$. Stellt man z. B. $\vec{a}$ als Linearkombination von $\vec{e_1}$ und $\vec{e_2}$ dar, so erhält man $\vec{a} = 6\vec{e_1} + 5\vec{e_2}$. Die Koeffizienten entsprechen hierbei den bisher verwendeten Koordinaten von $\vec{a} = \begin{pmatrix} 6 \\ 5 \end{pmatrix}$.

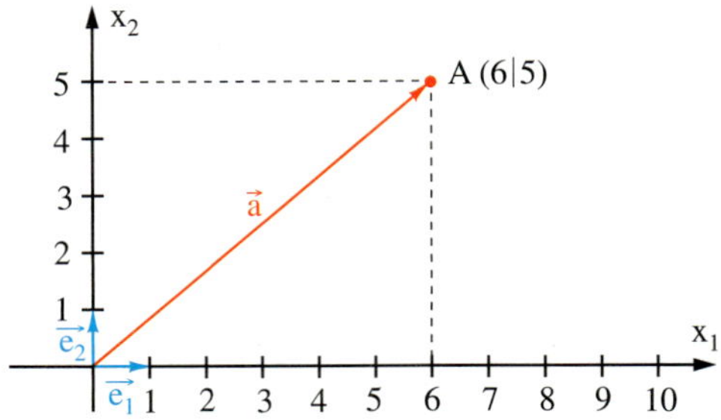

Fig. 1

Analog kann man $\vec{a}$ auch bezüglich einer weiteren Basis $\vec{b_1}, \vec{b_2}$ angeben (Fig. 2). Als Koordinaten von $\vec{a}$ wählt man nun die Koeffizienten in $\vec{a} = 1\vec{b_1} + 2\vec{b_2}$ und bezüglich der Basis $\vec{b_1}, \vec{b_2}$ gilt somit:
$\vec{a} = \begin{pmatrix} 1 \\ 2 \end{pmatrix}$.
Entsprechende Überlegungen gelten auch für den $\mathbb{R}^3$.

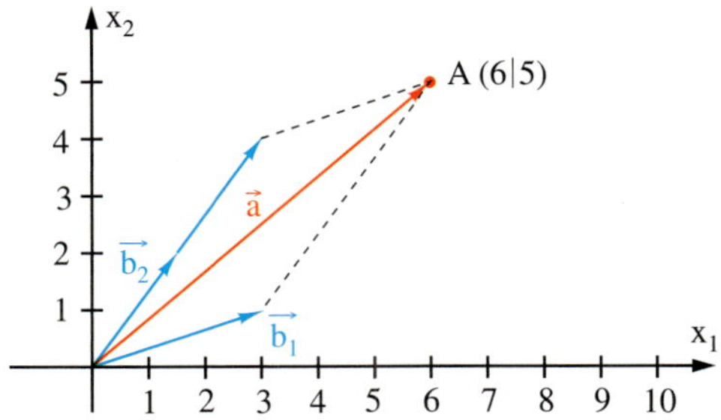

Fig. 2

Die Vektoren des $\mathbb{R}^2$ und des $\mathbb{R}^3$ werden meistens bezüglich der jeweiligen Standardbasis angegeben, denn es gilt der

Satz: Bezüglich der Standardbasis stimmen die Koordinaten eines Vektors $\vec{a} = \overrightarrow{OA}$ mit den Koordinaten des Punktes A überein.

Beispiel 1: (Nachweis einer Basis/Koordinaten eines Vektors)
Gegeben sind die Punkte $A_1(-1|-2)$, $A_2(-3|-1)$ und $B(5|5)$.
a) Zeigen Sie, dass $\vec{a_1} = \overrightarrow{OA_1}$, $\vec{a_2} = \overrightarrow{OA_2}$ eine Basis des $\mathbb{R}^2$ ist.
b) Geben Sie die Koordinaten von $\vec{b} = \overrightarrow{OB}$ bezüglich der Standardbasis und bezüglich der Basis $\vec{a_1}, \vec{a_2}$ an. Tragen Sie die Vektoren $\vec{a_1}, \vec{a_2}$ und $\vec{b}$ sowie die Vektoren der Standardbasis in ein kartesisches Koordinatensystem ein.
Lösung:
a) Bezüglich der Standardbasis stimmen die Koordinaten der Vektoren $\vec{a_1} = \overrightarrow{OA_1}$ und $\vec{a_2} = \overrightarrow{OA_2}$ mit den Koordinaten der Punkte $A_1(-1|-2)$, $A_2(-3|-1)$ überein, also gilt:
$\vec{a_1} = \begin{pmatrix} -1 \\ -2 \end{pmatrix}$ und $\vec{a_2} = \begin{pmatrix} -3 \\ -1 \end{pmatrix}$. Da $\vec{a_1}$ kein Vielfaches von $\vec{a_2}$ ist, sind $\vec{a_1}$ und $\vec{a_2}$ linear unabhängig.

Im $\mathbb{R}^2$ sind höchstens zwei Vektoren linear unabhängig, also bilden $\vec{a_1}, \vec{a_2}$ eine Basis des $\mathbb{R}^2$.
b) Bezüglich der Standardbasis stimmen die Koordinaten des Vektors $\overrightarrow{OB}$ mit den Koordinaten des Punktes B überein, also gilt $\overrightarrow{OB} = \begin{pmatrix} 5 \\ 5 \end{pmatrix}$. Die Gleichung $r\begin{pmatrix} -1 \\ -2 \end{pmatrix} + s\begin{pmatrix} -3 \\ -1 \end{pmatrix} = \begin{pmatrix} 5 \\ 5 \end{pmatrix}$ hat die Lösung $(-2; -1)$, das heißt, $\overrightarrow{OB} = -2\vec{a_1} + (-1)\vec{a_2}$ und bezüglich der Basis $\vec{a_1}, \vec{a_2}$ gilt $\overrightarrow{OB} = \begin{pmatrix} -2 \\ -1 \end{pmatrix}$ (Fig. 3).

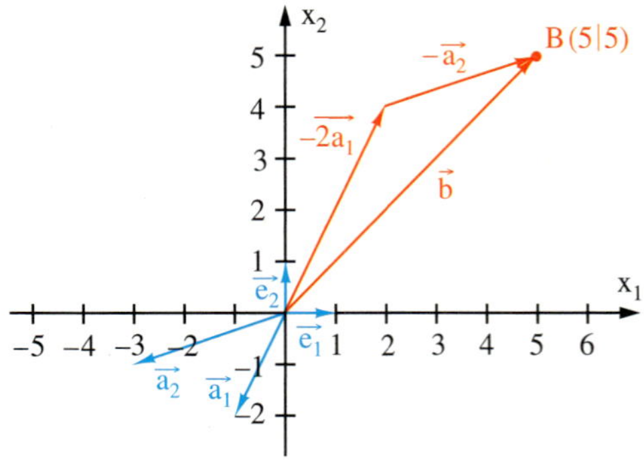

Fig. 3

Beispiel 2: (Basis und Dimension bestimmen)

Die Lösungen des LGS $\begin{cases} 2x_1 + 3x_2 - x_3 + 5x_4 - 2x_5 = 0 \\ x_1 + 7x_2 + 9x_3 + 2x_4 - 6x_5 = 0 \end{cases}$ bilden einen Vektorraum.

Geben Sie eine Basis und die Dimension dieses Vektorraumes an.

Lösung:

Auf Stufenform gebracht erhält man $\begin{cases} 2x_1 + 3x_2 - x_3 + 5x_4 - 2x_5 = 0 \\ 11x_2 + 19x_3 - x_4 - 10x_5 = 0 \end{cases}$

Mit $x_3 = r$, $x_4 = s$ und $x_5 = t$ folgt $\begin{cases} x_1 = -\frac{3}{2}x_2 + \frac{1}{2}r - \frac{5}{2}s + t \quad (*) \\ x_2 = -\frac{19}{11}r + \frac{1}{11}s + \frac{10}{11}t \end{cases}$

Setzt man in der Gleichung (∗) für x_2 den Term $-\frac{19}{11}r + \frac{1}{11}s + \frac{10}{11}t$ ein und drückt man auch x_3, x_4, x_5 als Linearkombination von r, s und t aus, so erhält man

$$x_1 = \tfrac{1}{11}(34r - 29s - 4t)$$
$$x_2 = \tfrac{1}{11}(-19r + 1s + 10t)$$
$$x_3 = \tfrac{1}{11}(11r + 0s + 0t)$$
$$x_4 = \tfrac{1}{11}(0r + 11s + 0t)$$
$$x_5 = \tfrac{1}{11}(0r + 0s + 11t)$$

Jede Lösung $(x_1;\ x_2;\ x_3;\ x_4;\ x_5)$ des LGS kann man somit als Linearkombination der Lösungen (34; −19; 11; 0; 0), (−29; 1; 0; 11; 0) und (−4; 10; 0; 0; 11) darstellen. Diese drei Lösungen sind linear unabhängig; sie bilden deshalb eine Basis und der Vektorraum der Lösungen dieses LGS hat die Dimension 3.

Aufgaben

2 Bilden die Vektoren eine Basis des $\mathbb{R}^2$?

a) $\begin{pmatrix}1\\3\end{pmatrix}, \begin{pmatrix}0\\4\end{pmatrix}$ b) $\begin{pmatrix}3\\4\end{pmatrix}, \begin{pmatrix}-15\\-20\end{pmatrix}$ c) $\begin{pmatrix}7\\11\end{pmatrix}, \begin{pmatrix}0\\0\end{pmatrix}$ d) $\begin{pmatrix}1\\3\end{pmatrix}, \begin{pmatrix}0\\0\end{pmatrix}$

3 Bilden die Vektoren eine Basis des $\mathbb{R}^3$?

a) $\begin{pmatrix}1\\1\\0\end{pmatrix}, \begin{pmatrix}2\\3\\2\end{pmatrix}, \begin{pmatrix}3\\4\\2\end{pmatrix}$ b) $\begin{pmatrix}3\\-1\\4\end{pmatrix}, \begin{pmatrix}2\\2\\1\end{pmatrix}, \begin{pmatrix}-1\\2\\4\end{pmatrix}$ c) $\begin{pmatrix}2\\1\\5\end{pmatrix}, \begin{pmatrix}1\\5\\2\end{pmatrix}, \begin{pmatrix}5\\2\\1\end{pmatrix}$

4 Wie muss die Zahl a gewählt werden, damit die Vektoren eine Basis des $\mathbb{R}^3$ bilden?

a) $\begin{pmatrix}a\\1\\2\end{pmatrix}, \begin{pmatrix}0\\1\\a\end{pmatrix}, \begin{pmatrix}3\\0\\1\end{pmatrix}$ b) $\begin{pmatrix}-1\\2\\a\end{pmatrix}, \begin{pmatrix}-1\\a\\2\end{pmatrix}, \begin{pmatrix}a\\-1\\2\end{pmatrix}$ c) $\begin{pmatrix}1\\0\\1\end{pmatrix}, \begin{pmatrix}a\\2\\-2\end{pmatrix}, \begin{pmatrix}4\\-1\\a\end{pmatrix}$

5 Bestimmen Sie die Koordinaten des Vektors $\vec{a}$ bezüglich der Basis $\begin{pmatrix}1\\0\end{pmatrix}, \begin{pmatrix}1\\-1\end{pmatrix}$, wenn für $\vec{a}$ bezüglich der Standardbasis gilt:

a) $\vec{a} = \begin{pmatrix}10\\7\end{pmatrix}$, b) $\vec{a} = \begin{pmatrix}-3\\5\end{pmatrix}$, c) $\vec{a} = \begin{pmatrix}1\\1\end{pmatrix}$, d) $\vec{a} = \begin{pmatrix}-5\\-7\end{pmatrix}$, e) $\vec{a} = \begin{pmatrix}0\\0\end{pmatrix}$.

6 Bestimmen Sie die Koordinaten des Vektors $\vec{a}$ bezüglich der Basis $\begin{pmatrix}1\\1\\0\end{pmatrix}, \begin{pmatrix}1\\0\\1\end{pmatrix}, \begin{pmatrix}0\\1\\1\end{pmatrix}$, wenn für $\vec{a}$ bezüglich der Standardbasis gilt:

a) $\vec{a} = \begin{pmatrix}2\\1\\5\end{pmatrix}$, b) $\vec{a} = \begin{pmatrix}1\\0\\0\end{pmatrix}$, c) $\vec{a} = \begin{pmatrix}5\\6\\7\end{pmatrix}$, d) $\vec{a} = \begin{pmatrix}-7\\11\\1\end{pmatrix}$, e) $\vec{a} = \begin{pmatrix}0\\0\\0\end{pmatrix}$.

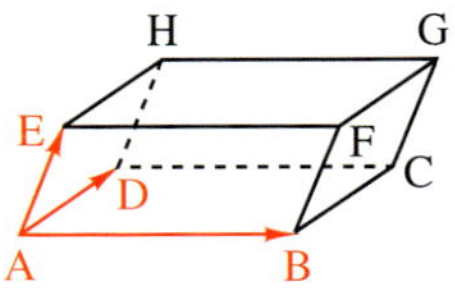

Fig. 1

7 Fig. 1 zeigt einen Spat ABCDEFGH. Die Vektoren $\overrightarrow{AB}, \overrightarrow{AD}, \overrightarrow{AE}$ bilden eine Basis des $\mathbb{R}^3$. Bilden die folgenden Vektoren auch eine Basis des $\mathbb{R}^3$? Stellen Sie gegebenenfalls den Vektor $\overrightarrow{AG}$ als Linearkombination dieser Vektoren dar.

a) $\overrightarrow{AB}, \overrightarrow{BC}, \overrightarrow{HE}$ b) $\overrightarrow{BC}, \overrightarrow{CD}, \overrightarrow{DH}$ c) $\overrightarrow{HD}, \overrightarrow{EF}, \overrightarrow{BC}$ d) $\overrightarrow{EF}, \overrightarrow{CD}, \overrightarrow{EH}$

8 Die Lösungen des LGS bilden einen Vektorraum. Geben Sie eine Basis dieses Vektorraumes an.

a) $\begin{cases} 2x_1 + x_2 + x_3 = 0 \\ 2x_2 - x_3 = 0 \end{cases}$ b) $\begin{cases} x_1 + x_2 + x_3 = 0 \\ 2x_1 + 3x_2 + 4x_3 = 0 \end{cases}$ c) $\begin{cases} x_1 + x_2 + x_3 + x_4 = 0 \\ x_2 - 2x_3 - 3x_4 = 0 \end{cases}$

d) $x_1 + x_2 + x_3 + 4x_4 = 0$ e) $\begin{cases} 6x_1 + x_3 + x_5 = 0 \\ 3x_2 + x_4 = 0 \end{cases}$ f) $\begin{cases} x_1 + x_2 + x_3 + x_4 + x_5 = 0 \\ x_1 - x_2 - x_3 + x_4 - x_5 = 0 \end{cases}$

g) $\begin{cases} x_1 + x_4 + x_6 = 0 \\ x_2 + x_3 + x_5 = 0 \end{cases}$ h) $\begin{cases} x_1 + x_2 - x_4 - x_5 = 0 \\ x_1 + 2x_2 + 3x_3 = 0 \\ -x_1 + 3x_3 + x_4 + 2x_5 = 0 \end{cases}$ i) $\begin{cases} 2x_1 + 3x_5 + 7x_6 = 0 \\ 3x_2 + 4x_4 + x_6 = 0 \\ x_1 + x_2 + x_3 = 0 \end{cases}$

9 Stellen Sie den Vektor $\vec{a}$ durch die Vektoren $\vec{u}, \vec{v}, \vec{w}, \vec{z}$ auf zwei verschiedene Arten dar. Wählen Sie aus $\vec{u}, \vec{v}, \vec{w}, \vec{z}$ eine Basis des $\mathbb{R}^3$ aus und geben Sie die Koordinaten von $\vec{a}$ bezüglich dieser Basis an.

$\vec{a} = \begin{pmatrix} 2 \\ 4 \\ 5 \end{pmatrix}, \vec{u} = \begin{pmatrix} 1 \\ -2 \\ 2 \end{pmatrix}, \vec{v} = \begin{pmatrix} 2 \\ 1 \\ -1 \end{pmatrix}, \vec{w} = \begin{pmatrix} 3 \\ 0 \\ 3 \end{pmatrix}, \vec{z} = \begin{pmatrix} 0 \\ 7 \\ 0 \end{pmatrix}$

10 Bestimmen Sie eine Basis und die Dimension des Vektorraumes V.

a) $V = \left\{ \begin{pmatrix} a \\ 0 \end{pmatrix} \middle| \, a \in \mathbb{R} \right\}$ b) $V = \left\{ \begin{pmatrix} a \\ 0 \\ b \end{pmatrix} \middle| \, a, b \in \mathbb{R} \right\}$ c) $V = \left\{ \begin{pmatrix} a \\ 0 \\ a \end{pmatrix} \middle| \, a \in \mathbb{R} \right\}$

11 Die 2 × 2-Matrizen bilden mit den Verknüpfungen

$\begin{pmatrix} a_{11} & a_{12} \\ a_{21} & a_{22} \end{pmatrix} + \begin{pmatrix} b_{11} & b_{12} \\ b_{21} & b_{22} \end{pmatrix} = \begin{pmatrix} a_{11} + b_{11} & a_{12} + b_{12} \\ a_{21} + b_{21} & a_{22} + b_{22} \end{pmatrix}$ und $r \cdot \begin{pmatrix} a_{11} & a_{12} \\ a_{21} & a_{22} \end{pmatrix} = \begin{pmatrix} r \cdot a_{11} & r \cdot a_{12} \\ r \cdot a_{21} & r \cdot a_{22} \end{pmatrix}$

einen Vektorraum.

a) Geben Sie eine Basis des Vektorraumes der 2 × 2-Matrizen an und stellen Sie den Vektor $\begin{pmatrix} 3 & 7 \\ 1 & 9 \end{pmatrix}$ als Linearkombination dieser Basis dar.

b) Die 2 × 2-Matrizen $\begin{pmatrix} a & b \\ c & d \end{pmatrix}$ mit $a + b + c + d = 0$ bilden ebenfalls einen Vektorraum der Dimension 3. Geben Sie zu diesem Vektorraum eine Basis an.

c) Die 2 × 2-Matrizen $\begin{pmatrix} a & b \\ -b & a \end{pmatrix}$ bilden einen Vektorraum der Dimension 2. Geben Sie zu diesem Vektorraum eine Basis an.

12 Die magischen 3 × 3-Quadrate bilden einen Vektorraum der Dimension drei.

Zeigen Sie damit, dass $\begin{pmatrix} 2 & 0 & 1 \\ 0 & 1 & 2 \\ 1 & 2 & 0 \end{pmatrix}, \begin{pmatrix} 1 & 0 & 2 \\ 2 & 1 & 0 \\ 0 & 2 & 1 \end{pmatrix}, \begin{pmatrix} 0 & 2 & 1 \\ 2 & 1 & 0 \\ 1 & 0 & 2 \end{pmatrix}$ eine Basis dieses Vektorraumes ist.

Stellen Sie $\begin{pmatrix} 9 & 4 & 5 \\ 2 & 6 & 10 \\ 7 & 8 & 3 \end{pmatrix}$ als Linearkombination dieser Basis dar.

Basis mit Parameter

13 a) Geben Sie eine Basis des Vektorraumes der Polynome höchstens 4. Grades an.
b) Welche Dimension hat der Vektorraum der Polynome höchstens n-ten Grades mit $n \in \mathbb{N}$? Begründen Sie Ihre Antwort.

9 Vektorielle Darstellung von Geraden

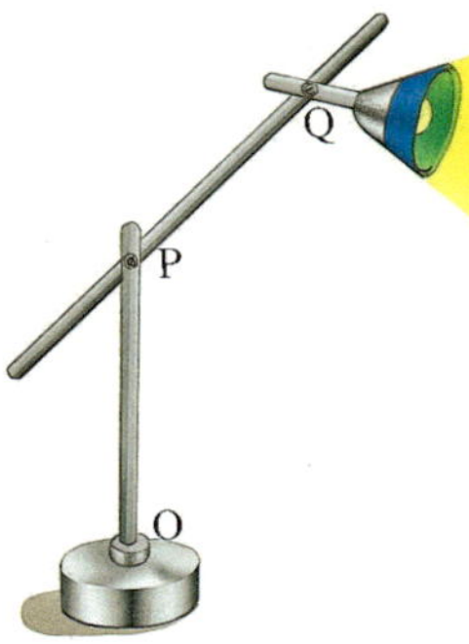

1 Die beiden Stangen der Lampe können an den Stellen O und P verstellt und fixiert werden. Der Befestigungspunkt Q des Strahlers kann mithilfe einer Schraube entlang der Querstange verschoben werden.

a) Was wird festgelegt, wenn man die Schrauben an den Stellen O und P zudreht?

b) Wo liegen alle möglichen Positionen des Befestigungspunktes Q, wenn man die Stangen in P und O fixiert hat?

c) Wie kann man mithilfe zweier Vektoren, deren Pfeile jeweils zu einer der Stangen parallel sind, alle möglichen Stellen Q angeben?

Die Lösungsmenge einer linearen Gleichung der Form $x_2 = a x_1 + b$ kann man als Gerade der Zeichenebene darstellen. Mithilfe von Vektoren ist es möglich, sowohl Geraden der Zeichenebene als auch Geraden im Raum algebraisch zu beschreiben. Hierzu betrachtet man die Ortsvektoren der Punkte einer Geraden.

Beachten Sie:
Die Überlegungen zu Fig. 1 und Fig. 2 gelten sowohl für Geraden einer Ebene als auch für Geraden des Raumes. Deshalb wurden nicht die Koordinatenachsen, sondern nur ihr Schnittpunkt O, der Ursprung, angegeben. Man kann sich also jeweils ein zwei- oder dreidimensionales Koordinatensystem hinzudenken.

Fig. 1 verdeutlicht: Sind P und Q zwei Punkte einer Geraden g, so gilt:
Ein beliebig gewählter Punkt X von g hat den Ortsvektor $\vec{x}$ mit $\vec{x} = \overrightarrow{OP} + \overrightarrow{PX}$.
Somit gilt: $\vec{x} = \overrightarrow{OP} + t \cdot \overrightarrow{PQ}$ mit einer reellen Zahl t.
Bezeichnet man den Vektor $\overrightarrow{OP}$ mit $\vec{p}$ und den Vektor $\overrightarrow{PQ}$ mit $\vec{u}$, so ist $\vec{x} = \vec{p} + t \cdot \vec{u}$ $(t \in \mathbb{R})$.

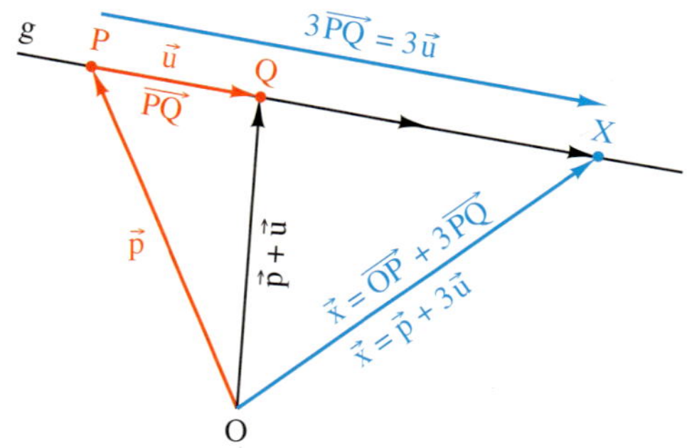

Fig. 1

Der Vektor $\vec{p}$ heißt **Stützvektor** von g, weil sein Pfeil von O nach P die Gerade g „in dem Punkt P stützt“.
Der Vektor $\vec{u}$ heißt **Richtungsvektor** von g, weil er die „Richtung“ der Geraden g festlegt.

Ist ein Vektor Ortsvektor eines Geradenpunktes, so kann er als Stützvektor dieser Geraden verwendet werden.
Liegen zwei Punkte P und Q (P ≠ Q) auf einer Geraden, so kann der Vektor $\overrightarrow{PQ}$ als Richtungsvektor dieser Geraden verwendet werden.

Fig. 2 verdeutlicht:
Sind zwei Vektoren $\vec{p}$ und $\vec{u}$ $(\vec{u} \neq \vec{o})$ gegeben, so gilt:
Alle Punkte X, für deren Ortsvektoren $\vec{x}$ gilt $\vec{x} = \vec{p} + t \cdot \vec{u}$ $(t \in \mathbb{R})$, liegen auf einer gemeinsamen Geraden.

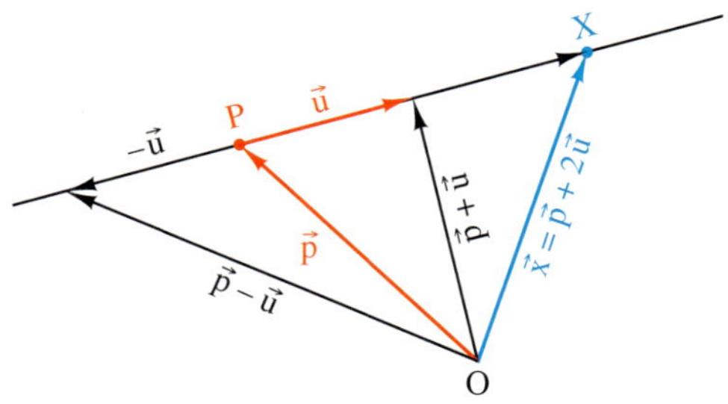

Fig. 2

Zusammenfassend sagt man:

> **Satz:** Jede Gerade lässt sich durch eine Gleichung der Form
> $$\vec{x} = \vec{p} + t \cdot \vec{u} \quad (t \in \mathbb{R})$$
> beschreiben. Hierbei ist $\vec{p}$ ein Stützvektor und $\vec{u}$ $(\vec{u} \neq \vec{o})$ ein Richtungsvektor von g.

Man nennt eine Gleichung $\vec{x} = \vec{p} + t \cdot \vec{u}$ eine **Geradengleichung in Parameterform** der jeweiligen Geraden g (mit dem Parameter t). Man schreibt kurz g: $\vec{x} = \vec{p} + t \cdot \vec{u}$.

Statt Geradengleichung in Parameterform sagt man auch kurz ***Parametergleichung****.*

Beispiel 1: (Parametergleichung bestimmen)

Geben Sie eine Parametergleichung für die Gerade g durch $A(1|-2|5)$ und $B(4|6|-2)$ an.

Lösung:

Da A auf g liegt, ist der Vektor $\vec{a} = \begin{pmatrix} 1 \\ -2 \\ 5 \end{pmatrix}$ ein möglicher Stützvektor von g.

Da A und B auf g liegen, ist der Vektor $\overrightarrow{AB} = \begin{pmatrix} 4 \\ 6 \\ -2 \end{pmatrix} - \begin{pmatrix} 1 \\ -2 \\ 5 \end{pmatrix} = \begin{pmatrix} 3 \\ 8 \\ -7 \end{pmatrix}$ ein möglicher Richtungsvektor von g. Somit erhält man: $g: \vec{x} = \begin{pmatrix} 1 \\ -2 \\ 5 \end{pmatrix} + t \cdot \begin{pmatrix} 3 \\ 8 \\ -7 \end{pmatrix}$.

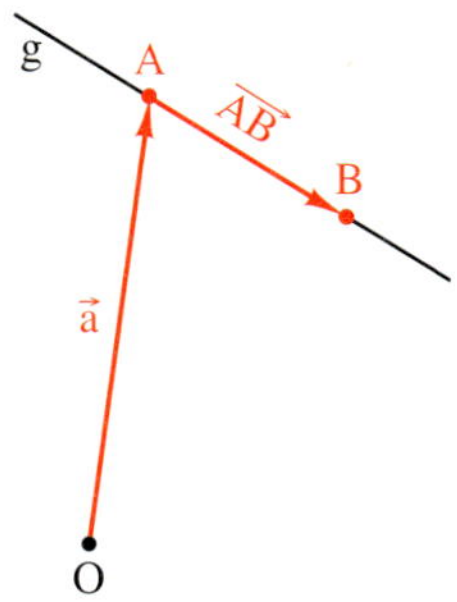

Fig. 1

Beispiel 2: (Punktprobe)

Prüfen Sie, ob der Punkt $A(-7|-5|8)$ auf der Geraden $g: \vec{x} = \begin{pmatrix} 3 \\ -1 \\ 2 \end{pmatrix} + t \cdot \begin{pmatrix} 5 \\ 2 \\ -3 \end{pmatrix}$ liegt.

Lösung:

Wenn A auf g liegt, dann muss es eine reelle Zahl geben, die die Gleichung

$\begin{pmatrix} 3 \\ -1 \\ 2 \end{pmatrix} + t \cdot \begin{pmatrix} 5 \\ 2 \\ -3 \end{pmatrix} = \begin{pmatrix} -7 \\ -5 \\ 8 \end{pmatrix}$ erfüllt. Aus $3 + t \cdot 5 = -7$ folgt $t = -2$ und es gilt sowohl

$(-1) + (-2) \cdot 2 = -5$ als auch $2 + (-2) \cdot (-3) = 8$.

A liegt somit auf g.

Gerade und Punktprobe mit dem CAS:

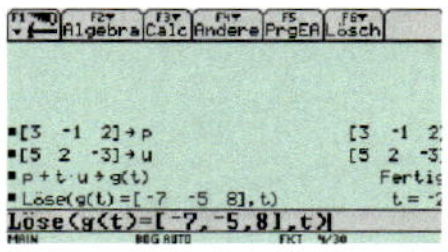

Aufgaben

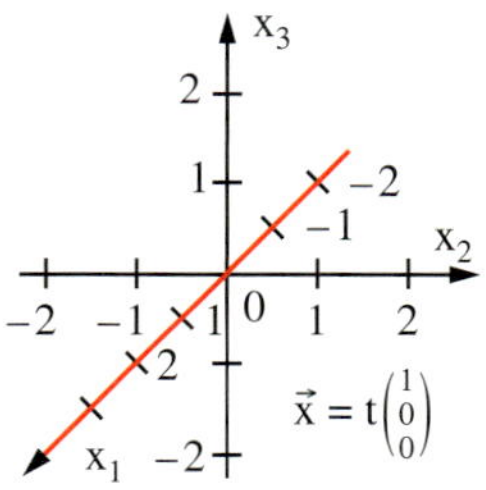

Fig. 2

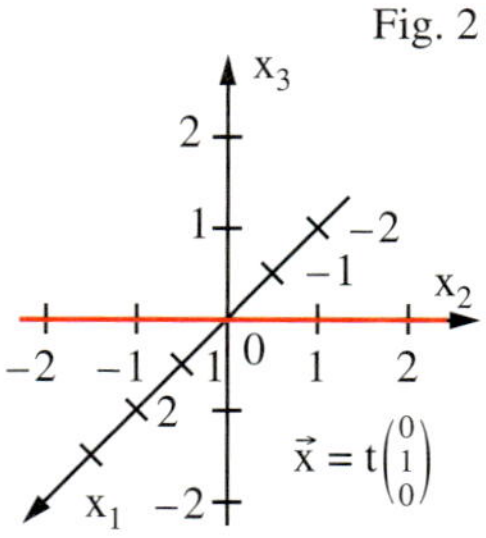

Fig. 3

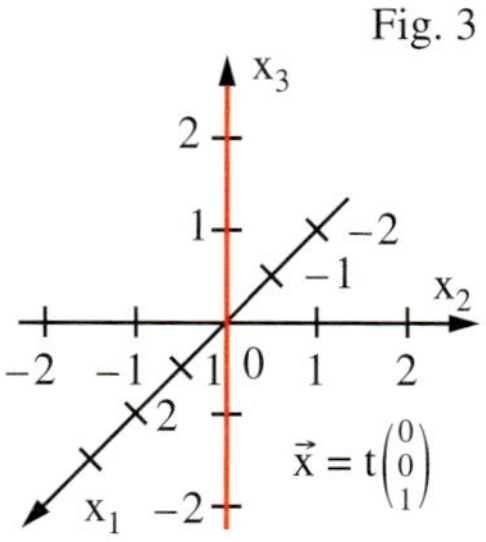

Fig. 4

2 Zeichnen Sie die Gerade g in ein Koordinatensystem ein.

a) $g: \vec{x} = \begin{pmatrix} 1 \\ 2 \end{pmatrix} + t \cdot \begin{pmatrix} 3 \\ 2 \end{pmatrix}$
b) $g: \vec{x} = \begin{pmatrix} -1 \\ 2 \end{pmatrix} + t \cdot \begin{pmatrix} 3 \\ -2 \end{pmatrix}$
c) $g: \vec{x} = \begin{pmatrix} 1 \\ -2 \end{pmatrix} + t \cdot \begin{pmatrix} -3 \\ -2 \end{pmatrix}$

d) $g: \vec{x} = \begin{pmatrix} 1 \\ 0 \\ 1 \end{pmatrix} + t \cdot \begin{pmatrix} 3 \\ 0 \\ 2 \end{pmatrix}$
e) $g: \vec{x} = \begin{pmatrix} 1 \\ 2 \\ -2 \end{pmatrix} + t \cdot \begin{pmatrix} 1 \\ 3 \\ 2 \end{pmatrix}$
f) $g: \vec{x} = \begin{pmatrix} 0 \\ 2 \\ -1 \end{pmatrix} + t \cdot \begin{pmatrix} -3 \\ 2 \\ 0 \end{pmatrix}$

3 Geben Sie zu den Geraden durch die Punkte A und B, A und C sowie B und C jeweils eine Parametergleichung an.

a) $A(2|7)$, $B(1|4)$, $C(-2|5)$
b) $A(0|5|-4)$, $B(6|3|1)$, $C(9|-9|0)$
c) $A(8|-1|1)$, $B(4|5|-2)$, $C(1|1|1)$
d) $A(8|7|6)$, $B(-2|-5|-1)$, $C(0|-4|-3)$
e) $A(1|2|4)$, $B(2|-5|0)$, $C(3|1|1)$
f) $A(-3|3|4)$, $B(3|2|2)$, $C(6|4|-4)$

4 Geben Sie zwei verschiedene Parametergleichungen der Geraden g an, die durch die Punkte A und B geht.

a) $A(7|-3|-5)$, $B(2|0|3)$
b) $A(0|0|0)$, $B(-6|13|25)$
c) $A(12|-19|9)$, $B(7|-3|-2)$
d) $A(0|7|0)$, $B(-7|0|-7)$
e) $A(2|0|1)$, $B(1|9|-3)$
f) $A(7|3|5)$, $B(-9|6|11)$

5 Prüfen Sie, ob der Punkt X auf der Geraden g liegt.

a) $X(1|1)$, $g: \vec{x} = \begin{pmatrix} 7 \\ 3 \end{pmatrix} + t\begin{pmatrix} -2 \\ 3 \end{pmatrix}$
b) $X(-1|0)$, $g: \vec{x} = \begin{pmatrix} -1 \\ 5 \end{pmatrix} + t\begin{pmatrix} 0 \\ 5 \end{pmatrix}$

c) $X(2|3|-1)$, $g: \vec{x} = \begin{pmatrix} 7 \\ 0 \\ 4 \end{pmatrix} + t\begin{pmatrix} 5 \\ -3 \\ 5 \end{pmatrix}$
d) $X(2|-1|-1)$, $g: \vec{x} = \begin{pmatrix} 1 \\ 0 \\ 1 \end{pmatrix} + t\begin{pmatrix} 1 \\ 3 \\ 3 \end{pmatrix}$

6 Welche besonderen Geraden werden durch die Parametergleichungen beschrieben?

a) g: $\vec{x} = t\begin{pmatrix}1\\0\\1\end{pmatrix}$, b) g: $\vec{x} = t\begin{pmatrix}0\\1\\1\end{pmatrix}$, c) g: $\vec{x} = t\begin{pmatrix}1\\1\\1\end{pmatrix}$

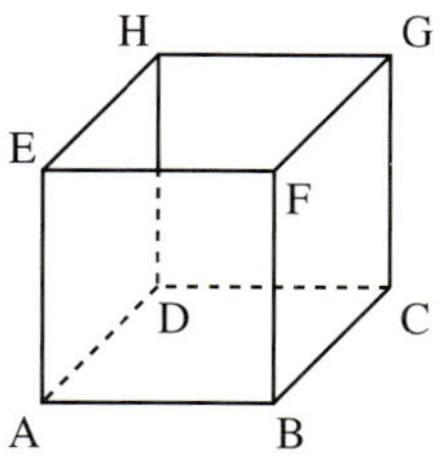

Fig. 1

7 Zeichnen Sie einen Würfel und bezeichnen Sie die Ecken mit ABCDEFGH (Fig. 1). Wählen Sie ein geeignetes Koordinatensystem und bestimmen Sie eine Parametergleichung der Geraden, die festgelegt ist durch die Punkte

a) A und C, b) B und D,
c) E und G, d) F und H,
e) A und G, f) B und H.

8 Geben Sie eine Parametergleichung derjenigen Geraden an, die durch die Raumdiagonale in Fig. 2 festgelegt ist.
Legen Sie hierzu ein geeignetes Koordinatensystem fest.

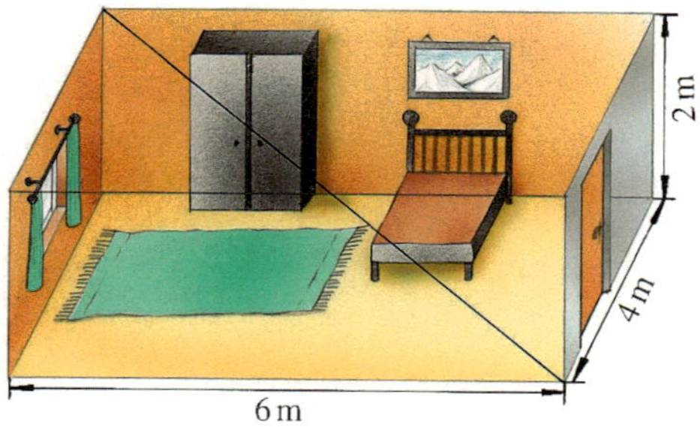

Fig. 2

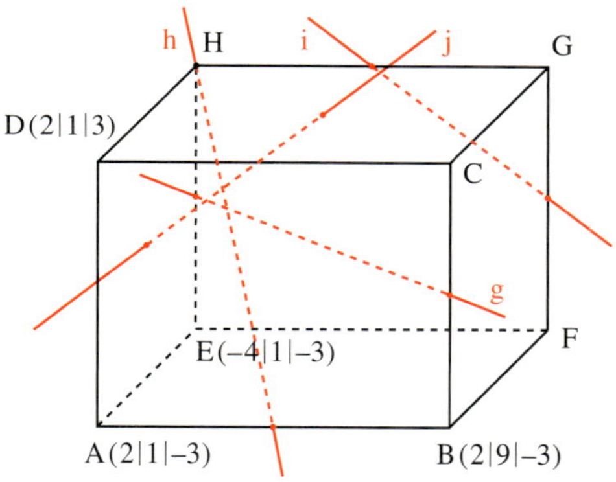

Fig. 3

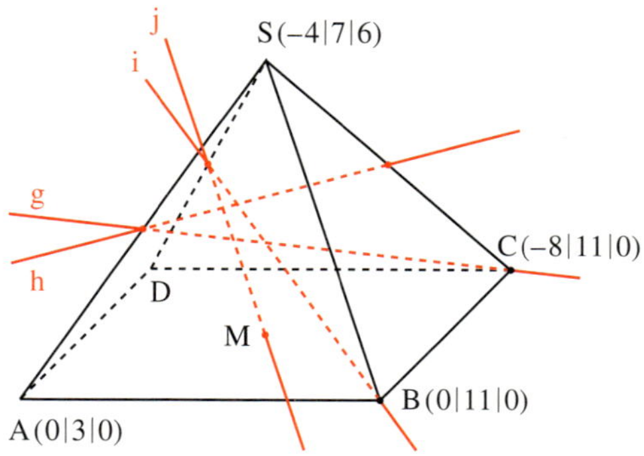

Fig. 4

9 In Fig. 3 und Fig. 4 sind die rot eingezeichneten Punkte jeweils Mittelpunkte einer Seitenfläche bzw. einer Kante. Bestimmen Sie eine Parametergleichung für jede eingezeichnete Gerade in a) Fig. 3, b) Fig. 4.

10 Die Lösungsmenge einer Gleichung der Form $a x_1 + b x_2 = c$ ($a \neq 0$ oder $b \neq 0$) legt eine Gerade der Zeichenebene fest. Geben Sie eine Parametergleichung der Geraden g an, die beschrieben wird durch

In der Sekundarstufe I wurde die Gleichung $x_2 = m \cdot x_1 + b$ so geschrieben: $y = m \cdot x + b$.

a) g: $2x_1 + x_2 = 1$, b) g: $x_1 - x_2 = 3$, c) g: $x_2 = 3$,
d) g: $2x_1 + 5x_2 = 7$, e) g: $5x_1 - 3x_2 = 17$, f) g: $x_1 = 5$,
g) g: $x_1 + x_2 = 0$, h) g: $x_1 = 0$ i) g: $-x_1 - x_2 = 3$.

11 Geben Sie eine Gleichung der Geraden g in der Form $a x_1 + b x_2 = c$ an.

a) g: $\vec{x} = \begin{pmatrix}1\\2\end{pmatrix} + t\begin{pmatrix}3\\1\end{pmatrix}$ b) g: $\vec{x} = \begin{pmatrix}2\\5\end{pmatrix} + t\begin{pmatrix}-1\\5\end{pmatrix}$ c) g: $\vec{x} = \begin{pmatrix}3\\5\end{pmatrix} + t\begin{pmatrix}7\\9\end{pmatrix}$

12 Zeigen Sie am Beispiel von g: $\vec{x} = \begin{pmatrix}3\\2\end{pmatrix} + t\begin{pmatrix}4\\1\end{pmatrix}$, wie man aus einer Parametergleichung einer Geraden die Steigung und den x_2-Achsenabschnitt von g bestimmen kann.

10 Gegenseitige Lage von Geraden

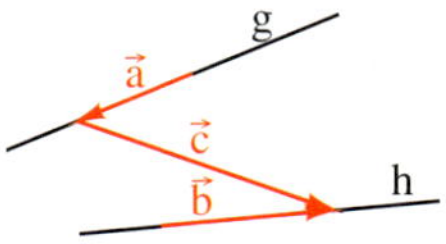

Fig. 1

1 Betrachtet werden die Geraden g und h sowie die Vektoren $\vec{a}$, $\vec{b}$ und $\vec{c}$ in Fig. 1.
a) Welche Aussage über $\vec{a}$, $\vec{b}$ und $\vec{c}$ kann man machen, wenn g und h zueinander parallel (nicht parallel) sind?
b) Können $\vec{a}$ und $\vec{b}$ linear unabhängig sein und zugleich g und h sich nicht schneiden?

Für zwei Geraden im Raum sind vier Fälle möglich: Sie sind parallel (Fig. 2), sie schneiden sich in einem Punkt (Fig. 3), sie sind identisch (Fig. 4) oder sie sind windschief zueinander, d. h. sie schneiden sich nicht und sind auch nicht parallel (Fig. 5).

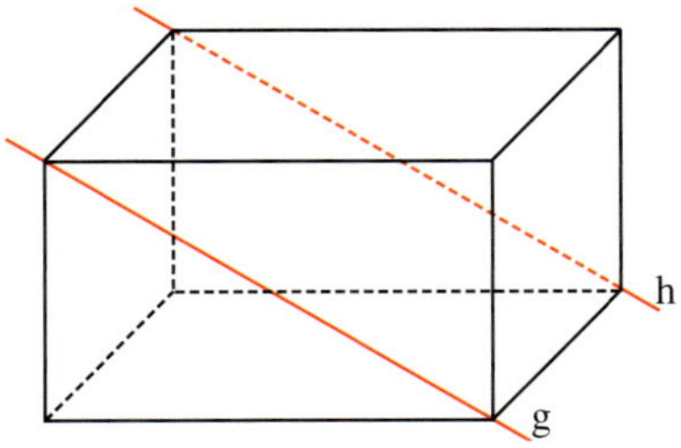

Fig. 2

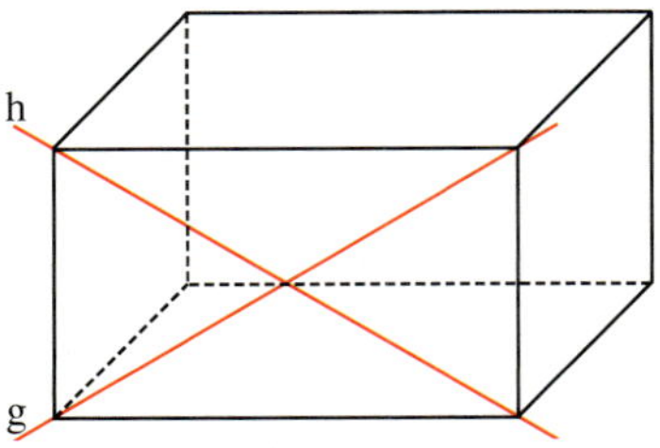

Fig. 3

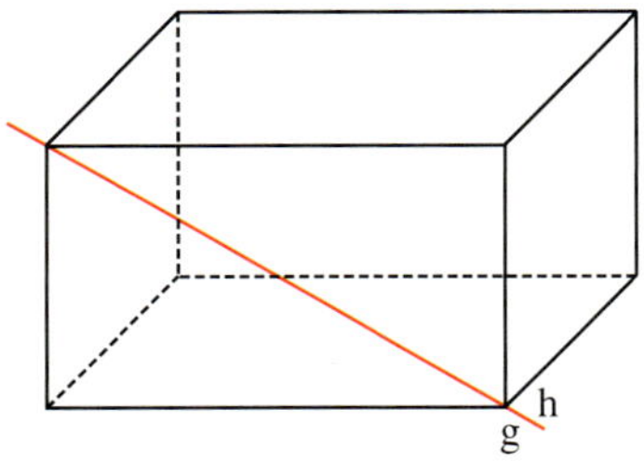

Fig. 4

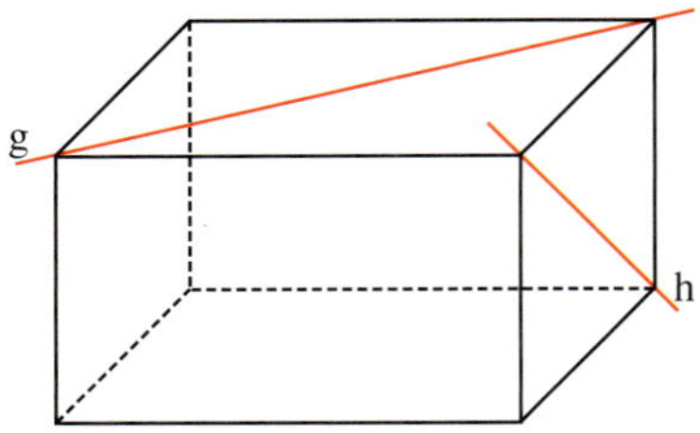

Fig. 5

Die Anzahl der gemeinsamen Punkte zweier Geraden kann man algebraisch untersuchen:

Satz: Für die Geraden g: $\vec{x} = \vec{p} + r \cdot \vec{u}$ und h: $\vec{x} = \vec{q} + t \cdot \vec{v}$ gilt:
g und h **schneiden sich in einem Punkt**, wenn die Vektorgleichung
$\vec{p} + r \cdot \vec{u} = \vec{q} + t \cdot \vec{v}$ **genau eine** Lösung $(r_0; t_0)$ hat.
g und h sind **identisch**, wenn die Vektorgleichung
$\vec{p} + r \cdot \vec{u} = \vec{q} + t \cdot \vec{v}$ **unendlich viele** Lösungen hat.
g und h haben **keinen gemeinsamen Punkt**, wenn die Vektorgleichung
$\vec{p} + r \cdot \vec{u} = \vec{q} + t \cdot \vec{v}$ **keine** Lösung hat.

Anmerkungen:
1. Hat die Vektorgleichung $\vec{p} + r \cdot \vec{u} = \vec{q} + t \cdot \vec{v}$ genau eine Lösung $(r_0; t_0)$, so erhält man den Ortsvektor des Schnittpunktes, indem man r_0 für r in $\vec{p} + r \cdot \vec{u}$ einsetzt oder t_0 für t in $\vec{q} + t \cdot \vec{v}$ einsetzt.
2. Hat die Vektorgleichung $\vec{p} + r \cdot \vec{u} = \vec{q} + t \cdot \vec{v}$ keine Lösung, so sind g und h zueinander parallel, falls $\vec{u}$ und $\vec{v}$ linear abhängig sind; andernfalls sind sie zueinander windschief.

Bei der Aufgabe a) des Beispiels sieht man sofort, dass die Vektoren $\begin{pmatrix}2\\4\\1\end{pmatrix}$ und $\begin{pmatrix}4\\8\\2\end{pmatrix}$ sowie die Vektoren $\begin{pmatrix}2\\4\\1\end{pmatrix}$ und $\begin{pmatrix}1\\2\\3\end{pmatrix}-\begin{pmatrix}3\\6\\4\end{pmatrix}$ linear abhängig und deshalb g und h identisch sind.

Bei den Aufgaben b) und c) sind die Richtungsvektoren linear unabhängig. Überprüft man mithilfe eines Gleichungssystems, ob die Geraden windschief sind oder sich schneiden, so erhält man gegebenenfalls die Koordinaten des Schnittpunktes.

Beispiel 1: (gegenseitige Lage von Geraden)

Bestimmen Sie die gegenseitige Lage der Geraden g und h.

a) $g\colon \vec{x} = \begin{pmatrix}1\\2\\3\end{pmatrix} + r\cdot\begin{pmatrix}2\\4\\1\end{pmatrix},\ r \in \mathbb{R}$ und $h\colon \vec{x} = \begin{pmatrix}3\\6\\4\end{pmatrix} + t\cdot\begin{pmatrix}4\\8\\2\end{pmatrix},\ t \in \mathbb{R}$

b) $g\colon \vec{x} = \begin{pmatrix}7\\-2\\2\end{pmatrix} + r\cdot\begin{pmatrix}2\\3\\1\end{pmatrix},\ r \in \mathbb{R}$ und $h\colon \vec{x} = \begin{pmatrix}4\\-6\\-1\end{pmatrix} + t\cdot\begin{pmatrix}1\\1\\2\end{pmatrix},\ t \in \mathbb{R}$

c) $g\colon \vec{x} = \begin{pmatrix}3\\6\\4\end{pmatrix} + r\cdot\begin{pmatrix}4\\8\\2\end{pmatrix},\ r \in \mathbb{R}$ und $h\colon \vec{x} = \begin{pmatrix}1\\0\\3\end{pmatrix} + t\cdot\begin{pmatrix}-4\\-6\\2\end{pmatrix},\ t \in \mathbb{R}$

Lösung:

a) Der Vektorgleichung $\begin{pmatrix}1\\2\\3\end{pmatrix} + r\cdot\begin{pmatrix}2\\4\\1\end{pmatrix} = \begin{pmatrix}3\\6\\4\end{pmatrix} + t\cdot\begin{pmatrix}4\\8\\2\end{pmatrix}$

entspricht das LGS $\begin{cases}1+2r=3+4t\\2+4r=6+8t\\3+\ \ r=4+2t\end{cases}$ bzw. $\begin{cases}2r-4t=2\\4r-8t=4\\r-2t=1\end{cases}$.

Dieses LGS hat unendlich viele Lösungen (vgl. Fig. 1). Also sind g und h identisch.

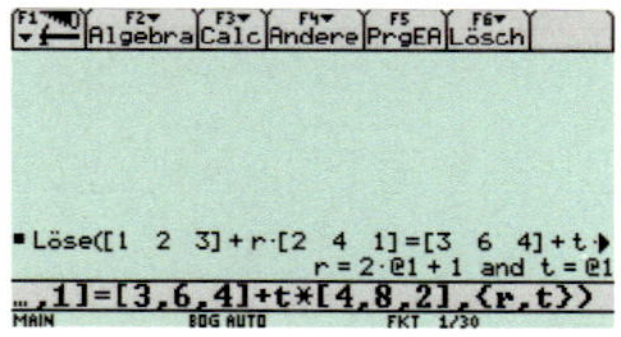

Fig. 1

b) Der Vektorgleichung $\begin{pmatrix}7\\-2\\2\end{pmatrix} + r\cdot\begin{pmatrix}2\\3\\1\end{pmatrix} = \begin{pmatrix}4\\-6\\-1\end{pmatrix} + t\cdot\begin{pmatrix}1\\1\\2\end{pmatrix}$

entspricht das LGS $\begin{cases}7+2r=\ \ 4+t\\-2+3r=-6+t\\2+\ \ r=-1+2t\end{cases}$ bzw. $\begin{cases}2r-\ \ t=-3\\3r-\ \ t=-4\\r-2t=-3\end{cases}$.

Dieses LGS hat die einzige Lösung $(-1;\ 1)$ (vgl. Fig. 2). Also schneiden sich g und h.

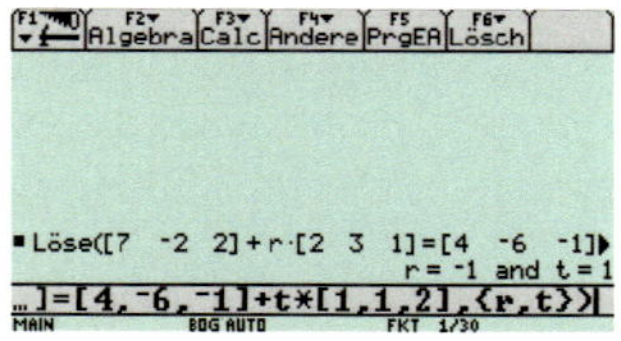

Fig. 2

Setzt man in $\begin{pmatrix}7\\-2\\2\end{pmatrix} + r\cdot\begin{pmatrix}2\\3\\1\end{pmatrix}$ für r die Zahl -1

oder in $\begin{pmatrix}4\\-6\\-1\end{pmatrix} + t\cdot\begin{pmatrix}1\\1\\2\end{pmatrix}$ für t die Zahl 1 ein,

so erhält man den Vektor $\vec{s} = \begin{pmatrix}5\\-5\\1\end{pmatrix}$.

Somit schneiden sich g und h im Punkt $S(5\,|\,-5\,|\,1)$ (Fig. 3).

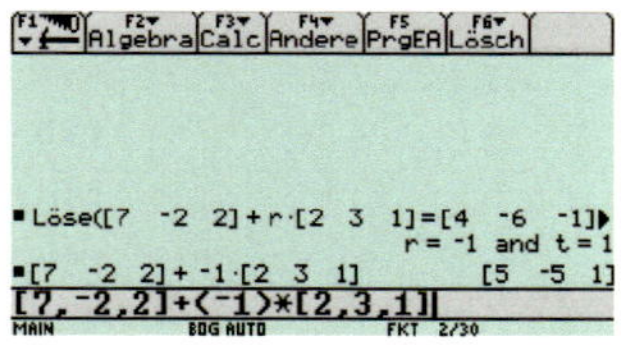

Fig. 3

c) Der Vektorgleichung $\begin{pmatrix}3\\6\\4\end{pmatrix} + r\cdot\begin{pmatrix}4\\8\\2\end{pmatrix} = \begin{pmatrix}1\\0\\3\end{pmatrix} + t\cdot\begin{pmatrix}-4\\-6\\2\end{pmatrix}$

entspricht das LGS $\begin{cases}3+4r=1-4t\\6+8r=\ \ -6t\\4+2r=3+2t\end{cases}$ bzw. $\begin{cases}4r+4t=-2\\8r+6t=-6\\2r-2t=-1\end{cases}$.

Dieses LGS hat keine Lösung (vgl. Fig. 4). Also haben g und h keine gemeinsamen Punkte.

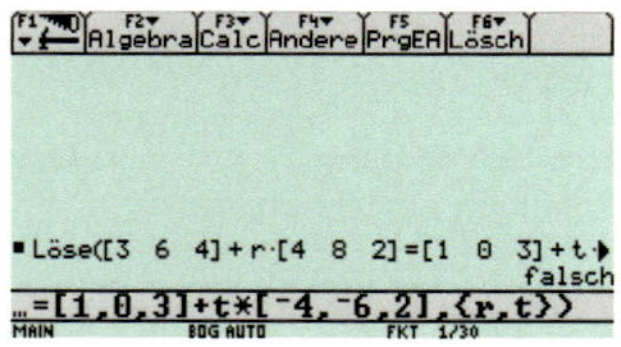

Fig. 4

Da ferner die Richtungsvektoren $\begin{pmatrix}4\\8\\2\end{pmatrix}$ und $\begin{pmatrix}-4\\-6\\2\end{pmatrix}$ linear unabhängig sind, sind g und h zueinander windschief.

Im Beispiel 2 wird in der Parametergleichung einer Geraden der Parameter als Zeit interpretiert.

Beispiel 2: (Bewegungsaufgabe)
Zwei Schiffe S_1 und S_2 begegnen sich auf dem offenen Meer. Beide fahren mit konstanter Geschwindigkeit und halten einen geradlinigen Kurs. S_1 befindet sich zu Beginn der Beobachtung auf Position $A(-3|1)$ und fährt mit einer Geschwindigkeit von $15\,\frac{km}{h}$ in Richtung $\vec{u} = \begin{pmatrix} 4 \\ 3 \end{pmatrix}$. Zur gleichen Zeit befindet sich S_2 auf Position $B(2|3)$ und fährt mit einer Geschwindigkeit von $20\,\frac{km}{h}$ in Richtung $\vec{v} = \begin{pmatrix} -1 \\ 0 \end{pmatrix}$ (alle Koordinaten in km).

a) Fertigen Sie für die Kurse der beiden Schiffe eine Zeichnung an.
b) Wie viele Minuten nach Beobachtungsbeginn kommen sich die beiden Schiffe am nächsten? Wo befinden sie sich dann und wie groß ist ihr kleinster Abstand?

Lösung:
a) Siehe Fig. 1.
b) Es seien P und Q die Positionen, in denen die beiden Schiffe S_1 und S_2 den kleinsten Abstand haben. Die seit Beobachtungsbeginn vergangene Zeit sei t (in Stunden). Ein Einheitsvektor für die Richtung von S_1 ist $\vec{u_0} = \frac{1}{5}\cdot\begin{pmatrix} 4 \\ 3 \end{pmatrix}$.
Der Vektor $\vec{v}$ für S_2 ist ein Einheitsvektor. Für die Ortsvektoren der Punkte P und Q gilt also:

$$\overrightarrow{OP} = \overrightarrow{OA} + t\cdot 15\cdot\vec{u_0}$$
$$= \begin{pmatrix} -3 \\ 1 \end{pmatrix} + t\cdot 15\cdot\frac{1}{5}\cdot\begin{pmatrix} 4 \\ 3 \end{pmatrix} = \begin{pmatrix} -3+12t \\ 1+9t \end{pmatrix},$$
$$\overrightarrow{OQ} = \overrightarrow{OB} + t\cdot 20\cdot\vec{v}$$
$$= \begin{pmatrix} 2 \\ 3 \end{pmatrix} + t\cdot 20\cdot\begin{pmatrix} -1 \\ 0 \end{pmatrix} = \begin{pmatrix} 2-20t \\ 3 \end{pmatrix}.$$

Gesucht ist der Wert für t, für den der Betrag des Vektors $\overrightarrow{PQ}$ minimal wird:

$$\overrightarrow{PQ} = \begin{pmatrix} 5-32t \\ 2-9t \end{pmatrix};$$
$$|\overrightarrow{PQ}| = \sqrt{(5-32t)^2 + (2-9t)^2}$$
$$= \sqrt{1105t^2 - 356t + 29}.$$

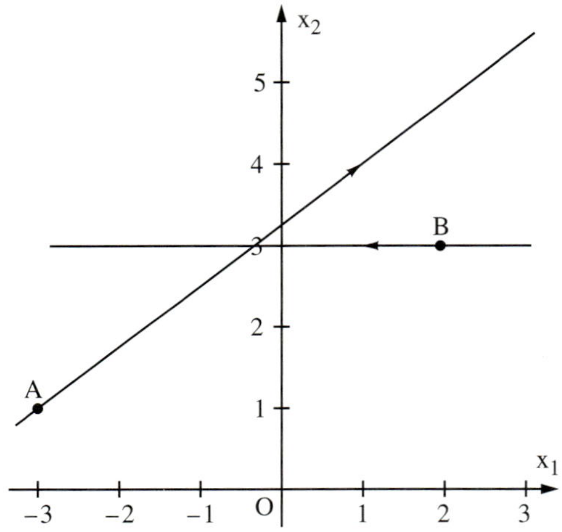

Fig. 1

Zur Bestimmung der Extremstelle kann man die Ersatzfunktion $d(t) = 1105t^2 - 356t + 29$ benutzen, deren Graph eine nach oben geöffnete Parabel ist.
Mit $d'(t) = 2210t - 356$ erhält man t_{min} aus $2210t - 356 = 0$ zu $t_{min} = \frac{356}{2210} \approx 0{,}16$.
Ungefähr 0,16 Stunden, d. h. 9,6 Minuten nach Beginn der Beobachtung, sind sich die beiden Schiffe am nächsten.
S_1 befindet sich dann ungefähr auf Position $P(-1{,}07|2{,}45)$, S_2 ungefähr auf Position $Q(-1{,}22|3)$.
Mit $\overrightarrow{PQ} = \begin{pmatrix} -0{,}15 \\ 0{,}55 \end{pmatrix}$ ergibt sich $|\overrightarrow{PQ}| = \sqrt{(-0{,}15)^2 + 0{,}55^2} \approx 0{,}57$.
Der kleinste Abstand zwischen den beiden Schiffen S_1 und S_2 beträgt somit rund 570 m.

Lage von Geraden
Schnittmenge von Geraden

Aufgaben

2 Berechnen Sie die Koordinaten des Schnittpunktes S der Geraden g und h.

a) g: $\vec{x} = \begin{pmatrix} 1 \\ 0 \end{pmatrix} + r\begin{pmatrix} 2 \\ 1 \end{pmatrix}$, h: $\vec{x} = \begin{pmatrix} 3 \\ 2 \end{pmatrix} + t\begin{pmatrix} 5 \\ 4 \end{pmatrix}$ b) g: $\vec{x} = \begin{pmatrix} 2 \\ 7 \end{pmatrix} + r\begin{pmatrix} 1 \\ 1 \end{pmatrix}$, h: $\vec{x} = \begin{pmatrix} 0 \\ 5 \end{pmatrix} + t\begin{pmatrix} -1 \\ 1 \end{pmatrix}$

Wird bei zwei gegebenen Parametergleichungen der Parameter jeweils mit dem gleichen Buchstaben, z. B. „t“, bezeichnet, dann muss er in einer Gleichung umbenannt werden, z. B. in „r“.

3 Untersuchen Sie die gegenseitige Lage der Geraden g und h. Berechnen Sie gegebenenfalls die Koordinaten des Schnittpunktes S.

a) g: $\vec{x} = \begin{pmatrix} 1 \\ 2 \end{pmatrix} + t\begin{pmatrix} 4 \\ 2 \end{pmatrix}$, h: $\vec{x} = \begin{pmatrix} 0 \\ 5 \end{pmatrix} + t\begin{pmatrix} -2 \\ -1 \end{pmatrix}$

b) g: $\vec{x} = \begin{pmatrix} 3 \\ 4 \end{pmatrix} + t\begin{pmatrix} 1 \\ 2 \end{pmatrix}$, h: $\vec{x} = \begin{pmatrix} 0 \\ -2 \end{pmatrix} + t\begin{pmatrix} -2 \\ -4 \end{pmatrix}$

c) g: $\vec{x} = \begin{pmatrix} 7 \\ 3 \end{pmatrix} + t\begin{pmatrix} 1 \\ 0 \end{pmatrix}$, h: $\vec{x} = \begin{pmatrix} 2 \\ 5 \end{pmatrix} + t\begin{pmatrix} 1 \\ 1 \end{pmatrix}$

d) g: $\vec{x} = \begin{pmatrix} 1 \\ 3 \end{pmatrix} + t\begin{pmatrix} 3 \\ 6 \end{pmatrix}$, h: $\vec{x} = \begin{pmatrix} 2 \\ 5 \end{pmatrix} + t\begin{pmatrix} -5 \\ -10 \end{pmatrix}$

e) g: $\vec{x} = \begin{pmatrix} 3 \\ 2 \end{pmatrix} + t\begin{pmatrix} 1 \\ 1 \end{pmatrix}$, h: $\vec{x} = \begin{pmatrix} 2 \\ -1 \end{pmatrix} + t\begin{pmatrix} -5 \\ 3 \end{pmatrix}$

f) g: $\vec{x} = \begin{pmatrix} 2 \\ 6 \end{pmatrix} + t\begin{pmatrix} 1 \\ 3 \end{pmatrix}$, h: $\vec{x} = \begin{pmatrix} 2 \\ 3 \end{pmatrix} + t\begin{pmatrix} 5 \\ 7 \end{pmatrix}$

4 Die Schnittpunkte der Geraden g, h, i sind die Eckpunkte eines Dreiecks ABC. Berechnen Sie die Koordinaten von A, B und C.

a) g: $\vec{x} = \begin{pmatrix} -7 \\ 7 \end{pmatrix} + r\begin{pmatrix} 3 \\ -2 \end{pmatrix}$, h: $\vec{x} = \begin{pmatrix} 4 \\ 7 \end{pmatrix} + s\begin{pmatrix} 1 \\ 3 \end{pmatrix}$, i: $\vec{x} = \begin{pmatrix} 5 \\ -1 \end{pmatrix} + t\begin{pmatrix} -2 \\ 5 \end{pmatrix}$

b) g: $\vec{x} = \begin{pmatrix} 0 \\ -1 \\ 2 \end{pmatrix} + r\begin{pmatrix} -2 \\ 2 \\ 1 \end{pmatrix}$, h: $\vec{x} = \begin{pmatrix} 3 \\ -1 \\ -2 \end{pmatrix} + s\begin{pmatrix} -2 \\ -4 \\ 6 \end{pmatrix}$, i: $\vec{x} = \begin{pmatrix} 5 \\ 3 \\ -8 \end{pmatrix} + t\begin{pmatrix} 11 \\ -2 \\ -13 \end{pmatrix}$

5 Untersuchen Sie die gegenseitige Lage der Geraden g und h. Berechnen Sie gegebenenfalls die Koordinaten des Schnittpunktes S.

a) g: $\vec{x} = \begin{pmatrix} 5 \\ 0 \\ 1 \end{pmatrix} + t\begin{pmatrix} 2 \\ 1 \\ -1 \end{pmatrix}$, h: $\vec{x} = \begin{pmatrix} 7 \\ 1 \\ 2 \end{pmatrix} + t\begin{pmatrix} -6 \\ -3 \\ 3 \end{pmatrix}$

b) g: $\vec{x} = \begin{pmatrix} 1 \\ 2 \\ 1 \end{pmatrix} + t\begin{pmatrix} 2 \\ 0 \\ 1 \end{pmatrix}$, h: $\vec{x} = \begin{pmatrix} 2 \\ 3 \\ 4 \end{pmatrix} + t\begin{pmatrix} 0 \\ 1 \\ -1 \end{pmatrix}$

c) g: $\vec{x} = \begin{pmatrix} 0 \\ 1 \\ 1 \end{pmatrix} + t\begin{pmatrix} 1 \\ 0 \\ 1 \end{pmatrix}$, h: $\vec{x} = \begin{pmatrix} 4 \\ 2 \\ 4 \end{pmatrix} + t\begin{pmatrix} 2 \\ 1 \\ 1 \end{pmatrix}$

d) g: $\vec{x} = \begin{pmatrix} 5 \\ 5 \\ 1 \end{pmatrix} + t\begin{pmatrix} 1 \\ 2 \\ 0 \end{pmatrix}$, h: $\vec{x} = \begin{pmatrix} -5 \\ -15 \\ 1 \end{pmatrix} + t\begin{pmatrix} -0{,}5 \\ 1 \\ 0 \end{pmatrix}$

6 Geben Sie eine Gleichung an für eine Gerade h, die die Gerade g schneidet, eine Gerade i, die zur Geraden g parallel ist, und eine Gerade j, die zur Geraden g windschief ist.

a) g: $\vec{x} = \begin{pmatrix} 1 \\ 0 \\ 0 \end{pmatrix} + t\begin{pmatrix} 7 \\ 3 \\ 1 \end{pmatrix}$ b) g: $\vec{x} = \begin{pmatrix} 2 \\ 2 \\ 1 \end{pmatrix} + t\begin{pmatrix} 1 \\ 2 \\ 0 \end{pmatrix}$ c) g: $\vec{x} = \begin{pmatrix} 2 \\ 3 \\ 6 \end{pmatrix} + t\begin{pmatrix} 1 \\ 0 \\ 5 \end{pmatrix}$

7 Untersuchen Sie, ob eine Seite des Dreiecks ABC mit A(3|3|6), B(2|7|6), C(4|2|5) auf der Geraden g: $\vec{x} = \begin{pmatrix} 2 \\ 0 \\ 2 \end{pmatrix} + t\begin{pmatrix} -1 \\ 1 \\ 1 \end{pmatrix}$ liegt oder zu g parallel ist.

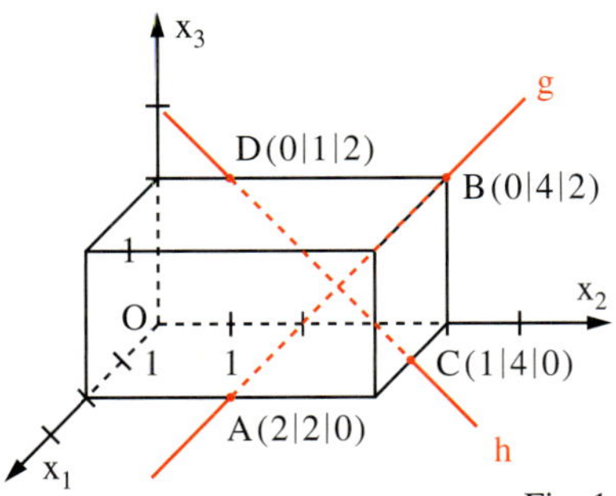

Fig. 1

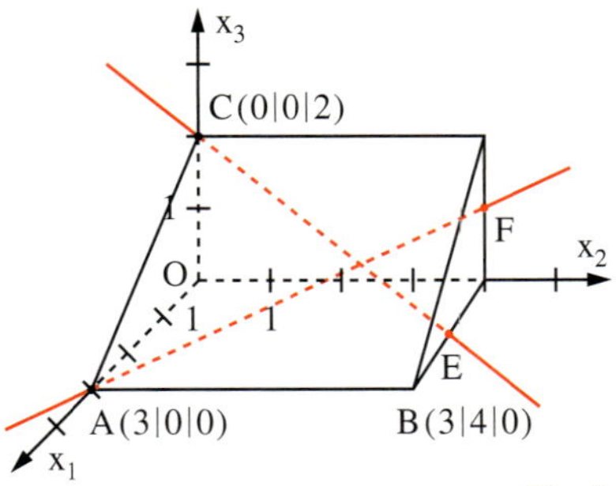

Fig. 2

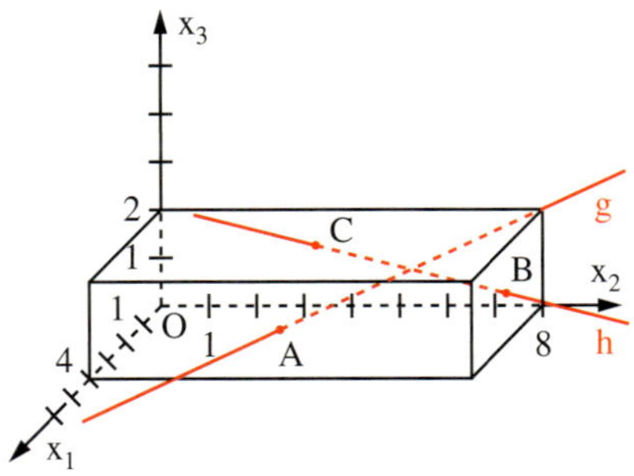

Fig. 3

8 a) Prüfen Sie, ob die Geraden g und h in Fig. 1 sich schneiden.
b) In Fig. 2 sind die Punkte E und F Kantenmitten. Schneiden sich die Geraden g und h?

9 In Fig. 3 sind A, B und C die Diagonalenschnittpunkte der jeweiligen Seitenflächen des Quaders. Schneiden sich die Geraden g und h?

10 Wie muss $t \in \mathbb{R}$ gewählt werden, damit sich g_t und h_t schneiden (windschief sind)?

a) $g_t\colon \vec{x} = \begin{pmatrix} -t \\ 1 \\ -2 \end{pmatrix} + r\begin{pmatrix} -1 \\ 4 \\ 2 \end{pmatrix}$, $h_t\colon \vec{x} = \begin{pmatrix} 2 \\ 6 \\ 4t \end{pmatrix} + s\begin{pmatrix} 1 \\ -1 \\ -2 \end{pmatrix}$ b) $g_t\colon \vec{x} = \begin{pmatrix} 3 \\ 4 \\ 2 \end{pmatrix} + r\begin{pmatrix} 3 \\ -6 \\ -3t \end{pmatrix}$, $h_t\colon \vec{x} = \begin{pmatrix} 1 \\ 5 \\ 4 \end{pmatrix} + s\begin{pmatrix} 2 \\ 2t \\ 4 \end{pmatrix}$

11 Die gegenseitige Lage zweier Geraden $g\colon \vec{x} = \vec{p} + r\cdot\vec{u}$ und $h\colon \vec{x} = \vec{q} + s\cdot\vec{v}$ im Raum kann man mithilfe der Vektoren $\vec{u}$, $\vec{v}$und $\vec{p} - \vec{q}$ kennzeichnen (Fig. 1).

<table>
<tr><th>g = h</th><th>g ∥ h, g ≠ h</th><th>g schneidet h</th><th>g, h windschief</th></tr>
<tr>
<td>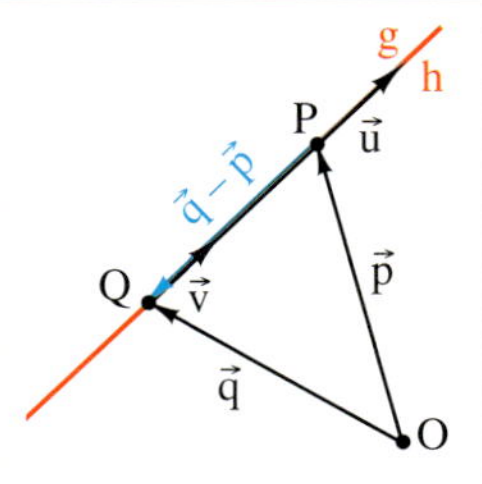
</td>
<td>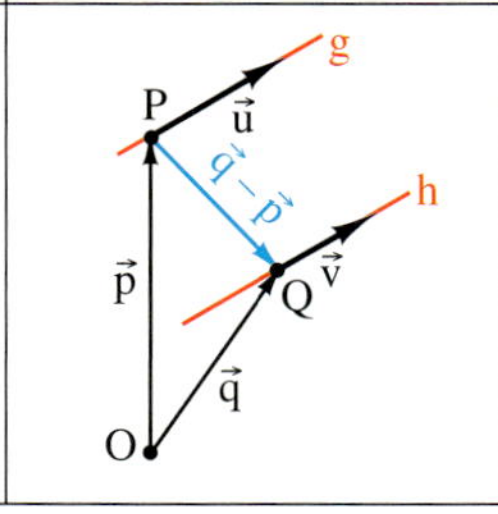
</td>
<td>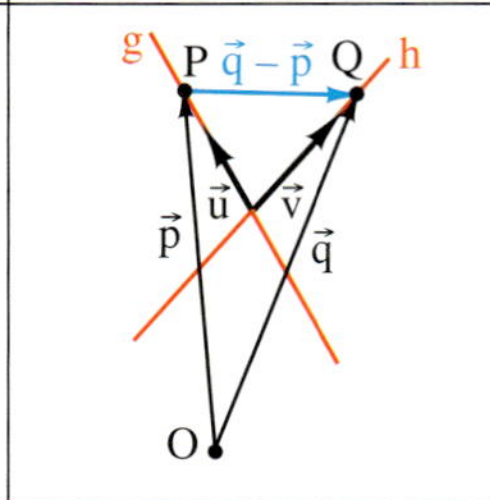
</td>
<td>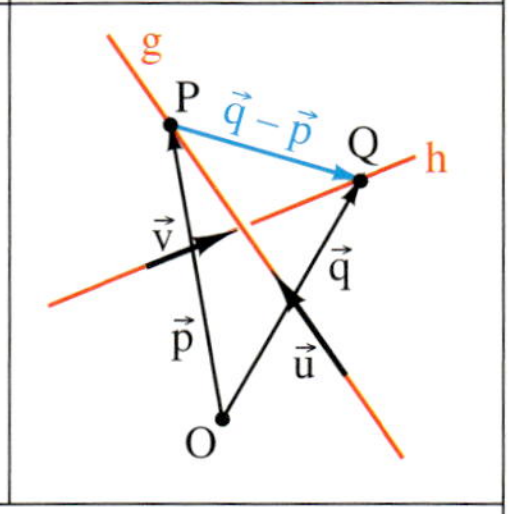
</td>
</tr>
<tr><td colspan="2">$\vec{u}$ und $\vec{v}$ sind linear abhängig
und</td><td colspan="2">$\vec{u}$ und $\vec{v}$ sind linear unabhängig
und</td></tr>
<tr><td>$\vec{u}$ und $\vec{q} - \vec{p}$ sind
linear abhängig</td><td>$\vec{u}$ und $\vec{q} - \vec{p}$ sind
linear unabhängig</td><td>$\vec{u}$ und $\vec{q} - \vec{p}$ sind
linear abhängig</td><td>$\vec{u}$ und $\vec{q} - \vec{p}$ sind
linear unabhängig</td></tr>
</table>

a) Erläutern Sie die Tabelle.

b) Untersuchen Sie die gegenseitige Lage von je zwei der folgenden Geraden mithilfe der Vektoren $\vec{u}$, $\vec{v}$ und $\vec{p} - \vec{q}$.

$g\colon \vec{x} = \begin{pmatrix} -8 \\ 0 \\ 0 \end{pmatrix} + t\begin{pmatrix} 2 \\ 2 \\ -3 \end{pmatrix}$, $h\colon \vec{x} = \begin{pmatrix} 0 \\ 8 \\ 0 \end{pmatrix} + t\begin{pmatrix} 4 \\ 4 \\ -6 \end{pmatrix}$, $i\colon \vec{x} = t\begin{pmatrix} -2 \\ 2 \\ 3 \end{pmatrix}$, $j\colon \vec{x} = \begin{pmatrix} -8 \\ 8 \\ 0 \end{pmatrix} + t\begin{pmatrix} 2 \\ -2 \\ 3 \end{pmatrix}$

12 Die Eckpunkte einer dreiseitigen Pyramide sind O, P, Q, R. Zeigen Sie:

a) Die Geraden $g\colon \vec{x} = (\overrightarrow{OP} + \overrightarrow{OQ}) + r(\overrightarrow{OQ} - \overrightarrow{OR})$ und $h\colon \vec{x} = s(\overrightarrow{OQ} + \overrightarrow{OR})$ sind windschief.

b) Die Geraden $g\colon \vec{x} = (\overrightarrow{OP} + \overrightarrow{OQ}) + r(\overrightarrow{OQ} - \overrightarrow{OR})$ und $h\colon \vec{x} = s(\overrightarrow{OP} + \overrightarrow{OR})$ schneiden sich.

13 Auf einem See kreuzen sich die Routen zweier Fähren F_1 und F_2. Die Fähre F_1 fährt in 40 Minuten mit konstanter Geschwindigkeit geradlinig vom Ort $A(16|4)$ zum Ort $B(12|20)$. Die Fähre F_2 fährt mit konstanter Geschwindigkeit von $25\,\frac{km}{h}$ geradlinig vom Ort $C(4|0)$ zum Ort $D(24|15)$ (alle Koordinaten in km).

a) Zeichnen Sie die Routen der beiden Fähren in ein Koordinatensystem.

b) Wo befindet sich die Fähre F_1 eine halbe Stunde nach dem Verlassen des Ortes A?

c) Beide Fähren verlassen gleichzeitig die Orte A bzw. C. Wie viele Minuten nach Abfahrt kommen sich die beiden Fähren am nächsten? Wie weit sind sie in diesem Augenblick voneinander entfernt?

14 Ein Ballon startet im Punkt $A(2|5|0)$. Er bewegt sich geradlinig mit konstanter Geschwindigkeit und ist nach 1 Stunde im Punkt $B(4|8|1)$. Beim Start des Ballons befindet sich ein Flugzeug im Punkt $C(10|15|1)$ und fliegt geradlinig mit $90\,\frac{km}{h}$ in Richtung $\vec{u} = \begin{pmatrix} -1 \\ -2 \\ 2 \end{pmatrix}$ (alle Koordinaten in km).

a) Wie weit ist der Punkt C vom Startplatz A des Ballons entfernt?

b) Wie viele Minuten nach dem Start des Ballons kommen sich der Ballon und das Kleinflugzeug am nächsten? Wie weit sind sie in diesem Augenblick voneinander entfernt?

Die Vektoren $\vec{a}$ und $\vec{b}$ sind **gleich** ($\vec{a} = \vec{b}$), wenn die Pfeile von $\vec{a}$ und $\vec{b}$ zueinander parallel, gleich lang und gleich gerichtet sind.
Sind die Pfeile zweier Vektoren $\vec{a}$ und $\vec{b}$ zueinander parallel und gleich lang, aber entgegengesetzt gerichtet, so heißt $\vec{a}$ **Gegenvektor** zu $\vec{b}$ und es gilt: $\vec{a} = -\vec{b}$ und $\vec{b} = -\vec{a}$.

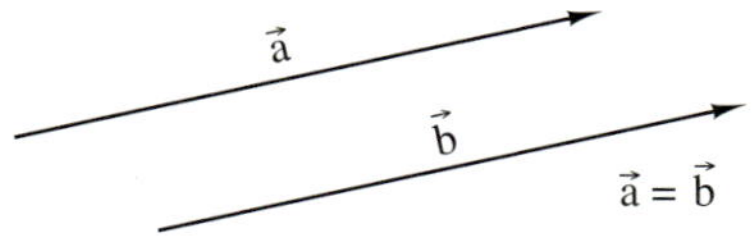

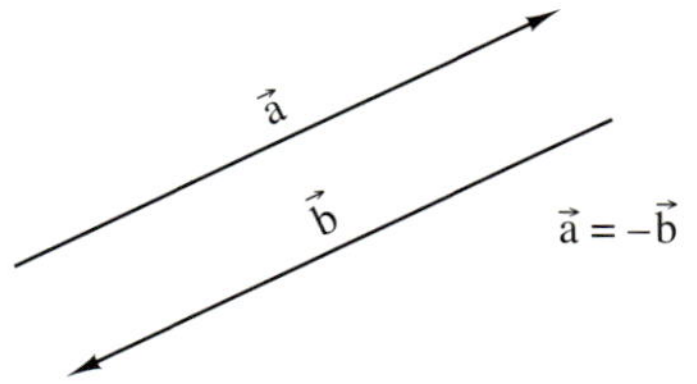

Betrag eines Vektors $\vec{a}$: Länge der zu $\vec{a}$ gehörenden Pfeile.

Für $\vec{a} = \begin{pmatrix} a_1 \\ a_2 \\ a_3 \end{pmatrix}$ gilt: $|\vec{a}| = \sqrt{a_1^2 + a_2^2 + a_3^2}$.

Ein Vektor mit dem Betrag 1 heißt **Einheitsvektor**: $\vec{a_0} = \frac{\vec{a}}{|\vec{a}|}$.

Addition und Subtraktion von Vektoren; Multiplikation
Sind die Koordinaten zweier Vektoren $\vec{a}$ und $\vec{b}$ gegeben, so gilt:

$$\vec{a} + \vec{b} = \begin{pmatrix} a_1 \\ a_2 \\ a_3 \end{pmatrix} + \begin{pmatrix} b_1 \\ b_2 \\ b_3 \end{pmatrix} = \begin{pmatrix} a_1 + b_1 \\ a_2 + b_2 \\ a_3 + b_3 \end{pmatrix}, \quad \vec{a} - \vec{b} = \begin{pmatrix} a_1 \\ a_2 \\ a_3 \end{pmatrix} - \begin{pmatrix} b_1 \\ b_2 \\ b_3 \end{pmatrix} = \begin{pmatrix} a_1 - b_1 \\ a_2 - b_2 \\ a_3 - b_3 \end{pmatrix}.$$

Für einen Vektor $\begin{pmatrix} a_1 \\ a_2 \\ a_3 \end{pmatrix}$ und eine reelle Zahl r gilt: $r \cdot \begin{pmatrix} a_1 \\ a_2 \\ a_3 \end{pmatrix} = \begin{pmatrix} r \cdot a_1 \\ r \cdot a_2 \\ r \cdot a_3 \end{pmatrix}$.

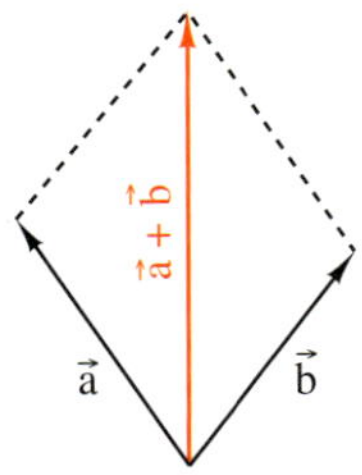

$$\begin{pmatrix} 3 \\ 2 \\ -7 \end{pmatrix} + \begin{pmatrix} 5 \\ -1 \\ 4 \end{pmatrix} = \begin{pmatrix} 8 \\ 1 \\ -3 \end{pmatrix}$$

$$5 \cdot \begin{pmatrix} 4 \\ 2 \\ -3 \end{pmatrix} = \begin{pmatrix} 5 \cdot 4 \\ 5 \cdot 2 \\ 5 \cdot (-3) \end{pmatrix} = \begin{pmatrix} 20 \\ 10 \\ -15 \end{pmatrix}$$

Rechengesetze
Für alle Vektoren $\vec{a}, \vec{b}, \vec{c}$ einer Ebene oder des Raumes und alle reelle Zahlen r, s gelten:

$\vec{a} + \vec{b} = \vec{b} + \vec{a}$ (**Kommutativgesetz**)
$\vec{a} + \vec{b} + \vec{c} = (\vec{a} + \vec{b}) + \vec{c} = \vec{a} + (\vec{b} + \vec{c})$ (**Assoziativgesetz**)
$r \cdot (s \cdot \vec{a}) = (r \cdot s) \cdot \vec{a}$ (**Assoziativgesetz**)
$r \cdot (\vec{a} + \vec{b}) = r \cdot \vec{a} + r \cdot \vec{b}$; $(r + s) \cdot \vec{a} = r \cdot \vec{a} + s \cdot \vec{a}$ (**Distributivgesetze**)

Einen Ausdruck der Art $r_1 \cdot \vec{a_1} + r_2 \cdot \vec{a_2} + \ldots + r_n \cdot \vec{a_n}$ ($n \in \mathbb{N}$) nennt man eine **Linearkombination** der Vektoren $\vec{a_1}, \vec{a_2}, \ldots, \vec{a_n}$; die reellen Zahlen $r_1, r_2, \ldots, r_n$ heißen **Koeffizienten**.

Der Vektor $\begin{pmatrix} -7 \\ -21 \\ 17 \end{pmatrix}$ *ist Linearkombination der Vektoren* $\begin{pmatrix} 2 \\ -1 \\ 3 \end{pmatrix}, \begin{pmatrix} 1 \\ -5 \\ 9 \end{pmatrix}, \begin{pmatrix} 7 \\ 2 \\ 8 \end{pmatrix}$, *da gilt*

$$\begin{pmatrix} -7 \\ -21 \\ 17 \end{pmatrix} = 2 \cdot \begin{pmatrix} 2 \\ -1 \\ 3 \end{pmatrix} + 3 \cdot \begin{pmatrix} 1 \\ -5 \\ 9 \end{pmatrix} - 2 \cdot \begin{pmatrix} 7 \\ 2 \\ 8 \end{pmatrix}.$$

Lineare Abhängigkeit von Vektoren
Die Vektoren $\vec{a_1}, \vec{a_2}, \ldots, \vec{a_n}$ heißen **linear abhängig**, wenn mindestens einer dieser Vektoren als Linearkombination der anderen darstellbar ist; andernfalls heißen die Vektoren **linear unabhängig**.
Die Vektoren $\vec{a}, \vec{b}$, und $\vec{c}$ sind genau dann linear unabhängig, wenn die Gleichung $r \cdot \vec{a} + s \cdot \vec{b} + t \cdot \vec{c} = 0$ ($r, s, t \in \mathbb{R}$) genau eine Lösung mit $r = s = t = 0$ besitzt.

Die Vektoren $\begin{pmatrix} 2 \\ -2 \\ 4 \end{pmatrix}, \begin{pmatrix} 3 \\ 0 \\ 1 \end{pmatrix}, \begin{pmatrix} 1 \\ 1 \\ -0{,}5 \end{pmatrix}$ *sind linear unabhängig, denn die Gleichung*

$$r \cdot \begin{pmatrix} 2 \\ -2 \\ 4 \end{pmatrix} + s \cdot \begin{pmatrix} 3 \\ 0 \\ 1 \end{pmatrix} + t \cdot \begin{pmatrix} 1 \\ 1 \\ -0{,}5 \end{pmatrix} = \begin{pmatrix} 0 \\ 0 \\ 0 \end{pmatrix}$$

hat als einzige Lösung $r = s = t = 0$.

Geradengleichung
g: $\vec{x} = \vec{p} + t \cdot \vec{u}$ ($t \in \mathbb{R}$)
$\vec{p}$ ist ein Stützvektor; $\vec{u}$ ($\vec{u} \neq \vec{o}$) ist ein Richtungsvektor.

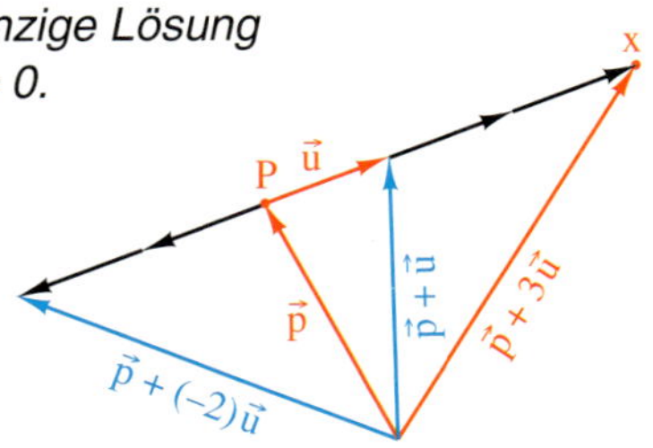

Üben und Wiederholen ohne Hilfsmittel

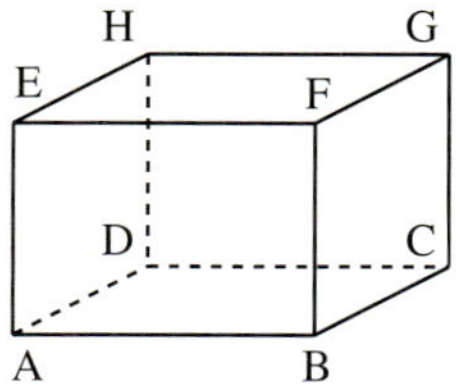

Fig. 1

1 Ein Quader hat die Ecken A, B, C, D, E, F, G und H (Fig. 1). Mithilfe dieser Ecken kann man Pfeile längs der Diagonalen der Seitenflächen festlegen, z. B. den Pfeil von A nach F.
a) Wie viele solcher Pfeile gibt es?
b) Wie viele verschiedene Vektoren legen diese Pfeile fest?
c) Welche Vektoren sind zueinander Gegenvektoren?

2 Bestimmen Sie rechnerisch und zeichnerisch jeweils die Summe und eine Differenz der Vektoren $\begin{pmatrix}-4\\3\end{pmatrix}$ und $\begin{pmatrix}3\\1\end{pmatrix}$.

3 Der Punkt P liegt z Einheiten von A in Richtung $\overrightarrow{BC}$ entfernt. Ermitteln Sie die Koordinaten von P.
a) $A(2|3)$, $B(0|4)$, $C(4|7)$; $z = 15$
b) $A(-1|2|3)$, $B(3|-2|6)$, $C(5|0|7)$; $z = 8$

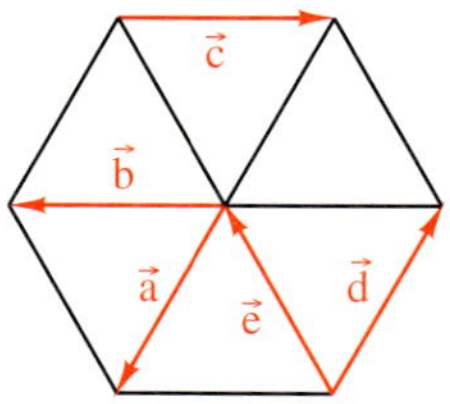

Fig. 2

4 Stellen Sie $\vec{a} = \begin{pmatrix}1\\2\\4\end{pmatrix}$ als Linearkombination der Vektoren $\begin{pmatrix}1\\2\\1\end{pmatrix}, \begin{pmatrix}0\\1\\1\end{pmatrix}, \begin{pmatrix}3\\2\\0\end{pmatrix}$ dar.

5 Fig. 2 zeigt ein regelmäßiges Sechseck, in das Pfeile von Vektoren eingezeichnet sind.
a) Drücken Sie die Vektoren $\vec{c}$, $\vec{d}$ und $\vec{e}$ jeweils durch die beiden Vektoren $\vec{a}$ und $\vec{b}$ aus.
b) Drücken Sie die Vektoren $\vec{a}$, $\vec{b}$ und $\vec{c}$ jeweils durch die beiden Vektoren $\vec{d}$ und $\vec{e}$ aus.

6 Die Vektoren $\vec{a}$, $\vec{b}$ und $\vec{c}$ sind linear unabhängig. Zeigen Sie die lineare Unabhängigkeit der Vektoren.
a) $\vec{a} + 2\vec{c}$, $\vec{a} - \vec{b} - \vec{c}$ und $\vec{a} + \vec{b} + \vec{c}$
b) $2\vec{a} + 3\vec{b} + 5\vec{c}$, $\vec{a} + 2\vec{b} - \vec{c}$ und $\vec{b}$
c) $\vec{a} + 2\vec{b}$, $3\vec{a} - \vec{c}$ und $\vec{b} + \vec{c}$
d) $\vec{a}$, $3\vec{a} + 2\vec{b} - 7\vec{c}$ und $3\vec{b} - \vec{c}$

7 Sind die Vektoren linear abhängig oder linear unabhängig?
Stellen Sie, falls möglich, einen Vektor als Linearkombination der anderen dar.
a) $\begin{pmatrix}2\\-2\\4\end{pmatrix}, \begin{pmatrix}1\\1\\2\end{pmatrix}, \begin{pmatrix}2\\0\\-1\end{pmatrix}$
b) $\begin{pmatrix}1\\-1\\-3\end{pmatrix}, \begin{pmatrix}4\\0\\1\end{pmatrix}, \begin{pmatrix}-2\\2\\-7\end{pmatrix}$
c) $\begin{pmatrix}5\\7\\-9\end{pmatrix}, \begin{pmatrix}0\\0\\0\end{pmatrix}, \begin{pmatrix}-1\\-4\\3\end{pmatrix}$

8 Wie kann die reelle Zahl a gewählt werden, damit die Vektoren linear abhängig sind?
a) $\begin{pmatrix}9a\\3a\end{pmatrix}, \begin{pmatrix}a\\1\end{pmatrix}$
b) $\begin{pmatrix}4\\4\\8\end{pmatrix}, \begin{pmatrix}-3\\-3\\a\end{pmatrix}, \begin{pmatrix}a\\a\\-12\end{pmatrix}$
c) $\begin{pmatrix}a^3\\a^2\\a\end{pmatrix}, \begin{pmatrix}1\\1\\1\end{pmatrix}, \begin{pmatrix}27\\9\\a^5\end{pmatrix}$
d) $\begin{pmatrix}-2\\a\\a-4\end{pmatrix}, \begin{pmatrix}3\\a\\a-3\end{pmatrix}, \begin{pmatrix}4\\a\\a+8\end{pmatrix}$

9 Liegt der Punkt T auf der Strecke AB?
a) $A(1|1|1)$, $B(5|5|9)$, $T(2|3|3)$
b) $A(-2|-3|5)$, $B(1|3|14)$, $T(0|1|11)$

10 Geben Sie zu der Geraden durch die Punkte A und B eine Parametergleichung an.
Liegt der Punkt P auf der Geraden?
a) $A(-1|2|-3)$, $B(5|8|7)$, $P(8|11|12)$
b) $A(-6|5|3)$, $B(4|-2|6)$, $P(5|-1|6)$

11 Untersuchen Sie die gegenseitige Lage der Geraden g und h.
a) $g: \vec{x} = \begin{pmatrix}1\\0\\3\end{pmatrix} + r\begin{pmatrix}3\\4\\0\end{pmatrix}$, $h: \vec{x} = \begin{pmatrix}5\\6\\1\end{pmatrix} + s\begin{pmatrix}-1\\1\\1\end{pmatrix}$
b) $g: \vec{x} = \begin{pmatrix}7\\1\\0\end{pmatrix} + r\begin{pmatrix}2\\-4\\6\end{pmatrix}$, $h: \vec{x} = \begin{pmatrix}8\\-1\\3\end{pmatrix} + s\begin{pmatrix}-1\\2\\-3\end{pmatrix}$
c) $g: \vec{x} = \begin{pmatrix}1\\3\\4\end{pmatrix} + r\begin{pmatrix}2\\0\\5\end{pmatrix}$, $h: \vec{x} = \begin{pmatrix}3\\3\\9\end{pmatrix} + s\begin{pmatrix}2\\4\\1\end{pmatrix}$
d) $g: \vec{x} = \begin{pmatrix}2\\5\\7\end{pmatrix} + r\begin{pmatrix}2\\1\\-4\end{pmatrix}$, $h: \vec{x} = \begin{pmatrix}1\\5\\1\end{pmatrix} + s\begin{pmatrix}-4\\-2\\8\end{pmatrix}$

1 Gegeben sind die Punkte A(3|4|5), B(5|6|6), C(8|6|6).
a) Zeigen Sie, dass das Dreieck ABC gleichschenklig ist.
Bestimmen Sie die Koordinaten von D so, dass die Punkte A, B, C, D Eckpunkte einer Raute sind.
Ermitteln Sie die Koordinaten des Diagonalenschnittpunktes M der Raute ABCD.
b) Die Gerade g durch den Diagonalenschnittpunkt M und mit dem Richtungsvektor $\begin{pmatrix} 0 \\ 1 \\ -2 \end{pmatrix}$ steht senkrecht auf der Raute ABCD.
Die Raute ist Grundfläche von Pyramiden, deren Spitzen auf g liegen.
Bestimmen Sie die Koordinaten der Spitzen so, dass die zugehörigen Pyramiden jeweils die Höhe 10 haben.

2 Ein Objekt bewegt sich geradlinig mit der konstanten Geschwindigkeit $10\,\frac{\text{km}}{\text{h}}$ auf der Geraden durch die Punkte A(1|2|4) und B(3|4|5). (Koordinaten in km)
Der Körper startet in A in Richtung auf B. Wo befindet er sich nach 30 Minuten?

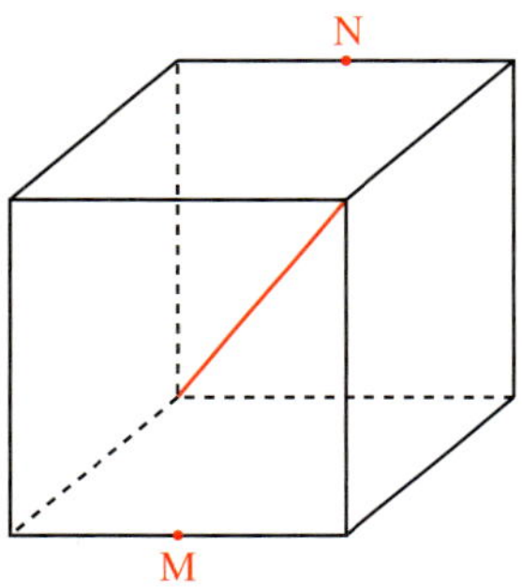

Fig. 1

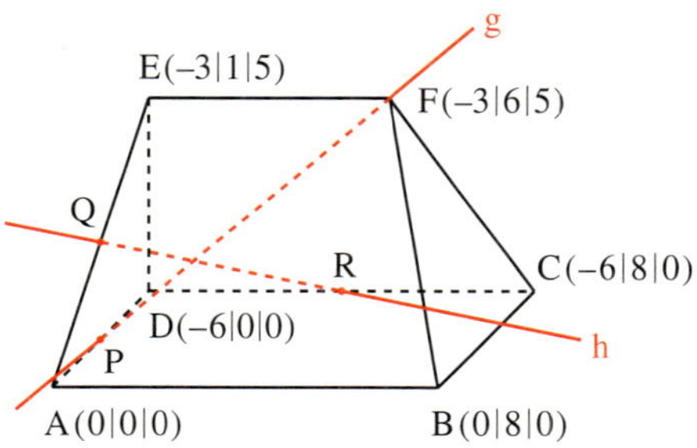

Fig. 2

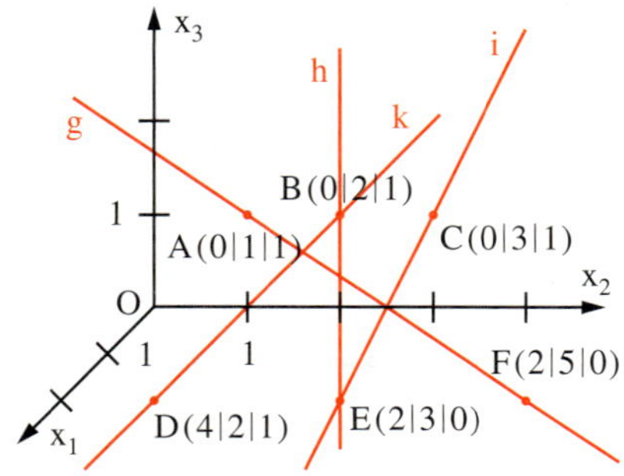

Fig. 3

3 a) In Fig. 1 sind die Punkte M und N die Mitten der jeweiligen Würfelkanten. Schneidet die eingezeichnete Raumdiagonale die Strecke MN?
b) In Fig. 2 sind die Punkte P, Q und R die Mitten der jeweiligen Kanten. Schneiden sich die Geraden g und h?
c) Untersuchen Sie die gegenseitigen Lagen der Geraden g, h, i und k in Fig. 3.

4 Überprüfen Sie, ob die Punkte A, B und C auf einer gemeinsamen Geraden liegen.
a) A(2|1|0), B(5|5|−1), C(−4|−7|2)
b) A(1|−2|5), B(8|−7|3), C(7|11|4)
c) A(6|−1|13), B(−2|7|5), C(9|−4|16)
d) A(2|17|−8), B(−5|17|13), C(1|17|−3)

5 Untersuchen Sie die gegenseitige Lage der Geraden g und h. Berechnen Sie gegebenenfalls die Koordinaten des Schnittpunktes.
a) g: $\vec{x} = \begin{pmatrix} 5 \\ 6 \\ 8 \end{pmatrix} + r\begin{pmatrix} -1 \\ 1 \\ 1 \end{pmatrix}$, h: $\vec{x} = \begin{pmatrix} 4 \\ 5 \\ 7 \end{pmatrix} + s\begin{pmatrix} 1 \\ 2 \\ 3 \end{pmatrix}$
b) g: $\vec{x} = \begin{pmatrix} 4 \\ 5 \\ -3 \end{pmatrix} + r\begin{pmatrix} -1 \\ 2 \\ -3 \end{pmatrix}$, h: $\vec{x} = \begin{pmatrix} 6 \\ 1 \\ 3 \end{pmatrix} + s\begin{pmatrix} 1 \\ 0 \\ 5 \end{pmatrix}$

6 Gegeben sind die Punkte A(3|−3|0), B(3|3|0), C(−3|3|0) und S(0|0|4).
a) Das Dreieck ABC hat bei B einen rechten Winkel. Das Viereck ABCD ist ein Quadrat. Berechnen Sie die Koordinaten des Punktes D.
b) Bestimmen Sie die gegenseitige Lage der Gerade, die durch die Punkte A und B geht, und der Gerade, die durch die Punkte S und C geht.
c) Die Punkte A, B, C, D und S sind die Ecken bzw. Spitze einer quadratischen Pyramide. Zeichnen Sie diese Pyramide in ein räumliches Koordinatensystem.

XI Geraden und Ebenen – Messungen

1 Skalarprodukt von Vektoren, Größe von Winkeln

1 Soll ein Tunnel durch einen Berg gebohrt werden, so ist unter anderem die Länge des Vektors c zu bestimmen (Fig. 1).
a) Berechnen Sie $|\vec{c}|$ für $|\vec{a}| = 3{,}5\,\text{km}$, $|\vec{b}| = 4{,}8\,\text{km}$ und $\alpha = 37{,}35°$.
b) Wie hängt $|\vec{c}|$ allgemein von $|\vec{a}|$, $|\vec{b}|$ und α ab?

Hinweis: Bestimmen Sie zunächst die Längen x und h aus α und b.

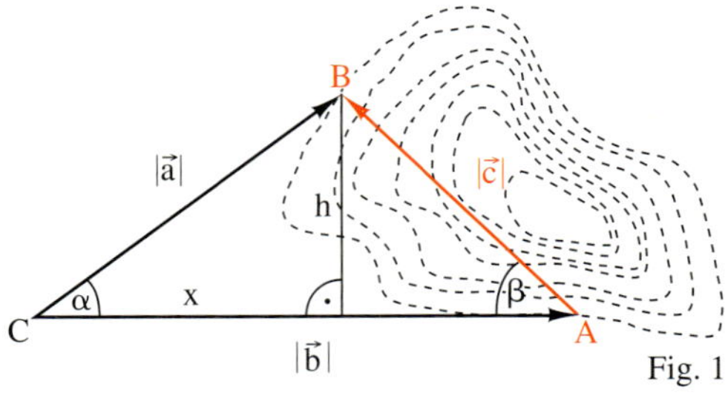

Fig. 1

Im vorangegangenen Kapitel wurden Vektoren addiert sowie Vektoren mit reellen Zahlen multipliziert. Damit kann man z. B. untersuchen, ob Geraden zueinander parallel sind, jedoch nicht, ob z. B. ein Dreieck rechtwinklig ist. Im Folgenden wird gezeigt, wie man Winkel mithilfe von Vektoren berechnen kann.

Unter dem **Winkel φ zwischen den Vektoren $\vec{a}$ und $\vec{b}$** versteht man den kleineren der Winkel zwischen einem Pfeil von $\vec{a}$ und einem Pfeil von $\vec{b}$ mit gleichem Anfangspunkt. φ ist kleiner oder gleich 180°.

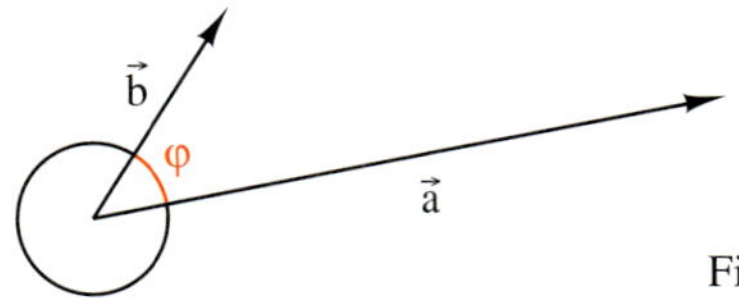

Fig. 2

Die Seitenlängen des Dreiecks OAB in Fig. 3 betragen $|\vec{a}|$, $|\vec{b}|$ und $|\vec{a} - \vec{b}|$.
Damit kann man den **Kosinussatz** in der Form schreiben:
$|\vec{a} - \vec{b}|^2 = |\vec{a}|^2 + |\vec{b}|^2 - 2|\vec{a}| \cdot |\vec{b}| \cdot \cos(\varphi)$,
wobei φ der Winkel zwischen den Vektoren $\vec{a}$ und $\vec{b}$ ist.
Den Term $|\vec{a}| \cdot |\vec{b}| \cdot \cos(\varphi)$, der den Winkel φ enthält, nennt man das Skalarprodukt von $\vec{a}$ und $\vec{b}$.

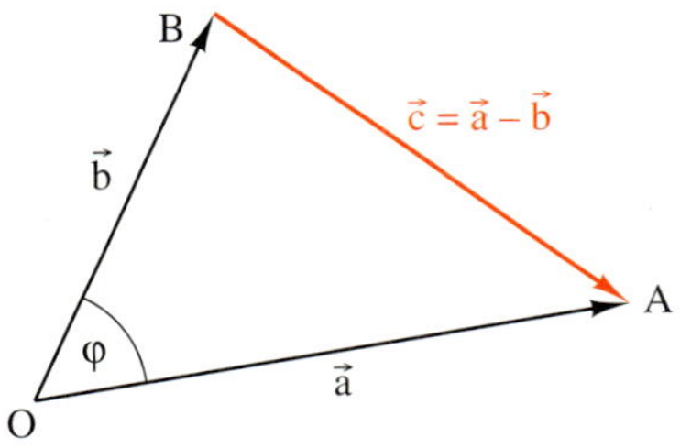

Fig. 3

*Die Bezeichnung **Skalar**produkt erinnert daran, dass dieses Produkt der Vektoren kein Vektor, sondern ein „Skalar" (d. h. eine „Maßzahl"), also hier eine reelle Zahl, ist.*

Für $0° \leqq \varphi < 90°$ ist das Skalarprodukt positiv, da die Beträge von Vektoren und cos(φ) positiv sind. Für $90° < \varphi \leqq 180°$ ist das Skalarprodukt negativ, da in diesem Bereich cos(φ) negativ ist.

Definition: Ist φ der Winkel zwischen den Vektoren $\vec{a}$ und $\vec{b}$, so heißt
$\boldsymbol{\vec{a} \cdot \vec{b} = |\vec{a}| \cdot |\vec{b}| \cdot \cos(\varphi)}$ das **Skalarprodukt** von $\vec{a}$ und $\vec{b}$.

Sind die Vektoren $\vec{a}$ und $\vec{b}$ durch ihre **Koordinaten** gegeben, so kann man das Skalarprodukt auch durch die Koordinaten von $\vec{a}$ und $\vec{b}$ ausdrücken.

Aus der Definition des Skalarproduktes folgt für $\vec{a} = \begin{pmatrix} a_1 \\ a_2 \\ a_3 \end{pmatrix}$ und $\vec{b} = \begin{pmatrix} b_1 \\ b_2 \\ b_3 \end{pmatrix}$:

$$\begin{aligned} \vec{a} \cdot \vec{b} &= |\vec{a}| \cdot |\vec{b}| \cdot \cos(\varphi) \\ &= \tfrac{1}{2}(|\vec{a}|^2 + |\vec{b}|^2 - |\vec{a} - \vec{b}|^2) \qquad \text{(Kosinussatz)} \\ &= \tfrac{1}{2}\{[a_1^2 + a_2^2 + a_3^2] + [b_1^2 + b_2^2 + b_3^2] - [(a_1 - b_1)^2 + (a_2 - b_2)^2 + (a_3 - b_3)^2]\} \\ &= \tfrac{1}{2}(2a_1b_1 + 2a_2b_2 + 2a_3b_3) \\ &= a_1b_1 + a_2b_2 + a_3b_3. \end{aligned}$$

Die Koordinatenform des Skalarproduktes wurde aus der „geometrischen Form", der Definition des Skalarproduktes, abgeleitet. Umgekehrt kann man die geometrische Form auch aus der Koordinatenform ableiten.

Koordinatenform des Skalarproduktes:

$\vec{\mathbf{a}} \cdot \vec{\mathbf{b}} = \begin{pmatrix} a_1 \\ a_2 \end{pmatrix} \cdot \begin{pmatrix} b_1 \\ b_2 \end{pmatrix} = \mathbf{a_1 b_1 + a_2 b_2}$; bzw. $\vec{\mathbf{a}} \cdot \vec{\mathbf{b}} = \begin{pmatrix} a_1 \\ a_2 \\ a_3 \end{pmatrix} \cdot \begin{pmatrix} b_1 \\ b_2 \\ b_3 \end{pmatrix} = \mathbf{a_1 b_1 + a_2 b_2 + a_3 b_3}$.

Die Koordinatenform des Skalarproduktes ermöglicht nun, die Größe des Winkels φ zwischen zwei Vektoren aus ihren Koordinaten zu berechnen.
Sind von $\vec{a}$ und $\vec{b}$ die Koordinaten gegeben, so folgt aus $\vec{a} \cdot \vec{b} = |\vec{a}| \cdot |\vec{b}| \cdot \cos(\varphi)$ und der Koordinatenform des Skalarproduktes die
Formel zur Berechnung des Winkels zwischen Vektoren $\vec{a}$ und $\vec{b}$:

$$\cos(\varphi) = \frac{a_1 b_1 + a_2 b_2}{\sqrt{a_1^2 + a_2^2} \cdot \sqrt{b_1^2 + b_2^2}} \quad \text{bzw.} \quad \cos(\varphi) = \frac{a_1 b_1 + a_2 b_2 + a_3 b_3}{\sqrt{a_1^2 + a_2^2 + a_3^2} \cdot \sqrt{b_1^2 + b_2^2 + b_3^2}}.$$

Der Betrag eines Vektors ergibt sich als Sonderfall des Skalarproduktes:
Aus $\vec{a} \cdot \vec{a} = |\vec{a}| \cdot |\vec{a}| \cdot \cos(0°) = |\vec{a}|^2$ und $\vec{a} \cdot \vec{a} = a_1^2 + a_2^2 + a_3^2$ folgt
$|\vec{a}| = \sqrt{a_1^2 + a_2^2 + a_3^2}$ (vgl. Seite 235).

__orthos__ (griech.): richtig, recht (vgl. auch Orthographie)
__gonia__ (griech.): Ecke
Orthogonal bedeutet wörtlich „rechteckig", wird aber in der Mathematik als Synonym für senkrecht benutzt.

__normalis__ (lat.): rechtwinklig

Zwei Vektoren $\vec{a}$, $\vec{b}$ ($\neq \vec{o}$) heißen zueinander **orthogonal** (senkrecht), wenn ihre zugehörigen Pfeile mit gleichem Anfangspunkt ebenfalls zueinander orthogonal (d. h. senkrecht) sind. In Zeichen: $\vec{a} \perp \vec{b}$ (Fig. 1)

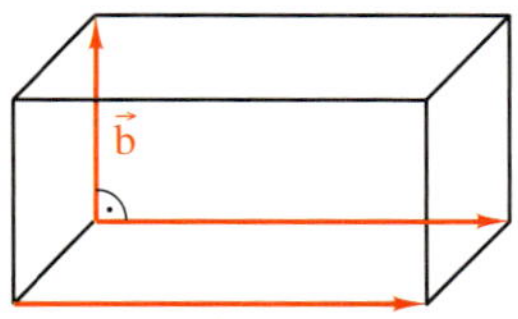

Fig. 1

Ist ein Vektor $\vec{n}$ orthogonal zu zwei linear unabhängigen Vektoren $\vec{a}$ und $\vec{b}$, so nennt man $\vec{n}$ einen **Normalenvektor** von $\vec{a}$ und $\vec{b}$ (Fig. 2).

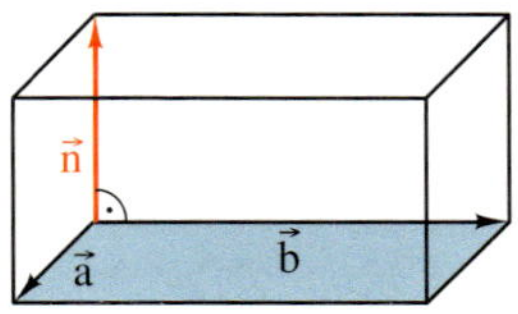

Fig. 2

Für zueinander orthogonale Vektoren gilt:

cos (90°) = 0!

Satz 1: Für $\vec{a}, \vec{b}$ mit $\vec{a} \neq \vec{o}$, $\vec{b} \neq \vec{o}$ gilt: $\vec{a} \perp \vec{b}$ genau dann, wenn $\vec{a} \cdot \vec{b} = 0$.

Eigenschaften der Skalarmultiplikation

Für die Multiplikation reeller Zahlen gelten eine Reihe von Gesetzen, u. a. das Kommutativgesetz, das Assoziativgesetz und bezüglich der Addition das Distributivgesetz.
Bei einer Übertragung des Assoziativgesetzes auf Vektoren besteht u. a. das Problem, dass in $(\vec{a} \cdot \vec{b}) \cdot \vec{c}$ der erste Malpunkt das Skalarprodukt beschreibt, dessen Ergebnis eine reelle Zahl ist, der zweite Malpunkt aber die (nicht damit zu verwechselnde) Multiplikation eines Vektors mit einer reellen Zahl darstellt. Es gelten jedoch die folgenden Gesetze:

Der Beweis von Satz 2 erfolgt z. B. durch Nachrechnen mit der Koordinatenform.

Satz 2: Für die Skalarmultiplikation von Vektoren $\vec{a}$, $\vec{b}$, $\vec{c}$ gilt:
(1) $\vec{\mathbf{a}} \cdot \vec{\mathbf{b}} = \vec{\mathbf{b}} \cdot \vec{\mathbf{a}}$ (Kommutativgesetz)
(2) $\mathbf{r}\vec{\mathbf{a}} \cdot \vec{\mathbf{b}} = \mathbf{r}(\vec{\mathbf{a}} \cdot \vec{\mathbf{b}})$, für jede reelle Zahl r
(3) $(\vec{\mathbf{a}} + \vec{\mathbf{b}}) \cdot \vec{\mathbf{c}} = \vec{\mathbf{a}} \cdot \vec{\mathbf{c}} + \vec{\mathbf{b}} \cdot \vec{\mathbf{c}}$ (Distributivgesetz)
(4) $\vec{\mathbf{a}} \cdot \vec{\mathbf{a}} \geqq \mathbf{0}$; $\vec{a} \cdot \vec{a} = 0$ nur für $\vec{a} = \vec{o}$

Beispiel 1: (Orthogonalität von Vektoren)
Gegeben ist ein Parallelogramm ABCD. Deuten Sie an einer Zeichnung geometrisch:
$(\overrightarrow{AB} + \overrightarrow{BC}) \cdot (\overrightarrow{AB} - \overrightarrow{BC}) = 0$.
Lösung:
Fig. 1 zeigt das Parallelogramm mit den Vektoren $\overrightarrow{AB}$ und $\overrightarrow{BC}$; $\overrightarrow{AB} + \overrightarrow{BC}$ und $\overrightarrow{AB} - \overrightarrow{BC}$ beschreiben die Diagonalen. Diese sind wegen $(\overrightarrow{AB} + \overrightarrow{BC}) \cdot (\overrightarrow{AB} - \overrightarrow{BC}) = 0$ zueinander orthogonal. Das Parallelogramm ist damit eine Raute.

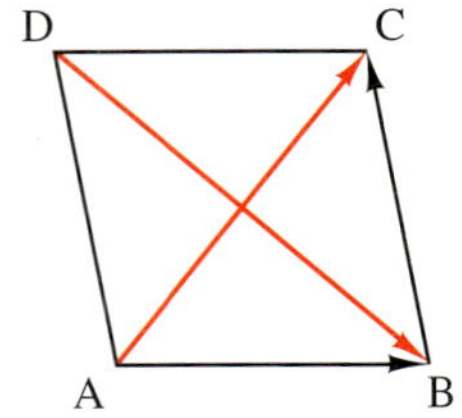

Fig. 1

Beispiel 2: (Winkelberechnung)
Berechnen Sie für die Pyramide OABS in Fig. 2 die Größe des Winkels φ.
Lösung:
Der Winkel φ wird eingeschlossen von den Kanten SA und SB.
Aus $\overrightarrow{SA} = \begin{pmatrix} 2 \\ 2 \\ -6 \end{pmatrix}$ und $\overrightarrow{SB} = \begin{pmatrix} -2 \\ 3 \\ -6 \end{pmatrix}$ folgt

$$\cos(\varphi) = \frac{2 \cdot (-2) + 2 \cdot 3 + (-6) \cdot (-6)}{\sqrt{4+4+36} \cdot \sqrt{4+9+36}} \approx 0{,}8184$$

und somit $\varphi \approx 35{,}1°$.

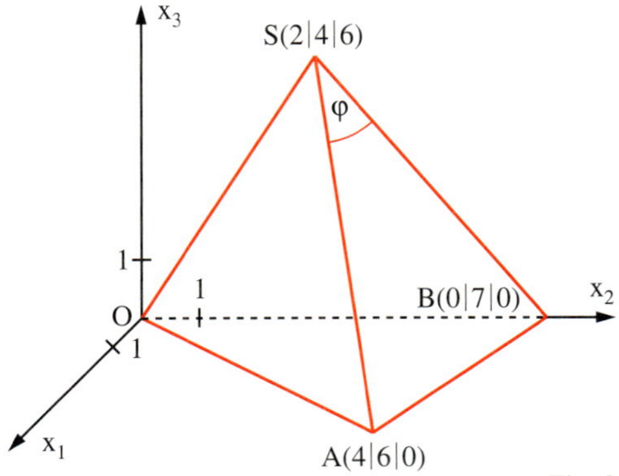

Fig. 2

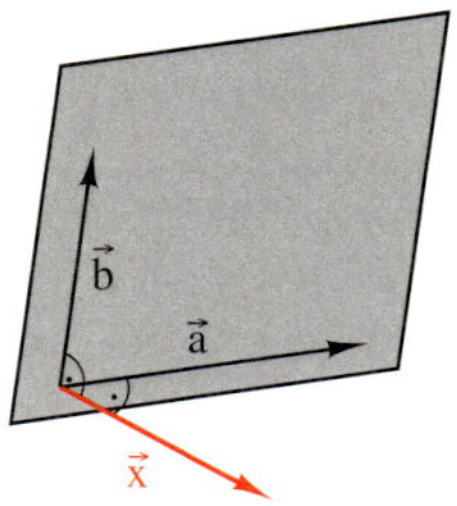

Fig. 3

$\vec{x}$ soll zu $\vec{a}$ und $\vec{b}$ orthogonal, also ein Normalenvektor von $\vec{a}$ und $\vec{b}$ sein.

Kreuzprodukt

Beispiel 3: (Bestimmung von Normalenvektoren)
Bestimmen Sie alle Vektoren, die zu $\vec{a} = \begin{pmatrix} 3 \\ 2 \\ 4 \end{pmatrix}$ und auch zu $\vec{b} = \begin{pmatrix} 6 \\ 5 \\ 4 \end{pmatrix}$ orthogonal sind.

Lösung:

Ist $\vec{x} = \begin{pmatrix} x_1 \\ x_2 \\ x_3 \end{pmatrix}$ zu $\vec{a}$ und $\vec{b}$ orthogonal, so gilt für die Skalarprodukte $\vec{a} \cdot \vec{x} = 3x_1 + 2x_2 + 4x_3 = 0$ und $\vec{b} \cdot \vec{x} = 6x_1 + 5x_2 + 4x_3 = 0$.
Die Skalarprodukte kann man auch mit dem CAS bestimmen mithilfe des MATH-Befehls SkalarP([a,b,c],[x1,x2,x3]).
Man erhält mit dem CAS die Lösungen $x_1 = -4t$, $x_2 = 4t$ und $x_3 = t$.

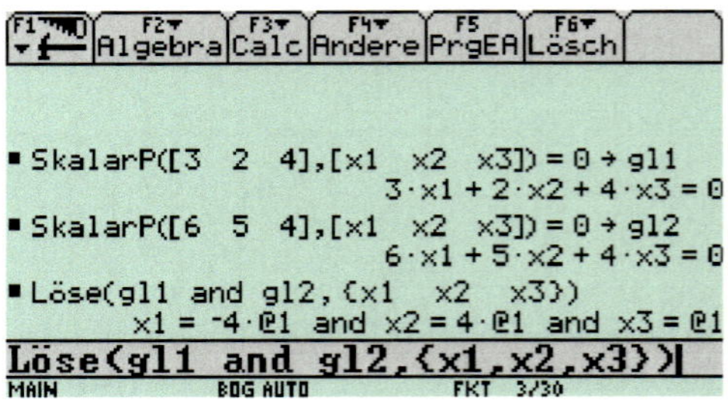

Fig. 1

Damit sind wegen $\vec{x} = \begin{pmatrix} -4t \\ 4t \\ t \end{pmatrix} = t \cdot \begin{pmatrix} -4 \\ 4 \\ 1 \end{pmatrix}$ alle zu $\begin{pmatrix} -4 \\ 4 \\ 1 \end{pmatrix}$ parallelen Vektoren orthogonal zu $\vec{a}$ und $\vec{b}$.

Aufgaben

2 Berechnen Sie für die Vektoren $\vec{a} = \begin{pmatrix} 1 \\ 2 \\ -1 \end{pmatrix}$, $\vec{b} = \begin{pmatrix} -2 \\ 1 \\ 3 \end{pmatrix}$, $\vec{c} = \begin{pmatrix} 2 \\ 1 \\ 1 \end{pmatrix}$:

a) $\vec{a} \cdot \vec{b}$, b) $\vec{a} \cdot \vec{c}$, c) $\vec{a} \cdot (\vec{b} - \vec{c})$, d) $(\vec{a} + \vec{b}) \cdot (\vec{b} - \vec{c})$.

3 Gegeben ist ein gleichseitiges Dreieck ABC. Bestimmen Sie $\overrightarrow{AB} \cdot \overrightarrow{AC}$.

4 Berechnen Sie die Größe des Winkels zwischen den Vektoren $\vec{a}$ und $\vec{b}$.

a) $\vec{a} = \begin{pmatrix} 1 \\ 3 \\ 1 \end{pmatrix}$, $\vec{b} = \begin{pmatrix} 5 \\ 0 \\ 3 \end{pmatrix}$ b) $\vec{a} = \begin{pmatrix} 1 \\ 3 \\ 5 \end{pmatrix}$, $\vec{b} = \begin{pmatrix} 5 \\ 3 \\ 1 \end{pmatrix}$ c) $\vec{a} = \begin{pmatrix} -11 \\ 4 \\ 1 \end{pmatrix}$, $\vec{b} = \begin{pmatrix} 1 \\ 2 \\ 3 \end{pmatrix}$

5 Berechnen Sie die Längen der Seiten und die Größen der Winkel im Dreieck ABC.
a) A(2|1); B(5|−1); C(4|3)
b) A(8|1); B(17|−5); C(10|9)

Längen im Dreieck

6 Berechnen Sie zu Fig. 3 die Längen der Seiten und die Größen der Winkel
a) des Dreiecks ABC,
b) des Dreiecks EDF.

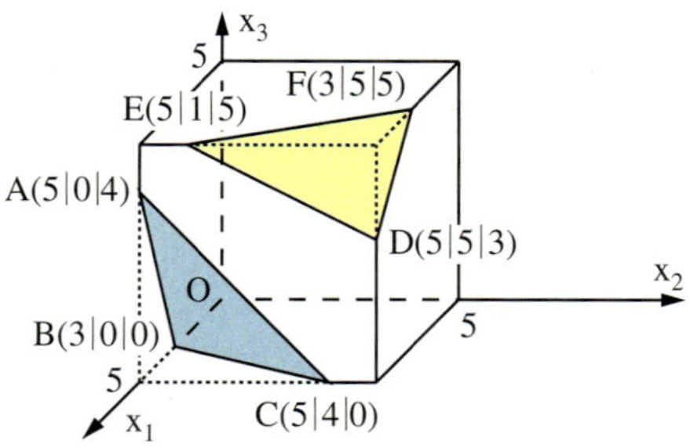

Fig. 3

7 Ein Viereck hat die Eckpunkte
O(0|0|0), P(2|3|5), Q(5|5|6), R(1|4|9).
Berechnen Sie die Längen der Seiten und die Größen der Innenwinkel des Vierecks.

8 Bestimmen Sie die fehlende Koordinate so, dass $\vec{a} \perp \vec{b}$.

a) $\vec{a} = \begin{pmatrix} 2 \\ 3 \end{pmatrix}$, $\vec{b} = \begin{pmatrix} b_1 \\ -4 \end{pmatrix}$ b) $\vec{a} = \begin{pmatrix} 1 \\ a_2 \\ 3 \end{pmatrix}$, $\vec{b} = \begin{pmatrix} 2 \\ -1 \\ 1 \end{pmatrix}$ c) $\vec{a} = \begin{pmatrix} -1 \\ 4 \\ 2 \end{pmatrix}$, $\vec{b} = \begin{pmatrix} 3 \\ 0 \\ b_3 \end{pmatrix}$

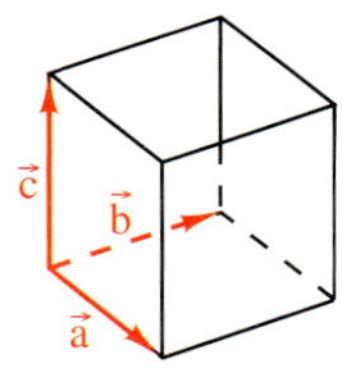

Fig. 1

9 Der Quader in Fig. 1 wird von den Vektoren $\vec{a}$, $\vec{b}$, $\vec{c}$ aufgespannt.
a) Welche der Vektoren $\vec{b}$, $\vec{c}$, $\vec{b} + \vec{c}$, $\vec{b} - \vec{c}$, $\vec{a} + \vec{b}$, $\vec{a} + \vec{b} + \vec{c}$ sind zu $\vec{a}$ orthogonal?
b) Welche der Vektoren aus a) sind zu $\vec{a}$ und zu $\vec{b}$ orthogonal?

10 Gegeben sind zwei Vektoren $\vec{a}$ und $\vec{b}$. Beschreiben Sie die Lage aller Vektoren, die zu $\vec{a}$ und zu $\vec{b}$ orthogonal sind. Unterscheiden Sie dabei zwei Fälle:
a) $\vec{a}$ und $\vec{b}$ sind linear unabhängig, b) $\vec{a}$ und $\vec{b}$ sind linear abhängig.

11 Bestimmen Sie einen Normalenvektor von $\vec{a}$ und $\vec{b}$.

a) $\vec{a} = \begin{pmatrix} 1 \\ 2 \\ 3 \end{pmatrix}$, $\vec{b} = \begin{pmatrix} 2 \\ 0 \\ 3 \end{pmatrix}$ b) $\vec{a} = \begin{pmatrix} 2 \\ 3 \\ -1 \end{pmatrix}$, $\vec{b} = \begin{pmatrix} 5 \\ -1 \\ -2 \end{pmatrix}$ c) $\vec{a} = \begin{pmatrix} 1 \\ 2 \\ 5 \end{pmatrix}$, $\vec{b} = \begin{pmatrix} 4 \\ -1 \\ 5 \end{pmatrix}$

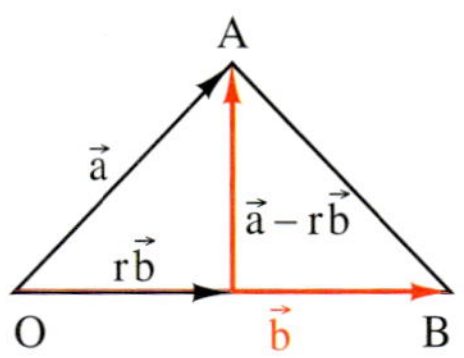

Fig. 2

12 Gegeben sind $\vec{a} = \begin{pmatrix} 2 \\ 16 \\ -9 \end{pmatrix}$ und $\vec{b} = \begin{pmatrix} -1 \\ 5 \\ 2 \end{pmatrix}$.
a) Bestimmen Sie eine Zahl r so, dass $\vec{a} - r\vec{b}$ orthogonal zu $\vec{b}$ ist (Fig. 2).
b) Berechnen Sie die Höhe h des Dreiecks OBA auf die Seite OB.

13 a) Begründen Sie das Kommutativgesetz der Skalarmultiplikation.
b) Überprüfen Sie das Distributivgesetz mithilfe der Koordinatenform des Skalarproduktes.

14 Geben Sie Vektoren $\vec{a}$, $\vec{b}$, $\vec{c}$ ($\neq \vec{o}$) an, für die gilt: $\vec{a} \cdot \vec{c} = \vec{b} \cdot \vec{c}$, aber $\vec{a} \neq \vec{b}$.

15 Lösen Sie die Klammern auf.
a) $(3\vec{a} - 5\vec{b}) \cdot (2\vec{a} + 7\vec{b})$ b) $(3\vec{e}) \cdot \vec{f} + \vec{f} \cdot (2\vec{e}) - 4(\vec{e} \cdot \vec{f})$
c) $(3\vec{u} - 2\vec{v}) \cdot (\vec{u} + 2\vec{v}) - 7(\vec{u} \cdot \vec{v})$ d) $(\vec{g} + 3\vec{h})^2 - \vec{g} \cdot (\vec{g} + 6\vec{h})$

2 Gleichungen der Ebene

1 a) Wie erhalten Sie alle Vektoren $\vec{x}$, die zum Vektor $\vec{n} = \begin{pmatrix} 2 \\ 1 \\ -3 \end{pmatrix}$ orthogonal sind.

Fertigen Sie dazu eine Zeichnung!

b) Die Vektoren $\vec{x}$ seien Ortsvektoren $\overrightarrow{OX}$ in einem kartesischen Koordinantensystem. Wo liegen dann alle Punkte X mit der Eigenschaft $\vec{n} \cdot \vec{x} = 0$?

Mithilfe des Skalarprodukt lässt sich die Gleichung einer Ebene im Raum aufstellen. Daraus lassen sich wiederum andere Darstellungen der Ebene herleiten.

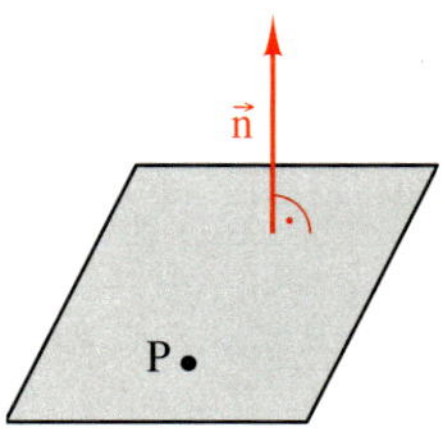

Fig. 1

Eine Ebene kann zum Beispiel durch drei vorgegebene Punkte festgelegt werden. Eine andere Möglichkeit ist die Festlegung durch einen Normalenvektor $\vec{n}$ und einen Punkt P (Fig. 1). Für jeden Ortsvektor $\vec{x} = \overrightarrow{OX}$ der Ebene gilt: $\vec{x} - \vec{p}$ ist orthogonal zu $\vec{n}$ (Fig. 2). Daher ist $(\vec{x} - \vec{p}) \cdot \vec{n} = 0$ eine Gleichung der Ebene E. Da $\vec{n}$ ein Normalenvektor ist, spricht man von einer Ebenengleichung in **Normalenform.**

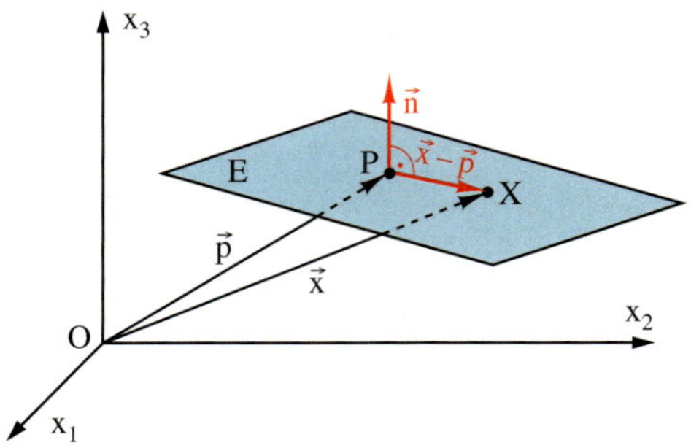

Fig. 2

Aus der Normalenform der Ebenengleichung $(\vec{x} - \vec{p}) \cdot \vec{n} = 0$ folgt $\vec{x} \cdot \vec{n} = \vec{p} \cdot \vec{n}$. Setzt man für $\vec{n} = \begin{pmatrix} a_1 \\ a_2 \\ a_3 \end{pmatrix}$ und für $\vec{p} \cdot \vec{n} = b$, so erhält man die Koordinatengleichung $a_1 x_1 + a_2 x_2 + a_3 x_3 = b$.

Ist umgekehrt eine Koordinatengleichung $a_1 x_1 + a_2 x_2 + a_3 x_3 = b$ gegeben, so ist $\begin{pmatrix} a_1 \\ a_2 \\ a_3 \end{pmatrix} = \vec{n}$ ein Normalenvektor der Ebene. Zu $\vec{n}$ und b kann man nämlich einen Punkt P mit dem Ortsvektor $\vec{p}$ der Ebene finden, so dass $\vec{p} \cdot \vec{n} = b$ ist (Beispiel 3). Damit ist aber $\vec{x} \cdot \vec{n} = \vec{p} \cdot \vec{n}$ oder $(\vec{x} - \vec{p}) \cdot \vec{n} = 0$.

Satz: eine Ebene E ist duch einen Punkt P mit dem Ortsvektor $\vec{p}$ und einen Normalenvektor $\vec{n}$ eindeutig bestimmt. Alle Punkte X der Ebene mit den Ortsvektor $\vec{x} = \overrightarrow{OX}$ erfüllen die Gleichung $(\vec{x} - \vec{p}) \cdot \vec{n} = 0$. (**Normalenform** der Ebenengleichung).
Die Normlenform ist äquivalent zur **Koordinatengleichung** $a_1 x_1 + a_2 x_2 + a_3 x_3 = b$.

Beispiel 1: (Punktprobe)
Überprüfen Sie, ob die Punkte $P(7|5|-3)$ und $Q(0|1|-5)$ in der Ebene E:
$3x_1 - x_2 + 2x_3 = 10$ liegen.
Lösung:
Man setzt die Koordinaten von P bzw. von Q für die entsprechenden Variabeln x_1, x_2, x_3 in der Koordinatengleichung von E ein.
Punktprobe für $P(7|5|-3)$: $3 \cdot 7 - 5 + 2 \cdot (-3) = 10$. Die Koordinaten von P erfüllen die Gleichung; damit liegt P auf E.
Punktprobe für $Q(0|1|-5)$: $3 \cdot 0 - 1 + 2 \cdot (-5) \neq 10$; damit liegt Q nicht auf E.

Beispiel 2: (Ebene, die zu einer gegebenen Geraden orthogonal ist)

Die Ebene E durch $A(3|5|-2)$ ist zur Geraden: $\vec{x} = \begin{pmatrix} 0 \\ -3 \\ 7 \end{pmatrix} + t \cdot \begin{pmatrix} 2 \\ -1 \\ 3 \end{pmatrix}$ orthogonal.

Bestimmen Sie eine Koordinatengleichung der Ebene E.

Lösung:

Der Richtungsvektor von g ist ein Normalenvektor von E; ferner liegt A mit dem Ortsvektor $\vec{a} = \overrightarrow{OA}$ auf E. Damit ist $\left(\begin{pmatrix} x_1 \\ x_2 \\ x_3 \end{pmatrix} - \begin{pmatrix} 3 \\ 5 \\ -2 \end{pmatrix}\right) \cdot \begin{pmatrix} 2 \\ -1 \\ 3 \end{pmatrix} = 0$ eine Normalenform der Gleichung von E.

Da $\left(\begin{pmatrix} x_1 \\ x_2 \\ x_3 \end{pmatrix} - \begin{pmatrix} 3 \\ 5 \\ -2 \end{pmatrix}\right) \cdot \begin{pmatrix} 2 \\ -1 \\ 3 \end{pmatrix} = 0$ äquivalent zu $\begin{pmatrix} x_1 \\ x_2 \\ x_3 \end{pmatrix} \cdot \begin{pmatrix} 2 \\ -1 \\ 3 \end{pmatrix} = \begin{pmatrix} 3 \\ 5 \\ -2 \end{pmatrix} \cdot \begin{pmatrix} 2 \\ -1 \\ 3 \end{pmatrix}$ ist, erhält man durch Berechnen der Skalarprodukte die Koordinatengleichung von E:

$x_1 \cdot 2 + x_2 \cdot (-1) + x_3 \cdot 3 = 6 - 5 - 6$, also $2x_1 - x_2 + 3x_3 = -5$.

Auch ein Vielfaches von $\vec{n} = \begin{pmatrix} 2 \\ -1 \\ 3 \end{pmatrix}$, z. B. $\begin{pmatrix} 2c \\ -c \\ 3c \end{pmatrix}$ ist ein Richtungsvektor von g und damit ein Normalenvektor von E. Daraus ergibt sich die Koordinatengleichung $2cx_1 - cx_2 + 3cx_3 = -5c$. Man erkennt, dass die Koordinatengleichung bis auf einen Faktor eindeutig ist.

Beispiel 3: (Von der Koordinatengleichung zur Normalenform)

Bestimmen Sie für eine Ebene E mit der Koordinatengleichung $2x_1 + 5x_2 + 3x_3 = 12$ eine Ebenengleichung in Normalenform.

Lösung:

Zunächst bestimmt man einen Punkt P von E. Dazu ist es geschickt, zwei Koordinaten 0 zu setzen, z. B. x_2 und x_3. Die fehlende Koordinate ergibt sich durch Einsetzen in die Koordinatengleichung:

Aus $x_2 = x_3 = 0$ folgt $2x_1 + 5 \cdot 0 + 3 \cdot 0 = 12$, also $x_1 = 6$. Damit ist $P(6|0|0)$ ein Punkt von E. Die Koeffizienten 2, 5 und 3 der Koordinatengleichung sind die Koordinaten des Normalenvektors $\vec{n}$. Mit $\vec{p} = \begin{pmatrix} 6 \\ 0 \\ 0 \end{pmatrix}$ und $\vec{n} = \begin{pmatrix} 2 \\ 5 \\ 3 \end{pmatrix}$ erhält man mit $\left(\vec{x} - \begin{pmatrix} 6 \\ 0 \\ 0 \end{pmatrix}\right) \cdot \begin{pmatrix} 2 \\ 5 \\ 3 \end{pmatrix} = 0$ eine Normalenform der Ebenengleichung von E.

Auch der Punkt $Q(2|1|1)$ liegt auf E. In diesem Fall lautet die Normalenform von E: $\left(\vec{x} - \begin{pmatrix} 2 \\ 1 \\ 1 \end{pmatrix}\right) \cdot \begin{pmatrix} 2 \\ 5 \\ 3 \end{pmatrix} = 0$ Man sieht, dass die Normalenform nicht eindeutig ist.

Beispiel 4: (Aufstellen einer Ebenengleichung)

Die Punkte $A(1|1|0)$, $B(2|0|1)$ und $C(0|1|2)$ legen eine Ebene E fest. Bestimmen Sie eine Koordinatengleichung von E.

Lösung:

Man setzt in die Koordinatengleichung $a_1x_1 + a_2x_2 + a_3x_3 = b$ die Koordinaten von A, B und C ein (3 Punktproben):

$$\begin{aligned} a_1 + a_2 \phantom{{}+ a_3} &= b \quad | \cdot (-2) \\ 2a_1 \phantom{{}+ a_2} + a_3 &= b \\ a_2 + 2a_3 &= b \end{aligned}$$

Man wählt b als Parameter

$$\begin{aligned} a_1 + a_2 \phantom{{}+ a_3} &= b \\ -2a_2 + a_3 &= -b \quad | \cdot (-2) \\ a_2 + 2a_3 &= b \end{aligned}$$

$$\begin{aligned} a_1 + a_2 \phantom{{}+ a_3} &= b \\ -2a_2 + a_3 &= -b \\ 5a_2 &= 3b \end{aligned}$$

Einfacher geht es mit dem CAS:

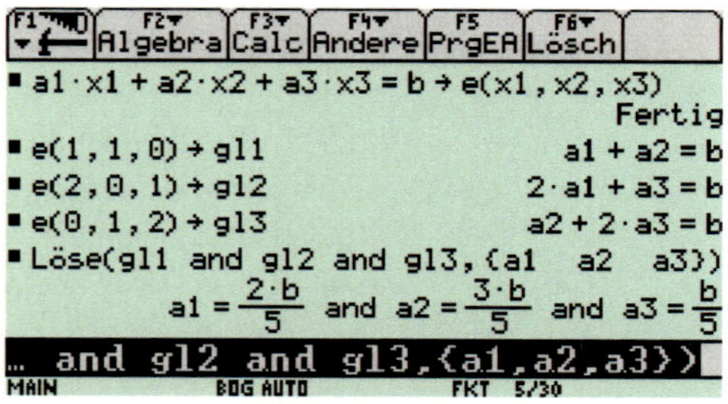

und erhält $a_2 = \frac{3}{5}b$, $a_3 = \frac{1}{5}b$, $a_1 = \frac{2}{5}b$. Damit lautet die Koordinatengleichung von E:

$\frac{2}{5}b\,x_1 + \frac{3}{5}b\,x_2 + \frac{1}{5}b\,x_3 = b$.

Man vermeidet in der Koordinatengleichung den Parameter b und versucht die Koeffizienten ganzzahlig zu machen. Dazu setzt man b = 5 und erhält E: $2x_1 + 3x_2 + x_3 = 5$.

Aufgaben

2 Untersuchen Sie, ob die Punkte $P(1|2|-6)$ und $Q(-2|0{,}5|-4)$ auf der Ebene E liegen.
a) E: $2x_1 + 3x_2 + x_3 = 2$ b) E: $x_1 + 4x_2 - 2x_3 = 8$ c) $x_1 + 2x_2 - 3x_3 = 23$

3 Eine Ebene E geht duch den Punkt $P(2|-5|7)$ und hat einen Normalenvektor $\begin{pmatrix} 2 \\ 1 \\ -2 \end{pmatrix}$.
Prüfen Sie, ob die folgenden Punkte in der Ebene E liegen.
a) $A(2|7|1)$ b) $B(0|-1|7)$ c) $C(3|-1|10)$ d) $D(4|6|-2)$

4 Gegeben ist die Ebene E: $\left(\vec{x} - \begin{pmatrix} 3 \\ 0 \\ 2 \end{pmatrix}\right) \cdot \begin{pmatrix} 9 \\ -11 \\ 1 \end{pmatrix} = 0.$

a) Liegen die Punkte $A(8|3|14)$, $B(1|1|0)$, $C(4|0|11)$ in der Ebene E?
b) Bestimmen Sie für die unbekannte Koordinate p so, dass der zugehörige Punkt P in der Ebene E liegt.
(1) $P(4|1|p)$ (2) $P(p|0|7)$ (3) $P(p|2|-2)$ (4) $P(0|p|p)$

5 Bestimmen Sie für die Ebene E eine Gleichung in Normalenform.
a) E: $2x_1 + 3x_2 + 5x_3 = 10$ b) E: $x_1 - x_2 + x_3 = 1$ c) E: $4x_1 + 3x_2 = 17$
d) E: $4x_2 - 5x_3 = 11$ e) E: $x_1 + x_2 + x_3 = 100$ f) E: $x_2 = -5$

6 Gegeben ist die Gerade g durch die Punkte $A(1|4|5)$ und $B(-2|3|0)$.
Geben Sie je eine Gleichung der Ebenen E_A und E_B in Normalenform und in Koordinatenform an, wenn E senkrecht zu g verläuft und
a) durch A b) durch B geht.

7 Die Punkte A, B, C legen eine Ebene E fest. Bestimmen Sie eine Koordinatengleichung dieser Ebene E.
a) $A(0|2|-1)$, $B(6|-5|0)$, $C(1|0|1)$
b) $A(7|2|-1)$, $B(4|1|3)$, $C(1|3|2)$
c) $A(1|2|-1)$, $B(6|-5|11)$, $C(3|2|0)$
d) $A(9|3|-3)$, $B(8|4|-9)$, $C(11|13|-7)$

8 Untersuchen Sie, ob die Punkte A, B, C und D in einer gemeinsamen Ebene liegen.
a) $A(0|1|-1)$, $B(2|3|5)$, $C(-1|3|-1)$, $D(2|2|2)$
b) $A(3|0|2)$, $B(5|1|9)$, $C(6|2|7)$, $D(8|3|14)$
c) $A(5|0|5)$, $B(6|3|2)$, $C(2|9|0)$, $D(3|12|-3)$
d) $A(1|1|1)$, $B(3|3|3)$, $C(-2|5|1)$, $D(3|4|-2)$

9 Gegeben ist die Koordinatengleichung einer Ebene E. Bestimmen Sie zu E einen Normalenvektor $\vec{n}$, der zugleich ein Ortsvektor von E ist.
Geben Sie auch die zugehörige Ebenengleichung in Normalenform an.
a) E: $3x_1 - x_2 + 5x_3 = 105$ b) E: $x_1 - 3x_2 - 2x_3 = 7$

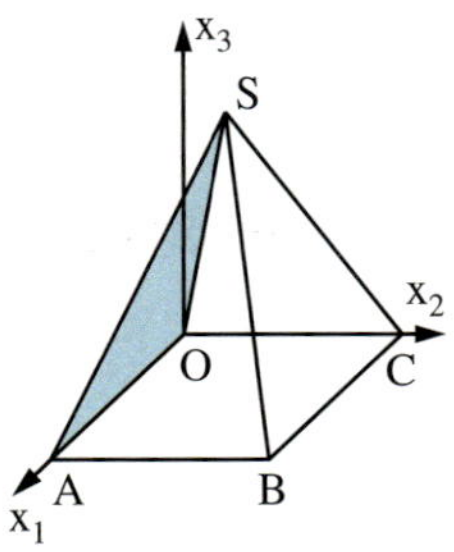

Fig. 1

10 a) Bestimmen Sie eine Gleichung der Ebene durch die Seitenfläche OAS der quadratischen Pyramide von Fig. 1 für $A(8|0|0)$, $S(4|4|10)$.
b) Bestimmen Sie die Kantenlängen der Pyramide.
c) Der Punkt $P(4|p_2|4)$ soll auf der Seitenfläche durch O, A und S liegen. Bestimmen Sie die fehlende Koordinate p_2 des Punktes durch eine elementargeometrische Überlegung. Kontrollieren Sie Ihre Antwort durch eine Punktprobe.

3 Ebene in Parameterform – Lösungsmenge einer linearen Gleichung

1 Gegeben ist die Koordinatengleichung einer Ebene $E: 2x_1 + x_2 - x_3 = 2$.
a) Setzen Sie $x_1 = r$, $x_2 = s$ (r und s sind als Parameter frei wählbar) und lösen Sie die Gleichung nach x_3 auf. Zeigen Sie, dass sich die Lösung in der Form schreiben lässt

$$\begin{pmatrix} x_1 \\ x_2 \\ x_3 \end{pmatrix} = \begin{pmatrix} p_1 \\ p_2 \\ p_3 \end{pmatrix} + r \cdot \begin{pmatrix} u_1 \\ u_2 \\ u_3 \end{pmatrix} + s \cdot \begin{pmatrix} v_1 \\ v_2 \\ v_3 \end{pmatrix}.$$

b) Zeigen Sie, dass der zum Ortsvektor $\vec{p} = \begin{pmatrix} p_1 \\ p_2 \\ p_3 \end{pmatrix}$ gehörende Punkt P auf E liegt und die beiden Vektoren $\vec{u} = \begin{pmatrix} u_1 \\ u_2 \\ u_3 \end{pmatrix}$ und $\vec{v} = \begin{pmatrix} v_1 \\ v_2 \\ v_3 \end{pmatrix}$ zum Normalenvektor $\vec{n}$ der Ebene orthogonal sind und veranschaulichen Sie das Ergebnis an einer Skizze.

Ebenso wie Geraden kann man auch Ebenen mithilfe von Vektoren in der Ebene beschreiben. Hierzu betrachtet man ebenfalls die Ortsvektoren der Punkte der jeweiligen Ebene.

Ist P irgendein Punkt der Ebene, so kann sein Ortsvektor $\vec{p}$ als Stützvektor verwendet werden.

Sind P, Q und R drei Punkte einer Ebene, die nicht auf einer gemeinsamen Geraden liegen, so sind die Vektoren $\overrightarrow{PQ}$ und $\overrightarrow{PR}$ als Spannvektoren dieser Ebene verwendbar.

Fig. 1 verdeutlicht: Sind P, Q und R drei Punkte einer Ebene und liegen P, Q und R nicht auf einer gemeinsamen Geraden, so gilt: Ein beliebig gewählter Punkt X dieser Ebene hat den Ortsvektor $\vec{x}$ mit $\vec{x} = \overrightarrow{OP} + \overrightarrow{PX}$.
Somit ist $\vec{x} = \overrightarrow{OP} + r \cdot \overrightarrow{PQ} + s \cdot \overrightarrow{PR}$ mit $r, s \in \mathbb{R}$. Bezeichnet man $\overrightarrow{PQ}$ mit $\vec{u}$ und $\overrightarrow{PR}$ mit $\vec{v}$, so erhält man $\vec{x} = \vec{p} + r \cdot \vec{u} + s \cdot \vec{v}$ mit $r, s \in \mathbb{R}$.
Der Vektor $\vec{p}$ heißt **Stützvektor** von E, weil sein Pfeil von O nach P die Ebene E „in dem Punkt P stützt". Die Vektoren $\vec{u}$ und $\vec{v}$ müssen linear unabhängig sein. Sie heißen **Spannvektoren** von E, weil sie die Ebene „aufspannen".

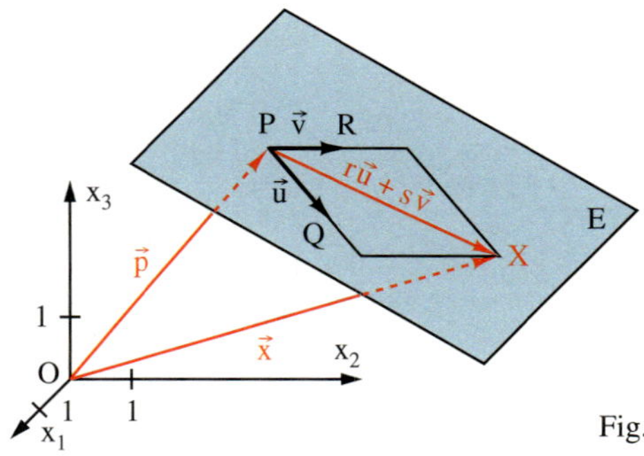

Fig. 1

> **Satz 1:** Jede Ebene lässt sich durch eine Gleichung der Form $\vec{x} = \vec{p} + r \cdot \vec{u} + s \cdot \vec{v}$ $(r, s \in \mathbb{R})$ beschreiben. Hierbei ist $\vec{p}$ ein Stützvektor und die linear unabhängigen Vektoren $\vec{u}$ und $\vec{v}$ sind zwei Spannvektoren. Die Gleichung heißt **Ebenengleichung in Parameterform**.

Man kann die Parameterdarstellung einer Ebene als Lösungsmenge der Koordinatendarstellung der Ebene auffassen. $a_1 x_1 + a_2 x_2 + a_3 x_3 = b$ sei die Koordinatendarstellung einer Ebene E mit $a_3 \neq 0$. Setzt man $x_1 = r$, $x_2 = s$, so erhält man $x_3 = -\frac{a_1}{a_3} \cdot r - \frac{a_2}{a_3} \cdot s + \frac{b}{a_3}$ und damit die Lösungmenge

$$\begin{pmatrix} x_1 \\ x_2 \\ x_3 \end{pmatrix} = \begin{pmatrix} 0 \\ 0 \\ \frac{b}{a_3} \end{pmatrix} + \begin{pmatrix} r \\ 0 \\ -\frac{a_1}{a_3} \cdot r \end{pmatrix} + \begin{pmatrix} 0 \\ s \\ -\frac{a_2}{a_3} \cdot s \end{pmatrix} \text{ oder } \vec{x} = \begin{pmatrix} 0 \\ 0 \\ \frac{b}{a_3} \end{pmatrix} + r \cdot \begin{pmatrix} 1 \\ 0 \\ -\frac{a_1}{a_3} \end{pmatrix} + s \cdot \begin{pmatrix} 0 \\ 1 \\ -\frac{a_2}{a_3} \end{pmatrix}.$$

Dabei ist $P\left(0 \middle| 0 \middle| \frac{b}{a_3}\right)$ ein Punkt der Ebene und die Spannvektoren $\begin{pmatrix} 1 \\ 0 \\ -\frac{a_1}{a_3} \end{pmatrix}$ und $\begin{pmatrix} 0 \\ 1 \\ -\frac{a_2}{a_3} \end{pmatrix}$ sind zu $\begin{pmatrix} a_1 \\ a_2 \\ a_3 \end{pmatrix}$ orthogonal.

Satz 2: Eine lineare Gleichung $a_1x_1 + a_2x_2 + a_3x_3 = b$ mit mindestens einem $a_i \neq 0$, $i = 1,2,3$ kann im $\mathbb{R}^3$ als Ebene interpretiert werten.
Die Lösungsmenge $\vec{x} = \vec{p} + r \cdot \vec{u} + s \cdot \vec{v}$ $(r, s \in \mathbb{R})$ dieser Gleichung ergibt eine Parameterdarstellung der Ebene.

Diese Darstellung einer Ebene in Parameterform hat den Nachteil, dass man nur schwer erkennen kann, ob zwei Gleichungen dieselbe Ebene darstellen. Auch Punktproben sind erheblich schwieriger durchzuführen. Deshalb ist es meist von Vorteil, mit der Koordinatendarstellung der Ebene zu arbeiten.

Beispiel: (Von der Parametergleichung zur Normalenform)
Bestimmen Sie für die Ebene E: $\vec{x} = \begin{pmatrix}5\\3\\2\end{pmatrix} + r \cdot \begin{pmatrix}1\\0\\2\end{pmatrix} + s \cdot \begin{pmatrix}0\\-5\\8\end{pmatrix}$ eine Gleichung in Normalenform und in Koordinatenform.
Lösung:
Jeder Normalenfaktor $\vec{n}$ muss zu den Spannvektoren orthogonal sein, also muss für
$\vec{n} = \begin{pmatrix}n_1\\n_2\\n_3\end{pmatrix}$ gelten: $\begin{pmatrix}1\\0\\2\end{pmatrix} \cdot \begin{pmatrix}n_1\\n_2\\n_3\end{pmatrix} = 0$ und $\begin{pmatrix}0\\-5\\8\end{pmatrix} \cdot \begin{pmatrix}n_1\\n_2\\n_3\end{pmatrix} = 0.$

Ausrechnen der Skalarprodukte ergibt das LGS
$\begin{cases} n_1 \quad + 2n_3 = 0 \\ -5n_2 + 8n_3 = 0 \end{cases}$ also $\begin{cases} n_1 = -2n_3 \\ n_2 = \frac{8}{5}n_3 \end{cases}$

Den benötigten Stützvektor $\vec{p}$ kann man direkt der gegebenen Gleichung entnehmen.

Um eine ganzzahlige Lösung zu erhalten, setzt man $n_3 = 5$ und erhält den Normalenvektor
$\vec{n} = \begin{pmatrix}-10\\8\\5\end{pmatrix}$. Zusammen mit $\vec{p} = \begin{pmatrix}5\\3\\2\end{pmatrix}$ erhält man die Normalenform $\left[\vec{x} - \begin{pmatrix}5\\3\\2\end{pmatrix}\right] \cdot \begin{pmatrix}-10\\8\\5\end{pmatrix} = 0.$
Daraus erhält man die Koordinatenform: $-10x_1 + 8x_2 + 5x_3 = -50 + 24 + 10$,
also $-10x_1 + 8x_2 + 5x_3 = -16$.

Aufgaben

Ebenen

2 Bestimmen Sie eine Gleichung der Ebene E in Normalenform und daraus eine Gleichung in Koordinatenform.
a) E: $\vec{x} = \begin{pmatrix}2\\1\\2\end{pmatrix} + r\begin{pmatrix}1\\3\\0\end{pmatrix} + s\begin{pmatrix}-2\\1\\3\end{pmatrix}$ b) E: $x = \begin{pmatrix}6\\9\\1\end{pmatrix} + r\begin{pmatrix}4\\1\\-4\end{pmatrix} + s\begin{pmatrix}1\\-2\\-4\end{pmatrix}$ c) E: $\vec{x} = r\begin{pmatrix}2\\1\\2\end{pmatrix} + s\begin{pmatrix}1\\1\\5\end{pmatrix}$

3 Geben Sie zwei verschiedene Parameterdarstellungen der Ebene E an, die durch die Punkte A, B und C festgelegt ist. Geben sie beide Darstellungen anschließend in Koordinatenform an.
a) $A(2|0|3)$, $B(1|-1|5)$, $C(3|-2|0)$ b) $A(2|5|7)$, $B(7|5|2)$, $C(1|2|3)$

4 Prüfen Sie, ob die beiden Geraden g_1 und g_2 sich schneiden. Geben Sie, falls möglich, eine Parametergleichung der Ebene an, die eindeutig durch die Geraden g_1 und g_2 festgelegt wird. Führen Sie die Parametergleichung in Koordinatenform über und prüfen Sie, ob die Geraden g_1 und g_2 tatsächlich auf E liegen (Probe).
a) g_1: $\vec{x} = \begin{pmatrix}1\\1\\2\end{pmatrix} + t\begin{pmatrix}2\\3\\1\end{pmatrix}$; g_2: $\vec{x} = \begin{pmatrix}3\\4\\3\end{pmatrix} + t\begin{pmatrix}1\\0\\1\end{pmatrix}$ b) g_1: $\vec{x} = \begin{pmatrix}3\\0\\7\end{pmatrix} + t\begin{pmatrix}2\\5\\1\end{pmatrix}$; g_2: $\vec{x} = \begin{pmatrix}7\\10\\9\end{pmatrix} + t\begin{pmatrix}1\\0\\1\end{pmatrix}$

4 Zeichnerische Darstellung von Ebenen

1 a) Wie viele Punkte legen eine Gerade fest, wie viele Punkte eine Ebene?
b) Bei einer zeichnerischen Darstellung des Raumes kann man eigentlich nur bei Punkten auf den Achsen deren Lage erkennen. Welche Koordinaten haben die Punkte A, B, C in Fig. 1?
c) Kann man Fig. 1 etwas über die Koordinaten von D entnehmen?

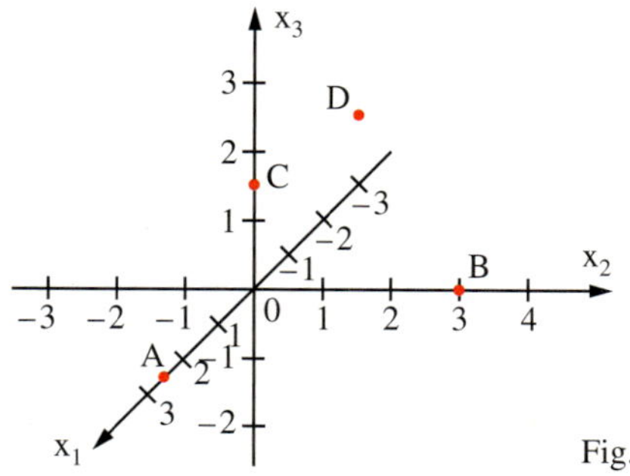

Fig. 1

Um eine Ebene zeichnerisch darzustellen, bestimmt man zuerst die Durchstoßpunkte der Koordinatenachsen mit der Ebene (S_1, S_2 und S_3 in Fig. 2). Diese Punkte nennt man **Spurpunkte** der Ebene.

Verbindet man zwei Spurpunkte, so erhält man Schnittgeraden der Ebene mit den Koordinatenebenen. Diese Schnittgeraden nennt man **Spurgeraden**.

In Fig. 2 ist
- s_{12} die Spurgerade von E mit der x_1x_2-Ebene.
- s_{13} die Spurgerade von E mit der x_1x_3-Ebene
- s_{23} die Spurgerade von E mit der x_2x_3-Ebene.

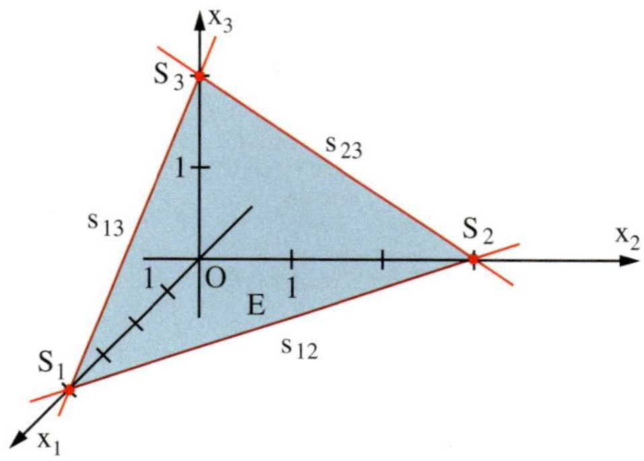

Fig. 2

Beispiel 1: (Ebenenausschnitt zeichnen)
Bestimmen Sie die gemeinsamen Punkte der Ebene E: $3x_1 + 2x_2 + 6x_3 = 6$ mit den Koordinatenachsen und zeichnen Sie einen Ausschnitt von E.

Lösung:
Alle Punkte der x_1-Achse haben die Koordinaten $x_2 = 0$ und $x_3 = 0$. Setzt man diese Koordinaten in die Gleichung $3x_1 + 2x_2 + 6x_3 = 6$ ein, so erhält man $x_1 = 2$. Also gilt:
Die Ebene E und die x_1-Achse haben den gemeinsamen Punkt $S_1(2|0|0)$.
Entsprechend gilt: $S_2(0|3|0)$ ist gemeinsamer Punkt von E und der x_2-Achse.
$S_3(0|0|1)$ ist gemeinsamer Punkt von E und der x_3-Achse.

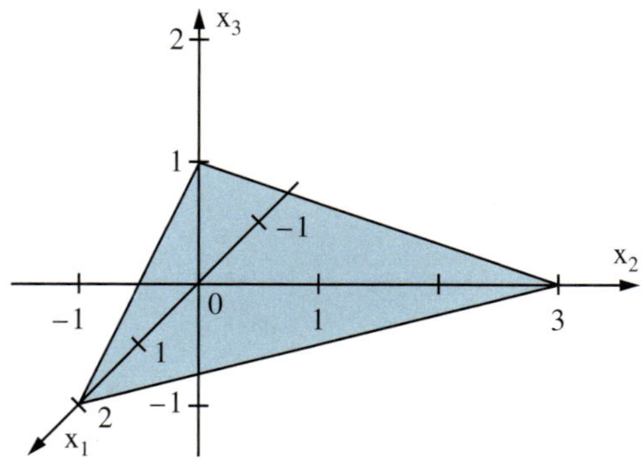

Fig. 3

Beispiel 2: (Besondere Lage einer Ebene)
Beschreiben Sie die Lage der Ebene E: $4x_1 + 2x_2 = 7$.

Lösung:
Der Schnittpunkt der Ebene E mit der x_1-Achse ist $S_1\left(\frac{7}{4}\middle|0\middle|0\right)$, mit der x_2-Achse $S_2\left(0\middle|\frac{7}{2}\middle|0\right)$.
Die Ebene E hat keinen Schnittpunkt mit der x_3-Achse (es gibt keine Lösung für $0 \cdot x_1 + 0 \cdot x_2 = 7$); sie ist daher zur x_3-Achse parallel.

Aufgaben

2 Zeichnen Sie einen Ausschnitt der Ebene E.

a) E: $x_1 + x_2 + x_3 = 3$ b) E: $2x_1 + 2x_2 + 3x_3 = 6$ c) E: $-1x_1 - 3x_2 - 2x_3 = -6$
d) E: $-3{,}5x_2 + 7x_3 = 7$ e) E: $5x_1 = 10$ f) E: $3x_1 - 4{,}5x_3 = -9$

Spricht man in der Geometrie von ***der Ebene****, so meint man damit die* ***Zeichenebene*** *bzw. die* ***x_1x_2-Ebene****.*

3 Bestimmen Sie eine Koordinatengleichung

a) der x_2x_3-Ebene, b) der x_1x_3-Ebene.

4 Welche besondere Lage hat die Ebene

a) E: $x_1 = 0$, b) E: $x_2 = 0$, c) E: $x_3 = 0$, d) E: $x_1 = 5$, e) E: $x_2 = -3$, f) E: $x_3 = 4$?

5 Bestimmen Sie eine Koordinatengleichung der Ebene E.

a)

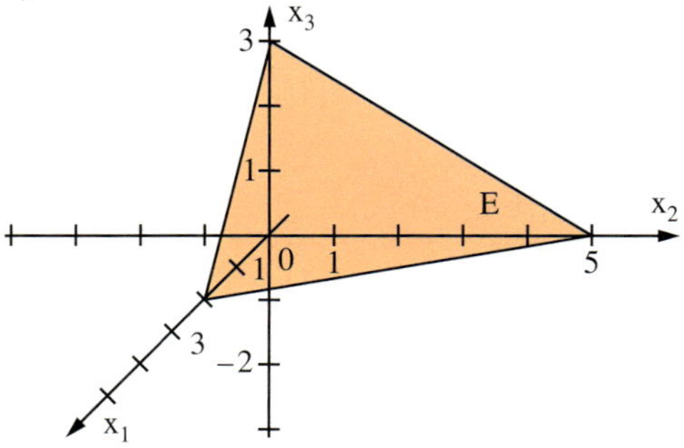

Fig. 1

b)

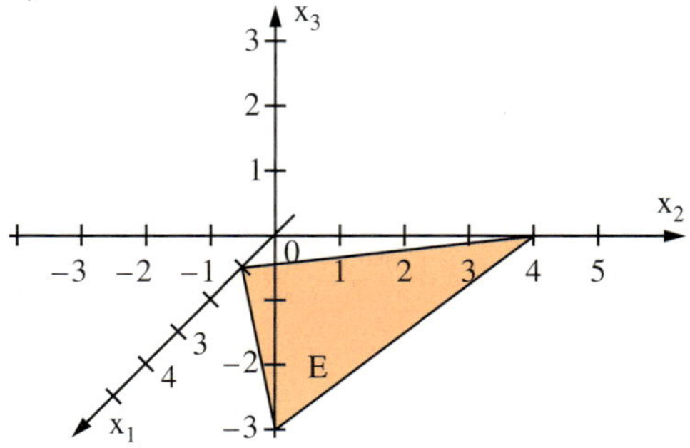

Fig. 2

6 In Fig. 3 hat die Ebene nur einen Spurpunkt P, in Fig. 4 ist die Ebene parallel zur x_3-Achse. Bestimmen Sie jeweils eine Koordinatengleichung für die Ebene E.

a)

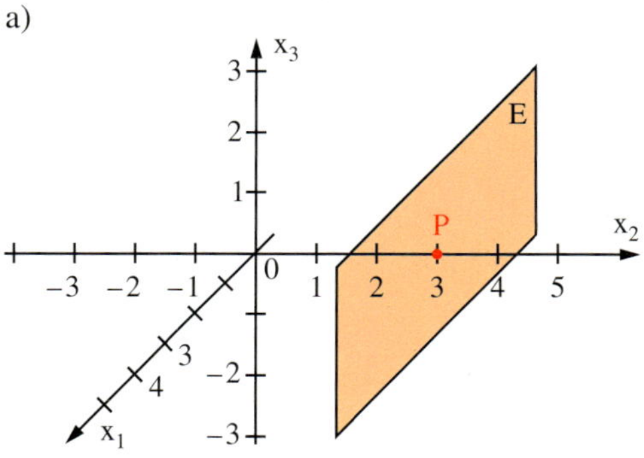

Fig. 3

b)

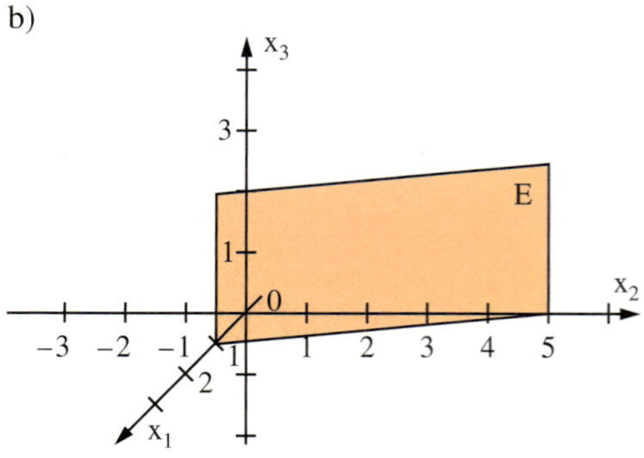

Fig. 4

7 Gegeben ist die Ebene E: $4x_1 + x_2 = 8$ (E: $2x_1 - 3x_3 = 6$).

a) Wie kann man an der Ebenengleichung erkennen, dass zwei Spurgeraden zueinander parallel sind?

b) Zeichnen Sie die drei Spurgeraden und schraffieren Sie einen Ebenenausschnitt.

8 Gegeben ist die Ebene E: $3x_1 + 4x_2 + 6x_3 = 0$.

a) Begründen Sie: Die Spurgeraden gehen alle durch den Ursprung.

b) Zeichnen Sie die Spurgeraden. Geben Sie mithilfe von Parallelen zu den Spurgeraden einen Ebenenausschnitt an.

5 Gegenseitige Lage von Geraden und Ebenen

1 Die Gerade g in Fig. 1 geht durch die Punkte $P(-2|0|0)$ und $Q(0|0|2)$.
a) Bestimmen Sie eine Parametergleichung der Geraden g.
b) Bestimmen Sie eine Gleichung der zur x_3-Achse parallelen Ebene E.
c) Bestimmen Sie die Koordinaten des Punktes S, in dem die Gerade g die Ebene E durchstößt.

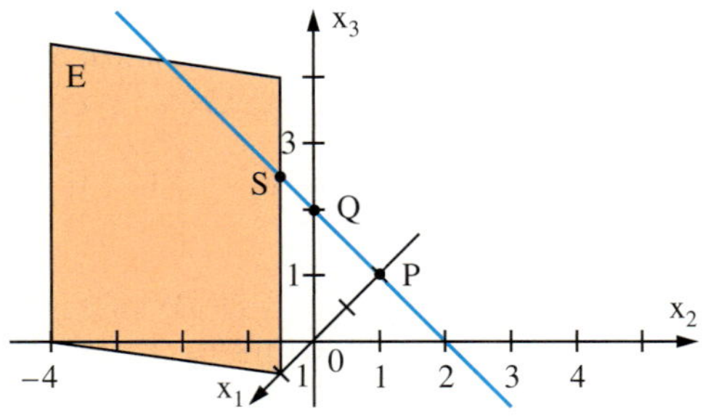

Fig. 1

Bei der Betrachtung der gegenseitigen Lage einer Geraden g und einer Ebene E muss man drei Fälle unterscheiden:
- g und E haben **genau einen** Punkt gemeinsam, g und E schneiden sich also. Diesen Schnittpunkt nennt man auch **Durchstoßpunkt**.
- g und E haben **keinen** Punkt gemeinsam, g ist dann **parallel** zu E und liegt nicht in E.
- g und E haben **unendlich viele** gemeinsame Punkte, g liegt dann ganz **in E**.

Sind eine Gerade g und eine Ebene E zueinander orthogonal, so haben g und E stets genau einen gemeinsamen Punkt.

Beispiel: (Bestimmung von Durchstoßpunkten)

Bestimmen Sie die gemeinsamen Punkte der Geraden $g: \vec{x} = \begin{pmatrix} 3 \\ 4 \\ 7 \end{pmatrix} + t \cdot \begin{pmatrix} 2 \\ 1 \\ -1 \end{pmatrix}$ mit der Ebene

a) $E_1: 2x_1 + 5x_2 - x_3 = 49$;

b) $E_2: 2x_1 - 5x_2 - x_3 = 49$.

Lösung:

Der Gleichung $\vec{x} = \begin{pmatrix} 3 \\ 4 \\ 7 \end{pmatrix} + t \cdot \begin{pmatrix} 2 \\ 1 \\ -1 \end{pmatrix}$ entspricht $\begin{matrix} x_1 = 3 + 2t \\ x_2 = 4 + t \\ x_3 = 7 - t \end{matrix}$.

Setzt man x_1, x_2 und x_3 in die Koordinatengleichung der Ebene ein, so erhält man:

a) $2(3 + 2t) + 5(4 + t) - (7 - t) = 49$.
Hieraus folgt:
$10t + 19 = 49$, also $t = 3$.
Setzt man $t = 3$ in die Geradengleichung ein, so ergibt sich der Durchstoßpunkt $D(9|7|4)$.

b) $2(3 + 2t) - 5(4 + t) - (7 - t) = 49$.
Hieraus folgt:
$0 \cdot t - 21 = 49$, es gibt also keine Lösungen.
Damit haben g und E_2 keine gemeinsamen Punkte:
g und E_2 sind zueinander parallel.

Aufgaben

2 Untersuchen Sie die gegenseitige Lage der Ebene E zu der Geraden $g: \vec{x} = \begin{pmatrix} 4 \\ 6 \\ 2 \end{pmatrix} + t \begin{pmatrix} 1 \\ 2 \\ 3 \end{pmatrix}$.
Bestimmen Sie den Durchstoßpunkt, falls g und E sich schneiden.

a) $E: 2x_1 + 4x_2 + 6x_3 = 16$
b) $E: 5x_2 - 7x_3 = 13$
c) $E: x_1 + x_2 - x_3 = 1$
d) $E: 2x_1 + x_2 + 3x_3 = 0$
e) $E: x_1 + x_2 - x_3 = 7$
f) $E: x_1 + x_2 - x_3 = 8$
g) $E: 3x_1 - x_3 = 10$
h) $E: 3x_1 - x_3 = 12$
i) $E: 4x_1 - 5x_2 = 11$

3 Bestimmen Sie den Durchstoßpunkt von der Geraden g und der Ebene E: $3x_1 + 5x_2 - 2x_3 = 7$.

a) $g: \vec{x} = \begin{pmatrix} 5 \\ 1 \\ 1 \end{pmatrix} + t\begin{pmatrix} 1 \\ 0 \\ 1 \end{pmatrix}$ b) $g: \vec{x} = \begin{pmatrix} 1 \\ 0 \\ 9 \end{pmatrix} + t\begin{pmatrix} 1 \\ 3 \\ 5 \end{pmatrix}$ c) $g: \vec{x} = \begin{pmatrix} 7 \\ 1 \\ 1 \end{pmatrix} + t\begin{pmatrix} 2 \\ 2 \\ 1 \end{pmatrix}$

4 Bestimmen Sie, falls möglich, den Schnittpunkt der Geraden g mit der x_1x_2-Ebene (x_1x_3-Ebene; x_2x_3-Ebene).

a) $g: \vec{x} = \begin{pmatrix} 2 \\ 4 \\ 1 \end{pmatrix} + t\begin{pmatrix} -2 \\ 2 \\ 1 \end{pmatrix}$ b) $g: \vec{x} = \begin{pmatrix} 2 \\ 2 \\ 2 \end{pmatrix} + t\begin{pmatrix} 1 \\ 3 \\ 0 \end{pmatrix}$ c) $g: \vec{x} = \begin{pmatrix} 7 \\ 0 \\ 7 \end{pmatrix} + t\begin{pmatrix} 1 \\ 1 \\ 1 \end{pmatrix}$ d) $g: \vec{x} = \begin{pmatrix} 7 \\ 1 \\ 9 \end{pmatrix} + t\begin{pmatrix} 1 \\ 0 \\ 0 \end{pmatrix}$

5 Der Würfel in Fig. 1 hat die Eckpunkte $A(0|0|0)$, $B(0|8|0)$, $C(-8|8|0)$, $E(0|0|8)$. Die Ebene E_1 ist durch die Punkte A, F und H, die Ebene E_2 durch die Punkte B, D und G festgelegt. Bestimmen Sie die Schnittpunkte der Geraden durch C und E mit den Ebenen E_1 und E_2.

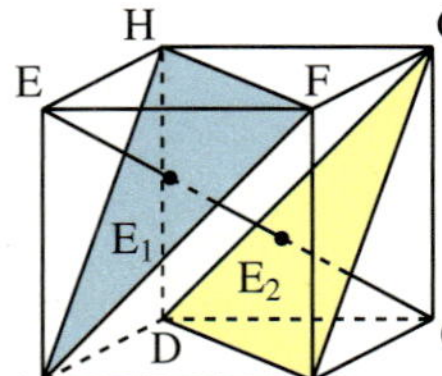

Fig. 1

6 Die gegenseitige Lage von einer Geraden und einer Ebene kann man auch an den jeweiligen Stützvektoren und Richtungs- bzw. Spannvektoren erkennen. Erläutern Sie die Tabelle.

g **schneidet** E	g ist **parallel** zu E und **liegt nicht in** E	g **liegt in** E
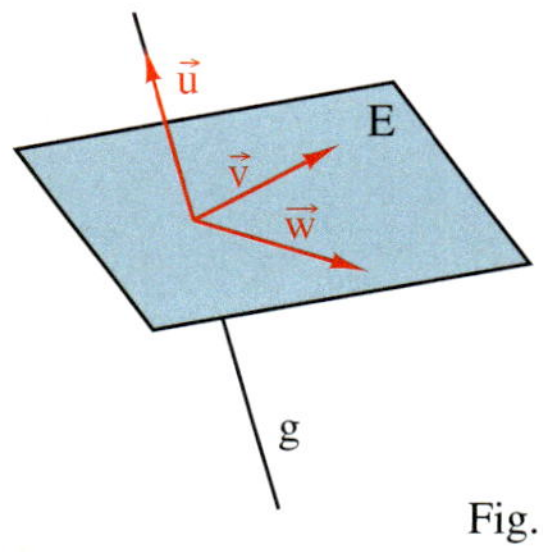 Fig. 2	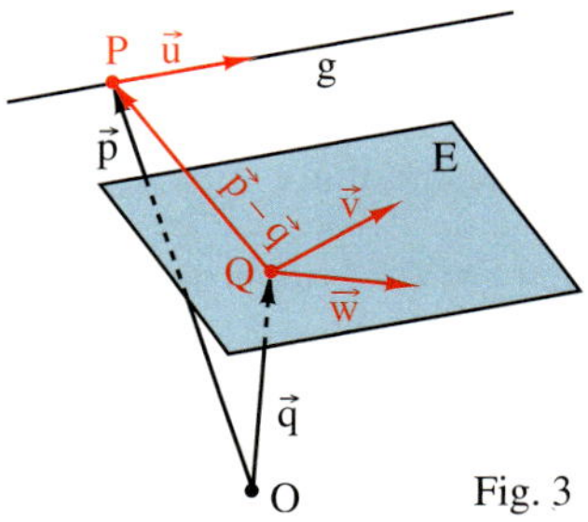 Fig. 3	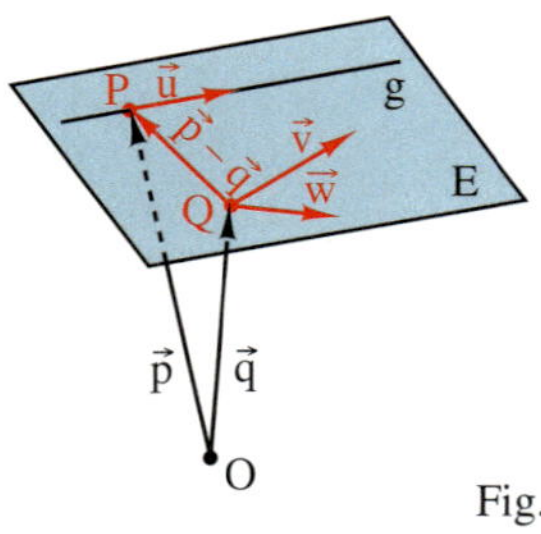 Fig. 4
$\vec{u}$, $\vec{v}$ und $\vec{w}$ sind linear unabhängig	$\vec{u}$, $\vec{v}$ und $\vec{w}$ sind linear abhängig	
	$\vec{p} - \vec{q}$, $\vec{v}$ und $\vec{w}$ sind linear unabhängig	$\vec{p} - \vec{q}$, $\vec{v}$ und $\vec{w}$ sind linear abhängig

7 Gegeben ist die Ebene $E: \vec{x} = \begin{pmatrix} 3 \\ 4 \\ 7 \end{pmatrix} + r\begin{pmatrix} 1 \\ 0 \\ 1 \end{pmatrix} + s\begin{pmatrix} 4 \\ 7 \\ 2 \end{pmatrix}$. Geben Sie eine Gerade g an, die

a) die Ebene E schneidet, b) zur Ebene E parallel ist und nicht in E liegt,
c) in der Ebene E liegt.

8 Untersuchen Sie die Anzahl der gemeinsamen Punkte von g und E. Bestimmen Sie gegebenenfalls den Durchstoßpunkt.

a) $g: \vec{x} = \begin{pmatrix} -2 \\ 1 \\ 4 \end{pmatrix} + t\begin{pmatrix} 7 \\ 8 \\ 6 \end{pmatrix}$, $E: \vec{x} = \begin{pmatrix} 1 \\ 4 \\ 3 \end{pmatrix} + r\begin{pmatrix} 0 \\ -1 \\ 1 \end{pmatrix} + s\begin{pmatrix} 1 \\ 0 \\ 3 \end{pmatrix}$

b) $g: \vec{x} = \begin{pmatrix} 22 \\ -18 \\ -7 \end{pmatrix} + t\begin{pmatrix} 4 \\ 1 \\ -5 \end{pmatrix}$, $E: \vec{x} = \begin{pmatrix} 2 \\ 1 \\ 0 \end{pmatrix} + r\begin{pmatrix} 4 \\ -7 \\ 1 \end{pmatrix} + s\begin{pmatrix} 0 \\ 4 \\ -3 \end{pmatrix}$

Orthogonalität zwischen einer Geraden und einer Ebene

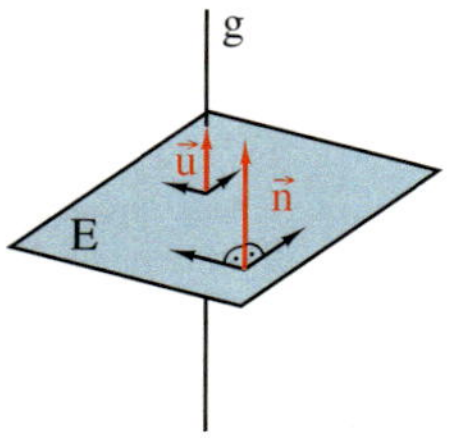

Fig. 1

9 Eine Gerade g und eine Ebene E sind zueinander orthogonal, wenn ein Richtungsvektor der Geraden zu den Spannvektoren der Ebene orthogonal ist.
Erläutern Sie an Fig. 1:
Eine Gerade g ist auch dann zu einer Ebene E orthogonal, wenn ein Richtungsvektor von g und ein Normalenvektor von E die gleiche oder entgegengesetzte Richtung haben, d. h. wenn Richtungsvektor und Normalenvektor Vielfache voneinander sind.

10 Untersuchen Sie, ob die Gerade $g: \vec{x} = \begin{pmatrix} -2 \\ 0 \\ 1 \end{pmatrix} + t\begin{pmatrix} 3 \\ 0 \\ -5 \end{pmatrix}$ bzw. $h: \vec{x} = \begin{pmatrix} 2 \\ 4 \\ 6 \end{pmatrix} + t\begin{pmatrix} 6 \\ 3 \\ 12 \end{pmatrix}$
zur Ebene E orthogonal ist.

a) $E: 2x_1 + x_2 + 4x_3 = 5$ b) $E: 9x_1 + 7x_3 = 1$ c) $E: 3x_2 = -10$
d) $E: 4x_1 + 2x_2 + 8x_3 = -15$ e) $E: 2x_1 - x_3 = 6$ f) $E: x_1 = 4$

11 Eine Gerade g durch $A(2|3|-1)$ ist orthogonal zur Ebene E. Bestimmen Sie eine Gleichung von g.

a) $E: 5x_1 - x_2 - 3x_3 = 5$ b) $E: x_1 + 2x_2 + 6x_3 = 1$ c) $E: 4x_2 + 5x_3 = 3$

12 Die Grundfläche einer Pyramide liegt in der Ebene $E: x_1 + x_2 + x_3 = 8$. Die Spitze der Pyramide ist $S(10|10|15)$.
a) Bestimmen Sie eine Gleichung der Geraden durch die Höhe der Pyramide.
b) Berechnen Sie die Koordinaten des Höhenfußpunktes.

13 Gegeben sind ein Punkt $P(4|-1|3)$ und die Ebene $E: 3x_1 - 2x_2 + x_3 = 3$.
Gesucht ist das Spiegelbild P′ des Punktes P bei Spiegelung an der Ebene E.
a) Bestimmen Sie eine Gleichung der zu E orthogonalen und durch P gehenden Geraden g.
b) Berechnen Sie den Schnittpunkt S der Geraden g mit der Ebene E.
c) Bestimmen Sie P′ auf der Geraden g so, dass S der Mittelpunkt von PP′ ist.

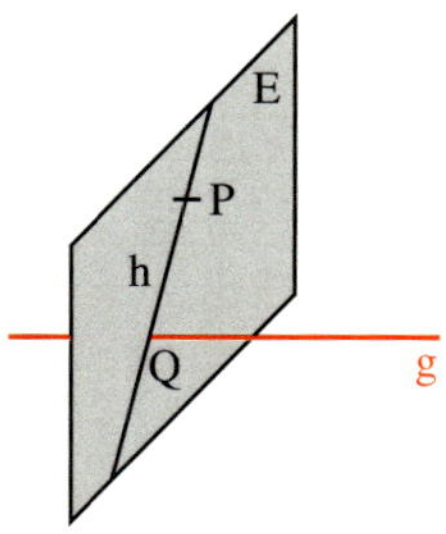

Fig. 2

Zueinander orthogonale Geraden im Raum
Zwei Geraden im Raum heißen zueinander orthogonal, wenn ihre Richtungsvektoren zueinander orthogonal sind.
Es ist leicht nachzurechnen, ob zwei gegebene Geraden orthogonal sind, z. B.
$g: \vec{x} = \begin{pmatrix} 5 \\ 4 \\ 6 \end{pmatrix} + t\begin{pmatrix} 2 \\ -1 \\ 4 \end{pmatrix}$ und $h: \vec{x} = \begin{pmatrix} 2 \\ 0 \\ -3 \end{pmatrix} + t\begin{pmatrix} 1 \\ -2 \\ -1 \end{pmatrix}$. Schwieriger ist jedoch die Frage:

Wie lautet die Gleichung einer Geraden k durch $P(2|3|2)$, die zu g orthogonal ist?
Die Idee zur Lösung ist folgende: Die gesuchte Gerade k muss in einer Ebene E liegen, die ebenfalls orthogonal zu g ist und in der der Punkt P liegt (Fig. 2).
Die Koordinatengleichung findet man wie in Beispiel 3: $E: 2x_1 - x_2 + 4x_3 = 9$.
Im zweiten Schritt bestimmt man den Durchstoßpunkt Q von g durch E, durch den ja die Gerade k gehen muss. Wie im Beispiel erhält man $Q(3|5|2)$. Aus P und Q ergibt sich eine Gleichung für die Gerade k.
Bestimmen Sie einmal selbst einen Punkt Q so, dass die Gerade durch $P(-4|0|3)$ orthogonal zur Geraden $g: \vec{x} = \begin{pmatrix} 2 \\ 1 \\ 3 \end{pmatrix} + t\begin{pmatrix} 1 \\ 1 \\ -1 \end{pmatrix}$ ist.

6 Gegenseitige Lage von Ebenen, Orthogonalität

1 Gegeben sind zwei verschiedene Ebenen E_1 und E_2.
a) Beschreiben Sie, wie viele gemeinsame Punkte E_1 und E_2 haben können.
Ist es möglich, dass es genau einen gemeinsamen Punkt gibt?
b) Die Ebenen E_1 und E_2 haben die Punkte $A(1|2|-3)$ und $B(5|4|2)$ gemeinsam. Geben Sie weitere gemeinsame Punkte an.

Bei der Betrachtung der gegenseitigen Lage von zwei verschiedenen Ebenen E_1 und E_2 muss man zwei Fälle unterscheiden:

- Es gibt **gemeinsame Punkte** von E_1 und E_2. Dann liegen diese auf einer Geraden, der **Schnittgeraden** von E_1 und E_2.
- E_1 und E_2 haben **keinen Punkt gemeinsam**, E_1 und E_2 sind dann **parallel** zueinander.

Die Normalenvektoren zueinander paralleler Ebenen haben die gleiche oder entgegengesetzte Richtung, d.h. die Normalenvektoren sind Vielfache voneinander.

Schneiden sich zwei Ebenen E_1 und E_2 in einer Geraden s, so heißen sie zueinander **orthogonal**, wenn für eine in E_1 liegende Gerade g_1 mit $g_1 \perp s$ und eine in E_2 liegende Gerade g_2 mit $g_2 \perp s$ gilt: $g_1 \perp g_2$.
Dies ist stets der Fall, wenn Normalenvektoren von E und F zueinander orthogonal sind (Fig. 1). Diese Eigenschaft lässt sich leichter als die in der Definition prüfen.

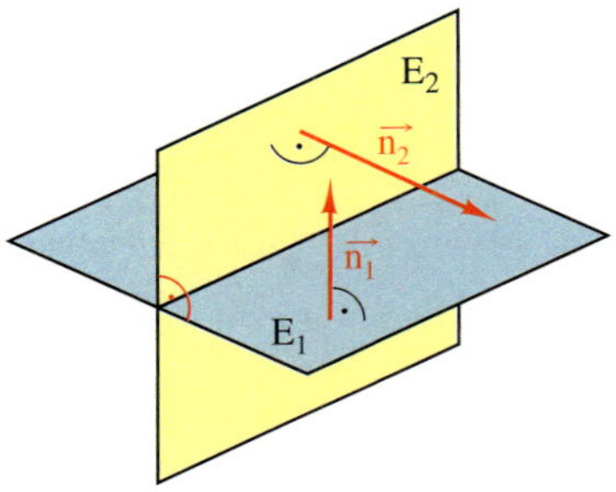

Fig. 1

> **Satz:** Zwei Ebenen sind zueinander orthogonal, wenn ihre Normalenvektoren zueinander orthogonal sind.

Beispiel 1: (Bestimmung der Schnittgeraden, zwei Koordinatengleichungen)
Bestimmen Sie die Schnittgerade der Ebenen E_1: $3x_1 - 4x_2 + x_3 = 1$ und E_2: $5x_1 + 2x_2 - 3x_3 = 6$.
Lösung:
Man fasst die beiden Ebenengleichungen als ein LGS auf. Die Lösungen für x_1, x_2, x_3 beschreiben die Schnittgerade.

Mit dem CAS erhält man die Gleichung $\vec{x} = \begin{pmatrix} 1 \\ \frac{1}{2} \\ 0 \end{pmatrix} + t \cdot \begin{pmatrix} \frac{5}{13} \\ \frac{7}{13} \\ 1 \end{pmatrix}$, die natürlich mit der rechts angegebenen identisch ist.

Das LGS $\begin{cases} 3x_1 - 4x_2 + x_3 = 1 \\ 5x_1 + 2x_2 - 3x_3 = 6 \end{cases}$ ist äquivalent zu $\begin{cases} 13x_1 \qquad - 5x_3 = 13 \\ 5x_1 + 2x_2 - 3x_3 = 6 \end{cases}$.

Setzt man in die 1. Gleichung $13x_1 - 5x_3 = 13$ für $x_3 = 13t$ ein, so erhält man $x_1 = 1 + 5t$.
Setzt man $x_3 = 13t$ und $x_1 = 1 + 5t$ in die 2. Gleichung $5x_1 + 2x_2 - 3x_3 = 6$ ein,
so erhält man $x_2 = 0{,}5 + 7t$. Insgesamt gilt: $\begin{matrix} x_1 = & 1 + 5t \\ x_2 = & 0{,}5 + 7t \\ x_3 = & 13t \end{matrix}$.

Damit hat die Schnittgerade die Gleichung: $\vec{x} = \begin{pmatrix} 1 \\ 0{,}5 \\ 0 \end{pmatrix} + t \cdot \begin{pmatrix} 5 \\ 7 \\ 13 \end{pmatrix}$.

Beispiel 2: (Bestimmung der Schnittgeraden, zwei Parametergleichungen)

Schneiden sich die Ebenen $E_1\colon \vec{x} = \begin{pmatrix} 1 \\ 3 \\ 2 \end{pmatrix} + r\begin{pmatrix} 1 \\ -2 \\ 0 \end{pmatrix} + s\begin{pmatrix} 3 \\ 1 \\ 4 \end{pmatrix}$ und $E_2\colon \vec{x} = \begin{pmatrix} -1 \\ 5 \\ 2 \end{pmatrix} + u\begin{pmatrix} 1 \\ 1 \\ 2 \end{pmatrix} + v\begin{pmatrix} -2 \\ 1 \\ 3 \end{pmatrix}$?

Bestimmen Sie gegebenenfalls die Gleichung der Schnittgeraden.

Lösung:

Der Gleichung $\begin{pmatrix} 1 \\ 3 \\ 2 \end{pmatrix} + r\begin{pmatrix} 1 \\ -2 \\ 0 \end{pmatrix} + s\begin{pmatrix} 3 \\ 1 \\ 4 \end{pmatrix} = \begin{pmatrix} -1 \\ 5 \\ 2 \end{pmatrix} + u\begin{pmatrix} 1 \\ 1 \\ 2 \end{pmatrix} + v\begin{pmatrix} -2 \\ 1 \\ 3 \end{pmatrix}$ entspricht das LGS mit drei Gleichungen und vier Variablen:

$$\begin{cases} 1 + r + 3s = -1 + u - 2v \\ 3 - 2r + s = 5 + u + v \\ 2 + 4s = 2 + 2u + 3v \end{cases}$$

bzw.

$$\begin{cases} r + 3s - u + 2v = -2 \\ -2r + s - u - v = 2 \\ 4s - 2u - 3v = 0 \end{cases}$$

Mithilfe des GAUSS-Verfahrens erhält man

$$\begin{cases} r - 4v = 0 \\ s + 7{,}5v = -2 \\ u + 16{,}5v = -4 \end{cases}.$$

Damit hat das LGS unendlich viele Lösungen, d. h. die Ebenen schneiden sich.

Mit dem CAS: Man löst die Vektorgleichung nach v auf und setzt das Ergebnis für u in die Gleichuung von E_2 ein (Fig. 1):

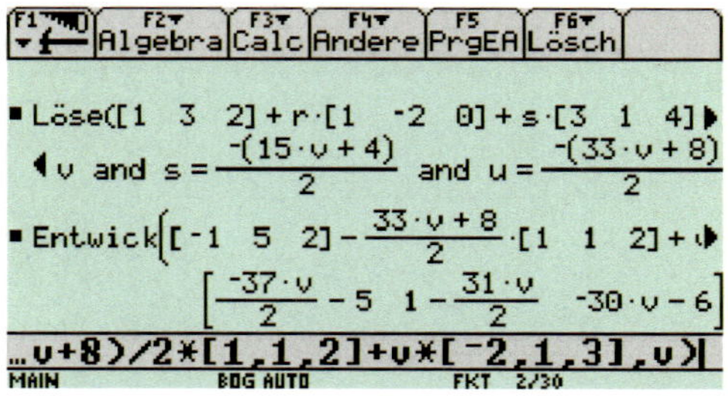

Fig. 1

Aus $u + 16{,}5v = -4$ folgt $u = -4 - 16{,}5v$.

Setzt man dies in die Gleichung von E_2 ein, so erhält man eine Gleichung der Schnittgeraden:

$g\colon \vec{x} = \begin{pmatrix} -5 \\ 1 \\ -6 \end{pmatrix} + v\begin{pmatrix} -18{,}5 \\ -15{,}5 \\ -30 \end{pmatrix}$ bzw. mit $v = -2t$ die Gleichung $\vec{x} = \begin{pmatrix} -5 \\ 1 \\ -6 \end{pmatrix} + t\begin{pmatrix} 37 \\ 31 \\ 60 \end{pmatrix}$.

Beispiel 3: (Zueinander orthogonale Ebenen)

Sind die Ebenen $E_1\colon 2x_1 + x_2 - 4x_3 = 7$ und $E_2\colon 3x_1 - x_2 + x_3 = 4$ zueinander orthogonal?

Lösung:

Die Koeffizienten der Gleichungen sind jeweils die Koordinaten eines Normalenvektors.

Das Skalarprodukt dieser Normalenvektoren $\begin{pmatrix} 2 \\ 1 \\ -4 \end{pmatrix} \cdot \begin{pmatrix} 3 \\ -1 \\ 1 \end{pmatrix} = 2 \cdot 3 + 1 \cdot (-1) - 4 \cdot 1 = 1$

ist nicht 0. Die Normalenvektoren und damit die Ebenen sind nicht zueinander orthogonal.

Aufgaben

2 Bestimmen Sie die Schnittgerade der Ebenen E_1 und E_2.

a) $E_1\colon x_1 - x_2 + 2x_3 = 7$, $E_2\colon 6x_1 + x_2 - x_3 = -7$

b) $E_1\colon x_1 + x_2 - 2x_3 = -1$, $E_2\colon 2x_1 + x_2 - 3x_3 = 2$

c) $E_1\colon x_1 + 5x_3 = 8$, $E_2\colon x_1 + x_2 + x_3 = 1$

3 Untersuchen Sie die Lage der Ebenen E_1 mit $E_1\colon -2x_1 + x_2 + x_3 = 5$ und E_2. Bestimmen Sie ggf. eine Gleichung der Schnittgeraden.

a) $E_2\colon 2x_1 - x_2 - x_3 = 1$

b) $E_2\colon 5x_1 + 2x_2 + x_3 = -6$

c) $E_2\colon 4x_2 + 5x_3 = 20$

4 Bestimmen Sie die Schnittgerade der Ebene E mit der x_1x_2-Ebene (x_1x_3-Ebene; x_2x_3-Ebene).

a) $E\colon 2x_1 - 3x_2 + 5x_3 = 60$

b) $E\colon x_1 + x_2 + x_3 = 12$

c) $E\colon 4x_1 - 5x_2 + x_3 = 8$

Kommen in zwei Parametergleichungen die gleichen Bezeichnungen für die Parameter vor, so muss man in einer Gleichung die Parameter umbenennen.

5 Bestimmen Sie die Schnittgerade der Ebenen E_1 und E_2.

a) $E_1: \vec{x} = \begin{pmatrix} 1 \\ 0 \\ 3 \end{pmatrix} + r\begin{pmatrix} 1 \\ 0 \\ 0 \end{pmatrix} + s\begin{pmatrix} 1 \\ 1 \\ 0 \end{pmatrix}$, $\quad E_2: \vec{x} = \begin{pmatrix} 2 \\ 3 \\ 2 \end{pmatrix} + r\begin{pmatrix} 0 \\ 1 \\ 1 \end{pmatrix} + s\begin{pmatrix} 2 \\ 0 \\ 1 \end{pmatrix}$

b) $E_1: \vec{x} = \begin{pmatrix} 1 \\ 7 \\ 3 \end{pmatrix} + r\begin{pmatrix} 1 \\ -1 \\ 2 \end{pmatrix} + s\begin{pmatrix} 2 \\ -5 \\ 8 \end{pmatrix}$, $\quad E_2: \vec{x} = \begin{pmatrix} 3 \\ 5 \\ 7 \end{pmatrix} + r\begin{pmatrix} 2 \\ 3 \\ 0 \end{pmatrix} + s\begin{pmatrix} 1 \\ 1 \\ 2 \end{pmatrix}$

6 Bestimmen Sie die Schnittgerade der Ebene E mit der x_1x_2-Ebene (x_1x_3-Ebene; x_2x_3-Ebene).

a) $E: \vec{x} = \begin{pmatrix} 4 \\ 5 \\ 0 \end{pmatrix} + s\begin{pmatrix} 1 \\ 3 \\ 5 \end{pmatrix} + t\begin{pmatrix} 1 \\ -1 \\ 1 \end{pmatrix}$ $\qquad$ b) $E: \vec{x} = \begin{pmatrix} -8 \\ -4 \\ -4 \end{pmatrix} + s\begin{pmatrix} 4 \\ -3 \\ 1 \end{pmatrix} + t\begin{pmatrix} 4 \\ 1 \\ -1 \end{pmatrix}$

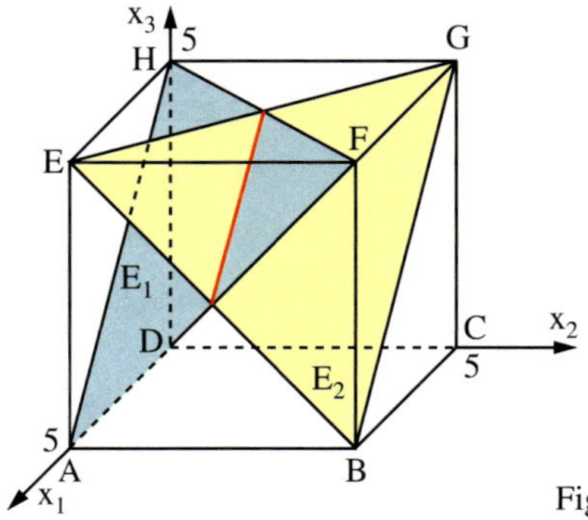

Fig. 1

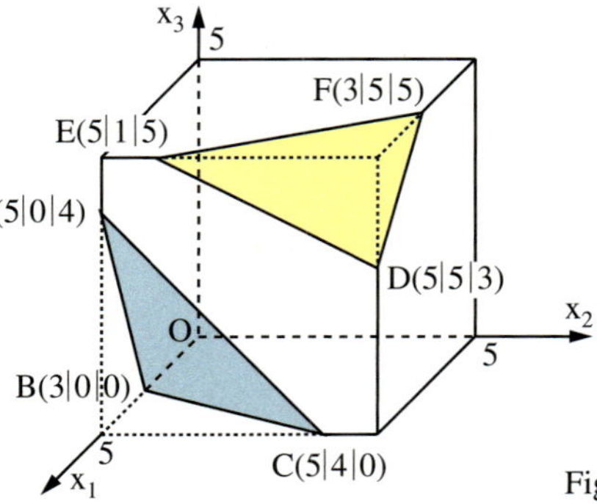

Fig. 2

Schnitt zweier Ebenen

7 a) Bestimmen Sie die Schnittgerade der beiden Ebenen E_1 und E_2 in Fig. 1.
b) Fig. 2 zeigt einen Würfel mit zwei abgeschnittenen Ecken. Die Schnittflächen legen zwei Ebenen fest. Bestimmen Sie die Schnittgerade dieser beiden Ebenen.

Lage zweier Ebenen

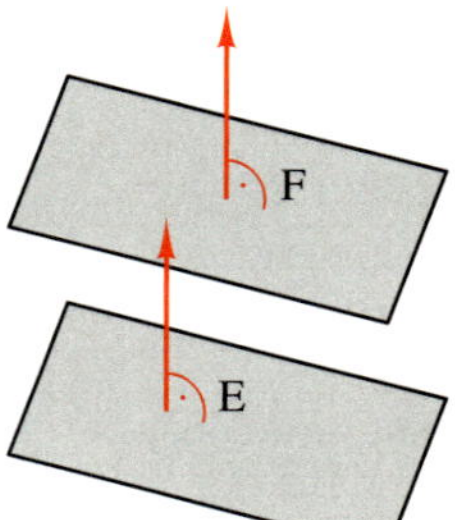

Fig. 3

8 Zueinander parallele Ebenen haben linear abhängige Normalenvektoren (Fig. 3).
a) Untersuchen Sie, welche der Ebenen E_1, E_2, E_3, E_4 zueinander parallel sind.
$E_1: 2x_1 - x_2 + 3x_3 = 10$; $\qquad E_2: 3x_1 + 5x_2 + 3x_3 = 1$;
$E_3: -4x_1 + 2x_2 - 3x_3 = -19$; $\qquad E_4: -3x_1 - 5x_2 - 3x_3 = 1$.
b) Geben Sie eine Koordinatengleichung einer Ebene F an, sodass F parallel zu E_1 (zu E_2) ist und durch den Punkt $P(2|3|7)$ geht.

9 Gegeben ist die Ebene $E_1: 2x_1 - x_2 + 3x_3 = 12$ und eine weitere, von E_1 verschiedene Ebene E_2. Wie kann man an einer Koordinatengleichung von E_2 mit möglichst wenig Aufwand feststellen, ob E_1 und E_2 eine Gerade als Schnittmenge haben?

10 Gegeben sind zwei zueinander windschiefe Geraden $g: \vec{x} = \vec{p} + r\vec{u}$ und $h: \vec{x} = \vec{q} + t\vec{v}$. Die Gerade g liegt ganz in einer Ebene E, und E ist parallel zu h. Stellen Sie eine geeignete Gleichung für die Ebene E auf.

11 a) Schneiden sich zwei Ebenen, so legen ihre zwei Koordinatengleichungen eine Gerade fest. Warum kann eine Gerade im Raum nicht durch eine einzige Koordinatengleichung festgelegt werden?
b) Warum legen die beiden Gleichungen $x_1 + x_2 - x_3 = 1$ und $2x_1 - x_2 + 3x_3 = 0$ eine Gerade fest? Bestimmen Sie eine Parametergleichung dieser Geraden.

12 Die gegenseitige Lage zweier Ebenen kann man auch an den jeweiligen Stützvektoren und Spannvektoren erkennen. Erläutern Sie die Tabelle.

E und E* **schneiden** sich	E und E* sind **zueinander parallel** und **haben keine gemeinsamen Punkte**	E und E* sind **identisch**
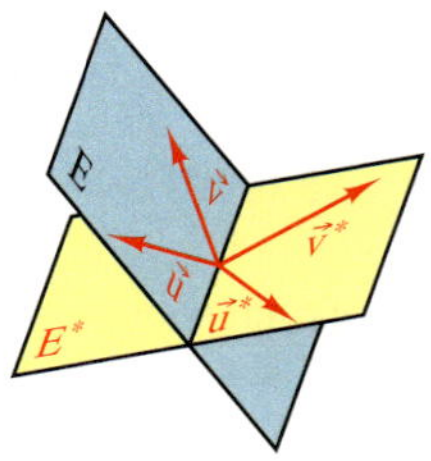 Fig. 1	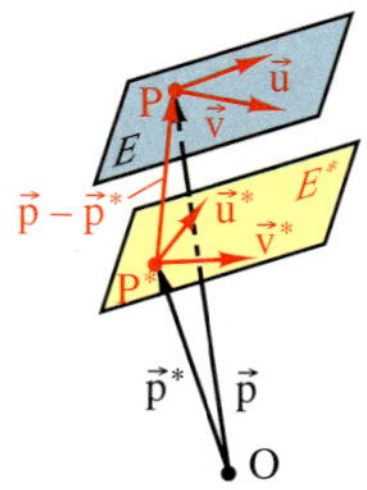 Fig. 2	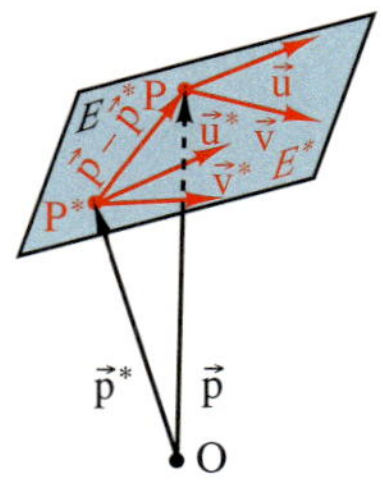 Fig. 3
$\vec{u}, \vec{v}, \vec{u^*}$ **oder** $\vec{u}, \vec{v}, \vec{v^*}$ sind linear unabhängig	$\vec{u}, \vec{v}, \vec{u^*}$ **und** $\vec{u}, \vec{v}, \vec{v^*}$ sind linear abhängig	
	$\vec{p}-\vec{p^*}, \vec{u}, \vec{v}$ sind linear unabhängig	$\vec{p}-\vec{p^*}, \vec{u}, \vec{v}$ sind linear abhängig

13 Untersuchen Sie die Lage der beiden Ebenen E_1 und E_2 zueinander mithilfe der Tabelle in der Aufgabe 12. Bestimmen Sie ggf. die Schnittgerade.

a) $E_1\colon \vec{x} = \begin{pmatrix} 2 \\ 5 \\ 3 \end{pmatrix} + r\begin{pmatrix} 1 \\ 0 \\ 1 \end{pmatrix} + s\begin{pmatrix} 0 \\ 1 \\ 0 \end{pmatrix}$, $\quad E_2\colon \vec{x} = \begin{pmatrix} 4 \\ 0 \\ 0 \end{pmatrix} + r\begin{pmatrix} 1 \\ 1 \\ 1 \end{pmatrix} + s\begin{pmatrix} 1 \\ 3 \\ 1 \end{pmatrix}$

b) $E_1\colon \vec{x} = \begin{pmatrix} -1 \\ 0 \\ 0 \end{pmatrix} + r\begin{pmatrix} 1 \\ 3 \\ 1 \end{pmatrix} + s\begin{pmatrix} 0 \\ 2 \\ 1 \end{pmatrix}$, $\quad E_2\colon \vec{x} = \begin{pmatrix} 1 \\ 4 \\ 1 \end{pmatrix} + r\begin{pmatrix} 1 \\ 1 \\ 0 \end{pmatrix} + s\begin{pmatrix} 2 \\ 8 \\ 3 \end{pmatrix}$

c) $E_1\colon \vec{x} = \begin{pmatrix} 5 \\ 0 \\ 5 \end{pmatrix} + r\begin{pmatrix} 1 \\ 2 \\ 4 \end{pmatrix} + s\begin{pmatrix} 3 \\ 1 \\ 0 \end{pmatrix}$, $\quad E_2\colon \vec{x} = \begin{pmatrix} 4 \\ -2 \\ 1 \end{pmatrix} + r\begin{pmatrix} 1 \\ 1 \\ -1 \end{pmatrix} + s\begin{pmatrix} 6 \\ -1 \\ -2 \end{pmatrix}$

Lage und Schnitt dreier Ebenen

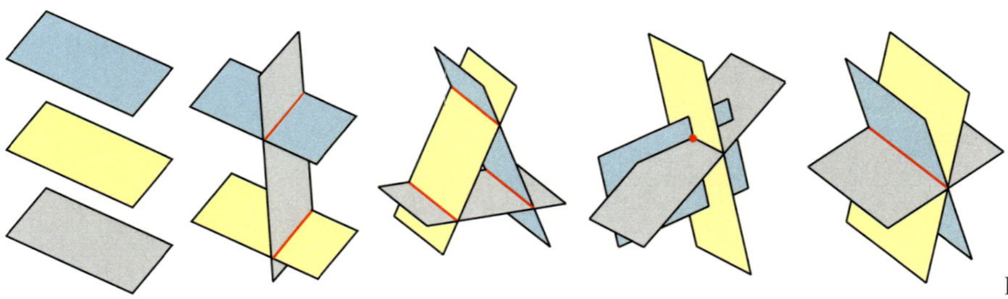

Fig. 4

14 Fig. 4 verdeutlicht die möglichen Lagen dreier Ebenen zueinander. Geben Sie für jeden Fall mögliche Normalenvektoren dreier Ebenen an.

Sie können bei Aufgabe 15 wie im Beispiel 1 vorgehen

15 Untersuchen Sie die Lage der Ebenen E_1, E_2 und E_2. Bestimmen Sie die gemeinsamen Punkte der drei Ebenen.

a) $E_1\colon -x_1 + 3x_2 + 2x_3 = 7$; $\quad E_2\colon 3x_1 - 2x_2 + 4x_3 = -17$; $\quad E_3\colon 2x_1 + x_2 - 4x_3 = 0$

b) $E_1\colon 2x_1 - 3x_2 + x_3 = 1$; $\quad E_2\colon -4x_1 + 3x_2 - x_3 = 7$; $\quad E_3\colon -3x_2 + x_3 = 9$

c) $E_1\colon 4x_1 + 9x_2 = 1$; $\quad E_2\colon -8x_1 - 2x_3 = 2$; $\quad E_3\colon 9x_2 - 2x_3 = -5$

16 Gegeben ist ein lineares Gleichungssystem mit 3 Gleichungen und 3 Variablen.
a) Was für Lösungsmengen kann das LGS haben?
b) Jede Gleichung des LGS kann als Koordinatengleichung einer Ebene aufgefasst werden. Beschreiben Sie die Lagen der Ebenen zueinander für die einzelnen Fälle in a).

Orthogonalität zwischen Ebenen

17 Untersuchen Sie, ob die Ebenen E_1 und E_2 zueinander orthogonal sind.
a) E_1: $2x_1 + x_2 - 2x_3 = 6$; E_2: $2x_1 - 2x_2 + x_3 = 11$
b) E_1: $x_1 + 5x_2 + x_3 = 1$; E_2: $3x_1 + x_2 - 15x_3 = 0$
c) E_1: $-x_1 + 2x_2 - x_3 = 3$; E_2: $9x_1 - x_2 - 11x_3 = 4$

18 Die Ebenen E_1 und E_2 sollen zueinander orthogonal sein. Bestimmen Sie den Parameter a in der Gleichung von E_2 so, dass dies der Fall ist.
a) E_1: $2x_1 - 5x_2 + x_3 = 7$; E_2: $3x_1 + x_2 + ax_3 = 10$
b) E_1: $3x_1 + 7x_2 - 2x_3 = 3$; E_2: $ax_1 + 5x_2 + 10x_3 = 1$
c) E_1: $4x_1 + ax_2 - 3x_3 = 12$; E_2: $2x_1 - x_2 + ax_3 = 3$

Tipp zu Aufgabe 19:
Überlegen Sie, was Sie einfacher bestimmen können: zwei Spannvektoren von F oder einen Normalenvektor von F.

19 Gegeben sind zwei Punkte A und B und eine Ebene E. Bestimmen Sie eine Gleichung einer Ebene F, für die gilt: F geht durch die Punkte A und B und ist zur Ebene E orthogonal.
a) $A(2|-1|7)$; $B(0|3|9)$; E: $2x_1 + 2x_2 + x_3 = 7$
b) $A(1|3|4)$; $B(2|3|2)$; E: $3x_1 - x_2 + 2x_3 = 16$

20 Gegeben ist die quadratische Pyramide von Fig. 1.
a) Eine Ebene E geht durch die Mittelpunkte der Kanten SB und SC und ist orthogonal zur Seitenfläche BCS. Bestimmen Sie eine Gleichung für E.
b) Eine zweite Ebene F geht durch die Mittelpunkte der Kanten SA und SB und ist orthogonal zur Seitenfläche ABS. Bestimmen Sie eine Gleichung für F.
c) Bestimmen Sie eine Gleichung für die Schnittgerade von E und F.

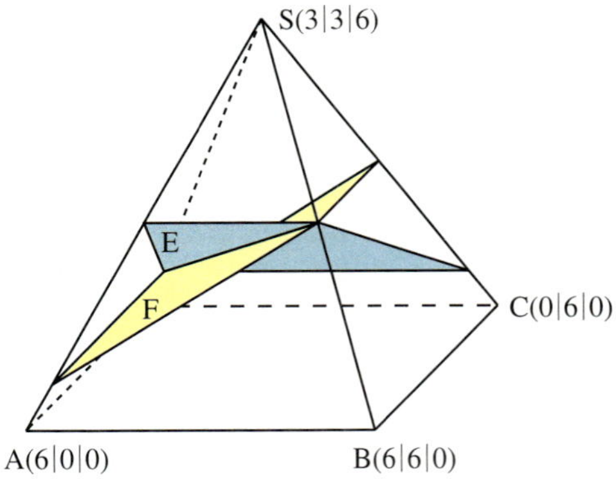

Fig. 1

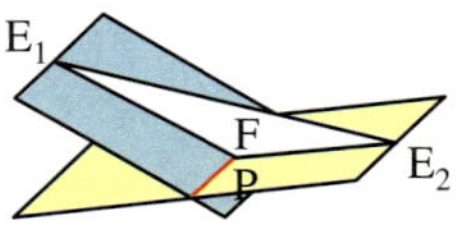

Fig. 2

21 Die Ebene F durch den Punkt $P(3|-1|4)$ ist orthogonal zu den Ebenen E_1 und E_2. Bestimmen Sie eine Gleichung von F.
a) E_1: $2x_1 - x_2 + 3x_3 = 19$; E_2: $2x_1 + x_2 - x_3 = 1$
b) E_1: $\vec{x} = \begin{pmatrix} 3 \\ -1 \\ 4 \end{pmatrix} + r\begin{pmatrix} 4 \\ 2 \\ -1 \end{pmatrix} + s\begin{pmatrix} 7 \\ 1 \\ 0 \end{pmatrix}$; E_2: $\vec{x} = \begin{pmatrix} 3 \\ -1 \\ 4 \end{pmatrix} + r\begin{pmatrix} 7 \\ 1 \\ 0 \end{pmatrix} + s\begin{pmatrix} 1 \\ 1 \\ 7 \end{pmatrix}$

Tipp zu Aufgabe 22:
Überlegen Sie, wie $\vec{u}$ zu den Spannvektoren der zweiten Ebene liegen kann.

22 Bestimmen Sie Koordinaten u_1, u_2 und u_3 von $\vec{u}$ so, dass die Ebene mit den Spannvektoren $\vec{u}$ und $\begin{pmatrix} 2 \\ 3 \\ 1 \end{pmatrix}$ orthogonal zur Ebene mit den Spannvektoren $\begin{pmatrix} 1 \\ -5 \\ 9 \end{pmatrix}$ und $\begin{pmatrix} 3 \\ 0 \\ 2 \end{pmatrix}$ ist.

23 Gegeben ist eine regelmäßige quadratische Pyramide mit den Ecken $A(a|a|0)$, $B(-a|a|0)$, $C(-a|-a|0)$, $D(a|-a|0)$ und $S(0|0|h)$. Skizzieren Sie die Pyramide mit geeignetem a und h. Bestimmen Sie die Normalenvektoren von zwei benachbarten Seitenflächen. Untersuchen Sie, ob es positive reelle Zahlen a und h gibt, so dass benachbarte Seitenflächen zueinander orthogonal sind.

7 Schnittwinkel

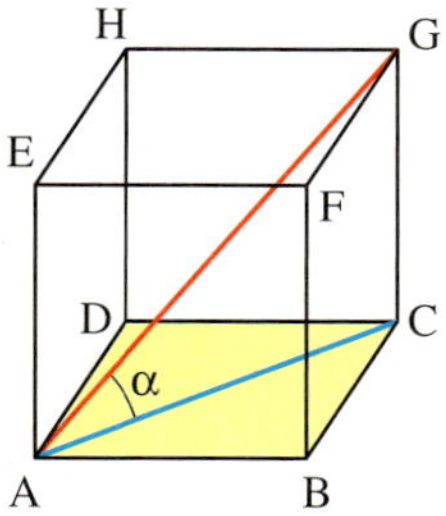

Fig. 1

Zu Aufgabe 3a) können Sie auch ein Kantenmodell des Würfels aus z. B. Draht, Holzzahnstochern oder Trinkhalmen basteln und mit einem Blatt Papier die Ebene markieren.

1 Die Raumdiagonalen eines Würfels schneiden sich in einem gemeinsamen Punkt. Berechnen Sie mithilfe eines geeigneten Skalarproduktes die Größe des Winkels zwischen zwei der Raumdiagonalen.

2 Die Raumdiagonale AG des Würfels bildet mit der Grundfläche ABCD einen Winkel α.
a) Welcher Zusammenhang besteht zwischen α und dem Winkel zwischen $\overrightarrow{AG}$ und $\overrightarrow{AE}$?
b) Berechnen Sie die Größe von α.

3 a) Fig. 2 zeigt einen Würfel mit einer Schnittebene. Alle Kanten, die die Ebene trifft, werden von ihr halbiert. Schätzen Sie, wie groß der Winkel zwischen dieser Ebene und der Grundfläche ABCD sein könnte. Versuchen Sie, Argumente für Ihre Anwort zu finden.
b) Bestimmen Sie geeignete Normalenvektoren dieser Ebene und der Grundfläche. Berechnen Sie die Größe ihres Zwischenwinkels. Wie hängt dieser mit dem Winkel zwischen den Ebenen zusammen?

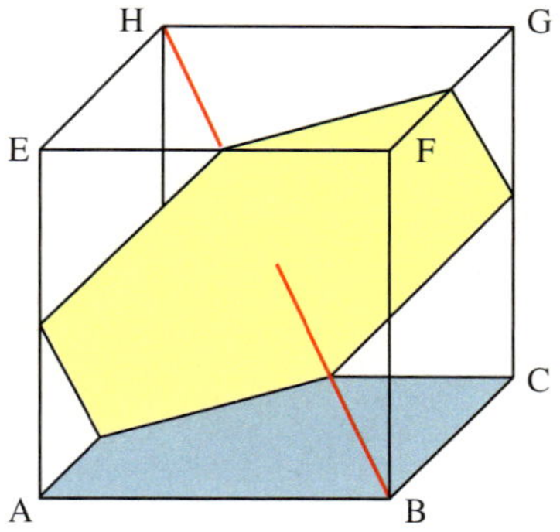

Fig. 2

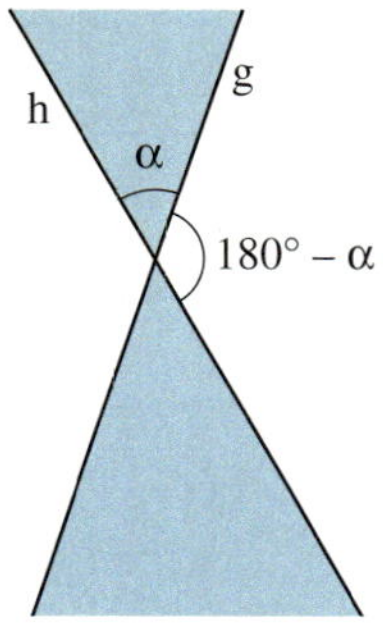

Fig. 3

Schneiden sich zwei Geraden g und h, so entstehen vier Winkel, je zwei der Größe $\sphericalangle(g, h) = \alpha$ und je zwei der Größe $\sphericalangle(h, g) = 180° - \alpha$ (Fig. 3). Im Folgenden wird unter dem **Schnittwinkel zweier Geraden** der Winkel verstanden, der kleiner oder gleich 90° ist.

Aus dem Skalarprodukt der Richtungsvektoren $\vec{u} \cdot \vec{v} = |\vec{u}| \cdot |\vec{v}| \cdot \cos(\alpha)$ ergibt sich:

Satz 1: Schneiden sich die Geraden $g\colon \vec{x} = \vec{p} + t\vec{u}$ und $h\colon \vec{x} = \vec{q} + t\vec{v}$,
dann gilt für ihren Schnittwinkel α: $\quad \mathbf{\cos(\alpha) = \dfrac{|\vec{u} \cdot \vec{v}|}{|\vec{u}| \cdot |\vec{v}|}}$.

Beachten Sie:
Die Betragsstriche im Zähler der Formel sichern, dass $\cos(\alpha) \geqq 0$ und damit $0° \leqq \alpha \leqq 90°$ ist.

Betrachtet werden eine Gerade g und eine Ebene E, die sich schneiden. Ist g nicht orthogonal zu E, dann gibt es genau eine zu E orthogonale Ebene F durch g. Unter dem **Schnittwinkel zwischen der Geraden g und der Ebene E** versteht man dann den Schnittwinkel der Geraden g und s (Fig. 4).

In Fig. 4 ist die Ebene F orthogonal zur Ebene E. Die Pfeile des Normalenvektors $\vec{n}$ von E und der Richtungsvektoren $\vec{u}$ und $\vec{v}$ der Geraden g bzw. s liegen alle in der Ebene F. Da $\vec{n} \perp \vec{v}$, gilt für den Winkel zwischen $\vec{u}$ und $\vec{n}$:

$$\cos(90° - \alpha) = \frac{|\vec{u} \cdot \vec{n}|}{|\vec{u}| \cdot |\vec{n}|}$$

Mit $\cos(90° - \alpha) = \sin(\alpha)$ ist:

$$\sin(\alpha) = \frac{|\vec{u} \cdot \vec{n}|}{|\vec{u}| \cdot |\vec{n}|}.$$

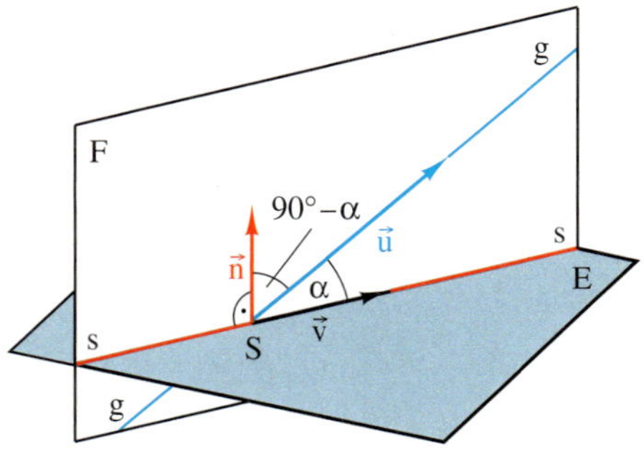

Fig. 4

Dieser Satz gilt auch dann, wenn $g \perp E$. Rechnen Sie nach!

Satz 2: Schneiden sich die Gerade $g: \vec{x} = \vec{p} + t\vec{u}$ und die Ebene $E: (\vec{x} - \vec{q}) \cdot \vec{n} = 0$, dann gilt für ihren Schnittwinkel α ($\leqq 90°$):

$$\mathbf{sin}(\alpha) = \frac{|\vec{u} \cdot \vec{n}|}{|\vec{u}| \cdot |\vec{n}|}.$$

Betrachtet werden zwei Ebenen E_1 und E_2, die sich in einer Geraden s schneiden. Zu dieser Geraden s gibt es eine orthogonale Ebene F. Unter dem **Schnittwinkel der Ebenen** E_1 und E_2 versteht man dann den Schnittwinkel α der Schnittgeraden s_1 und s_2 von E_1 bzw. E_2 mit F (Fig. 1).

Fig. 2 zeigt diese Ebene F mit den Schnittgeraden s_1 und s_2 und dem Schnittwinkel α der Ebenen E_1 und E_2. Dieser Winkel ist gleich dem Winkel zwischen $\vec{n_1}$ und $\vec{n_2}$, den Normalenvektoren der Ebenen E_1 und E_2.

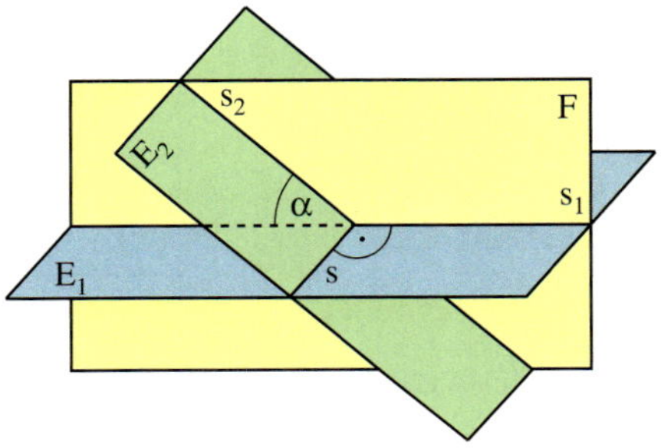

Fig. 1

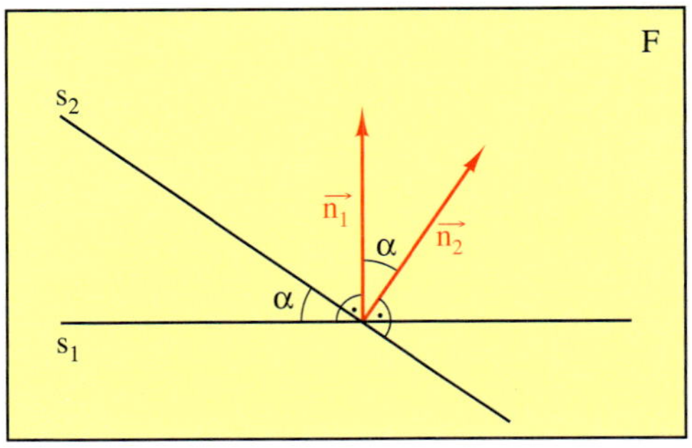

Fig. 2

Satz 3: Schneiden sich zwei Ebenen mit den Normalenvektoren $\vec{n_1}$ und $\vec{n_2}$, dann gilt für ihren Schnittwinkel α ($\leqq 90°$):

$$\mathbf{cos}(\alpha) = \frac{|\vec{n_1} \cdot \vec{n_2}|}{|\vec{n_1}| \cdot |\vec{n_2}|}.$$

Beispiel 1: (Schnittwinkel zweier Geraden)

Zeigen Sie, dass die Geraden $g: \vec{x} = \begin{pmatrix} 2 \\ 1 \\ -1 \end{pmatrix} + r\begin{pmatrix} 1 \\ 3 \\ 2 \end{pmatrix}$ und $h: \vec{x} = \begin{pmatrix} 5 \\ 3 \\ 0 \end{pmatrix} + s\begin{pmatrix} -2 \\ 1 \\ 1 \end{pmatrix}$ einen Schnittpunkt haben. Berechnen Sie dann den Schnittwinkel von g und h.

Lösung:

Berechnung des Schnittpunktes:

Gleichsetzen der Geradengleichungen ergibt das lineare Gleichungssystem:

$$\begin{cases} 2 + r = 5 - 2s \\ 1 + 3r = 3 + s \\ -1 + 2r = s \end{cases} \quad \text{bzw.} \quad \begin{cases} r + 2s = 3 \\ 3r - s = 2 \\ 2r - s = 1. \end{cases}$$

Aus der Lösung $s = 1$ (und $r = 1$) ergibt sich der Schnittpunkt $P(3|4|1)$.

Berechnung des Schnittwinkels:

$$\cos(\alpha) = \frac{|\vec{u} \cdot \vec{v}|}{|\vec{u}| \cdot |\vec{v}|} = \frac{|1 \cdot (-2) + 3 \cdot 1 + 2 \cdot 1|}{\sqrt{1^2 + 3^2 + 2^2} \cdot \sqrt{(-2)^2 + 1^2 + 1^2}} = \frac{3}{\sqrt{14} \cdot \sqrt{6}} = \frac{3}{2\sqrt{21}} = \frac{1}{14}\sqrt{21} \approx 0{,}3273.$$

und somit $\alpha \approx 70{,}9°$.

Beachten Sie:
Die Formel für den Schnittwinkel von Geraden führt auch dann zu einem „Ergebnis", wenn gar kein Schnittpunkt und damit kein Schnittwinkel existiert.

Und so geht es mit dem CAS-Rechner:

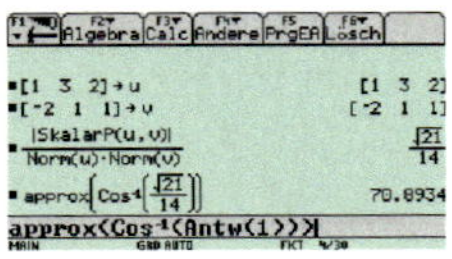

Beispiel 2: (Schnittwinkel einer Geraden mit einer Ebene)

Berechnen Sie den Schnittwinkel zwischen der Geraden $g\colon \vec{x} = \begin{pmatrix} 3 \\ 0 \\ 1 \end{pmatrix} + t \begin{pmatrix} 1 \\ -1 \\ 2 \end{pmatrix}$ und der Ebene $E\colon 7x_1 - x_2 + 5x_3 = 24$.

__Bemerkung:__
Ergibt sich beim Einsetzen in die Formel für den Schnittwinkel zwischen Gerade und Ebene $\sin(\alpha) = 0$ und damit $\alpha = 0°$, so ist g parallel zu E. In diesem Fall hat g mit E keinen Punkt gemeinsam oder g liegt ganz in E.

Lösung mit dem CAS:
Man bildet die Einheitsvektoren von $\vec{u} = \begin{pmatrix} 1 \\ -1 \\ 2 \end{pmatrix}$ und $\vec{n} = \begin{pmatrix} 7 \\ -1 \\ 5 \end{pmatrix}$ mit dem CAS und speichert sie z. B. in u bzw. v (Fig. 1). Man erhält die entsprechende Funktion mit der Taste MATH im Menü 4:Matrix, dort unter L:VektorOP im Fenster 1:EinhV(.

Man kann statt mit den Einheitsvektoren auch mit dem Skalarprodukt der Vektoren und ihrem Betrag arbeiten (vgl. Beispiel 1).

Unter 3:SkalarP(findet man entsprechend das Skalarprodukt, das man anschließend zur Berechnung von $= \frac{|\vec{u} \cdot \vec{n}|}{|\vec{u}| \cdot |\vec{n}|}$ verwendet.

Man stellt mit der Taste MODE auf Grad um und berechnet mit $\sin^{-1}(\alpha)$ den zugehörigen Winkel. Der Schnittwinkel beträgt ca. 58,1°.

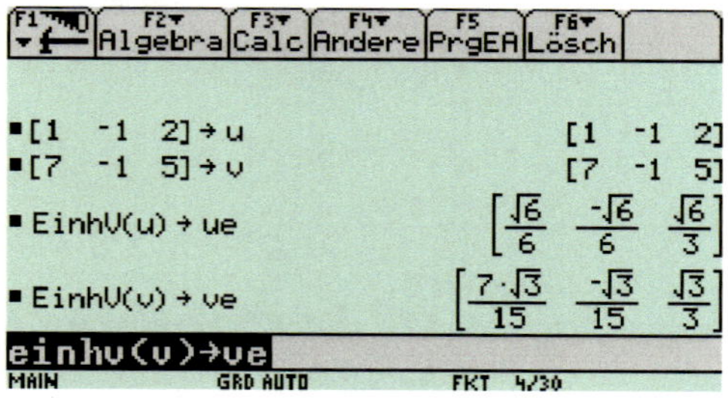

Fig. 1

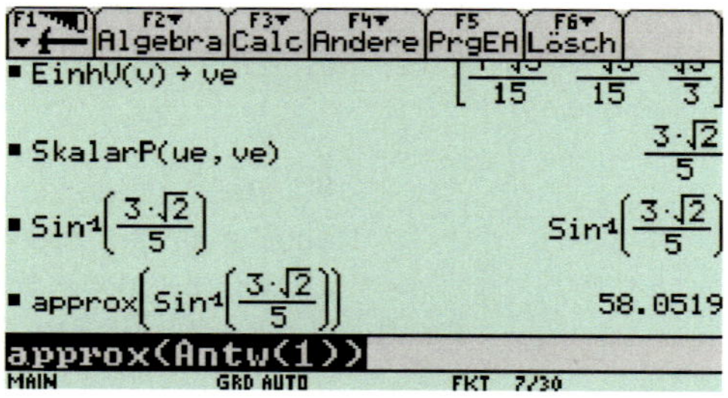

Fig. 2

Aufgaben

Schnittwinkel zweier Geraden

4 Zeigen Sie, dass sich die Geraden mit den gegebenen Gleichungen im Raum schneiden, berechnen Sie dazu ihren Schnittpunkt. Berechnen Sie dann ihren Schnittwinkel.

a) $\vec{x} = \begin{pmatrix} 1 \\ 1 \\ 0 \end{pmatrix} + r \begin{pmatrix} 1 \\ 0 \\ 3 \end{pmatrix}$, $\vec{x} = \begin{pmatrix} 2 \\ 2 \\ 3 \end{pmatrix} + s \begin{pmatrix} 1 \\ -1 \\ 3 \end{pmatrix}$

b) $\vec{x} = \begin{pmatrix} 2 \\ 0 \\ 7 \end{pmatrix} + r \begin{pmatrix} 1 \\ 1 \\ 1 \end{pmatrix}$, $\vec{x} = \begin{pmatrix} 0 \\ 4 \\ -5 \end{pmatrix} + s \begin{pmatrix} 5 \\ 2 \\ 10 \end{pmatrix}$

c) $\vec{x} = \begin{pmatrix} 2 \\ 7 \\ 11 \end{pmatrix} + r \begin{pmatrix} 3 \\ 9 \\ -1 \end{pmatrix}$, $\vec{x} = \begin{pmatrix} 0 \\ 6 \\ -5 \end{pmatrix} + s \begin{pmatrix} 1 \\ 2 \\ 3 \end{pmatrix}$

d) $\vec{x} = r \begin{pmatrix} 4 \\ 5 \\ 6 \end{pmatrix}$, $\vec{x} = \begin{pmatrix} 6 \\ 4 \\ 7 \end{pmatrix} + s \begin{pmatrix} -2 \\ 1 \\ -1 \end{pmatrix}$

__Zu Aufgabe 5:__
In der Ebene haben zwei Geraden stets einen Schnittpunkt oder sind zueinander parallel. Man kann daher sofort die Formel für den Schnittwinkel benutzen. Im Fall der Parallelität ergibt sich $\alpha = 0°$.

5 Die durch die folgenden Gleichungen gegebenen Geraden liegen in einer Ebene. Berechnen Sie ihren Schnittwinkel.

a) $\vec{x} = \begin{pmatrix} 2 \\ 1 \end{pmatrix} + r \begin{pmatrix} 1 \\ -1 \end{pmatrix}$, $\vec{x} = \begin{pmatrix} 5 \\ 0 \end{pmatrix} + s \begin{pmatrix} 3 \\ 2 \end{pmatrix}$

b) $\left[\vec{x} - \begin{pmatrix} 2 \\ 5 \end{pmatrix}\right] \cdot \begin{pmatrix} 2 \\ -1 \end{pmatrix} = 0$, $\left[\vec{x} - \begin{pmatrix} 3 \\ 7 \end{pmatrix}\right] \cdot \begin{pmatrix} 4 \\ 1 \end{pmatrix} = 0$

c) $\left[\vec{x} - \begin{pmatrix} 0 \\ 1 \end{pmatrix}\right] \cdot \begin{pmatrix} -2 \\ 5 \end{pmatrix} = 0$, $\vec{x} = \begin{pmatrix} 8 \\ 6 \end{pmatrix} + r \begin{pmatrix} 7 \\ -1 \end{pmatrix}$

d) $\vec{x} = \begin{pmatrix} -6 \\ 5 \end{pmatrix} + r \begin{pmatrix} 1 \\ 1 \end{pmatrix}$, $\vec{x} \cdot \begin{pmatrix} -1 \\ 2 \end{pmatrix} - 5 = 0$

6 In Fig. 3 sind A, B, C, D, E, F die Mittelpunkte der Flächen des Quaders.
Berechnen Sie die Winkel zwischen den Kanten:

a) AB und BC
b) BC und CD
c) AE und EB
d) EB und BF
e) EC und CF
f) EC und CD

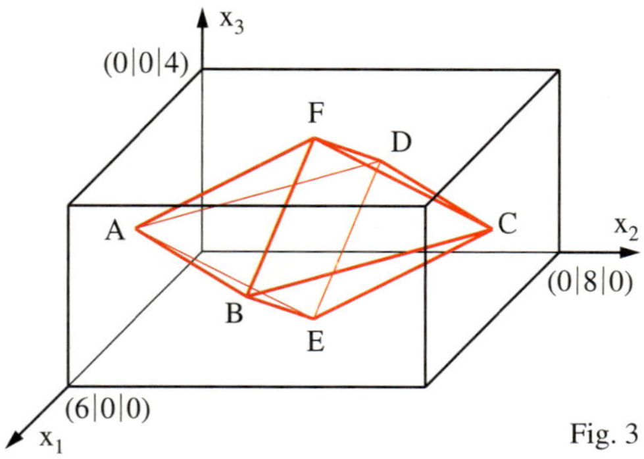

Fig. 3

Schnittwinkel einer Geraden mit einer Ebene

7 Berechnen Sie den Schnittwinkel der Geraden g: $\vec{x} = \begin{pmatrix} 1 \\ 4 \\ 9 \end{pmatrix} + t \begin{pmatrix} 1 \\ 2 \\ 1 \end{pmatrix}$ mit der Ebene E.

a) E: $3x_1 + 5x_2 - 2x_3 = 7$ b) E: $x_1 + 2x_2 + x_3 = 5$ c) E: $2x_1 - 3x_2 + 4x_3 = 12$

8 In welchem Punkt und unter welchem Winkel schneidet die Gerade g die Ebene E?

a) g: $\vec{x} = t \begin{pmatrix} 4 \\ 3 \\ -1 \end{pmatrix}$, E: $5x_1 + x_2 + x_3 = 22$ b) g: $\vec{x} = \begin{pmatrix} 2 \\ 4 \\ -9 \end{pmatrix} + t \begin{pmatrix} 1 \\ 4 \\ -2 \end{pmatrix}$, E: $x_1 + 5x_2 + 7x_3 = -27$

c) g: $\vec{x} = \begin{pmatrix} 6 \\ 0 \\ 0 \end{pmatrix} + t \begin{pmatrix} 1 \\ -1 \\ 1 \end{pmatrix}$, E: $2x_1 + x_2 + x_3 = 0$ d) g: $\vec{x} = \begin{pmatrix} 9 \\ -5 \\ 2 \end{pmatrix} + t \begin{pmatrix} 6 \\ 1 \\ 3 \end{pmatrix}$, E: $6x_1 + x_2 + 3x_3 = 9$

e) g: $\vec{x} = \begin{pmatrix} 3 \\ 6 \\ 9 \end{pmatrix} + t \begin{pmatrix} -1 \\ 2 \\ 0 \end{pmatrix}$, E: $\left[\vec{x} - \begin{pmatrix} 8 \\ 0 \\ 1 \end{pmatrix}\right] \cdot \begin{pmatrix} 4 \\ 5 \\ 1 \end{pmatrix} = 0$ f) g: $\vec{x} = \begin{pmatrix} 1 \\ 1 \\ 1 \end{pmatrix} + t \begin{pmatrix} 4 \\ 5 \\ 1 \end{pmatrix}$, E: $\vec{x} = \begin{pmatrix} 4 \\ 0 \\ 1 \end{pmatrix} + r \begin{pmatrix} 7 \\ 1 \\ 0 \end{pmatrix} + s \begin{pmatrix} 1 \\ 2 \\ 3 \end{pmatrix}$

9 Bestimmen Sie für die dreiseitige Pyramide von Fig. 1 die Winkel
a) zwischen den Kanten AD, BD, CD und der Dreiecksfläche ABC,
b) zwischen den Kanten AC, BC, CD und der Dreiecksfläche ABD.

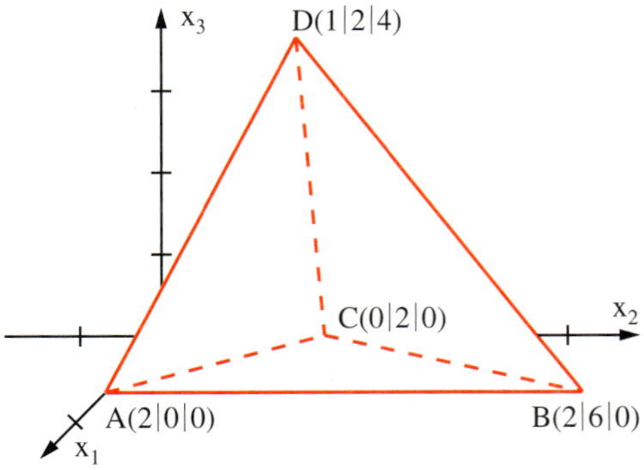

Fig. 1

Zur Erinnerung:
Ein Tetraeder ist eine dreiseitige Pyramide, bei der alle Kanten gleich lang sind.

10 Gegeben ist ein Tetraeder mit den Ecken A, B, C, D.
Unter welchem Winkel ist die Kante $\overline{AD}$ zur Fläche ABC geneigt?

11 Untersuchen Sie durch Berechnung des Schnittwinkels, ob die Gerade g zur Ebene E parallel ist und gegebenenfalls ob g in E liegt.

a) g: $\vec{x} = \begin{pmatrix} 1 \\ 1 \\ 2 \end{pmatrix} + t \begin{pmatrix} 1 \\ 2 \\ 3 \end{pmatrix}$, E: $x_1 - 2x_2 + x_3 = 1$ b) g: $\vec{x} = \begin{pmatrix} 2 \\ 3 \\ 1 \end{pmatrix} + t \begin{pmatrix} 1 \\ 9 \\ 3 \end{pmatrix}$, E: $3x_1 - x_2 + 2x_3 = 2$

c) g: $\vec{x} = \begin{pmatrix} 0 \\ 3 \\ 1 \end{pmatrix} + t \begin{pmatrix} 1 \\ 2 \\ 3 \end{pmatrix}$, E: $x_1 + 2x_2 - 3x_3 = 4$ d) g: $\vec{x} = t \begin{pmatrix} 4 \\ 1 \\ 2 \end{pmatrix}$, E: $x_1 - x_2 - x_3 = 1$

12 Auch wenn zwei Geraden zueinander orthogonal sind, muss nicht unbedingt ein Schnittwinkel von 90° entstehen. Gilt dies auch für eine zu einer Ebene orthogonalen Gerade?

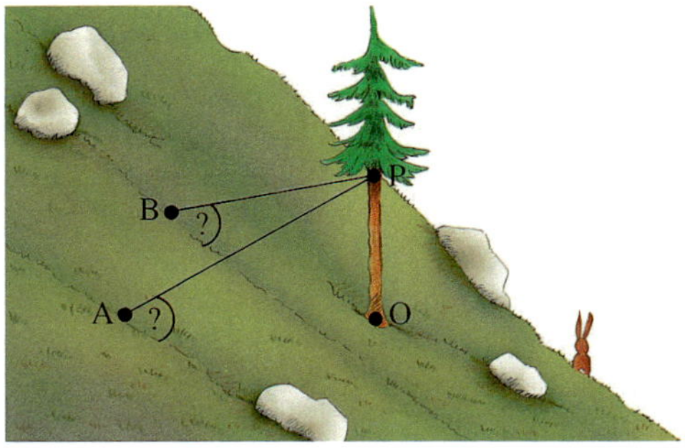

13 Eine sturmgefährdete Fichte an einem gleichmäßig geneigten Hang soll mit Seilen in den Punkten A und B befestigt werden. Mit einem passenden Koordinatensystem (1 Einheit = 1 m) steht die Fichte im Ursprung O und es ist A(3|−4|2) und B(−5|−2|1). Die Seile werden in einer Höhe von 5 m an der Fichte befestigt. Berechnen Sie die Winkel, die die Seile mit der Hangebene bilden.

Schnittwinkel zweier Ebenen

14 Berechnen Sie den Schnittwinkel zwischen den Ebenen E_1 und E_2.

a) $E_1: \left[\vec{x} - \begin{pmatrix} 1 \\ 2 \\ 0 \end{pmatrix}\right] \cdot \begin{pmatrix} 5 \\ 0 \\ 1 \end{pmatrix} = 0$, $\quad E_2: \left[\vec{x} - \begin{pmatrix} 2 \\ 3 \\ 7 \end{pmatrix}\right] \cdot \begin{pmatrix} 6 \\ 1 \\ 0 \end{pmatrix} = 0$

b) $E_1: x_1 + x_2 + x_3 = 10$, $\quad E_2: x_1 - x_2 + 7x_3 = 0$

c) $E_1: 3x_1 + 5x_2 = 0$, $\quad E_2: 2x_1 - 3x_2 - 3x_3 = 13$

15 Bestimmen Sie Normalenvektoren der gegebenen Ebenen E_1 und E_2. Berechnen Sie den Schnittwinkel zwischen den Ebenen.

a) $E_1: 6x_1 - 7x_2 + 2x_3 = 13$, $\quad E_2: \vec{x} = \begin{pmatrix} 2 \\ 1 \\ 9 \end{pmatrix} + r\begin{pmatrix} 3 \\ 1 \\ 2 \end{pmatrix} + s\begin{pmatrix} 2 \\ -1 \\ 0 \end{pmatrix}$

b) $E_1: \vec{x} = \begin{pmatrix} 2 \\ 4 \\ 9 \end{pmatrix} + r\begin{pmatrix} 5 \\ 1 \\ 0 \end{pmatrix} + s\begin{pmatrix} 6 \\ 2 \\ 1 \end{pmatrix}$, $\quad E_2: \vec{x} = \begin{pmatrix} 7 \\ 11 \\ 1 \end{pmatrix} + r\begin{pmatrix} 1 \\ 0 \\ 1 \end{pmatrix} + s\begin{pmatrix} 6 \\ 1 \\ 5 \end{pmatrix}$

16 Bestimmen Sie für die dreiseitige Pyramide von Fig. 1 der vorherigen Seite die Winkel zwischen je zwei der vier Flächen der Pyramide.

17 Berechnen Sie für die Ebene E die Winkel $\alpha_1, \alpha_2, \alpha_3$, die sie mit den Koordinatenebenen einschließt, sowie die Winkel $\beta_1, \beta_2, \beta_3$, unter denen sie von den Koordinatenachsen geschnitten wird.

a) $E: 2x_1 - x_2 + 5x_3 = 1$ b) $E: 4x_1 + 3x_2 + 2x_3 = 5$ c) $E: 2x_1 + 5x_2 = 7$

18 Eine Ebene $E: a_1x_1 + a_2x_2 + a_3x_3 = b$ soll durch den Ursprung gehen und mit den drei Koordinatenebenen jeweils den gleichen Winkel einschließen.
Bestimmen Sie die Koeffizienten a_1, a_2 und a_3 sowie b. Berechnen Sie auch den Winkel.

19 Hat es einen Einfluss auf die Berechnung des Schnittwinkels zweier Ebenen, wenn man den Normalenvektor einer Ebene (beider Ebenen) durch seinen (ihre) Gegenvektor(en) ersetzt?

Hinweis zu den Aufgaben 20 und 21:

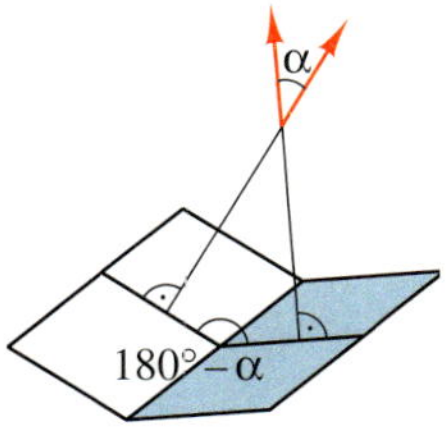

Fig. 1

Die Winkel zwischen den Flächen geometrischer Körper müssen nicht unbedingt gleich dem Schnittwinkel der Ebenen sein. So ergibt die Formel für den Schnittwinkel der Ebenen stets einen spitzen Winkel. Der Winkel zwischen zwei Flächen kann aber auch der Nebenwinkel dieses Schnittwinkels sein.

20 a) Verbindet man die Mittelpunkte der Flächen eines Würfels, so erhält man ein Oktaeder (Fig. 2). Begründen Sie ohne Rechnung, dass die Flächen des Oktaeders gleichseitige Dreiecke sind.

b) Betrachen Sie zwei der Dreiecksflächen des Oktaeders, die eine gemeinsame Kante haben. Berechnen Sie jeweils den Winkel zwischen den Ebenen durch diese beiden Flächen.
Anmerkung: Der Winkel zwischen den Flächen selbst ist der Nebenwinkel dazu.

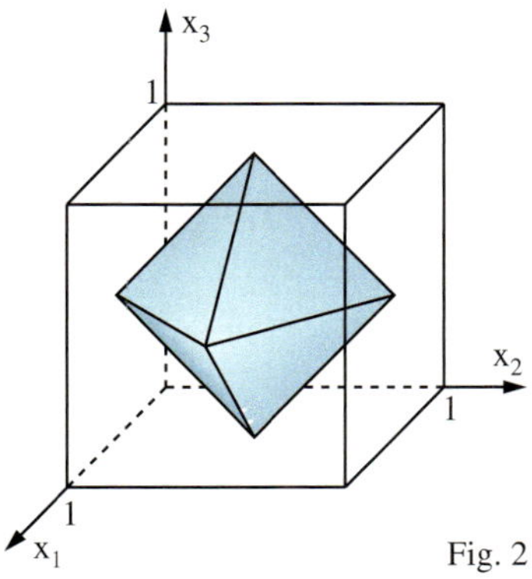

Fig. 2

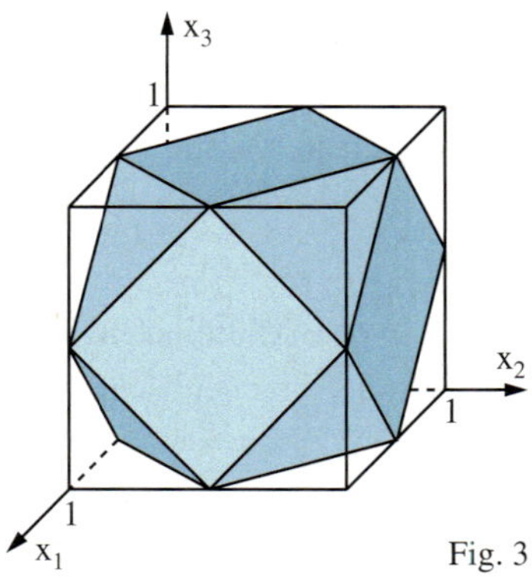

Fig. 3

21 a) Verbindet man die Mittelpunkte der Kanten eines Würfels, so erhält man ein Kuboktaeder (Fig. 3). Begründen Sie ohne Rechnung, dass die Flächen des Kuboktaeders gleichseitige Dreiecke und Quadrate sind.

b) Betrachten Sie
(1) eine Dreiecksfläche und ein Quadrat mit gemeinsamer Kante,
(2) zwei der Dreiecksflächen mit einem gemeinsamen Punkt.
Berechnen Sie jeweils den Winkel zwischen den beiden Flächen.

8 Abstand eines Punktes von einer Ebene – HESSE'sche Normalenform

1 Die Grundfläche ABCD der Pyramide in Fig. 1 liegt in E: $x_1 + 2x_2 + 2x_3 = -3$.
Die Spitze S der Pyramide ist durch den Punkt $S(3|2|1)$ bestimmt.
a) Geben Sie an, wie man den Punkt T und damit die Höhe $|\overrightarrow{ST}|$ der Pyramide berechnen kann. Berechnen Sie $|\overrightarrow{ST}|$.
b) Berechnen Sie das Volumen der Pyramide, wenn ABCD ein Quadrat mit der Seitenlänge 2 ist?

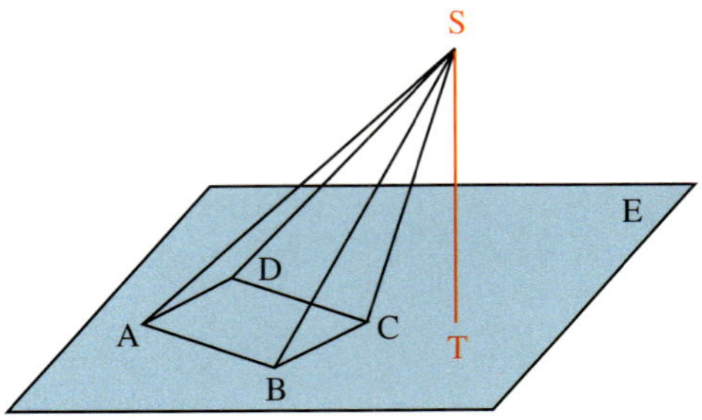

Fig. 1

Unter dem **Abstand** d eines Punktes R von einer Ebene E versteht man die Länge d des Lotes von R auf die Ebene, d. h., die Länge der Strecke vom Punkt R zum Lotfußpunkt F (Fig. 2).
Man kann diesen Abstand auch berechnen, ohne den Lotfußpunkt zu bestimmen.

Vorgelegt sei eine Ebene E in Normalenform $(\vec{x} - \vec{p}) \cdot \vec{n}_0 = 0$. Dabei sei $\vec{n}_0$ ein Normalenvektor vom Betrag 1, also $|\vec{n}_0| = 1$.
Dann gilt:

$d = |\overrightarrow{FR}| = |\overrightarrow{PR}| \cdot \cos(\delta)$
$= |\overrightarrow{PR}| \cdot \cos(\delta) \cdot |\vec{n}_0|$ (wegen $|\vec{n}_0| = 1$)
$= |\overrightarrow{PR}| \cdot |\vec{n}_0| \cdot \cos(\delta')$ (wegen $\delta' = \delta$)
$= \overrightarrow{PR} \cdot \vec{n}_0$
$= (\vec{r} - \vec{p}) \cdot \vec{n}_0$ (wegen $\overrightarrow{PR} = \overrightarrow{OR} - \overrightarrow{OP}$) (1).

Liegt R auf der anderen Seite der Ebene E, so $d = -\overrightarrow{PR} \cdot \vec{n}_0 = -(\vec{r} - \vec{p}) \cdot \vec{n}_0$ (2).

Liegt R auf der anderen Seite der Ebene E, so schließen $\overrightarrow{PR}$ und $\vec{n}_0$ den Winkel $180° - \delta$ ein.
In diesem Fall ist also
$d = |\overrightarrow{FR}| = |\overrightarrow{PR}| \cdot \cos(\delta)$
$= |\overrightarrow{PR}| \cdot \cos(\delta) \cdot |\vec{n}_0|$
$= -|\overrightarrow{PR}| \cdot \cos(180° - \delta) \cdot |\vec{n}_0|$
$= -\overrightarrow{PR} \cdot \vec{n}_0$

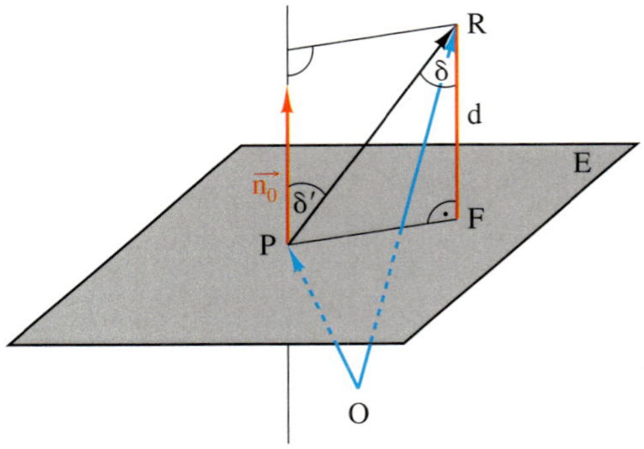

Fig. 2

Der Term $(\vec{r} - \vec{p}) \cdot \vec{n}_0$ entspricht dem Term in der Normalenform der Ebenengleichung $(\vec{x} - \vec{p}) \cdot \vec{n}_0$, wenn man $\vec{x}$ durch $\vec{r}$ ersetzt. Die Ebenengleichung $(\vec{x} - \vec{p}) \cdot \vec{n}_0 = 0$ mit einem Normalenvektor vom Betrag 1 nennt man **HESSE'sche Normalenform**.
Setzt man in die HESSE'sche Normalenform für $\vec{x}$ den Ortsvektor $\vec{r}$ eines Punktes R ein, so gilt (vgl. die Gleichungen (1) und (2)) für den
Abstand d von R zur Ebene E: $d = |(\vec{r} - \vec{p}) \cdot \vec{n}_0|$.
Die zu der Koordinatengleichung $a_1x_1 + a_2x_2 + a_3x_3 = b$ einer Ebene gehörende Koordinatendarstellung der HESSE'schen Normalenform ist $\frac{a_1x_1 + a_2x_2 + a_3x_3 - b}{\sqrt{a_1{}^2 + a_1^2 + a_3^2}} = 0$.

Da $\vec{n} = \begin{pmatrix} a_1 \\ a_2 \\ a_3 \end{pmatrix}$ *und* $|\vec{n}| = \sqrt{a_1{}^2 + a_2{}^2 + a_3{}^2}$ *ist, ist der zugehörige Einheitsvektor* $\vec{n}_0 = \frac{1}{\sqrt{a_1{}^2 + a_2{}^2 + a_3{}^2}} \cdot \begin{pmatrix} a_1 \\ a_2 \\ a_3 \end{pmatrix}$

Satz: Ist $a_1x_1 + a_2x_2 + a_3x_3 = b$ eine Koordinatengleichung der Ebene E, so gilt für den Abstand d eines Punktes $R(r_1|r_2|r_3)$ von der Ebene E:

$$d = \left| \frac{a_1r_1 + a_2r_2 + a_3r_3 - b}{\sqrt{a_1^2 + a_1^2 + a_3^2}} \right|.$$

LUDWIG OTTO HESSE (1811 – 1874), deutscher Mathematiker. 1861 erschien sein viel beachtetes Buch „Vorlesungen über analytische Geometrie des Raumes".

Beispiel 1: (Abstandsberechnung mithilfe der HESSE'schen Normalenform)
Bestimmen Sie den Abstand des Punktes $R(1|6|2)$ von der Ebene E mit der Koordinatengleichung $x_1 - 2x_2 + 4x_3 = 1$.
Lösung:
1. Schritt: Umwandlung der Koordinatengleichung in die HESSE'sche Normalenform.
Mit $\sqrt{1^2 + (-2)^2 + 4^2} = \sqrt{21}$ ist die HESSE'sche Normalenform $\frac{x_1 - 2x_2 + 4x_3 - 1}{\sqrt{21}} = 0$.
2. Schritt: Berechnung des Abstandes durch Einsetzen in die HESSE'sche Normalenform.
$d = \left|\frac{1 - 2\cdot 6 + 4\cdot 2 - 1}{\sqrt{21}}\right| = \left|\frac{-4}{\sqrt{21}}\right| = \frac{4}{\sqrt{21}} = \frac{4}{21}\sqrt{21} \approx 0{,}87.$

Beispiel 2: (Anwendung: Berechnung der Höhe einer Pyramide)
Berechnen Sie für eine dreiseitige Pyramide mit der Grundfläche ABC und der Spitze D die Höhe für $A(4|0|0)$; $B(4|5|1)$; $C(0|0|1)$ und $D(-1|4|3)$.
Lösung:
1. Schritt: Aufstellung einer Koordinatengleichung der Ebene E durch A, B, C.
Einsetzen der Koordinaten von A, B, C in die Gleichung $a_1x_1 + a_2x_2 + a_3x_3 = b$ ergibt das

$$\text{LGS: } \begin{cases} 4a_1 = b \\ 4a_1 + 5a_2 + a_3 = b, \\ a_3 = b \end{cases} \quad \text{umgeformt in } \begin{cases} 4a_1 = b \\ 5a_2 = -b \quad (\text{II} - \text{I} - \text{III}). \\ a_3 = b \end{cases}$$

Für $b = 20$ erhält man eine ganzzahlige Lösung mit $a_1 = 5$; $a_2 = -4$ und $a_3 = 20$.
Damit ist $5x_1 - 4x_2 + 20x_3 = 20$ eine Koordinatengleichung von E.
2. Schritt: Umwandlung der Koordinatengleichung in die HESSE'sche Normalenform.
Mit $\sqrt{5^2 + (-4)^2 + 20^2} = \sqrt{441} = 21$ ist die HESSE'sche Normalenform $\frac{5x_1 - 4x_2 + 20x_3 - 20}{21} = 0$.
3. Schritt: Berechnung der Höhe h.
$h = \left|\frac{5\cdot(-1) - 4\cdot 4 + 20\cdot 3 - 20}{21}\right| = \frac{19}{21}.$

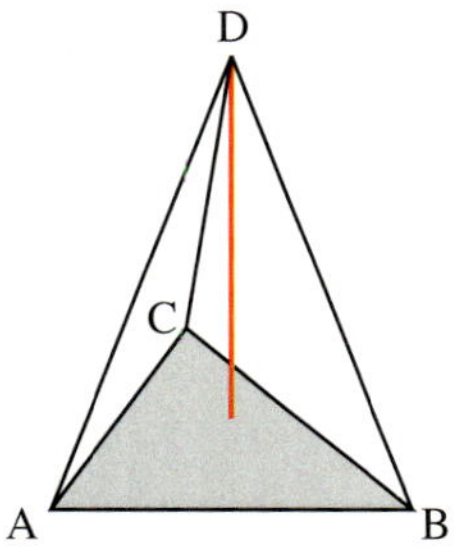

Fig. 1

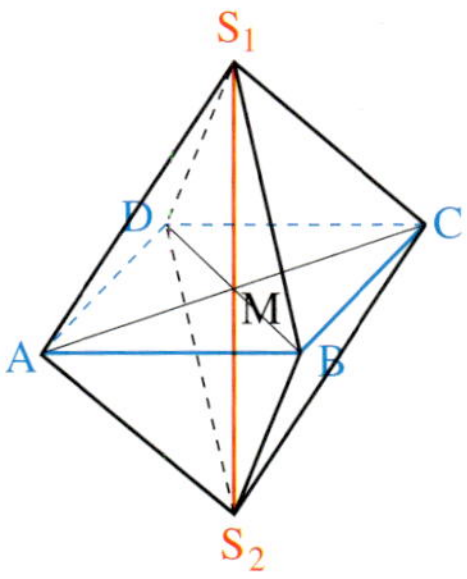

Fig. 2

Beispiel 3: (Punkt mit gegebenem Abstand bestimmen)
Die Punkte $A(3|5|-1)$, $B(7|1|-3)$, $C(5|-3|1)$ und $D(1|1|3)$ liegen in einer Ebene E und bilden die Ecken eines Quadrats. Es gibt zwei gerade Pyramiden mit ABCD als Grundfläche und der Höhe 6. Berechnen Sie die Koordinaten der zugehörigen Spitzen.
Lösung:
Aus den Koordinaten von drei der Punkte A, B, C und D erhält man E: $2x_1 + x_2 + 2x_3 = 9$.
Die Ebene E hat als einen Normalenvektor $\vec{n} = \begin{pmatrix} 2 \\ 1 \\ 2 \end{pmatrix}$.
Der Diagonalenschnittpunkt M von AC bzw. BD ist der Fußpunkt der Höhe. Er ist gleichzeitig der Mittelpunkt von AC bzw. BD. Man berechnet damit $M\left(\frac{3+5}{2}\middle|\frac{5-3}{2}\middle|\frac{-1+1}{2}\right) = M(4|1|0)$. Die Höhe 6 der Pyramide bedeutet, dass die Spitze S von M den Abstand 6 hat. Sie liegt somit orthogonal über der Ebene E. Man findet die Spitze S, indem man von M aus 6-mal bzw. minus 6-mal einen Normalen-Einheitsvektor, d. h., einen Einheitsvektor, der zugleich Normalenvektor ist, „anträgt". Man erhält mit $|\vec{n}| = \sqrt{2^2 + 1^2 + 2^2} = \sqrt{9} = 3$

$$\overrightarrow{OS_1} = \overrightarrow{OM} + 6\cdot\frac{1}{|\vec{n}|}\cdot\vec{n} = \begin{pmatrix} 4 \\ 1 \\ 0 \end{pmatrix} + 6\cdot\frac{1}{3}\cdot\begin{pmatrix} 2 \\ 1 \\ 2 \end{pmatrix} = \begin{pmatrix} 4 \\ 1 \\ 0 \end{pmatrix} + \begin{pmatrix} 4 \\ 2 \\ 4 \end{pmatrix} = \begin{pmatrix} 8 \\ 3 \\ 4 \end{pmatrix} \text{ bzw.}$$

$$\overrightarrow{OS_2} = \overrightarrow{OM} - 6\cdot\frac{1}{|\vec{n}|}\cdot\vec{n} = \begin{pmatrix} 4 \\ 1 \\ 0 \end{pmatrix} + 6\cdot\frac{1}{3}\cdot\begin{pmatrix} 2 \\ 1 \\ 2 \end{pmatrix} = \begin{pmatrix} 4 \\ 1 \\ 0 \end{pmatrix} - \begin{pmatrix} 4 \\ 2 \\ 4 \end{pmatrix} = \begin{pmatrix} 0 \\ -1 \\ -4 \end{pmatrix}.$$

Damit erhält man die Spitzen $S_1(8|3|4)$ und $S_2(0|-1|-4)$.

Aufgaben

2 Bestimmen Sie zur Ebenengleichung die HESSE'sche Normalenform. Berechnen Sie dann die Abstände der Punkte A, B und C von der Ebene E.

a) E: $2x_1 - 10x_2 + 11x_3 = 0$ A(1|1|−2), B(5|1|0), C(1|3|3)

b) E: $6x_1 + 17x_2 - 6x_3 = 19$ A(2|3|1), B(5|6|3), C(0|0|0),

c) E: $\left[\vec{x} - \begin{pmatrix} 3 \\ 5 \\ -1 \end{pmatrix}\right] \cdot \begin{pmatrix} 2 \\ -1 \\ 2 \end{pmatrix} = 0$ A(2|0|2), B(2|1|−8), C(5|5|5),

d) E: $\left[\vec{x} - \begin{pmatrix} 5 \\ 1 \\ 0 \end{pmatrix}\right] \cdot \begin{pmatrix} 4 \\ -4 \\ 2 \end{pmatrix} = 0$ A(2|−1|2), B(2|10|−6), C(4|6|8)

3 Berechnen Sie die Abstände der Punkte A, B und C von der Ebene durch die Punkte P, Q und R.

a) A(3|3|−4), B(−4|−8|−18), C(1|0|19), P(2|0|4), Q(6|7|1), R(−2|3|7)

b) A(4|4|−4), B(5|−8|−1), C(0|0|10), P(1|2|6), Q(3|3|4), R(4|5|6)

4 Gegeben sind die Punkte A(12|0|0), B(12|8|6), C(2|8|6), D(2|0|0) und S(7|16|−13).

a) Zeigen Sie, dass das Viereck ABCD ein Quadrat ist.

b) Berechnen Sie das Volumen der quadratischen Pyramide mit den Ecken A, B, C, D und der Spitze S.

5 Gegeben ist die Ebene E: $2x_1 + 6x_2 + 3x_3 = 21$.

a) Berechnen Sie den Abstand des Ursprungs O von der Ebene E.

b) Geben Sie einen Normalenvektor der Ebene E an, dessen Betrag gleich dem in a) bestimmten Abstand ist.

c) Der Punkt O wird an der Ebene E gespiegelt. Bestimmen Sie den Bildpunkt von O.

Der Sicherheitsabstand, der bei Abluftrohren einzuhalten ist, hängt auch von der Temperatur und der Schadstoffbelastung der Abluft ab.

6 Fig. 1 zeigt eine Werkstatthalle mit einem Pultdach. Die Koordinaten der angegebenen Ecken entsprechen ihren Abständen in m.
Die Abluft wird durch ein lotrechtes Edelstahlrohr aus der Halle geführt, sein Endpunkt ist R(10|10|8).

a) Berechnen Sie den Abstand des Luftauslasses von der Dachfläche. Ist der Sicherheitsabstand von 1,50 m eingehalten?

b) Berechnen Sie auch die Länge des Edelstahlrohres, das über die Dachfläche hinausragt.

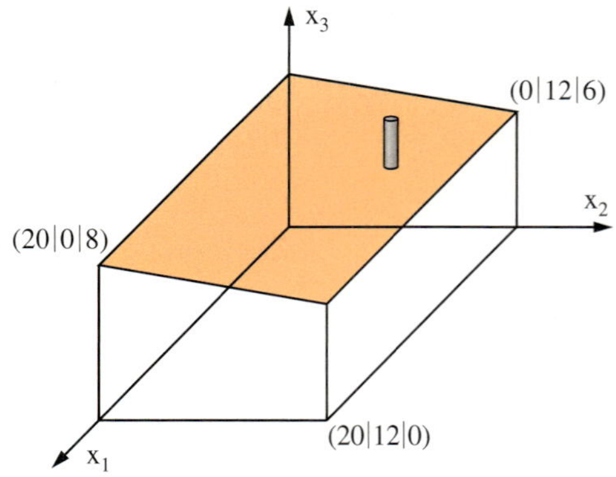

Fig. 1

7 Gegeben ist die Ebene E: $10x_1 + 2x_2 - 11x_3 = 4$ und der in E liegende Punkt Q(3|−2|2).

a) Stellen Sie eine Gleichung der Geraden g durch den Punkt Q auf, die orthogonal zu E ist.

b) Bestimmen Sie alle Punkte P der Geraden g, die von der Ebene E den Abstand 3 haben.

Volumen einer Pyramide

8 Gegeben sind die Ebene E: $x_1 - 2x_2 + 2x_3 = 8$ und der Punkt A(−2|1|−3).

a) Bestimmen Sie den Fußpunkt des Lotes vom Punkt A auf die Ebene E.

b) Welcher Punkt B (≠ A) der Lotgeraden hat denselben Abstand von der Ebene E wie der Punkt A? Bestimmen Sie seine Koordinaten. Müssen Sie dazu den Abstand berechnen?

* 9 Abstand eines Punktes von einer Geraden

1 Für Bäume in Hausgärten gelten Mindestabstände zu den Grundstücksgrenzen. Bestimmen Sie zu Fig. 1 den Abstand der Mitte des Baumstammes vom Zaun.

2 Wie viele Geraden im Raum gibt es, die durch einen gegebenen Punkt R gehen und zu einer gegebenen Gerade g orthogonal sind? Beschreiben Sie die Lage dieser Geraden.

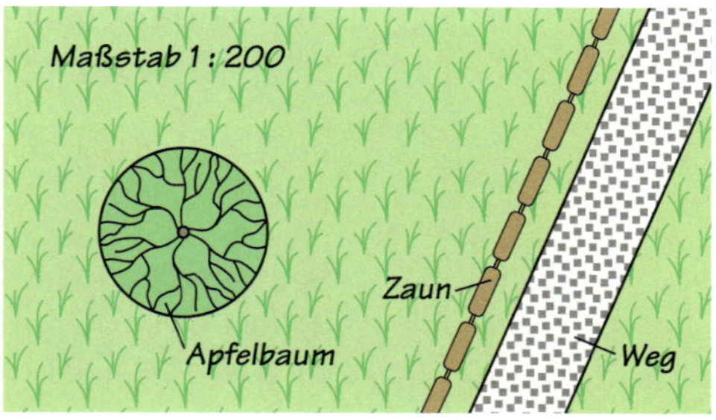

Fig. 1

Unter dem **Abstand d** eines Punktes R von einer Geraden g versteht man die Länge d des Lotes von R auf die Gerade, d. h. die Länge der Strecke von R zum Lotfußpunkt F (Fig. 2).

Alle Lote auf der Gerade g mit dem Fußpunkt F (also nicht nur die Strecke RF) liegen in einer Ebene E. Diese muss man zuerst bestimmen.
Die **Berechnung des Abstandes** eines Punktes R von einer Geraden g erfolgt daher in drei Schritten:
- Aufstellen einer Gleichung der zu g orthogonalen Ebene E durch R,
- Berechnung des Schnittpunktes F,
- Berechnung des Betrages von $\overrightarrow{RF}$.

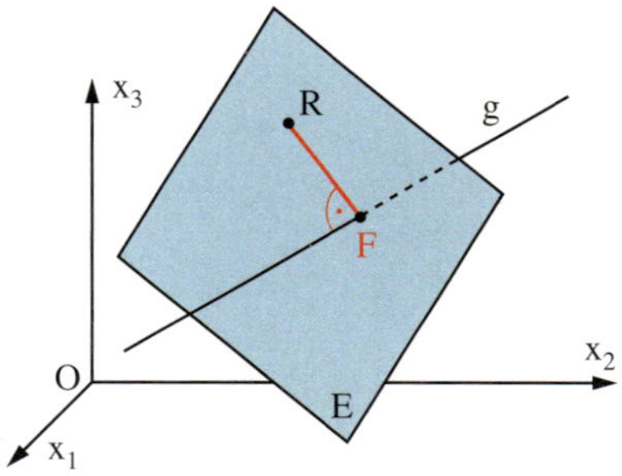

Fig. 2

Beispiel: (Abstandsberechnung)

Berechnen Sie den Abstand des Punktes $R(2|-3|5)$ von der Geraden g: $\vec{x} = \begin{pmatrix} 4 \\ 3 \\ 3 \end{pmatrix} + t\begin{pmatrix} 2 \\ 1 \\ -1 \end{pmatrix}$.

Lösung:

1. Schritt: Bestimmung der zu g orthogonalen Ebene E durch R.

Aus dem Richtungsvektor $\begin{pmatrix} 2 \\ 1 \\ -1 \end{pmatrix}$ von g ergibt sich als Gleichung für E: $2x_1 + x_2 - x_3 = b$.

$R(2|-3|5)$ liegt in E, also müssen seine Koordinaten
die Gleichung $2x_1 + x_2 - x_3 = b$ erfüllen: $2 \cdot 2 + (-3) - 5 = b$.
Daraus folgt $b = -4$ und damit E: $2x_1 + x_2 - x_3 = -4$.

2. Schritt: Berechnung des Fußpunktes F als Schnittpunkt von g mit E.
Der gegebenen Geradengleichung entnimmt man: $x_1 = 4 + 2t;\ x_2 = 3 + t;\ x_3 = 3 - t$.
Einsetzen in die Ebenengleichung: $2(4 + 2t) + (3 + t) - (3 - t) = -4$.
Lösen der Gleichung ergibt: $t = -2$.
Einsetzen von $t = -2$ in die Geradengleichung führt zu $F(0|1|5)$.

3. Schritt: Berechnung des Abstandes des Punktes R von g als Betrag des Vektors $\overrightarrow{RF}$.
$d = |\overrightarrow{RF}| = \sqrt{(0-2)^2 + (1+3)^2 + (5-5)^2} = \sqrt{20} = 2 \cdot \sqrt{5} \approx 4{,}47$.

Aufgaben

Flugbahnen

3 Berechnen Sie den Abstand des Punktes R von der Geraden g.

a) $R(6|7|-3)$, g: $\vec{x} = \begin{pmatrix} 2 \\ 1 \\ 4 \end{pmatrix} + t \begin{pmatrix} 3 \\ 0 \\ -2 \end{pmatrix}$

b) $R(-2|-6|1)$, g: $\vec{x} = \begin{pmatrix} 5 \\ 9 \\ 1 \end{pmatrix} + t \begin{pmatrix} 3 \\ 2 \\ 2 \end{pmatrix}$

c) $R(9|11|6)$, g: $\vec{x} = \begin{pmatrix} -1 \\ 1 \\ -7 \end{pmatrix} + t \begin{pmatrix} 2 \\ -1 \\ 2 \end{pmatrix}$

d) $R(9|4|9)$, g: $\vec{x} = \begin{pmatrix} 4 \\ -9 \\ -2 \end{pmatrix} + t \begin{pmatrix} 3 \\ -4 \\ 1 \end{pmatrix}$

4 Berechnen Sie den Flächeninhalt des Dreiecks ABC.

a) $A(1|1|1)$, $B(7|4|7)$, $C(5|6|-1)$

b) $A(1|-6|0)$, $B(5|-8|4)$, $C(5|7|7)$

c) $A(4|-2|1)$, $B(-2|7|7)$, $C(6|6|8)$

d) $A(2|1|0)$, $B(1|1|0)$, $C(5|1|1)$

5 $A(-7|-5|2)$, $B(1|9|-6)$, $C(5|-2|-1)$ und $D(-2|0|9)$ sind Ecken einer dreiseitigen Pyramide. Berechnen Sie den Inhalt der Grundfläche ABC und das Volumen der Pyramide.

6 Berechnen Sie den Abstand der zueinander parallelen Geraden mit den Gleichungen

a) $\vec{x} = \begin{pmatrix} -5 \\ 6 \\ 8 \end{pmatrix} + t \begin{pmatrix} 1 \\ 0 \\ -2 \end{pmatrix}$, $\vec{x} = \begin{pmatrix} 6 \\ 4 \\ 1 \end{pmatrix} + t \begin{pmatrix} -1 \\ 0 \\ 2 \end{pmatrix}$,

b) $\vec{x} = \begin{pmatrix} 5 \\ 8 \\ -7 \end{pmatrix} + t \begin{pmatrix} -3 \\ 4 \\ 4 \end{pmatrix}$, $\vec{x} = \begin{pmatrix} 6 \\ -1 \\ 13 \end{pmatrix} + t \begin{pmatrix} 3 \\ -4 \\ -4 \end{pmatrix}$.

Bei Aufgabe 7: Erst genau hinschauen, bevor Sie losrechnen.

7 Bestimmen Sie die Gerade k, die in der gleichen Ebene wie die Geraden g und h liegt und deren Punkte von g und h den gleichen Abstand haben.

a) g: $\vec{x} = \begin{pmatrix} 2 \\ 6 \\ 8 \end{pmatrix} + t \begin{pmatrix} -4 \\ 3 \\ -2 \end{pmatrix}$, h: $\vec{x} = t \begin{pmatrix} -4 \\ 3 \\ -2 \end{pmatrix}$

b) g: $\vec{x} = \begin{pmatrix} 5 \\ 0 \\ 2 \end{pmatrix} + t \begin{pmatrix} 1 \\ -1 \\ -2 \end{pmatrix}$, h: $\vec{x} = \begin{pmatrix} -5 \\ 6 \\ 8 \end{pmatrix} + t \begin{pmatrix} -1 \\ 1 \\ 2 \end{pmatrix}$

8 Die Gerade g durch $A(5|7|9)$ hat den Richtungsvektor $\vec{u} = \begin{pmatrix} 12 \\ 4 \\ 3 \end{pmatrix}$.

a) Bestimmen Sie den Fußpunkt F des Lotes von $R(-7|-3|14)$ auf die Gerade g. Berechnen Sie den Flächeninhalt des Dreiecks ARF.

b) Die Strecke AR rotiert um die Gerade g. Berechnen Sie das Volumen des so gebildeten Kegels.

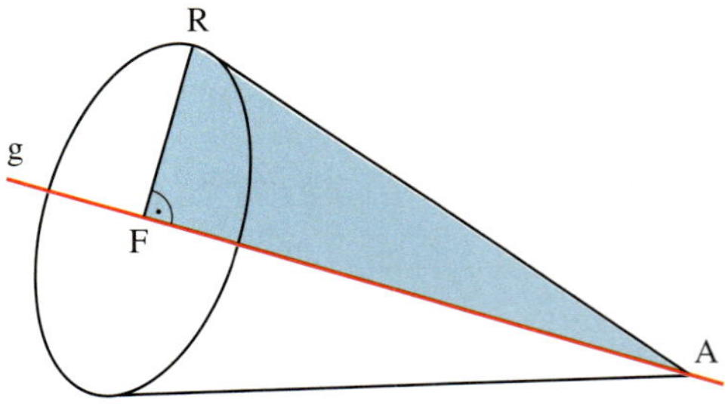

Fig. 1

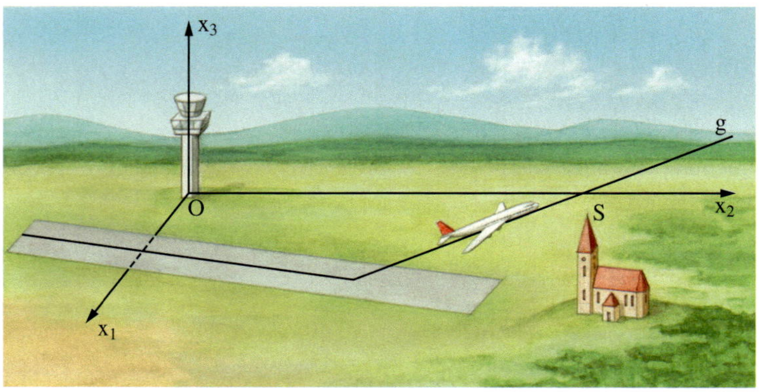

9 Bezogen auf das eingezeichnete Koordinatensystem befindet sich ein Flugzeug im Steigflug längs der Geraden

g: $\vec{x} = \begin{pmatrix} 1 \\ 1 \\ 0 \end{pmatrix} + t \begin{pmatrix} 2 \\ 3 \\ 1 \end{pmatrix}$

(1 Koordinateneinheit = 1 km).

In der Nähe befindet sich ein Berg mit einer Kirche.

Berechnen Sie den minimalen Abstand des Flugzeugs von der Kirchturmspitze im Punkt $S(1|2|0{,}08)$.

* 10 Abstand windschiefer Geraden

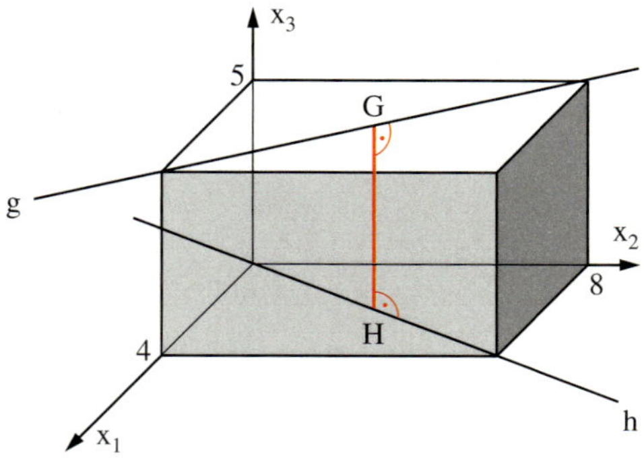

Fig. 1

1 Die Durchfahrtshöhe zwischen der Straße und der Bahnstrecke soll bestimmt werden. Dazu misst man die Länge einer geeigneten Strecke. Wie muss diese Strecke zur Straße, wie zum Bahngleis liegen?

2 a) Wie liegen in Fig. 1 die Geraden g und h zueinander? Wie liegt die Strecke GH zu den Geraden g und h? Geben Sie auch die Länge dieser Strecke an.
b) Vergleichen Sie die Abstände
(1) von Grund- und Deckfläche des Quaders in Fig. 1,
(2) von der Geraden g zur Grundfläche des Quaders,
(3) von der Geraden g zur Geraden h.
Wie groß sind diese Abstände?

Unter dem **Abstand** zweier windschiefer Geraden g und h versteht man die kleinste Entfernung zwischen den Punkten von g und den Punkten von h. Dieser Abstand ist gleich der Länge des gemeinsamen Lotes der beiden Geraden.

Diesen Abstand findet man so (Fig. 2):
Zu den windschiefen Geraden g und h gibt es zueinander parallele Ebenen E_g und E_h durch g bzw. h. Der Abstand von E_g und E_h ist gleich dem Abstand von g und h.

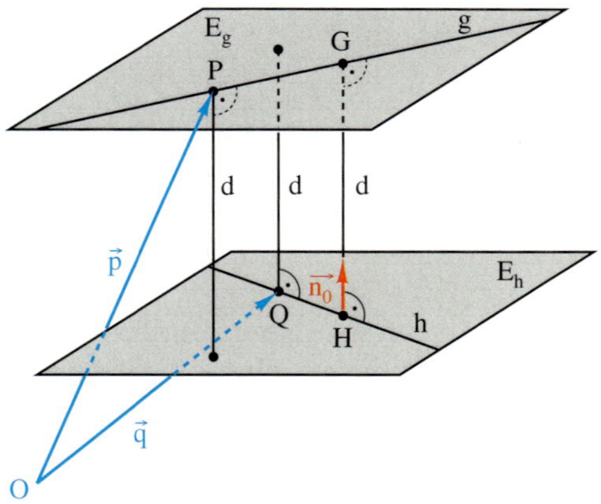

Fig. 2

In Fig. 2 ist der Abstand von g und h auch gleich dem Abstand des Punktes Q von der Ebene E_g. Für den Abstand von Q zu E_g gilt: $d = |(\vec{q} - \vec{p}) \cdot \overrightarrow{n_0}|$, wobei $\vec{q}$ und $\vec{p}$ Ortsvektoren von Q bzw. P sind und $\overrightarrow{n_0}$ ein gemeinsamer Normalen-Einheitsvektor von E_g und E_h.

Satz: Sind g und h windschiefe Geraden im Raum mit g: $\vec{x} = \vec{p} + t\vec{u}$ und h: $\vec{x} = \vec{q} + t\vec{v}$ und ist $\overrightarrow{n_0}$ ein Einheitsvektor mit $\overrightarrow{n_0} \perp \vec{u}$ und $\overrightarrow{n_0} \perp \vec{v}$, dann haben g und h den Abstand:
$$\mathbf{d = |(\vec{q} - \vec{p}) \cdot \overrightarrow{n_0}|}.$$

Beispiel: (Abstandsberechnung)

Berechnen Sie den Abstand der Geraden g: $\vec{x} = \begin{pmatrix}6\\1\\-4\end{pmatrix} + t\begin{pmatrix}4\\1\\-6\end{pmatrix}$ und h: $\vec{x} = \begin{pmatrix}4\\0\\3\end{pmatrix} + t\begin{pmatrix}0\\-1\\3\end{pmatrix}$.

Lösung:

Es ist günstig, n_3 so zu wählen, dass sich für n_1 und n_2 ganzzahlige Werte ergeben.

Ist $\vec{n} = \begin{pmatrix}n_1\\n_2\\n_3\end{pmatrix}$ zu $\begin{pmatrix}4\\1\\-6\end{pmatrix}$ und zu $\begin{pmatrix}0\\-1\\3\end{pmatrix}$ orthogonal, so gilt: $\begin{cases} 4n_1 + n_2 - 6n_3 = 0 \\ \quad\; -n_2 + 3n_3 = 0 \end{cases}$.

Setzt man $n_3 = 4$, so erhält man eine ganzzahlige Lösung des LGS mit $n_2 = 12$ und $n_1 = 3$.

Aus $\vec{n} = \begin{pmatrix}3\\12\\4\end{pmatrix}$ ergibt sich $|\vec{n}| = \sqrt{3^2 + 12^2 + 4^2} = 13$ und daraus $\vec{n_0} = \frac{1}{13}\begin{pmatrix}3\\12\\4\end{pmatrix}$.

Damit ist der Abstand von g und h:

$$d = \left| \left[\begin{pmatrix}4\\0\\3\end{pmatrix} - \begin{pmatrix}6\\1\\-4\end{pmatrix} \right] \cdot \frac{1}{13}\begin{pmatrix}3\\12\\4\end{pmatrix} \right| = \left| \frac{(-2)\cdot 3 + (-1)\cdot 12 + 7\cdot 4}{13} \right| = \frac{10}{13}.$$

Aufgaben

3 Berechnen Sie den Abstand zwischen den Geraden mit den Gleichungen

a) $\vec{x} = \begin{pmatrix}7\\7\\4\end{pmatrix} + t\begin{pmatrix}1\\-2\\6\end{pmatrix}$, $\vec{x} = \begin{pmatrix}-3\\0\\5\end{pmatrix} + t\begin{pmatrix}1\\0\\-3\end{pmatrix}$,

b) $\vec{x} = \begin{pmatrix}1\\1\\1\end{pmatrix} + t\begin{pmatrix}-3\\0\\2\end{pmatrix}$, $\vec{x} = \begin{pmatrix}6\\6\\18\end{pmatrix} + t\begin{pmatrix}3\\-4\\1\end{pmatrix}$,

c) $\vec{x} = \begin{pmatrix}2\\5\\5\end{pmatrix} + t\begin{pmatrix}1\\1\\3\end{pmatrix}$, $\vec{x} = t\begin{pmatrix}-1\\-1\\-3\end{pmatrix}$,

d) $\vec{x} = \begin{pmatrix}0\\1\\2\end{pmatrix} + t\begin{pmatrix}0\\1\\1\end{pmatrix}$, $\vec{x} = \begin{pmatrix}7\\7\\0\end{pmatrix} + t\begin{pmatrix}4\\-5\\2\end{pmatrix}$.

4 a) Die Geraden mit den Gleichungen $\vec{x} = \begin{pmatrix}5\\11\\17\end{pmatrix} + t\begin{pmatrix}1\\2\\0\end{pmatrix}$ und $\vec{x} = \begin{pmatrix}7\\12\\23\end{pmatrix} + t\begin{pmatrix}9\\11\\0\end{pmatrix}$ sind beide parallel zu einer Koordinatenebene. Erläutern Sie, wie man den Gleichungen direkt entnehmen kann, dass der Abstand der Geraden 6 beträgt.

b) Bestimmen Sie entsprechend den Abstand der Geraden mit den Gleichungen

$\vec{x} = \begin{pmatrix}-14\\7\\112\end{pmatrix} + t\begin{pmatrix}23\\0\\47\end{pmatrix}$ und $\vec{x} = \begin{pmatrix}113\\27\\-45\end{pmatrix} + t\begin{pmatrix}17\\0\\37\end{pmatrix}$ $\left(\vec{x} = \begin{pmatrix}3\\7\\5\end{pmatrix} + t\begin{pmatrix}1\\0\\0\end{pmatrix} \text{ und } \vec{x} = \begin{pmatrix}2\\1\\9\end{pmatrix} + t\begin{pmatrix}0\\1\\0\end{pmatrix} \right)$.

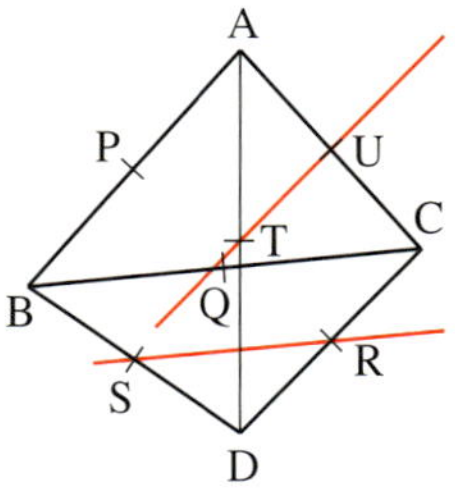

Fig. 1

5 Gegeben ist eine Pyramide mit den Ecken A(−9|3|−3), B(−3|−6|0), C(−7|5|5) und D(4|8|0). P, Q, R, S, T, U sind jeweils die Kantenmitten der Pyramide (Fig. 1).
Berechnen Sie

a) den Abstand der Geraden durch A und C zur Geraden durch B und D,

b) den Abstand des Punktes A zur Ebene durch B, C und D,

c) den Abstand der Geraden durch T und U zur Geraden durch R und S.

6 Zeichnen Sie ein Schrägbild eines Würfels mit der Kantenlänge a, der Grundfläche ABCD und der Raumdiagonalen AG. Berechnen Sie den Abstand dieser Raumdiagonalen AG von der Flächendiagonalen BD. Wählen Sie dazu das Koordinatensystem geschickt.

Zu Aufgabe 7: vergleiche Kapitel X, S. 280.

7 Bezogen auf ein geeignetes Koordinatensystem startet eine Fliege in O zu einem geradlinigen Flug nach P(3|12|4). In derselben Zeit fliegt eine Wespe geradlinig von A(0|10|5) nach B(0|2|5). Beide Tiere fliegen mit konstanter Geschwindigkeit. Berechnen Sie den minimalen Abstand der Tiere und den minimalen Abstand ihrer Flugbahnen.

Skalarprodukt:

Geometrische Form: $\vec{a} \cdot \vec{b} = |\vec{a}| \cdot |\vec{b}| \cdot \cos(\varphi)$

Koordinatenform: $\begin{pmatrix} a_1 \\ a_2 \\ a_3 \end{pmatrix} \cdot \begin{pmatrix} b_1 \\ b_2 \\ b_3 \end{pmatrix} = a_1b_1 + a_2b_2 + a_3b_3$

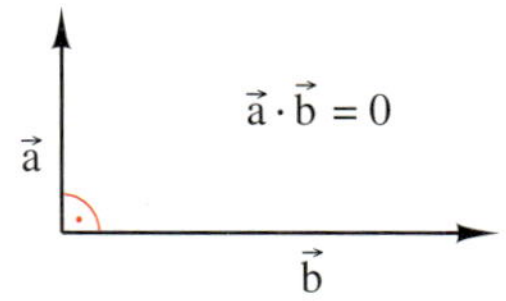

$\vec{a} \perp \vec{b}$ genau dann, wenn $\vec{a} \cdot \vec{b} = 0$ (für $\vec{a} \neq \vec{o}$, $\vec{b} \neq \vec{o}$).
Zwei Geraden sind zueinander orthogonal, wenn ihre Richtungsvektoren zueinander orthogonal sind.
Zwei Ebenen sind zueinander orthogonal, wenn ihre Normalenvektoren zueinander orthogonal sind.

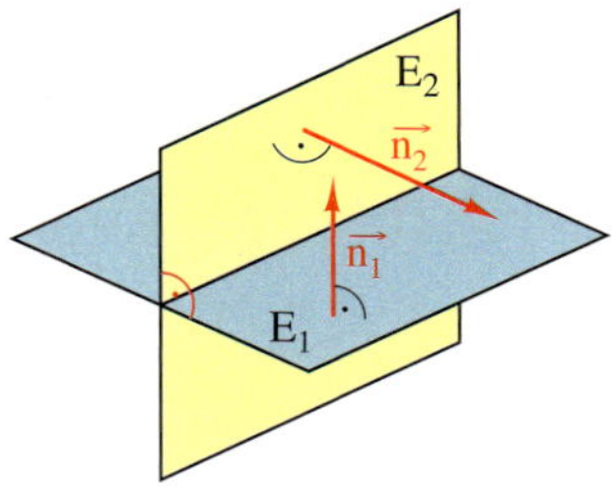

Ebenengleichungen:

Parameterform: E: $\vec{x} = \vec{p} + r \cdot \vec{u} + s \cdot \vec{v}$.
Dabei ist $\vec{p}$ ein Stützvektor und $\vec{u}$, $\vec{v}$ sind zwei linear unabhängige Spannvektoren.

Normalenform: $(\vec{x} - \vec{p}) \cdot \vec{n} = 0$.
Dabei ist $\vec{p}$ ein Stützvektor und $\vec{n}$ ein Normalenvektor.
Sonderfall: Ist $\vec{n} = \vec{n_0}$ ein Einheitsvektor, so spricht man von der **HESSE'schen Normalenform**.

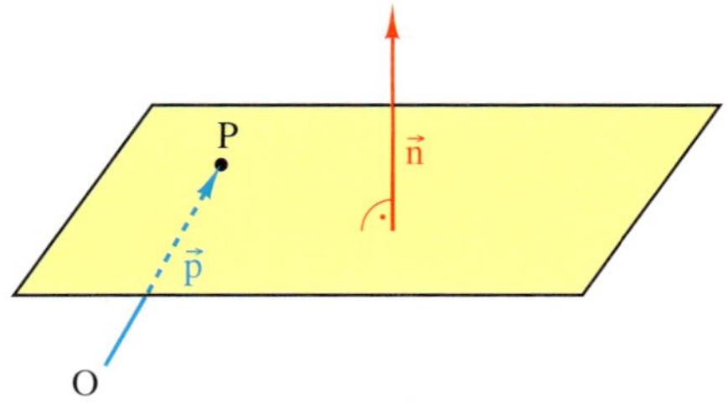

Koordinatengleichung: $a_1x_1 + a_2x_2 + a_3x_3 = b$
Hierbei sind die Koeffizienten nicht alle gleich null.
$\begin{pmatrix} a_1 \\ a_2 \\ a_3 \end{pmatrix}$ ist ein Normalenvektor von E.

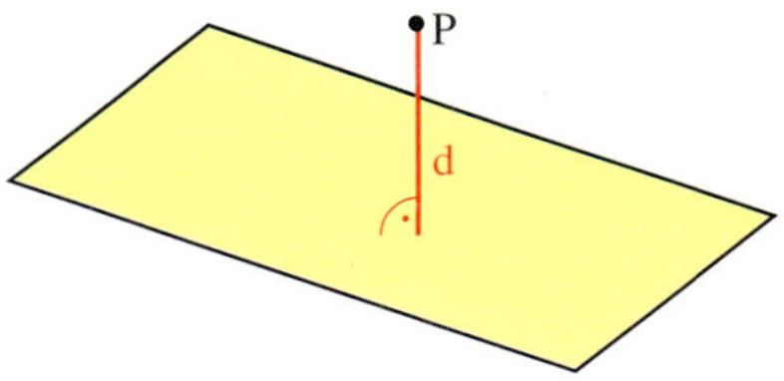

Abstände im Raum:

1. Abstand **Punkt–Ebene**:
Ist E: $(\vec{x} - \vec{p}) \cdot \vec{n_0} = 0$ (HESSE'sche Normalenform), so gilt für den Abstand d eines Punktes R mit $\overrightarrow{OR} = \vec{r}$ von der Ebene:
$d = |(\vec{r} - \vec{p}) \cdot \vec{n_0}|$.
Ist E: $a_1x_1 + a_2x_2 + a_3x_3 = b$, so gilt für den Abstand d eines Punktes $R(r_1|r_2|r_3)$ von der Ebene: $d = \left| \frac{a_1r_1 + a_2r_2 + a_3r_3 - b}{\sqrt{a_1^2 + a_2^2 + a_3^2}} \right|$.

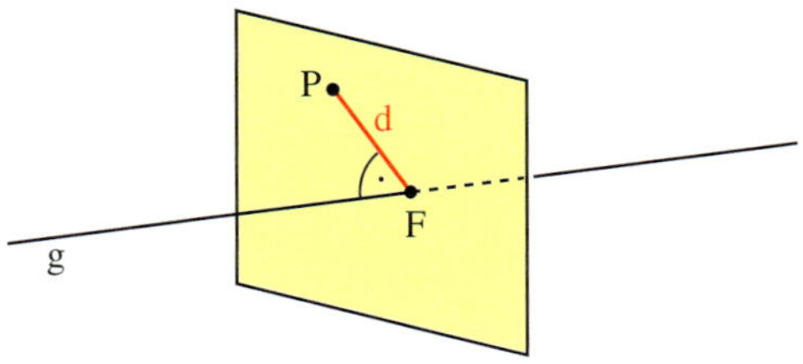

2. Abstand **Punkt–Gerade**:
Zur Bestimmung des Abstands geht man in drei Schritten vor:
- Bestimmung der zur Geraden orthogonalen Ebene,
- Berechnung des Schnittpunktes F von Gerade und Ebene,
- Berechnung von $|\overrightarrow{PF}|$ bei gegebenem Punkt P.

3. Abstand **Gerade–Gerade**:
Sind g und h windschiefe Geraden im Raum mit g: $\vec{x} = \vec{p} + t\vec{u}$ und h: $\vec{x} = \vec{q} + t\vec{v}$ und ist $\vec{n_0}$ ein Einheitsvektor mit $\vec{n_0} \perp \vec{u}$ und $\vec{n_0} \perp \vec{v}$, dann haben g und h den Abstand: $d = |(\vec{q} - \vec{p}) \cdot \vec{n_0}|$.

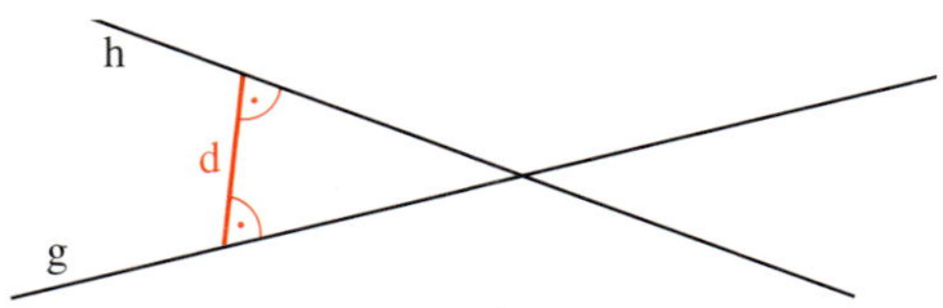

Schnittwinkel

zweier Geraden mit den Richtungsvektoren $\vec{u}$ und $\vec{v}$	zweier Ebenen mit den Normalenvektoren $\vec{n_1}$ und $\vec{n_2}$	einer Geraden und einer Ebene mit Richtungsvektor $\vec{u}$ und Normalenvektor $\vec{n}$.
$\cos(\alpha) = \frac{\lvert\vec{u} \cdot \vec{v}\rvert}{\lvert\vec{u}\rvert \cdot \lvert\vec{v}\rvert}$	$\cos(\alpha) = \frac{\lvert\vec{n_1} \cdot \vec{n_2}\rvert}{\lvert\vec{n_1}\rvert \cdot \lvert\vec{n_2}\rvert}$	$\sin(\alpha) = \frac{\lvert\vec{u} \cdot \vec{n}\rvert}{\lvert\vec{u}\rvert \cdot \lvert\vec{n}\rvert}$

Üben und Wiederholen ohne Hilfsmittel

Tipp zu Aufgabe 1: *Wenn Ihnen an den Ortsvektoren von A, B, C etwas auffällt, sparen Sie viel Arbeit.*

1 Gegeben sind die Punkte $O(0|0|0)$; $A(6|7|6)$; $B(8|13|15)$ und $C(2|6|9)$.
a) Zeigen Sie, dass die Punkte O, A, B und C in einer Ebene liegen und so ein Viereck OABC bestimmen.
b) Untersuchen Sie, ob die Diagonalen der Vierecke OABC zueinander orthogonal sind.
c) Untersuchen Sie näher, um was für ein Viereck es sich bei OABC handelt.

2 Die Punkte $P(2|4|7)$, $Q(-3|-5|6)$ und $R(6|12|0)$ legen eine Ebene E fest. Stellen Sie eine geeignete Gleichung für E auf.

3 Die Ebene E geht durch den Punkt $S(4|-2|1)$ und ist orthogonal zur Geraden
$g: \vec{x} = \begin{pmatrix} 3 \\ -3 \\ 12 \end{pmatrix} + t \begin{pmatrix} 3 \\ -1 \\ 5 \end{pmatrix}$.
a) Stellen Sie eine Gleichung der Ebene E in Normalenform auf.
b) Bestimmen Sie eine Koordinatengleichung der Ebene E.

4 Die Gerade g durch den Punkt $P(0|-5|2)$ ist orthogonal zur Ebene E mit der Gleichung $2x_1 + 5x_2 + x_3 = 37$. Bestimmen Sie
a) eine Gleichung von g, b) die Koordinaten des Schnittpunktes F von g mit E.

5 a) Beschreiben Sie die verschiedenen Möglichkeiten der Lage einer Geraden g und einer Ebene E zueinander.
b) Gegeben sind eine Gerade $g: \vec{x} = \vec{p} + t\vec{u}$ und eine Ebene $E: a_1x_1 + a_2x_2 + a_3x_3 = b$. Wie kann man erkennen, ob die Gerade g zur Ebene E parallel (orthogonal) ist?
c) Untersuchen Sie die gegenseitige Lage der Geraden $g: \vec{x} = \begin{pmatrix} 4 \\ 4 \\ -7 \end{pmatrix} + r \begin{pmatrix} 5 \\ 1 \\ -1 \end{pmatrix}$ und der Ebene $E: 4x_1 + 3x_2 - 5x_3 = 7$.
Bestimmen Sie gegebenenfalls den Durchstoßpunkt.

6 Untersuchen Sie die gegenseitige Lage der Ebenen E_1 und E_2.
a) $E_1: 4x_1 - 6x_2 + 10x_3 = 0$, $E_2: x_1 - x_2 - x_3 = 2$
b) $E_1: x_1 - 3x_2 + 2x_3 = 1$, $E_2: -3x_1 + 9x_2 - 6x_3 = 4$

7 Gegeben ist das LGS $\begin{cases} a_1x_1 + a_2x_2 + a_3x_3 = b \\ u_1x_1 + u_2x_2 + u_3x_3 = v \end{cases}$.
a) Wie viele Lösungen kann das LGS haben?
Wie viele Fälle sind zu unterscheiden?
b) Fassen Sie die beiden Gleichungen als Koordinatengleichungen zweier Ebenen auf. Ordnen Sie den Fällen in a) passende geometrische Situationen zu.

8 a) Was versteht man unter dem Abstand eines Punktes von einer Ebene?
b) Berechnen Sie den Abstand des Punktes $R(-2|3|5)$ von der Ebene $E: 2x_1 - x_2 + 2x_3 = 0$, mithilfe des Lotfußpunktes und zur Kontrolle mithilfe der HESSE'schen Normalenform.

9 Gegeben sind die Punkte $A(1|-2|-7)$, $B(17|-2|5)$, $C(-8|-2|5)$ und $D(1|6|7)$.
a) Welche besondere Form und Lage hat das Dreieck ABC?
b) Berechnen Sie den Flächeninhalt des Dreiecks ABC.
c) Bestimmen Sie den Abstand des Punktes D von der Ebene durch A, B, C.
d) Berechnen Sie das Volumen der dreiseitigen Pyramide mit den Ecken A, B, C, D.

1 Die Ebene E schneidet die 1., 2. und 3. Achse in A, B bzw. C. Berechnen Sie die Längen der Seiten und die Größen der Winkel des Dreiecks ABC für

a) E: $3x_1 + 5x_2 + 4x_3 = 30$,

b) E: $\vec{x} = \begin{pmatrix} 12 \\ 15 \\ 14 \end{pmatrix} + r\begin{pmatrix} 4 \\ -3 \\ 0 \end{pmatrix} + s\begin{pmatrix} -4 \\ 0 \\ 7 \end{pmatrix}$.

2 Gegeben sind eine Gerade g durch $P(0|0|3)$ und $Q(-5|3|3)$ und eine Gerade h mit der Gleichung $\vec{x} = \begin{pmatrix} 0 \\ -1{,}5 \\ 4{,}5 \end{pmatrix} + t\begin{pmatrix} -5 \\ 6 \\ -3 \end{pmatrix}$.

a) Zeigen Sie, dass g und h einen Schnittpunkt haben und so eine Ebene E aufspannen.
b) Bestimmen Sie für die Ebene E eine Parameter- und eine Koordinatengleichung.
c) Berechnen Sie die Spurpunkte von E und skizzieren Sie die Ebene.
d) Berechnen Sie die Größe des Winkels
(1) zwischen den Geraden g und h,
(2) zwischen der Geraden g und der x_1-Achse,
(3) zwischen der Ebene E und der x_1-Achse,
(4) zwischen der Ebene E und der x_1x_2-Ebene.

3 Gegeben sind die Ebene E: $3x_1 - 2x_2 + x_3 = 7$ und der Punkt $P(-1|4|8)$.
a) Geben Sie eine Gleichung der zu E parallelen Ebene F durch den Punkt P an.
b) Für welche Zahl k ist die Ebene E_k: $kx_1 + 3x_2 + (k-6)x_3 = 1$ orthogonal zu E und damit auch zu F.

4 Gegeben sind die Gerade g: $\vec{x} = \begin{pmatrix} 3 \\ 0 \\ -1 \end{pmatrix} + t\begin{pmatrix} 5 \\ -2 \\ 3 \end{pmatrix}$ und der Punkt $P(0|5|1)$.

a) Berechnen Sie die Koordinaten des Fußpunktes F des Lotes von P auf die Gerade g sowie den Abstand des Punktes P von der Geraden g.
b) Die Lotgerade durch P auf die Gerade g rotiert um die Gerade g. Beschreiben Sie die Lage der so entstehenden Ebene E.
Geben Sie auch eine Gleichung für E an.

5 Gegeben sind eine quadratische Pyramide mit den Ecken $A(-3|-3|0)$, $B(3|-3|0)$, $C(3|3|0)$, $D(-3|3|0)$ und der Spitze $S(0|0|9)$ sowie die Ebene E: $3x_2 + 4x_3 = 21$.
a) Berechnen Sie die Koordinaten der Schnittpunkte der Pyramidenkanten mit der Ebene E.
b) Zeichnen Sie die Pyramide mit der Schnittfläche als Schrägbild in einem Koordinatensystem. Beschreiben Sie die Form der Schnittfläche.
c) Berechnen Sie den Flächeninhalt der Schnittfläche.
d) Berechnen Sie den Abstand der Spitze S von der Ebene E.
e) Bestimmen Sie das Volumen der Pyramide und der beiden Teilkörper, in die die Pyramide durch die Ebene E zerteilt wurde.

6 a) Zeigen Sie, dass die Pyramide in Fig. 1 ein gleichseitiges Dreieck als Grundfläche hat. Begründen Sie, dass $M(\frac{a}{6}\sqrt{3}|\frac{a}{2}|0)$ der Schnittpunkt der Seitenhalbierenden des Dreiecks ABC ist.
b) $S(\frac{a}{6}\sqrt{3}|\frac{a}{2}|h)$ ist die Spitze der Pyramide. Für welche Höhe h in Abhängigkeit von a sind die Seitenflächen der Pyramide zueinander orthogonal?

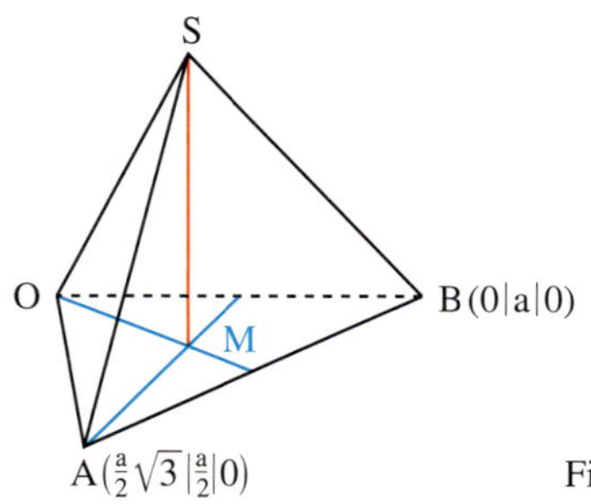

Fig. 1

*XII Kreise und Kugeln

*1 Gleichungen von Kreis und Kugel

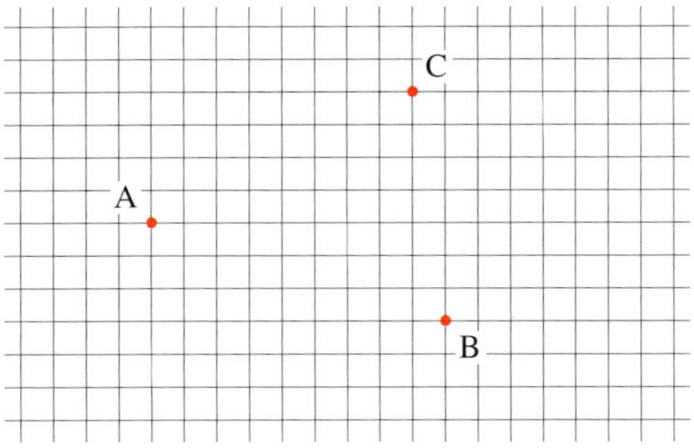

Fig. 1

1 a) Konstruieren Sie den Mittelpunkt des Kreises, auf dem die Punkte A, B und C liegen. Welchen Radius hat der Kreis?
b) Gibt es eine vergleichbare Konstruktion, die es erlaubt zu vier gegebenen Punkten den Mittelpunkt der Kugel zu bestimmen, auf der diese Punkte liegen?
Betrachten Sie hierzu jeweils den Umkreis eines Dreiecks, das durch 3 Punkte gegeben ist.

Statt Kreis bzw. Kugel müsste genauer Kreislinie bzw. Kugeloberfläche gesagt werden.

Einen **Kreis** in der Ebene und eine **Kugel** kann man vektoriell einfach beschreiben, denn sie sind dadurch festgelegt, dass ihre Punkte zu einem Punkt M denselben Abstand r haben.

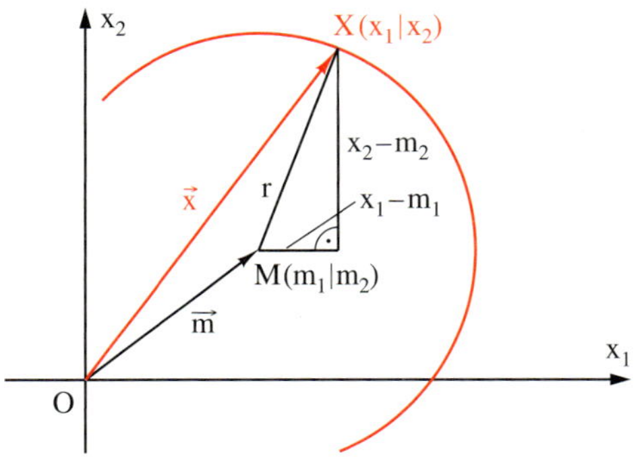

Fig. 2

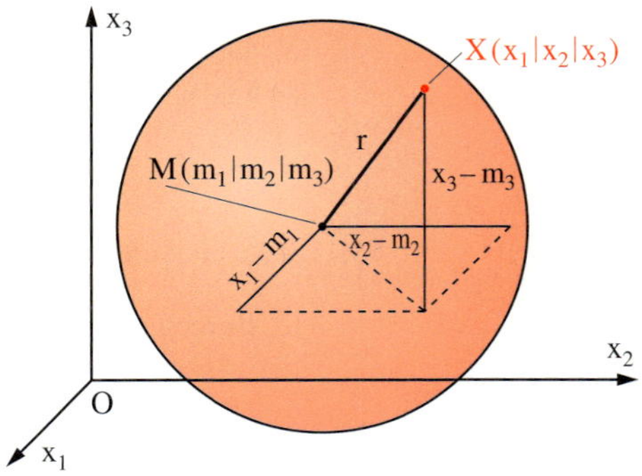

Fig. 3

Fig. 2 zeigt, dass ein Punkt $X(x_1|x_2)$ genau dann auf der Kreislinie liegt, wenn
$(x_1 - m_1)^2 + (x_2 - m_2)^2 = r^2$ gilt
(Satz des Pythagoras).
Für alle Punkte des Kreises gilt: $|\overrightarrow{MX}| = r$
und somit $|\vec{x} - \vec{m}| = r$.
Dies ist gleichbedeutend mit $(\vec{x} - \vec{m})^2 = r^2$.

Fig. 3 zeigt, dass ein Punkt $X(x_1|x_2|x_3)$ genau dann auf der Kugel liegt, wenn
$(x_1 - m_1)^2 + (x_2 - m_2)^2 + (x_3 - m_3)^2 = r^2$ gilt.

Für alle Punkte der Kugel gilt: $|\overrightarrow{MX}| = r$
und somit $|\vec{x} - \vec{m}| = r$.
Dies ist gleichbedeutend mit $(\vec{x} - \vec{m})^2 = r^2$.

Beachten Sie:
*Durch die Gleichung $(\vec{x} - \vec{m})^2 = r^2$ wird für Vektoren des Raumes eine **Kugel** mit dem Mittelpunkt M und dem Radius r bestimmt. Dieselbe Gleichung bestimmt für Vektoren der Ebene einen **Kreis** mit dem Mittelpunkt M und dem Radius r.*

Satz: (Vektor- und Koordinatengleichung von Kreis und Kugel)
Ein **Kreis** mit dem Mittelpunkt $M(m_1|m_2)$ und dem Radius r wird beschrieben durch die Gleichung $\mathbf{(\vec{x} - \vec{m})^2 = r^2}$ bzw. $\mathbf{(x_1 - m_1)^2 + (x_2 - m_2)^2 = r^2}$.
Ist M der Ursprung, so lautet die Gleichung
$$\vec{x}^2 = r^2 \text{ bzw. } x_1^2 + x_2^2 = r^2.$$

Eine **Kugel** mit dem Mittelpunkt $M(m_1|m_2|m_3)$ und dem Radius r wird beschrieben durch die Gleichung $\mathbf{(\vec{x} - \vec{m})^2 = r^2}$ bzw. $\mathbf{(x_1 - m_1)^2 + (x_2 - m_2)^2 + (x_3 - m_3)^2 = r^2}$.
Ist M der Ursprung, so lautet die Gleichung
$$\vec{x}^2 = r^2 \text{ bzw. } x_1^2 + x_2^2 + x_3^2 = r^2.$$

Beispiel 1: (Kreisgleichung)
Geben Sie für den Kreis mit dem Mittelpunkt $M(-4|3)$ und dem Radius $r = 6$ eine Vektor- und Koordinatengleichung an.
Lösung:
Vektorgleichung: $\left[\vec{x} - \begin{pmatrix} -4 \\ 3 \end{pmatrix}\right]^2 = 6^2$; Koordinatengleichung: $(x_1 + 4)^2 + (x_2 - 3)^2 = 6^2$.

Quadratische Ergänzung: Die linke Seite der Gleichung $x^2 + 6x = 16$ vergleicht man mit der binomischen Formel $(x + a)^2 = x^2 + 2ax + a^2$. Setzt man $2a = 6$, also $a = 3$ und addiert $a^2 = 9$ auf beiden Seiten, so kann man die linke Seite zu einem „Quadrat" ergänzen.
Aus $x^2 + 6x + 9 = 16 + 9$ erhält man $(x + 3)^2 = 25$. Die Zahl 9 nennt man quadratische Ergänzung zum Term $x^2 + 6x$.

Beispiel 2: (Bestimmung von Mittelpunkt und Radius einer Kugel)
Bestimmen Sie den Mittelpunkt und den Radius der Kugel mit der Gleichung
$x_1^2 + x_2^2 + x_3^2 + 4x_1 - 6x_2 + 8x_3 - 7 = 0$.
Lösung:
Bringt man die Gleichung der Kugel in die Form $(x_1 - m_1)^2 + (x_2 - m_2)^2 + (x_3 - m_3)^2 = r^2$, so kann man die Koordinaten des Mittelpunktes ablesen.

$$\begin{aligned} x_1^2 + 4x_1 \quad &+ x_2^2 - 6x_2 \quad + x_3^2 + 8x_3 &&= 7 \\ x_1^2 + 4x_1 + 4 &+ x_2^2 - 6x_2 + 9 + x_3^2 + 8x_3 + 16 &&= 7 + 4 + 9 + 16 \\ (x_1 + 2)^2 \quad &+ (x_2 - 3)^2 \quad + (x_3 + 4)^2 &&= 36 \end{aligned}$$

Der Mittelpunkt der Kugel ist $M(-2|3|-4)$ und der Radius $r = 6$.

Kugelgleichung und Punktprobe für C:

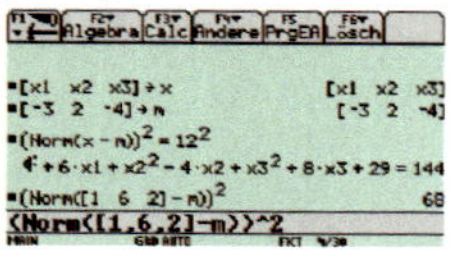

Fig. 1

Beispiel 3: (Lage von Punkten zu Kugeln)
Bestimmen Sie die Lage der Punkte $A(5|10|-8)$, $B(8|4|3)$ und $C(1|6|2)$ bezüglich der Kugel mit dem Mittelpunkt $M(-3|2|-4)$ und dem Radius $r = 12$.
Lösung:
Es wird der Abstand des Punktes vom Mittelpunkt der Kugel mit dem Radius verglichen.
Koordinatengleichung der Kugel: $(x_1 + 3)^2 + (x_2 - 2)^2 + (x_3 + 4)^2 = 144$.
$A(5|10|-8)$: $(5 + 3)^2 + (10 - 2)^2 + (-8 + 4)^2 = 8^2 + 8^2 + (-4)^2 = 144$; A liegt auf der Kugel.
$B(8|4|3)$: $(8 + 3)^2 + (4 - 2)^2 + (3 + 4)^2 = 11^2 + 2^2 + 7^2 = 174 > 144$; B liegt außerhalb der Kugel.
$C(1|6|2)$: $(1 + 3)^2 + (6 - 2)^2 + (2 + 4)^2 = 68 < 144$; C liegt innerhalb der Kugel (Fig. 1).

Aufgaben

Kreise

2 Untersuchen Sie, ob durch folgende Gleichung ein Kreis beschrieben wird, und bestimmen Sie gegebenenfalls den Mittelpunkt und den Radius.
a) $x_1^2 + x_2^2 + 4x_1 + 8x_2 + 11 = 0$
b) $x_1^2 + x_2^2 + 1 = 0$
c) $x_1^2 + x_2^2 - 2x_1 = -4$
d) $x_1^2 + x_2^2 + 6x_1 - 1 - 4x_2 - 2 = 0$

3 Untersuchen Sie die gegenseitige Lage der Kreise. Vergleichen Sie dazu den Abstand der Mittelpunkte mit der Summe oder der Differenz der Radien.
a) k_1: $x_1^2 + x_2^2 + 6x_1 - 4x_2 = 12$, k_2: $x_1^2 + x_2^2 + 6x_1 - 18x_2 + 86 = 0$
b) k_1: $x_1^2 + x_2^2 - 6x_1 + 8x_2 = 0$, k_2: $x_1^2 + x_2^2 - 4x_1 + 6x_2 = -9$
c) k_1: $x_1^2 + x_2^2 + 2x_1 = 19$, k_2: $x_1^2 - 6x_1 + x_2^2 - 8x_2 = -21$

4 Wie lauten die Gleichungen der Kreise, deren Mittelpunkte M auf der Geraden g: $x_1 - x_2 = 0$ liegen und die durch die Punkte P und Q gehen?
a) $P(0|0)$, $Q(7|0)$
b) $P(-7|3)$, $Q(5|-1)$
c) $P(-10|-1)$, $Q(2|5)$

5 Bestimmen Sie einen Kreis, der
a) beide Koordinatenachsen berührt und durch den Punkt $P(1|2)$ geht,
b) die x_1-Achse berührt und durch die Punkte $P(1|2)$ und $Q(-3|2)$ geht.

6 Bestimmen Sie eine Gleichung des Kreises mit dem Ursprung als Mittelpunkt, der die Gerade g: $7x_1 + 24x_2 = 100$ berührt.
Welcher Kreis mit dem Mittelpunkt M(15|5) berührt die Gerade g?

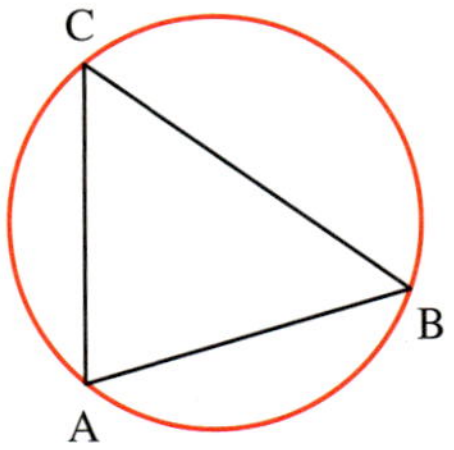

Fig. 1

7 Durch drei Punkte, die nicht auf einer Geraden liegen, ist ein Kreis eindeutig bestimmt; dies ist der Umkreis des Dreiecks. Bestimmen Sie den Mittelpunkt $M(m_1|m_2)$ und den Radius r des Kreises, der durch die Punkte A, B und C geht (Fig. 1).
Lösen Sie auf zwei Arten:
1. Mithilfe der Mittelsenkrechten der Strecken.
2. Durch Einsetzen der Koordinaten in die Kreisgleichung.

a) A(2|2), B(3|−5), C(−1|−7) b) A(5|1), B(−9|3), C(3|−13)

Kugeln

8 Überprüfen Sie, ob die Punkte A, B und C innerhalb der Kugel, auf der Kugel oder außerhalb der Kugel mit dem Mittelpunkt M und dem Radius r liegen.
a) A(4|1|3), B(3|0|10), C(−1|1|1); M(1|1|7), r = 5
b) A(8|1|2), B(7|−3|5), C(−1|−5|−1); M(−2|−2|3), r = 8
c) A(8|−3|5), B(5|−7|4), C(9|−4|1); M(7|−5|3), r = 3

9 Untersuchen Sie, ob durch die folgende Gleichung eine Kugel beschrieben wird, und bestimmen Sie gegebenenfalls den Mittelpunkt und den Radius.
a) $x_1^2 + x_2^2 + x_3^2 + 4x_1 - 8x_2 + 6x_3 + 4 = 0$ b) $x_1^2 + x_2^2 + x_3^2 - 2x_1 + 10x_3 + 31 = 0$
c) $x_1^2 + x_2^2 + x_3^2 + 10x_1 + 20x_2 + 16x_3 + 200 = 0$ d) $x_1^2 + x_2^2 + x_3^2 + 6x_1 + 14x_2 + 22x_3 + 179 = 0$

10 Für welche reellen Zahlen c liegt der Punkt P innerhalb der Kugel, auf der Kugel bzw. außerhalb der Kugel mit der Gleichung $x_1^2 + x_2^2 + x_3^2 - 4x_1 + 6x_2 - 2x_3 - 36 = 0$?
a) P(3|4|c) b) P(0|c|−6) c) P(c|−3|2) d) P(0|0|c)

11 Wie ist der Radius der Kugel mit dem Mittelpunkt M zu wählen, damit die Kugel die Ebene E berührt?
a) M(0|8|4), E: $\begin{pmatrix} 6 \\ -3 \\ 2 \end{pmatrix} \cdot \vec{x} - 5 = 0$ b) M(3|5|7), E: $\vec{x} = \begin{pmatrix} 2 \\ 1 \\ 5 \end{pmatrix} + r\begin{pmatrix} 5 \\ -3 \\ 0 \end{pmatrix} + s\begin{pmatrix} 5 \\ 0 \\ -2 \end{pmatrix}$
c) M(4|−5|6), E: $x_1 - 12x_2 + 12x_3 = 0$ d) M(5|−4|5), E: $9x_1 - 8x_2 - 12x_3 = 17$

12 Gegeben sind die Punkte A(−8|5|7) und B(−12|8|10). Betrachtet werden die Kugeln, deren Mittelpunkte auf der Geraden durch A und B liegen.
a) Bestimmen Sie die Gleichungen dieser Kugeln.
b) Bestimmen Sie die Mittelpunkte der Kugeln mit dem Radius 6 aus a), die den Ursprung berühren.
c) Zeigen Sie, dass die beiden Kugeln aus b) sich schneiden.

13 Es gibt genau zwei Kugeln mit dem Radius 4, welche die Ebene E: $2x_1 + x_2 + 2x_3 = 8$ berühren und deren Mittelpunkte auf der Geraden durch die Punkte P(0|0|1) und Q(1|2|2) liegen (Fig. 2).
Bestimmen Sie die Koordinaten der Mittelpunkte und der Berührpunkte der beiden Kugeln.

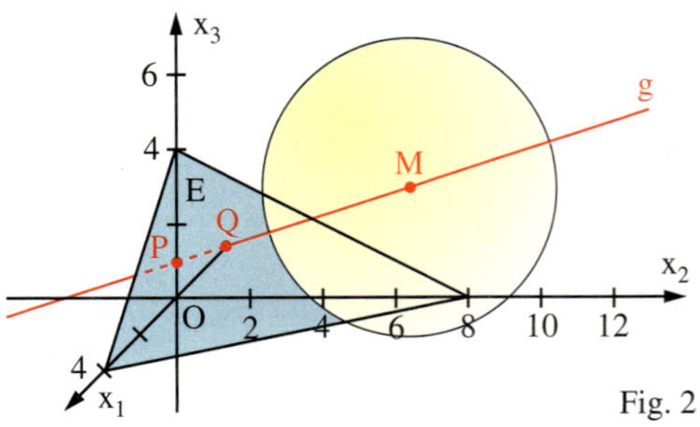

Fig. 2

*2 Kreise und Geraden

1 Ein Kreis hat den Mittelpunkt M(4|2) und den Radius 2.
Geben Sie die Gleichung einer Ursprungsgeraden an, die
a) den Kreis in zwei Punkten schneidet,
b) den Kreis in einem Punkt berührt,
c) keinen Punkt mit dem Kreis gemeinsam hat.

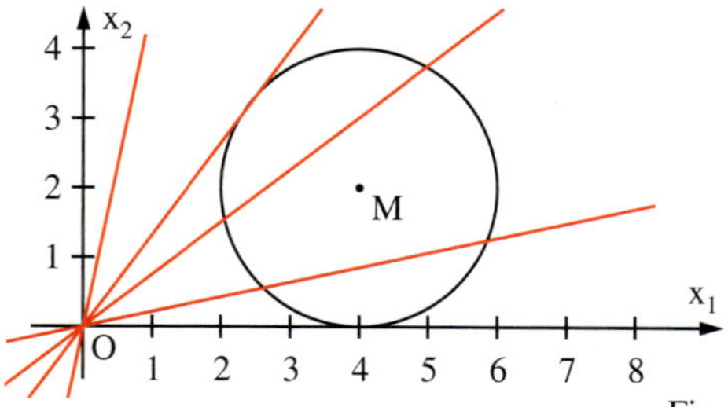

Fig. 1

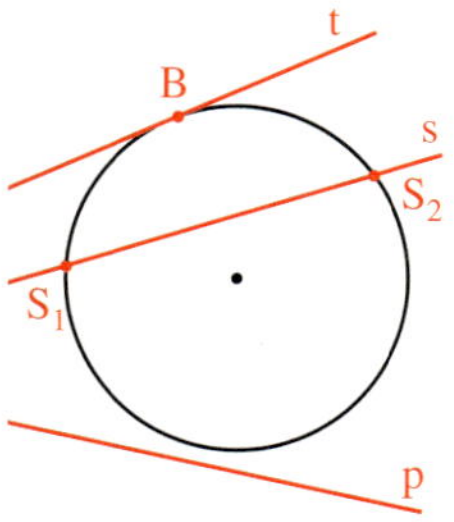

Um zu entscheiden, ob eine Gerade und ein Kreis gemeinsame Punkte haben, untersucht man, ob es einen Punkt X gibt, sodass $\vec{x} = \overrightarrow{OX}$ sowohl die Gleichung des Kreises k: $(\vec{x} - \vec{m})^2 = r^2$ als auch die Gleichung der Geraden g: $\vec{x} = \vec{p} + t\vec{u}$ erfüllt. Deshalb ersetzt man in der Kreisgleichung $\vec{x}$ durch $\vec{p} + t\vec{u}$. Besitzt die Gleichung $(\vec{p} + t\vec{u} - \vec{m})^2 = r^2$
- zwei Lösungen, so ist g eine **Sekante** von k,
- genau eine Lösung, so ist g eine **Tangente** von k,
- keine Lösung, so ist g eine **Passante** von k.

secans *(lat.): schneidend*
tangens *(lat.): berührend*
passant *(frz.): vorübergehend*

Die Tangente in einem Punkt B des Kreises ist senkrecht zum Berührradius. Deshalb gilt (Fig. 2): $(\vec{x} - \vec{b}) \cdot (\vec{b} - \vec{m}) = 0$.
Um eine ähnliche Form wie die der Kreisgleichung zu erhalten, formt man um.
Mit $\vec{x} - \vec{b} = (\vec{x} - \vec{m}) - (\vec{b} - \vec{m})$ folgt:

$$[(\vec{x} - \vec{m}) - (\vec{b} - \vec{m})] \cdot (\vec{b} - \vec{m}) = 0$$
$$(\vec{x} - \vec{m}) \cdot (\vec{b} - \vec{m}) - (\vec{b} - \vec{m}) \cdot (\vec{b} - \vec{m}) = 0$$
$$(\vec{x} - \vec{m}) \cdot (\vec{b} - \vec{m}) = (\vec{b} - \vec{m})^2$$
$$(\vec{x} - \vec{m}) \cdot (\vec{b} - \vec{m}) = r^2.$$

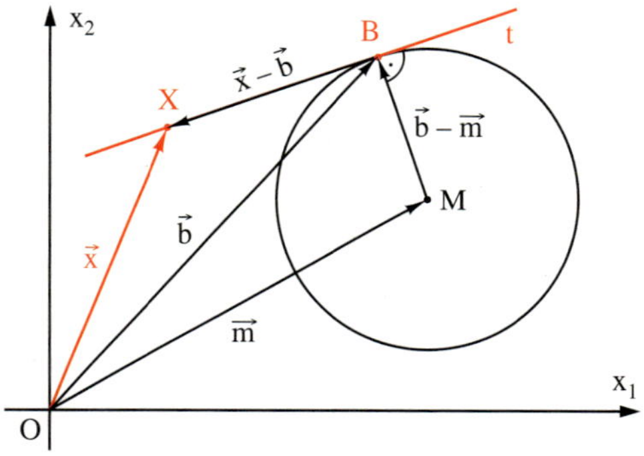

Fig. 2

Kreisgleichung:
$(\vec{x} - \vec{m})^2 = r^2$
$(\vec{x} - \vec{m}) \cdot (\vec{x} - \vec{m}) = r^2$
Tangentengleichung in B:
$(\vec{x} - \vec{m}) \cdot (\vec{b} - \vec{m}) = r^2$

Also ein $\vec{x}$ in der Kreisgleichung durch $\vec{b}$ ersetzen.

> **Satz 1:** Die Tangente an den Kreis k: $(\vec{x} - \vec{m})^2 = r^2$ im Punkt $B(b_1|b_2)$ mit dem Ortsvektor $\vec{b}$ hat die Gleichung
> $\boldsymbol{(\vec{x} - \vec{m}) \cdot (\vec{b} - \vec{m}) = r^2}$ bzw. $\boldsymbol{(x_1 - m_1)(b_1 - m_1) + (x_2 - m_2)(b_2 - m_2) = r^2}$.
> Ist der Mittelpunkt des Kreises der Ursprung, lautet die Gleichung
> $$\vec{x} \cdot \vec{b} = r^2 \text{ bzw. } x_1 b_1 + x_2 b_2 = r^2.$$

Schneidet eine Gerade g den Kreis in zwei Punkten B_1 und B_2 und geht diese Gerade nicht durch den Mittelpunkt M des Kreises, dann schneiden sich die Tangenten in den Punkten B_1 und B_2 in einem Punkt P. Man nennt die Gerade g **Polare** zum **Pol** P bezüglich des Kreises k.
Die Gerade durch die Punkte M und P ist orthogonal zur Polaren g und halbiert die Sehne B_1B_2.

Der Nachweis dieser Eigenschaft erfolgt in Aufgabe 19.

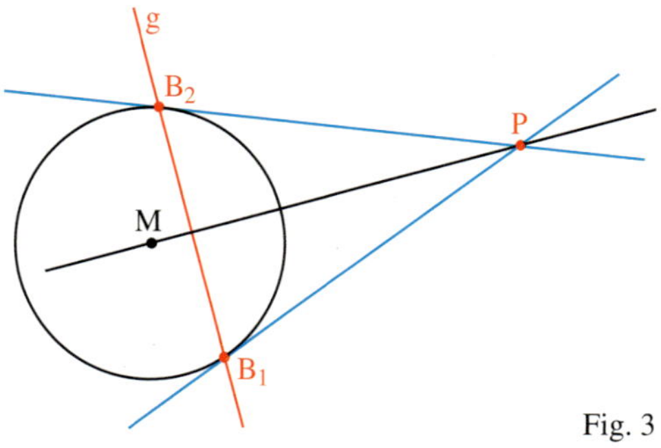

Fig. 3

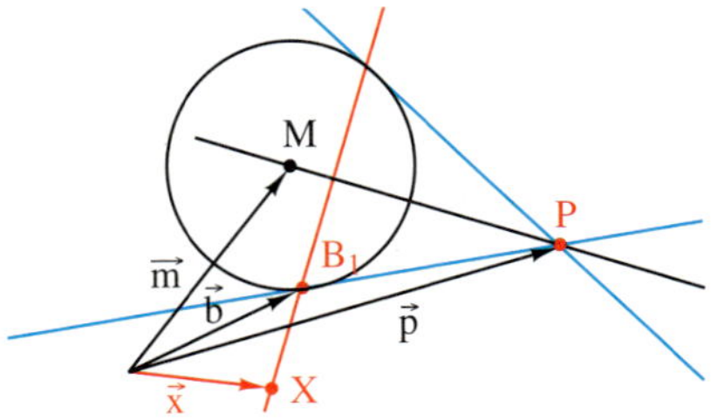

Fig. 1

Die Tangenten von einem Punkt P, der nicht auf dem Kreis liegt, lassen sich mithilfe der Polaren finden. Die Berührpunkte der gesuchten Tangenten an den Kreis sind die Schnittpunkte des Kreises mit der Polaren.
Da die Polare orthogonal zur Geraden durch P und M ist, gilt: $(\vec{x} - \vec{b_1}) \cdot (\vec{p} - \vec{m}) = 0$.
Der Punkt P liegt auf der Tangente durch B_1:
$(\vec{p} - \vec{m}) \cdot (\vec{b_1} - \vec{m}) - r^2 = 0$.
Durch Addition der Gleichungen ergibt sich: $(\vec{x} - \vec{b_1}) \cdot (\vec{p} - \vec{m}) + (\vec{p} - \vec{m}) \cdot (\vec{b_1} - \vec{m}) - r^2 = 0$.
Für die Gleichung der Polaren ergibt sich damit: $(\vec{x} - \vec{m}) \cdot (\vec{p} - \vec{m}) = r^2$.

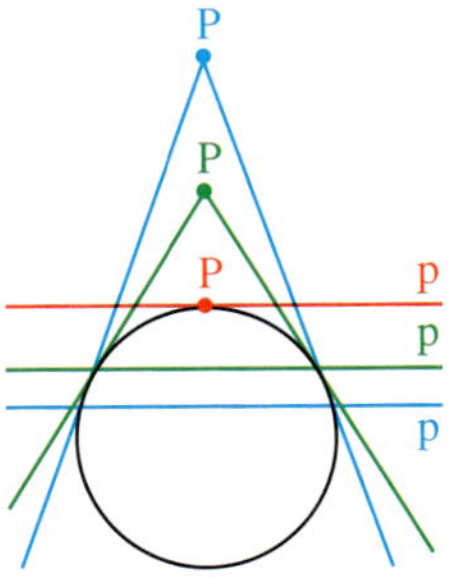

Fig. 2

> **Satz 2:** Die Polare an den Kreis k: $(\vec{x} - \vec{m})^2 = r^2$ zum Punkt $P(p_1|p_2)$ mit dem Ortsvektor $\vec{p}$ hat die Gleichung $\mathbf{(\vec{x} - \vec{m}) \cdot (\vec{p} - \vec{m}) = r^2}$.

„Nähert" sich der Pol P seinem Kreis, dann „kommt ihm seine Polare entgegen". Im Grenzfall wird der Pol zum Berührpunkt und die Polare zur Tangente. In diesem Fall wird die Polarengleichung zur Tangentengleichung.

Beispiel 1: (Schnittpunkte eines Kreises mit einer Geraden)
Zeigen Sie, dass die Gerade g: $\vec{x} = \begin{pmatrix} 7 \\ 3 \end{pmatrix} + t \cdot \begin{pmatrix} 1 \\ -1 \end{pmatrix}$ den Kreis k: $\left[\vec{x} - \begin{pmatrix} 2 \\ 1 \end{pmatrix}\right]^2 = 25$ schneidet, und bestimmen Sie die Koordinaten der Schnittpunkte.
Lösung:

Lösung mit dem CAS:

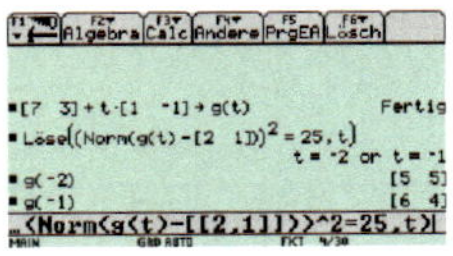

Einsetzen: $\left[\begin{pmatrix} 7 \\ 3 \end{pmatrix} + t \cdot \begin{pmatrix} 1 \\ -1 \end{pmatrix} - \begin{pmatrix} 2 \\ 1 \end{pmatrix}\right]^2 = 25$

Vereinfachen: $\left[\begin{pmatrix} 5 \\ 2 \end{pmatrix} + t \cdot \begin{pmatrix} 1 \\ -1 \end{pmatrix}\right]^2 = 25$

$(5 + t)^2 + (2 - t)^2 = 25$

Lösungen der quadratischen Gleichung: $t_1 = -1$ und $t_2 = -2$.
Damit haben g und k zwei Schnittpunkte.
Einsetzen von t_1 und t_2 in die Geradengleichung ergibt für die Ortsvektoren der Schnittpunkte:
$\vec{x_1} = \begin{pmatrix} 7 \\ 3 \end{pmatrix} + (-1) \cdot \begin{pmatrix} 1 \\ -1 \end{pmatrix} = \begin{pmatrix} 6 \\ 4 \end{pmatrix}$ und $\vec{x_2} = \begin{pmatrix} 7 \\ 3 \end{pmatrix} + (-2) \cdot \begin{pmatrix} 1 \\ -1 \end{pmatrix} = \begin{pmatrix} 5 \\ 5 \end{pmatrix}$.
Der Kreis k und die Gerade g schneiden sich in den Punkten $X_1(6|4)$ und $X_2(5|5)$.

Beispiel 2: (Gegenseitige Lage von Geraden und Kreis)
Für welche reellen Zahlen c sind die zueinander parallelen Geraden g_c: $x_1 + 2x_2 + c = 0$ Sekanten, Tangenten oder Passanten des Kreises k: $\vec{x}^2 = 5$?
Lösung:
Auflösen der Geradengleichung nach x_1 und Einsetzen in die Kreisgleichung:

$(-2x_2 - c)^2 + x_2^2 = 5$

Ausrechnen: $4x_2^2 + 4cx_2 + c^2 + x_2^2 = 5$

$5x_2^2 + 4cx_2 + c^2 - 5 = 0$

$x_2 = \frac{-4c + \sqrt{100 - 4c^2}}{10}$ oder $x_2 = \frac{-4c - \sqrt{100 - 4c^2}}{10}$

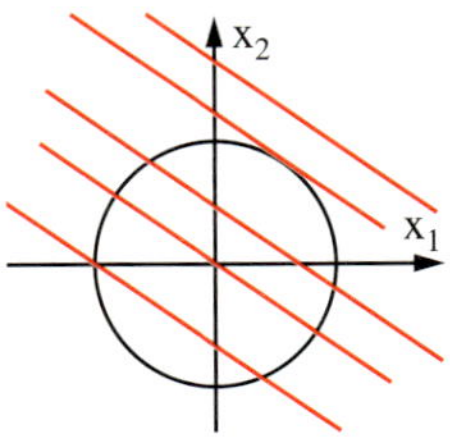

Fig. 3

In Abhängigkeit der Diskriminante $100 - 4c^2$ erhält man:
Für $|c| < 5$ ist die zugehörige Gerade eine Sekante, für $c = 5$ oder $c = -5$ jeweils eine Tangente und für $|c| > 5$ eine Passante.

Punktprobe:
$(7-3)^2 + (1+2)^2 = 25$, also ist B ein Punkt des Kreises.

Beispiel 3: (Tangente in einem gegebenen Punkt des Kreises)
Bestimmen Sie eine Gleichung der Tangente t an den Kreis $k: x_1^2 + x_2^2 - 6x_1 + 4x_2 = 12$ im Punkt $B(7|1)$.
Lösung:
Umformen der Kreisgleichung: $(x_1 - 3)^2 + (x_2 + 2)^2 = 25$.
Der Kreis hat den Mittelpunkt $M(3|-2)$ und den Radius $r = 5$. Damit erhält man die Tangentengleichung: $t: \left[\vec{x} - \begin{pmatrix} 3 \\ -2 \end{pmatrix}\right] \cdot \left[\begin{pmatrix} 7 \\ 1 \end{pmatrix} - \begin{pmatrix} 3 \\ -2 \end{pmatrix}\right] = 25$, also $t: \left[\vec{x} - \begin{pmatrix} 3 \\ -2 \end{pmatrix}\right] \cdot \begin{pmatrix} 4 \\ 3 \end{pmatrix} = 25$.

Beispiel 4: (Tangenten von einem Punkt an den Kreis mit CAS)
Bestimmen Sie Gleichungen der Tangenten von $P(-8|3)$ an den Kreis $k: \left[\vec{x} - \begin{pmatrix} 2 \\ -2 \end{pmatrix}\right]^2 = 25$.
Lösung:

Es zeigt sich, dass der Aufwand mit dem CAS relativ groß ist. Es geht ohne CAS schneller, wenn man eine gewisse Rechenfertigkeit besitzt und kleinere ganze Zahlen vorliegen.

Man speichert die Koordinaten von $\vec{p} = \begin{pmatrix} -8 \\ 3 \end{pmatrix}$, $\vec{m} = \begin{pmatrix} 2 \\ -2 \end{pmatrix}$ und $\vec{x} = \begin{pmatrix} x_1 \\ x_2 \end{pmatrix}$ und berechnet die Polare mithilfe des Skalarprodukts (Fig. 1). Diese bringt man zum Schnitt mit dem Kreis. Man erhält die Lösungen $B_1(-2|-5)$ und $B_2(2|3)$ (Fig. 2). Daraus berechnet man schließlich die Tangentengleichungen (Fig. 2).
Man erhält $t_1: -4x_1 - 3x_2 = 23$ und $t_2: x_2 = 3$.

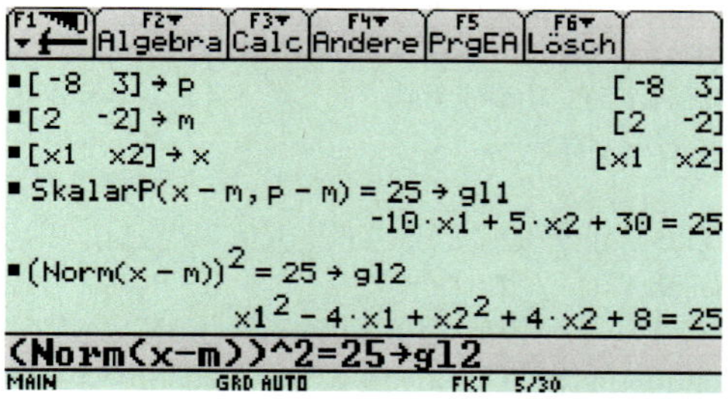

Fig. 1

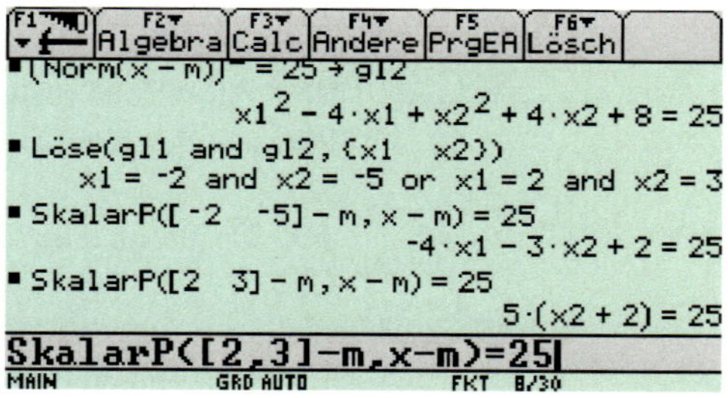

Fig. 2

Aufgaben

2 Überprüfen Sie, ob die Gerade g Sekante, Tangente oder Passante des Kreises k ist, und bestimmen Sie gegebenenfalls gemeinsame Punkte von g und k.

a) $k: \left[\vec{x} - \begin{pmatrix} -2 \\ 3 \end{pmatrix}\right]^2 = 25$; $g: \vec{x} = \begin{pmatrix} -1 \\ -4 \end{pmatrix} + t \cdot \begin{pmatrix} -1 \\ 2 \end{pmatrix}$

b) $k: (x_1 + 2)^2 + (x_2 - 3)^2 = 25$; $g: x_1 - 2x_2 - 7 = 0$

c) $k: x_1^2 + x_2^2 - 6x_1 - 4x_2 - 12 = 0$; $g: 4x_1 + 3x_2 + 7 = 0$

d) $k: \left[\vec{x} - \begin{pmatrix} 3 \\ -2 \end{pmatrix}\right]^2 = 25$; $g: \vec{x} \cdot \begin{pmatrix} -1 \\ 1 \end{pmatrix} = 2$

3 Gegeben ist der Kreis um $M(4|4)$ mit dem Radius 5. Bestimmen Sie eine Gleichung der Tangente t im Punkt $B(1|8)$. Zeigen Sie, dass t den Kreis $(x_1 - 8)^2 + (x_2 - 6)^2 = 16$ nicht schneidet oder berührt.

4 Gegeben ist ein Kreis um M mit dem Radius r. Bestimmen Sie eine Normalenform und eine Parametergleichung der Tangente, die den Kreis im Punkt B berührt.

a) $M(-3|7)$, $r = 5$, $B(1|b_2)$ und $b_2 < 7$
b) $M(4|-1)$, $r = 15$, $B(b_1|8)$ mit $b_1 < 0$
c) $M(1|9)$, $r = 1$, $B(1{,}6|b_2)$ mit $b_2 > 9$
d) $M(-29|10)$, $r = 29$, $B(b_1|-10)$ mit $b_1 > -29$

5 Bestimmen Sie die Zahl a so, dass die Gerade $g: ax_1 - x_2 = -5$ den Kreis $k: x_1^2 + x_2^2 = 5$ berührt.

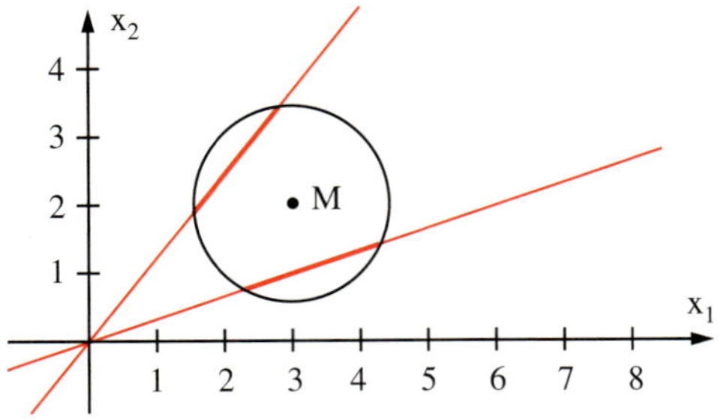

Fig. 1

6 Bestimmen Sie die Berührpunkte und Gleichungen der Tangenten an den Kreis k, die parallel zu der Geraden g sind.

a) k: $\vec{x}^2 = 25$; g: $\vec{x} = \begin{pmatrix} 2 \\ 1 \end{pmatrix} + t\begin{pmatrix} -4 \\ 3 \end{pmatrix}$

b) k: $(x_1 - 2)^2 + (x_2 - 1)^2 = 5$; g: $2x_1 + x_2 = 10$

c) k: $\left[\vec{x} - \begin{pmatrix} 3 \\ -2 \end{pmatrix}\right]^2 = 61$; g: $\vec{x} = \begin{pmatrix} 3 \\ 0 \end{pmatrix} + t \cdot \begin{pmatrix} 6 \\ -5 \end{pmatrix}$

d) k: $(x_1 + 4)^2 + (x_2 + 2)^2 = 29$; g: $\vec{x} = t\begin{pmatrix} 5 \\ 2 \end{pmatrix}$

7 Zwei Tangenten berühren den Kreis in den Punkten A bzw. B. Bestimmen Sie den Schnittpunkt der Tangenten.

a) k: $x_1^2 + x_2^2 = 100$, $A(-8|a)$, $B(6|b)$ mit $a > 0$ und $b > 0$

b) k: $x_1^2 + 2x_1 + x_2^2 + 6x_2 - 15 = 0$, $A(2|a)$, $B(-5|b)$ mit $a > 0$ und $b < 0$

8 Bestimmen Sie die Gleichungen der Tangenten vom Punkt P an den Kreis um M mit dem Radius r.

a) $M(-2|2)$, $r = 3$, $P(1|-1)$ b) $M(-1|4)$, $r = 2$, $P(1|0)$ c) $M(5|1)$, $r = 4$, $P(1|3)$

9 Für welche reellen Zahlen c ist die Gerade g: $3x_1 + 4x_2 - c = 0$ Sekante, Tangente oder Passante des Kreises k: $x_1^2 + x_2^2 = 25$?

10 Bestimmen Sie eine Gleichung des Kreises mit dem Ursprung als Mittelpunkt, der die Gerade g: $2x_1 - x_2 = 7$ berührt.

11 Bestimmen Sie Gleichungen der Kreise mit dem Radius $r = 5$, die die Gerade g: $3x_1 - 4x_2 + 36 = 0$ im Punkt $P(-4|p)$ berühren.

12 Gegeben ist der Kreis k: $x_1^2 - 2x_1 + x_2^2 + 4x_2 = 95$ und der Punkt $P(-9|8)$.

a) In welchen Punkten B_1 und B_2 berühren die Tangenten durch den Punkt P den Kreis k?

b) Welche Länge hat die Sehne B_1B_2?

c) Welchen Abstand hat die Sehne vom Mittelpunkt des Kreises?

Warum schneiden sich diese Kreise nicht?

13 Bestimmen Sie die Gleichungen der Tangenten von dem Punkt P an den Kreis k.

a) k: $x_1^2 - 4x_1 + x_2^2 - 6x_2 = 12$, $P(9|2)$

b) k: $x_1^2 + x_2^2 - 20x_1 + 10x_2 + 100 = 0$, $P(17|-6)$

c) k: $x_1^2 + x_2^2 + 6x_1 - 8x_2 = 0$, $P(2|-6)$

14 Bestimmen Sie die Schnittpunkte der Kreise k_1 und k_2.
Berechnen Sie die Größe der Schnittwinkel der Tangenten in den Schnittpunkten.

a) k_1: $x_1^2 - 4x_1 + x_2^2 + 16x_2 - 157 = 0$; k_2: $x_1^2 - 4x_1 + x_2^2 - 34x_2 - 107 = 0$

b) k_1: $\left[\vec{x} - \begin{pmatrix} 2 \\ 7 \end{pmatrix}\right]^2 = 50$; k_2: $\left[\vec{x} - \begin{pmatrix} -6 \\ 1 \end{pmatrix}\right]^2 = 50$

15 Zeigen Sie, dass die Gerade $x_2 = mx_1 + c$ genau dann Tangente an den Kreis mit Radius r mit dem Ursprung als Mittelpunkt ist, wenn $r^2(1 + m^2) = c^2$ gilt.
Untersuchen Sie, ob die Gerade g Tangente an den Kreis k ist.

a) g: $x_2 = x_1 + 2\sqrt{2}$, k: $\vec{x}^2 = 4$ b) g: $x_2 = 3x_1 - 5$, k: $\vec{x}^2 = 36$

c) g: $-3x_1 + 4x_2 = 35$, k: $\vec{x}^2 = 49$ d) g: $2x_1 - 3x_2 = 7$, k: $\vec{x}^2 = 20$

16 a) Zeigen Sie, dass die Gerade g eine Tangente des Kreises k ist.

$g: \vec{x} \cdot \begin{pmatrix} 3 \\ -4 \end{pmatrix} = 20$, $k: \vec{x}^2 = 16$, $g: \vec{x} \cdot \begin{pmatrix} 1 \\ 2 \end{pmatrix} = 10$, $k: \vec{x}^2 = 20$

b) Zeigen Sie allgemein, dass die Gerade $g: \vec{x} \cdot \vec{n} = p$ genau dann Tangente an den Kreis $k: \vec{x} = r^2$ ist, wenn $r^2 \vec{n}^2 = p^2$ gilt.

17 Gegeben sind der Kreis $k: x_1^2 + x_2^2 = 5$ und die Gerade $g: x_1 - x_2 = -1$. Bestimmen Sie einen Punkt P so, dass die Berührpunkte der Tangenten vom Punkt P an den Kreis mit den Schnittpunkten des Kreises mit der Geraden g übereinstimmen.

18 Bestimmen Sie die Gleichungen der vier Kreise, welche die drei Geraden g, h und i berühren (Fig. 1). $g: \begin{pmatrix} -1 \\ 2 \end{pmatrix} \cdot \vec{x} = 4$,

$h: \begin{pmatrix} -1 \\ -2 \end{pmatrix} \cdot \vec{x} = 4$, $i: \begin{pmatrix} 2 \\ 1 \end{pmatrix} \cdot \vec{x} = 7$

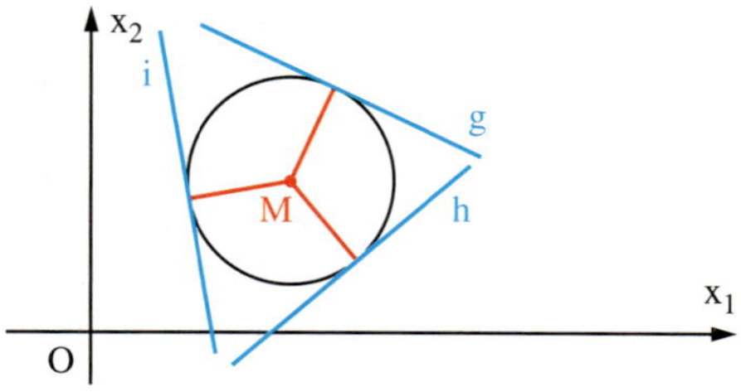

Fig. 1

19 Gegeben sind die Punkte A(3|5) und B(−6|−13) und der Kreis $k: (x_1 - 2)^2 + (x_2 + 2)^2 = 25$. Für welchen Punkt P ist die Gerade durch A und B die Polare?

20 a) Gegeben ist der Kreis k mit dem Mittelpunkt M. Zeigen Sie allgemein, dass die Polare g zum Pol P orthogonal zur Geraden durch P und M ist. (Hinweis: Subtrahieren Sie die Tangentengleichungen für die Schnittpunkte der Polaren und des Kreises.)

b) Begründen Sie, dass die Gerade durch die Punkte P und M die Sehne B_1B_2 halbiert.

Auch in den Fällen (2) und (3) nennt man die Gerade mit $\vec{x} \cdot \vec{p} = r^2$ Polare.

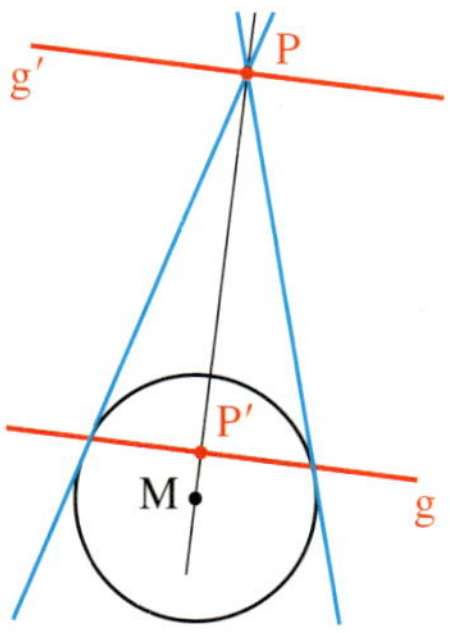

Fig. 2

21 Hat der Kreis k den Ursprung als Mittelpunkt, dann hat die Polare zum Punkt P die Darstellung $\vec{x} \cdot \vec{p} = r^2$.

a) Zeigen Sie, dass gilt:
(1) Ist $|\vec{p}| > r$, so ist die Gerade mit $\vec{x} \cdot \vec{p} = r^2$ Sekante des Kreises k.
(2) Ist $|\vec{p}| = r$, so ist die Gerade mit $\vec{x} \cdot \vec{p} = r^2$ Tangente des Kreises k.
(3) Ist $|\vec{p}| < r$, so ist die Gerade mit $\vec{x} \cdot \vec{p} = r^2$ Passante des Kreises k.

b) Gegeben ist der Kreis $k: \vec{x}^2 = 25$. Welche Lage hat die Polare des Pols P zum Kreis k?
(1) P(1|4) (2) P(1|−7) (3) P(−3|4)

22 Gegeben ist der Kreis $k: \vec{x}^2 = 25$ und der Pol P(1|7).

a) Bestimmen Sie eine Darstellung der Polaren g zum Pol P.
b) Bestimmen Sie eine Darstellung der Geraden g′, die parallel zu g ist und durch P geht.
c) Bestimmen Sie den Pol P′ zur Polaren g′ und zeigen Sie, dass dieser Punkt auf g liegt.
d) Zeigen Sie, dass P′ der Schnittpunkt der Geraden durch P und M und der Geraden g ist.

Aufgabe 24 zeigt, wie man die Tangenten von einem Punkt außerhalb des Kreises auch ohne Polare bestimmen kann.

23 Tangenten von einem Punkt P außerhalb des Kreises k kann man mithilfe des Thaleskreises bestimmen (Fig. 3). Dazu stellt man eine Gleichung des Thaleskreises k_1 über der Strecke MP auf. Die Berührpunkte der gesuchten Tangenten sind die Schnittpunkte der Kreise k und k_1. Bestimmen Sie mit diesem Verfahren die Gleichungen der Tangenten von P an den Kreis k.

a) P(7|1); $k: \vec{x}^2 = 25$

b) P(−8|3); $k: \left[\vec{x} - \begin{pmatrix} 2 \\ -2 \end{pmatrix}\right]^2 = 25$

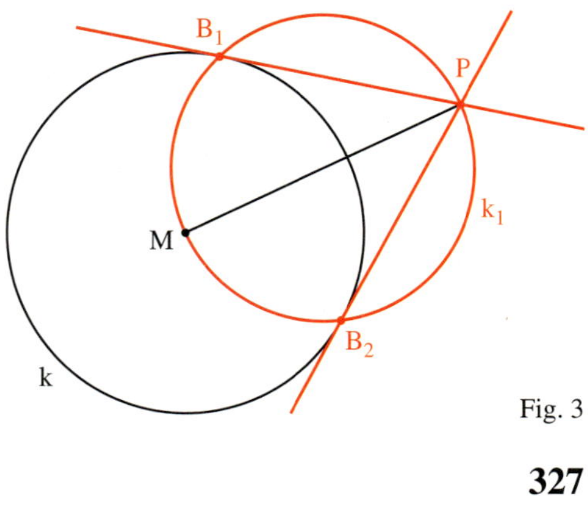

Fig. 3

*3 Kugeln und Ebenen

Das Kugelhaus wurde 1928 von dem Berliner Architekten Birkholz errichtet. Es war ein Stahlgerüstbau mit Geschäften und Aussichtsterrasse. Anlass der Errichtung war das 100-jährige Jubiläum der Technischen Hochschule.
Das Kugelhaus war bei den Dresdnern sehr beliebt, da es auch das Wahrzeichen der Stadt war.

1 Das erste Kugelhaus der Welt wurde 1928 in Dresden errichtet. Es hatte eine Höhe von 30 m.
1936 wurde es aus ideologischen Gründen von den Nationalsozialisten abgerissen.
a) Welche Form hatten die Grundflächen der einzelnen Geschosse?
b) Welches Geschoss hatte die größte Grundfläche und wie groß war diese?
c) Gab es Geschosse, die die gleiche Grundfläche hatten?

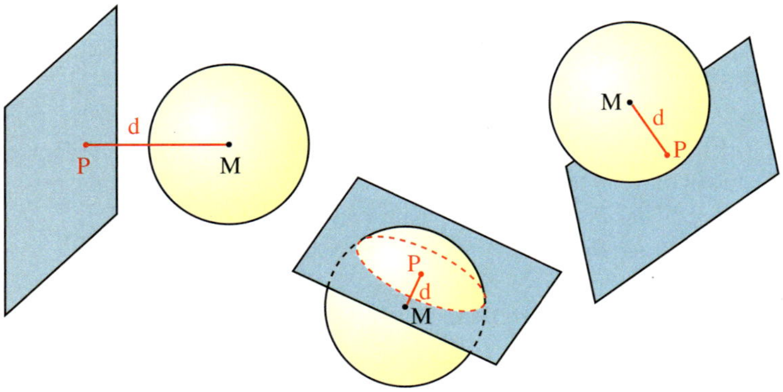

Fig. 1

Um zu entscheiden, ob sich eine Ebene und eine Kugel schneiden, untersucht man, ob sie gemeinsame Punkte haben. Dazu bestimmt man den Abstand des Kugelmittelpunktes von der Ebene. Ist dieser Abstand größer als der Kugelradius, so haben die Kugel und die Ebene keine gemeinsamen Punkte. Ist der Abstand gleich dem Kugelradius, so gibt es genau einen gemeinsamen Punkt, den Berührpunkt. Ist der Abstand kleiner als der Kugelradius, so schneiden sich die Ebene und die Kugel in einem Kreis.

Schneidet eine Ebene E die Kugel K, so ist der Mittelpunkt M′ des Schnittkreises der Fußpunkt des Lotes von M auf E. Den Mittelpunkt M′ erhält man als Schnittpunkt der Ebene mit der Geraden g, die senkrecht zur Ebene E ist und durch den Mittelpunkt M der Kugel K geht.
Ist $\vec{n}$ ein Normalenvektor der Ebene E, so hat die Gerade g die Gleichung $\vec{x} = \vec{m} + t\vec{n}$.
Für den Radius des Schnittkreises ergibt sich
$r' = \sqrt{r^2 - \overline{MM'}^2}$.

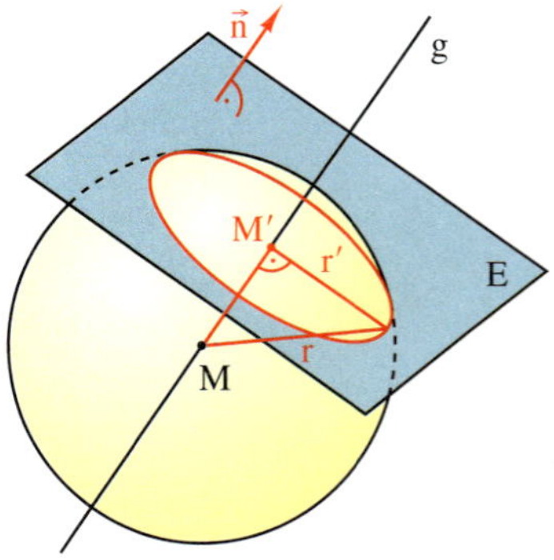

Fig. 2

Schneidet eine Ebene E eine Kugel K mit dem Mittelpunkt M und dem Radius r, so beschreibt man den Schnittkreis durch drei Angaben:
Schnittebene,
Kreismittelpunkt M′,
Kreisradius r′.
Der Mittelpunkt M′ des Schnittkreises ist der Lotfußpunkt von M auf E.
Für den Radius r′ des Schnittkreises gilt: $\mathbf{r' = \sqrt{r^2 - d^2}}$ mit $d = \overline{MM'}$.

Eine Ebene, die die Kugel in einem Punkt berührt, nennt man **Tangentialebene**.
Der Abstand des Mittelpunktes der Kugel von der Ebene ist gleich dem Radius der Kugel. Für jeden Punkt X dieser Ebene gilt: die Vektoren $\vec{x} - \vec{b}$ und $\vec{b} - \vec{m}$ sind orthogonal (Fig. 1).
Damit ist $(\vec{x} - \vec{b}) \cdot (\vec{b} - \vec{m}) = 0$ eine Gleichung der Tangentialebene.
Um eine ähnliche Form wie die Kugelgleichung zu erhalten, formt man um.
Mit $\vec{x} - \vec{b} = (\vec{x} - \vec{m}) - (\vec{b} - \vec{m})$ folgt:

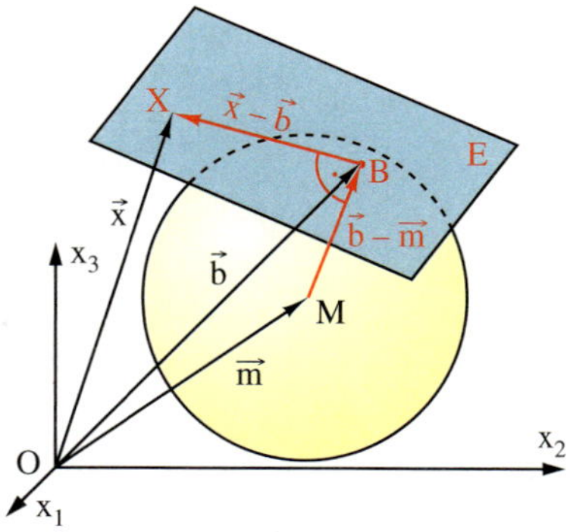

Fig. 1

Vergleichen Sie die Herleitung und die Ergebnisse mit der Bestimmung der Tangentengleichung beim Kreis auf Seite 323.

$$[(\vec{x} - \vec{m}) - (\vec{b} - \vec{m})] \cdot (\vec{b} - \vec{m}) = 0$$
$$(\vec{x} - \vec{m}) \cdot (\vec{b} - \vec{m}) - (\vec{b} - \vec{m}) \cdot (\vec{b} - \vec{m}) = 0$$
$$(\vec{x} - \vec{m}) \cdot (\vec{b} - \vec{m}) = (\vec{b} - \vec{m})^2$$
$$(\vec{x} - \vec{m}) \cdot (\vec{b} - \vec{m}) = r^2.$$

Satz: Die Tangentialebene an die Kugel $K: (\vec{x} - \vec{m})^2 = r^2$ im Punkt $B(b_1|b_2|b_3)$ mit dem Ortsvektor $\vec{b}$ hat die Gleichung $\boldsymbol{(\vec{x} - \vec{m}) \cdot (\vec{b} - \vec{m}) = r^2}$ bzw.
$\boldsymbol{(x_1 - m_1)(b_1 - m_1) + (x_2 - m_2)(b_2 - m_2) + (x_3 - m_3)(b_3 - m_3) = r^2}$.
Ist der Mittelpunkt der Kugel der Ursprung, so lautet die Gleichung
$\vec{x} \cdot \vec{b} = r^2$ bzw. $x_1 b_1 + x_2 b_2 + x_3 b_3 = r^2$.

Beispiel 1: (Lage einer Ebene zu einer Kugel)
Bestimmen Sie die Lage der Ebene E_c: $2x_1 + x_2 - 2x_3 = c$ mit $c \in \mathbb{R}$ zur Kugel mit dem Mittelpunkt $M(1|-2|1)$ und Radius 3 in Abhängigkeit vom Parameter c.
Lösung:

Hier wird die HESSE'sche Normalenform der Ebene E benutzt.

Der Abstand M zur Ebene E_c ist: $d = \left|\frac{1}{\sqrt{2^2 + 1^2 + 2^2}}(2 \cdot 1 - 1 \cdot 2 - 2 \cdot 1 - c)\right| = \left|\frac{1}{3}(-2 - c)\right|$.
Für $c = -11$ oder $c = 7$ ist $d = r$, die Ebene berührt die Kugel.
Für $c > -11$ und $c < 7$ ist $d < r$, die Ebene schneidet die Kugel.
Für $c < -11$ oder $c > 7$ ist $d > r$, die Ebene und die Kugel haben keinen Punkt gemeinsam.

Beispiel 2: (Bestimmung des Schnittkreises)
Bestimmen Sie den Mittelpunkt und den Radius des Schnittkreises der Ebene
$E: -2x_1 + x_2 + 2x_3 = 19$ und der Kugel $K: (x_1 - 2)^2 + (x_2 + 1)^2 + (x_3 - 3)^2 = 64$.
Lösung:
Der Abstand des Mittelpunktes $M(2|-1|3)$ der Kugel von der Ebene E ist 6 und damit kleiner als 8, also wird die Kugel von der Ebene geschnitten.
Radius des Schnittkreises: $r' = \sqrt{64 - 36} = \sqrt{28} = 2\sqrt{7}$.
Der Mittelpunkt M′ des Schnittkreises ist der Schnittpunkt der Geraden
$g: \vec{x} = \begin{pmatrix} 2 \\ -1 \\ 3 \end{pmatrix} + t \begin{pmatrix} -2 \\ 1 \\ 2 \end{pmatrix}$ und der Ebene E.
Einsetzen von $\vec{x}$ in die Ebenengleichung ergibt $-2(2 - 2t) + (-1 + t) + 2(3 + 2t) = 19$.
Daraus folgt $9t = 18$ und somit $t = 2$.
Für die Koordinaten des Mittelpunktes des Schnittkreises ergibt sich: $M'(-2|1|7)$.
Der Kreis liegt in der Ebene $E: -2x_1 + x_2 + 2x_3 = 19$, hat den Mittelpunkt $M'(-2|1|7)$ und den Radius $r' = 2\sqrt{7}$.

Beispiel 3: (Bestimmung der Tangentialebene im Berührpunkt)
Zeigen Sie, dass der Punkt $B(-3|1|1)$ auf der Kugel mit dem Mittelpunkt $M(3|-1|4)$ und dem Radius $r = 7$ liegt. Bestimmen Sie eine Gleichung der Tangentialebene, die die Kugel in B berührt.
Lösung:
Man speichert die Vektoren $\vec{b} = \begin{pmatrix} -3 \\ 1 \\ 1 \end{pmatrix}$, $\vec{m} = \begin{pmatrix} 3 \\ -1 \\ 4 \end{pmatrix}$ und $\vec{x} = \begin{pmatrix} x_1 \\ x_2 \\ x_3 \end{pmatrix}$ und bildet das Skalarprodukt von $\vec{b} - \vec{m}$ mit $\vec{b} - \vec{m}$. Da sich dabei 49 ergibt, liegt B auf der Kugel.
Die Tangentialebene in B erhält man aus $(\vec{x} - \vec{m}) \cdot (\vec{b} - \vec{m}) = 49$ (Fig. 1).
Das Ergebnis ist $-6x_1 + 2x_2 - 3x_3 = 17$.

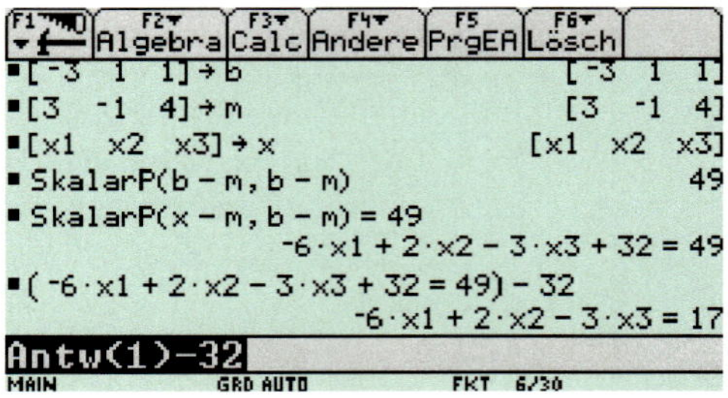

Fig. 1

Aufgaben

2 Untersuchen Sie, ob die Ebene E die Kugel K schneidet, berührt oder keinen Punkt mit ihr gemeinsam hat.
a) E: $x_1 + x_2 + x_3 = 5$ K: $x_1^2 + x_2^2 + x_3^2 = 25$
b) E: $-3x_1 + 6x_2 - 2x_3 = 27$ K: $(x_1 - 4)^2 + (x_2 + 1)^2 + (x_3 - 2)^2 = 49$
c) E: $2x_1 - 3x_2 + 4x_3 = 30$ K: $x_1^2 - 6x_1 + x_2^2 - 2x_2 + x_3^2 - 15 = 0$
d) E: $\vec{x} \cdot \begin{pmatrix} -2 \\ 4 \\ -3 \end{pmatrix} + 22 = 0$ K: $\left[\vec{x} - \begin{pmatrix} 5 \\ -3 \\ -7 \end{pmatrix}\right]^2 = 29$

3 Zeigen Sie, dass die Ebene E die Kugel K schneidet, und bestimmen Sie den Mittelpunkt und den Radius des Schnittkreises.
a) K: $\left[\vec{x} - \begin{pmatrix} 1 \\ 3 \\ 9 \end{pmatrix}\right]^2 = 49$ E: $x_1 - 4x_2 - 4x_3 = -14$
b) K: $(x_1 + 3)^2 + (x_2 - 4)^2 + (x_3 - 2)^2 = 15$ E: $3x_1 - 2x_2 - 6x_3 = -53{,}5$

4 Bestimmen Sie eine Gleichung der Tangentialebene im Punkt B an die Kugel K.
a) K: $x_1^2 + (x_2 - 2)^2 + (x_3 - 1)^2 = 9$, $B(1|0|b_3)$ mit $b_3 > 0$
b) K: $x_1^2 + x_2^2 + x_3^2 - 2x_1 - 4x_2 - 31 = 0$, $B(5|4|b_3)$ mit $b_3 < 0$

5 Gegeben ist eine Kugel mit dem Ursprung als Mittelpunkt. Für welchen Radius schneidet die Kugel die Ebene E, berührt sie die Ebene oder hat keinen Punkt mit ihr gemeinsam? Wie lauten die Koordinaten des Berührpunktes?
a) E: $3x_1 + 12x_2 + 4x_3 - 13 = 0$ b) E: $2x_1 + 3x_2 - 6x_3 - 14 = 0$

6 Bestimmen Sie Gleichungen der Tangentialebenen an die Kugel K in den Punkten B_1 und B_2. Bestimmen Sie die Schnittgerade g der beiden Tangentialebenen und zeigen Sie, dass die Gerade g und die Gerade durch B_1 und B_2 orthogonal zueinander sind.
a) K: $(x_1 - 7)^2 + (x_2 - 3)^2 + (x_3 - 1)^2 = 81$; $B_1(1|-3|4)$, $B_2(10|9|7)$
b) K: $(x_1 + 11)^2 + x_2^2 + (x_3 - 12)^2 = 169$; $B_1(-11|5|0)$, $B_2(1|0|17)$

7 Bestimmen Sie die Tangentialebenen an die Kugel K, die parallel zur Ebene E sind. Bestimmen Sie auch die Koordinaten der Berührpunkte.

a) E: $3x_1 - 6x_2 + 2x_3 = 0$
K: $x_1^2 + x_2^2 + x_3^2 = 196$

b) E: $\vec{x} \cdot \begin{pmatrix} 7 \\ -4 \\ -4 \end{pmatrix} = 0$

K: $\left[\vec{x} - \begin{pmatrix} 2 \\ 7 \\ 9 \end{pmatrix}\right]^2 = 81$

c) E: $7x_1 - 4x_2 - 4x_3 = 0$
K: $x_1^2 + x_2^2 + x_3^2 + 6x_1 + 12x_3 - 279 = 0$

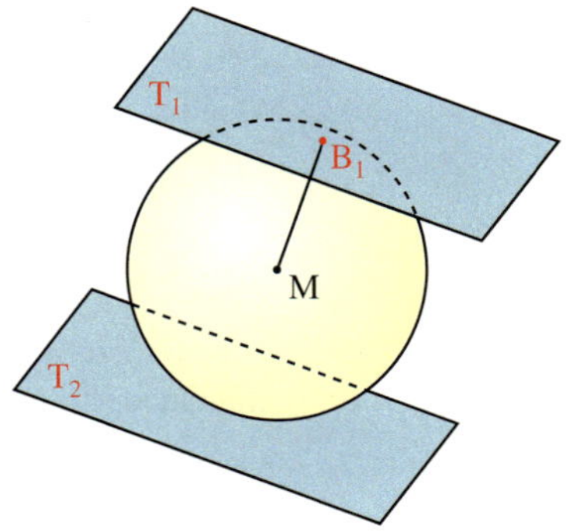

Fig. 1

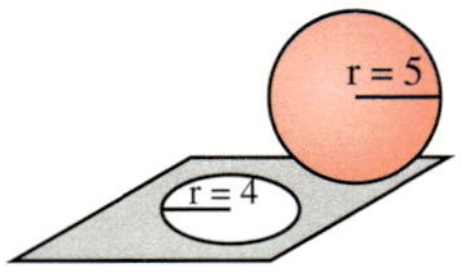

Fig. 4

Wie weit ragt die Kugel noch heraus, wenn sie in die kreisförmige Öffnung rollt?

Klar, ganz ohne Vektoren!

8 Bestimmen Sie die Gleichungen der Kugeln mit dem Radius 3, die die Kugel K: $\vec{x}^2 = 36$ im Punkt B(−4|2|4) berühren.

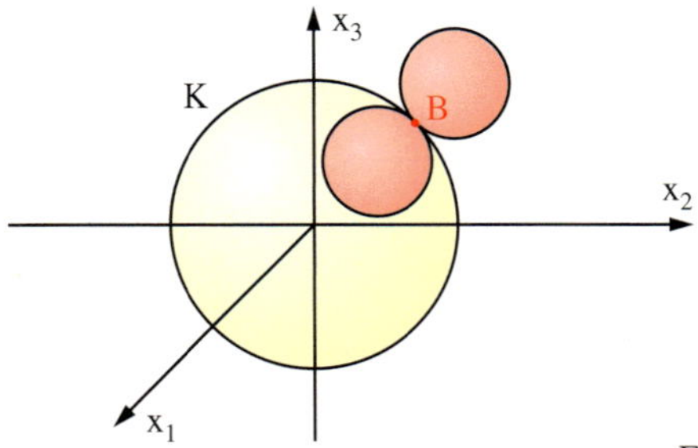

Fig. 2

9 Ist die Entfernung der Mittelpunkte zweier Kugeln größer als die Differenz und kleiner als die Summe ihrer Radien, dann schneiden sich die Kugeln in einem Kreis. Zeigen Sie, dass sich die Kugeln

K_1: $\left[\vec{x} - \begin{pmatrix} -1 \\ 3 \\ 1 \end{pmatrix}\right]^2 = 36$ und

K_2: $\left[\vec{x} - \begin{pmatrix} 4 \\ 5 \\ 1 \end{pmatrix}\right]^2 = 4$ schneiden, und bestimmen

Sie die Schnittebene.
Anleitung: Lösen Sie auf 2 Arten:
1. mithilfe der Strecke, die die Mittelpunkte verbindet.
2. mithilfe der Koordinatengleichungen der Kugeln. Die Differenz der beiden Gleichungen ergibt die Darstellung einer Ebene, in der alle die Punkte liegen, die zu beiden Kugeln gehören.

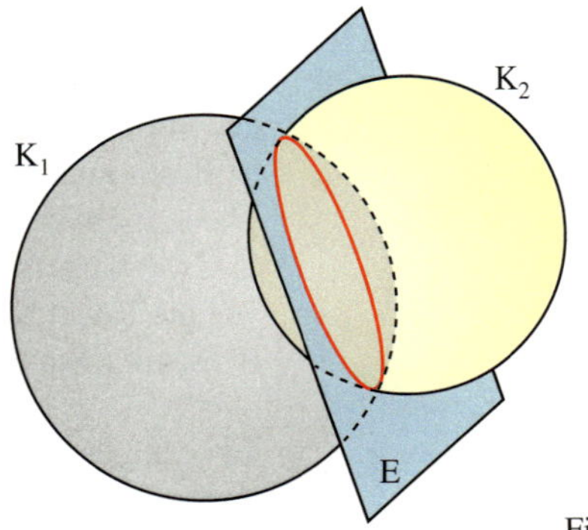

Fig. 3

10 Bestimmen Sie den Mittelpunkt und den Radius des Schnittkreises der Kugeln K_1 und K_2.

a) K_1: $\left[\vec{x} - \begin{pmatrix} 1 \\ 3 \\ 9 \end{pmatrix}\right]^2 = 49$, K_2: $\left[\vec{x} - \begin{pmatrix} 2 \\ -1 \\ 5 \end{pmatrix}\right]^2 = 16$

b) K_1: $\left[\vec{x} - \begin{pmatrix} 7 \\ -2 \\ 2 \end{pmatrix}\right]^2 = 625$, K_2: $\left[\vec{x} - \begin{pmatrix} -5 \\ 4 \\ -2 \end{pmatrix}\right]^2 = 625$

c) K_1: $x_1^2 + x_2^2 + x_3^2 - 18x_1 - 2x_2 + 10x_3 = 7$, K_2: $x_1^2 + x_2^2 + x_3^2 + 10x_1 - 16x_2 - 18x_3 = 129$

d) K_1: $x_1^2 + x_2^2 + x_3^2 - 6x_1 - 4x_2 - 8x_3 - 19 = 0$, K_2: $x_1^2 + x_2^2 + x_3^2 - 2x_1 - 12x_2 + 25 = 0$

11 Der Mittelpunkt M der Kugel K mit dem Radius 5 liegt auf der x_1-Achse.
Die Ebene E: $3x_1 - 4x_2 = 29$ ist Tangentialebene der Kugel K. Bestimmen Sie die Koordinaten von M.

12 Zeigen Sie, dass die Vektoren $\vec{a} = \begin{pmatrix} 2 \\ 1 \\ 0 \end{pmatrix}$, $\vec{b} = \begin{pmatrix} 2 \\ -4 \\ 0 \end{pmatrix}$, $\vec{c} = \begin{pmatrix} 0 \\ 0 \\ 3 \end{pmatrix}$ vom Ursprung aus einen Quader aufspannen.

a) Bestimmen Sie eine Gleichung der Kugel, die durch die Ecken des Quaders geht.

b) Dem Quader lassen sich Kugeln einbeschreiben, die jeweils zwei gegenüberliegende Flächen des Quaders berühren. Bestimmen Sie die Lage der Mittelpunkte der Kugeln.

c) Es sei K die Kugel um den Mittelpunkt des Quaders mit dem Radius 5.
Bestimmen Sie die Mittelpunkte und die Radien der Schnittkreise mit den Ebenen, in denen die Quaderflächen liegen.

13 Gegeben sind die Punkte $M(3|1|2)$, $P(7|1|5)$ und die Ebene $E_c\colon \vec{x} \cdot \begin{pmatrix} 2 \\ 3 \\ 6 \end{pmatrix} - 7c = 0$.

a) Bestimmen Sie eine Gleichung der Kugel mit dem Mittelpunkt M, die durch P geht.
Geben Sie eine Gleichung der Tangentialebene der Kugel K im Punkt P an.

b) Für welche Werte von c schneiden sich die Kugel K und die Ebene E_c in einem Punkt, in einem Kreis oder gar nicht?

c) Zeigen Sie, dass der Punkt $A(3|4|6)$ außerhalb der Kugel K liegt.
Berechnen Sie die Koordinaten des Punktes B der Kugel K, der den kürzesten Abstand zu A besitzt.

14 Gegeben ist die Kugel $K\colon \left[\vec{x} - \begin{pmatrix} 6 \\ -2 \\ 12 \end{pmatrix}\right]^2 = 225$ und die Ebene E durch die Punkte $A(2|-1|4)$, $B(-4|-1|7)$ und $C(3|-5|3)$.

a) Zeigen Sie, dass die Ebene E die Kugel K schneidet, und bestimmen Sie die Koordinaten des Mittelpunktes M′ und den Radius r′ des Schnittkreises.

b) Bestimmen Sie eine Gleichung der Kugel K*, die man bei der Spiegelung von K an der Ebene E erhält.

c) Zwei Kugeln K_1 und K_2 mit dem Radius 13 haben mit der Ebene E denselben Schnittkreis wie die Kugel K.
Berechnen Sie die Koordinaten der Mittelpunkte der Kugeln K_1 und K_2.

15 Zeigen Sie, dass die Gerade g durch die Punkte P und Q keinen Punkt mit der Kugel K gemeinsam hat.
Bestimmen Sie die Berührpunkte der beiden Ebenen, die durch g gehen und die Kugel berühren.

a) $P(5|2|1)$, $Q(6|2|-1)$; $K\colon \left[\vec{x} - \begin{pmatrix} 1 \\ 2 \\ 0 \end{pmatrix}\right]^2 = 9$

b) $P(2|6|7)$, $Q(2|4|9)$;
$K\colon x_1^2 + x_2^2 + x_3^2 - 6x_1 - 10x_2 + 2x_3 + 10 = 0$

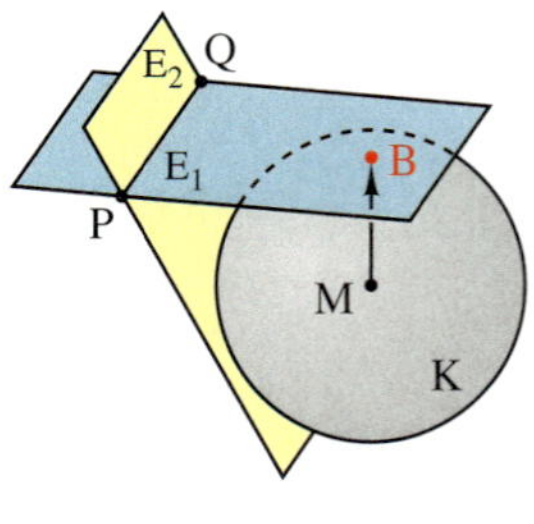

Fig. 1

Kugel

16 Die Punkte $A(3|-3|0)$, $B(3|3|0)$, $C(-3|-3|0)$ und $S(0|0|4)$ sind die Eckpunkte einer quadratischen Pyramide mit der Spitze im Punkt S. Dieser Pyramide kann man eine Kugel einbeschreiben.
Bestimmen Sie den Mittelpunkt dieser Kugel.
Skizzieren Sie die Pyramide.

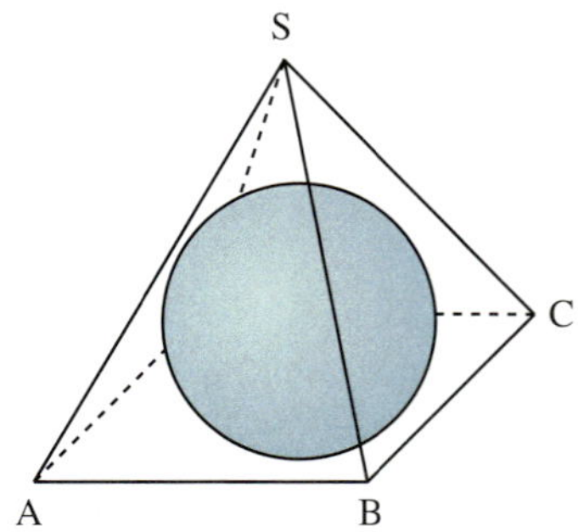

Fig. 2

*4 Kugeln und Geraden – Polarebenen

Vergleichen Sie mit der Lageuntersuchung bei Kreisen und Geraden.

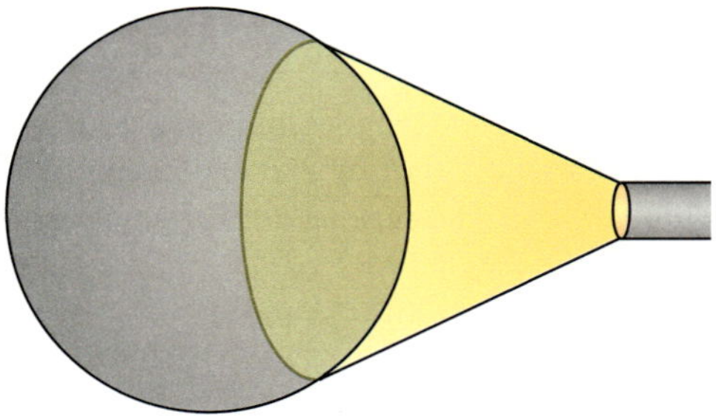

Fig. 1

1 Wie lässt sich die Grenze zwischen Licht und Schatten in Fig. 1 beschreiben? Ist es möglich, die halbe Kugel zu beleuchten?

2 Beschreiben Sie die Lage der Geraden, die durch einen gemeinsamen Punkt P gehen und die Kugel berühren.
- Der Punkt P liegt auf der Kugel.
- Der Punkt P liegt außerhalb der Kugel.

Um zu entscheiden, ob eine Gerade und eine Kugel gemeinsame Punkte haben, untersucht man, ob es einen Punkt X gibt, sodass $\vec{x} = \overrightarrow{OX}$ sowohl die Gleichung der Kugel K: $(\vec{x} - \vec{m})^2 = r^2$ als auch die Gleichung der Geraden g: $\vec{x} = \vec{p} + t\vec{u}$ erfüllt. Deshalb ersetzt man in der Kugelgleichung $\vec{x}$ durch $\vec{p} + t\vec{u}$.
Besitzt diese Gleichung zwei Lösungen, so schneidet die Gerade g die Kugel K, bei einer Lösung berührt die Gerade die Kugel. Gibt es keine Lösung, so haben Kugel und Gerade keinen Punkt gemeinsam.

Von einem Punkt P außerhalb der Kugel K: $(\vec{x} - \vec{m})^2 = r^2$ gibt es unendlich viele Geraden, die die Kugel in nur einem Punkt berühren. Für den Ortsvektor $\vec{b}$ eines solchen Berührpunktes B gilt: $(\vec{b} - \vec{m}) \cdot (\vec{p} - \vec{b}) = 0$ (Fig. 2).
Um eine ähnliche Form wie die Kugelgleichung zu erhalten, formt man um.
Mit $\vec{p} - \vec{b} = (\vec{p} - \vec{m}) - (\vec{b} - \vec{m})$ folgt:

$$(\vec{b} - \vec{m}) \cdot [(\vec{p} - \vec{m}) - (\vec{b} - \vec{m})] = 0$$
$$(\vec{b} - \vec{m}) \cdot (\vec{p} - \vec{m}) - (\vec{b} - \vec{m}) \cdot (\vec{b} - \vec{m}) = 0$$
$$(\vec{b} - \vec{m}) \cdot (\vec{p} - \vec{m}) = (\vec{b} - \vec{m})^2$$
$$(\vec{b} - \vec{m}) \cdot (\vec{p} - \vec{m}) = r^2.$$

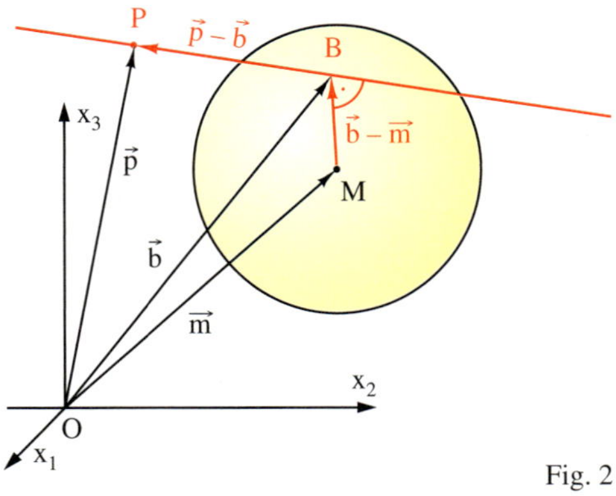

Fig. 2

Alle Berührpunkte liegen deshalb in einer gemeinsamen Ebene mit der Gleichung E: $(\vec{x} - \vec{m}) \cdot (\vec{p} - \vec{m}) = r^2$. Diese Ebene nennt man **Polarebene** zum **Pol** P bezüglich der Kugel K.

Satz 1: Gegeben ist eine Kugel K mit dem Mittelpunkt M und Radius r und der Pol P mit dem Ortsvektor $\vec{p}$. Dann ist die Gleichung der Polarebene
E: $(\vec{x} - \vec{m}) \cdot (\vec{p} - \vec{m}) = r^2$.

Die Berührpunkte aller Geraden durch den Punkt P liegen somit auf dem Kreis, den die Ebene E aus der Kugel K ausschneidet. Die Tangenten an die Kugel K durch den Punkt P bilden einen Kreiskegel, den **Tangentialkegel** von K mit der Spitze P.

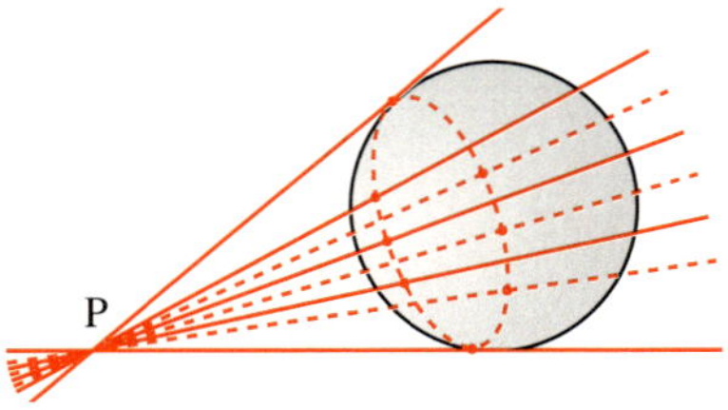

Fig. 3

Satz 2: Der Tangentialkegel an die Kugel K: $(\vec{x} - \vec{m})^2 = r^2$ mit der Spitze P mit dem Ortsvektor $\vec{p}$ berührt die Kugel in einem Kreis. Dieser Kreis ist der Schnittkreis der Kugel K mit der Ebene E: $(\vec{x} - \vec{m}) \cdot (\vec{p} - \vec{m}) = r^2$.

„Nähert" sich der Pol P seiner Kugel, dann „kommt ihm seine Polarebene entgegen". Im Grenzfall wird der Pol zum Berührpunkt und die Polarebene zur Tangentialebene. In diesem Fall entspricht die Gleichung der Polarebene der Gleichung der Tangentialebene.

Beispiel 1: (Schnittpunkte einer Kugel mit einer Geraden)

Zeigen Sie, dass die Gerade g: $\vec{x} = \begin{pmatrix} 3 \\ -9 \\ 10 \end{pmatrix} + t \begin{pmatrix} 1 \\ 4 \\ -1 \end{pmatrix}$ die Kugel K: $\left[\vec{x} - \begin{pmatrix} 2 \\ -1 \\ 5 \end{pmatrix}\right]^2 = 36$

schneidet und bestimmen Sie die Koordinaten des Schnittpunktes.

Lösung:

Einsetzen: $\left[\begin{pmatrix} 3 \\ -9 \\ 10 \end{pmatrix} + t \begin{pmatrix} 1 \\ 4 \\ -1 \end{pmatrix} - \begin{pmatrix} 2 \\ -1 \\ 5 \end{pmatrix}\right]^2 = 36.$

Umformen der Gleichung $\left[\begin{pmatrix} 1 \\ -8 \\ 5 \end{pmatrix} + t \begin{pmatrix} 1 \\ 4 \\ -1 \end{pmatrix}\right]^2 = 36$ ergibt $\left[\begin{pmatrix} 1 + t \\ -8 + 4t \\ 5 - t \end{pmatrix}\right]^2 = 36.$

$(1 + t)^2 + (-8 + 4t)^2 + (5 - t)^2 = 36$ hat die Lösungen $t_1 = 1$ und $t_2 = 3$.

Einsetzen von t_1 und t_2 in die Geradengleichung ergibt für die Ortsvektoren der Schnittpunkte:

$\vec{x_1} = \begin{pmatrix} 3 \\ -9 \\ 10 \end{pmatrix} + 1 \begin{pmatrix} 1 \\ 4 \\ -1 \end{pmatrix} = \begin{pmatrix} 4 \\ -5 \\ 9 \end{pmatrix}$ und $\vec{x_2} = \begin{pmatrix} 3 \\ -9 \\ 10 \end{pmatrix} + 3 \begin{pmatrix} 1 \\ 4 \\ -1 \end{pmatrix} = \begin{pmatrix} 6 \\ 3 \\ 7 \end{pmatrix}$.

Die Schnittpunkte sind $X_1(4|-5|9)$ und $X_2(6|3|7)$.

Beispiel 2: (Tangente an eine Kugel mit dem CAS)

Wie ist der Radius der Kugel um $M(2|-1|5)$ zu wählen, damit die Gerade g: $\vec{x} = \begin{pmatrix} 3 \\ -9 \\ 10 \end{pmatrix} + t \begin{pmatrix} 1 \\ 4 \\ -1 \end{pmatrix}$ die Kugel berührt?

Lösung:

Man speichert den Ortsvektor $\vec{g}(t)$ eines beliebigen Punktes der Geraden g und den Orstvektor des Mittelpunktes und setzt $\vec{g}(t)$ in die Kugelgleichung ein. Es ergibt sich die quadratische Gleichung $18t^2 - 72t + 90 = r^2$ (Fig. 1). Ihre Lösungen in Abhängigkeit von r zeigt Fig. 1. Beide Lösungen fallen zusammen für $r = \sqrt{18} = 3\sqrt{2}$. Damit ist $r = 3\sqrt{2}$ der gesuchte Radius der Kugel.

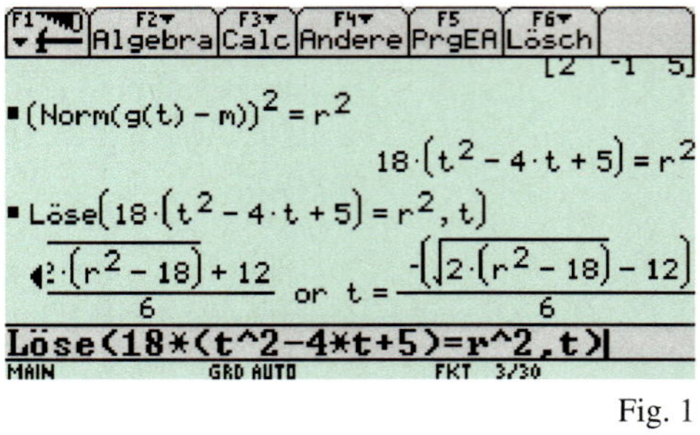

Fig. 1

Beispiel 3: (Berührpunkt einer Tangentialebene)

Bestimmen Sie eine Gleichung der Tangentialebenen an die Kugel K: $\vec{x}^2 = 2$, die den Punkt $P(5|0|2)$ enthalten und parallel zur x_1-Achse sind.

Lösung:

Um die Gleichung der Tangentialebenen angeben zu können, benötigt man den Berührpunkt B. Für den Ortsvektor $\vec{b}$ des Berührpunktes B gilt: $\vec{b} \cdot \vec{x} = 2$

Die Ebene ist parallel zur x_1-Achse, deshalb gilt: $\vec{b} = \begin{pmatrix} 0 \\ b_2 \\ b_3 \end{pmatrix}$

B ist ein Punkt der Polarebene $\vec{x} \cdot \begin{pmatrix} 5 \\ 0 \\ 2 \end{pmatrix} = 2$, deshalb gilt: $\vec{b} \cdot \begin{pmatrix} 5 \\ 0 \\ 2 \end{pmatrix} = 2$ (1)

B ist ein Punkt der Kugel, deshalb gilt: $\vec{b}^2 = 2$ (2).

Aus (1) und (2) folgt $2b_3 = 2$ und $b_2^2 + b_3^2 = 2$. Man erhält die Lösungen $b_3 = 1$ und $b_2 = 1$ oder $b_3 = 1$ und $b_2 = -1$. Damit gilt für die Tangentialebenen $E_1\colon \vec{x} \cdot \begin{pmatrix} 0 \\ 1 \\ 1 \end{pmatrix} = 2$ und $E_2\colon \vec{x} \cdot \begin{pmatrix} 0 \\ -1 \\ 1 \end{pmatrix} = 2$.

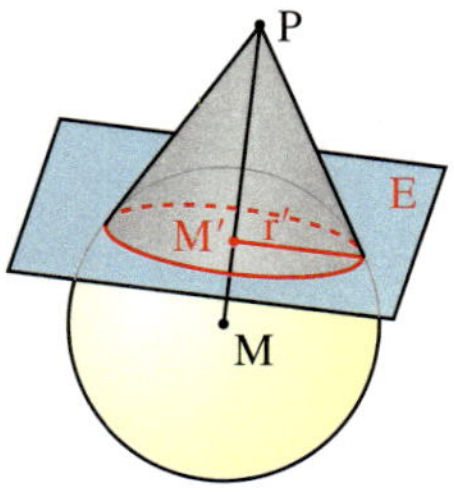

Fig. 1

Beispiel 4: (Berührkreis eines Tangentialkegels)
Gegeben ist die Kugel K: $(x_1 + 1)^2 + (x_2 - 4)^2 + (x_3 - 1)^2 = 16$ und der Punkt $P(3|2|-1)$. Bestimmen Sie den Mittelpunkt und den Radius des Berührkreises des Tangentialkegels mit der Spitze im Punkt P.

Lösung:

1. Schritt: *Bestimmung der Schnittebene.*

1. Der Berührkreis liegt in der Polarebene E: $\left[\begin{pmatrix} x_1 \\ x_2 \\ x_3 \end{pmatrix} - \begin{pmatrix} -1 \\ 4 \\ 1 \end{pmatrix}\right] \cdot \left[\begin{pmatrix} 3 \\ 2 \\ -1 \end{pmatrix} - \begin{pmatrix} -1 \\ 4 \\ 1 \end{pmatrix}\right] = 16.$

Hieraus ergibt sich die Koordinatenform für E: $4x_1 - 2x_2 - 2x_3 = 2$.

2. Schritt: *Bestimmung des Mittelpunktes des Schnittkreises.*

2. Der Mittelpunkt M′ des Schnittkreises ist der Schnittpunkt der Ebene E und der Geraden g durch M und P. Sie hat die Gleichung $g\colon \vec{x} = \begin{pmatrix} -1 \\ 4 \\ 1 \end{pmatrix} + t \begin{pmatrix} 4 \\ -2 \\ -2 \end{pmatrix}$. Der Richtungsvektor ist der Normalenvektor von E.

Einsetzen von $\vec{x}$ in die Ebenengleichung ergibt $24t = 16$ und damit $t = \frac{2}{3}$.

Für M′ erhält man: $M'\left(\frac{5}{3}\middle|\frac{8}{3}\middle|-\frac{1}{3}\right)$.

3. Schritt: *Bestimmung des Radius des Schnittkreises.*

3. Der Radius des Schnittkreises ist: $r' = \sqrt{r^2 - \overline{MM'}^2} = \sqrt{\frac{16}{3}} = \frac{4}{3}\sqrt{3} \approx 2{,}31$.

Aufgaben

3 Untersuchen Sie, ob die Gerade g die Kugel K mit dem Mittelpunkt M und dem Radius r schneidet, berührt oder keinen Punkt mit ihr gemeinsam hat. Bestimmen Sie gegebenenfalls gemeinsame Punkte.

a) $g\colon \vec{x} = \begin{pmatrix} 6 \\ 1 \\ 0 \end{pmatrix} + t \begin{pmatrix} -1 \\ 3 \\ 2 \end{pmatrix}$, $M(0|7|7)$, $r = 5$

b) $g\colon \vec{x} = \begin{pmatrix} 7 \\ 7 \\ 7 \end{pmatrix} + t \begin{pmatrix} 1 \\ -1 \\ 0 \end{pmatrix}$, $M(2|4|5)$, $r = 6$

c) $g\colon \vec{x} = \begin{pmatrix} 8 \\ 6 \\ 1 \end{pmatrix} + t \begin{pmatrix} 1 \\ -1 \\ 4 \end{pmatrix}$, $M(2|0|1)$, $r = 12$

d) $g\colon \vec{x} = \begin{pmatrix} 7 \\ 3 \\ 1 \end{pmatrix} + t \begin{pmatrix} 2 \\ 5 \\ 8 \end{pmatrix}$, $M(11|0|3)$, $r = 3$

4 Bestimmen Sie den Radius r der Kugel K mit dem Mittelpunkt M so, dass die Gerade durch die Punkte P und Q die Kugel berührt. Berechnen Sie die Koordinaten des Berührpunktes.

a) $M(1|3|4)$, $P(5|-2|-1)$, $Q(9|4|3)$

b) $M(2|0|7)$, $P(1|7|-13)$, $Q(-7|3|-5)$

c) $M(3|7|1)$, $P(1|-8|-3)$, $Q(10|4|9)$

d) $M(6|5|9)$, $P(3|-4|2)$, $Q(-1|0|2)$

5 Für welche reelle Zahl c hat die Gerade $g_c\colon \vec{x} = t \begin{pmatrix} 1 \\ 0 \\ c \end{pmatrix}$ mit der Kugel K mit dem Mittelpunkt $M(2|0|0)$ und dem Radius $r = \sqrt{2}$ keinen, einen oder zwei Punkte gemeinsam? Berechnen Sie die Koordinaten des Berührpunktes.

6 Welchen Pol hat die Polarebene $E: 3x_1 + x_2 + 2x_3 = 4$ bezüglich der Kugel $K: \vec{x}^2 = 12$?

7 Gegeben ist die Kugel mit dem Mittelpunkt $M(1|4|1)$ und dem Radius $r = 5$. In welcher Ebene liegt der Schnittkreis des Tangentialkegels vom Punkt $P(4|-3|7)$ aus an die Kugel?

8 Gegeben ist die Kugel mit dem Mittelpunkt M und dem Radius r. Bestimmen Sie den Mittelpunkt und den Radius des Berührkreises des Tangentialkegels mit der Spitze im Punkt P.

a) $P(7|2|6)$, $M(1|2|-6)$, $r = 5\sqrt{6}$
b) $P(7|5|-1)$, $M(3|1|3)$, $r = 6$
c) $P(9|-13|1)$, $M(2|8|1)$, $r = 5\sqrt{14}$
d) $P(-2|6|3)$, $M(8|1|-2)$, $r = 3\sqrt{10}$

9 Berechnen Sie die Koordinaten des Punktes P, der zur Spitze des Tangentialkegels gehört, dessen Berührkreis die Kugel K in der Ebene E schneidet.

a) $K: \left[\vec{x} - \begin{pmatrix} 2 \\ 1 \\ 3 \end{pmatrix}\right]^2 = 16$, $E: \vec{x} \cdot \begin{pmatrix} 1 \\ 3 \\ 3 \end{pmatrix} - 30 = 0$
b) $K: \left[\vec{x} - \begin{pmatrix} -1 \\ 2 \\ -4 \end{pmatrix}\right]^2 = 36$, $E: \vec{x} \cdot \begin{pmatrix} 4 \\ -4 \\ 5 \end{pmatrix} - 4 = 0$

10 Bestimmen Sie den Punkt P des gemeinsamen Tangentialkegels der beiden Kugeln K_1 und K_2 (Fig. 1).

a) $K_1: \left[\vec{x} - \begin{pmatrix} 3 \\ 1 \\ 4 \end{pmatrix}\right]^2 = 16$, $K_2: \left[\vec{x} - \begin{pmatrix} 2 \\ 0 \\ 2 \end{pmatrix}\right]^2 = 9$

b) $K_1: \left[\vec{x} - \begin{pmatrix} 1 \\ 0 \\ 1 \end{pmatrix}\right]^2 = 4$, $K_2: \left[\vec{x} - \begin{pmatrix} 3 \\ 5 \\ 9 \end{pmatrix}\right]^2 = 25$

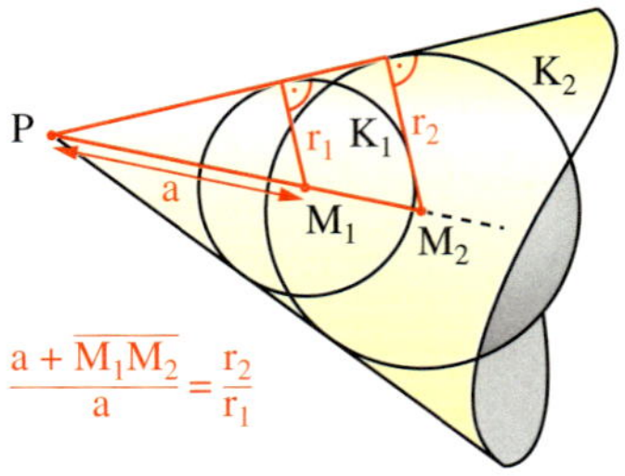

Fig. 1

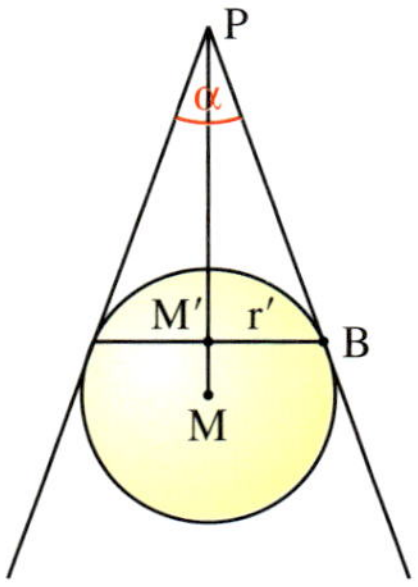

Fig. 2

11 Bestimmen Sie die Größe des Öffnungswinkels des Tangentialkegels in Fig. 2 mit der Spitze im Punkt P an die Kugel mit dem Mittelpunkt M und dem Radius r.

a) $P(-5|6|3)$, $M(-1|4|1)$, $r = 4$
b) $P(-1|-3|-4)$, $M(2|0|2)$, $r = 3$

12 Gegeben sind die Ebenen $E_1: 2x_1 + x_2 - x_3 = 4$, $E_2: x_1 + 3x_2 + x_3 = 3$ und der Punkt $M(9|-10|6)$.

a) Bestimmen Sie den Mittelpunkt M_1 und den Radius r_1 der Kugel K_1, die die Ebene E_1 berührt, und den Mittelpunkt M_2 und den Radius r_2 der Kugel K_2, die die Ebene E_2 berührt.

b) Zeigen Sie, dass die Gerade $g: \vec{x} = \begin{pmatrix} 1 \\ 1 \\ -1 \end{pmatrix} + t\begin{pmatrix} 4 \\ -3 \\ 5 \end{pmatrix}$ die Schnittgerade von E_1 und E_2 ist.

g ist Tangente einer Kugel mit dem Mittelpunkt M. Bestimmen Sie den Radius der Kugel.

c) Auf welchen Geraden liegen die Mittelpunkte der Kugeln mit dem Radius 5, die die Ebenen E_1 und E_2 berühren?

13 Gegeben ist die Gerade g durch die Punkte $P(13|2|9)$, $Q(-11|8|3)$ und die Kugel K mit dem Mittelpunkt $M(1|2|3)$ und dem Radius 6.

a) Die Ebene E ist parallel zu g und geht durch $R(5|2|-7)$ und $S(1|14|3)$. Bestimmen Sie eine Parameter- und eine Koordinatengleichung von E.

b) Bestimmen Sie die Gleichung einer Kugel K_1, die die Ebene E im Punkt R berührt und g als Tangente besitzt.

c) Berechnen Sie die Schnittpunkte von g und K und geben Sie Gleichungen für die Tangentialebenen in diesen Schnittpunkten an. Unter welchem Winkel schneiden sich diese beiden Tangentialebenen?

d) Es gibt zwei Ebenen, die zu g orthogonal sind und die Kugel K in einem Kreis mit dem Radius 2 schneiden. Geben Sie Gleichungen dieser Ebenen an.

Berührkreis bestimmen

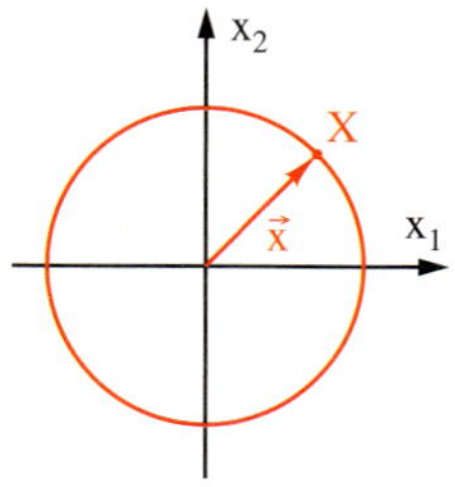

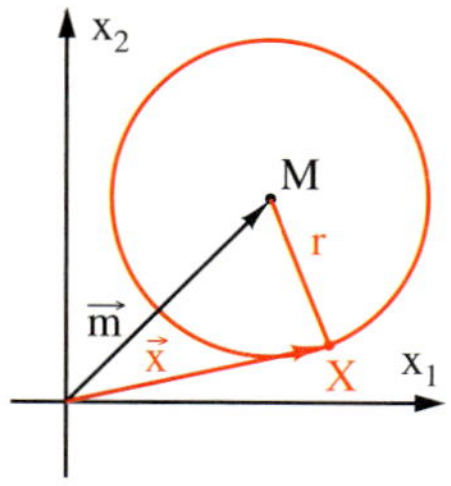

Die Gleichung eines **Kreises** in der Ebene mit dem Mittelpunkt M lautet:

$M(m_1|m_2)$: $(\vec{x} - \vec{m})^2 = r^2$ bzw. $(x_1 - m_1)^2 + (x_2 - m_2)^2 = r^2$

$M(0|0)$: $\vec{x}^2 = r^2$ bzw. $x_1^2 + x_2^2 = r^2$

Die Gleichung einer **Kugel** mit dem Mittelpunkt M lautet:

$M(m_1|m_2|m_3)$: $(\vec{x} - \vec{m})^2 = r^2$ bzw.

$(x_1 - m_1)^2 + (x_2 - m_2)^2 + (x_3 - m_3)^2 = r^2$

$M(0|0|0)$: $\vec{x}^2 = r^2$ bzw. $x_1^2 + x_2^2 + x_3^2 = r^2$

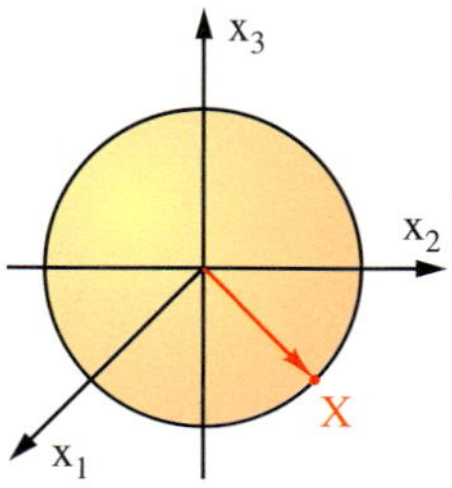

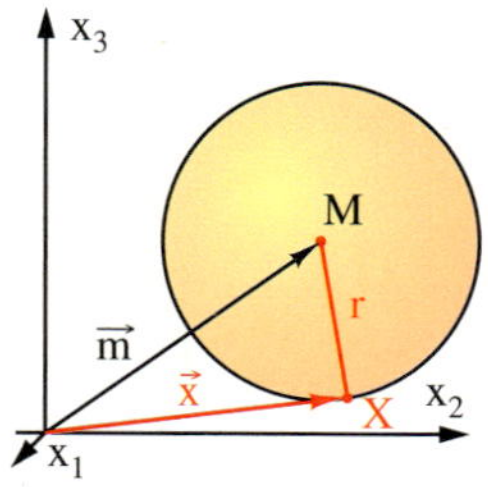

Lage von Kreisen und Geraden (Kugeln und Geraden)

Ob ein Kreis $k: (\vec{x} - \vec{m})^2 = r^2$ und eine Gerade $g: \vec{x} = \vec{p} + t\vec{u}$ oder eine Kugel $K: (\vec{x} - \vec{m})^2 = r^2$ und eine Gerade $g: \vec{x} = \vec{p} + t\vec{u}$ zwei, einen oder keinen Punkt gemeinsam haben, bestimmt man mithilfe der Lösungen der Gleichung $(\vec{p} + t\vec{u} - \vec{m})^2 = r^2$.

Hat die Gleichung

- keine Lösung, so ist die Gerade eine **Passante**,
- zwei Lösungen, so ist die Gerade eine **Sekante**,
- eine Lösung, so ist die Gerade eine **Tangente**.

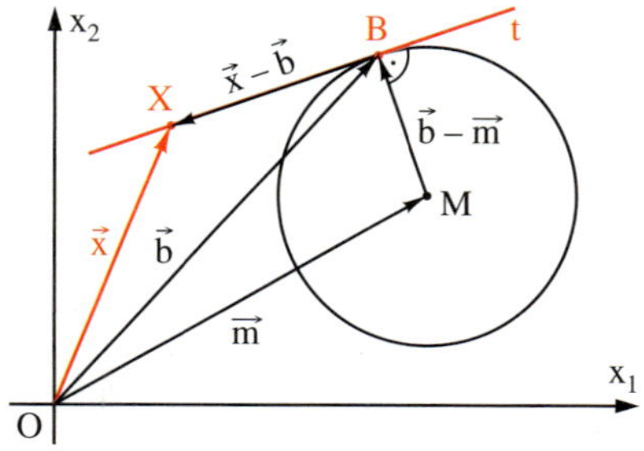

Die **Tangente** im Punkt $B(b_1|b_2)$ an den Kreis $k: (\vec{x} - \vec{m})^2 = r^2$ hat die Gleichung: $(\vec{x} - \vec{m}) \cdot (\vec{b} - \vec{m})^2 = r^2$ bzw.

$(x_1 - m_1)(b_1 - m_1) + (x_2 - m_2)(b_2 - m_2) = r^2$.

Lage von Kugeln und Ebenen

Um die Lage einer Kugel $K: (\vec{x} - \vec{m})^2 = r^2$ und einer Ebene E zu beschreiben, bestimmt man den Abstand des Kugelmittelpunktes M zur Ebene E.

Ist der Abstand

- größer als der Radius, dann besitzen Kugel und Ebene keine gemeinsamen Punkte,
- kleiner als der Radius, dann schneiden sich die Ebene und die Kugel in einem Kreis,
- gleich dem Radius, dann berührt die Ebene die Kugel in einem Punkt. In diesem Fall nennt man sie **Tangentialebene**.

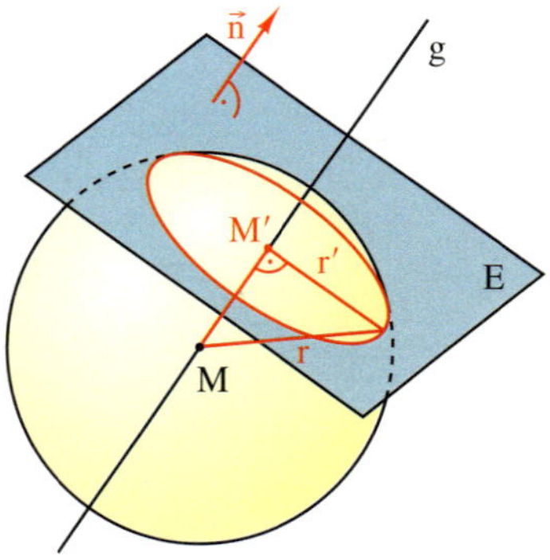

Den Schnittkreis einer Ebene E mit einer Kugel K (mit dem Radius r und dem Mittelpunkt M) beschreibt man durch die Angabe der Schnittebene E, des Kreismittelpunktes M′ und des Kreisradius r′.

Der Mittelpunkt M′ ist der Lotfußpunkt von M auf E und für r′ gilt:

$r' = \sqrt{r^2 - \overline{MM'}^2}$.

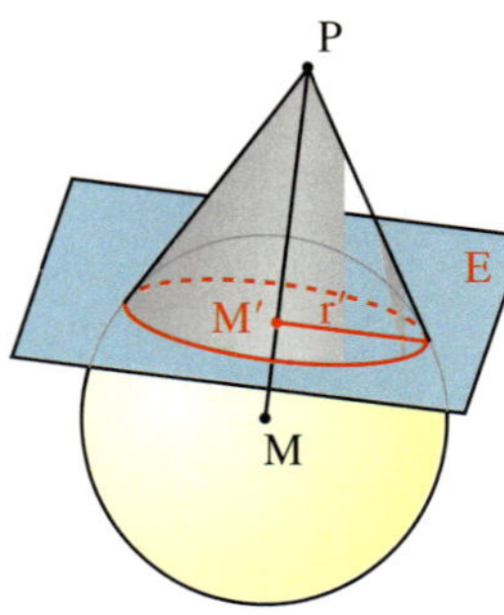

Die **Tangentialebene** im Punkt $B(b_1|b_2|b_3)$ an die Kugel $K: (\vec{x} - \vec{m})^2 = r^2$ hat die Gleichung: $(\vec{x} - \vec{m}) \cdot (\vec{b} - \vec{m}) = r^2$ bzw.

$(x_1 - m_1)(b_1 - m_1) + (x_2 - m_2)(b_2 - m_2) + (x_3 - m_3)(b_3 - m_3) = r^2$.

Alle Geraden, die durch einen Punkt P gehen und die Kugel $K: (\vec{x} - \vec{m})^2 = r^2$ berühren, bilden den **Tangentialkegel**. Der Berührkreis des Tangentialkegels ist der Schnittkreis der Kugel K mit der Ebene $E: (\vec{x} - \vec{m}) \cdot (\vec{p} - \vec{m}) = r^2$.

Üben und Wiederholen ohne Hilfsmittel

1 Gegeben ist ein Kreis mit dem Mittelpunkt M und Radius r. Geben Sie eine Vektor- und eine Koordinatengleichung des Kreises an.
a) $M(0|1);\ r = 1$ b) $M(-2|3);\ r = 5$ c) $M(18|-15);\ r = 40$

2 Bestimmen Sie Mittelpunkt und Radius der Kugel k. Geben Sie die Gleichung der Kugel in Vektorform an.
a) $x_1^2 + x_2^2 + x_3^2 + 2x_1 - 2x_3 = 0$ b) $x_1^2 + x_2^2 + x_3^2 + 4x_1 - 2x_2 - 8x_3 - 50 = 0$

3 Bestimmen Sie die Schnittpunkte der Geraden g mit dem Kreis k.
a) k: $\left[x - \begin{pmatrix}3\\4\end{pmatrix}\right]^2 = 10$, g: $x = \begin{pmatrix}1\\3\end{pmatrix} + t\begin{pmatrix}-1\\2\end{pmatrix}$
b) k: $x_1^2 + x_2^2 - 4x_1 - 10x_2 + 16 = 0$, g: $x_1 - x_3 = -4$

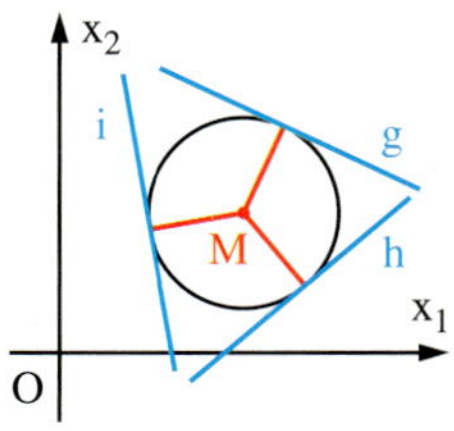

Fig. 1

4 Bestimmen Sie zeichnerisch und rechnerisch die Kreise, die die drei Geraden berühren (Fig. 1).
a) g: $\left[\vec{x} - \begin{pmatrix}2\\3\end{pmatrix}\right]\cdot\begin{pmatrix}-1\\2\end{pmatrix} = 0$, h: $\left[\vec{x} - \begin{pmatrix}4\\-4\end{pmatrix}\right]\cdot\begin{pmatrix}1\\2\end{pmatrix} = 0$, i: $\left[\vec{x} - \begin{pmatrix}3\\1\end{pmatrix}\right]\cdot\begin{pmatrix}2\\2\end{pmatrix} = 0$
b) g: $\vec{x} = \begin{pmatrix}4\\5\end{pmatrix} + r\begin{pmatrix}2\\3\end{pmatrix}$, h: $\vec{x} = \begin{pmatrix}4\\5\end{pmatrix} + s\begin{pmatrix}2\\-3\end{pmatrix}$, i: $\vec{x} = \begin{pmatrix}9\\5\end{pmatrix} + t\begin{pmatrix}0\\1\end{pmatrix}$

5 Durch die Punkte $A(2|-1|2)$, $B(3|0|3)$ und $C(-5|4|1)$ ist eine Ebene E bestimmt.
a) Zeigen Sie, dass die Ebene E die Kugel K: $\left[\vec{x} - \begin{pmatrix}-2\\4\\1\end{pmatrix}\right]^2 = 36$ schneidet, und bestimmen Sie den Mittelpunkt M′ und den Radius r′ des Schnittkreises.
b) Bestimmen Sie eine Gleichung der Kugel K*, die man bei einer Spiegelung von K an der Ebene E erhält.

6 Für welche reelle Zahl a berührt die Ebene E die Kugel K?
Berechnen Sie dann die Koordinaten des Berührpunktes.
a) E: $2x_1 - 3x_2 + ax_3 = 0$; K: $x_1^2 + x_2^2 + x_3^2 - 4x_1 + 6x_2 - 10x_3 + 13 = 0$
b) E: $\vec{x} = \begin{pmatrix}2\\1\\5\end{pmatrix} + r\begin{pmatrix}a\\1\\0\end{pmatrix} + s\begin{pmatrix}0\\1\\a\end{pmatrix}$; K: $\left[\vec{x} - \begin{pmatrix}10\\8\\6\end{pmatrix}\right]^2 = 81$

7 Gegeben sind die Punkte $M\left(0\middle|10\middle|\frac{25}{2}\right)$, $A(0|0|5)$ und die Ebene E: $4x_1 + 3x_3 = 40$.
a) Die Kugel K hat den Mittelpunkt M und geht durch A. Bestimmen Sie eine Gleichung der Kugel K. Welche Punkte hat K mit den Koordinatenebenen gemeinsam?
b) Die Ebene E schneidet die Kugel K in einem Kreis. Bestimmen Sie den Mittelpunkt und den Radius des Schnittkreises.
c) Die Kugel K* hat den Mittelpunkt A und berührt die Ebene E. Bestimmen Sie eine Gleichung der Kugel K* und die Koordinaten des Berührpunktes.
d) T ist die Tangentialebene der Kugel K mit dem Berührpunkt $B(x_1|4|8)$ mit $x_1 > 0$.
Zeigen Sie, dass T auch die Kugel K* in einem Punkt B* berührt.
Welche Koordinaten hat der Punkt B*?
e) Für welche Werte von k ist $x_1^2 + x_2^2 + x_3^2 - 2kx_2 - \frac{3}{2}kx_3 - 10x_3 + k^2 = 0$ die Gleichung einer Kugel? Bestimmen Sie die Koordinaten des Mittelpunktes und den Radius der Kugel.
Für welche Werte von k ist die x_2-Achse eine Tangente der Kugel?

1 Bestimmen Sie die Gleichung des Kreises, der die x_2-Achse berührt und durch die Punkte $P(1|0)$ und $Q(3|2)$ geht.

2 Überprüfen Sie, ob die Gerade g Sekante, Tangente oder Passante des Kreises k ist, und bestimmen Sie gegebenenfalls gemeinsame Punkte.

a) $k: \left[\vec{x} - \begin{pmatrix} 3 \\ -2 \end{pmatrix}\right]^2 = 13$, $g: \vec{x} = \begin{pmatrix} -4 \\ 6 \end{pmatrix} + t\begin{pmatrix} -1 \\ 1 \end{pmatrix}$

b) $k: x_1^2 + x_2^2 - 2x_1 + 8x_2 + 9 = 0$, $g: x_1 + x_2 - 1 = 0$

c) $k: x_1^2 + x_2^2 - 2x_1 - 2x_2 - 7 = 0$, $g: 7x_1 + 6x_2 - 42 = 0$

3 Bestimmen Sie die Zahl $c \in \mathbb{R}$ so, dass die Gerade $g: 3x_1 - x_2 = c$ den Kreis $k: x_1^2 + x_2^2 = 10$ berührt. Bestimmen Sie die Koordinaten des Berührpunktes.

4 Untersuchen Sie, ob die Ebene E die Kugel K schneidet, berührt oder keinen Punkt mir ihr gemeinsam hat.

a) $K: (x_1 - 2)^2 + (x_2 - 1)^2 + (x_3 + 3)^2 = 25$, $E: 2x_1 + 2x_2 + 2x_3 - 19 = 0$

b) $K: (x_1 - 4)^2 + (x_2 + 2)^2 + (x_3 - 3)^2 = 46$, $E: -6x_1 + 3x_2 - x_3 - 13 = 0$

c) $K: (x_1 - 1)^2 + (x_2 + 1)^2 + (x_3 - 5)^2 = 64$, $E: 2x_1 - x_2 - x_3 - 4 = 0$

5 Wie ist der Radius der Kugel um M zu wählen, damit die Kugel die Ebene E berührt?

a) $M(-1|-2|3)$, $E: 2x_1 + 5x_2 - x_3 = 11$

b) $M(11|-1|4)$, $E: x_1 + x_2 + x_3 = 7$

6 Bestimmen Sie die Tangentialebenen an die Kugel K, die parallel zur Ebene E sind. Bestimmen Sie die Koordinaten der Berührpunkte.

$K: \left[\vec{x} - \begin{pmatrix} 3 \\ -2 \\ -1 \end{pmatrix}\right]^2 = 9$, $E: \vec{x} \cdot \begin{pmatrix} -2 \\ 1 \\ 2 \end{pmatrix} = 12$

7 Gegeben ist die Kugel K mit dem Mittelpunkt M und dem Radius r. Untersuchen Sie, ob die Gerade g die Kugel schneidet, berührt oder keinen Punkt mit ihr gemeinsam hat. Bestimmen Sie gegebenenfalls gemeinsame Punkte.

a) $g: \vec{x} = \begin{pmatrix} 6 \\ 3 \\ -2 \end{pmatrix} + t\begin{pmatrix} 2 \\ 1 \\ -1 \end{pmatrix}$; $M(2|1|-3)$, $r = 3$

b) $g: \vec{x} = \begin{pmatrix} 0 \\ -2 \\ 3 \end{pmatrix} + t\begin{pmatrix} 2 \\ 0 \\ 1 \end{pmatrix}$; $M(-4|2|1)$, $r = 4$

8 Bestimmen Sie den Wert für $a \in \mathbb{R}$ so, dass die Ebene E die Kugel K berührt. Berechnen Sie dann die Koordinaten der Berührpunkte.

a) $E: 2x_1 - 3x_2 + ax_3 = 0$; $K: x_1^2 + x_2^2 + x_3^2 - 4x_1 + 6x_2 - 10x_3 + 13 = 0$

b) $E: ax_1 + ax_2 + 2x_3 = 10$; $K: x_1^2 + x_2^2 + x_3^2 + 10x_1 - 20x_2 + 10x_3 + 50 = 0$

9 Zeigen Sie, dass die Ebene E die Kugel K schneidet, und bestimmen Sie den Mittelpunkt und den Radius des Schnittkreises.

$K: \left[\vec{x} - \begin{pmatrix} 8 \\ 10 \\ 3 \end{pmatrix}\right]^2 = 4$, $E: \vec{x} = \begin{pmatrix} 9 \\ 8 \\ 6 \end{pmatrix} + s\begin{pmatrix} -1 \\ 2 \\ -3 \end{pmatrix} + t\begin{pmatrix} 2 \\ 5 \\ 9 \end{pmatrix}$

10 Gegeben ist die Kugel mit dem Mittelpunkt M und dem Radius r. Bestimmen Sie den Mittelpunkt, den Radius des Berührkreises und die Größe des Öffnungswinkels des Tangentialkegels mit der Spitze im Punkt P.

a) $P(-1|-3|7)$, $M(3|1|3)$, $r = 6$

b) $P(-5|2|-18)$, $M(1|2|-6)$, $r = \sqrt{150}$

XIII Von der Pfadregel zur Binomialverteilung

1 Beschreibung von Zufallsexperimenten

Fig. 1

1 Pferderennen bieten eine Vielzahl von Wettmöglichkeiten. Man kann nicht nur auf den Sieger wetten sondern z. B. auch auf die besten Pferde in der Reihenfolge des Einlaufs oder die besten Pferde ohne Beachtung der Reihenfolge. Bei dem Pferderennen in Fig. 1 starteten fünf Pferde.

a) Geben Sie verschiedene Wettmöglichkeiten an.

b) Beschreiben Sie, worauf es bei den jeweiligen Wettmöglichkeiten ankommt und worauf nicht.

c) Nennen Sie Wettvarianten, bei denen bei dem Einlauf von Fig. 1 gewonnen wurde.

Bei der Beschreibung von Zufallsexperimenten betrachtet man neben den möglichen **Ergebnissen** auch Mengen von Ergebnissen.
Fig. 2 beschreibt ein Würfelspiel: Man gewinnt beim einmaligen Würfeln 3 €, wenn man die Zahlen 5 oder 6 erhält, in allen anderen Fällen verliert man 1 €. Bei diesem Spiel betrachtet man die Teilmengen {1; 2; 3; 4} und {5; 6} der **Ergebnismenge** S = {1; 2; 3; 4; 5; 6}.

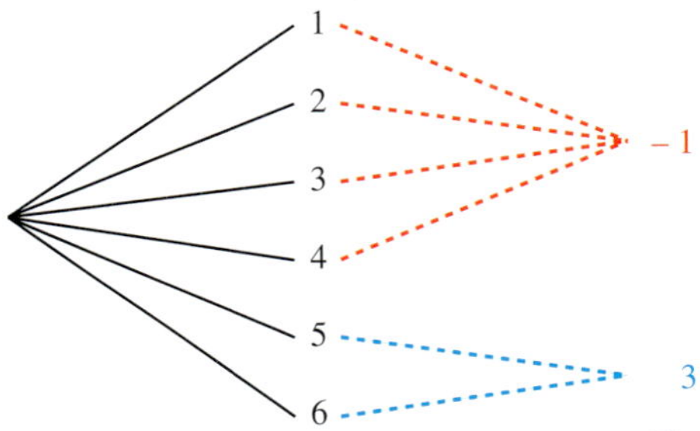

Fig. 2

Beachten Sie:
Die leere Menge ist Teilmenge von jeder Menge.
Jede Menge ist Teilmenge von sich selbst.
Das Ereignis { } heißt auch unmögliches Ereignis, weil dieses Ereignis nie eintritt.
Das Ereignis S heißt auch sicheres Ereignis, weil dieses Ereignis immer eintritt.

Allgemein nennt man jede Teilmenge einer Ergebnismenge **Ereignis**. Man sagt: „Ein Ereignis tritt ein", wenn eine Durchführung des Experimentes ein Element dieses Ereignisses liefert.
Oft interessiert man sich nicht für die Ergebnisse eines Experimentes, sondern z. B. für gewisse Zahlen, die den Ergebnissen zugeordnet sind. Eine solche Zuordnung nennt man **Zufallsgröße**.
In Fig. 2 beschreibt die Zufallsgröße $X\colon \{1; 2; 3; 4; 5; 6\} \to \{-1; 3\}$ den Gewinn (in €).
Es gilt $X(1) = X(2) = X(3) = X(4) = -1$ und $X(5) = X(6) = 3$.
Wenn das Ereignis {1; 2; 3; 4} eintritt, sagt man „Die Zufallsgröße nimmt den Wert –1 an" und schreibt $X = -1$. Wenn {5; 6} eintritt, gilt $X = 3$.

Beispiel:
In einem Kasten sind neun Kugeln mit den Ziffern 1 bis 9. Es werden zwei Kugeln ohne Zurücklegen gezogen. Mit den gezogenen Ziffern werden zwei Zahlen gebildet. Sind beide Zahlen größer als 70, so gewinnt man 5 €. In allen anderen Fällen verliert man 2 €.
a) Geben Sie die entsprechende Ergebnismenge an.
b) Geben Sie das Ereignis G an, das alle „Gewinn"-Ergebnisse enthält.
c) Geben Sie eine Zufallsgröße X an, die die „Gewinn"- und „Verlust"-Werte 5 und –2 annimmt.
Lösung:
a) S = {(12; 21), … , (19; 91), (23; 32), … , (29; 92), (34; 43), … , (89; 98)}
b) G = {(78; 87), (79; 97), (89; 98)}
c) Für die Zufallsgröße X gilt: $X = 5$, falls G eintritt, und $X = -2$, falls G nicht eintritt.

Aufgaben

2 Ein Kasten enthält neun Kugeln mit den Zahlen 1 bis 9. Eine Kugel wird gezogen und die Zahl wird notiert.
a) Geben Sie die folgenden Ereignisse an.
A: Die Zahl ist eine Primzahl.
B: Die Zahl ist durch 5 teilbar.
C. Die Zahl ist ungerade.
D: Die Zahl ist größer als 8.
E: Die Zahl ist eine Quadratzahl.
b) Geben Sie eine Zufallsgröße X an, die der jeweiligen Zahl die Anzahl ihrer Teiler zuordnet.

Bei Zufallsgrößen kann man analog zu $X = k$ auch die Schreibweisen $X < k$, $X > k$, $X \leqq k$ und $X \geqq k$ verwenden.

3 Herr Müller fährt mehrmals in der Woche mit der Straßenbahn von der Haltestelle Zoo nach Hause. Hierbei muss er am Postplatz umsteigen.
Vom Zoo bis zum Postplatz kann er Linie 1 oder Linie 2 nehmen. Linie 1 benötigt bis zum Postplatz vier Minuten, Linie 2 sieben Minuten.
Ab Postplatz kann er in Linie 7, 10 oder 11 umsteigen. Linie 7 benötigt bis zu Herrn Müllers Endhaltestelle neun Minuten, Linie 10 zwölf Minuten und Linie 11 sechs Minuten.
Da die Straßenbahnen nicht immer streng nach Plan fahren können, fährt Herr Müller mit der zufällig als nächste erreichbaren Linie. Beim Umsteigen benötigt er stets eine Minute.
a) Beschreiben Sie das Experiment „Zeit vom Zoo zur Poststraße".
b) Geben Sie eine Zufallsgröße an mit den Werten „Fahrtzeit über 15 Minuten" und „Fahrtzeit höchstens 15 Minuten".

Carl Friedrich Gauss (1777–1855)

4 Bei einer TV-Show sollen den Mathematikern Gauss, Euler und Pascal die Geburtsjahre 1623, 1777 und 1707 zugeordnet werden. Der Kandidat bekennt, dass er keine Kenntnisse in Mathematikgeschichte aufweisen kann, und muss raten.
Geben Sie eine Zufallsgröße an, die die Anzahl der richtigen Antworten beschreibt.

Leonhard Euler (1707–1783)

5 Auf drei verdeckten Karten ist jeweils einer der Buchstaben A, B und C notiert. Die Karten werden nacheinander aufgedeckt. Der Gewinn beträgt 2 €, wenn A als erster Buchstabe erscheint und 1 €, wenn A als zweiter Buchstabe erscheint. Erscheint A als dritter Buchstabe, dann muss der Spieler 3 € bezahlen. Die Zufallsgröße X beschreibt den Gewinn in €.
Welches Ereignis wird beschrieben durch a) $X = 2$ b) $X = 1$ c) $X = -3$ d) $X \leqq 2$?

6 Eine Münze wird fünfmal hintereinander geworfen. Es wird jeweils W für Wappen oder Z für Zahl notiert. Gleiche hintereinander stehende Buchstaben bilden einen Block; auch einzelne Buchstaben zählen als Block (so hat z. B. das Ergebnis WWWWW einen Block, das Ergebnis WWWZZ zwei Blöcke und das Ergebnis WWZWW drei Blöcke).
Die Zufallsgröße X beschreibt die Anzahl der Blöcke.
Welches Ergebnis wird von X auf 2 abgebildet?

Blaise Pascal (1623–1662)

7 Eine Zufallsgröße kann die Werte 3, 7 und $8\frac{1}{2}$ annehmen. Beschreiben Sie ein Experiment, zu dem diese Zufallsgröße gehören kann. Geben Sie die Ergebnismenge und die Ereignismenge dieses Experimentes an.

8 a) Wie viele Teilmengen haben jeweils $S_1 = \{a, b, c\}$; $S_2 = \{a, b\}$; $S_3 = \{a\}$ und $S_4 = \{\,\}$?
b) Wie viele Teilmengen hat eine Menge mit n Elementen?
Hinweis: Vergleichen Sie die Teilmengen von S_4, S_3, S_2 und S_1 aus Aufgabenteil a).

2 Relative Häufigkeiten und Wahrscheinlichkeiten

Fig. 1

1 Aus einem Kartenspiel wird zufällig eine Karte gezogen.
Worauf würden Sie eher wetten:
– Die gezogene Karte ist eine Herz-Karte.
– Die gezogene Karte ist ein Bube oder eine Dame oder ein König.
Begründen Sie Ihre Antwort.
Welche Annahmen haben Sie gemacht?

Im Mathematikbereich der Klett-Homepage (www.klett-verlag.de) erfahren Sie, wo Sie Quader-Klassensätze mit zusätzlichen Begleitmaterialien beziehen können.

Fig. 2

Die Summe der Zahlen gegenüber liegender Seiten des Quaders beträgt 7.

Das Ergebnis einer einmaligen Durchführung eines Zufallsexperimentes kann man nicht vorhersagen. Man kann aber Aussagen darüber machen, wie wahrscheinlich es ist, dass man ein bestimmtes Ergebnis erhält. Hierzu orientiert man sich an der **relativen Häufigkeit**, mit der dieses bestimmte Ergebnis bei mehrfacher Durchführung des Experimentes auftritt.

Ein Quader mit den Zahlen 1 bis 6 (Fig. 2) wurde 1000-mal geworfen. Die erhaltenen relativen Häufigkeiten kann man zur Grundlage nehmen, um die **Wahrscheinlichkeiten** für das jeweilige Auftreten der Zahlen 1 bis 6 festzulegen.

Zahl	absolute Häufigkeit a	relative Häufigkeit $\frac{a}{1000}$	festgelegte Wahrscheinlichkeit
1	97	0,097	0,10
2	73	0,073	0,07
3	329	0,329	0,33
4	334	0,334	0,33
5	68	0,068	0,07
6	99	0,099	0,10
	Summe: 1000	Summe: 1	Summe: 1

Fig. 3

Die Erfahrung zeigt: Bei sehr großen Anzahlen von Versuchsdurchführungen stabilisieren sich die relativen Häufigkeiten ***(Gesetz der großen Zahlen).***

Mathematische Exkursion

Für die relativen Häufigkeiten gilt allgemein:
– Die relativen Häufigkeiten liegen im Intervall [0; 1].
– Die Summe der relativen Häufigkeiten aller Ergebnisse beträgt 1.
– Die relative Häufigkeit für das Auftreten eines Ereignisses ist die Summe der relativen Häufigkeiten der zugehörigen Ergebnisse. So ergibt sich zum Beispiel die relative Häufigkeit für das Ereignis „Der Quader steht hochkant" aus der Summe $0{,}073 + 0{,}068$, also $0{,}141$.

Die Wahrscheinlichkeiten sind gut gewählt, wenn sie bei sehr vielen Durchführungen eines Experimentes in der Nähe der relativen Häufigkeiten liegen.

Definition: Ist $S = \{e_1, e_2, \ldots, e_n\}$ die Ergebnismenge eines Zufallsexperimentes, so heißt jede Funktion $P: S \to \mathbb{R}$ mit $0 \leqq P(e_i) \leqq 1$ für alle i und $P(e_1) + P(e_2) + \ldots + P(e_n) = 1$ Wahrscheinlichkeitsfunktion oder **Wahrscheinlichkeitsverteilung**.
Für jedes i heißt $P(e_i)$ **Wahrscheinlichkeit des Ergebnisses e_i.**
Für jedes Ereignis A mit $A = \{e_i, e_k, \ldots, e_r\}$ heißt $P(A) = P(e_i) + P(e_k) + \ldots + P(e_r)$ **Wahrscheinlichkeit des Ereignisses A.**

Anmerkung: Gilt $P(e_1) = P(e_2) = \ldots = P(e_n)$, so spricht man von **LAPLACE-Verteilung** und **LAPLACE-Experiment**.

Der Buchstabe P für die Wahrscheinlichkeitsfunktion erinnert an das lateinische Wort probabilitas (Wahrscheinlichkeit).

Beispiel:
Die Tabelle zeigt die Altersverteilung der Schülerinnen und Schüler einer Jahrgangsstufe eines Gymnasiums. In dieser Jahrgangsstufe wird eine Schülerin bzw. ein Schüler durch ein Losverfahren ausgewählt.

Alter	17	18	19	20
Anzahl	27	75	13	5

Wie groß ist die Wahrscheinlichkeit, dass eine volljährige Schülerin bzw. ein volljähriger Schüler ausgewählt wird?
Lösung:
Das Experiment ist ein LAPLACE-Experiment.

Alter	festgelegte Wahrscheinlichkeit P
17	$\frac{27}{120}$
18	$\frac{75}{120}$
19	$\frac{13}{120}$
20	$\frac{5}{120}$

Summe der Wahrscheinlichkeiten: 1

Erste Möglichkeit:
$E = \{18, 19, 20\}$
$P(E) = P(18) + P(19) + P(20)$
$= \frac{75}{120} + \frac{13}{120} + \frac{5}{120} = \frac{93}{120}$

Zweite Möglichkeit:
$\overline{E} = \{17\}$
$P(E) = 1 - P(17)$
$= 1 - \frac{27}{120} = \frac{93}{120}$

Die zweite Möglichkeit verwendet statt $E = \{18, 19, 20\}$ das **Gegenereignis** $\overline{E} = \{17\}$.

Aufgaben

2 In einem Kasten liegen Kugeln, die jeweils einen der Buchstaben a, b, c, d tragen. Es wurde sehr oft jeweils eine Kugel gezogen, der Buchstabe notiert und alle Kugeln wieder durchmischt. Hierbei stellte man fest, dass die Buchstaben a, b, c und d im Verhältnis 7 : 4 : 6 : 8 gezogen wurden.
a) Geben Sie eine entsprechende Wahrscheinlichkeitsverteilung an.
b) Wie groß ist die Wahrscheinlichkeit, den Buchstaben b oder den Buchstaben c zu ziehen?
c) Wie groß ist die Wahrscheinlichkeit, nicht den Buchstaben a zu ziehen?

Bei Aufgabe 3 benötigt man Informationen über die Schülerinnen und Schüler des Mathematikkurses.

3 In Ihrem Kurs wird eine Schülerin bzw. ein Schüler ausgelost. Bestimmen Sie die Wahrscheinlichkeit, dass der Geburtstag dieser Schülerin bzw. dieses Schülers
a) im März liegt,
b) nicht im Sommer liegt,
c) in diesem Jahr weder auf einen Montag noch auf einen Dienstag fällt.

Bei LAPLACE-Experimenten gilt für die Wahrscheinlichkeit eines Ereignisses A:
$P(A) = \frac{\text{Anzahl Ergebnisse, bei denen A eintritt}}{\text{Anzahl aller möglichen Ergebnisse}}$

4 Begründen Sie die auf dem Seitenrand notierte Merkregel für LAPLACE-Experimente.

5 Ein gleichmäßig gearbeiteter Würfel mit den Zahlen 1 bis 6 wird zweimal geworfen. Worauf würden Sie eher wetten: „Die erste Augenzahl ist größer als die zweite" oder „Das Produkt beider Augenzahlen ist größer als 9"?

6 Der italienische Mathematiker und Physiker GALILEO GALILEI (1564–1642) wurde vom Fürsten der Toskana auf Grund dessen Erfahrungen mit Glücksspielen auf den folgenden scheinbaren Widerspruch aufmerksam gemacht:
Beim Werfen dreier Würfel erscheint die Augensumme 10 öfter als die Augensumme 9.
Beide Summen können jedoch auf gleich viele Arten in Summanden aus den Zahlen 1 bis 6 zerlegt werden.

3 Mehrstufige Zufallsexperimente – Pfadregel

Fig. 1

1 Sebastian und Sabine sind im Tanzsport erfolgreich. Ihre Trainingsgruppe besteht aus sechs Paaren (Fig. 1). An einem Abend werden für zwei Tanzrunden die Partner ausgelost. Wie groß ist die Wahrscheinlichkeit, dass Sebastian und Sabine aufgrund der Auslosung nur miteinander tanzen?

2 Bei einem Vereinsfest wird ein Glücksspiel angeboten. In einem Eimer befinden sich drei Kugeln mit den Buchstaben C, F, K.
Wer die Kugeln ohne Zurücklegen in der Reihenfolge F – C – K zieht, erhält einen Preis.
Wie groß ist die Gewinnwahrscheinlichkeit?

Setzt sich ein Zufallsexperiment aus mehreren einzelnen Experimenten zusammen, so spricht man von einem **mehrstufigen Zufallsexperiment**. Die Wahrscheinlichkeiten bei mehrstufigen Zufallsexperimenten kann man mit Hilfe von **Baumdiagrammen** bestimmen. Dies wird an der folgenden Situation verdeutlicht.
Ein Kurs besteht aus zehn Mädchen und fünf Jungen. In einem Kasten sind 15 Zettel mit den Namen der Schülerinnen und Schüler. Zwei Zettel werden nacheinander ohne Zurücklegen gezogen. Mit welcher Wahrscheinlichkeit werden die Namen von einem Jungen und einem Mädchen gezogen?

Die Ergebnisse dieses Experimentes können als geordnete Paare angegeben werden, z. B.:
***(J; M)** bezeichnet das Ergebnis „erst wird ein Junge und dann ein Mädchen ausgelost“*
und
***{(J; M), (M; J)}** bezeichnet das Ereignis „Es wurden ein Junge und ein Mädchen ausgelost“.*

*Statt **P({(J; M), (M; J)})** schreiben wir auch **P((J; M), (M; J))**.*

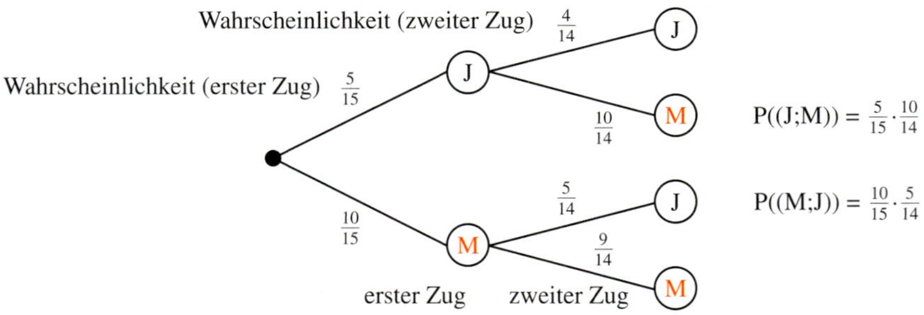

Fig. 2

Gesuchte Wahrscheinlichkeit: $P((J; M), (M, J)) = \frac{5}{15} \cdot \frac{10}{14} + \frac{10}{15} \cdot \frac{5}{14} = \frac{10}{21}$.

Die gesuchte Wahrscheinlichkeit kann man auch ohne Diagramm bestimmen.
Anzahl aller möglichen Ergebnisse:
Im ersten Zug können 15 verschiedene Namen gezogen werden, im zweiten Zug 14. Also gibt es insgesamt $15 \cdot 14$ mögliche Ergebnisse.
Anzahl der für das Ereignis „Ein Junge und ein Mädchen werden gezogen“ günstigen Ergebnisse: Im ersten Zug können fünf Namen von Jungen, im zweiten Zug zehn Namen von Mädchen gezogen werden. Es können auch im ersten Zug zehn Namen von Mädchen und im zweiten Zug fünf Namen von Jungen gezogen werden. Also erhält man $5 \cdot 10 + 10 \cdot 5$ für das Ereignis günstige Ergebnisse. Für die gesuchte Wahrscheinlichkeit gilt somit:
$P((J; M), (M, J)) = \frac{5 \cdot 10 + 10 \cdot 5}{15 \cdot 14} = \frac{5 \cdot 10}{15 \cdot 14} + \frac{10 \cdot 5}{15 \cdot 14} = \frac{10}{21}$.

Der Vergleich der beiden Lösungsansätze mit dem Baumdiagramm verdeutlicht die folgenden Merkregeln:

***Beachten Sie:* „*Wahrscheinlichkeit eines Pfades*“** *bedeutet „Produkt aller Wahrscheinlichkeiten entlang dieses Pfades“.*

Wahrscheinlichkeiten bei Baumdiagrammen

1. Wahrscheinlichkeit eines Ergebnisses (**Pfadregel**):
   Multipliziere die Wahrscheinlichkeiten entlang des Pfades, der dieses Ergebnis beschreibt.
2. Wahrscheinlichkeit eines Ereignisses:
   Addiere die Wahrscheinlichkeiten aller Pfade, die zu diesem Ereignis gehören.

Beispiel:

In einem Kasten sind drei blaue, zwei rote und fünf grüne Kugeln. Es werden nacheinander zwei Kugeln ohne Zurücklegen gezogen. Wie groß ist die Wahrscheinlichkeit, nur blaue Kugeln oder nur grüne Kugeln zu ziehen?

Lösung:

Baumdigramm: Die Zeichnung bleibt übersichtlich, wenn man nur die Pfade zeichnet, die für die Lösung relevant sind.

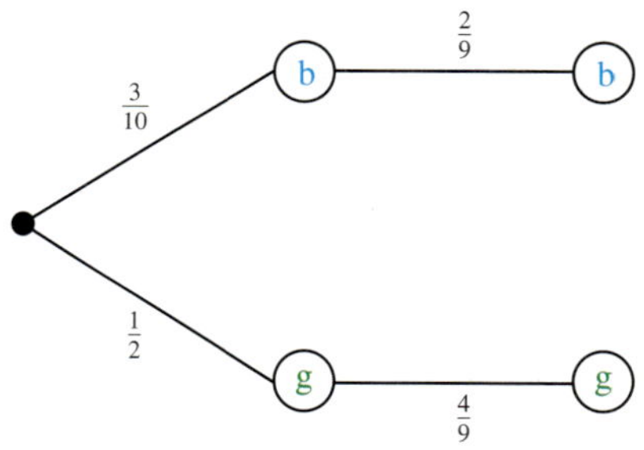

$P((\text{blau};\text{blau})) = \frac{3}{10}\cdot\frac{2}{9} = \frac{1}{15}$

$P((\text{grün};\text{grün})) = \frac{1}{2}\cdot\frac{4}{9} = \frac{2}{9}$

b: blau
g: grün

$P((\text{blau; blau}), (\text{grün; grün})) = P((\text{blau; blau})) + P((\text{grün; grün})) = \frac{1}{15} + \frac{2}{9} = \frac{13}{45}$

Aufgaben

Aufgaben zur Simulation mehrstufiger Experimente

3 Ein Kasten enthält zwei schwarze, zwei rote und sechs grüne Kugeln. Es werden drei Kugeln nacheinander gezogen. Bestimmen Sie die Wahrscheinlichkeit drei verschiedene Farben zu erhalten, wenn

a) ohne Zurücklegen gezogen wird,

b) mit Zurücklegen gezogen wird.

4 Ein Kasten enthält fünf Kugeln mit den Ziffern 1 bis 5. Es werden zwei Kugeln nacheinander ohne Zurücklegen gezogen. Mit den gezogenen Ziffern wird eine zweistellige Zahl gebildet. Die erste gezogene Kugel gibt die Einerziffer, die zweite gezogene Kugel die Zehnerziffer an. Wie groß ist die Wahrscheinlichkeit eine Zahl zu erhalten, bei der die Einerziffer um 2 größer ist als die Zehnerziffer?

5 In einer Gruppe von 30 Touristen sind fünf Schmuggler. Ein Zöllner kontrolliert nacheinander drei dieser Touristen. Wie groß ist die Wahrscheinlichkeit, dass

a) nur der dritte Kontrollierte ein Schmuggler ist

b) zwei der Kontrollierten Schmuggler sind?

6 Drei Sportschützen schießen gleichzeitig auf eine Tontaube. Der erste Schütze trifft mit 55 % Wahrscheinlichkeit, der zweite mit 70 % Wahrscheinlichkeit und der dritte mit 85 % Wahrscheinlichkeit.
Wie groß ist die Wahrscheinlichkeit, dass die Tontaube nicht getroffen wird?

7 Die Herstellung eines komplizierten Maschinenteiles geschieht in fünf voneinander unabhängigen Produktionsschritten. Beim ersten und zweiten Produktionsschritt beträgt die Fehlerquote jeweils 2 %, beim dritten Produktionsschritt 4 % und bei den beiden letzten Produktionsschritten jeweils 3 %.
a) Nach dem fünften Produktionsschritt wird ein Maschinenteil nach dem Zufallsprinzip ausgewählt und kontrolliert. Wie groß ist die Wahrscheinlichkeit, dass das Maschinenteil fehlerfrei ist?
b) Wie groß ist die Wahrscheinlichkeit, dass ein nach dem dritten Produktionsschritt zufällig ausgewähltes Maschinenteil fehlerhaft ist?

Beachten Sie:
Ist P(A) die Wahrscheinlichkeit, dass das Ereignis A eintritt, so ist 1 – P(A) die Wahrscheinlichkeit, dass das Ereignis A nicht eintritt.

8 Pralinen durchlaufen nach der Herstellung eine so genannte Sichtkontrolle. Für eine bestimmte Pralinensorte weiß man, dass bei dieser Kontrolle $\frac{1}{5}$ aller fehlerhaften Pralinen übersehen werden. Man überlegt deshalb, die Pralinen mehrmals durch die Endkontrolle zu überprüfen.
Wie groß ist die Wahrscheinlichkeit, dass
a) nach genau n Kontrollen ein vorhandener Fehler noch nicht entdeckt wird?
b) bei n Kontrollen ein vorhandener Fehler mindestens einmal festgestellt wird?

9 Wie groß ist die Wahrscheinlichkeit, dass beim Roulette-Spiel die Null
a) beim ersten Drehen kommt
b) spätestens beim dritten Drehen kommt
c) frühestens beim dritten Drehen kommt?

10 Das „Gymnasium am Kaiserdom“ wird von seinen Schülern kurz „GaK“ genannt. Bei einem Schulfest befinden sich in einem Kasten drei Zettel mit jeweils einer der Aufschriften „G“, „a“ und „K“. Zieht man nacheinander die Buchstaben G – a – K, so erhält man einen Gewinn.
Wie groß ist die Gewinnwahrscheinlichkeit, wenn man dreimal
a) mit Zurücklegen zieht,
b) ohne Zurücklegen zieht?

11 Während des Jubiläumsfestes des Turn- und Sportvereins wird das folgende Glücksspiel angeboten: In einem Kasten ist jeweils ein Zettel mit der Aufschrift „T“, „u“ und „S“. In einem zweiten Kasten sind sechs Zettel. Jeweils zwei Zettel tragen die Aufschrift „T“, „u“ bzw. „S“. Man darf einen der beiden Kästen auswählen und muss dann nacheinander ohne Zurücklegen drei Zettel ziehen. Wer T – u – S in dieser Reihenfolge zieht, erhält einen Preis. Für welchen Kasten sollte man sich entscheiden?

12 Ein Hobbymeteorologe glaubt, dass bei einer bestimmten Wetterlage auf einen regenfreien Tag mit der Wahrscheinlichkeit $\frac{5}{6}$ wieder ein regenfreier Tag folgt und auf einen Regentag mit der Wahrscheinlichkeit $\frac{2}{3}$ wieder ein Regentag folgt.
An einem regenfreien Sonntag stellt er eine solche Wetterlage fest. Er ist sich sicher, dass diese Wetterlage mindestens bis einschließlich Donnerstag hält.
Mit welcher Wahrscheinlichkeit rechnet der Hobbymeteorologe, dass der folgende
a) Dienstag ein regenfreier Tag ist,
b) Mittwoch ein Regentag ist?

4 Vierfeldertafel

1 In der Tabelle in Fig. 1 wurde das Ergebnis einer Umfrage zur Einstellung beim Fach Mathematik notiert. Eine befragte Person wird zufällig interviewt. Wie groß ist die Wahrscheinlichkeit, dass
a) die Person ein Mädchen ist
b) die Person eine positive Einstellung zum Fach Mathematik hat
c) dass die Person ein Mädchen mit positiver Einstellung zur Mathematik ist?

	positiv	negativ	Summe
Mädchen	95	75	170
Jungen	105	85	190
Summe	200	160	360

Fig. 1

Für die Berechnung von Wahrscheinlichkeiten bei Laplace-Versuchen braucht man nur zu wissen, wie viele Ergebnisse zu den betrachteten Ereignissen gehören.

Ein Elektronikhändler benötigt täglich 800 Stück eines Computerbauteils. 55% erhält er von der Firma MPI, den Rest von der Firma PMI. Er prüft in der Regel alle Bauteile gewissenhaft. Aus Zeitmangel konnten am 09. 08. von 800 Stück nur 80% auf Tauglichkeit geprüft werden. Von den geprüften Teilen waren nur 40% von PMI. Mathis kauft ein Bauteil beim Händler. Mit welcher Wahrscheinlichkeit ist es geprüft und von der Firma MPI?
Man bezeichnet mit P das Ereignis „Das Bauteil ist geprüft“ und mit E das Ereignis „Das Bauteil ist aus der Produktion von MPI“. Gesucht ist dann die Wahrscheinlichkeit für $E \cap P$.

$E \cap P$ bedeutet: Die Ereignisse E und P treten zugleich ein.

Die Bauteilzahlen lassen sich übersichtlich in einer Tabelle darstellen. Man ermittelt zunächst aus den Angaben im Text die roten Werte und kann daraus die anderen berechnen. Das Feld mit den Anzahlen zu dem Ereignis $E \cap P$ ist schraffiert. Es gibt also 384 von MPI produzierte geprüfte Bauteile, die gesuchte Wahrscheinlichkeit beträgt $\frac{384}{800} = 48\%$.

$E \cap P$: 384 eigenproduziert, geprüft
$E \cap \bar{P}$: 256 eigenproduziert, ungeprüft
$\bar{E} \cap P$: 56 fremdproduziert, geprüft
$\bar{E} \cap \bar{P}$: 104 fremdproduziert, ungeprüft

	E	$\bar{E}$	gesamt
P	384	256	640
$\bar{P}$	56	104	160
gesamt	440	360	800

Die vier blau unterlegten Felder enthalten die Anzahlen für die vier Schnittmengen, die sich aus den beiden Ereignissen P bzw. E und ihren Gegenereignissen bilden lassen. Daher nennt man eine solche Tabelle auch **Vierfeldertafel**.

Mit einer Vierfeldertafel lassen sich bei einem Laplace-Versuch die Anzahlen der Ergebnisse von zwei Ereignissen und ihren Gegenereignissen übersichtlich darstellen und Wahrscheinlichkeiten berechnen.

Beispiel: (Medizinischer Test).
In der Bundesrepublik Deutschland sind etwa 0,5% der Bevölkerung aktiv an Tuberkulose (Tbc) erkrankt. Man weiß aufgrund langjähriger Erfahrungen, dass ein spezieller Tbc-Röntgentest 90% der Kranken und 99% der Gesunden richtig diagnostiziert.
Herr Lampe hat am Röntgentest teilgenommen. Das Untersuchungs-Ergebnis weist ihn als Tbc-krank aus (Testergebnis positiv). Mit welcher Wahrscheinlichkeit ist er wirklich an Tbc erkrankt?

Man sollte die Wahrscheinlichkeit zunächst schätzen.

Wenn nur Anteile oder Wahrscheinlichkeiten gegeben sind, kann man eine passende Gesamtzahl zu Grunde legen.

Lösung:
Man geht z. B. von 100 000 untersuchten Personen aus. Mit den Zahlenangaben wird dann die Tabelle erstellt. Es ergeben sich zunächst die roten Werte:
0,5% von 100 000 = 500,
90% von 500 = 450,
99% von 99 500 = 98 505.

	an Tbc erkrankt	nicht an Tbc erkrankt	gesamt
Test positiv	450	995	1 445
Test negativ	50	98 505	98 555
gesamt	500	99 500	100 000

Die anderen Werte werden daraus berechnet Insgesamt sind von den 100 000 Untersuchten 1445 positiv getestet worden. Davon sind aber nur 450 krank. Also beträgt die gesuchte Wahrscheinlichkeit $\frac{450}{1445} \approx 31\%$.

Aufgaben

2 Eine Umfrage über die Beliebtheit des Faches Mathematik ergab die unvollständige Tabelle in Fig. 1.
a) Übertragen Sie die Tabelle ins Heft und vervollständige Sie sie.
b) Wie viele Schülerinnen und Schüler sind in Kurs B und mögen Mathematik?
c) Wie viele Schülerinnen und Schüler sind in Kurs B oder mögen Mathematik?

	Kurs A	Kurs B	gesamt
mag gern Mathematik		18	36
mag nicht gern Mathematik	50		
gesamt		28	

Fig. 1

3 Ein Schüler bzw. eine Schülerin aus einem der Kurse A bzw. B (aus Aufgabe 2) wird zufällig herausgegriffen. E ist das Ereignis „Der Schüler bzw. die Schülerin ist aus Kurs B“, F ist das Ereignis „Der Schüler bzw. die Schülerin mag gerne Mathe“.
Bestimmen Sie die Wahrscheinlichkeiten der Ereignisse $\overline{E}$, $E \cup F$ und $E \cap F$ (Fig. 1).

4 Bei der langjährigen Überprüfung von Fahrgästen der städtischen Verkehrsbetriebe wurde ermittelt, dass etwa 2% Schwarzfahrer unterwegs sind, davon 75% männliche. Allerdings wurden insgesamt auch 55% männliche Fahrgäste gezählt. Ein Fahrgast wird überprüft.
a) Erstellen Sie eine Vierfeldertafel. Legen Sie dabei passende Anzahlen zu Grunde.
b) Mit welcher Wahrscheinlichkeit wird bei der Überprüfung eine weibliche Person mit Fahrschein angetroffen?
c) Wie wahrscheinlich ist es, dass es eine männliche oder eine Person mit Fahrschein ist?

5 Der Hund eines Zollbeamten bellt, wenn er Rauschgift erschnuppert. 98% aller Rauschgift-Schmuggelfälle entdeckt er. In 3% aller Fälle, in denen kein Rauschgift geschmuggelt wurde, bellt er versehentlich trotzdem. Die Erfahrung zeigt, dass bei 1% sämtlicher Grenzübertritte Rauschgift geschmuggelt wird.
a) Wie groß ist die Wahrscheinlichkeit, dass der Hund bellt, wenn er einen Grenzgänger überprüft? Wieso ist diese Wahrscheinlichkeit ziemlich klein?
b) Der Hund bellt nun bei einem gerade ankommenden Grenzgänger.
Wie sicher kann der Zollbeamte sein, dass der Grenzgänger tatsächlich Rauschgift schmuggelt?
c) Der Hund bellt nun bei einem gerade ankommenden Grenzgänger nicht.
Wie sicher kann der Zollbeamte sein, dass dieser Grenzgänger kein Rauschgift schmuggelt?
d) Erfinden Sie eine Variation der Aufgabe – Sie können z. B. die Prozentzahlen ändern – erstellen Sie eine Lösung und stellen Sie die Aufgabe Ihrem Nachbarn.

5 Urnenmodelle – Bestimmen von Anzahlen

1 Bei der Elferwette im Fußballtoto kreuzt man als Vorhersage bei elf Fußballspielen an, ob der gastgebende Verein gewinnt (1), ob der Gast gewinnt (2) oder ob das Spiel unentschieden ausgeht (0). Ein möglicher Tip ist z. B. 12011021011, d. h. beim ersten Spiel gewinnt der Gastgeber, beim zweiten der Gast, das dritte endet unentschieden usw.

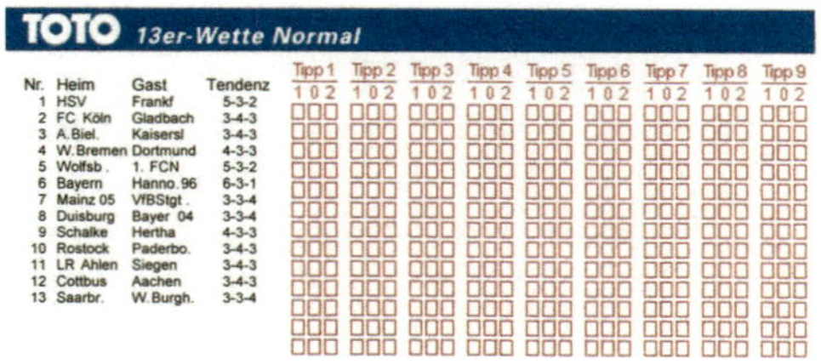

a) Wieso spielt bei einem Toto-Tipp die Reihenfolge der Ziffern 0, 1, 2 eine Rolle?
b) Wie groß ist die Wahrscheinlichkeit, bei einem Tipp alle Spiele richtig zu tippen? Welche Annahme macht man dabei?
c) Wie viele Tipps sind möglich, bei denen kein Spiel richtig getippt wird?

Viele Zufallsexperimente mit mehreren Stufen laufen ab wie das Ziehen der Lottokugeln. Man spricht vom Ziehen aus einer Urne. Um Wahrscheinlichkeiten für ein Ereignis E bei solchen Experimenten zu bestimmen, kann man wie in Lerneinheit 3 ein Baumdiagramm verwenden. Da solche Experimente oft Laplace-Experimente sind, kann man auch die Anzahl der Ergebnisse, die zu E gehören und die Anzahl aller möglichen Ergebnisse bestimmen. Auch dabei kann ein Baumdiagramm hilfreich sein.

Fig. 1

Es werden zwei Kugeln aus einer Urne mit fünf Kugeln gezogen, welche die Nummern 1, 2, 3, 4, 5 tragen (Fig. 1). Dabei sind vor allem folgende Fälle wichtig.

Ziehen mit Zurücklegen – die Reihenfolge der Kugeln wird berücksichtigt.

Statt (1,1) wird hier kurz 11 notiert.

An dem Diagramm in Fig. 2 kann man die möglichen Ergebnisse ablesen. Zu jeder der ersten fünf Ziehungen sind fünf Kugeln als zweite Ziehung möglich. Im Diagramm (Fig. 2) sind nur die Möglichkeiten dargestellt, bei denen die erste Kugel 2 ist. Für die Ergebnismenge S ergibt sich:

S = {11, 12, 13, 14, 15, 21, 22, 23, 24, 25, 31, 32, 33, 34, 35, 41, 42, 43, 44, 45, 51, 52, 53, 54, 55}

Es gibt also $5 \cdot 5 = 5^2 = 25$ Ergebnisse.

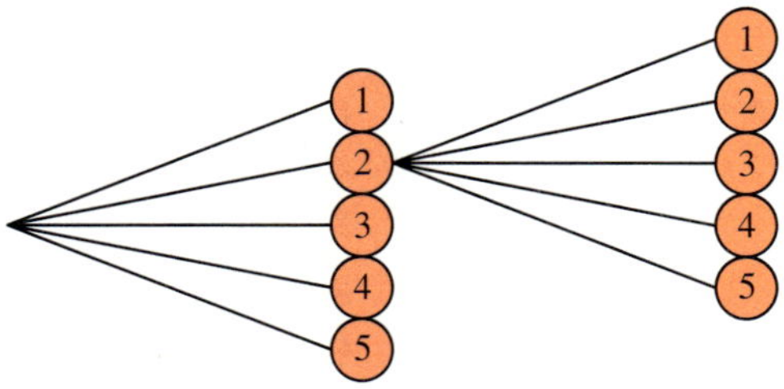

Fig. 2

Allgemein gilt:

> Wenn man aus einer Urne mit n nummerierten Kugeln k-mal *mit* Zurücklegen zieht und die Reihenfolge berücksichtigt, dann gibt es n^k Ergebnisse.

Ziehen ohne Zurücklegen - die Reihenfolge der Kugeln wird berücksichtigt.

Fig. 1

An dem Diagramm in Fig. 2 kann man die möglichen Ergebnisse ablesen. Zu jeder der ersten fünf Ziehungen sind jetzt nur noch vier Kugeln als zweite Ziehung möglich, da die erste Kugel nicht zurückgelegt wird. Im Diagramm sind nur die Möglichkeiten dargestellt, bei denen die erste Kugel 2 ist.

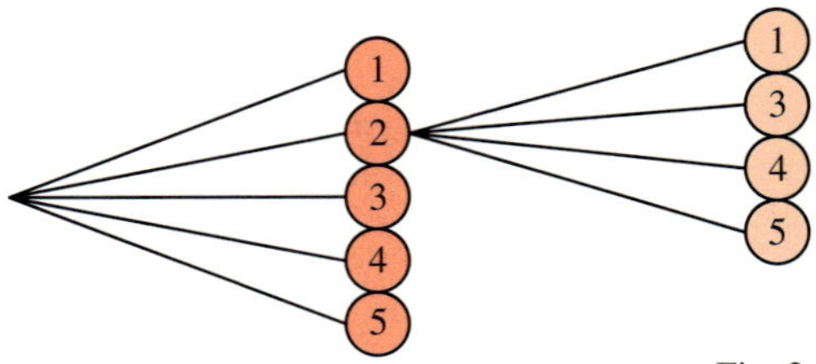

Fig. 2

S = {12, 13, 14, 15, 21, 23, 24, 25, 31, 32, 34, 35, 41, 42, 43, 45, 51, 52, 53, 54}
Es gibt also $5 \cdot 4 = 20$ Ergebnisse.
Allgemein gilt:

> Wenn man aus einer Urne mit n nummerierten Kugeln k-mal *ohne* Zurücklegen zieht und die Reihenfolge berücksichtigt, dann gibt es $n \cdot (n-1) \cdot \ldots \cdot (n-k+1)$ Ergebnisse.

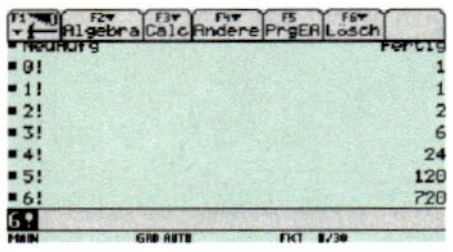

Beim Ziehen von n Kugeln ohne Zurücklegen kann man höchstens n-mal ziehen. Die Zahl der Ergebnisse in diesem Falle nennt man n! (gelesen: n **Fakultät**). Es gilt: $n! = n \cdot (n-1) \cdot \ldots \cdot 1$. Man kann also n nummerierte Kugeln auf n! Arten anordnen.

Wegen der Umformung $n \cdot (n-1) \cdot \ldots \cdot (n-k+1) = \frac{n \cdot (n-1) \cdot \ldots \cdot 1}{(n-k) \cdot (n-k-1) \cdot \ldots} = \frac{n!}{(n-k)!}$ gilt auch:

Beachten Sie, dass man 0! = 1 setzt.

Beim Ziehen von k Kugeln aus einer Urne mit n nummerierten Kugeln ohne Zurücklegen gibt es $\frac{n!}{(n-k)!}$ Ergebnisse.

Ziehen ohne Zurücklegen – die Reihenfolge der Kugeln wird nicht berücksichtigt.

Bei Berücksichtigung der Reihenfolge ergibt sich beim Ziehen von zwei Kugeln aus der Urne in Fig. 1 wie oben die Ergebnismenge {12, 13, 14, 15, 21, 23, 24, 25, 31, 32, 34, 35, 41, 42, 43, 45, 51, 52, 53, 54}. Da aber die Reihenfolge nicht berücksichtigt werden soll, fallen von diesen Ergebnissen jeweils zwei zusammen, z.B. 12 und 21 oder 34, 43. Die Zahl der Ergebnisse halbiert sich also. Da $2 = 2!$, gibt es somit $\frac{5!}{3! \cdot 2!} = 10$ Ergebnisse.

Es gibt 2! = 2 Möglichkeiten, zwei Kugeln anzuordnen.

Hätte man drei Kugeln gezogen, so würden jeweils sechs Ziehungen dasselbe Ergebnis liefern, z.B. 123, 132, 213, 231, 312, 321. Das sind gerade die 3! Anordnungen der Kugeln 1, 2, 3. Allgemein liefern also bei der Ergebnismenge k! Ziehungen dasselbe Ergebnis, wenn man k Kugeln zieht. Da es mit Berücksichtigung der Reihenfolge $\frac{n!}{(n-k)!}$ Ziehungen gibt, erhält man ohne Berücksichtigung der Reihenfolge $\frac{1}{k!} \cdot \frac{n!}{(n-k)!} = \frac{n!}{(n-k)! \cdot k!}$ Ergebnisse. Dafür schreibt man kurz $\binom{n}{k}$, lies n über k.

Die Zahlen $\binom{n}{k}$ nennt man Binominalkoeffizienten. Siehe dazu Aufgabe 11.

Allgemein gilt:

> Wenn man aus einer Urne mit n nummerierten Kugeln k-mal *ohne* Zurücklegen zieht und die Reihenfolge nicht berücksichtigt, dann gibt es $\binom{n}{k} = \frac{n!}{(n-k)! \cdot k!}$ Ergebnisse.

Beispiel 1: (Computerzeichen)

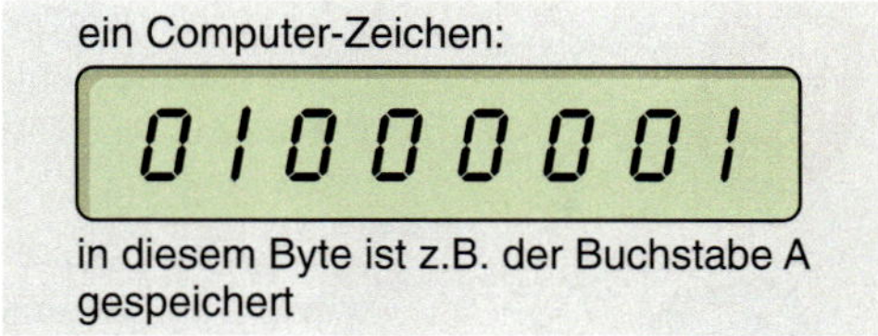

Ein Computerzeichen (byte) besteht aus 8 bit. Jedes bit kann den Wert 0 oder 1 haben. Wie viele verschiedene Zeichen können in einem byte dargestellt werden?
Lösung:
Das Zufallsexperiment „Bestimmen eines Computerzeichens" entspricht dem achtmaligen Ziehen mit Zurücklegen aus einer Urne mit zwei Kugeln, nummeriert mit 0 und 1. Die Reihenfolge ist zu berücksichtigen.
Es gibt also $2^8 = 256$ verschiedene Zeichen.

Welches Urnenexperiment entsprcht dem Pferderennen?

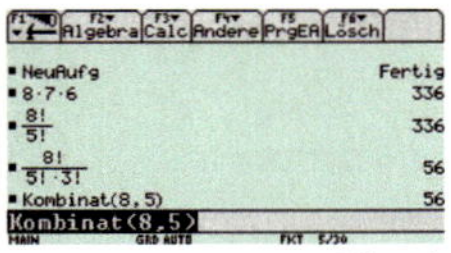

Fig. 1

Beispiel 2: (Wetten bei Pferderennen)
Bei einem Rennen mit acht Pferden werden zwei Wetten angeboten.
a) Man wettet auf den Einlauf der ersten drei Pferde in der richtigen Reihenfolge.
b) Man wettet auf den Einlauf der ersten drei Pferde, wobei die Reihenfolge keine Rolle spielt.
Wie viele Möglichkeiten gibt es bei den beiden Wetten?
Lösung:
a) Es gibt $8 \cdot 7 \cdot 6 = \frac{8!}{5!} = 336$ Wettmöglichkeiten.
b) Es gibt $\binom{8}{3} = \frac{8!}{3! \cdot 5!} = 56$ Wettmöglichkeiten.

Beispiel 3: (Haupttreffer beim Lotto)
Wie groß ist die Wahrscheinlichkeit, beim Lotto sechs Richtige zu erzielen?
Lösung:
Beim Lotto werden sechs Kugeln aus einer Urne mit 49 nummerierten Kugeln ohne Zurücklegen und ohne Berücksichtigung der Reihenfolge gezogen. Es gibt also $\binom{49}{6} = \frac{49!}{6! \cdot 43!} = 13\,983\,816$ Ziehungsmöglichkeiten. Nur eine davon ergibt sechs Richtige. Also ist die Wahrscheinlichkeit, beim Lotto sechs Richtige zu erzielen, $\frac{1}{13\,983\,816}$. Auf dasselbe Ergebnis kommt man mithilfe eines Baumdiagramms: $\frac{6}{49} \cdot \frac{5}{48} \cdot \frac{4}{47} \cdot \frac{3}{46} \cdot \frac{2}{45} \cdot \frac{1}{44} = \frac{1}{13\,983\,816}$.

Zeichnen Sie den Pfad am zugehörigen Baumdiagramm, der auf das Ergebnis führt.

Aufgaben

Spiel	Tipp		
1	1	0	2
2	1	0	2
3	1	0	2
4	1	0	2

Fig. 2

2 Mini-Toto Viererwette
Jede Schülerin und jeder Schüler erhält einen oder mehrere Tippzettel wie in Fig. 2 und macht für jedes Spiel ein Kreuz bei 0 oder 1 oder 2. Danach wird der Ausgang der Spiele simuliert durch viermaliges Ziehen aus einer Urne mit drei Kugeln (mit Zurücklegen und Berücksichtigung der Reihenfolge).
a) Erstellen Sie eine Statistik, wie viele Tipps mit wie vielen Richtigen abgegeben wurden.
b) Wie viele Tips sind insgesamt möglich? Schreiben Sie alle möglichen Tipps systematisch auf: zuerst alle Tipps, die mit 0 beginnen, dann alle Tipps, die mit 1 beginnen, dann alle Tipps, die mit 2 beginnen. Wurde jeder mögliche Tip mindestens einmal abgegeben?
c) Teilen Sie die in b) ermittelten möglichen Tipps auf in Tipps, die bei Ihrer Ziehung vier Richtige (Klasse I), drei Richtige (Klasse II), zwei Richtige (Klasse III), einen Richtigen (Klasse IV) bzw. keinen Richtigen (Klasse V) ergeben haben. Wie viele Tipps gibt es in jeder dieser Klassen?
d) Bestimmen Sie die Wahrscheinlichkeiten für die in c) ermittelten Klassen, wenn man die gleiche Wahrscheinlichkeit für alle Ausgänge annimmt.
e) Wie viele Tipps müßte jeder von Ihnen schätzungsweise abgeben, damit im Durchschnitt bei jeder Durchführung ein Haupttreffer in Klasse I zu verzeichnen ist?

3 Fünf verschiedenfarbige Würfel werden geworfen.
a) Wie viele verschiedene Ergebnisse sind möglich?
b) Wie groß ist die Wahrscheinlichkeit, dass mindestens eine Sechs dabei ist?

4 Wie viele vierstellige Zahlen aus den Ziffern 1 ; 2; 3; 4; 5 gibt es? Geben Sie ein Urnenexperiment an, mit dem man die Zahlen als Ergebnisse ermitteln kann.
a) Jede Ziffer darf beliebig oft auftreten
b) Jede Ziffer darf nur einmal auftreten.

5 Aus dem 12köpfigen Vorstand eines Tennisclubs sollen ein Präsident, ein Schriftführer und ein Kassenwart gewählt werden. Wie viele Wahlmöglichkeiten haben die Mitglieder des Clubs?

6 Bei der Pferdewette Renn-Ouintett wettet man auf den Einlauf der ersten drei von insgesamt 15 Pferden. Man erreicht Gewinnklasse I, wenn man die ersten drei Pferde in der richtigen Reihenfolge ihres Einlaufs richtig vorhersagt und Gewinnklasse II, wenn man die ersten drei Pferde in beliebiger Reihenfolge richtig vorhersagt. Bestimmen Sie die Wahrscheinlichkeiten für die beiden Gewinnklassen – gleiche Gewinnchancen für alle Pferde angenommen.

7 Bei Annas Geburtstag sind Barbara, Christian, Dennis, Elisa und Felix eingeladen.
a) Auf wie viele Arten können die Gäste eintreffen, wenn jeder alleine kommt?
b) Mit welcher Wahrscheinlichkeit kommt Felix als letzter?
c) Mit welcher Wahrscheinlichkeit kommen Barbara und Elisa (in dieser Reihenfolge) als erste und zweite?

8 In einem Hotel sind noch vier Zimmer frei, aber am Empfang stehen sechs Gäste, die alle ein eigenes Zimmer haben wollen.
a) Auf wie viele Arten kann der Empfangschef die Zimmer verteilen?
b) Mit welcher Wahrscheinlichkeit erhält einer der wartenden Gäste ein Zimmer?
c) Das Zimmermädchen tippt auf die vier, denen der Empfangschef wohl ein Zimmer gibt. Mit welcher Wahrscheinlichkeit rät sie richtig?

9 a) In Österreich wird Lotto „6 aus 45“ gespielt. Wie groß ist die Wahrscheinlichkeit, bei einem Tipp sechs Richtige zu erzielen?
b) In einer feierlichen Runde stößt jeder der fünf Gäste mit jedem anderen einmal mit seinem Sektglas an. Wie oft klingen die Gläser?
c) In einer Kleinstadt gibt es 1000 Telefonanschlüsse. Wie viele Verbindungen zwischen jeweils zwei Anschlüssen sind möglich?

10 Um die Wahrscheinlichkeit für vier Richtige beim Lotto 6 aus 49 zu bestimmen, kann man während der Ziehung r für eine richtig getippte, f für eine falsch getippte Zahl notieren.
a) Bestimmen Sie die Wahrscheinlichkeit für eine Ziehung, bei der man rrrrff notiert.
b) Schreiben Sie alle Möglichkeiten mit vier Richtigen auf, also rrrrff, rrrfrf, rrfrrf usw.
Begründen Sie, dass es $\binom{6}{4} = 15$ Kombinationen gibt.
c) Wie groß ist die Wahrscheinlichkeit für jede der Kombinationen in b)? Wie groß ist also die Wahrscheinlichkeit für „vier Richtige“?
d) Bestimmen Sie die Wahrscheinlichkeit für 2 Richtige beim Lotto.

Von Pascal stammt die Idee, die Binomialkoeffizienten in Dreiecksform aufzuschreiben. Welches Gesetz steckt dahinter?

1
1 1
1 2 1
1 3 3 1
1 4 6 4 1
. . . .

Pascalsches Zahlendreieck

11 Berechnen Sie $(a + b)^2$, $(a + b)^3$, $(a + b)^4$. Was fällt auf? Können Sie $(a + b)^5$ unmittelbar angeben?

6 BERNOULLI-Ketten, Binomialverteilungen

Fig. 1

1 Sind in Fig. 1 tatsächlich Flaggen von Staaten abgebildet?
Wolfgang, Schüler eines LK Erdkunde, kennt keine dieser Flaggen und rät.
Wie groß ist die Wahrscheinlichkeit, dass Wolfgang
a) in allen vier Fällen richtig rät
b) in genau zwei Fällen richtig rät
c) in genau drei Fällen falsch rät
d) in allen vier Fällen falsch rät?

JAKOB BERNOULLI (1654–1705), Schweizer Mathematiker

Beachten Sie:
*Bei BERNOULLI-Ketten wird verlangt, dass das Ergebnis eines Einzelversuches nicht durch die anderen Versuche beeinflusst wird. Man sagt: Die Experimente sind **voneinander unabhängig**.*

Viele Zufallsexperimente können als Experimente mit zwei Ergebnissen interpretiert werden, z. B. Werfen einer Münze mit den Ergebnissen „Wappen“ und „Zahl“ oder Werfen eines Würfels mit den Ergebnissen „6“ und „keine 6“. Solche Experimente heißen **BERNOULLI-Experimente**. Bei BERNOULLI-Experimenten bezeichnet man die beiden Ergebnisse meist mit „Treffer“ und „Niete“ oder kurz mit „T“ und „N“ oder mit „1“ und „0“.

Oft wird das gleiche BERNOULLI-Experiment mehrfach durchgeführt, und man zählt, wie viele „Treffer“ man erhalten hat. Solche Experimente, bei denen ein BERNOULLI-Experiment n-mal durchgeführt wird, heißen **BERNOULLI-Ketten der Länge n**. Bei BERNOULLI-Ketten müssen die Trefferwahrscheinlichkeiten der einzelnen BERNOULLI-Experimente gleich sein.

BERNOULLI-Ketten können als mehrstufige Zufallsexperimente aufgefasst werden. Die Berechnung der Wahrscheinlichkeit für eine bestimmte Trefferanzahl lässt sich mit Hilfe eines Baumes bestimmen. Dies wird anhand der folgenden Situation verdeutlicht.
Aus einem Skatspiel werden nacheinander drei Karten mit Zurücklegen gezogen. Wie groß ist die Wahrscheinlichkeit, genau zwei Kreuzkarten (Treffer) zu ziehen?
Für die gesuchte Wahrscheinlichkeit P ergibt sich aus Fig. 2: $P = 3\cdot\left(\frac{1}{4}\right)^2\cdot\frac{3}{4} = \frac{9}{64}$.

Die Wahrscheinlichkeiten auch der übrigen Trefferanzahlen sind in dem Säulendiagramm in Fig. 3 dargestellt.

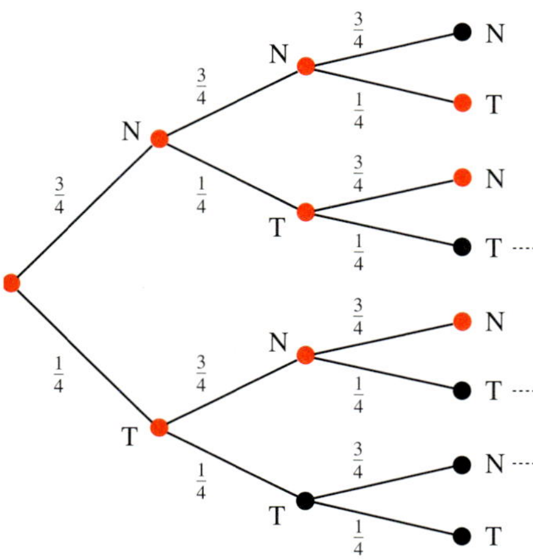

Trefferanzahl	Wahrscheinlichkeit
0	$1\cdot\left(\frac{3}{4}\right)^3 = \frac{27}{64}$
1	$3\cdot\frac{1}{4}\cdot\left(\frac{3}{4}\right)^2 = \frac{27}{64}$
2	$3\cdot\left(\frac{1}{4}\right)^2\cdot\frac{3}{4} = \frac{9}{64}$
3	$1\cdot\left(\frac{1}{4}\right)^3 = \frac{1}{64}$

↑ Anzahl der Pfade

Fig. 2

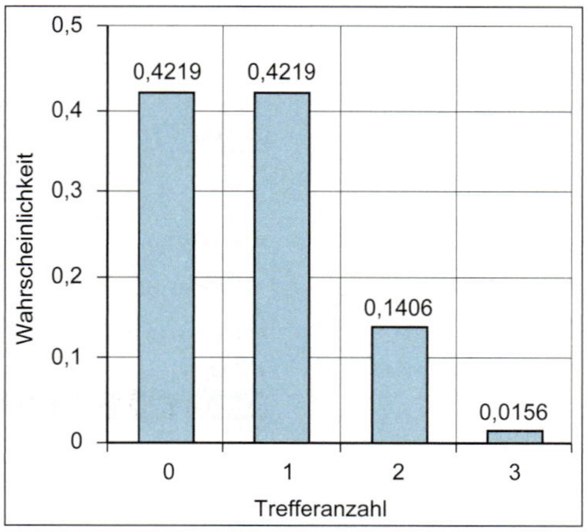

Fig. 3

Bei BERNOULLI-Ketten mit großen Längen n ist es sehr aufwändig, Bäume wie in Fig. 2 auf der vorigen Seite zu zeichnen. Eine einfache Überlegung zeigt, wie man dennoch die entsprechenden Wahrscheinlichkeiten bestimmen kann:

__Beachten Sie:__
__Trefferanzahl k__ bedeutet, dass bei der Durchführung des jeweiligen Bernoulli-Experimentes genau k Treffer auftreten.

Gegeben ist eine BERNOULLI-Kette mit der Länge n und der Treffenwahrscheinlichkeit p. Die Zufallsgröße X gibt die Anzahl der Treffer an. Gesucht ist $P(X = k)$.
Jeder Pfad des zu dieser BERNOULLI-Kette gehörenden Baumes hat n Abschnitte.
Jeder Pfad, der zu $X = k$ gehört, hat k Abschnitte mit der Wahrscheinlichkeit p und $n - k$ Abschnitte mit der Wahrscheinlichkeit $1 - p$. Fig. 1 zeigt einen solchen Pfad für $n = 7$, $k = 3$.

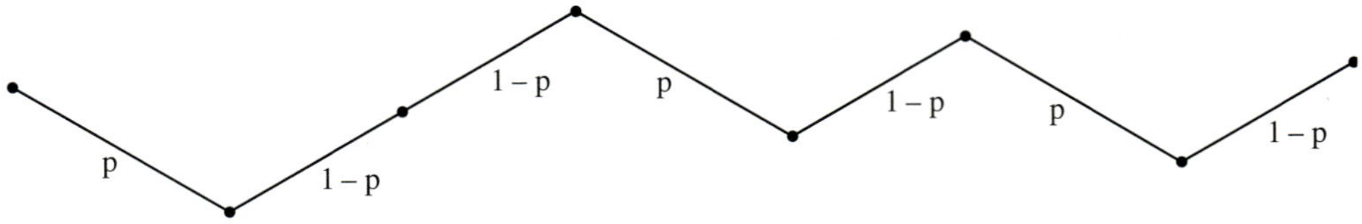

Fig. 1

Immer wenn man von den n Abschnitten k Abschnitte auswählt, deren Wahrscheinlichkeit p beträgt, erhält man einen solchen Pfad. Da dabei die Reihenfolge der ausgewählten Abschnitte keine Rolle spielt, gibt es $\binom{n}{k}$ solche Pfade, die zu $X = k$ gehören. Da jeder dieser Pfade die Wahrscheinlichkeit $p^k \cdot (1 - p)^{n-k}$ besitzt, gilt $P(X = k) = \binom{n}{k} \cdot p^k \cdot (1 - p)^{n-k}$.

Hierbei gibt die Zufallsgröße X die Trefferanzahl k mit $k \leqq n$ an.

Satz (Formel von Bernoulli): Für eine Bernoulli-Kette mit der Länge n, $n \in \mathbb{N}$, und der Trefferwahrscheinlichkeit p gilt: $P(X = k) = \binom{n}{k} \cdot p^k \cdot (1 - p)^{n-k}$.

In der Formel von Bernoulli treten Binominalkoeffizienten $\binom{n}{k}$ auf. Daher ist folgende Definition sinnvoll.

Definition: Kann eine Zufallsgröße X die Werte 0, 1, …, n annehmen und gilt für die Wahrscheinlichkeiten $P(X = k) = \binom{n}{k} \cdot p^k \cdot (1 - p)^{n-k}$, dann heißt X **binomialverteilte Zufallsgröße**. Die entsprechende Wahrscheinlichkeitsverteilung heißt **Binomialverteilung** $\mathbf{B_{n;p}}$ mit den Parametern n und p. Statt $P(X = k)$ schreibt man auch $\mathbf{B_{n;p}(k)}$.

Beispiel 1:
Aus einem Kasten mit 36 weißen und 64 roten Kugeln werden nacheinander mit Zurücklegen fünf Kugeln gezogen. Wie groß ist die Wahrscheinlichkeit genau drei rote Kugeln zu ziehen?

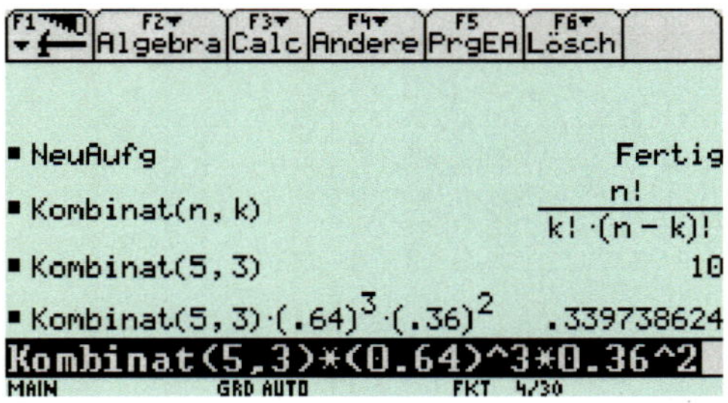

Lösung:
Da mit Zurücklegen gezogen wird, sind die BERNOULLI-Experimente voneinander unabhängig. Es handelt sich um eine BERNOULLI-Kette der Länge 5.
Bezeichnet man das Ziehen einer roten Kugel als Treffer, so gilt für die Trefferwahrscheinlichkeit: $p = \frac{64}{100}$.
Gibt die Zufallsvariable X die Anzahl der Treffer an, so gilt:
$P(X = 3) = \binom{5}{3} \cdot 0{,}64^3 \cdot 0{,}36^2 \approx 0{,}34$.

Beispiel 2: (Bestimmung von Wahrscheinlichkeiten)
Ein idealer Würfel wird fünfmal geworfen. Bestimmen Sie die Wahrscheinlichkeit, dass
a) genau dreimal eine Zahl größer 4 fällt. b) mehr als dreimal eine Zahl größer 4 fällt.
Lösung:
X beschreibt die Anzahl der Zahlen größer 4. Für die Trefferwahrscheinlichkeit p gilt: $p = \frac{1}{3}$.
a) $P(X = 3) = \binom{5}{3} \cdot \left(\frac{1}{3}\right)^3 \cdot \left(\frac{2}{3}\right)^2 = 0{,}165.$
b) $X > 3$ wird in einem Baumdiagramm dargestellt durch alle Äste, die $X = 4$ und $X = 5$ beschreiben, also gilt:
$P(X > 3) = P(X = 4) + P(X = 5) = \binom{5}{4} \cdot \left(\frac{1}{3}\right)^4 \cdot \left(\frac{2}{3}\right)^1 + \binom{5}{5} \cdot \left(\frac{1}{3}\right)^5 \cdot \left(\frac{2}{3}\right)^0 \approx 0{,}041 + 0{,}004 = 0{,}045.$

Aufgaben

Simulation Buchung von Flügen

2 Ist das Zufallsexperiment eine BERNOULLI-Kette? Begründen Sie Ihre Antwort.
a) Eine ideale Münze wird zehnmal geworfen und es wird die Anzahl von „Zahl" notiert.
b) Bei einem verbeulten Knopf kann man die Vorderseite von der Rückseite unterscheiden. Er wird zehnmal geworfen und es wird die Anzahl von „Vorderseite" notiert.
c) Aus einer Produktionsserie von Glühbirnen werden fünf Glühbirnen zufällig ausgewählt. Es wird getestet, ob diese Glühbirnen eine Brenndauer von mindestens 1000 Stunden haben.
d) Zehn zufällig ausgewählte Personen werden darauf untersucht, ob sie die Blutgruppe A besitzen.
e) Zehn ideale Münzen werden gleichzeitig geworfen und es wird die Anzahl von „Zahl" notiert.
f) Zehn verbeulte Münzen werden gleichzeitig geworfen und es wird die Anzahl von „Zahl" notiert.

3 Geben Sie zu der binomialverteilten Zufallsgröße X die Parameter n und p der entsprechenden Binomialverteilung an.
a) Ein idealer Würfel wird viermal geworfen. X beschreibt die Anzahl der Einsen.
b) Ein ideales Tetraeder wird achtmal geworfen. X beschreibt die Anzahl der Vieren.
c) Eine Maschine zum Abfüllen von Konservendosen hält nach Herstellerangaben die Mindesteinwaage zu 95 % ein. Der laufenden Produktion werden zehn Konservendosen entnommen. X beschreibt die Anzahl der Dosen, die weniger als die Mindesteinwaage enthalten.
d) Bei serienmäßig gefertigten Schaltern einer bestimmten Produktion ist jeder 40. Schalter defekt. Dieser Produktion werden zehn Schalter zur Kontrolle entnommen. X beschreibt die Anzahl der defekten Schalter.

4 Ein idealer Würfel wird zehnmal geworfen. Wie groß ist die Wahrscheinlichkeit
a) genau fünfmal eine Primzahl zu werfen? b) mindestens achtmal eine Primzahl zu werfen?
c) höchstens dreimal eine Primzahl zu werfen?

5 Zur Behandlung einer Krankheit erhalten sechs Patienten ein Medikament, das erfahrungsgemäß mit einer Wahrscheinlichkeit von 70 % zur Heilung dieser Krankheit führt.
Mit welcher Wahrscheinlichkeit werden alle sechs Patienten geheilt?

6 Eine Firma, die einen Massenartikel in Paketen zu je 15 Stück vertreibt, vereinbart, dass Pakete mit mehr als zwei schadhaften Stücken nicht berechnet werden. Man weiß, dass durchschnittlich 2 % der Artikel schadhaft sind. Wie viel Prozent der ausgelieferten Pakete muss die Firma als „unberechnet" kalkulieren?

7 Etwa 12,5 % einer Bevölkerung sind Linkshänder. Wie groß ist die Wahrscheinlichkeit, dass von sechs zufällig ausgewählten Personen dieser Bevölkerung mindestens einer Linkshänder ist?

8 Ein Multiple-Choice-Test besteht aus zehn Fragen. Für jede Frage werden drei Antworten angeboten, von denen jeweils genau eine richtig ist.
Jemand kreuzt bei den Fragen je eine Antwort zufällig an. Wie groß ist die Wahrscheinlichkeit
a) für fünf richtige Antworten?
b) für mehr als fünf richtige Antworten?

SIR FRANCIS GALTON (1822–1911), englischer Naturforscher.

9 In Fig. 1 ist ein vierreihiges GALTON-Brett abgebildet. Die Kugeln treffen in jeder Reihe auf einen Nagel und werden jeweils mit gleicher Wahrscheinlichkeit nach links oder nach rechts abgelenkt. In Fig. 1 ist ein möglicher Weg eingezeichnet.
a) Berechnen Sie die Wahrscheinlichkeit, dass eine solche Kugel in das Fach mit der Nummer i fällt (i = 0, 1, 2, 3, 4).
b) Vergleichen Sie die in a) berechneten Wahrscheinlichkeiten miteinander.

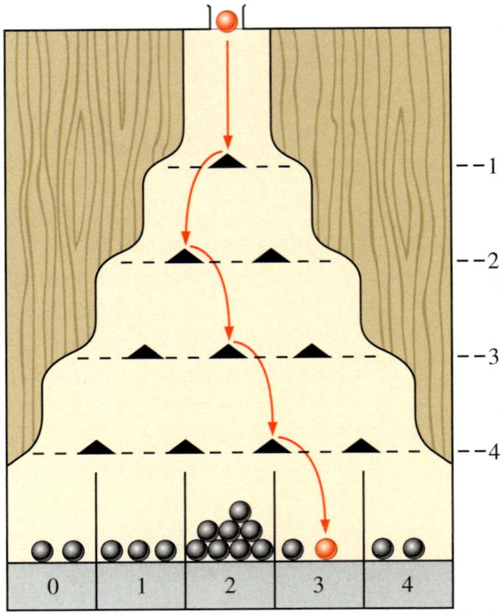

Fig. 1

10 Erstellen Sie ein Säulendiagramm einer Binominalverteilung mit den Parametern
a) $n = 10,\ p = 0{,}5$
b) $n = 20,\ p = \frac{1}{3}$
c) $n = 50,\ p = 0{,}8$

11 Ein Glücksrad ist in zehn gleich große Felder mit den Zahlen 1 bis 10 aufgeteilt. Es wird sechsmal nacheinander gedreht. Mit welcher Wahrscheinlichkeit
a) sind die ersten vier Zahlen gerade
b) tritt mindestens einmal die Zahl 6 auf
c) sind drei hintereinander auftretende Zahlen gerade
d) treten die Zahlen 1 und 6 jeweils genau zweimal auf
e) sind alle Zahlen gerade oder alle Zahlen ungerade
f) treten die Zahlen 1 oder 9 insgesamt viermal auf?

12 Auf einer Hühnerfarm werden Eier in Schachteln zu zwölf Stück verpackt. Auf Grund eines Fehlers bei der Verpackung wird jedes Ei mit der Wahrscheinlichkeit $\frac{1}{12}$ beschädigt.
a) Mit welcher Wahrscheinlichkeit enthält eine Schachtel nur unversehrte Eier?
b) Mit welcher Wahrscheinlichkeit enthält eine Schachtel zwei oder mehr angebrochene Eier?
c) Zehn Schachteln werden an zehn Kunden verkauft. Mit welcher Wahrscheinlichkeit erhalten genau zwei Kunden je eine Schachtel mit ausschließlich unversehrten Eiern?

13 Betrachtet wird eine BERNOULLI-Kette der Länge n und der Trefferwahrscheinlichkeit 0,5. Die Zufallsgröße X beschreibt die Trefferanzahl.
a) Bestimmen Sie $P(X \geqq 2)$ in Abhängigkeit von n.
b) Bestimmen Sie $P(X \geqq 2)$ für $n = 2, \ldots, 8$.
c) Ab welchem n gilt: $P(X \geqq 2) \geqq 0{,}9$?

7 Hilfsmittel bei Binomialverteilungen

Bei Binomialverteilungen $B_{n;p}$ mit großem n ist die Bestimmung von Wahrscheinlichkeiten ohne Hilfsmittel sehr aufwändig. Wenn kein Rechner zur Verfügung steht, kann man Wahrscheinlichkeiten $P(X = k)$ und $P(X \leqq k)$ aus Tabellen entnehmen.

Beachten Sie:
Ist $B_{n;p}(k)$ die Wahrscheinlichkeit für k Treffer, so ist $B_{n;1-p}(n-k)$ die Wahrscheinlichkeit für n – k Nieten.
Somit gilt:
$\boldsymbol{B_{n;p}(k) = B_{n;1-p}(n-k)}$.

Tabellen finden Sie im Anhang.

Tabellen zur Berechnung von Wahrscheinlichkeiten $P(X = k)$ bzw. $B_{n;p}(k)$

Fig. 1 zeigt einen Auszug aus einer solchen Tabelle. Um diese Tabellen möglichst kompakt darzustellen, berücksichtigt man, dass $B_{n;p}(k) = B_{n;1-p}(n-k)$ ist. Somit genügt es, die Wahrscheinlichkeiten für $p \leqq 0{,}5$ aufzulisten. Die Wahrscheinlichkeiten $B_{n;p}(k)$ für $p \geqq 0{,}5$ erhält man über die Gleichung $B_{n;p}(k) = B_{n;1-p}(n-k)$ bzw. über den grün unterlegten Teil der Tabelle.

n	k	p=0,02	0,03	0,05	0,10	$\frac{1}{6}$	0,20	0,25	0,30	$\frac{1}{3}$	0,40	0,50		
5	0	0,9039	8587	7738	5905	4019	3277	2373	1681	1317	0778	0313	5	
	1	0922	1328	2036	3281	4019	4096	3955	3602	3292	2592	1563	4	
	2	0038	0082	0214	0729	1608	2048	2637	3087	3292	3456	3125	3	
	3	0001	0003	0011	0081	0322	0512	0879	1323	1646	2304	3125	2	
	4				$000\overline{5}$	0032	0064	0146	0284	0412	0768	1563	1	
	5					0001	0003	0010	0024	0041	0102	0313	0	5
		0,98	0,97	0,95	0,90	$\frac{5}{6}$	0,80	0,75	0,70	$\frac{2}{3}$	0,60	0,50 = p	k	n

Fig. 1

Beispiel 1: (Verwendung einer Tabelle)
Bestimmen Sie für die binomialverteilte Zufallsgröße X die Wahrscheinlichkeit $P(X = 1)$ für
a) $n = 5$ und $p = 0{,}1$ b) $n = 5$ und $p = 0{,}8$.
Lösung:
a) Da $p \leqq 0{,}5$ ist, sucht man im weiß unterlegten Randbereich der Tabelle in dem Abschnitt für $n = 5$ die Zeile für $k = 1$. Aus der Spalte für $p = 0{,}1$ ergibt sich: $P(X = 1) = B_{5;0,1}(1) = 0{,}3281$.
b) Da $p \geqq 0{,}5$ ist, sucht man im grün unterlegten Randbereich der Tabelle in dem Abschnitt für $n = 5$ die Zeile für $k = 1$. Aus der Spalte für $p = 0{,}8$ ergibt sich: $P(X = 1) = B_{5;0,8}(1) = 0{,}0064$.

Beispiele zum Gebrauch der Tabellen für $P(X \leqq k)$ findet man im Tabellenanhang (Seite 389).

Tabellen zur Berechnung von Wahrscheinlichkeiten $P(X \leqq k)$ bzw. $F_{n;p}(k)$

Statt $P(X \leqq k)$ schreibt man auch $\boldsymbol{F_{n;p}(k)}$. Fig. 2 zeigt einen Auszug aus einer Tabelle zur Bestimmung von Wahrscheinlichkeiten $F_{n;p}(k)$. Da $F_{n;p}(k) = 1 - F_{n;1-p}(n-k-1)$ ist, genügt es diese Wahrscheinlichkeiten nur bis $p \leqq 0{,}5$ aufzulisten. Die Wahrscheinlichkeiten $F_{n;p}(k)$ für $p \geqq 0{,}5$ erhält man über den grün unterlegten Teil der Tabelle: $F_{n;p}(k) = 1 -$ abgelesener Wert.

n	k	p=0,02	0,03	0,05	0,10	$\frac{1}{6}$	0,20	0,25	0,30	$\frac{1}{3}$	0,40	0,50		
5	0	0,9039	8587	7738	5905	4019	3277	2373	1681	1317	0778	0313	4	
	1	9962	9915	9774	9185	8038	7373	6328	5282	4609	3370	1875	3	
	2	9999	9997	9988	9914	9645	9421	8965	8369	7901	6826	5000	2	
	3				9995	9967	9933	9844	9692	9547	9130	8125	1	
	4					9999	9997	9990	9976	9959	9898	9688	0	5
		0,98	0,97	0,95	0,90	$\frac{5}{6}$	0,80	0,75	0,70	$\frac{2}{3}$	0,60	0,50 = p	k	n

Fig. 2

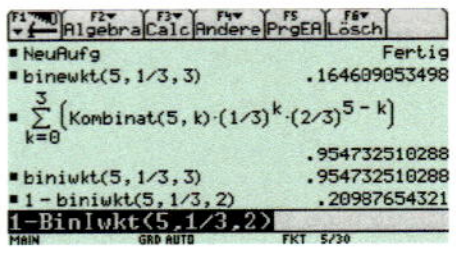

Manche Rechner kennen nur die englischen Befehle:
BinEwkt = BinomPdf
Binlwkt = BinomCdf

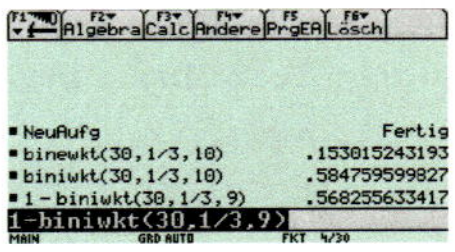

Verwendung eines CAS

Computeralgebrasysteme besitzen Funktionen zur Berechnung der Wahrscheinlichkeiten $P(X = k)$ und $P(X \leqq k)$ für die Werte der Binomialverteilung mit den Parametern n und p.

Beispiel 2: (Bestimmen von Wahrscheinlichkeiten)
Ein idealer Würfel wird dreißig Mal geworfen. Bestimmen Sie die Wahrscheinlichkeit, dass a) genau zehn Mal eine Augenzahl größer als 4 fällt
b) höchstens zehn Mal eine Augenzahl größer als 4 fällt
c) mindestens zehn Mal eine Augenzahl größer als 4 fällt
Lösung:
X: Anzahl der Augenzahlen größer als 4. X ist binomialverteilt mit $n = 30$ und $p = \frac{1}{3}$.
a) $P(X = 10) = 0{,}1530$ b) $P(X \leqq 10) = 0{,}5848$ c) $P(X \geqq 10) = 1 - P(X \leqq 9) = 0{,}5683$

Verwendung von Tabellenkalkulationsprogrammen

Mit Tabellenkalkulationsprogrammen können die Wahrscheinlichkeiten $P(X = k)$ und $P(X \leqq k)$ bestimmt werden. Das Programm Excel ermöglicht dies mit dem Befehl BINOMVERT.
Zur Bestimmung von $P(X = k)$ gibt man den Befehl **BINOMVERT(k;n;p;0)** ein.
Zur Bestimmung von $P(X \leqq k)$ gibt man den Befehl **BINOMVERT(k;n;p;1)** ein.

Beispiel 3: (Wahrscheinlichkeitsverteilung und Säulendiagramm)
Gegeben ist eine BERNOULLI-Kette mit der Länge 7 und der Trefferwahrscheinlichkeit 0,65. Die Zufallsgröße X beschreibt die Trefferanzahl.
a) Bestimmen Sie die Wahrscheinlichkeitsverteilung von X und das entsprechende Säulendiagramm.
b) Bestimmen Sie $P(X \leqq k)$ für $k = 0, \ldots, 7$ und das entsprechende Säulendiagramm.
Lösung:
a)

D6 = =RUNDEN(BINOMVERT(D5;$E2;$E3;);4)

	A	B	C	D	E	F	G	H	I
1									
2	Länge der Bernoullikette:				7				
3	Trefferwahrscheinlichkeit:				0,65				
4									
5	k =	0	1	2	3	4	5	6	7
6	P(X = k) =	0,0006	0,0084	0,0466	0,1442	0,2679	0,2985	0,1848	0,049
7									
8									
9									
10									
11									

Fig. 1

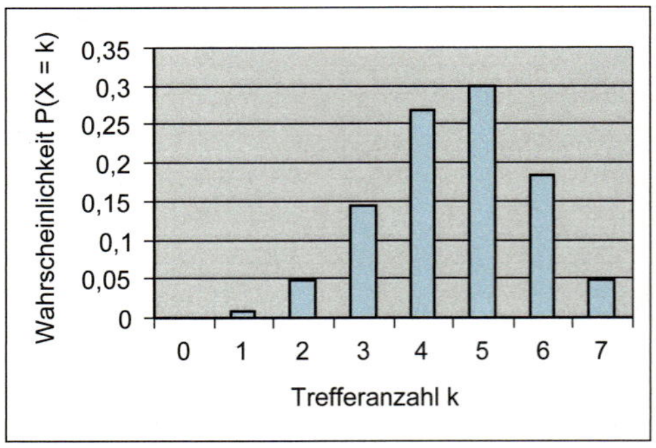

Fig. 2

b)

E6 = =RUNDEN(BINOMVERT(E5;$E2;$E3;WAHR);4)

	A	B	C	D	E	F	G	H	I
1									
2	Länge der Bernoullikette:				7				
3	Trefferwahrscheinlichkeit:				0,65				
4									
5	k:	0	1	2	3	4	5	6	7
6	P(X ≤ k):	0,0006	0,009	0,0556	0,1998	0,4677	0,7662	0,951	1
7									
8									
9									
10									
11									

Fig. 3

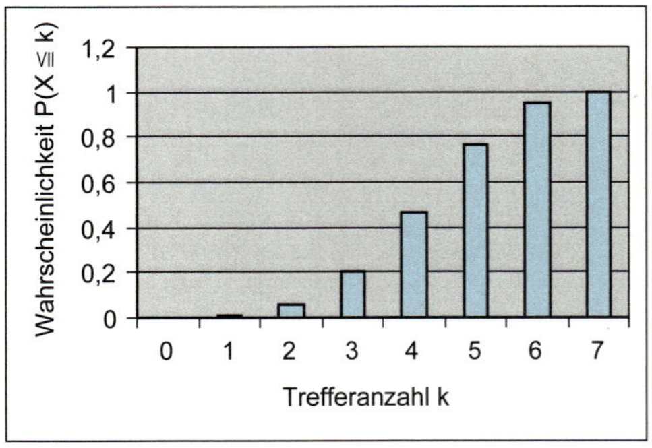

Fig. 4

Aufgaben

Erinnerung:
Ist X eine binominal verteilte Zufallsgröße mit den Parametern n und p, so ist
$P(X = k) = B_{n;p}(k)$
$P(X \leqq k) = F_{n;p}(k)$

1 Bestimmen Sie
a) $B_{10;0,1}(0)$ b) $B_{10;0,9}(4)$ c) $B_{15;0,2}(7)$ d) $B_{15;0,3}(6)$ e) $B_{9;0,35}(8)$
f) $B_{20;0,8}(15)$ g) $B_{15;0,9}(13)$ h) $B_{20;0,75}(19)$ i) $B_{15;0,01}(0)$ j) $B_{20;0,97}(18)$.

2 Bestimmen Sie
a) $F_{10;0,3}(5)$ b) $F_{10;0,1}(0)$ c) $F_{15;0,02}(1)$ d) $F_{25;0,4}(2)$ e) $F_{50;\frac{1}{6}}(4)$
f) $F_{10;0,6}(8)$ g) $F_{15;0,9}(10)$ h) $F_{20;0,97}(17)$ i) $F_{50;0,8}(40)$ j) $F_{100;\frac{5}{6}}(80)$.

3 Gegeben ist eine BERNOULLI-Kette mit der Länge 20 und der Trefferwahrscheinlichkeit 0,4. Die Zufallsgröße X gibt die Anzahl der Treffer an. Bestimmen Sie mithilfe einer Tabelle
a) $P(X = 6)$ b) $P(X < 6)$ c) $P(X \leqq 6)$ d) $P(X > 6)$ e) $P(X = 8)$
f) $P(X \geqq 11)$ g) $P(4 < X < 10)$ h) $P(4 \leqq X \leqq 10)$ i) $P(4 < X \leqq 10)$ j) $P(5 < X < 9)$.

4 Die Zufallsgröße X besitzt die Binomialverteilung $B_{50;0,8}$. Bestimmen Sie
a) $P(X \leqq 35)$ b) $P(X \geqq 40)$ c) $P(X = 40)$ d) $P(X = 30)$ e) $P(X > 35)$
f) $P(X < 38)$ g) $P(35 \leqq X \leqq 40)$ h) $P(37 < X \leqq 47)$ i) $P(32 \leqq X < 40)$ j) $P(29 < X < 39)$.

5 Die Zufallsgröße X besitzt die Binomialverteilung $B_{100;0,7}$. Bestimmen Sie
a) $P(X > 75)$ b) $P(X \leqq 60)$ c) $P(65 < X < 85)$ d) $P(X \geqq 80)$ e) $P(X < 70)$
f) $P(X \geqq 55)$ g) $P(X < 50)$ h) $P(70 \leqq X \leqq 90)$ i) $P(X = 95)$ j) $P(X = 60)$.

6 Die Zufallsgröße X ist binomialverteilt. Bestimmen Sie die dazu gehörende Binomialverteilung $B_{n;p}$.
a) $n = 4; p = 0,2$ b) $n = 5; p = 0,4$ c) $n = 8; p = 0,3$ d) $n = 10; p = 0,5$ e) $n = 12; p = 0,7$

7 Ein idealer Würfel wird 100-mal geworfen. Mit welcher Wahrscheinlichkeit fällt die Zahl 6
a) genau 15-mal
b) mehr als 25-mal
c) mindestens 15-mal und höchstens 25-mal
d) höchstens 15-mal oder mindestens 25-mal?

8 Ein Knopf wird zehnmal geworfen. Die Wahrscheinlichkeit für „Vorderseite" beträgt 0,4. Mit welcher Wahrscheinlichkeit fällt
a) in den ersten drei Würfel „Vorderseite" und sonst nur „Rückseite"
b) nur im fünften und zehnten Wurf „Vorderseite"
c) höchstens dreimal „Vorderseite"?

9 In einer Bevölkerung sind ca. 20 % Linkshänder. Wie groß ist die Wahrscheinlichkeit, dass von 15 Personen dieser Bevölkerung
a) genau eine Person Linkshänder ist
b) mindestens eine Person Linkshänder ist
c) höchstens zwei Personen Linkshänder sind
d) mehr als drei Personen Linkshänder sind?

10 Ein Händler erhält häufig Lieferungen, bei denen ein Ausschussanteil von höchstens 5 % zugelassen ist.
Zur Überprüfung der Lieferungen werden zwei Prüfpläne vorgeschlagen.
Prüfplan I: Die Lieferung wird abgelehnt, wenn in einer Stichprobe von zehn Stück mindestens ein Stück Ausschuss ist.
Prüfplan II: Die Lieferung wird abgelehnt, wenn in einer Stichprobe von 20 Stück mindestens zwei Stück Ausschuss sind.
Welchen Prüfplan sollte der Händler wählen? Begründen Sie Ihre Antwort.

11 In einer Werkskantine werden freitags ein Fischgericht und zwei weitere Menüs angeboten. Erfahrungsgemäß wählt ein Drittel der 100 Kantinenbesucher das Fischgericht.
a) Die Küche bereitet 33 Fischgerichte vor. Wie groß ist die Wahrscheinlichkeit, dass diese 33 Fischgerichte nicht ausreichen?
b) Wie viele Fischgerichte müssen mindestens vorbereitet werden, damit sie mit einer Wahrscheinlichkeit von mindestens 90 % ausreichen?

Hinweis zu Aufgabe 12: Bilden Sie die Differenz der zu betrachtenden Wahrscheinlichkeiten und zerlegen Sie den Term in ein Produkt.

12 Bei der Planung eines Elektrizitätswerkes werden zwei Vorschläge diskutiert.
Vorschlag I: Es werden zwei Generatoren gebaut. Hierbei ist die Stromversorgung gesichert, wenn mindestens einer der beiden Generatoren läuft.
Vorschlag II: Es werden vier Generatoren gebaut. Hierbei ist die Stromversorgung gesichert, wenn mindestens zwei der vier Generatoren laufen.
Bei beiden Vorschlägen arbeiten die Generatoren unabhängig voneinander und in allen Varianten fällt jeweils ein Generator mit der Wahrscheinlichkeit p aus.
Welcher Vorschlag garantiert die größere Zuverlässigkeit der Stromversorgung?

Aufgaben für ein CAS oder ein Tabellenkalkulation-Programm

13 Bestimmen Sie
a) $B_{49;0,28}(37)$ b) $B_{81;0,12}(43)$ c) $B_{500;0,21}(77)$ d) $B_{75;0,33}(33)$ e) $B_{87;0,77}(87)$.

14 Bestimmen Sie
a) $F_{18;0,13}(15)$ b) $F_{77;0,55}(0)$ c) $F_{120;0,62}(66)$ d) $F_{113;0,41}(55)$ e) $F_{14;\frac{1}{7}}(4)$.

15 Die Zufallsgröße X besitzt die Binomialverteilung $B_{57;0,83}$. Bestimmen Sie
a) $P(X \leqq 35)$ b) $P(X \geqq 40)$ c) $P(X = 40)$ d) $P(X = 30)$
e) $P(X > 35)$ f) $P(X < 38)$ g) $P(35 \leqq X \leqq 40)$ h) $P(37 < X \leqq 47)$

16 Gegeben ist eine Binomialverteilung mit den Parametern n = 15 und p = 0,85.
a) Bestimmen Sie $B_{n;p}(k)$ für $k = 0, \ldots, 15$ und das zugehörige Säulendiagramm.
b) Bestimmen Sie $F_{n;p}(k)$ für $k = 0, \ldots, 15$ und das entsprechende Säulendiagramm.

17 Eine Firma stellt Haartrockner her und garantiert, dass mindestens 975 von 1000 der ausgelieferten Geräte einwandfrei arbeiten. Die Haartrockner werden in Kartons zu je zehn Stück geliefert. Ein Großabnehmer der Geräte kontrolliert die Lieferungen so:
Sind in einem zufällig ausgewählten Karton zwei oder mehr Geräte defekt, so nimmt er die gesamte Lieferung nicht an. In allen anderen Fällen nimmt er die Lieferung an.
Mit welcher Wahrscheinlichkeit lehnt er eine Lieferung ab, wenn die Herstellergarantie zutrifft?

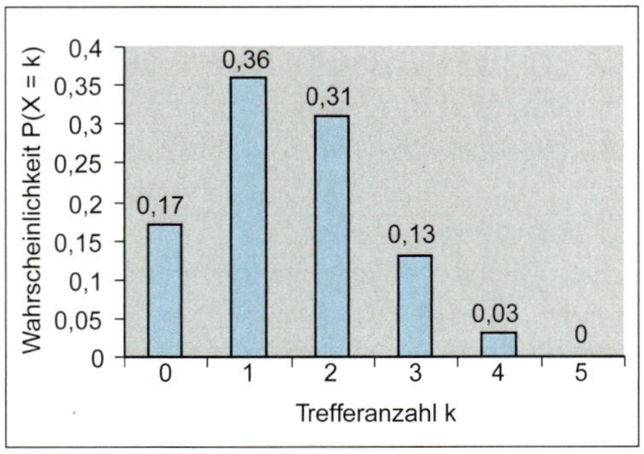

Fig. 1

18 In einer Klinik werden pro Jahr durchschnittlich 200 Patienten mit einem bestimmten Medikament behandelt. Erfahrungsgemäß treten bei einer solchen Behandlung in 37 von 1000 Fällen unerwünschte Nebenwirkungen auf.
Wie groß ist die Wahrscheinlichkeit, dass in dieser Klinik im Laufe eines Jahres bei mehr als acht mit dem Medikament behandelten Patienten solche Nebenwirkungen auftreten?

19 Die Zufallsgröße X ist binomialverteilt. Fig. 1 zeigt das zu dieser Binomialverteilung gehörende Säulendiagramm. Bestimmen Sie die Trefferwahrscheinlichkeit p.

Zufallsexperimente

Ist $S = \{e_1, \dots, e_n\}$ die **Ergebnismenge eines Zufallsexperiments**, so heißt jede Funktion $P: S \to \mathbb{R}$ mit $0 \leqq P(e_i) \leqq 1$ für alle i und $P(e_1) + \dots + P(e_n) = 1$ **Wahrscheinlichkeitsverteilung**.
Ein **Ereignis** E wird als eine Teilmenge von S beschrieben.
Die Wahrscheinlichkeit P(E) eines Ereignisses E wird bestimmt, indem man die Wahrscheinlichkeiten der zugehörigen Ergebnisse addiert.

Moritz (M), Vanessa (V) und Charlotte (C) laufen um die Wette. Die Reihenfolge des Einlaufs wird in der Form MVC notiert, d. h. Moritz gewinnt, Vanessa wird zweite und Charlotte dritte. Damit ist $S = \{MVC, MCV, VMC, VCM, CMV, CVM\}$. Das Ereignis E: „Moritz wird Letzter" in Mengenschreibweise ist $E = \{VCM, CVM\}$. Falls die Gewinnchancen für alle drei Läufer gleich sind, gilt: $P(E) = \frac{1}{6} + \frac{1}{6} = \frac{1}{3}$

Wahrscheinlichkeiten bei Baumdiagrammen

Mehrstufige Zufallsexperimente kann man durch Baumdiagramme beschreiben. Die Wahrscheinlichkeit eines Ergebnisses bei einem mehrstufigen Zufallsexperiment erhält man, indem man die Wahrscheinlichkeiten längs des dazugehörigen Pfades multipliziert. **(Pfadregel)**
Die Wahrscheinlichkeit eines Ereignisses erhält man, indem man die Wahrscheinlichkeiten aller Pfade, die zu dem Ereignis gehören, addiert.

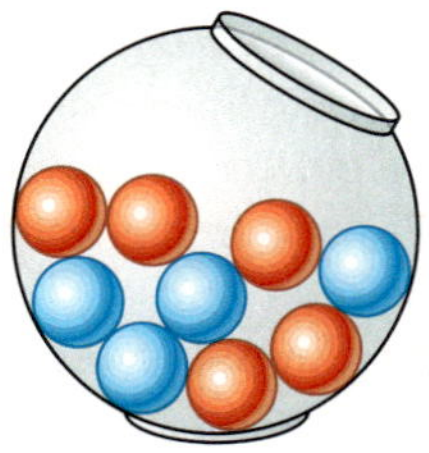

Aus der Schale werden blind drei Kugeln gezogen. Gesucht ist die Wahrscheinlichkeit dafür, dass mindestens zwei Kugeln blau sind.

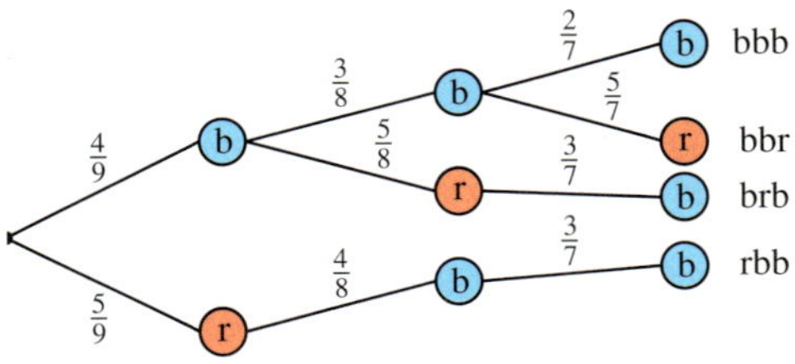

Die gesuchte Wahrscheinlichkeit beträgt
$\frac{5}{9} \cdot \frac{4}{8} \cdot \frac{3}{7} + \frac{4}{9} \cdot \frac{5}{8} \cdot \frac{3}{7} + \frac{4}{9} \cdot \frac{3}{8} \cdot \frac{5}{7} + \frac{4}{9} \cdot \frac{3}{8} \cdot \frac{2}{7} = \frac{17}{42}$

Ziehen mit Zurücklegen – Reihenfolge wird berücksichtigt

Wenn man aus einer Urne mit n nummerierten Kugeln k-mal *mit* Zurücklegen zieht und die Reihenfolge berücksichtigt, dann gibt es n^k Ergebnisse.

Ziehen ohne Zurücklegen – Reihenfolge wird berücksichtigt

Wenn man aus einer Urne mit n nummerierten Kugeln k-mal *ohne* Zurücklegen zieht und die Reihenfolge berücksichtigt, dann gibt es $n \cdot (n-1) \cdot \ldots \cdot (n-k+1) = \frac{n!}{(n-k)!}$ Ergebnisse.

Ziehen ohne Zurücklegen – Reihenfolge wird nicht berücksichtigt

Wenn man aus einer Urne mit n nummerierten Kugeln k-mal *ohne* Zurücklegen zieht und die Reihenfolge *nicht* berücksichtigt, dann gibt es $\binom{n}{k} = \frac{n!}{(n-k)! \cdot k!}$ Ergebnisse.
Die Zahlen $\binom{n}{k}$ nennt man **Binomialkoeffizienten**.

Wahrscheinlichkeit für 3 Richtige beim Lotto: Von 49 Kugeln können drei Richtige und frei Falsche auf $\binom{6}{3}$ Arten gezogen werden.
Also beträgt die Wahrscheinlichkeit für drei Richtige:
$\binom{6}{3} \cdot \frac{6}{49} \cdot \frac{5}{48} \cdot \frac{4}{47} \cdot \frac{43}{46} \cdot \frac{42}{45} \cdot \frac{41}{44} \approx 0{,}0177$

Bernoulli-Experimente und Bernoulli-Ketten

Experimente mit genau zwei Ergebnissen (Treffer – Niete, 0 – 1 etc.) heißen Bernoulli-Experimente. Mehrstufige Experimente, die sich aus n Bernoulli-Experimenten mit gleicher Trefferwahrscheinlichkeit zusammensetzen, nennt man Bernoulli-Ketten der Länge n.
Für eine Bernoulli-Kette mit der Länge n und der Trefferwahrscheinlichkeit p gilt für k Treffer: $P(X = k) = \binom{n}{k} \cdot p^k \cdot (1-p)^{n-k}$.

Binomialverteilte Zufallsgrößen

Kann eine Zufallsgröße X die Werte 0, 1, …, n annehmen und gilt für die Wahrscheinlichkeiten $P(X = k) = \binom{n}{k} \cdot p^k \cdot (1-p)^{n-k}$, dann heißt X binomialverteilte Zufallsgröße.

In einem Kasten sind vier schwarze und sechs weiße Kugeln.
Zieht man mit Zurücklegen nacheinander 5 Kugeln, so beträgt
– die Wahrscheinlichkeit, genau drei weiße Kugeln zu ziehen:
$P(X = 3) = \binom{5}{3} \cdot 0{,}6^3 \cdot 0{,}4^2$
$= 10 \cdot 0{,}216 \cdot 0{,}16 = 0{,}3456$
– die Wahrscheinlichkeit, höchstens drei weiße Kugeln zu ziehen:
$P(X \leqq 3) = 0{,}6630$

Üben und Wiederholen ohne Hilfsmittel

1 In einem Kasten sind 41 Kugeln mit den Zahlen 10 bis 50. Es wird eine Kugel gezogen. Wie groß ist die Wahrscheinlichkeit, dass die Zahl der gezogenen Kugel

a) eine gerade Quersumme besitzt
b) eine Quersumme größer 9 besitzt
c) eine Primzahl ist
d) mindestens fünf Teiler besitzt
e) ungerade und durch 3 teilbar ist?

2 Eine schulische Arbeitsgemeinschaft besteht aus fünf Jungen und zwei Mädchen. Die beiden Sprecher der Gruppe werden durch Losentscheid ermittelt: Die Namen werden auf sieben Zettel notiert und anschließend zwei Zettel nacheinander gezogen. Wie groß ist die Wahrscheinlichkeit, dass die beiden Mädchen Sprecherinnen der Gruppe werden?

3 Bei einem Fußballturnier entscheidet ein Elfmeterschießen über Sieg oder Niederlage. Der erste Spieler des FV erzielt bei einem Elfmeter erfahrungsgemäß mit 70 % Wahrscheinlichkeit ein Tor, der zweite mit 80 % Wahrscheinlichkeit und der dritte mit 90 % Wahrscheinlichkeit. Wie groß ist die Wahrscheinlichkeit, dass keiner der drei Spieler per Elfmeter ein Tor schießt?

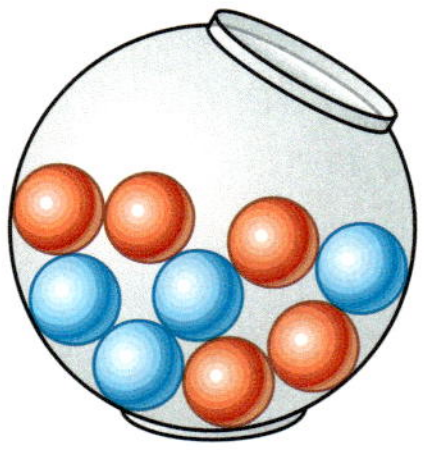

4 Anna, Barbara, Christian und Donald laufen um die Wette. Alle sind gleich gute Läufer.

a) Auf wie viele Arten kann das Rennen ausgehen?
b) Wie groß ist die Wahrscheinlichkeit, dass Christian Letzter wird?
c) Wie groß ist die Wahrscheinlichkeit, dass ein Mädchen gewinnt?

5 Aus der Urne werden blind drei Kugeln ohne Zurücklegen gezogen. Gesucht ist die Wahrscheinlichkeit dafür, dass mindestens zwei Kugeln rot sind.

Es gibt auch Palindrome in Worten, z. B. „Ein Neger mit Gazelle zagt im Regen nie“ oder „Eine güldne gute Tugend – lüge nie.“

6 a) Wie viele fünfstellige Zahlen gibt es?
b) Palindrome sind „symmetrische“ Zahlen wie 12321 oder 35253 oder 30703. Wie viele fünfstellige Palindrome gibt es?

7 Bestimmen Sie alle Binomialkoeffizienten $\binom{6}{k}$ für k = 0, 1, ..., 6.

$\binom{49}{6} = 13983816$

8 Ein Ausgang mit 6 aufeinanderfolgenden Zahlen beim „Lotto 6 aus 49“, z. B. 30, 31, 32, 33, 34, 35 heißt *Sechsling*.

a) Wie viele Sechslinge gibt es beim „Lotto 6 aus 49"?
b) Was hat die größere Wahrscheinlichkeit beim „Lotto 6 aus 49“: ein Sechsling oder 5 Richtige? Es gibt 258 Möglichkeiten, 5 Richtige zu erreichen.

9 Etwa 5 % einer Bevölkerungsgruppe kennen nicht den Namen ihres gegenwärtigen Staatspräsidenten. Geben Sie eine Formel an für die Wahrscheinlichkeit, dass von zehn zufällig ausgewählten Personen dieser Bevölkerung mindestens eine nicht weiß, wie der gegenwärtige Staatspräsident heißt.

10 Einem Kandidaten einer Quizsendung werden acht Fragen vorgelegt. Für jede Frage werden drei Antworten angeboten, von denen jeweils genau eine richtig ist. Er muss bei jeder Frage die Antwort raten. Geben Sie eine Formel an die Wahrscheinlichkeit für

a) genau vier richtige Antworten
b) mindestens eine richtige Antworten.

11 Ein Kasten enthält sechs schwarze und vier weiße Kugeln. Es werden fünf Kugeln ohne Zurücklegen gezogen.
Wie groß ist die Wahrscheinlichkeit genau drei weiße Kugeln zu ziehen?

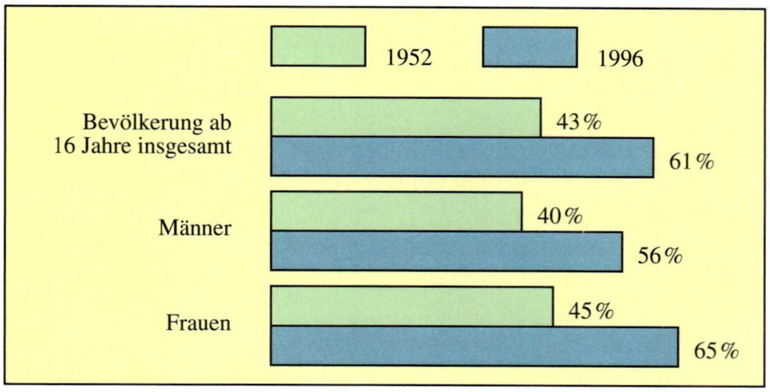

Immer mehr Menschen tragen eine Brille. Woran könnte dies liegen?

1 Eine Untersuchung über die Häufigkeit von Brillenträgern hatte das nebenstehende Ergebnis.

a) Mit welcher Wahrscheinlichkeit trugen im Jahre 1996 von 85 zufällig ausgewählten Personen, die mindestens 16 Jahre alt waren, mehr als 50 eine Brille? Wie groß war diese Wahrscheinlichkeit im Jahre 1952?

b) Mit welcher Wahrscheinlichkeit trugen im Jahre 1996 von 100 Frauen höchstens 60 eine Brille? Wie groß war diese Wahrscheinlichkeit bei den Männern?

2 Aus einer Urne mit 36 weißen und 64 roten Kugeln werden 5 Kugeln nacheinander gezogen und ihre Farben notiert. Berechnen Sie die Wahrscheinlichkeit, dass unter den 5 Kugeln genau 3 rote anzutreffen sind bei

a) Ziehen mit Zurücklegen

b) Ziehen ohne Zurücklegen.

3 Eine Maschine stellt Schrauben mit einem Ausschussanteil von 3 % her. Wie groß ist die Wahrscheinlichkeit, dass

a) unter 10 Schrauben genau 4 Ausschussstücke sind

b) unter 8 Schrauben weniger als 4 Ausschussstücke sind?

4 In einer Kleinstadt sind ca. 10 % der Einwohner Mitglied im Sportverein TSV. Wie groß ist die Wahrscheinlichkeit, dass von 20 Personen dieser Bevölkerung

a) genau eine Mitglied des TSV ist

b) mindestens eine Mitglied des TSV ist

c) höchstens zwei Mitglieder des TSV sind

d) mehr als drei Mitglieder des TSV sind?

5 Gegeben ist eine BERNOULLI-Kette mit der Länge 25 und der Trefferwahrscheinlichkeit 0,87. Die Zufallsgröße X beschreibt die Trefferanzahl.

a) Bestimmen Sie die Wahrscheinlichkeitsverteilung von X und das entsprechende Säulendiagramm.

b) Bestimmen Sie $P(X \leqq k)$ für $k = 0 \ldots 25$ und das entsprechende Säulendiagramm.

6 Eine Firma, die einen Artikel in Paketen zu je 15 Stück an den Einzelhandel vertreibt, vereinbart, dass Pakete mit mehr als 2 schadhaften Stücken nicht berechnet werden. Wie viel Prozent der ausgelieferten Pakete muss die Firma als unberechnet kalkulieren, wenn ihr bekannt ist, dass durchschnittlich nur 2 % der Artikel schadhaft sind?

Sicherheitsgurte müssen während der Fahrt in Kraftfahrzeugen sowohl auf den Vorder- wie auf den Rücksitzen angelegt werden. Wer als Fahrer oder als Beifahrer das Anlegen des Gurts unterlässt, riskiert ein Verwarnungsgeld.

7 Der Anteil der Autofahrer, die während der Fahrt den Sicherheitsgurt nicht anlegen (sog. Gurtmuffel), sei 5 %.

a) Berechnen Sie die Wahrscheinlichkeiten der Ereignisse

A: Unter 10 vorbei fahrenden Autos ist kein Gurtmuffel

B: Unter 30 vorbei fahrenden Autos sind höchstens 3 Gurtmuffel

C: Unter 6 vorbei fahrenden Autos sind nur die letzten 3 Autofahrer Gurtmuffel.

b) Die Polizei überprüft täglich 60 Autofahrer. Wie viele Gurtmuffel wird sie im Mittel täglich antreffen?

c) Wie viele Autofahrer müsste die Polizei überprüfen, um mit einer Wahrscheinlichkeit von mehr als 90 % mindestens einen Gurtmuffel anzutreffen?

*1 Bedingte Wahrscheinlichkeiten

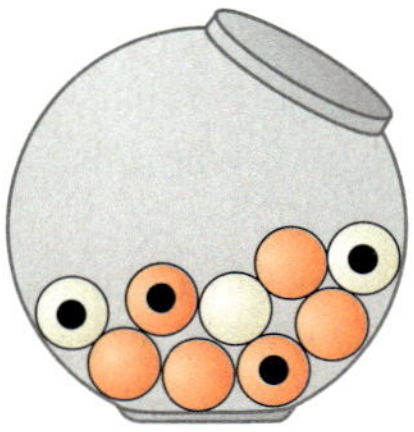
Fig. 1

1 Aus der Urne von Fig. 1 wird eine Kugel gezogen.
a) Wie groß ist die Wahrscheinlichkeit, eine Kugel mit Punkten zu ziehen?
b) Wie groß ist die Wahrscheinlichkeit, dass eine gezogene, weiße Kugel auch Punkte hat?

Es gibt Situationen, in denen Vorinformationen betrachtete Wahrscheinlichkeiten beeinflussen. Weiß man z. B. beim einmaligen Würfeln, dass „gerade Zahl“ (Ereignis A) eingetreten ist, dann ändert sich bei diesem Wurf die Wahrscheinlichkeit für „Primzahl“ (Ereignis B). Fig. 2 verdeutlicht dies. Hierbei ist $\mathbf{P_A(B)}$ die Wahrscheinlichkeit für B unter der Bedingung, dass A bereits eingetreten ist. Da $P(B) = \frac{1}{2}$ und $P_A(B) = \frac{1}{3}$ hat sich nun mit der Information „gerade Zahl“ die Wahrscheinlichkeit für „Primzahl“ verringert.

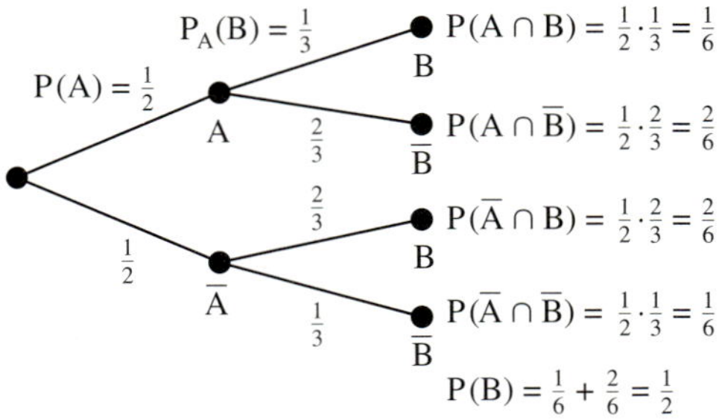

Fig. 2

Beachten Sie:
$\bar{A}$ bedeutet, dass das Ereignis A nicht eingetreten ist. $\bar{A}$ heißt auch Gegenereignis zu A.
Die Schreibweise $A \cap B$ bedeutet, dass die Ereignisse A und B zugleich eingetreten sind. Somit gilt: $A \cap B = B \cap A$.

Solche Vorinformationen verändern nicht immer die entsprechende Wahrscheinlichkeit. Weiß man z. B. beim einmaligen Würfeln, dass „Zahl ist durch drei teilbar“ (Ereignis A) eingetreten ist, dann ändert sich die Wahrscheinlichkeit für „Primzahl“ (Ereignis B) nicht (Fig. 3). Es gilt: $P(B) = P_A(B) = P_{\bar{A}}(B) = \frac{1}{2}$.

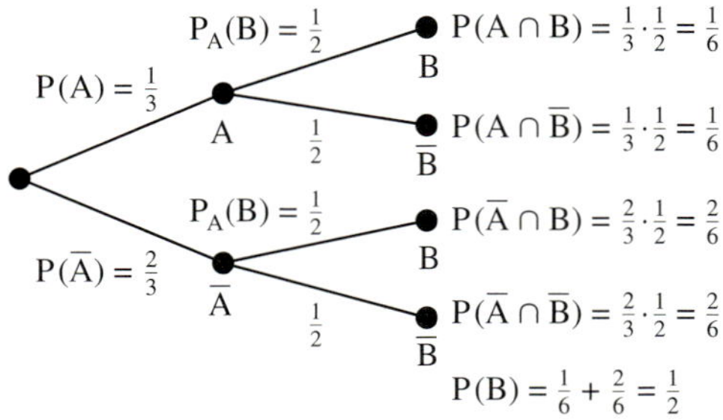

Fig. 3

Definition: Können bei einem Experiment die Ereignisse A und B eintreten, so heißt:
1. die Wahrscheinlichkeit für B unter der Bedingung, dass A bereits eingetreten ist, die **durch A bedingte Wahrscheinlichkeit von B**. Man schreibt $\mathbf{P_A(B)}$.
2. das Ereignis B **unabhängig** von dem Ereignis A, **falls** $\mathbf{P(B) = P_A(B)}$.

Für bedingte Wahrscheinlichkeiten gilt:
1. $P(A \cap B) = P(A) \cdot P_A(B)$ und somit: $P_A(B) = \frac{P(A \cap B)}{P(A)}$ mit $P(A) \neq 0$ (siehe Pfadregel und Aufgabe 9).
2. Aus $P(B) = P_A(B)$ folgt $P(B) = P_{\bar{A}}(B)$ (siehe Aufgabe 10a).
3. Aus $P(B) = P_A(B)$ folgt $P(A) = P_B(A)$ (siehe Aufgabe 10b).

Beispiel:
In einem Kasten liegen verdeckt zehn Zettel mit den Zahlen 1 bis 10. Man gewinnt, wenn man eine Primzahl zieht. Ändert sich die Gewinnwahrscheinlichkeit, wenn man über die gezogene Zahl erfährt, dass sie a) größer als 5 ist b) eine der Zahlen 2, 4, 5, 6, 9 ist?
Lösung:
Betrachtet werden die Ereignisse A: „Primzahl“; B: „größer 5“; C: „eine der Zahlen 2, 4, 5, 6, 9“. Es gilt: $P(A) = \frac{2}{5}$; $P_B(A) = \frac{1}{5}$; $P_C(A) = \frac{2}{5}$.
a) $P(A) \neq P_B(A)$; die Gewinnwahrscheinlichkeit ändert sich. A ist abhängig von B.
b) $P(A) = P_C(A)$; die Gewinnwahrscheinlichkeit ändert sich nicht. A ist unabhängig von C.

Aufgaben

2 Aus einem gemischten Skatspiel wird eine Karte gezogen. Die gezogene Karte ist schwarz.
a) Wie groß ist die Wahrscheinlichkeit, dass diese Karte eine „10“ ist?
b) Wie groß ist die Wahrscheinlichkeit, dass diese Karte keine Dame ist?

3 Eine Münze wird dreimal geworfen. Berechnen Sie $P_A(B)$ und $P_B(A)$ für
a) A: beim zweiten Wurf lag „Zahl“ oben; B: es lag dreimal „Zahl“ oben
b) A: beim ersten Wurf lag „Zahl“ oben; B: es lag genau einmal „Zahl“ oben.

4 Ein Zufallsexperiment hat die Ergebnismenge $S = \{a, b, c, d, e\}$ und die Wahrscheinlichkeitsverteilung

x	a	b	c	d	e
P(x)	0,2	0,2	0,2	0,3	0,1

Sind die Ereignisse $A = \{c; d\}$ und $B = \{a; d\}$ voneinander unabhängig?

5 Eine der Zahlen 1, 2, 3, …, 100 wird zufällig ausgewählt.
a) Wie groß ist die Wahrscheinlichkeit, dass diese Zahl ein Vielfaches von 5 ist, wenn man weiß, dass sie ein Vielfaches von 4 ist?
b) Wie groß ist die Wahrscheinlichkeit, dass diese Zahl ein Vielfaches von 5 ist, wenn man weiß, dass sie ein Vielfaches von 4 und ein Vielfaches von 3 ist?

6 Ein Würfel wird zweimal geworfen. Welche der folgenden Ereignisse sind voneinander unabhängig?
A: „Die Augensumme ist gerade“;
B: „Die Augensumme ist ungerade“;
C: „Die Augenzahlen sind verschieden“

Fig. 1

7 Beim Roulette fällt eine Kugel in eines von 37 Feldern mit den Zahlen 0 bis 36 (Fig. 1). Sind die Ereignisse A und B unabhängig?
a) $A = \{1, 2, 3, 4, 5, 6, 7, 8, 9, 10, 11, 12, 13, 14, 15, 16, 17, 18\}$;
$B = \{13, 14, 15, 16, 17, 18, 19, 20, 21, 22, 23, 24\}$
b) A: „rote Zahl“; $B = \{1, 2, 3, 4, 5, 6, 7, 8, 9, 10, 11, 12, 13, 14, 15, 16, 17, 18\}$
c) A: „gerade Zahl außer 0“; B: „schwarze Zahl“

8 Aus einem gemischten Skatspiel wird eine Karte gezogen. Welche der folgenden Ereignisse sind voneinander unabhängig?
A: „Es wurde eine Herzkarte gezogen“; B: „Es wurde eine Dame gezogen“;
C: „Es wurde ein König gezogen“; D: „Es wurde eine ‚8‘ oder eine ‚9‘ oder eine ‚10‘ gezogen.“

9 Bei den Experimenten auf Seite 364, die zu Fig. 2 und Fig. 3 gehören, wird lediglich einmal gewürfelt. Sie werden jedoch wie zusammengesetzte Experimente mit Baumdiagrammen beschrieben. Aus welchen möglichen Experimenten kann man sie sich jeweils zusammengesetzt vorstellen?

10 Bei einem Experiment können die Ereignisse A und B auftreten mit $P(A) \neq 0$ und $P(B) \neq 0$. Begründen Sie:
a) Wenn B unabhängig von A ist, dann ist auch B unabhängig von $\overline{A}$.
b) Wenn B unabhängig von A ist, dann ist auch A unabhängig von B.

*2 Satz von Bayes

1 Sebastian hat drei Spielchips in der Tasche. Einer ist auf beiden Seiten schwarz, einer ist auf beiden Seiten weiß und der dritte hat eine weiße und eine schwarze Seite. Er nimmt einen Chip aus der Tasche und legt ihn auf den Tisch. Die sichtbare Seite dieses Chips ist weiß. Thomas behauptet, dass die Wahrscheinlichkeit hierfür $\frac{1}{2}$ beträgt. Sonja sagt $\frac{1}{3}$.
Wer hat Recht?

In Situationen, in denen verschiedene Alternativen möglich sind, man aber nicht sagen kann, welche zutrifft, ordnet man diesen Alternativen Wahrscheinlichkeiten zu.

In einem Experiment wird von den beiden Würfeln einer ausgewählt und mehrfach geworfen. Anschließend werden nur die gewürfelten Augenzahlen mitgeteilt.
Mit welchem der beiden Würfel wurde geworfen?

Wurf	1	2	3
Augenzahl	3	1	2

	1	2	3	4	5	6
Würfel	$\frac{1}{6}$	$\frac{1}{6}$	$\frac{1}{6}$	$\frac{1}{6}$	$\frac{1}{6}$	$\frac{1}{6}$
Quader	0,15	0,05	0,3	0,3	0,05	0,15

Um die Unsicherheit zu reduzieren, sammelt man Informationen (**„Indizien"**), die meist verschieden stark für die einzelnen Alternativen sprechen. Man wird veranlasst, die zugewiesenen Wahrscheinlichkeiten zu überdenken und möglicherweise abzuändern.

a priori (lat.): anfangs
a posteriori (lat.): nachträglich

Die Wahrscheinlichkeiten, die man den Ergebnissen eines Zufallsversuches am Anfang zuordnet, heißen **a priori** Wahrscheinlichkeiten. Die in der Folge von Beobachtungen möglicherweise geänderten Wahrscheinlichkeiten nennt man **a posteriori** Wahrscheinlichkeiten.

Bei den Würfeln betragen die a priori Wahrscheinlichkeiten jeweils $\frac{1}{2}$.

Wie sich die a posteriori Wahrscheinlichkeiten mit Hilfe von Baumdiagrammen berechnen lassen, soll an dem Beispiel des Würfelns gezeigt werden.

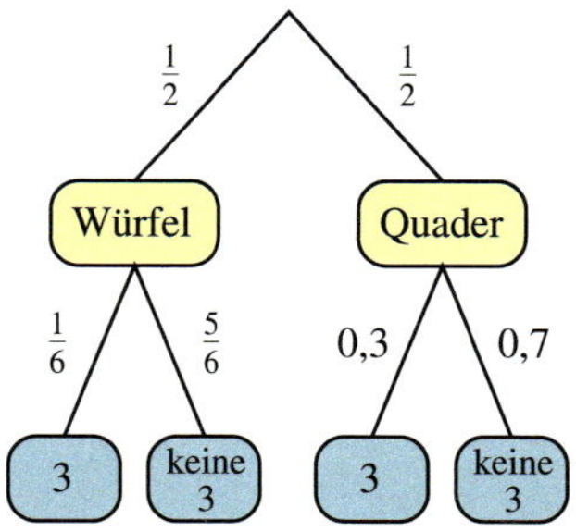

Baumdiagramm

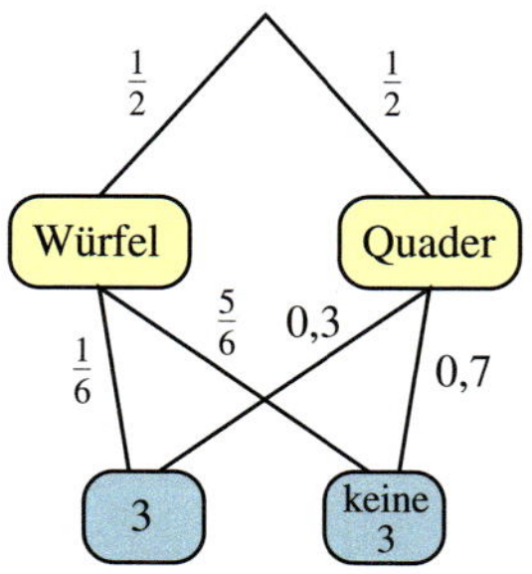

verkürztes Baumdiagramm

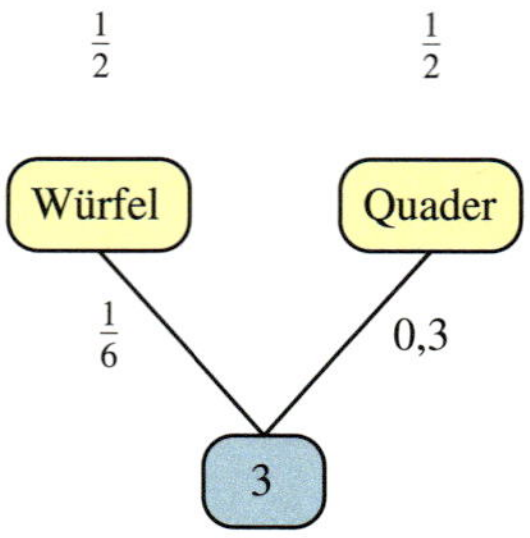

Bayes-Diagramm (nur das tatsächlich beobachtete Indiz interessiert)

erster Wurf

Die Pfade zum Indiz „Augenzahl 3" haben die folgenden Wahrscheinlichkeiten
Pfad über Würfel: $\frac{1}{2} \cdot \frac{1}{6} = \frac{1}{12}$
Pfad über Quader: $\frac{1}{2} \cdot \frac{3}{10} = \frac{3}{20}$
Summe (totale Wahrscheinlichkeit): $\frac{14}{60} = \frac{7}{30}$

Die totale Wahrscheinlichkeit $\frac{7}{30}$ gibt an, „wie sehr“ man das Indiz „Augenzahl 3“ vor dem Wurf erwartet hätte. Die einzelnen Alternativen liefern die unterschiedlich großen Beiträge $\frac{1}{12}$ und $\frac{3}{20}$ hierzu. Als a posteriori Wahrscheinlichkeiten der Alternativen nimmt man die Anteile dieser Beiträge an der totalen Wahrscheinlichkeit:

a posteriori Wahrscheinlichkeit

vom Würfel: $\frac{1}{12} : \frac{7}{30} = \frac{5}{14} \approx 36\,\%$ vom Quader: $\frac{3}{20} : \frac{7}{30} = \frac{9}{14} \approx 64\,\%$

Die Wahrscheinlichkeiten der Alternativen Würfel und Quader haben sich durch Beobachtung des Indizes „Augenzahl 3“ im ersten Wurf von jeweils 50 % auf 36 % bzw. 64 % geändert.

Satz von BAYES: Man erhält die **a posteriori** Wahrscheinlichkeit einer Alternative, indem man die Wahrscheinlichkeit des **zugehörigen** Pfades durch die totale Wahrscheinlichkeit des beobachteten Indizes teilt:

a posteriori Wahrscheinlichkeit einer Alternative $= \frac{\text{Wahrscheinlichkeit des zugehörigen Pfades}}{\text{totale Wahrscheinlichkeit des Indizes}}$.

Die Auswirkungen der weiteren Würfe kann durch wiederholtes Anwenden der Regel von BAYES bestimmt werden.

zweiter Wurf

Wahrscheinlichkeiten der Pfade zum Indiz „Augenzahl 1“:

Für den Würfel: $\frac{5}{14} \cdot \frac{1}{6} = \frac{5}{84}$

Für den Quader: $\frac{9}{14} \cdot \frac{15}{100} = \frac{27}{280}$

Summe: $\frac{131}{840}$

a posteriori Wahrscheinlichkeiten:

Alternative Würfel: $\frac{5}{84} : \frac{131}{840} = \frac{50}{131} \approx 38\,\%$

Alternative Quader: $\frac{27}{280} : \frac{131}{840} = \frac{81}{131} \approx 62\,\%$

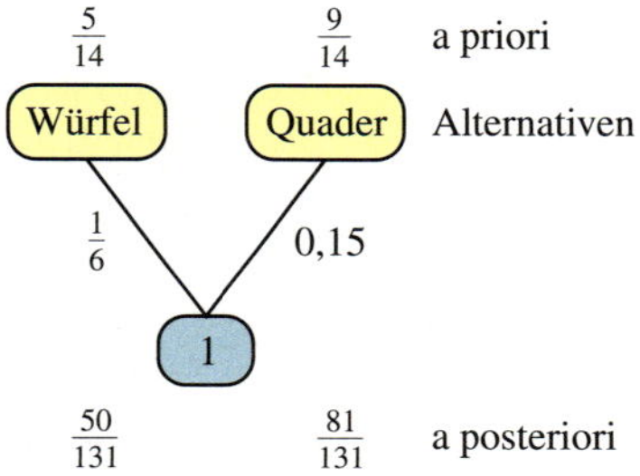

dritter Wurf

Wahrscheinlichkeiten der Pfade zum Indiz „Augenzahl 2“:

Für den Würfel: $\frac{50}{131} \cdot \frac{1}{6} = \frac{25}{393}$

Für den Quader: $\frac{81}{131} \cdot \frac{5}{100} = \frac{81}{2620}$

Summe: $\frac{743}{7860}$

a posteriori Wahrscheinlichkeiten:

Alternative Würfel: $\frac{25}{393} : \frac{743}{7860} = \frac{500}{743} \approx 67\,\%$

Alternative Quader: $\frac{81}{2620} : \frac{743}{7860} = \frac{243}{743} \approx 33\,\%$

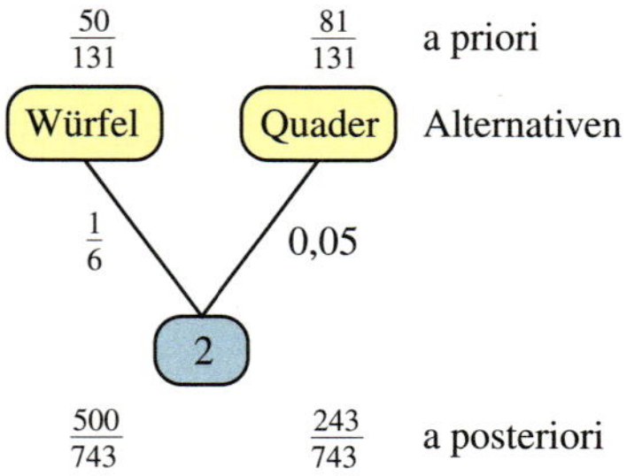

Damit haben sich Wahrscheinlichkeiten der Alternativen Würfel und Quader durch die Beobachtung der Indizien „Augenzahl 3, 2, 1“ von jeweils 50 % auf 67 % bzw. 33 % geändert.

Alle drei Würfe in einem Diagramm

Wahrscheinlichkeiten der Pfade zum Indiz „Augenzahl 3 – 2 – 1“:

Für den Würfel: $\frac{1}{2} \cdot \left(\frac{1}{6}\right)^3 = 0{,}002\,314\,8$

Für den Quader: $\frac{1}{2} \cdot 0{,}3 \cdot 0{,}15 \cdot 0{,}05 = 0{,}001\,25$

Summe: $0{,}003\,439\,8$

a posteriori Wahrscheinlichkeiten:

Alternative Würfel: $0{,}002\,315 : 0{,}003\,439\,8 = 0{,}6729 \approx 67\,\%$

Alternative Quader: $0{,}001\,25 : 0{,}003\,439\,8 = 0{,}363 \approx 33\,\%$

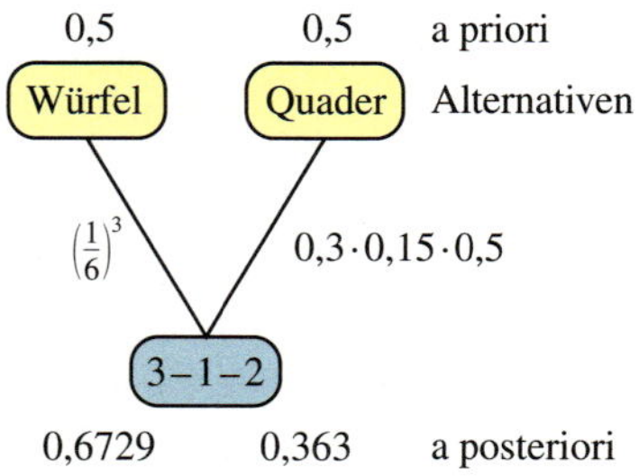

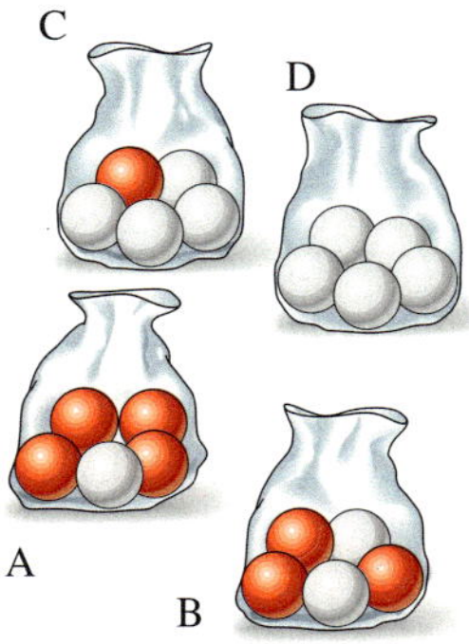

Fig. 1

Beispiel 1:
Es wird zufällig einer der vier Beutel (Fig. 1) gewählt und aus diesem werden nacheinander zwei Kugeln mit Zurücklegen entnommen. Dabei erhält man eine weiße und eine rote Kugel. Für welchen der vier Beutel spricht dieses Indiz am stärksten?
Lösung:
Wahrscheinlichkeiten der Pfade zum Indiz „w–r“:
Über A: $\frac{1}{4} \cdot \frac{1}{5} \cdot \frac{4}{5} = \frac{2}{50}$ Über B: $\frac{1}{4} \cdot \frac{2}{5} \cdot \frac{3}{5} = \frac{3}{50}$
Über C: $\frac{1}{4} \cdot \frac{4}{5} \cdot \frac{1}{5} = \frac{2}{50}$ Über D: $\frac{1}{4} \cdot 1 \cdot 0 = 0$
Summe: $\frac{7}{50}$
a posteriori Wahrscheinlichkeiten:
Beutel A: $\frac{2}{50} : \frac{7}{50} = \frac{2}{7} \approx 28{,}5\,\%$
Beutel B: $\frac{3}{50} : \frac{7}{50} = \frac{3}{7} \approx 43\,\%$
Beutel C: $\frac{2}{50} : \frac{7}{50} = \frac{2}{7} \approx 28{,}5\,\%$
Beutel D: $0 : \frac{7}{50} = 0 = 0\,\%$
Das Indiz spricht am stärksten für Beutel B.

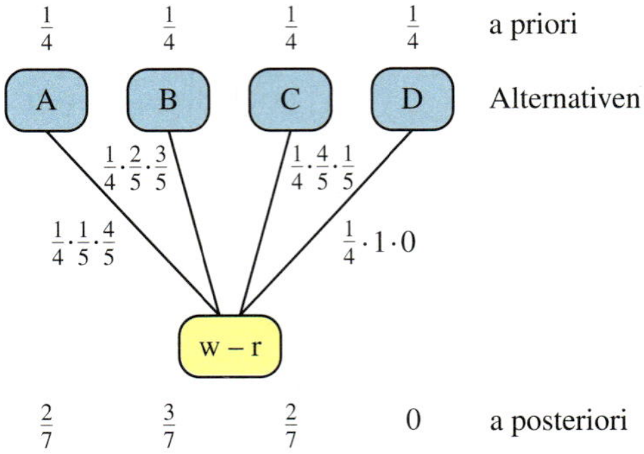

Beispiel 2:
Die in einem Werk produzierten Fernsehgeräte werden vor der Auslieferung von einem der drei Kontrolleure K_1, K_2, K_3 geprüft. Der erste Kontrolleur prüft 50 %, der zweite 30 % und der dritte 20 % der Geräte. Die Wahrscheinlichkeit vorhandene Mängel zu entdecken beträgt beim ersten Kontrolleur 0,7, bei dem zweiten 0,8 und bei dem dritten 0,9. Mit welcher Wahrscheinlichkeit wurde ein fehlerhaftes Fernsehgerät, das die Kontrolle passiert hat, vom ersten Kontrolleur geprüft?
Lösung:
Bezeichnet man den Fall, dass ein defektes Gerät nicht erkannt wird, mit D, so ergibt sich das nebenstehende Baumdiagramm.
Als totale Wahrscheinlichkeit dafür, dass ein defektes Gerät passiert, erhält man
$0{,}5 \cdot 0{,}3 + 0{,}3 \cdot 0{,}2 + 0{,}2 \cdot 0{,}1 = 0{,}23$.
Damit ergibt sich für die gesuchte Wahrscheinlichkeit $\frac{0{,}5 \cdot 0{,}3}{0{,}23} \approx 0{,}6521 \approx 65\,\%$.

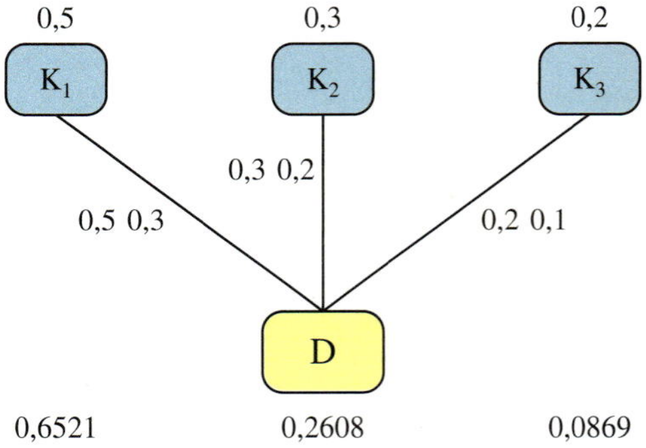

Aufgaben

2 In einer Werkstatt werden Schalter zusammengebaut. 40 % aller Schalter montiert Person A. In der Regel arbeiten 90 % der von A zusammengebauten Schalter einwandfrei. Die Werkstatt liefert zu 95 % einwandfreie Schalter. Ein der Produktion zufällig entnommener Schalter wird geprüft und erweist sich als defekt. Mit welcher Wahrscheinlichkeit hat A ihn zusammengebaut?

3 Ein Angestellter fährt an 80 % aller Arbeitstage mit der Bahn nach Hause. In zwei Drittel dieser Fälle kommt er pünktlich an. Durchschnittlich ist er an drei von fünf Arbeitstagen pünktlich. Eines Abends kommt der Angestellte pünktlich zu Hause an. Mit welcher Wahrscheinlichkeit hat er die Bahn benutzt?

4 Aufgrund langjähriger Statistiken weiß man, dass auf einer abschüssigen Wegstrecke die Unfallwahrscheinlichkeit 0,00001 beträgt. Bei Glättebildung erhöht sie sich auf 0,00005. Im Winter ist die Wahrscheinlichkeit für Glättebildung auf dieser Wegstrecke 0,08. Mit welcher Wahrscheinlichkeit kommt bei einem Unfall im Winter Glättebildung als mögliche Ursache in Frage?

5 Bei der Schulaufnahme wurden alle aufgenommenen Schüler einem Eignungstest unterzogen. Am Ende der Schulzeit stellte man fest, dass 35 % der Schüler den Abschluss nicht erreicht hatten. 85 % dieser Schüler hatten ein negatives Testergebnis im Eignungstest. 2 % derer, die den Schulabschluss erreichten, hatten beim Eignungstest schlecht abgeschnitten.
Mit welcher Wahrscheinlichkeit erreicht danach ein Schüler mit negativem Testergebnis das Schulziel nicht?

6 Ein Schüler wirft sechsmal eine Münze und zählt, wie oft hierbei „Zahl" erscheint. Ein anderer Schüler würfelt mit einem LAPLACE-Würfel. Die Versuchsergebnisse sind bei beiden eine Zahl zwischen 1 und 6. Jeder führt sein Experiment dreimal durch und notiert seine Ergebnisse auf einen Zettel. Einer der Zettel wird zufällig gewählt. Mit welcher Wahrscheinlichkeit stammt der Zettel vom Münzwurf, wenn auf dem Zettel
a) 2 – 3 – 2 b) 3 – 4 – 6 c) 6 – 6 – 6 steht?

7 Zur Früherkennung einer Stoffwechselkrankheit bei Säuglingen wurde eine neue Untersuchungsmethode entwickelt. Bei Anwendung dieser Methode wird in 0,01 % aller Fälle eine vorliegende Stoffwechselkrankheit nicht entdeckt, während sie in 0,1 % aller Fälle irrtümlich eine Krankheit anzeigt. Durchschnittlich haben bei 1,1 Millionen Geburten 100 Säuglinge diese Stoffwechselkrankheit.
Wie groß ist die Wahrscheinlichkeit, dass ein als krank diagnostizierter Säugling diese Stoffwechselkrankheit hat?

8 Drei gleich aussehende Schränkchen haben jeweils 2 Schubladen. Im ersten Schränkchen befinden sich in jeder Schublade ein goldenes, im zweiten in jeder Schublade ein silbernes und im dritten Schränkchen in einer Schublade ein goldenes und in der anderen ein silbernes Schmuckstück. Jemand wählt zufällig ein Schränkchen aus und öffnet eine der beiden Schubladen. Hierbei findet er ein goldenes Schmuckstück.
Mit welcher Wahrscheinlichkeit handelt es sich um das erste (um das zweite, um das dritte) Schränkchen?

9 Von einem Test zur Diagnose einer bestimmten Krankheit weiß man aufgrund langjähriger Erprobung, dass er 98 % der Kranken und 95 % der Nichtkranken richtig anzeigt. Die Wahrscheinlichkeit, dass eine Person diese Krankheit hat, ist p.
a) Mit welcher Wahrscheinlichkeit hat eine als krank diagnostizierte Person wirklich diese Krankheit?
b) Bestimmen Sie die Wahrscheinlichkeit aus a) für $p = 0{,}005; 0{,}01; 0{,}05; 0{,}1$.

10 In einem Beutel A befinden sich drei weiße (w), zwei schwarze (s) und drei rote (r) Kugeln. Der Inhalt von Beutel B ist 3 w, 4 s, 1 r und der von Beutel C 2 w, 3 r. Einer der Beutel wird ausgesucht und aus ihm werden nacheinander Kugeln gezogen, die Farbe notiert und zurückgelegt.
a) Man notiert folgendes Ergebnis: w, w, r, s, r. Bestimmen Sie die Wahrscheinlichkeiten für die verschiedenen Beutel nach jedem Zug.
b) Was ändert sich, wenn die Ergebnisse in umgekehrter Reihenfolge auftreten?
c) Bearbeiten Sie a) und b), wenn ohne Zurücklegen gezogen wird.

*3 Der Erwartungswert einer Zufallsgröße

Fig. 1

1 In einer Quizsendung des Fernsehens werden fünf Bücher und sieben Autorennamen vorgestellt. Es treten die Teams zweier Volkshochschulen mit je zehn Kandidaten an. Jeder Teilnehmer gibt unabhängig von den anderen an, ob der Autor des jeweiligen Buches unter den genannten Autoren ist.
Bei welchen Ergebnissen kann man vermuten, dass die Kandidaten eines Teams
a) sich in der Literatur auskennen
b) eher geraten haben?

g	$P(X) = g)$
-1	$\frac{125}{216}$
0	$\frac{75}{216}$
1	$\frac{15}{216}$
2	$\frac{1}{216}$

*Man nennt die Tabelle auch **Wahrscheinlichkeitsverteilung der Zufallsgröße X**.*

Bruchrechnen „rückwärts“: $\frac{1 \cdot 15 + 2 \cdot 1}{216} = 1 \cdot \frac{15}{216} + 2 \cdot \frac{1}{216}$

Bei dem Würfelspiel Chuck-your-luck setzt man einen Dollar und würfelt dann dreimal. Für jede Sechs erhält man von der Bank einen Dollar. Man möchte wissen, wie viel man auf lange Sicht gewinnt oder verliert. Gibt die Zufallsgröße X den möglichen Gewinn oder Verlust an, so kann X die Werte $-1\,\$$, $0\,\$$, $1\,\$$ oder $2\,\$$ annehmen.
Da bei X = 1 zwei Sechsen fallen müssen, gilt z. B. $P(X = 1) = \binom{3}{2} \cdot \left(\frac{1}{6}\right)^2 \cdot \frac{5}{6} = \frac{15}{216}$.
Entsprechend kann man für die anderen Werte von X die Wahrscheinlichkeiten berechnen. Sie sind in der Tabelle zusammengefasst. Bei 216 Spielen kann man erwarten, dass man etwa 125mal einen Dollar verliert, etwa 75mal weder verliert noch gewinnt, etwa 15mal 1 \$ und nur etwa einmal 2 \$ gewinnt. Bei 216 Spielen wird also etwa der „Gewinn“ $(-1\,\$) \cdot 125 + 0\,\$ \cdot 75 + 1\,\$ \cdot 15 + 2\,\$ \cdot 1 = -108\,\$$ erzielt.
Pro Spiel beträgt der durchschnittliche Gewinn bzw. Verlust $\frac{(-1) \cdot 125 + 0 \cdot 75 + 1 \cdot 15 + 2 \cdot 1}{216}\,\$$.
Das kann man mithilfe der Wahrscheinlichkeiten aus der Tabelle auch so schreiben:
$= (-1\,\$) \cdot \frac{125}{216} + 0\,\$ \cdot \frac{75}{216} + 1\,\$ \cdot \frac{15}{216} + 2\,\$ \cdot \frac{1}{216} = -\frac{108}{216}\,\$ = -0{,}50\,\$.$

*Ist bei einem Glücksspiel der „Gewinn“-Erwartungswert Null, so wird man langfristig weder Geld gewinnen noch verlieren. Man sagt in diesem Fall: **Das Spiel ist fair.***

Definition: Kann eine Zufallsgröße X die Werte $x_1, x_2, \ldots, x_r$ annehmen, so heißt $E(X) = x_1 \cdot P(X = x_1) + x_2 \cdot P(X = x_2) + \ldots + x_r \cdot P(X = x_r)$ **Erwartungswert der Zufallsgröße**. Statt E(X) schreibt man auch kurz μ.

Da bei einer binominal verteilten Zufallsgröße die Wahrscheinlichkeit für einen Treffer p ist, ergibt sich bei n Durchführungen der Erwartungswert $n \cdot p$.

Zur mathematischen Begründung siehe Aufgabe 8.

Satz: Ist X eine binomialverteilte Zufallsgröße mit den Parametern n und p, so gilt für den Erwartungswert μ: $\boldsymbol{\mu = n\,p}$.

Beispiel 1: (Erwartungswert einer Zufallsgröße)
Zwei Würfel werden gleichzeitig geworfen. Bestimmen Sie den Erwartungswert für die Augensumme.
Lösung:
Die Zufallsgröße X gibt die Augensumme der beiden Würfel an.
X kann also die Werte 2, 3, 4, …, 12 annehmen.
$\mu = 2 \cdot \frac{1}{36} + 3 \cdot \frac{2}{36} + 4 \cdot \frac{3}{36} + 5 \cdot \frac{4}{36} + 6 \cdot \frac{5}{36} + 7 \cdot \frac{6}{36} + 8 \cdot \frac{5}{36} + 9 \cdot \frac{4}{36} + 10 \cdot \frac{3}{36} + 11 \cdot \frac{2}{36} + 12 \cdot \frac{1}{36} = 7$

Beispiel 2: (Erwartungswert einer binomialverteilten Zufallsgröße)
Ein defekter Parkscheinautomat eines Parkhauses codiert ca. 20 % aller Parkkarten so falsch, dass eine Ausfahrt nicht möglich ist. Ein Mitarbeiter des Parkhauses notiert die entsprechenden Störungen bei jeweils 100 aufeinander folgender Pkw an der Ausfahrt des Parkhauses.
Wie viele solcher Störungen bei der Ausfahrt sind pro 100 hintereinander ausfahrender Pkw zu erwarten?
Lösung:
Die Zufallsgröße X mit $n = 100$; $p = 0{,}2$ gibt die Anzahl der falsch codierten Parkkarten an.
X ist binomialverteilt, also ist $\mu = n\,p = 20$. Man kann erwarten, dass 20 Störungen auftreten.

Aufgaben

Simulation zum Erwartungswert

2 Ein Sportschütze gibt wiederholt drei Schüsse auf ein Ziel ab. Erfahrungsgemäß trifft er bei jedem Schuss mit der Wahrscheinlichkeit 0,6. Wie hoch ist die durchschnittliche Trefferzahl in solchen Dreierserien?

Aufgabe 3 verdeutlicht, dass die Art des Setzens beim Roulette für den Casinobetreiber nur von nachgeordneter Bedeutung ist.

3 Beim Roulette fällt eine Kugel in eines mit den Zahlen 0 bis 36 gekennzeichneten Felder. Ein Spieler kann u. a. auf eine einzige Zahl oder vier oder zwölf oder sechzehn verschiedene Zahlen setzen. Ist die Gewinnzahl
– die gesetzte Zahl, so erhält er seinen 35fachen Einsatz als Reingewinn zurück,
– unter der gesetzten vier Zahlen, so erhält er den 8fachen Einsatz als Reingewinn zurück,
– unter den gesetzten zwölf Zahlen, so erhält er den doppelten Einsatz als Reingewinn zurück,
– unter den gesetzen sechzehn Zahlen, so erhält er den einfachen Einsatz als Reingewinn zurück.
Berechnen Sie den „Gewinn“-Erwartungswert für jede dieser Spielvarianten.

4 In einer Fabrik werden die hergestellten Teile von einer Kontrolleurin überprüft, die jedes Teil mit einer Wahrscheinlichkeit von 95 % richtig beurteilt.
Wie viele falsche Entscheidungen der Kontrolleurin sind bei 100 Kontrollen zu erwarten?

5 Ein Kasten enthält drei weiße und sieben rote Kugeln. Ein Spieler zieht ohne Zurücklegen fünf Kugeln. Sind unter diesen fünf Kugeln genau zwei weiße, so gewinnt er 10 €, andernfalls muss er 5 € bezahlen. „Lohnt“ sich das Spiel für den Spieler?

6 Jemand hat ein Oktaeder mit den Zahlen 1 bis 8 auf den Seitenflächen über 10 000-mal geworfen und die erhaltenen Augenzahlen notiert. Der Mittelwert dieser Häufigkeitsverteilung betrug 4,51.
Kann man hieraus schließen, dass das Oktaeder sorgfältig hergestellt wurde?
Begründen Sie Ihre Antwort.

7 Die Zufallsgröße X mit dem Parameter $p = 0{,}4$ ist binomialverteilt. Zeichnen Sie Säulendiagramme und bestimmen Sie E(X) für $n = 10$; 20; 30; 50; 100. Was fällt auf?

8 Für $n = 3$ hat eine binominal verteilte Zufallsgröße die Wahrscheinlichkeitsverteilung in der Tabelle. Dabei ist $q = 1 - p$.

k	0	1	2	3
P(X = k)	q^3	$3\,p\,q^2$	$3\,p^2 q$	p^3

a) Zeigen Sie: $E(X) = 3\,p\,q^2 + 6\,p^2 q + 3\,p^3$. Formen Sie den Term so um, dass sich $E(X) = 3\,p$ ergibt.
b) Führen Sie die Berechnung ebenso durch für $n = 4$.

*4 Varianz und Standardabweichung – Sigmaregeln

Würfel I

1	2	3	4	5	6
307	293	305	296	295	304

Würfel II

1	2	3	4	5	6
602	295	103	97	305	598

Fig. 1

1 Bei einem Spiel erhält man jeweils die Punktezahl, die man mit einem Wurf eines Würfels erzielt.
Für dieses Spiel stehen ein gleichmäßig gearbeiteter Würfel und ein ungleichmäßig gearbeiteter Würfel zur Verfügung. Die Würfel wurden 1800-mal bzw. 2000-mal geworfen und die entsprechenden Häufigkeiten der Augenzahlen notiert (Fig. 1).
a) Mit welcher durchschnittlichen Augenzahl muss man bei beiden Würfeln rechnen, wenn man sehr oft würfelt?
b) Worin unterscheiden sich vermutlich die Ergebnisse bezüglich der beiden Würfel?

Die Werte einer Zufallsgröße X streuen mehr oder weniger um den Erwartungswert E(X). Als Maß für die Streuung werden **Varianz** und **Standardabweichung** verwendet.

Zwei Würfel werden gleichzeitig geworfen. Die Zufallsgröße X: „Augensumme" hat den Erwartungswert $\mu = 7$ (siehe Beispiel 1 auf Seite 370).
Man bildet die Varianz von X, indem man die Abweichungen von E(X) quadriert, mit den zugehörigen Wahrscheinlichkeiten multipliziert und dann diese Produkte aufsummiert:
$V(X) = (2-7)^2 \cdot \frac{1}{36} + (3-7)^2 \cdot \frac{2}{36} + \ldots + (10-7)^2 \cdot \frac{3}{36} + (11-7)^2 \cdot \frac{2}{36} + (12-7)^2 \cdot \frac{1}{36} = 5\frac{5}{6}$

Beachten Sie:
Beschreibt z. B. eine Zufallsgröße X bei einem Glücksspiel den Gewinn in €, so ist V(X) genau genommen ein Maß in €². Deshalb ist es u. a. sinnvoll die Standardabweichung von X, also $\sqrt{V(X)}$ einzuführen.

Definition: Kann eine Zufallsgröße X die Werte $x_1, x_2, \ldots, x_r$ annehmen, so heißt V(X) mit
$V(X) = (x_1 - E(X))^2 \cdot P(X = x_1) + \ldots + (x_r - E(X))^2 \cdot P(X = x_r)$ **Varianz von X.**
$\sqrt{V(X)}$ heißt **Standardabweichung von X.**
Statt V(X) schreibt man auch kurz σ^2 und statt $\sqrt{V(X)}$ schreibt man auch σ.

Bei binomialverteilten Zufallsgrößen kann man zeigen:

Ein Nachweis kann wie bei Aufgabe 8, S. 371, erfolgen.

Satz: Ist X eine binomialverteilte Zufallsgröße mit den Parametern n und p, so gilt für die Varianz σ^2: $\boldsymbol{\sigma^2 = n \cdot p \cdot (1-p)}$.

Die Bedeutung von σ^2 bzw. σ verdeutlichen die folgenden Regeln.

Zur Überprüfung der σ-Regeln siehe auch Aufgabe 9.

σ-Regeln: Für jede binomialverteilte Zufallsgröße X mit der Standardabweichung
$\sigma = \sqrt{n \cdot p \cdot (1-p)}$ gilt:
$P(\mu - \sigma \leqq X \leqq \mu + \sigma) \approx 0{,}680$ (1σ-Regel),
$P(\mu - 2\sigma \leqq X \leqq \mu + 2\sigma) \approx 0{,}955$ (2σ-Regel),
$P(\mu - 3\sigma \leqq X \leqq \mu + 3\sigma) \approx 0{,}997$ (3σ-Regel).
Die Näherung wird um so besser, je größer n ist. In der Regel verlangt man $\sigma > 3$.

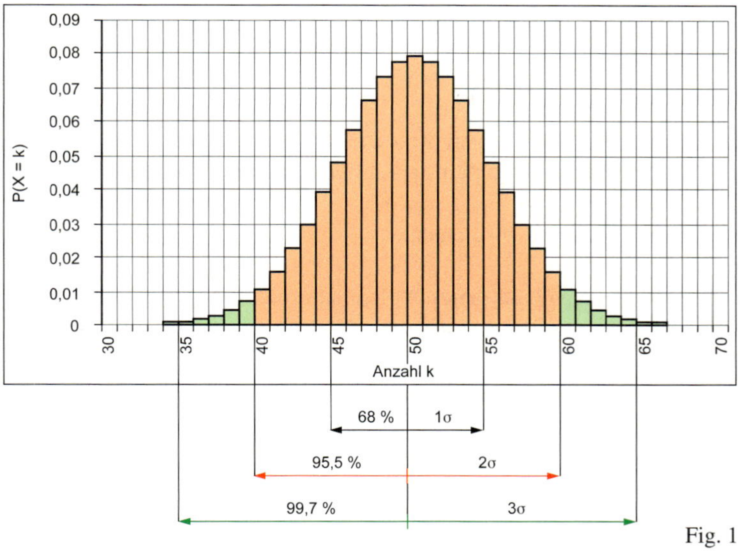

Fig. 1

Bei einer BERNOULLI-Kette der Länge n liegen somit ca. $\frac{2}{3}$ der Ergebnisse in dem Intervall $[\mu - \sigma;\ \mu + \sigma]$ und fast alle Ergebnisse in dem Intervall $[\mu - 3\sigma;\ \mu + 3\sigma]$. Die Länge n der BERNOULLI-Kette spielt dabei keine Rolle, solange für die Standardabweichung $\sigma > 3$ gilt. Fig. 1 zeigt die Wahrscheinlichkeitsverteilung einer binomialverteilten Zufallsgröße X mit den Parametern $n = 100$, $p = 0{,}5$ und $\sigma = 5$ sowie das 2σ-Intervall (rot) und das 3σ-Intervall (grün).

Bei Anwendungen ist die Situation oft umgekehrt: Gegeben ist eine binominalverteilte Zufallsgröße X mit dem Erwartungswert μ. Man interessiert sich für das Intervall um μ, in dem die Werte von X mit einer vorgegebenen Wahrscheinlichkeit liegen. (vgl. Beispiel).

Es gilt: $P(\mu - 1{,}64\sigma \leqq X \leqq \mu + 1{,}64\sigma) \approx 0{,}90$, $P(\mu - 1{,}96\sigma \leqq X \leqq \mu + 1{,}96\sigma) \approx 0{,}95$,
$P(\mu - 2{,}58\sigma \leqq X \leqq \mu + 2{,}58\sigma) \approx 0{,}99$.
In diesem Fall spricht man auch von der 90 %-, der 95 %- und der 99 %-Regel.

Beispiel: (Anwendung der 99 %-Regel)
Ein defekter Parkscheinautomat eines Parkhauses codiert ca. 20 % aller Parkkarten so falsch, so dass eine Ausfahrt nicht möglich ist. An einem Samstagvormittag möchten zwischen 9.30 Uhr und 10 Uhr 100 Autofahrer mit ihren Autos das Parkhaus verlassen.
Schätzen Sie ab, wie viele dieser Pkw-Fahrer mit einer Wahrscheinlichkeit von 0,99 entsprechende Probleme bei der Ausfahrt haben werden.
Lösung:
X gibt die Anzahl der falsch codierten Parkscheine an. Es gilt $\mu = np = 20$ und $\sigma^2 = np(1 - p) = 16$; also $\sigma = 4$. Nach der 99 %-Regel gilt:
$P(\mu - 2{,}58\sigma \leqq X \leqq \mu + 2{,}58\sigma) \approx 0{,}99$. Mit $20 - 2{,}58 \cdot 4 = 9{,}68$ und $20 + 2{,}58 \cdot 4 = 30{,}32$ ergibt sich $P(9{,}68 \leqq X \leqq 30{,}32) \approx 0{,}99$. Mit etwa 99 %iger Wahrscheinlichkeit werden zwischen 10 und 30 Pkw-Fahrer Probleme bei der Ausfahrt aus dem Parkhaus haben.

Aufgaben

Berechnung von Erwartungswert und Standardabweichung

2 Zwei ideale Würfel werden gleichzeitig geworfen. Die Zufallsgröße X gibt das Produkt der Augenzahlen an. Bestimmen Sie die Wahrscheinlichkeitsverteilung, μ und σ von X.

3 Auf einem Vereinsfest werden zwei Glücksspielvarianten angeboten:
Ein Kasten enthält fünf weiße Kugeln und drei Kugeln mit dem Vereinsemblem. Ein Spieler zieht eine Kugel.
Bei Variante I gewinnt der Spieler 7 €, wenn die Kugel das Vereinsemblem trägt, ansonsten verliert er 5 €. Bei Variante II gewinnt der Spieler 2 €, wenn die Kugel das Vereinsemblem trägt, ansonsten verliert er 2 €.
a) Wie groß ist die jeweils zu erwartende Einnahme des Vereins pro Spiel?
b) Bestimmen Sie die entsprechenden Standardabweichungen.
c) Interpretieren Sie die Ergebnisse.

4 Ein Würfel wird n-mal geworfen. Bestimmen Sie mit den σ-Regeln die zugehörigen σ-Intervalle für
a) $n = 100$ b) $n = 400$ c) $n = 1600$.

Ein Skatspiel hat jeweils Kreuz-, Pik-, Herz- und Karokarten. Herz- und Karokarten sind rote Karten, die anderen sind schwarze Karten.

Bei einem fairen Glücksspiel gibt es langfristig weder Gewinner noch Verlierer.

5 Beim Volleyball ist diejenige Mannschaft Sieger, die zuerst drei Sätze gewonnen hat.
a) Wie viele Sätze sind zu erwarten, wenn zwei gleich starke Mannschaften gegeneinander spielen?
b) Bestimmen Sie die entsprechende Standardabweichung.

6 Zwei Spieler A und B vereinbaren ein Glücksspiel. A zieht aus einem Skatspiel eine Karte. Ist dies eine Kreuzkarte, so erhält er 4 € von B, bei einer roten Karte erhält er 2 € von B. Zieht er jedoch eine Pikkarte, so muss er 7 € an B zahlen.
Welcher der beiden Spieler ist langfristig im Vorteil? Bestimmen Sie die entsprechende Standardabweichung.

7 Im Jahre 1998 wurden laut Kriminalitätsstatistik etwa 82 % aller Betrugsdelikte aufgeklärt. Es wird angenommen, dass für jeden Einzelfall die gleiche Aufklärungswahrscheinlichkeit gilt. Wenden Sie die 95 %-Regel auf 100 bzw. 200 bzw. 500 Fälle an.

8 Ein Multiple-Choice-Test besteht aus 100 Fragen. Es werden zu jeder Frage drei Antworten angeboten, von denen jeweils genau eine richtig ist. Jemand rät bei allen Antworten.
Geben Sie ein Intervall an, in dem die Anzahl der richtigen Antworten mit einer Wahrscheinlichkeit von a) 68 % b) 95 % c) 99 % d) 30 % e) 60 % liegt.

Bei dem Problem aus Aufgabe 8 handelt es sich um eine so genannte ***Irrfahrt*** *in der Ebene. Auch die unregelmäßige Bewegung kleinster Teilchen in Flüssigkeiten oder Gasen, die so genannte „Brown'sche Molekularbewegung", kann näherungsweise als eine Irrfahrt im Raum beschrieben werden. Diese Bewegung wurde 1827 von dem englischen Botaniker* ROBERT BROWN *(1773–1858) entdeckt. 1831 erkannte er den Kern als wesentlichen Bestandteil der Zelle.*

9 Ein Käfer beginnt zur Zeit 0 im Ursprung eines Koordinatensystems eine Wanderung, bei der er jede Minute seine Position um eine Einheit nach rechts, links, oben oder unten jeweils mit der Wahrscheinlichkeit 0,25 ändert.
a) Die Wanderung des Käfers dauert 2 Minuten; die Figur zeigt zwei mögliche Wege. Geben Sie die Koordinaten aller der Punkte an, auf denen sich der Käfer befinden kann.
b) Die Zufallsgröße X ordnet jedem dieser Punkte den Abstand des Käfers vom Ursprung zu. Ermitteln Sie die Wahrscheinlichkeitsverteilung, den Erwartungswert und die Standardabweichung von X.
c) Die Wanderung dauert 3 Minuten. Ermitteln Sie die Wahrscheinlichkeitsverteilung, den Erwartungswert und die Standardabweichung der entsprechenden Zufallsgröße.

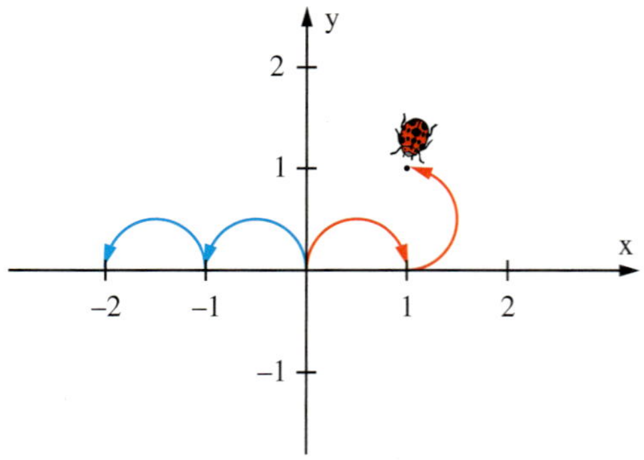

Fig. 1

10 Betrachtet wird eine binomialverteilte Zufallsgröße X mit den Parametern n und p.
a) Bestimmen Sie $P(\mu - \sigma \leqq X \leqq \mu + \sigma)$, $P(\mu - 2\sigma \leqq X \leqq \mu + 2\sigma)$, $P(\mu - 3\sigma \leqq X \leqq \mu + 3\sigma)$ für $n = 50$ und $p = 0{,}4$ sowie für $n = 100$ $p = 0{,}8$.
b) Erstellen Sie jeweils ein Säulendiagramm zur Wahrscheinlichkeitsverteilung für $n = 50$ und $p = 0{,}4$ sowie für $n = 100$ und $p = 0{,}8$.
Kennzeichnen Sie jeweils den 1σ-, 2σ- und 3σ-Bereich.
c) Vergleichen Sie die Ergebnisse von a) und b) mit den σ-Regeln.
d) Für welche n und welche p haben Sie in a) die genannten Wahrscheinlichkeiten ebenfalls bestimmt? Begründen Sie Ihre Antwort.

* 5 Testen der Hypothese $p = p_0$

1 Überprüfen Sie, ob beim Rollen Ihres Stiftes mit sechs gleichen Flächen die bedruckte Seite mit der Wahrscheinlichkeit $\frac{1}{6}$ oben liegt.

Bei vielen BERNOULLI-Versuchen kennt man die Trefferwahrscheinlichkeit p_0 nicht. Man hat aber eine Vermutung **(Hypothese)** über die Trefferwahrscheinlichkeit. Ob diese Hypothese haltbar ist, kann man mithilfe von Stichproben oder mehrmaligem Durchführen des Versuches **testen**. Wie man dabei vorgeht wird an folgender Situation erläutert.

Fig. 1

Würfelt man n-mal mit einem Quader (Fig. 1) und betrachtet eine bestimmte Augenzahl als Treffer, handelt es sich um wiederholte Durchführungen eines BERNOULLI-Versuches.

Bei einem hohen Versuchsumfang n liegt die absolute Häufigkeit für diese Augenzahl mit 95%iger Wahrscheinlichkeit im Intervall $[\mu - 1{,}96\sigma;\ \mu + 1{,}96\sigma]$ (95%-Regel, Seite 373). Beobachtet man, dass sie außerhalb dieses Intervalls liegt, wird in der Statistik vereinbart, die Hypothese zu verwerfen (abzulehnen), andernfalls nimmt man die Hypothese an. Man spricht deshalb auch vom **Ablehnungs-** bzw. **Annahmebereich** einer Hypothese (vgl. Fig. 2).

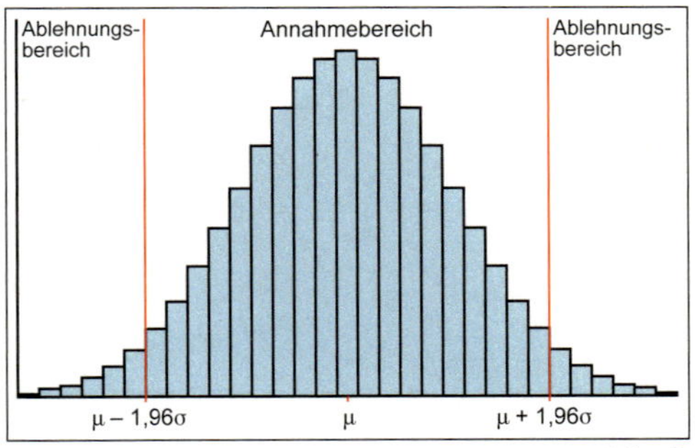

Fig. 2

$\mu = n \cdot p$
$\sigma = \sqrt{n \cdot p \cdot (1-p)}$

Nimmt man z. B. für das Ergebnis „Augenzahl 3" die Wahrscheinlichkeit $p = 0{,}226$ an, so ergibt sich mit $n = 1000$ der Erwartungswert $\mu = 226$ und die Standardabweichung $\sigma \approx 13{,}226$. Damit erhält man als Annahmebereich der Hypothese das Intervall $[\mu - 1{,}96\sigma;\ \mu + 1{,}96\sigma] \approx [200{,}08;\ 251{,}92]$, d. h. bei Trefferzahlen von 201 bis 251 behält man die Hypothese bei.
Die Wahrscheinlichkeit die Hypothese abzulehnen, obwohl sie zutrifft, beträgt hierbei dann 5 %.
Die Wahrscheinlichkeit 5 % nennt man auch das **Signifikanzniveau**.

Allgemein ist $[\mu - c \cdot \sigma;\ \mu + c \cdot \sigma]$ der Annahmebereich beim Testen der Hypothese $p = p_0$. Der Tabelle kann man bei vorgegebenem Signifikanzniveau den zugehörigen Wert für c entnehmen (vgl. Seite 373).

Wert für c	Signifikanzniveau
2,58	1%
1,96	5%
1,64	10%

Die Ablehnung der Hypothese bedeutet nicht, dass die Hypothese falsch ist. Ebenso bedeutet die Beibehaltung der Hypothese nur, dass die Ergebnisse es nicht nahelegen, die Hypothese abzulehnen.

Vorgehen beim Testen der Hypothese $p = p_0$:
1. Man legt den Stichprobenumfang n und das Signifikanzniveau fest.
2. Man bestimmt den Annahmebereich $[\mu - c \cdot \sigma;\ \mu + c \cdot \sigma]$.
3. Die Hypothese wird beibehalten, wenn das Stichprobenergebnis im Annahmebereich liegt, sonst wird sie verworfen.

Beachten Sie:
Wenn Anika überhaupt keinen Treffer erzielt, bedeutet das in diesem Fall nicht, dass sie rät, sondern dass sie genau schmeckt, allerdings die Zuordnung verwechselt.

Beispiel 1: (Durchführung eines Tests)
Anika behauptet, dass sie nur am Geschmack erkennt, ob der Tee mit entkalktem oder nicht entkalktem Wasser hergestellt wurde. Bei 50 Versuchen stimmt ihre Angabe in 30 Fällen.
Testen Sie auf einem Signifikanzniveau von 5 % die Hypothese:
Ihre Trefferwahrscheinlichkeit p_0 beträgt $\frac{1}{2}$, d. h. Anika rät nur.
Lösung:
1. Stichprobenumfang: $n = 50$;
   Siginifikanzniveau: 5 %
2. $\mu = n \cdot p = 50 \cdot 0{,}5 = 25$ und $\sigma = \sqrt{12{,}5} \approx 3{,}54$
   Annahmebereich: [18,07; 31,93]
3. Da 30 im Annahmebereich liegt, kann man die Hypothese beibehalten.

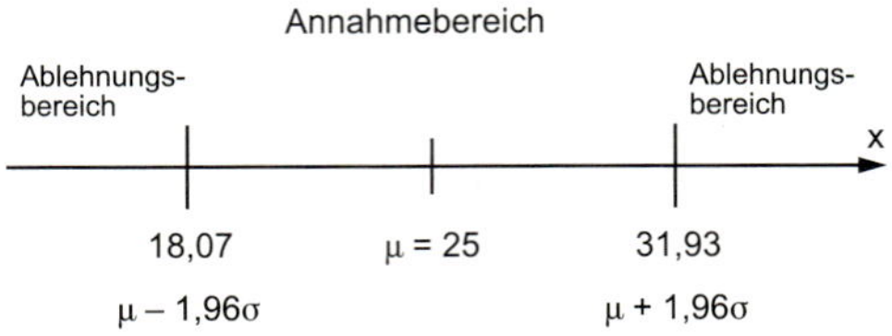

Fig. 1

Beispiel 2: (Ermittlung eines Annahmebereiches)
Der Oberbürgermeister einer Stadt erhielt bei der letzten Wahl 59 % der Stimmen. Er gibt eine Meinungsumfrage mit einem Stichprobenumfang von 1000 in Auftrag. In welchem Bereich müsste die Anzahl der Zustimmungen liegen, damit die Hypothese „Seine Popularität hat sich nicht geändert" beibehalten werden kann? Rechnen Sie mit dem Signifikanzniveau 5 %.
Lösung:
Die Hypothese lautet: $p_0 = 0{,}59$.
1. Stichprobenumfang: $n = 1000$; Signifikanzniveau: 5 %
2. $\mu = n \cdot p = 590$ und $\sigma = \sqrt{241{,}9} \approx 15{,}55$.
   Als Annahmebereich ergibt sich $[\mu - 1{,}96\,\sigma;\ \mu + 1{,}96\,\sigma] \approx [559{,}52;\ 620{,}48]$.
3. Liegt die Anzahl der Zustimmungen zwischen 560 und 620, so kann die Hypothese beibehalten werden.

Aufgaben

2 Die Hypothese $p = p_0$ soll bei einem Stichprobenumfang n auf dem angegebenen Signifikanzniveau getestet werden. Bestimmen Sie den Annahmebereich.
a) $p_0 = 0{,}5$; $n = 50$; 5 %
b) $p_0 = 0{,}5$; $n = 50$; 1 %
c) $p_0 = \frac{1}{3}$; $n = 100$; 5 %
d) $p_0 = \frac{2}{3}$; $n = 100$; 5 %
e) $p_0 = 0{,}05$; $n = 200$; 5 %
f) $p_0 = 0{,}9$; $n = 200$; 1 %

Fig. 2

3 Von dem Glücksrad in Fig. 2 wird behauptet, das Ereignis „eine Fünf oder Sechs" tritt mit der Wahrscheinlichkeit $\frac{1}{3}$ auf. Das Glücksrad wird 100-mal gedreht.
a) Bestimmen Sie den Annahmebereich bei einem Signifikanzniveau von 5 %.
b) Wie wird man entscheiden, wenn das Ereignis 25-mal eingetreten ist?

4 Jemand behauptet, dass in den Zoohandlungen grüne und blaue Wellensittiche gleich häufig zum Verkauf angeboten werden. In mehreren Zoohandlungen wird bei 100 Sittichen die Farbe bestimmt. Man findet 64 grüne Vögel. Kann man bei einem Signifikanzniveau von 1 % schließen, dass die Farben der angebotenen Tiere gleich häufig sind?

5 Bei einer Lotterie wird damit geworben, dass jedes vierte Los gewinnt. Man beobachtet, dass unter 53 gezogenen Losen nur acht Gewinnlose waren.
a) Stimmt die Werbeaussage?
b) Zu welchem Ergebnis kommt man, wenn unter 530 Losen 80 Gewinnlose waren?

6 Es soll die Hypothese $p = 0{,}3$ bei einem Stichprobenumfang von $n = 100$ getestet werden. Der Annahmebereich ist [17; 43].
Welches Signifikanzniveau liegt hierbei zugrunde?

7 In einer Abfüllanlage für Schokolinsen werden rote und weiße Linsen gemischt. Die Mischung einer Tüte soll 40 % rote und 60 % weiße Linsen enthalten. Zur Kontrolle der Mischung wird zufällig eine Tüte entnommen. In dieser Tüte befinden sich 32 weiße und 57 rote Linsen. Prüfen Sie, ob die Stichprobe bei einem Signifikanzniveau von 5 % auf eine ungenügende Mischung hinweist.

8 Für die Wahrscheinlichkeit eines Ereignisses vermutet man $p = 0{,}36$. Wie oft muss man das Zufallsexperiment wiederholen, damit die Hypothese $p = 0{,}36$ beim 10-maligen Eintreten des Ereignisses bei einem Siginifikanzniveau von 5 % verworfen werden kann?

9 Die beiden Glücksräder (Fig. 1) werden unabhängig voneinander gedreht. Bei richtiger Einstellung des Automaten erscheinen im Fenster jedes Feldes mit gleichen Wahrscheinlichkeiten Ziffern. Gewonnen wird, wenn die beiden Ziffern im Fenster gleich sind.
a) Ermitteln Sie die Wahrscheinlichkeit für einen Gewinn, wenn der Automat richtig eingestellt ist.

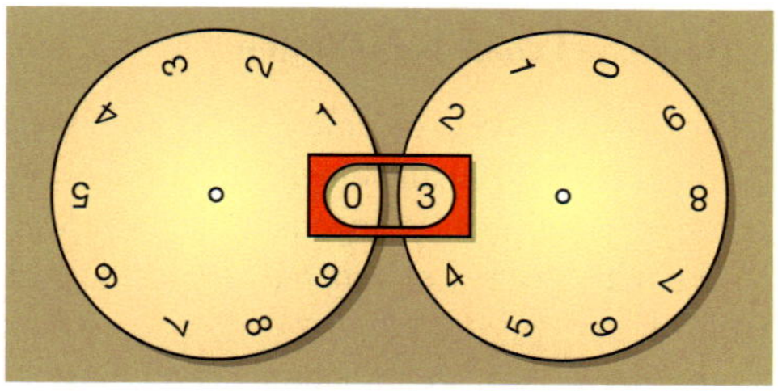

Fig. 1

b) Ein Spieler behauptet, dass der Automat falsch eingestellt sei. Bei den folgenden 50 Spielen gewinnt er nur einmal. Kann er hieraus auf ein Signifikanzniveau von 5 % schließen, dass der Automat nicht richtig eingestellt ist?

Bei diesem so genannten ***Vorzeichentest*** *wird innerhalb der Versuchsfelder nur festgestellt, ob die eine oder die andere Sorte einen höheren Ertrag lieferte.*
Mengenangaben des Mehr-Ertrags spielen keine Rolle.
Es handelt sich also um einen vergleichsweise groben Test.

10 Um zwei Kartoffelsorten A und B hinsichtlich ihrer Erträge zu vergleichen, werden 50 Versuchsfelder in je zwei gleich große Parzellen aufgeteilt; auf der einen Parzelle wird jeweils die Sorte A, auf der anderen die Sorte B angebaut.
Nach der Ernte wird für jedes Versuchsfeld festgestellt, ob die Sorte A oder die Sorte B den höheren Ertrag gebracht hat. Man geht davon aus, dass beide Sorten den gleichen Ertrag haben. Ein höherer Ertrag der einen oder der anderen Sorte auf einem Feld käme somit zufällig (wie durch einen Münzwurf gesteuert) zustande. Für welchen Bereich lässt sich bei einem Signifikanzniveau von 5 % schließen, dass die beiden Sorten unterschiedlich ertragsreich sind?

Fig. 2

11 Die Tabelle zeigt die Verteilung der Geburtstage von 502 Schülern auf die sieben Wochentage.

Mo	Di	Mi	Do	Fr	Sa	So
75	84	68	77	82	58	58

Fig. 3

a) Überprüfen Sie mithilfe der Daten, ob die Wahrscheinlichkeit für einen Sonntag als Geburtstag $p = \frac{1}{7}$ ist, für ein Signifikanzniveau von 1 %.
b) Erheben Sie eine Stichprobe an Ihrer Schule und entscheiden Sie aufgrund dieser Stichprobe über die Hypothese.

12 Um zu untersuchen, ob Tiere gewisse Substanzen orten können, werden sie durch einen Gang geschickt, der sich am Ende verzweigt (Fig. 1). An einem Ende wird die Substanz angebracht. In einem Vorversuch ohne Substanz soll untersucht werden, ob das jeweilige Tier einen der beiden Gänge bevorzugt oder nicht.

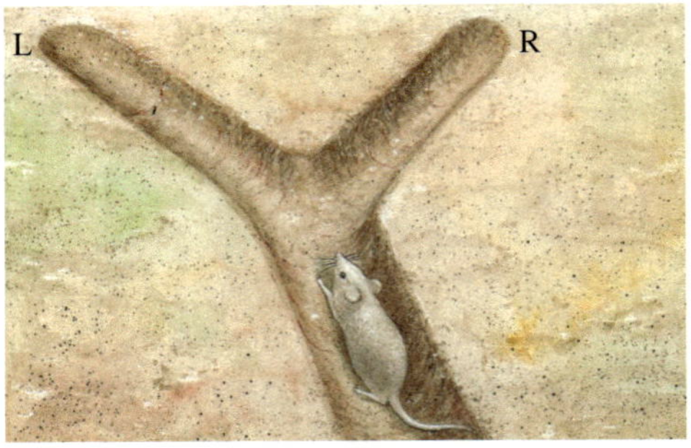

Fig. 1

a) Das Tier wird 50-mal durch den Gang geschickt. 31-mal wählte es das rechte Gangende. Kann man hieraus mit dem Signifikanzniveau von 5 % schließen, dass das Tier die beiden Gangenden nicht gleich häufig wählt?
b) Welcher Annahmebereich ergibt sich bei 100 Versuchen und dem Signifikanzniveau 1 %?

Mögliche Fehler beim Testen

Die Entscheidung, ob eine Hypothese abgelehnt wird oder nicht, erfolgt lediglich anhand einer Stichprobe. Folglich können bei dieser Entscheidung Fehler begangen werden. Man sagt, man begeht einen
– **Fehler 1. Art**, wenn man die Hypothese ablehnt, obwohl sie richtig ist.
– **Fehler 2. Art**, wenn man die Hypothese beibehält, obwohl sie falsch ist.
Damit ergibt sich die folgende Übersicht.

		Zustand der Wirklichkeit	
		Hypothese ist wahr	Hypothese ist falsch
Hypothese wird …	abgelehnt	Fehler 1. Art	Richtige Entscheidung
	nicht abgelehnt	Richtige Entscheidung	Fehler 2. Art

Man bezeichnet als
– **Risiko 1. Art** oder Irrtumswahrscheinlichkeit die Wahrscheinlichkeit für einen Fehler 1. Art
– **Risiko 2. Art** die Wahrscheinlichkeit für einen Fehler 2. Art.

Bei den Fehlern 1. Art kennt man die Wahrscheinlichkeiten und kann die Irrtumswahrscheinlichkeiten somit bestimmen.
Das Risiko 2. Art kann man nicht bestimmen, da man p nicht kennt. Man kann aber vorsorglich für ein in Frage kommendes p ein dazu gehörendes Risiko 2. Art ausrechnen.

13 Ein Pilzsammler findet einen Pilz, der giftig sein könnte. Welchen Fehler kann der Pilzsammler bei der Überprüfung der Hypothese „Der Pilz ist giftig“ begehen; welchen wird er versuchen möglichst zu vermeiden?

14 Einer Ärztin werden zwei Medikamente A und B angeboten mit der Versicherung, dass A und B gleich gut sind (dass A besser ist als B). Wann begeht die Ärztin einen Fehler 1. Art, wann begeht sie einen Fehler 2. Art?

15 Eine häufig wiederkehrende Anzeige in einer Tageszeitung wurde bislang von 40 % der Leser beachtet. Nach einer Neugestaltung der Aufmachung soll durch eine Befragung von 100 Lesern überprüft werden, ob sich der Anteil der Leser dieser Anzeige verändert hat. Dabei soll die Hypothese „Der Anteil hat sich nicht verändert“ mit einer Wahrscheinlichkeit von höchstens 10 % irrtümlich verworfen werden.
a) Bestimmen Sie den Ablehnungsbereich.
b) Berechnen Sie das Risiko 2. Art, wenn sich der Anteil tatsächlich auf 50 % erhöht hat.
(Ist der Ablehnungsbereich [a; b] und [c; d], so erhält man das Risiko 2. Art aus $P(b \leqq X \leqq c)$, wobei nun $p = 0{,}5$ zu verwenden ist.)

16 Es wird die Hypothese vertreten, dass ein mit Butter bestrichener Toast immer auf die „Butterseite“ fällt.
a) Ein Toast wird 50-mal geworfen. Dabei fällt er 20-mal auf die Butterseite (B). Testen Sie die Hypothese $p_0 = 0{,}5$ auf einem Signifikanzniveau von 1 %.
b) Es wird vereinbart die Hypothese beizubehalten, wenn bei 50 Würfen mindestens 17-mal und höchstens 33-mal B eintritt. Welche Irrtumswahrscheinlichkeit liegt diesem Test zu Grunde?
c) Berechnen Sie für den Test in a) das Risiko 2. Art, wenn in Wirklichkeit $P(B) = 0{,}4$ gilt.

*6 Die GAUSS'sche Glockenfunktion

1 Skizzieren Sie die Graphen der Binomialverteilungen mit den Parametern $p = 0{,}5$ und
a) $n = 25$ b) $n = 50$ c) $n = 100$ d) $n = 200$.
Was stellen Sie fest?

Hier ist $p = 0{,}5$,
$B_{n;0,5}(k) = \binom{n}{k} \cdot \left(\frac{1}{2}\right)^n$,
$\mu = \frac{1}{2}n$
$\sigma = \frac{1}{2}\sqrt{n}$.

In Fig. 1 sind jeweils Binominalverteilungen für $n = 4$, $n = 16$ und $n = 64$ veranschaulicht. Hierbei werden die Wahrscheinlichkeiten $B_{n;0,5}(k)$ durch Flächeninhalte von Rechtecken der Breite 1 repräsentiert (die roten Rechtecke). Solche Diagramme nennt man auch Histogramme. Die Mitte der einen Rechteckseite liegt jeweils auf dem zugehörigen k-Wert.

Exkursion – Glockenkurve von GAUSS

Für die Diagramme erkennt man:
– sie sind glockenförmig
– sie haben ihr Maximum beim Erwartungswert μ.
– sie werden mit wachsendem n flacher und breiter.

CARL FRIEDRICH GAUSS hat bemerkt, dass man die „Binomialglocken" näherungsweise aus einer „Normalglocke" erzeugen kann. Damit lassen sich alle Berechnungen näherungsweise auf eine Funktion zurückführen. Für die zugehörige Funktion φ (Fig.2) fand er die Gleichung

$$\varphi(x) = \frac{1}{\sqrt{2\pi}} e^{-\frac{x^2}{2}}$$

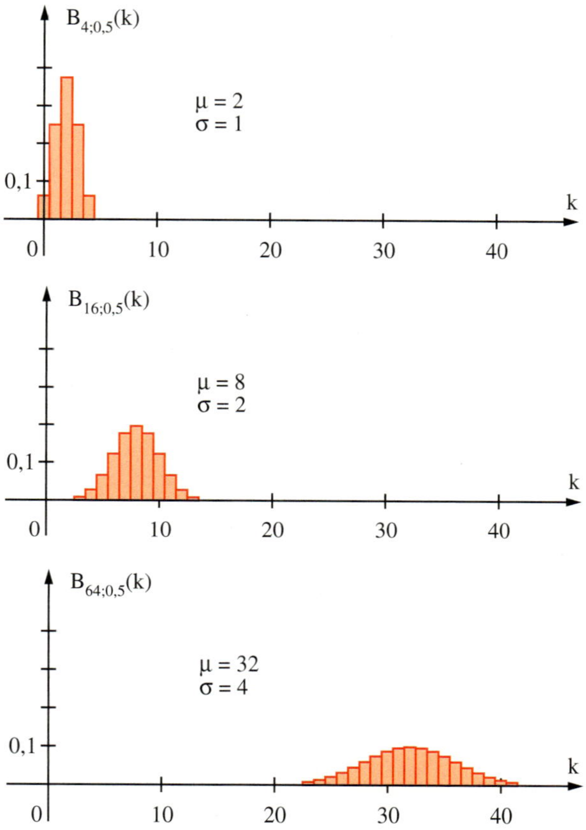

Fig. 1

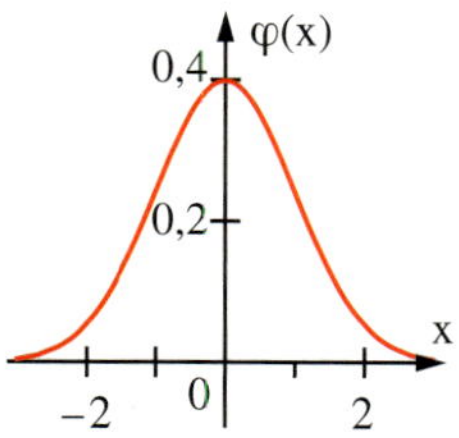

Fig. 2

Die Durchführung der geometrischen Operationen mit dem CAS, auch für andere Werte von n und p, wird auf der CD beschrieben.

Um die GAUSSglocke in eine „Binomialglocke" zu überführen, sind drei geometrische Operationen nötig. Ausgangssituation ist Fig. 3.
1) Verschieben der GAUSSglocke um μ nach rechts (Fig. 4),
2) dann Stauchen in y-Richtung mit Faktor $\frac{1}{\sigma}$ (Fig.5),
3) schließlich Strecken in x-Richtung mit Faktor σ (Fig.6).

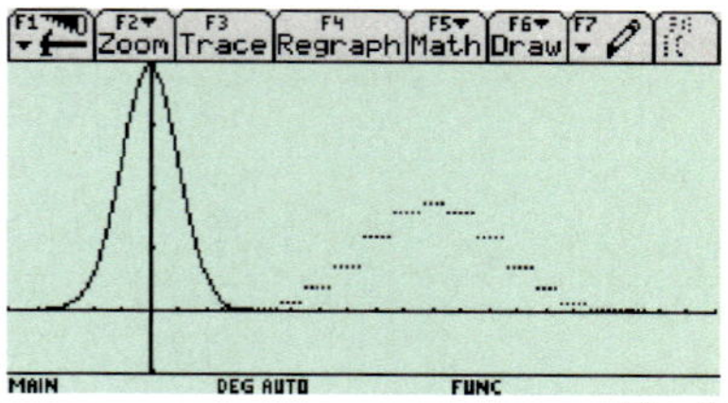

Fig. 3

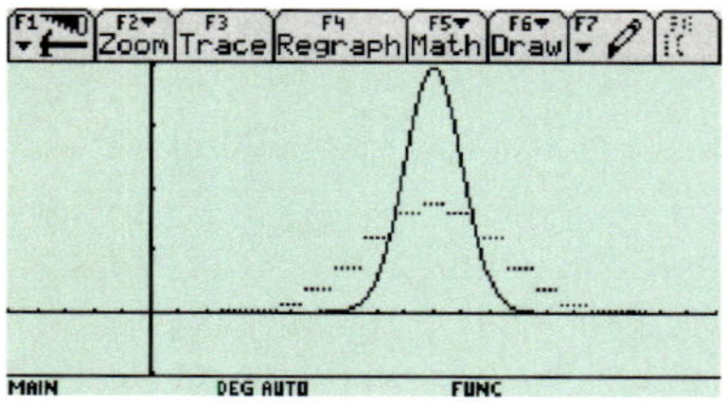

Fig. 4

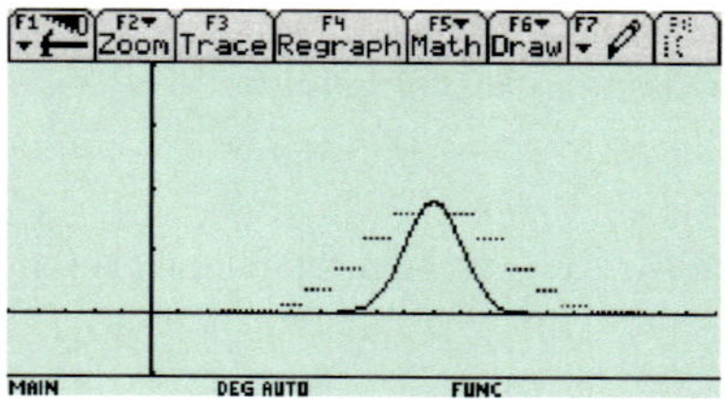

Fig. 5

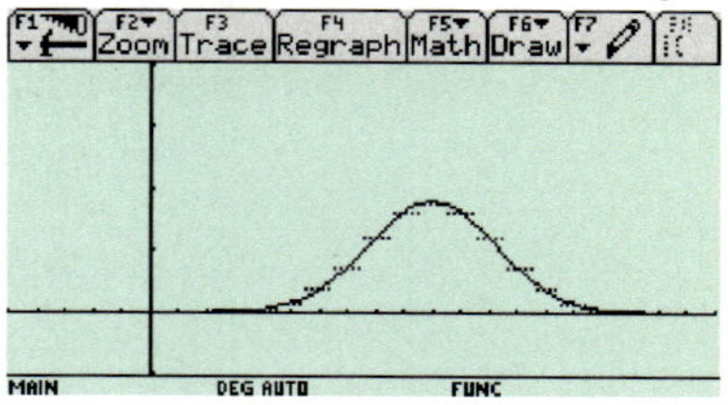

Fig. 6

In Fig. 6 (Vorseite) sind die Binomialglocke und die verschobene bzw. gestauchte GAUSSglocke kaum noch zu unterscheiden. Um die Annäherung rechnerisch zu erfassen, werden die geometrischen Operationen algebraisch beschrieben:

1) $\varphi(x) \rightarrow \varphi(x-\mu)$ Verschieben der GAUSSglocke um μ nach rechts,

2) $\varphi(x-\mu) \rightarrow \frac{1}{\sigma}\varphi(x-\mu)$ dann Stauchen in y-Richtung mit Faktor $\frac{1}{\sigma}$,

3) $\frac{1}{\sigma}\varphi(x-\mu) \rightarrow \frac{1}{\sigma}\varphi\left(\frac{x-\mu}{\sigma}\right)$ schließlich Strecken in x-Richtung mit Faktor σ.

Man verwendet die Abkürzung $\varphi_{\mu;\sigma}(x) = \frac{1}{\sigma}\varphi\left(\frac{x-\mu}{\sigma}\right)$

Die Graphen der Funktionen sind jeweils in Fig. 3 bis 6 (Vorseite) gezeichnet.

Die Näherung ist brauchbar für $\sigma > 3$ und wird für größer werdendes n immer besser.

Satz: Für die Werte einer binominalverteilten Zufallsgröße mit dem Erwartungswert $\mu = n \cdot p$ und der Standardabweichung $\sigma = \sqrt{n \cdot p \cdot (1-p)}$ gilt für die Binominalverteilung

$$B_{n,p}(k) \approx \varphi_{\mu;\sigma}(k)$$

Beispiel (rechnerische Prüfung der Näherung)

Untersuche die Näherung für eine Binomialverteilung mit n = 40 und p = 0,5

Lösung:

Die Tabelle zeigt, dass die untersuchten Werte nur geringe Unterschiede haben.

Da die Binominalverteilung für p = 0,5 symmetrisch ist, reicht die Untersuchung für Werte von $k \geqq \mu = 20$. Werte für k > 28 sind praktisch Null.

k	20	21	22	23	24	25	26	27	28
$B_{n,p}(k)$	0,1254	0,1194	0,1031	0,0807	0,0572	0,0366	0,0211	0,0109	0,0051
$\varphi_{\mu;\sigma}(k)$	0,1262	0,12	0,1033	0,0804	0,056 7	0,0361	0,0209	0,0109	0,0051

Aufgaben

Anpassen einer Binomialverteilung durch die GAUSSglocke.

2 Gegeben ist eine Binomialverteilung mit n = 20 und p = 0,4

a) Welche geometrischen Operationen sind nötig, um die GAUSSglocke an das Diagramm der Binomialverteilung anzupassen?

b) Wie heißt die Näherung für $B_{n,p}(k)$, die mit Hilfe der GAUSS'schen Glockenfunktion gebildet wird?

c) Zeichnen Sie das Diagramm der Binomialverteilung wie Fig. 1 auf der Vorseite und die angepasste GAUSSglocke.

3 Untersuchen Sie wie im Beispiel die Güte der Näherung mithilfe der GAUSS'schen Glockenfunktion für eine Binomialverteilung $B_{n,p}$ mit

a) n = 10, p = 0,7 b) n = 20, p = 0,7 c) n = 40, p = 0,7 d) n = 80, p = 0,7

e) n = 40, p = 0,1 f) n = 40, p = 0,25 g) n = 40, p = 0,4 h) n = 40, p = 0,75

4 Berechnen Sie exakt und näherungsweise mithilfe der GAUSS'schen Glockenfunktion für eine Binomialverteilung mit n = 100 und p = 0,9

a) $P(X = 90)$ b) $P(X > 95)$ c) $P(87 \leqq X \leqq 93)$ d) $P(X \geqq 90)$

5 Berechnen Sie $P(X = \mu)$ exakt und näherungsweise mithilfe der GAUSS'schen Glockenfunktion für eine Binomialverteilung mit

a) n = 20, p = 0,3 b) n = 50, p = 0,3 c) n = 100, p = 0,3 d) n = 200, p = 0,3

6 a) Führen Sie für die GAUSSfunktion eine Funktionsuntersuchung durch.

b) Berechnen Sie mit einem CAS $\int_{-u}^{u} \varphi(x)\,dx$ für u = 1; 2; 5; 10; 100. Was fällt auf?

*7 Die Normalverteilung – Modell und Wirklichkeit

Beim Würfel ordnet man jeder Seite die Wahrscheinlichkeit $\frac{1}{6} \approx 16{,}67\,\%$ zu.

1 Kim findet neben dem Bild eines Quaders die Tabelle aus Fig. 1. Marko erinnert sich: Eine Tabellenzeile zeigt Wahrscheinlichkeiten, die anderen vier Tabellenzeilen enthalten relative Häufigkeiten.
Welche Zeile enthält die Wahrscheinlichkeit?

1	2	3	4	5	6
5 %	10 %	38 %	33 %	7 %	7 %
15 %	10 %	22 %	33 %	11 %	9 %
8 %	5 %	33 %	30 %	9 %	15 %
4 %	5 %	33 %	51 %	1 %	6 %
9 %	7 %	34 %	34 %	7 %	9 %

Fig. 1

Die GAUSS'sche Glockenfunktion ergab sich bei der Annäherung von Binominalverteilungen. Sie dient auch zur Definition einer weiteren Verteilung

Aufgrund von Messungen weiß man, dass sich die Diagramme zur Verteilung der Körpergröße X (in cm) bei männlichen Schülern der Klassenstufe 12 näherungsweise beschreiben lassen durch die Glockenfunktion $\varphi_{\mu;\sigma}$ mit $\mu = 173$ und $\sigma = 8$. Fig. 2 zeigt ein Diagramm der Daten sowie den Graph der zugehörigen Funktion $\varphi_{\mu;\sigma}$.

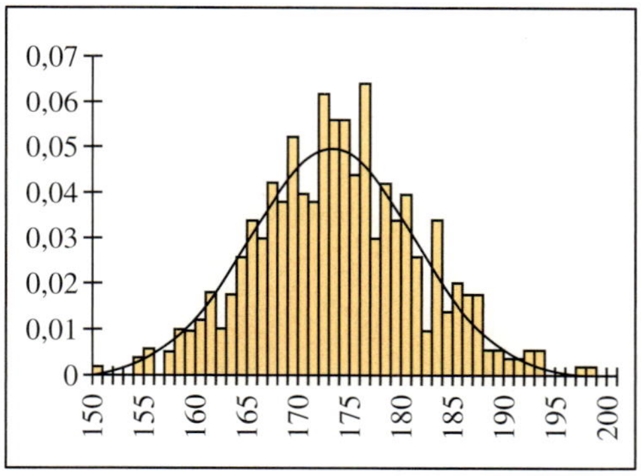

Fig. 2: relative Häufikeiten und GAUSSglocke

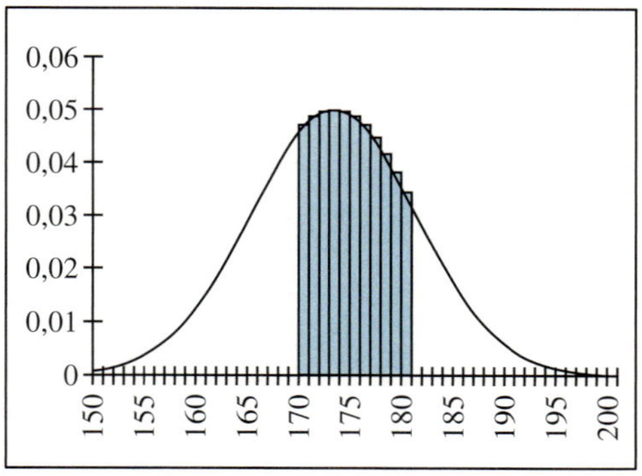

Fig. 3

Da in Fig. 2 die Breite der Rechtecke über den Körpergrößen jeweils 1 sind, entsprechen die Flächen der Rechtecke den zugehörigen relativen Häufigkeiten. Die eingezeichnete GAUSS-glocke begrenzt die erwarteten relativen Häufigkeiten, also Wahrscheinlichkeiten (Fig. 3). Daher hat die Wahrscheinlichkeit $P(170 \leqq X \leqq 180)$, dass ein ausgewählter Schüler eine Körpergröße zwischen 170 cm und 180 cm hat, den Wert

$$P(170 \leqq X \leqq 180) = \int_{170}^{180} \varphi_{173;8}(x)\,dx = \Phi\left(\frac{180-173}{8}\right) - \Phi\left(\frac{170-173}{8}\right) \approx 0{,}455 \approx 45{,}5\,\%.$$

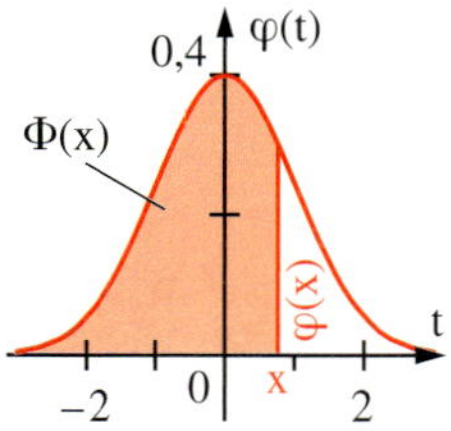

Fig. 4

Dabei ist $\Phi(x) = \int_{-\infty}^{x} \varphi(t)\,dt$ Integralfunktion der GAUSS'schen (Normal-)Glockenfunktion (Fig. 4).

Da viele Zufallsgrößen eine solche „normale" Verteilung haben, wird festgelegt:

Wahrscheinlichkeitsdichten beschreiben die Wahrscheinlichkeit pro Intervalllänge. Es gilt nämlich
$$\frac{P(a \leqq X \leqq b)}{b-a} = \frac{\int_a^b \varphi_{\mu;\sigma}(x)\,dx}{b-a} \approx \varphi_{\mu;\sigma}\left(\frac{a+b}{2}\right)$$

Eine **Zufallsgröße** X heißt **normalverteilt** mit Erwartungswert μ und Standardabweichung σ, wenn sich die Wahrscheinlichkeit $P(a \leqq X \leqq b)$ berechnen lässt als Integral

$$P(a \leqq X \leqq b) = \int_a^b \varphi_{\mu;\sigma}(x)\,dx = \Phi\left(\frac{b-\mu}{\sigma}\right) - \Phi\left(\frac{a-\mu}{\sigma}\right).$$

Die Glockenfunktion $\varphi_{\mu;\sigma}$ bezeichnet man als Wahrscheinlichkeitsdichte.

Weitere nützliche Werte:

Intervall-radius	*zug. Wahr-scheinl.*
0,674 σ	*50 %*
1,281 σ	*80 %*
1,645 σ	*90 %*
1,960 σ	*95 %*
2,576 σ	*99 %*

Sigma-Regeln

Bei einer normalverteilten Zufallsgröße X beträgt die Wahrscheinlichkeit, dass ein Stichprobenwert im 1σ-Intervall $[\mu - \sigma;\ \mu + \sigma]$ um den Erwartungswert liegt, ca. 68 %, denn es gilt:

$$P(\mu - \sigma \leqq X \leqq \mu + \sigma) = \Phi\left(\frac{(\mu + \sigma) - \mu}{\sigma}\right) - \Phi\left(\frac{(\mu - \sigma) - \mu}{\sigma}\right) = \Phi(1) - \Phi(-1) = 0{,}6827.$$

Entsprechend erhält man die 2σ- und die 3σ-Regel:

$$P(\mu - 2\sigma \leqq X \leqq \mu + 2\sigma) = \Phi(2) - \Phi(-2) = 0{,}9545$$
$$P(\mu - 3\sigma \leqq X \leqq \mu + 3\sigma) = \Phi(3) - \Phi(-3) = 0{,}9973$$

Da sich Binomialverteilungen durch die GAUSSglocke annähern lassen (siehe ◎), kann man so auch die Sigmaregeln für Binomialverteilungen begründen (S. 372).

Wahrscheinlichkeit „einzelner Werte", Stetigkeitskorrektur

Bei normalverteilten Zufallsgrößen X wie der Körpergröße hat „die Wahrscheinlichkeit eines festen Wertes a" die Größe Null, denn es gilt

$$P(X = a) = \int_a^a \varphi_{\mu;\sigma}(x)\,dx = 0.$$ Folglich gilt auch $P(a \leqq X \leqq b) = P(a < X < b)$.

Das scheint paradox. Obwohl es etliche Schüler gibt, die z. B. 180 cm groß sind, soll die Wahrscheinlichkeit dafür 0 sein? Der Widerspruch löst sich auf, wenn man bedenkt, dass Körpergrößen meist nur auf Zentimeter genau gemessen werden. Zur Maßzahl 180 gehört also „in Wirklichkeit" das Intervall [179,5; 180,5] mit der Wahrscheinlichkeit

$$P(a \leqq X \leqq b) = \Phi\left(\frac{180{,}5 - 173}{8}\right) - \Phi\left(\frac{179{,}5 - 173}{8}\right) \approx \Phi(0{,}84) - \Phi(0{,}81) \approx 3{,}4\,\%.$$

Dies zeigt, wie eine Zufallsgröße Z, die nur ganzzahlige Werte annehmen kann, näherungsweise durch eine Normalverteilung mit der Dichte $\varphi_{\mu;\sigma}$ beschrieben werden kann. Man stellt sich vor, die ganzzahligen Werte seien durch Runden entstanden und benutzt die Formeln

*Zufallsgrößen, deren Werte alle reellen Zahlen annehmen können, nennt man **„stetig"**, ganzzahlige Zufallsgrößen werden als **„diskret"** bezeichnet.*

$$P(Z = a) = \int_{a-0{,}5}^{a+0{,}5} \varphi_{\mu;\sigma}(x)\,dx = \Phi\left(\frac{a + 0{,}5 - \mu}{\sigma}\right) - \Phi\left(\frac{a - 0{,}5 - \mu}{\sigma}\right) \text{ und}$$

$$P(a \leqq Z \leqq b) = \int_{a-0{,}5}^{b+0{,}5} \varphi_{\mu;\sigma}(x)\,dx = \Phi\left(\frac{b + 0{,}5 - \mu}{\sigma}\right) - \Phi\left(\frac{a - 0{,}5 - \mu}{\sigma}\right).$$

Die Veränderung der Integrationsgrenzen um 0,5 wird als **Stetigkeitskorrektur** bezeichnet.

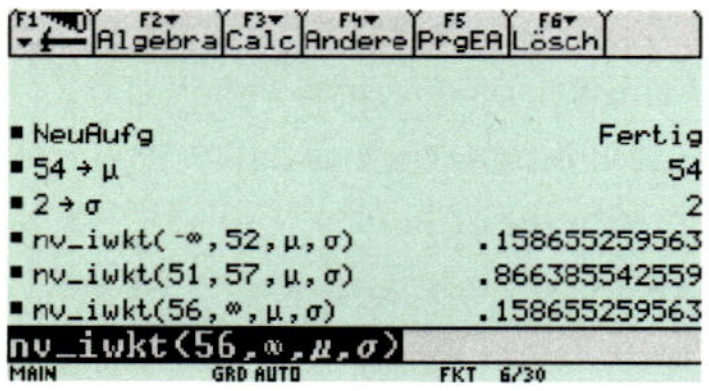

Beachten Sie: Die Aufgaben a) und b) haben die gleiche Lösung.

Beispiel 1: (stetige Zufallsgröße)

Das Gewicht X (in g) von Rosinenbrötchen lässt sich beschreiben durch eine Normalverteilung mit $\mu = 54$ und $\sigma = 2$.

Wie groß ist die Wahrscheinlichkeit, dass für ein zufällig herausgegriffenes Brötchen gilt

a) $X < 52$ b) $X \leqq 52$ c) $51 \leqq X \leqq 57$ d) $56 \leqq X$?

Lösung:

a), b) $\Phi\left(\frac{52 - 54}{2}\right) \approx 15{,}87\,\%$ c) $\Phi\left(\frac{57 - 54}{2}\right) - \Phi\left(\frac{51 - 54}{2}\right) \approx 86{,}64\,\%$

d) $1 - \Phi\left(\frac{56 - 54}{2}\right) \approx 15{,}87\,\%$

Beispiel 2: (ganzzahlige Zufallsgröße)

Die Anzahl Z der Rosinen in Rosinenbrötchen lässt sich näherungsweise beschreiben durch eine Normalverteilung mit $\mu = 14{,}2$ und $\sigma = 3{,}5$. Wie groß ist die Wahrscheinlichkeit, dass ein zufällig ausgesuchtes Brötchen

a) genau 14 Rosinen enthält, b) zwischen 12 und 16 Rosinen enthält?

Lösung:

Man rechnet mit Stetigkeitskorrektur.

a) $\Phi\left(\frac{14{,}5 - 14{,}2}{3{,}5}\right) - \Phi\left(\frac{13{,}5 - 14{,}2}{3{,}5}\right) \approx 11\,\%$ b) $\Phi\left(\frac{16{,}5 - 14{,}2}{3{,}5}\right) - \Phi\left(\frac{11{,}5 - 14{,}2}{3{,}5}\right) \approx 52\,\%$

Aufgaben

2 Eine stetige Zufallsgröße X ist normalverteilt mit $\mu = 120$ und $\sigma = 10$.
Berechnen Sie die Wahrscheinlichkeiten
a) $P(X < 120)$ b) $P(X \leqq 120)$ c) $P(110 \leqq X \leqq 130)$
d) $P(120 < X < 140)$ e) $P(130 \leqq X)$ f) $P(130 = X)$.

3 Eine ganzzahlige Zufallsgröße X lässt sich beschreiben durch eine Normalverteilung mit $\mu = 120$ und $\sigma = 10$.
Berechnen Sie mit Stetigkeitskorrektur näherungsweise die Wahrscheinlichkeiten
a) $P(X < 120)$ b) $P(X \leqq 120)$ c) $P(110 \leqq X \leqq 130)$
d) $P(120 < X < 140)$ e) $P(130 \leqq X)$ f) $P(130 = X)$.

4 Eine stetige Zufallsgröße ist normalverteilt mit $\mu = 20$ und $\sigma = 10$.
Mit welcher Wahrscheinlichkeit ist ein Stichprobenwert negativ?

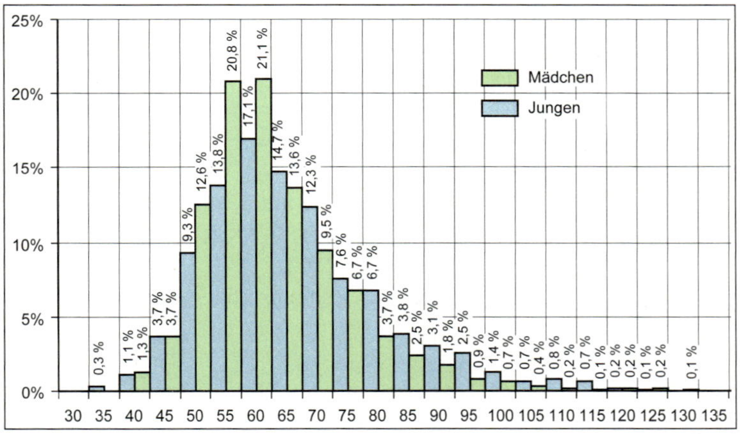

Fig. 1

5 In einer Reihenuntersuchung der Klassenstufe 9 ergab sich für das Körpergewicht X (in kg) bei den Jungen $\overline{x} = 66{,}6$; $s_x = 14{,}7$ und bei den Mädchen $\overline{x} = 59{,}5$; $s_x = 12{,}3$ (Fig. 1).
Nehmen Sie an, das Körpergewicht sei normalverteilt mit $\mu = \overline{x}$ und $\sigma = s_x$.
a) Berechnen Sie aufgrund dieser Annahme für beide Geschlechter die Wahrscheinlichkeiten $P(X \geqq 87{,}5)$ und $P(X \leqq 47{,}5)$.
b) Bestimmen sie aus dem Stabdiagramm die beobachteten relativen Häufigkeiten.
c) Kommentieren Sie die Abweichungen zu den in a) berechneten Wahrscheinlichkeiten.

6 Eine stetige Zufallsgröße X ist normalverteilt mit $\mu = 30$ und $\sigma = 2$.
a) Berechnen Sie die Wahrscheinlichkeit, dass ein Stichprobenwert von X im Intervall [26; 34] liegt.
b) Wie ändert sich diese Wahrscheinlichkeit, wenn man σ verändert?
c) Wie ändert sich diese Wahrscheinlichkeit, wenn man μ verändert?

> Wie schlau sind die Deutschen? Gut zwei Drittel haben einen Durchschnitts-IQ zwischen 85 und 115. Überdurchschnittlich intelligent sind 16 Prozent. Wer den Test vergeigt, darf sich trösten: Nur 2 % sind mit einem weit überdurchschnittlichen IQ über 130 gesegnet.
>
> (Express vom 03.09.01 anlässlich einer IQ-Fernseh-Show)

7 Überprüfen Sie die Angaben des Zeitungsartikels unter Beachtung der Tatsache, dass Intelligenztests so konstruiert sind, dass der IQ der Gesamtpopulation (hier: „die Deutschen") den Erwartungswert $\mu = 100$ hat und die Standardabweichung den Wert $\sigma = 15$ besitzt.

Nutzen Sie die Angaben auf dem Rand von S. 382.

8 Der Spritverbrauch eines PKW (in Liter/100 km) im Stadtverkehr ist normalverteilt mit $\mu = 8{,}2$ und $\sigma = 1{,}8$.
In welchem Intervall mit Mittelpunkt μ liegt der Spritverbrauch mit der Wahrscheinlichkeit
a) 50 % b) 80 % c) 90 % d) 95 % e) 99 %

An den Kölner Theken gibt's derzeit nur ein Diskussionsthema: Habe ich zu viel oder zu wenig Kölsch im Glas? Der EXPRESS hatte gestern berichtet, dass ein Wirt aus St. Augustin die Kölner •••-Brauerei verklagen will. Grund: Die Füllstriche an den Stangen waren falsch, er schenkte jahrelang zu viel Kölsch aus. Jetzt wollte EXPRESS es wissen: Sind die Kölsch-Stangen falsch geeicht? Die Gläser von 11 Marken ließen wir gesten im Kölner Eichamt überprüfen. Ergebnis: Es gibt fast kaum ein Glas ohne Abweichung nach oben oder unten ...

(EXPRESS vom 07.06.01)

9 a) Erläutern Sie, warum die Aussage des letzten Satzes „völlig normal" ist.
b) Die Abweichungen vom „200 ml-Soll" betrugen: +1 ml, +2 ml, +3,2 ml, +7,8 ml, +7,4 ml, +2 ml, +3,8 ml, +2 ml, 0 ml, –5,6 ml, –2 ml.
Berechnen Sie den Mittelwert $\overline{x}$ und die Standardabweichung s_x der Abweichungen.
c) Nehmen Sie an, die Abweichungen aus b) sind normalverteilt mit Erwartungswert $\mu = \overline{x}$ und Standardabweichung $\sigma = s_x$.
Wie groß ist dann die Wahrscheinlichkeit, dass der Kunde aus einem Glas trinkt, bei dem der Füllstrich um 6 ml zu viel Inhalt „vorgibt" (Unmut beim Wirt)?
Wie groß ist nun die Wahrscheinlichkeit, dass er um 6 ml zu wenig Inhalt „vorgibt" (Unmut beim Kunden)?

Kinder sind eifrige Sparer

Die über elf Millionen Kinder und Jugendlichen in Deutschland sparen fleißig. Das hat eine Studie, die die Postbank vor dem Weltspartag am 30. Oktober veröffentlicht hat, ergeben. Mehr als 2500 € haben immerhin 7 % der jungen Bankkunden auf dem Sparbuch. Zwischen 500 € und 2500 € haben 47 % gespart. Zwischen 100 € und 500 € haben 37 % der Kinder und Jugendlichen zur Seite gelegt. Weniger als 100 € beträgt das Sparguthaben nur bei 9 % der Kids. Im Schnitt haben junge Leute 611 € auf der hohen Kante.

(Quelle: Kölner Stadt-Anzeiger vom 26.10.01).

10 Sind Sparguthaben normalverteilt?
Nehmen Sie an, die Beträge (in €) auf den Konten junger Sparer seien normalverteilt mit $\mu = 611$.
a) Berechnen Sie den Wert für σ aus der Gleichung $P(X > 2500) = 7\,\%$ (vgl. Zeitungsartikel).
b) Berechnen Sie mit dem Ergebnis aus a) $P(X \leqq 100)$; $P(100 < X \leqq 500)$; $P(500 < X \leqq 2500)$.
c) Vergleichen Sie die Ergebnisse aus b) mit den Angaben des Zeitungsartikels und beantworten Sie die in der Überschrift dieser Aufgabe gestellte Frage.

Tipp zu 10a)
$\Phi(1{,}48) \approx 0{,}93$

11 Holger: „Also, jetzt habe ich das verstanden. Du nennst mir den Mittelwert und die Standardabweichung deiner Versuchsergebnisse und ich berechne dir mit Φ jede gewünschte Wahrscheinlichkeit." Würdigen Sie Holgers Kommentar kritisch.

– Wahrscheinlichkeit	– relative Häufigkeit
– math. Modell	– Wirklichkeit
– vor Datenerhebung	– nach Datenerhebung
– feststehend	– schwankend
– oft symmetrisch	– selten genau symmetrisch
– Erwartungswert	– Mittelwert

12 Lena: „Wahrscheinlichkeiten und relative Häufigkeiten werden doch beide in Prozent angegeben. Worin besteht denn dann der Unterschied?"
Beantworten Sie Lenas Frage anhand eines selbst gewählten Beispiels in eigenen Sätzen. Sie können dazu z. B. die Stichpunkte der Tabelle inhaltlich ausführen bzw. ergänzen.

Die Formel liefert brauchbare Werte für $n > \frac{1}{4p^2(1-p)^2}$.

13 Für eine binominal verteilte Zufallsgröße X mit dem Erwartungswert $\mu = n \cdot p$ und der Standardabweichung $\sigma = \sqrt{n \cdot p \cdot (1-p)}$ wurde gezeigt, dass für großes n gilt:
$P(X = k) = B_{n,p}(k) \approx \varphi_{\mu,\sigma}(k)$.
a) Begründen Sie damit die **Formel von Moivre-Laplace:**

$$\mathbf{P(k_1 \leqq X \leqq k_2) \approx \Phi\left(\frac{k_2 + 0{,}5 - \mu}{\sigma}\right) - \Phi\left(\frac{k_1 - 0{,}5 - \mu}{\sigma}\right)}.$$

b) Berechnen Sie mithilfe der Formel aus a) $P(\mu - \sigma \leqq X \leqq \mu + \sigma)$ für $n = 40$ bzw. 400 bzw. 4000 und $p = 0{,}1$. Vergleichen Sie mit dem exakten Wert.
c) Lösen Sie die Aufgaben 15 g) und 15 h) auf Seite 360 mithilfe der Formel.

Erwartungswert und Standardabweichung

Kann eine Zufallsgröße X die Werte $x_1, x_2, \ldots, x_r$ annehmen, so heißt
$E(X) = \mu = x_1 \cdot P(X = x_1) + x_2 \cdot P(X = x_2) + \ldots + x_r \cdot P(X = x_r)$
Erwartungswert von X,
$V(X) = \sigma^2 = (x_1 - \mu)^2 \cdot P(X = x_1) + \ldots + (x_r - \mu)^2 \cdot P(X = x_r)$
Varianz von X und $\sqrt{V(X)}$ bzw. σ Standardabweichung von X.

Ist X eine binomialverteilte Zufallsgröße mit den Parametern n und p, so gilt für den Erwartungswert $\mu = np$ und für die Varianz $\sigma^2 = np(1-p)$.

σ-Regeln

Für jede binomialverteilte Zufallsgröße X mit der Standardabweichung $\sigma > 3$ gilt:

$P(\mu - \sigma \leqq X \leqq \mu + \sigma) \approx 0{,}680$ (1σ-Regel)
$P(\mu - 2\sigma \leqq X \leqq \mu + 2\sigma) \approx 0{,}955$ (2σ-Regel)
$P(\mu - 3\sigma \leqq X \leqq \mu + 3\sigma) \approx 0{,}997$ (3σ-Regel)

Testen

Grundlage bilden eine Hypothese H_0 und eine Alternative H_1.
Man legt den Stichprobenumfang n und das Signifikanzniveau fest und bestimmt dann den Annahmebereich:
$[\mu - c \cdot \sigma;\ \mu + c \cdot \sigma]$
Der Wert für c richtet sich nach dem Signifikanzniveau.

Siginifikanzniveau	c
1%	2,58
5%	1,96
10%	1,64

Die Hypothese wird beibehalten, wenn das Stichprobenergebnis im Annahmebereich liegt, sonst wird sie verworfen.
Es sind zwei Fehlentscheidungen möglich:
Fehler 1. Art: H_0 wird abgelehnt, obwohl sie richtig ist.
Fehler 2. Art: H_0 wird nicht abgelehnt, obwohl sie falsch ist.
Zur Berechnung des Fehlers 2. Art benötigt man die von p_0 abweichende, tatsächlich vorliegende Wahrscheinlichkeit p.

Glockenfunktion

Die Funktion φ mit der Gleichung $\varphi_{\mu;\sigma}(x) = \frac{1}{\sigma}\,\varphi\left(\frac{x-\mu}{\sigma}\right)$ heißt

GAUSS'sche Glockenfunktion, wobei $\varphi(x) = \frac{1}{\sqrt{2x}}\,e^{-\frac{x^2}{2}}$ ist.

Es gilt $\int_a^b \varphi_{\mu;\sigma}(t)\,dt = \Phi\left(\frac{b-\mu}{\sigma}\right) - \Phi\left(\frac{a-\mu}{\sigma}\right)$, wobei $\Phi(x) = \int_{-\infty}^{x} \varphi(t)\,dt$

Integralfunktion von φ ist.

Normalverteilung

Eine Zufallsgröße X heißt normalverteilt mit dem Erwartungswert μ und der Standardabweichung σ, wenn sie Werte zwischen a und b annimmt mit der Wahrscheinlichkeit

$P(a \leqq X \leqq b) = \int_a^b \varphi_{\mu;\sigma}(x)\,dx = \Phi\left(\frac{b-\mu}{\sigma}\right) - \Phi\left(\frac{a-\mu}{\sigma}\right)$.

Für die Normalverteilung gelten die σ-Regeln.

Bei einem Würfelspiel erhält man nur für die Augenzahlen „5" und „6" jeweils einen Punkt. Jemand würfelt 60-mal.
Die Zufallsgröße X gibt die erreichte Punktezahl an.
Es gilt: $n = 60;\ p = \frac{1}{3};\ \mu = 60 \cdot \frac{1}{3} = 20$
$\sigma^2 = 60 \cdot \frac{1}{3} \cdot \frac{2}{3} = \frac{40}{3};\ \sigma = \sqrt{\frac{40}{3}}$
$\mu - 3\sigma = 9{,}05;\ \mu + 3\sigma = 30{,}95$
Mit einer Wahrscheinlichkeit von etwa 99,7%, d.h. fast sicher, liegt die Punktezahl zwischen 10 und 30.

In einem Zeitungsbericht der BZ wird bezweifelt, dass 1-€-Münzen fair sind, weil bei einem Experiment mit 250 Würfen nur 109 mal Zahl fiel.
a) Kann man auf Grund dieses Experiments auf einem Signifikanzniveau von 5% die Behauptung ablehnen, dass die Münze fair ist?
b) Wie groß ist der Fehler 2. Art, wenn in Wirklichkeit bei 40% der 1-€-Münzen Zahl fiel?
a) Die Hypothese H_0 *lautet:* $p = 0{,}5$
Stichprobenumfang: $n = 250$
$\mu = 125;\ \sigma = 7{,}91$
Annahmebereich: [110; 140]
Die Hypothese wird auf dem Signifikanzniveau 5% abgelehnt.
b) mit $p = 0{,}4$ *ergibt sich für den Annahmebereich* $P(110 \leqq X \leqq 140) = 8{,}8\,\%$. *Dabei ist X die Anzahl der Münzen bei 250 Würfen. Der Fehler 2. Art beträgt 8,8%.*

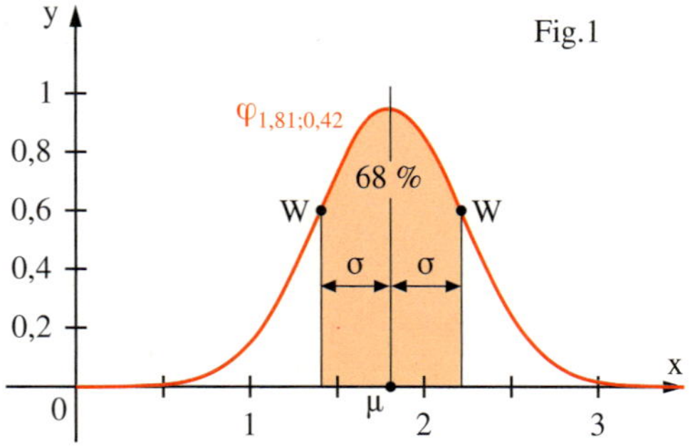

Fig.1

Wenn eine Zufallsgröße X normalverteilt ist mit $\mu = 1{,}81$ *und* $\sigma = 0{,}42$, *dann gilt*
$P(1{,}5 \leqq X \leqq 2{,}1) = \Phi\left(\frac{2{,}1-1{,}81}{0{,}42}\right) - \Phi\left(\frac{1{,}5-1{,}81}{0{,}42}\right)$
$\approx \Phi(0{,}69) - \Phi(-0{,}74) \approx 53\,\%$.

1 In einem Ort gibt es zwei Kioske K_1 und K_2. Am Kiosk K_1 kaufen 30 %, bei K_2 70 % der Leute ihre Tageszeitung. Die Wahrscheinlichkeit, dass die Zeitung um die Mittagszeit ausverkauft ist, beträgt bei K_1 0,4, bei K_2 0,2. Eine Person geht um diese Zeit einkaufen und bringt eine Zeitung mit. Mit welcher Wahrscheinlichkeit stammt sie vom Kiosk K_1?

2 Die Beliebtheit einer Fernsehsendung soll untersucht werden. Eine Blitzumfrage hatte folgendes Ergebnis: Von den Zuschauern, welche die Sendung gesehen hatten, waren 40 % jünger als 25 Jahre; von diesen hatten 30 % und von den restlichen 70 % eine positive Meinung zu der Sendung. Wie viel Prozent der Zuschauer, welche die Sendung gesehen hatten, äußerten sich positiv zu ihr?

3 Einer der drei Beutel A, B, C aus Fig. 1 wird zufällig ausgewählt. Aus diesem Beutel wird fünfmal mit Zurücklegen eine Kugel gezogen. Dabei ergibt sich die Farbreihenfolge wrwwr. Wie groß ist die Wahrscheinlichkeit, dass aus Beutel B gezogen wurde?

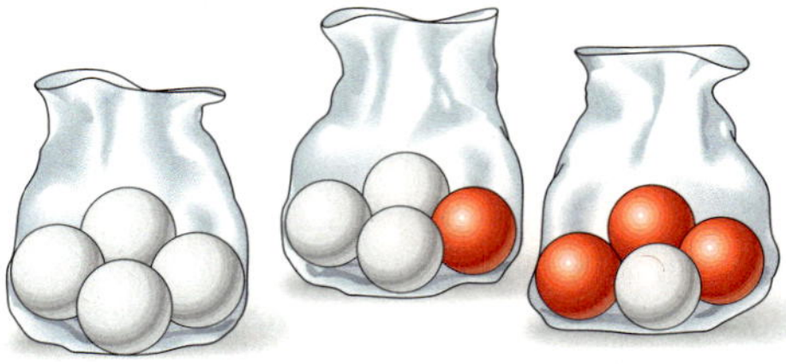

Fig. 1

4 Bei der Herstellung eines elektrischen Gerätes entsteht etwa 4 % Ausschuss. Dieser Produktion werden wiederholt 50 dieser Geräte entnommen. Wie viele defekte Geräte sind im Mittel zu erwarten?

5 72 Schülerinnen und Schülern werden die Namen Edison, Reis und Siemens genannt und gefragt, wer von diesen drei Personen die Glühbirne erfunden hat.
Geben Sie ein Intervall an, in dem die Anzahl der richtigen Antworten mit einer Wahrscheinlichkeit von 68 % (95 %; 99 %) liegt, wenn alle befragten Schülerinnen und Schüler raten.

6 Von einer vorgelegten Münze wird behauptet, dass Kopf und Zahl nicht gleich häufig fallen.
a) Beschreiben Sie, wie man bei einem Test vorgehen kann, um diese Behauptung zu überprüfen.
b) Wieso bedeutet die Ablehnung der Hypothese bei dem Test nicht unbedingt, dass die Hypothese falsch ist?
c) Welche Fehler kann man bei dem Test machen?

7 Ein Politiker möchte vor einer Wahl gerne wissen, ob sich der Anteil der Wähler seiner Partei geändert hat. Ein Meinungsforschungsinstitut wird beauftragt, diese Frage zu untersuchen.
a) Beschreiben Sie, wie eine solche Untersuchung ablaufen könnte.
b) Diskutieren Sie, wie sich die Zahl der Befragten auf das Ergebnis auswirken könnte.

8 In einem Statistikbuch findet sich die Aussage: „Die Normalverteilung kann als Grenzfall der Binomialverteilung angesehen werden."
a) Wie gelangt man zu der Aussage? Erklären Sie.
b) Skizzieren Sie den Graph der Binomialverteilung mit den Parametern $n = 100$ und $p = 0{,}5$. Welche Parameter hat die Normalverteilung, die diese Binomialverteilung annähert?

9 a) Begründen Sie mithilfe des Lehrtextes auf S. 379, dass die Fläche aller Rechtecke in Fig. 1 auf S. 379 bei jedem Graphen den Wert 1 hat.
b) Welchen Zusammenhang sehen Sie bei der Eigenschaft aus Teilaufgabe a) und dem Integral $\int_{-\infty}^{\infty} \varphi(x)\,dx$?

1 80 Schülerinnen und Schülern werden die Namen Edison, Reis und Siemens genannt und gefragt, wer von diesen drei Personen die Glühbirne erfunden hat.
Geben Sie ein Intervall an, in dem die Anzahl der richtigen Antworten mit einer Wahrscheinlichkeit von 68 % (40 %; 70 %) liegt, wenn alle befragten Schülerinnen und Schüler raten.

2 Die Hypothese $p = p_0$ soll bei einem Stichprobenumfang n auf dem angegebenen Signifikanzniveau getestet werden. Bestimmen Sie den Annahmebereich.
a) $p_0 = 0{,}6$; $n = 25$; 5 %
b) $p_0 = 0{,}5$; $n = 30$; 1 %

3 Von einer vorgelegten Münze wird behauptet, dass die Ergebnisse „Kopf" und „Zahl" die gleiche Wahrscheinlichkeit haben. Die Münze wird 50-mal geworfen, dabei zeigt sie 23-mal Kopf. Testen Sie die Hypothese $p_0 = 0{,}5$ auf einem Signifikanzniveau von 5 %.

4 Bei 2000 Geburten betrug die Anzahl der Jungen 1035. Kann man die Hypothese „Die Wahrscheinlichkeiten für die Geburt eines Jungen und eines Mädchens sind gleich" auf einem Signifikanzniveau von 5 % beibehalten?

5 Aus einem Kasten, der 5000 Kugeln enthält, werden zufällig 625 Kugeln ohne Zurücklegen gezogen. Unter den gezogenen Kugeln befinden sich 140 weiße Kugeln. Testen Sie auf einem 5 %-Signifikanzniveau die Hypothese, dass 20 % der Kugeln im Kasten weiß sind.

6 Um fehlerhafte Elektrogeräte auszusortieren, lässt eine Firma die produzierten Geräte prüfen. Von den einwandfreien Geräten werden 90 %, von den fehlerhaften irrtümlich 7 % für den Verkauf freigegeben. Aus langjähriger Erfahrung ist bekannt, dass 93 % der hergestellten Elektrogeräte einwandfrei sind. Ein für den Verkauf freigegebenes Gerät wird zufällig ausgewählt. Mit welcher Wahrscheinlichkeit ist es tatsächlich einwandfrei?

7 Ein Test zum Erkennen einer bestimmten Krankheit erkennt mit 95 %iger Wahrscheinlichkeit erkrankte Personen. Man sagt, das Testergebnis ist positiv. Von den Gesunden werden 1 % als positiv registriert. A priori sind 0,1 % Personen erkrankt.
a) Wie groß ist die Wahrscheinlichkeit, dass eine positiv getestete Person tatsächlich erkrankt ist?
b) Bei einer Wiederholung ist das Ergebnis negativ. Wie groß ist jetzt die Wahrscheinlichkeit einer Erkrankung?

8 Beim Roulette wird eine Kugel in den Rouletteapparat geworfen. Sie fällt in eines der 37 Felder mit den Zahlen 0 bis 36. Ein Spieler hat ein „Startkapital" von 150 €. Dieser Spieler entscheidet sich zu folgender Strategie: Er beginnt mit 10 € und setzt bei jedem Spiel auf „ungerade Zahl". Fällt also eine ungerade Zahl, so erhält er den doppelten Einsatz ausgezahlt, ansonsten verliert er den Einsatz. Beim ersten Gewinn hört er auf. Verliert er, dann verdoppelt er beim nächsten Spiel den Einsatz. Bestimmen Sie den Erwartungswert des Gewinns für den Spieler.

9 a) Eine Zufallsgröße X ist normalverteilt mit $\mu = 50$ und $\sigma = 10$. Berechnen Sie $P(X < 40)$; $P(X \leqq 60)$; $P(30 \leqq X \leqq 50)$; $P(X > 50)$; $P(X = 50)$.
b) Eine Zufallsgröße X ist annähernd normalverteilt mit $\mu = 170$ und $\sigma = 9$.
Berechnen Sie Näherungswerte für die Wahrscheinlichkeiten aus a).

10 Eine Zufallsgröße ist normalverteilt mit $\mu = 25$ und $\sigma = 5$.
a) Skizzieren Sie die zugehörige Glockenfunktion.
b) Berechnen Sie die Wahrscheinlichkeiten der Intervalle $(10; 15]$, $(15; 20]$, ..., $(35; 40]$.
c) Stellen Sie die Wahrscheinlichkeiten als Histogramm im Koordinatensystem von a) dar.

Binomialverteilung $B_{n;\,p}(k) = \binom{n}{k} \cdot p^k \cdot (1-p)^{n-k}$

Wahrscheinlichkeitsverteilung

n	*k*	p: 0,02	0,03	0,05	0,10	1/6	0,20	0,25	0,30	1/3	0,40	0,50		*n*
10	0	0,8171	7374	5987	3487	1615	1074	0563	0282	0173	0060	0010	10	10
	1	1667	2281	3151	3874	3230	2684	1877	1211	0867	0403	0098	9	
	2	0153	0317	0746	1937	2907	3020	2816	2335	1951	1209	0439	8	
	3	0008	0026	0105	0574	1550	2013	2503	2668	2601	2150	1172	7	
	4		0001	0010	0112	0543	0881	1460	2001	2276	2508	2051	6	
	5			0001	0015	0130	0264	0584	1029	1366	2007	2461	5	
	6				0001	0022	0055	0162	0368	0569	1115	2051	4	
	7					0002	0008	0031	0090	0163	0425	1172	3	
	8						0001	0004	0014	0030	0106	0439	2	
	9								0001	0003	0016	0098	1	
	10										0001	0010	0	
15	0	0,7386	6333	4633	2059	0649	0352	0134	0047	0023	0005	0000	15	15
	1	2261	2938	3658	3432	1947	1319	0668	0305	0171	0047	0005	14	
	2	0323	0636	1348	2669	2726	2309	1559	0916	0599	0219	0032	13	
	3	0029	0085	0307	1285	2363	2501	2252	1700	1299	0634	0139	12	
	4	0002	0008	0049	0428	1418	1876	2252	2186	1948	1268	0417	11	
	5		0001	0006	0105	0624	1032	1651	2061	2143	1859	0916	10	
	6				0019	0208	0430	0917	1472	1768	2066	1527	9	
	7				0003	0053	0138	0393	0811	1148	1771	1964	8	
	8					0011	0035	0131	0348	0574	1181	1964	7	
	9					0002	0007	0034	0116	0223	0612	1527	6	
	10						0001	0007	0030	0067	0245	0916	5	
	11							0001	0006	0015	0074	0417	4	
	12								0001	0003	0016	0139	3	
	13										0003	0032	2	
	14											0005	1	
	15												0	
20	0	0,6676	5438	3585	1216	0261	0115	0032	0008	0003	0000	0000	20	20
	1	2725	3364	3774	2702	1043	0576	0211	0068	0030	0005	0000	19	
	2	0528	0988	1887	2852	1982	1369	0669	0278	0143	0031	0002	18	
	3	0065	0183	0596	1901	2379	2054	1339	0716	0429	0123	0011	17	
	4	0006	0024	0133	0898	2022	2182	1897	1304	0911	0350	0046	16	
	5		0002	0022	0319	1294	1746	2023	1789	1457	0746	0148	15	
	6			0003	0089	0647	1091	1686	1916	1821	1244	0370	14	
	7				0020	0259	0545	1124	1643	1821	1659	0739	13	
	8				0004	0084	0222	0609	1144	1480	1797	1201	12	
	9				0001	0022	0074	0271	0654	0987	1597	1602	11	
	10					0005	0020	0099	0308	0543	1171	1762	10	
	11					0001	0005	0030	0120	0247	0710	1602	9	
	12						0001	0008	0039	0092	0355	1201	8	
	13							0002	0010	0028	0146	0739	7	
	14								0002	0007	0049	0370	6	
	15									0001	0013	0148	5	
	16										0003	0046	4	
	17											0011	3	
	18											0002	2	
	19	Nicht aufgeführte Werte sind (auf 4 Dez.) 0,0000.											1	
n		p: 0,98	0,97	0,95	0,90	5/6	0,80	0,75	0,70	2/3	0,60	0,50	*k*	*n*

Beispiele:
X sei $B_{10;0,05}$-verteilt,
dann ist $P(X = 2) = 0{,}0746$.

Bei grün unterlegtem Eingang:
X sei $B_{20;0,70}$-verteilt,
dann ist $P(X = 15) = 0{,}1789$.

Binomialverteilung $F_{n;\,p}(k) = \sum_{i=0}^{k} \binom{n}{i} \cdot p^i \cdot (1-p)^{n-i}$

Summenverteilung

n	k	p = 0,02	0,03	0,05	0,10	1/6	0,20	0,25	0,30	1/3	0,40	0,50	k	n
10	0	0,8171	7374	5987	3487	1615	1074	0563	0282	0173	0060	0010	9	10
	1	9838	9655	9139	7361	4845	3758	2440	1493	1040	0464	0107	8	
	2	9991	9972	9885	9298	7752	6778	5256	3828	2991	1673	0547	7	
	3		9999	9990	9872	9303	8791	7759	6496	5593	3823	1719	6	
	4			9999	9984	9845	9672	9219	8497	7869	6331	3770	5	
	5				9999	9976	9936	9803	9527	9234	8338	6230	4	
	6					9997	9991	9965	9894	9803	9452	8281	3	
	7						9999	9996	9984	9966	9877	9453	2	
	8								9999	9996	9983	9893	1	
	9										9999	9990	0	
15	0	0,7386	6333	4633	2059	0649	0352	0134	0047	0023	0005	0000	14	15
	1	9647	9270	8290	5490	2596	1671	0802	0353	0194	0052	0005	13	
	2	9970	9906	9638	8159	5322	3980	2361	1268	0794	0271	0037	12	
	3	9998	9992	9945	9444	7685	6482	4613	2969	2092	0905	0176	11	
	4		9999	9994	9873	9102	8358	6865	5155	4041	2173	0592	10	
	5			9999	9978	9726	9389	8516	7216	6184	4032	1509	9	
	6				9997	9934	9819	9434	8689	7970	6098	3036	8	
	7					9987	9958	9827	9500	9118	7869	5000	7	
	8					9998	9992	9958	9848	9692	9050	6964	6	
	9						9999	9992	9963	9915	9662	8491	5	
	10							9999	9993	9982	9907	9408	4	
	11								9999	9997	9981	9824	3	
	12										9997	9963	2	
	13											9995	1	
	14												0	
16	0	0,7238	6143	4401	1853	0541	0281	0100	0033	0015	0003	0000	15	16
	1	9601	9182	8108	5147	2272	1407	0635	0261	0137	0033	0003	14	
	2	9963	9887	9571	7892	4868	3518	1971	0994	0594	0183	0021	13	
	3	9998	9989	9930	9316	7291	5981	4050	2459	1659	0651	0106	12	
	4		9999	9991	9830	8866	7982	6302	4499	3391	1666	0384	11	
	5			9999	9967	9622	9183	8103	6598	5469	3288	1051	10	
	6				9995	9899	9733	9204	8247	7374	5272	2272	9	
	7				9999	9979	9930	9729	9256	8735	7161	4018	8	
	8					9996	9985	9925	9743	9500	8577	5982	7	
	9						9998	9984	9929	9841	9417	7728	6	
	10							9997	9984	9960	9809	8949	5	
	11								9997	9992	9951	9616	4	
	12									9999	9991	9894	3	
	13										9999	9979	2	
	14											9997	1	
	15	Nicht aufgeführte Werte sind (auf 4 Dez.) 1,0000.											0	
n		p = 0,98	0,97	0,95	0,90	5/6	0,80	0,75	0,70	2/3	0,60	0,50	k	n

Bei grün unterlegtem Eingang, d. h. $p \geqq 0{,}5$ gilt: $P(X \leqq k) = 1 -$ abgelesener Wert.

Beispiele:

X sei $B_{10;0,20}$-verteilt,
dann ist $P(X \leqq 4) = 0{,}9672$.

X sei $B_{15;0,60}$-verteilt,
dann ist $P(X \leqq 9) = 1 - 0{,}4032 = 0{,}5968$.

Binomialverteilung $F_{n;\,p}(k) = \sum_{i=0}^{k} \binom{n}{i} \cdot p^i \cdot (1-p)^{n-i}$
Summenverteilung

n	k	0,02	0,03	0,05	0,10	1/6	0,20	0,25	0,30	1/3	0,40	0,50		n
20	0	0,6676	5438	3585	1216	0261	0115	0032	0008	0003	0000	0000	19	20
	1	9401	8802	7358	3917	1304	0692	0243	0076	0033	0005	0000	18	
	2	9929	9790	9245	6769	3287	2061	0913	0355	0176	0036	0002	17	
	3	9994	9973	9841	8670	5665	4114	2252	1071	0604	0160	0013	16	
	4		9997	9974	9568	7687	6296	4148	2375	1515	0510	0059	15	
	5			9997	9887	8982	8042	6172	4164	2972	1256	0207	14	
	6				9976	9629	9133	7858	6080	4793	2500	0577	13	
	7				9996	9887	9679	8982	7723	6615	4159	1316	12	
	8				9999	9972	9900	9591	8867	8095	5956	2517	11	
	9					9994	9974	9861	9520	9081	7553	4119	10	
	10					9999	9994	9961	9829	9624	8725	5881	9	
	11						9999	9991	9949	9870	9435	7483	8	
	12							9998	9987	9963	9790	8684	7	
	13								9997	9991	9935	9423	6	
	14									9998	9984	9793	5	
	15										9997	9941	4	
	16											9987	3	
	17	Nicht aufgeführte Werte sind (auf 4 Dez.) 1,0000.										9998	2	
25	0	0,6035	4670	2774	0718	0105	0038	0008	0001	0000	0000	0000	24	25
	1	9114	8280	6424	2712	0629	0274	0070	0016	0005	0001	0000	23	
	2	9868	9620	8729	5371	1887	0982	0321	0090	0035	0004	0000	22	
	3	9986	9938	9659	7636	3816	2340	0962	0332	0149	0024	0001	21	
	4	9999	9992	9928	9020	5937	4207	2137	0905	0462	0095	0005	20	
	5		9999	9988	9666	7720	6167	3783	1935	1120	0294	0020	19	
	6			9998	9905	8908	7800	5611	3407	2215	0736	0073	18	
	7				9977	9553	8909	7265	5118	3703	1536	0216	17	
	8				9995	9843	9532	8506	6769	5376	2735	0539	16	
	9				9999	9953	9827	9287	8106	6956	4246	1148	15	
	10					9988	9944	9703	9022	8220	5858	2122	14	
	11					9997	9985	9893	9558	9082	7323	3450	13	
	12					9999	9996	9966	9825	9585	8462	5000	12	
	13						9999	9991	9940	9836	9222	6550	11	
	14							9998	9982	9944	9656	7878	10	
	15								9995	9984	9868	8852	9	
	16								9999	9996	9957	9461	8	
	17									9999	9988	9784	7	
	18										9997	9927	6	
	19										9999	9980	5	
	20											9995	4	
	21											9999	3	
50	0	0,3642	2181	0769	0052	0001	0000	0000	0000	0000	0000	0000	49	50
	1	7358	5553	2794	0338	0012	0002	0000	0000	0000	0000	0000	48	
	2	9216	8108	5405	1117	0066	0013	0001	0000	0000	0000	0000	47	
	3	9822	9372	7604	2503	0238	0057	0005	0000	0000	0000	0000	46	
	4	9968	9832	8964	4312	0643	0185	0021	0002	0000	0000	0000	45	
	5	9995	9963	9622	6161	1388	0480	0070	0007	0001	0000	0000	44	
	6	9999	9993	9882	7702	2506	1034	0194	0025	0005	0000	0000	43	
	7		9999	9968	8779	3911	1904	0453	0073	0017	0000	0000	42	
	8			9992	9421	5421	3073	0916	0183	0050	0002	0000	41	
n		0,98	0,97	0,95	0,90	5/6	0,80	0,75	0,70	2/3	0,60	0,50	k	n

p

Bei grün unterlegtem Eingang, d. h. $p \geqq 0{,}5$ gilt: $P(X \leqq k) = 1 -$ abgelesener Wert.

Binomialverteilung $F_{n;p}(k) = \sum_{i=0}^{k} \binom{n}{i} \cdot p^i \cdot (1-p)^{n-i}$

Summenverteilung

n	k	0,02	0,03	0,05	0,10	1/6	0,20	0,25	0,30	1/3	0,40	0,50	k	n
	9			9998	9755	6830	4437	1637	0402	0127	0008	0000	40	
	10				9906	7986	5836	2622	0789	0284	0022	0000	39	
	11				9968	8827	7107	3816	1390	0570	0057	0000	38	
	12				9990	9373	8139	5110	2229	1035	0133	0002	37	
	13				9997	9693	8894	6370	3279	1715	0280	0005	36	
	14				9999	9862	9393	7481	4468	2612	0540	0013	35	
	15					9943	9692	8369	5692	3690	0955	0033	34	
	16					9978	9856	9017	6839	4868	1561	0077	33	
	17					9992	9937	9449	7822	6046	2369	0164	32	
	18					9998	9975	9713	8594	7126	3356	0325	31	
	19					9999	9991	9861	9152	8036	4465	0595	30	
	20						9997	9937	9522	8741	5610	1013	29	
	21						9999	9974	9749	9244	6701	1611	28	
	22							9990	9877	9576	7660	2399	27	
50	23							9996	9944	9778	8438	3359	26	50
	24							9999	9976	9892	9022	4439	25	
	25								9991	9951	9427	5561	24	
	26								9997	9979	9686	6641	23	
	27								9999	9992	9840	7601	22	
	28									9997	9924	8389	21	
	29									9999	9966	8987	20	
	30										9986	9405	19	
	31										9995	9675	18	
	32										9998	9836	17	
	33										9999	9923	16	
	34											9967	15	
	35											9987	14	
	36											9995	13	
	37											9998	12	
	0	0,1326	0476	0059	0000	0000	0000	0000	0000	0000	0000	0000	99	
	1	4033	1946	0371	0003	0000	0000	0000	0000	0000	0000	0000	98	
	2	6767	4198	1183	0019	0000	0000	0000	0000	0000	0000	0000	97	
	3	8590	6472	2578	0078	0000	0000	0000	0000	0000	0000	0000	96	
	4	9492	8179	4360	0237	0001	0000	0000	0000	0000	0000	0000	95	
	5	9845	9192	6160	0576	0004	0000	0000	0000	0000	0000	0000	94	
	6	9959	9688	7660	1172	0013	0001	0000	0000	0000	0000	0000	93	
	7	9991	9894	8720	2061	0038	0003	0000	0000	0000	0000	0000	92	
	8	9998	9968	9369	3209	0095	0009	0000	0000	0000	0000	0000	91	
	9		9991	9718	4513	0213	0023	0000	0000	0000	0000	0000	90	
100	10		9998	9885	5832	0427	0057	0001	0000	0000	0000	0000	89	100
	11			9957	7030	0777	0126	0004	0000	0000	0000	0000	88	
	12			9985	8018	1297	0253	0010	0000	0000	0000	0000	87	
	13			9995	8761	2000	0469	0025	0001	0000	0000	0000	86	
	14			9999	9274	2874	0804	0054	0002	0000	0000	0000	85	
	15				9601	3877	1285	0111	0004	0000	0000	0000	84	
	16				9794	4942	1923	0211	0010	0001	0000	0000	83	
	17				9900	5994	2712	0376	0022	0002	0000	0000	82	
	18				9954	6965	3621	0630	0045	0005	0000	0000	81	
	19				9980	7803	4602	0995	0089	0011	0000	0000	80	
	20				9992	8481	5595	1488	0165	0024	0000	0000	79	
n		0,98	0,97	0,95	0,90	5/6	0,80	0,75	0,70	2/3	0,60	0,50	k	n

Nicht aufgeführte Werte sind (auf 4 Dez.) 1,0000.

p

Bei grün unterlegtem Eingang, d. h. $p \geqq 0{,}5$ gilt: $P(X \leqq k) = 1 -$ abgelesener Wert.

Binomialverteilung $F_{n;\,p}(k) = \sum_{i=0}^{k} \binom{n}{i} \cdot p^i \cdot (1-p)^{n-i}$
Summenverteilung

n	k	p = 0,02	0,03	0,05	0,10	1/6	0,20	0,25	0,30	1/3	0,40	0,50	k	n
100	21				9997	8998	6540	2114	0288	0048	0000	0000	78	100
	22				9999	9370	7389	2864	0479	0091	0001	0000	77	
	23					9621	8109	3711	0755	0164	0003	0000	76	
	24					9783	8686	4617	1136	0281	0006	0000	75	
	25					9881	9125	5535	1631	0458	0012	0000	74	
	26					9938	9442	6417	2244	0715	0024	0000	73	
	27					9969	9658	7224	2964	1066	0046	0000	72	
	28					9985	9800	7925	3768	1524	0084	0000	71	
	29					9993	9888	8505	4623	2093	0148	0000	70	
	30					9997	9939	8962	5491	2766	0248	0000	69	
	31					9999	9969	9307	6331	3525	0398	0001	68	
	32						9985	9554	7107	4344	0615	0002	67	
	33						9993	9724	7793	5188	0913	0004	66	
	34						9997	9836	8371	6019	1303	0009	65	
	35						9999	9906	8839	6803	1795	0018	64	
	36						9999	9948	9201	7511	2386	0033	63	
	37							9973	9470	8123	3068	0060	62	
	38							9986	9660	8630	3822	0105	61	
	39							9993	9790	9034	4621	0176	60	
	40							9997	9875	9341	5433	0284	59	
	41							9999	9928	9566	6225	0443	58	
	42							9999	9960	9724	6967	0666	57	
	43								9979	9831	7635	0967	56	
	44								9989	9900	8211	1356	55	
	45								9995	9943	8689	1841	54	
	46								9997	9969	9070	2421	53	
	47								9999	9983	9362	3087	52	
	48								9999	9991	9577	3822	51	
	49									9996	9729	4602	50	
	50									9998	9832	5398	49	
	51									9999	9900	6178	48	
	52										9942	6914	47	
	53										9968	7579	46	
	54										9983	8159	45	
	55										9991	8644	44	
	56										9996	9033	43	
	57										9998	9334	42	
	58										9999	9557	41	
	59											9716	40	
	60											9824	39	
	61											9895	38	
	62											9940	37	
	63											9967	36	
	64											9982	35	
	65											9991	34	
	66											9996	33	
	67											9998	32	
	68	Nicht aufgeführte Werte sind (auf 4 Dez.) 1,0000.										9999	31	
n		p = 0,98	0,97	0,95	0,90	5/6	0,80	0,75	0,70	2/3	0,60	0,50	k	n

Bei grün unterlegtem Eingang, d. h. $p \geqq 0{,}5$ gilt: $P(X \leqq k) = 1 -$ abgelesener Wert.

Beispiele: X sei $B_{100;0,30}$-verteilt, dann ist $P(X \leqq 35) = 0{,}8839$.

X sei $B_{100;0,75}$-verteilt, dann ist $P(X \leqq 70) = 1 - 0{,}8505 = 0{,}1495$.

Aufgaben zum Üben und Wiederholen ohne Hilfsmittel, Seite 44

1 a) $m = \tan(30°) = \frac{1}{3}\sqrt{3}$. Die Gerade verläuft durch A(4|0): $y = \frac{1}{3}\sqrt{3}\cdot(x-4)$ oder $y = \frac{1}{3}\sqrt{3}\cdot x - \frac{4}{3}\sqrt{3}$
b) $y = -x + 2$ c) $y = 2$ d) $x = -3$

2 a) g: $y = 2x - 1{,}5$; h: $y = -\frac{2}{5}x + \frac{9}{5}$

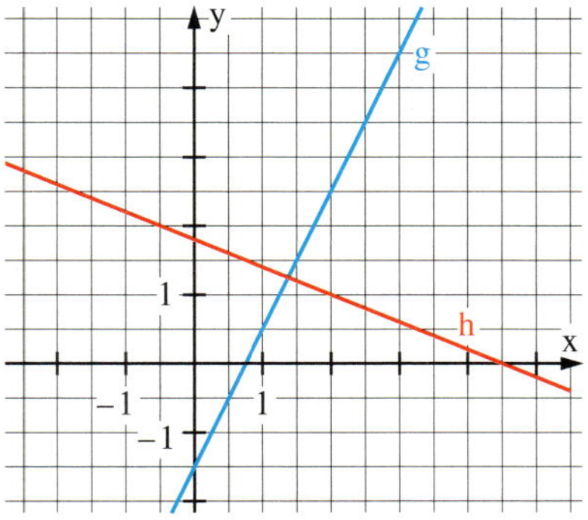

b) g und h sind nicht orthogonal, da $m_1 \cdot m_2 \neq -1$.
c) Schnittpunkt von g mit der x-Achse:
$0 = 2x - 1{,}5$; $x = 0{,}75$; $S_g(0{,}75|0)$
Schnittpunkt von h mit der x-Achse:
$2x + 5\cdot 0 = 9$; $x = 4{,}5$; $S_h(4{,}5|0)$

3 $f(x) = \frac{1}{2}x - \frac{1}{x}$
Graph:

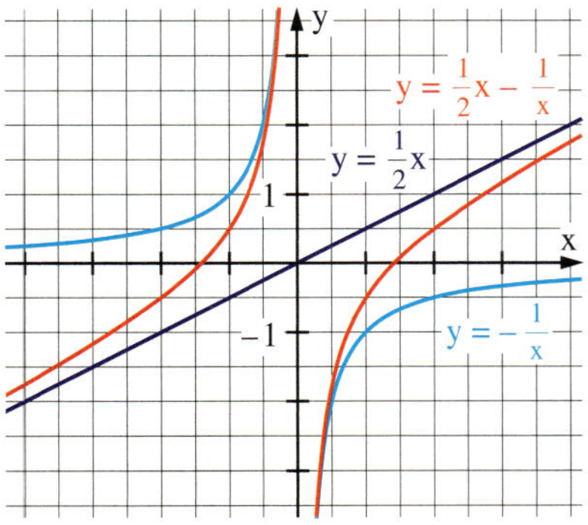

4
a) ungerade b) weder noch
c) gerade d) gerade

5 a) 0; –2; 4 b) $-\sqrt{2}$; $\sqrt{2}$; –2; 2
c) –5; 0,5 d) –2; 2
e) –6; 0; 6 f) 0; 3

6 a) $f(-1) = 0$;
$(x^3 - x^2 - 3x - 1) : (x + 1) = x^2 - 2x - 1$
Weitere Nullstellen: $1 - \sqrt{2}$; $1 + \sqrt{2}$

b) $f(3) = 0$; weitere Nullstellen: 0; 1; 2

7 a) falsch; f: $x \to x^2$ hat nur eine Nullstelle $(x_1 = 0)$
b) wahr
c) falsch; f: $x \to x^3$ hat nur eine Nullstelle $(x_1 = 0)$
d) wahr

8
a) Achsensymmetrie zur y-Achse
b) $N_1(-3|0)$; $N_2(3|0)$; $S\left(0\middle|-\frac{3}{2}\right)$
c) Für $x \to \pm\infty$ gilt: $f(x) \to +\infty$
d)

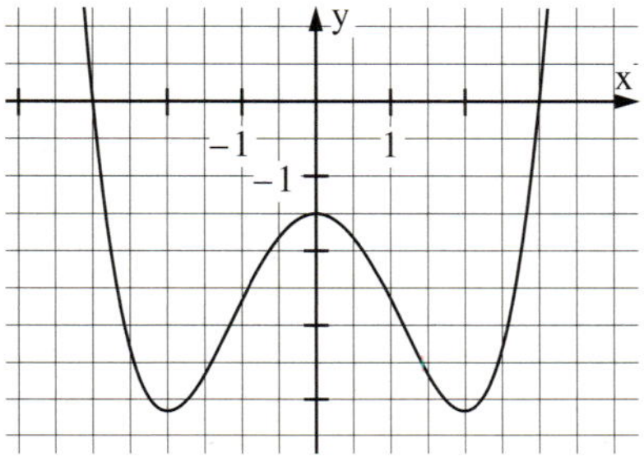

Aufgaben zum Üben und Wiederholen mit Hilfsmitteln, Seite 45

1 a) Graph Fig. 1
Zeichenbereich: $-3 \leqq x \leqq 6$ und $-80 \leqq x \leqq 10$.
Nullstellen (Fig. 2): $x_1 \approx -0{,}9230$; $x_2 \approx 0{,}7646$; $x_3 \approx 4{,}4449$
Eine exakte Nullstellenbestimmung ist nicht möglich.

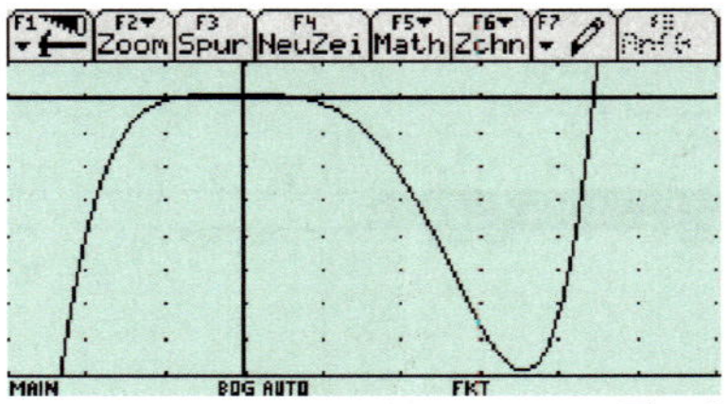

Fig. 1

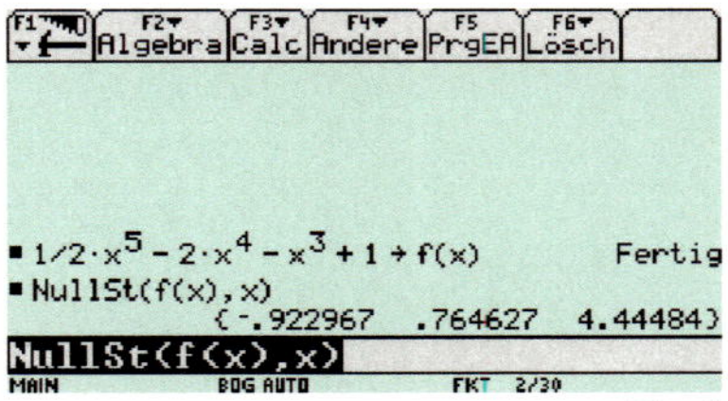

Fig. 2

b) Graph Fig. 3
Zeichenbereich: $-1 \leqq x \leqq 6$ und $-500 \leqq x \leqq 500$.
Nullstellen (Fig. 4):
$x_1 = \frac{27}{10} - \frac{\sqrt{429}}{10} \approx 0{,}6288$;
$x_2 = \frac{11}{4} = 2{,}75$;
$x_3 = \frac{27}{10} + \frac{\sqrt{429}}{10} \approx 4{,}7712$.

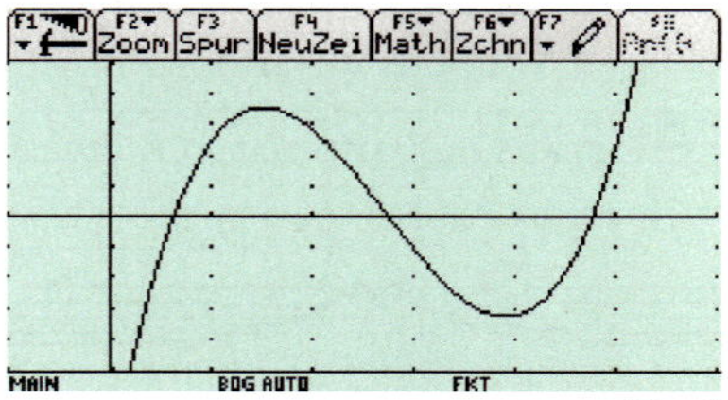

Fig. 3

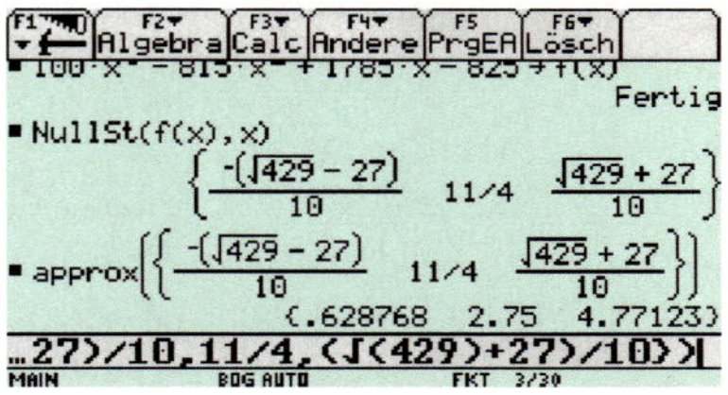

Fig. 4

2 a) Man gibt die Parameterwerte entweder in eine Liste oder mithilfe geschweifter Klammern über die Taste STO▸ ein und zeichnet anschließend den Graphen.

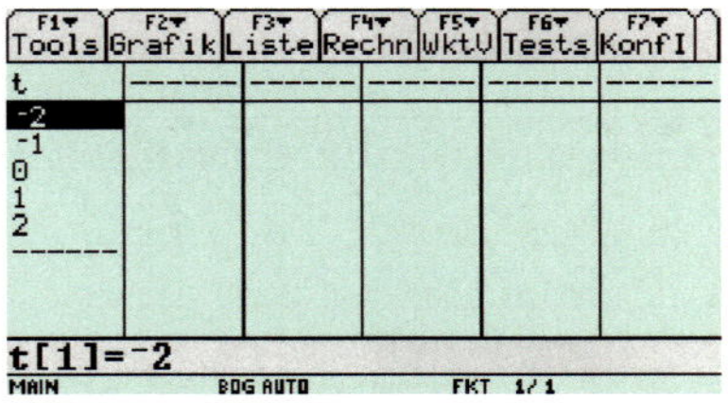

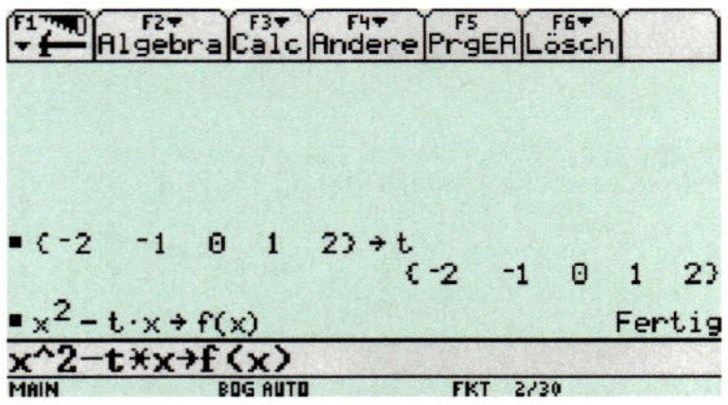

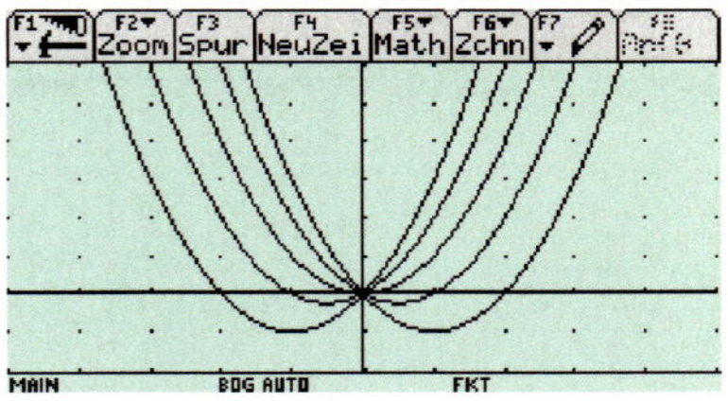

b) Fig. 1: Parameter wie in a)

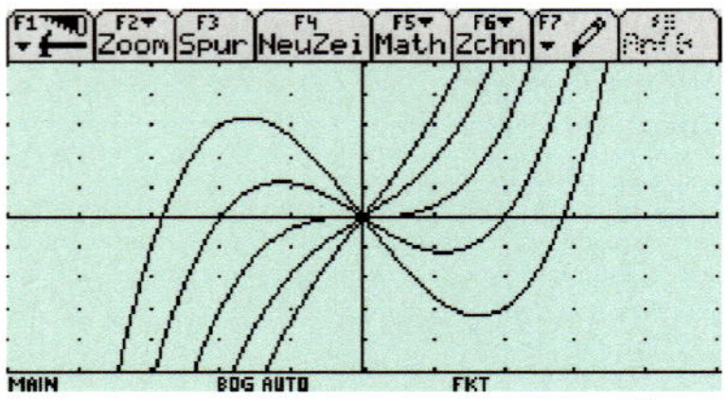

Fig. 1

c) Fig. 2: Parameter wie in a)

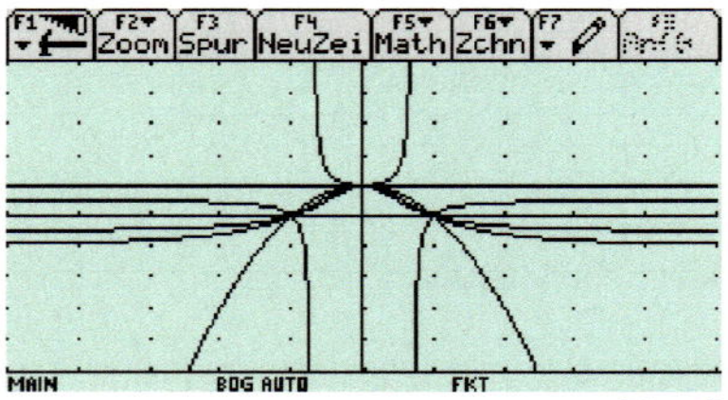

Fig. 2

3 Vorgehen: In den Editor Stat./Listen… gehen, dort mit Taste [F1] auf 8: Editor löschen gehen, Name x und Daten unter x eingeben, dasselbe für y vornehmen. Ist alles ausgefüllt, mit [F2] (Grafik) aufrufen und 1: Grafik einstellen bestätigen. Sodann [F1] (Defn) aufrufen und Streudiagramm oder x-y-Polygonzug bestätigen, die Markierung der Punkte wählen, z. B. Box oder Kreuz und für die x-Liste x, die y Liste y eingeben und mit [ENTER] bestätigen. Taste [F5] (ZoomDat) betätigen. Es erscheint bei Streudiagramm das 1. Bild, bei x-y-Polygonzug das 2. Bild.

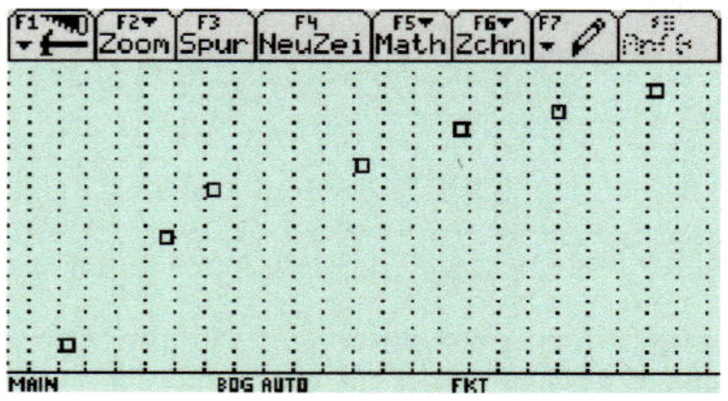

Fig. 3

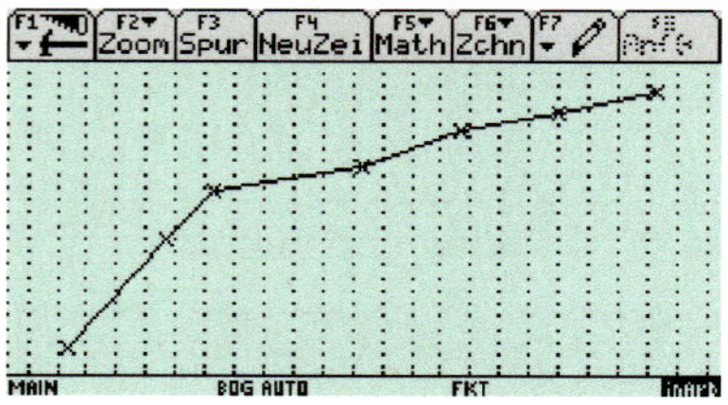

Fig. 4

4 a) $\overline{AB} = 5$; $\overline{BC} = 10$;
$\overline{AC} = \sqrt{125} \approx 11{,}2$

b) Gerade g durch B und C:
$y = -\frac{4}{3}x + \frac{25}{3}$; h_a: $y = \frac{3}{4}x$;
$h_a = 5$; $A = \frac{1}{2} \cdot 10 \cdot 5 = 25$.

c) $S\left(0\left|\frac{25}{3}\right.\right)$
$A = \frac{1}{2} \cdot \frac{25}{3} \cdot 2 + \frac{1}{2} \cdot \frac{25}{3} \cdot 4 = 25$.

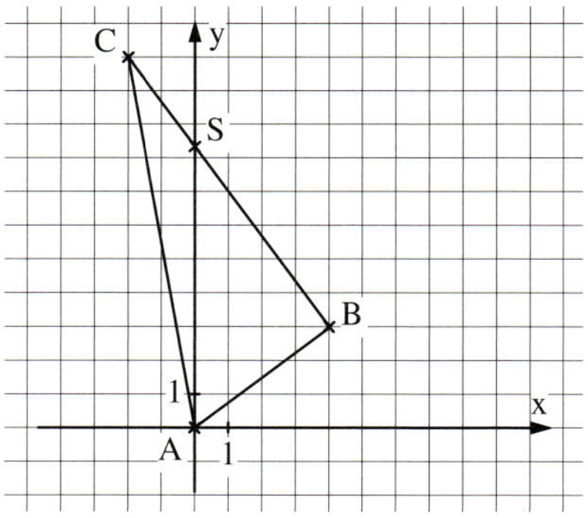

5 a) Graph Fig. 5
b) Nullstellen: $x_1 = 0$ und $x_2 = t$
c) $t = \frac{5}{2}$ und $t = \frac{11}{2}$ (Fig. 6)

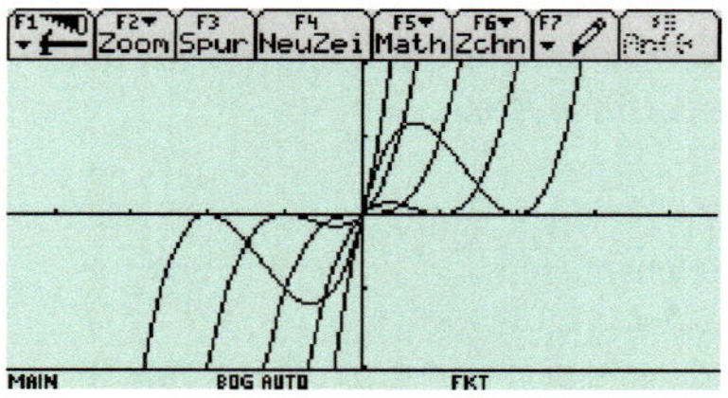

Fig. 5

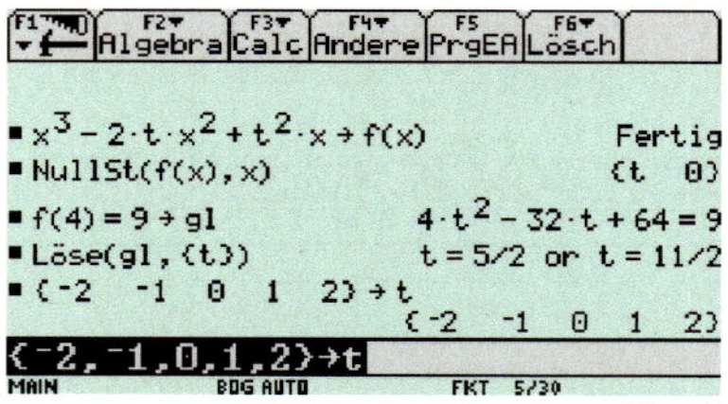

Fig. 6

6 Lineare Regression liefert:
$y = 0{,}6775 \cdot x + 0{,}2977$.
Faustformel für die Stocklänge:
Größe (in cm) $\cdot$ 0,68

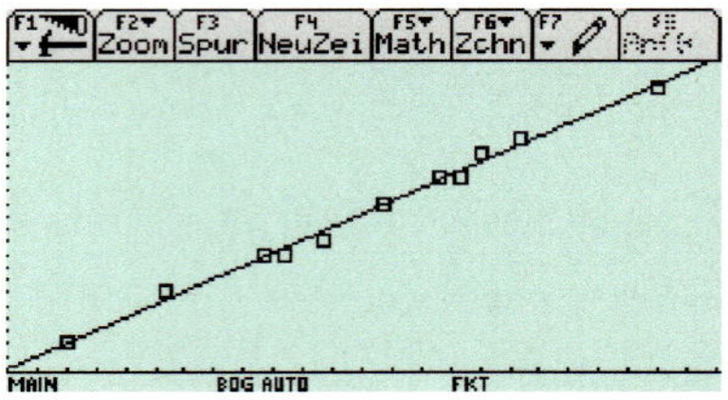

Fig. 7

7 a) Linkes Gefäß: $y = 6t + 3$;
rechtes Gefäß: $y = 7t + 2$
(y: jeweilige Höhe des Wasserspiegels in dm;
t: Zeit in min nach Situation in Fig. 2)

b)

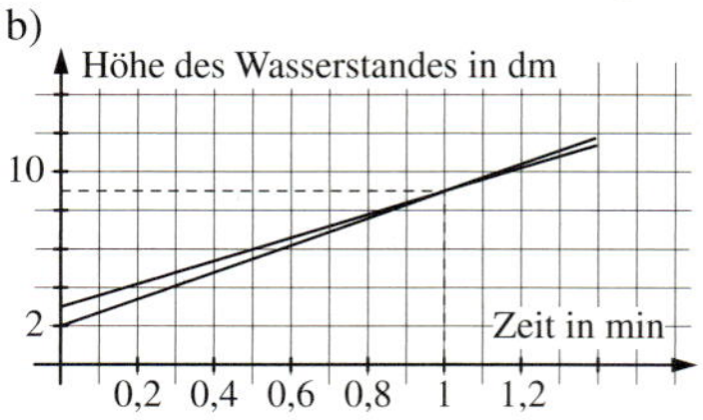

c) Genauer: Nach 1 min wäre der Wasserspiegel in beiden Gefäßen 9 dm hoch. Da beide Gefäße nur eine Höhe von 8,5 dm haben, wird dieser Zustand nicht erreicht.

8 a) Tabelle Fig. 8 und Graph Fig. 9
b) $E(x) = 2x$

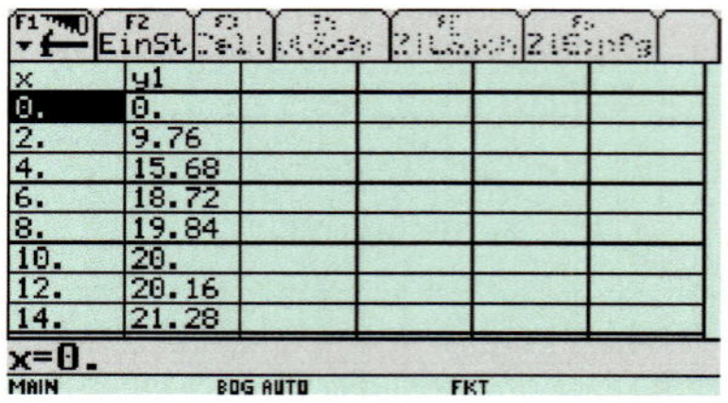

x	y1
0.	0.
2.	9.76
4.	15.68
6.	18.72
8.	19.84
10.	20.
12.	20.16
14.	21.28

x=0.

Fig. 8

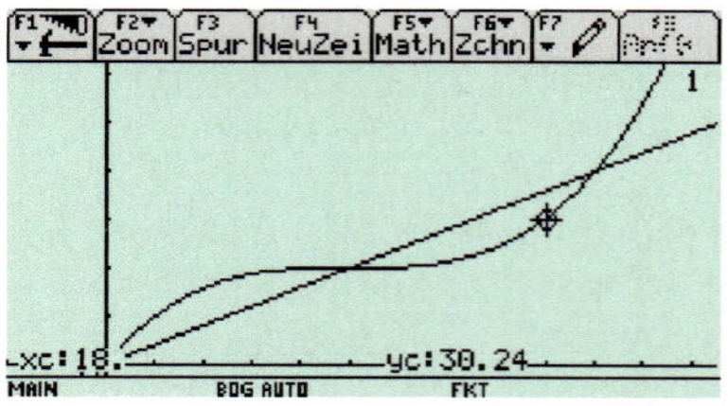

Fig. 9

Aufgaben zum Üben und Wiederholen ohne Hilfsmittel, Seite 74

1
Es gilt für beliebiges $x \in \mathbb{R}$: $f'(x) = \lim\limits_{h \to 0} \frac{f(x+h)-f(x)}{h} = \lim\limits_{h \to 0} \frac{4-4}{h} = \lim\limits_{h \to 0} \frac{0}{h} = 0.$

2
a) $f(2+h) = (2+h)^2 - 4 = 4h + h^2;$
$f(2) = 0.$
$\frac{f(2+h)-f(2)}{h} = \frac{4h+h^2}{h} = 4 + h.$
Der Quotient $\frac{f(2+h)-f(2)}{h} = 4 + h$ ist am Graphen die Steigung der Geraden durch die Punkte $P(2|0)$ und $Q(2+h|f(2+h))$ des Graphen.

b) Man bildet den Grenzwert für $h \to 0$:
$f'(2) = \lim\limits_{h \to 0} \frac{f(2+h)-f(2)}{h} = \lim\limits_{h \to 0} (4+h) = 4.$
Am Graphen bedeutet dies, dass der Punkt Q sich dem Punkt P beliebig nähert. Die Gerade PQ wird dann zur Tangente und die Ableitung an der Stelle 2 ist die Tangentensteigung in P.

3 a) In G ist die Steigung ca. –1.
b) Die Steigungen in D und E sind mit $m = 0{,}5$ in etwa gleich.
c) Die Steigungen im Punkt H und auch im Punkt A sind etwa –3.
d) Punkte mit der Steigung 0 sind C und F.
e) Punkte mit der Steigung 0 in Fig. 1 sind Punkte, in denen der Graph eine Umkehr vom Fallen zum Steigen (Tiefpunkt) oder vom Steigen zum Fallen (Hochpunkt) vollzieht. Man kann dies nicht verallgemeinern, da z. B. der Graph von $f(x) = x^3$ in $x_0 = 0$ die Steigung 0 hat und trotzdem weiter steigt.

4 a) $G'(t) < 0$, da das Gewicht während des Verbrennungsvorgangs abnimmt.
b) $G'(t) = 0$, da keine Veränderung des Gewichts mehr erfolgt.
c) $G'(t)$ beginnt mit $G'(0) = 0$. Die Funktion fällt bis zu einem gewissen Zeitpunkt und steigt dann wieder bis zum Ende des Feuers zum Zeitpunkt t_0. Dort ist dann $G(t_0) = G'(t_0) = 0$. Mögliche Graphen von G und G':

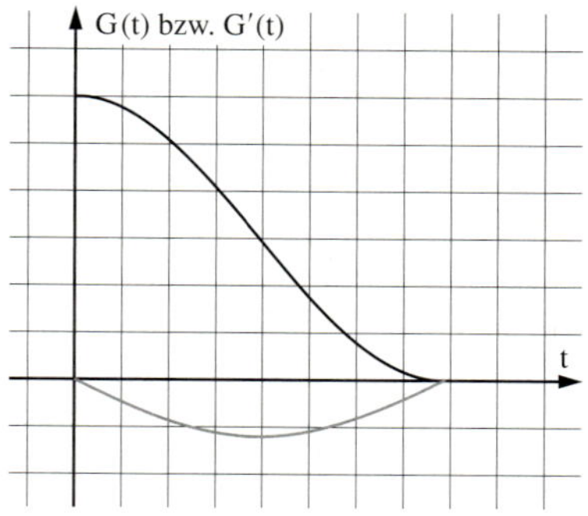

5 a) $f(t) = 2 \cdot \sin(t)$ [in m];
$f'(t) = 2 \cdot \cos(t)$ $\left[\text{in } \frac{m}{s}\right]$
$f''(t) = -2 \cdot \sin(t)$ $\left[\text{in } \frac{m}{s^2}\right]$
b) $f(x) = x^2 + \frac{1}{x} = x^2 + x^{-1}$ [in kg];
$f'(x) = 2x^1 - 1 \cdot x^{-2} = 2x - \frac{1}{x^2}$ (in der Einheit 1);
$f''(x) = 2x^0 + 2x^{-3} = 2 + \frac{2}{x^3}$ $\left[\text{in } \frac{1}{kg}\right]$
c) $f(x) = x^{-3}$ [in m³];
$f'(x) = -3 \cdot x^{-4} = -\frac{3}{x^4}$ $\left[\text{in } \frac{1}{m^2}\right]$;
$f''(x) = -3 \cdot (-4) \cdot x^{-5} = \frac{12}{x^5}$ $\left[\text{in } \frac{1}{m}\right]$
d) $f(t) = \sin(t) + \cos(t)$ [in m²];
$f'(t) = \cos(t) - \sin(t)$ $\left[\text{in } \frac{m^2}{\text{Jahr}}\right]$;
$f''(t) = -\sin(t) - \cos(t)$ $\left[\text{in } \frac{m^2}{\text{Jahr}^2}\right]$

6 a)

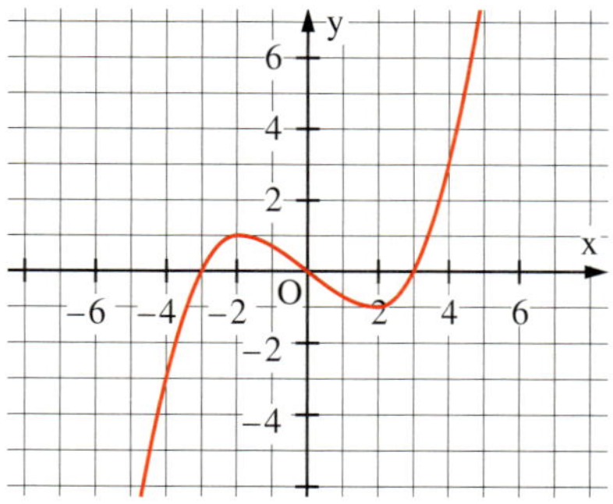

Fig. 1

b)

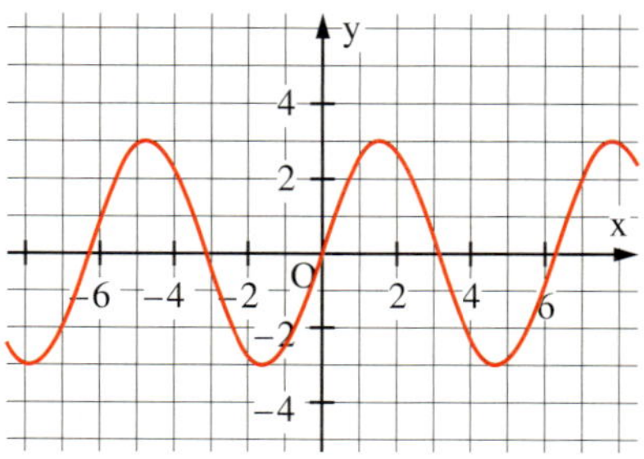

Fig. 2

7
$f(x) = x^7 + 5x^5 - 4x^3 + 6x + 5$. Es ist $f^{(8)}(x) = 0$; $f^{(7)}(x) = 7 \cdot 6 \cdot 5 \cdot 4 \cdot 3 \cdot 2 \cdot 1 = 7!$ $= 5040$.

8
$f(x) = x^3$; $f'(x) = 3x^2$; $g(x) = ax^2 + bx$;
$g'(x) = 2ax + b$
$P(1|1)$ ist gemeinsamer Punkt:
$f(1) = g(1)$: $1 = a + b$
Berühren der Graphen in $P(1|1)$:
$f'(1) = g'(1)$: $3 = 2a + b$
Daraus $a = 2$ und $b = -1$. Damit ist $g(x) = 2x^2 - x$.

9
$f(x) = \sin(x)$; $f'(x) = \cos(x)$.
$f(\pi) = \sin(\pi) = 0$; $f'(\pi) = \cos(\pi) = -1$.
Gleichung der Tangente:
$y = -1 \cdot (x - \pi) + 0$; also $y = -x + \pi$.
Gleichung der Normalen: $y = x - \pi$

Aufgaben zum Üben und Wiederholen mit Hilfsmitteln, Seite 75

1
$f(x) = -\frac{1}{2}x^2 + 2x - 2$
a) $f'(x) = -x + 2$
b) Die Steigung der Geraden ist $m = 2$; also wird eine Stelle x gesucht mit $f'(x) = 2$. Aus $-x + 2 = 2$ erhält man $x_0 = 0$. Gesuchter Punkt ist $P(0|2)$.
c) Die gesuchten Punkte des Graphen seien die Punkte $P\left(a\middle|-\frac{1}{2}a^2 + 2a - 2\right)$; die Steigung des Graphen in P ist $f'(a) = -a + 2$. Gleichung der Tangente durch P:
$y = (-a + 2) \cdot (x - a) - \frac{1}{2}a^2 + 2a - 2$ oder
$y = (-a + 2) \cdot x + \frac{1}{2}a^2 - 2$.
Da die Gerade durch den Ursprung gehen soll, muss gelten:
$0 = (-a + 2) \cdot 0 + \frac{1}{2}a^2 - 2$; also $a^2 = 4$.
Damit ist $a_1 = -2$ und $a_2 = 2$.
Gesuchte Punkte sind also $P_1(-2|-8)$ und $P_2(2|0)$.
d) Die Tangente in $P\left(a\middle|-\frac{1}{2}a^2 + 2a - 2\right)$ hat nach c) die Gleichung
$y = (-a + 2) \cdot x + \frac{1}{2}a^2 - 2$. Sie soll durch $A(0|16)$ gehen, d. h.
$16 = (-a + 2) \cdot 0 + \frac{1}{2}a^2 - 2$; also $a^2 = 36$.

Damit ist $a_1 = -6$ und $a_2 = 6$ und $P_1(-6|-32)$ und $P_2(6|-8)$ sind die gesuchten Punkte.
Die Gleichungen der Tangenten erhält man durch Einsetzen von a_1 und a_2 in die obige Gleichung: $y = 8x + 16$ und $y = -4x + 16$.

2
a) $f(x) = \frac{1}{x}$; $f'(x) = -\frac{1}{x^2}$.
Tangente in $P_a\left(a\middle|\frac{1}{a}\right)$: $y = -\frac{1}{a^2}x + \frac{2}{a}$;
Tangente in $P_b\left(b\middle|\frac{1}{b}\right)$: $y = -\frac{1}{b^2}x + \frac{2}{b}$;
Gleichsetzen: $-\frac{1}{a^2}x + \frac{2}{a} = -\frac{1}{b^2}x + \frac{2}{b}$
ergibt $x \cdot \left(\frac{1}{b^2} - \frac{1}{a^2}\right) = \frac{2}{b} - \frac{2}{a}$; also
$x = \frac{2\left(\frac{1}{b} - \frac{1}{a}\right)}{\left(\frac{1}{b} - \frac{1}{a}\right)\cdot\left(\frac{1}{b} + \frac{1}{a}\right)} = \frac{2ab}{a+b}$; $S\left(\frac{2ab}{a+b}\middle|\frac{a+b}{2ab}\right)$.
b) Tangenten sind parallel, wenn die Steigungen gleich sind: $-\frac{1}{a^2} = -\frac{1}{b^2}$; d.h. $b = a$ oder $b = -a$. Da im Falle $b = a$ die Punkte P_a und P_b identisch sind, ergeben sich nur für $b = -a$ parallele Tangenten.
c) $P_1(1|1)$; $P_{10}\left(10\middle|\frac{1}{10}\right)$ ergibt $S\left(\frac{20}{11}\middle|\frac{11}{20}\right)$:
$f'(1) = -1$; $f'(10) = -\frac{1}{100}$; also $\varphi = -45°$; $\gamma \approx -0{,}573°$.
Damit ist der Schnittwinkel
$\alpha \approx |-45° - (-0{,}573°)| = 44{,}427°$.

3

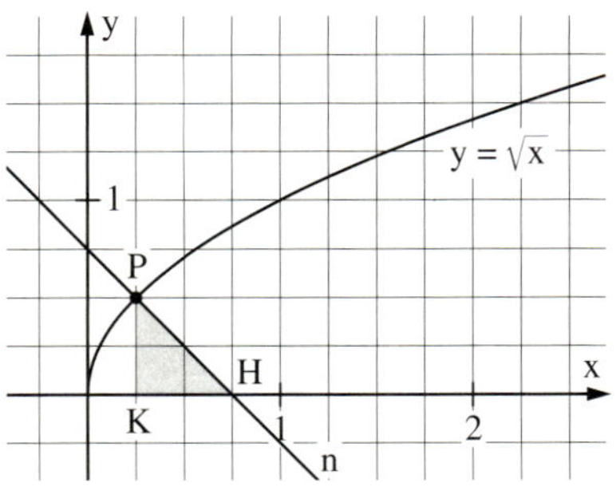

a) Normale in $P(x_0|f(x_0))$:
n: $y = -2\sqrt{x_0}\,(x - x_0) + \sqrt{x_0}$;
Schnittpunkt mit der x-Achse $H\left(x_0 + \frac{1}{2}\middle|0\right)$.
Für den Punkt K gilt $K(x_0|0)$. Damit gilt $\overline{KH} = \frac{1}{2}$.
b) Das Dreieck HKP_0 hat die Grundseite 0,5 und die Höhe $\sqrt{x_0}$. Damit gilt für den Inhalt des Dreiecks $A = \frac{1}{2}\cdot\frac{1}{2}\cdot\sqrt{x_0} = \frac{\sqrt{x_0}}{4}$.
Der Inhalt ist 1 für $x_0 = 16$. Damit gilt $P_0(16|4)$.

c) Mit $H\left(x_0 + \frac{1}{2}\middle|0\right)$ und $P(x_0|\sqrt{x_0})$ gilt
$\overline{HP_0} = \sqrt{\frac{1}{4} + x_0}$. Aus $\sqrt{\frac{1}{4} + x_0} = 2$ folgt
$x_0 = \frac{15}{4}$. Damit gilt $P_0\left(\frac{15}{4}\middle|\sqrt{\frac{15}{4}}\right)$.
d) Es muss gelten: $\sqrt{x_0} = \frac{1}{2}$; also $x_0 = \frac{1}{4}$:
$P_0\left(\frac{1}{4}\middle|\frac{1}{2}\right)$. Die Länge der Dreiecksseiten ist $a = b = \frac{1}{2}$ und $c = \frac{1}{2}\sqrt{2}$.

4
$f(x) = \frac{8}{9}x^2 + \frac{2}{3}x$; $g_c(x) = cx^2 + c$.
$f'(x) = \frac{16}{9}x + \frac{2}{3}$; $g_c'(x) = 2cx$.
I. $f(x) = g_c(x)$: $\left(\frac{8}{9} - c\right)\cdot x^2 + \frac{2}{3}x - c = 0$
II. $f'(x) = g_c'(x)$; $\left(\frac{16}{9} - 2c\right)x + \frac{2}{3} = 0$
Aus II folgt: $c = \frac{8x+3}{9x} = \frac{8}{9} + \frac{1}{3x}$; in I eingesetzt: $-\frac{1}{3x}\cdot x^2 + \frac{2}{3}x - \frac{8}{9} - \frac{1}{3x} = 0$ oder $\frac{1}{3}x - \frac{8}{9} - \frac{1}{3x} = 0$. Daraus ergibt sich $3x^2 - 8x - 3 = 0$ mit den Lösungen $x_1 = -\frac{1}{3}$ und $x_2 = 3$. Daraus folgt $c_1 = -\frac{1}{9}$ und $c_2 = 1$.
Die Graphen von f und von g_1 mit $g_1(x) = -\frac{1}{9}x^2 - \frac{1}{9}$ berühren sich in $B_1\left(-\frac{1}{3}\middle|-\frac{10}{81}\right)$. Die Graphen von f und g_2 mit $g_2(x) = x^2 + 1$ berühren sich in $B_2(3|10)$.

5
a) $f(x) = 4\cdot\cos(x) + 2x$; $x \in [0; 2\pi]$;
$f'(x) = -4\cdot\sin(x) + 2$; $f'(x) = 0$ ergibt $\sin(x) = \frac{1}{2}$ mit $x_1 = \frac{\pi}{6}$ und $x_2 = \frac{5}{6}\pi$.
Damit sind
$P_1\left(\frac{\pi}{6}\middle|\frac{\pi}{3} + 2\sqrt{3}\right) = P_1(0{,}524|4{,}511)$ und
$P_2\left(\frac{5}{6}\pi\middle|\frac{5}{3}\pi - 2\sqrt{3}\right) = P_2(2{,}618|1{,}772)$
die gesuchten Punkte.
b) $f(x) = 2\sin(x) - \cos(x)$; $x \in [0; 2\pi]$;
$f'(x) = 2\cdot\cos(x) + \sin(x)$; $f'(x) = 0$ ergibt $2\cos(x) = -\sin(x)$ oder $\frac{\sin(x)}{\cos(x)} = -2$; also $\tan(x) = -2$.
Daraus ergibt sich $x_1 \approx 2{,}034$ und $x_2 \approx 5{,}176$.
Damit sind $P_1(2{,}034|2{,}236)$ und $P_2(5{,}176|2{,}236)$ die gesuchten Punkte.

6
a) $f(x) = \sin(x) - 0{,}5$; $g(x) = 0$;
$x \in [0; 2\pi]$. $f'(x) = \cos(x)$; $g'(x) = 0$
Schnittpunkte: $\sin(x) - 0{,}5 = 0$ ergibt $\sin(x) = \frac{1}{2}$ mit $x_1 = \frac{\pi}{6}$ und $x_2 = \frac{5}{6}\pi$, also die Schnittpunkte $S_1\left(\frac{\pi}{6}\middle|0\right)$ und $S_2\left(\frac{5}{6}\pi\middle|0\right)$.
Schnittwinkel in S_1: $f'\left(\frac{\pi}{6}\right) = \frac{\sqrt{3}}{2}$; $g'(0) = 0$;
also $\varphi = 40{,}893°$; $\gamma \approx 0°$; also Schnittwinkel $\alpha \approx 40{,}893°$.
Schnittwinkel in S_2: $f'\left(\frac{5}{6}\pi\right) = -\frac{\sqrt{3}}{2}$;
$g'(0) = 0$; also $\phi \approx -40{,}893°$; $\gamma = 0°$; also $\alpha \approx 40{,}893°$.

b) $f(x) = 2\sin(x) + 1$; $g(x) = 3 - \sin(x)$.
$S_1(0{,}730|2{,}333)$; $f'(0{,}730) \approx 1{,}491$ (Fig. 1); $g'(0{,}730) \approx -0{,}745$, also $\phi \approx 56{,}145$; $\gamma \approx -36{,}699°$, damit $\alpha \approx 180° - (56{,}145° - (-36{,}699°)) \approx 87{,}16°$ (Fig. 2).

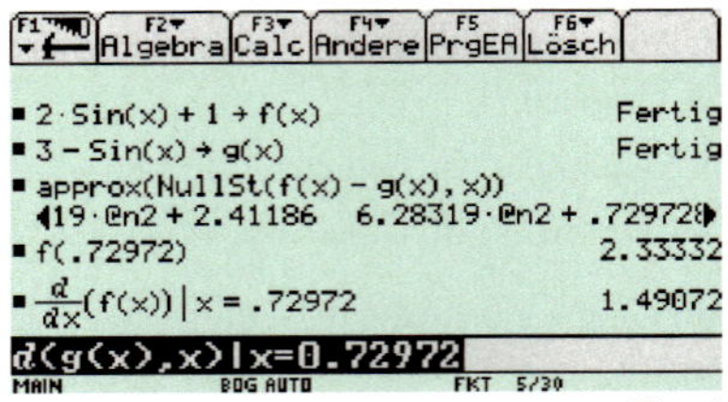

Fig. 1

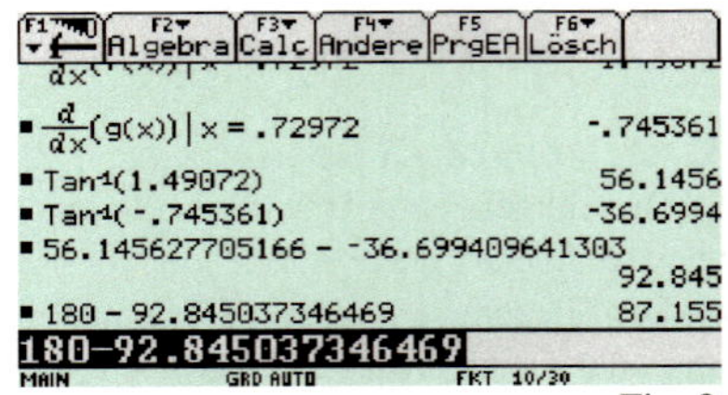

Fig. 2

$S_2(2{,}412|2{,}333)$.
Wegen $f'(2{,}412) \approx -1{,}491$ und $g'(2{,}412) \approx 0{,}745$ ist der Schnittwinkel in S_2 ebenfalls $87{,}16°$.

7 Normale an den Graphen von g mit $g(t) = t^2$ im Punkt $P(u|u^2)$:
$y = -\frac{1}{2u}(x - u) + u^2$ soll durch $Q\left(0\middle|\frac{11}{4}\right)$ gehen: $\frac{11}{4} = \frac{1}{2} + u^2$; also $u^2 = \frac{9}{4}$. Wegen der Symmetrie zur y-Achse ergeben sich die zwei Punkte $P_1\left(-\frac{3}{2}\middle|\frac{9}{4}\right)$ und $P_2\left(\frac{3}{2}\middle|\frac{9}{4}\right)$.

8
a) $f(t) = 1000\cdot 1{,}2^t$; t in h
b) $\frac{f(2) - f(1)}{2 - 1} = f(2) - f(1)$
$= 1000\cdot(1{,}2^2 - 1{,}2^1) = 1000\cdot 0{,}24 = 240$;
$\frac{f(3) - f(2)}{3 - 2} = f(3) - f(2) = 1000\cdot(1{,}2^3 - 1{,}2^2)$
$= 1000\cdot 0{,}288 = 288$.
Die Änderungsrate wird größer.

c) Man berechnet für die Zeitpunkte t und $t_0 = 1\frac{5}{60} = 1{,}08\overline{3}$ die Änderungsrate $m(t) = \frac{1000 \cdot 1{,}2^t - 1000 \cdot 1{,}2^{1{,}08\overline{3}}}{t - 1{,}08\overline{3}}$ und bestimmt den Grenzwert für $t \to 1{,}08\overline{3}$ mit dem CAS:

$$\lim_{x \to \frac{65}{60}} \frac{1000 \cdot 1{,}2^t - 1000 \cdot 1{,}2^{1{,}08\overline{3}}}{t - 1{,}08\overline{3}} \approx 222{,}135.$$

Änderungsrate im Zeitintervall $\left[1\frac{5}{60}; 1\frac{6}{60}\right] = [1{,}1; 1{,}08\overline{3}]$:

$$\frac{1000 \cdot 1{,}2^{\frac{66}{60}} - 1000 \cdot 1{,}2^{\frac{65}{60}}}{\frac{1}{60}} \approx 222{,}473.$$

Die Werte unterscheiden sich nur geringfügig voneinander.

9

a) $s(2) - s(0) = 2{,}2$. $v = \frac{s(2) - s(0)}{2 - 0} = 1{,}1$.
Wegstrecke in den ersten 2 Minuten: 2,2 km; Durchschnittsgeschwindigkeit $\overline{v} = 1{,}1\,\frac{\text{km}}{\text{min}} = 1{,}1\,\frac{60\,\text{km}}{60\,\text{min}} = 1{,}1 \cdot 60\,\frac{\text{km}}{\text{h}} = 66\,\frac{\text{km}}{\text{h}}$.
b) $s(t) = -0{,}05\,t^2 + 1{,}2\,t$;
$s'(t) = -0{,}1\,t + 1{,}2$; also
$v(2) = 1\,\frac{\text{km}}{\text{min}} = 60\,\frac{\text{km}}{\text{h}}$; $v(5) = 0{,}7\,\frac{\text{km}}{\text{min}} = 42\,\frac{\text{km}}{\text{h}}$; $v(10) = 0{,}2\,\frac{\text{km}}{\text{min}} = 12\,\frac{\text{km}}{\text{h}}$.
Das Auto wird immer langsamer.
c) $s'(t) = -0{,}1\,t + 1{,}2 = 0$ für $t = 12$. Nach 12 Minuten bleibt das Auto stehen.
d) $s'(15) = -0{,}3$; also $v(15) = -0{,}3\,\frac{\text{km}}{\text{min}} = -18\,\frac{\text{km}}{\text{h}}$. Das Auto fährt zum Ausgangspunkt zurück.

Aufgaben zum Üben und Wiederholen ohne Hilfsmittel, Seite 110

1

a) $f(x) = x^2$; nur linksgekrümmt, keine Wendepunkte; Graph Fig. 1.
b) $f(x) = \frac{1}{x}$; für $x < 0$ rechtsgekrümmt, für $x > 0$ linksgekrümmt, keine Wendepunkte; Graph Fig. 1.

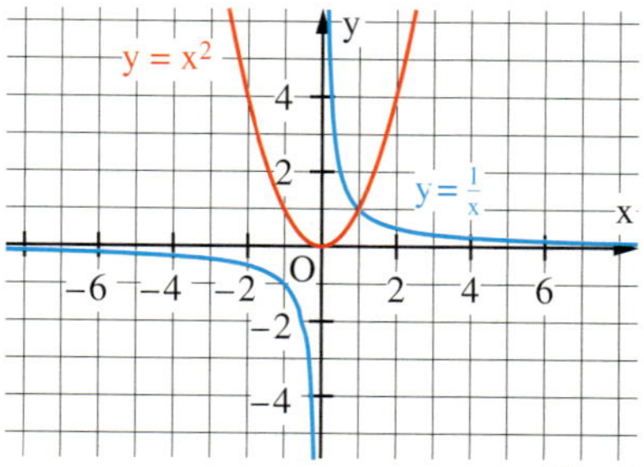

Fig. 1

c) $f(x) = 0{,}5 \cdot x^3$; für $x \geqq 0$ linksgekrümmt, für $x \leqq 0$ rechtsgekrümmt, Wendepunkt W(0 | 0); Graph Fig. 2

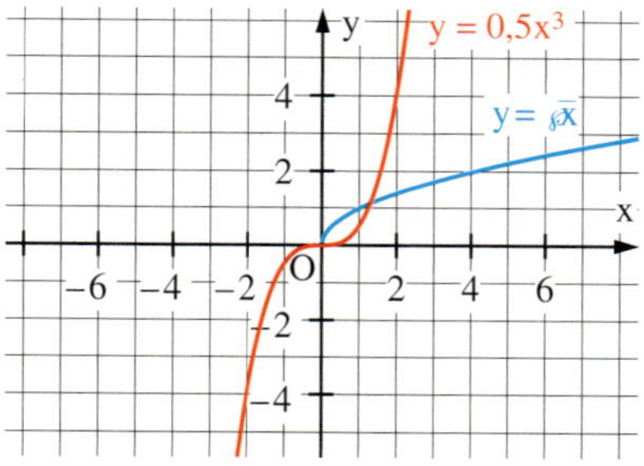

Fig. 2

d) $f(x) = \sqrt{x}$; für $x \geqq 0$ rechtsgekrümmt, Graph Fig. 2.
e) $f(x) = 2 \cdot \sin(x)$; in $[0; \pi]$ rechtsgekrümmt, in $[\pi; 2\pi]$ linksgekrümmt; Wendepunkt $W(\pi|0)$. Dies wiederholt sich nach links und rechts laufend. Graph Fig. 3.

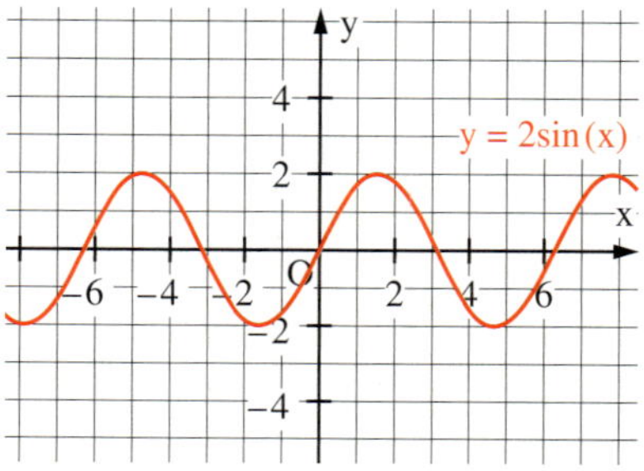

Fig. 3

2

$f(x) = \sin(x) + \cos(x)$;
$f'(x) = \cos(x) - \sin(x)$;
$f''(x) = -\sin(x) - \cos(x)$;
$f'''(x) = -\cos(x) + \sin(x)$.
$g(x) = a x^3 + b x^2 + c x + d$;
$g'(x) = 3 a x^2 + 2 b x + c$;
$g''(x) = 6 a x + 2 b$; $g'''(x) = 6 a$
Es soll sein:
$g(0) = f(0)$; d.h. $d = 1$;
$g'(0) = f'(0)$; d.h. $c = 1$;
$g''(0) = f''(0)$; d.h. $2b = -1$;
$g'''(0) = f'''(0)$; d.h. $6a = -1$
Daraus ergibt sich
$g(x) = -\frac{1}{6}x^3 - \frac{1}{2}x^2 + x + 1$.

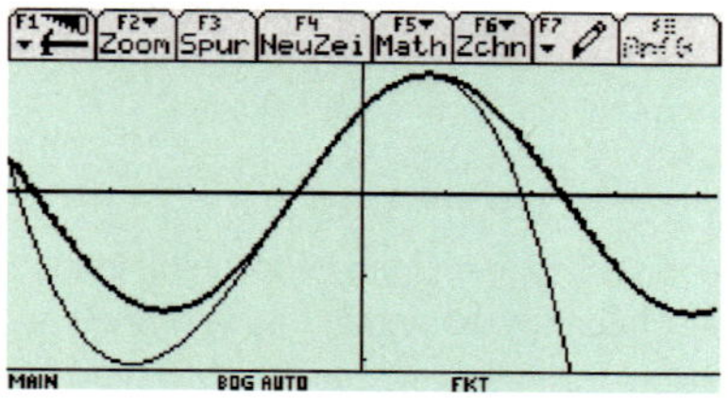

3

$f(x) = a x^3 + b x^2 + c x + d$;
$f'(x) = 3 a x^2 + 2 b x + c$;
$f''(x) = 6 a x + 2 b$
I. $f(0) = 0$: $d = 0$
II. $f'(0) = 0$: $c = 0$
III. $f(2) = 2$: $8a + 4b + 2c + d = 2$
IV. $f'(2) = 0$: $12a + 4b + c = 0$
Aus IV folgt $b = -3a$:
in III: $8a - 12a = 2$, also $a = -\frac{1}{2}$ und $b = \frac{3}{2}$. $f(x) = -\frac{1}{2}x^3 + \frac{3}{2}x^2$.
Wegen $f''(2) = -6 + 3 = -3 < 0$ liegt in H(2|2) ein Hochpunkt vor.
Nullstellen: $f(x) = \frac{1}{2}x^2(-x + 3)$; also $x_1 = 0$ und $x_2 = 3$.

4

a) Richtig, da jede ganzrationale Funktion auf ganz ℝ definiert ist.
b) Falsch, da die Punkte den gleichen x-Wert haben könnten. Sie lägen dann nicht einmal mehr auf dem Graphen einer Funktion.
c) Richtig, da die Gleichung $a x + b = 0$ mit $a \neq 0$ stets eine Lösung besitzt.
d) Falsch, da eine ganzrationale Funktion vom Grad 4 höchstens 4 Nullstellen haben kann.

e) Richtig, da nach dem Gleichsetzen der beiden Funktionen f und g, also $f(x) = g(x)$ die Gleichung $f(x) - g(x) = 0$ erzeugt wird und $f(x) - g(x)$ auch wieder eine ganzrationale Funktion ist.

5

a) $f(x) = x^4 - 4x^3$; $f'(x) = 4x^3 - 12x^2$; $f''(x) = 12x^2 - 24x$; $f'''(x) = 24x - 24$. Wegen $f''(0) = 0$; $f'''(0) = -24$ und $f'(0) = 0$ hat der Graph von f die genannte Eigenschaft.
b) $g(x) = x^4 - 4x^3 + 2x$; $g'(x) = 4x^3 - 12x^2 + 2$; $g''(x) = 12x^2 - 24x$; $g'''(x) = 24x - 24$. Wegen $g''(0) = 0$; $g'''(0) = -24$ und $g'(0) = 0$ ist $W(0|0)$ Wendepunkt und die Steigung der Wendetangente ist 2.

6

a) Es existieren keine lokalen und keine absoluten Extremwerte, da f in $\mathbb{R}$ wegen $f'(x) = 7 > 0$ streng monoton steigend ist.
b) Der Graph von f ist der um 1 nach rechts verschobene Graph G der Funktion g mit $g(x) = x^3$. Da G weder lokale noch absolute Extremwerte besitzt, ist dies auch für den Graphen von f der Fall.
c) $f'(x) = -\frac{2}{x^2} - 3 < 0$ für alle $x \in \mathbb{R}\setminus\{0\}$.
Damit ist f streng monoton fallend, hat also weder lokale noch absolute Extremwerte.

7

$A = x \cdot y$ ist zu maximieren mit $x + y = 25$; also $y = 25 - x$ mit $0 \leqq x \leqq 25$. $A(x) = x \cdot (25 - x)$ oder $A(x) = 25x - x^2$.
$A'(x) = 25 - 2x$; $A''(x) = -2$.
$A'(x) = 25 - 2x = 0$ ergibt $x = 12{,}5$.
Wegen $A''(12{,}5) = -2$ liegt bei $x = y = 12{,}5$ ein lokales Maximum vor.
Wegen $A(0) = A(25) = 0$ ist das lokale Maximum auch ein absolutes Maximum.
Der Zwinger wird ein Quadrat mit der Seitenlänge 12,5 m.

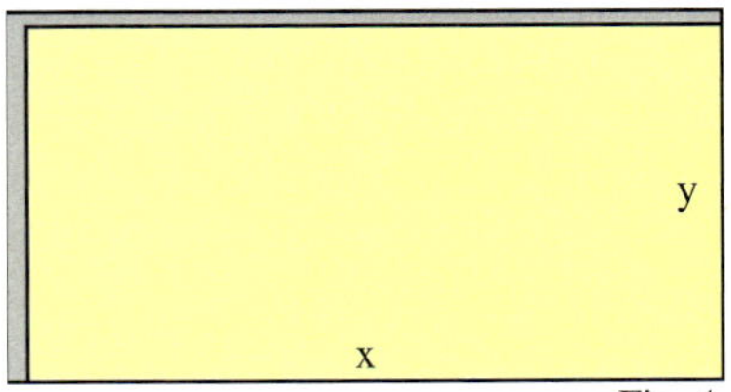

Fig. 4

8 $f(x) = 2\sqrt{x}$; $f'(x) = \frac{1}{\sqrt{x}}$. Tangente in $P(u|f(u))$: $y = \frac{1}{\sqrt{u}}(x - u) + 2\sqrt{u}$ oder $y = \frac{1}{\sqrt{u}}x + \sqrt{u}$.
Punktprobe für $Y(0|a)$: $a = \sqrt{u}$, also $u = a^2$. Gesuchter Punkt $P(a^2|2a)$. Für $a = 1$ ist die Steigung der Tangente $m = 1$. Wegen $m = \tan(\alpha) = 1$ ist $\alpha = 45°$.

9

$A = 2x \cdot y + \frac{1}{2}\pi \cdot x^2$ mit
$2y + 2x + \pi x = 50$; also
$y = 25 - \frac{x}{2}(2 + \pi)$ mit $0 \leqq x \leqq \frac{50}{2 + \pi}$.
Damit ist $A(x) = 50x - x^2 \cdot \left(2 + \frac{\pi}{2}\right)$;
$A'(x) = 50 - x(4 + \pi)$; $A''(x) = -4 - \pi$.
$A'(x) = 0$ ergibt $x_0 = \frac{50}{4 + \pi} \approx 7{,}00$; wegen $A''(x_0) < 0$ liegt ein lokales Maximum vor. $A(x_0) \approx 175{,}03$.
Dies ist wegen $A(0) = 0$ und $A\left(\frac{50}{2 + \pi}\right) \approx 148{,}55$ ein absolutes Maximum. $y \approx 25 - 3{,}5 \cdot 5{,}14 \approx 7$.
Damit beginnt das Gewölbe erst in 7 m Höhe; LKWs der Höhe 4 m können leicht den Tunnel durchfahren.

10

a) Falsch! Die Funktion $f(x) = x^3$ ist in $\mathbb{R}$ streng monoton steigend, es gilt jedoch $f''(0) = 0$.
b) Falsch! Eine differenzierbare Funktion hat an den Rändern eines abgeschlossenen Intervalls stets ein lokales Extremum.
c) Wahr! Ganzrationale Funktionen haben in $\mathbb{R}$ keine Randextremwerte. Daher sind die absoluten Extremwerte unter den lokalen zu finden, sofern solche existieren.

Aufgaben zum Üben und Wiederholen mit Hilfsmitteln, Seite 111

1 $f(x) = ax^3 + bx^3 + cx + d$;
$f'(x) = 3ax^2 + 2bx + c$;
$f''(x) = 6ax + 2b$
a) (1) $f(-2) = 0$; (2) $f(0) = 0$; (3) $f(1) = 0$; (4) $f(-1) = 2$ ergibt $f(x) = x^3 + x^2 - 2x$
b) (1) $f(0) = 0$; (2) $f(2) = 0$; (3) $f'(2) = 0$; (4) $f(1) = -1$ ergibt $f(x) = -x^3 + 4x^2 - 4x$
c) (1) $f(0) = 0$; (2) $f(1) = 1$; (3) $f'(1) = 0$; (4) $f''(1) = 0$ ergibt $f(x) = x^3 - 3x^2 + 3x$

2

a) $A(x) = a^2 - 2 \cdot \frac{1}{2}a \cdot (a - x) - \frac{1}{2}x^2$
$= ax - \frac{1}{2}x^2$ mit $0 \leqq x \leqq a$. Wegen $A'(x) = a - x$ ist die Funktion in $0 \leqq x \leqq a$ streng monoton steigend. Für $x = a$ liegt ein Randmaximum vor.
Maximaler Inhalt $A(a) = \frac{a^2}{2}$.
b) $V = \pi x^2 \cdot h$ und $O = 2\pi x h + \pi x^2$.
Aus $\pi x^2 \cdot h = 300$ ergibt sich $h = \frac{300}{\pi x^2}$; eingesetzt in O:
$O(x) = \frac{600}{x} + \pi x^2$ mit $x > 0$.
$O'(x) = -\frac{600}{x^2} + 2\pi x$; $O''(x) = \frac{1200}{x^3} + 2\pi$.
$O'(x) = 0$ ergibt $x_0 = \left(\frac{300}{\pi}\right)^{\frac{1}{3}} \approx 4{,}57$.
Wegen $O''(x_0) = \frac{1200}{x_0^3} + 2\pi > 0$ liegt in x_0 ein lokales Minimum vor.
Da $O'(x) = -\frac{600}{x^2} + 2\pi x > 0$ ist für $x > \left(\frac{300}{\pi}\right)^{\frac{1}{3}}$, ist $O(x)$ für $x > x_0$ streng monoton steigend.
Damit ist das lokales Minimum auch absolutes Minimum.
Man erhält $h = x_0 = \left(\frac{300}{\pi}\right)^{\frac{1}{3}} \approx 4{,}57$.
Damit hat das zylinderische Wasserfass den Radius 4,57 dm und die Höhe 4,57 dm.

3

a)

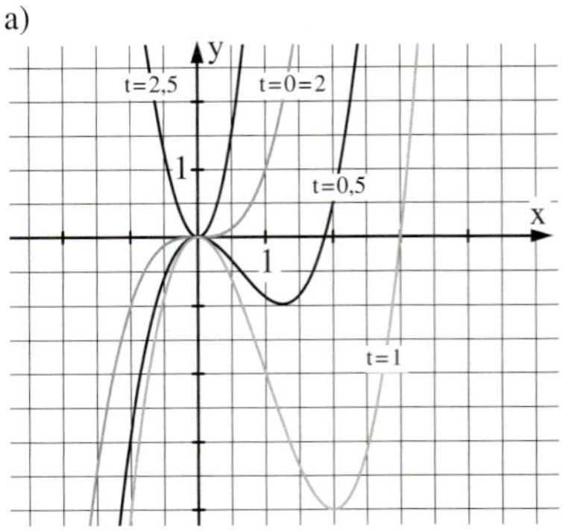

b) $f''(x) = 0$ liefert $x_W = \frac{4}{3}t - \frac{1}{3}t^3$.
x_W wird maximal für $t = \frac{2}{3}\sqrt{3} \approx 1{,}15$.
c) $f(x_W) = -\frac{128}{27}t^3 + \frac{32}{9}t^5 - \frac{8}{9}t^7 + \frac{2}{27}t^9 = h(t)$
$h'(t) = \frac{2}{9}t^2(3t^2 - 4)(t - 2)^2(t + 2)^2$
$h(t)$ wird am kleinsten für $t = \frac{2}{3}\sqrt{3} \approx 1{,}15$.

4

a) Kosten in EURO (Fig. 1)

$K(x) = (\sqrt{2^2 + x^2} + \sqrt{1^2 + (5-x)^2}) \cdot 10^5$

$= (\sqrt{4 + x^2} + \sqrt{26 - 10x + x^2}) \cdot 10^5$.

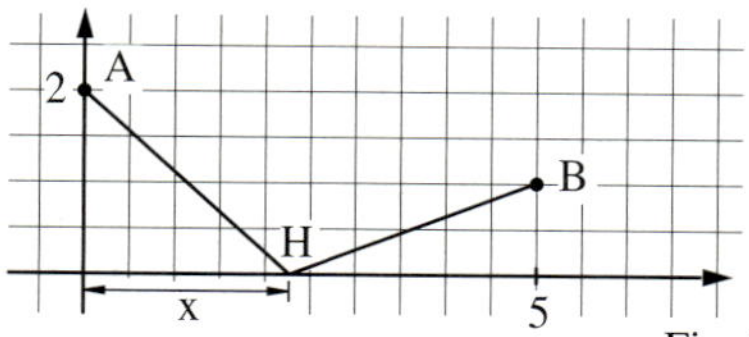

Fig. 1

b) Das Minimum von K liegt bei $x_0 = \frac{10}{3}$, d.h. der Punkt H liegt also ca. 3,33 km rechts vom Nullpunkt.

$K_{min} \approx 583\,100$ EURO.

c) $\tan(\alpha) = \frac{2}{\frac{10}{3}} = 0{,}6$; $\tan(\beta) = \frac{1}{5 - \frac{10}{3}} = 0{,}6$;

damit gilt $\alpha = \beta \approx 31°$

Bemerkung: Es gibt auch eine elementargeometrische Lösung.

5 a) $V = 8 \cdot (0{,}15\,h + 2 \cdot A_{Dreieck})$;
$a = 0{,}15 \sin(\beta)$; $h = 0{,}15 \cos(\beta)$
$V(\beta) = 0{,}18 \cdot \cos(\beta) \cdot (1 + \sin(\beta))$
mit $0 \leqq \beta < 90°$

α	90°	120°	150°
$\beta = \alpha - 90°$	0°	30°	60°
$V(\alpha)$	0,180	0,234	0,168

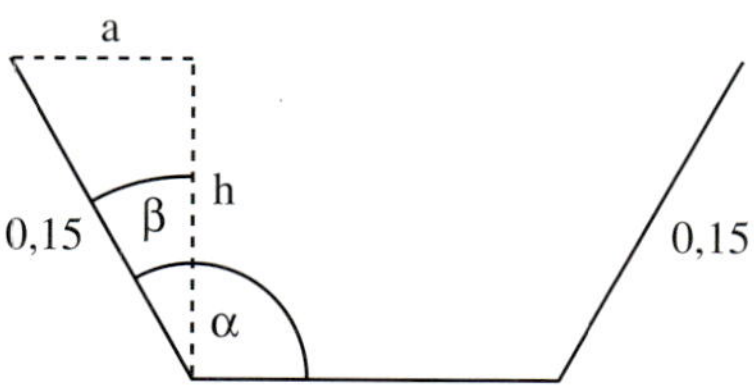

b) $V(\beta) = 0{,}18 \cdot \cos(\beta) \cdot (1 + \sin(\beta))$.
Genau ein Maximum für $\beta_0 = 30°$ und entsprechend $\alpha_0 = 120°$. Das maximale Volumen beträgt $0{,}234\,m^3$.

c) Ist $Q(\alpha)$ die Querschnittsfläche der Rinne, so gilt $V(\alpha) = 8 \cdot Q(\alpha)$. Damit nehmen V und Q an derselben Stelle ihr Maximum an.

6

a) $g(x) = 8 - \frac{16}{x^2}$; $g'(x) = \frac{32}{x^3}$; $g''(x) = -\frac{96}{x^4}$
$D_g = \mathbb{R} \setminus \{0\}$. Der Graph hat weder Extrem- noch Wendepunkte. Für $x < 0$ ist G streng monoton fallend, für $x > 0$ streng monoton steigend. Für $x \to \pm\infty$ nähert sich der Graph der Geraden mit der Gleichung $y = 8$.

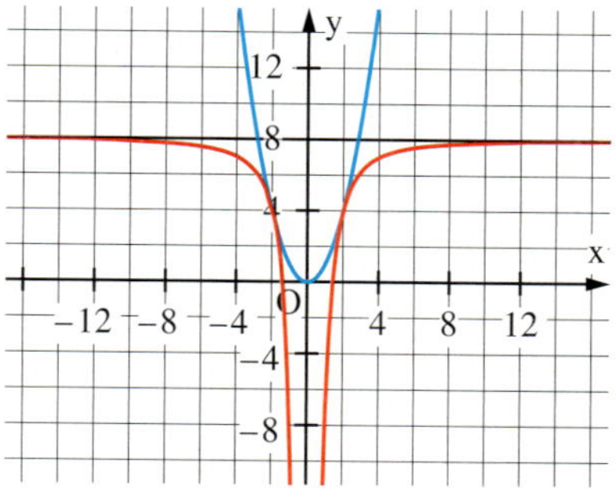

b) $f(x) = g(x)$ ergibt $x^4 - 8x^2 + 16 = 0$;
also $x_1 = -2$ und $x_2 = 2$.
$S_1(-2|4)$; $S_2(2|4)$.
Wegen $f'(-2) = g'(-2) = -4$ und $f'(2) = g'(2) = 4$ berühren sich die Geraden in S_1 und S_2.

c) $g'_{a,b}(x) = \frac{2a^2}{x^3}$. Berührung, wenn
(1) $x^4 - bx^2 + a^2 = 0$ und
(2) $\frac{2a^2}{x^3} = 2x$ ist.
Aus (2) folgt $x^4 = a^2$; also $x^2 = a$ (wegen $a > 0$) und damit $x_1 = \sqrt{a}$; $x_2 = -\sqrt{a}$.
In (1) eingesetzt: $a^2 - b \cdot a + a^2 = 0$ oder $2a - b = 0$. Damit erfolgt eine Berührung für $b = 2a$.

7

a) Wegen der Symmetrie zum Ursprung besitzt die Funktion zwei weitere Extremstellen bei $x_3 = -\sqrt{2}$ und bei $x_4 = -\sqrt{6}$.

b) $f(x) = \frac{1}{50}(ax^5 + bx^3 + cx)$;
$f'(x) = \frac{1}{50}(5ax^4 + 3bx^2 + c)$;
$f''(x) = \frac{1}{50}(20ax^3 + 6bx)$
(1) $f'(\sqrt{2}) = 0$: $20a + 6b + c = 0$
(2) $f'(\sqrt{6}) = 0$: $180a + 18b + c = 0$
(3) $f(2) = 11$: $32a + 8b + 2c = 550$
Damit erhält man
$f(x) = \frac{33}{136}x^5 - \frac{55}{17}x^3 + \frac{495}{34}x$.

c) $f'(x) = \frac{165}{136}x^4 - \frac{165}{17}x^2 + \frac{495}{34}$;
$f''(x) = \frac{165}{34}x^3 - \frac{330}{17}x$;
$f'''(x) = \frac{495}{34}x^2 - \frac{330}{17}$;
$f''(x) = 0$ ergibt $x \cdot (x^2 - 4) = 0$; also $x_5 = 0$; $x_6 = -2$ und $x_7 = 2$. Dies sind wegen $f'''(x) \neq 0$ Wendestellen.
$W_1(0|0)$, $W_2(-2|-11)$, $W_3(2|11)$ sind Wendepunkte.

Aufgaben zum Üben und Wiederholen ohne Hilfsmittel, Seite 130

1

a) Eine Folge mit dem Grenzwert 0 nennt man Nullfolge.
Beispiel: Folge (a_n) mit $a_n = \frac{1}{n}$.

b) $a_n = \frac{1}{n+4}$; es ist $\left|\frac{1}{n+4} - 0\right| = \frac{1}{n+4}$.
Man wählt zu beliebig gegebenem $\varepsilon > 0$ die Zahl $n_0 \in \mathbb{N}$ so, dass $n_0 > \frac{1}{\varepsilon} - 4$. Für alle $n \in \mathbb{N}$ mit $n \geqq n_0$ gilt dann
$\left|\frac{1}{n+4} - 0\right| = \frac{1}{n+4} \leqq \frac{1}{n_0 + 4} < \frac{1}{\frac{1}{\varepsilon} - 4 + 4} = \varepsilon$.

2

a) $\lim\limits_{n\to\infty} b_n = \lim\limits_{n\to\infty} (2 + a_n)$

$= \lim\limits_{n\to\infty} 2 + \lim\limits_{n\to\infty} a_n = 2 + 0 = 2$; $g = 2$

b) $\lim\limits_{n\to\infty} b_n = \lim\limits_{n\to\infty} 2 \cdot a_n = \lim\limits_{n\to\infty} 2 \cdot \lim\limits_{n\to\infty} a_n$
$= 2 \cdot 0 = 0$; $g = 0$

c) Die Folge (b_n) ist divergent.

d) $\lim\limits_{n\to\infty} b_n = \lim\limits_{n\to\infty} \frac{2}{2 + a_n} = \frac{\lim\limits_{n\to\infty} 2}{\lim\limits_{n\to\infty} 2 + \lim\limits_{n\to\infty} a_n}$
$= \frac{2}{2+0} = 1$; $g = 1$

3

a) Monotonie; Beschränktheit; Konvergenz

b) Da $1 - \left(\frac{5}{9}\right)^{n+1} > 1 - \left(\frac{5}{9}\right)^n$ ist für alle $n \in \mathbb{N}$, ist (a_n) streng monoton steigend.
(a_n) ist nach unten beschränkt z.B. durch $s = 0$ und nach oben z.B. durch $S = 1$; damit ist (a_n) beschränkt.
Damit ist die Folge konvergent; es ist $g = 1$.

4

a)

n	1	2	3	4	5	6
a_n	3	2,5	$\frac{7}{3}$	2,25	2,2	$\frac{13}{6}$

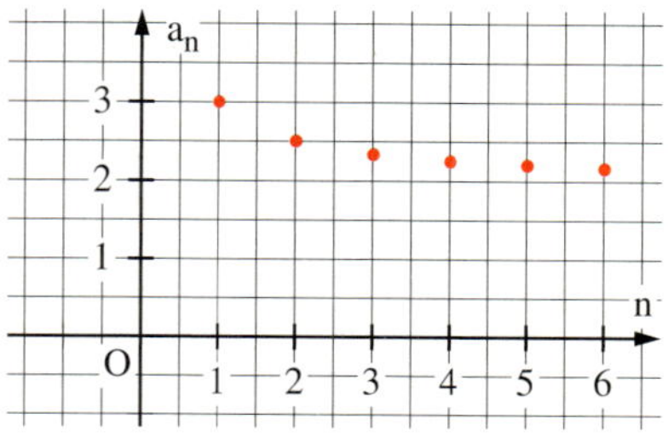

b) $a_n = \frac{2 + \frac{1}{n}}{1}$; $\lim\limits_{n\to\infty} a_n = 2$

c) $\left|\frac{2n+1}{n} - 2\right| < 0{,}001$;

$\left|\frac{2n+1-2n}{n}\right| < 0{,}001$; $n > 1000$

5

$a_1 = 1$; $a_n = \frac{1}{2} a_{n-1} + 1$;

$a_2 = 1{,}5$; $a_3 = 1{,}75$; $a_4 = 1{,}875$

6

a) (a_n) mit $a_n = \frac{3n^2+1}{n^2}$

b) (a_n) mit $a_n = n^2$

c) (a_n) mit $a_n = 2 + (-1)^n \cdot \frac{1}{n}$.

d) (a_n) mit $a_n = \frac{4}{n+1}$

e) (a_n) mit $a_n = \frac{3n-1}{n+1}$

7

a) Falsch!
Gegenbeispiel: (a_n) mit $a_n = \frac{1}{n}$.

b) Richtig! Wäre nämlich $a > 0$ der Grenzwert, so weichen bei Wahl von $\varepsilon = a$ alle Folgenglieder um mehr als ε von a ab.

c) Falsch! Eine Folge kann keine zwei Grenzwerte haben.

d) Richtig! (a_n) mit $a_n = \left(-\frac{1}{n}\right)^n$ ist beschränkt $-1 \leqq a_n < 1$ und konvergent: (a_n) ist eine Nullfolge.

8

a) $\lim\limits_{n\to\infty}\left(2 - \frac{1}{\sqrt{n}}\right) = \lim\limits_{n\to\infty} 2 - \lim\limits_{n\to\infty}\frac{1}{\sqrt{n}}$
$= 2 - 0 = 2.$

b) $\lim\limits_{n\to\infty}\frac{6n+9}{2n+1} = \lim\limits_{n\to\infty}\frac{6+\frac{9}{n}}{} = \frac{\lim\limits_{n\to\infty}\left(6+\frac{9}{n}\right)}{}$
$= \frac{6+0}{2+0} = 3$

c) $\lim\limits_{n\to\infty}\frac{5n+9}{2n^2-5} = \lim\limits_{n\to\infty}\frac{\frac{5}{n}+\frac{9}{n^2}}{} = \frac{\lim\limits_{n\to\infty}\left(\frac{5}{n}+\frac{9}{n^2}\right)}{}$
$= \frac{0+0}{2-0} = 0$

d) $\lim\limits_{n\to\infty}\frac{0{,}5^n+9}{0{,}9^n+1} = \lim\limits_{n\to\infty}\frac{\left(\frac{1}{2}\right)^n+9}{} = \frac{\lim\limits_{n\to\infty}\left(\left(\frac{1}{2}\right)^n+9\right)}{}$
$= \frac{0+9}{0+1} = 9$

9

a) $2500 \cdot 1{,}052^5$

b) $u(0) = 2500$;
$u(n) = u(n-1) + 0{,}052 \cdot u(n-1) - 200$
$= 1{,}052 \cdot u(n-1) - 200$

10

Explizite Darstellung: $a_n = \sqrt{n}$
rekursive Darstellung:
$a_1 = 1$; $a_n = \sqrt{a_{n-1}^2 + 1}$

11

a) $\lim\limits_{x\to 0}\frac{6x-4x^2}{4x+3x^2} = \lim\limits_{x_n\to 0}\frac{6-4x_n}{4+3x_n} = \frac{6-0}{4-0} = \frac{3}{2}$

b) $\lim\limits_{h\to 0}\frac{(4+h)^2-16}{h} = \lim\limits_{h\to 0}\frac{8h+h^2}{h}$
$= \lim\limits_{h_n\to 0}(8+h_n) = 8$

c) $\lim\limits_{x\to 2}\frac{(x-2)^2}{x^2-4} = \lim\limits_{x\to 2}\frac{(x-2)^2}{(x-2)(x+2)}$
$= \lim\limits_{x_n\to 2}\frac{x_n-2}{x_n+2} = 0$

d) $\lim\limits_{x\to -3}\frac{x^2+2x-3}{2x^2+2x-12} = \lim\limits_{x\to -3}\frac{(x-1)(x+3)}{2(x+3)(x-2)}$
$= \lim\limits_{x_n\to -3}\frac{x_n-1}{2(x_n-2)} = \frac{-3-1}{2\cdot(-3-2)} = \frac{-4}{-10} = \frac{2}{5}$

12

a) $\lim\limits_{x\to\infty}\left(4+\frac{1}{x}\right) = \lim\limits_{x_n\to\infty} 4 + \lim\limits_{x_n\to\infty}\frac{1}{x_n}$
$= 4 + 0 = 4$

b) $\lim\limits_{x\to\infty}\frac{x^2+\sqrt{3}}{2x^2} = \lim\limits_{x_n\to\infty}\frac{1+\frac{\sqrt{3}}{x_n^2}}{2} = \frac{1+0}{2} = \frac{1}{2}$

c) $\lim\limits_{x\to\infty}\frac{x^2+2x}{2x^3+1} = \lim\limits_{x_n\to\infty}\frac{\frac{1}{x_n}+\frac{2}{x_n^2}}{2+\frac{1}{x_n^3}} = \frac{0+0}{2} = 0$

d) $\lim\limits_{x\to\infty}\frac{2+\sqrt{x}}{2\sqrt{x}} = \lim\limits_{x_n\to\infty}\frac{\frac{2}{\sqrt{x_n}}+1}{2} = \frac{0+1}{2} = \frac{1}{2}$

Aufgaben zum Üben und Wiederholen mit Hilfsmitteln, Seite 131

1

Es ist $s_n = \frac{1}{2}\pi \cdot \left(\frac{2}{3}\right)^{n-1} \cdot d_0$.
Aus $\frac{1}{2}\pi \cdot \left(\frac{2}{3}\right)^{n-1} \cdot d_0 = 0{,}000001 \cdot d_0$ folgt
$n = 1 + \frac{\log\left(\frac{0{,}000002}{\pi}\right)}{\log\left(\frac{2}{3}\right)} \approx 36{,}2.$

Ab dem 37. Halbkreisbogen ist dessen Länge kleiner als 1 Millionstel der Länge des Anfangsbogens.

2

$u(0) = 5$ Millionen;
$u(n) = 1{,}01 \cdot u(n-1) + 1000$
$u(10) \approx 5\,533\,573$; $u(20) \approx 6\,122\,969$

3

a) SLE-Kraftstoff noch im Tank
nach dem 1. Tanken: $\frac{1}{3} \cdot 60 = 20$ Liter
nach dem 2. Tanken: $\frac{1}{3} \cdot 20 = \frac{60}{3^2}$ Liter
nach dem 3. Tanken: $\frac{1}{3} \cdot \frac{60}{3^2} = \frac{60}{3^3}$ Liter
nach dem n-ten Tanken: $\frac{1}{3} \cdot \frac{60}{3^{n-1}} = \frac{60}{3^n}$ Liter.
Damit befinden sich nach dem 3. Tanken noch $\frac{20}{9} \approx 2{,}22$ Liter SLE im Tank, nach dem 5. Tanken nur noch ungefähr 0,25 Liter.

b)

n	u(n)
1	20
2	6,67
3	2,22
4	0,74
5	0,25
6	0,08
7	0,03
8	0,009

$\frac{60}{3^n} \leqq 0{,}01$
$\frac{3^n}{60} \geqq 100$
$3^n \geqq 6000$
$n \geqq \frac{\log(6000)}{\log(3)} \approx 7{,}9$

Nach 8-maligem Tanken beträgt der SLE-Kraftstoff im Tank weniger als 0,01 Liter.

4

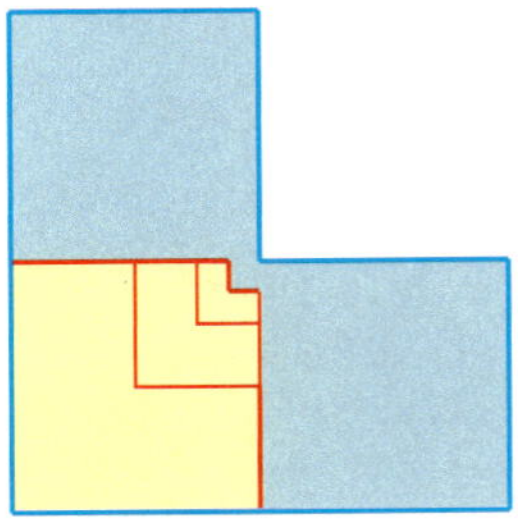

Folge (a_n) (Fig.)
explizit: $a_n = 2 + \left(\frac{1}{4}\right)^{n-1}$;
rekursiv: $a_1 = 3$ und $a_{n+1} = a_n - 3\left(\frac{1}{4}\right)^n$
Folge (b_n)
explizit: $b_n = 4\left(3 - \left(\frac{1}{2}\right)^{n-1}\right) = 12 - 2^{3-n}$;
rekursiv: $b_0 = 8$ und
$b_{n+1} = b_n + 4\left(\frac{1}{2}\right)^n = b_n + 2^{2-n}$.

5 a) Es ergibt sich die Folge (h_n) mit $h_n = 0{,}95^n$. Damit gilt $h_5 = 0{,}95^5 \approx 0{,}7738$. Die erreichte Höhe nach dem 5. Aufprall beträgt somit etwas mehr als 75 cm.

b) Gesucht ist ein n mit $0{,}95^n = 0{,}5$.
Daraus ergibt sich $n = \frac{\ln(0{,}5)}{\ln(0{,}95)} \approx 13{,}5$.
Nach 13-maligem Aufprall erreicht die Kugel gerade noch 0,5 m.

c) Es ist $s = 1 + 2 \cdot 0{,}95 + 2 \cdot 0{,}95^2 + 2 \cdot 0{,}95^3 + 2 \cdot 0{,}95^4 \approx 8{,}05$. Bis zum 5. Aufprall hat die Kugel einen Weg von etwa 8 m zurückgelegt.

6 a) Eine Zahl g heißt Grenzwert der Zahlenfolge (a_n), wenn bei Vorgabe irgendeiner positiven Zahl ε fast alle Folgenglieder die Ungleichung $|a_n - g| < \varepsilon$ erfüllen.

b) Vermutung: $g = -3$
Beweis: $\left|\frac{5-3n}{n+1} - (-3)\right| < \varepsilon$ wird nach n aufgelöst:
$\left|\frac{5-3n}{n+1} + 3\right| < \varepsilon$; $\left|\frac{5-3n+3(n+1)}{n+1}\right| < \varepsilon$;
$\left|\frac{8}{n+1}\right| < \varepsilon$; $\frac{n+1}{8} > \frac{1}{\varepsilon}$; $n > \frac{8}{\varepsilon} - 1$.

Damit erfüllen alle Folgenglieder a_n mit Nummern größer als $\frac{8}{\varepsilon} - 1$ die Bedingung $\left|\frac{5-3n}{n+1} + 3\right| < \varepsilon$.

7

a)

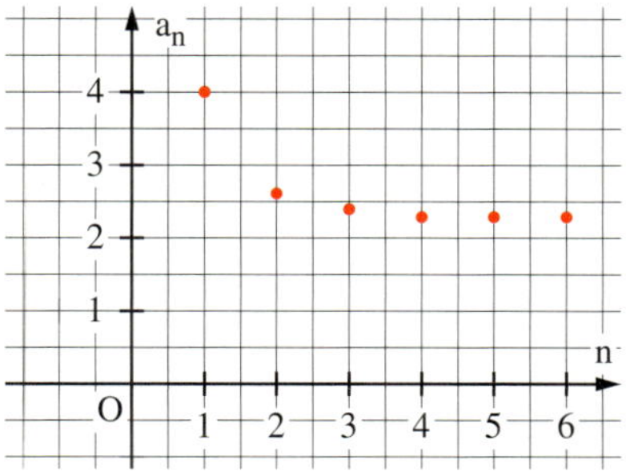

b) Es ist $a_1 > a_2$, da $4 > \sqrt{7}$;
Da $7 > 3 + \sqrt{7}$ ist, gilt der Reihe nach:
$a_2 > a_3$, da $\sqrt{7} > \sqrt{3 + \sqrt{7}}$
$a_3 > a_4$, da $\sqrt{3 + \sqrt{7}} > \sqrt{3 + \sqrt{3 + \sqrt{7}}}$
$a_4 > a_5$,
da $\sqrt{3 + \sqrt{3 + \sqrt{7}}} > \sqrt{3 + \sqrt{3 + \sqrt{3 + \sqrt{7}}}}$,
usw.
Damit ist (a_n) streng monoton fallend und zudem nach oben durch 4 und nach unten durch 0 beschränkt. Damit ist die Folge konvergent.
c) $g = \sqrt{3 + g}$; $g^2 = 3 + g$; $g^2 - g - 3 = 0$;
$g = \frac{1}{2} + \frac{1}{2}\sqrt{13} \approx 2{,}303$

8

a) $D = \mathbb{R} \setminus \{1; 2\}$
b) Es ist $f(x) = \frac{2(x + 1{,}5) \cdot (x - 2)}{(x - 1) \cdot (x - 2)}$.
An der Stelle 2 ist eine Lücke; der Grenzwert ist 7.
Für $x \rightarrow 1$ existiert kein Grenzwert.
$\lim\limits_{x \to +\infty} \frac{2x^2 - x - 6}{x^2 - 3x + 2} = 2$

c)

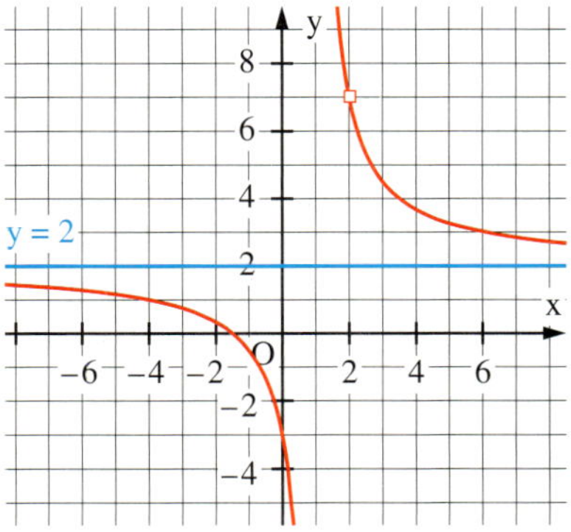

Aufgaben zum Üben und Wiederholen ohne Hilfsmittel, Seite 150

1

x	−3	−2	−1	0	1	2	3	4
$(g \circ f)(x)$	−3	0	−1	0	−1	−2	0	−2
$(f \circ g)(x)$	4	2	1	2	1	2	2	4

2

a) $V = \left(\sqrt{\frac{1}{6} O}\right)^3$ b) $A = \frac{U^2}{4\pi}$

3

a) $u(v(x)) = 6x - 1$; $D = \mathbb{R}$
$v(u(x)) = 6x - 3$; $D = \mathbb{R}$
b) $u(v(x)) = \frac{1}{(x^2 + 2)^3}$; $D = \mathbb{R}$
$v(u(x)) = \frac{1}{x^6} + 2$; $D = \mathbb{R} \setminus \{0\}$
c) $u(v(x)) = \frac{1}{x}$; $D = \mathbb{R} \setminus \{0\}$
$v(u(x)) = \sqrt{\frac{x^2}{x^2 - 1}}$; $D = \mathbb{R} \setminus \{x \mid -1 \leqq x \leqq 1\}$

4

a) $f_3(2) = \frac{1}{2}$ b) $f_5(-1) = -1$
c) $f_{10}(5) = 5$ d) $f_{100}(20) = 20$

5

a) $v(x) = 2x - 5$ b) $v(x) = x + 1$
$u(x) = x^3$ $u(x) = -\frac{2}{x^4}$
c) $v(x) = x^2 + 1$ d) $v(x) = 2x^2 + 1$
$u(x) = \frac{1}{2x^2}$ $u(x) = 3\sqrt{x}$

6

a) $f'(x) = -48x(4 - 3x^2)^3$
b) $f'(x) = \frac{64}{(5 - 4x)^3}$
c) $f'(x) = -2x \cdot \sin(x^2)$
d) $f'(x) = -\frac{\cos(x)}{\sin^2(x)}$

7

a) $f'(x) = \frac{16x^3}{(x^4 + 4)^2}$ b) $f'(x) = \frac{-16}{x^5}$
c) $f'(x) = \frac{x^2 + 2x}{(x + 1)^2}$ d) $f'(x) = \frac{-4(2x + 1)}{(x^2 + x)^2}$
e) $f'(x) = \frac{-x^2 + 8x + 20}{(4 - x)^2}$ f) $f'(x) = \frac{1}{4}$
g) $f'(x) = 2 \cdot \frac{x^2 + x - 1}{(2x + 1)^2}$ h) $f'(x) = \frac{1}{2}$

8

a) $f'(x) = \frac{1}{2} - \frac{3}{2x^2}$; $x_1 = -\sqrt{1{,}5}$; $x_2 = \sqrt{1{,}5}$
b) $f'(x) = -\frac{1}{x^2} - 1$; $x_1 = -0{,}5$; $x_2 = 0{,}5$

9

a) $P(1 \mid 2)$; $f'(x) = -\frac{2}{x^2}$; $m_t = f'(1) = -2$;
t: $y = -2x + 4$; n: $y = \frac{1}{2}x + \frac{3}{2}$
$Q(-2 \mid -1)$: $m_t = f'(-2) = -\frac{1}{2}$;
t: $y = -\frac{1}{2}x - 2$; n: $y = 2x + 3$

b) $P\left(1 \,\middle|\, \frac{1}{2}\right)$: $f'(x) = \frac{1}{(x + 1)^2}$; $m_t = f'(1) = \frac{1}{4}$;
t: $y = \frac{1}{4}x + \frac{1}{4}$; n: $y = -4x + 4{,}5$
$Q(-2 \mid 2)$: $m_t = f'(-2) = 1$; t: $y = x + 4$;
n: $y = -x$

10

Für die Funktion f gilt an der Stelle x_0:
$f'(x_0) = 0$ und $f(x_0) = 0$.
Für die Funktion $d = \frac{f(x)}{x}$ gilt:
$d'(x) = \frac{x \cdot f'(x) - f(x)}{x^2}$, also $d'(x_0) = 0$ und $d(x_0) = 0$.

Damit hat auch der Graph von d die x-Achse als waagerechte Tangente.

11

$O(0 \mid 0)$, $P_1(u \mid f(u))$ und $P_2(-u \mid f(u))$ mit $u > 0$ sind die Ecken des Dreiecks. Damit gilt für den Inhalt $A(u) = u \cdot f(u) = \frac{u}{1 + u^2}$.
$A'(u) = \frac{1 - u^2}{(1 + u^2)^2} = 0$ für $u = 1$.
$A''(u) = \frac{2u^3 - 6u}{(1 + u^2)^3}$ ergibt $A''(1) < 0$. Damit liegt für $P_1(1 \mid 0{,}5)$ ein Maximum vor.

Aufgaben zum Üben und Wiederholen mit Hilfsmitteln, Seite 151

1

a) $N(1 \mid 0)$; $T(2 \mid -0{,}25)$; $W(3 \mid -0{,}22)$
Asymptoten: $x = 0$; $y = 0$

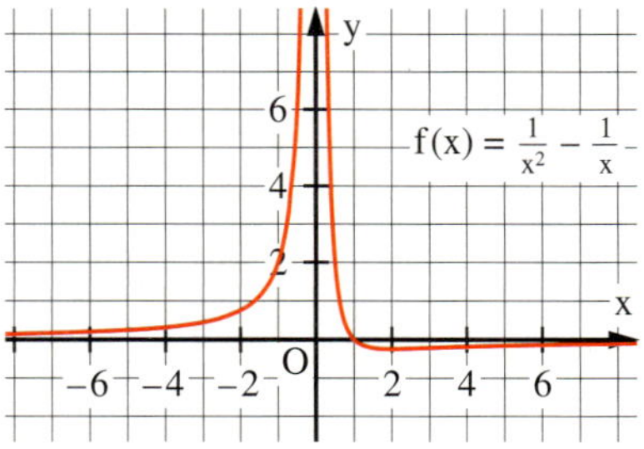

b) $N_1(-1 - \sqrt{2} \mid 0)$; $N_2(-1 + \sqrt{2} \mid 0)$;
$W(0 \mid 1)$
Asymptoten: $x = -1$; $x = 1$; $y = 1$

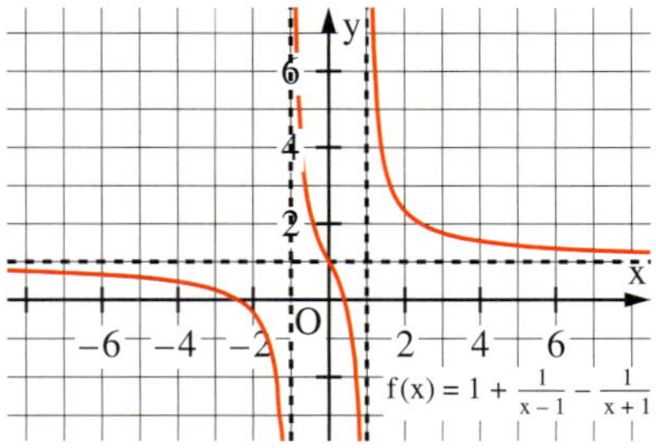

2

Startwert 1: keine Konvergenz
Startwert 0: keine Folge von Iterationswerten
Startwert –1: Folge konvergiert gegen die rechte Nullstelle
Startwert –2: Folge konvergiert gegen die linke Nullstelle
Startwert –3: Folge konvergiert gegen die linke Nullstelle

3

a) Länge der 2. Dreiecksseite: $y \cdot m$
Strahlensatz (Zentrum Z): $\frac{y}{100} = \frac{x}{x-200}$,
also $y = \frac{100x}{x-200}$. Dreiecksfläche:
$A(x) = \frac{1}{2}xy = \frac{1}{2}x \cdot \frac{100x}{x-200} = \frac{50x^2}{x-200}$.
b) $A'(x) = \frac{50x(x-400)}{x-200}$; $A'(x) = 0$ für $x_1 = 400$.
$A'(x)$ hat an der Stelle x_1 einen VZW von „–" nach „+"; d.h., x_1 ist Minimalstelle.
Der Punkt Z muss also 400 m vor der Kreuzung sein.

4

a) $f(x) = \sqrt{r^2 - x^2}$
b) $A(x) = 2x \cdot \sqrt{9 - x^2}$
Das Maximum (mit dem CAS im Grafikfenster) liegt bei $x_{max} \approx 2{,}12$ (cm).
$A^2(x) = 4x^2(9 - x^2) = 36x^2 - 4x^4$
$(A^2(x))' = x(72 - 16x^2)$
Aus $72 - 16x^2 = 0$ folgt
$x_{max} = \sqrt{\frac{72}{16}} = \sqrt{4{,}5} \approx 2{,}12$.

5

a) $V(h(t)) = \frac{200}{\sqrt{3}} \cdot h^2(t)$
b) $V'(h(t)) = \frac{200}{\sqrt{3}} \cdot 2 \cdot h(t) \cdot h'(t)$
Mit $V' = 2000\,\frac{cm^3}{s}$ und $h = 30\,cm$ ergibt sich $h' = \frac{1}{6}\sqrt{3}\,\frac{cm}{s} \approx 0{,}289\,\frac{cm}{s}$.

Aufgaben zum Üben und Wiederholen ohne Hilfsmittel, Seite 177

1

a) $\int_{-2}^{2}(x^2 + 1)\,dx = \left[\frac{1}{3}x^3 + x\right]_{-2}^{2} =$
$\left(\frac{1}{3} \cdot 8 + 2\right) - \left(\frac{1}{3} \cdot (-8) + (-2)\right) = \frac{28}{3}$

Es gilt $\int_{-2}^{2}(x^2 + 1)\,dx = A$

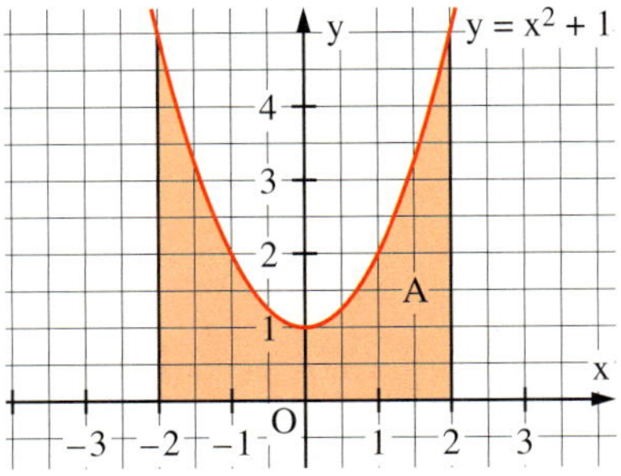

b) $\int_{0}^{2\pi}\cos(x)\,dx = [\sin(x)]_0^{2\pi} =$
$\sin(2\pi) - \sin(0) = 0$
Es gilt $\int_{0}^{2\pi}\cos(x)\,dx = A_1 + A_3 - A_2$

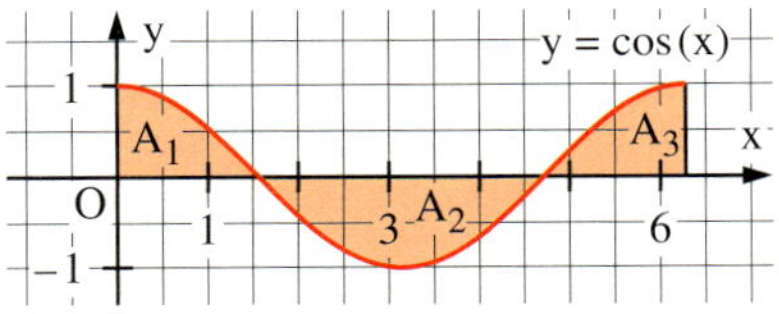

c) $\int_{1}^{2} -\frac{1}{x^2}\,dx = [x^{-1}]_1^2 = \frac{1}{2} - 1 = -\frac{1}{2}$
Es gilt $\int_{1}^{2} -\frac{1}{x^2}\,dx = -A$

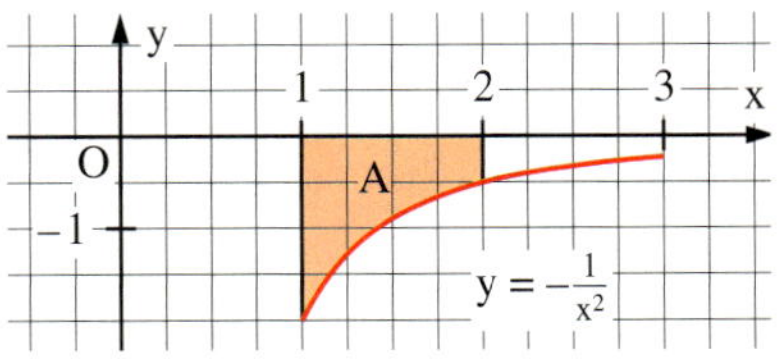

2

a) $f(x) = x^2 - 1$. Jede Stammfunktion von f hat die Form $F_c(x) = \frac{1}{3}x^3 - x + c$ mit $c \in \mathbb{R}$.
b) Für die Integralfunktion J_1 mit $J_1(x) = \int_1^x f(x)\,dx$ gilt: J_1 ist eine Stammfunktion von f und $J_1(1) = 0$.
Also muss c so bestimmt werden, dass $F_c(1) = 0$ gilt: $F_c(1) = \frac{1}{3} \cdot 1^3 - 1 + c = 0$;
$c = \frac{2}{3}$. $J_1(x) = \frac{1}{3}x^3 - x + \frac{2}{3}$.

3

Schnittstellen der Graphen von f und g:
$-x^2 + 4 = 2x + 1$; $x^2 + 2x - 3 = 0$;
$x_1 = -3$; $x_2 = 1$. Zwischen den Schnittstellen liegt der Graph von f oberhalb des Graphen von g.
Für den Inhalt A der eingeschlossenen Fläche gilt:
$A = \int_{-3}^{1}(f(x) - g(x))\,dx = (-x^2 - 2x + 3)\,dx$
$= \left[-\frac{1}{3}x^3 - x^2 + 3x\right]_{-3}^{1}$
$= -\frac{1}{3} - 1 + 3 - \left(-\frac{1}{3} \cdot (-27) - 9 - 9\right) = \frac{32}{3}$.

4

Für $z \geqq 1$ gilt: $A(z) = \int_1^z \frac{10}{x^4}\,dx =$
$\left[-\frac{10}{3}x^{-3}\right]_1^z = -\frac{10}{3}z^{-3} - \left(-\frac{10}{3}\right) = \frac{10}{3} - \frac{10}{3z^3}$.
Für $z \to +\infty$ gilt: $A(z) \to \frac{10}{3}$. Die nach rechts ins Unendliche reichende Fläche hat den Inhalt $\frac{10}{3}$.

5

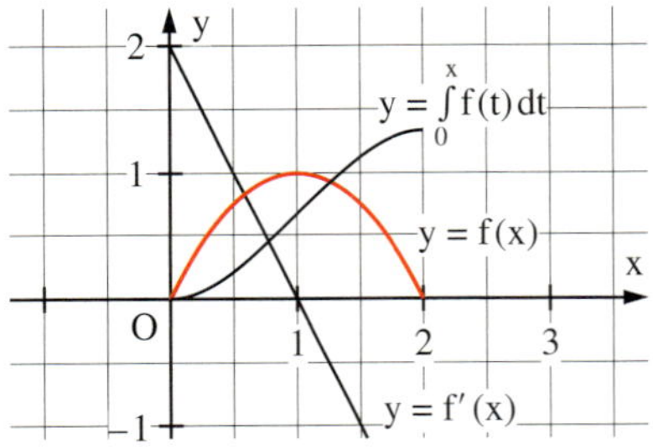

6

a) Die Funktion g ist die Ableitung der Funktion G. Also entspricht g(2) der Steigung der Tangente an den Graphen von G an der Stelle 2. Es gilt: $g(2) \approx -1$.
b) $\int_1^4 g(x)\,dx = G(4) - G(1) \approx 0{,}3 - 2{,}4 = -2{,}1$.

7

a) Individuelle Lösung; z.B. $f(t) = 1$.
b) Anschaulich: Wenn der Graph von f oberhalb der x-Achse verläuft, dann nimmt der Flächeninhalt unter dem Graphen von f mit wachsendem x zu. D.h.:
Die Integralfunktion $J_a(x) = \int_a^x f(t)\,dt$ ist streng monoton steigend, falls $f > 0$ für $x \in \mathbb{R}$ gilt.

8

Es gilt $v(t) = t\left(\frac{1}{10}t - 2{,}5\right)$. Nullstellen von v: $t_1 = 0$; $t_2 = 25$. Es gilt $v(t) \geqq 0$ für $t \in [0; 20]$; d. h. das Flugzeug gewinnt während des ganzen Intervalls [0; 20] an Höhe. Für die Höhe H (in m) nach 20 s gilt:

$$H = \int_0^{20}\left(-\frac{1}{10}t^2 - 2{,}5\,t\right)dt = \left[-\frac{1}{30}t^3 + \frac{5}{4}t^2\right]_0^{20}$$
$$= -\frac{20^3}{30} + \frac{5\cdot 20^2}{4} = -\frac{800}{3} + 500 = \frac{700}{3} \approx 233.$$

9

a) Für W(t) (in m³) gilt: $W(t) = 80 \cdot h(t)$ $= -80\,t^2 + 320\,t$

b) $W'(t) >$ bedeutet: Zum Zeitpunkt t steigt der Wasserspiegel.
$W'(t) <$ bedeutet: Zum Zeitpunkt t fällt der Wasserspiegel .

10

a) $W = \int_0^{s_0} D\cdot s\,ds = \left[\frac{1}{2}D\cdot s^2\right]_0^{s_0} = \frac{1}{2}D\cdot s_0^2$

b) $s = \int_0^{t_0} g\cdot t\,dt = \left[\frac{1}{2}g\cdot t^2\right]_0^{t_0} = \frac{1}{2}g\cdot t_0^2$

Aufgaben zum Üben und Wiederholen mit Hilfsmitteln, Seite 178

1

a) Nullstellen $x_0 = -2$; $x_1 = 0$; $x_2 = 2$.

$$A_1 = \int_{-2}^{2}(0{,}5\,x^2(x^2 - 4))\,dx = \frac{64}{15}$$

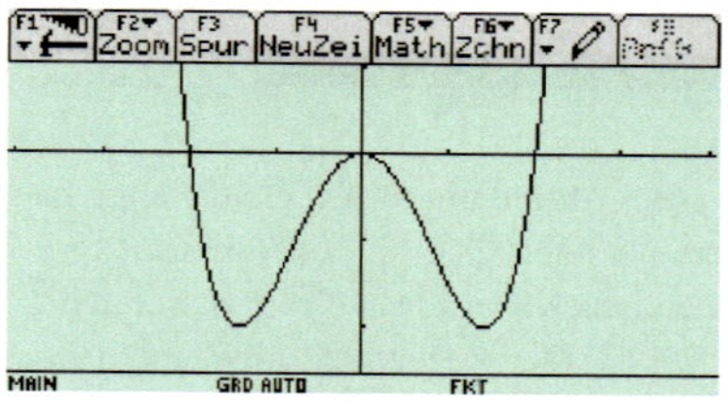

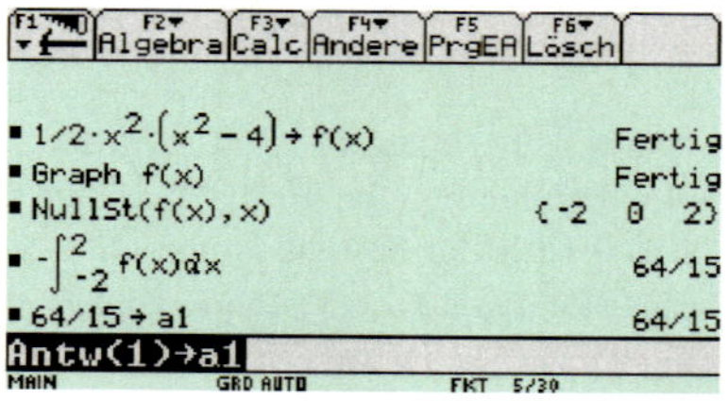

b) Die Gerade mit der Gleichung y = −2 verläuft durch die Tiefpunkte $T_1(-\sqrt{2}\,|-2)$ und $T_2(\sqrt{2}\,|-2)$. Damit ist

$$A_2 = \int_{-2}^{2}(f(x) - (-2))\,dx = \frac{56}{15}.$$

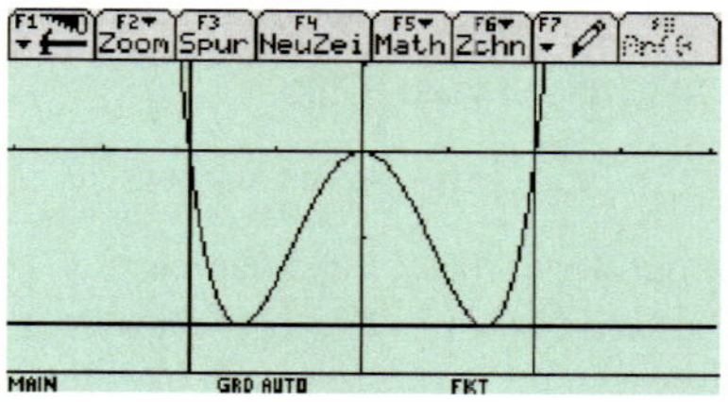

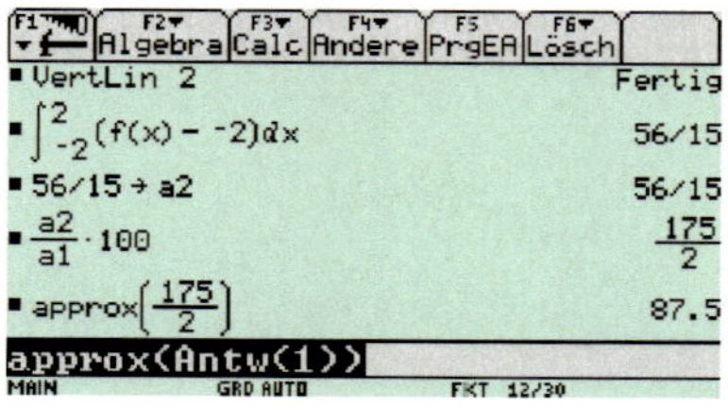

c) Verhältnis der Inhalte:

$\frac{A_2}{A_1} = \frac{56}{64} = \frac{7}{8} = 87{,}5\,\%$

2

a) Hochpunkt H(12|81), Tiefpunkt T(0|9), Wendepunkt W(6|45).
Graph: Fig. 1

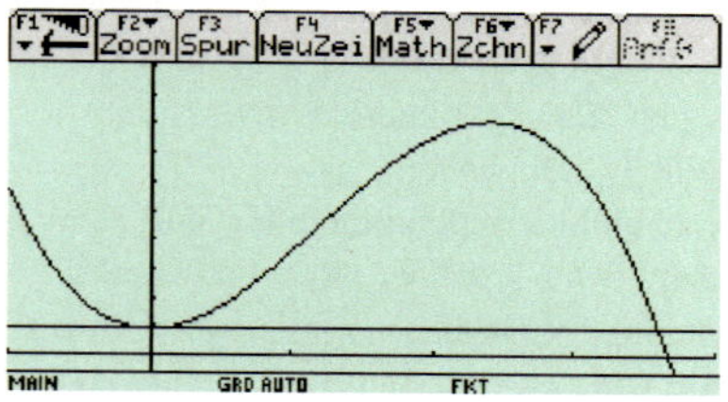

Fig. 1

b) Tangente in Q: y = 9 schneidet den Graphen von f in S(18|9).

Damit ist $A = \int_0^{18}(f(x) - 9)\,dx = 729.$

c) $L(u) = \sqrt{u^2 + (f(u))^2}$. Fig. 2 zeigt den Graphen von L. Das Maximum wird für $u \approx 12{,}046$ erreicht. Der maximale Abstand beträgt dann 81,888.

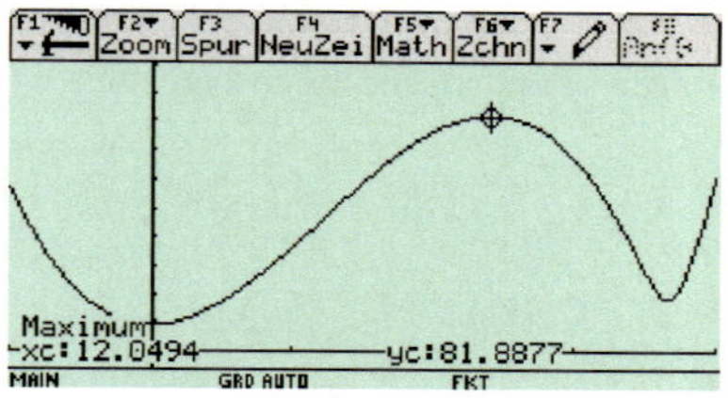

Fig. 2

3

a) J_0 ist die Stammfunktion von f mit $J_0(0) = 0$; $J_0(x) = \frac{1}{3}(x - 2)^3 + \frac{8}{3}$.
J_2 ist die Stammfunktion von f mit $J_2(2) = 0$; $J_2(x) = \frac{1}{3}(x - 2)^3$.
Graphen von f, J_0 und J_2:

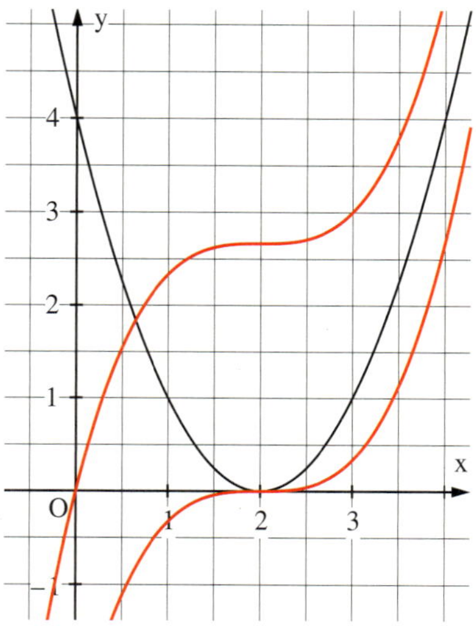

b) J_a ist eine Stammfunktion von f. Also gilt $J_a'(x) = f(x)$ und $J_a''(x) = f'(x)$. Notwendige Bedingungen für eine Extremstelle von J_a bei x_0: $f(x_0) = 0$ und f hat einen Vorzeichenwechsel an der Stelle x_0. Es gilt aber $f(x) = (x-2)^2 \geqq 0$ für $x \in \mathbb{R}$; also hat f keinen VZW. J_a hat keine Extremstellen.
Notwendige Bedingungen für eine Wendestelle von J_a bei x_0: $f'(x_0) = 0$ und f' hat einen VZW bei x_0.
Mit $f'(x) = 2(x-2)$ gilt: Die notwendigen Bedingungen sind nur für die Stelle $x_0 = 2$ erfüllt.

4

a) Der Querschnitt des Kanals lässt sich beschreiben durch f mit $f(x) = \frac{1}{8}x^2$.
Inhalt der Querschnittsfläche

$$A = 16 - \int_{-4}^{4} \frac{1}{8}x^2\,dx = 10\tfrac{2}{3}$$

b) $V = 10\frac{2}{3} \cdot 2000 = 21\,333\frac{1}{3} \approx 21\,333$

c) Querschnittsfläche zur halben Höhe

$$A^* = 2\sqrt{8} - \int_{-\sqrt{8}}^{\sqrt{8}} \frac{1}{8}x^2\,dx = \frac{8}{3}\sqrt{2} \approx 3{,}771.$$

$V^* = \frac{8}{3}\sqrt{2} \cdot 2000 \approx 7542$. Im bis zur halben Höhe gefüllten Kanal befinden sich etwa 35 % der Wassermenge des gefüllten Kanals.

5

Tiefpunkt T des Graphen von V mithilfe des CAS: $T(16\,|\,9{,}52)$. Zum Zeitpunkt $t = 16\,\text{h}$ enthält der Behälter die minimale Wassermenge von $9{,}52\,\text{m}^3$ Wasser.

6

a) $A_1 = \int_0^{\pi} \sin(x)\,dx = [-\cos(x)]_0^{\pi} =$
$1 - (-1) = 2$

Näherungswert:
Aufteilung des Intervalls $[0; \pi]$ in 10 gleich lange Intervalle der Länge $\frac{\pi}{10}$.
Berechnung der Funktionswerte an den Stellen $x_n = n \cdot \frac{\pi}{10}$ mit $n = 1, 2, \ldots, 10$.
Inhalt des n-ten Rechtecks: $\frac{\pi}{10} \cdot \sin\left(n \cdot \frac{\pi}{10}\right)$
Aufsummation ergibt $\frac{\pi}{10} \cdot \sin\left(1 \cdot \frac{\pi}{10}\right) + \frac{\pi}{10} \cdot \sin\left(2 \cdot \frac{\pi}{10}\right) + \ldots + \frac{\pi}{10} \cdot \sin\left(10 \cdot \frac{\pi}{10}\right) \approx$
1,9835 (Fig. 1).

Prozentuale Abweichung vom Wert 2:
$\frac{2 - 1{,}9835}{2} \cdot 100 \approx 0{,}82\,\%$

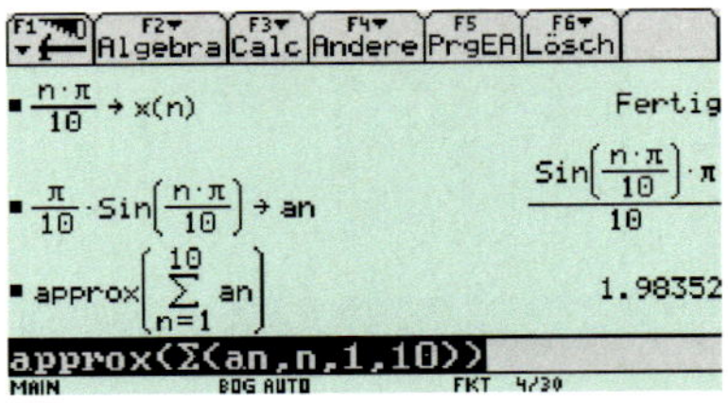

Fig. 1

b) Bei Aufteilung in 100 gleich lange Intervalle der Länge $\frac{\pi}{100}$ erhält man entsprechend als Näherungswert für den Inhalt 1,99984. Die prozentuale Abweichung beträgt dann nur noch 0,008225 %.

7

a) Für $0 \leqq t \leqq 10$ ist $z(t) \geqq 0$; d.h. der Bestand nimmt zu; für $10 \leqq t \leqq 20$ ist $z(t) \leqq 0$; d.h. der Bestand nimmt ab. Der Bestand ist damit nach 10 Jahren maximal.

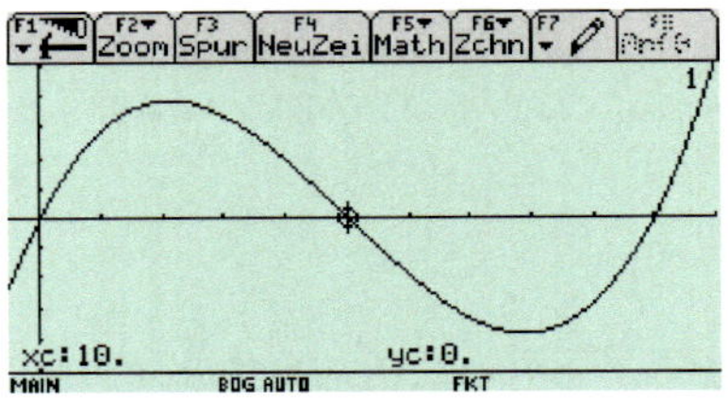

b) Für den Bestand B gilt

$$B(t) = 100 + \int_0^t z(u)\,du \quad \text{mit } 0 \leqq t \leqq 20.$$

Minimaler Bestand: 100 Pflanzen zu Beginn und nach 20 Jahren. Maximaler Bestand mit 125 Pflanzen nach 10 Jahren.

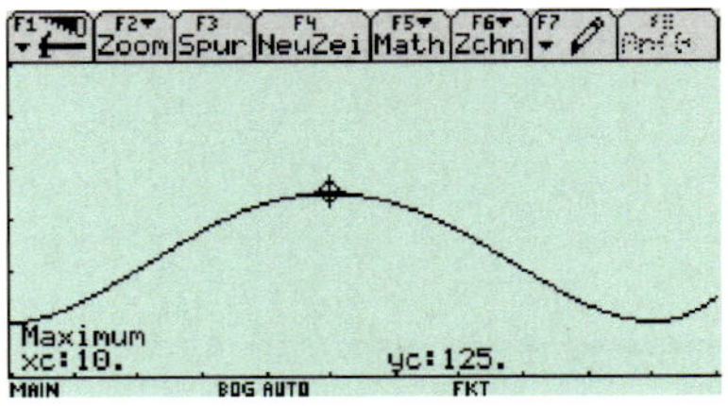

Aufgaben zum Üben und Wiederholen ohne Hilfsmittel, Seite 208

1

a) $f'(x) = 2x - 2e^{-2x}$; $f''(x) = 2 + 4e^{-2x}$
b) $f'(x) = \frac{1}{x}$; $f''(x) = -\frac{1}{x^2}$
c) $f'(x) = 2x \cdot e^{-x} - x^2 \cdot e^{-x} = (2x - x^2) \cdot e^{-x}$
$f''(x) = (2 - 4x + x^2) \cdot e^{-x}$
d) $f'(x) = \frac{1}{x} + 1 + 2x \cdot e^{x^2}$
$f''(x) = -\frac{1}{x^2} + (4x^2 + 2) \cdot e^{x^2}$

2

a) $F(x) = \frac{1}{2}e^x$
b) $F(x) = \frac{3}{2}e^{2x-1}$
c) $F(x) = \frac{1}{15}(5x+2)^3 - \frac{1}{3}e^{-3x}$
d) $F(x) = \frac{3}{4}\ln(4x - 7) - 2e^{-x}$

3

a) Definitionsmenge ist $D_f = \mathbb{R}$.
$f'(x) = e^x - 2e^{-2x}$; $f''(x) = e^x + 4e^{-2x}$
$f'(x) = 0$ für $x_0 = \frac{\ln(2)}{3}$; $f''\left(\frac{\ln(2)}{3}\right) = 3 \cdot 2^{\frac{1}{3}} > 0$,
also Minimum: $f\left(\frac{\ln(2)}{3}\right) = \frac{3}{2} \cdot 2^{\frac{1}{3}} \approx 1{,}8899$.
$f(x) \to +\infty$ für $x \to \pm\infty$.
b) Definitionsmenge ist $D_f = \mathbb{R}^+$.
$f'(x) = \frac{1 - \ln(x)}{x^2}$; $f''(x) = \frac{2\ln(x - 3)}{x^3}$
$f'(x) = 0$ für $x_0 = e$; $f''(e) = -e^{-3} < 0$,
also Maximum: $f(e) = e^{-1} \approx 0{,}3679$.
$f(x) \to 0$ für $x \to +\infty$.
c) Definitionsmenge ist $D_f = \mathbb{R}$.
$f'(x) = -x^2 \cdot (x - 3) \cdot e^{-x}$;
$f''(x) = x \cdot (x^2 - 6x + 6) \cdot e^{-x}$
$f'(x) = 0$ für $x_0 = 0$ und $x_1 = 3$;
kein Extremwert bei $x_0 = 0$, da $f'(x)$ beim Durchgang durch die Stelle 0 keinen Vorzeichenwechsel erfährt.
$f''(3) = -9e^{-3} < 0$,
also Maximum $f(3) = 27e^{-3} \approx 1{,}3443$.
$f(x) \to 0$ für $x \to +\infty$;
$f(x) \to -\infty$ für $x \to -\infty$.
d) Definitionsmenge ist $D_f = \mathbb{R}^+$.
$f'(x) = (\ln(x))^2 \cdot (\ln(x) + 3)$;
$f''(x) = 3 \cdot \frac{\ln(x) \cdot (\ln(x) + 2)}{x}$
$f'(x) = 0$ für $x_0 = 1$ und $x_1 = e^{-3}$;
kein Extremwert bei $x_0 = 1$, da $f'(x)$ beim Durchgang durch die Stelle 1 keinen Vorzeichenwechsel erfährt.
$f''(e^{-3}) = 9e^3 > 0$, also
Minimum $f(e^{-3}) = -27e^{-3} \approx -1{,}3443$
$f(x) \to +\infty$ für $x \to +\infty$.

4

a) Definitionsmenge ist $D_f = \mathbb{R}$.
Schnittpunkt mit der x-Achse:
$S(\ln(2)|0)$;
Schnittpunkt mit der y-Achse: $T(0|-1)$.
Asymptote $y = 0$ für $x \to -\infty$.
$f'(x) = 2e^x \cdot (e^x - 1)$;
$f''(x) = 2e^x \cdot (2e^x - 1)$;
$f'''(x) = 2e^x \cdot (4e^x - 1)$
$f'(x) = 0$ für $x_0 = 0$; $f''(0) = 2 > 0$,
also Tiefpunkt $T(0|-1)$.
$f''(x) = 0$ für $x_1 = -\ln(2)$;
$f'''(-\ln(2)) = 1 \neq 0$, also Wendepunkt
$W\left(-\ln(2)\middle|-\frac{3}{4}\right)$.
$f(x) \to +\infty$ für $x \to +\infty$ und
$f(x) \to 0$ für $x \to -\infty$.
Da -1 kein Randminimum ist, ist wegen der Stetigkeit der Funktion die Wertemenge
$W = \{x \mid -1 \leqq x < +\infty\}$.

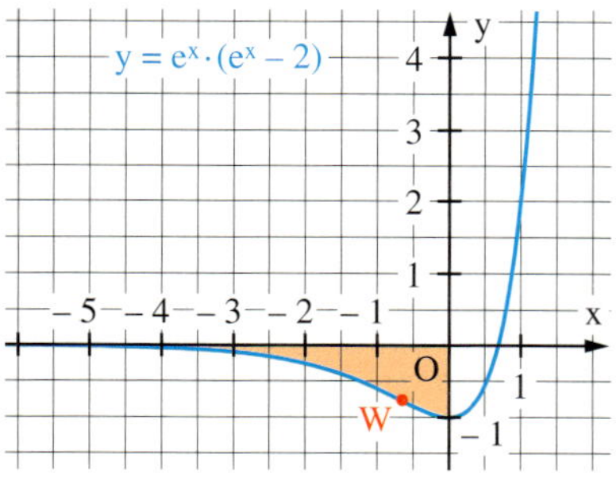

b) $A(u) = -\int_{-e^2}^{0} (e^{2x} - 2e^x)\,dx$
$= \left[\frac{1}{2}e^{2x} - 2e^x\right]_{-e^2}^{0} = \frac{3}{2} + \frac{1}{2}e^{-2e^2} - 2e^{-e^2} \approx$
$\approx 1{,}4988$

5

a) Definitionsmenge ist $D = \mathbb{R}^+$.
$f_t'(x) = \frac{t}{2} - \frac{1}{2x}$; $f''(x) = \frac{1}{2x^2}$; $t > 0$.
$f_t'(x) = 0$ ergibt $x_0 = \frac{1}{t}$.
Wegen $f_t''\left(\frac{1}{t}\right) > 0$ ist $T_t\left(\frac{1}{t}\middle|\frac{1}{2}(1 + \ln(t))\right)$.
T_t liegt auf der Geraden mit der Gleichung $y = 1$, wenn $t = e$ ist.
T_t liegt auf der x-Achse, wenn
$\frac{1}{2}(1 + \ln(t)) = 0$ ist, also für $t = \frac{1}{e}$.
b) Wegen $f_t''(x) = \frac{1}{2x^2} > 0$ für alle $x \in D$ hat kein Graph Wendepunkte.
c) Da gilt $f_t(x) \to +\infty$ für $x \to 0$ und $f_t(x) \to +\infty$ für $x \to +\infty$, liegt in T_t ein absolutes Minimum vor. Damit hat K_t keinen Punkt mit der x-Achse gemeinsam, wenn T_t oberhalb der x-Achse liegt. Dies ist für $t > \frac{1}{e}$ der Fall.

d) Tangentengleichung in
$B_t\left(u\middle|\frac{1}{2}\cdot(tu - \ln(u))\right)$:
$y = \left(\frac{t}{2} - \frac{1}{2u}\right)x + \frac{1}{2}(1 - \ln(u))$.
Punktprobe für $A\left(0\middle|\frac{1}{2}\right)$ ergibt $u = 1$, also
Berührpunkte $B_t\left(1\middle|\frac{t}{2}\right)$.
Gleichung der Ortskurve: $x = 1$.

6

Fig. 1: Graph von g
Fig. 2: Graph von h
Fig. 3: Graph von f
Fig. 4: Graph von k
Mögliche Begründung:
Fig. 1: g hat eine senkrechte Asymptote für $x = -2$, da $2\cdot(-2) + 4 = 0$; Nullstelle für $x = -\frac{3}{2}$, da $\ln\left(2\cdot\left(-\frac{3}{2}\right) + 4\right) = \ln(1) = 0$ ist.
Fig. 2: h hat eine waagerechte Asymptote $y = 0$ für $x \to -\infty$ und die Nullstelle $x = 0$.
Fig. 3: f hat eine waagerechte Asymptote $y = 0$ für $x \to +\infty$ und die Nullstelle $x = 0$.
Fig. 4: k ist eine ungerade Funktion, d. h. der Graph von k ist symmetrisch zum Ursprung (hier auch: Wendepunkt).

7

Für die Verdoppelungszeit T_V gilt:
$f(t + T_V) = 2\cdot f(t)$ mit $f(t) = c\cdot a^t$
Behauptung: T_V ist unabhängig von c.
Beweis:
Aus $f(t + T_V) = 2\cdot f(t)$ folgt die Gleichung $c\cdot a^{t+T_V} = 2\cdot c\cdot a^t$ oder $c\cdot a^t\cdot a^{T_V} = 2\cdot c\cdot a^t$. Hieraus $a^{T_V} = 2$ also $T_V\cdot\ln(a) = \ln(2)$ bzw. $T_V = \frac{\ln(2)}{\ln(a)}$. T_V ist damit unabhängig vom Anfangsbestand c.
Aus $f(t + T) = 4\cdot f(t)$ folgt $a^T = 4$ und hieraus $T = \frac{\ln(4)}{\ln(a)} = \frac{2\ln(2)}{\ln(4)} = 2\cdot T_V$.
Für die Vervierfachungsdauer T gilt also $T = 2T_V$.

8

a) $f(x) = 0$ liefert $x = 2$, also Schnittpunkt mit der x-Achse: $S_x(2|0)$.
Da $f(0) = -2$, ist der Schnittpunkt mit der y-Achse: $S_y(0|-2)$; Lage der y-Achse und Einheiten: vgl. Fig.

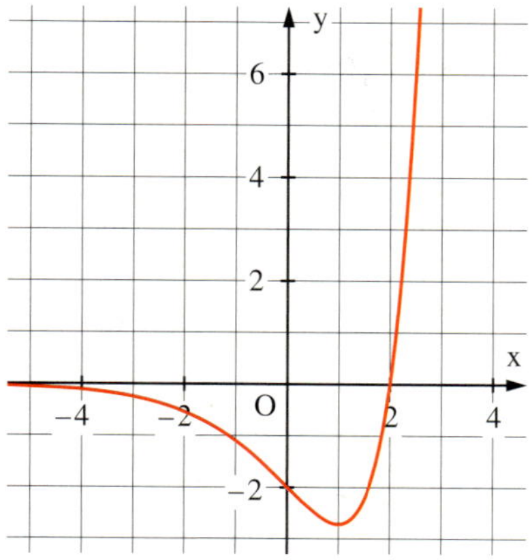

b) $f'(x) = (x - 1)\cdot e^x$, $f''(x) = x\cdot e^x$,
$f'''(x) = (x + 1)\cdot e^x$
Tiefpunkt: Mit $f'(1) = 0$ und $f''(1) = e > 0$ erhält man $T(1|-e)$
Wendepunkt: Mit $f''(0) = 0$ und $f'''(0) = 1$ erhält man $W(0|-2)$

9

a) $f(t) = 50\,000\cdot 1{,}1^t$ oder
$f(t) = 50\,000\cdot e^{t\cdot\ln(1{,}1)}$ mit t in Tagen
b) $f(2) = 50\,000\cdot 1{,}1^2 = 50\,000\cdot 1{,}21 = 60\,500$

10

a) $\frac{f(t+1)}{f(t)}$ = konstant; dies ist eine Möglichkeit, um exponentielles Wachstum zu beschreiben.
b) Falsch.
c) Richtig, dies ist das Vorgehen bei einer Funktionsanpassung.
d) Nicht präzise genug; aufeinander folgende Funktionswerte müssen einen festen Zeitschritt auseinander liegen.

Aufgaben zum Üben und Wiederholen mit Hilfsmitteln, Seite 209

1

a) Eigenschaften des Graphen K: Keine Symmetrie, $y = 0$ ist die Gleichung der waagerechten Asymptote für $x \to -\infty$, Schnittpunkt mit der x-Achse $N(0{,}69\,|\,0)$, Tiefpunkt $T(0\,|\,-1)$, Wendepunkt $W(-0{,}69\,|\,-0{,}75)$.
Exakte Bestimmung:
Schnittpunkt mit der x-Achse: $f(x) = 0$ liefert $N(\ln(2)\,|\,0)$.
Mithilfe der Ableitungen
$f'(x) = e^x \cdot (2e^x - 2)$, $f''(x) = e^x \cdot (4e^x - 2)$ und $f'''(x) = e^x \cdot (8e^x - 2)$ erhält man den Tiefpunkt $T(0\,|\,-1)$ und den Wendepunkt $W(-\ln(2)\,|\,-0{,}75)$.

b) $A = \left| \int_{-e^2}^{0} (e^x \cdot (e^x - 2))\,dx \right|$

$= \left| \int_{-e^2}^{0} (e^{2x} - 2e^x)\,dx \right| = \left| \left[\frac{1}{2}e^{2x} - 2e^x \right]_{-e^2}^{0} \right|$

$= |-1{,}4988| \approx 1{,}5.$
Der gesuchte Flächeninhalt beträgt etwa 1,5 FE.

c) Eigenschaften die sich übertragen:
$y = 0$ ist die Gleichung der waagerechten Tangente $x \to -\infty$,
der Graph hat keine Symmetrie.
Mithilfe der Ableitungen
$f'_k(x) = e^x \cdot (2e^x - k)$, $f''_k(x) = e^x \cdot (4e^x - k)$ und $f'''_k(x) = e^x \cdot (8e^x - k)$ erhält man für $k > 0$ den Tiefpunkt $T_k\left(\ln\left(\frac{k}{2}\right) \middle| -\frac{k^2}{4}\right)$ und für $k > 0$ den Wendepunkt $W_k\left(\ln\left(\frac{k}{4}\right) \middle| -\frac{3k^2}{16}\right)$. Für $k \leqq 0$ existieren weder Extrem- noch Wendepunkte.
Ortslinie der Extrempunkte:
Für $k > 0$ gilt: $x = \ln\left(\frac{k}{2}\right)$ bzw. aufgelöst $k = 2e^x$; eingesetzt in $y = -\frac{k^2}{4}$ ergibt $y = -e^{2x}$ als Gleichung der Ortslinie.

d) Aus $f_k(x) = 0$ folgt für $k > 0$ die Nullstelle $x = \ln(k)$. Der Wert von $\ln(k)$ ist ganzzahlig für $k = e^z$ mit $z \in \mathbb{Z}$.

2

a) Graph von f: rot,
Graph von f′: schwarz
Begründung: z. B. an den Stellen der Extrema von f hat die Ableitungsfunktion f′ Nullstellen.

b) Der Graph von f hat an der Stelle $x = 0$ eine doppelte Nullstelle, d. h. eine Nullstelle mit waagerechter Tangente.

c) Symmetrie von f:
$f(-x) = \frac{1}{2}(-x)^2 \cdot e^{-(-x)^2+3} = f(x)$, also ist der Graph von f achsensymmetrisch zur y-Achse.
$f'(x) = (x - x^3) \cdot e^{-x^2+3}$
Symmetrie von f′:
$f'(x) = (-x - (-x)^3) \cdot e^{-(-x)^2+3} = -f(x)$, also ist der Graph von f′ punktsymmetrisch zum Ursprung.
Extremstellen von f:
$f'(x) = 0$ ergibt $x \cdot (1 - x^2) = 0$ und hieraus die Nullstellen $x_1 = 0$, $x_2 = -1$ und $x_3 = 1$.
Mit $f''(x) = (2x^4 - 5x^2 + 1) \cdot e^{-x^2+3}$ erhält man $f''(0) = e^3 > 0$, $f''(\pm 1) = -2e^2 < 0$.
Also ein Minimum an der Stelle 0, Maxima an den Stellen ±1.

d) Da an den Extremstellen der Ableitungsfunktion f′ die Funktion f Wendestellen besitzt, muss der Graph von f 4 Wendepunkte besitzen:
$W_{1/2}(\pm 1{,}510\,|\,2{,}341)$ und
$W_{3/4}(\pm 0{,}468\,|\,1{,}768)$.

3

a) Verwendet man die Wertepaare an den Stellen $t = 2$ und $t = 10$, so erhält man ein Gleichungssystem mit den Gleichungen $S \cdot (1 - e^{-2k}) = 6{,}6$ und $S \cdot (1 - e^{-10k}) = 18{,}8$.
Aus $\frac{S \cdot (1 - e^{-2k})}{S \cdot (1 - e^{-10k})} = \frac{18{,}8}{6{,}6}$ folgt $18{,}8e^{-2k} - 6{,}6e^{-10k} = 12{,}2$ mit den Lösungen $(k_1 = 0)$ oder $k_2 = 0{,}1683$. Aus $S \cdot (1 - e^{-2k_2}) = 6{,}6$ folgt $S \approx 23{,}09$.
Damit gilt: $f(t) = 23{,}09 \cdot (1 - e^{-0{,}1683 \cdot t})$ mit t in Monaten, f(t) in cm.
Nach einem Jahr: $f(12) \approx 20{,}0$ cm.

b) Etwa 23 cm

c) Die Länge einer Forelle nähert sich asymptotisch dem Grenzwert $S \approx 23{,}09$. Damit lässt sich der Zeitpunkt, wann eine Forelle ausgewachsen ist, nicht eindeutig bestimmen.
1. Überlegung: Eine Wertetabelle zeigt, dass die Forellen nach 1,5 Jahren etwa 22 cm lang und nach 2,5 Jahren etwa 23 cm lang sind. Da der Längenzuwachs gering ist, kann man die Forelle spätestens nach 2,5 Jahren als ausgewachsen betrachten.
2. Überlegung: Die Forelle wird als ausgewachsen betrachtet, wenn sie z. B. 99 % des Grenzwertes als Länge erreicht hat. Rechnerisch oder aus der Tabelle erhält man dann etwa 28 Monate. 95 % der Endlänge sind 21,94 cm.
Aus $23{,}09 \cdot (1 - e^{-0{,}1683t}) = 21{,}94$ ergibt sich $t \approx 17{,}8$. Also nach etwa 1,5 Jahren.

4

a) Tangente t: $y = e^u \cdot x - ue^u + e^u + 1$;
$Q(-e^{-u} + u - 1\,|\,0)$, $P(u\,|\,e^u + 1)$
Länge l der Strecke PQ:
$l(u) = \sqrt{y_P^2 + (u - x_Q)^2} = \sqrt{e^{2u} + 2e^u + e^{-2u} + 2e^{-u} + 2}$ mit $u \in \mathbb{R}$

Minimum der Streckenlänge:
1. Möglichkeit (exakt):
$l'(u) = \frac{e^{-u} \cdot (e^{3u} - 1)}{\sqrt{e^{2u} + 1}} = 0$ liefert $u = 0$, Überprüfung mit VZW ergibt ein relatives Minimum mit dem Wert $l(0) = 2\sqrt{2}$. Da $l(u) \to \infty$ für $u \to \pm\infty$ ist dies auch das absolute Minimum.
2. Möglichkeit (CAS im Grafikfenster):
$u = 0$ als Minimum mit $l(0) = 2{,}828$.
Eine Entscheidung, ob weitere innere Extremstellen vorliegen, ist grafisch nicht möglich.

b) Flächeninhalt:
$A(u) = \frac{1}{2} \cdot f(u) \cdot (u - (u - e^{-u} - 1)) = \frac{1}{2}(e^u + e^{-u} + 2)$
$A'(u) = \frac{1}{2}(e^u - e^{-u}) = 0$ liefert $u = 0$;
Aus $A''(u) = \frac{1}{2}(e^u + e^{-u})$ folgt mit $A''(0) = 1$, dass an der Stelle $u = 0$ ein relatives Minimum mit $A(0) = 2$ vorliegt. Da $A(u) \to \infty$ für $u \to \pm\infty$ ist dies auch das absolute Minimum.

5

a) $v_2(t) = 70 \cdot (1 - e^{-0{,}09 \cdot (t-20)})$

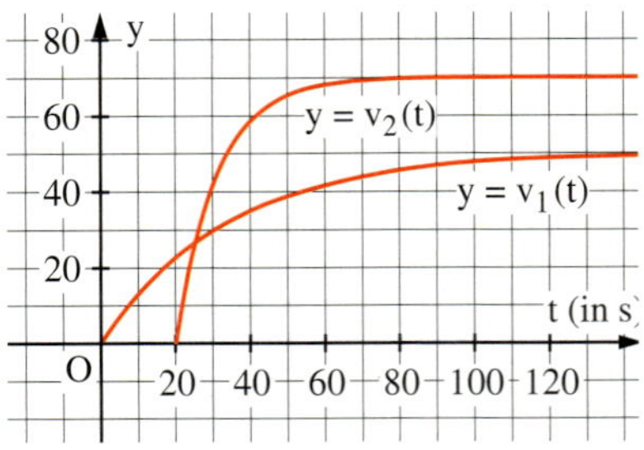

b) Der zurückgelegte Weg lässt sich als Fläche unter der Kurve veranschaulichen.

Es gilt (exakt): $s = \int_0^{20} v_1(t)\,dt =$

$\left[50t + \frac{5000}{3}e^{-0{,}03t}\right]_0^{20} = 248{,}02.$

Der bereits zurückgelegte Weg beträgt etwa 248 m.

c) $v_2(t) = 70 \cdot (1 - e^{-0{,}09 \cdot (t-20)})$;

$v_2(40) - v_1(40) = 58{,}429 - 34{,}940 \approx 23{,}49$. Der Geschwindigkeitsunterschied beträgt zu diesem Zeitpunkt etwa $23{,}5\,\frac{m}{s}$.

d) 1. Ansatz: Misst man die Zeit wieder vom Start des Autos 1, so beträgt zum Zeitpunkt t der Abstand d (t) der beiden Autos

$d(t) = \int_0^t v_1(x)\,dx - \int_0^t v_2(x)\,dx =$

$50t + \frac{5000}{3}e^{-0{,}03t} - \frac{5000}{3} -$

$(70t + \frac{7000}{9}e^{-0{,}09(t-20)} - \frac{7000}{9}e^{1{,}8}) =$

$1666{,}\overline{6} \cdot e^{-0{,}03t} - 4705{,}281 \cdot e^{-0{,}09t} - 20t + 3038{,}61$. Den Graphen von d zeigt die Figur.

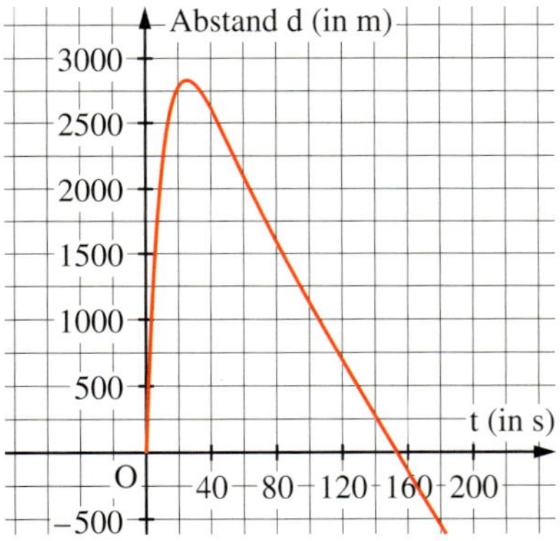

Mit dem CAS erhält man als Stelle des Maximums $t = 25{,}31$ (in s). Der maximale Abstand beträgt dann $d_{max} \approx 2830$ m.

2. Ansatz: Der Abstand der beiden Autos wächst so lange an, bis Auto 2 dieselbe Geschwindigkeit wie Auto 1 erreicht hat. Aus $v_1(t) = v_2(t)$ folgt mit dem CAS dann ebenfalls die Lösung $t = 25{,}31$ (in s).

e) Ist $d(t) = 0$, so sind die beiden Autos auf gleicher Höhe; Lösung:

$T \approx 152{,}78$ (in s), d. h. nach etwa 153 s überholt Auto 2 das Auto 1.

Entfernung E von der Startlinie:

$E = \int_0^T v_1(x)\,dx \approx 5989{,}32.$

Die Autos sind dann etwa 5990 m von der Startlinie entfernt.

6

$f(x) = \frac{2}{1-x^2}$ mit $-1 < x < 1$, $g(x) = \ln\frac{1+x}{1-x}$.

Es ist $P_u(u \mid f(u)) = P_u\left(u \,\middle|\, \frac{2}{1-u^2}\right)$ und

$Q_u\left(u \,\middle|\, \ln\left(\frac{1+u}{1-u}\right)\right)$ mit $0 < u < 1$.

Es ist $d(u) = \frac{2}{1-u^2} - \ln\left(\frac{1+u}{1-u}\right) =$

$= \frac{2}{1-u^2} - \ln(1+u) + \ln(1-u).$

Ableitungen:

$d'(u) = -2 \cdot (1-u^2)^{-2} \cdot (-2u) - \frac{1}{1+u} - \frac{1}{1+u} =$

$= \frac{4u}{(1-u^2)^2} + \frac{2}{(u+1)(u-1)} = \frac{2u^2+4u-2}{(1-u^2)^2}.$

$d'(u) = 0$ ergibt $u_1 = \sqrt{2} - 1$,

$u_2 = -\sqrt{2} - 1$. Ein relativer Extremwert kann wegen $u > 0$ somit nur in u_1 auftreten. Es ist

$d(\sqrt{2} - 1) = \sqrt{2} + 1 - \ln(\sqrt{2} + 1) \approx 1{,}5328.$

Wegen $d(0) = 2$ und $d(u) \to +\infty$ für $u \to 1$ kann in u_1 nur ein absolutes Minimum vorliegen. Für den Wert $u_1 = \sqrt{2} - 1$ wird also der Abstand $\overline{P_uQ_u}$ minimal, nämlich 1,5328.

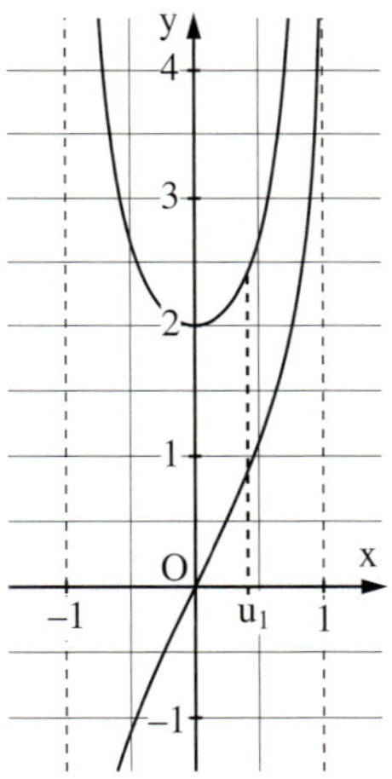

Aufgaben zum Üben und Wiederholen ohne Hilfsmittel, Seite 230

1

a) Diese Aussage ist wahr.

Begründung: Eine ganzrationale Funktion (oder auch eine Sinusfunktion) haben die maximale Definitionsmenge $\mathbb{R}$; damit besitzen ihre Graphen keine senkrechten Asymptoten.

b) Die Aussage ist falsch.

f mit $f(x) = \sin(x) + 2$ besitzt keine einzige Nullstelle.

2

Eine gebrochenrationale Funktion besteht aus einem Quotienten von Polynomen. Das Zählerpolynom bestimmt die Anzahl der Nullstellen. Da ein Polynom nur endlich viele Nullstellen hat, gibt es keine rationale Funktion mit unendlich vielen Nullstellen.

3

Prinzipiell kann man jede gebrochenrationale Funktion mit der Produkt- und der Potenzregel ableiten, da gilt:

$f(x) = \frac{p(x)}{q(x)} = p(x) \cdot \frac{1}{q(x)} = p(x) \cdot q(x)^{-1}.$

$f'(x) =$

$p'(x) \cdot q(x)^{-1} + p(x) \cdot (-1) \cdot q(x)^{-2} \cdot q'(x) =$

$p'(x) \cdot q(x)^{-1} - p(x) \cdot q(x)^{-2} \cdot q'(x).$

Beispiele:

$f(x) = \frac{1}{x}$; $D_f = \mathbb{R}\setminus\{0\}$; wegen $f(x) = x^{-1}$ in D_f gilt $f'(x) = (-1) \cdot x^{-2} = -\frac{1}{x^2}$.

oder: $f(x) = \frac{x+1}{x}$; $D_f = \mathbb{R}\setminus\{0\}$; wegen $f(x) = 1 + \frac{1}{x} = 1 + x^{-1}$ in D_f gilt

$f'(x) = (-1) \cdot x^{-2} = -\frac{1}{x^2}.$

4

Asymptoten des Graphen von f mit $f(x) = \frac{1}{x+2} + 2$ sind die Geraden mit den Gleichungen $x = -2$, da in $x_0 = -2$ ein Pol vorliegt, und $y = 2$, da $\lim\limits_{x \to \pm\infty} \left(\frac{1}{x+2} + 2\right) = 2$ ist.

5

$f(x) = \frac{x-1}{x} - 1$ mit $D_f = \mathbb{R}\setminus\{0\}$. Es ist $f(x) = \frac{x-1}{x} - 1 = \frac{x-1-x}{x} = -\frac{1}{x}$. Da der Zähler konstant ist, besitzt f keine Nullstelle.

6
$f(x) = 2 \cdot \sin(x)$; $g(x) = 1$. Fig. 1 zeigt den Verlauf der Graphen. Da sich beide Graphen wegen $2 \cdot \sin(x) = 1$ oder $\sin(x) = 0{,}5$ in $x_0 = \frac{1}{6}\pi$ und $x_1 = \frac{5}{6}\pi$ schneiden, stellt das Integral
$\int_{\frac{1}{6}\pi}^{\frac{5}{6}\pi} (2 \cdot \sin(x) - 1)\,dx$ die Differenz der Flächen unter den Graphen von f und g über dem Intervall $\left[\frac{1}{6}\pi; \frac{5}{6}\pi\right]$ dar; dies ergibt den Inhalt A in der Figur.

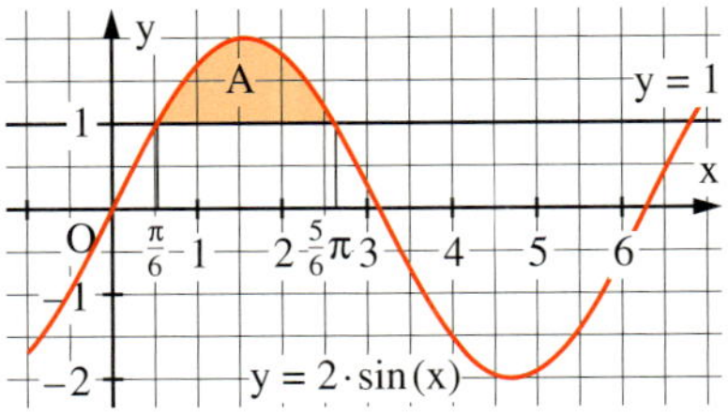

7
Wegen $d(1) = \frac{62 - 2 \cdot 1}{1 + 1} = \frac{60}{2} = 30$ beträgt die anfängliche Schüttung $30\,\frac{\text{Liter}}{\text{min}} \cdot d(t) = 0$ ergibt $62 - 2t = 0$, also $t = 31$. Damit kommt nach 31 Minuten kein Wasser mehr.

8
a) $a = 1$; $b = \frac{\pi}{2}$; $x_0 = -1$; $y_0 = 1$;
$f(x) = \sin\left(\frac{\pi}{2} \cdot (x + 1)\right) + 1$
b) $a = 2$; $b = \frac{\pi}{2}$; $x_0 = 0$; $y_0 = 0$;
$f(x) = 2 \cdot \sin\left(\frac{\pi}{2} \cdot x\right)$
c) $a = 1$; $b = \pi$; $x_0 = 0$; $y_0 = 0$;
$f(x) = \sin(\pi \cdot x)$

9
$f_a(x) = a \cdot \sin(\pi \cdot x)$ hat die Periode $p = \frac{2\pi}{\pi} = 2$. Skizze von $f_2(x) = 2 \cdot \sin(\pi \cdot x)$ siehe Figur.

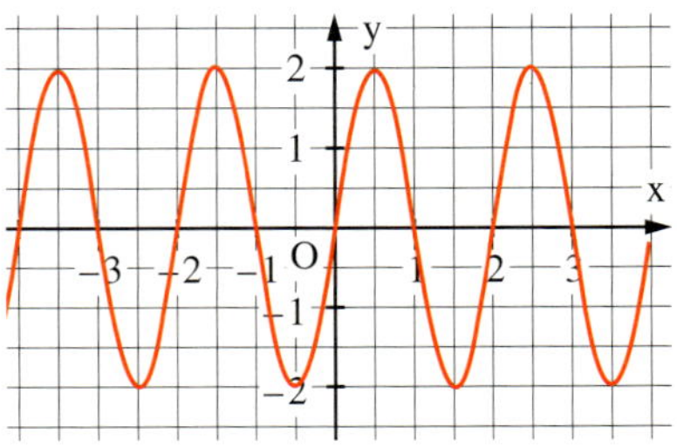

10
Die Periode ist $p = 2$.
$H\left(\frac{1}{2}\middle|5\right)$, $T\left(\frac{3}{2}\middle|-5\right)$, $W_1(0|0)$, $W_2(1|0)$, $W_3(2|0)$.

11
$f_b(x) = 2 \cdot \sin(b \cdot x)$ hat die Periode $p = \frac{2\pi}{b}$. Es ist
$\int_0^{\pi} \sin(x)\,dx = [-\cos(x)]_0^{\pi} =$
$-\cos(\pi) - (-\cos(0)) = 1 + 1 = 2$ und
$\int_0^{\frac{\pi}{b}} 2 \cdot \sin(bx)\,dx = \left[-\frac{2}{b}\cos(bx)\right]_0^{\frac{\pi}{b}} =$
$-\frac{2}{b}\cos(\pi) - \frac{2}{b}(-\cos(0)) = \frac{4}{b}$. Damit muss gelten: $\frac{4}{b} = 2$, also $b = 2$.

12
Die maximale Definitionsmenge von f mit $f(x) = \frac{2}{x + 1}$ ist $D_f = \mathbb{R}\setminus\{-1\}$.
Asymptoten des zugehörigen Graphen sind die Geraden mit den Gleichungen $x = -1$ und $y = 0$.
Die maximale Definitionsmenge von g mit $g(x) = -\frac{2x}{x - 1}$ ist $D_f = \mathbb{R}\setminus\{1\}$.
Asymptoten des zugehörigen Graphen sind die Geraden mit den Gleichungen $x = 1$ und $y = -2$.

13
$f(x) = (x + 1)^{-1}$;
$f'(x) = -2 \cdot (x + 1)^{-2} = -\frac{2}{(x + 1)^2}$.
$g(x) = -\frac{2x}{x + 1}$;
$g'(x) = -\frac{2(x + 1) - 2x \cdot 1}{(x - 1)^2} = -\frac{2x + 2 - 2x}{(x - 1)^2}$
$= -\frac{2}{(x - 1)^2}$.
Da die Ableitungen von f und g übereinstimmen unterscheidet sich g von f nur um eine Konstante. Es ist in der Tat
$g(x) = -\frac{2x}{x + 1} = \frac{-2x - 2 + 2}{x + 1} = \frac{-2(x + 1)}{x + 1} + \frac{2}{x + 1} = \frac{2}{x + 1} - 2 = f(x) - 2$.

Aufgaben zum Üben und Wiederholen mit Hilfsmitteln, Seite 231

1
a) $f(x) = \frac{x^2 - 4}{x}$; $f'(x) = \frac{4}{x^2} + 1$ richtig
b) $f(x) = \frac{x^2 + x}{x - 4}$; $f'(x) = \frac{x^2 - 8x + 4}{(x - 4)^2}$ falsch, da $f'(x) = \frac{x^2 - 8x - 4}{(x - 4)^2}$ ist.
c) $f(x) = \frac{x^3}{4} - \frac{2}{x}$; $f'(x) = \frac{6x^4 + 8}{4x^2}$ falsch, da $f'(x) = \frac{3}{4}x^2 + \frac{2}{x^2} = \frac{3x^4 + 8}{4x^2}$ ist.
d) $f(x) = \frac{\sin(x) + x}{\sin(x)}$; $f'(x) = \frac{\sin(x) + x \cdot \cos(x)}{(\sin(x))^2}$ falsch, da $f'(x) = \frac{\sin(x) - x \cdot \cos(x)}{(\sin(x))^2}$ ist.

2
a) $f(x) = \frac{x^2 - 1}{x^2 - 4x + 4} = \frac{(x - 1) \cdot (x + 1)}{(x - 2)^2}$ hat die Nullstellen $x_1 = 1$ und $x_2 = -1$ und die Polstelle $x_0 = 2$. Es liegt ein Pol ohne VZW vor. Wegen $f(1{,}5) = 5$ und $f(4) = 3{,}75$ erfolgt eine Annäherung im positiven y-Bereich an die Asymptote.
b) Gleichungen der Asymptoten: $x = 2$ und $y = 1$.
c) Skizze siehe Figur

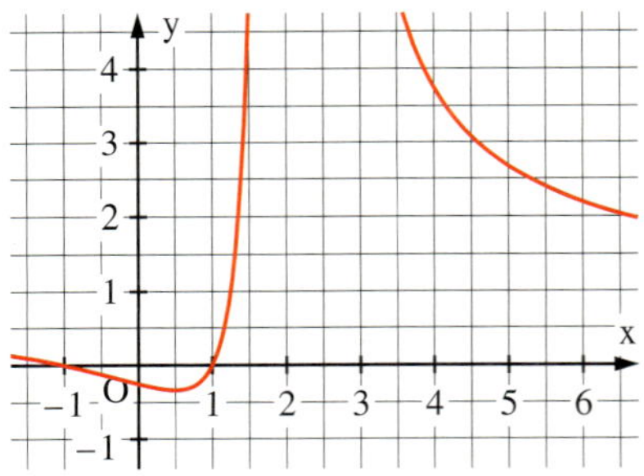

3
a) $f(x) = \frac{ax^2 + bx + 3}{x^2}$. Wegen $f(x) = a + b \cdot x^{-1} + 3x^{-2}$ ist $f'(x) = -b \cdot x^{-2} - 6 \cdot x^{-3} = -\frac{b}{x^2} - \frac{6}{x^3}$. Es muss gelten $f(-1) = 0$; also $a - b + 3 = 0$ und $f'(-1) = -2$, also $-b + 6 = -2$.
Damit ist $b = 8$, $a = 5$ und $f(x) = \frac{5x^2 + 8x + 3}{x^2}$ mit $D_f = \mathbb{R}\setminus\{0\}$.
b) $5x^2 + 8x + 3 = 0$ hat die Lösungen $x_1 = -1$ und $x_2 = -\frac{3}{5}$. Dies sind die Nullstellen von f.
$f(x) = 5 + \frac{8}{x} + \frac{3}{x^2}$; $f'(x) = -\frac{8}{x^2} - \frac{6}{x^3}$;
$f''(x) = \frac{16}{x^3} + \frac{18}{x^4}$; $f'''(x) = -\frac{48}{x^4} - \frac{72}{x^5}$.
Aus $f'(x) = 0$ ergibt sich $-8x - 6 = 0$, also $x_3 = -\frac{3}{4}$; wegen $f''\left(-\frac{3}{4}\right) > 0$ liegt in x_3 ein relatives Minimum vor.
Einziger Extrempunkt ist also der Tiefpunkt $T\left(-\frac{3}{4}\middle|-\frac{1}{3}\right)$.

Aus $f''(x) = 0$ ergibt sich $16x + 18 = 0$, also $x_4 = -\frac{9}{8}$; wegen $f'''\left(-\frac{9}{8}\right) \neq 0$ liegt in x_4 eine Wendestelle vor.
Einziger Wendepunkt ist $W\left(-\frac{9}{8}\middle|\frac{7}{27}\right)$.
Asymptoten sind die Geraden mit den Gleichungen $x = 0$ und $y = 5$.
c) $f(x) = 1$ ergibt die Gleichung $4x^2 + 8x + 3 = 0$; sie besitzt die Lösungen $x_5 = -1{,}5$ und $x_6 = -0{,}5$. Damit ergeben sich die Schnittpunkte $S_1(-1{,}5\,|\,1)$ und $S_2(-0{,}5\,|\,1)$.

4

a) $f(x) = \frac{x^3 + 4x - 1}{x + 1}$. Da das Zählerpolynom $z(x) = x^3 + 4x - 1$ von $f(x)$ vom Grad 3 ist, können höchstens drei Nullstellen vorliegen. Wegen $z'(x) = 3x^2 + 4 > 0$ für alle $x \in D_f$ ist z streng monoton steigend und besitzt damit nur eine Nullstelle: $x_0 \approx 0{,}24626617 \approx 0{,}246$
b) $f'(x) = \frac{(3x^2 + 4)\cdot(x + 1) - (x^3 + 4x - 1)\cdot 1}{(x + 1)^2} = \frac{2x^3 + 3x^2 + 5}{(x - 1)^2}$. Mit dem CAS errechnet man die Nullstelle der Ableitungsfunktion f':
$x_1 \approx -2{,}078617 \approx -2{,}079$. Es ist $f(x_1) \approx 16{,}96194450 \approx 16{,}962$. Der Graph von f besitzt damit den Tiefpunkt $T(-2{,}0791\,|\,16{,}962)$.
c) Es ist

$$(x^3 + 4x - 1) : (x + 1) = x^2 - x + 5 - \frac{6}{x+1}$$
$$\underline{-(x^3 + x^2)}$$
$$-x^2 + 4x$$
$$\underline{-(-x^2 - x)}$$
$$5x - 1$$
$$\underline{-(5x + 5)}$$
$$-6$$

Damit ist die Näherungskurve für große $|x|$ die Parabel mit der Gleichung $y = x^2 - x + 5$.

5

a) $f(x)$ hat die Periode π. f hat im Periodenintervall $[0;\,\pi]$ den Hochpunkt $H\left(\frac{\pi}{4}\middle|\frac{1}{2}\right)$, den Tiefpunkt $T\left(\frac{3}{4}\pi\middle|-\frac{1}{2}\right)$ und den Wendepunkt $W(\pi\,|\,0)$.
f ist mit $f^*(x) = \frac{1}{2}\cdot\sin(2x)$ identisch.

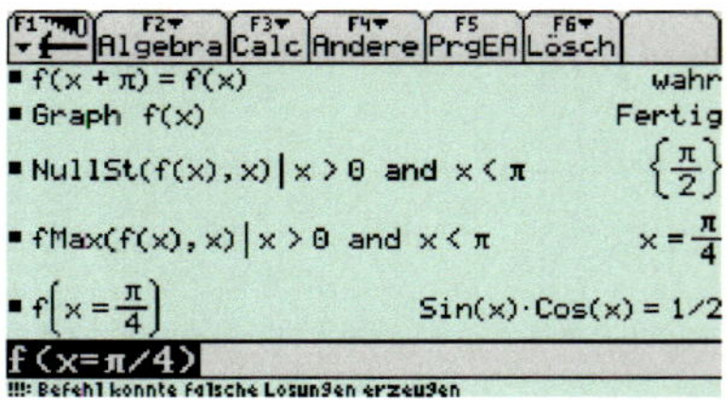

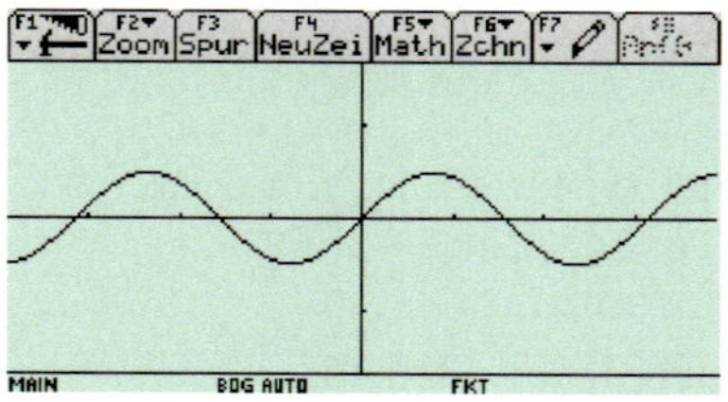

b) $f(x)$ hat die Periode 2π. f hat im Periodenintervall $[0;\,2\pi]$ den Hochpunkt $H(0{,}464\,|\,2{,}236)$, den Tiefpunkt $T(3{,}605\,|\,-2{,}236)$ und die Wendepunkte $W_1(2{,}034\,|\,0)$ und $W_2(5{,}176\,|\,0)$.
f ist mit $f^*(x) = \frac{1}{2}\cdot \text{sind}(2x)$ identisch.

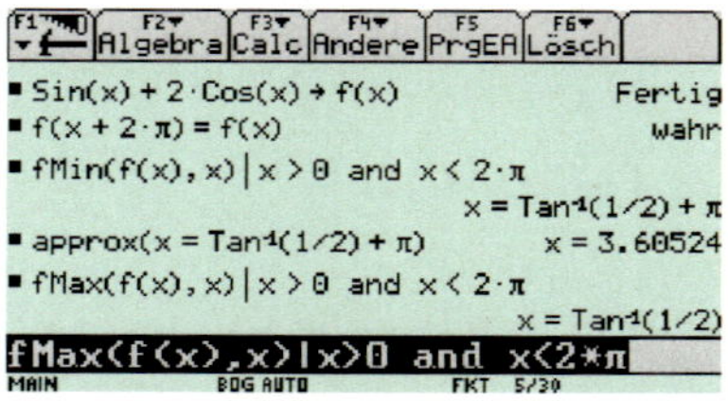

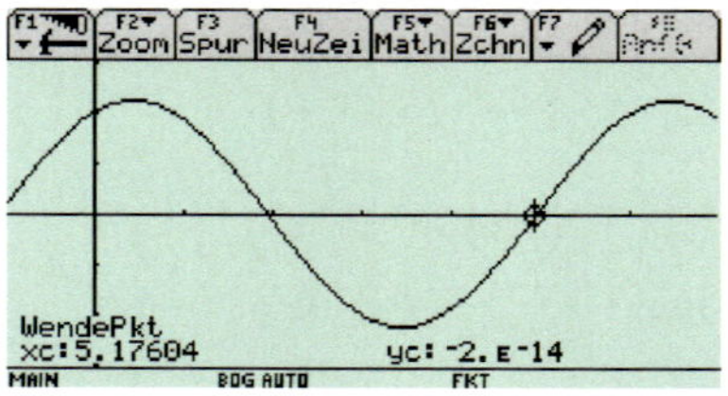

6

a) Die Amplitude des Graphen ist 1,5, die Periode 4. Damit scheidet Funktion (1) aus. Da $f(0) = 1$ ist, scheidet Funktion (2) aus, da für diese Funktion $f(2) = -0{,}5$ ist. (3) ist eine zum Graphen von Fig. 1 gehörige Funktion, da der Graph die Amplitude 1,5 und die Periode 4 hat und um 2 Einheiten nach rechts und 1 nach oben verschoben ist.
Da gilt:
$\sin\left(\frac{\pi}{2}\cdot(x - 2)\right)$
$= \sin\left(\frac{\pi}{2}\cdot x - \pi\right) = \sin\left(\frac{\pi}{2}\cdot x\right)\cdot\cos(\pi)$
$- \cos\left(\frac{\pi}{2}\cdot x\right)\cdot\sin(\pi))$
$= \sin\left(\frac{\pi}{2}\cdot x\right)\cdot(-1) - \cos\left(\frac{\pi}{2}\cdot x\right)\cdot 0$
$= -\sin\left(\frac{\pi}{2}\cdot x\right)$
ist der Funktionsterm (3) mit dem Funktionsterm (4) identisch:
$1{,}5\cdot\sin\left(\frac{\pi}{2}\cdot(x - 2)\right) + 1$
$= -1{,}5\cdot\sin\left(\frac{\pi}{2}\cdot x\right) + 1$.
b) Ein Wendepunkt des Graphen der Funktion s mit $s(x) = \sin(x)$ ist der Punkt $W(0\,|\,0)$. Er entspricht bei dem Graphen von f dem Punkt $W(0\,|\,1)$. Da $f'(x) = -\frac{3}{4}\pi\cdot\cos\left(\frac{\pi}{2}\cdot x\right)$ erhält man
$f'(0) = -\frac{3}{4}\pi\cdot\cos\left(\frac{\pi}{2}\cdot 0\right) = -\frac{3}{4}\pi\cdot 1 = -\frac{3}{4}\pi$.
Damit ist die Gleichung der Wendetangente in $W(0\,|\,1)$: $y - 1 = -\frac{3}{4}\pi\cdot x$, also $y = -\frac{3}{4}\pi\cdot x + 1$.
c) Mit dem CAS errechnet man z. B. zuerst die Nullstellen von f: $x_0 \approx 0{,}46456$; $x_1 \approx 1{,}53544$; $x_2 \approx 4{,}46455$.
Damit bestimmt man die unterhalb der x-Achse gelegene Fläche zu
$A_u = -\int_{x_0}^{x_1} f(x)\,dx \approx 0{,}3526$ und die oberhalb der x-Achse gelegene Fläche
$A_o = \int_{x_1}^{x_2} f(x)\,dx \approx 4{,}3526$.
Man erhält dann das Verhältnis $V = \frac{0{,}3526}{4{,}3526} \approx 0{,}081 = \frac{81}{1000} = \frac{8{,}1}{100}$. Damit beträgt der Inhalt der unterhalb der x-Achse gelegenen Fläche ca. 8,1 % der oberhalb der x-Achse gelegenen Fläche.

7

a) Es ist $a = \frac{1+3}{2} = 2$ und $b = \frac{3-1}{2} = 1$.
Damit gilt $h(t) = 2 + \cos\left(\frac{\pi}{6}\cdot t\right)$.
Die Periode $p = \frac{2\pi}{\frac{\pi}{6}} = 12$.

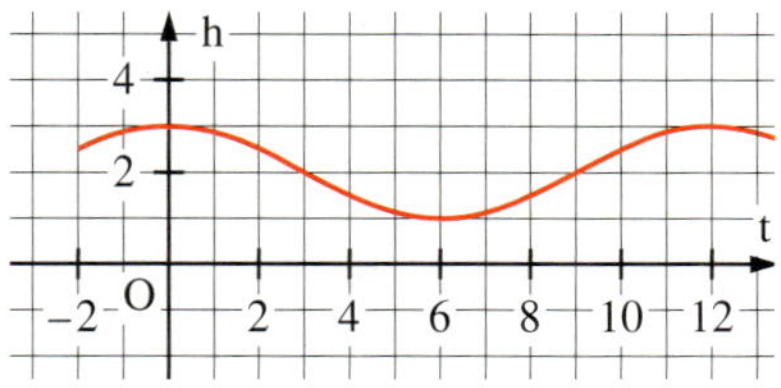

b) Gesucht $h(t) \leqq 1{,}5$, also $2 + \cos\left(\frac{\pi}{t}\cdot t\right) \leqq 1{,}5$, also $\cos\left(\frac{\pi}{6}\cdot t\right) \leqq -0{,}5$. Dazu bestimmt man die Schnittstellen der Funktionen $c(t) = \cos\left(\frac{\pi}{6}\cdot t\right)$ und $g(t) = -0{,}5$:
Man erhält die Stellen $t_0 = 4$ und $t_1 = 8$. Damit liegt der Pegel 4 Stunden unter 1,5 m.
c) Das Wasser steigt maximal dort, wo die Steigung $h'(t) = -\sin\left(\frac{\pi}{6}\cdot t\right)\cdot\frac{\pi}{6}$ maximal ist, also an der Wendestelle bei $t_2 = 9$. Es ist dort $h'(9) = -\sin\left(\frac{\pi}{6}\cdot 9\right)\cdot\frac{\pi}{6} = \frac{\pi}{6} \approx 0{,}524$. Die zugehörige Einheit ist $\frac{m}{h}$.

Wir rechnen also um:
$0{,}524 \cdot \frac{\pi}{6} = 0{,}524 \frac{100\,\text{cm}}{60\,\text{min}} = \frac{5{,}24}{6}\frac{\text{cm}}{\text{min}} \approx 0{,}87 \frac{\text{cm}}{\text{min}}$.

Der Pegel steigt maximal knapp 1 cm pro Minute.
d) Das zweite Drittel der Zeitspanne zwischen Niedrig- und Hochwasser beginnt bei $t = 8$ und endet bei $t = 10$.
Es ist $h(8) = 2 + \cos\left(\frac{\pi}{6} \cdot 8\right) = 1{,}5$ und $h(10) = 2 + \cos\left(\frac{\pi}{6} \cdot 10\right) = 2{,}5$. Damit ist die Differenz 1 m und dies ist die Hälfte der Gesamtzunahme der Wasserhöhe. Damit ist die Faustregel richtig.

Aufgaben zum Üben und Wiederholen ohne Hilfsmittel, Seite 248

1
Graphen zu a), b) und c):

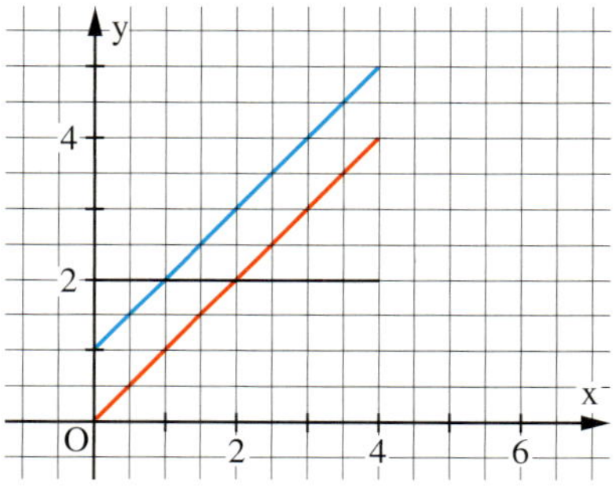

a) Zylinder mit Radius r = 2 und Höhe h:
$V = \pi \cdot \int_0^h 2^2\,dx = 4\pi \cdot h$; nach Formel:
$V = \pi \cdot r^2 \cdot h = 4\pi \cdot h$.
b) Kegel mit Radius r = h und Höhe h:
$V = \pi \cdot \int_0^h x^2\,dx = \pi \cdot \left[\frac{x^3}{3}\right] = \frac{\pi}{3} \cdot h^3$; nach Formel: $V = \frac{1}{3}\pi \cdot r^2 h = \frac{1}{3}\pi \cdot h^3$.
c) Kegelstumpf mit $r_1 = 1$ und $r_2 = h$ und Höhe h:
$V = \pi \cdot \int_0^h (x+1)^2\,dx = \pi \cdot \left[\frac{(x+1)^3}{3}\right]_0^h =$
$= \frac{\pi}{3} \cdot ((h+1)^3 - 1) = \frac{\pi}{3} h \cdot (h^2 + 3h + 3)$;
nach Formel: $V = \frac{1}{3}\pi \cdot h \cdot (r_1^2 + r_1 \cdot r_2 + r_2^2) =$
$= \frac{1}{3}\pi \cdot h \cdot (1^2 + 1 \cdot (h+1) + (h+1)^2) =$
$= \frac{1}{3}\pi \cdot h \cdot (h^2 + 3h + 3)$

2
a) A = 2
b) Parabel $g(x) = ax^2 + bx + c$ durch $H\left(\frac{\pi}{2}\middle|1\right)$; $N_1(0|0)$; $N_2(\pi|0)$ ergibt:
$g(0) = 0$: $c = 0$
$g(\pi) = 0$: $a\pi^2 + b\pi = 0$
$g\left(\frac{\pi}{2}\right) = 1$: $a \cdot \frac{\pi^2}{4} + b \cdot \frac{\pi}{2} = 1$
Daraus $g(x) = -\frac{4}{\pi^2} \cdot x^2 + \frac{4}{\pi} \cdot x$.
$A = \int_0^\pi \left(-\frac{4}{\pi^2} \cdot x^2 + \frac{4}{\pi} \cdot x\right) dx = \frac{2}{3}\pi \approx 2{,}094$.
c) Mittelwert $m = \frac{1}{\pi} \cdot \int_0^\pi \sin(x)\,dx = \frac{2}{\pi}$.

Inhalt des zugehörigen Rechtecks
$A = m \cdot \pi = 2$ (exakter Wert).

d) $V = \pi \cdot \int_0^\pi (\sin(x))^2\,dx =$
$= \pi \cdot \int_0^\pi \sin(x) \cdot \sin(x)\,dx =$
$= \left[-\pi \cdot \sin(x) \cdot \cos(x)\right]_0^\pi +$
$+ \pi \cdot \int_0^\pi \cos(x) \cdot \cos(x)\,dx$
$= 0 + \pi \cdot \int_0^\pi (1 - (\sin(x))^2\,dx =$
$= \pi \cdot \int_0^\pi 1\,dx - \pi \cdot \int_0^\pi (\sin(x))^2\,dx =$
$= \pi^2 - \pi \cdot \int_0^\pi (\sin(x))^2\,dx$.
Daraus $2\pi \cdot \int_0^\pi (\sin(x))^2\,dx = \pi^2$, also $V = \frac{\pi^2}{2}$.

3
a) Mit $(u(x) = x,\ v'(x) = \cos(x))$ gilt:
$\int_0^\pi x \cdot \cos(x)\,dx =$
$\left[x \cdot \sin(x)\right]_0^\pi - \int_0^\pi 1 \cdot \sin(x)\,dx =$
$\left[x \cdot \sin(x)\right]_0^\pi + \left[\cos(x)\right]_0^\pi = -2$
b) Mit $(u(x) = \ln(x);\ v'(x) = x))$ gilt:
$\int_1^e 4x \cdot \ln(x)\,dx =$
$\left[2x^2 \cdot \ln(x)\right]_1^e - \int_1^e 2x^2 \cdot \frac{1}{x} \cdot dx =$
$\left[2x^2 \cdot \ln(x)\right]_1^e - \left[x^2\right]_1^e = e^2 + 1$
c) Substitution $g(x) = x^2$ ergibt $f(z) = e^z$;
Ableitung $g'(x) = 2x$; $g(0) = 0$; $g(1) = 1$
$\int_0^1 x \cdot e^{x^2}\,dx = \frac{1}{2}\int_0^1 e^{x^2} \cdot 2x\,dx = \frac{1}{2}\int_0^1 e^u \cdot du =$
$\left[\frac{1}{2}e^u\right]_0^1 = \frac{e-1}{2}$

d) Substitution $g(x) = \sin(x)$ ergibt $f(z) = z^3$; Ableitung $g'(x) = \cos(x)$;
$g(0) = 0$; $g\left(\frac{\pi}{2}\right) = 1$
$\int_0^{\frac{\pi}{2}} (\sin(x))^3 \cdot \cos(x)\,dx = \int_0^1 z^3\,dz =$
$= \left[\frac{1}{4}z^4\right]_0^1 = \frac{1}{4}$

e) Substitution $g(x) = \sin(x)$ ergibt $f(z) = z^{-2}$; Ableitung $g'(x) = \cos(x)$;
$g(0) = \frac{1}{2}$; $g\left(\frac{\pi}{2}\right) = 1$
$\int_{\frac{\pi}{6}}^{\frac{\pi}{2}} (\sin(x))^{-2} \cdot \cos(x)\,dx = \int_{\frac{1}{2}}^1 z^{-2}\,dz =$
$= \left[-z^{-1}\right]_{\frac{1}{2}}^1 = -1 + 2 = 1$
f) $\int_1^e \frac{1}{x} \cdot \ln(x)\,dx =$
$\left[\ln(x) \cdot \ln(x)\right]_1^e - \int_1^e \ln(x) \cdot \frac{1}{x} \cdot dx =$
$= \left[(\ln(x))^2\right]_1^e - \int_1^e \frac{1}{x} \cdot \ln(x)\,dx$
$\left(u(x) = \ln(x);\ v'(x) = \frac{1}{x}\right)$ also
$2 \cdot \int_1^e \frac{1}{x} \cdot \ln(x)\,dx = \left[\ln(x) \cdot \ln(x)\right]_1^e$ und damit
$\int_1^e \frac{1}{x} \cdot \ln(x)\,dx = \left[\frac{1}{2} \cdot (\ln(x))^2\right]_1^e = \frac{1}{2}$

4
Mögliche Funktionen sind $f(x) = 1$; $g(x)\ \sqrt{3} \cdot x$; $h(x) = \sqrt{2x}$

5
a) Grundfunktionen:
$f(x) = x,\ x^2,\ x^3,\ \ldots\ x^n$
$f(x) = ax^n + bx^{n-1} + \ldots + c$
$f(x) = e^x$
$f(x) = \ln(x)$
$f(x) = \sin(x),\ \cos(x)$
$f(x) = \frac{1}{x}$
$f(x) = \frac{1}{x^n}$
Regeln: Substitution, Produktintegration, lineare Verkettung, Linearität des Integrals.
b)

Produktintegration	Substitution
$\int 3x \cdot e^{2x}\,dx$	$\int \frac{4}{x \cdot \ln(x)}\,dx$
$\int x \cdot e^x\,dx$	$\int \frac{x}{2(1+x^2)^3}\,dx$
$\int x^2 \cdot \cos(x)\,dx$	$\int \frac{1}{\sqrt{1-x^2}}\,dx$

c) Nicht bestimmbar:
$\int \frac{1}{x^4+1}\,dx$; $\int \frac{x}{x^3+1}\,dx$; $\frac{1}{x\cdot\sqrt{3x^2+5}}\,dx$.

Auf die Suche gehen in der Formelsammlung oder mit dem PC versuchen!

6

a) $s_t = \frac{1}{t}$

b) Die von C_t und den Geraden mit den Gleichungen $x = s_t$ und $y = 0$ begrenzte nach rechts ins Unendliche reichende Fläche hat den Inhalt $A_1 = t^2$.
Die von K und den Geraden mit den Gleichungen $x = s_t$ und $y = 0$ begrenzte nach rechts ins Unendliche reichende Fläche hat den Inhalt $A_2 = \frac{1}{2}t^2$.
Also ist $A_1 = 2\cdot A_2$.

7

Ist $r_1 = m x_1$ und $r_2 = m x_2$, so gilt

$$V = \pi\cdot\int_{x_1}^{x_2}(mx)^2\,dx = \pi\left[\tfrac{1}{3}m^2x^3\right]_{x_2}^{x_1}$$
$$= \tfrac{1}{3}\pi m^2(x_2^3 - x_1^3)$$
$$= \tfrac{1}{3}\pi m^2(x_2 - x_1)(x_2^2 + x_1x_2 + x_1^2).$$

Mit $h = x_2 - x_1$ erhält man

$$V = \tfrac{1}{3}\pi h m^2(x_2^2 + x_1x_2 + x_1^2)$$
$$= \tfrac{1}{3}\pi h((mx_2)^2 + mx_1\cdot mx_2 + (mx_1)^2)$$
$$= \tfrac{1}{3}\pi h(r_1^2 + r_1r_2 + r_2^2).$$

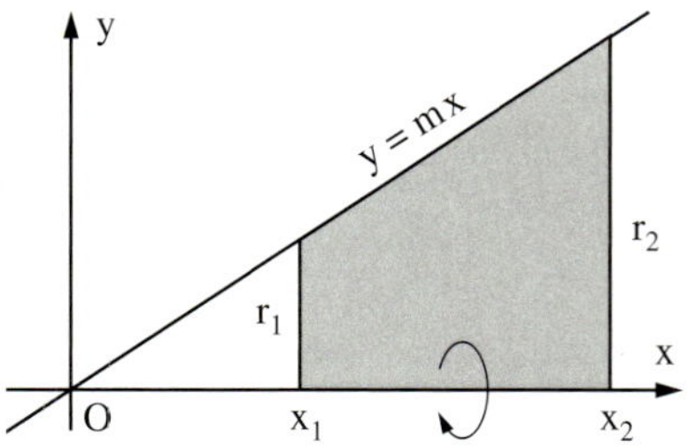

8

$$V = \int_0^{10} 0{,}1\cdot t\cdot e^{0{,}1t}\,dt$$
$$= \left[t\cdot e^{0{,}1t}\right]_0^{10} - \int_0^{\frac{1}{6}} e^{0{,}1t}\,dt$$
$$= \left[t\cdot e^{0{,}1t}\right]_0^{10} - \left[10\,e^{0{,}1t}\right]_0^{10}$$
$$= \left[(t-10)\cdot e^{0{,}1t}\right]_0^{10} = 0 - (-10) = 10.$$

Dabei ist $u(t) = 0{,}1\,t$; $v'(t) = e^{0{,}1\cdot t}$ und damit $u'(t) = 0{,}1$; $v(t) = 10\cdot e^{0{,}1\cdot t}$.
Es fließen in 10 Minuten bereits $10\,m^3$ in das Auffangbecken.

Aufgaben zum Üben und Wiederholen mit Hilfsmitteln, Seite 249

1

a) Für $b > 1$ ist $J = \int_1^b f(x)\,dx = 6 - \frac{6}{b}$;
für $b \to +\infty$ gilt $J \to 6$; die Fläche hat den Flächeninhalt 6.

b) Für $a < 2$ ist
$J = \int_a^2 f(x)\,dx = \frac{3}{2} + \frac{3}{2(2a-5)}$; für $a \to -\infty$ gilt $J \to \frac{3}{2}$; die Fläche hat den Inhalt $\frac{3}{2}$.

c) Für $b > 0$ ist
$J = \int_0^b f(x)\,dx = \frac{1}{2}e^3 - \frac{1}{2}e^{3-2b}$; für $b \to +\infty$ gilt $J \to \frac{1}{2}e^3$; die Fläche hat den Inhalt $\frac{1}{2}e^3$.

2

a) $\frac{3}{16}\pi$ b) $\left(\frac{1}{2}e^6 - \frac{11}{4}\right)\pi$

3

a) $\int_0^3 (g(x) - f(x))\,dx = 0$ ergibt $m = 1$.

b) $\int_0^3 (g(x) - f(x))\,dx = \frac{3}{2}$ ergibt $m = \frac{4}{3}$.

c) $\pi\int_0^{2m} [(g(x))^2 - (f(x))^2]\,dx$
$= \pi\int_{2m}^{3} [(f(x))^2 - (g(x))^2]\,dx$ ergibt
$m = \frac{3}{10}\sqrt{15}$.

4

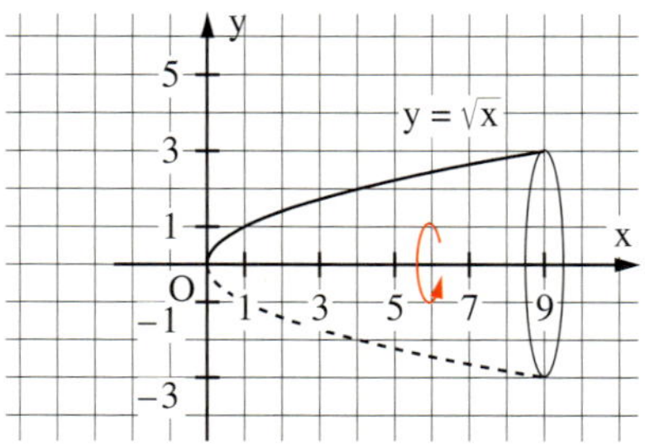

a) Die Form des Sektglases ergibt sich durch die Rotation des Graphen von f mit $f(x) = \sqrt{x}$ um die x-Achse.
Für das Volumen gilt:

$$V = \pi\int_0^9 \left(\sqrt{x}\right)^2 dx = \pi\int_0^9 x\,dx = \pi\left[\tfrac{1}{2}x^2\right]_0^9$$
$$= 40{,}5\cdot\pi \approx 127{,}2$$

Das Glas fasst etwa $127{,}2\,cm^3$.

b) Gesucht ist z mit

$$\pi\int_0^z \left(\sqrt{x}\right)^2 dx = 100$$
$$\pi\left[\tfrac{1}{2}x^2\right]_0^z = 100$$
$$\tfrac{1}{2}\pi z^2 = 100$$
$$z = \sqrt{\tfrac{200}{\pi}} \approx 8{,}0.$$

0,1 Liter stehen in dem Glas etwa 8 cm hoch.

5

Mittlere Tagestemperatur in °C:
$T = \frac{1}{24}\int_0^{24} T(t)\,dt = -\frac{2}{5}$.

6

$V = \frac{64}{15}\pi$

7

a) $\frac{1}{4}e^3 - \frac{3}{4}e$

b) $4\pi\cdot\sin(1) + 4\pi^2\cdot\cos(1)$

c) $\frac{1}{2}\cdot\ln(5)$ mit logarithmischer Integration

d) $e^3 - 1$ mit $z = g(x) = 4 - x^2$

8

Es sei f(t) die Anzahl der Schädlinge zur Zeit t (in Tagen).
Ansatz: $f(t) = 10000\cdot e^{kt}$.
Wegen $f(5) = 20000$ gilt:
$20000 = 10000\cdot e^{kt}$; $k = \frac{\ln(2)}{5}$. Also
$f(t) = 10000\cdot e^{\frac{\ln(2)}{5}\cdot t}$ (t in Tagen).
1000 Schädlinge fressen pro Tag 1,2 kg Blattmasse. Für den momentanen Blattfraß (in kg/Tag) gilt:
$m(t) = \frac{f(t)}{1000}\cdot 1{,}2 = 12\cdot e^{\frac{\ln(2)}{5}\cdot t}$.
In 30 Tagen wird gefressen:
$\int_0^{30} m(t)\,dt = \int_0^{30} 12\cdot e^{\frac{\ln(2)}{5}\cdot t}\,dt = \left[\frac{12\cdot 5}{\ln(2)}\cdot e^{\frac{\ln(2)}{5}\cdot t}\right]_0^{30}$
≈ 5453.
Die Schädlinge fressen etwa 5453 kg ab.

9

a)

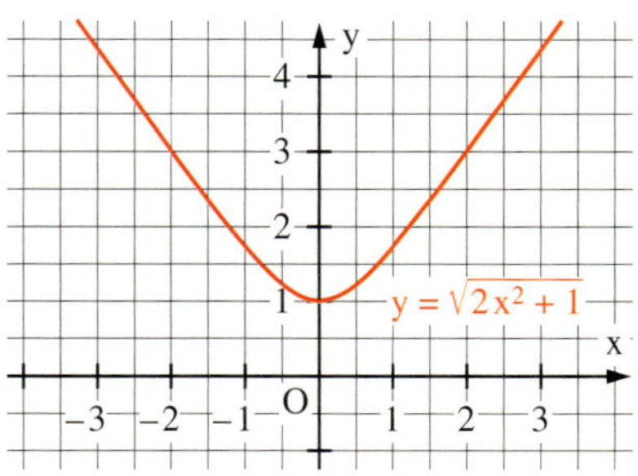

b) Zu bestimmen ist ein Näherungswert

für $A = \int_0^2 \sqrt{2x^2 + 1}\,dx$.

$S_4 = \frac{2}{8}\left(1 + 2\cdot\sqrt{1{,}5} + 2\cdot\sqrt{3} + 2\cdot\sqrt{5{,}5} + 3\right)$

$\approx 3{,}6510$.

$T_4 = \frac{2\cdot 2}{4}\left(\sqrt{1{,}5} + \sqrt{5{,}5}\right) \approx 3{,}5700$.

c) $V = \pi\int_0^2 (2x^2 + 1)\,dx$

$= \frac{22}{3}\pi \approx 23{,}04$

Aufgaben zum Üben und Wiederholen ohne Hilfsmittel, Seite 284

1

a) Je Seitenfläche 4 Pfeile; also insgesamt 24 Pfeile (Deck- und Grundfläche werden als Seitenflächen gezählt).
b) Je Seitenflächenpaar 4 Vektoren; also 12 Vektoren.
c) Jeweils die beiden Vektoren, deren Pfeile parallel zu einer Diagonalen sind.

2

$\vec{a} = \begin{pmatrix}-4\\3\end{pmatrix}$; $\vec{b} = \begin{pmatrix}3\\1\end{pmatrix}$; $\vec{a} + \vec{b} = \begin{pmatrix}-4+3\\3+1\end{pmatrix} = \begin{pmatrix}-1\\4\end{pmatrix}$;

$\vec{a} - \vec{b} = \begin{pmatrix}-4-3\\3-1\end{pmatrix} = \begin{pmatrix}-7\\-2\end{pmatrix}$;

$\vec{b} - \vec{a} = \begin{pmatrix}3+(-4)\\1-3\end{pmatrix} = \begin{pmatrix}7\\-2\end{pmatrix}$

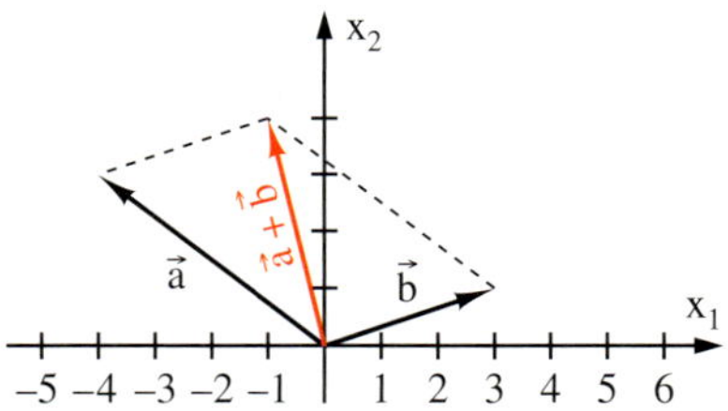

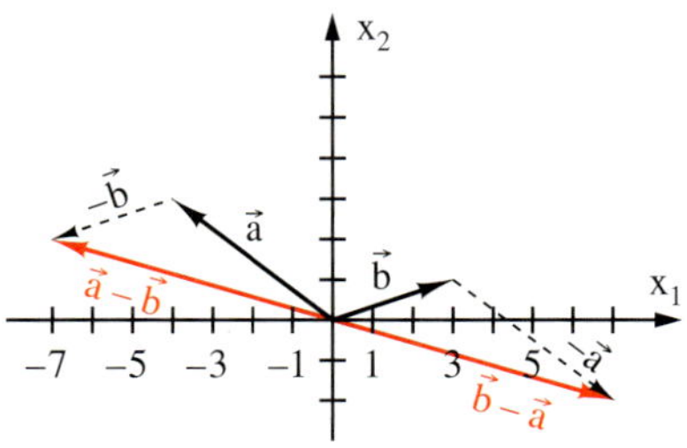

3

a) $P(14|12)$ b) $P\left(\frac{13}{3}\middle|\frac{22}{3}\middle|\frac{17}{3}\right)$

4

$\begin{pmatrix}1\\2\\4\end{pmatrix} = (-8)\cdot\begin{pmatrix}1\\2\\1\end{pmatrix} + 12\cdot\begin{pmatrix}0\\1\\1\end{pmatrix} + 3\cdot\begin{pmatrix}3\\2\\0\end{pmatrix}$

5

a) $\vec{c} = -\vec{b}$; $\vec{d} = -\vec{a}$; $\vec{e} = \vec{b} - \vec{a}$
b) $\vec{a} = -\vec{d}$; $\vec{b} = \vec{e} - \vec{d}$; $\vec{c} = \vec{d} - \vec{e}$

6

a) $r(\vec{a} + 2\vec{c}) + s(\vec{a} - \vec{b} - \vec{c}) + t(\vec{a} + \vec{b} + \vec{c})$

$= \vec{o} \Rightarrow \begin{cases} r + s + t = 0 \\ 2r - s + t = 0 \\ -s + t = 0 \end{cases} \Rightarrow r = s = t = 0$

b) $r(2\vec{a} + 3\vec{b} + 5\vec{c}) + s(\vec{a} + 2\vec{b} - \vec{c}) + t\vec{b}$

$= \vec{o} \Rightarrow \begin{cases} 2r + s = 0 \\ 3r + 2s + t = 0 \\ 5r - s = 0 \end{cases} \Rightarrow r = s = t = 0$

c) $r(\vec{a} + 2\vec{b}) + s(3\vec{a} - \vec{c} + t(\vec{b} + \vec{c}) =$

$= \vec{o} \Rightarrow \begin{cases} r + 3s = 0 \\ 2r + t = 0 \\ -3s + t = 0 \end{cases} \Rightarrow r = s = t = 0$

d) $r\vec{a} + s(3\vec{a} + 2\vec{b} - 7\vec{c}) + t(3\vec{b} - \vec{c})$

$= \vec{o} \Rightarrow \begin{cases} r + s = 0 \\ 2s + 3t = 0 \\ -7s - t = 0 \end{cases} \Rightarrow r = s = t = 0$

7

a) Die Vektoren sind linear unabhängig.
b) Die Vektoren sind linear unabhängig.
c) Die Vektoren sind linear abhängig.

$\begin{pmatrix}0\\0\\0\end{pmatrix} = 0\cdot\begin{pmatrix}5\\7\\-9\end{pmatrix} + 0\cdot\begin{pmatrix}-1\\-4\\3\end{pmatrix}$

8

a) $a = 3$ b) $a = -6$ c) $a = 1$ d) $a = 0$

9

a) g: $\vec{x} = \begin{pmatrix}-1\\2\\-3\end{pmatrix} + t\begin{pmatrix}6\\6\\10\end{pmatrix}$; P liegt auf g.

b) g: $\vec{x} = \begin{pmatrix}-6\\5\\3\end{pmatrix} + t\begin{pmatrix}10\\-7\\3\end{pmatrix}$; P liegt nicht auf g.

10

a) Strecke AB: $\vec{x} = \begin{pmatrix}1\\1\\1\end{pmatrix} + t\begin{pmatrix}4\\4\\8\end{pmatrix}$ mit $0 \leqq t \leqq 1$.

Es ist $\begin{pmatrix}2\\2\\3\end{pmatrix} = \begin{pmatrix}1\\1\\1\end{pmatrix} + t\begin{pmatrix}4\\4\\8\end{pmatrix}$ für $t = \frac{1}{4}$.

Damit liegt T auf g.

b) Strecke AB: $\vec{x} = \begin{pmatrix}-2\\-3\\5\end{pmatrix} + t\begin{pmatrix}3\\6\\9\end{pmatrix}$ mit $0 \leqq t \leqq 1$.

Es ist $\begin{pmatrix}0\\1\\11\end{pmatrix} = \begin{pmatrix}-2\\-3\\5\end{pmatrix} + t\begin{pmatrix}3\\6\\9\end{pmatrix}$ für $t = \frac{2}{3}$.

Damit liegt T auf g.

11

a) g und h sind zueinander windschief.
b) g und h sind identisch.
c) g und h schneiden sich in dem Punkt $S(3|3|9)$.
d) g und h sind zueinander parallel und haben keine gemeinsamen Punkte.

Aufgaben zum Üben und Wiederholen mit Hilfsmitteln, Seite 285

1

a) $\overrightarrow{AB} = \begin{pmatrix}2\\2\\1\end{pmatrix}$; $|\overrightarrow{AB}| = 3$;

$\overrightarrow{BC} = \begin{pmatrix}3\\0\\0\end{pmatrix}$; $|\overrightarrow{BC}| = 3$

$D(6|4|5)$; $M(5{,}5|5|5{,}5)$

b) $S_1\left(5{,}5\,|\,5 + 2\sqrt{5}\,|\,5{,}5 - 4\sqrt{5}\right)$;
$S_2\left(5{,}5\,|\,5 - 2\sqrt{5}\,|\,5{,}5 + 4\sqrt{5}\right)$

2

Das Objekt befindet sich nach 30 Minuten im Punkt $P\left(\frac{13}{3}\middle|\frac{16}{3}\middle|\frac{17}{3}\right)$.

3

a) Definiert man ein Koordinatensystem so, dass der Ursprung mit der hinteren linken Würfelecke zusammenfällt und wählt man als Längeneinheit die Länge einer Würfelkante, dann sind folgende Geraden zu betrachten:

g: $\vec{x} = t\cdot\begin{pmatrix}1\\1\\1\end{pmatrix}$ und h: $\vec{x} = \begin{pmatrix}1\\0{,}5\\0\end{pmatrix} + t\cdot\begin{pmatrix}-1\\0\\1\end{pmatrix}$;

g und h schneiden sich im Punkt $S(0{,}5|0{,}5|0{,}5)$.

b) Die Geraden g: $\vec{x} = \begin{pmatrix}-3\\0\\0\end{pmatrix} + s\begin{pmatrix}0\\6\\5\end{pmatrix}$ und

h: $\vec{x} = \begin{pmatrix}-6\\4\\0\end{pmatrix} + t\begin{pmatrix}4{,}5\\-3{,}5\\2{,}5\end{pmatrix}$ sind windschief.

c) g, h schneiden sich in $S\left(\frac{2}{3}\middle|\frac{7}{3}\middle|\frac{2}{3}\right)$;
h, i schneiden sich in E;
g, i schneiden sich in $T\left(1\middle|3\middle|\frac{1}{2}\right)$;
h, k schneiden sich in B;
g, k sind windschief.
i, k sind windschief.

4

a), c), d) Die drei Punkte liegen auf einer Geraden.
b) Die drei Punkte liegen nicht auf einer Geraden.

5

a) Die Geraden g und h sind zueinander windschief.
b) Die Geraden g und h schneiden sich im Punkt $S(6|1|3)$.
c) Die Geraden g und h sind zueinander parallel und verschieden.
d) Die Geraden g und h schneiden sich im Punkt $S(7|-1|7)$.

6

a) $D(-3|-3|0)$
b) Die Geraden durch A und B sowie S und C sind zueinander windschief.
c) Figur

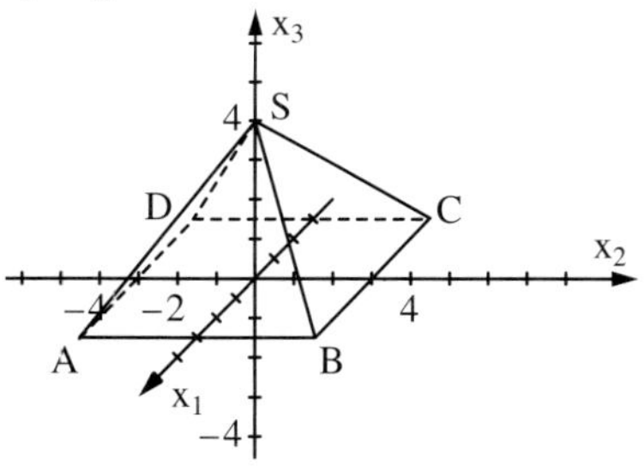

Aufgaben zum Üben und Wiederholen ohne Hilfsmittel, Seite 318

1

a) Da
$$\overrightarrow{OA} + \overrightarrow{OC} = \begin{pmatrix}6\\7\\7\end{pmatrix} + \begin{pmatrix}2\\6\\9\end{pmatrix} = \begin{pmatrix}8\\13\\15\end{pmatrix} = \overrightarrow{OB}$$
liegen O, A, B und C in einer Ebene.
b) Da $\overrightarrow{OB} \cdot \overrightarrow{AC} = \begin{pmatrix}8\\13\\15\end{pmatrix} \cdot \begin{pmatrix}-4\\-1\\3\end{pmatrix} = 0$, sind die Diagonalen OB und AC zueinander orthogonal.
c) Da $|\overrightarrow{OA}| = 11 = |\overrightarrow{OB}|$, aber $\overrightarrow{OA} \cdot \overrightarrow{OB} \neq 0$, ist das Viereck eine Raute, aber kein Quadrat.

2

Am günstigsten ist hier die Parameterform. Z.B. $\vec{x} = \begin{pmatrix}2\\4\\7\end{pmatrix} + r\begin{pmatrix}-5\\-9\\-1\end{pmatrix} + s\begin{pmatrix}4\\8\\-7\end{pmatrix}$;

3

a) $\left[\vec{x} - \begin{pmatrix}4\\-2\\1\end{pmatrix}\right] \cdot \begin{pmatrix}3\\-1\\5\end{pmatrix} = 0.$
b) $3x_1 - x_2 + 5x_3 = 19$

4

a) $\vec{x} = \begin{pmatrix}0\\-5\\2\end{pmatrix} + t\begin{pmatrix}2\\5\\1\end{pmatrix}$
b) (Zwischenergebnis: $t = 2$)
$F(4|5|4)$

5

a) g und E schneiden sich, sie haben genau einen gemeinsamen Punkt (Sonderfall: g und E sind zueinander orthogonal.)
oder
g und E sind zueinander parallel und sie haben keine gemeinsamen Punkte oder
g liegt ganz in E, alle Punkte von g gehören zu E.
b) Ist der Normalenvektor $\vec{n} = \begin{pmatrix}a_1\\a_2\\a_3\end{pmatrix}$ der Ebene ein Vielfaches von $\vec{u}$, so ist g orthogonal zu E.
Ist $\vec{n} \cdot \vec{u} = 0$, so ist g parallel zu E.
c) g und E schneiden sich im Punkt $S(-6|2|-5)$.

6

a) Die Ebenen sind zueinander orthogonal.
b) Die Ebenen sind zueinander parallel.

7

a) 2 Fälle sind zu unterschieden: keine Lösung oder unendlich viele Lösungen. (Der Fall genau einer Lösung kann bei 2 Gleichungen mit 3 Variablen nicht auftreten.)
b) Keine Lösung: die Ebenen sind zueinander parallel.
Unendlich viele Lösungen: Die Ebenen schneiden sich in einer Geraden oder fallen zusammen.

8

a) Die Länge des Lotes vom Punkt zur Ebene, d. h. bis zum Lotfußpunkt.
b) Gleichung der Lotgeraden:
$\vec{x} = \begin{pmatrix}-2\\3\\5\end{pmatrix} + t\begin{pmatrix}2\\-1\\2\end{pmatrix}$.
(Zwischenergebnis $t = -\frac{1}{3}$ ergibt den)
Lotfußpunkt: $F\left(-2\frac{2}{3}\middle|3\frac{1}{3}\middle|4\frac{1}{3}\right)$
Abstand: $|\overrightarrow{RF}| = 1$.

9

a) Form: Rechtwinklig mit rechtem Winkel bei A.
Lage: Es liegt ganz in der Ebene
E: $x_2 = -2$.
b) Flächeninhalt:
$\frac{1}{2} \cdot |\overrightarrow{AB}| \cdot |\overrightarrow{AC}| = \frac{1}{2} \cdot 20 \cdot 15 = 150$
c) Da das Dreieck ABC in der Ebene E: $x_2 = -2$ liegt, ergibt sich der Abstand sofort als Koordinatendifferenz:
$6 - (-2) = 8$.
Dieser Abstand ist zugleich die Höhe der Pyramide.
d) $V = \frac{1}{3} \cdot 150 \cdot 8 = 400$

Aufgaben zum Üben und Wiederholen mit Hilfsmitteln, Seite 319

1

a) $\overline{AB} = 2\sqrt{34} \approx 11{,}7$,
$\overline{BC} = \frac{3}{2}\sqrt{41} \approx 9{,}6$, $\overline{AC} = 12{,}6$,
$\alpha = 46{,}7°$, $\beta \approx 71{,}3°$, $\gamma = 62{,}1°$
b) $\overline{AB} = 50$, $\overline{BC} = 10\sqrt{58} \approx 76{,}2$,
$\overline{AC} = 10\sqrt{65} \approx 80{,}6$,
$\alpha \approx 66{,}6°$, $\beta \approx 76{,}3°$, $\gamma = 37{,}1°$

2

a) g: $\vec{x} = \begin{pmatrix} 0 \\ 0 \\ 3 \end{pmatrix} + s\begin{pmatrix} -5 \\ 3 \\ 0 \end{pmatrix}$.
Gleichsetzen mit der Gleichung von h ergibt das LGS

$$\begin{cases} -5s = -5t \\ 3s = -1{,}5 + 6t \\ 3 + 3s = 4{,}5 - 3t \end{cases}$$

Als Lösung folgt $s = 0{,}5$ und $t = 0{,}5$.
Einsetzen in einer der Geradengleichungen ergibt den Schnittpunkt
$P(-2{,}5\,|\,1{,}5\,|\,3)$.
b) Z. B.: $\vec{x} = \begin{pmatrix} 0 \\ 0 \\ 3 \end{pmatrix} + s\begin{pmatrix} -5 \\ 3 \\ 0 \end{pmatrix} + t\begin{pmatrix} -5 \\ 6 \\ -3 \end{pmatrix}$,
$3x_1 + 5x_2 + 5x_3 = 15$
c) Spurpunkte:
$S_1(5\,|\,0\,|\,0)$; $S_2(0\,|\,3\,|\,0)$; $S_3(0\,|\,0\,|\,3)$

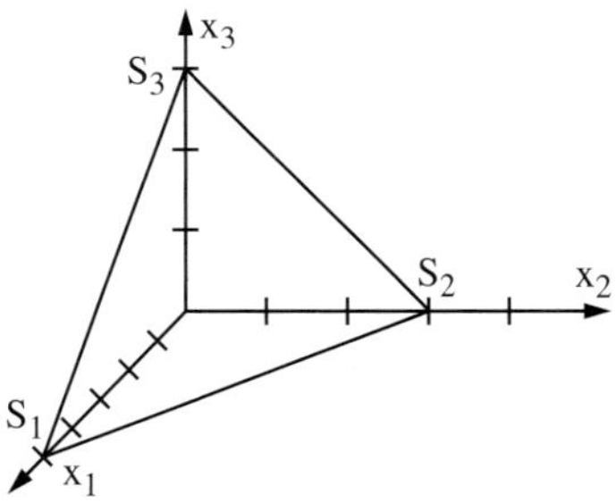

d) (1): ≈ 28,2°
(2): ≈ 31,0°
(3): ≈ 23,0°
(4): ≈ 49,4°

3

a) $3x_1 - 2x_2 + x_3 = 3$
b) $k = 3$

4

a) Ebene durch P orthogonal zu g:
E: $5x_1 - 2x_2 + 3x_3 = -7$;
aus $t = -\frac{1}{2}$ folgt $F(0{,}5\,|\,1\,|\,-2{,}5)$.
b) Die Ebene ist orthogonal zu g und geht durch P. Es handelt sich um die in a) bestimmte Ebene, also
E: $5x_1 - 2x_2 + 3x_3 = -7$

5

a) $A'(-1\,|\,-1\,|\,6)$; $B'(1\,|\,-1\,|\,6)$;
$C'\left(\frac{5}{3}\,\middle|\,\frac{5}{3}\,\middle|\,4\right)$; $D'\left(-\frac{5}{3}\,\middle|\,\frac{5}{3}\,\middle|\,4\right)$
b)

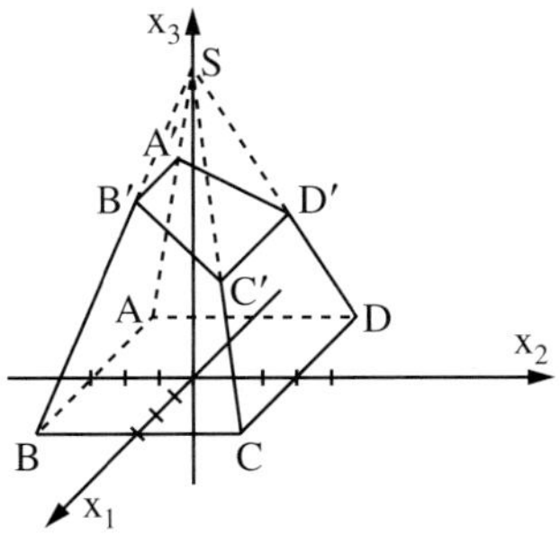

Die Schnittfläche ist ein Trapez.
c) $A = \frac{80}{9}$
d) $d = 3$
e) Pyramide: $V = 108$
Spitze: $V = \frac{80}{9}$
Restkörper: $V = \frac{892}{9}$

6

a) Es ist $|\overline{OA}| = |\overline{OB}| = |\overline{AB}| = a$.
M liegt auf s_a und drittelt diese. Ferner ist s_a parallel zur x_1-Achse.
Man erhält daher die Koordinaten von M aus den von A, indem man die erste drittelt, die übrigen beibehält.
b) Die Ebene durch O, B, S hat als einen Normalenvektor $\overrightarrow{n_1} = \begin{pmatrix} -h \\ 0 \\ \frac{a}{6}\sqrt{3} \end{pmatrix}$,
die Ebene durch O, A, S hat als einen Normalenvektor $\overrightarrow{n_2} = \begin{pmatrix} h \\ -h\cdot\sqrt{3} \\ \frac{a}{3}\sqrt{3} \end{pmatrix}$.
Aus $\overrightarrow{n_1}\cdot\overrightarrow{n_2} = -h^2 + \frac{a^2}{6} = 0$ folgt $h = \frac{a}{6}\sqrt{6}$.

Aufgaben zum Üben und Wiederholen ohne Hilfsmittel, Seite 338

1

a) $\left(\vec{x} - \begin{pmatrix} 0 \\ 1 \end{pmatrix}\right)^2 = 1$;
$x_1^2 + (x_2 - 1)^2 = 1$ oder $x_1^2 + x_2^2 - 2x_2 = 0$
b) $\left(\vec{x} - \begin{pmatrix} -2 \\ 3 \end{pmatrix}\right)^2 = 25$;
$(x_1 + 2)^2 + (x_2 - 3)^2 = 25$ oder
$x_1^2 + x_2^2 + 4x_1 - 6x_2 = 12$
c) $\left(\vec{x} - \begin{pmatrix} 18 \\ -15 \end{pmatrix}\right)^2 = 1600$;
$(x_1 - 18)^2 + (x_2 + 15)^2 = 1600$ oder
$x_1^2 + x_2^2 - 36x_1 + 30x_2 = 1051$

2

a) $(x_1 + 1)^2 + x_2^2 + (x_3 - 1)^2 = 2$;
$M(-1\,|\,0\,|\,1)$, $r = \sqrt{2}$
b) $(x_1 + 2)^2 + (x_2 - 1)^2 + (x_3 - 4)^2 = 71$;
$M(-2\,|\,1\,|\,4)$, $r = \sqrt{71}$

3

a) $\left[\begin{pmatrix} 1 \\ 3 \end{pmatrix} + t\cdot\begin{pmatrix} -1 \\ 2 \end{pmatrix} - \begin{pmatrix} 3 \\ 4 \end{pmatrix}\right]^2 = 10$ oder
$\left[\begin{pmatrix} -2 - t \\ -1 + 2t \end{pmatrix}\right]^2 = 10$ ergibt $5t^2 = 5$,
also $t_1 = -1$, $t_2 = 1$.
Damit sind die Schnittpunkte $S_1(2\,|\,1)$ und $S_2(0\,|\,5)$.
b) $x_1^2 + x_2^2 - 4x_1 - 10x_2 + 16 = 0$;
$x_2 = x_1 + 4$
$x_1^2 + (x_1 + 4)^2 - 4x_1 - 10(x_1 + 4) + 16 = 0$
ergibt $2x_1^2 - 6x_1 - 8 = 0$, also $x_1 = 1$, $x_2 = 4$.
Damit sind die Schnittpunkte $S_1(3\,|\,5)$ und $S_2(4\,|\,8)$.

4

a) Es ergeben sich insgesamt vier Kreise; der Inkreis und die Ankreise des von den Geraden g, h und i gebildeten Dreiecks (vgl. die Figur)
(1) $M_1(1\,|\,0)$, $r_1 = \sqrt{5}$ (2) $M_2(11\,|\,0)$, $r_2 = 3\sqrt{5}$ (3) $M_3(-4\,|\,-15)$, $r_3 = 6\sqrt{5}$
(4) $M_4(-4\,|\,5)$, $r_4 = 2\sqrt{5}$
b) Die drei Geraden begrenzen ein gleichschenkliges Dreieck, dessen Basis parallel zur x_2-Achse ist. Diese spezielle Lage ist beim Rechnen auszunutzen. Es ergeben sich insgesamt vier Kreise; der Inkreis und die Ankreise des von den Geraden g, h und i gebildeten Dreiecks (vgl. die Figur unten).
(1) $M_1\left(4\,\middle|\,5 + \frac{5}{2}\sqrt{13}\right)$, $r_1 = 5$

(2) $M_2\left(4\,\middle|\,5-\frac{5}{2}\sqrt{13}\right)$, $r_2=5$

(3) $M_3\left(\frac{9\sqrt{13}+12}{\sqrt{13}+3}\,\middle|\,5\right)$, $r_3=\frac{15}{\sqrt{13}+3}$

(4) $M_4\left(\frac{9\sqrt{13}-12}{\sqrt{13}-3}\,\middle|\,5\right)$, $r_4=\frac{15}{\sqrt{13}-3}$

zu a):

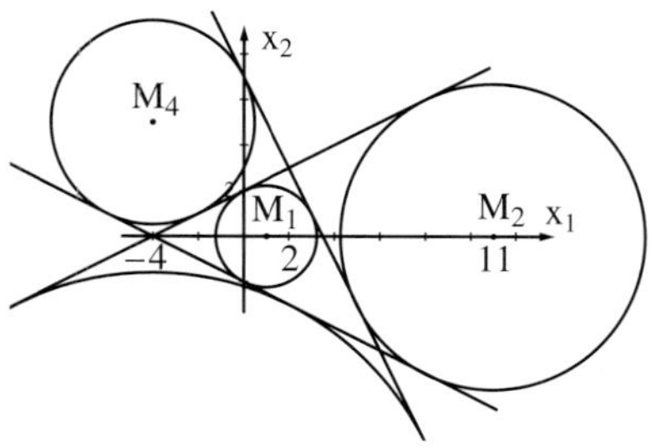

zu b):

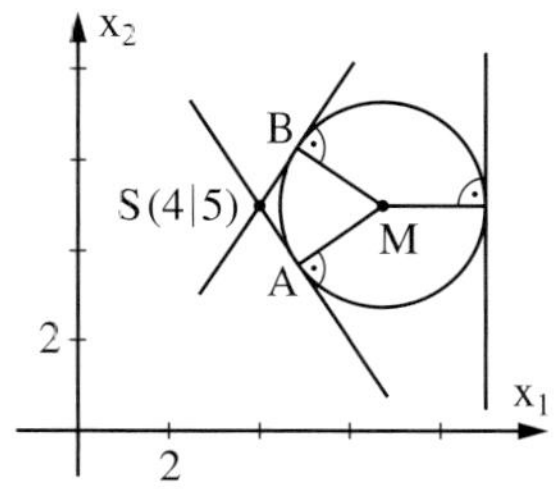

5

a) Die Ebene hat die Gleichung:
E: $x_1+x_2-2x_3=-3$.
Damit erhält man: $M'\left(-\frac{5}{2}\,\middle|\,\frac{7}{2}\,\middle|\,2\right)$, $r'\approx 5{,}87$.

b) Für den Ortsvektor $\overrightarrow{m^*}$ des Mittelpunktes M* der gespiegelten Kugel gilt:
$\overrightarrow{m^*}=m+2\overrightarrow{MM'}$; $m^*=\begin{pmatrix}-3\\3\\3\end{pmatrix}$, M′(−3|3|3)

6

a) $a=\frac{6}{5}$; $B\left(-\frac{12}{19}\,\middle|\,\frac{18}{19}\,\middle|\,\frac{65}{19}\right)$
b) $a_1=\sqrt{7}$, $B_1(9\,|\,1+\sqrt{7}\,|\,5)$, $a_2=-\sqrt{7}$,
$B_2(9\,|\,1-\sqrt{7}\,|\,5)$

7

a) K: $\left[\vec{x}-\begin{pmatrix}0\\10\\12{,}5\end{pmatrix}\right]^2=\frac{625}{4}$

x_1x_2-Ebene: Punkt P(0|10|0)
x_1x_3-Ebene: Kreis um M′(0|0|12,5) mit dem Radius $r'=7{,}5$
x_2x_3-Ebene: Kreis um M′(0|10|12,5) mit dem Radius $r'=12{,}5$
b) $M'\left(\frac{2}{5}\,\middle|\,10\,\middle|\,\frac{64}{5}\right)$, $r'=2\sqrt{39}$

c) K*: $\left[\vec{x}-\begin{pmatrix}0\\0\\5\end{pmatrix}\right]^2=25$, B(4|0|8)

d) B(10|4|8), E: $20x_1-12x_2-9x_3=80$,
$B^*\left(4\,\middle|\,-\frac{12}{5}\,\middle|\,\frac{16}{5}\right)$

e) Für $k \neq -\frac{20}{3}$ liegt die Gleichung einer Kugel vor. Der zugehörige Mittelpunkt ist $M\left(0\,\middle|\,k\,\middle|\,5+\frac{3}{4}k\right)$ und der Radius $r=\left|5+\frac{3}{4}k\right|$.
Für jedes $k \neq -\frac{20}{3}$ ist die x_2-Achse Tangente an die Kugel.

Aufgaben zum Üben und Wiederholen mit Hilfsmitteln, Seite 339

1

Es gibt zwei Kreise, die die Bedingungen erfüllen:
k_1:
$(x_1-4-\sqrt{6})^2+(x_2+1+\sqrt{6})^2=22+8\sqrt{6}$
k_2:
$(x_1-4+\sqrt{6})^2+(x_2+1-\sqrt{6})^2=22-8\sqrt{6}$

2

a) g schneidet k in $S_1(6|-4)$ und $S_2(1|1)$.
b) g berührt k im Punkt B(3|−2).
c) g und k haben keinen Punkt gemeinsam.

3

Für $c_1=10$ ist der Berührpunkt $B_1(3|-1)$.
Für $c_2=-10$ ist der Berührpunkt $B_2(-3|1)$.

4

a) Kugel und Ebene haben keine gemeinsamen Punkte.
b) Die Ebene berührt die Kugel im Punkt B(−2|1|2).
c) Die Ebene schneidet die Kugel. Der Mittelpunkt des Schnittkreises ist M′(3|−2|4) und der Radius $r'=7{,}6$.

5

a) $r=\frac{26}{\sqrt{30}}=\frac{13}{15}\sqrt{30}$ b) $r=\frac{7}{\sqrt{3}}=\frac{7}{3}\sqrt{3}$

6

Die Berührpunkte sind $B_1(1|-1|1)$ und $B_2(5|-3|-3)$. Tangentialebenen:
E_1: $-2x_1+x_2+2x_3=-1$ und
E_2: $-2x_1+x_2+2x_3=-19$

7

a) Die Gerade g schneidet die Kugel in den Punkten $S_1(4|2|-1)$ und $S_2(2|1|0)$.
b) Die Gerade berührt die Kugel im Punkt B(−4|−2|1).

8

a) $a=\frac{6}{5}$; $B\left(-\frac{12}{19}\,\middle|\,\frac{18}{19}\,\middle|\,\frac{65}{19}\right)$
b) $a_1=0$, $B_1(-5|10|5)$,
$a_2=-\frac{8}{7}$, $B_2\left(-\frac{85}{9}\,\middle|\,\frac{50}{9}\,\middle|\,\frac{25}{9}\right)$

9

Die Normalenform der Ebene lautet:
E: $\left[\vec{x}-\begin{pmatrix}9\\8\\6\end{pmatrix}\right]\cdot\begin{pmatrix}11\\1\\-3\end{pmatrix}=0$.
Mittelpunkt des Schnittkreises:
M′(8|10|3), Radius $r'=2$

10

a) Schnittebene E: $x_1+x_2-x_3=-8$.
Mittelpunkt des Schnittkreises:
M′(0|−2|6), Radius $r'=3$, Öffnungswinkel $\alpha=60°$.

Aufgaben zum Üben und Wiederholen ohne Hilfsmittel, Seite 362

1

a) $\frac{20}{41}$ b) $\frac{10}{41}$ c) $\frac{15}{41}$

d) $\frac{11}{41}$ e) $\frac{6}{41}$

2

Die Wahrscheinlichkeit beträgt $\frac{1}{21}$.

3

Die Wahrscheinlichkeit beträgt 0,006.

4

a) $4! = 24$. Das Rennen kann auf 24 Arten ausgehen.

b) Christian wir mit Wahrscheinlichkeit $\frac{1}{4}$ Letzter.

c) Ein Mädchen gewinnt mit Wahrscheinlichkeit $\frac{1}{2}$.

5

$\frac{5}{9}\cdot\frac{4}{8}\cdot\frac{3}{7} + 3\cdot\frac{5}{9}\cdot\frac{4}{8}\cdot\frac{4}{7} = \frac{25}{42} \approx 59{,}5\,\%$

6

a) $9\cdot 10\cdot 10\cdot 10\cdot 10 = 90\,000$

b) $9\cdot 10\cdot 10 = 900$

7

k	0	1	2	3	4	5	6
$\binom{6}{k}$	1	6	15	20	15	6	1

8

a) Sechslinge sind 1, 2, 3, 4, 5, 6;
2, 3, 4, 5, 6, 7; …; 44, 45, 46, 47, 48, 49.
Also gibt es 44 Sechslinge.

b) $P(\text{„Sechsling"}) = \frac{44}{\binom{49}{6}} = \frac{44}{13\,983\,816}$

$P(\text{„5 Richtige"}) = \binom{6}{5}\cdot\frac{6}{49}\cdot\frac{5}{48}\cdot\frac{4}{47}\cdot\frac{3}{46}\cdot\frac{2}{45}\cdot\frac{43}{44}$

$= \frac{258}{13\,983\,816}$

oder: $\frac{\binom{6}{6}\cdot\binom{43}{1}}{\binom{49}{6}} = \frac{258}{13\,983\,816}$

Daher ist die Wahrscheinlichkeit für 5 Richtige größer.

9

Die Wahrscheinlichkeit beträgt $1 - 0{,}95^{10}$ ($= 0{,}4013$).

10

a) $\binom{8}{4}\cdot\left(\frac{1}{3}\right)^4\cdot\left(\frac{2}{3}\right)^4 = 0{,}1707$

b) $1 - \left(\frac{2}{3}\right)^8 = 0{,}961$

11

Ist X die Anzahl der weißen Kugeln, so gilt:
$P(X = 3) = \binom{5}{3}\cdot\frac{4}{10}\cdot\frac{3}{9}\cdot\frac{2}{8}\cdot\frac{6}{7}\cdot\frac{5}{6} = \frac{5}{21} \approx 0{,}2380$

Aufgaben zum Üben und Wiederholen mit Hilfsmitteln, Seite 363

1

a) X: Anzahl der Brillenträger. Gesucht: $P(X > 50)$. Für 1952 ist $p = 0{,}43$ und die Wahrscheinlichkeit beträgt 0,0012. Für 1996 mit $p = 0{,}61$ erhält man eine Wahrscheinlichkeit von 0,6207.

b) Frauen: 0,1724; Männer 0,8174 (Die höhere Wahrscheinlichkeit bei den Männern bedeutet, dass Männer mit einer geringeren Wahrscheinlichkeit eine Brille tragen!)

2

$n = 5$; $p = 0{,}64$

a) X: Anzahl der roten Kugeln bei 5 Ziehungen mit Zurücklegen

$P(X = 3) = \binom{5}{3}\cdot 0{,}64^3\cdot 0{,}36^2$

$= 10\cdot 0{,}64^3\cdot 0{,}36^2 \approx 0{,}3397$

b) X: Anzahl der roten Kugeln bei 5 Ziehungen ohne Zurücklegen

$P(X = 3) = \binom{5}{3}\cdot\frac{64}{100}\cdot\frac{63}{99}\cdot\frac{62}{98}\cdot\frac{36}{97}\cdot\frac{35}{96} \approx 0{,}3486$

3

X: Anzahl der Ausschussstücke unter n Schrauben

a) X ist $B_{10;0{,}03}$-verteilt.
$P(X = 4) = 1{,}417\cdot 10^{-4}$

b) X ist $B_{8;0{,}03}$-verteilt.
$P(X < 4) = P(X \leqq 3) = 0{,}9999$

4

a) 0,2701 b) 0,8784

c) 0,6769 d) 0,1330

5

k	P(X=k)	Näherung
0	0,0000	0,0000
1	0,0000	0,0000
2	0,0000	0,0000
3	0,0000	0,0000
4	0,0000	0,0000
5	0,0000	0,0000
6	0,0000	0,0000
7	0,0000	0,0000
8	0,0000	0,0000
9	0,0000	0,0000
10	0,0000	0,0000
11	0,0000	0,0000
12	0,0000	0,0000
13	0,0000	0,0000
14	0,0001	0,0000
15	0,0006	0,0000
16	0,0023	0,0000
17	0,0083	0,0000
18	0,0246	0,0000
19	0,0606	0,0000
20	0,1217	0,0000
21	0,1940	0,0000
22	0,2360	0,0000
23	0,2060	0,0000
24	0,1149	0,0000
25	0,0308	0,0000

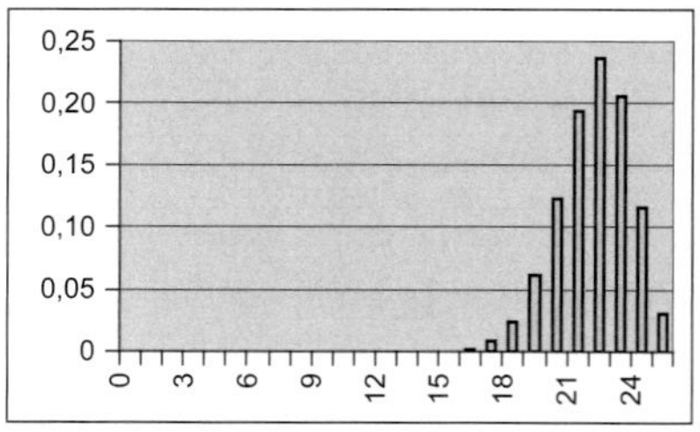

6

X: Anzahl der schadhaften Stücke in einem Paket

$n = 15$; $p = 0{,}02$

$P(X > 2) = 1 - P(X \leqq 2) = 1 - 0{,}9970 = 0{,}003$

Etwa 0,3 % der ausgelieferten Pakete müssen als unberechnet kalkuliert werden.

7

a) $P(A) = 0{,}95^{10} \approx 0{,}5987$; $P(B) \approx 0{,}9392$; $P(C) = 0{,}95^3\cdot 0{,}05^3 \approx 0{,}000\,107$

b) Etwa 5 % von 60 = 3

c) $n \geqq \frac{\ln(0{,}1)}{\ln(0{,}95)} \approx 44{,}89$; man muss also mindestens 45 Autofahrer überprüfen.

Aufgaben zum Üben und Wiederholen ohne Hilfsmittel, Seite 386

1
Als totale Wahrscheinlichkeit dafür, dass man eine Zeitung erhält, ergibt sich:
$0{,}3 \cdot 0{,}6 + 0{,}7 \cdot 0{,}8 = 0{,}74$.
Damit ergibt sich als gesuchte Wahrscheinlichkeit: $\frac{0{,}3 \cdot 0{,}6}{0{,}74} = \frac{18}{74} = \frac{9}{37}$.

2
$p = 0{,}4 \cdot 0{,}3 + 0{,}6 \cdot 0{,}7 = 0{,}54 = 54\,\%$

3
Pfade zum Indiz „w r w w r“:
Beutel A: $\frac{1}{3} \cdot 1 \cdot 0 \cdot 1 \cdot 1 \cdot 0 = 0$
Beutel B: $\frac{1}{3} \cdot \frac{3}{4} \cdot \frac{1}{4} \cdot \frac{3}{4} \cdot \frac{3}{4} \cdot \frac{1}{4} = \frac{9}{1024}$
Beutel C: $\frac{1}{3} \cdot \frac{1}{4} \cdot \frac{3}{4} \cdot \frac{1}{4} \cdot \frac{1}{4} \cdot \frac{3}{4} = \frac{3}{1024}$
A posteriori:
Beutel A: $0 : \frac{12}{1024} = 0$
Beutel B: $\frac{9}{1024} : \frac{12}{1024} = \frac{3}{4} = 75\,\%$
Beutel C: $\frac{3}{1024} : \frac{12}{1024} = \frac{1}{4} = 25\,\%$

4
X gibt den Ausschuss unter jeweils 50 Geräten an. $E(X) = 2$.

5
X gibt die Anzahl der richtigen Antworten an. $\mu \approx 24$; $\sigma \approx 4$.
$P(20 \leqq X \leqq 28) \approx 68\,\%$
$P(16 \leqq X \leqq 32) \approx 95\,\%$
$P(12 \leqq X \leqq 36) \approx 99\,\%$

6
a) Man legt vorher fest, wie oft man die Münze werfen will, z. B. n = 100-mal. Außerdem wird das Signifikanzniveau festgelegt, z. B. 5 %; c = 1,96.
Dann wird unter der Annahme $p_0 = \frac{1}{2}$ der Annahmebereich bestimmt,
$A = [\mu - c \cdot \sigma,\ \mu + c \cdot \sigma]$.
Jetzt wird die Münze n-mal geworfen. Liegt das Ergebnis für Kopf bzw. Zahl in A, wird die Hypothese „Kopf und Zahl fallen nicht gleichhäufig“ verworfen, sonst angenommen.
b) Es kann auch sein, dass ein Ergebnis in A liegt, obwohl Kopf und Zahl nicht gleich häufig fallen.
c) Fehler 1. Art: Eine wahre Hypothese wird abgelehnt.
Fehler 2. Art: Eine falsche Hypothese wird angenommen.

7
a) Das Meinungsforschungsinstitut legt eine Zahl n (z. B. n = 1000) fest von Personen, die zufällig ausgwählt und befragt werden. Ist der Anteil der Partei vor der Wahl p_0, wird die Nullhypothese $H_0: p = p_0$ aufgestellt. Außerden wird ein ein Signifikanzniveau festgelegt und damit der Annahmebereich A. Erst dann findet die Befragung statt.
Ist das Ergebnis in A, wird die Nullhypothese beibehalten, sonst wird angenommen, dass sich die Wählerzahl geändert hat.
b) Je mehr Personen befragt werden, umso eher kann man dem Testergebnis vertrauen. Denn der Annahmebereich wird zwar größer, aber relativ zu n kleiner.
Bsp.:
(1) n = 100, p = 0,3, c = 1,96
$A = [\mu - c \cdot \sigma,\ \mu + c \cdot \sigma] = [22;\ 38]$
rel. Breite $= \frac{16}{100} = 0{,}16$
(2) n = 1000, p = 0,3, c = 1,96
$A = [\mu - c \cdot \sigma,\ \mu + c \cdot \sigma] = [272;\ 328]$
rel. Breite $= \frac{56}{1000} = 0{,}056$

8
a) Je größer n bzw. σ wird, umso mehr ähneln sich die Graphen der $B_{n,p}$- und der Normalverteilung
b) Parameter $\mu = n \cdot p = 50$
$\sigma = \sqrt{n \cdot p \cdot (1-p)} = 5$

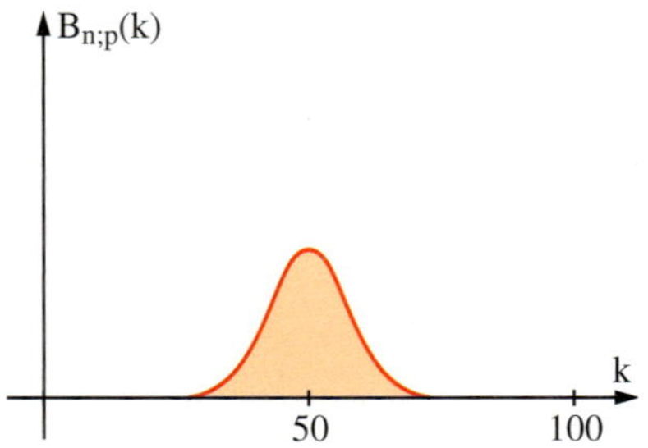

9
a) Die Wahrscheinlichkeiten werden in den Graphen auf S. 379 durch Rechtecke präsentiert. Da die Summe der Wahrscheinlichkeiten 1 ergibt, ergeben die Rechtecke zusammen den Flächeninhalt 1.
b) Es ist $\int_{-\infty}^{\infty} \varphi(x)\,dx = 1$, d. h., dass der Flächeninhalt unter der (Normal-)GAUSS-glocke den Wert 1 hat. Durch die geometrischen Operationen auf Seite 379 wird die GAUSSglocke so an die „Binomialglocke“ angepasst, dass der Flächeninhalt gleich bleibt. Denn beim Strecken in y-Richtung nimmt zwar der Inhalt auf $\frac{1}{\sigma}$ ab, aber durch das Strecken in x-Richtung wieder auf $\sigma \cdot \frac{1}{\sigma} = 1$ zu. Der Flächeninhalt der angepassten GAUSSglocke stimmt also auch mit dem unter der Binomialglocke überein.

Aufgaben zum Üben und Wiederholen mit Hilfsmitteln, Seite 387

1
X gibt die Anzahl der richtigen Antworten an. $\mu \approx 26{,}7$; $\sigma \approx 4{,}2$.
$P(22 \leqq X \leqq 31) \approx 68\,\%$
$P(24 \leqq X \leqq 29) \approx 40\,\%$
$P(22 \leqq X \leqq 31) \approx 70\,\%$
Bemerkung: Die Wahrscheinlichkeiten ergeben sich hier ziemlich ungenau, da n relativ klein ist.

2
a) [10,19; 19,80] b) [7,93; 22,06]

3
Annahmebereich: [18,07; 31,93].
Da 23 im Annahmebereich liegt, wird die Hypothese nicht abgelehnt. Mit einer Irrtumswahrscheinlichkeit von 5 % darf man behaupten, dass „Kopf“ und „Zahl“ gleich wahrscheinlich sind.

4
Annahmebereich: [956,17; 1043,82].
Da 1035 im Annahmebereich liegt, wird die Hypothese nicht abgelehnt. Mit einer Irrtumswahrscheinlichkeit von 5 % darf man behaupten, dass die Wahrscheinlichkeiten für die Geburt eines Jungen oder Mädchens gleich sind.

5
$p_0 = \frac{1}{5}$; n = 125;
Annahmebereich: [105,4; 144,5].
Da 140 im Annahmebereich liegt, wird die Hypothese nicht abgelehnt.

6

Bezeichnet man ein einwandfreies Gerät mit E, ein nicht einwandfreies Gerät mit $\overline{E}$ und mit V, dass es in den Verkauf gelangt, ergibt sich das untenstehende Baumdiagramm. Als totale Wahrscheinlichkeit, dass ein Gerät in den Verkauf gelangt, erhält man

$0{,}93 \cdot 0{,}9 + 0{,}07 \cdot 0{,}07 = 0{,}8419.$

Damit ergibt sich für die gesuchte Wahrscheinlichkeit

$\frac{0{,}93 \cdot 0{,}9}{0{,}8419} \approx 0994 = 99{,}4\,\%.$

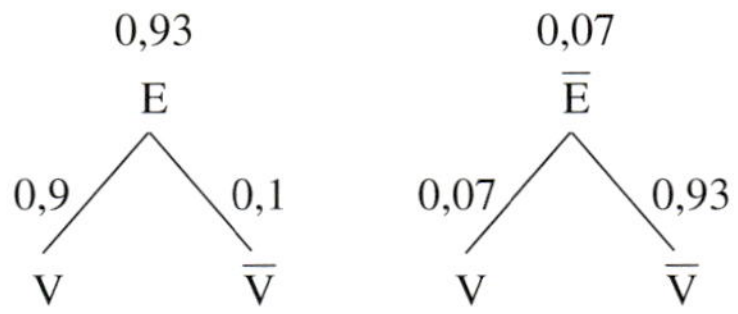

7

a) Wahrscheinlichkeit zum Indiz „Diagnose positiv“:

Über „krank“: $0{,}001 \cdot 0{,}95 = 0{,}000\,995$

Über „nicht krank“:

$0{,}999 \cdot 0{,}01 = 0{,}009\,99$

Summe: $0{,}010\,94$

A posteriori Wahrscheinlichkeiten:

Alternative „krank“:

$0{,}000\,95 : 0{,}01094 = 0{,}0868 \approx 8{,}7\,\%$

Die a posteriori Wahrscheinlichkeit für eine Erkrankung liegt bei 8,7 %.

b) Man fasst das Indiz „positiv – negativ“ als zweistufiges Indiz auf.

Wahrscheinlichkeit zum Indiz „Diagnose negativ“:

Über „krank“:

$0{,}001 \cdot 0{,}0475 = 0{,}000\,0475$

Über „nicht krank“:

$0{,}999 \cdot 0{,}0099 = 0{,}009\,890\,1$

Summe: $0{,}000\,993\,76$

A posteriori Wahrscheinlichkeiten:

Alternative „nicht krank“:

$0{,}000\,0475 : 0{,}000\,999\,376 = 0{,}004\,75$

$\approx 0{,}5\,\%$

Die a poteriori Wahrscheinlichkeit für eine Erkrankung liegt jetzt bei 0,5 %.

8

G: Gewinn des Spielers (in EURO)

E: Einsatz; A: Auszahlung

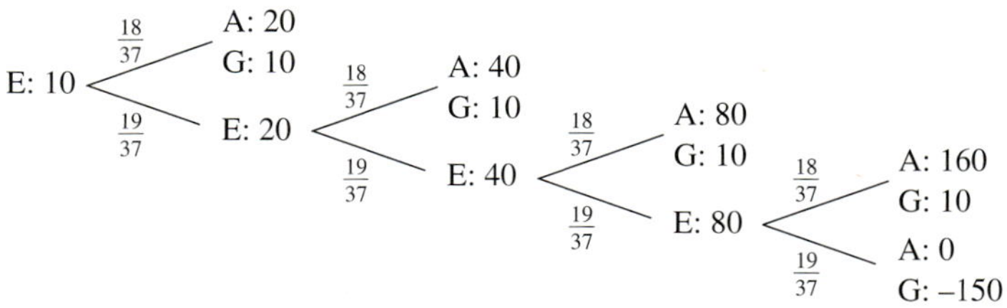

$$E(G) = 10 \cdot \left[\tfrac{18}{37} + \tfrac{19}{37} \cdot \tfrac{18}{37} + \left(\tfrac{19}{37}\right)^2 \cdot \tfrac{18}{37} + \left(\tfrac{19}{37}\right)^3 \cdot \tfrac{18}{37}\right] - 150 \cdot \left(\tfrac{19}{37}\right)^4 \approx -1{,}13$$

9

a) $P(X < 40) = 15{,}87\,\%$
$P(X \leqq 60) = 84{,}13\,\%$
$P(30 \leqq X \leqq 50) = 47{,}72\,\%$
$P(X > 50) = 50{,}00\,\%$
$P(X = 50) = 0{,}00\,\%$

b) $P(X < 40) = 0{,}023\,\%$
$P(X \leqq 60) = 6{,}68\,\%$
$P(30 \leqq X \leqq 50) = 0{,}62\,\%$
$P(X > 50) = 99{,}38\,\%$
$P(X = 50) = 0\,\%$

10

a)

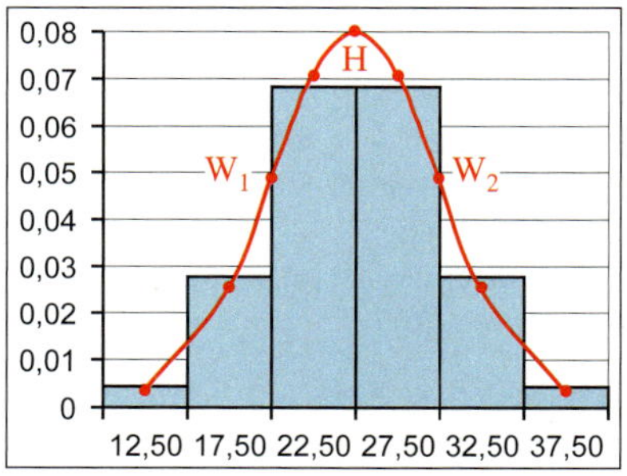

b)

Intervall	Int.Mitte	Wk	$W_k/5$
[10; 15]	12,5	0,021	0,004
[15; 20]	17,5	0,136	0,027
[20; 25]	22,5	0,341	0,068
[25; 30]	27,5	0,341	0,068
[30; 35]	32,5	0,136	0,027
[35; 40]	37,5	0,021	0,004

c) Anmerkung: Bei dem Histogramm werden die Werte $\frac{1}{5}$ Wahrscheinlichkeit verwendet, weil die Intervalle die Breite 5 haben.

Register

Inhaltsverzeichnis

1 Vorwort

Liebe Schülerin, lieber Schüler,

mit dieser Service-CD halten Sie eine zu Ihrem Schulbuch passende Softwarebegleitung in den Händen. Die Software bietet Ihnen eine Fülle von Materialien für die Nutzung im Unterricht oder auch zur Verwendung nachmittags.
Dabei haben die Autoren die neuen Bildungspläne vor Augen, die in zunehmendem Maße auch die Nutzung von Computeralgebrasystemen (CAS) und dynamischer Geometriesoftware fordern. So finden Sie auf dieser CD Aufgaben und Vorschläge, Mathematik auch mit einem CAS zu lernen.

Die Service-CD ist ein Programm, das Ihnen die Suche nach Medien erleichtert. Die Medien selbst sind auf der CD-ROM enthalten.

Der Zugriff auf die Medien kann grundsätzlich auf drei verschiedene Arten erfolgen:
1. Strukturierter Zugriff über das Inhaltsverzeichnis
2. Suche mit max. fünf kombinierbaren Suchkriterien inkl. Schlagwortsuche
3. Volltextsuche in den „Medieninformationen" aller Medien

Starten Sie die Service-CD, dann werden die Inhalte des Kapitels in einer Liste dargestellt. Mit einem Klick auf einen beliebigen Eintrag erhalten Sie zu dem entsprechenden Medium eine Vorschau und die zugehörigen Medieninformationen. Sie können das Medium dann direkt von hier aus öffnen oder eine Kopie des Mediums an einem beliebigen Ort erstellen, zum Beispiel auf einen Speicherstick oder als eigene Sammlung auf ein anderes Laufwerk. Alternativ können Sie die Medieninformation selbst auch in die Zwischenablage kopieren, um diese z. B. in ein Worddokument einzufügen.

Für das Öffnen der verschiedenen Medienformate werden Drittprogramme wie z. B. der Acrobat Reader verwendet, die i. d. R. auf Ihrem Rechner bereits vorhanden sind. Für den Fall, dass Sie ein bestimmtes Programm nicht besitzen, bietet Ihnen die Service-CD automatisch ein mitgeliefertes Drittprogramm zur Installation an. In diesem Fall müssen Sie die Service-CD wieder einlegen und das entsprechend benötigte Programm nachinstallieren. Die mitgelieferten Drittprogramme sind entweder kostenlos oder es sind zeitlich oder funktional beschränkte Testversionen.

Eine Lesezeichenfunktion (siehe Optionen) hilft Ihnen, indem automatisch bei Programmstart das letzte Kapitel aufgerufen wird. Durch die integrierte Such- bzw. Filterfunktion ist andererseits auch eine sehr einfache, themenübergreifende Suche nach geeigneten Medien möglich.

Wir wünschen viel Spaß mit der Service-CD!

2 Installation

Das Programm muss auf der Festplatte installiert werden. Die Service-CD benötigt dabei rund 15 MB freien Speicherplatz auf der Festplatte. Die empfohlene Übernahme der Medien auf Ihre Festplatte benötigt weitere 100 MB. Durch den Erwerb dieser Einzellizenz in Ihrem Schulbuch sind Sie berechtigt zur Nutzung des Programms auf einem Rechner. Die Systemvoraussetzungen finden Sie auf der CD und auch in Kapitel 6 dieser Anleitung.

Bitte legen Sie die Service-CD in das CD-ROM-Laufwerk Ihres Computers. Sofern Sie die Autostartfunktion Ihres PC nicht deaktiviert haben, öffnet sich dann ein Fenster mit dem Inhalt der CD-ROM. Starten Sie anschließend das Programm „SETUP.EXE“ auf der CD-ROM und folgen Sie den Anweisungen.

Das Installationsprogramm kopiert alle erforderlichen Programmdateien auf die Festplatte und legt eine Programmgruppe „Klett Service-CD“ inkl. einer Untergruppe mit dem Namen des Lehrwerks und den darin enthaltenen Verknüpfungen für das Programm, die Deinstallation und weiteren Lizenz- und Service-Informationen an. Auf Ihrem Desktop wird nur eine Verknüpfung zum Programm angelegt.

Wichtiger Hinweis:
Wir empfehlen, die Medien am Ende der Installation, wie vom Installationsprogramm vorgeschlagen, sofort auf die Festplatte zu kopieren.

Sie brauchen somit keine CD-ROM mehr einzulegen, um mit dem Programm zu arbeiten.

3 Deinstallation

Um das Programm zu deinstallieren rufen Sie einfach die Verknüpfung „Uninstall“ in der Programmstartgruppe Ihrer Service-CD oder den entsprechenden Eintrag im Bereich Software der Systemsteuerung von Windows auf.

Wichtiger Hinweis:
Die Medien und evtl. sonstige durch Sie geänderte Dateien werden mit der Deinstallation ***nicht*** *auf Ihrer Festplatte gelöscht! Diese Dateien müssen Sie evtl. selbst in Ihrem Installationsverzeichnis löschen. Dieses befindet sich i. d. R. unter „C:\Klett\Service-CD\Lambacher Schweizer Oberstufe“.*

4 Zum Umgang mit der Service-CD

4.1 Programmstart und Navigation

Sie starten die Service-CD durch Aufruf der Verknüpfung „Service-CD Lambacher Schweizer Oberstufe“ in der Programmgruppe oder auf dem Desktop. Nach einem kurzen animierten Intro sehen Sie den nachfolgenden Startbildschirm mit der Klassenauswahl.

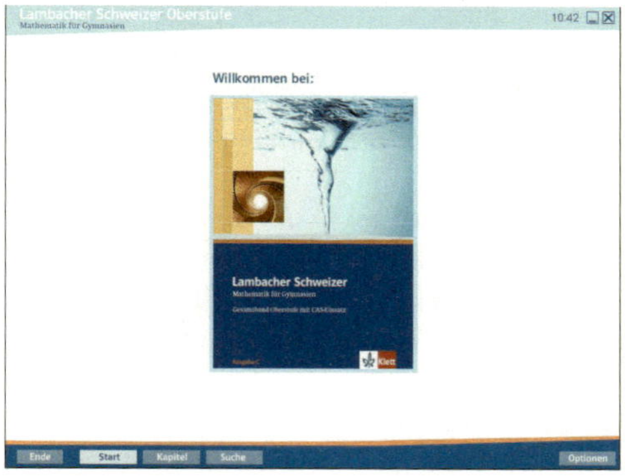

Startbildschirm

Über die **Navigationsleiste** am unteren Bildschirmrand kann das Programm mit dem Button [Ende] beendet werden und zwischen den einzelnen Programmbereichen bzw. Auswahllisten mit den Buttons [Start], [Kapitel], [Suche] und [Optionen] hin und her gewechselt werden. Das Programm merkt sich den aktuellen Status in jedem Programmbereich. Ist im Programmbereich [Optionen] die Funktion „Lesezeichen" aktiviert, wird beim Programmstart automatisch das letzte gewählte Kapitel oder ggf. die Suche mit den zuletzt verwendeten Suchkriterien/Suchworten aktiviert.

Die Buttons der Navigationsleiste sind gleichzeitig sogenannte „Reiter" und geben Auskunft über den gerade aktuellen Programmbereich durch eine farbliche Hervorhebung des entsprechenden Buttons. Im oberen Beispiel ist also gerade der Programmbereich [Start] aktiviert.

In der **Titelleiste** wird rechts die aktuelle Uhrzeit Ihres Rechners angezeigt. Mit den unter Windows üblichen Symbolen oben rechts können Sie das Programm minimieren [_] oder beenden [X].

Zu den Buttons der Navigationsleiste erscheint eine „Sprechblasenhilfe", wenn Sie mit der Maus eine kurze Zeit darüber stehen bleiben. Diese Funktion lässt sich im Programmbereich [Optionen] an- und ausschalten.

4.2 Programmbereich [Kapitel]

Nach dem Start des Programms erscheint der nachfolgende Programmbereich [Kapitel], in dem automatisch das erste Medium des ersten Kapitels angezeigt wird.

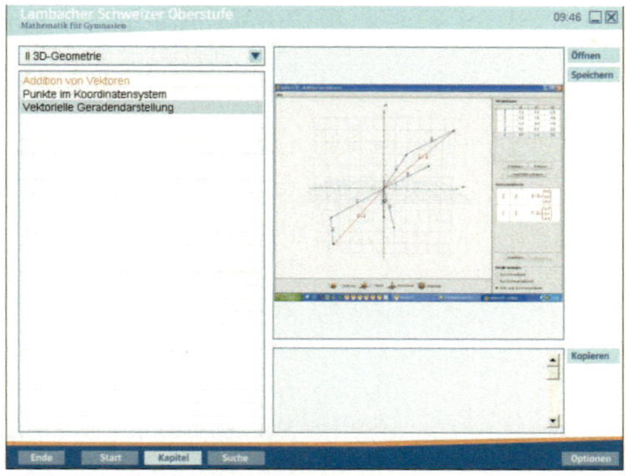

Kapitel- und Medienauswahl

Mit dem Drop-Down-Menü über der Medienliste ist ein gewünschtes Kapitel direkt wählbar. Die in der Liste darunter angezeigten Medien gehören zu dem ausgewählten Kapitel und können angeklickt werden, wodurch sofort die entsprechende Medienvorschau und die Medieninformation rechts daneben angezeigt werden.

Hinweis:
Auf diesem Auswahlscreen wird nur die Vorschau des aktuellen Mediums angezeigt, wenn das Medium auch auf Ihrer Festplatte oder CD-ROM vorhanden ist. Bei fehlenden Medien erscheint ein entsprechender Hinweis an dieser Stelle.

Das gerade ausgewählte Medium kann nun entweder durch Klick auf den Button **"Öffnen"** zur weiteren Bearbeitung gestartet werden. Dabei öffnet sich im Hintergrund ein Drittprogramm (etwa Acrobat Reader) und die ausgewählte Datei wird an das Programm übergeben, so dass Sie nun die komplette Funktionalität des Drittprogramms (im Beispiel Acrobat Reader) nutzen können. Das Medium kann auch durch einen Doppelklick auf die Vorschaugrafik geöffnet werden.

Beispiel:
*Sie haben das dynamische Geometriemodul „Addition von Vektoren“ ausgewählt und möchten mit diesem arbeiten. Sie markieren den Eintrag „Addition von Vektoren“ und klicken entweder auf den Button **„Öffnen“** oder doppelklicken auf die Vorschau. Der Browser öffnet sich im Hintergrund und die Datei ist zum Bearbeiten bereit.*

Eine weitere Möglichkeit an dieser Stelle bietet der Button **"Speichern"**: Nach Klick auf diesen öffnet sich eine Dialogbox, die Ihnen hilft, die gewählte Datei an einen anderen Ort zu kopieren.

Beispiel:
*Sie möchten sich eine Sammlung von Arbeitsblättern anlegen, die Ihnen gut gefallen. Dazu legen Sie auf Ihrem Rechner etwa den Ordner „CAS-Hilfen“ an. Sie wählen Ihre passenden Arbeitsblätter auf der Service-CD aus und über den Button **„Speichern“** kopieren Sie diese Schritt für Schritt in das angelegtes Verzeichnis.*

Die angezeigten Medieninformationen lassen sich mit dem Button **"Kopieren"** in die Zwischenablage übernehmen und somit in andere Programme einfügen.

Wichtiger Hinweis:
Die Medienliste ist hier nicht alphabetisch sortiert sondern wie die inhaltliche Reihenfolge aus dem entsprechenden Schülerbuch. Innerhalb des Programmbereichs [Suche] findet jedoch eine alphabetische Sortierung aufgrund der Kapitel übergreifenden Suchmöglichkeit statt.

Die Service-CD prüft beim Öffnen eines Mediums automatisch, ob der Dateityp im aktuellen Betriebssystem mit einem Programm verknüpft ist und bietet ggf. die Nachinstallation eines auf der Service-CD enthaltenen, kostenlosen Drittprogramms an.

4.3 Programmbereich [Suche]

In diesem Programmbereich kann auf zwei Arten nach Medien gesucht werden:

1. Kombination von bis zu fünf **Suchkriterien** (Filter)
2. **Volltextsuche** in den Medieninformationen aller Medien

1. Suche mit Suchkriterien

Bei dieser Suchmethode können bis zu fünf Suchkriterien, die Datenfeldern der Datenbank entsprechen, für eine Suche kombiniert werden. Dabei werden gleichlautende Suchkriterien ODER-verknüpft und ungleichlautende Suchkriterien UND-verknüpft.

Die Suchlogik mit Filterkriterien erschließt sich auch anhand der höheren oder geringeren Suchergebnisse und indem Sie es einfach ein paar mal ausprobieren!

Einzelne Suchfilter lassen sich beliebig mit dem X-Button neben dem Suchfilter löschen. Eine Ausnahme bildet das Suchkriterium „Schlagwort“. Im Gegensatz zu den anderen Suchkriterien ist eine Zuweisung mehrerer Schlagworte zu einem Datensatz bzw. Medium möglich. Aufgrund der dadurch hohen Anzahl möglicher Schlagworte wird bei diesem Suchkriterium ein anklickbarer alphabetischer Index eingeblendet, mit dem zum jeweils ersten vorhandenen Schlagwort gesprungen werden kann, das mit diesem Buchstaben beginnt.

2. Volltextsuche

Es werden alle Datensätze, bei denen im Feld „Medieninformation“ der eingegebene Suchbegriff vorkommt, gefiltert. Der Suchbegriff darf auch aus mehreren Worten bestehen.

Auch aus dem Bereich der Suche heraus gilt: Das angezeigte Medium lässt sich mit einem Drittprogramm durch Klick auf den Button

„Öffnen“ in den Programmbereichen [Kapitel] und [Suche] sofort anzeigen/bearbeiten oder durch Klick auf den Button **„Speichern“** an einen anderen Ort kopieren. Das Medium kann auch mit einem Doppelklick auf die Vorschau-Grafik geöffnet werden.

Die angezeigten Medieninformationen lassen sich mit dem Button **„Kopieren“** in die Zwischenablage übernehmen und somit in andere Programme wie z. B. Word einfügen.

Wichtiger Hinweis:
Bei der Volltextsuche wird nur in den Medieninformation aller Datensätze eines Lehrwerks gesucht, die – wie hier im Beispiel – immer unter der gestrichelten Linie beginnen. Über der gestrichelten Linie stehen eventuell weitere Datensatzinformationen des aktuellen Mediums.

Die Volltextsuche kann je nach Anzahl der installierten Klassen etwas länger dauern. Die Medienliste wird hier alphabetisch sortiert.

4.4 Programmbereich [Optionen]

Alle Programmeinstellungen im Bereich [Optionen] werden sofort durchgeführt und dauerhaft gespeichert. Ein Neustart des Programms ist nicht erforderlich.

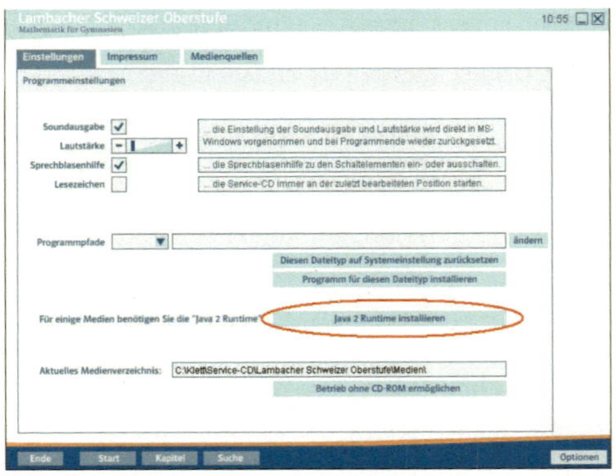

Optionen

Die Soundeinstellungen (**Soundausgabe** und **Lautstärke**) werden global auf Betriebssystemebene vorgenommen, da die Medien von Drittprogrammen angezeigt werden. Bei Programmende werden die ursprünglichen Einstellungen wieder hergestellt.

Die **Sprechblasenhilfe** wirkt sich auf alle wichtigen Buttons aus, deren Funktion dann bei Maus-Rollover mit einer Sprechblase bzw. eingeblendeten Textzeile erklärt wird.

Das **Lesezeichen** bewirkt eine Wiederherstellung des letzten Programmstandes bei Programmstart, d. h. es wird automatisch der jeweilige Programmbereich mit dem letzten Kapitel, der letzten Suche mit Suchkriterien oder Volltextsuche aufgerufen.

Unter **Programmpfade** können Sie zu jedem Dateityp Ihr bevorzugtes Drittprogramm für die Medienanzeige (Öffnen) einstellen oder den Dateityp auf die Systemeinstellungen von Windows zurücksetzen. Sie können hier auch das für den jeweiligen Dateityp auf der Service-CD enthaltene Drittprogramm manuell nachinstallieren. Wählen Sie also zuerst den Dateityp und anschließend die gewünschte Option.

Außerdem können Sie die **Java 2 Runtime und Java3D-Umgebung** für die Dynamische 3D-Geometrie hier manuell installierten. Dies ist dann erforderlich, wenn Sie beim Öffnen von Medien von Ihrem Internet-Browser einen entsprechenden Hinweis auf die fehlende Java 2 Runtime erhalten.

Zur Information wird das aktuelle **Medienverzeichnis** angezeigt. Wurden die Medien noch nicht von CD-ROM übernommen, steht hier noch der Pfad zu Ihrem CD-ROM-Laufwerk.

Wichtiger Hinweis:
Es wird empfohlen, immer die Medien bei der Installation auf Ihre Festplatte zu übernehmen, da nur dann auf bereits erworbene und neu hinzugekommene Klassen gleichzeitig zugegriffen werden kann, ohne dass Sie ständig die Service-CD einlegen müssen.

Sollten Sie die Übernahme bei der Installation vergessen haben, können mit **"Betrieb ohne CD-ROM ermöglichen"** die Medien nachträglich auf die Festplatte übernehmen. Legen Sie vorher Ihre Service-CD ein.

Diese Funktion können Sie auch bei Datenverlust verwenden.

5 Benötigte Drittprogramme

5.1 Browser

Zum Teil sind Medien so gestaltet, dass sie in einem Browser ablaufen. Dies kann entweder der Internet Explorer oder auch Netscape sein - oder ein beliebiger anderer Browser. Sollten Sie kein solches Programm besitzen, können Sie auch dieses problemlos von der CD nachinstallieren: Sobald ein Medium aufgerufen wird, das im Browser bearbeitet werden soll und aber keinen solchen findet, kommt der Vermerk zur Installation des Programms.

5.2 Acrobat Reader

Ein Großteil der Medien ist im Datenformat pdf abgespeichert, und kann in dem Acrobat Reader gelesen werden. Das Programm ist auf der CD enthalten und kann bei Bedarf nachinstalliert werden.

6 Minimale Systemvoraussetzungen

Für den Betrieb der Service-CD gelten folgende Mindestvoraussetzungen:

- PC mit 500 MHz oder höher
- Windows ME, NT, 200, XP
- 64 MB freier RAM (empfohlen 128 MB)
- S-VGA-kompatible Grafikkarte mit 16,7 Mio Farben (24 bit)
- 20 MB freier Speicherplatz bei Minimalinstallation
- 100 MB freier Speicherplatz bei Kopie der Medien und Drittprogramme auf die Festplatte
- 24fach CD-ROM-Laufwerk
- Bildschirmauflösung (Programm) 800 x 600 Pixel, empfohlen (für Medien) 1024 x 768 Pixel
- Windows- bzw. Soundblaster-kompatible Soundkarte
- Schwarzweiß- oder Farbdrucker mit 300 dpi Druckauflösung

Abspiel-Umgebungen für die Medien befinden sich auf der CD-ROM.

7 Kontaktadresse der Klett-Hotline

Bitte lesen Sie auch die Datei „Liesmich.txt" auf der CD-ROM aufmerksam durch, da sie Informationen enthalten kann, die im Handbuch nicht mehr berücksichtigt werden konnten.

Sollten Sie Probleme mit dem Programm haben, die weder in der Liesmich-Datei noch im Handbuch angesprochen wurden oder die Sie nicht selbst lösen konnten, so erreichen Sie die Klett-Hotline unter folgenden Verbindungen:

Telefon: **0711-6672-1163**
Fax: **0711-6672-2011**

e-Mail: **klett-hotline@klett.de**
Internet-Info: **http://www.klett.de**

Erreichbar ist die Hotline von Montag bis Freitag von 9 – 12 und von 13 – 17 Uhr.

8 Software-Lizenzvertrag

Dieser Lizenzvertrag ist ein Vertrag zwischen Ihnen und der Ernst Klett Verlag GmbH, Rotebühlstrasse 77, 70178 Stuttgart, nachfolgend Verlag genannt.

1. Gegenstand des Vertrags
Gegenstand des Vertrags ist das Benutzungsrecht für das Softwareprogramm, die Benutzungsanleitung sowie sonstiges zugehöriges Material, nachfolgend zusammenfassend als Softwareprodukt bezeichnet.

2. Beginn und Dauer des Vertrags
Indem Sie das Softwareprodukt installieren, kopieren, downloaden, anderweitig verwenden oder darauf zugreifen, erklären Sie sich mit den Vertragsbedingungen einverstanden. Sollten Sie mit den Vertragsbedingungen nicht einverstanden sein, sind Sie nicht berechtigt, das Softwareprodukt einzusetzen, zu installieren oder zu verwenden. Geben Sie dann das Softwareprodukt inklusive vollständiger Verpackung, Originaldatenträger und sonstiger beiliegender Materialien unversehrt gegen Erstattung des Kaufpreises innerhalb zwei Wochen nach Erwerb dort zurück, wo Sie das Softwareprodukt gekauft haben. Ihr Nutzungsrecht erlischt automatisch und ohne besondere Kündigung, wenn Sie eine der in diesem Vertrag aufgeführten Bestimmungen verletzen. In diesem Fall sind Sie verpflichtet, das Softwareprodukt sofort zu vernichten. Der Vertrag läuft auf unbestimmte Zeit.

3. Nutzungsrechte
- Einzelversion: Der Verlag gewährt Ihnen das Recht, das Softwareprodukt auf einem einzelnen Computer zu nutzen. Eine zeitgleiche Nutzung auf mehr als nur einem Computer ist unzulässig.

- Mehrplatzversion: Der Verlag gewährt Ihnen das Recht, das Softwareprodukt nach der Anzahl der gelieferten Datenträger (in der Regel 10 bzw. 16) auf der entsprechenden Anzahl von Computern in der erwerbenden Institution gleichzeitig zu nutzen. Im Rahmen dieser Mehrplatzversion ist es zulässig, das Softwareprodukt auch zur Unterrichtsvorbereitung auf einem privaten bzw. nicht der erwerbenden Institution gehörenden Computer zu nutzen, sofern die Anzahl der zulässigen Lizenzen insgesamt nicht überschritten wird. Die Mehrplatzversion ist in 1er- oder 5er-Schritten beliebig erweiterbar.

- 30er- oder 100er-Netzwerkversion: Der Verlag gewährt Ihnen das Recht, das Softwareprodukt auf einem Server bzw. in einem lokalen Netzwerk der erwerbenden Institution zu nutzen. Die Anzahl der Computer im lokalen Netzwerk ist auf 30 bzw. 100 beschränkt. Eine Nutzung auf weiteren Servern bzw. in weiteren lokalen Netzwerken der erwerbenden Institution ist unzulässig. Ausgeschlossen ist die Nutzung zur Unterrichtsvorbereitung auf einem privaten bzw. nicht der erwerbenden Institution gehörenden Computer. Die Netzwerkversionen sind in 10er-Schritten beliebig erweiterbar.

- Schulkombiversion: Der Verlag gewährt Ihnen das Recht, das Softwareprodukt auf einem Server bzw. in einem lokalen Netzwerk der erwerbenden Institution zu nutzen. Die Anzahl der Computer im lokalen Netzwerk ist dabei auf die erworbene Netzwerkversion beschränkt. Eine Nutzung auf weiteren Servern bzw. in weiteren lokalen Netzwerken der erwerbenden Institution ist dabei unzulässig. Zudem ist die Nutzung zur Unterrichtsvorbereitung auf einem einzelnen privaten bzw. nicht der erwerbenden Institution gehörenden Computer zulässig. Die Schulkombiversion ist in Bezug auf die Einzelversion beliebig und in Bezug auf die erworbene Netzwerkversion in 10er-Schritten erweiterbar.

4. Bearbeitungen
Die Rückübersetzung des überlassenen Programmcodes in andere Codeformen (Dekompilierung) sowie sonstige Arten der Rückerschließung der verschiedenen Herstellungsstufen der Programme des Softwareprodukts (Reverse-Engineering) sind wie alle anderen Bearbeitungen des Softwareprodukts unzulässig. Urhebervermerke, Seriennummern sowie sonstige der Programmidentifikation dienenden Merkmale dürfen Sie auf keinen Fall entfernen oder verändern.

5. Verwendung von Materialien
Das Herauslösen, Kopieren und Weitergeben von Daten jeder Art aus den Verzeichnissen der Software ist untersagt. Das bestimmungsgemäße Ausdrucken von ggf. in der Software angebotenen Materialien sowie das Anfertigen von Kopien dieser Materialien ist ausschließlich für den eigenen Unterrichtsgebrauch gestattet.

6. Weiterveräußerung und Weitervermietung
Sie sind befugt den Originaldatenträger des Softwareprodukts einschließlich des Benutzerhandbuchs und des sonstigen Begleitmaterials an Dritte zu veräußern, vorausgesetzt der erwerbende Dritte erklärt sich mit der Weitergeltung der vorliegenden Vertragsbedingungen auch Ihnen gegenüber einverstanden. Infolge der Weitergabe erlischt Ihr Recht zur Nutzung des Softwareprodukts. Sie dürfen das Softwareprodukt einschließlich des Benutzerhandbuchs und des sonstigen Begleitmaterials Dritten nicht vermieten oder verleasen.

7. Sicherungskopie
Die Herstellung von Sicherungskopien des Softwareprodukts für alle Versionen (siehe Punkt 3) ist unzulässig. Sofern trotz sachgemäßer Behandlung aufgrund von Beschädigungen, die den Gebrauch des Softwareproduktes erheblich einschränken, ein neuer Datenträger oder ein neues Handbuch benötigt wird, wenden Sie sich bitte an den Verlag. Ein Austausch des Softwareproduktes wird vom Verlag für den Zeitraum der gewöhnlichen Nutzungsdauer eines solchen Softwareprodukts ermöglicht.

8. Gewährleistung und Haftung
Für den Zeitraum von 6 Monaten ab dem Kaufdatum garantiert der Verlag, dass das Softwareprodukt frei von Material- und Verarbeitungsfehlern ist. Sollte in diesem Zeitraum bei sachgemäßer Nutzung ein Fehler auftreten, verpflichtet sich der Verlag nach eigenem Ermessen und nach Vorlage eines gültigen Kaufbelegs zur Fehlerbeseitigung, Austausch des Softwareprodukts oder zur Rückabwicklung des Kaufvertrages. Im Übrigen gelten die gesetzlichen Gewährleistungsregeln, soweit nachstehend nicht anders geregelt. Die Gewährleistung wird für andere Nutzungsberechtigte außer Privatpersonen auf ein Jahr beschränkt. Der Fall der Austauschlieferung verlängert die Gewährleistungsfrist nicht. Weitergehende Ansprüche, insbesondere Ersatz für Mangelfolgeschäden, Datenverlust oder Virenbefall, sind ausgeschlossen.

9. Schadenersatz
Sie haften für alle von Ihnen zu vertretenden Schäden, die dem Verlag aus einer Verletzung der in diesem Vertrag aufgeführten Bestimmungen entstehen. Der Verlag behält sich das Recht vor, jede Vertragsverletzung zivilrechtlich und strafrechtlich zu verfolgen.

(Software-Lizenzvertrag Version 1.1)

Bildquellenverzeichnis
10.1: Landesamt für Geologie, Rohstoffe, Freiburg – **10.2:** Emma Skurnick, Bynum, NC – **14.1:** Cira Moro, Stuttgart – **33.1:** Bild der Wissenschaft, Mai 1983 – **34.1:** Getty Images (Stone), München – **42.1:** Cira Moro, Stuttgart – **46.1:** AKG, Berlin – **49.1:** Artur Fischer, Waldachtal – **49.2:** BPK (Remmer), Berlin – **49.3:** Deutsches Museum, München – **53.1:** Mauritius Royalty Free, Mittenwald – **54.1:** Mauritius (Scott), Mittenwald – **84.1:** Senft, Didi, Storkow – **85.1:** Helga Lade, Frankfurt – **87.1:** Corbis GmbH (Richard T. Nowitz), Düsseldorf – **91.1:** Mauritius, Mittenwald – **92.1:** Bilderberg (Ginter), Hamburg – **92.2:** Mauritius, Mittenwald – **93.1:** Picture-Alliance (Franz-Peter Tschaune), Frankfurt – **101.1:** Mauritius, Mittenwald – **104.1:** Helga Lade, Frankfurt – **106.1:** SPIEGEL-Verlag, Hamburg – **108.1:** Solarsiedlung am Schlierberg, Freiburg – **134.1:** Wikimedia Foundation Inc., St. Petersburg FL – **134.2:** Wikimedia Foundation Inc., St. Petersburg FL – **141.1:** Picture-Alliance, Frankfurt – **141.2:** Mauritius (AGE), Mittenwald – **154.1:** Gebrüder Haff GmbH, Pfronten – **160.1:** STUDIO X, Limours – **170.1:** Deutsches Museum, München – **170.2:** Deutsches Museum, München – **181.1:** Deutsches Museum, München – **182.1:** Deutsches Museum, München – **184.1:** Deutsches Museum, München – **197.1:** Mauritius (Pigneter), Mittenwald – **200.1:** FOCUS, Hamburg – **201.1:** Deutsches Museum, München – **206.1:** GLOBUS Infografik, Hamburg – **221.1:** Reinhard-Tierfoto, Heiligkreuzsteinach (links) – **221.1:** Reinhard-Tierfoto, Heiligkreuzsteinach (rechts) – **225.1:** Getty Images (Arnulf Husmo), München – **235.1:** Theophel, Eberhard, Gießen – **236.1:** Das Fotoarchiv, Essen – **242.1:** Mauritius, Mittenwald – **311.1:** Deutsches Museum, München – **328.1:** AKG, Berlin – **341.1:** Deutsches Museum, München – **341.2:** Picture-Alliance (dpa), Frankfurt – **341.3:** Deutsches Museum, München – **342.1:** Cira Moro, Stuttgart – **343.1:** AKG, Berlin – **344.1:** 1. Tanzclub Ludwigsburg (Gresser), Ludwigsburg – **349.2:** Imago Stock & People (Baptista), Berlin – **353.1:** Deutsches Museum, München – **356.1:** ullstein bild, Berlin – **375.1:** Cira Moro, Stuttgart – **377.1:** Cira Moro, Stuttgart

Alle übrigen Fotos stammen aus dem Archiv des Ernst Klett Verlages, Stuttgart.

Nicht in allen Fällen war es uns möglich, den uns bekannten Rechtsinhaber ausfindig zu machen. Berechtigte Ansprüche werden selbstverständlich im Rahmen der üblichen Vereinbarungen abgegolten.